Vertrieb mit SAP S/4HANA®

SAP PRESS ist eine gemeinschaftliche Initiative von SAP SE und der Rheinwerk Verlag GmbH. Unser Ziel ist es, Ihnen als Anwendern qualifiziertes SAP-Wissen zur Verfügung zu stellen. SAP PRESS vereint das Know-how der SAP und die verlegerische Kompetenz von Rheinwerk. Die Bücher bieten Ihnen Expertenwissen zu technischen wie auch zu betriebswirtschaftlichen SAP-Themen.

Damit Sie nach weiteren Titeln Ihres Interessengebiets nicht lange suchen müssen, haben wir eine kleine Auswahl zusammengestellt.

Destradi, Kiesel, Lorey, Schütte, Lauterbach
Logistik mit SAP S/4HANA
616 Seiten, gebunden, 2., aktualisierte und erweiterte Auflage 2019
ISBN 978-3-8362-6671-0
www.sap-press.de/4789

Roland Boes
SAP Customer Experience – Lösungen, Prozesse, Integration
795 Seiten, gebunden, 2021
ISBN 978-3-8362-8387-8
www.sap-press.de/5319

Kathrin Schmalzing
CO-PA in SAP S/4HANA Finance – Prozesse, Funktionen, Customizing
326 Seiten, gebunden, 2017
ISBN 978-3-8362-4483-1
www.sap-press.de/4346

Densborn, Finkbohner, Freudenberg, Höft, Mathäß, Rubarth
Migration nach SAP S/4HANA
676 Seiten, gebunden, 3., aktualisierte und erweiterte Auflage 2020
ISBN 978-3-8362-7455-5
www.sap-press.de/5047

Martin Bohren, Michaela Hoffmann, Jochen Scheibler

Vertrieb mit SAP S/4HANA®

Das Praxishandbuch

Liebe Leserin, lieber Leser,

ohne den Vertrieb geht nichts: durch ihn kommen die produzierten Waren und angebotenen Dienstleistungen erst in die Welt hinaus. Auch, dass dieses Buch nach Lektorat, Satz und Druck nun den Weg zu Ihnen gefunden hat, verdanken wir nicht zuletzt dem Vertrieb unseres Verlags.

Unser Praxishandbuch zum Vertrieb mit SAP ist inzwischen so etwas wie ein SAP-PRESS-Klassiker. Und die komplett überarbeitete und an die neuesten SAP-S/4HANA-Releases angepasste Neuauflage, die Sie nun in Händen halten, bleibt ihrem bewährten Format treu: Die Autoren stellen Ihnen alle Vertriebsprozesse vor, die in SAP S/4HANA Sales zur Verfügung stehen, und begleiten Sie in anschaulichen Schritt-für-Schritt-Anleitungen jeweils durch ein Beispielszenario. Zum Schluss nehmen sich die Autoren zudem die Zeit, auf die Herausforderungen einzugehen, die ein Umstieg auf ein neues SAP-System im Hinblick auf die Menschen in Ihrem Unternehmen bedeuten kann. Ob Sie im Projektmanagement, in der Beratung oder als Key-User*in tätig sind, dieses Buch wird Ihnen ein wertvoller Begleiter sein. Ich wünsche Ihnen viel Spaß bei der Lektüre!

Wir freuen uns stets über Lob, aber auch über kritische Anmerkungen, die uns helfen, unsere Bücher zu verbessern. Scheuen Sie sich nicht, sich bei mir zu melden; Ihr Feedback ist jederzeit willkommen.

Ihre Stefanie Häb
Lektorat SAP PRESS

stefanie.haeb@rheinwerk-verlag.de
www.rheinwerk-verlag.de
Rheinwerk Verlag · Rheinwerkallee 4 · 53227 Bonn

Auf einen Blick

Wir hoffen, dass Sie Freude an diesem Buch haben und sich Ihre Erwartungen erfüllen. Ihre Anregungen und Kommentare sind uns jederzeit willkommen. Bitte bewerten Sie doch das Buch auf unserer Website unter **www.rheinwerk-verlag.de/feedback**.

An diesem Buch haben viele mitgewirkt, insbesondere:

Lektorat Stefanie Häb
Korrektorat Anna Krepper, Rommerskirchen
Herstellung Stefanie Meyer
Typografie und Layout Vera Brauner
Einbandgestaltung Lisa Kirsch
Coverbild Shutterstock: 1718626960 © Rido,90095536 © Milles Studio
Satz Typographie & Computer, Krefeld
Druck Beltz Grafische Betriebe, Bad Langensalza

Dieses Buch wurde gesetzt aus der TheAntiquaB (9,35/13,7 pt) in FrameMaker.

Gedruckt wurde es mit mineralölfreien Farben auf chlorfrei gebleichtem, FSC®-zertifiziertem Offsetpapier (90 g/m²).

Hergestellt in Deutschland.

Bibliografische Information der Deutschen Nationalbibliothek:
Die Deutsche Nationalbibliothek verzeichnet diese Publikation in der Deutschen Nationalbibliografie; detaillierte bibliografische Daten sind im Internet über *http://dnb.dnb.de* abrufbar.

ISBN 978-3-8362-8498-1

2., aktualisierte und erweiterte Auflage 2022

Informationen zu unserem Verlag und Kontaktmöglichkeiten finden Sie auf unserer Verlagswebsite **www.rheinwerk-verlag.de**. Dort können Sie sich auch umfassend über unser aktuelles Programm informieren und unsere Bücher und E-Books bestellen.

Inhalt

Einleitung

In den letzten Jahren bzw. Jahrzehnten hat die SAP-Software (SAP R/3 sowie der Nachfolger SAP ERP) als integriertes betriebswirtschaftliches Anwendungssystem seinen Siegeszug durch die Unternehmen der ganzen Welt angetreten. Was macht den Erfolg dieser Software aus? Warum setzen so viele Unternehmen verschiedener Branchen und unterschiedlicher Größe dieses System zur Unterstützung der Prozesse im Unternehmen ein? Die Antwort ist klar und einfach: Es bietet die wichtigsten Komponenten (Vertrieb, Produktion, Materialwirtschaft, Finanzbuchhaltung und Controlling) und vor allem deren integrierte Anwendung. Außerdem können Funktionen und Prozesse über das Customizing an die unterschiedlichen Anforderungen der jeweiligen Unternehmen angepasst werden.

Neues On-Premise-Release: SAP S/4HANA 2020

Am 7. Oktober 2020 hat SAP das On-Premise-Release *SAP S/4HANA 2020* auf den Markt gebracht. Erstmalig nach den Releases 1511, 1610, 1709, 1809 und 1909 ist SAP von seiner Nomenklatur nach dem Schema YYMM – Jahr und Monat – abgewichen und hat die aktuelle Produktversion nur nach ihrem Erscheinungsjahr – ohne Monat – benannt. Demnach ist davon auszugehen, dass diese Namensgebung für die zukünftigen On-Premise-Releases beibehalten wird. Für SAP S/4HANA Cloud erscheinen jedes Jahr vier Releases. Hier ist damit zu rechnen, dass SAP die frühere On-Premise-Namenskonvention YYMM zukünftig für die Cloud-Releases vorbehält.

Mit dem neuen Release SAP S/4HANA 2020 stehen den Nutzern insgesamt 1.271 Anpassungen und kleinere, aber auch größere Neuerungen zur Verfügung. In diesem Praxishandbuch konzentrieren wir uns auf die vertriebs- und verkaufsspezifischen Innovationen. Um welche neuen Funktionen es sich genau handelt, erfahren Sie am Ende dieses Kapitels. Inzwischen sind bereits weitere Releases unter SAP S/4HANA, die sogenannten Feature Pack Stacks (FPS01 und FPS02), verfügbar, die wiederum Anpassungen und neue Funktionen beinhalten. Aber machen wir nun einen Schritt zurück zu den Anfängen der Entwicklung von SAP S/4HANA.

Von SAP ERP nach SAP S/4HANA

Als SAP im Jahr 2015 das neue System SAP S/4HANA präsentierte, stellten sich viele die Frage, ob es sich hierbei wirklich um ein neues System handelt oder lediglich um einen Nachfolger von SAP ERP. SAP selbst positioniert sich klar und beschreibt SAP S/4HANA als komplett neues System. Auch in den entsprechenden Marketingmaterialien von SAP zeigt sich das deutlich, wird hier nun nicht mehr von Modulen wie Vertrieb oder Produktion, sondern von Funktionen wie SAP S/4HANA Sales oder SAP S/4HANA Manufacturing gesprochen. Auch die Oberfläche wurde überarbeitet. Der Einstieg für die Anwender kann unter SAP S/4HANA nicht nur über das SAP GUI, sondern auch über das neue SAP Fiori Launchpad erfolgen. In Zukunft werden die Enduser vielleicht komplett auf das SAP Fiori Launchpad wechseln und nur noch die Key-User und Consultants auf der GUI, als eine Art Expertenmodus für die relevanten Einstellungen, arbeiten.

Sie als Betrachter des Systems, vor allem mit langjähriger SAP-Erfahrung, werden womöglich erst einmal erstaunt sein. Immerhin gibt es das SAP GUI noch und das Menü schaut auch gleich bzw. sehr ähnlich aus, ebenso wie die Transaktionen. Der sogenannte Digital Core ist also zumindest für Sie als Anwender doch recht ähnlich, wenn man vom SAP Fiori Launchpad absieht.

SAP-HANA-Datenbank

Die Neuerungen befinden sich also eher unter der Motorhaube. Erst mit der SAP-HANA-Datenbank haben sich Möglichkeiten ergeben, die vorher so nicht da waren. Viele redundante Daten konnten zusammengelegt werden, so gibt es an zahlreichen Stellen ein neuartiges Datenmodell. Viele Funktionen konnten überarbeitet werden und werden auch in den weiteren Releases stetig aktualisiert und neu erfunden. Beispielsweise gibt es ein komplett neuartiges Konzept für die Materialbedarfsplanung. Ein weiterer wichtiger Punkt ist die Strategie der *Simplification*. Auch wenn der Begriff eine Vereinfachung suggeriert, steht dahinter etwas anderes. Mit Simplification meint SAP die Abschaffung unterschiedlicher Lösungen im gleichen Umfeld. Wenn es früher mehrere Wege gab, ein und dasselbe abzubilden, wird unter SAP S/4HANA nur noch ein Weg angeboten. So kann z. B. das Kreditmanagement in SAP S/4HANA nur noch mit SAP Financial Supply Chain Management abgebildet werden.

Zusätzlich werden Sonderfunktionen aus anderen Systemen nach und nach in SAP S/4HANA integriert bzw. neu entwickelt, wie etwa die Funktion *advanced Available-to-Promise (aATP)*. Außerdem stehen neben den SAP-Produkten, die in SAP S/4HANA integriert sind, auch Funktionen zur Verfügung, die über die Cloud angebunden werden können, wie Künstliche Intelligenz (KI), Machine Learning und erweiterte Analysen. Damit haben Sie die Möglichkeit, ein modernes und intelligentes ERP-System zu gestalten, um Ihre Geschäftsprozesse mit intelligenter Automatisierung zu unterstützen und die damit verbundenen Daten in Echtzeit zu transformieren.

Sämtliche Systembeispiele, die Sie in diesem Buch finden, wurden in *SAP S/4HANA 2020 FPS01* durchgeführt. Die beschriebenen Geschäftsprozesse haben sich im zum Zeitpunkt der Drucklegung dieses Buches aktuellen Release SAP S/4HANA 2021 nicht oder nur unwesentlich geändert.

An den Stellen, an denen wir mit einer SAP-Fiori-App arbeiten, weisen wir explizit darauf hin. Durch den Umstieg auf SAP S/4HANA ändert sich an den meisten Stellen nicht viel im Ablauf der Prozesse. Sollte es aber zu Änderungen und Umstellungen kommen, gehen wir in dem entsprechenden Kapitel gezielt darauf ein. Die technischen Änderungen und Anpassungen in den Stammdaten, die sich durch SAP S/4HANA ergeben, erläutern wir und geben immer wieder einen Einblick in die verfügbaren SAP-Fiori-Apps.

Innovationen in SAP S/4HANA 2020 Sales

Gehen wir nun noch auf die Innovationen ein, die das On-Premise-Release SAP S/4HANA 2020 im Hinblick auf Sales bietet: Mit den *intelligenten Produkt- und Mengenvorschlägen* wird der Vertrieb in seiner operativen Arbeit unterstützt. Sobald Kundendaten eingegeben werden, schlägt das SAP-System dem Nutzer automatisch Produkte und Mengen vor. Diese Vorschläge basieren auf historischen Daten, wobei die Funktionen der Materiallistung und des Materialausschlusses berücksichtigt werden. Insbesondere Verkaufsmitarbeiter, die für ihre Kunden wiederkehrende Bestellungen anlegen, profitieren von dieser Innovation. Zusätzlich ermöglicht der intelligente Produkt- und Mengenvorschlag eine Prognose, ob die Mengen der bestellten Produkte zu- oder abnehmen werden. Insgesamt kann mit dieser Funktion die Verkaufsabwicklung effizienter gestaltet werden.

Im Umfeld der Vertriebsprozesse hat SAP die Fiori-App **Vorläufige Fakturen anlegen** entwickelt. Damit kann der User einen Vorabfakturabeleg erstellen, bevor er entscheidet, ob er eine echte Faktura anlegen möchte. Es handelt sich dabei um einen optionalen Beleg, der zwischen dem Quellbeleg (beispielsweise einer Gutschriftsanforderung) und dem finalen Beleg (z. B. einer Gutschrift) erstellt wird und noch keine offenen Posten an die Finanzbuchhaltung übergibt. In der Praxis kann dieser Beleg genutzt werden, um bei Verhandlungen mit dem Kunden flexibel zu agieren und die Vorabfaktura immer wieder anzupassen, bevor die eigentliche Endabrechnung erfolgt.

Die weiterhin verfolgte Strategie von SAP, die Arbeit der Nutzer auf die sogenannte Fiori-Oberfläche zu transformieren, wird u. a. auch durch ein neues Dashboard in der *Analytics Cloud* untermauert. Dieses zeigt Ihnen alle relevanten KPIs (Key Performance Indicators) des Kunden an. Diverse Kundendaten, zum Auftragseingang, Umsatzvolumen bis hin zur Anzahl der Kundenaufträge pro Monat, helfen dem Vertrieb in seiner täglichen Arbeit.

Zielgruppe des Buches

Das Buch richtet sich grundsätzlich an alle, die sich mit der Abbildung von Vertriebsprozessen in SAP S/4HANA beschäftigen und sich dabei vor allem auch für die Schnittstellen zu den angrenzenden Anwendungen in Finanzwesen, Controlling, Materialwirtschaft und Produktion interessieren. SAP-Kenntnisse sind nicht erforderlich, aber grundlegendes IT-Wissen wird die Lektüre erleichtern. Das Buch ist vor allem für jene geschrieben, die sich anschließend auf Basis einer soliden Grundlage detailliert mit dem Thema auseinandersetzen wollen. Es richtet sich damit gleichermaßen an Beschäftigte in Fach- und IT-Abteilungen, Projektleiter und Berater. Das Buch ersetzt selbstverständlich keine vollständige Dokumentation (siehe *http://help.sap.com*) und auch keine Schulung in der Anwendung oder im Customizing. Es dient vielmehr als gezielte Vorbereitung, um mehr Nutzen aus Schulungen zu ziehen und die Informationen aus der Dokumentation effektiver einzusetzen.

IT, Betriebswirtschaft und Mensch

Neben dem Zusammenspiel zwischen betriebswirtschaftlich-organisatorischen Anforderungen und der technischen Umsetzung in der Software ist der Mensch ein weiterer wichtiger Erfolgsfaktor für ein gelungenes Einführungsprojekt von SAP S/4HANA. Berater und IT-Mitarbeiter dürfen sich dabei nicht ausschließlich auf technische Aspekte fokussieren, sondern müssen auch betriebswirtschaftliches Know-how mitbringen. Und Key-User (Power-User) dürfen sich umgekehrt nicht auf die betriebswirtschaftlichen Aspekte beschränken. Vielmehr ist es entscheidend, dass Key-User die grundsätzlichen Gestaltungsmöglichkeiten von Funktionen und Prozessen kennen, um gemeinsam mit Beratern und IT-Mitarbeitern die bestmöglichen Lösungen zu schaffen. Dazu gehört auch ein Grundverständnis vom Customizing, wie es dieses Buch vermittelt. Gerade für Key-User ist das Buch deshalb ein guter Einstieg in das Thema. Denn erst eine optimale Abstimmung zwischen Betriebswirtschaft, Mensch und IT schafft die besten Voraussetzungen für eine erfolgreiche Einführung und anschließend eine effiziente Nutzung von SAP S/4HANA.

Ziel des Buches

Das Ziel dieses Buches ist es, Ihnen grundlegende Kenntnisse der wesentlichen Gestaltungsmöglichkeiten bei der Abbildung von Geschäftsprozessen mit SAP S/4HANA zu vermitteln. Es geht darum, den Zusammenhang zwischen Einstellungen im Customizing und dem Ablauf von Funktionen und Prozessen in der Anwendung deutlich zu machen. Dabei wollen wir den Vertrieb (SAP S/4HANA Sales) nicht als isolierte Anwendung betrachten, sondern wir beleuchten das prozessorientierte Zusammenspiel von Vertrieb, Produktion, Materialwirtschaft, Controlling und Finanzbuchhaltung zur Optimierung betrieblicher Wertschöpfungsketten. Immer werden dabei auch die zahlreich neu entwickelten SAP-Fiori-Apps berücksichtigt, die die tägliche Arbeit der Anwender in Zukunft entscheidend verändern werden.

Aufbau des Buches

Grundlagen des Vertrieb mit SAP S/4HANA

In Teil I, »Grundlagen des Vertriebs mit SAP S/4HANA«, erläutern wir die Grundstrukturen der Software. Dabei stehen die Abbildung der Unternehmensorganisation und der Aufbau der Stammdaten im Mittelpunkt.

Kapitel 1, »Überblick über SAP S/4HANA«, gibt Ihnen eine grundlegende Orientierung. Hier werden vor allem die In-Memory-Technologie, die Architektur und die wesentlichen Änderungen von SAP S/4HANA im Vergleich zu einem SAP-ECC-System vorgestellt.

Organisationseinheiten sind eine wichtige Grundlage, um ein Unternehmen innerhalb von SAP S/4HANA abzubilden. In Kapitel 2, »Organisationseinheiten«, werden Sie die aus Vertriebssicht wichtigsten Einheiten kennenlernen.

Kapitel 3, »Stammdaten«, fokussiert sich auf weitere wichtige Grundlagen. Dabei haben wir in dieser neuen Auflage die Stammdaten noch mehr von den Vertriebsfunktionen, siehe Teil II, getrennt, um diese zwei Bereiche klar voneinander zu differenzieren. Das gibt Ihnen eine noch bessere Struktur, damit Sie möglichst schnell die verschiedenen Komponenten in SAP S/4HANA Sales kennenlernen und zum Schluss zusammensetzen können. Stammdaten sind wesentliche Informationen, die für einen reibungslosen Prozessablauf in SAP S/4HANA unverzichtbar sind. Die für das Buch relevanten Vertriebsstammdaten rücken wir in diesem Kapitel in den Mittelpunkt. Besonders im Fokus steht der Geschäftspartner, der in SAP S/4HANA obligatorisch ist.

Vertriebsfunktionen in SAP S/4HANA

In Teil II, »Vertriebsfunktionen in SAP S/4HANA«, geben wir Ihnen einen Überblick über alle wichtigen Vertriebsfunktionen, jeweils verbunden mit den betriebswirtschaftlichen Grundlagen, den wesentlichen Bestandteilen und einfachen Systembeispielen. Zusätzlich umfasst dieser Buchteil auch die Integration in das Rechnungswesen und eine Beschreibung des Universal Journals. Dabei haben wir die Funktionen thematisch unterteilt. Im ersten Teil gehen wir auf die grundlegenden Vertriebsfunktionen ein, also diejenigen, die nahezu jedes Unternehmen in der Praxis im Einsatz hat. Anschließend beschreiben wir einige spezielle Funktionen unter SAP S/4HANA Sales, die Ihnen einen deutlichen Mehrwert bieten können.

Kapitel 4, »Grundlegende Vertriebsfunktionen«, befasst sich u. a. mit den folgenden Fragen: Sind genügend Waren zur Auftragserfüllung auf Lager und wann kann ich meinen Kunden beliefern? Welche Preise gebe ich an meinen Kunden weiter? Erhält mein Kunde eine Auftragsbestätigung, einen Lieferschein oder einen Rechnungsausdruck? Wie gehe ich mit Chargen und Serialnummern um? Diese Fragen werden mit den Funktionen *Verfügbarkeitsprüfung*, *Versandterminierung*, *Preis-*, *Nachrichten-* und *Chargenfindung* sowie *Serialnummern* beantwortet.

Nach den grundlegenden Vertriebsfunktionen gehen wir in **Kapitel 5**, »Spezielle Vertriebsfunktionen«, auf besondere Komponenten innerhalb der SAP-S/4HANA-Vertriebsabwicklung ein. Mit dem neuen Release SAP S/4HANA 2020 steht Ihnen die Funktion *intelligente Produkt- und Mengenvorschläge* zur Verfügung. Zudem können Sie mit *Kreditmanagement* herausfinden, ob Ihre Kunden ein finanzielles Risiko für Sie darstellen. Die *dynamischen Workflows* haben wir neu in diese Auflage eingebunden. Außerdem werden in diesem Kapitel noch weitere spezielle Funktionen beschrieben.

Der Vertrieb ist ein wichtiger Datenlieferant für das Management und trägt maßgeblich zur Messung von Erfolg oder Misserfolg bei. Daher wird in Kapitel 6, »Integration in das Rechnungswesen«, ebendiese Form der Berechnung thematisiert. Ferner gehen wir auf das Universal Journal, eine weitere Neuerung in SAP S/4HANA, ein.

Vertriebsprozesse in SAP S/4HANA

Nachdem Sie die Funktionen kennengelernt haben, werden in Teil III, »Vertriebsprozesse in SAP S/4HANA«, die Vertriebsprozesse in den Blickpunkt gerückt – auch hier wieder in Verbindung mit betriebswirtschaftlichen Grundlagen und SAP-Systembeispielen aus unterschiedlichen Branchen. Abgerundet wird dieser Buchteil mit dem Thema Reporting mit SAP S/4HANA Embedded Analytics.

Der Verkaufsbeleg ist auch unter SAP S/4HANA das zentrale Objekt der Auftragserfassung und -bearbeitung durch einen Anwender und damit die Basis für die meisten Aktivitäten im Vertriebsumfeld. In Kapitel 7, »Der Verkaufsbeleg«, vermitteln wir Ihnen den Aufbau der Belegstruktur und die wichtigsten Grundlagen im Vertriebsprozess. Zudem gehen wir auf die SAP-Fiori-Apps **Prozessablauf** und **Belegfluss** ein, die eine neue, frische grafische Aufbereitung des Belegflusses darstellen.

Kapitel 8, »Terminauftragsabwicklung«, vereint das erlernte Wissen der vorherigen Kapitel. Wir durchlaufen in der Terminauftragsabwicklung einen kompletten Vertriebsprozess (End-to-End), beginnend bei der Erfassung einer Kundenanfrage bis hin zur Rechnungsstellung. Die Terminauftragsabwicklung ist der meistgenutzte Vertriebsprozess und die Basis für weitere Varianten von Vertriebsprozessen.

Kapitel 9 handelt von der Streckenauftragsabwicklung, einer oft genutzten Möglichkeit, um Kunden mit den bestellten Waren zu versorgen. Der Kunde wird nicht direkt vom verkaufenden Unternehmen beliefert, sondern unmittelbar vom eigenen Lieferanten des Verkäufers. Die Zahlung des Kunden erfolgt jedoch nicht an den Lieferanten, sondern wie gewohnt an das verkaufende Unternehmen.

Kapitel 10, »Konsignationsabwicklung«, beschreibt, wie der Kunde ein Lieferantenlager auf seinem eigenen Gelände beherbergt. Die Waren bleiben bis zur Entnahme im Besitz des Lieferanten. Eine geringe Kapitalbindung aufseiten des Kunden und eine kurze Lieferzeit sind die zentralen Vorteile.

Bei Aufträgen mit langer Laufzeit (beispielsweise im Projektgeschäft) sind Einmalzahlungen ungeeignet. In Kapitel 11, »Fakturierungspläne und Anzahlungsabwicklung«, lernen Sie Möglichkeiten kennen, wie man mit Fakturierungsplänen mehr als einen Zahlungstermin pro Auftrag umsetzen kann.

Kapitel 12, »Leihgut- und Mietabwicklung«, zeigt, wie Sie innerhalb von SAP S/4HANA eine Leihgutabwicklung realisieren können. Ähnlich wie bei der Konsignationsabwicklung geht die Ware zunächst nicht in Kundenbesitz über. Die Leihgutabwicklung wird vor allem zur Bereitstellung von Warenproben genutzt sowie bei wiederverwendbaren Verpackungen oder zum Verleih eines Geräts.

Die Abwicklung von Kundenretouren führt häufig zu größerem Aufwand beim verkaufenden Unternehmen. In Kapitel 13, »Retourenabwicklung«, zeigen wir zwei gängige Möglichkeiten, um dieses Szenario in der SAP-Standardsoftware umzusetzen.

Kapitel 14, »Gut- und Lastschriften«, zeigt, wie man Kunden nachträglich finanziell belasten oder entlasten kann. In Verbindung mit diesem Prozess gibt es meistens keine Lieferungen. Einsatzszenarien können z. B. sein: ein zu hoher bzw. zu geringer Rechnungsbetrag oder eine schadhafte Lieferung. Diese Missstände müssen nachträglich abgewickelt werden.

Kapitel 15, »Zentrale Reklamationsbearbeitung«, zeigt eine weitere Möglichkeit, wie Sie mit SAP S/4HANA einen Retourenprozess umsetzen können. Mit der zentralen Reklamationsabwicklung können aus einer zentralen Transaktion heraus mehrere unterschiedliche Prozesse gestartet werden.

Kapitel 16, »Rahmenverträge«, ist für Unternehmen interessant, die eine geregelte Partnerschaft mit ihren Lieferanten unterhalten wollen. Liefersicherheit (Liefertermine) und Preisabsprachen sind meist die treibende Kraft für Rahmenverträge. In SAP S/4HANA stehen z. B. mit Lieferplänen und Kontrakten Möglichkeiten zur Verfügung, um solche Rahmenverträge mit den Lieferanten abzubilden.

Kapitel 17, »Cross-Company-Geschäfte«, beschreibt einen Cross-Company-Prozess. Dieser Prozess wird von Unternehmen verwendet, die in mehrere rechtlich selbstständige Einheiten strukturiert sind, die sich aber im Vertriebsprozess gegenseitig unterstützen und Geschäfte miteinander abwickeln und untereinander verrechnen.

Kapitel 18, »Reporting mit SAP S/4HANA Embedded Analytics«, beschreibt die Möglichkeit, wie Sie kennzahlenbasierte Analysen und Berichte mit SAP S/4HANA Embedded Analytics oder mit dem externen SAP Business Warehouse und Tools aus dem SAP-BusinessObjects-Paket erstellen. Wir gehen hier auch auf die Unterschiede der einzelnen Reportingszenarien ein, um Ihnen einen besseren Überblick zu ermöglichen.

Gestaltung von Wertschöpfungsketten

In Teil IV, »Gestaltung von Wertschöpfungsketten in SAP S/4HANA«, zeigen wir das komponentenübergreifende Zusammenspiel in unterschiedlichen Szenarien der Massenfertigung, Kundeneinzelfertigung und Projektfertigung.

In Kapitel 19, »Lagerverkauf mit Chargenfertigung«, greifen wir das in Teil II, »Vertriebsfunktionen in SAP S/4HANA«, vermittelte Wissen bezüglich Chargen auf und wenden dieses nun auf eine komplette Wertschöpfungskette an. Innerhalb dieses Kapitels beschreiben wir den kompletten Prozess zum Lagerverkauf von Produkten mit Chargenpflicht.

Kapitel 20, »Vorplanung ohne Endmontage«, zeigt den kompletten Prozess der Vorplanung ohne Endmontage. Hohe Lagerbestände, wie beispielsweise bei der Herstellung von Fertigerzeugnissen (Vorplanung mit Endmontage), oder lange Lieferzeiten (Kundeneinzelfertigung) stellen oft ein Problem dar. Dieser Prozess zeigt einen Mittelweg.

Während Kapitel 19 und Kapitel 20 Prozesse aus der Massenfertigung zeigen, beschreiben wir in Kapitel 21, »Kundeneinzelfertigung«, das komplette Gegenteil: Das Produkt wird speziell für einen Kunden ganz individuell entwickelt und gefertigt. Dieser Prozess ist besonders für Spezialmaschinenbauer mit einer kleinen, aber komplexen Stückzahl interessant.

In Kapitel 22, »Projektfertigung«, werden Sie eine besondere Form der Kundeneinzelfertigung kennenlernen. Innerhalb dieser Wertschöpfungskette wird, wie bei der Kundeneinzelfertigung, ein kundenindividuelles Produkt produziert. Dieser Prozess verlangt jedoch den Einsatz der Komponente Projektsystem, um der Komplexität dieses Produktes gerecht zu werden. Daraus ergeben sich deutliche Unterschiede zur Kundeneinzelfertigung.

Kapitel 23, »Weitere Szenarien«, beschreibt in Kurzform einige weitere Wertschöpfungsketten, die mit SAP S/4HANA umgesetzt werden können.

Technologien und systemübergreifende Geschäftsprozesse

In Teil V, »Technologien und systemübergreifende Geschäftsprozesse«, erweitern wir die Perspektive auf die Möglichkeiten zur Abbildung system- und unternehmensübergreifender Geschäftsprozesse.

In Kapitel 24, »Integrationstechnologie«, stellen wir Ihnen den SAP Business Client und die SAP Business Technology Platform vor.

In Kapitel 25, »SAP Fiori Launchpad«, greifen wir ein sehr aktuelles Themengebiet auf: die Abbildung der Geschäftsprozesse in der neuen Oberfläche unter SAP S/4HANA. Wir zeigen den Aufbau und die Einrichtung des SAP Fiori Launchpads anhand einer ausgewählten Vertriebsrolle und speziellen SAP-Fiori-Apps.

Die thematische Einführung und der Umgang mit SAP Extended Warehouse Management (EWM), SAP S/4HANA International Trade und SAP Transportation Management (TM) wird in Kapitel 26, »Übergreifende Geschäftsprozesse«, angerissen.

Kapitel 27, »CRM mit SAP Customer Experience«, widmet sich dem Thema Customer Relationship Management (CRM) und zeigt, wie CRM durch die Lösung SAP Customer Experience in SAP S/4HANA umgesetzt wird.

In Kapitel 28, »Unternehmensübergreifende Auftragsabwicklung«, erläutern wir basierend auf den zuvor erarbeiteten Inhalten einen unternehmensübergreifenden Vertriebsprozess zwischen zwei Unternehmen.

Kapitel 29, »Migration von SAP ERP nach SAP S/4HANA«, beschreibt mögliche Umstellungsszenarien und die Werkzeuge, die SAP für den Umstieg auf das neue System zur Verfügung stellt.

Notwendigkeit von Organisationsentwicklung

Teil VI, »Notwendigkeit von Organisationsentwicklung«, geht noch einen Schritt weiter. Hierbei stellen wir die wichtigsten Prinzipien vor und nach der Einführung eines SAP-Systems heraus.

Organisationen sind vergleichbar mit lebenden Organismen. Jede Veränderung ihrer Abläufe kann weitreichende Folgen für alle Teile des gesamten Organismus haben. Diese Auswirkungen werden in Kapitel 30, »Auswirkungen der Unternehmenskultur«, vorgestellt.

Die Nutzung von SAP S/4HANA stellt in Ihrem Unternehmen eine Veränderung dar, die wiederum Anpassungen und Raum für Entfaltung, beispielsweise in der Zusammenarbeit der Fachbereiche, benötigt. Diese und weitere Einblicke gibt Kapitel 31, »Change Management«.

Dem folgt eine kurze, aber prägnante inhaltliche Zusammenfassung und ein Ausblick in Kapitel 32, womit wir das Buch thematisch abschließen.

Im Anhang finden Sie unter anderem ein nützliches **Glossar** sowie die im Buch erwähnten **Transaktionen** und zugehörigen **Menüpfade** sowie **SAP-Fiori-Apps**.

Danksagung

Als Autoren dieses Buches schmücken unsere Namen das Cover, aber bedanken möchten wir uns bei allen unseren Kollegen in der PIKON International Consulting Group (*www.pikon.com*) für ihre unentbehrliche Unterstützung. PIKON konzentriert sich als Beratungshaus mit dem Drei-Punkt-Ansatz (Mensch – IT – BWL) auf die Geschäftsfelder ERP, Business Intelligence (BI), Custom Development, Organisational Development und Managementberatung.

Schwerpunkt in diesem Buch ist die Anwendung von SAP S/4HANA im Bereich Sales. So werden unter anderem das SAP Fiori Launchpad, das neue Geschäftspartnerkonzept, SAP S/4HANA Embedded Analytics sowie die Migration auf SAP S/4HANA ausführlich behandelt. Das Grundkonzept des Praxishandbuches bleibt aber auch diesem Buch erhalten: Die Prozesse stehen im und bilden die Grundlage für eine erfolgreiche Nutzung von SAP S/4HANA. Neben den Kernprozessen im Vertrieb zeigen wir dabei auch deren Einbindung in anwendungsübergreifende Wertschöpfungsketten.

Zu unserem Beispiel in Kapitel 28, »Unternehmensübergreifende Auftragsabwicklung«, und zu Kapitel 24, »Integrationstechnologie«, hat Michael Kuc aus dem Team Custom Development mit seiner Erfahrung und Kompetenz einen wertvollen Beitrag geleistet. Herzlichen Dank an dieser Stelle für den engagierten Einsatz. Aber auch unserem Kollegen Oliver Dworschak sei gedankt für seinen Beitrag zu dem wichtigen Thema Reporting mit SAP S/4HANA Embedded Analytics (Kapitel 18). Die Informationen zu SAP Customer Experience und SAP Commerce Cloud in Kapitel 27 hat Jörg Kümpflein von der *innovate Software GmbH* beigesteuert. Das Unternehmen bietet Dienstleistungen im Bereich E-Commerce (SAP Commerce Cloud, SAP Customer Experience, Integrationen der Kreditkartenzahlung in SAP), CRM (SAP Cloud for Customer, SAP CRM on-premise) und vieles mehr an.

Einen weiteren wichtigen Beitrag haben Maximilian Stark und das Team Organisational Development in Teil VI geleistet. Sie zeigen anhand der Kapitel 30 und 31 die Notwendigkeit von Organisationsentwicklung und die damit einhergehenden Auswirkungen auf die Unternehmenskultur. Vielen Dank dafür.

Ein sehr großer Dank geht ebenfalls an Mike Biercher (Kapitel 6), Rauno Müller (Abschnitt 5.7 und diverser Input im Bereich der Neuerungen in SAP S/4HANA), Jürgen Neubronner (Grundcustomizing) und last but not least Khalid Abid, der durch seine großartige Unterstützung in vielen Kapiteln dieses Projekt möglich gemacht hat.

Des Weiteren bedanken wir uns bei allen Mitarbeitern der PIKON International Consulting Group, die, in welcher Form auch immer, ihren Teil zu diesem Werk beigetragen haben.

Danke Jochen Scheibler, dass wir dein Werk weiterführen und mit den neuesten Innovationen von SAP S/4HANA versehen konnten.

Ein herzliches Dankeschön gilt auch unseren Lektorinnen beim Rheinwerk Verlag, Maike Lübbers und Stefanie Häb, für die jederzeit konstruktive und gute Zusammenarbeit bei der Erstellung des Buches. Der Kontakt und die Abstimmungen waren stets offen und sehr angenehm.

Schließlich gilt unser Dank unseren Familien und Freunden, die uns während des Buchprojekts mit Rat und Tat unterstützt haben.

Danke Julia, dass du mir immer die Kraft und die Zeit gegeben hast, mich dem Buchprojekt zu widmen.

Martin Bohren, Michaela Hoffmann und Jochen Scheibler

TEIL I

Grundlagen des Vertriebs mit SAP S/4HANA

Kapitel 1
Überblick über SAP S/4HANA

1

SAP S/4HANA ist die Antwort von SAP auf die digitale Transformation der Unternehmen. In diesem Kapitel erläutern wir die neue Systemarchitektur und welche Veränderungen SAP S/4HANA mit sich bringt.

Im Jahr 2015 stellte SAP das neue ERP-System *SAP S/4HANA* vor. Dessen Name setzt sich aus verschiedenen Teilen zusammen: Das »S« steht für »Simple« und damit für die Vereinfachung und die Verringerung der Prozessvarianten. Die »4« beschreibt die vierte große Innovation nach SAP R/1, SAP R/2 und SAP R/3. »HANA« steht für die von Grund auf erneuerte Datenbank SAP HANA, die die Grundlage für das ERP-System SAP S/4HANA bildet. Zu Beginn herrschte unter den Kunden vielfach Skepsis, ob es sich hier wirklich um ein komplett neues System handelt oder nicht doch um einen Nachfolger des bestehenden SAP-ERP-Systems. Dass nun nicht mehr von Komponenten gesprochen wird, sondern von Funktionen wie SAP S/4HANA Sales oder SAP S/4HANA Finance, mag noch kein Indiz für ein neues System sein. Auch die überarbeitete Oberfläche mit dem Einstieg über das SAP Fiori Launchpad zeichnet sich zwar durch eine hohe Benutzerfreundlichkeit aus, weist aber nicht zwingend auf ein neues System hin. Man muss tatsächlich tiefer schauen, um die wahre Innovation von SAP S/4HANA zu erkennen. Denn mit der SAP-HANA-Datenbank, auf der das System beruht, ergeben sich völlig neue Möglichkeiten, die in dieser Form zuvor nicht vorhanden waren. Wir wollen darauf im Folgenden näher eingehen. Dazu beleuchten wir zunächst, was es mit der SAP-HANA-Datenbank, ihrer Technologie und Architektur auf sich hat, um anschließend die grundlegenden Konzepte von SAP S/4HANA zu betrachten, die dann auch für die späteren vertriebsorientierten Ausführungen im Buch wichtig sind. Zudem reißen wir kurz die neue Benutzererfahrung UX (User Experience) in SAP S/4HANA an. Zum Schluss des Kapitels schauen wir uns die Möglichkeiten der Integration an und geben einen Ausblick auf die weitere Entwicklung.

1.1 Die In-Memory-Technologie und SAP HANA als Datenbank

Daten können in einem Arbeitsspeicher schneller verarbeitet werden, als wenn sie von der Festplatte geladen werden müssen. Daher ist die Idee, Daten einer Datenbank statt auf einer Festplatte im Arbeitsspeicher zu halten, nicht neu. Bereits in den 1980er Jahren arbeitete IBM an einer *In-Memory-Datenbank*. Aufgrund der zu dieser Zeit sehr hohen Preise für den Hauptspeicher und der begrenzten Hardware konnte sich diese Datenbank für die Massenverarbeitung von Daten allerdings nicht durchsetzen.

Vorläufer von SAP HANA

Begünstigt durch die geringeren Hauptspeicherpreise in den 1990er Jahren begann SAP mit der Entwicklung einer eigenen In Memory-Datenbank namens TREX (Text Retrieval and Information Extraction). Mit ihr wurde zunächst unter anderem eine schnelle Suchmaschine realisiert, bevor sie 2006 die Grundlage für den *SAP Business Warehouse Accelerator* (SAP BW Accelerator) bildete. Auch der SAP BW Accelerator stellt keine vollständige In-Memory-Datenbank dar, denn er hält nur ausgewählte *InfoProvider* des BW-Systems im Hauptspeicher vor, um dadurch den Zugriff auf Querys und somit das Reporting zu beschleunigen.

SAP HANA bildet in dieser Entwicklungsreihe den nächsten logischen Schritt. Erneut profitiert die Entwicklung vom technischen Fortschritt und den stark gesunkenen Preisen für Speicher, wodurch es nun möglich wird, die gesamten Daten im Hauptspeicher zu halten und so die Datenzugriffe erheblich zu beschleunigen.

Formen der Datenspeicherung

Konventionelle Datenbanken speichern Daten zeilenbasiert. Das heißt, jeder Datensatz zu einem Schlüssel bildet eine Zeile. Die Speicherung der Daten in einer SAP-HANA-Datenbank erfolgt demgegenüber sowohl spalten- als auch zeilenbasiert, wobei die meisten Daten spaltenbasiert gespeichert werden. Aus diesem Grund wird SAP HANA (HANA steht für High Performance Analytic Appliance) auch als Hybrid bezeichnet. Je nach Datenmodell und Szenario lassen sich die Daten zeilen- oder spaltenbasiert organisieren. Die *spaltenbasierte Datenspeicherung* bringt Vorteile, wenn Operationen auf Spaltenbasis ausgeführt werden, wie z. B. Aggregationen bei Anfragen in OLAP-Systemen (siehe Abbildung 1.1). Die spaltenbasierten Systeme sind schneller, wenn beispielsweise alle Zeilen der Tabelle gleichzeitig neue Werte erhalten, da man die Spaltendaten effizient beschreiben kann und die Daten der anderen Spalten nicht berücksichtigen muss.

Auf der anderen Seite ist die *zeilenbasierte Datenspeicherung* effizienter im Falle von Inserts (Einfügen neuer Daten in eine Datenbanktabelle) oder Updates (Aktualisieren vorhandener Daten).

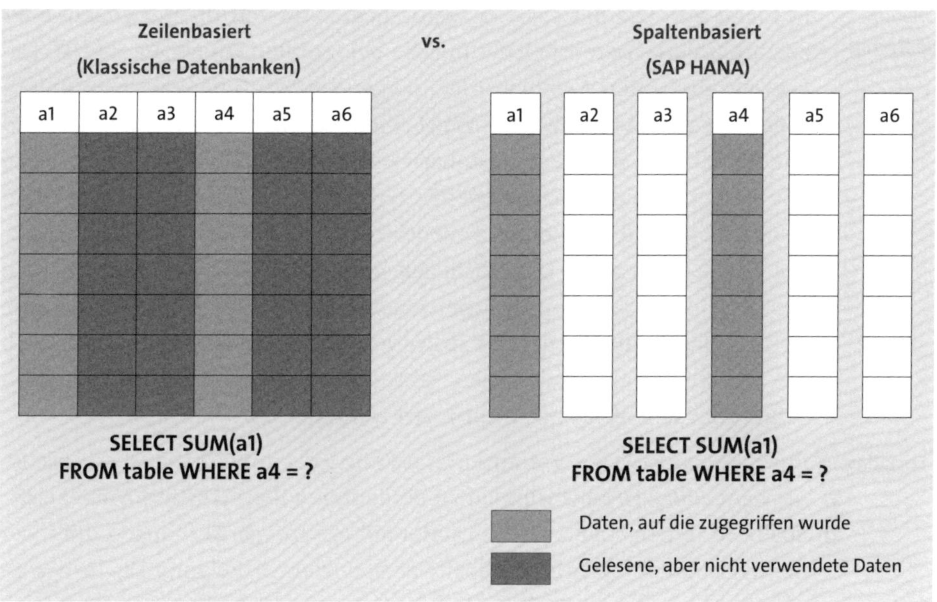

Abbildung 1.1 Typische Anfrage in OLAP-Systemen (Online Analytical Processing)

Bei diesen Operationen wird immer die gesamte Zeile gelesen, selbst wenn lediglich einige Spalten benötigt werden. Abbildung 1.2 zeigt eine Anfrage in einem OLTP-System.

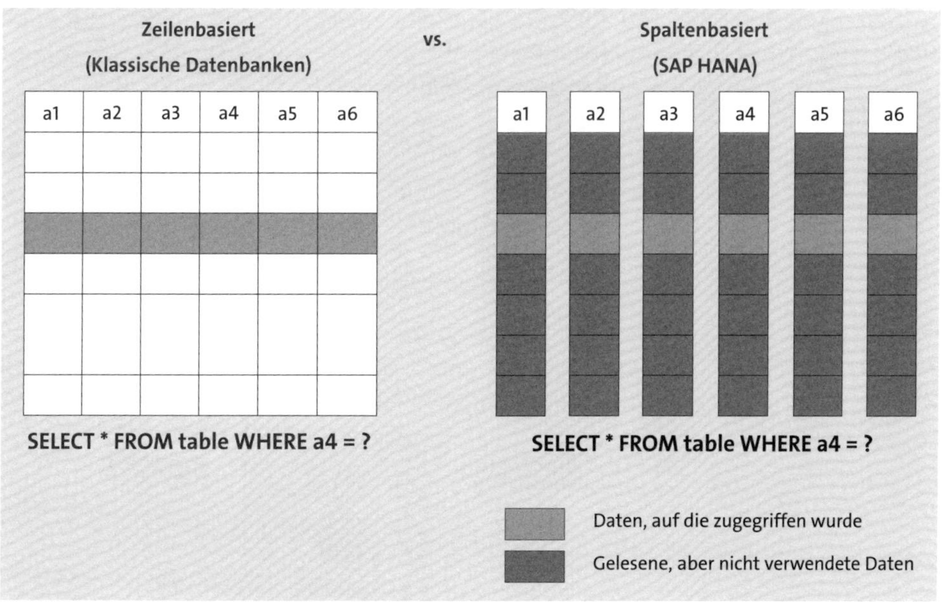

Abbildung 1.2 Typische Anfrage in OLTP-Systemen (Online Transaction Processing)

Hybrides Tabellenlayout

Es hängt also von der auszuführenden Operation ab, ob eine zeilen- oder spaltenbasierte Datenspeicherung die bessere Performance aufweist. Die Vorteile aus beiden Welten werden in *hybriden Tabellenlayouts* kombiniert. Diese erlauben das spaltenbasierte Speichern einzelner Tabellen, während andere Tabellen in einem zeilenbasierten Layout angeordnet werden. Die optimale Kombination der Speicherverfahren hängt vom tatsächlichen Workload ab und kann durch Layoutalgorithmen berechnet und zur Laufzeit angepasst werden. Die möglichen Komprimierungsverfahren, die sich aus der spaltenbasierten Speicherung ergeben, stellen einen der größten Vorteile dar. Da die Werte einer Spalte vom gleichen Datentyp sind und sich die Werte oftmals wiederholen, können sie insbesondere in sortierten Strukturen sehr effizient komprimiert werden.

Dictionary Encoding

Eines der wichtigsten Verfahren in diesem Zusammenhang ist das *Dictionary Encoding*. Hierbei wird jedem eindeutigen Wert (Distinct Value) einer Spalte in einem sogenannten Dictionary ein Integerwert zugeordnet, der den Wert in der eigentlichen Spalte ersetzt (siehe Abbildung 1.3). Insbesondere bei Spalten mit wenigen Distinct Values, jedoch vielen Zeilen können mit diesem Verfahren enorme Speichereinsparungen erreicht werden. SAP spricht hier von einer Speicherreduzierung um den Faktor 5.

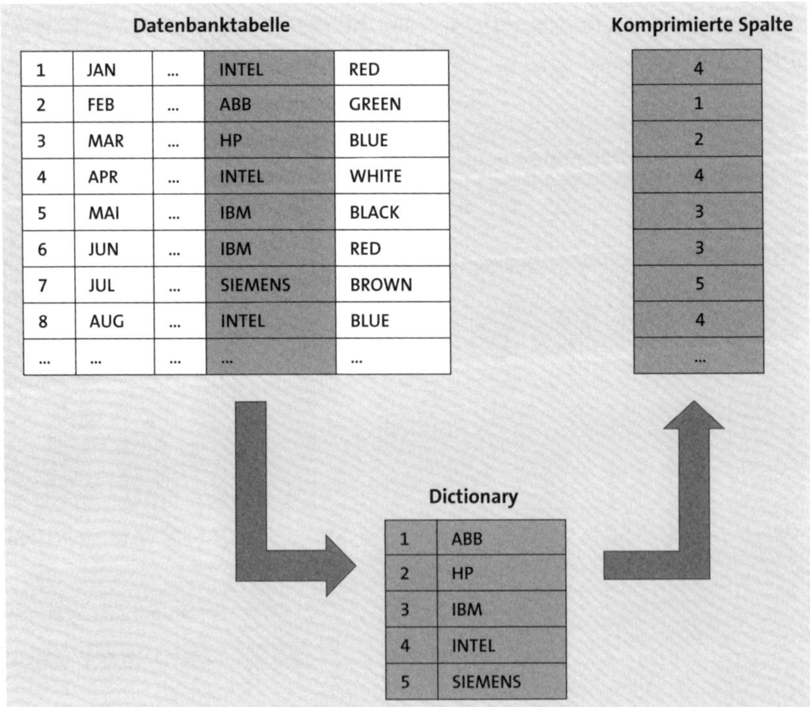

Abbildung 1.3 Dictionary Encoding

Delta Merge

Für Insert- und Updateoperationen ist eine spaltenbasierte Datenbank allerdings von Nachteil. Wird beispielsweise eine Zeile in eine sortierte und komprimierte Tabelle eingefügt, müssten eine Speicherung und eine anschließende Sortierung durchgeführt werden, da sich die Neusortierung einer Spalte auch auf alle anderen Spalten auswirkt. Um diesem Nachteil entgegenzuwirken, wird mit einem Insert-only-Verfahren gearbeitet. Hierbei wird zusätzlich ein zeilenbasierter und nicht sortierter Delta-Storage angelegt, ein Zwischenspeicher, in den alle neuen Einträge geschrieben werden. In regelmäßigen Abständen werden die Daten aus diesem Delta-Storage in den Hauptspeicher verschoben und die Sortier- und Komprimieralgorithmen angestoßen. Dieses Vorgehen wird auch als *Delta Merge* bezeichnet. Hierdurch werden die Operationen für Sortierung und Komprimierung deutlich seltener ausgeführt und somit Ressourcen gespart, da nicht einzeln jeder neue Eintrag, sondern die gesammelten Änderungen abgearbeitet werden.

1.2 Architektur von SAP HANA

Die Applikationen in einem SAP-ECC-System (SAP ERP Central Component) führen viele datenintensive Operationen in der Applikationsschicht durch. Dies bedeutet, dass zunächst die Daten für die Berechnung aus der Datenbank gelesen werden, dann in der Applikation gehalten werden, in der die Berechnung stattfindet, und im Anschluss das Ergebnis an die Datenbank zurückübergeben wird. Die Übertragung der Daten zwischen Applikations- und Datenschicht ist der Engpass heutiger Systeme.

Verlagerung in die Datenschicht

Applikationen in SAP S/4HANA verlagern diese datenintensiven Operationen in die Datenschicht. Dies führt dazu, dass die Applikation eine Berechnungs-/Selektionsanweisung an die Datenschicht verschickt, welche die Anweisung bearbeitet und lediglich das Ergebnis an die Applikation übergibt (siehe Abbildung 1.4).

Abbildung 1.4 SAP-HANA-Grundsatz von Operationen in der Datenschicht

Damit diese Veränderung möglich ist, muss sich sowohl die Hard- als auch die Software verändern. Heutige Systeme haben einen relativ kleinen Arbeitsspeicher, einen größeren Cache und eine sehr große Festplatte, um die Daten zu halten (siehe Abbildung 1.5).

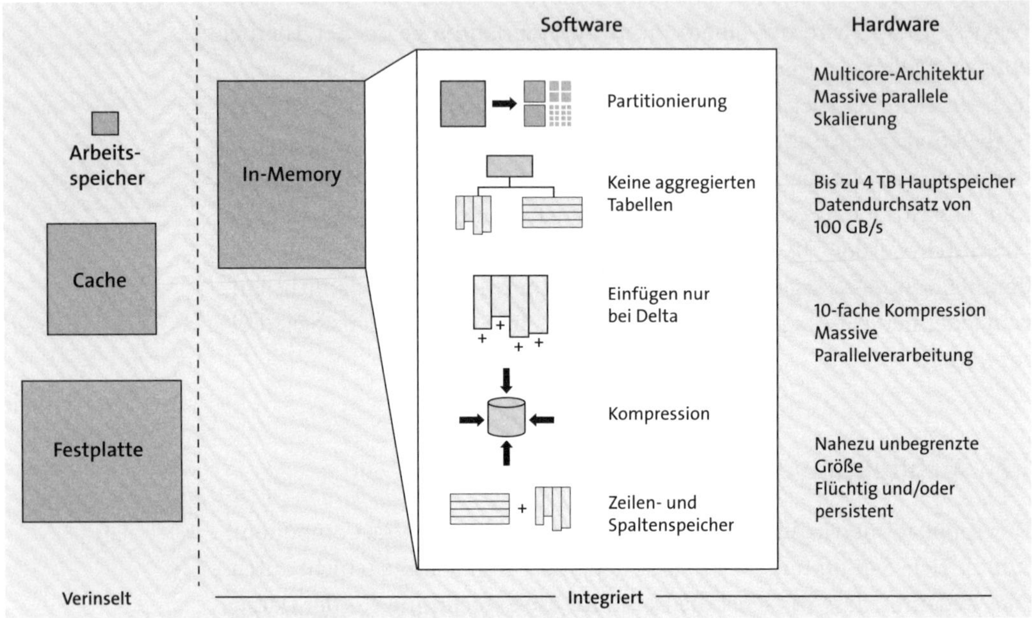

Abbildung 1.5 SAP-HANA-Architektur

Durch die Hardware steht für Berechnungen eine leistungsstarke Multicore-Architektur zur Verfügung, also ein einziger Chip mit mehr als einem vollständigen Hauptprozessorkern. Diese Architektur ermöglicht es, grundlegende Operationen simultan durchzuführen. Die Parallelisierung wird durch die spaltenorientierte Speicherung der Daten begünstigt, da so bereits eine vertikale Partitionierung der Tabelle vorliegt. Daher können Operationen auf verschiedene Spalten auf mehreren Prozessoren aufgeteilt werden. Die horizontalen Partitionierungsverfahren ermöglichen zudem die Trennung von einzelnen Spalten und somit die Verarbeitung der Spalten auf mehreren Prozessoren.

Konfiguration eines SAP-HANA-Systems

Ein SAP-HANA-System kann auf unterschiedliche Weise konfiguriert werden. Es hängt immer von den Anforderungen des Unternehmens ab. Abbildung 1.6 zeigt beispielhaft einen Systemaufbau.

SAP HANA kann als Single Host (ein Server) oder als Multi-Knoten-Cluster (mehrere verbundene Server) konfiguriert werden. Wichtig sind hierbei die einzelnen Server der Konfiguration:

- **Name Server**
  Auf dem Name Server werden die Architekturinformationen verwaltet. Zudem steuert dieser Server die auszuführenden Operationen abhängig davon, wo sich die zu selektierenden Informationen befinden.
- **Index Server**
  Der Index Server ist für die Datenhaltung und das Ausführen aller Operationen verantwortlich.
- **Statistics Server**
  Der Statistik Server sammelt Performanceinformationen wie Status oder Leistung aller angebundenen Server innerhalb des SAP-HANA-Systems.
- **Preprocessor Server**
  Der Preprocessor Server wird vom Index Server verwendet, um Textdaten zu analysieren und die entsprechenden Informationen zu extrahieren. Hiermit wird eine Volltextsuche gewährleistet.

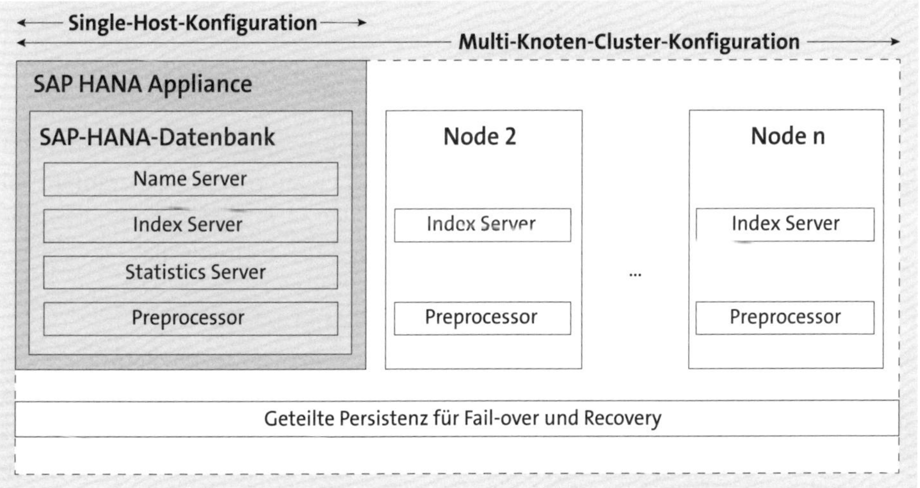

Abbildung 1.6 SAP-HANA-Konfiguration

Natürlich stellen Sie sich nun die Frage: Was geschieht mit meinen Daten, wenn jemand den Stecker zieht oder das System ausfällt?

Backups

Um bei einem Systemausfall sicherzustellen, dass die Datenbank immer in ihrem zuletzt eingegangenen Status wiederhergestellt werden kann, werden Änderungen in der Datenbank regelmäßig auf eine Festplatte gespeichert. Man unterscheidet zwischen Backups der Datenbank ❶ und protokollierten, abgeschlossenen Transaktionsereignissen ❷ (Abbildung 1.7).

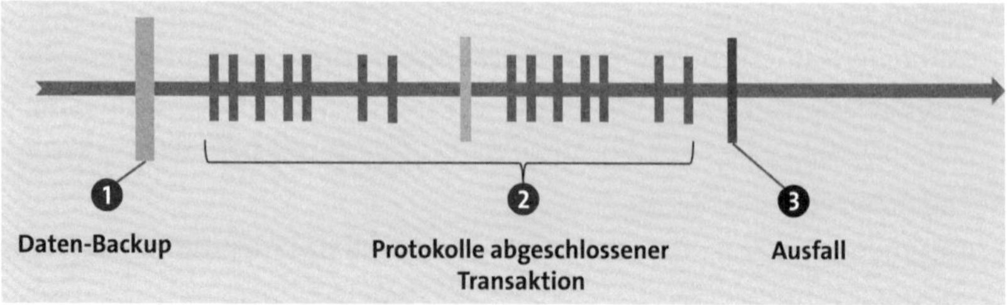

Abbildung 1.7 Ausfallmanagement

Bei einem Systemausfall ❸ werden das Backup und die Protokoll-Logs eingespielt, um den Datenverlust so gering wie möglich zu halten. Für einen solchen Fall sollten Sie einen Standby-Server zur Verfügung haben, um die Backups einzuspielen. Eine weitere Möglichkeit ist das sogenannte *Storage Mirroring*, das die Daten permanent in einem anderen Datencenter hält. Dieses Vorgehen ist jedoch sehr kostspielig.

1.3 Grundlegende Konzepte von SAP S/4HANA

In SAP S/4HANA gibt es eine Reihe von Funktionen, die sich vom klassischen SAP-ECC-System erheblich unterscheiden. Wir wollen darauf im Folgenden näher eingehen.

1.3.1 Geschäftspartnerkonzept

In SAP S/4HANA obligatorisch

Eine der wichtigsten Änderungen in SAP S/4HANA ist die Zentralisierung der Kunden- und Lieferantenstammdaten in das Geschäftspartnerkonzept (Business Partner). Dies hat zur Folge, dass Sie bekannte Transaktionen wie FK01/02/03, FD01/02/03, XK01/02/03 usw. nicht mehr verwenden können. Die Nutzung der Geschäftspartner ist unter SAP S/4HANA obligatorisch. Der Geschäftspartner ist keine völlig neue Funktion, er existiert bereits im klassischen SAP-ECC-System und wurde hauptsächlich in SAP Customer Relationship Management (SAP CRM) und in SAP Financial Supply Chain Management (SAP FSCM) genutzt. Es gibt im alten System ein Synchronisationsverfahren, das Änderungen beim Kundenstamm im Geschäftspartner aktualisiert und umgekehrt. In SAP S/4HANA fällt die Synchronisation optisch weg, jedoch sind die relevanten Kunden- und Lieferantentabellen wie KNA1, LFA1 usw. noch zwecks Datenzugriff vorhanden. In den Vertriebstransaktionen wird weiterhin auf die alten Strukturen zurückgegriffen. Die Auswirkungen, die sich daraus ergeben, sind nicht zu vernachlässigen. Wenn Sie eine Migration auf SAP S/4HANA planen, sollten sich die Kunden-

und Lieferantennummern im gleichen Nummernkreis befinden und eine Nummerngleichheit bereits vorhanden sein. Dieser vorgelagerte Schritt wird als Customer Vendor Integration (CVI) bezeichnet. Wenn Sie ihn außer Acht lassen, werden in den entsprechenden Transaktionen die alten Nummern verwendet.

1.3.2 Vereinfachung der Datenstruktur (Universal Journal)

Neues Einkreissystem

Mit der Einführung des *Universal Journals* hat sich SAP von dem aus SAP ERP bekannten Zweikreismodell, d. h. der Trennung von Finanzbuchhaltung und Controlling, verabschiedet und den Schritt zum *Einkreissystem* vollzogen. Dies zeigt sich insbesondere an der neuen Datenstruktur: der Tabelle *ACDOCA*, dem Herzstück von SAP S/4HANA Finance. In dieser Tabelle werden alle Einzelposten des SAP General Ledgers, der neuen Anlagenbuchhaltung, des Controllings, des Material Ledgers und der buchhalterischen Ergebnisrechnung zentral gespeichert. Dies bringt einige Vorteile mit sich. So sind z. B. die SAP-Komponenten Finanzbuchhaltung (FI) und Controlling (CO) per Definition miteinander abgestimmt, denn sie greifen auf dieselbe Tabelle zurück. Außerdem eröffnen sich hier völlig neue Möglichkeiten im Berichtswesen, die durch die physische Trennung der Daten in verschiedene Tabellen bisher so nicht oder nur schwer realisierbar waren. Mit der Einführung des Universal Journals hat sich auch die Rolle des Kostenrechnungsbelegs geändert. Dieser wird nur bei einer Kostenverrechnung zwischen CO-Objekten erzeugt. Alle anderen für das Controlling relevanten Buchungen werden mit dem Buchungsbeleg abgebildet.

Ein weiteres Beispiel für das neue Einkreissystem ist die Verwaltung von Sachkonten und Kostenarten. Diese werden zentral als Sachkonten verwaltet. Einem Primärkostenkonto muss also in SAP S/4HANA Finance ein Kostenartentyp (z. B. 01 – Primärkosten) zugeordnet werden, damit es im Controlling verwendet werden kann. Dies bedeutet allerdings auch, dass die aus SAP ERP bekannten sekundären Kostenarten als Sekundärkostenkonto angelegt und dem Kontenplan zugeordnet werden müssen. Jedes Sekundärkostenkonto (wie auch jede sekundäre Kostenart) verfügt jederzeit über einen Saldo von null.

1.3.3 Materialnummernlänge

Einschränkungen bei der Materialnummernlänge

In SAP S/4HANA wird die Materialnummernlänge auf 40 Zeichen erweitert. Dies ist in der Vergangenheit schon in Systemen der speziellen Branchenerweiterung SAP ECC-DIMP (Discrete Industries and Mill Products) möglich gewesen und wurde nun in SAP S/4HANA für alle Branchen realisiert. Allerdings gibt es Einschränkungen, die zu berücksichtigen sind. Welche das im Fall einer Migration auf SAP S/4HANA sind, lässt sich SAP-Hinweis 2232396 entnehmen. Für eine Migration auf SAP S/4HANA ist es wichtig, ein Vorprüfungsprogramm durchzuführen. Dieses prüft insbesondere Kundenfelder, die umzustellen sind. Dennoch sind einige Restriktionen zu beachten. Wird in SAP S/4HANA beispielsweise weiterhin das LIS (Logistikinformationssystem) verwendet, ist die Materialnummernlänge auf 18 Zeichen beschränkt. Wird mit Kunden- und/oder Lieferantenmaterialnummern gearbeitet, die vielfach auch für den Austausch per ALE (Application Link Enabling) verwendet werden, ist die Materialnummernlänge auf 35 Zeichen beschränkt. Natürlich ist auf jegliche Eigenentwicklung zu achten, die über den Report aus dem oben genannten SAP-Hinweis in der Regel gefunden werden kann. Arbeiten Sie in verteilten Systemen, wie z. B. Supplier-Relationship-Management-(SRM-), Customer-Relationship-Management-(CRM-) oder Supply Chain Management-(SCM-)Systemen, müssen Sie darauf achten, dass auch diese Systeme die langen Materialnummern verarbeiten können.

1.3.4 Kompatibilitätsmodus

Einschränkung der Funktionen

Der Umstieg auf eine SAP-HANA-Datenbank ist für bestehende Lösungen und SAP-Add-ons mit einem erhöhten Anpassungsbedarf verbunden. Transaktionen und Prozesse müssen auf den technischen Stand gehoben werden, sodass sie das gleiche Ergebnis und das gleiche Verhalten zeigen wie vor der Umstellung. Hierfür muss zum einen der Quellcode an die Spezifika der SAP-HANA-Datenbank angepasst werden. Zum anderen müssen bestehende Lösungen auf Änderungen in den alten bzw. neu designten Anwendungen hin geprüft werden. Da nicht alle SAP-Add-ons und Erweiterungen in der zukünftigen SAP-Roadmap vorgesehen sind und eventuell durch neue Produkte abgelöst werden sollen, sind nicht alle SAP-Add-ons mit SAP S/4HANA kompatibel. Auch die Tatsache, dass eine Umstellung eine komplette Analyse der Quellcodes erfordert, verzögert die Bereitstellung der SAP-Add-ons. Um dies zu beschleunigen, werden bestimmte Funktionen in einen Kompatibilitätsmodus umgesetzt. Dies bedeutet, dass die Programme zwar technisch lauffähig sind, aber noch nicht die neuen Möglichkeiten des SAP-S/4HANA-Systems (die SAP-HANA-Datenbankperformance, SAP S/4HANA Embedded Analytics, SAPUI5, SAP Fiori etc.) nutzen.

Folgendes sollten Sie beachten: Die Ankündigung bezüglich der Verlängerung der Wartung für SAP-Business-Suite-Lösungen hat keinen Einfluss auf das Ende des Nutzungsrechts der Kompatibilitätspakete. Das Nutzungsrecht der meisten genannten Funktionen endet mit dem Jahr 2025. Es gibt wenige Ausnahmen wie beispielsweise SAP CS (Customer Service) oder LE-

TRA (die Transportfunktion von SAP), die Sie der sogenannten Kompatibilitätsumfangsmatrix für SAP S/4HANA in SAP-Hinweis 2269324 entnehmen können.

1.3.5 Echtzeit und Vereinfachung

Principle of One

SAP S/4HANA verfolgt das große Ziel der Vereinfachung, nicht nur der Anwendungen, sondern auch des Datenmodells. Man spricht hier vom *Principle of One*. Einfach gesagt soll eine Anforderung nur noch durch einen Lösungsansatz umgesetzt werden. Neben der Vermeidung redundanter Lösungsansätze umfasst das Prinzip auch die Abschaffung redundanter Datenhaltung. In SAP ECC 6.0 werden Aggregations- und Historientabellen bereitgestellt, um schnelle Auswertungen zu ermöglichen. In SAP S/4HANA sind diese Tabellen nicht mehr notwendig, da Auswertungen basierend auf Stamm- und Bewegungsdaten in Echtzeit möglich sind. Sehen wir uns diese Datenmodellvereinfachung für den SD-Bereich an (siehe Abbildung 1.8). In SAP ECC 6.0 existieren die Statustabellen VBUK und VBUP, die in SAP S/4HANA aus Performancegründen in die entsprechenden Belegtabellen verschoben wurden. Um Redundanzen zu beseitigen, wurden die Belegindextabellen eliminiert. Ähnlich erging es den LIS- (S066 und S067) und Bonusindextabellen (VBOX), sowie den Strukturen für den Export und Import (EIKP und EIPO). Weitere Informationen entnehmen Sie den SAP-Hinweisen 2198647 und 2267306.

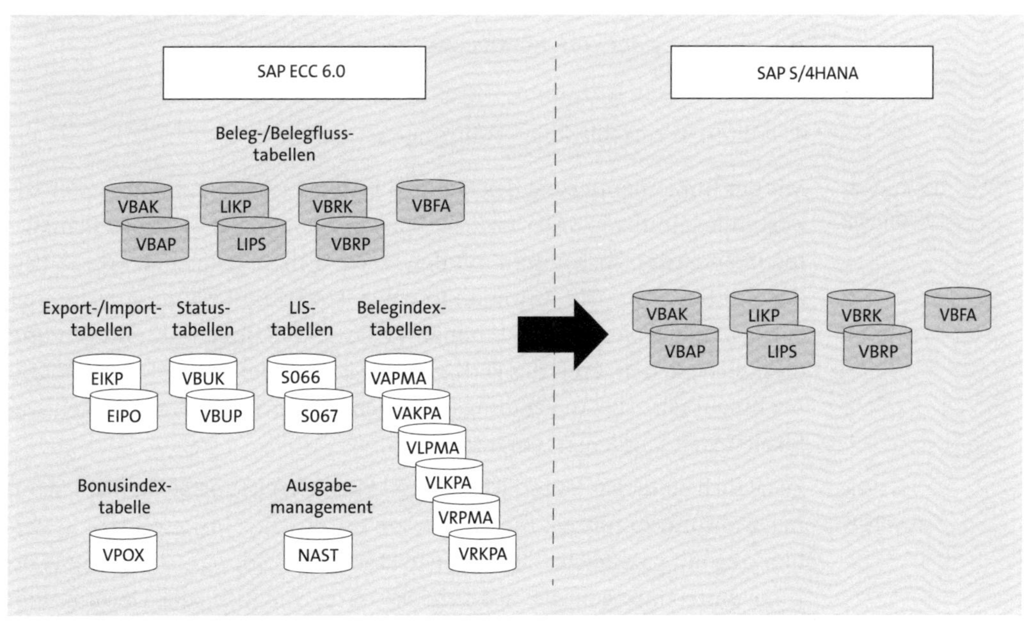

Abbildung 1.8 Vereinfachung der Datenstruktur

Auch in der Bestandsführung gibt es Vereinfachungen. In SAP ECC 6.0 existieren 24 Aggregations- und Historientabellen, zwei Stammdatentabellen und zwei Bewegungsdatentabellen. In diesen werden zur Auswertung viele redundante Daten gehalten. In SAP S/4HANA wurden diese Tabellen durch zwei weiterhin existierende Stammdatentabellen (MARC und MARD) und eine umfangreiche Bewegungsdatentabelle (MATDOC) ersetzt.

1.3.6 Keine Summentabellen

Zentrale Datenbanktabelle ACDOCA

Insbesondere in SAP S/4HANA Finance wird die aus SAP ECC bekannte Tabellenstruktur erheblich vereinfacht, indem auf Index- und Summentabellen verzichtet wird. Darüber hinaus wird das herkömmliche Zweikreissystem durch ein Einkreissystem abgelöst, d. h., in SAP S/4HANA Finance werden alle Einzelpostenbelege aus den Anwendungen FI und CO in der zentralen Datenbanktabelle ACDOCA gespeichert. Eine Abstimmung dieser Daten ist daher nicht mehr notwendig. Außerdem ermöglicht eine zentrale Tabelle eine wesentlich flexiblere und detailliertere Analyse der Daten im Berichtswesen als bisher in SAP ECC.

1.3.7 Material Ledger verbindlich

Beim *Material Ledger* handelt es sich um das Nebenbuch der Materialwirtschaft, das alle wertmäßigen Warenbewegungen innerhalb eines Werkes aufzeichnet. Dabei bietet das Ledger unter anderem folgende Funktionen zur Bewertung der Warenbewegungen an:

- Bewertung zu Ist-Kosten
- Führen in verschiedenen Währungen

Ist-Kosten-Rechnung

Mit der Implementierung des Material Ledgers ist eine Abbildung der Ist-Kosten-Rechnung in SAP möglich. Dabei werden Vorräte nicht zu Plankosten (Standardpreis), sondern mit den tatsächlich angefallenen Kosten (Ist-Kosten) bewertet. Die Anwendung einer Ist-Kosten-Rechnung ist immer dann sinnvoll, wenn Vorräte hohen Preisschwankungen unterliegen und diese sich auch im Preis des Fertigerzeugnisses widerspiegeln sollen. Darüber hinaus wird die Anwendung in einigen Ländern (z. B. in der Türkei) von lokalen Standardgebern vorgeschrieben.

Parallele Währungen

Zusätzlich bietet das Material Ledger die Möglichkeit, Vorräte in mehr als einer Währung zu führen. Diese Funktion erweist sich insbesondere in Verbindung mit parallelen Währungen in FI zur Vermeidung zusätzlicher Währungsumrechnungen als nützlich. So ist es möglich, die Gewinn-und-Verlust-Rechnung (GuV) und die Bilanz in verschiedenen Währungen abzubilden. Dadurch können z. B. starke Währungsschwankungen aufgezeigt werden, indem die Berichterstattung in einer stabileren als der lokalen Währung erfolgt. Außerdem ermöglichen diese Funktionen ein Berichtswesen (zumindest bezüglich der Währungsumrechnung) nach lokalen (gesetzlichen) und Konzernanforderungen.

Aktivierung des Material Ledgers

Die genannten Vorteile, die das Material Ledger bietet, sind jedoch nicht neu und standen schon vor SAP S/4HANA zur Verfügung. Viele Unternehmen haben bisher jedoch den Aufwand und die Konsequenzen einer Einführung des Material Ledgers gescheut, da eine Aktivierung nur sehr schwer rückgängig gemacht werden kann. In SAP S/4HANA ist eine Aktivierung jedoch *zwingend* erforderlich, deshalb bietet sich nun die Chance, die Funktionen zu prüfen, zu bewerten und im Zuge der SAP-S/4HANA-Einführung zu implementieren. Ergeben sich für Sie keine Vorteile, wird sich trotz Aktivierung des Material Ledgers kaum etwas an Ihrer bisherigen Arbeitsweise ändern, denn das Ledger kann auch mit einem reduzierten Funktionsumfang genutzt werden. So ist es etwa möglich, Vorräte in einer (z. B. Buchungskreiswährung) statt in mehreren Währungen zu führen und damit auf einige der oben beschriebenen Funktionen zu verzichten.

1.3.8 Re-Integration von Planungsfunktionen

Stundengenaue Planung möglich

In SAP S/4HANA geht SAP einen Schritt zurück zu dem Konzept, verschiedene Funktionen in unterschiedlichen Systemen abzubilden, die jeweils genau dafür designt sind. Seit Ende der 1990er Jahre hat SAP Planungsfunktionen im Produktionsumfeld in *SAP Advanced Planning and Optimization* (SAP APO) abgebildet und auch nur noch dort wirklich weiterentwickelt. Dieser Schritt hatte seinerzeit auch eine gute Begründung, wurde doch in SAP APO der SAP liveCache entwickelt und damit die Möglichkeit geschaffen, die Planung im Hauptspeicher durchzuführen. Mit SAP HANA wurde quasi ein Nachfolger zum liveCache entwickelt, und SAP geht mit SAP S/4HANA nun den umgekehrten Weg. Jetzt werden sukzessive Planungsfunktionen, die unter SAP APO laufen, in SAP S/4HANA integriert. Unter anderem wird die Komponente PP/DS (Production Planning/Detailed Scheduling) in SAP S/4HANA integriert. Mit PP/DS kann im Gegensatz zu der Bedarfsplanung im alten SAP-ERP-System nicht nur tagesgenau, sondern stundengenau geplant werden. Unter SAP ECC gab es eine Trennung zwischen Kapazitätsplanung und Materialbedarfsplanung. In PP/DS kann diese Planung integriert betrachtet werden, wofür verschiedene Planungsalgorithmen zur Verfügung stehen. Mit den neuen SAP-Fiori-Apps kann zudem die Produktionsplanung in einer neuartigen webbasierten grafischen Plantafel durchgeführt werden, ohne zwischen SAP ERP und SAP APO wechseln zu müssen.

1.3.9 MRP Live

Materialbedarfsplanung

Mit SAP HANA hat SAP eine neue Form der Materialbedarfsplanung entwickelt, die sich *MRP Live* bzw. *MRP Live on HANA* nennt. Technisch können Sie sich MRP Live so vorstellen, dass die Anforderung, die Materialbedarfsplanung durchzuführen, in einem Stück an den Hauptspeicher übergeben wird, dort die Berechnung stattfindet und in einem Stück wieder zurücktransferiert wird. Durch diese In-Memory-Technologie lassen sich erhebliche Zeitgewinne realisieren. Allerdings können Sie dabei auch feststellen, dass der Zeitgewinn bei wenigen Materialien nicht messbar oder nur sehr gering ist. MRP Live spielt seine Stärken daher erst bei sehr großen Datenmengen aus.

Mit MRP Live kann der Planungslauf flexibler gestaltet werden. So können z. B. eine Gruppe von Materialien, ein Material über alle Werke oder alle Materialien für einen Disponenten geplant werden. Die herkömmliche Materialbedarfsplanung MRP steht Ihnen auch weiterhin zur Verfügung.

Weitere Funktionen

MRP Live hat auch noch weitere Funktionen, die nicht direkt ersichtlich sind. So werden Materialien, die MRP Live nicht planen kann, zum herkömmlichen MRP weitergeleitet und dort geplant (z. B. bestellpunktdisponierte Materialien). Zum anderen werden aber auch Materialien, für die PP/DS aktiviert ist, von MRP Live zum Produktionsplanungslauf in PP/DS weitergeleitet. Welche Einschränkungen MRP Live hat, ist stark von Release und Patchlevel abhängig; SAP hat dazu SAP-Hinweis 1914010 erstellt, der regelmäßig aktualisiert wird.

Abweichungen zum herkömmlichen MRP

Vom herkömmlichen MRP weicht MRP Live in folgenden Punkten ab:

- MRP Live schreibt keine Dispositionslisten.
- Die mehrstufige Kundeneinzelplanung (Transaktion MD50) ist nicht für SAP HANA optimiert.
- Die Projekteinzelplanung (Transaktion MD51) ist nicht für SAP HANA optimiert.
- Das Erstellungskennzeichen für Bestellanforderungen ist in MRP Live nicht verfügbar. MRP Live legt immer dann Bestellanforderungen an, wenn das Material fremdbeschafft wird.
- Das Erstellungskennzeichen für Lieferplaneinteilungen ist in MRP Live nicht verfügbar. MRP Live legt immer dann Lieferplaneinteilungen an, wenn ein gültiger Lieferplan vorhanden ist.

Dispositionslisten

Dispositionslisten waren früher ein Arbeitswerkzeug für den Disponenten und ein Tool, um Performanceprobleme zu umgehen. In SAP S/4HANA sind einerseits Performanceprobleme kein Thema mehr und andererseits für den Disponenten neuere Werkzeuge bereitgestellt worden, sodass die Disposition jetzt mit SAP-Fiori-Apps kontrolliert werden kann.

Erstellungskennzeichen

Die Anpassung bezüglich des *Erstellungskennzeichens* ist die augenscheinlich umfangreichste Änderung. Diese begründet SAP damit, dass sich die Arbeitsweise in den Unternehmen geändert habe und heutzutage eine Trennung zwischen Disponenten und Einkäufern nicht mehr existiere. Auch wenn das zum Teil richtig ist, kann dies sicher nicht pauschalisiert werden. Hier müssen die Kunden entweder mit den geänderten Funktionen leben oder über BAdIs (Business Add-ins) die alte Logik wiederherstellen.

1.4 User Experience

In SAP S/4HANA stellt SAP eine neue Benutzeroberfläche in den Vordergrund. Das SAP Fiori Launchpad soll die Arbeitsweise der Anwender im Unternehmen vereinfachen und übersichtlicher machen. Wir möchten hier nur einen kurzen Überblick über die neuen Funktionen geben und das Thema tiefer in Kapitel 25, »SAP Fiori Launchpad«, behandeln.

1.4.1 SAP Fiori

Neue UI-Strategie

SAP Fiori ist die neue UI-Technologie (User Interface, deutsch: Benutzeroberfläche) von SAP. SAP Fiori basiert auf den bekannten Grundsätzen der App- und Oberflächenentwicklung. Für SAP ist SAP-Fiori nicht nur ein Produkt neben vielen anderen, sondern das Herzstück der künftigen UI-Strategie. Ziel dieser Strategie ist es, alle SAP-Nutzeroberflächen an SAP Fiori auszurichten. Technische Kernstücke sind hierbei das SAPUI5 Framework – ein »Baukasten« für die im Internet verbreiteten Standards HTML5 und JavaScript – und das Open Data Protocol (OData) zur Kommunikation. SAP Fiori ist keine Software, die auf einem Rechner oder mobilen Endgerät installiert werden muss; vielmehr ist es in jedem Browser lauffähig, der HTML5-kompatibel ist. Aktuell unterstützen nahezu alle Browser diese Technologie. Mit SAP S/4HANA Release 2020 steht zum ersten Mal das besonders benutzerfreundliche SAP Fiori 3.0 zur Verfügung.

SAP GUI vs. intuitive Softwarenutzung

Spätestens jetzt wird man sich als Endanwender die Frage stellen: »Brauche ich dann das SAP GUI gar nicht mehr?« Die meisten Endanwender verwenden heute das SAP GUI für ihre tägliche Arbeit und haben in den letzten 15 Jahren gelernt, mit starren und oft nicht besonders übersichtlichen Oberflächen zurechtzukommen. Basierend auf dem Grundprinzip, dass sich Programme an den Ansprüchen der Nutzer orientieren sollten, hat SAP mit der UI-Technologie einen ersten entscheidenden Schritt in Richtung intuitiver Softwarenutzung gemacht. Durch die Verbreitung von Smartphone-Apps, nicht nur für die private Nutzung, haben die Anwender gesehen, wie intuitiv sich auch komplizierte Anwendungen übersichtlich und schick abbilden lassen. Hierfür muss natürlich viel beim Design der Anwendungen beachtet werden, um eine hohe User Experience (Benutzerfreundlichkeit, kurz: UX) erreichen zu können.

Kernprinzipien von SAP Fiori

Um eine optimale User Experience von SAP Fiori zu erreichen, wird auf folgende Kernprinzipien zurückgegriffen, die in Kapitel 25, »SAP Fiori Launchpad«, detailliert beschrieben werden.

- Rollenbasiert
- Adaptiv
- Durchgängig
- Einfach

SAP Fiori ermöglicht es, Aufgaben effizient und schnell zu erledigen. Durch personalisierte Einstiege und Einstellungen können Prozesse beschleunigt werden. SAP veröffentlicht mit jedem neuen SAP-S/4HANA-Release neue SAP-Fiori-Apps. Daher lohnt sich regelmäßig ein Blick in die SAP Fiori Apps Reference Library, um zu prüfen, ob neue Funktionen zur Verfügung stehen, die den Arbeitsalltag erleichtern.

1.4.2 SAP Fiori Launchpad

Hoher Personalisierungsgrad

Die SAP-Fiori-Technologie wird für den SAP-Anwender im SAP Fiori Launchpad sichtbar. Das ist vergleichbar mit einem Startbildschirm auf einem Smartphone. Dieser bietet einen hohen Personalisierungsgrad. Das SAP Fiori Launchpad kann gemäß den eigenen Anforderungen personalisiert werden. Die Anwendungen (Apps) des Users erscheinen im SAP Fiori Launchpad als Kacheln, die sich individuell anordnen lassen. Apps, die nicht im Startmenü vorhanden sind, lassen sich aus einem Katalog auswählen und dem Startmenü hinzufügen. Je nach App beinhaltet die Kachel auch schon eine Vorschau, etwa über wichtige KPIs oder abzuarbeitende Aufgaben. Zudem kann der Anwender über das Suchfeld deutlich schneller an die für ihn relevanten Apps gelangen, als das im SAP GUI möglich war.

Aktuell unterscheidet SAP drei Typen von Apps, die im SAP Fiori Launchpad integriert sind:

1

- **Transaktionale Apps**
  Hier werden Funktionen wie in einer bestehenden SAP-Transaktion dargestellt und verarbeitet (siehe Abbildung 1.9).

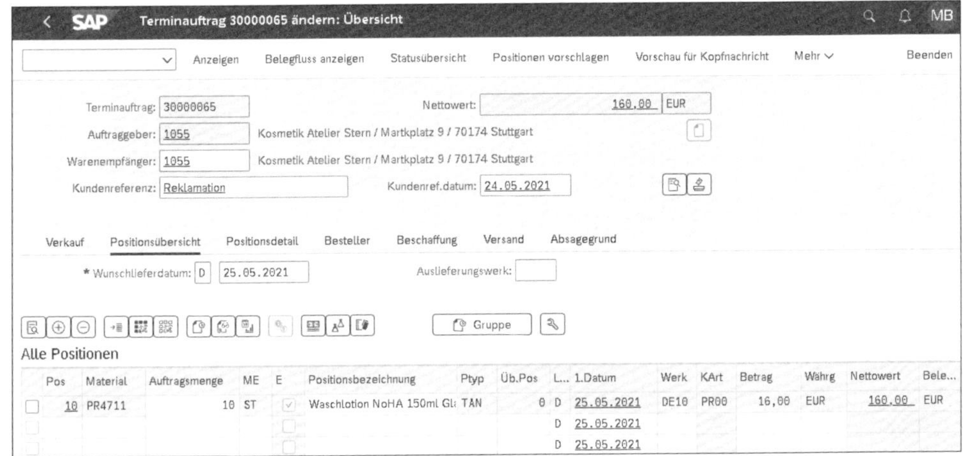

Abbildung 1.9 Transaktionale App »Kundenaufträge ändern – VA02«

- **Fact-Sheet-Apps**
  Hierbei handelt es sich um Berichte zu einem speziellen Thema, wie beispielsweise eine Auswertung über unvollständige Verkaufsbelege (siehe Abbildung 1.10).

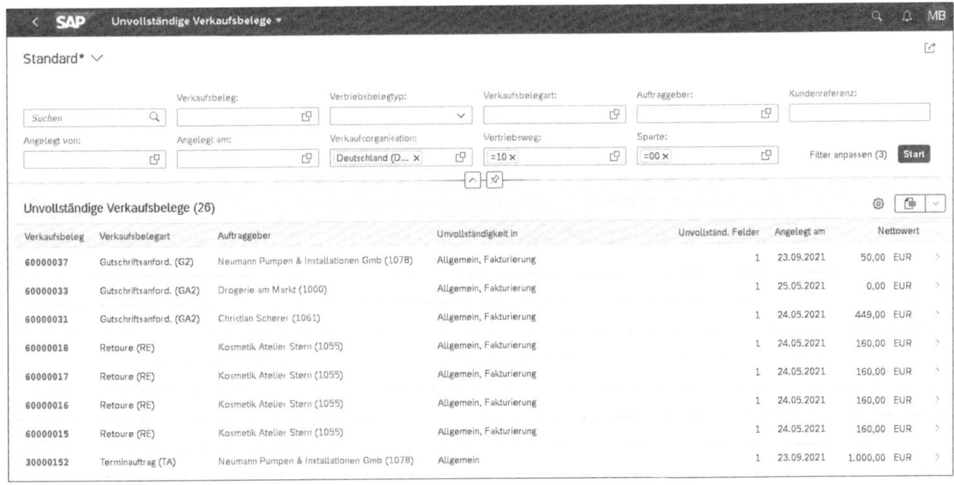

Abbildung 1.10 Fact-Sheet-App »Unvollständige Verkaufsbelege«

- **Analytical Apps**
  Diese Anwendungen werden genutzt, um komplizierte Sachverhalte und Daten grafisch aufbereitet zu analysieren (siehe Abbildung 1.11).

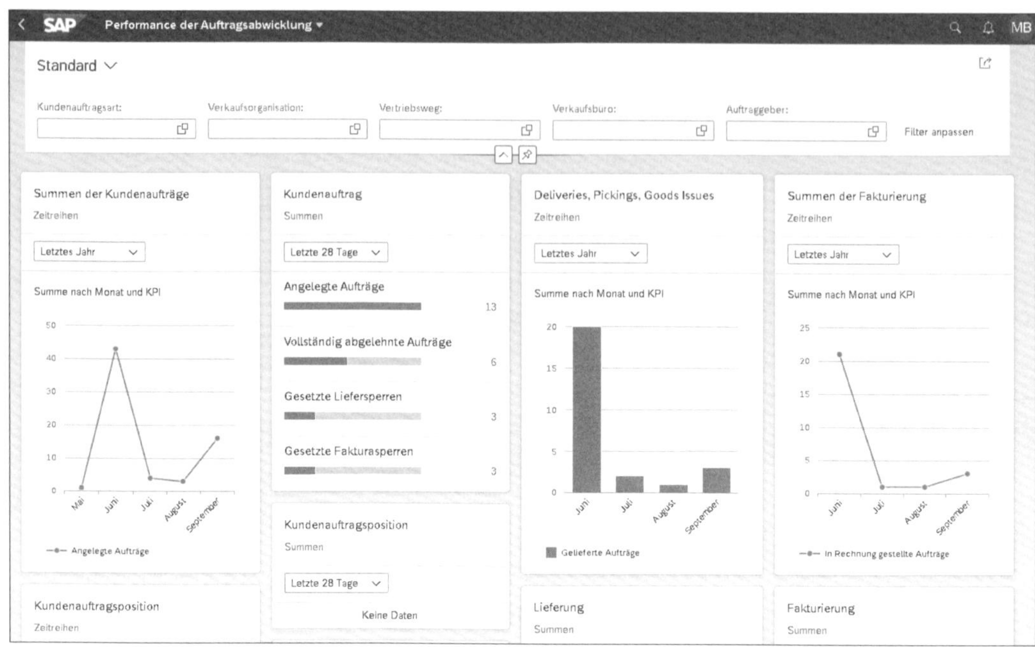

Abbildung 1.11 Analytical App »Performance der Auftragsabwicklung«

Um Analytical Apps und Fact Sheets nutzen zu können, wird ein SAP-System mit SAP HANA als Datenbank vorausgesetzt.

1.5 Integration in andere Bereiche

Integration in den HANA-Core

In den letzten Jahren bestand die Strategie von SAP darin, Funktionen als eigenständige Produkte anzubieten und diese über Schnittstellen mit dem ERP-System zu verbinden. Beispiele hierfür sind SAP Financial Supply Chain Management (SAP FSCM) oder SAP Extended Warehouse Management (SAP EWM). Mit SAP S/4HANA hat sich diese Strategie verändert, indem die Funktionen nun in den HANA-Core integriert wurden. Beispiele hierfür sind ebenfalls SAP FSCM, SAP Embedded EWM und die Integration von Planungsfunktionen in den HANA-Core.

Roadmap

Ein Blick auf die Roadmap für SAP S/4HANA zeigt, dass in den nächsten Jahren viele weitere Funktionen in den HANA-Core integriert werden. Dies betrifft nicht nur den Vertriebsbereich, sondern auch die Materialwirtschaft und die Produktion.

Durch SAP S/4HANA werden auch bereichsübergreifende Auswertungen ermöglicht, für die früher ein SAP-Business-Warehouse-System (SAP BW) genutzt werden musste. Abbildung 1.12 zeigt schematisch den Digital Core von SAP S/4HANA und die Funktionen, die integriert wurden.

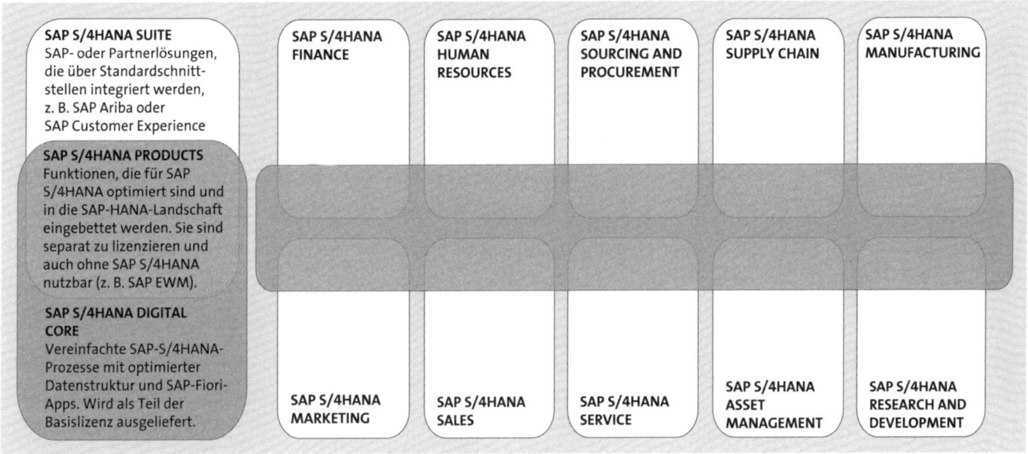

Abbildung 1.12 Digital Core von SAP S/4HANA

Diese Entwicklungen verdeutlichen einmal mehr, welche Schritte SAP mit SAP HANA vorangeht und welche Veränderungen dadurch auf die Unternehmen zukommen. Daher sollte der Umstieg auf SAP S/4HANA gut überlegt und gründlich vorbereitet werden, damit Sie auch die weiteren Entwicklungen mitgehen können.

Kapitel 2
Organisationseinheiten

Dieses Kapitel behandelt die grundlegenden Organisationseinheiten im SAP-System. Diese Einheiten repräsentieren die Struktur Ihres Unternehmens. Besonderes Augenmerk richten wir auf die Organisationseinheiten, die vor allem im Vertrieb benötigt werden.

Abbildung der Aufbauorganisation des Unternehmens

Mithilfe von *Organisationseinheiten* wird die Aufbauorganisation des Unternehmens im SAP-System abgebildet – dies erfolgt im Customizing. Die Einrichtung dieser Strukturen ist von großer Bedeutung, da hier der Rahmen für den Ablauf der Prozesse und die Gestaltung des Rechnungswesens definiert wird.

Im Folgenden werden wir die wesentlichen Elemente zur Abbildung der Unternehmensstruktur beschreiben. Dabei werden neben den Vertriebsstrukturen auch die wichtigsten übergreifenden Organisationseinheiten der Finanzbuchhaltung, des Controllings, der Materialwirtschaft und der Produktion erklärt. Die entsprechenden Zuordnungen und Verknüpfungen der Organisationseinheiten im System zeigen die weitreichende Integration von SAP S/4HANA ein erstes Mal auf. Diese wird an verschiedenen Stellen des Buches immer wieder deutlich betont und aus unterschiedlichen Perspektiven beleuchtet werden.

Die Struktur der Organisationseinheiten und deren Zuordnungen haben sich in SAP S/4HANA nicht verändert und entsprechen damit den bisherigen Definitionen.

2.1 Mandant

Strukturen, Stamm- und Bewegungsdaten im Mandanten

Ein *Mandant* ist ein eigener abgegrenzter Bereich in einem SAP-System. Innerhalb eines Mandanten werden die weiteren Organisationsstrukturen sowie die Stamm- und Bewegungsdaten angelegt und verwaltet. Er ist in der Regel gleichbedeutend mit dem Konzern, innerhalb dessen mehrere rechtlich selbstständige Unternehmenseinheiten existieren. Jedes System kann aus mehreren Mandanten bestehen. Der Benutzer meldet sich in SAP S/4HANA mit seiner Benutzerkennung in einem bestimmten Mandanten an. Abbildung 2.1 zeigt den Bildschirm beim Login. Der Benutzer meldet sich mit der Kennung »MABO« und dem entsprechenden Passwort im Mandanten »200« in der Sprache »DE« (Deutsch) an.

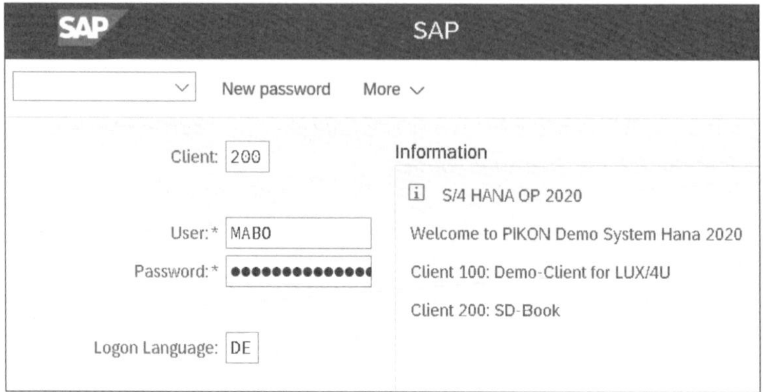

Abbildung 2.1 Anmeldebildschirm in SAP S/4HANA

Eigener Systembereich

Wir haben es bei einem Mandanten mit einem eigenen Systembereich zu tun. Die meisten Daten im SAP-System sind mandantenabhängig. Auch die überwiegende Zahl der Customizing-Einstellungen ist mandantenabhängig. Es gibt darüber hinaus aber auch mandantenübergreifende Einstellungen, die in allen Mandanten wirksam werden. Ein klassisches Beispiel hierfür sind Entwicklungen.

2.2 Buchungskreis

Selbstständig bilanzierende Einheit

Innerhalb eines Mandanten können mehrere *Buchungskreise* angelegt werden. Ein Buchungskreis repräsentiert eine selbstständig bilanzierende Einheit, z. B. eine Firma innerhalb eines Konzerns. Auf der Ebene der Buchungskreise werden die vom Gesetzgeber geforderten Jahresabschlüsse erstellt. Das heißt, es werden alle buchungspflichtigen Ereignisse erfasst. Für jede rechtlich selbstständige Einheit (Einzelunternehmen, Personengesellschaft, Kapitalgesellschaft) ist ein Buchungskreis anzulegen. Damit können über Buchungskreise die Tochtergesellschaften eines Konzerns abgebildet werden.

Mithilfe von *SAP S/4HANA Finance For Group Reporting* werden alle Konsolidierungsfunktionen an einer Stelle gebündelt und Sie können in der Cloud oder on-premise Ihren Konzernabschluss erstellen.

2.3 Werk

Produktionsstandorte

Über *Werke* werden in SAP S/4HANA Produktionsstandorte des Unternehmens abgebildet. Auf der Ebene eines Werkes erfolgt unter anderem:

- die Bestandsführung
- die Bewertung und die Inventur der Bestände
- die Programm- und Produktionsplanung
- die Produktionssteuerung
- die Bedarfsplanung (Disposition)

Ein Werk ist immer genau einem Buchungskreis zugeordnet. Umgekehrt können einem Buchungskreis mehrere Werke zugeordnet werden (siehe Abbildung 2.2).

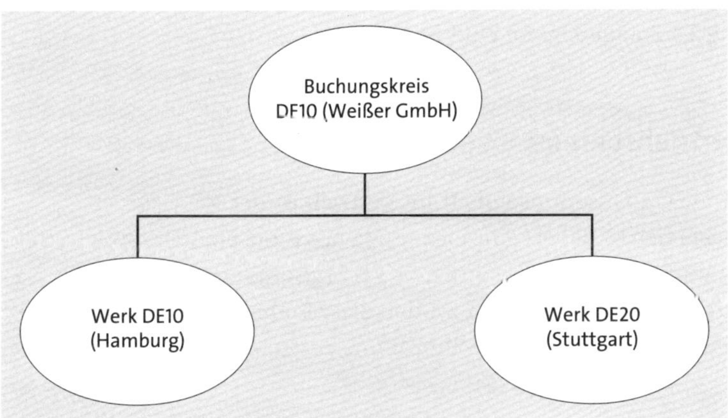

Abbildung 2.2 Zuordnung von Buchungskreis und Werk

2.4 Lagerort

Differenzierung der Materialbestände

Wie in Abschnitt 2.3, »Werk«, erwähnt, erfolgt die Bestandsführung in SAP S/4HANA auf der Werksebene. Eine weitere Differenzierung der Materialbestände kann über *Lagerorte* vorgenommen werden. Eine Zusammenfassung mehrerer räumlich nahe beieinanderliegender Orte mit Materialbestand innerhalb eines Werkes bildet somit einen Lagerort ab. Die Bestände werden dann unterhalb des Werkes auf der Ebene des Lagerortes geführt. Ein Lagerort ist damit immer eindeutig einem Werk zugeordnet.

Zu einem Werk können mehrere Lagerorte angelegt werden (siehe Abbildung 2.3). Dabei ist die Nummer des Lagerortes nur innerhalb eines Werkes eindeutig. Das heißt, der Lagerort 0001 kann sowohl in Werk DE10 als auch in Werk DE20 vorkommen.

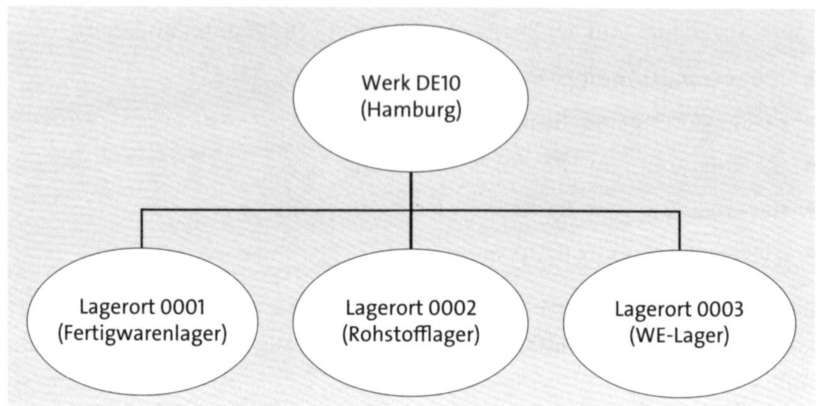

Abbildung 2.3 Zuordnung von Werk und Lagerort

2.5 Vertriebsbereich

Kombination aus Verkaufsorganisation, Vertriebsweg und Sparte

Die zentrale Organisationseinheit im Vertrieb ist der *Vertriebsbereich*. Ein Vertriebsbereich ist dabei keine eigene Organisationseinheit, sondern stellt eine Kombination aus den Einheiten *Verkaufsorganisation*, *Vertriebsweg* und *Sparte* dar. Im Customizing werden diese Einheiten zunächst getrennt voneinander angelegt. Über die Zuordnung entsteht dann der Vertriebsbereich.

Vertriebsbelege (Angebote, Aufträge) werden immer innerhalb eines Vertriebsbereichs erfasst. Auch die vertriebsbezogenen Stammdaten im Geschäftspartner und die Konditionen der Preisfindung (Preise, Rabatte, Zuschläge) werden für einen Vertriebsbereich gepflegt. Vertriebsstatistiken werden in der Praxis häufig auf Vertriebsbereichsebene fortgeschrieben und ausgewertet. In der Ergebnisrechnung (Komponente *CO-PA*) können Ergebnisse differenziert nach Vertriebsbereichen dargestellt werden.

Verkaufsorganisation

Die Aufbauorganisation der Vertriebsabteilung kann im System über einzelne *Verkaufsorganisationen* abgebildet werden. Denkbar wäre z. B. eine regionale Untergliederung innerhalb eines Landes. In der Praxis wird häufig auch die Untergliederung in Inlands- und Exportvertrieb über die Verkaufsorganisationen vorgenommen. Jede Verkaufsorganisation ist genau einem Buchungskreis zugeordnet. Einem Buchungskreis können mehrere Verkaufsorganisationen zugeordnet werden.

Vertriebsweg

Über *Vertriebswege* werden die Absatzkanäle des Unternehmens abgebildet. Der Vertriebsweg ist der Weg, auf dem Waren bzw. verkaufsfähige Materialien oder Dienstleistungen zum Kunden gelangen. Um eine möglichst reibungslose Bedienung des Marktes zu gewährleisten, arbeitet der Vertrieb auf verschiedenen Vertriebswegen. Großhandel, Einzelhandel, Industriekunden oder Direktverkauf ab Werk sind typische Vertriebswege. Ein Kunde kann innerhalb einer Verkaufsorganisation über mehrere Vertriebswege beliefert werden. Vertriebsrelevante Materialstammdaten, wie z. B. Preise oder Auslieferwerk, können sich je nach Verkaufsorganisation und Vertriebsweg unterscheiden. Ein Vertriebsweg kann einer oder mehreren Verkaufsorganisationen zugeordnet werden.

Sparte

Eine *Sparte* stellt eine Produktlinie oder eine Produktgruppe dar (z. B. Haushaltsgeräte, Spielwaren, Pumpen). Der Definition von Sparten kommt eine besondere Bedeutung zu. Da jeder Materialstamm (siehe Abschnitt 3.2, »Materialstamm«) eindeutig einer Sparte zugeordnet werden kann, sollten Sparten stets so definiert werden, dass eine eindeutige Zuordnung von Materialien möglich ist.

Zuordnungen des Vertriebsbereichs

Der Vertriebsbereich ist also keine eigenständige Organisationseinheit, sondern eine Kombination aus Verkaufsorganisation, Vertriebsweg und Sparte. Über die Verkaufsorganisation ist der Vertriebsbereich eindeutig einem Buchungskreis zugeordnet. Abbildung 2.4 veranschaulicht die Bildung von Vertriebsbereichen. Hier sehen Sie die Zuordnung der Verkaufsorganisation zum Buchungskreis. Durch die Kombinationen von Verkaufsorganisation, Vertriebsweg und Sparte entstehen drei Vertriebsbereiche.

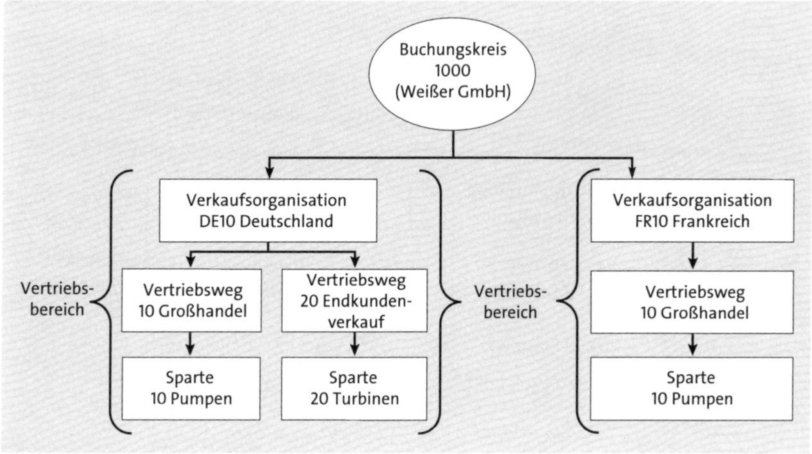

Abbildung 2.4 Vertriebsbereiche

Jeder Kombination aus Verkaufsorganisation und Vertriebsweg können mehrere Werke zugeordnet werden. Über diese Zuordnung wird für den jeweiligen Vertriebsbereich festgelegt, aus welchen Werken dieser Vertriebsbereich seine Produkte verkaufen kann.

2.6 Verkaufsbüro und Verkäufergruppe

Vertriebsbereiche (Verkaufsorganisation/Vertriebsweg/Sparte) dienen der Abbildung der Organisationsstrukturen im Vertrieb. Zur weiteren Untergliederung dieser Bereiche können *Verkaufsbüros* und *Verkäufergruppen* definiert werden, die jedoch im Gegensatz zu den Vertriebsbereichen keine Pflichtorganisationseinheiten sind.

Verkaufsbüro

Verkaufsbüros dienen häufig der Abbildung der Strukturen im Innen- und Außendienst. So kann eine Vertriebsniederlassung als Verkaufsbüro angelegt werden. Vertriebsstatistiken können auf dieser Ebene fortgeschrieben werden, und auch die Konditionengestaltung kann abhängig von Verkaufsbüros erfolgen. Auf den Formularen (Auftragsbestätigungen, Lieferscheine, Rechnungen) können die zuständigen Verkaufsbüros mit Adresse und Ansprechpartner angedruckt werden.

Verkaufsbüros sind den Vertriebsbereichen zugeordnet. Dabei können einem Vertriebsbereich mehrere Verkaufsbüros zugeordnet werden. Ebenso kann auch ein Verkaufsbüro für unterschiedliche Vertriebsbereiche tätig sein. Abbildung 2.5 zeigt die Zuordnung der Verkaufsbüros zu den Vertriebsbereichen.

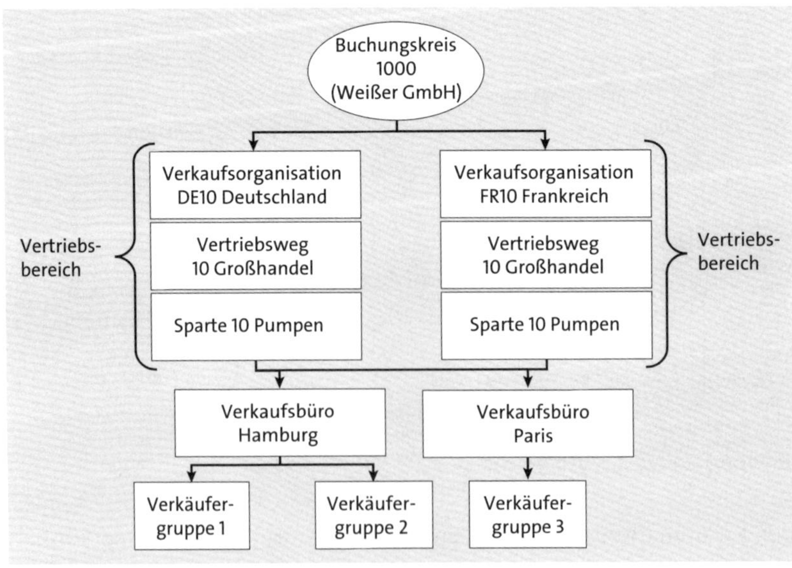

Abbildung 2.5 Verkaufsbüros

Verkäufergruppe

Verkaufsbüros lassen sich in einzelne Personengruppen (Verkäufergruppen) untergliedern. Auch für Verkäufergruppen können Statistiken fortgeschrieben werden. Die Zuständigkeit für einen Vertriebsbeleg (Anfrage, Auftrag) lässt sich über die Verkäufergruppen ermitteln, dazu stehen entsprechende Listen bereit. Jedem Verkaufsbüro können mehrere Verkäufergruppen zugeordnet werden. Ebenso ist es möglich, eine Verkäufergruppe mehreren Verkaufsbüros zuzuordnen.

Sind Kunden einzelnen Vertriebsmitarbeitern zugeordnet, empfiehlt es sich, diese Struktur nicht über Verkaufsbüro abzubilden, sondern über eine Partnerrolle, die dem Geschäftspartner zugeordnet wird.

2.7 Organisationseinheiten im Versand

Versandstellen

Die Einplanung und die Bearbeitung von Lieferungen an Kunden werden über *Versandstellen* abgewickelt. Eine Versandstelle ist ein Ort, an dem Versandaktivitäten (Kommissionierung, Versanddisposition, Verpacken, Verladen, Transport) stattfinden. Jede Lieferung wird von einer Versandstelle bearbeitet und geht von dieser aus. Die Lieferbelege im System werden immer für eine Versandstelle erfasst.

Werksübergreifende Einrichtung

Versandstellen können werksübergreifend definiert werden, d. h., sie sind nicht an die Organisationseinheiten *Werk* und *Lagerort* gebunden. Eine werksübergreifende Einrichtung von Versandstellen ist allerdings nur dann sinnvoll, wenn die Werke räumlich nahe beieinanderliegen, z. B. rechts und links einer Straße. Es können aber auch mehrere Versandstellen für ein Werk zuständig sein, die sich beispielsweise in den Ladestellen bzw. Ladehilfsmitteln oder in der Bearbeitungsdauer unterscheiden.

2.8 Organisationsstrukturen im Controlling

Die wichtigsten Organisationseinheiten im Controlling sind der *Ergebnisbereich* und der *Kostenrechnungskreis*. Abbildung 2.6 zeigt die Organisationsstrukturen im Controlling.

Ergebnisbereich

Der *Ergebnisbereich* ist die Organisationseinheit der Ergebnis- und Marktsegmentrechnung. Diese wird uns an mehreren Stellen in diesem Buch beschäftigen. Innerhalb eines Ergebnisbereichs werden die Strukturen der Betriebsergebnisrechnung definiert. Einem Ergebnisbereich können mehrere Kostenrechnungskreise zugeordnet werden. Dagegen wird jeder Kostenrechnungskreis genau einem Ergebnisbereich zugeordnet.

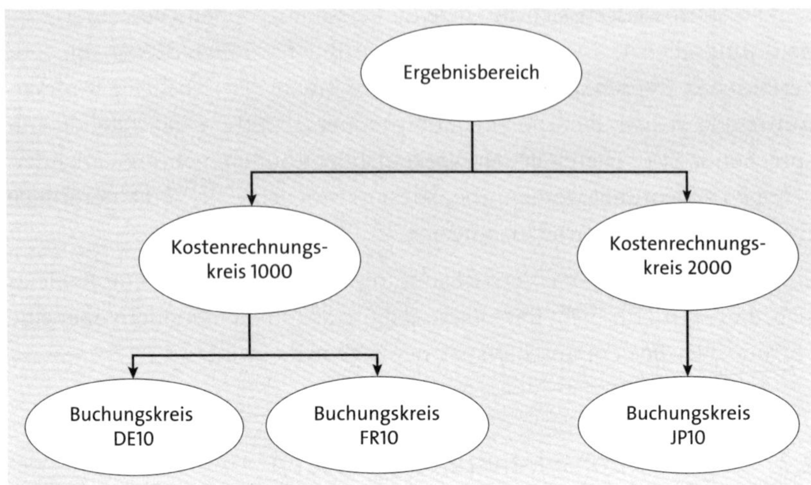

Abbildung 2.6 Organisationsstrukturen im Controlling

Kostenrechnungskreis

Der *Kostenrechnungskreis* bildet den Rahmen für das interne Rechnungswesen. Dazu gehören die Kostenarten-, die Kostenstellen-, die Produktkosten- und die Profit-Center-Rechnung. Einem Kostenrechnungskreis können mehrere Buchungskreise zugeordnet werden. Dagegen muss jeder Buchungskreis mit genau einem Kostenrechnungskreis verknüpft werden.

Bewertungskreis

In SAP ERP Central Component (SAP ECC) konnte im Customizing festgelegt werden, ob das Werk oder der Buchungskreis als Bewertungsebene gilt. Auf Ebene des *Bewertungskreises* erfolgen alle Bewertungen, Fortschreibungen und Anzeigen. In SAP S/4HANA ist die Material-Ledger-Funktion obligatorisch aktiviert. Damit muss auch jedes Werk einem Bewertungskreis zugeordnet sein.

Kapitel 3
Stammdaten

Um mit einem SAP-ERP-System arbeiten zu können, wird eine Vielzahl von wichtigen, zentralen Stammdaten benötigt, die von unterschiedlichen Komponenten genutzt werden.

Stammdaten werden im System in sogenannten *Stammsätzen* abgespeichert und gelten nur innerhalb eines Mandanten. Stammsätze sind von großer Bedeutung, da sie wichtige Informationen beinhalten, die innerhalb von Geschäftsprozessen und Funktionen vom System aufgegriffen und weiterverarbeitet werden. Der Hauptnutzen von Stammsätzen liegt in der Beschleunigung der Prozesse, da innerhalb einer Transaktion zahlreiche Felder aus dem Stammsatz übernommen und für den Anwender vorausgefüllt werden. Damit erübrigt sich das manuelle Erfassen einer Vielzahl von Feldern, und auch die Anfälligkeit für Falscheingaben wird reduziert.

3.1 Geschäftspartner (Business Partner)

Geschäftspartner

Was bisher der Debitorenstamm im klassischen SAP-ERP-System war, ist unter SAP S/4HANA der *Geschäftspartner*. Der Begriff Geschäftspartner umfasst allerdings auch Kreditoren und Ansprechpartner. Ein Geschäftspartner wird immer mit bestimmten Rollen angelegt. Diese Geschäftspartnerrolle definiert, um was für einen Geschäftspartner es sich handelt. Im Geschäftspartnerstammsatz pflegen die unterschiedlichen Bereiche des Unternehmens (z. B. Vertrieb und Finanzbuchhaltung) unterschiedliche Rollen, die der Partner einnehmen kann.

Grundlagen

In diesem Stammsatz werden alle Informationen über den Geschäftspartner gespeichert. Von entscheidender Bedeutung ist, dass sämtliche Bereiche des Unternehmens auf einen zentralen Stammsatz zugreifen. Dies verhindert Redundanz und stellt sicher, dass ein Geschäftspartner in der Debitorenbuchhaltung unter der gleichen Nummer verwaltet wird wie im Vertrieb. In Kapitel 2, »Organisationseinheiten«, haben Sie gesehen, dass die Aufbauorganisation des Unternehmens mithilfe der Organisationseinheiten im SAP-System abgebildet wird. Wie im Materialstamm werden auch die Informationen des Geschäftspartners abhängig von dieser Organisationsstruktur gepflegt. Im Einzelnen unterscheiden wir die folgenden Rollen:

- **000000 GPartner allgemein**: allgemeine Daten (Mandantenebene)
- **FLCU00 FI Debitor**: Buchhaltungsdaten (Buchungskreisebene)
- **FLCU01 SD Kunde**: Vertriebsdaten (Vertriebsbereichsebene)

Allgemeine Daten

Der Geschäftspartner wird durch Transaktion BP aufgerufen. Die allgemeinen Daten eines Geschäftspartners sind zweigeteilt. Zunächst sehen Sie die Daten, die für einen Geschäftspartner universell gültig sind (siehe Abbildung 3.1), wie beispielsweise die Geschäftspartnernummer, die innerhalb eines Mandanten eindeutig ist, den Namen oder die Geschäftspartnerart.

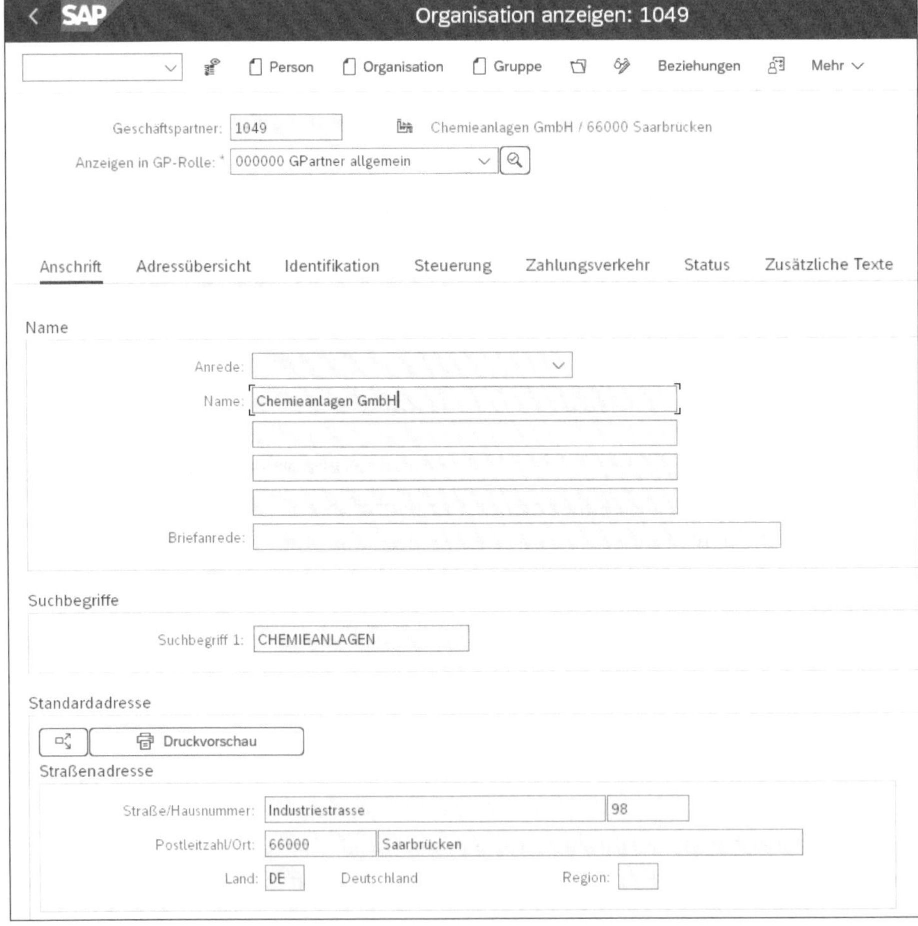

Abbildung 3.1 Geschäftspartnerstammsatz (Transaktion BP)

Auf dem Reiter **Anschrift** wird neben dem Namen und der Anschrift des Geschäftspartners auch ein Sprachkennzeichen hinterlegt, das die Sprache ermittelt, in der die Vertriebsbelege (Auftragsbestätigungen, Lieferscheine, Rechnungen) gedruckt werden. Daneben gibt es die allgemeinen Daten, die einen Kunden näher spezifizieren. Diese Reiter werden nur angezeigt, wenn eine bestimmte Geschäftspartnerrolle ausgewählt ist. In unserem Fall ist die Geschäftspartnerrolle **Kunde**, weshalb auch die Reiter mit dem Präfix **Debitor** angezeigt werden. Die Geschäftspartnerrolle steuert somit die Informationen, die im Geschäftspartner angezeigt werden und zu hinterlegen sind. Die Einstellungen werden im Customizing vorgenommen.

Die allgemeinen Daten, die den Debitor näher beschreiben, sind auf folgenden Reiter zu finden:

- **Debitor: allgemeine Daten**
  Auf dem Reiter **Debitor: allgemeine Daten** des Debitors können Informationen hinterlegt werden wie Kundenart oder die Angabe von Mitarbeiterzahlen. Zusätzlich lassen sich hier Marketinginformationen hinterlegen, wie die Zuordnung zu einem Nielsenbezirk (regionale Gliederung von Märkten, benannt nach dem Marktforschungsinstitut Nielsen) oder der Jahresumsatz des Geschäftspartners.
- **Zahlungsverkehr**
  Auf dem Reiter **Zahlungsverkehr** werden vor allem die Bankverbindungen des Geschäftspartners hinterlegt.
- **Identifikation**
  Auf dem Reiter **Identifikation** werden Informationen wie die Rechtsform des Geschäftspartners oder auch Steuernummern hinterlegt.

Buchhaltungsdaten

Die *Buchhaltungsdaten* werden auch als *Buchungskreisdaten* bezeichnet, weil sie auf der Buchungskreisebene gepflegt werden. Die Buchhaltungsdaten sind gleichzeitig das Debitorenkonto in der Debitorenbuchhaltung. Sie gliedern sich in die folgenden Reiter:

- **Kontoführung**
  Auf dem Reiter **Kontoführung** wird vor allem das Abstimmkonto hinterlegt. Das Abstimmkonto ist ein Bilanzkonto (Forderungen), auf dem sämtliche debitorischen Buchungen »mitgebucht« werden. Man spricht in diesem Zusammenhang deshalb auch von einem *Mitbuchkonto*.
- **Zahlungsverkehr**
  Auf dem Reiter **Zahlungsverkehr** werden z. B. die Hausbank und die Zahlungswege des Kunden hinterlegt.

- **Korrespondenz**
  Auf dem Reiter **Korrespondenz** wird unter anderem das Mahnverfahren festgelegt. Außerdem werden die für den Kunden zuständigen Mitarbeiter in der Finanzbuchhaltung gespeichert.
- **Versicherungen**
  Auf den Reiter **Versicherungen** gehören vor allem Informationen zu Warenkreditversicherungen.

Vertriebsdaten

Die *Vertriebsdaten* zum Debitor werden auf der Vertriebsbereichsebene gepflegt und deshalb auch als *Vertriebsbereichsdaten* bezeichnet. Sie untergliedern sich in folgende Reiter:

- **Aufträge**
  Auf dem Reiter **Aufträge** werden Informationen zur Steuerung der Vertriebsprozesse hinterlegt. Dazu gehört z. B. die Zuordnung zu einer Kundengruppe, zu einem Verkaufsbüro oder zu einer Verkäufergruppe. All diese Zuordnungen können z. B. in der Preisfindung zur differenzierten Verkaufspreisermittlung genutzt werden. Zudem wird die Währung festgelegt, in der die Vertriebsbelege für diesen Kunden abgewickelt werden.
- **Versand**
  Auf dem Reiter **Versand** werden Informationen für die Versandsteuerung hinterlegt. Dazu gehören etwa das Auslieferwerk, das in die Vertriebsbelege übernommen wird, die Lieferpriorität, ein Kennzeichen, ob mehrere Aufträge zu einem Lieferbeleg zusammengefasst werden dürfen, ein Teillieferkennzeichen und Toleranzwerte für die Unter- bzw. Überlieferung.
- **Faktura**
  In den Fakturadaten wird z. B. die Erlöskontengruppe definiert (siehe Abbildung 3.2, Feld **Kontierungsgrp.Kunde**). Hierüber wird das Erlöskonto in der Fakturierung ermittelt. Überdies werden Lieferungs- und Zahlungsbedingungen, die Rechnungstermine und eine Steuerklasse für die korrekte Ermittlung der Umsatzsteuer in Vertriebsbelegen festgelegt.

Partnerrollen

Zu den wichtigsten Informationen im Geschäftspartner gehört die Definition der *Partnerrollen*. An dieser Stelle wird festgelegt, welche Rollen ein Geschäftspartner im Vertrieb einnehmen kann. Die wichtigsten Partnerrollen sind:

- Auftraggeber
- Warenempfänger
- Rechnungsempfänger
- Regulierer

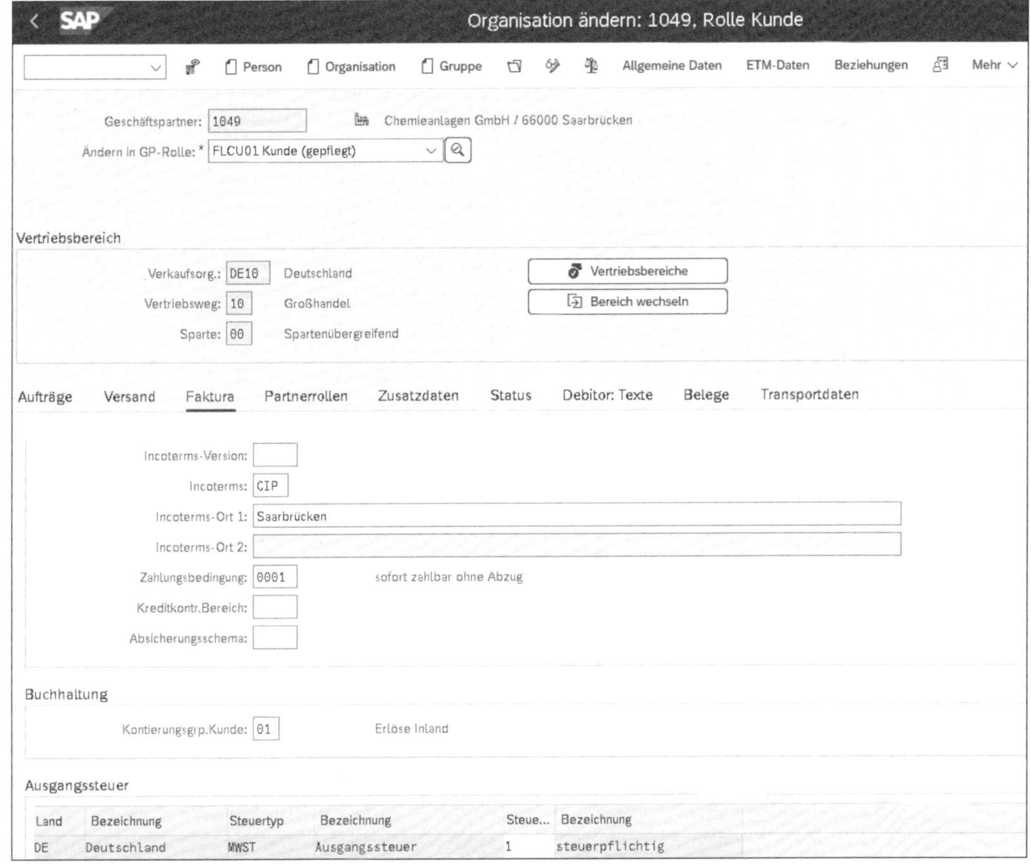

Abbildung 3.2 Geschäftspartnerstammsatz in der Rolle Kunde (Transaktion BP)

Welche Partnerrollen jeweils grundsätzlich erlaubt sind, definiert der Anwender beim Anlegen des Geschäftspartners durch die Vorgabe einer Gruppierung. Die Steuerung der Partnerrollen erfolgt durch die Kontengruppen. Im Customizing wird hinterlegt, welche Geschäftspartnergruppe mit welcher Kontengruppe gemappt wird. Zudem wird hier auch die Nummernvergabe gesteuert. In diesem Fall ist eine Nummerngleichheit zwischen den beiden Objekten eingestellt. Abbildung 3.3 zeigt exemplarisch diese Zuordnungen.

Der Geschäftspartner kann mehrere Rollen einnehmen. Wird z. B. ein Geschäftspartner mit der Kontengruppe *Kunde* angelegt, werden die Rollen *Warenempfänger*, *Regulierer* und *Rechnungsempfänger* automatisch erlaubt. Es ist im Geschäftspartner aber auch möglich, zusätzliche abweichende Warenempfänger, Regulierer und Rechnungsempfänger zu definieren.

Abbildung 3.3 Zuordnung von Gruppierung zu Kontengruppe

Beispiel: Partnerrollen

Betrachten wir diesen Zusammenhang an einem konkreten Beispiel. Abbildung 3.4 zeigt das Partnerrollenbild des Geschäftspartnersatzes für den Kunden mit der Nummer 1049 (Chemieanlagen GmbH). Dieser wurde mit der Kontengruppe **DEBI** angelegt.

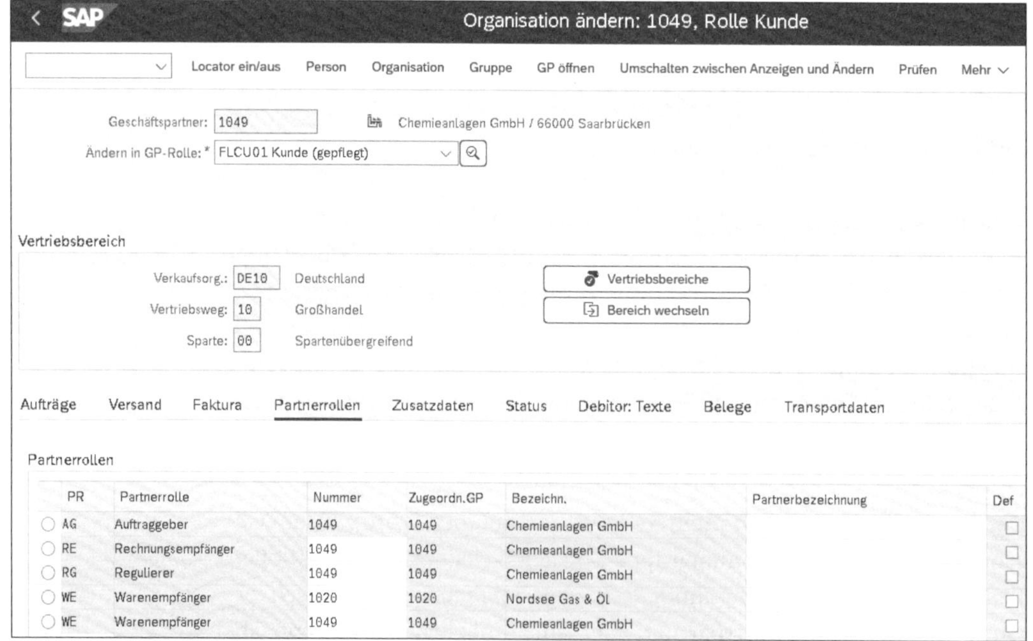

Abbildung 3.4 Partnerrollen in den Vertriebsbereichsdaten zum Geschäftspartner

Im Partnerbild erkennen Sie, dass dieser Kunde Auftraggeber, Regulierer, Rechnungsempfänger und Warenempfänger sein kann. Zusätzlich wurde ein weiterer möglicher Warenempfänger, der Geschäftspartner mit der Nummer 1020 (Nordsee Gas & Öl) hinterlegt.

Wird für diesen Kunden ein Auftrag angelegt, muss der Anwender den Warenempfänger manuell auswählen. Das System schlägt die hier definierten Warenempfänger zur Auswahl vor. Die übrigen Partnerrollen (Regulierer, Rechnungsempfänger und Warenempfänger) werden automatisch in den Auftrag des Auftraggebers übernommen. Im Kundenstamm können jeweils mehrere abweichende Warenempfänger, Regulierer und Rechnungsempfänger hinterlegt werden. Der Auftraggeber muss jedoch eindeutig sein.

Kontengruppen

Bereits bei der Erläuterung der Partnerrollen wurde erwähnt, dass beim Anlegen eines Kundenstammsatzes immer die *Kontengruppe* mitgegeben wird. Die Kontengruppe wird im Customizing angelegt. Sie steuert unter anderem:

- **die Nummernvergabe beim Anlegen eines Kundenstammsatzes**
  Da der Geschäftspartner als das führende Objekt gilt, wird die Nummernvergabe nicht durch die Kontengruppe gesteuert, sondern durch die Geschäftspartnergruppe. Hier wird definiert, ob eine interne oder externe Nummernvergabe erfolgt: Bei der internen Nummernvergabe wird die Geschäftspartnernummer automatisch vom System vergeben, bei der externen Nummernvergabe legt der Anwender die Geschäftspartnernummer fest.
- **welche Partnerrollen in einem Geschäftspartnerstamm gepflegt werden können**
  Für die Kontengruppe wird festgelegt, welche Partnerrollen erlaubt sind. Außerdem wird definiert, welche Rollen obligatorisch sind und welche Partnerrollen im Kundenstamm eindeutig sein müssen.
  Obligatorische Rollen sind Pflichtrollen; sie müssen im Kundenstamm vorhanden sein. Eindeutige Rollen kommen in jedem Kundenstamm nur genau einmal vor. In Abbildung 3.4 haben wir es mit einer Kontengruppe zu tun, bei der die Partnerrollen **AG** (Auftraggeber), **WE** (Warenempfänger), **RG** (Regulierer) und **RE** (Rechnungsempfänger) als Pflichtrollen hinterlegt sind. Die Partnerrolle Auftraggeber muss außerdem im Kundenstamm eindeutig sein. Darüber hinaus könnten noch weitere Rollen in dem Kundenstamm aus Abbildung 3.4 festgelegt werden, z. B. der zuständige Vertriebsmitarbeiter.
- **die Feldsteuerung**
  Im Customizing wird die Feldsteuerung für die Kontengruppe hinterlegt. Felder können den Status **Änderbar**, **Ausblenden** und **Anzeigen** haben.

Kundenhierarchien Im Customizing können *Kundenhierarchien* aufgebaut werden. Die einzelnen Kundenstämme werden dann einem Knoten aus der Hierarchie zugeordnet. Diese Zuordnung erfolgt durch den Anwender. Kundenhierarchien können ebenso wie Produkthierarchien (siehe Abschnitt 3.2, »Materialstamm«) zu Auswertungszwecken verwendet werden. In der *Preisfindung* können Konditionen für Hierarchieknoten vergeben werden. Diese Konditionen gelten dann für alle Kundenstämme, die diesem Knoten zugeordnet sind. Kundenhierarchien werden in der Praxis dazu verwendet, Einkaufsverbände, aber auch komplexe Konzernstrukturen abzubilden.

Beziehung Zu jedem Geschäftspartner können auch Beziehungen hinterlegt werden. Die Beziehung zwischen Geschäftspartnern wird mittels des *Beziehungstyps* festgelegt. In unserem Beispiel hat der Geschäftspartner 1049 einen Ansprechpartner. Der Ansprechpartner ist auch als Geschäftspartner gepflegt und kann somit in Beziehung gesetzt werden. Abbildung 3.5 stellt beispielhaft die Beziehung dar. In diesem Beispiel ist der Ansprechpartner der Geschäftspartner mit der Nummer 10002 »Sebastian Ruppert«.

Abbildung 3.5 Beziehungen zwischen Geschäftspartnern

3.2 Materialstamm

Grundlagen Der *Materialstamm* ist ein zentraler Stammsatz, in dem die Informationen bezüglich der Artikel, Teile und Dienstleistungen gespeichert werden, die ein Unternehmen beschafft, fertigt, lagert und verkauft.

Durch die Integration aller materialspezifischen Informationen in einen einzigen zentralen Stammsatz entfällt eine redundante Datenhaltung. Die gespeicherten Informationen der Materialstammsätze sind die Grundlage für die unterschiedlichen Belege (z. B. Kundenaufträge, Bestellungen, Fertigungsaufträge) in SAP.

Neuerungen unter SAP S/4HANA

Die große Änderung unter *SAP S/4HANA* ist die Erweiterung der Materialstammnummer von einer bisherigen 18-stelligen Nummer auf eine 40-stellige Nummer. Diese Erweiterung war neben technischen Gründen auch deshalb nötig, da es viele Kunden gibt, bei denen die Materialnummern historisch gewachsen mehr als 18 Stellen haben. Mit dem Umstieg auf SAP S/4HANA stellt dies kein Problem mehr dar.

Der Materialstamm wird von sämtlichen Abteilungen (wie z. B. Einkauf, Verkauf, Produktion, Buchhaltung und Controlling) genutzt, und die materialspezifischen Daten dieser Abteilungen werden im *Materialstammsatz* gespeichert. Der Materialstamm ist deshalb eng mit den Organisationseinheiten verbunden (siehe Kapitel 2, »Organisationseinheiten«): Die einzelnen Bereiche des Materialstamms werden abhängig von den Organisationsstrukturen gepflegt. Konkret bedeutet dies, dass z. B. ein Materialstamm mit der Nummer 0815 im Werk DE10 einen anderen Bewertungspreis haben kann als im Werk FR10. Zusätzlich gibt es auch allgemeingültige Daten, die für alle Unternehmensbereiche gelten. Dazu gehört an erster Stelle die Materialnummer, die den Artikel eindeutig identifiziert und die in den *Grunddaten* zu finden ist.

Haupt- und Zusatzdaten

Man unterscheidet im Materialstamm Haupt- und Zusatzdaten. Die *Hauptdaten* enthalten die eigentlichen Informationen zum Produkt aus Sicht der unterschiedlichen Unternehmensbereiche. Abbildung 3.6 zeigt die verschiedenen Sichten des Materialstamms.

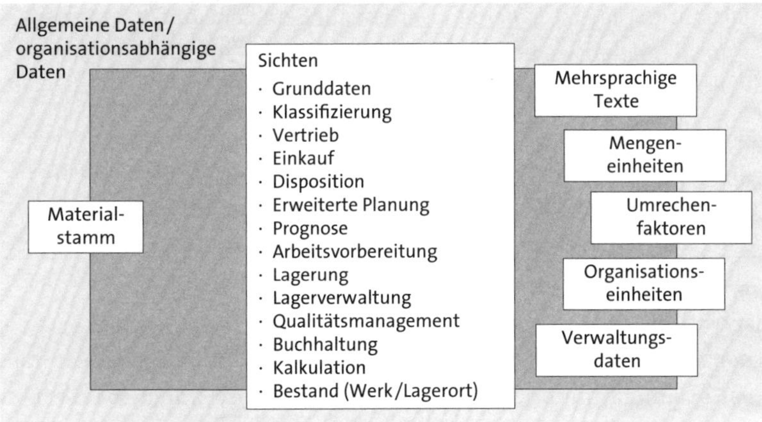

Abbildung 3.6 Struktur der Materialstammdaten

Diese sind zum Teil abhängig von der Organisationsstruktur (organisationsabhängige Daten). Einige Sichten (z. B. **Grunddaten**) sind mandantenweit gültig und werden deshalb als *allgemeine Daten* bezeichnet.

Zusätzlich werden in sogenannten *Zusatzdaten* Informationen zu mehrsprachigen Texten, Umrechnungsfaktoren von Mengeneinheiten und auch Verwaltungsdaten hinterlegt.

Sichten des Materialstamms

Im Folgenden stellen wir die unterschiedlichen Sichten, die mit Transaktion MM01 (Material anlegen: Einstieg) gepflegt werden können, des Materialstamms dar und geben jeweils eine kurze Erläuterung:

- **Grunddaten**
  Dieser Bereich enthält Informationen, die von allen Fachbereichen benötigt werden. Deshalb werden die *Grunddaten* auf Mandantenebene gepflegt. Zu den Grunddaten gehören z. B. die Materialnummer, die Beschreibung des Materials oder die Basismengeneinheit. Außerdem wird jeder Materialstamm im Grunddatenbild einer Sparte zugeordnet, wodurch diese Zuordnung ebenfalls mandantenweit gültig ist.
- **Klassifizierung**
  Die *Klassifizierung* dient dazu, Materialien (oder auch andere Objekte, wie z. B. Lieferanten) in Klassen zu gruppieren, um diese anschließend leichter wiederzufinden. Die Klassen enthalten Merkmale, über die die Materialien beschrieben werden können. Auch die Klassifizierung von Materialstämmen wird auf der Mandantenebene vorgenommen.
- **Vertrieb**
  Vertriebsdaten (z. B. Verkaufsmengeneinheiten, Mengenvereinbarungen, Versanddaten und Außenhandelsdaten) des Materialstammsatzes werden in Kundenaufträge übernommen und steuern unter anderem die Funktion *Preisfindung*. Insgesamt gibt es drei *Vertriebssichten* im Materialstamm. Die ersten beiden werden auf der Ebene Verkaufsorganisation und Vertriebsweg definiert. Die dritte Sicht enthält die Vertriebs-/Werksdaten und wird abhängig vom Werk gepflegt.
- **Einkauf**
  In den *Einkaufssichten* werden Daten hinterlegt, die für die externe Beschaffung relevant sind. Dies sind z. B. die Beschaffungszeiten, die zuständige Einkäufergruppe und die Bestellmengeneinheit. Einkaufsdaten werden auf der Werksebene festgelegt.
- **Disposition**
  In den *Dispositionssichten* werden die relevanten Daten für die Materialbedarfsplanung hinterlegt. Das sind beispielsweise Daten für die Dispositionsverfahren, für die Losgrößenermittlung, für die Beschaffung

(Fremd- oder Eigenbeschaffung) und für die Terminierung. Die Dispositionsdaten werden werksabhängig gepflegt.

- **Erweiterte Planung**
  In der Sicht *erweiterte Planung* werden alle relevanten Daten für die Nutzung der Funktion Produktions- und Feinplanung (Production Planning and Detailed Scheduling, kurz: PP/DS) hinterlegt. Das sind zum einen redundante Daten aus der Dispositionssicht, zum anderen PP/DS-eigene Daten, wie z. B. Alert-Schwellen. Die für die Funktion Advanced Planning and Optimization (APO) benötigten Daten werden in dem APO-eigenen Objekt *Produktstamm* gespiegelt. Durch die Nutzung von PP/DS wird also der Materialstamm als Produktstamm gespiegelt. Insofern ist es in SAP S/4HANA dann nicht mehr nötig, den Materialstamm explizit über das Core Interface (CIF) zu replizieren.
- **Prognose**
  In der *Prognosesicht* werden Daten zur Ermittlung des zukünftigen Materialbedarfs hinterlegt, wie z. B. Prognosemodelle, Glättungsfaktoren und zu berechnende Prognoseperioden. Auch die Prognosedaten sind abhängig vom Werk.
- **Arbeitsvorbereitung**
  In der *Arbeitsvorbereitungssicht* werden die benötigten Daten für die Fertigungssteuerung hinterlegt. Dies sind z. B. losgrößenabhängige Fertigungszeiten, der zuständige Fertigungssteuerer oder Toleranzen in der Fertigung. Die Pflege der Arbeitsvorbereitungsdaten erfolgt auf der Werksebene.
- **Lagerung**
  Die *Lagersicht* enthält Informationen zur Lagerung des Materials, z. B. Lagerungsvorschriften, Haltbarkeitsdaten und Chargenpflicht. Hier wird definiert, in welchen Lagerorten das Material gelagert werden kann. Demzufolge sind diese Daten abhängig von den Organisationseinheiten Werk und Lagerort.
- **Lagerverwaltung**
  Die *Lagerverwaltungssichten* werden genutzt, wenn mit der SAP-Lagerwirtschaftssoftware (Komponente WMS, *Warehouse Management System*) gearbeitet wird. Es werden Daten für Lagerungsstrategien und Palettierung hinterlegt. Für die Komponente WMS gibt es eigene Organisationsstrukturen. Diese werden in einem Exkurs in Abschnitt 8.4, »Lieferungsbearbeitung«, vorgestellt.
- **Qualitätsmanagement**
  Wird mit der Komponente Qualitätsmanagement (QM, *Quality Management*) von SAP S/4HANA gearbeitet, werden in dieser Sicht Informatio-

nen zur Beschaffung und zur Qualitätsprüfung hinterlegt. Die Qualitätsdaten werden auf der Werksebene gepflegt.

- **Buchhaltung**
  Hier werden Daten für die Bewertung des Materials hinterlegt. Dazu gehört vor allem die Bewertungssteuerung. Materialien können mit einem Standardpreis oder mit einem gleitenden Durchschnittspreis bewertet werden. Ebenfalls im *Buchhaltungsbild* wird das Material einer Bewertungsklasse zugeordnet: Über die Bewertungsklasse werden bei Warenbewegungen die Konten der Finanzbuchhaltung ermittelt. Da die Bewertung auf der Werksebene erfolgt, sind auch die Buchhaltungsdaten werksabhängig. Über das Werk sind die Buchhaltungsdaten dann immer auch einem Buchungskreis zugeordnet.
- **Kalkulation**
  Es werden hier Informationen zur *Kalkulation* und zur Plankalkulation gespeichert, z. B. Daten zur Gemeinkostenbezuschlagung oder zur Abweichungsermittlung. Wie die Buchhaltungsdaten werden auch die Kalkulationsdaten werksabhängig gepflegt.
- **Bestand (Werk/Lagerort)**
  In diesen Sichten werden die Bestandsinformationen auf Werks- und Lagerortebene gezeigt.

Materialarten

Materialien mit gleichen Eigenschaften lassen sich einheitlich verwalten, indem sie zu *Materialarten* zusammengefasst werden. Jeder Materialstammsatz wird bei der Erfassung einer Materialart zugeordnet, wodurch bestimmte Eigenschaften des Materials festgelegt werden. Dazu gehören die *Feldauswahl*, die *Bildfolgesteuerung* (Auswahl der Sichten) und die *Nummernvergabe* (intern durch das System und/oder extern durch den Benutzer). Die Einstellung einer Materialart erfolgt im Customizing.

Im Standardsystem werden vorkonfigurierte Materialarten ausgeliefert, die im Customizing durch eigene Materialarten ergänzt werden können. Nachfolgend beschreiben wir kurz einige Standardmaterialarten:

- **Fertigerzeugnisse (FERT)**
  Fertigerzeugnisse stellt ein Unternehmen selbst her. Da sie vom Einkauf nicht bestellt werden können, enthält ein Materialstammsatz der Materialart mit dem Schlüssel FERT keine Einkaufsdaten.
- **Rohstoffe (ROH)**
  Rohstoffe werden ausschließlich fremdbeschafft und anschließend weiterverarbeitet. Da Rohstoffe nicht verkauft werden können, enthält ein Materialstammsatz dieser Materialart zwar Einkaufsdaten, jedoch (zumindest in der Standardauslieferung) keine Vertriebsdaten.

- **Halbfabrikate (HALB)**
  Halbfabrikate können fremdbeschafft oder in Eigenfertigung hergestellt werden. Anschließend werden sie im Unternehmen weiterverarbeitet. Ein Materialstammsatz dieser Materialart kann Einkaufs- und Arbeitsvorbereitungsdaten enthalten.
- **Handelswaren (HAWA)**
  Handelswaren werden immer fremdbeschafft und anschließend gelagert und verkauft. Ein Materialstammsatz dieser Materialart kann Einkaufs- und Vertriebsdaten enthalten.

Produkthierarchien

Materialstämme können einer *Produkthierarchie* zugeordnet werden. Diese Zuordnung kann sowohl auf dem Grunddatenbild (mandantenabhängig) als auch in den Vertriebsdaten (abhängig von Verkaufsorganisation und Vertriebsweg) erfolgen. Erfolgt eine Zuordnung auf dem Grunddatenbild, wird die gleiche Produkthierarchie bei der Erfassung der Vertriebsdaten vorgeschlagen.

Produkthierarchien können im Customizing definiert werden. Es handelt sich dabei um eine hierarchische Gliederung des Produktprogramms. Die maximale Gliederungstiefe ist auf neun Stufen begrenzt. In der Praxis sind Produkthierarchien jedoch meist nur auf drei oder vier Stufen angelegt.

Preisfindung anhand der Produkthierarchie

Die Produkthierarchie wird z. B. in der Preisfindung verwendet. Dort können für eine Produkthierarchie Konditionen (Preise, Zu- und Abschläge) definiert werden, die nicht nur für ein Produkt, sondern für einen ganzen Teilbereich des Produktspektrums gelten. Außerdem wird die Produkthierarchie in Auswertestrukturen genutzt. Dazu zählt die *Ergebnis- und Marktsegmentrechnung* in der Komponente CO-PA (siehe Kapitel 6, »Integration in das Rechnungswesen«), das Vertriebsinformationssystem (VIS), SAP Business Warehouse (SAP BW) und SAP S/4HANA Embedded Analytics (siehe Abschnitt 18.1, »Embedded Analytics in SAP S/4HANA«). Abbildung 3.7 zeigt ein Beispiel für eine Produkthierarchie.

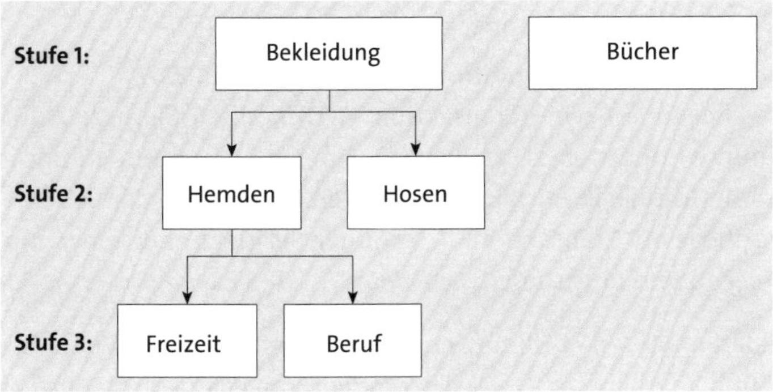

Abbildung 3.7 Beispiel für eine Produkthierarchie

3.3 Konditionen

Zu den wichtigsten Grundfunktionen im Vertrieb gehören die Konditionen. *Konditionen* kommen bei der Kalkulation von Preisen, Zu- und Abschlägen, Steuern usw. zur Geltung, da sie eine Reihe von Bedingungen abbilden. Im Abschnitt 4.3, »Preisfindung«, gehen wir detailliert auf die Elemente in der Preisfindung ein, inklusive der Neuerungen unter SAP S/4HANA und der Konditionstechnik.

Konditionssätze

Konditionen werden mithilfe von variablen Faktoren wie Kunden, Materialien, Mengen usw. gefunden. Diese Konditionsstammdaten werden im SAP-System in Form von *Konditionssätzen* abgespeichert und verwaltet. Bei einem Konditionssatz handelt es sich um einen Pflegedialog zur Ablage von Informationen in den zuvor im Customizing definierten Konditionstabellen. Sie können für ihn beliebige Gültigkeitszeiträume festlegen.

Pflege von Konditionen

In SAP S/4HANA gibt es zwei Wege, Konditionssätze für Ihre Preiselemente zu hinterlegen, die dann bei der Erfassung von Vertriebsbelegen über die Preisfindung automatisch berücksichtigt werden:

- **Konditionspflege (Transaktion VK31)**
  Bereits mit dem SAP-ECC-Release 4.6A hat SAP den Usern eine neue Pflegetransaktion ausgeliefert: Transaktion VK31. Mit ihr wird eine auf Merkmale bezogene Massenpflege von Konditionen ermöglicht. Das bedeutet, dass Sie Ihre Konditionssätze konditionsarten- und konditionstabellenübergreifend erfassen können. Beispielsweise ist es Ihnen möglich, für einen Kunden in einem Arbeitsschritt nicht nur alle Preise für die Materialien, sondern gleichzeitig auch die dazugehörigen Rabatte zu hinterlegen. Im Einstiegsbild können Sie zwischen Preisen, Zu- und Abschlägen, Frachten, Steuern und Konditionen auswählen. Besonders hervorzuheben ist, dass Sie die Gültigkeitszeiträume für Konditionen unterschiedlicher Konditionsarten gemeinsam abändern können. Zudem können Sie sich in einer Preissimulation die potenziellen Auswirkungen von Preisänderungen anzeigen lassen.
- **Pflege mit Selektion über Konditionsart (Transaktion VK11)**
  Mit dieser Pflegeoberfläche (Transaktion VK11) können Sie gezielt für eine bestimmte Konditionsart (z. B. PR00) einen oder mehrere Konditionssätze samt Gültigkeitszeitraum hinterlegen. Wie auch in der neueren Konditionspflege mit Transaktion VK31 können Sie hier Konditionen mit Vorlage anlegen und Preisstaffeln erfassen.

Diese Stammdaten werden i. d. R. auf der Ebene der Vertriebslinie (Verkaufsorganisation und Vertriebsweg) erfasst, was wiederum das Zusammenspiel zwischen den in Kapitel 2 beschriebenen Organisationseinheiten und den hier behandelten Stammdaten aufzeigt.

3.4 Nachrichten

Für die interne und externe Kommunikation sind *Nachrichten* unabdingbar. Nachrichten haben dabei nicht nur einen kommunikativen Charakter, sondern müssen auch legalen und regulatorischen Anforderungen genügen (Angebotsbestätigungen, Rechnungen mit Garantien, Zollpapiere usw.). SAP bietet dazu die Nachrichtenfindung, die in Abschnitt 4.4 im Detail beschrieben wird.

Nachrichtenkonditionssätze

Auch für Nachrichten gibt es die im Abschnitt 3.3, »Konditionen«, erläuterten Konditionssätze. Diese Stammdaten müssen für die einzelnen Nachrichtenarten hinterlegt werden, damit sie entsprechend automatisch vom System gefunden werden.

In der Tabelle 3.1 sehen Sie die Nachrichtenarten, die Ihnen in der SAP-Standardauslieferung zur Verfügung stehen:

Vertriebsnachricht	Anlegetransaktion
Verkaufsbeleg	VV11
Versand	VV21
Handling Unit	VV61
Gruppen	VVG1
Transport	VV71
Faktura	VV31
Kontakte	VV51

Tabelle 3.1 Pflege der Nachrichtenkonditionssätze

Die Pflege der Nachrichtenkonditionssätze ist nach dem gleichen Prinzip aufgebaut wie die Pflege mit Transaktion VK11 im vorherigen Abschnitt. Für eine bestimmte Nachrichtenkonditionsart (z. B. BA01 – Auftragsbestätigung) geben Sie in diesem Fall in Transaktion VV11 Ihre Schlüsselkombination ein und hinterlegen für eine Verkaufsorganisation und einen Kunden einen Konditionssatz.

3.5 Absprachen

Mit *Absprachen* sind generell die Stammdaten gemeint, die in Vereinbarung mit dem Kunden getroffen wurden. Diese können in den verschiedensten Formen in SAP S/4HANA hinterlegt sein. In der folgenden Auflistung stellen wir Ihnen einige der im SAP-System vorhandenen Stammdaten im Bereich der Absprachen vor:

- **Kunden-Material-Info**
  Die *Kunden-Material-Infosätze* dienen dazu, die Daten eines konkreten Materials kundenindividuell zu definieren. Es kann sich um Materialnummern, Materialbezeichnungen oder Daten für die Lieferung und Liefertoleranzen handeln. Bei der Anlage eines Kundenauftrages können Sie dann beispielsweise die Positionen durch die Angabe der kundenindividuellen Materialnummern erfassen.
- **Kontrakte**
  Ein Kundenrahmenvertrag oder auch *Kundenkontrakt* ist eine vertragliche Vereinbarung zwischen Ihnen und Ihrem Kunden über die Abnahme von Verkaufsmaterialien oder Dienstleistungen in einem bestimmten Zeitraum. Die häufigsten Kontrakte sind die Mengen- und Wertkontrakte. Daneben gibt es die Gruppenkontrakte und Serviceverträge.
- **Bonusabsprachen**
  Wenn mit dem Debitor in Abhängigkeit vom Umsatz in einem vorher definierten Zeitraum eine Absprache stattfindet, spricht man von einer *Bonusabsprache*. Dabei spielen Kriterien wie der Kunde und das Material, aber auch der Empfänger der Bonuszahlungen eine Rolle. In Abschnitt 5.5, »Bonusabwicklung«, gehen wir anhand eines SAP-Systembeispiels näher auf die Thematik ein.

  Bei der Durchführung von groß angelegten Marketingprogrammen stehen Ihnen im Standard zwei besondere Absprachestrukturen zur Verfügung:

  - Promotion:
    Eine Promotion beschreibt i. d. R. einen generellen Marketingplan für ein konkretes Material. Über eine Promotion können Sie mehrere Verkaufsaktionen bündeln.
  - Verkaufsaktion:
    Für jede Erzeugnisgruppe können Sie je eine Verkaufsaktion anlegen und diese wiederum einer Promotion zuordnen. Dann erhält dieser Stammsatz auch die Nummer der Promotion. Verkaufsaktionen sind spezifischer als Promotionen. Beispielsweise können Sie in einigen Fällen material- und in anderen Fällen kundenabhängige Abschläge gewähren.

Stammdaten sind neben den Einstellungen im Customizing die Kernelemente eines SAP-Systems. Erst im Zusammenspiel können die benötigten Geschäftsprozesse im SAP-S/4HANA-System abgebildet werden. Daher ist vor allem bei der Datenmigration während einer SAP-S/4HANA-Einführung sorgfältig zu prüfen, welche Stammdaten zu übernehmen sind. Während der Vorbereitung sollten nicht mehr benötigte Stammdaten entfernt und nur die relevanten Stammdaten für die Migration aufbereitet werden.

Während eines SAP-S/4HANA-Einführungsprojekts sollten Sie für die Migration der Stammdaten genügend Zeit und Ressourcen einplanen. Hier sollte auch ein fachbereichsübergreifender Austausch stattfinden, um z. B. Kunden- und Lieferantenstammsätze in Geschäftspartnerstammsätze zu überführen.

TEIL II

Vertriebsfunktionen in SAP S/4HANA

Kapitel 4
Grundlegende Vertriebsfunktionen

In diesem Kapitel beschreiben wir grundlegende Vertriebsfunktionen in SAP S/4HANA umfassend und mit ausführlichen Beispielen, um Ihnen eine Basis für die weitere Arbeit mit SAP S/4HANA Sales mit auf den Weg zu geben.

4

Damit Sie im weiteren Verlauf des Buches die zentralen Prozesse im Vertriebsumfeld verstehen und mit ihnen arbeiten können, zeigen wir Ihnen in diesem Kapitel die wichtigsten Vertriebsfunktionen in SAP S/4HANA. Einige dieser Funktionen, wie z. B. die Bedarfsübergabe, dienen der Steuerung, die über die Belegerfassung hinausgeht, und sind im Kontext der Wertschöpfungskette von großer Bedeutung. Darüber hinaus stellen sich folgende Fragen: Wie wird eigentlich der Verkaufspreis ermittelt? Was ist eine Verfügbarkeitsprüfung? Wie werden Bedarfe an den Einkauf oder die Produktion übergeben? Wie wird der Liefertermin ermittelt? Wie werden die Nachrichten wie die Auftragsbestätigung oder die Lieferpapiere erzeugt? Was spielen Chargen und Serialnummern für eine Rolle? Diese und weitere Fragen werden im Folgenden anhand der wichtigsten Funktionen aus dem Vertriebsumfeld geklärt.

4.1 Verfügbarkeitsprüfung

Neben Preisen und Konditionen, Lieferbedingungen und der Produktqualität entscheidet der Liefertermin oft über den erfolgreichen Verkaufsabschluss. Dabei ist eine Aussage über die Verfügbarkeit nicht einfach zu treffen. Eine enge Abstimmung zwischen Vertrieb, Materialwirtschaft und Produktion ist erforderlich, um dem Kunden die Ware zum gewünschten Termin zusagen zu können. Wenn es eine Funktion gibt, an der sich die Notwendigkeit von bereichs- und komponentenübergreifendem Denken veranschaulichen lässt, ist dies ganz sicher die Verfügbarkeitsprüfung. An ihrem Beispiel wird deutlich, dass es empfehlenswert ist, SAP-S/4HANA-Systeme prozessorientiert zu gestalten und einzuführen.

4.1.1 Betriebswirtschaftliche Grundlagen

ATP-Prüfung

Die Verfügbarkeit eines Produkts wird über eine *dynamische Verfügbarkeitsprüfung* ermittelt. Dabei werden neben dem vorhandenen Lagerbestand die geplanten Zugänge aus der Fertigung (oder bei Handelswaren aus Bestellungen beim Lieferanten) und die geplanten Abgänge (aus Kundenaufträgen) berücksichtigt. Innerhalb des SAP-Systems bezeichnet man diese Vorgehensweise auch als *ATP-Prüfung* (Available-to-Promise). Abbildung 4.1 zeigt diesen Zusammenhang.

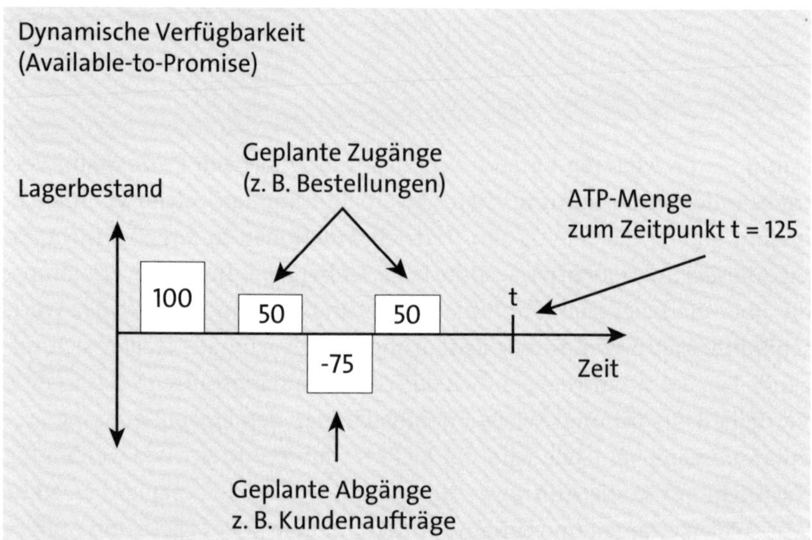

Abbildung 4.1 Dynamische Verfügbarkeitsprüfung

Zusammenhang mit der Produktionsplanung

Schon an dieser Stelle wird der enge Zusammenhang mit der Produktionsplanung und -steuerung des Unternehmens deutlich. Die geplanten Zugänge (z. B. in Form von Planaufträgen, Fertigungsaufträgen oder Bestellungen) ergeben sich nämlich aus dem Produktionsplan des Unternehmens. Die Bedarfe aus den Vertriebsbelegen werden in diesen Plan eingelastet und verändern damit permanent die Situation in Vertrieb und Produktion. Die vorhandenen Bestände sind ebenfalls Bestandteil der Verfügbarkeitsprüfung. Sie werden über die Materialwirtschaft verwaltet und verändern sich mit jeder Warenbewegung.

Verrechnung gegen die Vorplanung

Neben der dynamischen Verfügbarkeitsprüfung im ATP-Verfahren kennt man auch die sogenannte *Verrechnung gegen die Vorplanung*. Dabei erfolgt in der Produktionsplanung eine auftragsunabhängige Vorplanung. Jeder eintreffende Kundenauftrag verrechnet sich gegen diese Vorplanung (d. h., die Aufträge bauen die Vorplanung schrittweise ab). Ein Produkt gilt in diesem Verfahren dann als verfügbar, wenn noch eine Vorplanungsmenge in der Produktionsplanung vorhanden ist (und zwar unabhängig von tatsächlich vorhandenen Beständen). Diese Bestände werden bei der Verrechnungssystematik nicht berücksichtigt. Das Szenario »Kundeneinzelfertigung mit Verrechnung gegen die Vorplanung« wird in Abschnitt 23.5 beschrieben.

Verfügbarkeitsprüfung gegen Kontingente

SAP S/4HANA bietet außerdem die Möglichkeit, eine *Verfügbarkeitsprüfung gegen Kontingente* durchzuführen. Kontingente können für Regionen oder einzelne Kunden definiert werden. Mit Kontingenten soll sichergestellt werden, dass die vorhandenen Produkte nicht durch einzelne Kunden oder Aufträge aufgebraucht werden.

Aus den genannten Verfahren zur Ermittlung der Verfügbarkeit eines Produkts (ATP, Verrechnung gegen die Vorplanung) ergeben sich unterschiedliche betriebswirtschaftliche Szenarien für die Produktionsplanung, die den unterschiedlichen Produktionsszenarien (Kundeneinzelfertigung, Serienfertigung, Lagerfertigung) gleichkommen. Wir werden einige dieser Szenarien in Teil IV, »Gestaltung von Wertschöpfungsketten in SAP S/4HANA«, mit entsprechenden komponentenübergreifenden Systembeispielen vorstellen. An dieser Stelle erläutern wir allgemein und anhand eines Beispiels den Ablauf und die Gestaltungsmöglichkeiten der Verfügbarkeitsprüfung (bzw. der Verrechnung gegen die Vorplanung).

4.1.2 Verfügbarkeitsprüfung in SAP S/4HANA

Die Prüfung der Verfügbarkeit erfolgt in SAP S/4HANA stets auf den Ebenen *Werk* und *Lagerort*. Damit die Prüfung auf den Lagerort durchgeführt werden kann, muss auch im Kundenauftrag der Lagerort vorhanden sein. Im Customizing kann die Prüfung auf Lagerortebene ausgeschaltet werden.

Die Produktionsplanung und die Materialbedarfsplanung (Disposition) werden ebenfalls auf Werksebene durchgeführt. In den Vertriebsbelegen wird das Auslieferwerk automatisch ermittelt. Sowohl im Geschäftspartnerstamm als auch im Materialstamm ist ein Auslieferwerk definiert, wobei das Auslieferwerk des Kundenstamms Priorität hat. Nur wenn kein Auslieferwerk im Kundenstamm definiert ist, wird der Eintrag aus dem Materialstamm gezogen. Der Anwender kann das Auslieferwerk im Kundenauftrag manuell ändern.

Bedarfsarten

Ermittlung der Bedarfsart

Ausgangspunkt der Verfügbarkeitsprüfung in den Vertriebsbelegen ist stets die *Bedarfsart*. Sie steuert den Ablauf der Verfügbarkeitsprüfung in den Vertriebsbelegen. Sie wird über eine der folgenden Quellen automatisch ermittelt:

- **Strategiegruppe im Materialstamm (Dispositionsdatenbild)**
  Auf dem Dispositionsdatenbild im Materialstamm kann eine *Strategiegruppe* zugeordnet werden. Im Customizing der Produktionsplanung (PP) wird der Strategiegruppe eine Bedarfsart für die Vertriebsabwicklung zugeordnet, die dann an den Kundenauftrag übergeben wird.
- **Dispositionsgruppe im Materialstamm (Dispositionsdatenbild)**
  Die zweite Möglichkeit besteht darin, im Materialstamm eine *Dispositionsgruppe* zuzuordnen. Zur Dispositionsgruppe werden im PP-Customizing die relevanten Parameter für die Durchführung der Materialbedarfsplanung hinterlegt. Dazu gehört unter anderem auch die Strategiegruppe. Innerhalb der Strategiegruppe wird dann im Customizing (siehe vorheriger Absatz) die Bedarfsart zugeordnet.
- **Kombination aus Positionstyp und Dispositionsmerkmal im Vertriebs-Customizing**

  Die dritte Möglichkeit besteht darin, die Bedarfsart unabhängig von Einstellungen in der Produktionsplanung zu ermitteln. Im Customizing der Vertriebskomponente wird aus der Kombination von Positionstyp und Dispositionsmerkmal die Bedarfsart festgelegt. Das Dispositionsmerkmal wird im Materialstamm zugeordnet und regelt das Dispositionsverfahren für das Material (verbrauchsgesteuerte deterministische Disposition). Der Positionstyp steuert im Vertriebsbeleg den Ablauf der Positionsbearbeitung (siehe Abschnitt 7.1.2, »Positionstyp«). Im Vertriebs-Customizing kann festgelegt werden, dass diese Art der Ermittlung der Bedarfsart Priorität hat. Dann wird die Bedarfsart in jedem Fall (unabhängig von der Strategiegruppe) über den Positionstyp ermittelt.

Bedarfsklassen

Ermittlung der Bedarfsklasse

Über die Bedarfsart wird im Vertriebs-Customizing (Transaktion OVZG) eine *Bedarfsklasse* ermittelt. In der Bedarfsklasse werden die Customizing-Einstellungen für die Verfügbarkeitsprüfung und die Bedarfsübergabe vorgenommen. Abbildung 4.2 zeigt einen Teil der Steuerungsmöglichkeiten, die für eine **Bedarfsklasse** im Customizing eingestellt werden.

Dabei wird deutlich, dass die Bedarfsklasse das zentrale Objekt zur Einstellung der Verfügbarkeitsprüfung ist. Im Folgenden werden wir noch Einstellungen zur Bedarfsklasse zeigen, die die Produktionsplanungs- und Controlling-Komponenten betreffen. Doch kommen wir zunächst zu den relevanten Einstellungen für die Verfügbarkeitsprüfung und die Bedarfsübergabe. Grundsätzlich wird für die Bedarfsklasse eingestellt, ob überhaupt eine Bedarfsübergabe oder eine Verfügbarkeitsprüfung erfolgt (siehe Abbildung 4.2 im Bereich **Bedarf**).

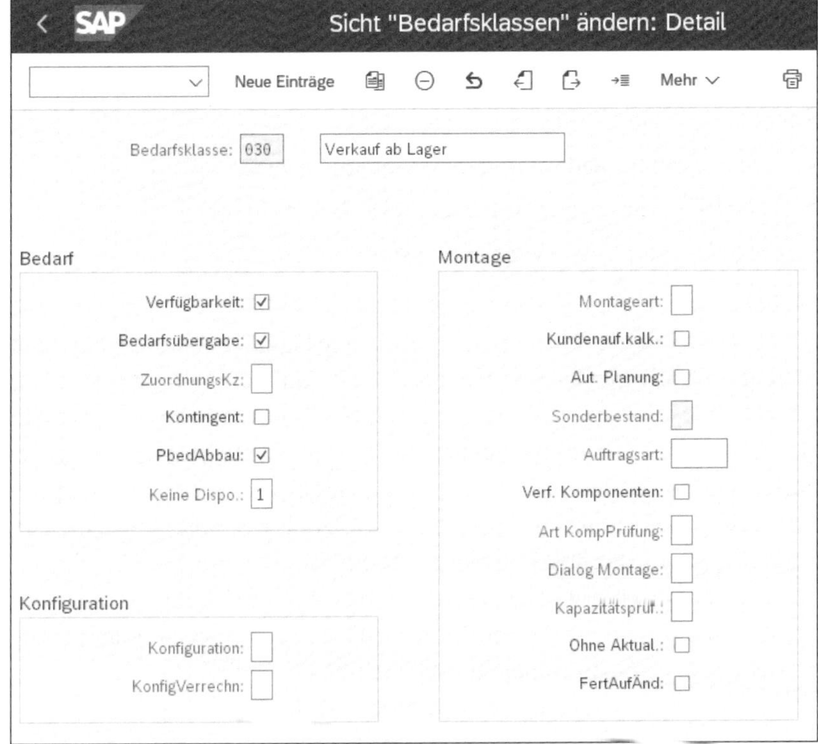

Abbildung 4.2 Customizing der Bedarfsklasse in SAP S/4HANA (Transaktion OVZG)

Bedarfsübergabe

Unter der *Bedarfsübergabe* ist die Übergabe des Kundenauftragsbedarfs an die Disposition zu verstehen. Ist die **Bedarfsübergabe** aktiviert, wird der Bedarf anschließend in der aktuellen *Bedarfs- und Bestandsliste* angezeigt. Diese Liste zeigt die aktuellen Bestände sowie alle dispositionsrelevanten Zu- und Abgänge. Sie ist eines der Hauptwerkzeuge der Disponenten im Unternehmen. Über das Kennzeichen **Keine Dispo.** wird eingestellt, welche Auswirkung der Kundenbedarf in der Disposition haben soll. Folgende Optionen sind möglich:

- **Leer**: Der Bedarf wird disponiert. Das heißt, er beeinflusst die Produktionsplanung, indem bei Unterdeckung eine Beschaffung ausgelöst wird.
- **1**: Der Bedarf wird angezeigt, aber nicht disponiert. Das heißt, der Bedarf erscheint in der aktuellen Bedarfs- und Bestandsliste, hat aber keine Auswirkung auf die Produktion, sondern dient nur der Information des Disponenten.
- **2**: Der Bedarf wird weder angezeigt noch disponiert.

Zuordnungskennzeichen

Über das Zuordnungskennzeichen (**ZuordnungsKz** im Bereich **Bedarf** in Abbildung 4.2) wird festgelegt, ob eine Verrechnung gegen die Vorplanung erfolgt. Folgende Einstellungen sind möglich:

- **Leer**: keine Verrechnung
- **1**: Verrechnung gegen Vorplanung mit Endmontage
- **2**: Verrechnung gegen Vorplanung ohne Endmontage
- **3**: Verrechnung gegen Vorplanung mit Vorplanungsmaterial

Vorplanung mit Endmontage

Bei der Option *Vorplanung mit Endmontage* wird eine Vorplanung (z. B. aus einem Absatzplan) für das Fertigprodukt angelegt. Die Planung löst unabhängig von vorliegenden Kundenaufträgen Produktionsbedarfe aus und initiiert damit die Fertigung. Die eingehenden Kundenaufträge verrechnen sich gegen die Vorplanung. Bei der Verrechnung werden Vorplanungsbedarfe abgebaut. Gleichzeitig wird ein Kundenauftragsbedarf an die Disposition übergeben. Ist der Auftragsbedarf größer als der Vorplanungsbedarf, wird die geplante Produktionsmenge erhöht. Ist der Kundenauftragsbedarf kleiner oder gleich der vorgeplanten Menge, ändert sich die Produktionsplanung nicht. Man nutzt diese Strategie dann, wenn man zwar den Absatz relativ gut planen kann, aber eine Anpassung des Produktionsprogramms an eingehende Kundenaufträge vornehmen will.

Bei diesem Szenario wird die Verfügbarkeitsprüfung auf der *ATP-Logik* durchgeführt. Hier wird deutlich, dass Verrechnungslogik und ATP-Logik kombiniert werden können: In diesem Fall wird der Vorplanungsbedarf über die Verrechnung abgebaut, die Verfügbarkeit jedoch über die ATP-Logik bestimmt.

Vorplanung ohne Endmontage

Bei der Option *Vorplanung ohne Endmontage* erfolgt lediglich die Planung der Komponenten auftragsunabhängig. Die Endmontage erfolgt dagegen erst, wenn konkrete Kundenaufträge vorliegen. Da die Endprodukte zum Zeitpunkt des Auftragseingangs noch nicht am Lager sind, empfiehlt sich hier eine reine Verrechnungslogik ohne ATP-Verfügbarkeitsprüfung. Bei dieser Strategie kann sehr schnell auf Kundenanforderungen reagiert werden. Auch lassen sich Variantenprodukte (mit kundenindividueller Endmontage) darüber abbilden.

Vorplanung mit Vorplanungsmaterial

Bei der Option *Vorplanung mit Vorplanungsmaterial* erfolgt die Planung auf Basis eines Vorplanungsmaterials. Dabei handelt es sich um »virtuelles Material«, das nicht gefertigt wird, sondern lediglich der Planung dient. Materialien, die über eine gemeinsame Fertigungsstraße produziert werden, können über ein gemeinsames Vorplanungsmaterial eingeplant werden. Dabei geht man davon aus, dass die Materialien gleiche Komponenten benötigen. Die Endmontage erfolgt dann wieder kundenindividuell. Eine ATP-

Prüfung ist hier grundsätzlich nicht sinnvoll. Die Verfügbarkeit kann nur über die Verrechnung gegen die Vorplanung ermittelt werden.

Abbau der Planprimärbedarfe

Das Kennzeichen **PbedAbbau** (siehe Abbildung 4.2) steuert den Abbau von Planprimärbedarfen. Dies ist vor allem bei der anonymen Lagerfertigung sinnvoll. Kundenauftragsbedarfe verrechnen sich bei diesem Szenario nicht gegen die Vorplanung; der Planprimärbedarf der Produktionsplanung wird erst beim Buchen des Warenausgangs durch die Lieferung abgebaut.

Über die Bedarfsklasse erfolgen auch Einstellungen zur Steuerung der Abläufe in den Komponenten CO (Controlling) und PP (Produktionsplanung und -steuerung). Abbildung 4.3 zeigt diese Optionen.

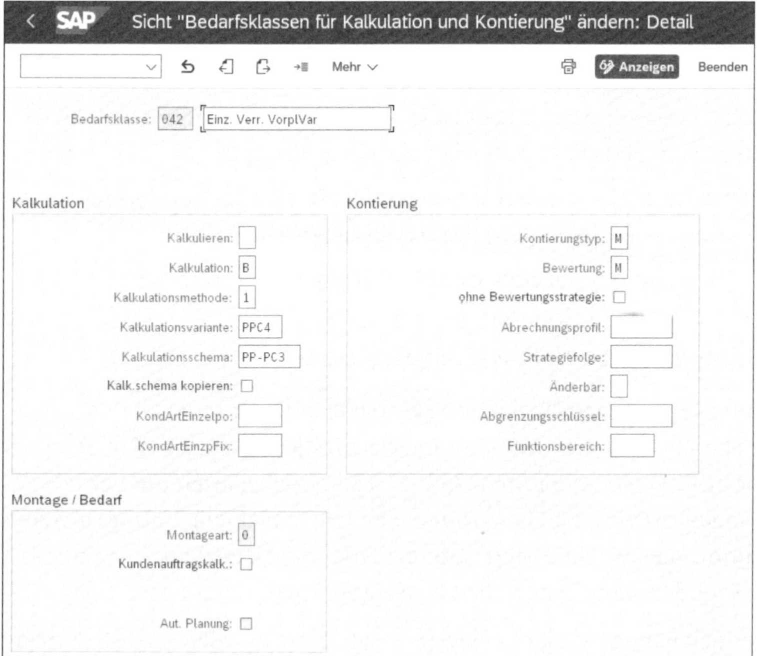

Abbildung 4.3 Customizing der Bedarfsklasse (Transaktion OMPO in der Komponente PP, Transaktion SPRO • Bedarfsklassen überprüfen in der Komponente CO)

Kalkulation und Kontierung

Über die Option **Kalkulieren** wird festgelegt, ob eine Kundenauftragskalkulation zur Ermittlung der Herstellungs- oder der Selbstkosten (Selbstkosten = Herstellungskosten + Gemeinkostenzuschläge) erfolgt. Mit dem **Kontierungstyp** wird eingestellt, ob es sich um eine Kundeneinzelfertigung handelt. Bei der Kundeneinzelfertigung wird mit der Bedarfsübergabe ein sogenanntes *Einzelbestandssegment* angelegt. Damit wird ein Bestand auf der Ebene der Kundenauftragsposition verwaltet und disponiert. An dieser

Stelle wollen wir auf den Zusammenhang mit den Szenarien im Controlling hinweisen, wie z. B. die Kundeneinzelfertigung mit Kundeneinzelbestand, bei der die Kundenauftragsposition als Kosten- und Erlössammler dient. Wir kommen auf die Thematik der Einzelbestände in Kapitel 6, »Integration in das Rechnungswesen«, zurück. In Kapitel 21, »Kundeneinzelfertigung«, werden Sie ein Szenario zur Kundeneinzelfertigung mit einem Kundeneinzelbestand (mit durchgängigem Systembeispiel) kennenlernen.

Umfang der ATP-Prüfung

Außerhalb der Bedarfsklasse gibt es weitere wichtige Customizing-Einstellungen, die den Ablauf der Verfügbarkeitsprüfung steuern. Dabei werden folgende Punkte festgelegt:

- Werden aus dem Auftrag Einzel- oder Sammelbedarfe an die Disposition übergeben?
- Welche Bestandsarten (freie Bestände, Sperrbestände, Sicherheitsbestände) werden bei der ATP-Prüfung berücksichtigt?
- Welche geplanten Zugänge (Planaufträge, Fertigungsaufträge, Bestellanforderungen, Bestellungen) werden berücksichtigt?
- Welche geplanten Abgänge (Kundenaufträge, Lieferungen, Reservierungen) werden berücksichtigt?
- Wird die Wiederbeschaffungszeit eingerechnet?

Einzel- oder Sammelbedarfe

Die Unterscheidung in Einzel- und Sammelbedarfe entscheidet darüber, ob in der aktuellen Bedarfs- und Bestandsliste für jeden einzelnen Auftrag ein Eintrag erzeugt wird oder ob Aufträge zu Sammelbedarfen pro Periode zusammengefasst werden. Dies erfolgt abhängig von einem Eintrag im Materialstamm. Bei Einzelbedarfen kann der Disponent direkt aus der aktuellen Bedarfs- und Bestandsliste in den Auftrag springen.

Die übrigen Parameter der Verfügbarkeitsprüfung werden im Customizing abhängig von dem Einzel-/Sammelbedarfskennzeichen des Vertriebsbelegs und der Prüfregel ermittelt. Die Prüfregel ist einem Vertriebsbelegtyp fest zugeordnet. Damit lässt sich die Zuordnung der Prüfregel zur Auftragsart nicht im Customizing einstellen. Benötigt man in einem Einführungsprojekt eine eigene ATP-Steuerung, kann man jedoch ein neues Bedarfskennzeichen einstellen. Abbildung 4.4 zeigt die Steuerung der Verfügbarkeitsprüfung im Customizing.

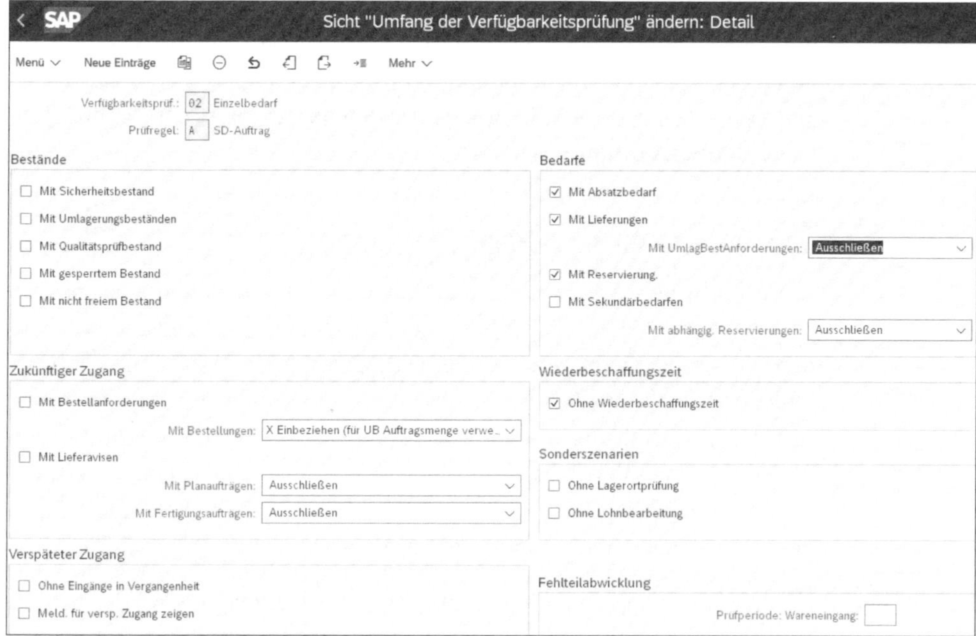

Abbildung 4.4 Steuerung der ATP-Prüfung (Transaktion OVZ9)

Wiederbeschaffungszeit

Besondere Erwähnung verdient an dieser Stelle die Option **Ohne Wiederbeschaffungszeit**. Damit ist die *Wiederbeschaffungszeit* gemeint, die im Materialstamm hinterlegt ist. Ist dieses Kennzeichen nicht gesetzt, ist das Material außerhalb der Wiederbeschaffungszeit grenzenlos verfügbar. Dahinter verbirgt sich die Annahme, dass ein Material innerhalb der Wiederbeschaffungszeit in jeder Menge beschafft werden kann. Das Ergebnis einer solchen ATP-Prüfung ist also immer mindestens *ein* möglicher Liefertermin – der am Ende der Wiederbeschaffungszeit.

Werksübergreifende Verfügbarkeitsprüfung

Eingangs haben wir erwähnt, dass die Verfügbarkeit stets auf Werksebene geprüft wird. Für den Fall, dass ein Produkt in einem Werk nicht in der erforderlichen Stückzahl vorhanden ist, hat der Anwender jedoch die Möglichkeit, sich die Verfügbarkeitssituation in anderen Werken anzeigen zu lassen. Er kann dann die Auslieferung aus einem anderen Werk vornehmen. Voraussetzung ist lediglich, dass im Customizing der Organisationsstrukturen eingestellt wurde, dass der Verkauf aus diesem Werk zulässig ist (und dass die werksabhängigen Vertriebsdaten des Materialstamms gepflegt sind). Dazu muss das Werk, aus dem verkauft werden soll, der Kombination aus Verkaufsorganisation und Vertriebsweg aus dem Auftrag zugeordnet werden. Diese Funktion kann einen wichtigen Beitrag zur Senkung von Beständen leisten, beispielsweise in Fällen, in denen ausreicht, die Bestände in einem Werk vorzuhalten.

Lagerortprüfung

Sofern der Anwender im Kundenauftrag den Lagerort erfasst, aus dem der Bestand entnommen werden soll, erfolgt die ATP-Prüfung auch auf der Lagerortebene. Dies ist nicht möglich, wenn bei der Steuerung der Verfügbarkeitsprüfung (siehe Abbildung 4.4) unter **Sonderszenarien** das Kennzeichen **Ohne Lagerortprüfung** gesetzt ist.

4.1.3 Beispiel für die Verfügbarkeitsprüfung

Ablauf

In unserem Beispiel mit dem Material 33 gehen wir davon aus, dass zunächst weder eine Vorplanung stattgefunden hat noch ein Bestand vorhanden ist. Das Beispielmaterial ist eine Handelsware. Diese soll dann beim Lieferanten bestellt werden, wenn entsprechende Kundenaufträge vorliegen. In Teil IV, »Gestaltung von Wertschöpfungsketten in SAP S/4HANA«, werden die Themen Verfügbarkeitsprüfung, Bedarfsübergabe, Planungsstrategie und Controlling-Konzept komponentenübergreifend behandelt. Dabei greifen wir auch auf die Aspekte dieses Kapitels zurück.

Das Beispiel in diesem Abschnitt umfasst die folgenden Schritte:

1. Anzeigen der aktuellen Bedarfs- und Bestandsliste (Bestand = 0)
2. Erfassen eines Kundenauftrags über 100 Stück
3. Durchführen der Materialbedarfsplanung (Disposition)
4. Erneute Verfügbarkeitsprüfung im Kundenauftrag
5. Erstellen des Lieferbelegs

Schritt 1: Aktuelle Bedarfs- und Bestandsliste

In Abbildung 4.5 sehen Sie die aktuelle Bedarfs- und Bestandsliste für das Beispielmaterial 33 im Werk DE10. Die Übersicht zeigt, dass bei diesem Material kein Bestand (Zeile **BStand**) vorhanden ist. Außerdem existieren auch keinerlei geplante Zu- oder Abgänge.

Abbildung 4.5 Aktuelle Bedarfs- und Bestandsliste für das Material 33 im Werk DE10 (Transaktion MD04)

Schritt 2: Kundenauftrag

Die Situation ändert sich mit der Erfassung des Kundenauftrags über 100 Stück zu diesem Material (siehe Abbildung 4.6).

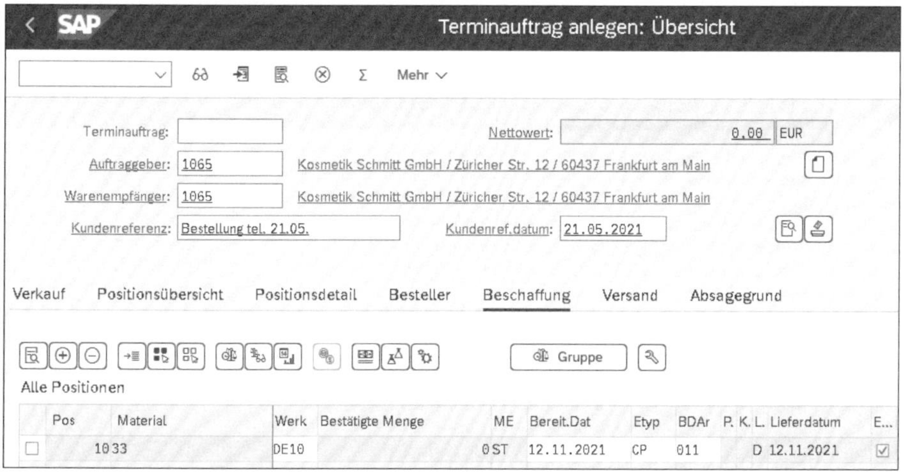

Abbildung 4.6 Beschaffungssicht im Kundenauftrag (Transaktion VA01)

Als Bedarfsart (Feld **BDAr**) wurde für diese Position »011« ermittelt. Im Vertriebs-Customizing ist dieser Bedarfsart die gleichnamige Bedarfsklasse 011 zugeordnet. Da in der Bedarfsklasse zentrale Einstellungen für die Funktion *Verfügbarkeitsprüfung* vorgenommen werden, zeigen wir diese in Abbildung 4.7.

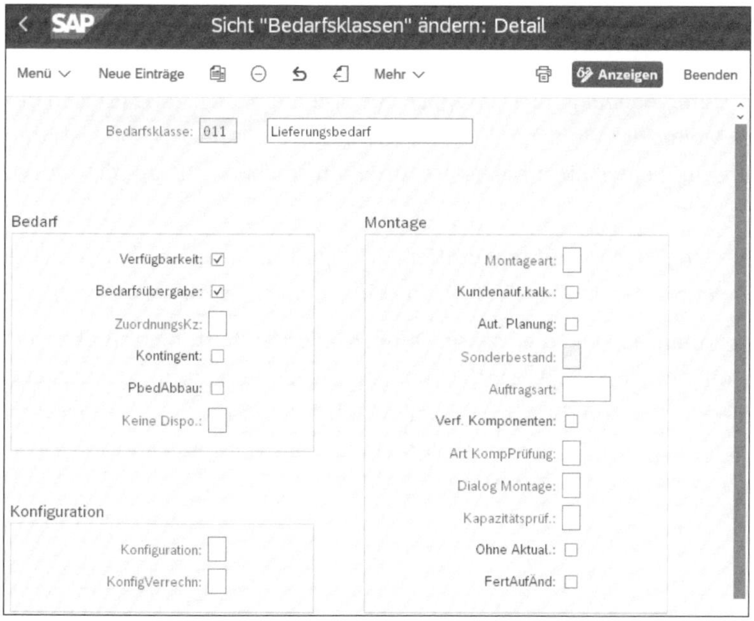

Abbildung 4.7 Customizing der Bedarfsklasse 011 (Transaktion OVZG)

Sie sehen, dass für die Bedarfsklasse **Verfügbarkeit** und **Bedarfsübergabe** aktiviert sind. Da das Feld **Keine Dispo.** mit keinem Wert belegt ist, werden die Positionen mit Bedarfsklasse 011 in der Disposition berücksichtigt. Abbildung 4.8 zeigt das Ergebnis der Verfügbarkeitsprüfung in unserem Auftrag.

Abbildung 4.8 Verfügbarkeitsprüfung im Kundenauftrag (Transaktion VA01)

Hier zeigt sich, dass zum Wunschlieferdatum des Kunden (25.05.2021) keine Lieferung möglich ist. In diesem Fall versucht das System zunächst, einen Liefervorschlag zum nächstmöglichen Termin zu unterbreiten. Da aber weder Bestand noch geplante Zu- oder Abgänge vorhanden sind, meldet das System **Liefervorschlag: nicht möglich**. Sie erkennen auch, dass im Feld **Bestätigte Menge** der Wert 0 steht. Der Auftrag ist damit noch nicht bestätigt. Die Erstellung eines Lieferbelegs ist für einen solchen Auftrag nicht möglich.

Über die Schaltfläche **Prüfungsumfang** gelangen Sie zu einer Übersicht, die zeigt, welche Daten in die ATP-Prüfung eingehen (siehe Abbildung 4.9).

Hier erkennen Sie, dass die Option **Ohne Wiederbeschaffungszeit** aktiviert ist. Damit berücksichtigt das System die Wiederbeschaffungszeit nicht. Wäre diese Option im Customizing nicht aktiviert, würde das System einen Liefervorschlag zum Ende der Wiederbeschaffungszeit unterbreiten.

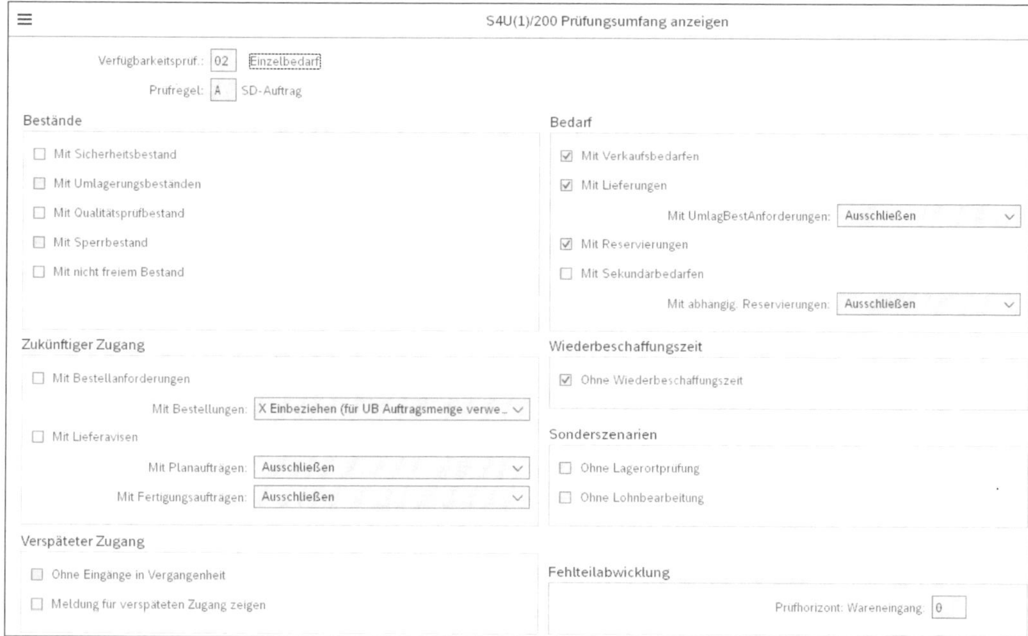

Abbildung 4.9 Anzeige des Prüfumfangs in der ATP-Prüfung des Terminauftrags (Transaktion VA01)

Schritt 3: Disposition

Werfen wir als Nächstes einen Blick auf die aktuelle Bedarfs- und Bestandsliste nach Erfassung des Kundenauftrags (siehe Abbildung 4.10). Der Kundenauftrag wird aus dem Werksbestand bedient, da in unserem Beispielmaterial das Kennzeichen **Einzelbedarfe** nicht gesetzt ist. Das Einzelbedarfskennzeichen ist auf keinen Fall mit Kundeneinzelbeständen zu verwechseln (siehe Kapitel 21, »Kundeneinzelfertigung«).

Die aktuelle Bedarfs- und Bestandsliste zeigt nun einen geplanten Abgang in Form eines Kundenauftrags. In Zeile **K-Auft** wird der Bedarf als negative Menge 100- angezeigt.

Als Nächstes wird die Materialbedarfsplanung durchgeführt. Diese erzeugt – abhängig von den Einstellungen im Materialstamm und im Customizing – Vorschläge zur Bedarfsdeckung. Unser Material 33 wurde so gepflegt, dass eine *plangesteuerte Disposition* durchgeführt wird. Im Unterschied zur *verbrauchsgesteuerten Disposition* (z. B. über Bestellzeitpunkte) wird dabei eine exakte Bedarfsunterdeckung (Bestand + Zugänge – Abgänge) ermittelt. Für diese Bedarfsunterdeckung wird mithilfe eines Losgrößenverfahrens (diese Einstellung findet sich ebenfalls im Materialstamm) ein Beschaffungsvorschlag unterbreitet.

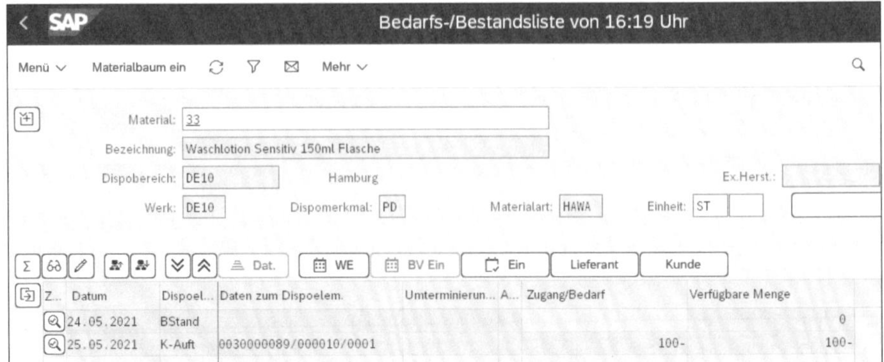

Abbildung 4.10 Aktuelle Bedarfs- und Bestandsliste nach Auftragseingang (Transaktion MD04)

> **MRP Live für SAP S/4HANA**
>
> Mit der Einführung von SAP S/4HANA wurden die Funktionen der Materialbedarfsplanung angepasst. SAP bezeichnet die Materialbedarfsplanung in SAP S/4HANA als *MRP Live* (MRP = Material Requirements Planning). Die Unterschiede zwischen der Materialbedarfsplanung in SAP-ERP- und SAP-S/4HANA-Systemen werden in SAP-Hinweis 2638465 erläutert.

Für unser Material wurde das Verfahren *exakte Losgröße* eingestellt. Damit wird exakt die Menge bestellt, die zur Deckung des Auftrags benötigt wird. Da es sich bei unserem Material um eine Handelsware handelt, erzeugt die Disposition einen Beschaffungsvorschlag in Form einer Bestellanforderung. Abbildung 4.11 zeigt die aktuelle Bedarfs- und Bestandsliste nach dem Dispositionslauf.

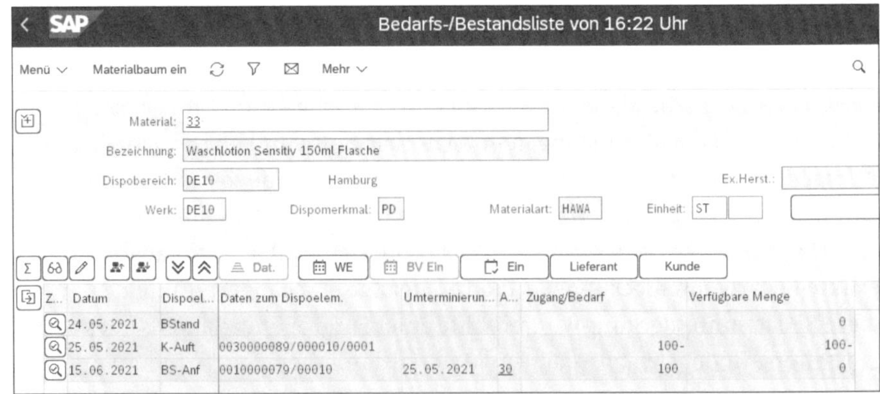

Abbildung 4.11 Aktuelle Bedarfs- und Bestandsliste nach dem Dispositionslauf (Transaktion MD04)

Der geplante Abgang in Form eines Kundenauftrags (**K-Auft**) wird nun durch einen geplanten Zugang in Form einer Bestellanforderung (**BS-Anf**) gedeckt.

Schritt 4: Erneute ATP-Prüfung im Auftrag

Wie Sie in Abbildung 4.9 gesehen haben, werden Bestellanforderungen im vorliegenden Fall nicht im Prüfumfang der Verfügbarkeitsprüfung berücksichtigt. Das heißt, eine erneute Prüfung der Verfügbarkeit im Kundenauftrag zu diesem Zeitpunkt würde ebenfalls das Ergebnis liefern, dass kein Bestand vorhanden ist. Falls Bestellanforderungen berücksichtigt werden sollen, müssen die Einstellungen zur Verfügbarkeitsprüfung im Customizing angepasst werden.

Erst nach Anlage der Bestellung und einer erneuten Durchführung der Verfügbarkeitsprüfung im Kundenauftrag wird die geforderte Menge bestätigt. Allerdings erfolgt der geplante Zugang erst zum 15.06.2021 und somit nach dem Wunschlieferdatum des Kunden.

Die aktuelle Bedarfs- und Bestandsliste (siehe Abbildung 4.12) zeigt in Zeile **BS-Ein** den geplanten Zugang zur Bestellung in Höhe von 100 Stück zum 15.06.2021.

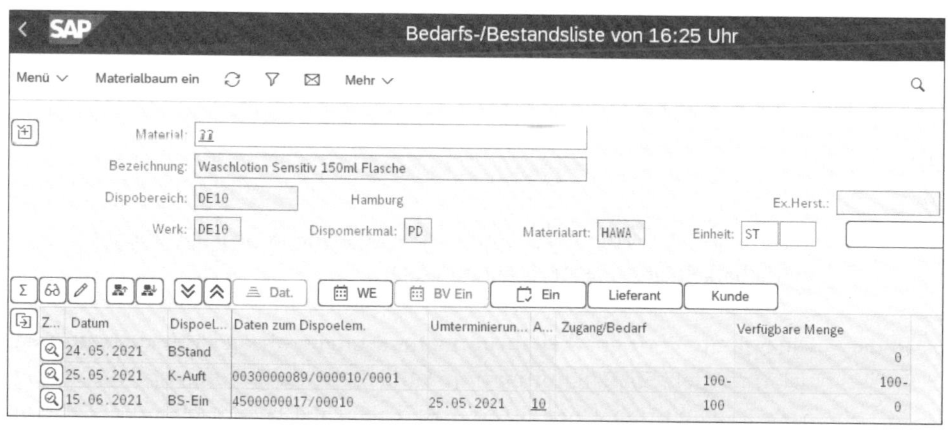

Abbildung 4.12 Aktuelle Bedarfs- und Bestandsliste nach Anlage der Bestellung (Transaktion MD04)

Im Gegensatz zur ersten Prüfung unterbreitet das System jetzt einen Liefervorschlag zum 15.06.2021 (siehe Abbildung 4.13). Zu diesem Termin hat der Auftrag jetzt eine bestätigte Menge, mit der der Kunde beliefert werden kann. Der Anwender kann den Liefervorschlag des Systems akzeptieren. Dann erhält der Auftrag eine bestätigte Menge zu diesem Termin. Setzt er zusätzlich das Kennzeichen **Meng/Termin fix**, wird der Bedarfstermin in der Disposition auf diesen Termin hin angepasst. Das führt dazu, dass in der aktuellen Bedarfs- und Bestandsliste der Wunschliefertermin des Kunden nicht mehr angezeigt wird. Der Disponent wird nicht mehr versuchen, den Wunschliefertermin zu halten, da er davon ausgeht, dass der bestätigte Termin mit dem Kunden abgesprochen und damit fixiert wurde.

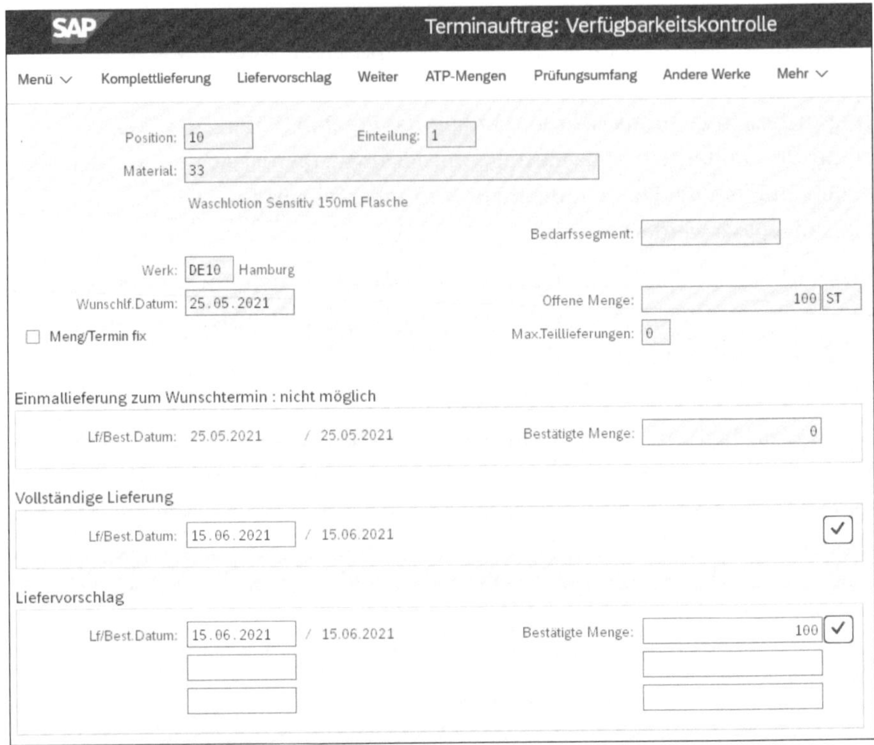

Abbildung 4.13 Verfügbarkeitsprüfung im Kundenauftrag nach erneuter Verfügbarkeitsprüfung (Transaktion VA02)

Automatische Neuterminierung

Die erneute Verfügbarkeitsprüfung im Kundenauftrag kann auch automatisiert werden. Ein Batchprogramm kann regelmäßig laufen und die Verfügbarkeit neu prüfen. Über Listen wird der Sachbearbeiter über die Veränderungen in den Kundenaufträgen informiert. In der Praxis wird dieses Programm meist automatisch nach der Durchführung der Materialbedarfsplanung gestartet.

Schritt 5: Erstellen des Lieferbelegs

Zu unserem Kundenauftrag kann zum bestätigten Termin auch ein entsprechender Lieferbeleg erzeugt werden. Beim Anlegen des Lieferbelegs sollte die Verfügbarkeit erneut geprüft werden. Dabei sollte der Prüfumfang im Customizing so eingestellt werden, dass nur noch Lagerbestände berücksichtigt werden. In unserem Beispiel gehen wir davon aus, dass zwischenzeitlich die Wareneingangsbuchung zur Bestellung erfolgt ist. In Abbildung 4.14 sehen Sie die aktuelle Bedarfs- und Bestandsliste nach dem Wareneingang.

Abbildung 4.14 Aktuelle Bedarfs- und Bestandsliste nach der Wareneingangsbuchung (Transaktion MD04)

Hier sehen Sie, dass mit der Wareneingangsbuchung jetzt ein Bestand von 100 Stück vorhanden ist (Zeile **BStand**). Wir können jetzt zu unserem Auftrag einen Lieferbeleg erzeugen. Nach der Erstellung des Lieferbelegs zeigt unsere aktuelle Bedarfs- und Bestandsliste die geplante Auslieferung zum zuvor gewählten Liefertermin (siehe Abbildung 4.15).

SAP Bedarfs-/Bestandsliste von 16:35 Uhr

Menü Materialbaum ein Mehr

Material: 33
Bezeichnung: Waschlotion Sensitiv 150ml Flasche
Dispobereich: DE10 Hamburg Ex.Herst.:
Werk: DE10 Dispomerkmal: PD Materialart: HAWA Einheit: ST

Dat. WE BV Ein Ein Lieferant Kunde

Z...	Datum	Dispoel...	Daten zum Dispoelem.	Umterminierun...	A...	Zugang/Bedarf	Verfügbare Menge	Lage...
	24.05.2021	BStand					100	
	15.06.2021	Liefer	0080000044/000010/0000			100-	0	0001

Abbildung 4.15 Aktuelle Bedarfs- und Bestandsliste nach der Erstellung des Lieferbelegs (Transaktion MD04)

Der Auftragsbedarf ist jetzt in einen Lieferbedarf (**Liefer**) umgesetzt worden. Der Disponent erkennt, dass die Auslieferung bevorsteht. Aus dem Lieferbeleg erfolgt die Warenausgangsbuchung. Um die pünktliche Lieferung zum 15.06.2021 sicherzustellen, werden mit der Funktion Versandterminierung die Aktivitäten im Versand geplant. Diese Funktion wird im nächsten Abschnitt 4.2, »Versandterminierung«, beschrieben.

4.1.4 Rückstandsbearbeitung mit aATP in SAP S/4HANA

Rückstandsbearbeitung mit aATP

Unter SAP S/4HANA stellt SAP erstmals die Funktionalität *Advanced Available-to-Promise* (Erweitertes Available-to-Promise, kurz: aATP) zur Verfügung. aATP ist eine Lösung zur Rückstandsbearbeitung, die über eine Priorisierung von Kunden nach dem Win-Gain-Lose-Prinzip erfolgt. Die Kunden werden dabei in fünf Kategorien unterteilt:

- WIN
  Die bestätigte Menge wird aufgefüllt, um vollständig und termingerecht die gewünschte Menge des Kunden zu liefern.
- GAIN
  Die bestätigte Menge kann erhöht werden, jedoch nicht reduziert.
- REDISTRIBUTE
  Die bestätigte Menge kann bei diesen Kunden erhöht und auch reduziert werden.
- FILL
  Wenn notwendig, wird die bestätigte Menge gelöscht und verteilt. Bei diesen Kunden wird die bestätigte Menge nicht erhöht, jedoch kann sie verringert werden.
- LOSE
  Die bestätigte Menge dieser Kunden wird aufgelöst, um sie zu verteilen.

Wird beispielsweise ein Kundenauftrag für einen wichtigen Kunden erfasst, kann die gewünschte Menge des Auftrags bestätigt werden, indem man die bestätigte Menge bei Aufträgen der REDISTRIBUTE-, FILL- oder LOSE-Kunden reduziert. Mit dieser Methode wird sichergestellt, dass Topkunden immer termin- und mengengerecht bedient werden.

Um die Funktionen von aATP nutzen zu können, müssen die entsprechenden Einstellungen im Customizing unter dem Punkt **Erweitertes Available-to-Promise** vorgenommen werden.

Außerdem muss für die **Verfügbarkeitsprüfgruppe** in der Customizing-Transaktion OVZ2 das Kennzeichen **Erweitertes ATP** auf **A – Aktiv** gesetzt werden.

Backorder Processing

SAP S/4HANA bietet den Usern Fiori-Apps, um die Erfüllung von Kundenaufträgen über *BOP*-Läufe (Backorder Processsing, deutsch: Rückstandsbearbeitung) zu steuern. Die wichtigsten Apps werden im folgenden Abschnitt 4.1.5 anhand eines Anwendungsbeispiels gezeigt.

4.1.5 Beispiel für die Rückstandsbearbeitung

Ein Großhandel für Drogerieartikel möchte die Liefertreue für seine wichtigsten Kunden verbessern. Dazu sollen in Kundenaufträgen bereits bestätigte Mengen mithilfe der Rückstandsbearbeitung so umverteilt werden, dass Kunden mit Lieferpriorität »hoch« bevorzugt behandelt werden.

In der SAP-Fiori-App **BOP Segment konfigurieren** (siehe Abbildung 4.16) werden Segmente nach bestimmten Auswahlkriterien definiert. Als Basis für die Auswahlkriterien wählen wir in unserem Beispiel die Belegart **Basis (Kundenauftrag)**.

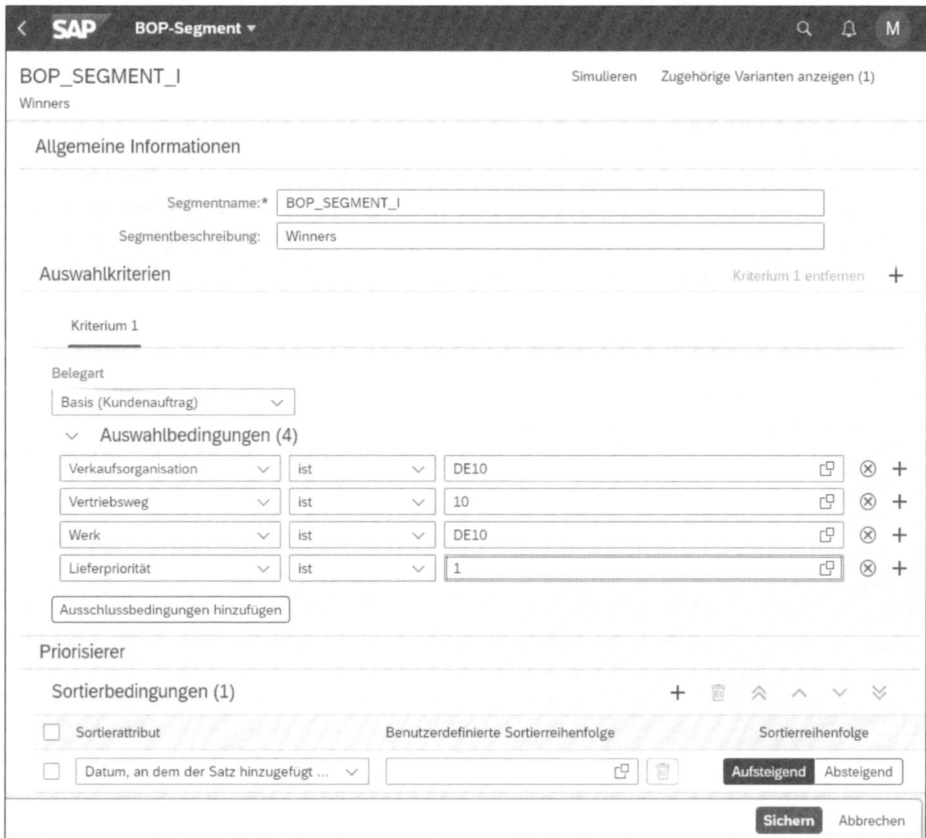

Abbildung 4.16 Auswahlkriterien für Segment festlegen (SAP-Fiori-App »BOP-Segment konfigurieren«)

In unserem Beispiel definieren wir zwei Segmente:

BOP_SEGMENT_I beinhaltet alle Kundenaufträge der Verkaufsorganisation DE10 mit Vertriebsweg 10, die aus Werk DE10 beliefert werden und die Lieferpriorität 1 (= hoch) haben.

BOP_SEGMENT_II trägt dieselben Auswahlkriterien, nur die Lieferpriorität ist hier auf 2 (= normal) gesetzt.

Das heißt, wir können diese beiden Segmente nutzen, um zu definieren, wie die bereits bestätigten Mengen zwischen den Kundenaufträgen der Segmente I und II umverteilt werden.

Nachdem wir nun die BOP-Segmente erstellt haben, müssen wir eine BOP-Variante definieren, die bestimmt, wer bestätigte Mengen verliert und wer diese frei gewordenen Mengen hinzugewinnt.

In unserer Variante **DE10_WIN_LOSE** (siehe Abbildung 4.17) tragen wir unser Segment **BOP_SEGMENT_I** unter der Kategorie **Gewinnen** (WIN) ein. Das heißt, unsere Kunden mit Lieferpriorität »hoch« gewinnen Mengen hinzu, sodass wir eine möglichst vollständige und pünktliche Lieferung garantieren können.

Das Segment **BOP_SEGMENT_II** hingegen ordnen wir der Kategorie **VERLIEREN** (LOSE) zu. Das heißt, Kunden mit Lieferpriorität »normal« geben bereits bestätigte Mengen ab, damit diese an Kunden aus Segment I umverteilt werden können.

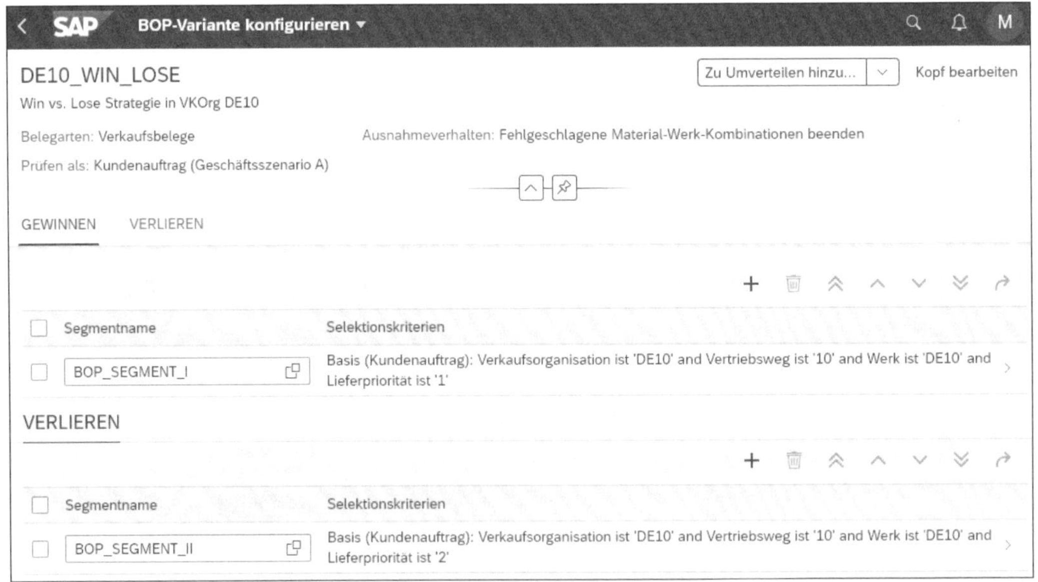

Abbildung 4.17 Segmente werden Kategorien zugeordnet (SAP-Fiori-App »BOP-Variante konfigurieren«)

Unser Großhandel für Drogerieartikel erhält nun zwei Kundenaufträge am gleichen Tag. Als erster Kunde des Tages ordert die Standard AG 1500 Stück der Waschlotion »Sensitiv« mit Materialnummer 53 (siehe Abbildung 4.18).

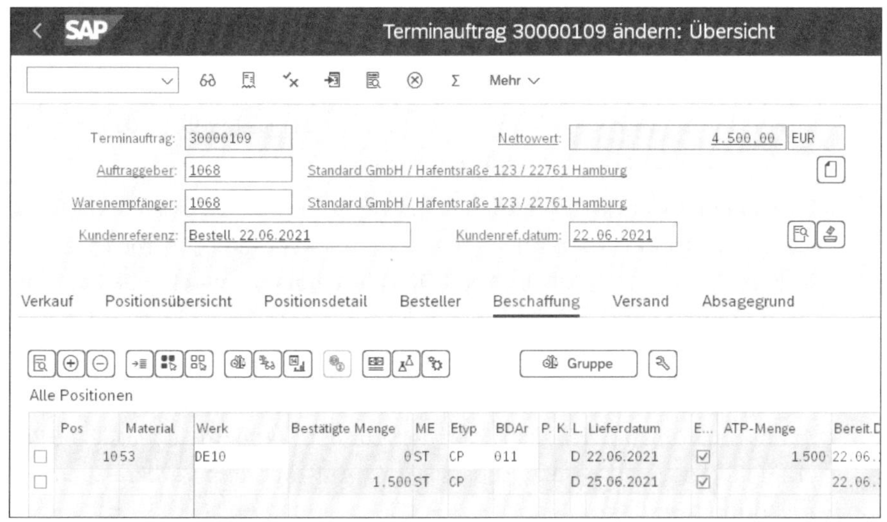

Abbildung 4.18 Verfügbarkeitsprüfung im Kundenauftrag (Transaktion VA02)

Kurz darauf bestellt die Premium AG ebenfalls 1500 Stück unserer Waschlotion »Sensitiv« (siehe Abbildung 4.19).

Abbildung 4.19 Verfügbarkeitsprüfung im Kundenauftrag (Transaktion VA02)

Da die Verfügbarkeitsprüfung, die wir in Abschnitt 4.1.2 behandelt haben, während der Auftragserfassung ausgelöst wurde, können wir unserem Kunden Standard GmbH die Lieferung der geforderten Menge am 25.06.2021 bestätigen.

Für den als zweites erfassten Kundenauftrag der Premium AG bleibt leider kein Bestand mehr übrig, mit dem wir den Auftrag bedienen könnten. Dies ist in der Spalte **Bestätigte Menge** ersichtlich, die gleich null ist. Also liefert uns die Verfügbarkeitsprüfung in diesem Auftrag das Ergebnis, dass wir weder Liefermenge noch Liefertermin bestätigen können.

Da wir aber unseren VIP-Kunden Premium AG nicht enttäuschen möchten, bedienen wir uns unserer neu eingerichteten Rückstandsbearbeitung. Wir stoßen also in der SAP-Fiori-App **BOP-Lauf einplanen** einen BOP-Lauf mit der zuvor definierten Variante an.

Für den Kunden Premium AG haben wir im Geschäftspartnerstammsatz die Lieferpriorität »hoch« hinterlegt. Damit gehören Aufträge der Premium AG zu unserem Gewinnersegment. Für den Kunden Standard AG wurde die Priorität auf »normal« gesetzt, sodass dessen Aufträge dem Verlierersegment zugeordnet werden.

In unserem BOP-Lauf kommt es daher nun zu folgender Umverteilung: Die Standard AG verliert die ihr bestätigte Menge komplett, und die Premium AG gewinnt die so frei gewordene Menge von 1500 Stück.

Das Ergebnis der Rückstandbearbeitung kann in der SAP-Fiori-App **BOP-Lauf überwachen** angezeigt werden (siehe Abbildung 4.20). Hier sehen Sie in den Spalten **Erste Bestätigungen** und **Gesamtbestätigung**, welche Kundenaufträge bestätigte Mengen abgegeben und welche Aufträge Mengen hinzugewonnen haben.

Abbildung 4.20 Ergebnis des BOP-Laufs (SAP-Fiori-App »BOP-Lauf überwachen«)

4.2 Versandterminierung

Bereits in Abschnitt 4.1, »Verfügbarkeitsprüfung«, haben wir die Bedeutung des möglichen Liefertermins für den Verkaufsabschluss angesprochen. Der Kunde interessiert sich jedoch nicht dafür, wann die Ware im Lager des Lieferanten bereitgestellt werden kann, er will vielmehr wissen, wann die Ware bei ihm eintrifft. Diese Aussage wird über die Versandterminierung ermittelt. Sie umfasst die Planung der Aktivitäten im Versandlager – von der Bereitstellung und Kommissionierung der Ware bis zum Verladen und dem Versand zum Kunden.

4.2.1 Überblick

Bei der Versandterminierung geht es also um die zeitliche Planung der Versandaktivitäten. Ihr Ziel ist einerseits die Bestimmung des endgültigen Liefertermins für den Kunden. Andererseits wird sichergestellt, dass die notwendigen Schritte rechtzeitig erfolgen und der zugesagte Liefertermin gehalten werden kann.

Für die Terminierung relevante Aktivitäten

Dabei sind folgende Aktivitäten zu berücksichtigen:

- die Kommissionierung (Entnahme der Ware aus dem Lager und Bereitstellung in der Versandzone)
- der Verpackungsvorgang
- die Einplanung entsprechender Transportmittel (Lkw, Schiff, Flugzeug) und die Beauftragung entsprechender Dienstleister (Spediteure, Logistikdienstleister)
- die Verladung
- die Versendung zum Kunden

4.2.2 Versandterminierung in SAP S/4HANA

Zeitabschnitte

Die Terminierung der Versandaktivitäten erfolgt in SAP S/4HANA über die Berücksichtigung folgender Zeitabschnitte:

- **Transportdispositionszeit**
  Unter der *Transportdispositionszeit* versteht man die Zeit, die benötigt wird, um die entsprechenden Transportmittel einzuplanen und zu reservieren.
- **Richtzeit**
  Unter der *Richtzeit* versteht man die Zeit, die notwendig ist, um die Ware zu kommissionieren und versandfertig zu machen.

- **Ladezeit**
  Unter der *Ladezeit* versteht man die Zeit, die vergeht, bis die Ware auf dem Transportmittel verladen ist.
- **Transitzeit**
  Die *Transitzeit* ist die Zeit, die für den Transport zum Kunden benötigt wird.

Rückwärtsterminierung

Bei der Erfassung eines Kundenauftrags wird innerhalb der Versandterminierung zunächst eine *Rückwärtsterminierung* durchgeführt. Dabei errechnet das System ausgehend vom Wunschlieferdatum des Kunden den Termin, zu dem die Versandaktivitäten beginnen müssen. Abbildung 4.21 zeigt diesen Zusammenhang.

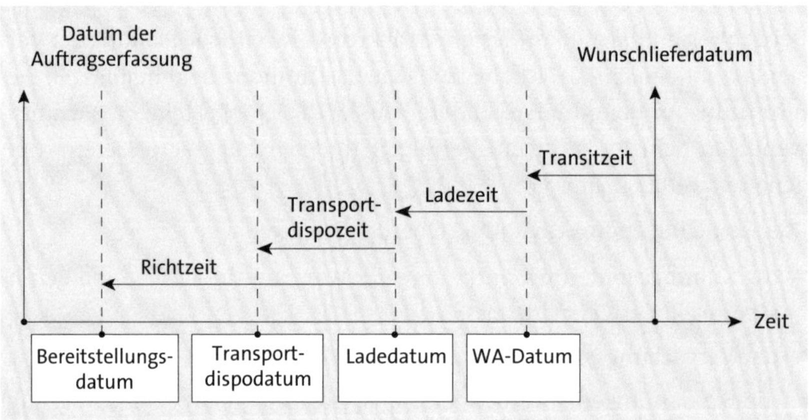

Abbildung 4.21 Rückwärtsterminierung

Der Ablauf der Rückwärtsterminierung gestaltet sich folgendermaßen:

1. Vom Wunschlieferdatum wird über die Transitzeit das geplante *Warenausgangsdatum* errechnet.
2. Vom Warenausgangsdatum wird über die Ladezeit das *Ladedatum* errechnet.
3. Vom Ladedatum wird über die Transportdispositionszeit das *Transportdispositionsdatum* errechnet. Ebenfalls vom Ladedatum wird über die Richtzeit das *Materialbereitstellungsdatum* errechnet.

Ergebnisse der Rückwärtsterminierung

Die Versandaktivitäten beginnen immer mit dem früheren Datum, also entweder mit der Materialbereitstellung oder der Transportdisposition. Alle weiteren Versandaktivitäten (Kommissionieren, Laden, Transportieren) basieren auf dem Lieferbeleg (siehe Kapitel 8, »Terminauftragsabwicklung«). Deshalb muss zu diesem Datum (Materialbereitstellungsdatum oder Transportdispositionsdatum) der Lieferbeleg erstellt werden. Die Ermittlung dieses Termins über die Rückwärtsterminierung kann im Zusammenspiel mit der Verfügbarkeitsprüfung zu folgenden Ergebnissen führen:

- **Fall 1**
  Der Termin liegt in der Zukunft, und die Ware ist verfügbar. In diesem Fall wird das Wunschlieferdatum des Kunden bestätigt.
- **Fall 2**
  Der Termin liegt in der Zukunft, die Ware ist aber nicht verfügbar. In diesem Fall ermittelt das System über die Verfügbarkeitsprüfung den frühestmöglichen Bereitstellungstermin. Ausgehend von diesem Bereitstellungstermin wird dann über eine *Vorwärtsterminierung* ein mögliches Lieferdatum errechnet.
- **Fall 3**
  Der Termin liegt in der Vergangenheit. In diesem Fall wird, ausgehend vom aktuellen Datum (Auftragserfassung), die Verfügbarkeit geprüft (siehe Abbildung 4.22). Ist die Ware verfügbar, wird über die Vorwärtsterminierung ein mögliches Lieferdatum errechnet. Ist die Ware nicht verfügbar, wird (wie in Fall 2) zunächst das frühestmögliche Bereitstellungsdatum und anschließend das frühestmögliche Lieferdatum berechnet.

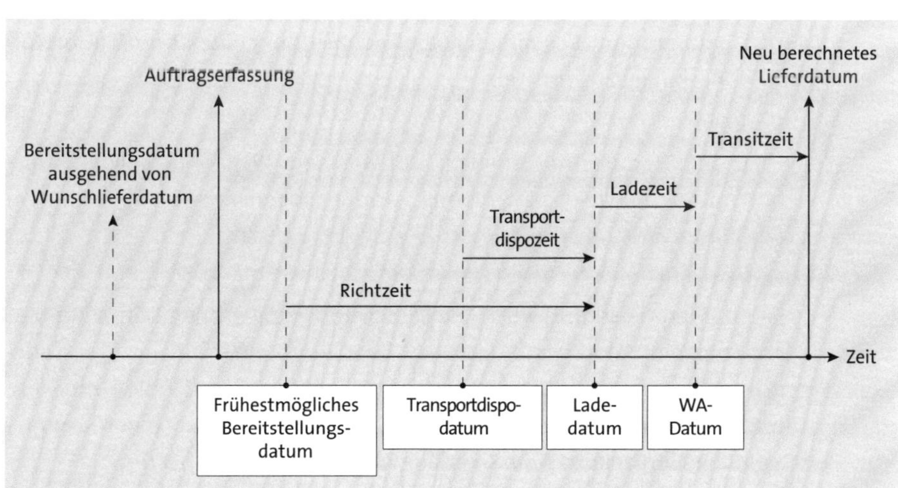

Abbildung 4.22 Vorwärtsterminierung als Folge eines nicht zu haltenden Wunschlieferdatums

Die Zeiten für die Versandterminierung werden im Customizing definiert. Wir stellen nun dar, von welchen Objekten die Ermittlung der Versandzeiten abhängt. Dabei gehen wir nach folgender Reihenfolge vor:

Customizing

1. Ermittlung der Richtzeit
2. Ermittlung der Ladezeit

3. Ermittlung der Transportdispositionszeit
4. Ermittlung der Transitzeit

Richtzeit

Die Richtzeit kann im Customizing über unterschiedliche Regeln ermittelt werden. Das einfachste Verfahren besteht darin, die Richtzeit für eine Versandstelle fest zu hinterlegen. Die Versandstelle gehört zu den Organisationsstrukturen in SAP S/4HANA. Da an unterschiedlichen Versandstellen unterschiedliche personelle und technische Gegebenheiten (Rampen, Kräne, Stapler etc.) herrschen können, ist es sinnvoll, die Richtzeit abhängig von der Versandstelle zu hinterlegen. Die Richtzeit kann aber auch abhängig von der Kombination folgender Merkmale festgelegt werden:

- **Route**
  Über die Route wird der Versandweg vom Lieferanten zum Kunden festgelegt.
- **Gewicht**
  Im Materialstamm wird das Gewicht des Produkts hinterlegt. Im Customizing kann dann abhängig von Gewichtsgruppen (z. B. bis 50 kg, 50–500 kg, über 500 kg) die Richtzeit ermittelt werden.

Ladezeit

Wie die Richtzeit kann auch die Ladezeit über die Versandstelle ermittelt werden. Außerdem ist es möglich, die Ladezeit über eine Kombination folgender Merkmale zu ermitteln:

- **Route**
  Über eine Route wird festgelegt, auf welchem Weg, über welche Transportmittel und welche Zwischenstationen (sogenannte *Verkehrsknoten*) der Warenversand erfolgt.
- **Ladegruppe**
  Jedem Materialstamm wird eine Ladegruppe zugeordnet. Damit können abhängig von der Zuordnung des Materials zu einer bestimmten Ladegruppe unterschiedliche Richtzeiten definiert werden. Viele Unternehmen nutzen die Ladegruppe, um die Produkte hinsichtlich der Komplexität des Verpackungs- und Verladevorgangs zu klassifizieren.

Das Verfahren, nach dem die Zeiten ermittelt werden, lässt sich im Customizing je Versandstelle einstellen. Damit wird im Einführungsprojekt festgelegt, wie differenziert die Ermittlung der Zeiten im Vertriebsprozess gesteuert wird.

Routenfindung

Sowohl die Transitzeit als auch die Transportdispositionszeit werden über die Route ermittelt. Da auch die Lade- und Richtzeiten abhängig von der Route hinterlegt werden können, wollen wir das Thema *Routenfindung* im Folgenden im Überblick darstellen.

Transportation Management

Im Customizing werden unter anderem Verkehrsknoten und Routen definiert. Ein Verkehrsknoten kann als Umschlagplatz, Flughafen, Bahnhof, Grenzübergang, See- oder Binnenhafen definiert werden. Außerdem lässt sich jedem Knoten eine zuständige Zollstelle zuordnen. Innerhalb der Routen werden die einzelnen Verkehrsknoten über Abschnitte miteinander verbunden. Jeder Abschnitt besteht aus einem Abgangs- und einem Zielknoten. Zusätzlich können pro Abschnitt die Entfernung und der Dienstleister (z. B. Spediteur) festgelegt werden. Für die Abwicklung der Transporte bietet SAP S/4HANA die Komponente SAP Transportation Management (TM) Basic Shipping. Die Funktionen dieser Komponente werden in Abschnitt 26.3 näher beschrieben.

[«]

Transportfunktionen

SAP erlaubt die Nutzung der Komponente Logistics Execution – Transport (LE-TRA) laut Compatibility Scope Matrix bis zum Jahr 2030 (Stand 24.06.2021). Bitte beachten Sie hierzu SAP-Hinweis 2269324. Langfristig soll LE-TRA durch die Komponente SAP Transportation Management (SAP TM) ersetzt werden. Weiterführende Informationen finden sich in der Simplification List oder in SAP-Hinweis 2270199.

In Vertriebsbelegen können Routen automatisch ermittelt werden. Die entsprechenden Einstellungen werden im Customizing vorgenommen. Routen lassen sich in Abhängigkeit von der Versandzone (Abgangszone, Empfangszone) und der Gewichtsgruppe ermitteln. Die Abgangszone wird im Customizing der Versandstelle festgelegt. Die Empfangszone gelangt über den Geschäftspartnerstamm in den Verkaufsbeleg. Jedem Debitor wird im Geschäftspartnerstamm in den Adressdaten eine Transportzone zugeordnet. Die möglichen Transportzonen werden im Customizing eingerichtet. Die Gewichtsgruppe wird über das Gewicht aus dem Materialstamm bestimmt.

4.2.3 Beispiel für die Versandterminierung

Die Versandterminierung wollen wir uns am Beispiel des Materials VST0010 ansehen. In diesem Beispiel werden wir folgende Schritte durchlaufen:

1. Anzeigen der aktuellen Bedarfs- und Bestandsliste
2. Erfassen des Kundenauftrags
3. Anzeigen des Customizings
4. Durchführen der Versandterminierung im Kundenauftrag

Schritt 1: Aktuelle Bedarfs- und Bestandsliste

Zunächst werfen wir einen Blick auf die Ihnen bereits aus Abschnitt 4.1, »Verfügbarkeitsprüfung«, bekannte aktuelle Bedarfs- und Bestandsliste. Diese zeigt uns, dass derzeit ein Bestand von 1 Stück im Werk DE10 (Hamburg) vorrätig ist (siehe Abbildung 4.23). Da keine anderen Aufträge vorhanden sind, ist dieser Bestand auch frei verfügbar.

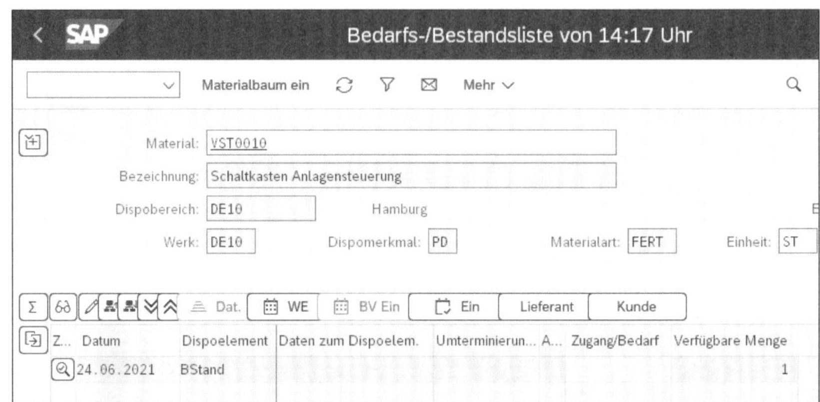

Abbildung 4.23 Aktuelle Bedarfs- und Bestandsliste für das Material VST0010 im Werk DE10 (Transaktion MD04)

Schritt 2: Kundenauftrag

Erfassen wir also am Donnerstag, den 24.06.2021 einen Kundenauftrag zu diesem Material. Der Kunde hat als Wunschlieferdatum Montag, den 28.06.2021 angegeben.

Im Customizing wurden folgende Zeiten eingestellt:

- Ladezeit: 2 Tage (zur Versandstelle DE10)
- Richtzeit: 1 Tag (zur Versandstelle DE10)
- Transportdispositionszeit: 1 Tag (zur Route 000001)
- Transitzeit: 1 Tag (zur Route 000001)

Schritt 3: Anzeigen des Customizings

Abbildung 4.24 zeigt die Customizing-Einstellung für die Ladezeit und die Richtzeit auf Ebene der Versandstelle. Für beide Werte ist für die Optionen **Ladezeit bestimmen** und **Richtzeit bestimmen** jeweils das Kennzeichen **C** gesetzt. Damit wird festgelegt, dass Lade- und Richtzeit jeweils über die Versandstelle ermittelt werden.

Abbildung 4.25 zeigt die Customizing-Einstellungen für die Transitzeit und die Transportdispositionszeit für die Route 000001.

Abbildung 4.24 Customizing der Richtzeit/Ladezeit einer Versandstelle (Transaktion OVLZ)

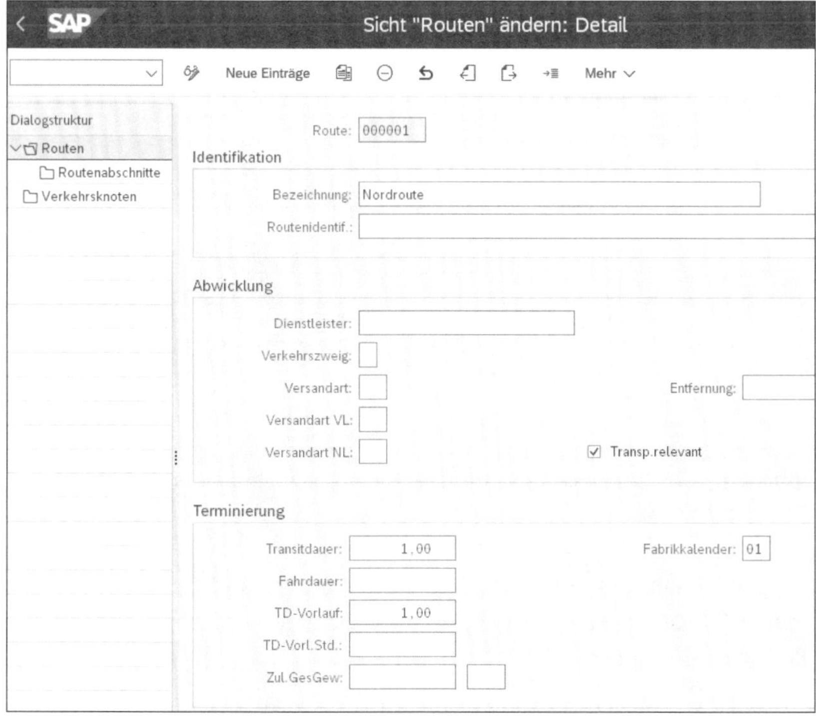

Abbildung 4.25 Customizing der Transitzeit und der Transportdispositionszeit für eine Route (Transaktion OVTC)

Schritt 4: Versandterminierung im Kundenauftrag

Für die Rückwärtsterminierung geht das System vom Wunschlieferdatum (Montag, 28.06.2021) aus und zieht die Transitzeit (1 Tag) ab. Daraus ergibt sich das Warenausgangsdatum (Freitag, 25.06.2021). Über die Ladezeit (2 Tage) errechnet sich das Ladedatum (23.06.2021). Über die Richtzeit (1 Tag) und die Transportdispositionszeit (1 Tag) werden Bereitstellungs- und Transportdispositionsdatum (22.06.2021) ermittelt. Da dieses ausgehend vom Erfassungsdatum des Kundenauftrags (24.06.2021) in der Vergangenheit liegt, wird über die Vorwärtsterminierung das Lieferdatum ermittelt. Dabei wird ausgehend vom frühestmöglichen Bereitstellungsdatum (24.06.2021) das frühestmögliche Lieferdatum (Mittwoch, der 30.06.2021) ermittelt. In Abbildung 4.26 sehen Sie das Ergebnis dieser Vorwärtsterminierung im Kundenauftrag.

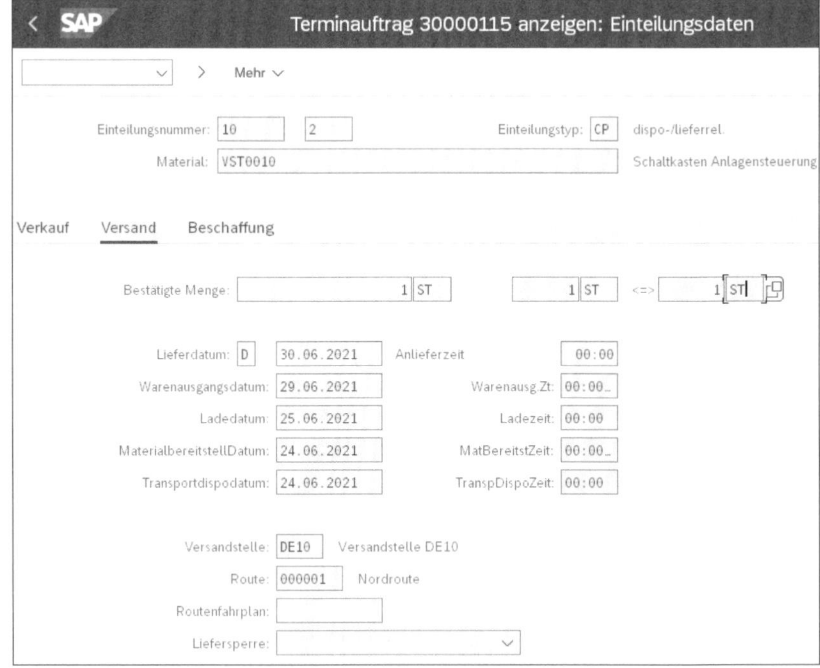

Abbildung 4.26 Ergebnis der Versandterminierung im Kundenauftrag (Transaktion VA03)

Sie sehen außerdem, dass in diesem Auftrag die **Versandstelle DE10** und die **Route 000001** ermittelt wurden. Für diese Objekte wurden im Customizing die Zeiten eingestellt.

Obwohl das Material verfügbar ist, kann also der Wunschliefertermin des Kunden nicht bestätigt werden. An diesem Beispiel wird das Zusammenspiel von Verfügbarkeitsprüfung und Versandterminierung deutlich.

[«]

Arbeitstage und Wochenende

In unserem vorliegenden Beispiel der Versandterminierung wurde aus den zuvor vorgenommenen Customizing-Einstellungen der Fabrikkalender »01-Deutschland Standard« ermittelt. Das hat zur Folge, dass Samstage und Sonntage vom System nicht als Arbeitstage berücksichtigt werden. Ebenfalls werden Feiertage nicht als Arbeitstage berücksichtigt.

4.3 Preisfindung

Die *Preisfindung* ist eine der zentralen Funktionen im Vertriebsprozess. In den Vertriebsbelegen werden Preise, Zu- und Abschläge, Rabatte oder Gebühren und Steuern automatisch ermittelt. Zusätzlich können manuelle Konditionen vom Anwender erfasst werden. Durch die Umstellung auf SAP S/4HANA hat sich im Umfeld der Sales-Preisfindung im Frontend nichts geändert, wohl aber hat das Datenmodell eine Neuerung erfahren.

4.3.1 Betriebswirtschaftliche Grundlagen

Die Gestaltung von Preisen für Produkte und Dienstleistungen sowie die Vereinbarung entsprechender Konditionen (Zu- und Abschläge, wie z. B. Frachtzuschläge, Rabatte, Skonti) sind ein wesentlicher Bestandteil von Vertriebsprozessen. In der Praxis werden viele individuelle Absprachen mit dem Kunden vereinbart, die bei der Erfassung von Angeboten und Aufträgen automatisch als Grundlage für die Preisbestimmung herangezogen werden. Preise und Konditionen werden für bestimmte Materialien, Materialgruppen oder Hierarchien vereinbart. Sie gelten auf Kundengruppenebene; es werden aber auch kundenindividuelle Vereinbarungen geschlossen. Die Preisfindung in SAP S/4HANA bietet eine breite Palette von Möglichkeiten, die individuellen Anforderungen unterschiedlicher Unternehmen abzubilden. Neben diesen individuellen Anforderungen an die Preis- und Konditionengestaltung in den einzelnen Unternehmen müssen bei der Rechnungsstellung auch gesetzliche Bestimmungen berücksichtigt werden. Es ist z. B. zu prüfen, ob ein bestimmter Vorgang mehrwertsteuerrelevant ist. Anschließend ist der entsprechende Mehrwertsteuersatz zu ermitteln.

Integration in die Finanzen

Schließlich sind die in Aufträgen und Fakturen ermittelten Werte auch korrekt an die angrenzenden Unternehmensfunktionen zu übermitteln. So muss jede Kundenfaktura mit ihren Werten in der Finanzbuchhaltung auf den richtigen Konten verbucht werden. Insofern stehen bei der Gestaltung der Funktion in einem Einführungsprojekt zwar vertriebliche Belange durchaus im Vordergrund. Gleichwohl ist es von großer Bedeutung, in einer frühen Phase die Aspekte der angrenzenden Funktionen zu berücksichtigen.

Grundsätzlich nimmt die Einrichtung der Preisfindung im System folgenden Verlauf:

1. Während des Einführungsprojekts wird im Customizing zunächst der Rahmen definiert, der dem Benutzer für die Hinterlegung von Konditionen zur Verfügung stehen soll.
2. Im Rahmen der *Konditionenpflege* entscheidet i. d. R. letztlich der Anwender in der Fachabteilung darüber, welcher Teil des Gesamtrahmens für ihn relevant ist. Dazu muss er die Möglichkeiten der im System hinterlegten Logik kennen, um diese für seinen Bereich optimal zu nutzen.
3. Bei der *Erfassung der Vertriebsbelege* geschieht dann ein wesentlicher Teil der Preisfindung automatisch. Auf Basis der Einstellungen des Customizings und der Stammdaten ermittelt das System die entsprechenden Werte selbstständig.

Das Ziel jeder SAP-Einführung sollte es demnach sein, zunächst einen zweckmäßigen Rahmen zu definieren. Wenn die anschließende Pflege der Stammdaten durch die Anwender gründlich erfolgt, können die Prozesse (und damit das Massengeschäft) weitgehend automatisiert ablaufen.

4.3.2 Elemente der Preisfindung in SAP S/4HANA

In diesem Abschnitt erläutern wir die Systematik der Preisfindung im SAP-System und zeigen, welche grundsätzlichen Gestaltungsmöglichkeiten im Customizing zur Verfügung stehen und an welchen Stellen der Anwender über den Ablauf der Preisfindung entscheiden kann.

Neuerungen in SAP S/4HANA

Vereinfachtes Datenmodell

Mit SAP S/4HANA hat sich das Datenmodell der Preisfindung vereinfacht. Diese Neuerungen sind in SAP-Hinweis 2267308 nachzulesen. Damit der Rahmen des Buches nicht gesprengt wird, haben wir hier nur die wichtigsten aufgelistet:

- Die Konditionswerttabelle KONV, in der die Ergebnisse der Konditionen für Kundenaufträge und Bestellungen abgelegt sind, ist *obsolet* und wird durch die Tabelle PRCD_ELEMENTS ersetzt.
- Die Anzahl der Kundenkonditionstabellen für die Preisfindung wurde verdoppelt.

- Die Anzahl der möglichen Zugriffe in einer Zugriffsfolge wurde von 99 auf 999 erhöht.
- Die Schlüsselgröße für Konditionstabellen (A-Tabellen) wurde von 100 auf 255 erhöht.
- Die Bonusabwicklung wurde komplett überarbeitet und findet mit SAP S/4HANA in der Funktion Condition Contract Settlement (Konditionskontraktmanagement) statt (siehe Abschnitt 5.5, »Bonusabwicklung«)

Zusätzlich wurden redundante Felder aus der Konditionskopftabelle entfernt, was die Reduktion und damit Optimierung des Speicherplatzbedarfs von Konditionssätzen zur Folge hat.

Bei einer Systemkonvertierung zu SAP S/4HANA müssen diese Datenmodellvereinfachungen in der SD-Preisfindung Beachtung finden.

Konditionstechnik

Die Preisfindung in SAP S/4HANA erfolgt mithilfe der sogenannten *Konditionstechnik*, die auch von weiteren Funktionen im Vertrieb genutzt wird. In diesem Kapitel werden wir Ihnen die folgenden Funktionen vorstellen, die ebenfalls auf der Konditionstechnik beruhen:

- Nachrichtenfindung, mit Ausnahme der Faktura (siehe Abschnitt 4.4)
- Chargenfindung (siehe Abschnitt 4.5)
- Materialfindung (siehe Abschnitt 5.1)
- Materiallistung und -ausschluss (siehe Abschnitt 5.2)

Haben Sie den grundlegenden Ablauf der Konditionstechnik (siehe Abbildung 4.27) einmal verstanden, fällt Ihnen die Einarbeitung in diese Abschnitte wesentlich leichter.

Überblick

Im Customizing wird der Auftragsart (z. B. **TA** für Terminauftrag) ein Belegschema (z. B. **A**) zugeordnet. Mit diesem und dem Kundenschema, das im Geschäftspartnerstamm hinterlegt ist, wird zusammen mit dem bei der Auftragserfassung verwendeten Vertriebsbereich ein entsprechendes *Kalkulationsschema* ermittelt. Die Ermittlung erfolgt über eine Zuordnung dieser Werte in einer Customizing-Tabelle. Das ermittelte Schema enthält *Konditionsarten*, die die Preisbestandteile (Preise, Konditionen) repräsentieren. Für jede Konditionsart ist im Customizing eine *Zugriffsfolge* hinterlegt. Zugriffsfolgen enthalten die Zugriffsschlüssel, unter denen die *Konditionssätze* vom Anwender angelegt werden können. Ist ein Konditionssatz angelegt worden, werden dessen Werte in den Auftrag übernommen.

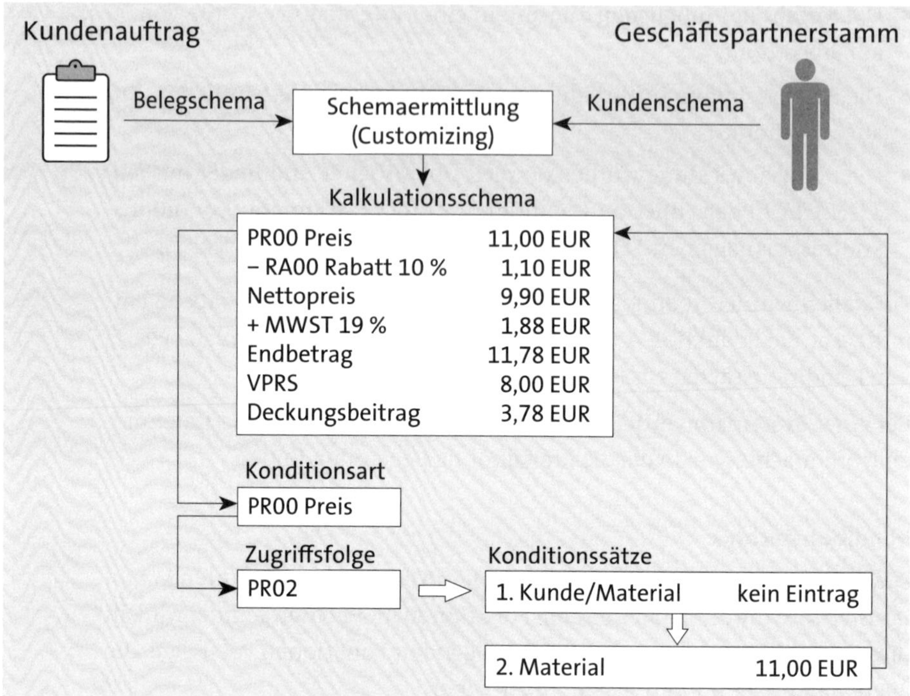

Abbildung 4.27 Ablauf der Konditionstechnik am Beispiel der Preisfindung

Beispiel

In unserem Beispiel ist die erste Konditionsart PR00. Dieser ist die Zugriffsfolge PR02 zugeordnet. In dieser Zugriffsfolge wird definiert, dass Preise entweder unter dem Schlüssel *Kunde/Material* oder unter *Material* abgelegt werden können. Das System findet einen materialabhängigen Preis (11,00 EUR) und übergibt diesen in den Beleg. Anschließend erfolgt die Bearbeitung der nächsten Konditionsart. Die einzelnen Komponenten (Kalkulationsschema, Konditionsart, Zugriffsfolge und Konditionssätze) wollen wir im Folgenden näher betrachten.

Kalkulationsschema

Zunächst wird abhängig von Verkaufsbelegart und dem Kennzeichen im Geschäftspartner im Kundenauftrag ein *Kalkulationsschema* ermittelt. Dieses Kalkulationsschema enthält sämtliche Preisbestandteile, die in einem Verkaufsbeleg oder einer Verkaufsbelegposition relevant werden können. Die Preisbestandteile werden in SAP S/4HANA über die Konditionsarten abgebildet. Damit stellt das Kalkulationsschema den Rahmen für die Preisfindung dar. Hier wird festgelegt, in welcher Reihenfolge die einzelnen Konditionsarten ermittelt werden und wie demzufolge die Logik der Verkaufspreiskalkulation aufgebaut ist.

Einstellungen im Kalkulationsschema

Folgende Einstellungen werden u. a. innerhalb des Kalkulationsschemas pro Zeile festgelegt:

- **Obligatorische Kondition**
  Diese Kondition muss im Vertriebsbeleg immer vorhanden sein. Ansonsten erscheint eine Fehlermeldung.
- **Manuelle Kondition**
  Es wird festgelegt, ob die Kondition automatisch ermittelt werden soll oder vom Anwender manuell vorgegeben werden muss.
- **Statistische Kondition**
  Diese Kennzeichen steuert, dass ein Zu- oder Abschlag nur statistisch in den Beleg eingestellt wird, ohne den Wert zu verändern.
- **Druck**
  Es wird festgelegt, ob die Kondition auf den Papierbelegen (Auftragsbestätigung, Rechnung) angedruckt werden soll. Auch wenn anstelle eines Papierbelegs eine elektronische Nachricht erzeugt und versendet werden soll, steuert das Kennzeichen, ob diese Zeile im Schema an die entsprechende Datei übergeben wird. Damit wird über dieses Kennzeichen festgelegt, inwieweit die einzelnen Bestandteile der Verkaufspreiskalkulation für den Kunden transparent sind.
- **Bedingung**
  Es wird gesteuert, unter welchen Bedingungen eine Kondition im Vertriebsbeleg relevant ist. So werden beispielsweise bestimmte Konditionen nur bei Verkäufen an verbundene Unternehmen verwendet.
- **Kontoschlüssel**
  Über diesen Eintrag wird gesteuert, auf welches Erlös- oder Rückstellungskonto der Wert der Kondition in SAP S/4HANA Finance gebucht werden soll. An dieser Stelle wird wieder die Integration der einzelnen Komponenten deutlich.

Neben den Konditionsarten enthält das Kalkulationsschema auch *Zwischensummen*. Diese erleichtern dem Anwender die Übersicht. Außerdem kann im Customizing auch festgelegt werden, welche Zwischensummen in die Statistikdateien fortgeschrieben werden. Über derartige Zwischensummen wird z. B. auch der Grenzübergangswert bei Außenhandelsaufträgen ermittelt. Dieser wird dann in den Dateien zur Ermittlung der Intrastat-/Extrastat-Meldungen fortgeschrieben.

Eigene Kalkulationsschemata erstellen

Die Standardauslieferung des SAP-Systems enthält bereits vordefinierte Kalkulationsschemata. Es empfiehlt sich jedoch, im Verlauf des Einführungsprozesses eigene Kalkulationsschemata im Customizing einzurichten, um die individuellen Anforderungen abzudecken. Unter Umständen werden für die unterschiedlichen Prozesse sogar mehrere Schemata benötigt. Niemals aber sollten Sie die Standardkalkulationsschemata des SAP-Systems verändern.

In Abbildung 4.28 sehen Sie das Customizing eines Kalkulationsschemas (Transaktion V/08). Das abgebildete Schema wurde eigens für die Zwecke dieses Buches angelegt, um wesentliche Zusammenhänge zu veranschaulichen. Ein Kalkulationsschema wird in der Praxis sehr viel komplexer aussehen, d. h., es wird mehr Konditionsarten und Zwischensummen beinhalten. Unser Beispielschema wurde aus einem Standardschema kopiert.

Sicht "Schemata - Steuerungsdaten" ändern: Übersicht

Neue Einträge Mehr

Dialogstruktur
Schemata
Schemata - Steuerungsdaten

Schema: ZVAA01 Beispielschema SD-Buch

Schemata - Steuerungsdaten

Übersicht Bezugsstufen

Stufe	Zähler	Kon...	Bezeichnung	Von S...	Bis St...	Man...	Ob...	Stati...	Kont...	Druckart	Zwischen...	Bedingung	Alt.Berec...	Alt. Kond...	Kontosch...	Rückst
11	0	PR00	Preis			☐	☑	☐	☐			2			ERL	
104	0	K007	Kundenrabatt	11	11	☐	☐	☐	☐	A		2			ERS	
908	0		Nettowert 3			☐	☐	☐	☐							
909	0	ZR01	Rückerstatt. Retoure	908	908	☐	☐	☐	☐							
914	0		Nettowert 4			☐	☐	☐	☐							
915	0	MWST	Ausgangssteuer			☐	☑	☐	☐			10		16	MWS	
920	0		Endbetrag			☐	☐	☐	☐	A	A		4			
940	0	VPRS	Verrechnungspreis			☐	☐	☑	☐	B	B	4				
950	0		Deckungsbeitrag			☐	☐	☐	☐				11			

Abbildung 4.28 Kalkulationsschema im Sales-Customizing (Transaktion V/08)

Wie ist dieses Schema zu lesen? Sie sehen, dass den einzelnen Stufen jeweils Konditionsarten (Spalte **Konditionsart**, hier verkürzt zu **Kon...**) zugeordnet sind. Die erste Konditionsart **PR00** wird normalerweise für den Preis verwendet. Sie sehen die Kennzeichen für manuelle Konditionen (**Man...**), obligatorische Konditionen (**Ob...**) und statistische Konditionen (**Stati...**). Die Einträge in den Spalten **Von S...** und **Bis St...** sind nur bei solchen Zeilen relevant, in denen ein Wert berechnet wird. Mit ihnen werden die Bezugswerte definiert. In der Spalte **Kontoschlüssel** (**Kontosch...**) ist der Wert **ERL** zugeordnet. Darüber wird gesteuert, dass dieser Wert in einer Rechnung auf einem Erlöskonto verbucht wird (siehe Abschnitt 8.5, »Fakturierung«). Von diesem Preis wird der Kundenrabatt (Konditionsart **K007**) subtrahiert. In den Spalten **Von S...** und **Bis St...** erkennen Sie, dass sich der Rabatt auf den Preis in Stufe 11 bezieht. Der Konditionsart **K007** wird der Kontoschlüssel **ERS** zugeordnet. Damit wird festgelegt, dass dieser Wert auf einem Erlösschmälerungskonto verbucht wird. Nach Abzug des Rabattes verbleibt die Zwischensumme **Nettowert 3**. In der Stufe **915** wird der obligatorisch gekennzeichnete (**Ob...**) Mehrwertsteuerbetrag ermittelt, der zum Nettowert addiert wird. Von besonderer Bedeutung ist die Konditionsart **VPRS** (**Verrechnungspreis**) in Stufe **940**. Es handelt sich dabei um eine statistische

Kondition. Diese Konditionsart wird im weiteren Verlauf noch genauer betrachtet.

Ermittlung des Kalkulationsschemas

Der erste Schritt für die Preisfindung im Vertriebsbeleg ist die Ermittlung des richtigen Kalkulationsschemas. Die *Schemaermittlung* ist Teil des Customizings der Preisfindung. Dabei wird jeder Auftragsart ein sogenanntes *Belegschema* zugeordnet. Jedem Kunden wiederum wird im Geschäftspartnerstamm ein *Kundenschema* zugeordnet. Außerdem hängt die Ermittlung des Kalkulationsschemas auch vom Vertriebsbereich ab. Abbildung 4.29 zeigt das Customizing der Schemaermittlung.

An dieser Stelle wird deutlich, wie sehr das Customizing der Organisationsstrukturen die Einstellungsmöglichkeiten bei den übrigen Funktionen beeinflusst. Je differenzierter die Organisationsstruktur ist, desto größer sind die Möglichkeiten bei der Bestimmung des Kalkulationsschemas. Das Kalkulationsschema wird im Vertriebsbeleg also abhängig von dem Vertriebsbereich (Verkaufsorganisation, Vertriebsweg und Sparte), dem Kundenschema im Geschäftspartnerstammsatz (Spalte **Kundenschema**) und dem Belegschema der Auftragsart (Spalte **Belegschema**) ermittelt. Die Auftragsart und der Vertriebsbereich werden bei der Auftragserfassung vom Anwender vorgegeben. Hier sehen wir wieder das Zusammenspiel der Customizing-Einstellungen im Hintergrund und der Usereinstellungen im Vordergrund.

Sicht "Ermittlung von Kalkulationsschemata in Verkaufsbelegen" ändern:

Neue Einträge   Mehr

Verkaufsorgani...	Vertrieb...	Sparte	Belegschema	Kundenschema	Kalkulationsschema	Kalkulationsschema	Kon...	Konditionsart f.Schnellerfass.
DE10	10	00	A	1	ZVAA01	Beispielschema SD-Buch	PR00	Preis
DE10	10	00	A	2	RVAB01	Standard - Bruttopreis	PR01	Preis incl. MWST
DE10	10	00	A	3	CHBACK	Preisfindung Rückvergü		
DE10	10	00	A	5	GTS001	GTM Verkaufspreis		
DE10	10	00	A	6	GTLITE	SD einfachstes Schema	PB00	Preis Brutto
DE10	10	00	A	M	NFMA03	Standard NE-Met. gewic	NFMP	Metallpreis gew.abh.
DE10	10	00	A	N	NFMA01	Standard NE-Metalle mi	PR00	Preis
DE10	10	00	A	R	JDRM01	DRM Wiederverk. durch		
DE10	10	00	A	W	ADAA01	Standard AECMA	PR00	Preis
DE10	10	00	A	Z	ZVAANZ	Anzahlungsabwicklung S		
DE10	10	00	B	1	RVWIA1	Werke Im Ausland		
DE10	10	00	C	1	RVCA01	Standard kostenlos mit		
DE10	10	00	C	2	RVCA02	Standard kostenlos ohn		
DE10	10	00	C	G	RVCA02	Standard kostenlos ohn		
DE10	10	00	D	1	RVSB01	Gutschriftsverf. mit R	PR00	Preis
DE10	10	00	F		RVAA03	Standard mit Anzahlg F		
DE10	10	00	F	1	RVAA03	Standard mit Anzahlg F		
DE10	10	00	F	2	RVAA03	Standard mit Anzahlg F		

Abbildung 4.29 Customizing der Schemaermittlung (Transaktion OVKK)

Konditionsarten

Konditionsarten

Wie soeben beschrieben, werden die einzelnen Preisbestandteile im Kalkulationsschema durch *Konditionsarten* abgebildet. Konditionsarten steuern den Ablauf der Preisfindung. Die folgenden Customizing-Einstellungen zur Konditionsart sind besonders wichtig:

- Über die *Konditionsklasse* und den *Konditionstyp* wird festgelegt, ob es sich um einen Preis, einen Zu- oder Abschlag, einen Verrechnungspreis, eine Steuer oder eine nachträgliche Vergütung (Bonus) handelt.
- Über die *Rechenregel* wird ermittelt, ob der Wert der Konditionsart als prozentualer Wert abhängig von einer anderen Kondition oder einem Zwischenwert zu bestimmen ist oder ob es sich um einen festen Betrag (wie z. B. einen Preis) handelt.
- Über die *Rundungsregel* wird festgelegt, ob auf- oder abgerundet werden soll.
- Über *Manuelle Eingaben* wird definiert, ob die Konditionsart vom Anwender im Beleg geändert werden darf.
- Über *Staffel prüfen* wird festgelegt, ob für die Konditionsart auf- oder absteigende Preisstaffeln definiert werden können. Unter einer *Preisstaffel* versteht man einen mengen- oder wertabhängigen Stückpreis (z. B. bis 100 Stück 900,00 EUR, bis 200 Stück 850,00 EUR).

Die wichtigsten Konditionsarten werden im SAP-Standard ausgeliefert (Transaktion V/06). Eine zentrale Aufgabe in jedem Einführungsprojekt besteht jedoch darin, die kundenindividuellen Konditionsarten im System einzustellen. Dabei sollte stets eine der vorhandenen Standardkonditionsarten kopiert, mit einer entsprechenden Bezeichnung versehen und anschließend im, ebenfalls aus dem Standard kopierten, eigenen Kalkulationsschema eingebaut werden. Niemals sollten Sie Standardkonditionsarten verändern!

Zugriffsfolge

Ermittlung der Konditionssätze

Die zu Beginn dieses Abschnitts präsentierte Abbildung 4.27 zur Konditionstechnik zeigt, dass über die Konditionsart auch eine *Zugriffsfolge* ermittelt wird. Die Zuordnung der Zugriffsfolge erfolgt im Customizing der Konditionsart. Über die Zugriffsfolge wird die automatische Ermittlung der Konditionssätze im Vertriebsbeleg gesteuert. Jede Zugriffsfolge kann aus mehreren *Zugriffen* bestehen. Jeder Zugriff besteht aus einer sogenannten *Konditionstabelle*, die ihrerseits wiederum *Zugriffsfelder* enthält.

Eine Zugriffsfolge sieht beispielsweise so aus:

1. **Zugriff »Verkaufsorganisation/Vertriebsweg/Sparte/Kunde/Material«**
   Hinter diesem Zugriff steht eine Konditionstabelle mit den Feldern **Verkaufsorganisation**, **Vertriebsweg**, **Sparte**, **Kundennummer** und **Materialnummer**.
2. **Zugriff »Verkaufsorganisation/Vertriebsweg/Sparte/Material«**
   Hinter diesem Zugriff steht eine Konditionstabelle mit den Feldern **Verkaufsorganisation**, **Vertriebsweg**, **Sparte** und **Materialnummer**.

Konditionssätze

Schlüssel aus der Zugriffsfolge

Konditionssätze enthalten letztlich die Konditionen (z. B. Preise, prozentuale Abschläge, prozentuale Zuschläge), die der Anwender erfasst. Konditionssätze werden mit den Schlüsseln angelegt, die zuvor in der Zugriffsfolge definiert wurden. Bleiben wir bei unserem Beispiel mit der Zugriffsfolge: Zunächst prüft das System, ob ein Konditionssatz mit dem Schlüssel »Verkaufsorganisation/Vertriebsweg/Sparte/Kundennummer/Materialnummer« vom Anwender angelegt worden ist. Wenn ja, wird der entsprechende Wert in den Kundenauftrag übernommen. Die Ermittlung des Wertes für diese Konditionsart ist abgeschlossen. Ansonsten prüft das System, ob ein Konditionssatz mit dem Schlüssel »Verkaufsorganisation/Vertriebsweg/Sparte/Materialnummer« vorhanden ist.

Das Beispiel zeigt, dass im Customizing die grundsätzlichen Möglichkeiten für die Preisfindung eingestellt werden. Dem Anwender bleibt es später überlassen, welche Möglichkeiten er verwendet. Er entscheidet, auf welcher der gerade beschriebenen Ebenen ein Konditionssatz angelegt wird. Er kann also z. B. für bestimmte Kunden individuelle Preise definieren. Bei Kunden ohne individuelle Preisvereinbarung wird der allgemeine Materialpreis gezogen.

Steuerung durch Gültigkeitszeiträume

Eine weitere Möglichkeit, den Ablauf der Anwendung zu steuern, erhält der Nutzer durch die *Gültigkeitszeiträume*. Damit kann der Anwender die Wirksamkeit von Konditionen auf einen bestimmten Zeitraum einschränken. Außerdem hat er bei Preisänderungen die Möglichkeit, diese frühzeitig (mit einem in der Zukunft beginnenden Zeitraum) zu erfassen. Von großer Bedeutung ist auch die Vergabe von Preisstaffeln (z. B. Preis bis 100 Stück 10,00 EUR, bis 200 Stück 9,00 EUR).

In der Regel wird der Schlüssel einer Konditionstabelle immer auch Felder aus der Organisationsstruktur enthalten. Auch das soeben zitierte Beispiel ist entsprechend aufgebaut. Dies zeigt erneut, dass die Gestaltung der Systemorganisation erhebliche Auswirkungen auf das weitere Customizing hat.

Steuern im Inland

Besondere Bedeutung kommt der Ermittlung der richtigen Mehrwertsteuerbeträge zu. Dies gilt umso mehr, als bei Auslandsgeschäften unter bestimmten Voraussetzungen keine Mehrwertsteuer anfällt. Doch kommen wir zunächst zum klassischen Inlandsfall: der Ermittlung des Steuerbetrags.

Ermittlung des Steuerbetrags

Grundsätzlich wird der Steuerbetrag über einen Konditionssatz ermittelt. Der Konditionssatz enthält ein Steuerkennzeichen. Die *Steuerkennzeichen* werden im Customizing (Transaktion FTXP) von SAP S/4HANA Finance gepflegt. Dort wird auch der Wert des Steuerkennzeichens (zurzeit in Deutschland 19 % bei voller Mehrwertsteuer) definiert. Bei nicht steuerrelevanten Vorgängen wird ein Steuerkennzeichen mit dem Wert 0 gefunden. Die Steuerkennzeichen können nicht geändert werden. Ändert der Gesetzgeber den Steuersatz, ist im Customizing ein neues Steuerkennzeichen anzulegen.

Ermittlung des Steuerkennzeichens

Nach welchen Kriterien wird aber das entsprechende Steuerkennzeichen (z. B. 19 %, 7 %, 0 %) ermittelt? Auch die Steuerermittlung erfolgt abhängig von Informationen, die im Geschäftspartner und im Materialstamm zugeordnet sind. Jedem Stammsatz wird eine Steuerklasse zugeordnet. Die möglichen Steuerklassen können im Customizing definiert werden. So kann z. B. einem Debitor, der eine gemeinnützige Einrichtung ist, eine Steuerklasse 0 (keine Mehrwertsteuer) zugeordnet werden. In diesem Fall wird immer ein Konditionssatz ermittelt, der ein Steuerkennzeichen mit dem Wert 0 enthält. In Deutschland gilt bei bestimmten Produkten ein reduzierter Steuersatz. Im Materialstamm wird in diesem Fall eine Steuerklasse 2 (reduzierter Satz) zugeordnet.

Beispiel

In Abbildung 4.30 sehen Sie die relevanten Fälle für die Ermittlung des Steuerkennzeichens im Inlandsfall.

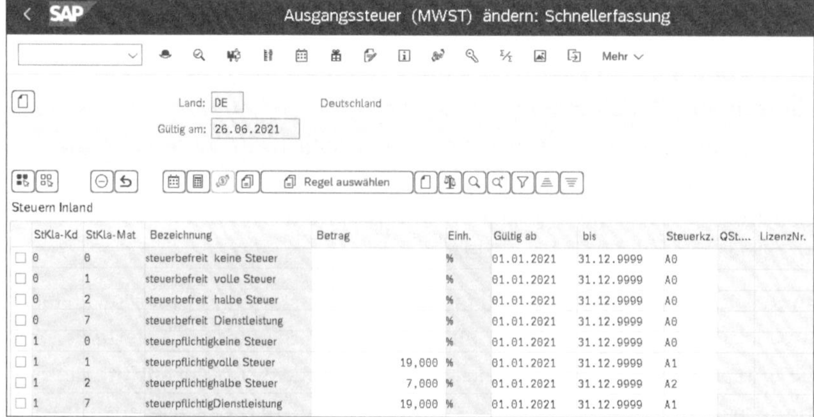

StKla-Kd	StKla-Mat	Bezeichnung	Betrag	Einh.	Gültig ab	bis	Steuerkz.	QSt....	LizenzNr.
0	0	steuerbefreit keine Steuer		%	01.01.2021	31.12.9999	A0		
0	1	steuerbefreit volle Steuer		%	01.01.2021	31.12.9999	A0		
0	2	steuerbefreit halbe Steuer		%	01.01.2021	31.12.9999	A0		
0	7	steuerbefreit Dienstleistung		%	01.01.2021	31.12.9999	A0		
1	0	steuerpflichtigkeine Steuer		%	01.01.2021	31.12.9999	A0		
1	1	steuerpflichtigvolle Steuer	19,000	%	01.01.2021	31.12.9999	A1		
1	2	steuerpflichtighalbe Steuer	7,000	%	01.01.2021	31.12.9999	A2		
1	7	steuerpflichtigDienstleistung	19,000	%	01.01.2021	31.12.9999	A1		

Abbildung 4.30 Konditionssätze zur Ermittlung des Steuerkennzeichens im Inlandsfall (Transaktion VK12)

Sie sehen, dass die Steuerermittlung landesabhängig ist. Das Feld **StKla-Kd** bedeutet »Steuerklasse Kundenstamm«. Das Feld **StKla-Mat** steht für »Steuerklasse Materialstamm«.

Für den Kundenstamm erkennen Sie folgende Steuerklassen:

- Steuerklasse 0: steuerbefreit
- Steuerklasse 1: steuerpflichtig

Für den Materialstamm erkennen Sie folgende Steuerklassen:

- Steuerklasse 0: keine Steuer
- Steuerklasse 1: volle Steuer (in Deutschland zurzeit 19 %)
- Steuerklasse 2: halbe Steuer (in Deutschland zurzeit 7 %)
- Steuerklasse 7: Dienstleistung

Immer wenn für einen der beiden Stammsätze Steuerklasse 0 zugeordnet wurde, wird für die jeweilige Position das Steuerkennzeichen A0 (0 %) ermittelt. Nur wenn beide Steuerklasse 1 haben, zieht der volle Steuersatz. Wenn im Material Steuerklasse 2 hinterlegt ist, wird das Steuerkennzeichen mit 7 % gezogen.

Steuern im Ausland

Kriterien für die Ermittlung eines Steuerkennzeichens

Bei Verkäufen an Kunden innerhalb der EU bleibt der Vorgang unter bestimmten Voraussetzungen mehrwertsteuerfrei – nämlich dann, wenn der Kunde über eine entsprechende *Umsatzsteuer-Identnummer* verfügt. Wie wird das Steuerkennzeichen im Exportfall ermittelt? Grundsätzlich über die gleiche Logik wie im Inlandsfall. Allerdings werden zusätzlich das *Abgangsland* und das *Empfangsland* der Ware ermittelt. Die Konditionssätze und das Steuerkennzeichen werden also über folgende Kriterien ermittelt:

- Abgangsland
- Empfangsland
- Steuerklasse Debitor
- Steuerklasse Material

Beispiel

Betrachten wir die Steuerermittlung im Exportfall ebenfalls an einem Beispiel (siehe Abbildung 4.31). Es wird deutlich, dass die Ermittlung des richtigen Steuerkennzeichens zusätzlich vom Abgangs- (**DE**) und Empfangsland (**FR**) abhängt. Die Abbildung zeigt, dass in unserem Beispiel das Steuerkennzeichen **A6** (Ausgangssteuer 0 % EG-Warenlieferung) für die innergemeinschaftliche Warenlieferung in der EU ermittelt wird.

Manuelle Konditionen

Konditionsarten, deren Werte, wie gerade beschrieben, im Kundenauftrag automatisch ermittelt werden, sind von manuellen Konditionsarten zu unterscheiden. Diese werden vom Anwender während der Belegbearbeitung erfasst.

Abbildung 4.31 Konditionssätze zur Ermittlung des Steuerkennzeichens im Exportfall (Transaktion VK12)

Im Customizing wird im Kalkulationsschema definiert, welche Preisbestandteile in einem Auftrag grundsätzlich manuell erfasst werden können. Der Anwender entscheidet dann, welche Konditionsarten er nutzen will.

Berechtigungsprüfung

Unter SAP S/4HANA steht das BAdI (Business Add-in) `PRICING_AUTHORITY_CHECK_UI` zur Verfügung, das eine Berechtigungsprüfung auf Ebene von Konditionsarten oder Zwischensummenzeilen ermöglicht. Sie können z. B. festlegen, dass Anwender A nur den Rabatt A, nicht aber den Rabatt B einräumen darf. In diesem Zusammenhang sei auf das *SAP Support Portal* (*https://support.sap.com*) hingewiesen. Hier finden Sie wichtige Hinweise zu diesem Thema (der Zugang steht allerdings nur SAP-Kunden mit einem registrierten »User« offen). SAP-Hinweis 1165078 (Berechtigungsprüfung für Konditionen oder Zwischensummen) beschreibt die Implementierung einer modifikationsfreien Lösung.

Kopfkonditionen

Eine Sonderform der manuellen Konditionen sind sogenannte *Kopfkonditionen*. Bislang sind wir immer davon ausgegangen, dass die Preisfindung in allen Belegen auf Positionsebene erfolgt. Es gibt jedoch auch Konditionen, die für den gesamten Auftrag und damit für alle Positionen gültig sind. Der Anwender kann sich deshalb auch auf Kopfebene die Preisfindung anzeigen lassen, wo er dann die einzelnen Positionswerte kumuliert vorfindet. Er kann zusätzlich Konditionsarten erfassen, die im Customizing als »Kopfkonditionen« gekennzeichnet wurden.

Kopfkonditionen werden immer auf die Positionen verteilt. Dies geschieht unter anderem deshalb, weil die Auswertungen in der Ergebnis- und Marktsegmentrechnung (CO-PA, siehe Kapitel 6, »Integration in das Rechnungswesen«) auf Positionsebene laufen. Auch das Verbuchen von Kundenrechnungen in SAP S/4HANA Finance erfolgt auf Positionsebene. Abhängig von

Customizing-Einstellungen kann die Verteilung über die Positionsmenge oder den Positionswert erfolgen.

Beispiel Frachtkonditionen

Als Beispiel für solche Konditionen sind *Frachtkonditionen* zu nennen. Ein häufiges Problem in der Praxis besteht jedoch darin, dass die tatsächlichen Frachtkonditionen erst im Versand ermittelt werden, wenn z. B. das Gewicht inklusive Verpackung bekannt ist. Damit fehlt diese Information bei der Auftragserfassung. Außerdem kommt es häufig vor, dass die einzelnen Auftragspositionen zu unterschiedlichen Zeitpunkten geliefert werden und damit nicht über gemeinsame Frachtkonditionen abgerechnet werden können. Als Lösung bietet sich hier an, die Ermittlung der Frachtkonditionen erst in der Faktura vorzunehmen. Ein anderer Weg besteht darin, mit den Kunden Pauschalbeträge für die Fracht zu vereinbaren.

Verrechnungspreise

Neben den automatischen Konditionsarten, deren Wert über Zugriffsfolgen und Konditionssätze ermittelt wird, gibt es weitere Konditionsarten, deren Wert vom SAP-System berechnet wird. Dazu zählt insbesondere der *Verrechnungspreis*, der im SAP-Standard als Konditionsart VPRS (Verrechnungspreis) enthalten ist. Der Verrechnungspreis zeigt die Herstellungskosten des Materials, das der Anwender in der Position vorgegeben hat. Der Wert wird weder über Konditionssätze ermittelt noch manuell vorgegeben. Vielmehr ermittelt das System den Preis aus dem Bewertungssegment des Materialstamms. Bei eigengefertigten Materialien entsteht der Bewertungspreis häufig über die Kalkulation der Herstellungskosten in der Controlling-Komponente CO. Bei fremdbeschafften Materialien (z. B. Handelswaren) entsteht der Preis in der Regel durch die laufende Fortschreibung der Einkaufspreise als gleitender Durchschnittspreis. Der Verrechnungspreis hat eine doppelte Funktion: Zum einen gibt er dem Anwender einen Hinweis auf die Marge (Umsatz minus Kosten). Hier kann wieder die bereits angesprochene Berechtigungsprüfung relevant werden, weil unter Umständen nicht jeder Anwender diese Marge sehen soll. Zum anderen kann der Verrechnungspreis in der Komponente CO-PA (Ergebnis- und Marktsegmentrechnung) als Kosten des Umsatzes fortgeschrieben werden und beeinflusst so das Betriebsergebnis (siehe Kapitel 6, »Integration in das Rechnungswesen«).

4.3.3 Beispiel für die Preisfindung

Im folgenden Beispiel zeigen wir die Ermittlung eines Preises mithilfe der Konditionsart PR00 in einem Kundenauftrag. Dazu erfassen wir einen Kundenauftrag für unseren Kunden mit dem Geschäftspartner 1071 (Bresser AG). Der Kunde bestellt das Material *SC11003*, eine Haselnussschokolade. In unserem Beispiel durchlaufen wir die folgenden Schritte:

1. Anzeigen des Konditionssatzes für das Material SC11003
2. Erfassen des Kundenauftrags über 250 Stück für das Material SC11003
3. Analyse der Preisfindung im Kundenauftrag
4. Erfassen einer manuellen Kondition im Kundenauftrag
5. Anzeigen der Mehrwertsteuer und der Verrechnungspreise

Schritt 1: Anzeigen des Konditionssatzes

Zunächst lassen wir uns den Konditionssatz zu der Konditionsart PR00 und unserem Beispielmaterial SC11003 anzeigen. In Abbildung 4.32 sehen Sie, dass der Konditionssatz abhängig von den Schlüsseln **Verkaufsorganisation** (**DE10**), **Vertriebsweg** (**10**) und **Material** (**SC11003**) angelegt wurde. Es handelt sich also nicht um einen kundenindividuellen Preis, sondern um einen allgemeingültigen Preis für dieses Produkt. Der Preis ist auf 15,00 EUR festgesetzt; die Gültigkeit der Kondition beginnt am 26.06.2021, und sie endet am 31.12.9999.

Abbildung 4.32 Konditionssatz zum Material SC11003 (Transaktion VK12)

In Abbildung 4.33 sehen wir, dass es sich um einen Staffelpreis handelt. Über die Preisstaffeln wird festgelegt, dass der Preis ab einer Verkaufsmenge von 100 Stück auf 14,00 EUR und ab einer Verkaufsmenge von 200 Stück auf 12,50 EUR sinkt. Wir haben es also mit einer absteigenden Staffel zu tun.

Schritt 2: Erfassen des Kundenauftrags

Bis hierher haben wir die Stammdaten zu der Konditionsart PR00 für unser Material SC11003 anzeigen lassen. Sehen wir jetzt, welche Auswirkungen die Datenpflege der Anwender beim Erfassen eines Kundenauftrags hat. Für unseren Kunden, die Bresser AG (Debitor 1071), erfassen wir dazu einen Kundenauftrag in Höhe von 250 Stück. Das System ermittelt den Preis über die Konditionsart PR00 automatisch. In Abbildung 4.34 sehen Sie das Ergebnis der Preisfindung im Detailbild der Kundenauftragsposition. Das System hat automatisch einen Preis von 12,50 EUR ermittelt.

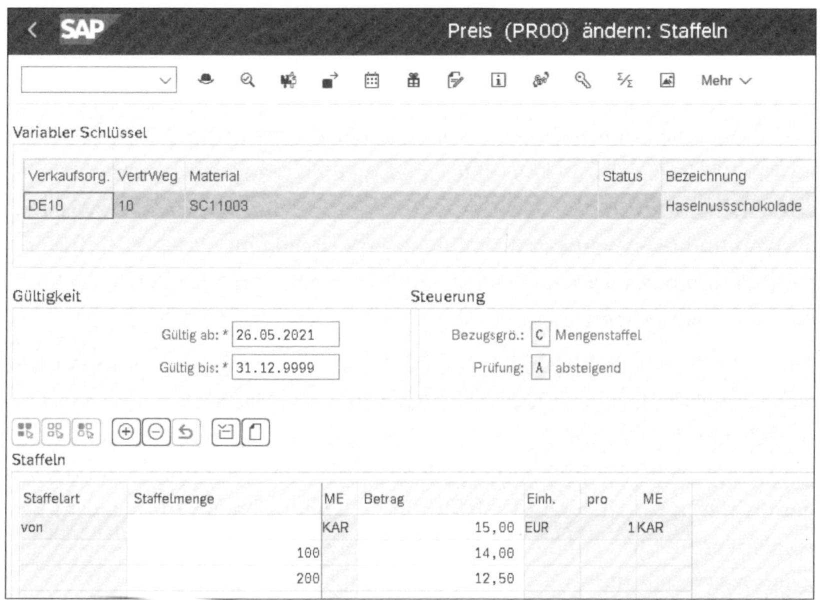

Abbildung 4.33 Preisstaffel für den Konditionssatz zum Material SC11003

Abbildung 4.34 Ergebnis der automatischen Preisfindung im Kundenauftrag (Transaktion VA01)

Bei einer Menge von 250 Stück entspricht dies aufgrund der hinterlegten Staffeln unseren Erwartungen. Über die Auftragsmenge errechnet das System einen Konditionswert in Höhe von 3.125,00 EUR.

Hier sehen Sie außerdem ganz links vor der Konditionsart die zusätzliche »Ampelspalte«, die mit dem Release SAP ERP 6.0 auf dem Konditionsbild zusätzlich eingeführt wurde. Diese erleichtert es dem Anwender, zwischen aktiven und inaktiven Konditionen zu unterscheiden. Aktive Konditionen werden durch ein grünes, inaktive durch ein gelbes und fehlerhafte durch ein rotes Feld gekennzeichnet.

Schritt 3: Analyse der Preisfindung

Eine sehr wichtige Hilfe bietet die Funktion Analyse. Damit kann der Anwender nachvollziehen, über welche Zugriffsfolge das System den Preis ermittelt hat. Er erkennt, welche Zugriffsfolgen im Customizing eingestellt sind und welche Stammdaten gepflegt wurden. Damit wird für ihn das Ergebnis der automatischen Preisfindung nachvollziehbar. In unserem Beispiel führt ein Klick auf die Schaltfläche **Analyse** zu der in Abbildung 4.35 gezeigten Aufstellung.

Abbildung 4.35 Analyse der Preisfindung im Kundenauftrag (Transaktion VA01)

Der Anwender erkennt, dass die Preisfindung in diesem Auftrag über das Konditionsschema **ZVAA01** erfolgt. Der Konditionsart **PR00** wurde im Customizing die Zugriffsfolge **PR02** (diese wird in Klammern angezeigt) zugeordnet.

Der erste Zugriff (Stufe **010**) erfolgt über einen kundenindividuellen Preis. Da für diesen Zugriff kein Konditionssatz vom Anwender hinterlegt wurde, wird auf dieser Stufe kein Preis ermittelt. Gleiches gilt für die Stufen **020** und **030**. Erst auf der Stufe **040** findet das System einen Preis. Das Fenster rechts zeigt die Zugriffskriterien:

- **Verkaufsorganisation**
- **Vertriebsweg**
- **Preismaterial**

Direkt unter dem Zugriff mit der Nummer 40 zeigt das System auch den Preis an, der ermittelt wurde. An dieser Stelle berücksichtigt das System keine Mengen, deshalb wird auch die Staffel nicht ermittelt. Der korrekte Preis der Position wird erst im Detailbild zur Preisfindung (siehe Abbildung 4.34) angezeigt.

Schritt 4: Erfassen einer manuellen Kondition

Zusätzlich zur automatisch ermittelten Konditionsart **PR00** wollen wir noch eine manuelle Kondition festlegen. In unserem Auftrag wollen wir dem Kunden einen Rabatt in Höhe von 5 % einräumen. Dazu erfassen wir auf dem Konditionsbild eine Zeile mit der Konditionsart **K007**. Natürlich steht dem Anwender eine Auswahlhilfe zur Verfügung, die ihm die Konditionsarten des Kalkulationsschemas anbietet.

In Abbildung 4.36 sehen Sie, dass nun zusätzlich die Konditionsart **K007** enthalten ist. In der Zeile **Nettowert 3** wird ein Zwischenbetrag in Höhe von 2.968,75 EUR (Preis abzüglich Rabatt) angezeigt.

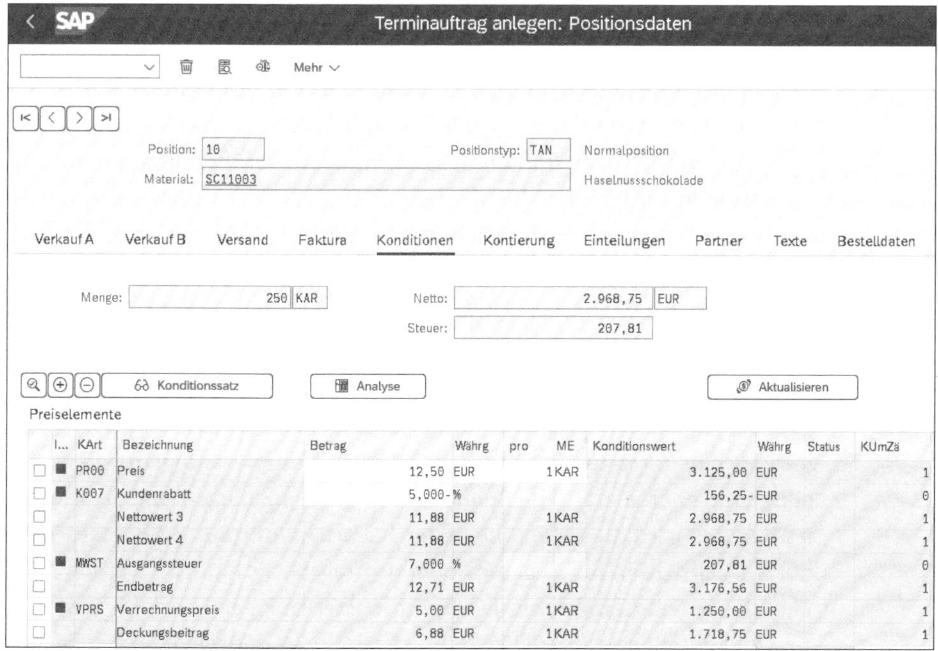

Abbildung 4.36 Vergabe einer manuellen Kondition K007, Kundenrabatt (Transaktion VA01)

Schritt 5: MwSt., Verrechnungspreis

Abschließend wollen wir uns noch die Steuerermittlung **MWST** und die Berechnung der Konditionsart **VPRS** ansehen. Über die Konditionsart **VPRS** werden aus dem Bewertungspreis des Materialstamms die Herstellungskosten des Materials ermittelt. Sie erkennen den Bewertungspreis in Höhe von 5,00 EUR bei der Kondition **VPRS**.

Da es sich um einen Inlandskunden mit Steuerklasse 1 handelt und das Material über die Steuerklasse 2 verfügt, wird vom System ein verminderter Steuersatz in Höhe von 7 % ermittelt (Lebensmittel). Abbildung 4.36 zeigt, wie ausgehend von dem Zwischenwert **Nettowert 3** die Steuer in Höhe von 7 % ermittelt wird. Ebenfalls ausgehend vom Zwischenwert **Nettowert 3** wird über die Konditionsart **VPRS** der **Deckungsbeitrag** und damit die Marge berechnet, die in unserem Beispiel 6,88 EUR beträgt.

Zusammenfassung

In unserem Beispiel haben Sie einige Möglichkeiten der Preisfindung kennengelernt. So haben Sie gesehen, wie über die Konditionsart der Preis automatisch ermittelt wurde. Wir haben die automatische Preisfindung analysiert und manuelle Konditionsarten ergänzt. Abschließend haben wir uns die Konditionsarten für die Mehrwertsteuer und den Verrechnungspreis anzeigen lassen.

4.4 Nachrichtenfindung

Mithilfe der *Nachrichtenfindung* in der Vertriebskomponente Sales wird der Informationsaustausch mit den Kunden organisiert. Der Informationsfluss zwischen Unternehmen ist vielfältig und umfasst z. B. das Versenden von Auftragsbestätigungen und Kundenrechnungen. Darüber hinaus gibt es Informationen, die interne Abläufe steuern. Dazu gehört insbesondere die Erstellung von Kommissioniernachrichten. Um die Nachrichten an die Kunden zu übertragen, bietet SAP die Verfahren Druck, E-Mail, IDoc oder XML.

Output Management

Mit SAP S/4HANA wurde eine neue Art der Nachrichtenfindung für einige Komponenten eingeführt. Die Bezeichnung lautet *Output Management in SAP S/4HANA* (Ausgabemanagement). Statt auf der Konditionstechnik basiert der Aufbau der Nachrichtenfindungsregeln auf dem *Business Rule Framework plus* (*BRFplus*). Das BRFplus erlaubt es, komplexe Regeln und Bedingungen über eine grafische Benutzeroberfläche anzulegen und zu pflegen. Im Vertrieb wird diese Technik in der Nachrichtenfindung der Faktura genutzt. Nachrichten für Angebote oder Auftragsbestätigungen werden noch über das alte Verfahren mit der Konditionstechnik gesteuert. Im Customizing gibt es jedoch die Möglichkeit, auf das alte Verfahren auch für die Fakturen zu wechseln. Nutzt man die neue Technik, werden nur Formulare von Adobe Forms zugelassen.

4.4.1 Betriebswirtschaftliche Grundlagen

Nachrichten im Vertriebsprozess

Jedes Unternehmen steuert die Geschäftsprozesse mit den Kunden über den Austausch von Informationen. Folgende Nachrichten werden im Verlauf des Vertriebsprozesses versendet:

- **Angebotsformulare**
  Angebotsformularen kommt eine besondere Bedeutung zu. Klar strukturierte und zweckmäßige Informationen steigern die Auftragswahrscheinlichkeit. Darüber hinaus ist es notwendig, strukturierte Informationen (Geschäftspartnernummer, Bestellnummer als Referenz, Materialnummer, Preise, Zuschläge, Rabatte, Lieferungs- und Zahlungsbedingungen) durch zusätzliche ergänzende Texte abzurunden. Auch dienen Angebote als Marketinginstrument, um das Interesse des Kunden auf weitere Produkte und Leistungen des Unternehmens zu lenken.
- **Auftragsbestätigungen**
  Nach der Bestellung des Kunden ist eine umgehende Bestätigung des Auftrags wichtig. Beim Kunden wird damit die weitere Disposition in der Lieferkette gesteuert. Die Auftragsbestätigung enthält auch die endgültige Preisvereinbarung sowie das geplante Lieferdatum. Auftragsbestätigungen umfassen häufig auch die allgemeinen Geschäftsbedingungen des Unternehmens.
- **Lieferavise**
  Lieferavise sind Nachrichten, die dem Kunden eine bevorstehende Lieferung nochmals ankündigen. Sie werden beim Warenausgang an den Kunden versendet.
- **Kommissionierlisten**
  Diese Listen richten sich an die eigene Lagerverwaltung. Auf Basis von Kommissionierlisten erfolgen die Entnahme der Ware aus dem Lager und die anschließende Versandvorbereitung.
- **Lieferscheine**
  Lieferscheine begleiten die Ware auf ihrem Weg zum Kunden. Sie enthalten die Adresse des Warenempfängers und die Liefermenge. Die Wareneingangsprüfung beim Kunden basiert auf diesen Dokumenten.
- **Rechnungen**
  Mithilfe von Rechnungsformularen erfolgt die Berechnung von Waren und Leistungen. Sie enthalten die erbrachten Leistungen und gelieferten Produkte sowie deren Preise und Zahlungsbedingungen. Vor allem muss

auch die entsprechende Mehrwertsteuer den gesetzlichen Vorschriften gemäß ausgewiesen werden.

- **Rechnungslisten**
  Neben Einzelrechnungen können dem Kunden für bestimmte Perioden auch Rechnungslisten zur Verfügung gestellt werden. Diese enthalten eine Auflistung aller Rechnungen einer Periode. Der Kunde kann dann in einem Zahlungsvorgang sämtliche Rechnungen begleichen.

Elektronische Übertragung

Grundsätzlich ist bei der Übermittlung der Informationen zwischen der *konventionellen Übertragung* (Druck und anschließender Versand über den Postweg) und der *elektronischen Übertragung* (z. B. via EDI-Nachricht, XML-Nachricht – siehe dazu auch Kapitel 28, »Unternehmensübergreifende Auftragsabwicklung«) zu unterscheiden. Bei der elektronischen Übertragung steht die Frage nach dem Inhalt der Nachricht im Mittelpunkt. Folgende Fragen sind zu beantworten:

- Welche Informationen benötigt der Kunde, um die Nachricht in seiner Organisation und seinen IT-Systemen verarbeiten zu können (z. B. als Referenz seine Bestellnummer, seine Geschäftspartnernummer beim Lieferanten, die Auftragsmenge, Preise, Zahlungs- und Lieferungsbedingungen)?
- Welche Informationen sind aus rechtlicher Sicht notwendig (bei Rechnungen z. B. Ausweis der Mehrwertsteuer, bei Exportrechnungen der Exportwert des Auftrags)?

Konventionelle Übertragung

Dagegen geht es bei physischen Ausdrucken nicht allein um den Inhalt, sondern auch um Form und Gestaltung. Formulare müssen den Corporate-Design-Richtlinien des Unternehmens entsprechen. Außerdem müssen die Informationen übersichtlich angeordnet werden, damit sie schnell und fehlerfrei weiterverarbeitet werden können.

4.4.2 Elemente der Nachrichtenfindung in SAP S/4HANA

Ähnlich wie bei der Preisfindung geht es bei der Nachrichtenfindung darum, in den einzelnen Vertriebsbelegen (z. B. Auftrag, Lieferung, Faktura) die für den Kunden relevanten Nachrichten zu ermitteln. Das System sollte automatisch den richtigen Übertragungsweg (elektronisch, manuell) ermitteln. Auch bei der Nachrichtenfindung kommt (wie bei der Preisfindung) die Konditionstechnik zum Einsatz. Diese ist in Abschnitt 4.3, »Preisfindung«, ausführlich beschrieben und kann so auf die Nachrichtenfindung übertragen werden. Nachfolgend gehen wir auf die Änderungen unter SAP S/4HANA ein. In den Angeboten, Aufträgen und Lieferungen wird die bisherige Konditionstechnik auch weiterhin eingesetzt. Für Fakturen hat sich die Nachrichtenfindung geändert.

Hohe Flexibilität

Mithilfe der neuen Nachrichtentechnik in SAP S/4HANA hat der Anwender verschiedene Möglichkeiten, die Nachrichtenfindung zu beeinflussen, und kann auch ohne tiefe Programmierkenntnisse in Logiken eingreifen. Das Framework ist so flexibel aufgebaut, dass sich unterschiedlichste Objekte wie Entscheidungstabellen oder boolesche Ausdrücke in die Nachrichtenfindung einbauen lassen. Im Folgenden zeigen wir die Unterschiede zur herkömmlichen Nachrichtenfindung auf.

Unter SAP S/4HANA entfallen die Konditionsschemata. Anwendungsobjekte repräsentieren einzelne Funktionen (z. B. Fakturierung, Bestellung oder Kontrakte) innerhalb von SAP S/4HANA.

Ausgabearten

Die Nachrichtenarten werden als *Ausgabearten* definiert. Im Customizing können einem Anwendungsobjekt mehrere Ausgabearten zugeordnet werden. Die zugeordneten Ausgabearten lassen sich im Anschluss durch Geschäftsregeln spezifizieren, die in Transaktion OPD definiert werden. Auf die Einstellungsmöglichkeiten gehen wir im Folgenden ein.

Anwendungsobjekt

Nach dem Aufruf der Transaktion müssen wir ein Anwendungsobjekt wählen, für das die Einstellungen vorzunehmen sind (**Zeige Regeln für**). In unserem Fall ist dies die **Faktura** (siehe Abbildung 4.37).

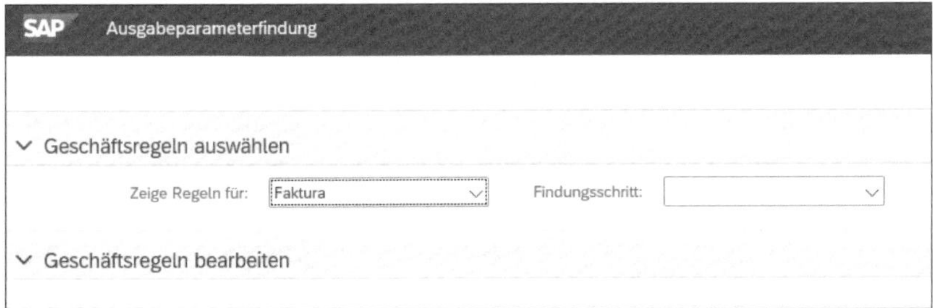

Abbildung 4.37 Nachrichtensteuerung zu Anwendungsobjekten

Daneben gibt es die einzelnen Findungsschritte, die sich über das Dropdown-Menü **Findungsschritt** aufrufen lassen:

- **Ausgabeart**
  Die **Ausgabeart** (siehe Abbildung 4.38) steuert, welche Nachrichten gezogen werden sollen und wann sie verarbeitet werden sollen. Hier bietet sich auch die Möglichkeit, die **Fakturaart** als Einschränkungskriterium zu wählen, um nur bestimmte Ausgabearten zuzulassen. In unserem Beispiel gibt es drei Ausgabearten, die verarbeitet werden sollen. Die zweite und dritte werden allerdings nur verarbeitet, wenn die Fakturaart **F2 (Rechnung)** ist. Der **Versandzeitpunkt** gibt an, wann die Ausgabeart vom

System verarbeitet werden soll. Hier wird zwischen einer Sofortverarbeitung oder einer eingeplanten Verarbeitung unterschieden.

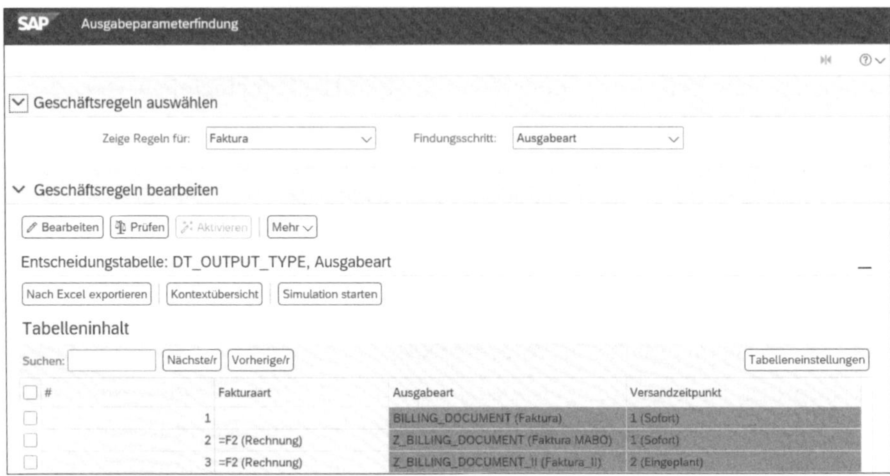

Abbildung 4.38 Findungsschritt »Ausgabeart«

- **Empfänger**
  Im Findungsschritt **Empfänger** wird hinterlegt, welcher Partnerrolle die Ausgabeart zugeordnet wird (siehe Abbildung 4.39). In diesem Fall versenden wir alle Ausgabearten an die Rolle **RE** (Rechnungsempfänger). Wenn das Exklusivkennzeichen gesetzt ist, wird die Ermittlung bei dieser Ausgabeart angehalten. Keine der Regeln, die dieser Ausgabeart folgen, werden angewendet. Dies ist beispielsweise nötig, falls das System mehrere Empfänger ermitteln könnte. Ohne dieses Kennzeichen würde die Nachricht an alle ermittelten Empfänger versandt werden.

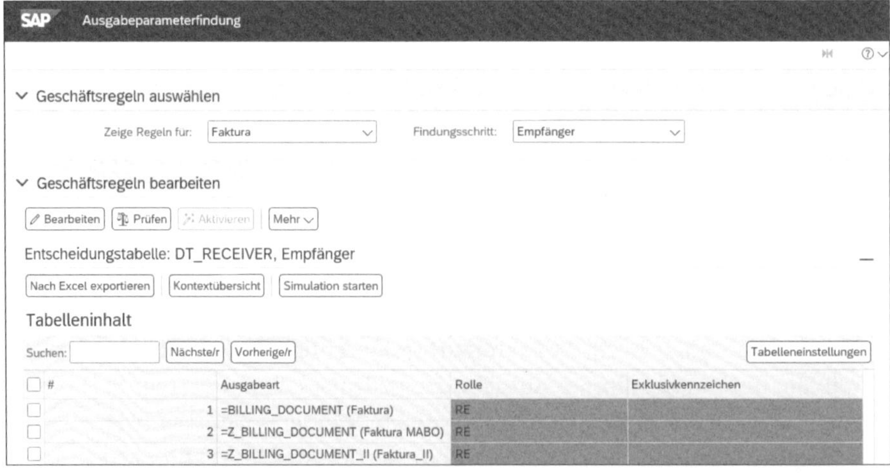

Abbildung 4.39 Findungsschritt »Empfänger«

- **Kanal**
  Im Findungsschritt **Kanal** (siehe Abbildung 4.40) wird hinterlegt, wie die Ausgabeart verarbeitet wird. Mögliche Optionen sind hierbei **EMAIL**, **IDOC**, **PRINT** oder **XML**. In unserem Fall wird die erste Ausgabeart über den Kanal **PRINT (Druck)** verarbeitet, während wir der zweiten Ausgabeart den Kanal **IDOC** zugeordnet haben. Auf die elektronische Übermittlung von Daten an externe Systeme gehen wir in Kapitel 24, »Integrationstechnologie«, ein. Und ein Beispiel für die Nutzung von IDocs in einem Geschäftsprozess finden Sie in Kapitel 28, »Unternehmensübergreifende Auftragsabwicklung«.

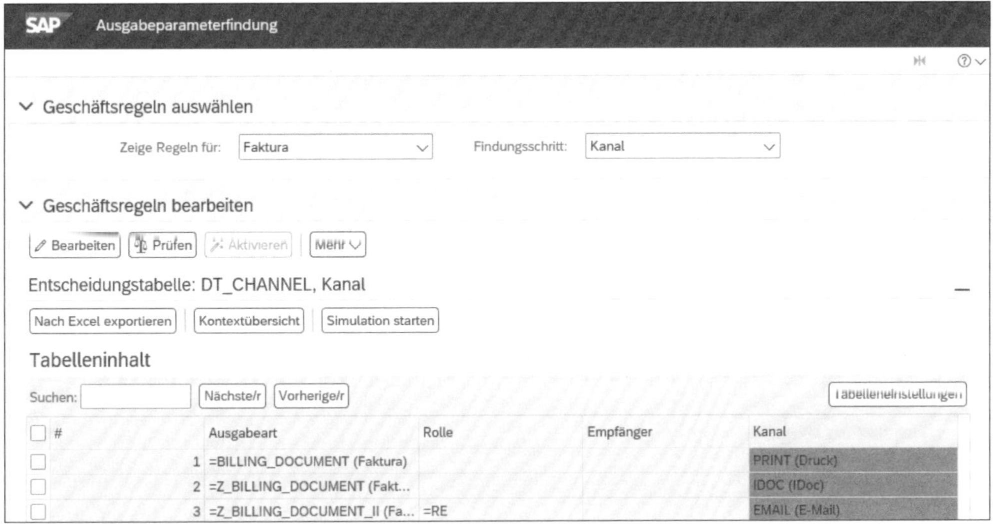

Abbildung 4.40 Findungsschritt »Kanal«

  Die Entscheidungstabelle kann mit Feldern aus der Anwendung aufgebaut werden. So kann man als Bedingungsspalte das Objekt BUSINESS_PARTNER setzen und somit die Ausgabe für bestimmte Geschäftspartner als Empfänger der Nachricht detailliert aussteuern. Abbildung 4.41 zeigt diese einfache Entscheidungstabelle. Somit kann man die Ausgabesteuerung mit einfachen Mitteln an die Bedürfnisse eines Unternehmens anpassen, ohne auf umfangreiche Programmierungen zurückgreifen zu müssen.

- **Druckereinstellungen**
  Im Findungsschritt **Druckereinstellungen** kann man der Ausgabeart einen Drucker zuweisen (siehe Abbildung 4.42). Der Drucker muss ein PDF-Drucker sein. Die Findung der Drucker kann dabei von unterschiedlichen Faktoren abhängen, wie der Verkaufsorganisation oder eigens definierten Parametern.

Abbildung 4.41 Entscheidungstabelle »Kanal«

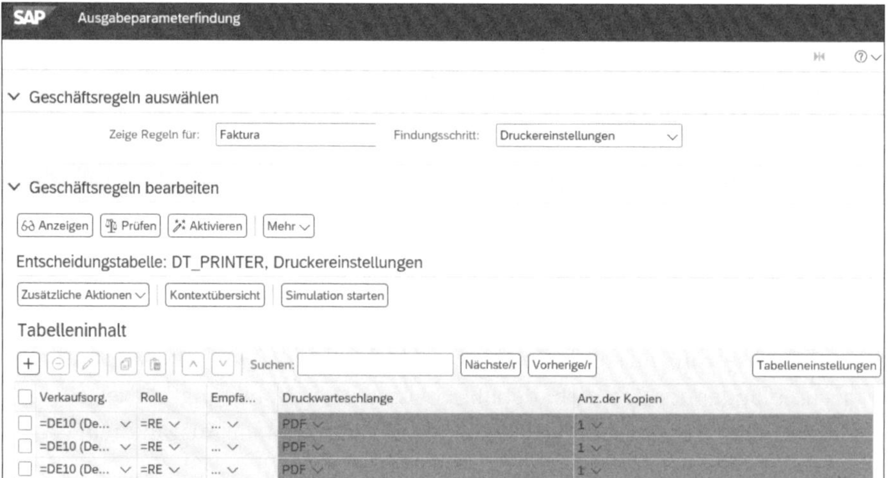

Abbildung 4.42 Findungsschritt »Druckereinstellungen«

- **E-Mail-Einstellungen**
  Möchte man eine Ausgabeart per E-Mail versenden, kann man in diesem Findungsschritt festlegen, mit welchem Absender die Mail verschickt werden soll (siehe Abbildung 4.43, Spalte **Absender-E-Mail**). Dabei lassen sich unterschiedliche Absender hinterlegen, abhängig von der Verkaufsorganisation oder dem Kunden, der die E-Mail erhält.

Abbildung 4.43 Findungsschritt »E-Mail-Einstellungen«

- **E-Mail-Empfänger**
  Normalerweise ist die E-Mail-Adresse des Empfängers in den Grunddaten des Geschäftspartners hinterlegt. Es kann jedoch vorkommen, dass die E-Mail an einen anderen Empfänger oder auch an mehrere geschickt werden soll. In diesem Findungsschritt (siehe Abbildung 4.44) können unter bestimmten Bedingungen mehrere Empfänger für eine E-Mail hinterlegt werden.

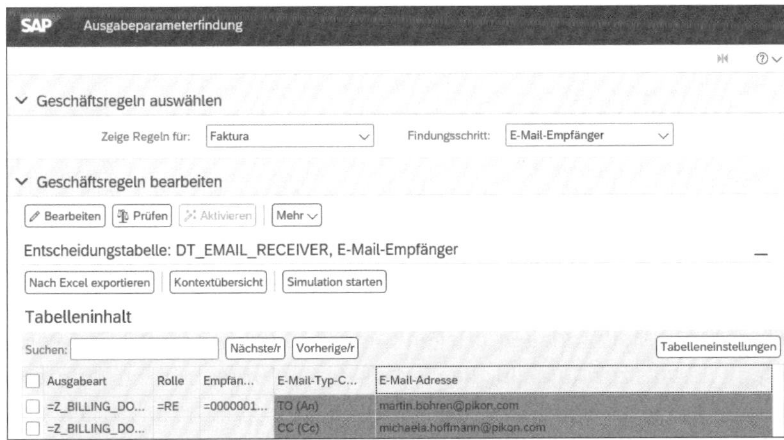

Abbildung 4.44 Findungsschritt »E-Mail-Empfänger«

In unserem Fall soll die E-Mail nicht nur an den Sachbearbeiter verschickt werden, sondern auch an seinen Stellvertreter in Cc. Dadurch lassen sich komplexe Programmierungen umgehen.

- **Formularvorlage**
  Die **Formularvorlage** steuert das Erscheinungsbild der Rechnung, die an den Geschäftspartner versendet wird. In diesem Findungsschritt wird

festgelegt, welche Formularvorlage genutzt werden soll. Hier hat man die Möglichkeit, unterschiedliche Vorlagen für eine Ausgabeart zu hinterlegen. Beispielsweise lässt sich festlegen, dass bei einer Standardrechnung ein anderes Formular aufgerufen wird als bei einem Storno oder einer Gutschrift. Zudem können auch spezielle Vorlagen für unterschiedliche Empfangsländer festgelegt werden.

- **Ausgaberelevanz**
  Im letzten Schritt wird festgelegt, wann eine Ausgabeart zu verarbeiten ist (siehe Abbildung 4.45). Eine Rechnung soll erst an den Kunden geschickt werden, wenn sie keine Fehler enthält oder sich in einem bestimmten Status befindet. Zum Beispiel soll eine Rechnung nur gedruckt und an den Kunden geschickt werden, wenn der Buchungsbeleg bereits erzeugt wurde.

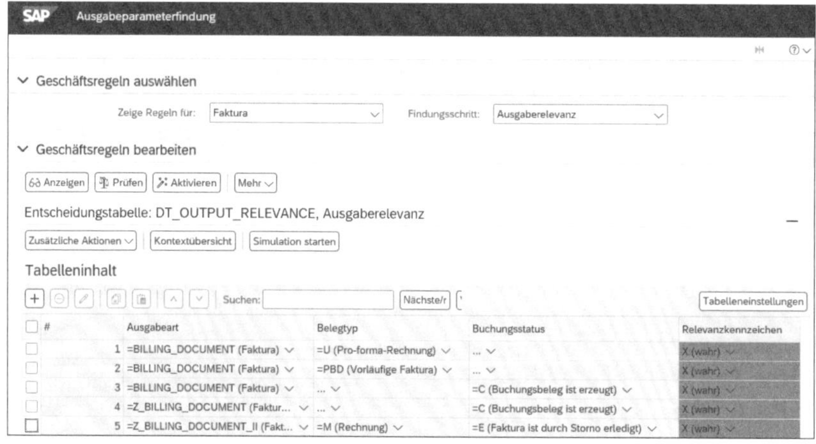

Abbildung 4.45 Findungsschritt »Ausgaberelevanz«

E-Mail-Vorlagen pflegen

Die Vorlagen, die den Aufbau der E-Mail steuern, können mithilfe der SAP-Fiori-App **E-Mail-Vorlagen pflegen** angepasst werden. Es stehen vordefinierte E-Mails zur Auswahl, die man als Kopiervorlage nutzen kann, um so eigene Texte oder weitere Datenfelder einzubauen. Grundsätzlich stehen alle Datenfelder des zugrunde liegenden CDS-Views (Core Data Services) zur Verfügung. Abbildung 4.46 zeigt die Standard-E-Mail-Vorlagen für Fakturen, vorläufige Fakturen und Genehmigungsanforderungen für Gutschriftsanforderungen. Abbildung 4.47 zeigt den **E-Mail-Betreff** und den E-Mail-Text im Feld **Body-HTML**. Hier sehen Sie auch die Variablen, also die Datenfelder, welche im E-Mail-Text mit den entsprechenden Daten aus dem aktuellen Fakturabeleg gefüllt werden. Im Betreff wird für die Variable **{{BillingDocument}}** also immer die Belegnummer der Faktura gesetzt, für die die E-Mail erzeugt wurde.

Abbildung 4.46 SAP-Fiori-App »E-Mail-Vorlagen pflegen«

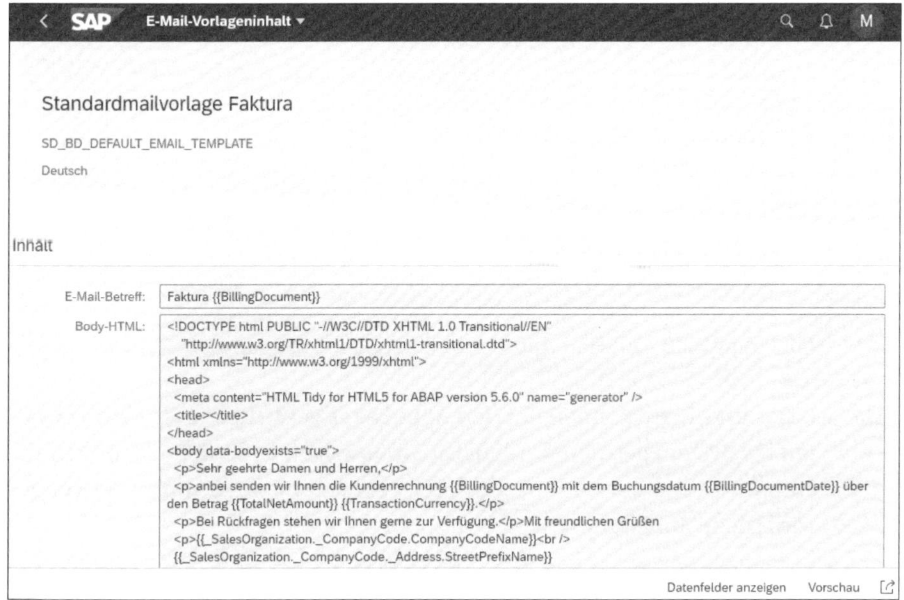

Abbildung 4.47 SAP-Fiori-App »E-Mail-Vorlagen pflegen« – Standardmailvorlage Faktura

Sie können diese E-Mail-Vorlagen kopieren, um die Elemente der E-Mail an Ihre Anforderungen anzupassen. Im Gegensatz zum E-Mail-Versand mit der alten Konditionstechnik ist hier keine Programmierung notwendig, um etwa den E-Mail-Text zu erzeugen bzw. anzupassen.

Ebenso können Sie mit der App **E-Mail-Versand anzeigen** prüfen, ob eventuell Fehler aufgetreten sind, sodass Sie gegebenenfalls direkt eingreifen können. Darüber hinaus bietet die App **Formularvorlagen pflegen** die Möglichkeit, Templates für Formulare zu steuern und anzupassen (siehe Abbildung 4.48). Auch hier bietet SAP vordefinierte Formulare, die als Kopiervorlage für eigene Gestaltungen dienen sollen. Zur Anpassung der Formulare wird der Adobe Lifecycle Designer benötigt.

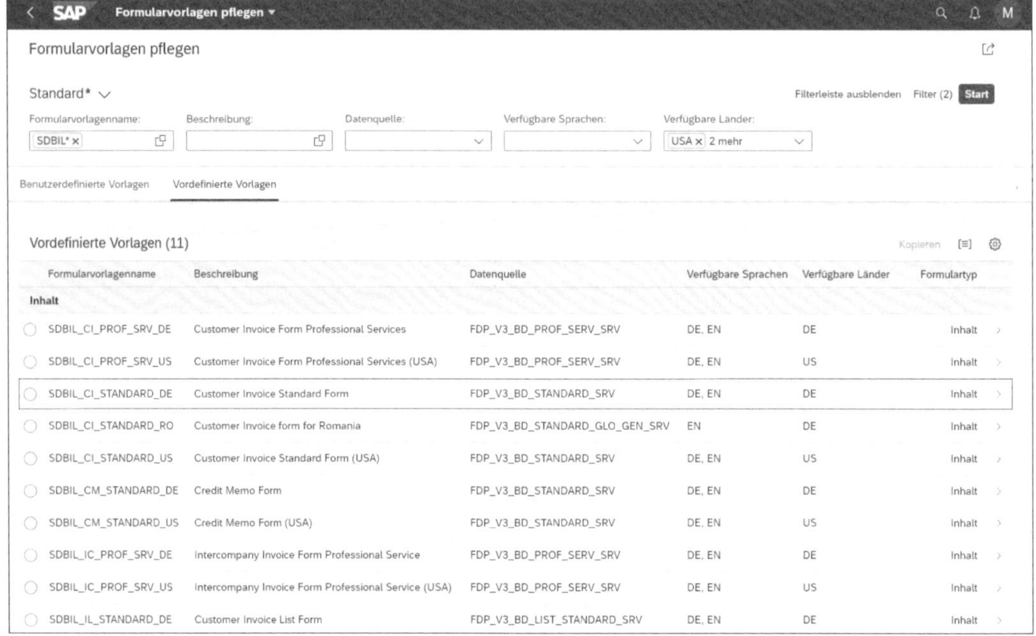

Abbildung 4.48 SAP-Fiori-App »Formularvorlagen pflegen«

Logos und Texte

Logos und Texte können mit den Apps **Logos verwalten** und **Texte verwalten** ins System geladen werden. Die Apps zeigen außerdem an, ob ein bestimmtes Logo oder ein bestimmter Text in einem Formular verwendet wird (siehe Abbildung 4.49).

Auf die weiteren Anwendungsoptionen, die SAP-Fiori-Apps bieten, werden wir in Kapitel 25, »SAP Fiori Launchpad«, eingehen.

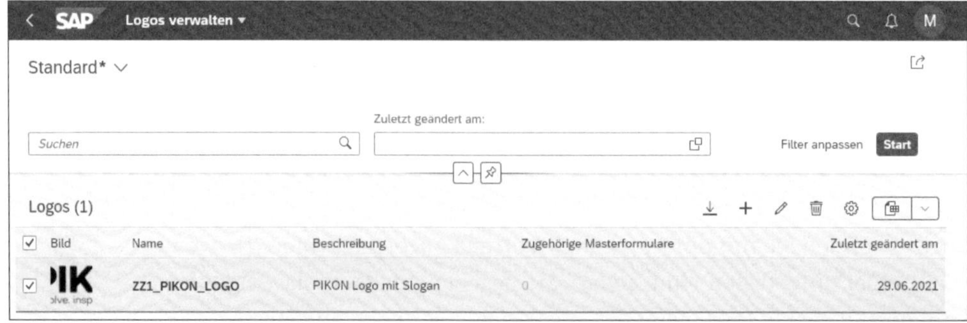

Abbildung 4.49 SAP-Fiori-App »Logos verwalten«

4.4.3 Beispiel für die Ermittlung der Rechnung in der Faktura

Im folgenden Beispiel wird die Ermittlung der Rechnung in der Faktura gezeigt. Wir werden dabei folgende Schritte unternehmen:

1. Anzeigen der Ausgabearten
2. Anlegen einer Rechnung mit der Belegart F2 (Rechnung)
3. E-Mail-Verarbeitung mit der SAP-Fiori-App
4. Ausdruck der Nachricht

Schritt 1: Anzeigen der Ausgabeart

Für die Rechnung existiert die Ausgabeart `BILLING_DOCUMENT`. Diese Ausgabeart ist für Druckausgaben definiert. Zusätzlich wurden die Ausgabearten `Z_BILLING_DOCUMENT` und `Z_BILLING_DOCUMENT_II` erstellt, die die Rechnung per IDoc und E-Mail an den entsprechenden Empfänger versenden. In Abbildung 4.50 sehen Sie die Ausgabearten.

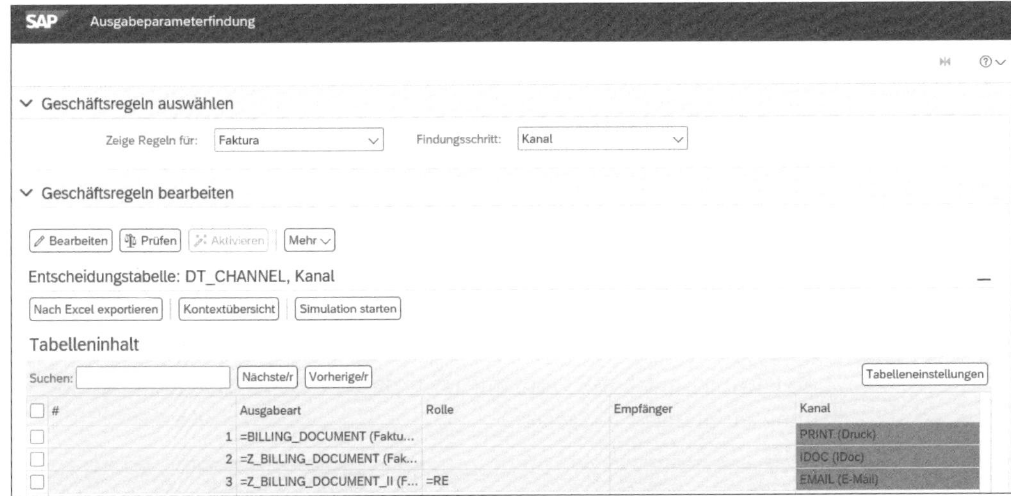

Abbildung 4.50 Ausgabearten für Fakturen (Transaktion OPD)

In der Ausgabeart `Z_BILLING_DOCUMENT_II` wird festgelegt, dass für die Fakturaart F2 (Rechnung) sofort verarbeitet wird. Diese Ausgabeart ist der Partnerrolle **RE** (Rechnungsempfänger) zugeordnet. Damit wird die Ausgabeart an den Rechnungsempfänger versendet, der in der Rechnung erfasst wurde. Sie wird nicht gedruckt, sondern per E-Mail an den Rechnungsempfänger gesendet. Zudem wurde eingestellt, dass neben dem Empfänger auch der Vertreter in Cc benachrichtigt wird.

Schritt 2: Anlegen der Rechnung

Im zweiten Schritt legen wir eine Rechnung mit der Fakturaart F2 für unseren Geschäftspartner 1000 (Drogerie am Markt) an. Dem Geschäftspartner wird das Material 61 (Shampoo Sensitiv 150 ml Flasche) in Rechnung gestellt. Abbildung 4.51 zeigt die Anlage der Rechnung.

Abbildung 4.51 Rechnungserstellung mit der SAP-Fiori-App »Fakturen verwalten«

Schritt 3: E-Mail-Verarbeitung mit SAP Fiori

Als Ergebnis des Ausgabemanagements (siehe Abbildung 4.52) hat das System in unserer Rechnung die drei vorgegebenen Ausgabearten ermittelt. Als Partner (und damit Empfänger) wurde der Geschäftspartner 1000 (Rechnungsempfänger) festgelegt.

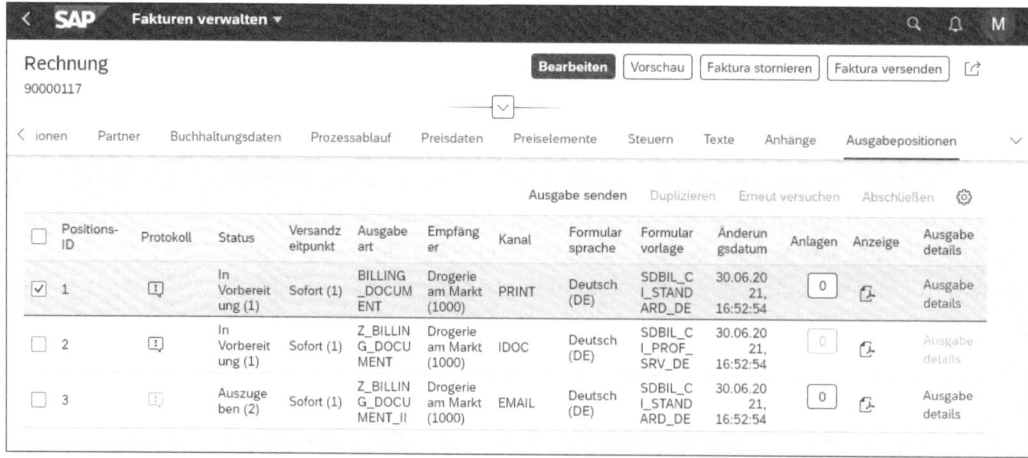

Positions-ID	Protokoll	Status	Versandzeitpunkt	Ausgabeart	Empfänger	Kanal	Formularsprache	Formularvorlage	Änderungsdatum	Anlagen	Anzeige	Ausgabedetails
1		In Vorbereitung (1)	Sofort (1)	BILLING_DOCUMENT	Drogerie am Markt (1000)	PRINT	Deutsch (DE)	SDBIL_CI_STANDARD_DE	30.06.2021, 16:52:54	0		Ausgabedetails
2		In Vorbereitung (1)	Sofort (1)	Z_BILLING_DOCUMENT	Drogerie am Markt (1000)	IDOC	Deutsch (DE)	SDBIL_CI_PROF_SRV_DE	30.06.2021, 16:52:54	0		Ausgabedetails
3		Auszugeben (2)	Sofort (1)	Z_BILLING_DOCUMENT_II	Drogerie am Markt (1000)	EMAIL	Deutsch (DE)	SDBIL_CI_STANDARD_DE	30.06.2021, 16:52:54	0		Ausgabedetails

Abbildung 4.52 Ergebnis der Nachrichtenfindung in der Rechnung (SAP-Fiori-App »Fakturen verwalten«)

Zusätzlich gibt es hier die Möglichkeit, sich die Ausgabeart nochmals detaillierter anzuschauen. Die E-Mail wird mit den von uns in der Ausgabeart definierten Empfängern angelegt (siehe Abbildung 4.53).

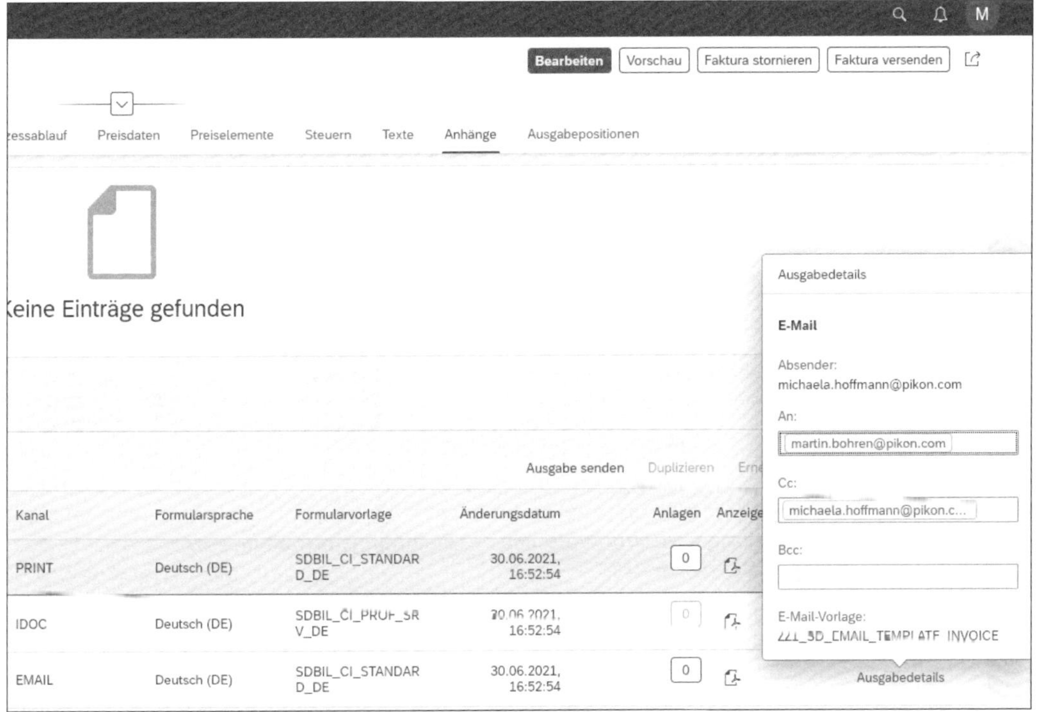

Abbildung 4.53 Ergebnis der Nachrichtenfindung in der Faktura (Detailbild; SAP-Fiori-App »Fakturen verwalten«)

Schritt 4: Ausdruck der Nachricht

Beim Speichern der Rechnung werden alle Ausgabearten verarbeitet, und das Ergebnis wird in den entsprechenden SAP-Fiori-Apps dargestellt.

Über die Druckvorschau kann man sich das Rechnungsformular anzeigen lassen (siehe Abbildung 4.54).

Rechnung: 90000117

The predefined Company, Waldstrasse 86-90, 13403 Berlin, Germany

Firma
Drogerie am Markt
Marktstr. 1
66130 Saarbrücken

Datum:	30.06.2021
Lieferdatum:	30.06.2021
Auftrag:	30000133
Lieferung:	80000064
Referenznummer:	Bestell. 30.06.2021

Zeile	Produkt	Beschreibung	Menge
10	61	Shampoo Sensitiv 150ml Flasche	100 ST
	Preise:	0,00	0,00 EUR
	Chargennummer: 30062021		

Unsere Umsatzsteuer-ID:	DE123456789
Ihre Umsatzsteuer-ID:	DE123456789
Incoterms:	EXW
Ort 1:	Saarbrücken
Zahlungsbedingungen:	Bis zum 30.06.2021 ohne Abzug

Nettogesamtbetrag		0,00 EUR
Endbetrag	0,00 EUR	357,00 EUR
Verrechnungspreis	2,00 EUR	200,00 EUR
Summe		**357,00 EUR**

Danke für Ihr Vertrauen.

Abbildung 4.54 Druckvorschau des Rechnungsformulars

4.5 Chargenfindung

Unter einer *Charge* versteht man einen Teilbestand an Produkten, die in einem Produktionsgang gefertigt worden sind und damit identische Merkmale hinsichtlich Fertigungszeitpunkt und Produktqualität aufweisen. Die Verwaltung von Chargen ist vor allem in der chemischen und der pharmazeutischen Industrie von großer Bedeutung. Im Vertrieb dient die *Chargenfindung* dazu, dem Kunden nur Chargen zu liefern, deren Merkmale seinen Anforderungen entsprechen. Für Unternehmen, die chargenpflichtige Produkte herstellen oder vertreiben, ist die Chargenfindung ein unverzichtbares Instrument bei der Gestaltung der Vertriebsprozesse.

4.5.1 Chargenverwaltung in SAP S/4HANA

Chargenpflicht auf Mandantenebene

Die *Chargenpflicht* für ein Material wird im SAP-Materialstamm auf Mandantenebene definiert. Das heißt, wenn ein Material als chargenpflichtig gekennzeichnet ist, gilt dies im ganzen Mandanten. Ein Material kann nicht gleichzeitig in einem Werk chargenpflichtig und in einem anderen Werk nicht chargenpflichtig sein. Jeder Charge wird eine eindeutige Chargennummer zugeordnet. Die jeweilige Chargennummer ist bei jeder Warenbewegung des Materials (Wareneingang, Umbuchung, Warenausgang) zu erfassen. Über die Chargenebene wird im Customizing (Transaktion OMCE) festgelegt, ob die Chargennummer auf Mandanten-, Material- oder Werksebene eindeutig ist. Wird der Mandant als Chargenebene gewählt, wird jede Chargennummer nur einmal im Mandanten verwendet. Bei der Chargenebene Material ist die Chargennummer eindeutig in Verbindung mit dem Material. Verwendet man das Werk als Chargenebene, ist die Chargennummer eindeutig im Zusammenhang mit dem Material und dem Werk. Ein Wechsel der gewählten Chargenebene ist mit Einschränkungen über einen Umsetzungsreport möglich. Von der Mandanten- oder Materialebene kann nicht zur Werksebene gewechselt werden. Abbildung 4.55 zeigt eine Bestandsübersicht für das chargengeführte Material mit der Materialnummer CHF4711.

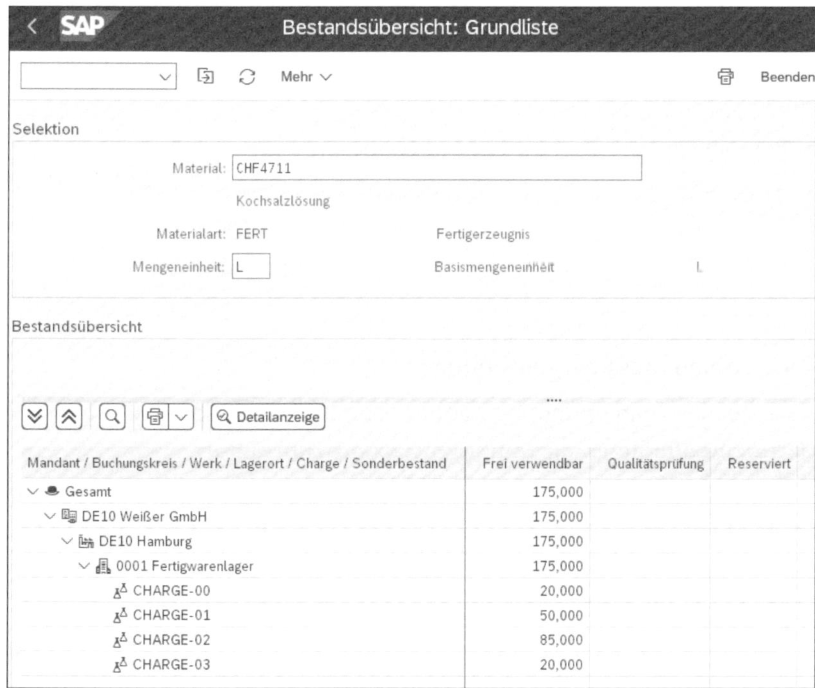

Abbildung 4.55 Bestandsübersicht für das chargengeführte Material mit der Materialnummer CHF4711 (Transaktion MMBE)

Chargenstammsatz

Der Gesamtbestand wird auf Werksebene geführt (im Werk DE10 sind 175 Stück eingelagert). Darunter existieren die unterschiedlichen Chargen mit ihren Beständen. Für jede Charge wird ein Chargenstammsatz angelegt, der beim Wareneingang automatisch erzeugt werden kann. In diesem werden die Merkmale der Charge beschrieben.

Zu den Chargenmerkmalen gehören insbesondere:

- Herstellungsdatum
- Verfallsdatum
- Chargenzustand (frei/gesperrt)
- Lieferant
- Chargennummer des Lieferanten
- Ursprungsland
- letzter Wareneingang

Klassifizierung von Chargen

Mithilfe der anwendungsübergreifenden SAP-Komponente *Klassifizierung* können Chargen zusätzlich klassifiziert werden. Dabei wird ein Material einer Chargenklasse zugeordnet. Anschließend kann jede Charge dieses Materialstamms über die Merkmale dieser Klasse bewertet werden. So kann jedes Unternehmen seine individuellen Merkmale zur Beschreibung von Chargen definieren. Typische Beispiele für Merkmale einer Chargenklasse sind:

- Reinheitsgrad
- Viskosität
- Säuregehalt
- Farbreinheit

4.5.2 Ablauf der Chargenfindung

Konditionstechnik in der Chargenfindung

Auch bei der Chargenfindung kommt – ähnlich wie bei der Preis- und der Nachrichtenfindung – die Konditionstechnik zum Einsatz.

Abbildung 4.56 zeigt den Ablauf der Konditionstechnik am Beispiel der Chargenfindung.

Entlang dieses Ablaufs werden wir im Folgenden den Zusammenhang zwischen den Einstellungen im Customizing und dem Ablauf der Chargenfindung im Vertriebsbeleg erläutern. Dabei werden nacheinander folgende Punkte erklärt:

1. Ermittlung des Chargensuchschemas
2. Ermittlung der Strategieart über das Chargensuchschema
3. Beschreibung der Customizing-Einstellungen zur Strategieart
4. Ermittlung einer Zugriffsfolge über die Strategieart
5. Bedeutung der Strategiesätze einer Zugriffsfolge

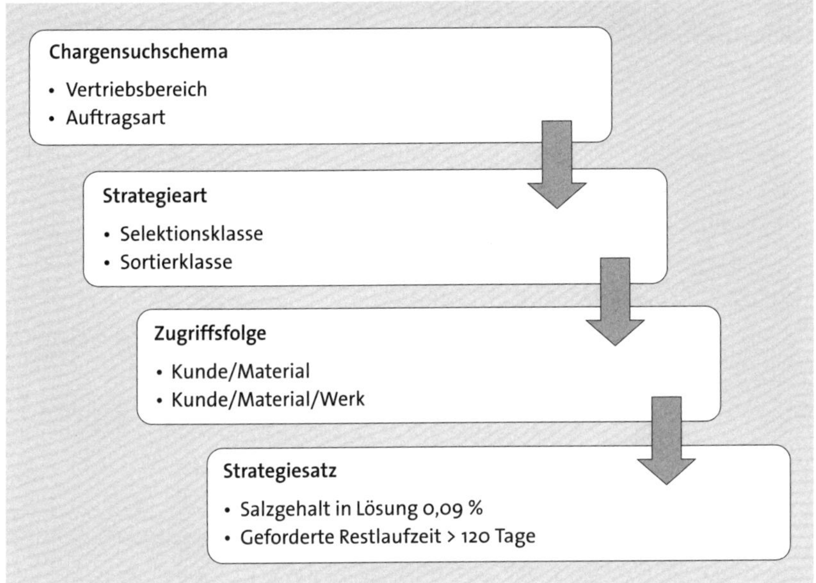

Abbildung 4.56 Ablauf der Chargenfindung

Anschließend zeigen wir in einem Beispiel die Funktionsweise im SAP-System.

Chargensuchschema, Strategieart

Über die Einstellungen im Customizing wird abhängig von Auftragsart und Vertriebsbereich ein *Chargensuchschema* ermittelt. Dieses Schema enthält eine oder mehrere *Chargenfindungsstrategien*. Abbildung 4.57 zeigt ein solches Chargensuchschema.

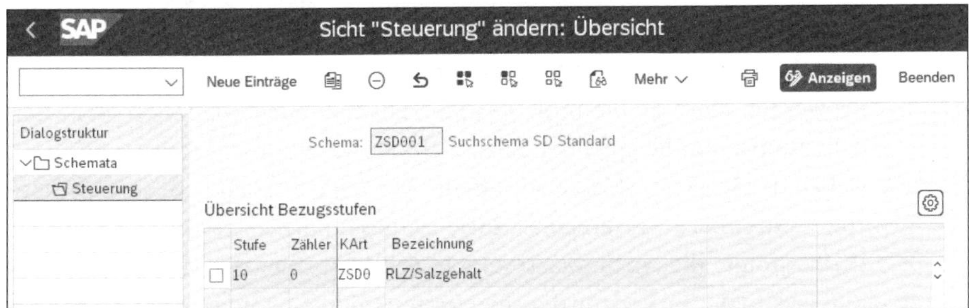

Abbildung 4.57 Suchschema einer Chargenfindung (Transaktion SPRO • Suchschema Vertrieb definieren)

Customizing der Strategieart

Über das Suchschema wird somit die Strategieart (**KArt**) **ZSD0** ermittelt. In Abbildung 4.58 sehen Sie das Customizing der Strategieart **ZSD0**.

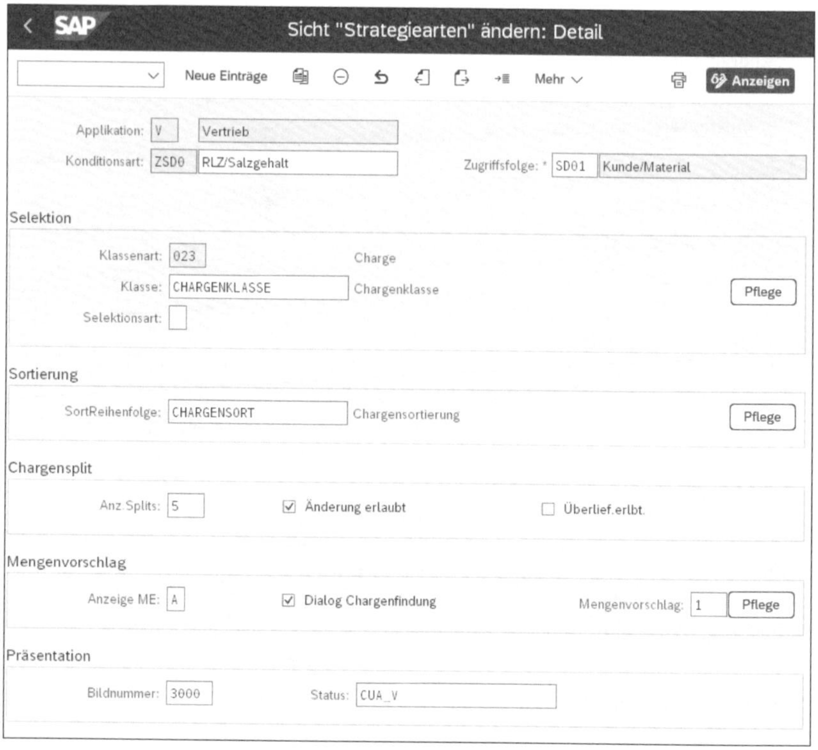

Abbildung 4.58 Customizing der Strategieart (Transaktion SPRO • Strategieart Vertrieb definieren)

Jeder Strategieart ist eine Selektionsklasse zugeordnet. Die Selektionsklassen werden im Klassensystem angelegt. Im Beispiel wurde als Selektionsklasse die **CHARGENKLASSE** festgelegt. Die Merkmale der Selektionsklasse sind gleichzeitig die Selektionskriterien für die Chargenfindung. In der Praxis werden hier vor allem die Restlaufzeit, aber auch qualitative Kriterien (wie in unserem Beispiel der Salzgehalt) als Selektionsmerkmale definiert. Neben der Selektionsklasse wird in der Strategieart auch eine Sortierklasse zugeordnet. Bei der Strategieart **ZSD0** ist dies für die Sortierreihenfolge (**SortReihenfolge**) die Sortierklasse **CHARGENSORT**. Über die Merkmale dieser Klasse wird die Sortierung der selektierten Chargen vorgenommen. Als Sortierkriterium kommt wiederum die Restlaufzeit infrage. Damit werden dann innerhalb der erlaubten Restlaufzeit die ältesten Chargen zuerst ausgeliefert.

Zugriffsfolge

Innerhalb der Strategieart wird auch eine Zugriffsfolge definiert. In Abbildung 4.58 sehen Sie auch, dass der Strategieart **ZSD0** die Zugriffsfolge **SD01** zugeordnet ist. Über die Zugriffsfolge wird die Ermittlung der Chargensuchstrategie in Vertriebsbelegen gesteuert. Jede Zugriffsfolge kann aus mehreren Zugriffen bestehen. Jeder Zugriff besteht aus einer Konditionstabelle. Hier sehen Sie ein Beispiel für eine Zugriffsfolge in der Chargenfindung:

1. **Zugriff »Kunde/Material«**
   Hinter diesem Zugriff steht eine Konditionstabelle mit den Feldern **Kundennummer** und **Materialnummer**.
2. **Zugriff »Material«**
   Hinter diesem Zugriff steht eine Konditionstabelle mit dem Feld **Materialnummer**.

Strategiesätze

Das System prüft zunächst, ob ein Strategiesatz mit den Feldern **Kundennummer/Materialnummer** angelegt wurde. Wenn dies der Fall ist, wird die Chargenermittlung anhand dieses Satzes vorgenommen. In dem Strategiesatz legt der Anwender die Selektionsbedingungen fest; er definiert also selbst, welche Merkmalsausprägung der Charge noch akzeptiert wird. Ist kein Satz mit dem Schlüssel vorhanden, prüft das System, ob ein Satz mit dem Schlüssel **Material** definiert wurde. Somit werden im Customizing die Merkmale für die automatische Chargenfindung festgelegt. Durch die Pflege der Strategiesätze definiert aber letztlich der Anwender, welche Merkmalswerte erfüllt sein müssen.

An dieser Stelle sei auch darauf hingewiesen, dass es sich bei der Chargenfindung um eine Funktion handelt, die in mehreren SAP-Komponenten eingesetzt wird. Neben dem Vertrieb sind dies:

- die Produktionsplanung und -steuerung (PP) – für Fertigungsaufträge
- die Produktionsplanung und -steuerung für die Prozessindustrie (PP-PI) – für Prozessaufträge
- die Materialwirtschaft (MM) – für Bestandsbewegungen und Umbuchungen
- die Lagerverwaltung (Komponente Stock Room Management und EWM, Extended Warehouse Management) – ebenfalls für Bestandsbewegungen und Umbuchungen

Die SAP-S/4HANA-Komponenten werden in Abschnitt 26.1, »SAP Extended Warehouse Management«, beschrieben.

4.5.3 Beispiel für die Chargenfindung

Die Funktion der Chargenfindung erläutern wir am Beispiel des Materialstamms CHF4711 – einer Kochsalzlösung zur medizinischen Anwendung. Es handelt sich dabei um ein chargengeführtes Material, zu dem mehrere Chargen existieren. Im Materialstamm wurde festgelegt, dass die Chargen des Materials zusätzlich klassifiziert werden müssen. Dies soll über die folgenden Merkmale geschehen:

- Restlaufzeit
- Verfallsdatum
- Salzgehalt

Über das Verfallsdatum errechnet das System bei der Chargenfindung die Restlaufzeit. Der Salzgehalt bestimmt, für welche Anwendung die Kochsalzlösung verwendet werden kann, z. B. als Infusionslösung. Wir durchlaufen in unserem Beispiel die folgenden Schritte:

1. Anzeigen der Chargenbestände des Materials CHF4711
2. Anzeigen der Merkmalswerte der verschiedenen Chargen des Materials CHF4711
3. Anzeigen des Konditionssatzes zur Chargenfindung
4. Erfassen eines Kundenauftrags
5. Erfassen einer Lieferung mit automatischer Chargenfindung

Schritt 1: Chargenbestände anzeigen

In Abbildung 4.59 sehen Sie eine Auswertung zum Material CHF4711 mit der SAP-Fiori-App **Chargen verwalten**. Es können Chargen gesucht und Folgefunktionen gestartet werden. Transaktion BMBC (Chargencockpit) kann auch in SAP S/4HANA verwendet werden. In der App kann man auch in das Cockpit als Folgefunktion abspringen. Im Folgenden verwenden wir die App zur Analyse der Chargenbestände. Aufgeführt sind sämtliche Chargen des Materials, die jeweilige Restlaufzeit, das Verfallsdatum und die Bestandsmenge je Charge (**Frei verwendbar**).

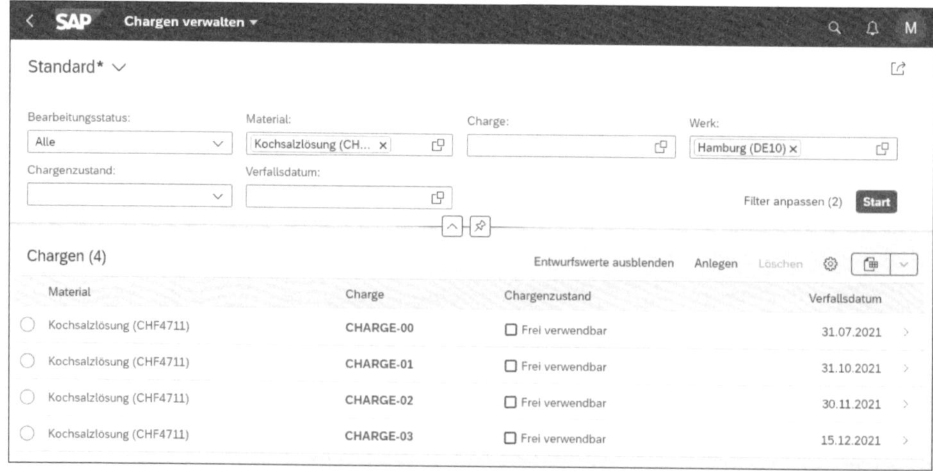

Abbildung 4.59 Liste der Chargenbestände zum Material CHF4711 (SAP-Fiori-App »Chargen verwalten«)

Schritt 2: Chargenmerkmale anzeigen

Abbildung 4.60 bis Abbildung 4.63 zeigen die Klassifizierungsdaten der Chargenstammsätze. Bestandteil der Klassifizierungsdaten sind jeweils der Gehalt an Natriumchlorid und das Verfallsdatum.

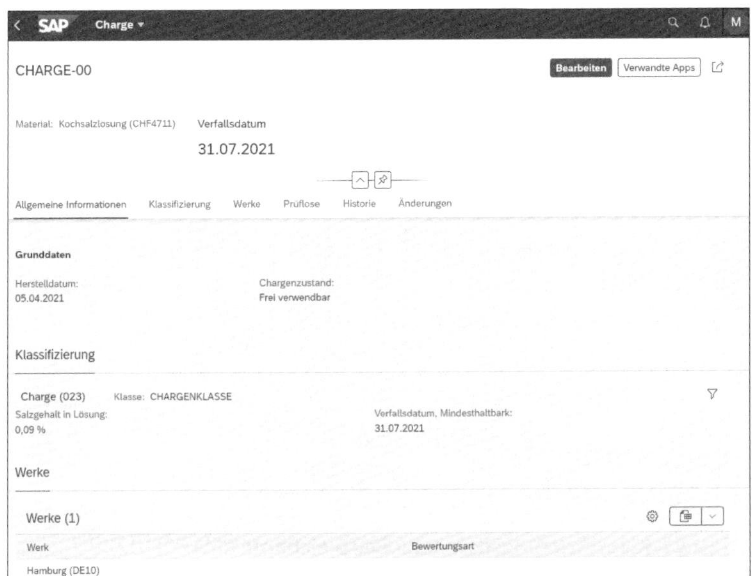

Abbildung 4.60 Klassifizierungsdaten der Beispielcharge CHARGE-00 (SAP-Fiori-App »Chargen verwalten«)

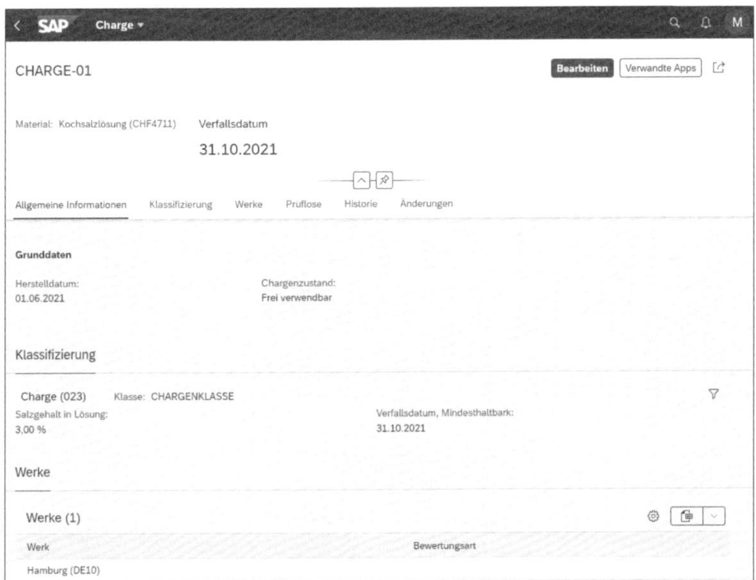

Abbildung 4.61 Klassifizierungsdaten der Beispielcharge CHARGE-01 (SAP-Fiori-App »Chargen verwalten«)

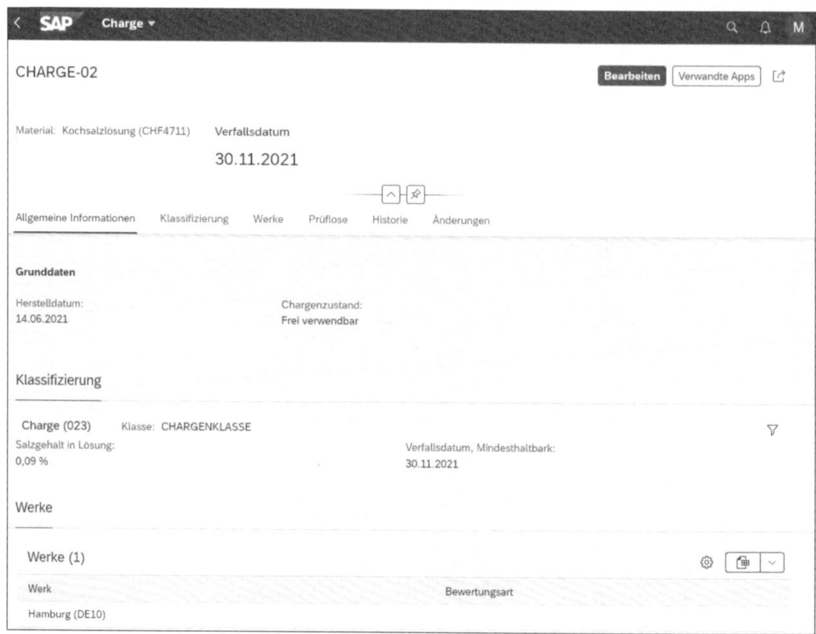

Abbildung 4.62 Klassifizierungsdaten der Beispielcharge CHARGE-02 (SAP-Fiori-App »Chargen verwalten«)

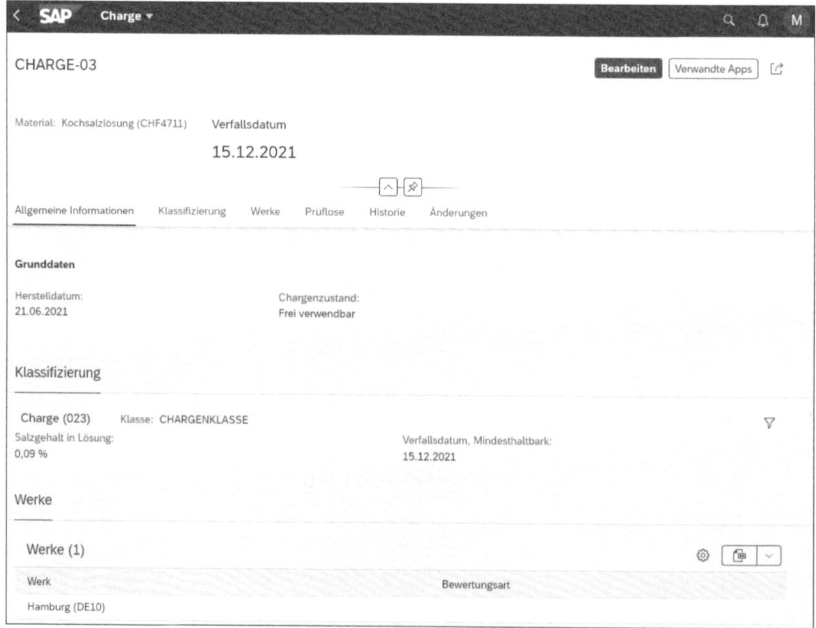

Abbildung 4.63 Klassifizierungsdaten der Beispielcharge CHARGE-03 (SAP-Fiori-App »Chargen verwalten«)

Zur Steuerung der Chargenfindung hat der Anwender eine Reihe von Selektionskriterien im Konditionssatz (Strategiesatz) für das Material CHF4711 angelegt, wie sie in Abbildung 4.64 unter **Merkmalbezeichnung** zu sehen sind.

Schritt 3: Konditionssatz anzeigen

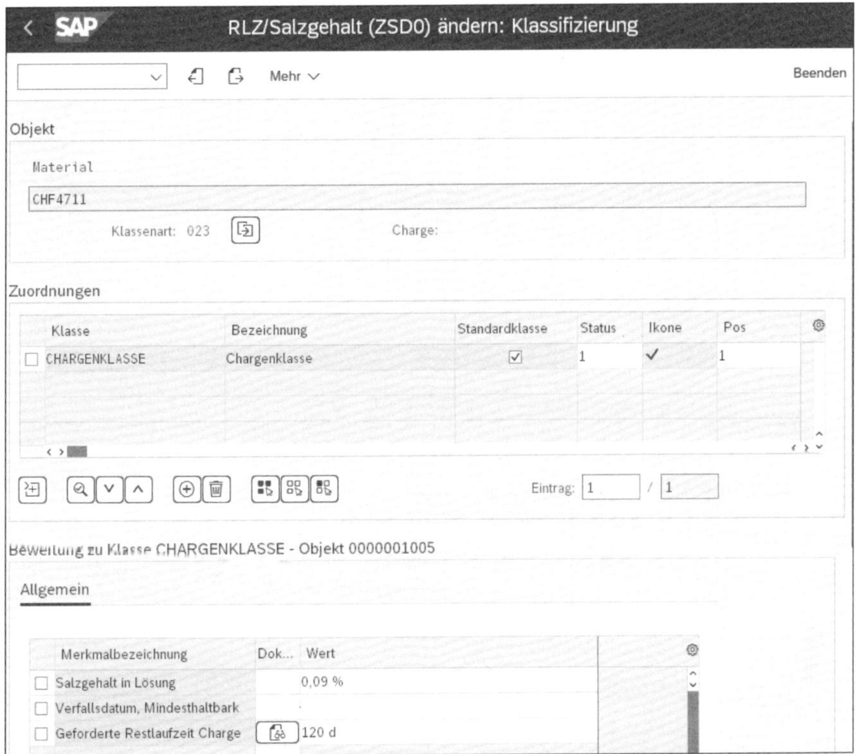

Abbildung 4.64 Strategiesatz für das Material CHF4711 (Transaktion VCH2)

In diesem Strategiesatz wird somit festgelegt, dass im Zuge der automatischen Chargenfindung nur Chargen mit folgenden Merkmalen ermittelt werden:

- Restlaufzeit von mehr als 120 Tagen
- Salzgehalt von 0,09 %

Die Anzahl der zulässigen Chargensplits ist auf fünf begrenzt (siehe Abbildung 4.65).

Die Sortierung der Chargen erfolgt über die Restlaufzeit (**LOBM_VFDAT** in der Spalte **Merkmal**) mit aufsteigender Sortierung (siehe Abbildung 4.66). Diese Einstellungen werden ebenfalls im Strategiesatz auf unterschiedlichen Sichten vorgenommen.

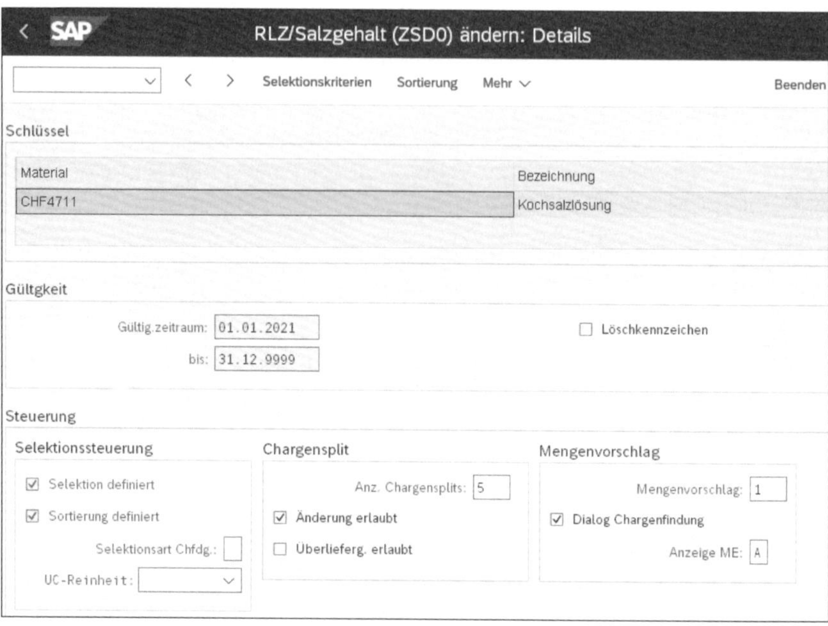

Abbildung 4.65 Anzahl der Chargensplits

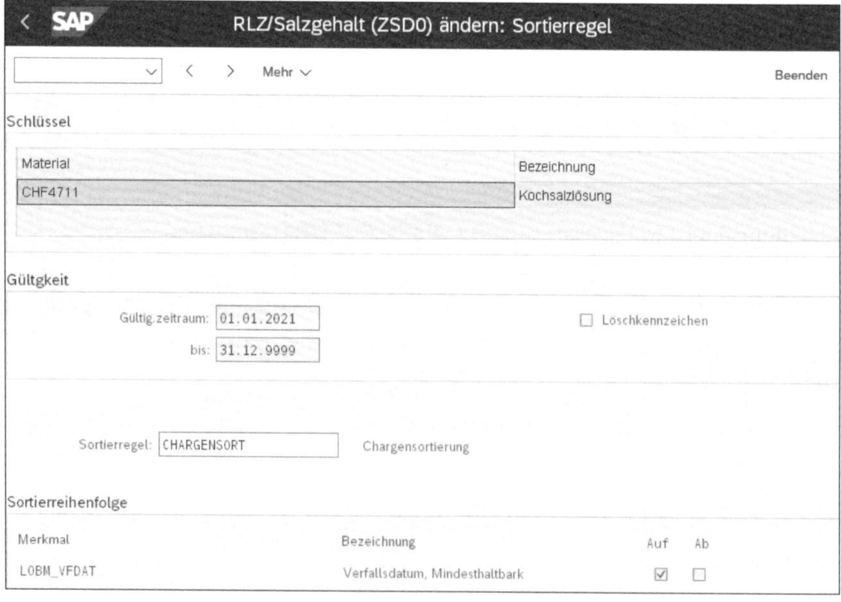

Abbildung 4.66 Sortierung der Chargen

Schritt 4: Kundenauftrag erfassen

Im Beispiel wird zunächst ein Kundenauftrag über 90 Liter des Materials CHF4711 erfasst. Im Kundenauftrag wird noch nicht festgelegt, welche Chargen der Kunde erhält. In Abbildung 4.67 sehen Sie den Kundenauftrag.

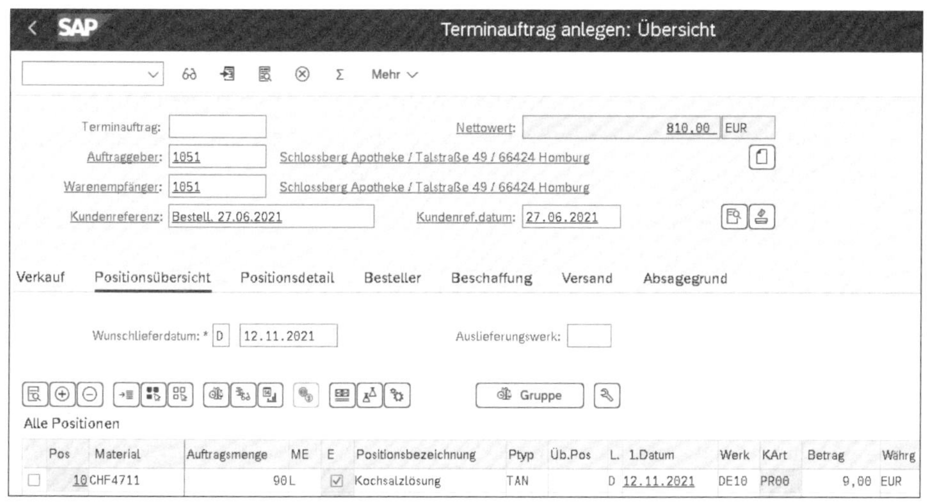

Abbildung 4.67 Kundenauftrag über 90 Liter des Materials CHF4711 (Transaktion VA01)

Schritt 5: Lieferbeleg mit automatischer Chargenfindung

Der nächste Schritt besteht darin, dass zu diesem Kundenauftrag ein Lieferbeleg erzeugt wird. Beim Erzeugen des Lieferbelegs wird automatisch die Funktion Chargenfindung gestartet. Der Anwender erhält damit im Lieferbeleg automatisch einen Vorschlag für die Chargen, die geliefert werden sollen. In Abbildung 4.68 sehen Sie das Ergebnis der Chargenfindung.

Chargenfindung SD: Chargen auswählen

Klassifizierung... | Strategieanalyse | Protokoll... | Verfügbarkeit | Mehr | Beenden

Auftraggeber: 1051 Schlossberg Apotheke
Ort: DE 66424 Homburg
Material: CHF4711 Kochsalzlösung
Werk: DE10 Hamburg
Bedarfstermin: 28.06.2021 | Strategieinfo...
Bedarfsmenge: 90 L
Offene Menge: 0 L | Selektionskriterien...

Chargenauswahl

Urspr.	Charge	Splitmenge	Verfügbare Menge	Lagerort	Sonderbestand	Splitmenge	Merkmalssortierung
	CHARGE-02	85	85	0001	☐		30.11.2021
	CHARGE-03	5	20	0001	☐		15.12.2021

Summe: 90 L

Abbildung 4.68 Ergebnis der Chargenfindung im Lieferbeleg (Transaktion VL01N)

Die Charge CHARGE-00 entspricht nicht den Selektionsbedingungen, deshalb wird sie hier nicht aufgeführt. Das Verfallsdatum dieser Charge ist der

31.07.2021. Da der Lieferbeleg am 27.06.2021 erzeugt wurde, ergibt sich eine Restlaufzeit, die kleiner ist als die geforderten 120 Tage.

Die Charge CHARGE-01 entspricht ebenfalls nicht den Selektionsbedingungen. Zwar ist die Restlaufzeit ausreichend, aber der Salzgehalt entspricht nicht dem im Strategiesatz hinterlegten Wert von 0,09 %.

Die Charge CHARGE-02 kann verwendet werden, da beide Kriterien erfüllt sind. Insgesamt sind 85 Liter verfügbar.

Zuerst werden die noch vorhandenen 85 Liter aus der Charge CHARGE-02 entnommen. Diese liegt in der Sortierung *vor* der Charge CHARGE-03, da ihre Restlaufzeit geringer ist. Über die Sortierung der Chargen nach dem Verfallsdatum wird sichergestellt, dass zunächst die Charge mit geringerer Haltbarkeit ausgeliefert wird. Der restliche Bedarf (5 Liter) wird aus der Charge CHARGE-03 entnommen.

4.6 Serialnummern

Serialnummern dienen der Individualisierung von Materialien. Damit wird eine Unterscheidung von Produkten mit der gleichen Materialnummer möglich. Serialnummern werden vor allem im Maschinen- und Anlagenbau sowie im Gerätebau eingesetzt. Dort ist es wichtig, jedes Einzelstück eindeutig identifizieren zu können.

4.6.1 Betriebswirtschaftliche Grundlagen

Individualisierung

In Kapitel 1, »Überblick über SAP S/4HANA«, haben wir die Bedeutung des Materialstammsatzes erläutert. Gleiche Produkte werden über eine gemeinsame Materialnummer zusammengefasst. Mithilfe von Serialnummern lässt sich nun zusätzlich jedes einzelne Stück innerhalb eines Materialstamms identifizieren. Man spricht in diesem Zusammenhang auch von der *Individualisierung* eines Materials. In der Praxis wird über die Serialnummer z. B. die Gerätenummer einer Maschine abgebildet. Dabei ist die Serialnummer immer nur in Verbindung mit der Materialnummer eindeutig. Wurde im Materialstamm die Serialnummernpflicht für das Material festgelegt, muss innerhalb der Prozesse darauf Bezug genommen werden. Bei einem Wareneingang zu einem Produkt ist die jeweilige Serialnummer zu erfassen. Gleiches gilt in Kundenaufträgen und bei Auslieferungen. Dadurch entsteht eine Historie, die den »Lebenslauf« des individuellen Einzelstücks nachvollziehbar macht.

Beispiel

Verdeutlichen wir uns den Zusammenhang an einem Beispiel: Als Hersteller medizintechnischer Geräte verkaufen wir Infusionsgeräte an unsere Kunden – Krankenhäuser, Pflegedienste und Arztpraxen. Außerdem erbringen wir Kundendienstleistungen, die entweder in der Garantie enthalten sind oder gesondert in Rechnung gestellt werden. Wir möchten wissen, an welchen Kunden welche Geräte geliefert wurden, welche Garantiebedingungen je Gerät vereinbart sind und welche Kundendiensteinsätze je Infusionsapparat stattgefunden haben. Falls der Kunde Geräte zurückschickt, wollen wir auch wissen, was weiterhin in unserem Unternehmen damit geschieht. Es ist also notwendig, stets ein Gerät eindeutig identifizieren zu können und alle relevanten Daten zusammenhängend analysieren zu können. Jedes Gerät wird deshalb über eine Gerätenummer – die Serialnummer – identifiziert.

Abgrenzung von Charge und Serialnummer

Serialnummern identifizieren Objekte also eindeutig. Voraussetzung ist allerdings, dass sie in allen relevanten logistischen Vorgängen (z. B. in Aufträgen, bei der Lieferung oder der Retoure) auch eingegeben werden. Ähnliche Eigenschaften in der Logistik haben die Chargen (siehe Abschnitt 4.5, »Chargenfindung«). Es gibt allerdings einige entscheidende Unterschiede:

- Im Gegensatz zur Serialnummer, die genau ein eindeutiges Element einer Menge darstellt, grenzt die Charge eine über Merkmale definierte Menge eines Artikels ab. Zwischen den einzelnen Elementen innerhalb einer Charge wird nicht unterschieden.
- Serialnummern können bei Bedarf zu vollständigen Equipmentstammsätzen in den Komponenten *Instandhaltung* und *Customer Service* erweitert werden. Unter einem *Equipmentstammsatz* versteht man ein eindeutiges Objekt, für das eine Wartung vorzunehmen ist. Dabei kann es sich um eigene technische Anlagen (z. B. Produktionsanlagen, EDV-Anlagen) oder um sogenannte *Kundenequipments* handeln. Kundenequipments sind Anlagen, die bei einem Kunden installiert wurden.
- In einem *Serialnummernstammsatz* werden automatisch Bestands- und Kundeninformationen festgehalten. Damit kann exakt festgestellt werden, wo sich die Serialnummer (bzw. das entsprechende Produkt) zurzeit befindet. Chargenbestände können dagegen auf mehrere Lager (eigene und Kundenlager) verteilt werden.
- Zu einer Serialnummer können zusätzliche Informationen wie Dokumente (z. B. Gebrauchsanweisungen, technische Dokumentationen) oder Garantieinformationen hinterlegt werden.

- Chargen können im Rahmen der getrennten Bewertung (siehe Kapitel 13, »Retourenabwicklung«) einen vom Materialstammsatz abweichenden Bewertungspreis haben. Serialnummern haben keine eigene Bewertung, können aber wiederum bewerteten Chargen zugeordnet werden.

Chargennummer und Serialnummern können auch gemeinsam eingesetzt werden. Dann dient die Charge z. B. der Abgrenzung einer Herstellungsserie oder zur getrennten Bewertung, während die Serialnummer das Einzelobjekt identifiziert.

4.6.2 Serialnummern in SAP S/4HANA

In diesem Abschnitt beschäftigt uns das Konzept der Serialnummernverwaltung innerhalb von SAP S/4HANA. Von besonderer Bedeutung sind dabei stets die Schnittstellen zur Instandhaltungskomponente in SAP Product Lifecycle Management (SAP PLM). Wir werden uns zunächst ansehen, wie im Materialstammsatz die Serialnummernpflicht festgelegt wird. Im zweiten Schritt lernen Sie die wesentlichen Customizing-Einstellungen zur Vergabe von Serialnummern kennen. Auf Basis dieser Erkenntnisse werden wir uns die Zusammenhänge von Materialstammsätzen, Serialnummern und Equipments in der Instandhaltungskomponente erarbeiten. Im letzten Schritt sehen wir uns die Daten an, die zu einem Serialnummernstammsatz gepflegt werden können.

Serialnummernprofil im Materialstamm

Damit sich Materialien mit gleicher Materialnummer über die Serialnummer unterscheiden (und individualisieren) lassen, muss im Materialstamm ein Serialnummernprofil zugeordnet werden. Abbildung 4.69 zeigt das Material SE1200, dem das Serialnummernprofil (**SerialnrProfil**) **Z001** zugeordnet wurde.

Das Serialnummernprofil wird auf Werksebene definiert. Es ist also auch möglich, dass ein Material in einem Werk serialnummernpflichtig ist, während in einem anderen Werk keine Serialnummernpflicht besteht.

Customizing

Für ein Serialnummernprofil werden im Customizing die Eigenschaften der Serialnummernverwaltung gesteuert. Die wichtigsten Einstellungen wollen wir Ihnen im Folgenden kurz vorstellen (siehe Abbildung 4.70).

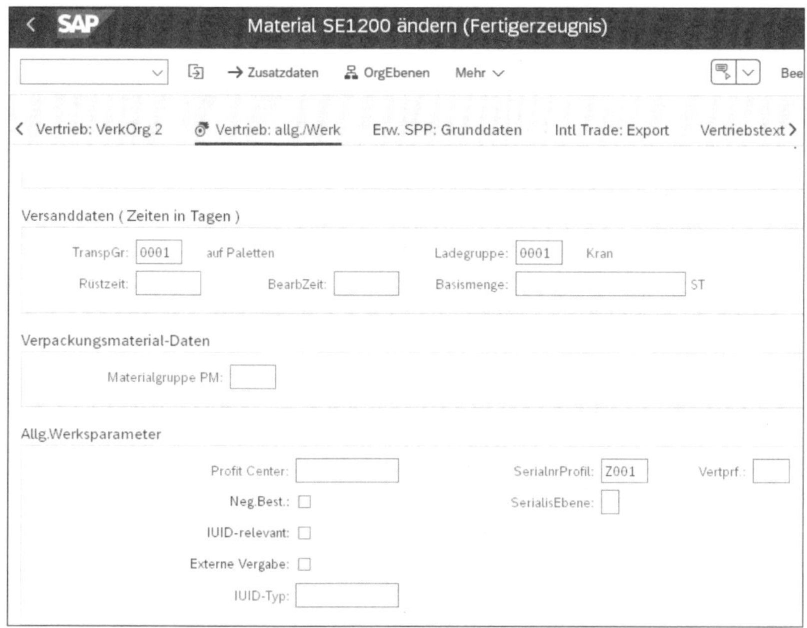

Abbildung 4.69 Werksabhängige Vertriebsdaten im Materialstamm mit Serialnummernprofil (Transaktion MM02)

Sicht "Serialnummernprofil" ändern: Übersicht

Neue Einträge Mehr Anzeigen

Dialogstruktur
- Serialnummernprofil
  - Serialisierungsvorgänge
  - Lagerbezogene Serialisie

Serialnummernprofil

Profil	Profiltext	Se...	ExistPfl.	T	EquipmenttypBez	BstVp
0001	durchgängige SerNr.		☐	S	Kundenequipment	Keine Bestandsverprobung
0002	Serialnummern im SD		☑	S	Kundenequipment	Keine Bestandsverprobung
0003	Bestandsverprobung		☐	S	Kundenequipment	2 Inkonsistenzen in Bestandsdaten -> Fehl...
0004	Handlingunit Abwickl		☐	S	Kundenequipment	2 Inkonsistenzen in Bestandsdaten -> Fehl...
0005	Einkauf		☐	S	Kundenequipment	2 Inkonsistenzen in Bestandsdaten -> Fehl...
GG00	Serial-Nr. in SD 1		☐	G	Equipmenttyp (IS...	Keine Bestandsverprobung
GG01	Serial-Nr. in SD 2		☐	G	Equipmenttyp (IS...	Keine Bestandsverprobung
SPL	Handlingunit Abwickl		☐			Keine Bestandsverprobung
Z001	durchgängige SerNr.		☐	S	Kundenequipment	1 Inkonsistenzen in Bestandsdaten -> Warn...

Abbildung 4.70 Customizing der Serialnummernprofile (Transaktion OIS2)

- **Existenzpflicht für Serialnummern (ExistPfl.)**
  Hier wird festgelegt, ob die Serialnummer vor der Verwendung in einem betriebswirtschaftlichen Vorgang (z. B. einem Kundenauftrag, einer Lieferung oder einer Retoure) bereits vorhanden sein muss. Ist dies nicht der Fall, kann die Serialnummer während der verschiedenen Vorgänge (z. B. während der Auftragserfassung) angelegt werden. Unser Profil **Z001** ist so eingestellt, dass die Serialnummer nicht vorhanden sein muss.

- **Bestandsverprobung (BstVp)**
  Über diese Prüfung wird festgelegt, ob der Bestand bei der Durchführung einer Warenbewegung geprüft wird. Befindet sich ein bestimmtes Gerät z. B. beim Kunden, kann dafür kein Warenausgang aus dem Lager gebucht werden. Die möglichen Reaktionen bei der Bestandsverprobung sind:
  - keine Reaktion (keine Bestandsverprobung)
  - Warnmeldung
  - Fehlermeldung

  Eine Warnmeldung kann vom Anwender übergangen werden. Eine Fehlermeldung führt dazu, dass dieser Vorgang nicht durchgeführt werden kann. Im Profil **Z001** wurde der Wert **1** (Warnmeldung) eingestellt.

Definition erlaubter Vorgänge

Außerdem werden im Customizing für jedes Serialnummernprofil die erlaubten Vorgänge definiert. In Abbildung 4.71 haben wir die Vorgänge **MMSL** (**Warenein- und ausgangsbeleg pflegen**), **SDAU** (**Serialnummern im SD-Auftrag**) und **SDLS** (**Lieferung pflegen**) zu unserem Profil **Z001** markiert. Die Einstellungen zu diesen Vorgängen werden im Folgenden erklärt.

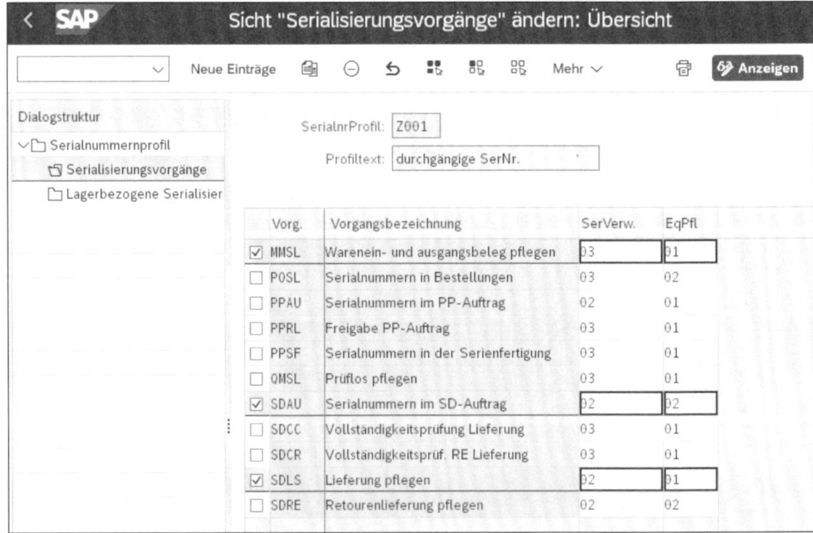

Abbildung 4.71 Customizing der Vorgänge zum Serialnummernprofil Z001 (Transaktion OIS2)

Grundsätzlich wird für jeden zugeordneten Vorgang Folgendes eingestellt:

- **Serialnummernverwaltung (SerVerw.)**
  In dieser Option wird festgelegt, ob innerhalb dieses Vorgangs eine Serialnummernvergabe stattfindet. Folgende Auswahlmöglichkeiten stehen zur Verfügung:

- keine Serialnummernvergabe (Option **01**)
- Serialnummernvergabe kann erfolgen (Option **02**)
- Serialnummernvergabe muss erfolgen (Option **03**)
- Serialnummernvergabe wird durch das System automatisch durchgeführt (Option **04**)

Für unser Beispiel gilt, dass bei der Auftragserfassung (**SDAU**) der Anwender die Serialnummern vorgeben kann (**SerVerw.** = **02**). Bei der Erstellung der Lieferung zum Auftrag (**SDLS**) besteht ebenfalls die Möglichkeit, die Serialnummernvergabe vorzunehmen (**SerVerw.** = **02**). Spätestens vor der Warenausgangsbuchung der Lieferung (**MMSL**) muss die Serialnummernvergabe erfolgen (**SerVerw.** = **03**). Sie sehen auch, dass im Vorgang **PPRL** (Freigabe PP-Auftrag) die Vergabe obligatorisch ist. Ein Fertigungsauftrag kann also nur freigegeben werden, wenn vorher die Serialnummern der Produkte, die gefertigt werden, festgelegt wurden. Besonders dieser Aspekt wird uns im Beispiel in Kapitel 20, »Vorplanung ohne Endmontage«, wieder begegnen.

- **Equipmentpflicht (EqPfl)**
  Hier wird eingestellt, ob mit der Vergabe der Serialnummer automatisch der Serialnummernstammsatz um einen Equipmentstammsatz in der Instandhaltungskomponente erweitert werden soll.

Serialnummer und Equipmentstammsatz

Mit der letzten Option, dem Zusammenhang zwischen Serialnummer und Equipment, wollen wir uns näher beschäftigen. Die Serialnummer identifiziert ein Objekt nur zusammen mit einer Materialnummer eindeutig. Mit dem Anlegen einer Serialnummer über einen Vorgang wird ein Serialnummernstammsatz im System erzeugt. Dieser Stammsatz kann anschließend durch einen Anwender manuell zu einem Equipmentstammsatz erweitert werden. Für ein solches Equipment können dann in der Instandhaltungskomponente eine Wartungsplanung und eine Durchführung der Wartung über Instandhaltungsaufträge erfolgen. Abhängig von unserer Customizing-Einstellung zur Equipmentpflicht im Serialnummernprofil kann der Equipmentstammsatz auch automatisch im System angelegt werden. Abbildung 4.72 zeigt den Zusammenhang zwischen den Objekten *Materialstamm*, *Serialnummer* und *Equipment*.

Hier sehen Sie, dass zu jeder Kombination aus Materialnummer und Serialnummer ein Equipmentstammsatz mit einer eindeutigen Nummer angelegt werden kann. Ein Equipmentstammsatz repräsentiert genau *ein* Objekt und damit *ein* physisches Einzelstück. Auf der anderen Seite kann ein Equipmentstammsatz auch ohne Serialnummerndaten angelegt und verwendet werden.

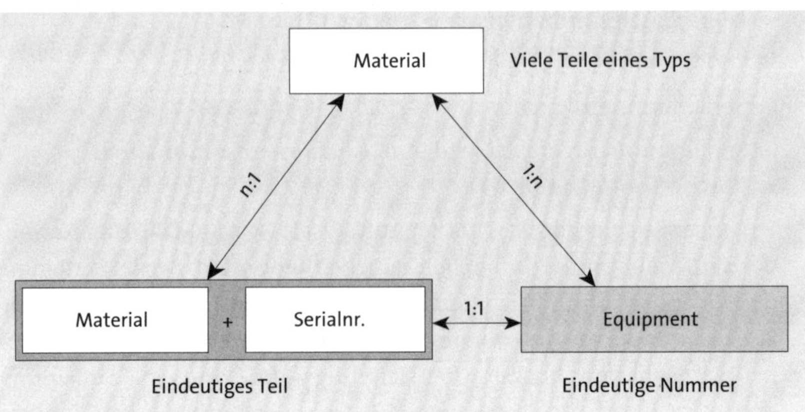

Abbildung 4.72 Zusammenhang zwischen Materialnummer, Serialnummer und Equipment

Lediglich die Integration in die Materialwirtschaft und in den Vertrieb ist dann nicht gegeben. Die Serialnummer wird also verwendet, um den Objektstammsatz in die Logistik zu integrieren.

Serialnummernstammsatz

Kommen wir jetzt zu den Informationen, die in einem Serialnummernstammsatz enthalten sind. Der Serialnummernstammsatz enthält folgende Teilbereiche:

- Logistikinformationen
- Partnerinformationen
- Garantieinformationen
- Statusinformationen

Logistikinformationen

Innerhalb der Logistikinformationen werden vor allem Informationen über den aktuellen Ort und Zustand des Einzelstücks mit dieser Serialnummer festgehalten. Falls sich das Objekt noch im Lager befindet, erkennt man hier, in welchem Werk und an welchem Lagerort das Gerät eingelagert ist. Falls es schon einem Kundenauftrag zugeordnet wurde, ist auch dies hier erkennbar. Über die Schaltfläche **Historie** können alle logistischen Belege zu dieser Serialnummer aufgerufen werden. Abbildung 4.73 zeigt uns die Logistikdaten (**Ser.daten**) zum Serialnummernstammsatz des Materials SE1200 mit der Serialnummer (**Letzte SerNr.**) **6**.

Partnerinformationen

Im Serialnummernstammsatz können verschiedene Partnerinformationen hinterlegt werden. Dies sind beispielsweise der aktuelle Kunde, der Lieferant und der Auftraggeber. Die Felder werden zum Teil automatisch bei Materialbuchungen gefüllt.

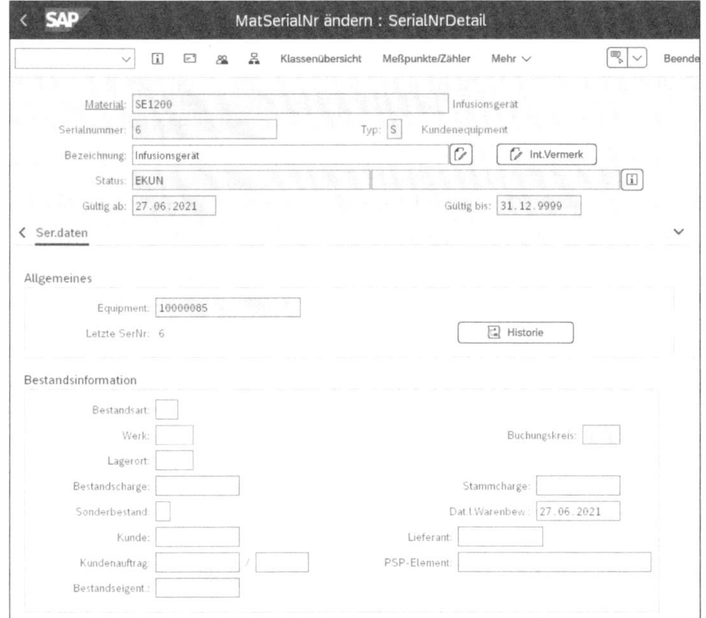

Abbildung 4.73 Serialnummernstammsatz zum Material SE1200 mit der Serialnummer 6 (Transaktion IQ02)

Zum Beispiel wird bei der Warenausgangsbuchung in der Lieferung (siehe Kapitel 8, »Terminauftragsabwicklung«) der aktuelle Warenempfänger den Serialnummernstammsatz automatisch in das Feld **Kunde** übertragen. Auf dem Partnerbild (siehe Abbildung 4.74) können zusätzlich noch beliebige weitere Partner eingetragen werden (z. B. der Verkäufer oder der Key Accounter).

Abbildung 4.74 Serialnummernstammsatz mit Partnerinformationen (Transaktion IQ02)

In unserem Beispiel sehen Sie die Partnerinformationen zu unserem **Material SE1200** mit der **Serialnummer 6**. Sie sehen, dass sich das Material derzeit beim Kunden befindet. Über den Status wird zum einen der aktuelle Zustand der Serialnummer dokumentiert, zum anderen wird damit die Verwendbarkeit gesteuert. Eine Serialnummer, die sich zurzeit beim Kunden befindet, besitzt den Status **EKUN**. Damit kann sie z. B. nicht erneut in eine Auslieferung eingebunden werden.

Wenn sich das Material noch in unserem Lager befindet, ist noch kein Partner eingetragen. In Kapitel 20, »Vorplanung ohne Endmontage«, werden Sie sehen, wie die Informationen im Partnerbild durch logistische Prozesse verändert werden.

Garantieinformationen

In den Garantieinformationen kann hinterlegt werden, innerhalb welches Zeitraumes eine Garantie gewährt wird. Um die Garantiebedingungen exakter zu beschreiben, kann eine *Mustergarantie* hinterlegt werden, die weitere Details enthält. Außerdem wird über den Prüfungsstatus angezeigt, ob zum aktuellen Zeitpunkt noch Garantie besteht.

Serialnummern in Hierarchien einbinden

Serialnummern können auch in Hierarchien eingebunden werden. So können z. B. mehrere Einzelstücke mit jeweils einer Serialnummer in einer Installation eingesetzt werden. Die Garantie der eingebauten Serialnummern bestimmt sich aus den Garantiedaten der Installation. Dann kann über die Schaltfläche **Garantie erben** die Garantieinformation aus der übergeordneten Installation übernommen werden und braucht nicht für jede einzelne Serialnummer separat gepflegt zu werden. In Abbildung 4.75 sehen Sie die Garantieinformationen zu unserem **Material SE1200** mit der **Serialnummer 6**.

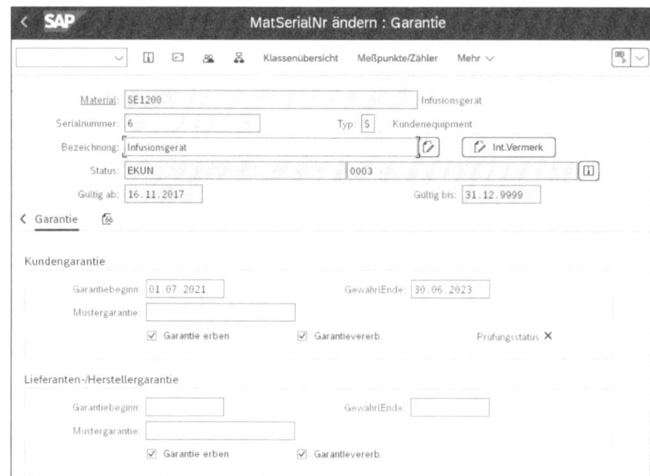

Abbildung 4.75 Serialnummernstammsatz mit Garantieinformationen (Transaktion IQ02)

Statusinformationen

In Abbildung 4.76 sehen Sie den Systemstatus für den Serialnummernstammsatz.

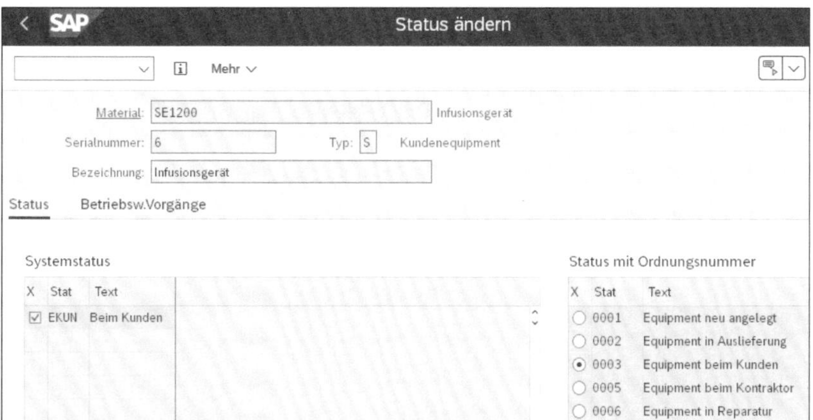

Abbildung 4.76 Serialnummernstammsatz mit Statusinformationen (Transaktion IQ02)

Unser Material **SE1200** mit der Serialnummer **6** hat derzeit den Status **EKUN** (es befindet sich also beim Kunden). Der Systemstatus wird vom System automatisch fortgeschrieben. Des Weiteren besteht die Möglichkeit, einen Anwenderstatus zu vergeben. Dieser kann im Customizing frei definiert werden und sowohl manuell als auch automatisch durch Vorgänge gesetzt werden. Es kann auch mehr als ein Status gleichzeitig gültig sein. Für einen Status wiederum ist hinterlegt, welche Vorgänge durch ihn erlaubt oder verboten sind.

Kapitel 5
Spezielle Vertriebsfunktionen

In diesem Kapitel gehen wir auf einige spezielle Komponenten im SAP-Sales-Umfeld ein. Diese Funktionen werden in der Praxis mal mehr und mal weniger genutzt. Zusammen mit den in Kapitel 4 beschriebenen grundlegenden Vertriebsfunktionen geben sie einen fast vollständigen Überblick über die gesamte Palette des SAP-Vertriebsumfelds.

Nahezu jedes Unternehmen, das SAP S/4HANA Sales im Einsatz hat, nutzt auch die Preis- und Nachrichtenfindung, die wir in Kapitel 4, »Grundlegende Vertriebsfunktionen«, ausführlich beschrieben haben. Dieses Kapitel geht einen Schritt weiter und beschreibt anhand von betriebswirtschaftlichen Grundlagen und Systembeispielen spezielle Funktionen wie die Materialfindung, die Materiallistung und den Materialausschluss. Weitergehend werden die Themen dynamischer Produktvorschlag und das immer häufiger genutzte Kreditmanagement sowie die Bonusabwicklung beleuchtet. Zum Abschluss unserer Betrachtung der speziellen Vertriebsfunktionen beschreiben wir die Nutzung der Vertriebsstücklisten und die für SAP S/4HANA neu entwickelten dynamischen Workflows.

5.1 Materialfindung

Mithilfe der *Materialfindung* können die während der Auftragserfassung eingegebenen Materialien durch Substitutionsmaterialien ersetzt werden. Dabei ersetzt das *Substitutionsmaterial* das bei der Auftragserfassung ursprünglich eingegebene Material. Dieser Vorgang ist auch als Materialsubstitution bekannt. Diese Substitution kann vollkommen automatisch erfolgen, dem Anwender kann während der Auftragserfassung aber auch ein Substitutionsvorschlag unterbreitet werden. Die Materialfindung wird z. B. im Fall von Auslaufmaterialien oder Sonderaktionen eingesetzt.

5.1.1 Betriebswirtschaftliche Grundlagen

Anwendungen der Materialfindung

Die Materialfindung ermöglicht die Substitution eines Materials während der Auftragserfassung. Eingesetzt wird die Materialfindung besonders häufig zur Substitution von Auslaufmaterialien durch aktuelle Artikel. Die Materialfindung ermöglicht dem Anwender, einen Auftrag mit der alten Materialnummer zu erfassen. Gründe dafür können sein, dass dem Anwender die aktuelle Materialnummer noch nicht geläufig ist oder der Kunde noch unter der alten Materialnummer bestellt.

Eine weitere Anwendung der Materialfindung ist das saisonale Ersetzen eines Artikels z. B. während der Weihnachts- oder Urlaubszeit durch einen gleichartigen Artikel mit besonders werbewirksamer Verpackung.

Kunden-Material-Infosatz

Manche Kunden bestellen Ware mit einer kundeneigenen Materialnummer. Diese kann allerdings für den internen Ablauf nicht verwendet werden, da sie z. B. im Lager nicht bekannt ist oder auch für die Preisfindung nicht verwendet werden kann. In solchen Fällen kann mit sogenannten *Kunden-Material-Infosätzen* oder mit der Materialfindung gearbeitet werden. Bei Verwendung der Kunden-Material-Infosätze wird sowohl die kundenspezifische Materialnummer und -bezeichnung als auch die eigene Nummer im Kundenauftrag angezeigt. Mithilfe der Materialfindung kann die kundenspezifische Artikelnummer durch die eigene Materialnummer ersetzt werden. Ähnlich ist es mit der Substitution von Positionen, in denen eine europäische Artikelnummer (EAN-Nummer) erfasst wurde. Die *EAN-Nummer* wird automatisch durch die eigene Artikelnummer ersetzt.

Durch die Materialfindung wird die Auftragserfassung für den Anwender vereinfacht. Er muss die Materialnummer des Substitutionsmaterials nicht kennen, sondern kann den Auftrag unter der Artikelnummer des Kunden erfassen.

5.1.2 Materialfindung in SAP S/4HANA

Manuelle Materialfindung

Die Materialfindung im Verkaufsbeleg kann manuell oder automatisch erfolgen. Bei der *manuellen Materialfindung* wird dem Anwender ein Fenster mit einem oder mehreren Substitutionsmaterialien angezeigt. Der Anwender kann daraufhin ein Substitutionsmaterial auswählen. Wird bei der manuellen Materialfindung die Substitution unter Berücksichtigung der Verfügbarkeitsprüfung nach ATP-Logik (siehe Abschnitt 4.1, »Verfügbarkeitsprüfung«) durchgeführt, wird für jedes Alternativmaterial zusätzlich die zum Wunschliefertermin verfügbare Menge ausgegeben.

Automatische Materialfindung

Bei der *automatischen Materialfindung* läuft die Substitution für den Anwender unsichtbar im Hintergrund. Besteht ein gültiger Konditionssatz, in dem einem Material Alternativmaterialien zugeordnet sind, dann wird die Substitution automatisch ausgeführt. Bei der automatischen Materialfindung wird für die Alternativmaterialien immer eine Verfügbarkeitsprüfung nach ATP-Logik durchgeführt. Das Originalmaterial wird im Verkaufsbeleg automatisch unter Berücksichtigung der im Konditionssatz festgelegten Priorität der Alternativmaterialien und deren Verfügbarkeit ersetzt.

Automatische Produktselektion

Eine Variante der automatischen Materialfindung ist die *automatische Produktselektion*. Dabei wird das eingegebene Material nicht ersetzt, vielmehr legt das System Unterpositionen zu der erfassten Position an. Dies eröffnet weitere Gestaltungsspielräume gegenüber der automatischen Materialfindung. So kann im Customizing festgelegt werden, ob z. B. Preise auf Ebene der übergeordneten Position oder auf Ebene der Unterposition vergeben werden sollen. Die automatische Produktselektion kann auch im Lieferbeleg erneut durchgeführt werden. Hat sich die Verfügbarkeit der Substitutionsmaterialien verändert, wird diesem Umstand damit Rechnung getragen. Die Verwendung der Alternativmaterialien erfolgt nach der im Konditionssatz festgelegten Reihenfolge und der Verfügbarkeit der Substitutionsmaterialien zum Wunschliefertermin.

Konditionssatz

Damit ein Material ersetzt werden kann, muss ein *Konditionssatz* vorhanden sein. In diesem Konditionssatz werden einem Material ein oder mehrere Alternativmaterialien und ein Substitutionsgrund zugeordnet. Letzterer steuert unter anderem, ob die Substitution manuell oder automatisch erfolgt. Werden einem Material mehrere Substitutionsmaterialien zugeordnet, gibt die Reihenfolge die Priorität der Materialien vor. Wird die Substitution mit ATP-Prüfung durchgeführt, ist es unter Umständen auch sinnvoll, das Originalmaterial als erstes Alternativmaterial zu erfassen. Das Material wird dann nur substituiert, wenn der verfügbare Bestand nicht ausreicht, um den Bedarf zu decken. Dies ist häufig bei Auslaufmaterialien der Fall, wenn zunächst der Bestand des alten Materials abverkauft werden soll.

Für die automatische Produktselektion kann eines der Substitutionsmaterialien mit dem Kennzeichen **DispoMat** (Dispositionskennzeichen) versehen werden. Im Fall einer Bedarfsunterdeckung wird für dieses Material eine Unterposition erzeugt und der Bedarf an die Disposition übergeleitet.

Für jeden Konditionssatz muss ein Gültigkeitszeitraum angegeben werden. Dadurch kann der Zeitraum der Substitution begrenzt werden.

5.1.3 Elemente der Materialfindung

Konditionstechnik

Im vorherigen Abschnitt haben Sie erfahren, dass die Materialfindung über Konditionssätze abgebildet wird. Konditionssätze sind Elemente der Konditionstechnik, die Sie unter anderem bei der Preis- und der Nachrichtenfindung (siehe Abschnitt 4.3, »Preisfindung«, und Abschnitt 4.4, »Nachrichtenfindung«) kennengelernt haben. Die Materialfindung erfolgt also ebenfalls mithilfe der *Konditionstechnik*. Hier hat sich in SAP S/4HANA nichts geändert. Das Vorgehen ist das gleiche, wie es aus dem klassischen SAP-ERP-System bekannt ist.

Schemazuordnung

Die Materialfindung wird je Verkaufsbelegart aktiviert, indem den relevanten Verkaufsbelegarten im Customizing ein Schema für die Materialfindung zugeordnet wird. Abbildung 5.1 zeigt die Zuordnung der Materialfindungsschemata zu den Verkaufsbelegarten. Der Verkaufsbelegart **TA** wurde das Findungsschema **A00001** zugeordnet.

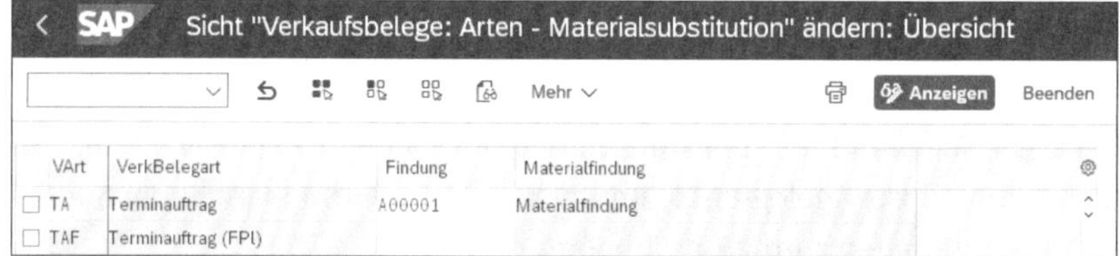

Abbildung 5.1 Schemaermittlung im Customizing der Materialfindung (Transaktion OV14)

Schema

Das Schema enthält eine oder mehrere Konditionsarten. Die Anwendung der Konditionsarten kann über Bedingungen eingeschränkt werden. Abbildung 5.2 zeigt ein Materialfindungsschema mit der Konditionsart **A001**.

Abbildung 5.2 Customizing eines Materialfindungsschemas (Transaktion SPRO • Voraussetzungen für die Materialfindung pflegen)

Konditionsart

Jeder *Konditionsart* ist eine Zugriffsfolge mit einer oder mehreren Konditionstabellen zugeordnet. Die Zugriffsfolgen enthalten die Zugriffsfelder.

Jeder Konditionssatz muss mit einem Gültigkeitsintervall versehen sein. Beim Customizing der Konditionsart kann festgelegt werden, welche Vorschlagswerte beim Erfassen des Konditionssatzes angeboten werden. Abbildung 5.3 zeigt das Customizing der Konditionsart **A001** mit der zugeordneten Zugriffsfolge **A001**.

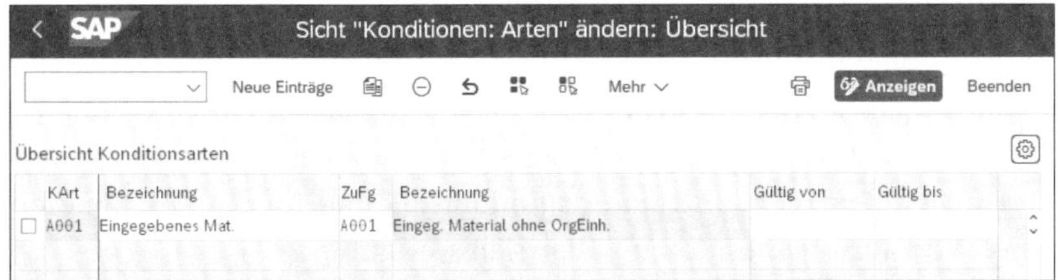

Abbildung 5.3 Customizing einer Konditionsart für Materialfindung (Transaktion SPRO • Voraussetzungen für die Materialfindung pflegen)

Als Vorschlagswert für den Wert **Gültig von** stehen folgende Optionen zur Auswahl:

- kein Vorschlag
- erster Tag der Woche
- erster Tag des Monats
- erster Tag des Jahres

Als Vorschlagswert für den Wert **Gültig bis** stehen folgende Optionen zur Verfügung:

- kein Vorschlag
- Tagesdatum
- Ende des laufenden Monats
- Ende des laufenden Jahres
- Vorbelegung mit dem Datum 31.12.9999

Darüber hinaus verfügt die Konditionsart über keine weiteren Steuerungsparameter.

Der Eintrag »Blank« (leeres Feld) im Feld **Gültig von** bewirkt, dass der Gültigkeitszeitraum beim Erfassen eines Konditionssatzes mit dem Tagesdatum vorbelegt wird. Der Eintrag »Blank« im Feld **Gültig bis** bewirkt, dass der Gültigkeitszeitraum mit dem Datum 31.12.9999 vorbelegt wird.

Zugriffsfolge

Der Konditionsart wird eine *Zugriffsfolge* zugeordnet. In Abbildung 5.3 haben Sie gesehen, dass der Konditionsart **A001** in der Spalte **KArt** die Zugriffsfolge **A001** in der Spalte **ZuFg** zugeordnet ist. Über die Zugriffsfolge wird die Ermittlung eines Konditionssatzes gesteuert. Jede Zugriffsfolge kann aus mehreren Zugriffen bestehen. Jeder Zugriff besteht aus einer Konditionstabelle.

Ein Beispiel für eine Zugriffsfolge in der Materialfindung könnte wie folgt aussehen:

1. **Zugriff »Verkaufsorganisation, Vertriebsweg, Eingegebenes Material«**
   Hinter diesem Zugriff steht eine Konditionstabelle mit den Feldern **Verkaufsorganisation**, **Vertriebsweg** und **Eingegebene Materialnummer**. Über Konditionssätze, die zu dieser Schlüsselkombination angelegt werden, definiert man eine Materialfindung, die nur für die Kombination aus Verkaufsorganisation und Vertriebsweg gültig ist.
2. **Zugriff »Eingegebenes Material«**
   Hinter diesem Zugriff steht eine Konditionstabelle mit dem Feld **Eingegebene Materialnummer**. Über Konditionssätze mit diesem Schlüssel definiert man eine Materialfindung unabhängig von der Verkaufsorganisation, in der der Auftrag erfasst wird. Vielmehr ist diese Materialfindung ausschließlich vom erfassten Material abhängig.

Konditionssätze

Das System prüft zunächst, ob ein Konditionssatz mit den Feldern **Verkaufsorganisation**, **Vertriebsweg** und **Eingegebenes Material** angelegt wurde. Ist dies der Fall, wird das zugeordnete Substitutionsmaterial in den Vertriebsbeleg eingestellt oder bei einer manuellen Materialfindung als Substitutionsmaterial vorgeschlagen. Wenn beim ersten Zugriff kein gültiger Konditionssatz ermittelt wird, prüft das System, ob ein Satz mit dem Schlüssel **Eingegebenes Material** definiert wurde.

Substitutionsgrund

Über den *Substitutionsgrund* (siehe Abbildung 5.4) wird gesteuert, wie das System die Materialfindung durchführt. So wird über einen Eintrag im Feld **Eingabe** z. B. festgelegt, dass auf Formularen wie Auftragsbestätigungen und Lieferscheinen Materialnummer und -text des eingegebenen Materials gedruckt werden und nicht die Daten des Substitutionsmaterials verwendet werden.

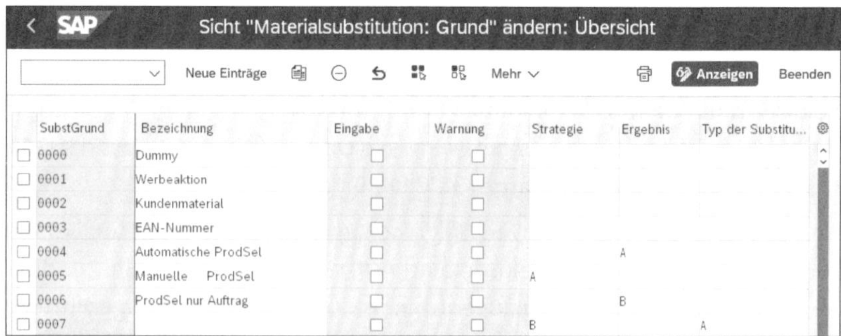

SubstGrund	Bezeichnung	Eingabe	Warnung	Strategie	Ergebnis	Typ der Substitu...
0000	Dummy	☐	☐			
0001	Werbeaktion	☐	☐			
0002	Kundenmaterial	☐	☐			
0003	EAN-Nummer	☐	☐			
0004	Automatische ProdSel	☐	☐		A	
0005	Manuelle ProdSel	☐	☐	A		
0006	ProdSel nur Auftrag	☐	☐		B	
0007		☐	☐	B		A

Abbildung 5.4 Customizing der Substitutionsgründe (Transaktion OVRQ)

Soll dem Anwender während der Verkaufsbelegbearbeitung in der Statusleiste eine Warnung angezeigt werden, die ihn auf die Substitution hinweist, wird das ebenfalls im Substitutionsgrund hinterlegt (Spalte **Warnung** in Abbildung 5.4). Im Fall der automatischen Produktselektion darf allerdings keine Warnung ausgegeben werden, da sie sonst nicht durchgeführt werden kann!

Substitutionsstrategie

Über die **Strategie** wird festgelegt, ob die Materialfindung manuell oder automatisch erfolgen soll. Für die manuelle Materialfindung besteht die Option, sie auf Grundlage einer Verfügbarkeitsprüfung nach ATP-Logik durchzuführen. Die automatische Materialfindung wird im Hintergrund durchgeführt. Dabei wird für die Substitutionsmaterialien immer eine Verfügbarkeitsprüfung nach ATP-Logik durchgeführt, d. h., ein Originalmaterial wird im Verkaufsbeleg durch die im Konditionssatz zugeordneten Alternativmaterialien automatisch nach deren Priorität und Verfügbarkeit zum Wunschliefertermin ersetzt.

Substitutionsergebnis

Folgende Substitutionsergebnisse können eingestellt werden (siehe Spalte **Ergebnis** in Abbildung 5.4):

- Die Position wird ausgetauscht (Option **Blank**). Dies geschieht bei der automatischen und bei der manuellen Materialfindung.
- Es werden Unterpositionen angelegt (Option **A**), und die Materialfindung wird im Lieferbeleg erneut durchgeführt. Dies geschieht bei der automatischen Produktselektion.
- Es werden Unterpositionen angelegt (Option **B**), die Materialfindung wird jedoch nur im Auftrag durchgeführt. Die Positionen werden in die Lieferung kopiert. Dies geschieht bei der automatischen Produktselektion, die nur im Auftrag ausgeführt werden soll.

5.1.4 Beispiel für die manuelle Materialfindung

Manuelle Materialfindung

Im folgenden Beispiel wird die manuelle Materialfindung in einem Kundenauftrag gezeigt. Als Beispielfirma dient uns dabei die Abteilung Ersatzteilservice eines Computerherstellers. Aufgabe unserer Sachbearbeiterin ist die Erfassung von Ersatzteilaufträgen. Bei Netzteilen für die Stromversorgung von Laptopgeräten gibt es die Möglichkeit, dem Kunden das standardmäßig vorgesehene Netzteil zu liefern oder auf andere, inzwischen verbesserte Geräte mit höherem Preis zurückzugreifen. Unsere Sachbearbeiterin verwendet dabei folgende Materialstämme:

- Materialnummer NT100: Netzteil NT100 (Standard)
- Materialnummer NT200: Netzteil NT200 (verbessertes Gerät mit höherem Preis)
- Materialnummer NT300: Netzteil NT300 (das neueste Gerät aus unserem Programm)

Ihr Ziel ist es, bei der Auftragserfassung zunächst die Nummer des Standardgeräts zu erfassen. Das System soll ihr dann die Geräte vorschlagen, die als Alternative infrage kommen. Dazu geht sie wie folgt vor:

1. Erfassen eines Konditionssatzes für die Materialfindung
2. Erfassen eines Kundenauftrags mit dem Material NT100
3. Auswahl aus den Substitutionsvorschlägen
4. Sichern des Auftrags

Schritt 1: Konditionssatz für Materialfindung anlegen

Zunächst legt unsere Sachbearbeiterin einen Konditionssatz für die Materialfindung unseres Standardmaterials NT100 an. Dabei werden die Materialien NT200 und NT300 als Substitutionsmaterialien festgelegt. Da unter Umständen auch das Standardgerät geliefert werden soll, wird dieses als erstes Substitutionsmaterial erfasst. In Abbildung 5.5 sehen Sie den Konditionssatz für die manuelle Materialfindung für unser Material **NT100**.

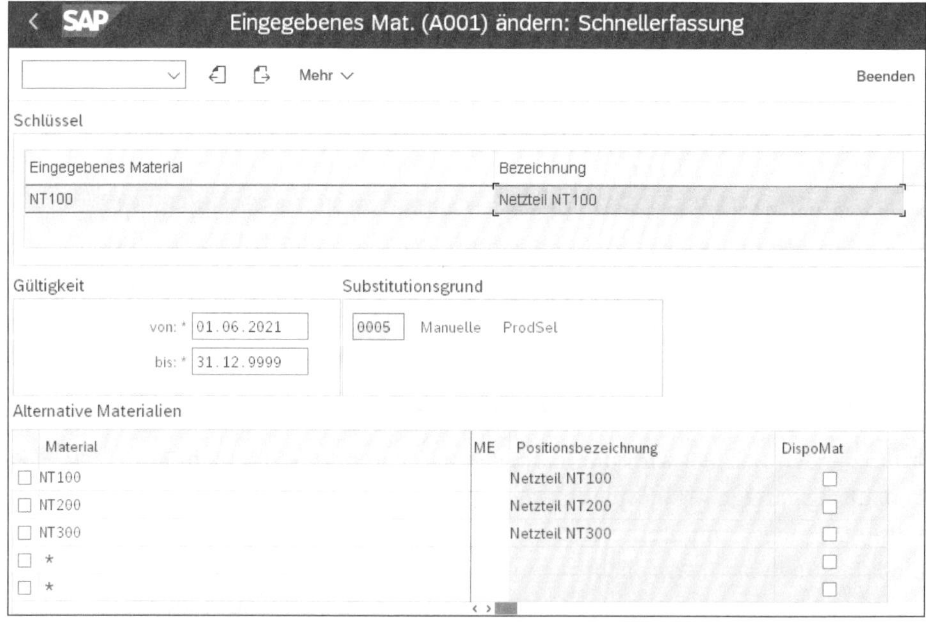

Abbildung 5.5 Konditionssatz für die Materialfindung (Transaktion VB12)

Hier wird auch deutlich, dass als Substitutionsgrund die Option **0005** (manuelle Produktselektion) ausgewählt wurde. Darüber wird gesteuert, dass die Auswahl der Produkte nicht automatisch, sondern durch den Anwender bei der Auftragserfassung erfolgt. Für den Gültigkeitszeitraum sind gemäß den Einstellungen im Customizing entsprechende Daten vorbelegt worden (siehe Erläuterung zu Abbildung 5.3). Diese können vom Anwender geändert werden.

Schritt 2: Kundenauftrag erfassen

Im zweiten Schritt erfasst unsere Sachbearbeiterin jetzt einen Kundenauftrag mit dem Standardmaterial **NT100**. Abbildung 5.6 zeigt den Einstieg in die Auftragserfassung.

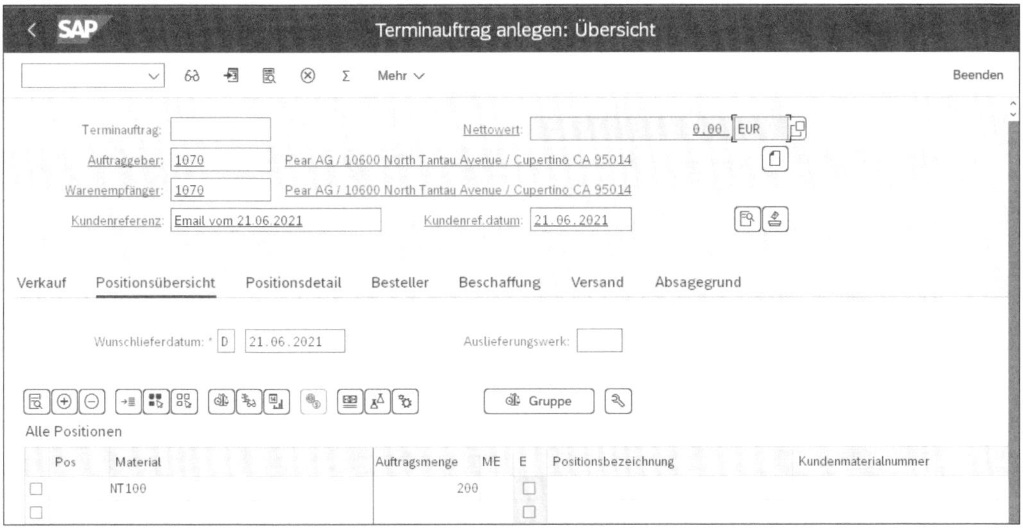

Abbildung 5.6 Erfassung des Kundenauftrags für das Material NT100 (Transaktion VA01)

Schritt 3: Substitutionsmaterialien auswählen

Nach der Erfassung der Position mit dem Material Standardnetzteil NT100 schlägt das System die Substitutionsmaterialien vor. Dabei sieht die Sachbearbeiterin neben der Materialnummer auch die verfügbare Menge der jeweiligen Materialien. Sie trifft in unserem Beispiel die Entscheidung für das Material **NT300**. In Abbildung 5.7 erkennen Sie dies daran, dass die Zeile mit diesem Material markiert wurde.

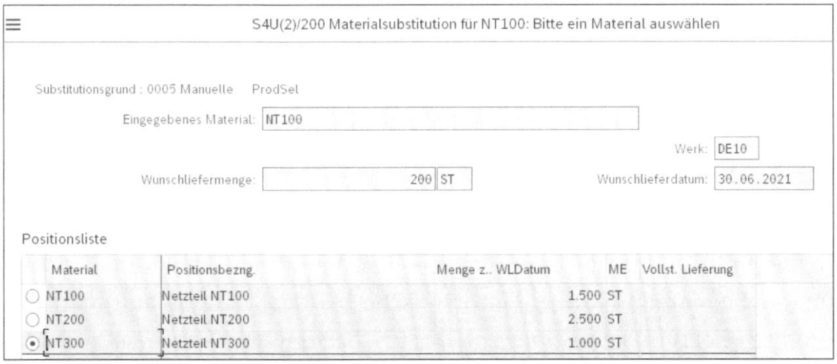

Abbildung 5.7 Auswahl der Substitutionsmaterialien beim Erfassen des Kundenauftrags (Transaktion VA01)

Schritt 4: Auftrag sichern

Nach der Auswahl des entsprechenden Substitutionsmaterials wird diese Position in den Auftrag übernommen und der Auftrag 30000104 im System angelegt. In Abbildung 5.8 wird deutlich, dass in der Auftragsposition **10** nur das Material **NT300** enthalten ist. Das ursprünglich erfasste Material wurde ersetzt. Allerdings erhalten wir auch eine Information über die Materialnummer, die ursprünglich im Auftrag erfasst wurde. Dies ist die Materialnummer **NT100** in der Spalte **Eingeg. Material** (siehe Abbildung 5.8).

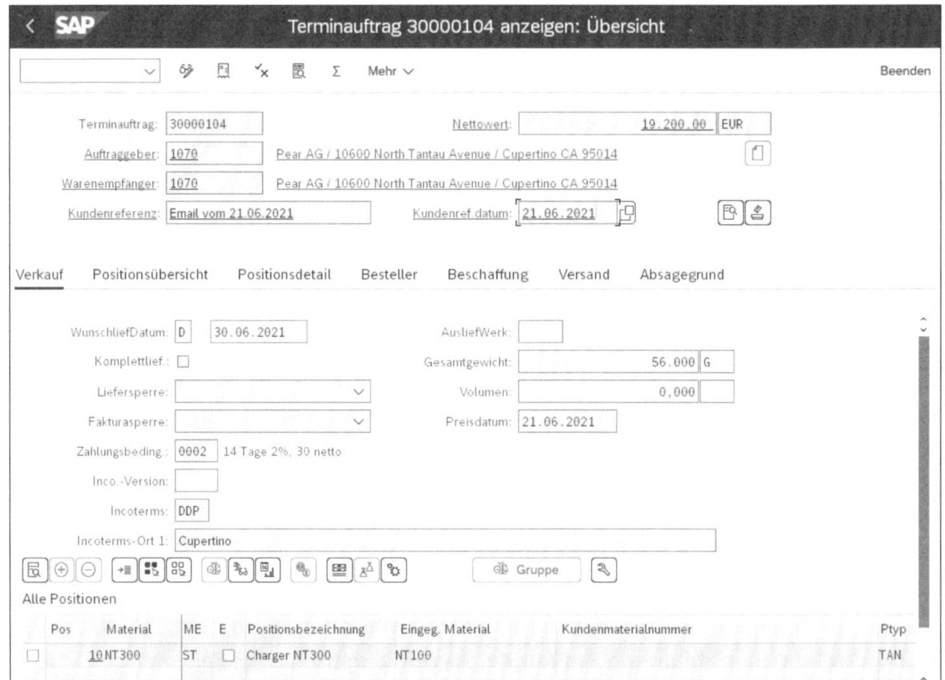

Abbildung 5.8 Kundenauftrag anzeigen (Transaktion VA03)

Der Prozess wird durch die Erstellung eines Lieferbelegs und durch eine Kundenfaktura abgeschlossen. Den kompletten Ablauf einer Auftragsbearbeitung beschreiben wir in Kapitel 8, »Terminauftragsabwicklung«.

5.1.5 Beispiel für die automatische Produktselektion

In Abschnitt 5.1.2 haben Sie unterschiedliche Verfahren der Materialfindung (manuelle Materialfindung, automatische Materialfindung, automatische Produktselektion) kennengelernt. Da sich die Strategie *Produktselektion* erheblich von den übrigen Optionen unterscheidet, wollen wir an dieser Stelle eine zweite Fallstudie betrachten.

Wir demonstrieren die *automatische Produktselektion* am Beispiel eines Getränkeherstellers. Dieser will sein Sortiment schrittweise von Glas- auf

Kunststoffflaschen (sogenannte PET-Flaschen) umstellen. Dabei sollen die vorhandenen Glasflaschen zuerst abverkauft werden, um das Lager zu räumen. Anschließend wird er seine Produkte nur noch in PET-Flaschen anbieten. Er beginnt die Umstellung bei dem Produkt Orangensaft. Dieser wird bislang über das Material FS2000 mit der Bezeichnung »Orangensaft 1-Liter-Glasflasche« verkauft. Dieser Materialstamm wird in Zukunft durch den neuen Materialstamm FS3000P abgelöst. Dieses Material trägt die Bezeichnung »Orangensaft 1-Liter-PET-Flasche«. Der Vertriebsinnendienst – zuständig für die Erfassung der Kundenaufträge der Händler – soll weitgehend entlastet werden. Die Vertriebsmitarbeiter verwenden deshalb weiterhin die Materialnummer FS2000. Das System soll dann so lange Glasflaschen liefern, bis der Restbestand aufgebraucht ist.

Begleiten wir unseren Getränkehersteller bei der Umstellung. Sie läuft in folgenden Schritten ab:

1. Anzeigen der vorhandenen Bestände an Glas- und PET-Flaschen
2. Anlegen eines Konditionssatzes für die Materialfindung
3. Erfassen eines Auftrags für die Materialnummer FS2000
4. Erfassen eines Lieferbelegs zu diesem Kundenauftrag

Schritt 1: Bestandsanzeige

Im ersten Schritt werfen wir also einen Blick auf die Bestände. Wir wollen das Beispiel einfach halten und gehen deshalb davon aus, dass derzeit keine weiteren geplanten Zu- und Abgänge im System vorhanden sind. Somit ist die gesamte Lagermenge auch verfügbar. In Abbildung 5.9 sehen Sie den Lagerbestand für beide Materialien. Es sind 1.000 Glasflaschen (Material **FS2000**) unseres Orangensafts im Werk **DE10** vorhanden. Für das Material **FS3000P** sehen Sie, dass der Bestand an neuen PET-Flaschen im Werk **DE10** (Hamburg) 10.000 Stück beträgt.

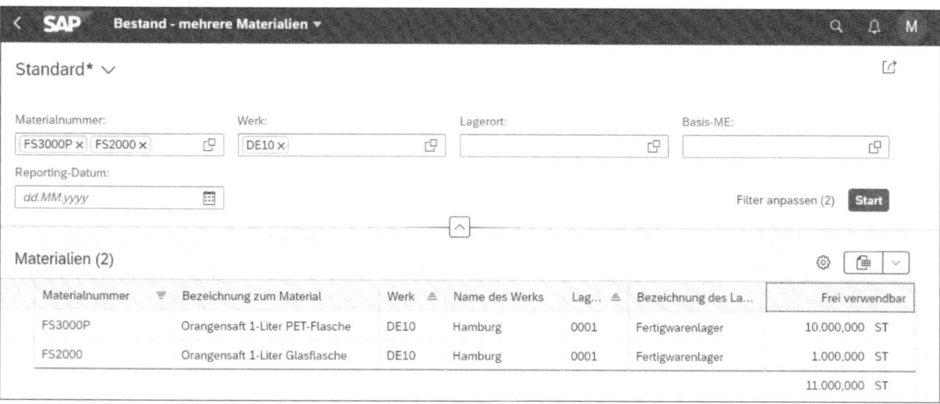

Abbildung 5.9 Bestandsanzeige für Materialien in Werk DE10 (SAP-Fiori-App »Bestand mehrere Materialien«)

Schritt 2: Konditionssatz anlegen

Ähnlich wie im Systembeispiel in Abschnitt 5.1.4, »Beispiel für die manuelle Materialfindung«, legen wir jetzt einen Konditionssatz für die Materialfindung bei dem Material FS2000 (Orangensaft 1-Liter-Glasflasche) an. Als erstes Substitutionsmaterial erfassen wir genau dieses Material (Materialnummer **FS2000**). Dies ist notwendig, da zunächst der vorhandene Bestand an alten Flaschen geräumt werden soll. Als zweite Position erfassen wir das Material **FS3000P** – unsere PET-Flaschen. Für die neuen PET-Flaschen aktivieren wir das Kennzeichen **DispoMat** (Dispositionskennzeichen). Dieses Kennzeichen bewirkt Folgendes: Kann der Auftragsbedarf nicht gedeckt werden, wird für die PET-Flaschen ein Bedarf an die Disposition übergeben. Dort wird dann die Beschaffung weiterer Flaschen ausgelöst. Abbildung 5.10 zeigt den Konditionssatz der Materialfindung.

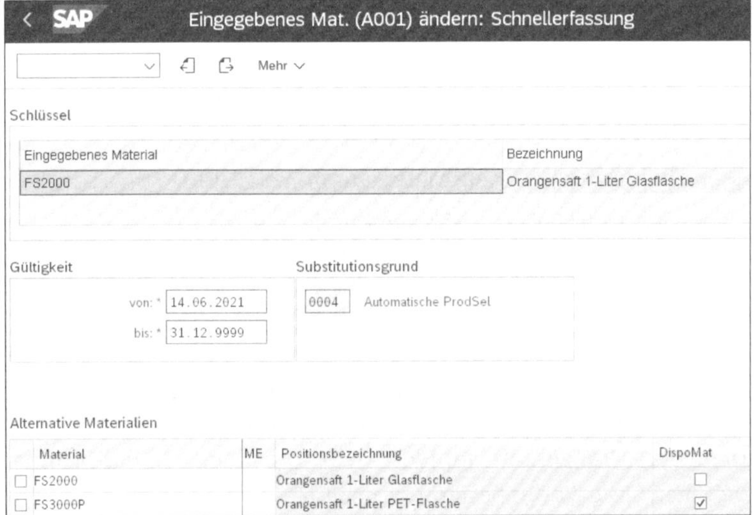

Abbildung 5.10 Konditionssatz zur Materialfindung für das Material FS2000 (Transaktion VB12)

Als **Substitutionsgrund** wählen wir jetzt (im Unterschied z. B. zum Vorgehen in Abschnitt 5.1.4) die Option **0004** (**Automatische ProdSel**). Damit ist die automatische Produktselektion gemeint. Diese führt dazu, dass im Kundenauftrag Unterpositionen mit den Substitutionsmaterialien angelegt werden. Im Customizing für diesen Substitutionsgrund wurde festgelegt, dass die Produktselektion im Auftrag sowie in der Lieferung stattfindet (siehe dazu erneut Abbildung 5.4). Die Produktselektion soll in der Lieferung erneut stattfinden, damit wir zu diesem Zeitpunkt auf zwischenzeitliche Veränderungen bei der Materialverfügbarkeit reagieren können.

Schritt 3: Auftrag erfassen

Kommen wir zur Auftragserfassung. Ähnlich wie im vorherigen Beispiel (siehe Abschnitt 5.1.4, »Beispiel für die manuelle Materialfindung«) erfasst der Vertriebsmitarbeiter eine Position mit dem Material **FS2000** (Orangensaft 1-Liter-Glasflaschen). Als Auftragsmenge gibt er 15.000 Stück an. Aus unserer Bestandsübersicht wissen wir, dass derzeit insgesamt 11.000 Glas- *und* PET-Flaschen verfügbar sind. In Abbildung 5.11 sehen Sie das Ergebnis der Verfügbarkeitsprüfung bei der Auftragserfassung.

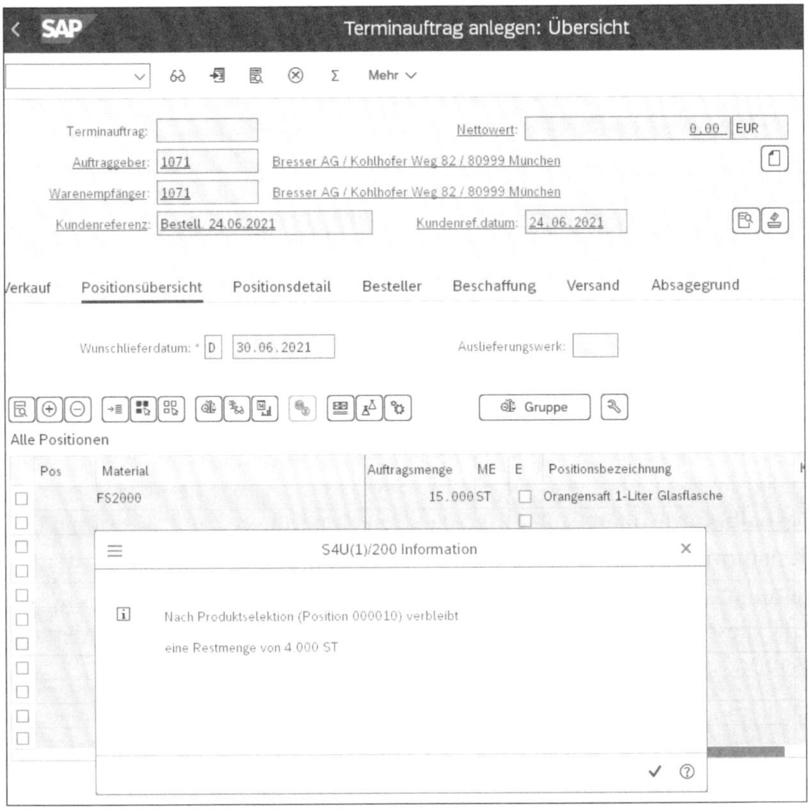

Abbildung 5.11 Verfügbarkeitsprüfung im Kundenauftrag (Transaktion VA01)

Das System gibt dem Mitarbeiter einen Hinweis, dass nicht die gesamte Auftragsmenge verfügbar ist. Nachdem er diese Meldung bestätigt hat, führt das System die Produktselektion automatisch durch. Dabei werden sogenannte *Unterpositionen* angelegt. Abbildung 5.12 zeigt die Positionsübersicht des Auftrags.

Die Materialien der in Abbildung 5.12 gezeigten Unterpositionen **20** und **30** werden gemäß der Reihenfolge im Konditionssatz (siehe erneut Abbildung 5.10) erzeugt. Zuerst wird eine Position mit dem auslaufenden Material **FS2000** angelegt. Das System versucht, die gesamte Auftragsmenge mit diesem Material abzudecken. In unserem Fall reichen die noch vorhandenen 1.000 Glasflaschen mit der Materialnummer **FS2000** jedoch nicht aus.

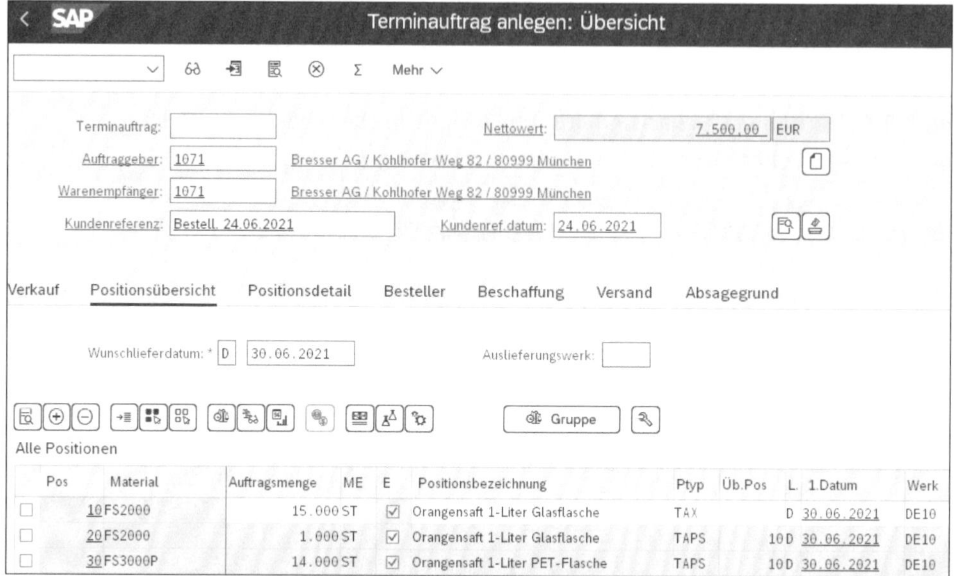

Abbildung 5.12 Positionsübersicht im Kundenauftrag nach Durchführung der automatischen Produktselektion (Transaktion VA01)

Deshalb wurde über die Produktselektion eine weitere Unterposition (Positionsnummer **30**) mit dem Material **FS3000P** angelegt. Jedoch auch der Bestand an PET-Flaschen reicht nicht aus, um die Auftragsmenge zu decken. Aus diesem Grund wird ein Bedarf von 4.000 Stück für das Material **FS3000P** an die Disposition übergeben.

Sie sehen, dass diese Systematik automatisch dazu führt, dass zunächst die alten Flaschen aus dem Lager entnommen werden, bevor die neuen PET-Flaschen geliefert werden. Es können entweder nur die Unterpositionen oder aber Haupt- und Unterpositionen in die Lieferung übernommen werden. Die Preisfindung kann entweder auf Ebene der Unterpositionen oder auf Ebene der Hauptposition erfolgen. Gesteuert wird das im Customizing der jeweiligen Positionstypen (siehe Abschnitt 7.1.2, »Positionstyp«). Bevor wir zur Lieferung kommen, prüfen wir unsere aktuelle Bedarfs- und Bestandsliste (siehe Abbildung 5.13).

Sie sehen, dass die gesamte verfügbare Menge an PET-Flaschen für unsere Auftragsposition reserviert wurde. Darüber hinaus enthält die aktuelle Bedarfs- und Bestandsliste für das Material **FS3000P** jetzt eine Unterdeckung in Höhe von 4.000 Stück. Diese Unterdeckung führt in der Materialbedarfsplanung zu einem entsprechenden Beschaffungsvorschlag.

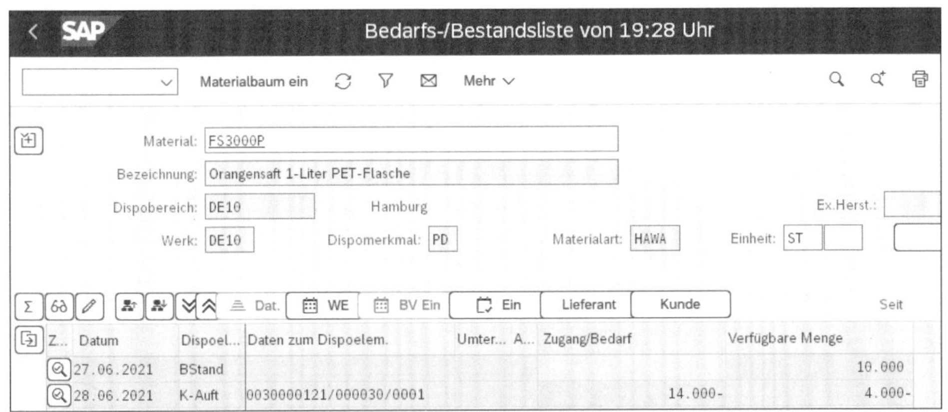

Abbildung 5.13 Aktuelle Bedarfs- und Bestandsliste für das Material FS3000P nach der Auftragserfassung (Transaktion MD04)

Im letzten Schritt unseres Beispiels erzeugen wir einen Lieferbeleg zu unserem Kundenauftrag. Über den Substitutionsgrund wurde gesteuert, dass bei der Erfassung der Lieferung die Produktselektion neu durchgeführt werden soll. Abbildung 5.14 zeigt den Lieferbeleg zum Kundenauftrag.

Schritt 4: Lieferbeleg erstellen

Abbildung 5.14 Lieferbeleg zum Auftrag (Transaktion VL02N)

In den Lieferbeleg werden nur die bestätigten Auftragsmengen übernommen. Nach der Warenausgangsbuchung im Lieferbeleg haben sich unsere aktuellen Bedarfs- und Bestandslisten wiederum verändert. Abbildung 5.15 zeigt das Material **FS2000** (Orangensaft in 1-Liter-Glasflaschen).

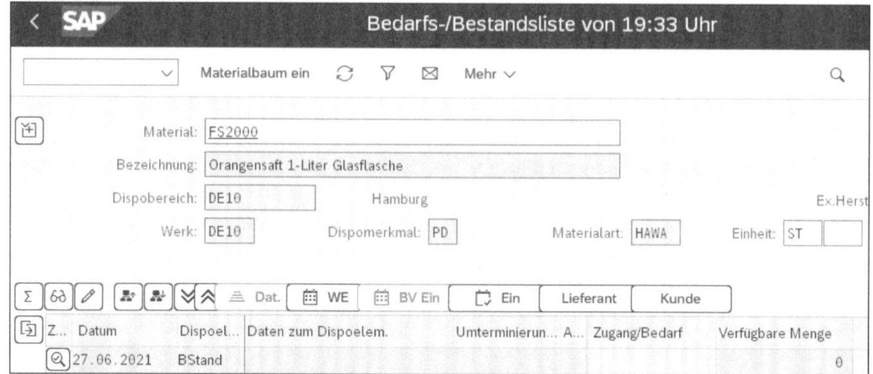

Abbildung 5.15 Aktuelle Bedarfs- und Bestandsliste für das Material FS2000 nach der Warenausgangsbuchung (Transaktion MD04)

Sie sehen, dass der Bestand an Glasflaschen komplett geräumt wurde. In Abbildung 5.16 wird deutlich, dass auch die PET-Flaschen aufgebraucht wurden. Zur Deckung des ausstehenden Auftragsbedarfs wird jedoch in der Materialbedarfsplanung direkt ein Beschaffungsvorschlag in Form einer Bestellanforderung erzeugt (erkennbar an dem Eintrag **BS-Anf** in der Spalte **Dispoelement**). Über diesen Beschaffungsvorschlag wird wieder ein Bestand an PET-Flaschen aufgebaut.

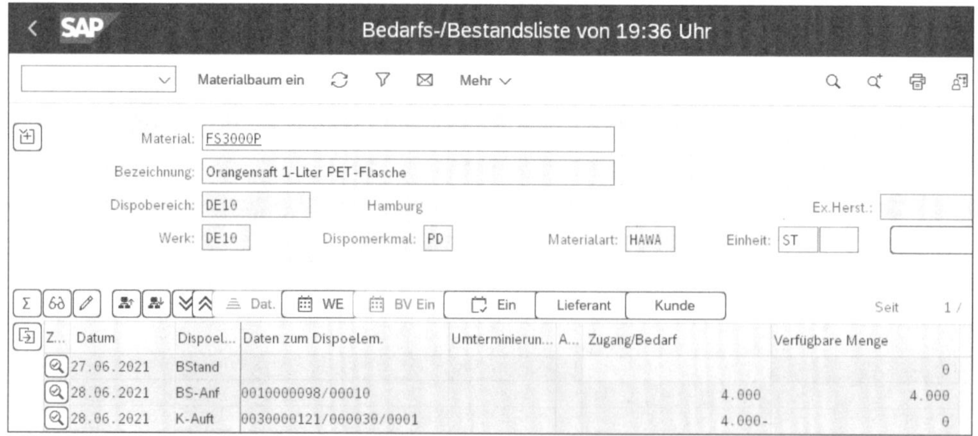

Abbildung 5.16 Aktuelle Bedarfs- und Bestandsliste für das Material FS3000P nach der Warenausgangsbuchung (Transaktion MD04)

Im nächsten Kundenauftrag wird unser Vertriebsmitarbeiter erneut das Material FS2000 erfassen. Das System wird dann über die Produktselektion erkennen, dass kein Bestand an Glasflaschen mehr vorhanden ist und somit die gesamte Auftragsmenge aus PET-Flaschen decken.

5.2 Materiallistung und -ausschluss

Mithilfe der Funktion Materiallistung kann der Bezug eines Kunden auf bestimmte Materialien aus dem Gesamtsortiment eines Lieferanten eingeschränkt werden. Der Materialausschluss legt hingegen fest, welche Materialien ein Kunde nicht beziehen darf.

5.2.1 Materiallistung und -ausschluss in SAP S/4HANA

Anwendungsgebiete

In der Praxis ist es häufig erforderlich, den Bezug eines Kunden auf bestimmte Materialien einzuschränken oder auch bestimmte Materialien vom Bezug ausdrücklich auszuschließen. Insbesondere in der Markenartikelindustrie werden durch Kunden nur bestimmte Artikel gelistet. In diesem Fall dürfen diese Kunden auch nur die gelisteten Materialien beziehen.

Im umgekehrten Fall muss sichergestellt werden, dass bestimmte Kunden oder Kundengruppen bestimmte Materialien nicht beziehen. In der Pharmaindustrie dürfen z. B. apothekenpflichtige Materialien nur an Apotheken ausgeliefert werden und nicht an Endverbraucher. Zu den Endverbrauchern zählen dabei auch Krankenhäuser. Diese werden ihrerseits durch Apotheken beliefert.

In SAP S/4HANA werden diese Anforderungen über die Funktionen *Materiallistung* und *Materialausschluss* abgebildet. Während die Materiallistung jene Materialien enthält, die ein Kunde beziehen darf, stellt der Materialausschluss eine Negativliste dar. Diese enthält die Artikel, die der Kunde nicht beziehen darf. Im System werden hierzu Konditionssätze hinterlegt, die während der Auftragserfassung geprüft werden. Ist für den Kunden das eingegebene Material nicht gelistet, erhält der Anwender bei der Erfassung einer Position mit diesem Material eine Fehlermeldung. Gleiches gilt, wenn das Material vom Bezug ausgeschlossen wurde.

Partnerrollen

Bei der Überprüfung von Materiallistung und -ausschluss während der Verkaufsbelegbearbeitung berücksichtigt das System zwei Partnerrollen. Zunächst wird ermittelt, ob für den Auftraggeber eine Materiallistung oder ein Materialausschluss besteht. Können für den Auftraggeber keine entsprechenden Stammdaten ermittelt werden, überprüft das System die Stammsätze für den Regulierer, sofern dieser vom Auftraggeber abweicht. Ist weder für den Auftraggeber noch für den Regulierer eine Materiallistung oder ein Materialausschluss hinterlegt, kann der Kunde jedes beliebige Material beziehen.

Konditionstechnik

Die Funktionen Materiallistung und -ausschluss basieren, wie z. B. auch die Preis- oder die Nachrichtenfindung, auf der Konditionstechnik, die deshalb hier nicht mehr im Detail erläutert wird (siehe Abschnitt 3.3, »Konditionen«, für eine ausführliche Beschreibung). Materiallistung und -ausschluss werden je Verkaufsbelegart aktiviert. Dazu wird den relevanten Verkaufsbelegarten maximal je ein Schema für Materiallistung oder -ausschluss zugeordnet. Ist einer Verkaufsbelegart sowohl ein Schema für Materiallistung als auch eines für Materialausschluss zugeordnet, wird während der Verkaufsbelegbearbeitung zuerst der Materialausschluss für ein eingegebenes Material geprüft. Ist ein Material vom Bezug ausgeschlossen, wird die Materiallistung nicht mehr durchlaufen.

Einem Schema für Materiallistung und -ausschluss werden Konditionsarten zugeordnet. Diese Konditionsarten steuern den weiteren Ablauf von Listung bzw. Ausschluss. Jeder Konditionsart ist eine *Zugriffsfolge* zugeordnet. Jede Zugriffsfolge stellt dabei eine Suchstrategie dar, nach der das System nach gültigen Konditionssätzen durchsucht wird. Jeder Zugriff innerhalb einer Zugriffsfolge enthält dazu eine Konditionstabelle. Konditionstabellen legen die Felder fest, die beim Anlegen eines Konditionssatzes als Schlüsselfelder gefüllt werden müssen. Über diese Schlüssel wird der Konditionssatz im Beleg ermittelt.

Auswertung zur Laufzeit

Bei der Suche nach gültigen Konditionssätzen wird jeder Zugriff berücksichtigt, deshalb kann es vorkommen, dass mehrere gültige Listungen ermittelt werden. Dies kann z. B. der Fall sein, wenn eine Listung für den Auftraggeber und eine weitere für die übergeordnete Kundengruppe besteht. Für diesen Fall kann bei der Zuordnung des Listungsschemas zur Verkaufsbelegart ein Verfahren festgelegt werden, wie sich das System verhalten soll, wenn es während der Belegbearbeitung mehrere gültige Listungen ermittelt. Das gewählte Verfahren beeinflusst zum Teil erheblich den Umfang der zulässigen Materialien. In der Standardeinstellung berücksichtigt das System jene Listung, die in der Zugriffsfolge als erste ermittelt wird. Optional kann jedoch auch jene Listung berücksichtigt werden, die mit dem letzten Zugriff ermittelt wurde. Die umfangreichste Materiallistung wird erzielt, indem geprüft wird, ob das eingegebene Material lediglich in einer der Listungen enthalten ist. Das strengste Verfahren erfordert hingegen, dass der Bezug eines Materials gemäß allen Listungen zulässig sein muss.

5.2.2 Beispiel für Materiallistung und Materialausschluss

Ausgangslage

Im folgenden Beispiel zeigen wir die Materiallistung und den Materialausschluss im Kundenauftrag. Für die Materiallistung wird die Standardkonditionsart **A001** verwendet, für den Ausschluss die Konditionsart **B001**. Abbildung 5.17 zeigt die Konditionssätze für die Materiallistung, die der Anwender in der Vertriebsfunktion erfasst hat.

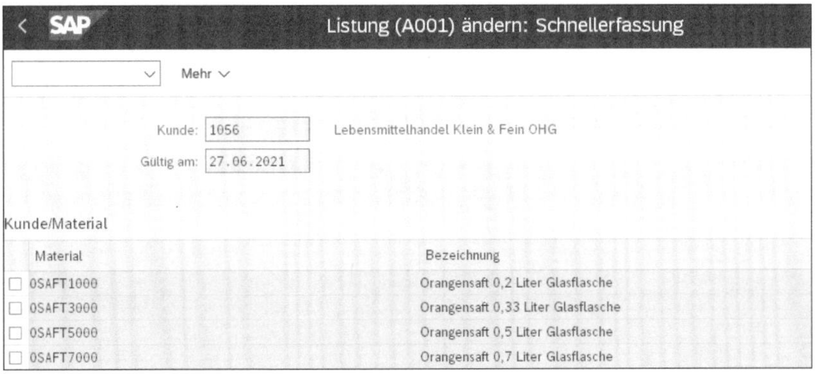

Listung (A001) ändern: Schnellerfassung

Mehr

Kunde: 1056 Lebensmittelhandel Klein & Fein OHG

Gültig am: 27.06.2021

Kunde/Material

Material	Bezeichnung
OSAFT1000	Orangensaft 0,2 Liter Glasflasche
OSAFT3000	Orangensaft 0,33 Liter Glasflasche
OSAFT5000	Orangensaft 0,5 Liter Glasflasche
OSAFT7000	Orangensaft 0,7 Liter Glasflasche

Abbildung 5.17 Konditionssatz für die Materiallistung (Transaktion VB02)

Für den Kunden **1056** sind die Materialien **OSAFT1000**, **OSAFT3000**, **OSAFT5000** und **OSAFT7000** gelistet. Damit wird festgelegt, dass der Kunde mit der Debitorennummer **1056** nur diese Materialien beziehen darf. Für denselben Kunden existiert außerdem ein Materialausschluss für die Materialien **OSAFT2000** und **OSAFT8000**. Diesen sehen Sie in Abbildung 5.18.

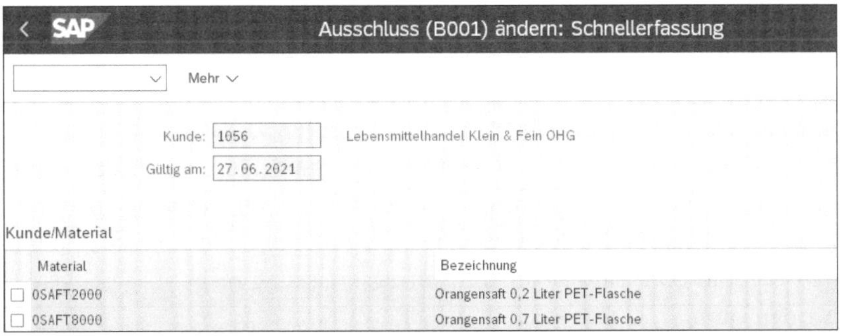

Ausschluss (B001) ändern: Schnellerfassung

Mehr

Kunde: 1056 Lebensmittelhandel Klein & Fein OHG

Gültig am: 27.06.2021

Kunde/Material

Material	Bezeichnung
OSAFT2000	Orangensaft 0,2 Liter PET-Flasche
OSAFT8000	Orangensaft 0,7 Liter PET-Flasche

Abbildung 5.18 Konditionssatz für den Materialausschluss (Transaktion VB02)

Für den Kunden 1056 soll nun ein Kundenauftrag (Verkaufsbelegart TA) mit den Materialien OSAFT1000, OSAFT4000 und OSAFT8000 erfasst werden. Während der Belegbearbeitung nutzen wir die Funktion *Analyse für Materiallistung und -ausschluss*.

Analyse

Für die Materiallistung und den Materialausschluss im Verkaufsbeleg kann über den Menüpfad **Umfeld • Analyse • Listung/Ausschluss • Ein** eine Findungsanalyse aktiviert werden. Mithilfe dieser Analyse kann überprüft werden, mit welchen Schlüsseln das System versucht, auf die Konditionssätze für Materiallistung und -ausschluss zuzugreifen, und ob die Materiallistung bzw. der Materialausschluss erfolgreich waren.

Im Auftrag wird eine Position für das Material OSAFT1000 erfasst. Die Konditionsanalyse für den Ausschluss zeigt Abbildung 5.19. Der Verkaufsbelegart TA ist im Customizing sowohl ein Schema für Materiallistung als auch ein Schema für Materialausschluss zugeordnet.

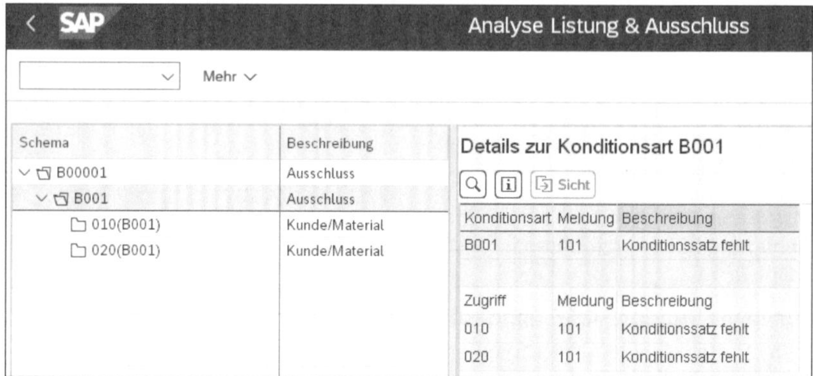

Abbildung 5.19 Konditionsanalyse für den Materialausschluss beim Erfassen eines Kundenauftrags (Transaktion VA01)

Prüfung des Materialausschlusses

Zuerst wird der Materialausschluss geprüft. Das System ermittelt über die Verkaufsbelegart (TA) das Schema **B00001** für den Ausschluss. In Schema **B00001** ist die Konditionsart **B001** enthalten. Die Konditionsart **B001** verweist auf die Zugriffsfolge **B001** mit zwei Zugriffen. Zunächst sucht das System nach einem Konditionssatz mit den Schlüsselfeldern **Kunde** und **Material**, anschließend nach einem Satz mit den Feldern **Regulierer** und **Material**. In beiden Fällen findet das System keinen gültigen Konditionssatz, sodass das Material **OSAFT1000** von der Auftragserfassung nicht ausgeschlossen werden kann.

Abbildung 5.20 und Abbildung 5.21 zeigen die *Konditionsanalyse* für die beiden der Zugriffsfolge **B001** zugeordneten Konditionstabellen. Zunächst sucht das System nach einem Konditionssatz für den Auftraggeber Kunde **1056**. Ist die Suche erfolglos, versucht das System, einen Konditionssatz für den Regulierer **1066** zu ermitteln.

Ergebnis der Prüfung

In beiden Fällen kommt das System zu dem Ergebnis **Konditionssatz fehlt**. Das entspricht unseren Erwartungen. Schließlich hatten wir für dieses Material keinen Ausschluss angelegt (siehe dazu noch einmal Abbildung 5.18).

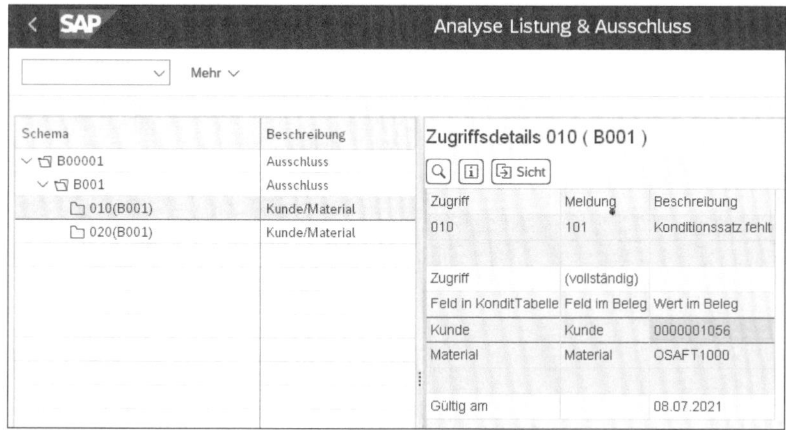

Abbildung 5.20 Konditionsanalyse für den Ausschluss von Zugriff 010 beim Erfassen eines Kundenauftrags (Transaktion VA01)

Abbildung 5.21 Konditionsanalyse für den Ausschluss von Zugriff 20 beim Erfassen eines Kundenauftrags (Transaktion VA01)

Prüfung der Materiallistung

Nachdem das eingegebene Material die Prüfung auf einen Materialausschluss durchlaufen hat und kein gültiger Konditionssatz ermittelt werden konnte, wird die Listung geprüft. Die Konditionsanalyse der Materiallistung zeigt, dass für Zugriff **10** ein Konditionssatz besteht (siehe Abbildung 5.22). Für den Kunden **1056** ist das Material **OSAFT1000** gelistet, es kann somit im Auftrag erfasst werden.

Anders verhält es sich mit dem Material **OSAFT4000**. Gibt man diese Materialnummer im Kundenauftrag ein, wird die Eingabe abgewiesen. Das System gibt eine Fehlermeldung aus, da für den Kunden **1056** dieses Material nicht gelistet ist (siehe Abbildung 5.23).

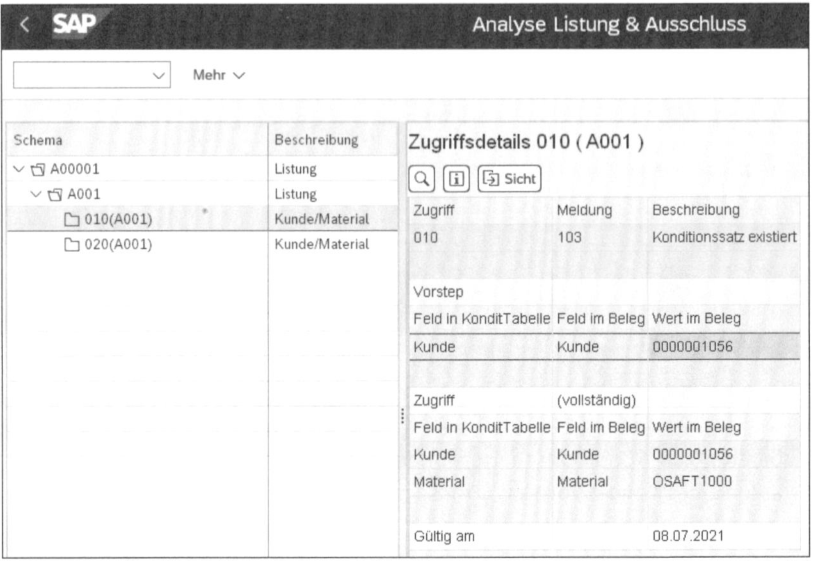

Abbildung 5.22 Konditionsanalyse für die Materiallistung beim Erfassen eines Kundenauftrags (Transaktion VA01)

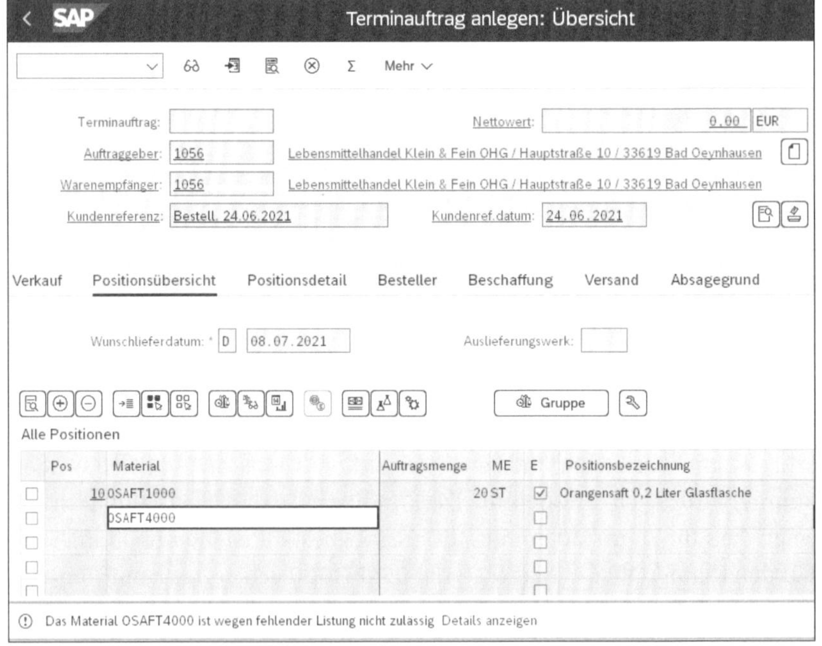

Abbildung 5.23 Fehlermeldung bei fehlender Materiallistung während der Auftragserfassung (Transaktion VA01)

Entsprechend verhält sich das System, wenn ein Material aufgrund eines Ausschlusses abgewiesen werden muss (siehe Abbildung 5.24). Im Kundenauftrag wird das Material **OSAFT8000** erfasst. Das Material wird abgewiesen, da für den Auftraggeber **1056** ein entsprechender Materialausschluss angelegt wurde. Der Beleg wird zur weiteren Bearbeitung erst wieder freigegeben, wenn die Position mit der Materialnummer des abgewiesenen Materials im Auftrag gelöscht wurde.

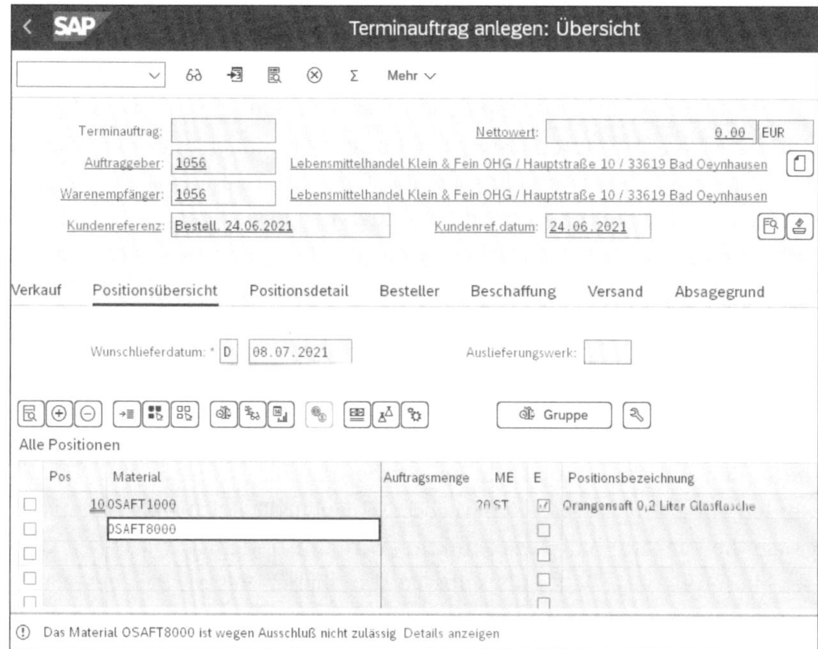

Abbildung 5.24 Fehlermeldung bei Materialausschluss während der Auftragserfassung (Transaktion VA01)

5.3 Dynamischer Produktvorschlag

Maßnahmen zur Verkaufsförderung sind generell ein wichtiger Bestandteil des Marketingmix. In zunehmendem Maße werden auch Funktionen innerhalb von Softwaretools, unter anderem denen von SAP, dabei eingesetzt, die in den folgenden Abschnitten erläutert werden.

5.3.1 Betriebswirtschaftliche Grundlagen

Je nach Geschäftsmodell unterscheidet sich das Volumen der Kundenaufträge in Unternehmen deutlich. Bei einem Spezialanlagenbauer, der pro Monat ein paar wenige, dafür sehr komplexe Produkte verkauft, fällt die Optimierung der Auftragserfassung weniger ins Gewicht. Anders sieht es beispielsweise bei einem Handelsunternehmen aus, das einen Großteil der Aufträge über den Telefonverkauf abwickelt. Hier lässt sich die Produktivität durch eine Erfassungshilfe und gleichzeitige Verkaufsunterstützung erheblich steigern.

5.3.2 Dynamischer Produktvorschlag in SAP S/4HANA

Die oben genannten Anforderungen lassen sich mit dem dynamischen Produktvorschlag und der Funktion Cross-Selling in SAP S/4HANA umsetzen. Innerhalb der Funktion *dynamischer Produktvorschlag* werden Sachbearbeitern bei der Auftragserfassung bestimmte Materialien automatisch vorgeschlagen. Welche Materialien das sind, hängt vom Kunden ab. Im Gegensatz zum *Cross-Selling*, bei dem der Produktvorschlag abhängig von den im Auftrag eingegebenen Materialien erfolgt, ist der dynamische Produktvorschlag *nur* vom Kunden abhängig und wird direkt nach Eingabe und Bestätigung der Kundennummer angezeigt. Vor allem in Vertriebskanälen, wie z. B. dem Telefonverkauf oder dem Callcentervertrieb, dient der dynamische Produktvorschlag als Erfassungshilfe und zur Verkaufsförderung, da während der Auftragserfassung diejenigen Materialien angezeigt werden, die für den entsprechenden Kunden von besonderem Interesse sind. Häufig werden vor allem die Materialien vorgeschlagen, die der Kunde in der Vergangenheit gekauft hat. Diese Funktion wird umso wichtiger, als viele Kunden diesen Service heute als selbstverständlichen Bestandteil eines Verkaufsgesprächs erwarten.

Intelligente Produkt- und Mengenvorschläge in SAP S/4HANA 2020

Mitarbeiter im Vertrieb profitieren mit SAP S/4HANA (Release 2020) von den *intelligenten Produkt- und Mengenvorschlägen*. Mit dieser neuen Funktion können Anwender neben Produktvorschlägen auch Mengenvorschläge als Eingabehilfe erhalten und damit noch schneller die relevanten Materialien bei der Erstellung von Kundenaufträgen auswählen. Die Vorschläge basieren auf historischen Daten. Mit dem intelligenten Produktvorschlag kann vorhergesagt werden, ob die Menge der bestellten Materialien zu- oder abnimmt. Ein spezieller neuer Algorithmus nimmt zur Berechnung der Mengen zusätzlich einen Trendfaktor auf und kann somit eine präzisere Vorhersage treffen. Diese Methode heißt *doppelte exponentielle Glättung* und kann in der Customizing-Aktivität **Produktvorschlagsschema definieren und Zugriffsfolgen festlegen** über den Funktionsbaustein `SD_DPP_DOUBLE_EXP_SMOOTHING` verwendet werden. Mit diesem Parameter und einem sogenannten Glättungsfaktor zwischen 0 und 1 können die Mengenvorschläge aktiviert werden. Den Glättungsfaktor wählen Sie in Abhängigkeit von Ihrer Auftragslage. Bei stark schwankenden Auftragsmengen sollten Sie einen höheren Faktor nehmen. Wenn Sie keine schnellen Reaktionen des SAP-Systems auf plötzliche Änderungen benötigen, können Sie einen niedrigen Glättungsfaktor eingeben. In Abschnitt 5.3.3 gehen wir anhand eines Beispiels auf die neue Funktion ein.

Datenquellen

Der dynamische Produktvorschlag kann aus folgenden Datenquellen generiert werden:

- Auftragshistorie
- gelistete Materialien
- ausgeschlossene Materialien
- Positionsvorschlag
- Kunden-Material-Infosätze
- kundeneigene Datenquellen

Die verschiedenen Datenquellen können für den dynamischen Produktvorschlag kombiniert werden. Sollen z. B. die Auftragshistorie und eine Materiallistung als Datenquelle herangezogen werden, dann umfasst der Produktvorschlag nur jene Materialien der Auftragshistorie, die für diesen Kunden zum Wunschliefertermin gelistet sind.

Pro Material aus dem Produktvorschlag wird im Positionsdatenbild eine Zeile eingestellt. Zu den Positionen des Produktvorschlags werden historische Wunschliefermengen des Kunden angezeigt. Ob diese Daten je Verkaufsbeleg, Tag, Woche oder Monat angezeigt werden, kann im Customizing definiert werden. Erst wenn die Bestellmenge für ein Material eingegeben wird, laufen Prüfungen (wie z. B. die Verfügbarkeitsprüfung und die Preisfindung) ab, und eine Positionsnummer wird vergeben. Der dynamische Produktvorschlag ist nur beim Anlegen eines Kundenauftrags aktiv. Im Ändern- oder Anzeigenmodus kann die Funktion nicht genutzt werden.

Produktvorschlagsschema

Die Steuerung der Datenselektion und der Datenaufbereitung im Verkaufsbeleg wird im *Produktvorschlagsschema* festgelegt. Für jedes Produktvorschlagsschema wird definiert, wie die historischen Wunschliefermengen für die Materialien aus dem Produktvorschlag in der Positionsübersicht dargestellt werden. Dazu ist die Anzahl der Perioden bzw. Verkaufsbelege und der Grad der Verdichtung der Daten zu wählen. Je Periode wird in der Positionsübersicht eine Spalte mit historischen Daten erzeugt. Die Spaltenüberschrift wird im Produktvorschlagsschema festgelegt. Maximal zwölf Perioden bzw. historische Verkaufsbelege können für den dynamischen Produktvorschlag ausgewertet werden. Diese Daten können je Verkaufsbeleg ausgegeben werden oder pro Tag, Woche oder Monat aufsummiert werden. Abbildung 5.25 zeigt das Customizing der Produktvorschlagsschemata.

Prod.Sch.	Bez.	Per. anz.	PerArt	Spbez
A00001	PV - Hintergrund	12	A Anzahl Verkaufsbelege	A Datum Vertriebsbeleg
A00002	PV - Online	12	A Anzahl Verkaufsbelege	A Datum Vertriebsbeleg
B00001	Cross-Selling			
CSPV1	Cross-Selling			
Z00001	Intellig PV - Online	4	A Anzahl Verkaufsbelege	A Datum Vertriebsbeleg

Abbildung 5.25 Produktvorschlagsschema (Transaktion SPRO • Schema für Produktvorschlag definieren und Zugriffsfolgen festlegen)

Die Datenselektion für den dynamischen Produktvorschlag kann online, d. h. während der Verkaufsbelegbearbeitung, oder im Hintergrund mithilfe eines Jobs erfolgen. Auch eine Kombination beider Methoden ist möglich. Die Hintergrundverarbeitung empfiehlt sich, wenn für den dynamischen Produktvorschlag umfangreiche Datenquellen überprüft werden sollen. Durch die Hintergrundverarbeitung kann die Systembelastung im Onlinebetrieb minimiert werden. Soll die Datenselektion im Hintergrund erfolgen, ist dafür ein eigenes Produktvorschlagsschema zu definieren. Die Datenselektion erfolgt über einen regelmäßigen Job, innerhalb dessen das Programm SDPVGEN (ein sogenanntes *Reportprogramm*) einzuplanen ist. Die selektierten Daten werden auf die Datenbank geschrieben. Während der Verkaufsbelegbearbeitung werden diese Daten über ein Onlineproduktvorschlagsschema in den dynamischen Produktvorschlag mit einbezogen.

Zugriffsfolge

Jedem Produktvorschlagsschema ist eine Zugriffsfolge mit einem oder mehreren Zugriffen zugeordnet (siehe Abbildung 5.26). Jeder Zugriff steht dabei für eine Datenquelle, aus der die Materialien für den Produktvorschlag selektiert werden. Folgende Datenquellen stehen für den dynamischen Produktvorschlag zur Verfügung:

- **Auftragshistorie**
  Das System wertet die Auftragshistorie des Kunden aus und stellt die dort enthaltenen Materialien mit ihren Wunschliefermengen in den Produktvorschlag ein. Im Produktvorschlag lassen sich die Daten in unterschiedlichen Datumsformaten (z. B. Tag, Woche, Monat) aggregieren.
- **Materiallistung**
  Das System ermittelt, ob für den Kunden eine gültige Materiallistung (siehe Abschnitt 5.2, »Materiallistung und -ausschluss«) besteht. Die Materialien aus der Listung werden in den Positionsvorschlag übernommen.

- **Materialausschluss**
  Ausgeschlossene Materialien, d. h. Materialien, die nicht an den Kunden geliefert werden dürfen (siehe Abschnitt 5.2), können aus einem Produktvorschlag eliminiert werden. Das System prüft hierfür, ob für einen Kunden ein gültiger Materialausschluss existiert.
- **Kunden-Material-Info**
  Das System wertet alle zum Kunden bestehenden Kunden-Material-Infosätze aus und übernimmt die Materialien in den Produktvorschlag. Weitere Informationen zu Kunden-Material-Infosätzen finden Sie in Kapitel 26, »Übergreifende Geschäftsprozesse«.
- **Positionsvorschlag**
  Der Positionsvorschlag wird einem Kunden im Kundenstamm zugeordnet. Ein Positionsvorschlag ist eine Liste von Materialien, die der Kunde normalerweise bestellt. Bei der Auftragserfassung für diesen Kunden werden die im Positionsvorschlag enthaltenen Materialien automatisch vorgeschlagen. Wird der Positionsvorschlag als Datenquelle für den Produktvorschlag herangezogen, übernimmt das System alle Materialien des Positionsvorschlags in den Produktvorschlag.
- **Kundeneigene Datenquellen**
  Zur Generierung des dynamischen Produktvorschlags können auch weitere, nicht im Standard vorgesehene Datenquellen herangezogen werden. Um diese Datenquelle auszuwerten, muss allerdings ein eigenes Programm (Funktionsbaustein) entwickelt werden.

Funktionsbausteine

Damit das System die entsprechenden Materialien aus den Datenquellen selektieren kann, muss für jeden Zugriff ein der Datenquelle entsprechender Funktionsbaustein hinterlegt werden, wie in Abbildung 5.26 zu sehen. Im Standard existiert zu jeder Datenquelle ein Funktionsbaustein, es können jedoch auch eigene Funktionsbausteine entwickelt werden. Im Standard gibt es folgende Funktionsbausteine:

- Auftragshistorie: `SD_DPP_HISTORY`
- Materiallistung: `SD_DPP_LISTING`
- Materialausschluss: `SD_DPP_EXCLUSION`
- Kunden-Material-Info: `SD_DPP_CUSTOMER_MATERIAL_INFO`
- Positionsvorschlag: `SD_DPP_PRODUCT_PROPOSAL`
- intelligenter Produkt- und Mengenvorschlag:
  `SD_DPP_DOUBLE_EXP_SMOOTHING`

Es existiert ein weiterer Funktionsbaustein (`SD_DPP_READ`), um den über die Hintergrundverarbeitung in der Datenbank hinterlegten Produktvorschlag zu lesen. Werden die Online- und die Hintergrundverarbeitung in einer Zugriffsfolge kombiniert, muss der Funktionsbaustein SD_DPP_READ immer an erster Stelle der Zugriffsfolge stehen.

Abbildung 5.26 Customizing einer Zugriffsfolge für einen Produktvorschlag (Transaktion SPRO • Schema für Produktvorschlag definieren und Zugriffsfolgen festlegen)

Funktionsbausteinattribute

Zu jedem Funktionsbaustein kann in der Spalte **FBAttr** ein Funktionsbausteinattribut angegeben werden (siehe Abbildung 5.26). Dabei handelt es sich um einen Festwert, der an den Funktionsbaustein übergeben wird. Soll ein Positionsvorschlag z. B. nicht vom einzelnen Kunden abhängen, kann in der Zugriffsfolge die Nummer eines Positionsvorschlags hinterlegt werden. Der Parameter wird an den entsprechenden Funktionsbaustein übergeben, und die in diesem Positionsvorschlag enthaltenen Materialien werden in den Produktvorschlag übernommen.

Die Anordnung der Zugriffe bestimmt, in welcher Reihenfolge die Datenquellen durchsucht werden. Für jeden Zugriff wird zudem festgelegt, wie das System mit den selektierten Daten verfährt. Das Aktionskennzeichen legt dabei fest, ob die mit einem Zugriff selektierten Daten in den Produktvorschlag aufgenommen werden (Kennzeichen **A**), wie z. B. im Fall der Auftragshistorie, oder ob die entsprechenden Materialien aus dem Produktvorschlag entfernt werden, wie bei einem Ausschluss (Kennzeichen **B**). Enthält die Zugriffsfolge eine Listung, wird das Ergebnis dieses Zugriffs mit den bis dahin selektierten Daten abgeglichen, und nicht gelistete Materialien werden entfernt (Kennzeichen **C**).

Zu jedem Zugriff wird die Datenquelle (Feld **Hknft** in Abbildung 5.26) hinterlegt. Die Datenquelle wird im Verkaufsbeleg zu jedem Material des Produktvorschlags angegeben. Wird ein Material über mehrere Zugriffe ermittelt, wird die Datenquelle des ersten erfolgreichen Zugriffs angezeigt.

Der Eintrag im Feld **Sortierung** (siehe Abbildung 5.26) wirkt sich nur auf die Anordnung der Materialien im Produktvorschlag aus und nicht auf die Reihenfolge, in der die Funktionsbausteine durchlaufen werden. Materialien, die über einen Zugriff mit niedrigem Wert selektiert werden, werden im Verkaufsbeleg an vorderer Stelle angezeigt.

Schemaermittlung

Die Schemaermittlung ist ebenfalls ein Teil des Customizings des dynamischen Produktvorschlags. Dabei wird jeder Auftragsart ein sogenanntes *Belegschema* zugeordnet. Jedem Kunden, bei dem der dynamische Produktvorschlag angewendet werden soll, wird im Kundenstamm ein Kundenschema für den Produktvorschlag zugeordnet.

Bei der Ermittlung des Produktvorschlagsschemas für die Onlineverarbeitung werden neben dem Vertriebsbereich des Verkaufsbelegs das Kundenschema aus dem Kundenstammsatz und das Belegschema der Verkaufsbelegart berücksichtigt. Abbildung 5.27 zeigt die Ermittlung des Schemas für die Onlineverarbeitung.

VkOrg	VWeg	SP	KuSmPv	PvSm	Bezeichnung
0001	01	00	A	A00001	PV - Hintergrund
0001	01	01	A	A00001	PV - Hintergrund
DE10	10	00	A	Z00001	Intellig PV - Online
DE10	10	10	A	A00001	PV - Hintergrund
DE10	10	20	A	A00001	PV - Hintergrund
DE10	20	00	A	A00001	PV - Hintergrund

Abbildung 5.27 Schemaermittlung für die Onlineverarbeitung (Transaktion SPRO • Online-Schemaermittlung für Produktvorschlag bearbeiten)

Bei der Ermittlung des Produktvorschlagsschemas für die Hintergrundverarbeitung werden der Vertriebsbereich aus dem Kundenstamm und das im Kundenstamm hinterlegte Kundenschema berücksichtigt. Das Belegschema kann bei der Hintergrundverarbeitung nicht berücksichtigt werden, da die verwendete Verkaufsbelegart und damit das zugeordnete Belegschema nicht bekannt ist.

5.3.3 Beispiel für den Ablauf des intelligenten Produktvorschlags in SAP S/4HANA

Im folgenden Beispiel zeigen wir Ihnen den intelligenten Produktvorschlag im Kundenauftrag. Für unsere Mitarbeiterin im Kundenservice soll die Auftragserfassung erleichtert und beschleunigt werden. Nach Eingabe der Kundennummer sollen im Verkaufsbeleg die von diesem Kunden in den letzten vier Aufträgen bestellten Materialien und zusätzlich Mengen mit den jeweiligen Wunschliefermengen eingeblendet werden.

Im Folgenden wollen wir uns zuvor die notwendigen Einstellungen im Customizing für die neue Funktion der intelligenten Produktvorschläge ansehen. Anschließend legen wir einen Kundenauftrag an.

1. BAdI implementieren
2. Funktionsbausteine in Zugriffsfolge zuordnen
3. Algorithmusparameter bearbeiten
4. Produktvorschlagsschema ermitteln (online)
5. Kundenschema und Belegschema zuordnen
6. Kundenauftrag anlegen
7. Mengenvorschläge übernehmen

Schritt 1: BAdI implementieren

Im ersten Schritt können Sie mithilfe des BAdIs SD_DPP_PROPOSAL_CALCULATION und der BAdI-Methode PROPOSAL_CALCULATION die Produkt- und Mengenvorschläge berechnen lassen. Diesen Vorgang sollten Sie in Abstimmung mit Ihrer Entwicklungsabteilung durchführen.

Schritt 2: Funktionsbausteine in Zugriffsfolge zuordnen

Nachdem dieses BAdI implementiert wurde, müssen Sie den Funktionsbaustein SD_DPP_CUSTOMER_EXTENSION in der Zugriffsfolge Ihres Produktvorschlagsschemas zuordnen. In unserem Beispiel haben wir für das Schema **Z00001** zwei Zugriffsfolgen definiert, wie in Abbildung 5.28 zu sehen ist.

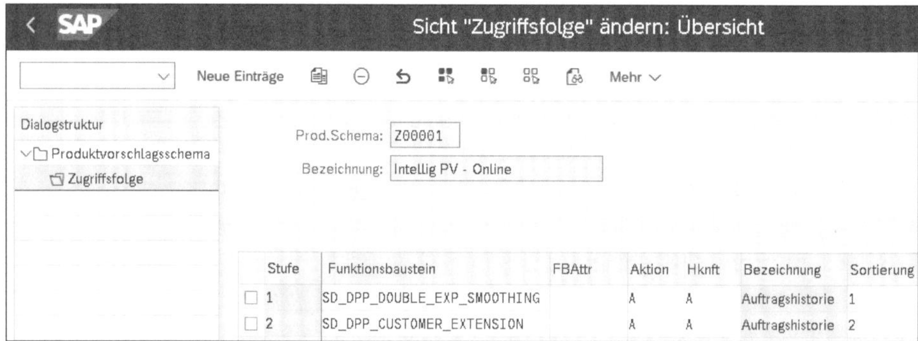

Stufe	Funktionsbaustein	FBAttr	Aktion	Hknft	Bezeichnung	Sortierung
1	SD_DPP_DOUBLE_EXP_SMOOTHING		A	A	Auftragshistorie	1
2	SD_DPP_CUSTOMER_EXTENSION		A	A	Auftragshistorie	2

Abbildung 5.28 Zugriffsfolgen im Produktvorschlagsschema (Transaktion SPRO • Schema für Produktvorschlag definieren und Zugriffsfolgen festlegen)

Schritt 3: Algorithmusparameter bearbeiten

In Schritt 3 müssen Sie den Algorithmusparameter für den intelligenten Produktvorschlag bearbeiten, damit die Berechnung und Vorhersage der Mengenvorschläge mithilfe der doppelten exponentiellen Glättung funktioniert. Dazu wird in unserem Beispiel dem Vertriebsweg **DE10/10/00** das Kundenschema **I**, das Belegschema **A** sowie der Glättungsfaktor **0,5** zugeordnet (siehe Abbildung 5.29).

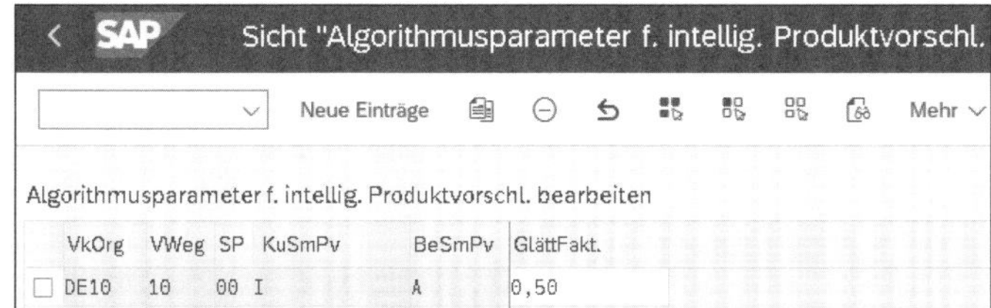

VkOrg	VWeg	SP	KuSmPv	BeSmPv	GlättFakt.
DE10	10	00	I	A	0,50

Abbildung 5.29 Algorithmusparameter bearbeiten (Transaktion SPRO • Algorithmusparameter für intelligenten Produktvorschlag bearbeiten)

Schritt 4: Produktvorschlagsschema ermitteln

Nach Eingabe der Kundennummer im Kundenauftrag ermittelt das System je nach Vertriebsbereich, Kunde und Verkaufsbelegart das Produktvorschlagsschema. In unserem Beispiel findet das System bei der Kombination aus Vertriebsbereich **DE10/10/00** (Verkaufsorganisation, Vertriebsweg, Sparte), Kundenschema **I** und Belegschema **A** das Produktvorschlagsschema **Z00001** (siehe Abbildung 5.30).

Sicht "Onlineschema Produktvorschlag" ändern: Übersicht

Neue Einträge Mehr

VkOrg	VWeg	SP	VkBür	VKGr	KuSmPv	BeSmPv	PvSm	Bezeichnung
0001	01	01			A	A	A00002	PV - Online
DE10	10	00			I	A	Z00001	Intellig PV - Online
DE10	10	10			A	A	A00002	PV - Online
DE10	10	20			A	A	A00002	PV - Online

Abbildung 5.30 Onlineschemaermittlung bearbeiten (Transaktion SPRO • Online-Schemaermittlung für Produktvorschlag bearbeiten)

Schritt 5: Kundenschema und Belegschema zuordnen

Der intelligente Produktvorschlag wird je Kunde und Verkaufsbelegart aktiviert. Hierzu muss dem Kunden ein Kundenschema und der Verkaufsbelegart ein Belegschema zugeordnet sein. Der Verkaufsbelegart **TA** ist das Belegschema **A** zugeordnet. Dem Kunden **1047** wurde das Kundenschema **I** (Feld **Kundenschema ProdVor**) zugewiesen. Abbildung 5.31 zeigt die Zuordnung des Produktvorschlagsschemas im Kundenstamm.

Schritt 6: Kundenauftrag anlegen

Als Nächstes legen wir einen Kundenauftrag an. Im Vertriebsbereich **DE10/10/00** wird ein Kundenauftrag der Verkaufsbelegart **TA** für den Kunden mit der Kundennummer **1047** erfasst. Nach Eingabe der Kundennummer werden die letzten vier Aufträge des Kunden ausgewertet. Dabei ist oberhalb der Positionen angegeben, dass der Produktvorschlag aktiv ist. Sie können diese Funktion per Klick auf die Schaltfläche [icon] (**ProdVorschl. aktiv <-> inaktiv**) auch deaktivieren und manuell erfassen. Abbildung 5.32 zeigt den Kundenauftrag mit den automatischen Produktvorschlägen.

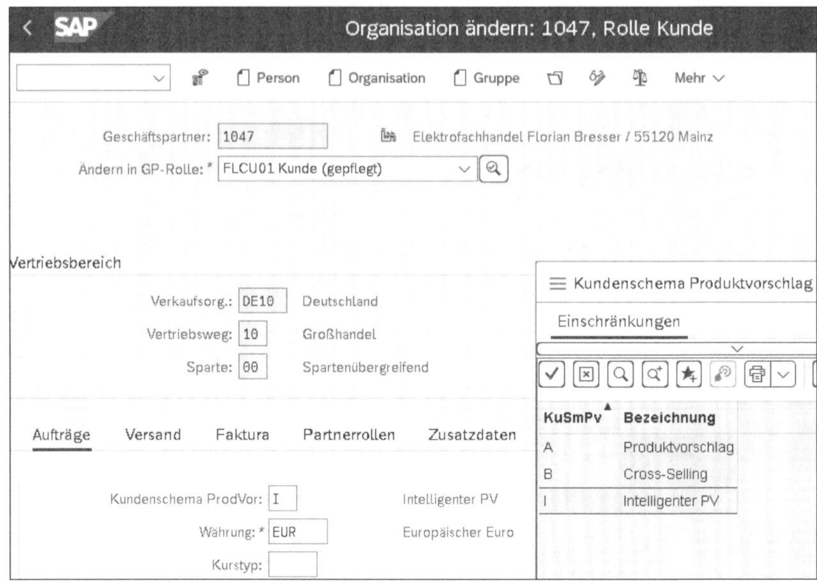

Abbildung 5.31 Zuordnung des Produktvorschlagsschemas (Kundenschema ProdVor) im Kundenstamm (Transaktion BP)

Abbildung 5.32 Produktvorschlag im Kundenauftrag (Transaktion VA01)

Schritt 7: Mengenvorschläge übernehmen

Im Schritt 7 werden die Mengenvorschläge übernommen. Der Kunde Elektrofachhandel Florian Bresser mit der SAP-Kundennummer **1047** hat in den letzten vier Aufträgen die Tablets und Netzteile mit den SAP-Materialien **21**, **NT100** und **NT300** bestellt. Mit einem Klick auf die Schaltfläche (**Menge**

aus PV übernehmen) werden die Bestellmengen (Feld **Auftragsmenge**) aus den letzten Aufträgen automatisch eingetragen (siehe Abbildung 5.33).

Pos	Material	Auftragsmenge	ME	E	Positionsbezeichnung	Ptyp	Üb.Pos	L.	1.Datum	Werk	KArt	Betrag	Währg	Nettowert	Beleg...
10	21	13	ST	☑	Tablet A8 64 GB	TAN		D	13.09.2021	DE10	PR00	199,00	EUR	2.587,00	EUR
20	21	13	ST	☑	Tablet A8 64 GB	TAN		D	13.09.2021	DE10	PR00	199,00	EUR	2.587,00	EUR
30	NT100	20	ST	☑	Netzteil NT100	TAN		D	13.09.2021	DE10	PR00	35,00	EUR	700,00	EUR
40	NT300	19	ST	☑	Netzteil NT300	TAN		D	13.09.2021	DE10	PR00	42,00	EUR	798,00	EUR

Abbildung 5.33 Mengenvorschläge automatisch übernehmen (Transaktion VA01)

Sobald die Bestellmengen für dieses Materialien eingetragen wurden, werden die üblichen Prüfungen wie die Preisfindung und die Verfügbarkeitsprüfung durchgeführt, und die Zeile wird mit einer Positionsnummer versehen. Anschließend können Sie den Kundenauftrag wie gewohnt weiterbearbeiten. Auf Beschreibung dieser Schritte verzichten wir in diesem Kapitel, da sie in Kapitel 8, »Terminauftragsabwicklung«, detailliert erläutert werden.

Mit dem dynamischen Produktvorschlag und der in SAP S/4HANA (Release 2020) enthaltenen neuen Funktion der intelligenten Produkt- und Mengenvorschläge wird Vertriebsmitarbeiter hilfreiche Systemunterstützung an die Hand gegeben. Das erleichtert und optimiert die Kundenauftragserfassung und sorgt damit für eine effizientere Abwicklung der Sales-Prozesse.

5.4 Kreditmanagement

Forderungsausfälle gehören zu den wesentlichen Risiken, denen Unternehmen ausgesetzt sind. Deshalb ist es von großer Bedeutung, vor der Annahme und der Ausführung eines Auftrags zunächst die Kreditwürdigkeit des Kunden zu prüfen. Dies erfordert eine enge Abstimmung zwischen Vertrieb und Finanzbuchhaltung. Immer wichtiger wird dabei das Thema eines einheitlichen und zentralisierten Kreditmanagements.

SAP Financial Supply Chain Management

SAP hat auf diese Entwicklung bereits unter SAP ERP 6.0 reagiert und mit *SAP Financial Supply Chain Management* (SAP FSCM) eine Komponente auf den Markt gebracht, die genau auf diese Szenarien ausgelegt ist. Dabei wird das Zusammenspiel von Finanz- und Vertriebsabteilung noch stärker in den Vordergrund gestellt. Die Kreditentscheidungen und die aufkommenden Fälle im Tagesgeschäft werden in Fallakten gebündelt, um den Entscheidern möglichst viele Informationen zur Verfügung zu stellen.

In SAP S/4HANA entfällt die Nutzung der Funktion *Kreditmanagement* (FI-AR-CR), wie sie in SAP ERP 6.0 eingesetzt werden kann. Stattdessen wird die Nutzung von *SAP Credit Management* (FIN-FSCM-CR) als Teil der umfassenden Lösung SAP FSCM vorgeschrieben. Damit werden die Möglichkeiten für die Unternehmen eingeschränkt, ihr bisheriges Kreditmanagement weiter zu nutzen. Jedoch bieten sich hier auch Potenziale, um den Kreditvergabe- und Kreditverwaltungsprozess zu verbessern.

5.4.1 Betriebswirtschaftliche Grundlagen

Das Kreditmanagement hat die Aufgabe, die Bonität des Kunden vor der Auftragsannahme zu prüfen, um so einen Ausfall der späteren Forderung zu verhindern. In der Praxis stellt sich diese Prüfung jedoch häufig als Gratwanderung heraus. Einerseits sollen Forderungsausfälle vermieden werden, andererseits kann eine übertriebene Kreditlimitprüfung dazu führen, dass Aufträge verloren gehen. Deshalb ist es für die Gestaltung der Prozesse im Unternehmen von größter Bedeutung, eine differenzierte Prüfung des Kreditlimits vornehmen zu können. Die Qualität einer Unternehmenssoftware zur Unterstützung dieser Funktion hängt von folgenden Faktoren ab:

1. Kann die Aufbauorganisation eines Unternehmens bei der Gestaltung der Prüfung berücksichtigt werden?
2. Wie kann die Prüfung in die Ablauforganisation integriert werden?
3. Wie differenziert lässt sich die Prüfung abhängig von unterschiedlichen Kunden einstellen?
4. Wie flexibel kann das Ergebnis der Prüfung eingestellt werden?
5. Wie flexibel kann der Zeitpunkt der Prüfung definiert werden?
6. Wie differenziert lässt sich der Umfang der Prüfung festlegen?

Diese Fragen werden wir bei der Erläuterung der Gestaltungsmöglichkeiten von SAP Credit Management beantworten.

5.4.2 SAP Credit Management in SAP S/4HANA

Komponenten von SAP FSCM

SAP FSCM ist in den digitalen Kern von SAP S/4HANA integriert worden, und anders als in SAP ERP 6.0 müssen Business Add-ins (BAdIs, siehe Exkurs im Kasten weiter unten) nur noch aktiviert werden, wenn die im Standard angebotenen Funktionen nicht ausreichend sind.

SAP FSCM ist in die folgenden Komponenten unterteilt, wobei SAP Collections and Dispute Management getrennt als SAP Collections Management und SAP Dispute Management behandelt wird:

- **SAP Credit Management**
  Diese Komponente bietet Funktionen zur Integration externer Kreditinformationen, zum Scoring und zur Kategorisierung neuer und bestehender Kunden entsprechend ihren Kreditdaten sowie zur Umsetzung dieser Bewertungen in schnelle Kreditentscheidungen. Dadurch ist es Unternehmen möglich, das Kreditrisiko ihrer Kunden zentralisiert zu überwachen und zu steuern.
- **SAP Dispute Management**
  Diese Komponente bietet Funktionen zur Bearbeitung von Unstimmigkeiten zwischen Unternehmen und Kunden bezüglich der finanziellen Verpflichtung der Kunden (= Klärungsfall), beispielsweise wenn eine Forderung nicht oder nur teilweise bezahlt wird. Zudem unterstützt die Komponente das Klärungsmanagement für interne Prozesse im Unternehmen, beispielsweise bei der Klärung von Unstimmigkeiten in SAP Credit Management.
- **SAP Biller Directs**
  Diese Komponente ermöglicht es Unternehmen, über ein Internetportal Funktionen zur elektronischen Fakturierung, elektronischen Bezahlung und Integration von Kundenservice und Finanzverwaltung einzusetzen. Sie unterstützt somit den gesamten Kommunikationsprozess von der Rechnungspräsentation über die Klärung von Unstimmigkeiten bis hin zur Konten- und Zahlungsabstimmung.
- **SAP Collections Management**
  Diese Komponente unterstützt die Unternehmen bei der Bewertung, Identifizierung und Priorisierung von Konten aus der Perspektive des Risikomanagements und der Kundenbeziehung. Hier werden Forderungen proaktiv bearbeitet. Dies geschieht mittels Zahlungserinnerungen, Vereinbarung und Nachverfolgung von Zahlungsversprechen der Kunden.

Die Komponenten lassen sich unabhängig voneinander nutzen, sie sind jedoch stark miteinander verzahnt. SAP Dispute Management sticht dabei als zentrale Komponente hervor, da sie die Vorfälle in Fallakten zusammenfasst, die alle notwendigen Informationen enthalten, um eine Entscheidung treffen zu können.

Da die Komponenten in ihren Funktionen sehr umfangreich sind, konzentrieren wir uns hier auf SAP Credit Management und die dokumentierte Kreditentscheidung.

Für Spezialisten: BAdIs

An dieser Stelle wollen wir kurz erläutern, was ein *BAdI* (Business Add-in) ist und wie es von einem User-Exit abzugrenzen ist. Grundsätzlich ermöglichen BAdIs genau wie User-Exits oder Customer-Exits die modifikationsfreie Erweiterung der SAP-Anwendungen. Dabei stellt auch SAP in zunehmendem Maße neue Funktionen über BAdIs zur Verfügung, so auch in unserem Beispiel. BAdIs sind die objektorientierten Nachfolger der User-Exits. Die Aktivierung des BAdIs für SAP Credit Management erfolgt im Customizing über den Menüpfad: Transaktion SPRO • **Financial Supply Chain Management • Credit Management • Integration mit der Debitorenbuchhaltung und dem Vertrieb • Integration mit dem Vertrieb • BAdI: Aktivierung des SAP Credit Managements**. Mit der Aktivierung des BAdIs haben Sie nun die Möglichkeit, das Standardverhalten anzupassen.

Kreditmanagement

Schon das *herkömmliche Kreditmanagement* aus SAP ECC unterstützte Szenarien mit verteilten Systemen. Diese bestehen z. B. aus einem zentralen System für die Finanzbuchhaltung und mehreren dezentralen Systemen, in denen Vertriebsprozesse abgewickelt werden. Dabei werden die dezentralen Finanzdaten über den sogenannten *Kreditvektor* verteilt, der Informationen zu den offenen Posten, dem ältesten offenen Posten und der maximalen Mahnstufe des Kunden enthält. Die Verteilung erfolgt per ALE (*Application Link Enabling*) von einem zentralen SAP-System für die Finanzbuchhaltung an die angeschlossenen dezentralen SAP-Systeme für den Vertrieb. Die Kreditprüfung fand dezentral im jeweiligen SAP-Vertriebssystem und der dortigen Auftragserfassung statt. Dieses Verfahren funktioniert nur unter bestimmten Voraussetzungen. So darf es z. B. zwischen den Kreditkontrollbereichen und den Kunden in den jeweiligen Vertriebssystemen keine Überschneidungen geben.

SAP Credit Management hingegen unterstützt das Kreditmanagement in verteilten Systemen ohne diese Einschränkungen, da die Kreditprüfung für alle angeschlossenen Systeme zentral in SAP Credit Management erfolgt.

5.4.3 Funktionen von SAP Credit Management

Zunächst werden wir die Systemlandschaft von SAP Credit Management und die zugehörigen Begriffe erläutern. Danach werden wir die Customizing-Einstellungen vorstellen und die Pflege der Kreditstammdaten des Kunden erläutern.

Systemlandschaft

Die Funktionen von SAP Credit Management können als *zentralisiertes System* bereitgestellt werden. Es können externe Informationssysteme und ERP-Systeme, die nicht von SAP stammen, an SAP Credit Management angebunden werden. Damit kann ein zentrales Kreditmanagement in SAP S/4HANA auch für solche Vertriebsprozesse genutzt werden, die selbst in Nicht-SAP-Systemen abgebildet werden.

Aufbauorganisation

Zur Beantwortung der Frage, ob die Aufbauorganisation eines Unternehmens bei der Gestaltung der Prüfung berücksichtigt werden kann, sei nochmals an die Bedeutung der Organisationsstrukturen für die Gestaltung der Geschäftsprozesse erinnert. Für das Kreditmanagement steht als zusätzliche Organisationseinheit der *Kreditkontrollbereich* zur Verfügung. Auf dieser Ebene werden die Kreditstammdaten und damit auch das Kreditlimit des Kunden verwaltet.

Kreditsegment

Die organisatorische Einheit in SAP Credit Management ist das *Kreditsegment*, das im herkömmlichen Kreditmanagement nicht vorhanden ist. Das Kreditlimit für einen Geschäftspartner wird in SAP Credit Management nicht je Kreditkontrollbereich, sondern je Kreditsegment gepflegt. Es können mehrere Kreditsegmente angelegt werden. Eines der Kreditsegmente ist als Hauptkreditsegment zu kennzeichnen. Für die anderen Kreditsegmente wird hinterlegt, ob ihr Obligo zum Obligo des Hauptkreditsegments beitragen soll. Das Hauptkreditsegment dient dazu, die Gesamtlimitausschöpfung eines Geschäftspartners über mehrere Kreditsegmente zu überwachen. Wenn diese Funktion der Gesamtlimitüberwachung genutzt werden soll, muss in den Kreditsegmenten das Kennzeichen **Additiver Beitrag zum Hauptsegment** aktiviert werden (Transaktion SPRO • **Financial Supply Chain Management** • **Credit Management** • **Kreditrisikoüberwachung** • **Stammdaten** • **Kreditsegmente anlegen**).

Die Obligos des Kunden in den Kreditsegmenten 1000 und 3000 (siehe Abbildung 5.34) werden während der Kreditprüfung zum Obligo des Hauptkreditsegments 0000 addiert, d. h., die Prüfung findet im Hauptkreditsegment 0000 gegen die Gesamtsumme aus diesen drei Obligos (Hauptkreditsegment 0000 + Kreditsegment 1000 + Kreditsegment 3000) statt.

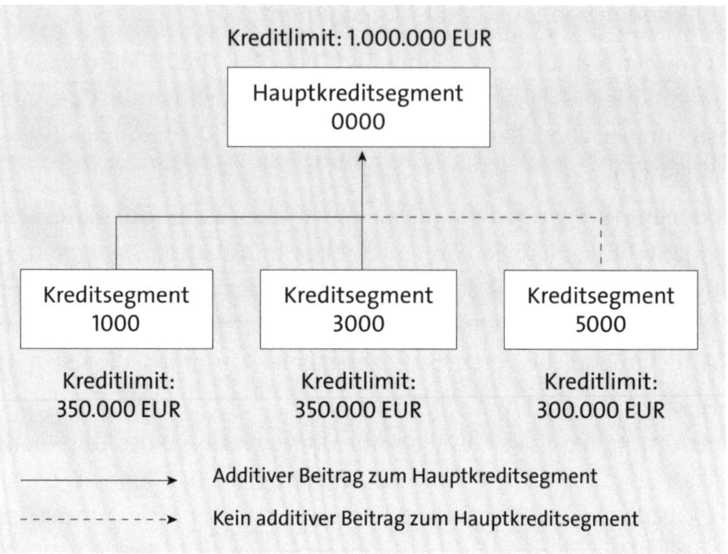

Abbildung 5.34 Kreditsegmente in SAP Credit Management

Für das Hauptkreditsegment können also auch eigene Obligos gebildet werden, die dann mit den Obligos aus den zugeordneten Kreditsegmenten addiert werden. Die Obligos im Kreditsegment 5000 werden bei der Kreditlimitprüfung im Hauptsegment 0000 dagegen nicht berücksichtigt.

»Altes« Kreditmanagement und SAP Credit Management

Von besonderer Bedeutung für das Thema dieses Kapitels ist, dass Sie verstehen, wie die »alte« Funktion und SAP Credit Management zusammenarbeiten. Grundsätzlich findet die Prüfung in der Komponente SAP Credit Management statt. Ein Teil der »alten« Customizing-Einstellungen wird aber trotzdem benötigt. So wird im herkömmlichen Customizing (Transaktion SPRO • **Financial Supply Chain Management** • **Integration mit der Debitorenbuchhaltung und dem Vertrieb** • **Integration mit dem Vertrieb** • **Kreditkontrollbereich und Kreditsegment zuordnen**) definiert, zu welchen Auftrags- und Lieferungsarten eine Kreditlimitprüfung überhaupt durchgeführt wird. Der Kreditkontrollbereich dient dann dazu, das Kreditsegment zu ermitteln. Abbildung 5.35 zeigt die Zuordnung des Kreditkontrollbereichs zum Kreditsegment im Customizing.

Die Customizing-Transaktion OVA8 zeigt nach der Aktivierung von SAP Credit Management die in Abbildung 5.36 gezeigte Sicht. Über diese Einstellungen erkennt das System jetzt beim Aufrufen der Prüfung während des Vertriebsprozesses, dass die Kreditprüfung über die Komponente SAP Credit Management erfolgt. Weitere Einstellungen, die im Vertrieb und in der Debitorenbuchhaltung zur Nutzung von SAP Credit Management notwendig sind, erläutern wir im Anschluss an die Darstellung des Customizings.

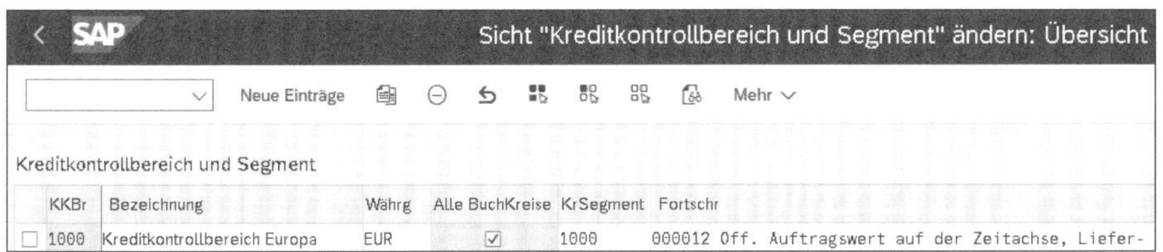

Sicht "Kreditkontrollbereich und Segment" ändern: Übersicht

Neue Einträge Mehr

Kreditkontrollbereich und Segment

KKBr	Bezeichnung	Währg	Alle BuchKreise	KrSegment	Fortschr
1000	Kreditkontrollbereich Europa	EUR	☑	1000	000012 Off. Auftragswert auf der Zeitachse, Liefer-

Abbildung 5.35 Customizing Kreditkontrollbereich/Kreditsegmentdaten (Transaktion SPRO • Kreditkontrollbereich und Kreditsegment zuordnen)

Sicht "View für Pflege automatische Kreditkontrolle" ändern: Detail

Neue Einträge Mehr

KKBr	RKl	KG	Kreditkontrolle	Währg	Fortsc
1000	D	01	Kreditprüfung hohes Risiko	EUR	000012

Belegsteuerung

Keine Prüfung:

☑ PosPrüfung

Freigegebene Belege bleiben ungeprüft

Abweichung %: 10

Anzahl Tage: 7

Prüfungen

Reaktion Status/Sperre

☑ SAP Credit Mngt C ☑

Abbildung 5.36 Customizing des Kreditmanagements nach der Aktivierung der neuen Funktion SAP Credit Management (Transaktion OVA8)

Bonitäts- und Kreditlimitermittlung

Im Folgenden geben wir zunächst einen Überblick über die Customizing-Einstellungen zu SAP Credit Management. Ein Vorteil von SAP Credit Management im Vergleich zum herkömmlichen Kreditmanagement ist die automatische Berechnung von Kreditlimits und Bonitätskennziffern. Beim herkömmlichen Kreditmanagement müssen die Kreditlimits manuell erfasst und aktualisiert werden. Bei einer entsprechenden Anzahl von Kunden ist dies mit großem Aufwand verbunden. Deshalb haben sich in der Vergangenheit Anbieter von Spezialsoftware etabliert, über deren Lösungen Kreditlimits automatisch berechnet werden. Abbildung 5.37 zeigt schematisch den Aufbau des Customizings für die Berechnungen.

Berechnung mithilfe von Formeln

Es können mehrere Verfahren für die Berechnung der Bonitätskennziffer und des Kreditlimits im Customizing angelegt werden. Im Geschäftspartnerstammsatz wird dann das für den Kunden relevante Verfahren zugeordnet. Zu jedem Verfahren wird anschließend je eine Regel für die Berechnung der Bonität, die Berechnung des Kreditlimits und eine Bewertung der Bonität durch einen externen Anbieter hinterlegt. Die Berechnungen der Bonität und des Kreditlimits erfolgen über Formeln, die im sogenannten *Formeleditor* definiert werden.

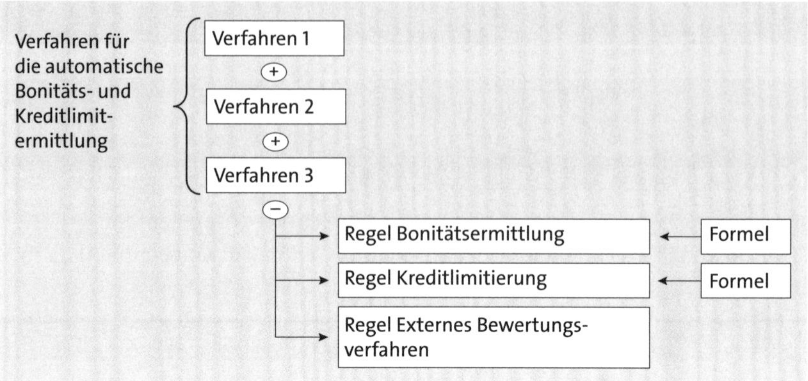

Abbildung 5.37 Schematische Darstellung des Customizings für die automatische Ermittlung der Bonitätskennziffer und des Kreditlimits

Für externe Bewertungen werden entsprechende *Scoringtabellen* definiert, die dann durch eine Datenübertragung des externen Anbieters befüllt werden. Im Folgenden zeigen wir je ein Beispiel für die Bestimmung der Bonität und des Kreditlimits sowie eine Scoringtabelle.

Interne Bonitätskennziffer

Die *interne Bonitätskennziffer* dient dazu, Kunden nach ihrer Kreditwürdigkeit zu klassifizieren. Sie kann über die automatische Berechnungsformel aus den Bewertungsschemata externer Anbieter abgeleitet werden. Damit können die unterschiedlichen Schemata externer Anbieter verglichen werden. Die folgende Aufzählung zeigt die interne Bonitätskennziffer, über die wir unsere Kunden bewerten wollen:

- 0–19: sehr schlecht (sehr hohes Ausfallrisiko)
- 20–39: schlecht (hohes Ausfallrisiko)
- 40–59: mittel (mittleres Ausfallrisiko)
- 60–79: gut (geringes Ausfallrisiko)
- 80–100: sehr gut (sehr geringes/kein Ausfallrisiko)

Unsere Kunden werden über einen externen Anbieter bewertet. Im Customizing (Transaktion SPRO • **Financial Supply Chain Management • Credit Management • Kreditrisikoüberwachung • Stammdaten • Bewertungsverfahren hinterlegen**) wird eine entsprechende Bewertungstabelle hinterlegt. Abbildung 5.38 zeigt das Bewertungsschema **ZEXT** des externen Anbieters.

Jedem Bewertungsschlüssel wird ein Rang zugeteilt. Der Rang entspricht der Einordnung in unsere interne Bewertung aus soeben aufgeführter Aufzählung. Das Bewertungsverfahren **ZEXT** wurde zuvor im Customizing dem Verfahren zur Bonitäts- und Kreditlimitermittlung zugeordnet.

Sicht "Bewertungen" ändern: Übersicht

Neue Einträge · Mehr

Dialogstruktur
- Bewertungsverfahren
  - Bewertungen

Bewertungsverfahren: ZEXT

Bewertungen

Bewertung	Rang	Bezeichnung (sprachunabh.)	Beschreibung (sprachabh.)
1A	100	sehr gut	sehr gut
1B	075	sehr gut m.E.	sehr gut mit Einschränkungen
2A	050	gut	gut
2B	040	gut m.E.	gut mit Einschränkungen
3A	030	schlecht	schlecht
3B	005	sehr schlecht	sehr schlecht

Abbildung 5.38 Bewertungsverfahren einer externen Rating-Agentur (Transaktion SPRO • Bewertungsverfahren hinterlegen)

Dieses Verfahren wird im Geschäftspartnerstammsatz dem Bereich FSCM (Financial Supply Chain Management) zugeordnet. Im Geschäftspartnerstammsatz wird der Kunde anhand der externen Kategorien bewertet. Sie sehen in Abbildung 5.39 den Stammsatz unseres Geschäftspartners **1060** (Transaktion UKM_BP), die Firma Haushaltsgeräte Meyer, deren Bonität über das externe Bewertungsverfahren mit **2B** bewertet wurde (Bereich **Externe Kreditauskünfte** auf dem Reiter **Kreditprofil**).

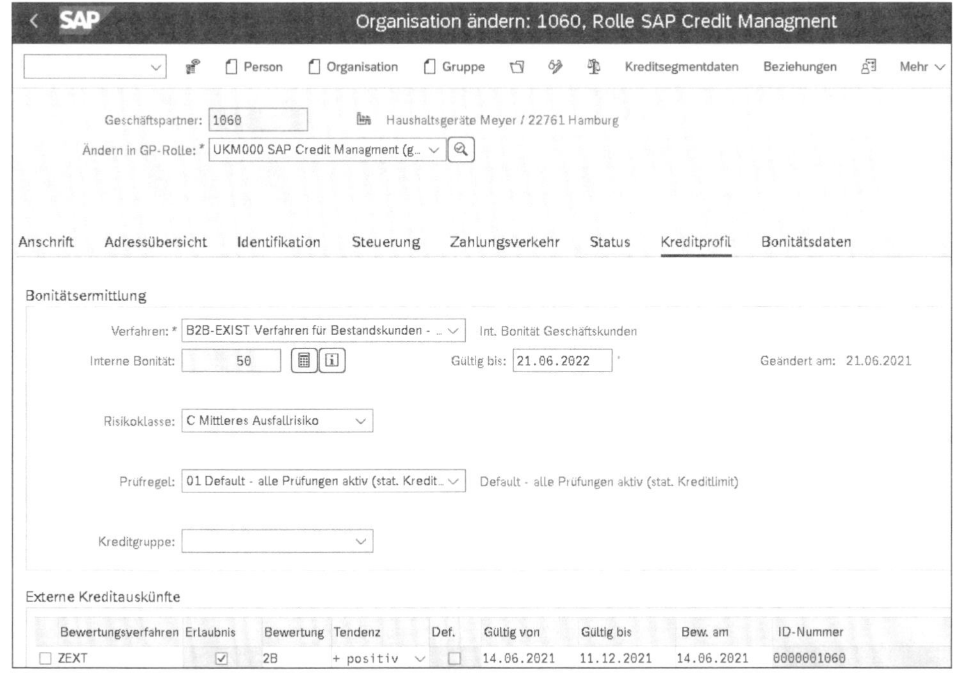

Bewertungsverfahren	Erlaubnis	Bewertung	Tendenz	Def.	Gültig von	Gültig bis	Bew. am	ID-Nummer
ZEXT	☑	2B	+ positiv	☐	14.06.2021	11.12.2021	14.06.2021	0000001060

Abbildung 5.39 Kreditprofil des Geschäftspartners 1060 (Transaktion UKM_BP)

Sie erkennen in der Abbildung, dass für den Geschäftspartner **1060** auch eine interne Bonitätskennziffer ermittelt wurde. Diese Kennziffer wurde über die Formel automatisch ermittelt und kann über den Customizingpfad Transaktion SPRO • **Financial Supply Chain Management • Credit Management • Kreditrisikoüberwachung • Stammdaten • Formeln hinterlegen** erreicht werden. Die Berechnung der internen Bonität und die einzelnen Schritte zur Berechnung können im Geschäftspartnerstamm eingesehen werden.

Ermittlung des Rangs

Die Formel ermittelt den Rang, der der externen Bewertung zugeordnet ist. In Abbildung 5.38 haben Sie gesehen, dass der externen Bewertung **2B** der Rang **40** zugeordnet worden ist. Dieser Wert wird als Grundlage für die Berechnung der internen Bonitätskennziffer übernommen. Zudem wird in der Formel das Gründungsdatum des Unternehmens abgefragt. Da der Geschäftspartner seit mehr als zehn Jahren am Markt ist, werden 10 Punkte auf die interne Bonitätskennziffer aufgeschlagen. Abbildung 5.40 zeigt die Auswertung der Berechnung.

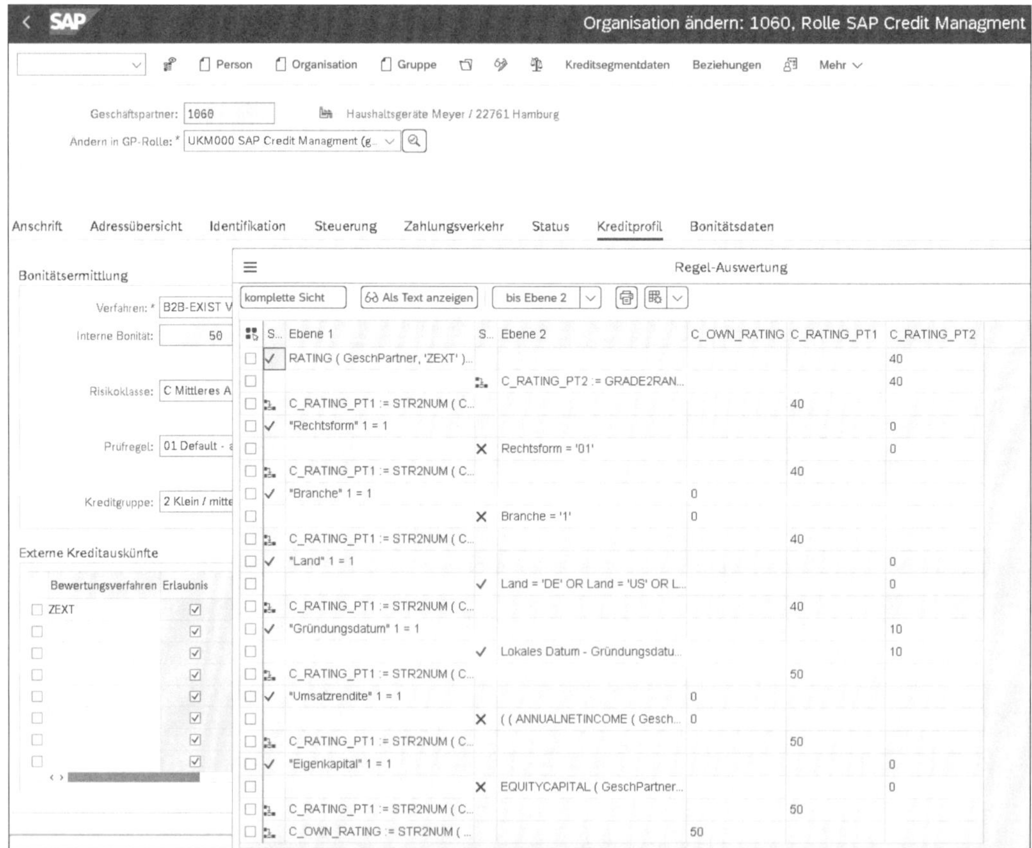

Abbildung 5.40 Berechnung der internen Bonität (Transaktion BP • Formel hinterlegen)

Berechnung des Kreditlimits

Jetzt fehlt noch die Formel, die das System für die automatische Ermittlung des Kreditlimits vorsieht. Auch diese wird entsprechend der schematischen Darstellung aus Abbildung 5.37 über das Bewertungsverfahren ermittelt, das im Customizing definiert und im Geschäftspartnerstammsatz zugeordnet wird. Abbildung 5.41 zeigt ein Beispiel für eine Berechnung des Kreditlimits über eine bestimmte Formel auf der Schaltfläche **Kreditsegmentdaten**. Das Kreditlimit für unseren Geschäftspartner **1060** wird über die Formel OWN_RATING * 200 vom System ermittelt. Das Ergebnis der automatischen Berechnung über die Formel (*Interne Bonität 50 × 200*) sehen Sie in der Abbildung 5.41. Das Kreditlimit unseres Geschäftspartners wurde automatisch berechnet und beträgt 10.000,00 EUR.

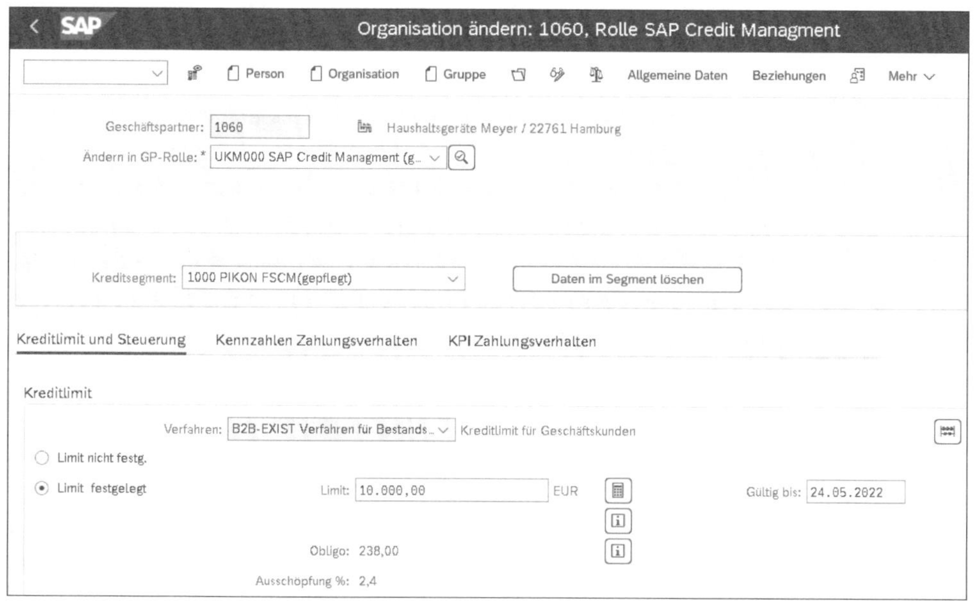

Abbildung 5.41 Kreditlimit für den Geschäftspartner (Transaktion UKM_BP)

Einstellung Risikoklasse in SAP FSCM

Mit der Komponente SAP FSCM wird zwischen *Risikoklassen* in SD und in SAP Credit Management (FIN-FSCM-CR) unterschieden. Für alle Risikoklassen in SD müssen Sie auch eine Risikoklasse in SAP Credit Management mit der gleichen ID definieren und diese einem Geschäftspartner zugordnen. Die Risikoklasse eines Geschäftspartners kann in SAP Credit Management aus der für ihn berechneten internen Bonität bestimmt werden. Jeder Risikoklasse wird dazu im Customizing von SAP Credit Management ein Bonitätsbereich zugeordnet (siehe Abbildung 5.42).

In den Kreditstammdaten des Geschäftspartners kann die sich aus der Bonitätsberechnung ergebende Risikoklasse vom Anwender manuell geändert werden (siehe dazu erneut Abbildung 5.39).

Sicht "SAP Credit Management: Zuordnung Risikoklasse zu Bonität"

Neue Einträge Mehr

SAP Credit Management: Zuordnung Risikoklasse zu Bonität

Risikoklasse	Bezeichnung Risikoklasse	Bonität von	Bonität bis
A	Kein Ausfallrisiko	80	100
B	Geringes Ausfallrisiko	60	79
C	Mittleres Ausfallrisiko	40	59
D	Hohes Ausfallrisiko	20	39
E	Sehr hohes Ausfallrisiko	1	19

Abbildung 5.42 Zuordnung der Risikoklasse zur Bonität (Transaktion SPRO • Risikoklasse anlegen)

Der Schlüssel der Risikoklasse muss zusätzlich im Customizing der Komponente SAP FSCM (Transaktion SPRO • **Financial Supply Chain Management • Credit Management • Integration mit der Debitorenbuchhaltung und dem Vertrieb • Integration mit dem Vertrieb • Risikoklassen definieren**) angelegt werden, wie oben beschrieben. Bei der Kreditlimitprüfung im Kundenauftrag und in der Lieferung prüft das System zunächst entsprechend der Customizing-Einstellungen im Vertrieb. Anhand der Einstellungen in Transaktion OVA8 (siehe dazu Abbildung 5.36 weiter vorne) erkennt das System, dass die eigentliche Prüfung in der Komponente SAP Credit Management erfolgt.

Prüfungen

Die für einen Geschäftspartner vorgesehenen Kreditprüfungen werden in SAP Credit Management über die *Prüfregel* festgelegt. In der Prüfregel werden die einzelnen Prüfungen als Prüfschritte hinterlegt. Die Prüfverfahren unterscheiden sich nicht vom herkömmlichen Kreditmanagement. Einige dieser Schritte sind abhängig von einem zu hinterlegenden Betrag und müssen zusätzlich auf Kreditsegmentebene gepflegt werden. In Abbildung 5.43 sehen Sie die Prüfregel **01**, die aus sechs Einzelschritten besteht.

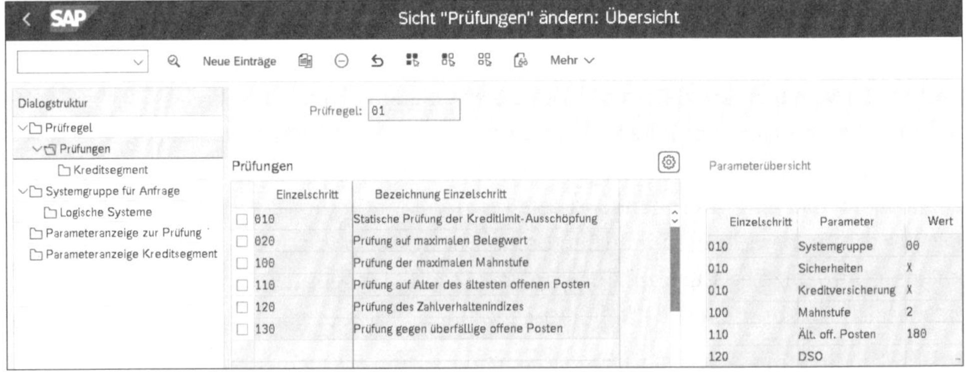

Abbildung 5.43 Einstellungen der Prüfregeln in SAP FSCM (Transaktion SPRO • Prüfregeln definieren)

Für den Einzelschritt **020** (Prüfung auf maximalen Belegwert) muss zusätzlich auf Kreditsegmentebene ein Wert hinterlegt werden (siehe Abbildung 5.44).

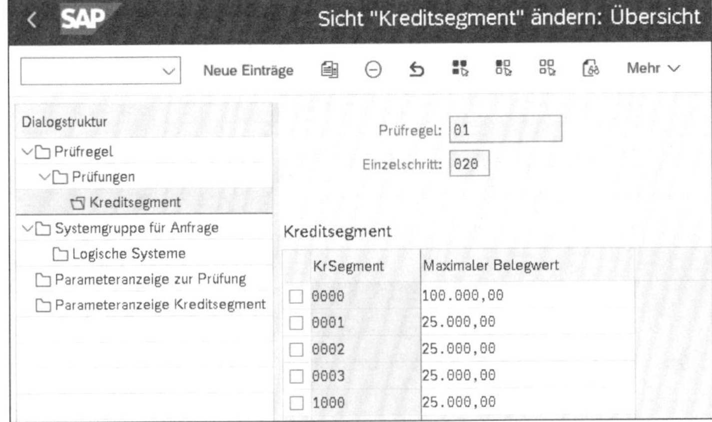

Abbildung 5.44 Kreditsegmentabhängige Einstellung des Einzelschritts 020 der Prüfregel 01

Die einzelnen Prüfschritte werden hier nicht mehr näher erläutert, da sie im Großen und Ganzen den Prüfungen im herkömmlichen Kreditmanagement entsprechen.

Einstellungen in Vertrieb und Finanzbuchhaltung

Einige in SAP Credit Management gepflegte Einstellungen müssen zusätzlich analog im Customizing der Finanzbuchhaltung und des Vertriebs hinterlegt werden. Dabei handelt es sich um die in SAP Credit Management definierten Schlüssel der Kreditsegmente und der Risikoklassen. Somit wird eine Verknüpfung zum Kreditkontrollbereich hergestellt (siehe Abbildung 5.45).

SAP Sicht "SAP Credit Management: Segmentdaten" ändern:

Neue Einträge Mehr

SAP Credit Management: Segmentdaten

KrSegment	Bezeichnung Kreditsegment
0000	Hauptkreditsegment
0001	Geschäftsbereich 0001
0002	Geschäftsbereich 0002
0003	Geschäftsbereich 0003
1000	PIKON FSCM

Abbildung 5.45 Kreditsegment festlegen (Transaktion SPRO • Kreditsegmente anlegen)

Pflege der Risikoklassen

Zu jeder in SAP Credit Management angelegten Risikoklasse muss eine schlüsselgleiche Risikoklasse im Finanzwesen angelegt werden. Abbildung 5.46 zeigt nochmals die Pflege der Risikoklassen im Customizing des herkömmlichen Kreditmanagements in der Finanzbuchhaltung.

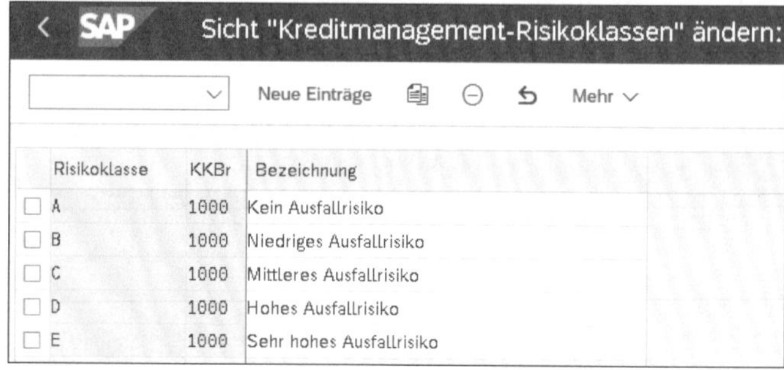

Abbildung 5.46 Risikoklassen definieren (Transaktion SPRO • Risikoklassen definieren)

Die *Obligofortschreibung* ist in SAP S/4HANA integriert und wird bei der Anlage der Rolle im Geschäftspartner sofort ausgeführt. Die Obligos unterteilen sich hier in Vertriebs- und Finanzobligos. Im Geschäftspartner sehen Sie diese gebündelt, wie in Abbildung 5.41 zu erkennen ist. Aus diesem Feld lassen sich die Einzelobligos im Detail anzeigen. Um die Obligofortschreibung an Kundenwünsche anzupassen, stehen die *BAdIs* UKM_FILL (Füllen der Einzelposten für die Obligofortschreibung) und BADI_SD_CM (Vertrieb) zur Verfügung.

Kreditprüfung bei der Auftragserfassung

Während der Anlage des Kundenauftrags im Vertriebssystem findet eine Kreditprüfung statt. Abhängig vom Ergebnis der Prüfung in SAP Credit Management wird in den Status des Kundenauftrags (**GesKreditstatus**) der Kreditstatus **Vorgang ist OK** oder **Nicht genehmigt** vergeben. Ist das Ergebnis der Kreditprüfung negativ, erhält der Kreditsachbearbeiter eine Nachricht, dass ein Kundenauftrag kreditgesperrt wurde. Über Transaktion VKM1 kann er sich den Auftrag anzeigen lassen und ihn freigeben.

5.4.4 Beispiel für den Ablauf mit SAP Credit Management

Nun wollen wir den Ablauf in SAP Credit Management beim Anlegen eines Kundenauftrags an einem Beispiel in den verschiedenen Komponenten verdeutlichen. Das Systembeispiel besteht aus folgenden Schritten:

1. Pflegen des Kreditprofils unseres Geschäftspartners (SAP Credit Management)
2. Erfassen eines Kundenauftrags (Vertrieb)

3. Anzeigen des gesperrten Auftrags (Vertrieb)
4. Freigeben des Kundenauftrags durch den Sachbearbeiter (SAP FSCM)
5. Anzeigen des freigegebenen Kundenauftrags (Vertrieb)

Schritt 1: Kreditprofil des Geschäftspartners pflegen

Wir werden einen Kundenauftrag für unseren Kunden Haushaltsgeräte Meyer (Debitorennummer 1060) anlegen und eine automatische Kreditprüfung für den Auftrag über SAP Credit Management durchführen lassen. Um die Kreditstammdaten für unseren Kunden anzulegen, muss die Kundennummer zunächst zusätzlich über Transaktion BP (in der Rolle `UKM000 SAP Credit Management`) oder direkt über Transaktion UKM_BP als Geschäftspartner angelegt werden. In Abbildung 5.47 sehen Sie die Pflege des Kreditprofils unseres Kunden. Dem Kunden **1060** sind ein Verfahren zur Berechnung der Bonität und des Kreditlimits (**B2B-EXIST**) sowie eine Prüfregel (**01 Default**) und ein Bewertungsverfahren (**ZEXT**) zugeordnet.

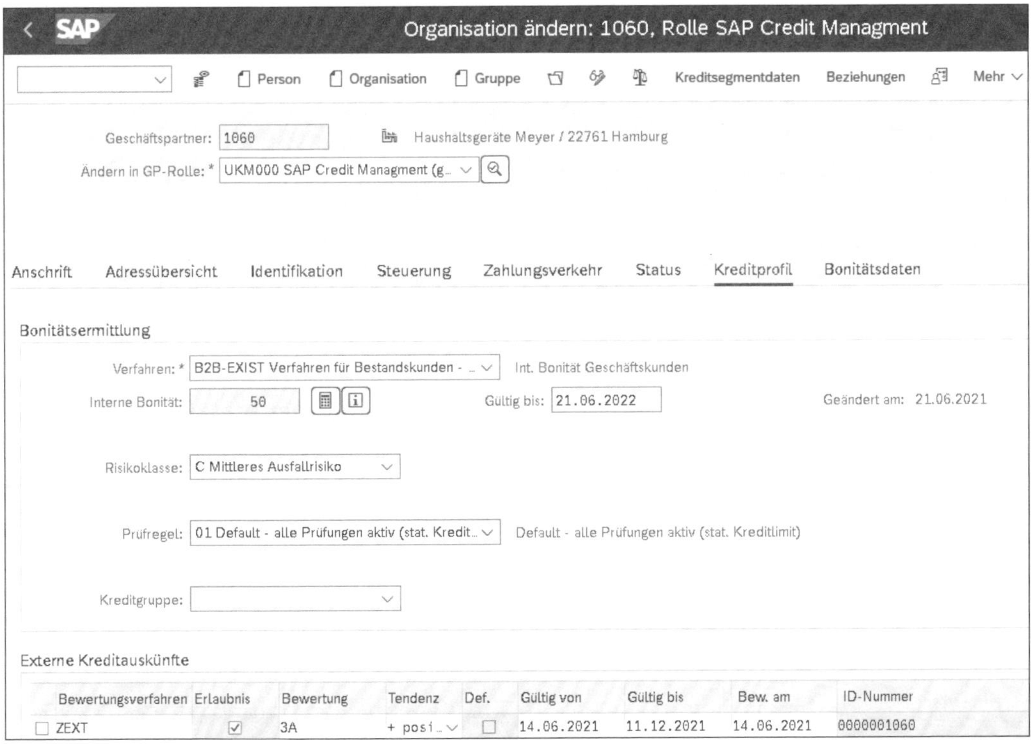

Organisation ändern: 1060, Rolle SAP Credit Managment

Person | Organisation | Gruppe | Kreditsegmentdaten | Beziehungen | Mehr

Geschäftspartner: 1060 — Haushaltsgeräte Meyer / 22761 Hamburg
Ändern in GP-Rolle: * UKM000 SAP Credit Managment (g...

Anschrift | Adressübersicht | Identifikation | Steuerung | Zahlungsverkehr | Status | Kreditprofil | Bonitätsdaten

Bonitätsermittlung

Verfahren: * B2B-EXIST Verfahren für Bestandskunden - ... — Int. Bonität Geschäftskunden
Interne Bonität: 50 — Gültig bis: 21.06.2022 — Geändert am: 21.06.2021
Risikoklasse: C Mittleres Ausfallrisiko
Prüfregel: 01 Default - alle Prüfungen aktiv (stat. Kredit... — Default - alle Prüfungen aktiv (stat. Kreditlimit)
Kreditgruppe:

Externe Kreditauskünfte

Bewertungsverfahren	Erlaubnis	Bewertung	Tendenz	Def.	Gültig von	Gültig bis	Bew. am	ID-Nummer
ZEXT	☑	3A	+ posi...	☐	14.06.2021	11.12.2021	14.06.2021	0000001060

Abbildung 5.47 Pflege des Kreditprofils des Kunden (Transaktion UKM_BP)

Kreditsegmentdaten

Die Daten für das Kreditsegment werden in derselben Transaktion über die Schaltfläche **Kreditsegmentdaten** gepflegt (siehe Abbildung 5.48). Das Limit für das Segment kann manuell eingegeben werden oder wie die interne Bonität vom System über das hinterlegte Verfahren zur Bonitäts- und Kreditlimitermittlung berechnet werden. In unserem Beispiel wurde das Kreditlimit von 10.000,00 EUR vom System berechnet. In unserem Beispiel hat das Limit den Status **Angefordert** und muss vor der Verwendung bestätigt werden.

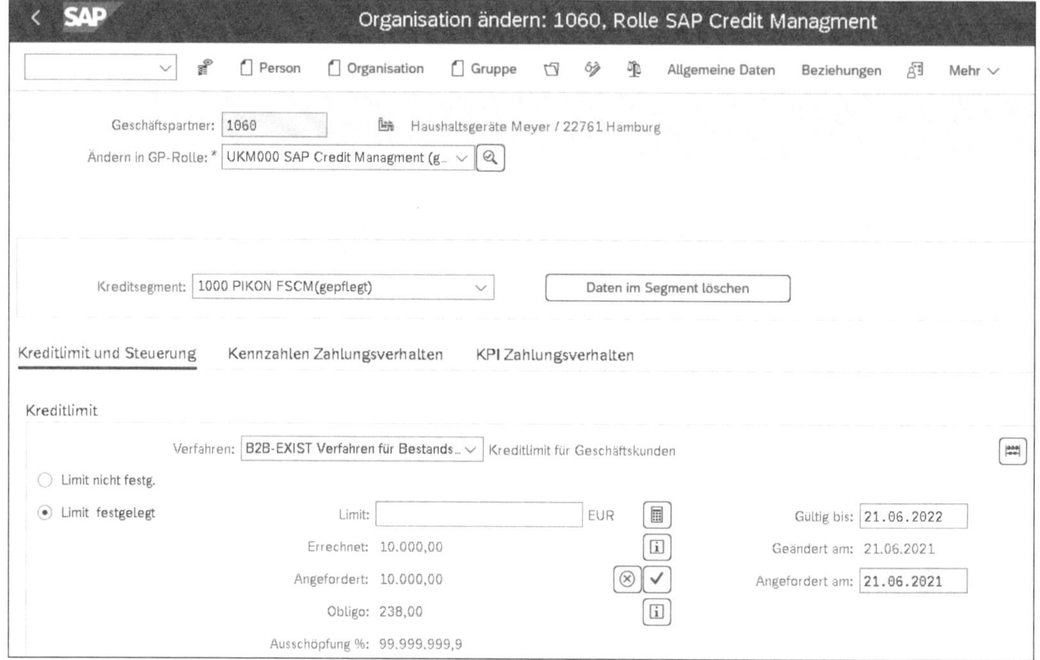

Abbildung 5.48 Kreditsegmentdaten (Transaktion UKM_BP)

Die Änderung von Kreditstammdaten des Geschäftspartners kann in einen Workflow integriert werden. Damit kann die Änderung dieser sensiblen Daten an entsprechende Genehmigungen gebunden werden. Neben einem Workflow lässt sich hier auch mit der dokumentierten Kreditentscheidung arbeiten. Dabei werden Informationen in der Fallakte zusammengefasst und dem zuständigen Sachbearbeiter zur Verfügung gestellt. Dieser entscheidet auf Basis der Daten über das angeforderte Kreditlimit.

Dokumentierte Kreditentscheidung

In unserem Beispiel wollen wir auf die Einbindung in den Workflow verzichten, aber die dokumentierte Kreditentscheidung zum Konto des Geschäftspartners zeigen (siehe Abbildung 5.49). Aus der dokumentierten Kreditentscheidung heraus kann der Sachbearbeiter mittels der beiden Schaltflächen neben dem angeforderten Wert aus Abbildung 5.48 in die Stammdaten des Geschäftspartners abspringen und den angeforderten Wert akzeptieren oder ablehnen. Das angeforderte Limit wird bei Akzeptierung dann in das Feld **Limit** eingetragen. Sie sehen das Ergebnis in Abbildung 5.50.

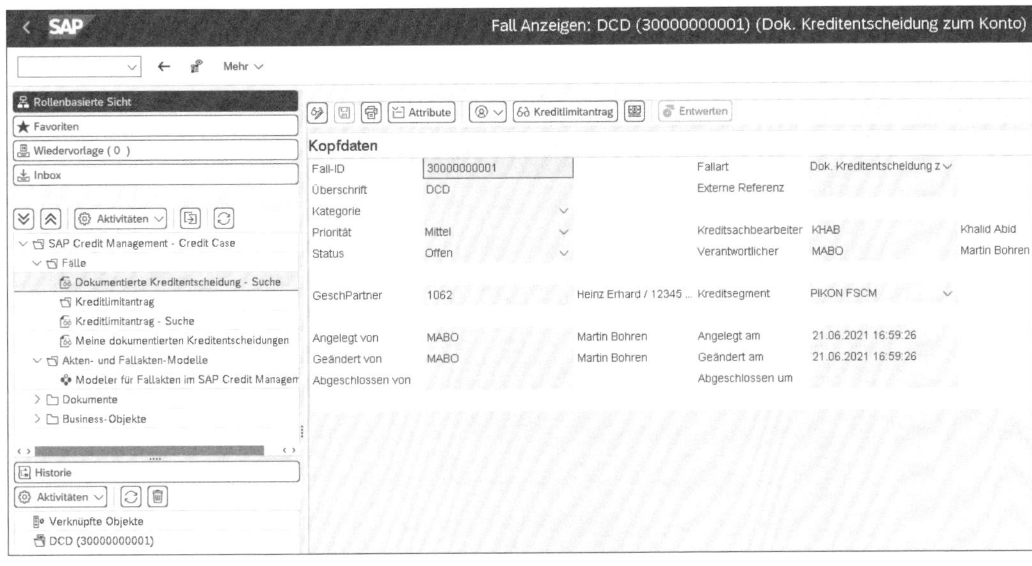

Abbildung 5.49 Dokumentierte Kreditentscheidung zum Konto

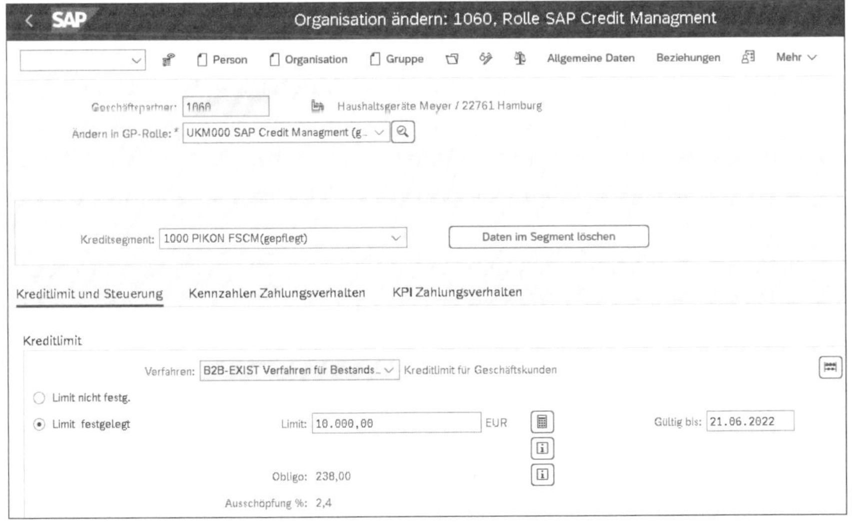

Abbildung 5.50 Kreditsegmentdaten nach der Bestätigung des Kreditlimits

SAP-Fiori-App »Kreditkonten verwalten«

Mit dem SAP-S/4HANA-Release 2020 bietet SAP eine neue SAP-Fiori-App, um die Kreditkonten Ihrer Kunden zu verwalten (**Kreditkonten verwalten**). Über den zentralen Einstieg ist es möglich, sowohl das Kreditprofil Ihrer Geschäftspartner als auch detaillierte Informationen über gesperrte Kundenaufträge und Kreditlimits zu prüfen. Darüber hinaus können Sie in die Kreditsegmentdaten navigieren und weiterführende kreditrelevante Informationen erhalten, wie in Abbildung 5.51 zu sehen.

Abbildung 5.51 Kreditsegmentdaten (SAP-Fiori-App »Kreditkonten verwalten«)

Schritt 2: Kundenauftrag anlegen

Nachdem das Kreditlimit des Kunden bestätigt wurde, kann der Kundenauftrag erfasst werden. Abhängig von der Risikoklasse des Kunden findet während der Anlage eine Kreditprüfung im Hintergrund statt. Dazu wird die positionsabhängige Prüfung im Customizing über Transaktion OVA8 eingestellt (das Kennzeichen **PosPrüfung** muss aktiviert sein, siehe Abbildung 5.36 weiter vorne). Abbildung 5.52 zeigt die Erfassung des Kundenauftrags unseres Systembeispiels. Der Beleg hat einen Nettowert von 12.000,00 EUR (inklusive Mehrwertsteuer ergibt sich der Bruttobetrag von 14.280,00 EUR, der für die Kreditlimitprüfung relevant ist). Während der Erfassung der Position wird im Hintergrund das Kreditlimit geprüft.

Für unseren Kundenauftrag fällt die Kreditprüfung negativ aus, denn der Kunde überschreitet sein Limit in unserem Kreditsegment. Mit dem bereits bestehenden Obligo von 238,00 EUR (siehe Abbildung 5.48 weiter vorne) und den 14.280,00 EUR des neuen Auftrags ist das Kreditlimit von 10.000,00 EUR um 4.518,00 EUR überschritten. Das SAP-System informiert den Anwender über das negative Ergebnis in einem separaten Fenster.

Schritt 3: Gesperrten Kundenauftrag anzeigen

Der Auftrag für die Firma Haushaltsgeräte Meyer erhält aufgrund der negativ ausgefallenen Kreditprüfung den Kreditstatus **Nicht genehmigt** (Feld **GesKreditstatus** in Abbildung 5.53). Bevor der Auftrag bearbeitet werden kann, muss er freigegeben werden. Der Kreditsachbearbeiter kann zudem mittels Workflow aus dem Case-Management über die Sperre informiert werden.

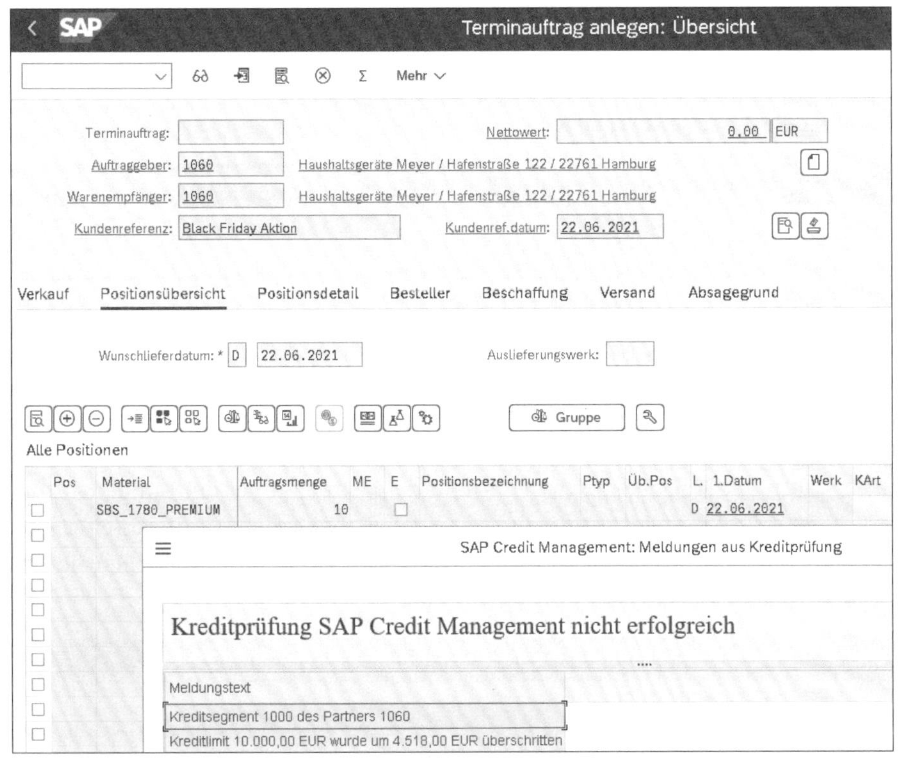

Abbildung 5.52 Ergebnis der Kreditlimitprüfung (Transaktion VA01)

SAP
Terminauftrag 30000112 anzeigen: Kopfdaten
Mehr
Terminauftrag: 30000112
Kundenreferenz: Black Friday Aktion
Auftraggeber: 1060 Haushaltsgeräte Meyer / Hafenstraße 122 / 22761 Hamburg
Verkauf Versand Faktura Buchhaltung Konditionen Kontierung Partner Texte Bestelldaten Status
Bearbeitungsstatus
Gesamtstatus: In Bearbeitung
Absagestatus: Nichts abgesagt
Lieferstatus: nicht beliefert
GesKreditstatus: Nicht genehmigt
Gesamtsperrstatus: gesperrt

Abbildung 5.53 Kundenauftrag mit Kreditsperre (Transaktion VA03)

Schritt 4: Kundenauftrag freigeben

Der Kreditsachbearbeiter kann sich die gesperrten Kundenaufträge über Transaktion VKM1 anzeigen lassen und von dort aus die Aufträge freigeben. In Abbildung 5.54 sehen Sie unseren gesperrten Kundenauftrag. Neben

Transaktion VKM1 besteht hier auch die Möglichkeit, mit dokumentierten Kreditentscheidungen zu arbeiten. Dafür muss man den Prozess entsprechend definieren und explizite Arbeitsanweisungen für die Mitarbeiter erstellen.

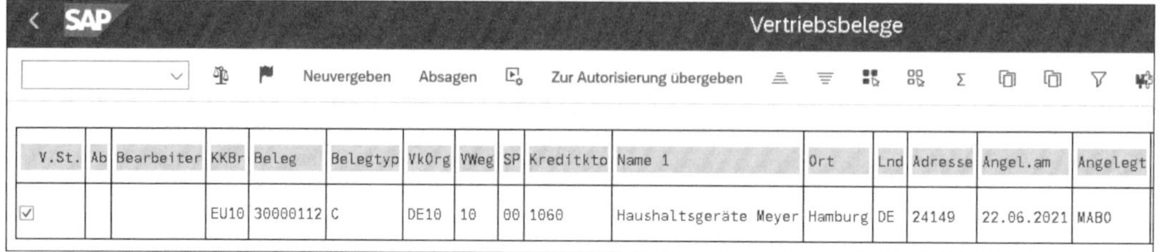

Abbildung 5.54 Liste der kreditgesperrten Vertriebsbelege (Transaktion VKM1)

Schritt 5: Freigegebenen Kundenauftrag anzeigen

Nach der Freigabe durch den Kreditsachbearbeiter hat der Kundenauftrag 30000112 den Status **Vorgang freigegeben** und kann weiterbearbeitet werden, worauf wir an dieser Stelle verzichten. In Abbildung 5.55 sehen Sie den Kreditstatus nach der Auftragsfreigabe.

Abbildung 5.55 Status des Auftrags nach der Freigabe (Transaktion VA02)

5.5 Bonusabwicklung

Bonus- und Provisionszahlungen sowie andere Arten nachträglicher Vergütungen spielen in vielen Unternehmen eine Rolle. Es können Vereinbarungen mit Kunden, Lieferanten oder Mitarbeitern getroffen werden, um die Zusammenarbeit zu festigen und Partner langfristig an das Unternehmen zu binden. Erreicht ein Kunde einen bestimmten Mindestumsatz, zahlt ihm der Lieferant eine nachträgliche Vergütung – einen Bonus.

5.5.1 Betriebswirtschaftliche Grundlagen

Abgrenzung von Rabatten

Bonuszahlungen, Zuschüsse und nachträgliche Vergütungen, die rückwirkend gewährt werden, sind deutlich von den Rabatten abzugrenzen, die i. d. R. sofort fällig werden. Somit hat beispielsweise der Lieferant eine bessere Übersicht und Kontrolle über die Bedingungen, die an die Absprachen geknüpft sind. Er kann mit seinen Kunden Ziele vereinbaren, die erst im Folgejahr und bei Erreichen dieser Ziele eine monetäre Auswirkung haben. In diesem Zuge sind Rückstellungen zu bilden, die z. B. direkt aus Fakturen heraus erzeugt werden können.

Einige dieser Anwendungsgebiete für Bonusabsprachen haben wir nachfolgend aufgelistet:

- umsatzbasierter Kundenbonus
- umsatzbasierter Lieferantenbonus
- mengenbasierter Bonus
- Provisionszahlung für Vertriebsmitarbeiter
- Lizenzgebührenabrechnung

Insbesondere bei Unternehmen im Großhandel können Bonusabsprachen größere Dimensionen annehmen. Somit ist es sehr wichtig, zu jedem Zeitpunkt einen Überblick über ausstehende Zahlungen zu haben – und das im besten Falle vollständig integriert ins ERP-System.

5.5.2 Konditionskontraktmanagement in SAP S/4HANA

Mit SAP S/4HANA hat SAP die Bonusabwicklung neugestaltet, indem mit der Funktion *Konditionskontraktmanagement* (engl. *Condition Contract Settlement*) gearbeitet wird. Das Konditionskontraktmanagement ist Bestandteil des Abrechnungsmanagements und schon seit längerer Zeit in der Komponente *Global Trade* verfügbar, konnte jedoch nur durch Eigenentwicklungen integrativ mit anderen Modulen genutzt werden.

Die Transaktionen, die im klassischen SAP-ERP-System für die Bonusabwicklung zur Verfügung stehen, beispielsweise VBO1 oder VB(D, können nicht mehr genutzt werden (siehe SAP-Hinweis 2267377). Vorhandene Bonusabsprachen können noch bis zum Gültigkeitsende der Absprache verarbeitet und müssen durch eine Endabrechnung geschlossen werden. Neue Absprachen müssen dann basierend auf den neuen Funktionen der Konditionskontrakte angelegt werden.

Abrechnungsmanagement

Mit der neuen Bonusabwicklung verabschiedet sich SAP vom lästigen Aufbau der Statistiken und Aktualisierungen der Bonusabsprachen mittels Transaktionen wie VBOF. Mit dem *Abrechnungsmanagement* und dank der

In-Memory-Technologie werden die Daten zur Laufzeit selektiert und für die Ermittlung des Bonusumsatzes bereitgestellt. Bei der neuen Bonusabwicklung wird ein Konditionskontrakt für den Kunden angelegt, der alle notwendigen Informationen wie Umsatzselektion oder Abrechnungsintervalle für die Abwicklung enthält.

5.5.3 Beispiel für den Ablauf des Konditionskontraktmanagements in SAP S/4HANA

In dem Kapitel zeigen wir anhand eines Systembeispiels den Ablauf des Konditionskontraktmanagements, der aus folgenden Schritten besteht:

1. Anlegen eines Konditionskontrakts
2. Umsatzanzeige des Konditionskontrakts
3. Abrechnung des Konditionskontrakts
4. Gutschrift zum Konditionskontrakt

Schritt 1: Anlegen eines Konditionskontrakts

Im ersten Schritt legen wir in Transaktion WCOCO einen Konditionskontrakt mit der Kontraktart **0S01** (Umsatzbonus) an. Abbildung 5.56 zeigt beispielhaft die *Umsatzselektionskriterien* im Konditionskontrakt. Mit diesen Selektionskriterien können Bonusabsprachen flexibel an die Bedürfnisse des Unternehmens angepasst werden. Es können beispielsweise Kundenhierarchien für die Selektion genutzt werden, was im klassischen SAP-ERP-System nur durch zusätzliche Programmierung umgesetzt werden könnte. In unserem Fall haben wir die Feldkombination **0001** (Kunde), **0003** (Verkaufsorganisation) und **0009** (Material) angelegt.

Abbildung 5.56 Konditionskontrakt für die Bonusabwicklung (Transaktion WCOCO)

Unser Konditionskontrakt 2000000022 enthält auch die bonusrelevanten Konditionen, die in den Fakturen herangezogen werden. Dabei werden zwei

Konditionsarten vorgegeben: zum einen der Aufbau der Rückstellung über die Konditionsart **REA1** und zum anderen die Kondition **RES1**, die für die Berechnung des Bonus relevant ist (siehe Abbildung 5.57).

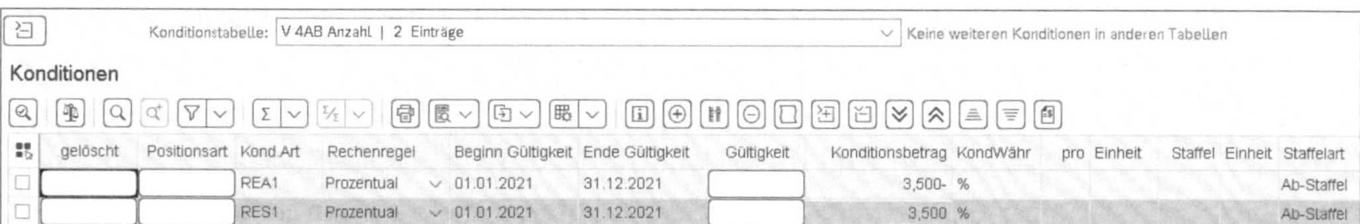

Abbildung 5.57 Konditionen im Konditionskontrakt (Transaktion WCOCO)

Zusätzlich zu den Konditionen pflegen wir den Abrechnungskalender mit den zwei Abrechnungsdatumtypen **Endabrechnung** und **Deltaabgrenzung**, die die Art der Abrechnung angeben (siehe Abbildung 5.58).

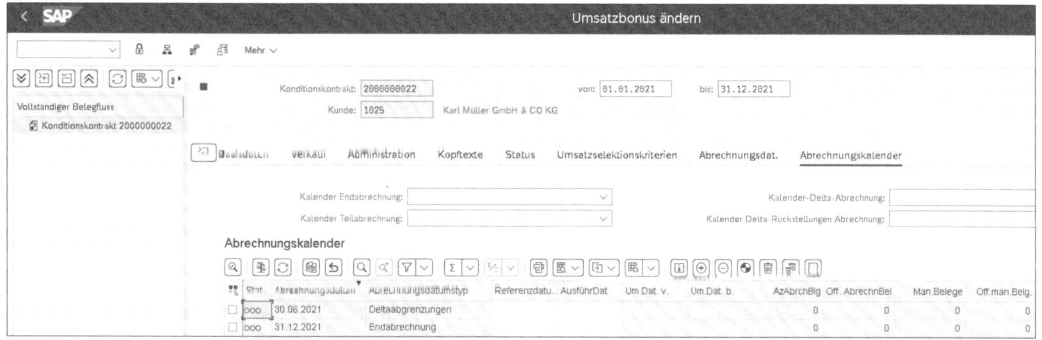

Abbildung 5.58 Abrechnungskalender (Transaktion WCOCO)

Schritt 2: Umsatzanzeige des Konditionskontrakts

Unterjährig können die *Umsätze* zu den Kontrakten abgerufen werden, um sich einen Überblick zu verschaffen (siehe Abbildung 5.59). Das Feld **REBV** beschreibt den bonusfähigen Umsatz mit dem Kunden.

Abbildung 5.59 Umsatzanzeige zum Konditionskontrakt (Transaktion WB2R_BUSVOL)

In unserem Falle haben wir mit unserem Kunden 1025 einen Umsatz von 4.200,00 EUR mit der Waschlotion NoHA 150ml Plastikflasche (SAP-Material PR4712) generiert. Anders als bei der Bonusabwicklung im klassischen SAP-ERP-System werden hier auch die Fakturen selektiert, bei denen die Bonuskonditionen nicht im Beleg aktualisiert wurden. Dies ist eine enorme Verbesserung gegenüber SAP ERP, da nicht erst alle Fakturen aktualisiert werden müssen.

Schritt 3: Abrechnung des Konditionskontrakts

Wie im Abrechnungskalender eingetragen, wollen wir nun in Schritt 3 eine *Deltaabgrenzung* veranlassen. Dazu steigen wir in Transaktion WB2R_SC ein und grenzen die Abrechnung von Kundenkonditionskontrakten mit einem Datum und dem Konditionskontrakt 2000000022 ein. Hier ist es möglich, vor dem Echtlauf auch einen Prüf- oder Simulationslauf anzustoßen. Wir führen den Echtlauf durch und sehen im Pop-up die Systemmeldung **1 Kontrakte fehlerfrei abgerechnet**. Anschließend wird das Protokoll ausgegeben, wie in Abbildung 5.60 ersichtlich.

Abbildung 5.60 Protokoll für die Kundenkonditionskontrakt-Abrechnung (Transaktion WB2R_SC)

Schritt 4: Gutschrift zum Konditionskontrakt

Nachdem die Abrechnung des Konditionskontrakts über den Echtlauf erfolgt ist, wird in Schritt 4 die erstellte Gutschrift **53** im Belegfluss des Konditionskontrakts aufgeführt (siehe Abbildung 5.61).

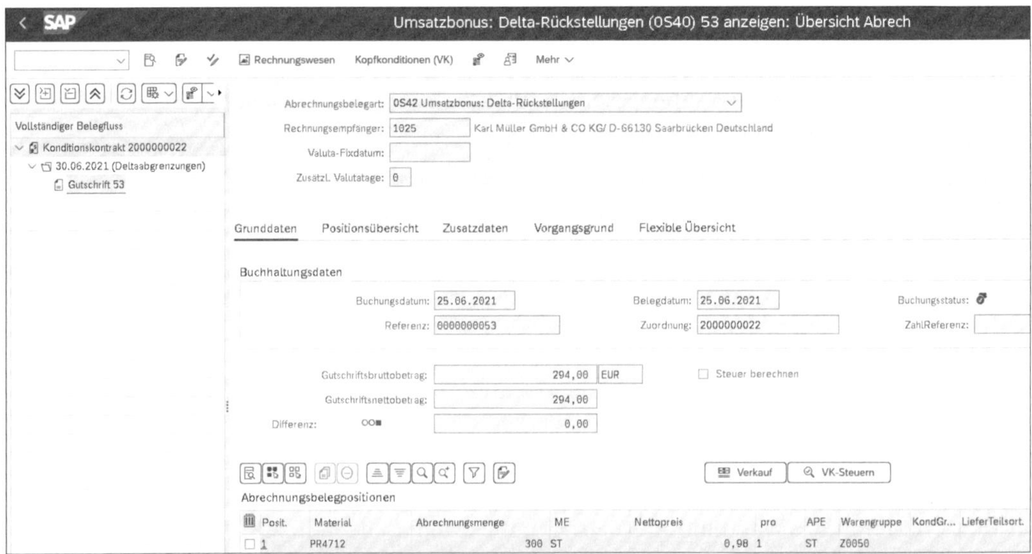

Abbildung 5.61 Gutschrift zum Konditionskontrakt (Transaktion WCOCO)

Zusätzlich lassen sich über die Schaltfläche **Rechnungswesen** die Buchhaltungs- und Kostenrechnungsbelege abrufen.

Zusammenfassend halten wir fest, dass die vollständig in SAP S/4HANA integrierte Funktion Konditionskontrakt ein übersichtliches Instrument zur Pflege und Verwaltung von Bonusvereinbarungen bietet. Sie haben die flexible Wahl der Abrechnungsbasis, eine einfache Handhabung durch den zentralen Einstieg und erzielen somit eine nachweislich höhere Qualität der Bonusabrechnungen.

5.6 Vertriebsstücklisten

Stücklisten in Verkaufsbelegen werden herangezogen, wenn ein Produkt aus verschiedenen Komponenten zusammengesetzt wird. Beispielsweise besteht ein Fahrrad aus einem Rahmen, einem Lenker, einer Federgabel, den Laufrädern, einem Sattel, den Bremsen usw., die unter einer Materialstückliste gebündelt werden. Diese Stücklisten können aufgrund der Preisfindung, Bestandsführung und Lieferabwicklung unterschiedlich ausgeprägt sein. In der Praxis werden Stücklisten häufig verwendet, da sich daraus insbesondere in der Auftragserfassung und den Nachfolgeprozessen einige Vorteile ergeben.

5.6.1 Betriebswirtschaftliche Grundlagen

Material- bzw. Vertriebsstücklisten

Produkte, die aus verschiedenen Komponenten zusammengesetzt sind, können als *Materialstückliste* angelegt werden. Im Vertrieb genutzte Materialstücklisten werden *Vertriebsstücklisten* genannt und enthalten eine übergeordnete und mehrere untergeordnete Komponenten mit den jeweiligen Mengen. In der Praxis finden die Vertriebsstücklisten (auch *Verkaufssets* genannt) unter anderem als Erfassungshilfe im Kundenauftrag Verwendung. Mit Eingabe einer übergeordneten Materialnummer wird die Stückliste für Vertriebssachbearbeiter automatisch aufgelöst. Da die richtigen Kombinationen der untergeordneten Teile (Beispiel: kleiner Fahrradrahmen = Laufräder 27,5 Zoll; großer Fahrradrahmen = 29 Zoll) vorab definiert werden, kann die fehlerhafte Eingabe bereits bei Beginn der Auftragserfassung reduziert werden.

Die Preisfindung, Bestandsführung und Lieferabwicklung kann entweder auf Ebene der Haupt- oder der Unterpositionen erfolgen. Sie können Ihre Stücklisten demnach so aufbauen, dass dem Kunden der Verkaufspreis für die Hauptkomponente angezeigt wird, aber die Unterkomponenten geliefert werden.

Kunden werden Stücklisten häufig in dem Sinne schmackhaft gemacht, dass für das Set weniger bezahlt werden muss, als wenn die Komponenten einzeln zusammengestellt würden. Damit können Sie auch den internen Aufwand verringern, indem die Verkaufssets zusammen gelagert und verpackt werden.

5.6.2 Vertriebsstücklisten in SAP S/4HANA

Wie oben beschrieben, kann im SAP-Standard die Verarbeitung von Stücklisten entweder auf der Ebene der Hauptposition oder der Unterposition erfolgen. Wie sich die Stückliste verhält, wird über verschiedene Positionstypen gesteuert. Im Customizing kann zugeordnet werden, welche Positionstypen für die Haupt- sowie Unterpositionen gefunden werden sollen. Diese werden wiederum durch die Angabe der zugeordneten Positionstypengruppe im Materialstamm gesteuert.

Preisfindung und Bestandsführung auf Hauptposition

Sollen die Preisfindung sowie die Bestandsführung auf der Hauptposition stattfinden, können Sie die Positionstypengruppe **ERLA** im Feld **PTGrp** verwenden, die in der SAP-Standardauslieferung enthalten ist (siehe Abbildung 5.62). Diese wird im Materialstamm auf der Sicht **Vertrieb 2** der Hauptposition hinterlegt. Beim Erfassen eines Kundenauftrags wird für die übergeordnete Position dann im Feld **PSTyD** automatisch der Positionstyp **TAQ** (Lieferumfang oben) gefunden. Die Unterpositionen erhalten den Positionstyp **TAE** (Erläuterung) und werden durch den Eintrag im Feld **PsTyÜPos** gefunden. Der Positionstyp der übergeordneten Position bestimmt den Positionstyp der zugehörigen Unterpositionen.

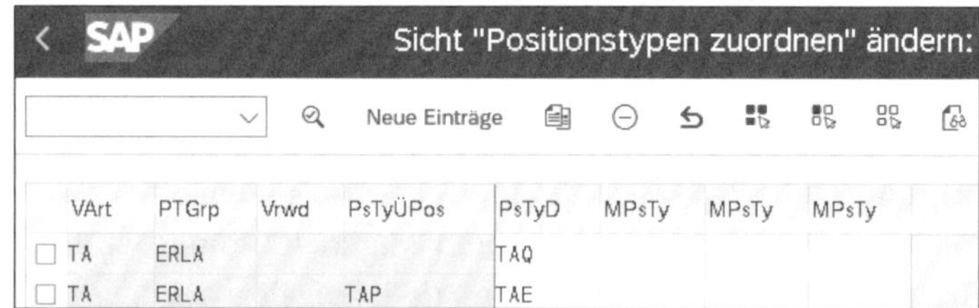

VArt	PTGrp	Vrwd	PsTyÜPos	PsTyD	MPsTy	MPsTy	MPsTy
TA	ERLA			TAQ			
TA	ERLA		TAP	TAE			

Abbildung 5.62 Positionstypenfindung mit Positionstypengruppe ERLA (Transaktion SPRO • Positionstypen zuordnen)

Somit wird die Preisfindung auf Hauptpositionsebene durchgeführt, und die Komponenten sind in der Unterposition als informativer Text der einzelnen Bestandteile anzusehen.

Preisfindung und Bestandsführung auf Unterposition

Für die Variante, bei der die Preisfindung sowie die Bestandsführung in den *Unterpositionen* stattfinden soll, wird im Materialstamm der Hauptposition die Positionstypengruppe **LUMF** (Struktur/Mat.unten) hinterlegt. Wie in

Abbildung 5.63 zu sehen, wird hierdurch für die übergeordnete Position im Kundenauftrag der Positionstyp **TAP** (Lieferumfang unten) und für die Unterpositionen der Positionstyp **TAN** (Normalposition) gefunden. In diesem Fall dient die Hauptposition lediglich als Bezeichnung des Sets und ist als rein statistischer Wert anzusehen. Die Preisfindung und Bestandsführung erfolgen auf Komponentenebene.

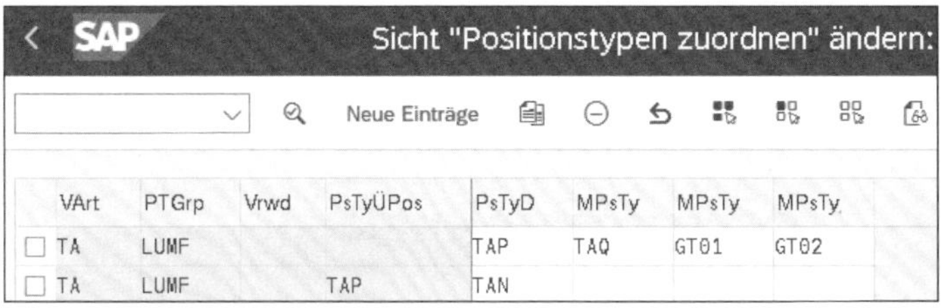

Sicht "Positionstypen zuordnen" ändern:

Neue Einträge

VArt	PTGrp	Vrwd	PsTyÜPos	PsTyD	MPsTy	MPsTy	MPsTy
TA	LUMF			TAP	TAQ	GT01	GT02
TA	LUMF		TAP	TAN			

Abbildung 5.63 Positionstypenfindung mit Positionstypengruppe LUMF (Transaktion SPRO • Positionstypen zuordnen)

Auflösung der Stückliste

Damit sich die Stückliste beim Erfassen eines Kundenauftrags auflöst, muss dies im Strukturumfang des Positionstyps eingestellt werden, wie in Abbildung 5.64 zu sehen. Dabei ist im Feld **Strukturumfang** der Wert **A** eingetragen, der für eine einstufige Auflösung der Stückliste sorgt. Es gibt auch die Möglichkeit, Stücklisten mehrstufig aufzulösen oder Konfigurationen mit oder ohne Stücklistenauflösung vorzusehen.

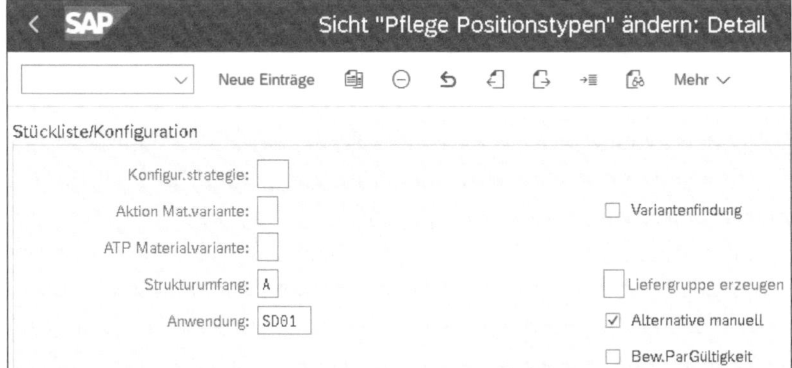

Abbildung 5.64 Einstellungen zur Auflösung der Stückliste (Transaktion SPRO • Positionstypen definieren)

5.6.3 Beispiel für die Auftragsabwicklung mit Vertriebsstücklisten in SAP S/4HANA

In diesem Abschnitt wollen wir uns beide Szenarien anhand von Beispielen für die Auftragsabwicklung mit einer Vertriebsstückliste ansehen. Dabei werden wir zuerst die Vertriebsstückliste für ein Multi-Device-Set anlegen, die aus drei Komponenten besteht. Anschließend erfassen wir zwei Kundenaufträge und sehen uns die Auswirkungen auf die Auflösung der Komponenten an.

Schritt 1: Vertriebsstückliste anlegen

Für alle verwendeten Materialien (Haupt- und Unterpositionen) der Stückliste muss zuvor ein Materialstamm angelegt werden. Um eine Vertriebsstückliste im SAP-System anzulegen, wird Transaktion CS01 verwendet. Hier geben wir im Einstiegsbild für das Material **SL-100** der Hauptposition der Stückliste das Werk **DE10** und die Verwendung **5** (Vertrieb) ein, wie in Abbildung 5.65 dargestellt.

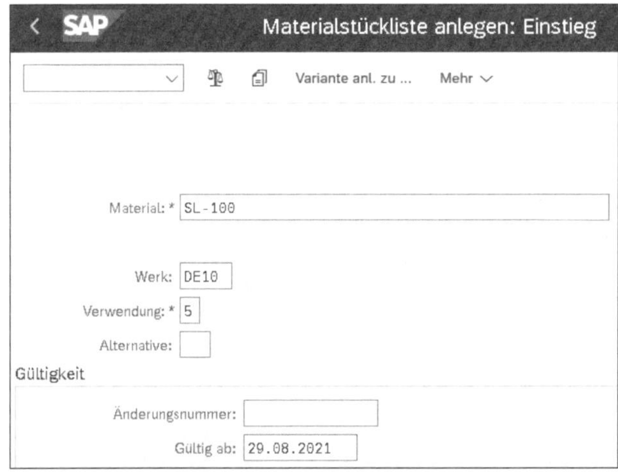

Abbildung 5.65 Anlegen einer Vertriebsstückliste (Transaktion CS01)

Anschließend können wir im nächsten Bild die einzelnen Materialien für die Unterpositionen der Stückliste hinzufügen. Außerdem lässt sich im Feld **PTp** (Positionstyp der Stückliste) angeben, ob es sich jeweils um eine Lagerposition (**L**) oder eine Nichtlagerposition (**N**) handelt. Der Unterschied zwischen diesen beiden Positionen spiegelt sich unter anderem in der unterschiedlichen Bestandsführung wider. In unserem Beispiel in Abbildung 5.66 besteht unser Multi-Device-Set aus einem Premium Active Pen (SL-200), einer mobilen Maus (SL-300) und einer Tastatur (SL-400), jeweils mit der Menge 1. Wir speichern unsere Vertriebsstückliste ab und legen im nächsten Schritt einen Kundenauftrag für das erste Szenario an.

Schritt 2a: Kundenauftrag mit Positionstypengruppe ERLA

Über Transaktion VA01 erfassen wir einen Kundenauftrag mit der Auftragsart TA und unserem Vertriebsbereich DE10/10/00. Nach der Eingabe unseres Kunden Antoine Elektrofachhandel GmbH mit der Kundennummer **1076** und unserer Hauptposition **SL-100** sehen wir das in Abbildung 5.67 dargestellte Ergebnis.

Pos.	PTp	Komponente	Komponentenbezeichnung	Menge	ME	BGr	UPs	Gültig ab	Gültig bis
0010	L	SL-200	Premium Active Pen	1	ST	☐	☐	26.06.2021	31.12.9999
0020	L	SL-300	Mobile Wireless-Mouse – Schwarz	1	ST	☐	☐	26.06.2021	31.12.9999
0030	L	SL-400	Business-Multimedia-Tastatur deutsch	1	ST	☐	☐	26.06.2021	31.12.9999

Abbildung 5.66 Vertriebsstückliste (Transaktion CS02)

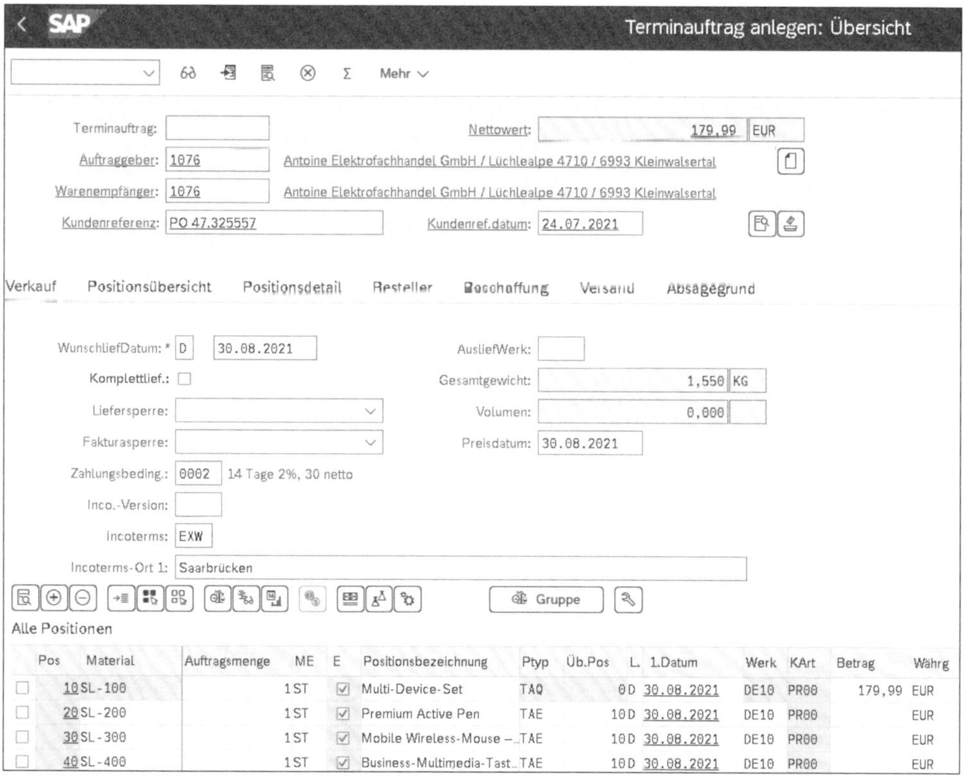

Terminauftrag anlegen: Übersicht

Mehr

Terminauftrag:
Nettowert: 179,99 EUR
Auftraggeber: 1076 Antoine Elektrofachhandel GmbH / Lüchlealpe 4710 / 6993 Kleinwalsertal
Warenempfänger: 1076 Antoine Elektrofachhandel GmbH / Lüchlealpe 4710 / 6993 Kleinwalsertal
Kundenreferenz: PO 47.325557
Kundenref.datum: 24.07.2021

Verkauf | Positionsübersicht | Positionsdetail | Besteller | Beschaffung | Versand | Absagegrund

WunschliefDatum: * D 30.08.2021
AusliefWerk:
Komplettlief.: ☐
Gesamtgewicht: 1,550 KG
Liefersperre:
Volumen: 0,000
Fakturasperre:
Preisdatum: 30.08.2021
Zahlungsbeding.: 0002 14 Tage 2%, 30 netto
Inco.-Version:
Incoterms: EXW
Incoterms-Ort 1: Saarbrücken

Gruppe

Alle Positionen

Pos	Material	Auftragsmenge	ME	E	Positionsbezeichnung	Ptyp	Üb.Pos	L.	1.Datum	Werk	KArt	Betrag	Währg
10	SL-100	1	ST	☑	Multi-Device-Set	TAQ	0	D	30.08.2021	DE10	PR00	179,99	EUR
20	SL-200	1	ST	☑	Premium Active Pen	TAE	10	D	30.08.2021	DE10	PR00		EUR
30	SL-300	1	ST	☑	Mobile Wireless-Mouse –...	TAE	10	D	30.08.2021	DE10	PR00		EUR
40	SL-400	1	ST	☑	Business-Multimedia-Tast...	TAE	10	D	30.08.2021	DE10	PR00		EUR

Abbildung 5.67 Erfassen eines Kundenauftrags mit Preis-, Bestandsführung und Lieferrelevanz auf der übergeordneten Position (Transaktion VA01)

Die übergeordnete Position mit dem Material SL-100 hat durch die Positionstypengruppe **LUMF** im Materialstamm automatisch den Positionstyp **TAQ** gezogen und die Stückliste aufgelöst. Die Hauptposition trägt den Verkaufspreis von 179,99 EUR, und die Unterpositionen mit dem Positionstyp **TAE** (Feld **Ptyp**) sind rein statistisch. In der Spalte **Üb.Pos** sehen Sie die Zuordnung zur übergeordneten Position.

Schritt 2b: Kundenauftrag mit Positionstypengruppe LUMF

In unserem zweiten Szenario ändern wir die Positionstypengruppe des Materials SL-100 von **ERLA** auf **LUMF** ab. Nach der erneuten Eingabe der Auftragsart, des Vertriebsbereichs, des Kunden und der Hauptposition enthalten die untergeordneten Positionen 20, 30 und 40 nun die Preise und sind bestandsgeführt und lieferrelevant (Positionstyp **TAN**), wie in Abbildung 5.68 zu sehen. Für die Materialien der Unterpositionen wird jeweils die Positionstypengruppe **NORM** im Materialstamm eingetragen. Diese Materialien können genauso auch einzeln, unabhängig von der Stückliste, verkauft werden. Bei der Verarbeitung bildet das System automatisch eine Liefergruppe. Die Position 10 bildet hier mit dem Positionstyp **TAP** eine Art Klammer.

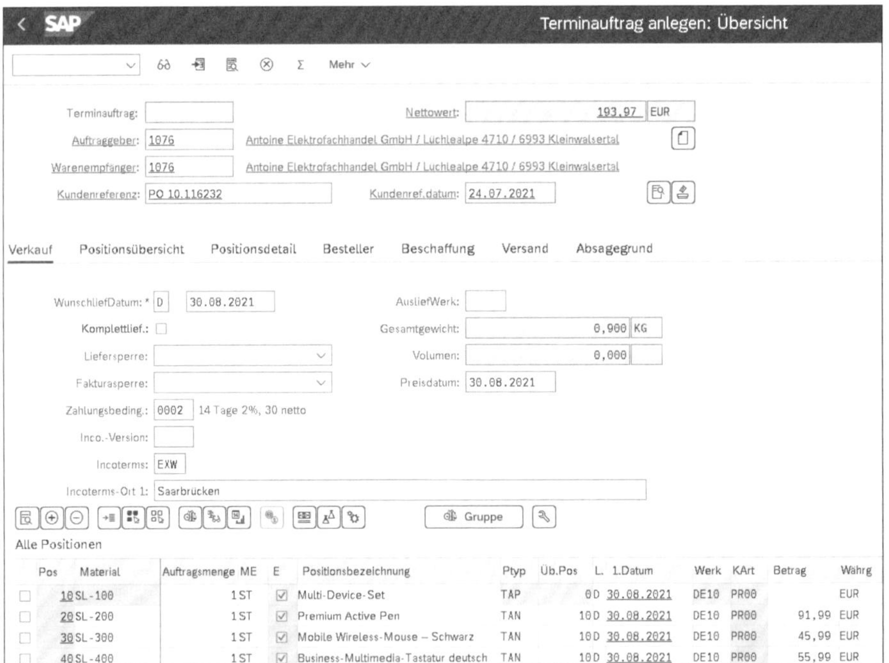

Pos	Material	Auftragsmenge	ME	E	Positionsbezeichnung	Ptyp	Üb.Pos	L.	1.Datum	Werk	KArt	Betrag	Währg
10	SL-100	1	ST	☑	Multi-Device-Set	TAP	0	D	30.08.2021	DE10	PR00		EUR
20	SL-200	1	ST	☑	Premium Active Pen	TAN	10	D	30.08.2021	DE10	PR00	91,99	EUR
30	SL-300	1	ST	☑	Mobile Wireless-Mouse – Schwarz	TAN	10	D	30.08.2021	DE10	PR00	45,99	EUR
40	SL-400	1	ST	☑	Business-Multimedia-Tastatur deutsch	TAN	10	D	30.08.2021	DE10	PR00	55,99	EUR

Abbildung 5.68 Erfassen eines Kundenauftrags mit Preis-, Bestandsführung und Lieferrelevanz auf den untergeordneten Positionen (Transaktion VA01)

Wir erkennen in diesen beiden Szenarien erneut das Zusammenspiel zwischen Customizing-Einstellungen und Stammdaten in einem SAP-System. Durch die verschiedenen Ausprägungen können sehr viele Prozessvarianten abgebildet werden, die mit den Fachbereichen – in diesem Fall insbesondere der Logistik und der Finanzabteilung – abgestimmt werden sollten.

5.7 Dynamische Workflows

Ein umfassendes Monitoring hilft Verantwortlichen, jederzeit den Status der Vorgänge im Blick zu behalten, auftretende Probleme frühzeitig zu identifizieren und proaktiv einzugreifen. Schon in SAP-ECC-Systemen wurde für diese Aufgabe das allgemeine Werkzeug *Workflowmanagement* angeboten, das auch weiterhin in SAP S/4HANA zur Verfügung steht. Dieses Tool ist ausgereift, sehr leistungsfähig und gut erweiterbar. Es setzt allerdings die Expertise einer Person voraus, die die Einrichtung für das Unternehmen übernimmt, im Fehlerfall eine Analyse durchführen und Änderungen in den Anforderungen umsetzen kann. Außerdem werden für komplexere Szenarien umfangreiche Stammdaten wie eine gepflegte HR-Organisationsstruktur für die Empfängerermittlung benötigt. Da nicht in allen Unternehmen die SAP-Komponente HR zur Personalverwaltung eingesetzt wird, sind hier wiederum weitere Spezialisten notwendig, um die entsprechenden Grundlagen zu schaffen.

Dynamische Workflows als Einstiegshilfe

Um die Einstiegshürde für Unternehmenskunden zu senken, hat SAP für ausgewählte Szenarien in SD die *dynamischen Workflows* eingeführt. In anderen SAP-ERP-Modulen wie dem Einkauf (MM) gibt es ähnliche Funktionen zur Freigabe von Bestellanforderungen oder Bestellungen schon seit Langem. In SD hatte eine vergleichbare, einfach einzustellende Funktion bisher gefehlt. Der Zweck solcher dynamischen Workflows ist es, dass Modulberater oder sogar Key-User in die Lage versetzt werden, Workflows zu aktivieren, zu konfigurieren und flexibel an die Anforderungen des Unternehmens anzupassen, ohne dass dafür ein technischer Workflowexperte hinzugezogen werden muss.

5.7.1 Betriebswirtschaftliche Grundlagen

Compliance-Richtlinien

Neben den SD-Belegen, die eine Prozesskette bilden, werden oft zusätzliche Schritte in der Organisation benötigt, um die Inhalte von Belegen zu vervollständigen, zu prüfen, zu genehmigen oder auch abzulehnen. Oft wird dies auch durch *Compliance-Richtlinien* verlangt (Stichwort: *Segregation of Duties*). Dies kann an allen Stellen im Prozess notwendig sein, insbesondere dort, wo das Unternehmen ein besonderes Leistungsversprechen ausstellt. Das könnte z. B. bei der Abgabe von Angeboten oder der Gewährung von Gutschriften an den Kunden der Fall sein. Da diese Regeln in jedem Unternehmen anders gehandhabt werden, liefert SAP hier keine fertige Lösung aus, sondern einen Werkzeugkasten, in dem bestimmte Szenarien vorbereitet sind und allgemeine Tools angeboten werden.

5.7.2 Dynamische Workflows in SAP S/4HANA

Die Funktion *dynamischer Workflow* wurde zunächst mit SAP S/4HANA 1809 für Gutschriftsanforderungen und mit SAP S/4HANA 1909 dann zusätzlich für Kundenaufträge und Angebote zur Verfügung gestellt. Mit SAP S/4HANA 2020 wurden zusätzlich Szenarien für kostenlose Aufträge, Wertkontrakte und vorläufige Fakturen ausgeliefert. Auch die notwendigen Systemeinstellungen haben sich von Release zu Release verändert. Damit die dynamischen Workflows reibungslos funktionieren, müssen im System verschiedene Voraussetzzungen erfüllt sein. Diese werden wir im Folgenden kurz anreißen. Danach werden wir die Einrichtung eines Beispiels für die Angebotsfreigabe Schritt für Schritt darstellen.

Voraussetzungen

Benutzerrollen

Dynamische Workflows setzen zumindest für die Einrichtung den Einsatz von SAP Fiori voraus, da nur hier die meisten notwendigen Einstellungen durchgeführt werden können. Die Standardrollen aus Tabelle 5.1 können als Grundlage für individuell definierte Benutzerrollen dienen.

Rolle	Beschreibung	Aufgabe
SAP_BR_SALES_MANAGER	Sales Manager	Verkaufsmanager
SAP_BR_INTERNAL_SALES_REP	Internal Sales Representative	Verkäufer
SAP_BR_BPC_EXPERT	Configuration Expert – Business Process Configuration	Key-User
SAP_BR_BUSINESS_PROCESS_SPEC	Business Process Specialist	Key-User
SAP_NW_APS_EXT_CFD	Backend-Role	Key-User
SAP_NW_APS_EXT_CFL_APP	Backend-Role	Key-User

Tabelle 5.1 Relevante Benutzerrollen für die dynamischen Workflows

SAP-Fiori-App »Benutzerdefinierte Felder und Logik«

Für die SAP-Fiori-App **Benutzerdefinierte Felder und Logik** gibt es keine vorgefertigte Rolle. Deshalb legen Sie in Transaktion PFCG eine Z-Rolle in Ihrem Kundennamensraum an und fügen den SAP-Fiori-Katalog `SAP_BASIC_BC_EXT` hinzu.

Insbesondere die in Tabelle 5.2 aufgelisteten SAP-Fiori-Apps werden für unser Beispiel benötigt.

App-ID	Bezeichnung
F1481	Benutzerdefinierte Felder und Logik
F2412	Teams und Zuständigkeiten verwalten
F3077	Teamhierarchien verwalten
F3014	Workflows für Verkaufsbelege verwalten
F0862	Meine Inbox
F1852	Angebote verwalten

Tabelle 5.2 Relevante SAP-Fiori-Apps für die dynamischen Workflows

Grundeinstellungen für den Workflow

Die Workflowgrundeinstellungen müssen bereits vorgenommen worden sein. Sie finden sie unter dem folgenden Pfad im Customizing: Transaktion SPRO • **SAP NetWeaver** • **Application Server** • **Business Management** • **SAP Business Workflow** • **Standardeinstellungen pflegen**.

Wenn in Transaktion SWU3 alle Punkte (siehe Abbildung 5.69) mit einem grünen Häkchen versehen sind, ist der Workflow für Ihr System grundsätzlich aktiviert und eingerichtet. Wenn nicht alle Aufgaben erfolgreich abgearbeitet sind, führen Sie die Arbeiten zusammen mit Ihrer Basisadministration durch.

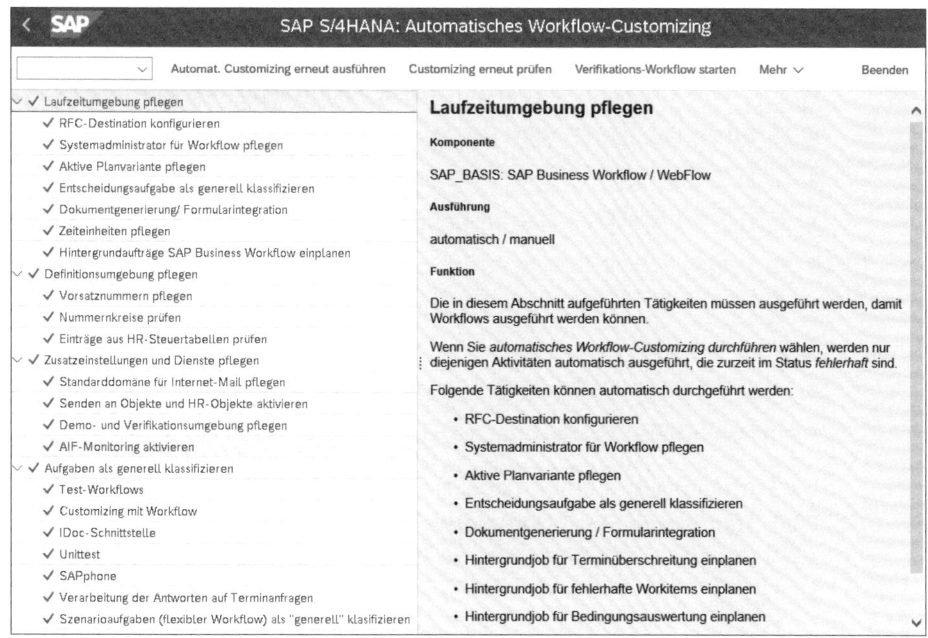

Abbildung 5.69 Automatisches Workflow-Customizing (Transaktion SWU3)

Workflowszenarien

Zusätzlich müssen die *Workflowszenarien* (siehe Tabelle 5.3) aktiviert sein. Dies können Sie unter dem folgenden Pfad im Customizing überprüfen und einstellen: Transaktion SPRO • **SAP NetWeaver • Application Server • Business Management • SAP Business Workflow • Flexibler Workflow • Scenario Aktivierung**.

Workflow-ID	Beschreibung
WS02000447	Angebote
WS01800145	Verkaufskontrakte
WS02000006	Kundenaufträge
WS01800180	Kostenlose Kundenaufträge
WS02000084	Kundenretouren
WS02000029	Gutschriftsanforderungen

Tabelle 5.3 Aktivierbare Workflowszenarien (Transaktion SPRO • Scenario Aktivierung)

OData-Services

Außerdem muss die Ereigniskopplung **Gateway-Services für Werthilfen registrieren** für die relevanten Workflows aktiviert sein. Damit die relevanten Einstellungen in den SAP-Fiori-Apps durchgeführt werden können, müssen die folgenden OData-Services aktiviert werden:

- `SD_F3014_SALESQUOT_WORKFLOW_SRV` (für Verkaufsangebote)
- `SD_SALESCONTRACT_WORKFLOW` (für Verkaufskontrakte)
- `SD_F3014_SALESORDER_WORKFLOW_SRV` (für Kundenaufträge)
- `SD_SLSORDWTHOUTCHRG_WORKFLOW_SRV` (für kostenlose Kundenaufträge)
- `SD_CUSTRET_WORKFLOW_SRV` (für Kundenretouren)
- `SD_F3014_CMR_WORKFLOW_SRV` (für Gutschriftsanforderungen)
- `C_SALESDOCUMENTWORKFLOWVH_CDS` (für Wertehilfen für Workflows von Verkaufsbelegen)
- `SWF_FLEX_DEF_SRV` (für die Definition flexibler Workflows)
- `/IWPGW/TASKPROCESSING` (für Task-Gateway-Service, Version 2.0)

Die Einstellungen für die OData-Services erreichen Sie über den folgenden Pfad: Transaktion SPRO • **SAP NetWeaver • SAP Gateway • OData Channel • Administration • Allgemeine Einstellungen • Services aktivieren und verwalten**.

Business Partner für Benutzer

Business User

Die an den Genehmigungsprozessen beteiligten Personen können *Business User* oder *SAP User* sein. Insbesondere aus dem Vertriebsblickwinkel lohnt sich der Einsatz von Business Usern, da diese ohnehin für die Abbildung der Vertriebsmitarbeiter als Partnerrollen vom Typ **Personal** im SD-Beleg benötigt werden. Die Details, Neuerungen und Einschränkungen werden in den SAP-Hinweisen 2763781 und 2570961 umfassend beschrieben.

Wichtig für unser Beispiel ist, dass die Business User initial über Transaktion PA30 angelegt und dann über den Infotyp **105**, Subtyp **0001**, mit dem **SU01-User** verbunden werden. Der Report `/SHCM/RH_SYNC_BUPA_FROM_EMPL` sollte regelmäßig eingeplant werden; er synchronisiert die HR- und User-Daten mit den Daten des Business Partners.

In der SAP-Fiori-App **Teams und Zuständigkeiten verwalten** können dann anschließend die Business Partner einem oder mehreren Teams zugeordnet werden und bekommen spezifische Verantwortungsbereiche je Team.

5.7.3 Beispiel eines Szenarios zur Angebotsfreigabe

Für unser Beispiel einer Angebotsfreigabe müssen einige Schritte durchlaufen werden. Diese bestehen vorab aus Einstellungen unter anderem im Customizing, bevor das eigentliche Beispiel durchgespielt werden kann:

1. Freigabegründe im Customizing erstellen und ermitteln
2. Freigaberelevanz für Angebote setzen
3. Zuständigkeiten und Team definieren
4. Workflow einrichten und aktivieren
5. Angebot anlegen und Workflow prüfen
6. Angebot ändern
7. Angebot freigeben

Schritt 1: Freigabegründe erstellen und ermitteln

Es wird mindestens ein Freigabegrund benötigt, es können aber je nach Bedarf auch mehrere Gründe angelegt werden. Die Gründe müssen dann als Nächstes den verschiedenen Belegkategorien zugeordnet werden. Welcher Grund für einen Beleg zum Einsatz kommt, wird dann im BAdI festgelegt.

Für Angebote kann z. B. gefordert sein, dass ab einer definierten Wertgrenze eine Freigabe durch die Team- und Abteilungsleitung erforderlich ist, bevor sie zum Kunden geschickt werden dürfen. Der Grund der Genehmigungsanforderung lautet dann **Z001** (Wertgrenze erreicht). Nach der initialen Freigabe ist nur dann eine erneute Freigabe notwendig, wenn wichtige Informationen im Angebot geändert wurden. Bei dieser wiederholten Freigabe ist die Genehmigung durch die Teamleitung ausreichend. Dieses Szenario können Sie mit zwei Freigabegründen abbilden. Zusätzlich muss in unserem Beispiel das Angebot genehmigt werden, sobald der Angebotswert um mehr als 50 % reduziert wird. Dieses Szenario wird mit dem Grund **Z002** (kritische Aktivität) im System dargestellt.

Im Customizing (Transaktion SPRO • **Vertrieb • Grundfunktionen • Beleggenehmigungen • Gründe für Genehmigungsanforderungen definieren**) müssen die in Abbildung 5.70 gezeigten Gründe eingestellt werden. Der Text zum Grund wird auch später im Verkaufsbeleg angezeigt, wenn eine Genehmigung notwendig ist.

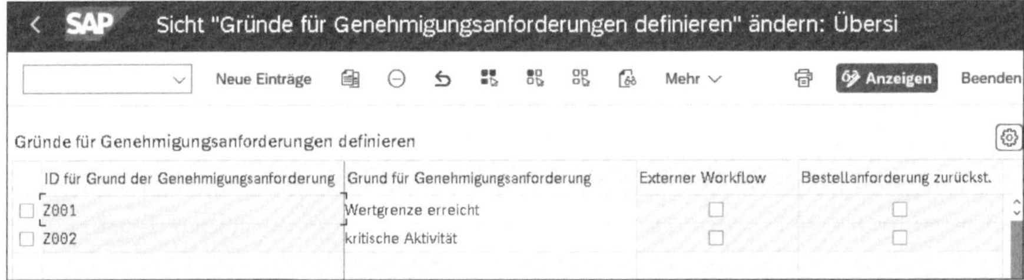

Abbildung 5.70 Gründe für Genehmigungsanforderungen (Transaktion SPRO • Gründe für Genehmigungsanforderungen definieren)

Schritt 2: Freigaberelevanz für Angebote setzen

Des Weiteren kann der Grund für die Freigabe für einen Vertriebsbeleg über eine modifikationsfreie Erweiterung ermittelt werden. Hierfür muss das BAdI **Genehmigungsanforderungsgründe für Verkaufsbelege festlegen** (SD_APM_SET_APPROVAL_REASON) über die SAP-Fiori-App **Benutzerdefinierte Felder und Logik** aktiviert und programmiert werden. Dieses BAdI wird immer beim Speichern eines Vertriebsbelegs durchlaufen. Daher ist es wichtig, die Zuordnung von Freigabegründen abhängig von Voraussetzungen zu definieren, da sonst der Workflow für jeden Beleg beim Speichern erneut angestoßen wird. Abbildung 5.71 zeigt die Implementierung für unser Beispiel.

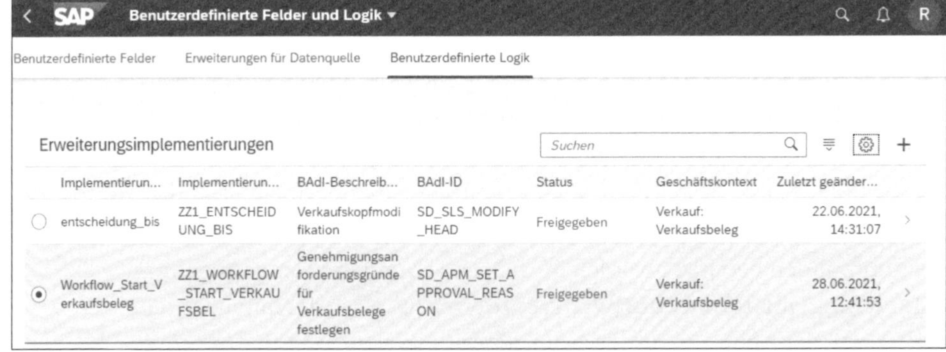

Abbildung 5.71 Erweiterungsimplementierung zur Aktivierung (SAP-Fiori-App »Benutzerdefinierte Felder und Logik«)

Programmierte Logik

In der App sehen Sie im oberen Bereich die Datenstrukturen, die an das BAdI übergeben werden (siehe Abbildung 5.72). Hier können Sie Testdaten eingeben, mit denen der Ablauf des BAdIs getestet werden kann. Im mittleren Bereich der App sehen Sie den implementierten Code des BAdIs und darunter das Testergebnis, das mit den oben eingegebenen Daten erreicht wird.

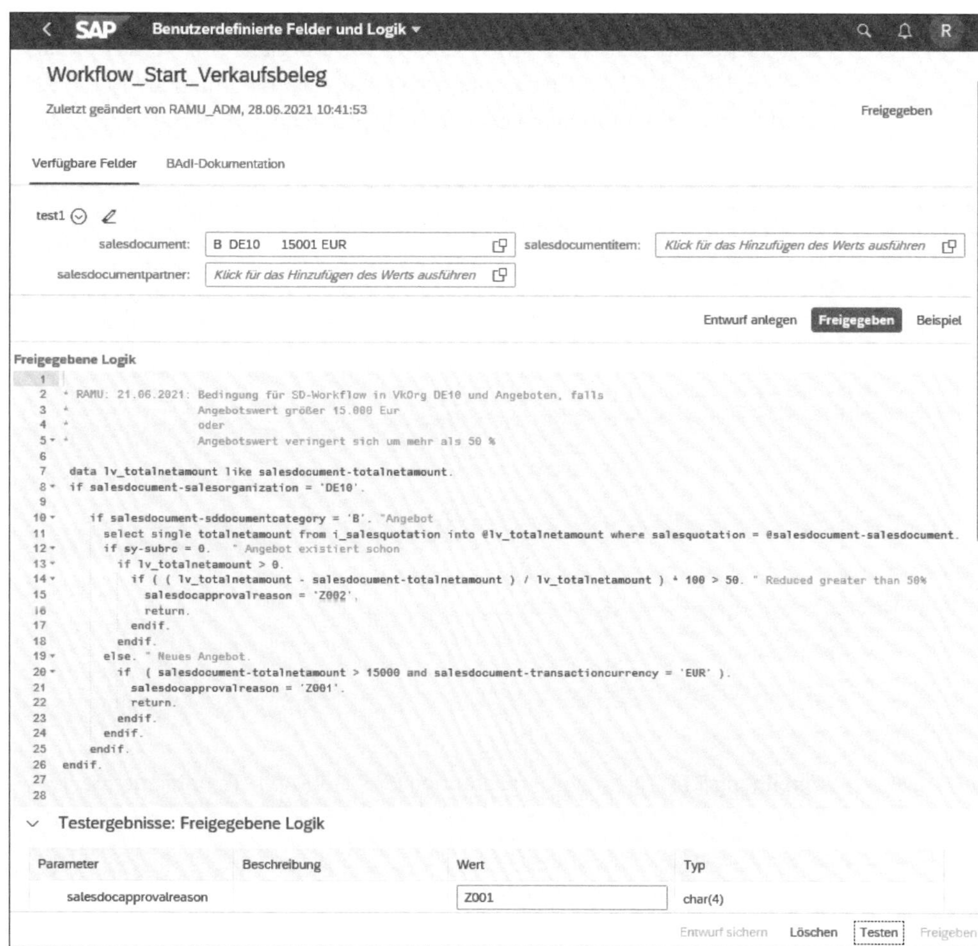

Abbildung 5.72 Programmierte Logik (SAP-Fiori-App »Benutzerdefinierte Felder und Logik«)

Falls Sie bei Ablehnung des Workflows automatisch einen Absagegrund in die Belegposition setzen wollen, muss ein weiteres BAdI **Verkaufsbeleg-Absagegründe f. abgelehnte Genehmigungsanforderungen festlegen** (BADI_SD_APM) implementiert werden. Dieser Schritt ist optional. Im Customizing muss ein entsprechender Absagegrund definiert werden, der dann über das BAdI zugewiesen wird.

Schritt 3: Zuständigkeiten und Team definieren

Eine wichtige Aufgabe, die von jedem berechtigten Key-User ausgeführt werden kann, ist die Definition der am Genehmigungsprozess beteiligten Personen und ihrer jeweiligen Zuständigkeit. Dies geschieht in der SAP-Fiori-App **Teams und Zuständigkeiten verwalten**. Hier wird für die Zuständigkeitskategorie **Vertrieb (SALES)** eine Gruppe von Business Usern zusammengestellt, die für Belege zuständig sind, die in der Teamdefinition festgelegt sind. Außerdem wird jedem Teammitglied eine Funktion zugewiesen. Über die Schaltfläche **Hierarchien anzeigen** können Sie in die SAP-Fiori-App **Teamhierarchien verwalten** abspringen (siehe Abbildung 5.73).

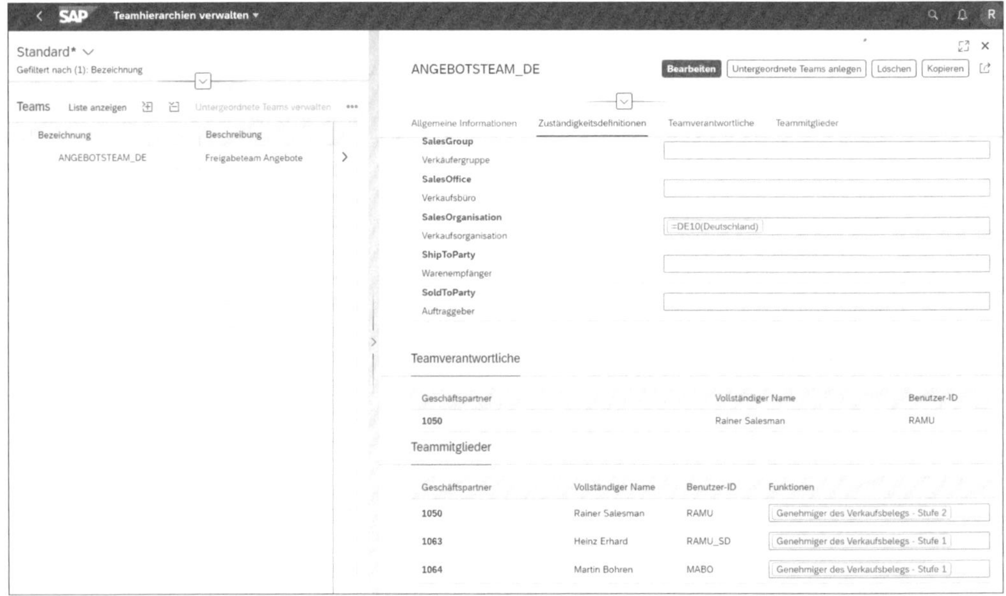

Abbildung 5.73 Zuständigkeitsdefinition (SAP-Fiori-App »Teamhierarchie verwalten«)

In unserem Beispiel wurden im Team **ANGEBOTSTEAM_DE** alle Belege zugeordnet, die in der Verkaufsorganisation **DE10** (Deutschland) liegen. Innerhalb des Teams wird definiert, das der Business User **1050**, Rainer Salesman, der Teamverantwortliche ist und die Funktion **Genehmiger des Verkaufsbelegs – Stufe 2** hat. Die Business User **1063** und **1064** sind ebenfalls Mitglieder des Teams und haben die Funktion **Genehmiger des Verkaufsbelegs – Stufe 1**. Auf diese Funktionen wird in der Workflowdefinition Bezug genommen, die im nächsten Schritt beschrieben wird.

Schritt 4: Workflow einrichten und aktivieren

Als Nächstes muss der Workflow mit der SAP-Fiori-App **Workflows für Verkaufsbelege verwalten** eingerichtet und aktiviert werden. Zunächst wird das Objekt des Workflows ausgewählt: in unserem Beispiel die Angebote. Dann werden hier die Startbedingungen definiert, wobei auch mehrere

Startkriterien festgelegt werden können. Das System bietet dafür einige typische Merkmale an, wie in Abbildung 5.74 zu sehen.

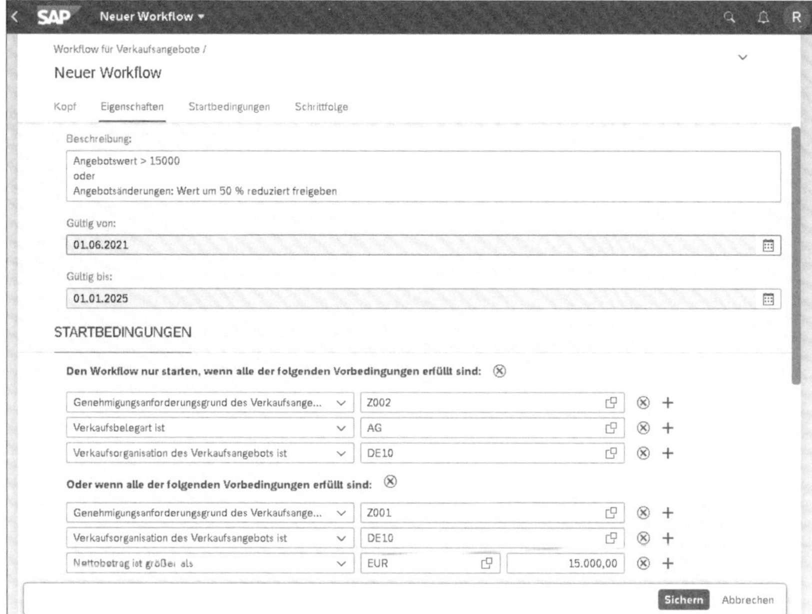

Abbildung 5.74 Einrichten eines neuen Workflows (SAP-Fiori-App »Workflows für Verkaufsbelege verwalten«)

Nach den Startbedingungen werden die Prüfschritte festgelegt. Für Angebote sind grundsätzlich zwei Schritttypen vorgesehen: *Freigabe* und *Nacharbeit*. Außerdem muss der Empfänger des Schritts definiert werden, wie in Abbildung 5.75 zu sehen. Auch hier gibt es zwei Möglichkeiten: die direkte Zuweisung eines Business Users oder die Zuweisung einer Funktion, welche zuvor in der SAP-Fiori-App **Teams und Zuständigkeiten verwalten** definiert wurde. Bei der direkten Zuweisung des Users können Sie auf die Definition von Teams verzichten. Dann müsste jedoch der Workflow geändert werden, falls sich bei den verantwortlichen Personen etwas ändert. In unserem Beispiel nutzen wir daher die Möglichkeit der Teams und der dafür definierten Funktionen.

Außerdem können Schrittbedingungen hinterlegt werden. Damit lässt sich z. B. ein zweistufiges Freigabeverfahren mit gestaffelten Wertgrenzen definieren. Zu guter Letzt können Sie Termine und mögliche Reaktionen auf Terminüberschreitungen definieren.

In unserem Beispiel muss das Angebot bei einer Überschreitung der Wertgrenze von 15.000,00 EUR von einer Person mit der Funktion **Genehmiger des Verkaufsbelegs – Stufe 1** freigegeben werden.

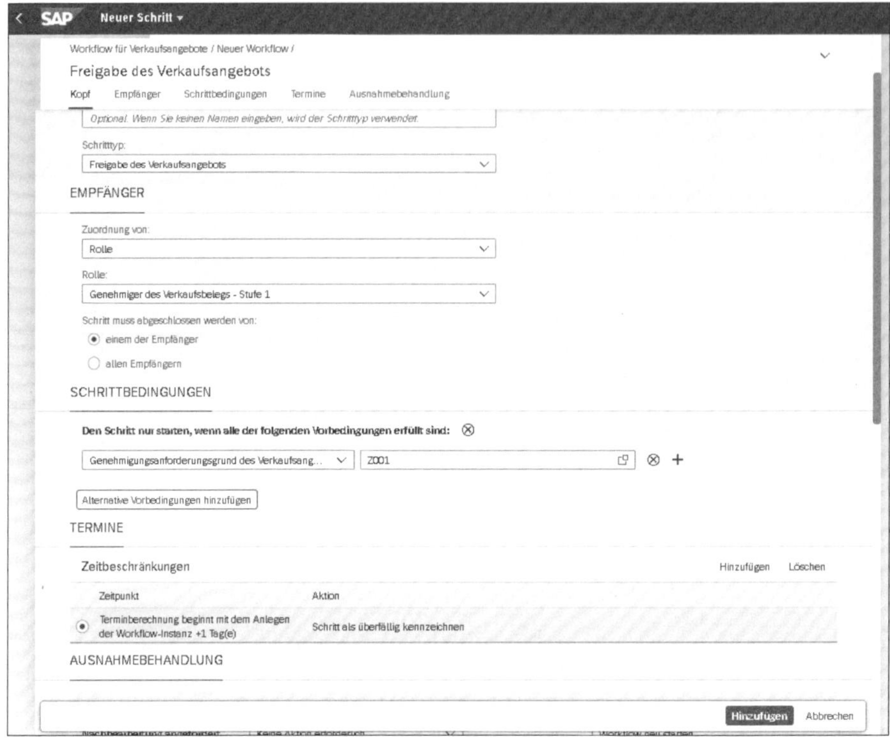

Abbildung 5.75 Einrichten der Freigabe des Verkaufsangebots (SAP-Fiori-App »Workflows für Verkaufsbelege verwalten«)

Eine Wertreduktion des Angebots um mehr als 50 % triggert die Genehmigungsanforderung an eine Person mit der Funktion **Genehmiger des Verkaufsbelegs – Stufe 2**. In Abbildung 5.76 sind die einzelnen Schritte zu sehen.

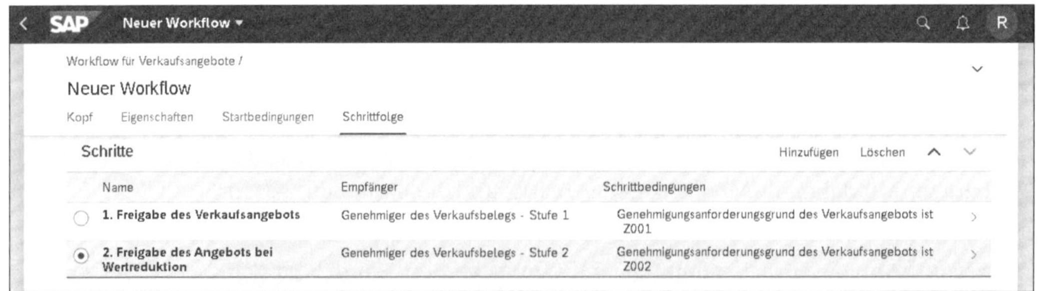

Abbildung 5.76 Schrittfolge des Workflows (SAP-Fiori-App »Workflows für Verkaufsbelege verwalten«)

Nachdem der Workflow mit allen Schritten definiert wurde, muss er gespeichert und aktiviert werden. Danach kann er nicht mehr geändert, sondern nur noch in einen neuen Workflow kopiert werden.

Schritt 5: Angebot anlegen und Workflow prüfen

Im nächsten Schritt werden werden wir nun mit der SAP-Fiori-App **Verkaufsangebote verwalten** ein Angebot anlegen und den Workflow prüfen. Zunächst legen wir ein neues Angebot mit der Belegnummer 20000014 für unseren Kunden 1031 (Elektrofachhandel Saarbrücken) an. Wir bieten ihm 50 Tablets mit einem Gesamtwert von 9.950,00 EUR an. Da dieses Angebot unter der Wertschwelle von 15.000 EUR liegt, ist zunächst keine Freigabe erforderlich.

Schritt 6: Angebot ändern

Nun ändert der Kunde aber seine Anfrage, und der Verkäufer ändert daraufhin das Angebot auf 20 Stück mit einem Gesamtwert von 3.980,00 EUR. Durch die Reduktion des Angebotswerts um mehr als 50 % wird der Workflowgrund **Z002** (kritische Änderung) aktiviert. Dies wird im Kopfbereich des Angebots unter **Grund für Genehmigungsanforderung** sichtbar (siehe Abbildung 5.78). Der Anwender kann keine Änderungen am Beleg durchführen (siehe Abbildung 5.77), bis die Freigabe erteilt oder abgelehnt wurde.

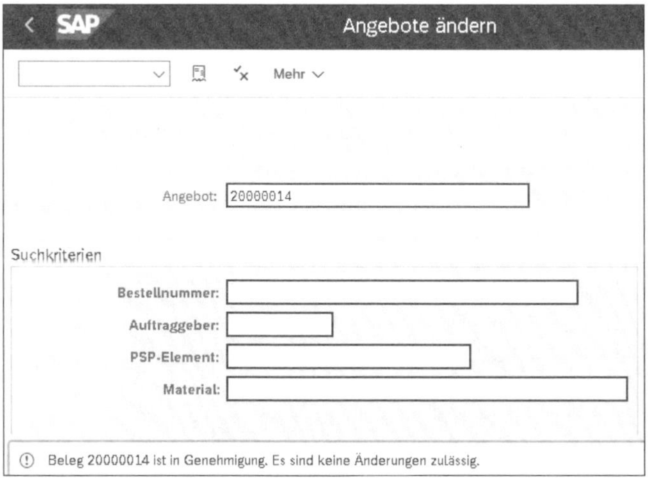

Abbildung 5.77 Gesperrter Beleg (Transaktion VA22)

Über die SAP-Fiori-App **Verkaufsangebote verwalten** kann die Belegnummer 20000014 gefunden werden (hier direkt in der Übersicht der **Genehmigungsstatus** zu sehen). Außerdem werden auch die Details zur Freigabe auf dem Reiter **Genehmigungsdetails** dargestellt. Es ist hier sichtbar, wer für die Freigabe zuständig ist und wie viel Zeit vergehen darf, bis die Aufgabe überfällig wird.

Schritt 7: Angebot freigeben

In Abbildung 5.78 ist zu sehen, dass der User Rainer Salesman für die Freigabe zuständig ist. Versetzen wir uns also in dessen Rolle. In der SAP-Fiori-App **Meine Inbox** werden ihm die Belege gezeigt, die zu genehmigen sind, darunter unser Angebot 20000014. Er kann von hier aus mit einem Klick in die Details des Angebots gehen oder aber auch direkt die Entscheidung treffen.

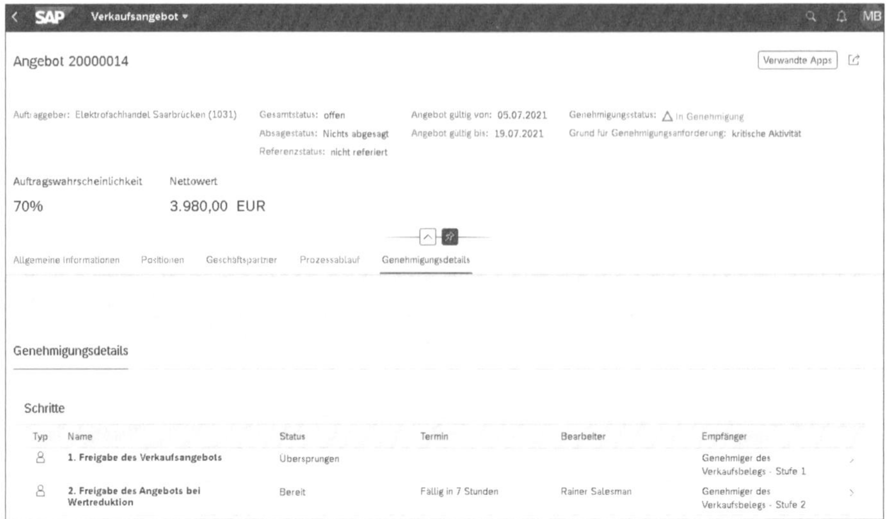

Abbildung 5.78 Genehmigungsdetails des Angebots 20000014 (SAP-Fiori-App »Verkaufsangebote verwalten«)

Wenn er eine Option ausgewählt hat (**Freigeben**, **Nachbearbeitung** oder **Ablehnen**), kann er einen Kommentar erfassen (in unserem Fall **Änderung genehmigt**), wie in Abbildung 5.79 zu sehen, und die Aufgabe verschwindet aus seiner Inbox.

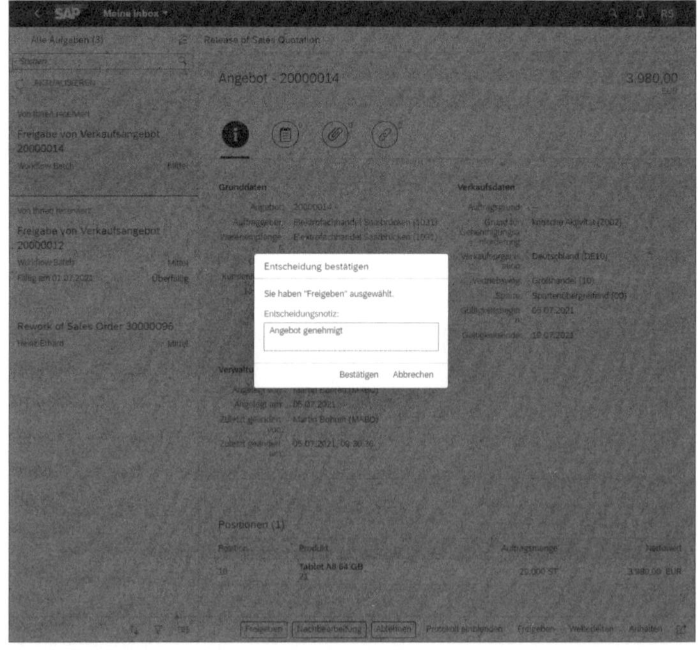

Abbildung 5.79 Freigabe des Angebots (SAP-Fiori-App »Meine Inbox«)

Diese Entscheidung wird in das Angebot fortgeschrieben und ist dort inklusive des Kommentars sichtbar. Wenn der Beleg freigeben wurde, kann das Angebot an den Kunden geschickt werden. Wenn es abgelehnt wird, bekommt der Ersteller des Belegs die Workflowaufgabe, das Angebot nachzuarbeiten. Auf den weiterführenden Prozess gehen wir in diesem Kapitel nicht weiter ein.

Kapitel 6
Integration in das Rechnungswesen

In diesem Kapitel stellen wir die Verbindung von der Vertriebsfunktion zur Ergebnis- und Marktsegmentrechnung (CO-PA) in SAP S/4HANA her, mit deren Hilfe Kennzahlen aus dem Vertrieb ausgewertet werden können.

Die *Ergebnis- und Marktsegmentrechnung* (Controlling-Profitability Analysis, kurz: CO-PA) dient der periodischen Erfolgsrechnung nach dem Umsatzkostenverfahren und liefert entscheidungsrelevante Informationen für das Management. Die Vertriebsfunktion ist ein wichtiger Datenlieferant für CO-PA.

6.1 Betriebswirtschaftliche Grundlagen

Die Ergebnis- und Marktsegmentrechnung realisiert eine Kostenträgerzeitrechnung, die im Hinblick auf Vertriebsprozesse z. B. folgende Fragen beantwortet:

- Welche sind die stärksten Produktgruppen bezüglich Auftragseingang und Umsatz in einem bestimmten Zeitabschnitt?
- Mit welchen Kunden werden die höchsten Deckungsbeiträge erzielt?
- In welchen Ländern treten die größten Plan-Ist-Abweichungen im Hinblick auf die Verkaufsmenge auf?

Organisationsstrukturen

Der *Ergebnisbereich* als Organisationseinheit von CO-PA kann mehrere Kostenrechnungskreise umfassen. Damit kann die Ergebnisrechnung über mehrere rechtlich selbstständige Gesellschaften (Buchungskreise) eines Konzerns hinweg abgebildet werden. Dies ist in vielen Unternehmen von großer Bedeutung, da die Organisation der operativen Einheiten zunehmend unabhängig von der rechtlichen Struktur gesehen wird. Typische Beispiele für diese Organisationsform ist die Spartenorganisation oder die Gliederung des Unternehmens in *Business Units* mit eigener Ergebnisverantwortung. Der internationale Rechnungslegungsstandard IFRS schreibt sogar börsennotierten Unternehmen nach IFRS 8 eine Segmentberichterstattung zwingend vor.

Formen der Ergebnisrechnung

Man unterscheidet zwei Formen der Ergebnisrechnung: die kalkulatorische und die buchhalterische Ergebnisrechnung, neuerdings auch Margenanalyse genannt. Bei der *kalkulatorischen Ergebnisrechnung* handelt es sich um eine kennzahlenbasierte Darstellung, die auch kalkulatorische Wertansätze berücksichtigt. Dahingegen basiert die *buchhalterische Ergebnisrechnung* bzw. *Margenanalyse* auf Sachkonten. Einer der größten Vorteile von SAP S/4HANA ist, dass die Finanzbuchhaltung und die buchhalterische Ergebnisrechnung aufgrund ihrer Integration in das *Universal Journal* (Tabelle ACDOCA) per Definition abgestimmt sind. Eine Abstimmung der Werte in der Finanzbuchhaltung und des Controllings ist nicht mehr notwendig, da beide auf dieselbe zentrale Tabelle zugreifen. Beide Formen können das Betriebsergebnis basierend auf dem Umsatzkostenverfahren (z. B. in Form einer Deckungsbeitragsrechnung) ermitteln. In SAP S/4HANA wird die Verwendung der buchhalterischen Ergebnisrechnung/Margenanalyse empfohlen. Es können aber auch beide Verfahren parallel verwendet werden.

Parallele Bewertung

Beim Einsatz *paralleler Bewertungsszenarien* im Controlling können Preise und Verrechnungspreise nicht nur in legaler Sicht, sondern zusätzlich auch in Konzernsicht und/oder in Profit-Center-Sicht gespeichert werden. Diese Betrachtungsweise ist bei der Abbildung von Geschäften zwischen Unternehmen eines Konzerns von großer Bedeutung. Hierdurch kann ein von handels- und steuerrechtlichen Erwägungen unabhängiges Konzern- bzw. Profit-Center-Berichtswesen auf der Basis interner Transferpreise aufgebaut werden. CO-PA kann nun einen Verkaufsvorgang sowohl aus legaler als auch aus Konzern- oder Profit-Center-Sicht abbilden. Ein Beispiel: Zwei Unternehmen eines Konzerns, die auch als Profit-Center geführt werden, verkaufen einander Waren. Aus steuerlichen Gründen wird ein niedriger Verkaufspreis gewählt. Dieser ist in der legalen Sicht wiederzufinden. Aus Profit-Center-Sicht kann nun parallel ein gänzlich anderer, z. B. verhandelter Preis geführt und in CO-PA gebucht werden. Aus Konzernsicht kann ebenfalls ein anderer Preis, z. B. die Herstellkosten im Konzern, herangezogen werden. Somit können im CO-PA-Berichtswesen drei Sichtweisen dargestellt und analysiert werden.

6.2 Funktionen in SAP S/4HANA

Struktur

Vertriebsinformationen werden in der Ergebnisrechnung in sogenannten *Merkmalen* als *Merkmalswerte* abgespeichert und können in beliebiger Kombination analysiert werden. Die richtige Auswahl der Merkmale in der Einführungsphase eines SAP-Projekts ist von Bedeutung für den Projekterfolg, da einerseits die Systemperformance von der Anzahl der Merkmalskombinationen beeinflusst wird und andererseits nachträgliche (gegebenenfalls sogar rückwirkende) Änderungen der Merkmale mit erheblichem Aufwand verbunden sind.

Merkmale

Aus vertrieblicher Sicht kann man im Wesentlichen produktbezogene Merkmale (z. B. Artikelnummer, Warengruppe, Produkthierarchie), kundenbezogene Merkmale (z. B. Auftraggeber, Warenempfänger, Land, Kundengruppe, Kundenhierarchie) und organisationsbezogene Merkmale (z. B. Buchungskreis, Verkaufsorganisation, Vertriebsweg, Sparte, Verkäufergruppe, Werk, Profit-Center) unterscheiden. Diese Merkmale können aus den Stammdatentabellen (Geschäftspartner, Material) und aus den Vertriebsbelegen selbst übernommen werden. Zusätzlich können im SAP-System nicht vorhandene Merkmale per Customizing oder Customer-Exit aus anderen Merkmalen abgeleitet werden, so z. B. die Verkaufsregion »Europa« aus dem Land »Deutschland«. Dieses Beispiel könnte alternativ über eine Merkmalshierarchie zum Merkmal »Land« abgebildet werden, die dann erst zur Laufzeit der CO-PA-Berichte gelesen wird. In diesem Fall werden Hierarchieänderungen auch rückwirkend im Berichtswesen wirksam, allerdings geht dies auf Kosten der Systemperformance.

Kalkulatorische Ergebnisrechnung

Bei der kalkulatorischen Ergebnisrechnung werden die aus dem Vertrieb übernommenen Daten in sogenannten *Wertfeldern* gespeichert. Dies können sowohl Beträge (Konditionen wie Preise, Rabatte, Verrechnungspreise etc.) als auch Mengen und Gewichte (fakturierte Menge in unterschiedlichen Mengeneinheiten, Brutto- und Nettogewicht, Volumen) sein. Die Beträge werden (außer bei Kundeneinzel- und Projektfertigung) über Konditionsarten der Preisfindung in den Belegen ermittelt. In Abschnitt 3.3, »Konditionen«, haben Sie diese Konditionsarten kennengelernt. Über die Konditionsart wird jedoch nicht nur der Betrag an sich geliefert, sondern auch ein Erlöskontenschlüssel. Dieser Schlüssel dient der Ermittlung des richtigen Erlöskontos in der Finanzbuchhaltung.

Buchhalterische Ergebnisrechnung / Margenanalyse

Bei der buchhalterischen Ergebnisrechnung verhält es sich anders. Hier werden aus dem Vertrieb erzeugte Buchungen (Umsatzerlöse, Umsatzkosten) der Finanzbuchhaltung in die Ergebnisrechnung übernommen und im Universal Journal abgespeichert. Dabei werden auch Mengen (z. B. Liefermenge, fakturierte Menge) zu Auswertungszwecken fortgeschrieben. Darüber hinaus besteht die Möglichkeit, Mengeneinheiten für das Berichtswesen zu standardisieren.

Ermittlung der Umsatzkosten

Die *Umsatzkosten* (Herstellungskosten des Umsatzes) können bei der kalkulatorischen Ergebnisrechnung (außer bei Kundeneinzel- und Projektfertigung) durch die Übernahme des Verrechnungspreises aus der Preisfindung (siehe Abschnitt 3.3, »Konditionen«,) ermittelt werden. Über die Konditionsart VPRS (Verrechnungspreis) wird dabei der Bewertungspreis aus dem Buchhaltungsbild des Materialstamms herangezogen. Optional ist auch eine kalkulatorische Bewertung der Umsatzkosten möglich. Beispielsweise kann bei der Fakturierung stattdessen das Ergebnis der Erzeugniskalkulation, d. h. der ermittelten Plankosten der Position, im Kundenauftrag herangezogen werden.

Aufsplittung der Umsatzkosten

Unabhängig davon ist eine Aufsplittung in Kostenelemente (wie etwa Material- und Fertigungskosten) und deren Übernahme in die Ergebnisrechnung möglich. Die Übernahme von Umsatzkosten in die buchhalterische Ergebnisrechnung bzw. Margenanalyse (außer bei Kundeneinzel- und Projektfertigung) erfolgt bei Buchung des Warenausgangs in der Finanzbuchhaltung durch die Erfassung im Vertrieb. Ähnlich wie bei der kalkulatorischen Ergebnisrechnung besteht auch hier die Möglichkeit, Umsatzkosten als Summe oder aufgesplittet in Kostenelemente zu übernehmen. Dazu ist es jedoch notwendig, im Customizing die Aufteilung der Umsatzkosten zu pflegen. Hierbei werden dem ursprünglichen Konto zur Buchung des Warenausgangs aus der MM-Kontenfindung Sachkonten (z. B. für Materialeinzelkosten und Materialgemeinkosten) zugewiesen, und zwar anhand des Elementeschemas (Materialeinzelkosten, Materialgemeinkosten usw.), das zur Bestimmung der Herstellungskosten verwendet wird. Die Übernahme eines kalkulatorischen Wertansatzes ist nicht möglich. In die kalkulatorische Ergebnisrechnung müssen solche Konditionsarten übernommen werden, die in SAP S/4HANA unter einem Sachkonto verbucht werden, das als Erlöskostenart (Kostenartentyp 11 oder 12) angelegt worden ist, z. B. die Konditionsart PR00 für den Verkaufspreis. Optional können statistische Konditionsarten, z. B. der Verrechnungspreis VPRS (siehe Abschnitt 3.3, »Konditionen«), übernommen werden. Dabei können die Beträge sowohl in der Buchungskreis- als auch in der Ergebnisbereichswährung fortgeschrieben werden. Dies führt dann aber zu einer Verdopplung des Datenvolumens in der kalkulatorischen Ergebnisrechnung. Die Währung des Vertriebsbelegs sowie der verwendete Umrechnungskurs werden nur im CO-PA-Einzelposten vermerkt, nicht jedoch in den für die meisten CO-PA-Berichte verwendeten Summensätzen.

Kalkulationsschema

Darüber hinaus kann ähnlich wie bei der Preisfindung ein *Kalkulationsschema* zur Berechnung von Konditionen verwendet werden, wobei die ermittelten Konditionen wiederum in Wertfelder übergeleitet werden. Beispiele hierfür sind kalkulatorische Jahresumsatzprämien (in Prozent vom Umsatz) und kalkulatorische Frachten (etwa als Staffelpreis, abhängig vom Bruttogewicht). Beim Szenario *Verkauf ab Lager* können bereits übernommene Wertfelder abhängig von der Fakturaart wieder gelöscht werden. Dies geschieht typischerweise bei Wertgut- oder Lastschriften, bei denen im Standard auch Mengen und Kosten des Umsatzes fortgeschrieben würden, was aber betriebswirtschaftlich meist nicht sinnvoll ist. Auch bei der kalkulatorischen Bewertung steht ein Customer-Exit zur Abbildung individueller Anforderungen zur Verfügung.

Die Übernahme von statistischen Konditionen in die buchhalterische Ergebnisrechnung ist mittlerweile möglich. Hierzu wird ein sogenanntes Erweiterungsledger in der Finanzbuchhaltung benötigt.

Belegzeilen ohne Ergebnisobjekt

Erwähnenswert ist auch die Funktion zur Ableitung für Belegzeilen ohne Ergebnisobjekt in der buchhalterischen Ergebnisrechnung. Mithilfe dieser Funktion können Buchungen in Echtzeit, d. h. ohne vorherige Abrechnung bzw. Umlage, in der Ergebnisrechnung analysiert werden. Sie können sich hier also den Schritt der Abrechnung sparen, sofern keine Ergebnisermittlung für das CO-Objekt durchgeführt wird. Dies ist vor allem nützlich für CO-Objekte, die nicht an die Ergebnisrechnung, sondern an ein anderes CO-Objekt abrechnen sollen.

6.3 Szenarien

Massenproduktion vs. Einzelfertigung

Schon in Abschnitt 4.1, »Verfügbarkeitsprüfung«, hat uns die Frage der Produktionsplanungs- und Fertigungsszenarien beschäftigt. Abhängig von der Frage, ob das jeweilige Unternehmen Produkte für einen anonymen Massenmarkt produziert oder kundenindividuelle Einzelprodukte (z. B. im Anlagenbau) herstellt, sind auch die Schwerpunkte im Controlling zu setzen. In Teil IV, »Gestaltung von Wertschöpfungsketten in SAP S/4HANA«, werden wir einige dieser Szenarien komponentenübergreifend erläutern. Dabei werden jeweils die Auswirkungen im Controlling erklärt.

Hier werden wir zunächst das Prinzip der Massenfertigung erläutern. Anschließend werden wir die unterschiedlichen Szenarien der Einzelfertigung vorstellen. Im Vertriebsbeleg wird beides, die Produktionsstrategie und die Controlling-Strategie, über die Bedarfsklasse aus dem Customizing in der Vertriebskomponente ermittelt. Zunächst wollen wir uns die möglichen Strategien zum Aufbau der Ergebnisrechnung ansehen.

6.3.1 Anonyme Massenfertigung

Betrachten wir zunächst eine *anonyme Massenfertigung* oder *anonyme Serienfertigung*, die auch für einen speziellen Kunden sein kann. Auf diesem Szenario basieren unsere komponentenübergreifenden Wertschöpfungsketten in Kapitel 19, »Lagerverkauf mit Chargenfertigung«, und Kapitel 20, »Vorplanung ohne Endmontage«. Dort finden Sie konkrete Systembeispiele, in denen der Ablauf Schritt für Schritt erklärt wird. Aus Sicht des Controllings ist meist das Produkt und/oder der Kunde Gegenstand des Ergebnis-Controllings, nicht jedoch der einzelne Vertriebsbeleg. Daher würden Sie die Kundenauftragsnummer nicht als Summensatzmerkmal in CO-PA verwenden – bei sehr hohem Belegvolumen eventuell auch nicht die einzelne Geschäftspartnernummer und/oder Artikel, sondern entsprechende Hierarchiestufen (Produktgruppe, Kundengruppe).

Predictive Accounting bei Anlage eines Kundenauftrags

Schauen Sie sich den Prozess in der Vertriebsfunktion von SAP S/4HANA sowohl aus der Sicht der kalkulatorischen als auch der buchhalterischen Ergebnisrechnung an, werden schnell deren Unterschiede deutlich. Bereits bei Erfassung einer Position im Kundenauftrag bietet die kalkulatorische Ergebnisrechnung die Möglichkeit, den Auftragseingang zu übernehmen und auszuwerten. Dies war mit der buchhalterischen Ergebnisrechnung zunächst nicht möglich. Doch auch diese Funktion kann mittlerweile durch das sogenannte *Predictive Accounting* auch ohne kalkulatorische Ergebnisrechnung abgebildet werden. Bei Anlage eines Kundenauftrags simuliert das Predictive Accounting den Warenausgang sowie die Rechnung und berücksichtigt dabei auch nachfolgende Prozesse, wie z. B. die Aufteilung der Kosten des Umsatzes (siehe Abschnitt 6.2, »Funktionen in SAP S/4HANA«). Die Ergebnisse der Simulation werden als Buchungsbelege in einem Erweiterungsledger, auch Prognoseledger genannt, abgelegt. Sobald der Warenausgang und die Fakturierung tatsächlich erfolgt sind, werden die simulierten Buchungen storniert und die tatsächlichen Belege für Wareneingang und Rechnung gebucht.

Warenausgang

Nun wollen wir uns den *Warenausgang* etwas näher anschauen. Mit der Erfassung des Warenausgangs werden Umsatzkosten in der Finanzbuchhaltung erfasst. Allerdings hat dies keinerlei Auswirkungen auf die kalkulatorische Ergebnisrechnung, denn hier erfolgt die Übernahme erst mit der Erfassung der Faktura im Vertrieb. Anders sieht es bei der buchhalterischen Ergebnisrechnung aus. Die Buchung wird in das Universal Journal übernommen und um ein Ergebnisobjekt sowie um Merkmale ergänzt. Die Kosten des Umsatzes werden gegebenenfalls nach Kostenelementen auf verschiedene Konten aufgeteilt.

Fakturierung

Abschließend erfolgt die *Fakturierung* des Kundenauftrags. Dabei werden sowohl Umsatzkosten als auch Umsatzerlöse in die kalkulatorische Ergebnisrechnung fortgeschrieben. Dazu müssen jedoch die entsprechenden Konditionsarten aus der Position der Faktura Wertfeldern zugeordnet werden. Umsatzkosten erhalten wir entweder durch Übernahme des Verrechnungspreises (Konditionsart VPRS, siehe Abschnitt 3.3, »Konditionen«) oder – besser, da deutlich detaillierter – durch kalkulatorische Bewertung mit einer Erzeugniskalkulation (siehe Abschnitt 6.2, »Funktionen in SAP S/4HANA«). Somit erhalten Sie auf der Ebene Kunde/Artikel einen kalkulatorischen oder Standarddeckungsbeitrag. Darüber hinaus können periodenmäßige Abweichungen (Warenausgang und Fakturierung in verschiedenen Perioden) auch durch eine zeitnahe Fakturierung weiter reduziert werden.

Dahingegen werden in der buchhalterischen Ergebnisrechnung mit der Erfassung der Faktura und deren Buchung in der Finanzbuchhaltung ausschließlich Umsatzerlöse übernommen. Daraus lässt sich schließen, dass Finanzbuchhaltung und buchhalterische Ergebnisrechnung jederzeit aufeinander abgestimmt sind. Ferner gibt es die Möglichkeit, beim Warenausgang in der Finanzbuchhaltung ein Rückstellungskonto zu bebuchen und dieses bei der Fakturierung aufzulösen, sodass Umsatzkosten faktisch bei der Fakturierung gebucht werden. Dies gilt unabhängig von der Form der Ergebnisrechnung.

6.3.2 Kundeneinzelfertigung

Das Gegenteil der anonymen Massenfertigung ist die *Kundeneinzelfertigung*. Dabei werden Produkte für einen ganz bestimmten Kundenauftrag entwickelt und produziert. In der Bestandsführung wird ein sogenannter *Einzelbestand*, bezogen auf die Kundenauftragsposition, aufgebaut. Dieser Bestand ist explizit der Auftragsposition zugeordnet. Er ist für andere Aufträge – auch für Aufträge des gleichen Kunden – nicht verfügbar.

Szenarien der Kundeneinzelfertigung

Innerhalb der Kundeneinzelfertigung sind die folgenden Szenarien zu unterscheiden:

- Kundeneinzelfertigung mit bewertetem Kundeneinzelbestand – Bewertung mit Kundenauftragskalkulation
- Kundeneinzelfertigung mit bewertetem Kundeneinzelbestand – anonyme Bewertung
- Kundeneinzelfertigung mit unbewertetem Kundeneinzelbestand
- Projektfertigung
- kundenauftragsbezogene Massenfertigung (als Sonderfall)

Diese Szenarien werden wir im Folgenden vorstellen.

Kundeneinzelfertigung mit bewertetem Kundeneinzelbestand – Bewertung mit Kundenauftragskalkulation

Das Szenario Kundeneinzelfertigung mit bewertetem Kundeneinzelbestand (Bewertung mit Kundenauftragskalkulation) kommt z. B. in Unternehmen zum Einsatz, die Serienprodukte kundenindividuell konfigurieren.

Gewissermaßen werden hier die Szenarien Serienfertigung und Kundeneinzelfertigung kombiniert – eine besondere Herausforderung für Vertrieb, Produktion und Controlling! Aus Sicht der Logistik kann diese Funktion in SAP S/4HANA über die *Variantenkonfiguration* (siehe Abschnitt 23.6) abgebildet werden. Dabei werden im Kundenauftrag Produkte auftragsspezifisch konfiguriert. Über die Bewertung von Merkmalen wird aus einer Maximalstückliste, die alle möglichen Ausprägungen eines Produkts enthält, die gewünschte Auftragsstückliste abgeleitet. Aus Sicht des Controllings unterscheidet sich diese Strategie von dem Szenario anonyme Massenfertigung im Wesentlichen durch die Überleitung vom Vertrieb in die Ergebnisrechnung. In diesem Szenario werden zum Zeitpunkt des Warenausgangs bzw. der Fakturierung keinerlei Daten an die Ergebnisrechnung übergeleitet. Stattdessen werden die bebuchten Sachkonten (Erlöse, Erlösschmälerungen, Rabatte) auf die Kundenauftragsposition kontiert.

Kundenauftragsposition

Die Kundenauftragsposition ist in diesem Szenario ein sogenanntes *CO-Objekt*. Dieses CO-Objekt *Kundenauftragsposition* übernimmt damit die Funktion eines Kosten- und Erlössammlers. Außerdem wird, wie bei der Einzelfertigung üblich, ein Einzelbestand auf der Ebene der Auftragsposition erzeugt. Dabei handelt es sich bei diesem Szenario im Gegensatz zur reinen Kundeneinzelfertigung (siehe im Folgenden) um einen bewerteten Bestand.

Ergebnisschema

Erst im Rahmen des Monatsabschlusses wird die Kundenauftragsposition in die Ergebnisrechnung abgerechnet. Im Fall der kalkulatorischen Ergebnisrechnung erfolgt die Wertfeldzuordnung nicht über SD-Konditionsarten, sondern über ein sogenanntes *Ergebnisschema*. In diesem werden die auf Kundenauftragspositionen verbuchten Kostenarten Wertfeldern zugeordnet. Somit können statistische Konditionsarten (wie z. B. Skonti) nicht übernommen werden, da sie nicht verbucht werden (einen Ausweg bietet hier die kalkulatorische Bewertung).

Abrechnungsschema

Die buchhalterische Ergebnisrechnung greift hingegen auf ein sogenanntes *Abrechnungsschema* zur Überleitung zurück. In diesem werden die auf Kundenauftragspositionen verbuchten Kostenarten Verrechnungskostenarten (Kostenartentyp 21) zugeordnet. Umsatzkosten werden in beiden Formen der Ergebnisrechnung zum Zeitpunkt des Warenausgangs auf der Kundenauftragsposition verbucht und im Rahmen des Periodenabschlusses an CO-PA abgerechnet. Die *Bewertung* des Kundenauftragsbestands wird in diesem Fall durch eine *Kundenauftragskalkulation* ermittelt. Das System sollte hier so eingestellt werden, dass die Kalkulation der Kundenauftragsposition automatisch beim Sichern des Kundenauftrags erfolgt. Insofern wird auch in diesem Szenario ein Standarddeckungsbeitrag des Vertriebsbelegs ermittelt, und zwar auf der Basis der Planherstellungskosten. Unabhängig von der Form der Ergebnisrechnung stellt sich auch in diesem Szenario die Frage nach dem Zeitpunkt der Buchung von Umsatzkosten und Umsatzerlösen. Denn auch hier können sie zeitlich auseinanderfallen. Falls dies nicht gewünscht ist, kann eine Ergebnisermittlung zur zeitlichen Abgrenzung von Kosten und Umsatzerlösen hier Abhilfe schaffen. Damit bietet dieses Szenario im Unterschied zum Szenario *anonyme Massenfertigung* Folgendes:

- Verwaltung von Kundeneinzelbeständen (Bestandsführung auf der Ebene der Kundenauftragsposition)
- Ermittlung des Ergebnisses auf der Ebene *Auftragsposition*; dies ist interessant, wenn kundenspezifische Änderungen an den vordefinierten Varianten vorgenommen oder spezifische Dienstleistungen (z. B. Montage vor Ort) erbracht werden.

Kalkulierte Standardkosten als Basis

Trotzdem bietet die Kundeneinzelfertigung – wie auch das Szenario *Massenfertigung* – die Möglichkeit, mithilfe der kalkulatorischen Ergebnisrechnung das Ergebnis auf der Basis kalkulierter Standardkosten zu errechnen und nicht auf Basis von Ist-Kosten wie bei der *reinen* Kundeneinzelfertigung. Genau darin besteht der Vorteil bewerteter Kundeneinzelbestände im Vergleich zu den unbewerteten Einzelbeständen bei der reinen Kundeneinzelfertigung, wie im nächsten Absatz beschrieben.

Kundeneinzelfertigung mit bewertetem Kundeneinzelbestand – anonyme Bewertung

Bewertung mit Standardpreis des Materials

Das Szenario Kundeneinzelfertigung mit bewertetem Einzelbestand (anonyme Bewertung) ist dann interessant, wenn aus logistischer Sicht eine Kundeneinzelfertigung gewünscht oder zwingend erforderlich ist, aus Controlling-Sicht aber kein Interesse daran besteht, Erlöse und Kosten auf den Kundenauftragspositionen zu verwalten. In diesem Fall hat man auch einen bewerteten Kundeneinzelbestand, aber der Wert entspricht dem Wert des anonymen Lagerbestands, also im Allgemeinen dem Standardpreis des Materials. Dies ergibt dann Sinn, wenn ein- und dasselbe Produkt manchmal anonym und manchmal kundenauftragsbezogen produziert wird oder wenn die Produktkonfiguration keinen oder nur einen geringen Einfluss auf die Produktkosten hat. Die Kundenauftragsposition ist dann kein CO-Objekt, sodass die Werteflüsse im Controlling identisch sind mit dem Szenario anonyme Massenfertigung. Beispielsweise werden bereits bei Erstellung der Faktura (kalkulatorische Ergebnisrechnung) bzw. bei Erstellung des Warenausgangs (buchhalterische Ergebnisrechnung) Daten in die Ergebnisrechnung übergeleitet. Dieses Szenario ist aus CO-Sicht daher unkompliziert und spart im Gegensatz zu Szenarien mit Kundenauftragspositionen mit CO-Objekt Verarbeitungsschritte im CO-Monatsabschluss (Ergebnisermittlung und Abrechnung der Kundenaufträge).

Kundeneinzelfertigung mit unbewertetem Kundeneinzelbestand

Kundenauftrags-Controlling

Demgegenüber spricht man bei der Verwendung der *Kundeneinzelfertigung mit unbewertetem Kundeneinzelbestand*, auf deren Szenario unsere Wertschöpfungskette in Kapitel 21, »Kundeneinzelfertigung«, basiert, von einem *Kundenauftrags-Controlling*. In diesem Fall wird nämlich ein Ist-Ergebnis ermittelt, sodass beim Einsatz von kundenauftragskontierten Fertigungsaufträgen diese ihre Ist-Kosten auf die Vertriebsbelegposition abrechnen. Abweichungen aus der Fertigung werden somit den einzelnen Kundenaufträgen zugerechnet. Erlöse und Kosten werden wiederum auf der Kundenauftragsposition gesammelt und monatlich an die Ergebnisrechnung abgerechnet. Bei langlebigen Kundenauftragspositionen wird häufig vorab eine Ergebnisermittlung (Abgrenzung) der Erlöse und Kosten vorgenommen, sodass in diesem Fall abgegrenzte Werte an die Finanzbuchhaltung abgerechnet werden. Mit der Abgrenzung werden die Erlöse und Kosten periodengerecht verbucht. Dabei müssen im Ergebnis- (kalkulatorische Ergebnisrechnung) bzw. Abrechnungsschema (buchhalterische Ergebnisrechnung) die Abgrenzungskostenarten (Kostenartentyp 31) den Wertfeldern bzw. Abrechnungskostenarten zugeordnet werden. Obwohl unbewertete Kundenauftragsbestände nicht das von SAP empfohlene Szenario sind, werden sie nach wie vor häufig bei Einzelfertigern eingesetzt, die die detaillierten Ist-Kosten einer Kundenauftragsposition überwachen wollen und keine Abweichungsanalyse auf Produktebene benötigen. Im Gegensatz zu den Serien- und Massenfertigungsszenarien werden in der Regel die Kundenauftragsnummer und die Position als Merkmal in der Ergebnisrechnung geführt.

Projektfertigung

Fakturierung anhand von PSP-Elementen

Bei einer *Projektfertigung*, z. B. großtechnischen Anlagen, aber auch bei komplexen Dienstleistungen kommen *Projektstrukturpläne* aus der Komponente PS (Projektsystem) zum Einsatz. Diese strukturieren eine Kundenauftragsposition aus organisatorischer oder technischer Sicht (z. B. Zerlegung in Projektphasen oder in eine Baugruppensicht) zum Zweck einer detaillierten Planung und Überwachung. In diesem Fall besitzt die Kundenauftragsposition kein eigenes CO-Objekt, sondern ist auf ein sogenanntes *Projektstrukturplanelement* (PSP-Element) kontiert. Bei der Fakturierung werden somit die Erlöse auf dem PSP-Element verbucht; dort laufen auch die Kosten auf. Auch hier unterscheidet man bewertete und unbewertete

Projekteinzelbestände. Die Vor- und Nachteile sind analog zu den Kundenauftragsbeständen. Die PSP-Elemente werden im Rahmen des Periodenabschlusses an CO-PA abgerechnet, häufig erst nach einer Ergebnisermittlung (Abgrenzung). Dieses Szenario ist detailliert in Kapitel 22, »Projektfertigung«, beschrieben.

Kundenauftragsbezogene Massenfertigung

Produktgetriebenes Controlling

Um einen Spezialfall handelt es sich bei der *kundenauftragsbezogenen Massenfertigung* (z. B. in der Elektronik- oder Automobilindustrie). Ein klassisches Beispiel ist das Auto. Ein bestimmter Typ (z. B. Mercedes C-Klasse) kann in unterschiedlichen Varianten (Motor, Reifen, Ausstattung, Autoradio, Farbe etc.) geliefert werden. Jeder Kunde erhält ein anderes – eben sein individuell konfiguriertes – Auto. In diesem Szenario beginnt die Fertigung erst, wenn Kundenaufträge vorliegen. Es werden bewertete Kundeneinzelbestände verwaltet, aber die Kundenaufträge fungieren nicht als Kosten- und Erlössammler. Insofern werden die Erlöse und die Standardkosten des Umsatzes wie bei der Massenfertigung übergeleitet, die Herstellungskosten werden auf sogenannten *Produktkostensammlern* gesammelt, die Abweichungen werden pro konfigurierbares Produkt ermittelt und an CO-PA abgerechnet. Es handelt sich somit um ein produktgetriebenes Controlling.

Tabelle 6.1 vergleicht die wichtigsten der hier besprochenen Szenarien.

	Anonyme Massenfertigung	Bewertete Kundeneinzelbestände (Kundenauftragskalkulation)	Bewertete Kundeneinzelbestände (anonym)	Unbewertete Kundeneinzelbestände
CO-Objekt?	nein	ja	nein	ja
Umsatzkosten	Standardpreis oder Plankalkulation	Kundenauftragskalkulation (zwingend)	Standardpreis oder Plankalkulation	Kundenauftragskalkulation (optional)
Überleitung kalkulatorische CO-PA	bei Fakturierung	bei Abrechnung der Kundenauftragsposition	bei Fakturierung	bei Abrechnung der Kundenauftragsposition
Überleitung buchhalterische CO-PA	bei Warenausgang bzw. Fakturierung	bei Abrechnung der Kundenauftragsposition	bei Warenausgang bzw. Fakturierung	bei Abrechnung der Kundenauftragsposition
Fertigungsabweichungen	Fertigungsauftrag/Produkt	Fertigungsauftrag/Produkt	Fertigungsauftrag/Produkt	Kundenauftragsposition gezeigt

Tabelle 6.1 Übersicht über die Controlling-Szenarien

6.4 Beispiel für das Szenario anonyme Massenfertigung

Im folgenden Beispiel zeigen wir anhand des Szenarios der anonymen Massenfertigung aus Sicht der Ergebnisrechnung einige der Unterschiede zwischen kalkulatorischer und buchhalterischer Ergebnisrechnung auf. Es werden also ausschließlich Prozessschritte innerhalb der Funktion Vertrieb betrachtet, die in irgendeiner Form Auswirkungen auf die Ergebnisrechnung in SAP S/4HANA haben.

Unser Beispiel besteht aus den folgenden Schritten, wobei in diesem Kapitel nicht auf die logistischen Prozesse, sondern auf die Integration in CO-PA eingegangen wird:

1. Anlegen des Kundenauftrags
2. Erstellen der Lieferung
3. Erzeugen der Faktura mit Split der Umsatzkosten

Ausgangssituation

Doch betrachten wir zunächst die Ausgangssituation in unserem Beispiel. Der Kunde Karl Müller GmbH in Saarbrücken (SAP-Kundennummer 1048) bestellt bei uns (einem Hersteller von Pumpen) ein Verdichtergehäuse (SAP-Material C-10100) im Wert von 45.000 EUR. Dieses liegt bei uns vorrätig auf Lager und kann zum gewünschten Lieferdatum ausgeliefert werden.

Schritt 1: Anlegen des Kundenauftrags

Beginnen wir unser Beispiel mit dem Anlegen des Kundenauftrags. Dabei tragen wir zunächst Auftraggeber, Warenempfänger, Kundenreferenz, Material und Auftragsmenge in unseren Kundenauftrag ein. Danach speichern wir den Auftrag mit der Belegnummer 30000123 ab. Zu diesem Zeitpunkt werden aus Sicht der Ergebnisrechnung Merkmalswerte zur Kontierung auf ein Ergebnisobjekt abgeleitet. Die in Abbildung 6.1 aufgezeigten Merkmalswerte können über Transaktion VA03 auf dem Reiter **Kontierung** und einem Klick auf die Schaltfläche **Ergebnisobjekt** abgerufen werden.

Darüber hinaus bietet die kalkulatorische Ergebnisrechnung die Option zur Übernahme des Auftragseingangs, d. h. Auftragswert und Auftragsmenge, in die Ergebnisrechnung (siehe Abbildung 6.2).

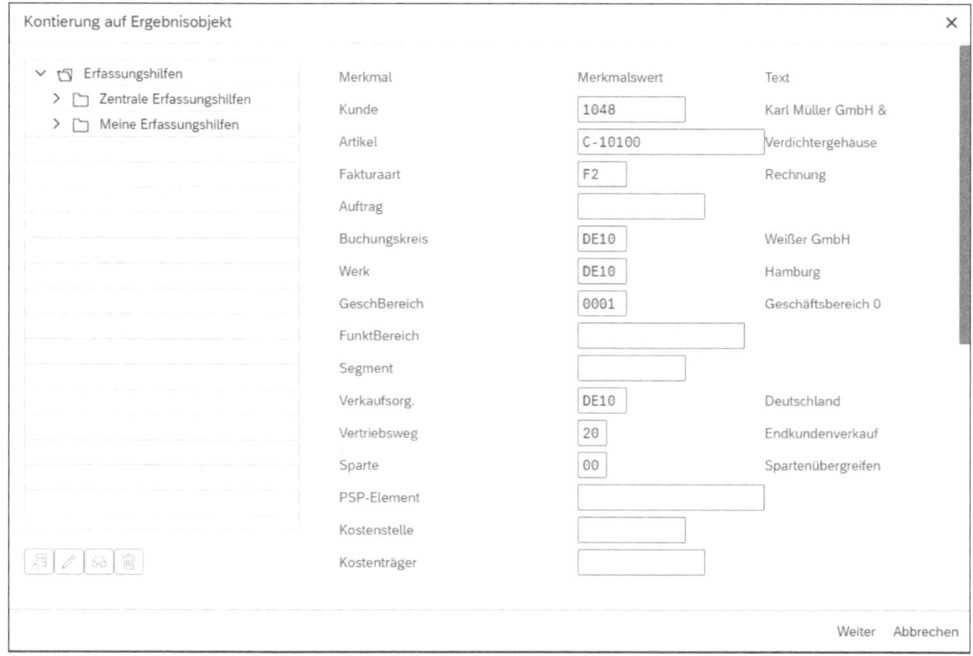

Abbildung 6.1 Ergebnisobjekt der Kundenauftragsposition aus dem Kundenauftrag unseres Beispiels (Transaktion VA03).

Ist-Einzelposten anzeigen: 1000 - kalkulatorisch

Standardlayout | Stammdaten | Ergebnisobjekt | Mehr

Plan-/Istkennzeichen 0
Angelegt am 28.06.2021 00.00.0000
Erfasser MIBI

Anzahl Einzelposten 2
Zugriffsmethode Lesen wie gebucht
Ergebnisbereichswähr EUR

W...	Vorg.-art	Periode	Belegnummer	Budat	Angelegt am	Erfasser	BuKr.	Werk	Kunde	K...	Kundenauftrag	KdA-Pos	Artikel	Erloes	Standard-Preis	Währg
B0	A	006.2021	2531	28.06.2021	28.06.2021	MIBI	DE10	DE10	1048	01	30000123	10	C-10100	45.000,00	38.393,75	EUR
10	A	006.2021	2531	28.06.2021	28.06.2021	MIBI	DE10	DE10	1048	01	30000123	10	C-10100	45.000,00	38.393,75	EUR

Abbildung 6.2 Ist-Einzelposten zum Auftragseingang in der kalkulatorischen Ergebnisrechnung (Transaktion KE24)

Die Möglichkeit zur Übernahme des Auftragseingangs besteht auch bei Verwendung der buchhalterischen Ergebnisrechnung durch das Predictive Accounting. Beim Speichern des Kundenauftrags entsteht ein sogenannter Prognosebeleg im definierten Erweiterungsledger. Diese Prognosebelege können mit der SAP-Fiori-App **Kundenauftragseingang** (Predictive Accounting) ausgewertet werden (siehe Abbildung 6.3).

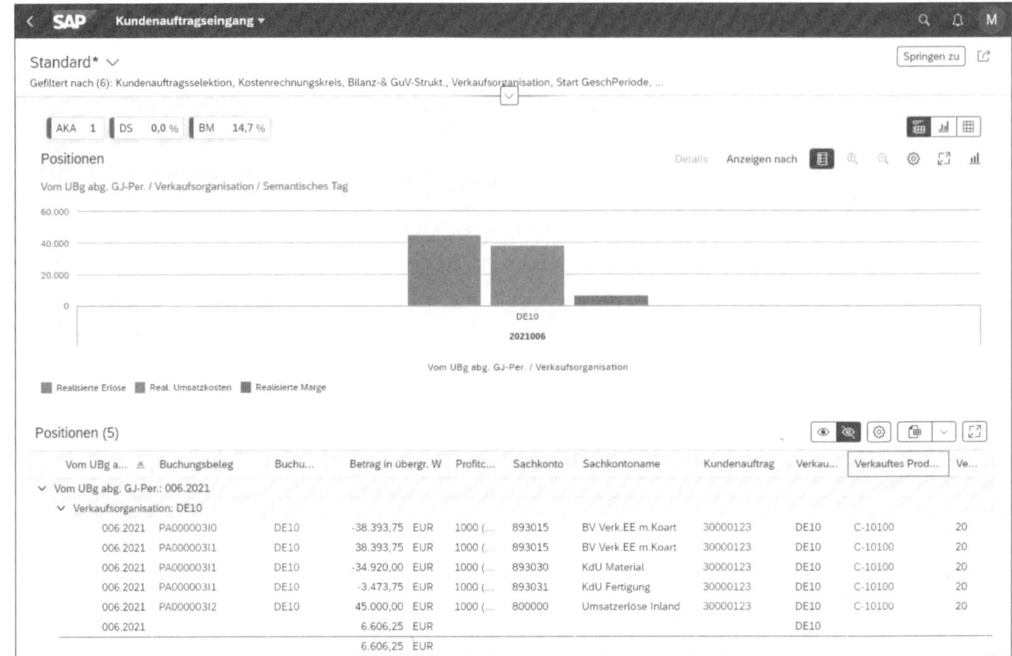

Abbildung 6.3 Predictive Accounting (SAP-Fiori-App »Kundenauftragseingang«)

Schritt 2: Erstellen der Lieferung

Nach erfolgreicher Anlage des Kundenauftrags erfolgen die Erstellung der Lieferung (80000054) und anschließend die Buchung des Warenausgangs (4900000351). Auch hier hat die Buchung Einfluss auf die Ergebnisrechnung. Im Fall der kalkulatorischen Ergebnisrechnung hat die Buchung keinerlei Auswirkung, da es sich um ein anonymes Massenfertigungsszenario handelt. Anders sieht es hingegen in der buchhalterischen Ergebnisrechnung aus: Mit der Buchung in die Finanzbuchhaltung wurde der Geschäftsvorfall auch in die Ergebnisrechnung übernommen, wie in Abbildung 6.4 zu sehen ist.

Einen separaten CO-PA-Beleg gibt es in der buchhalterischen Ergebnisrechnung nicht. Hierzu dient der *Buchungsbeleg*, dessen Positionen im Universal Journal gespeichert werden. Ergänzt wird der Buchungsbeleg durch den *Kostenrechnungsbeleg*, der unter anderem das Ergebnisobjekt enthält (siehe Abbildung 6.5)

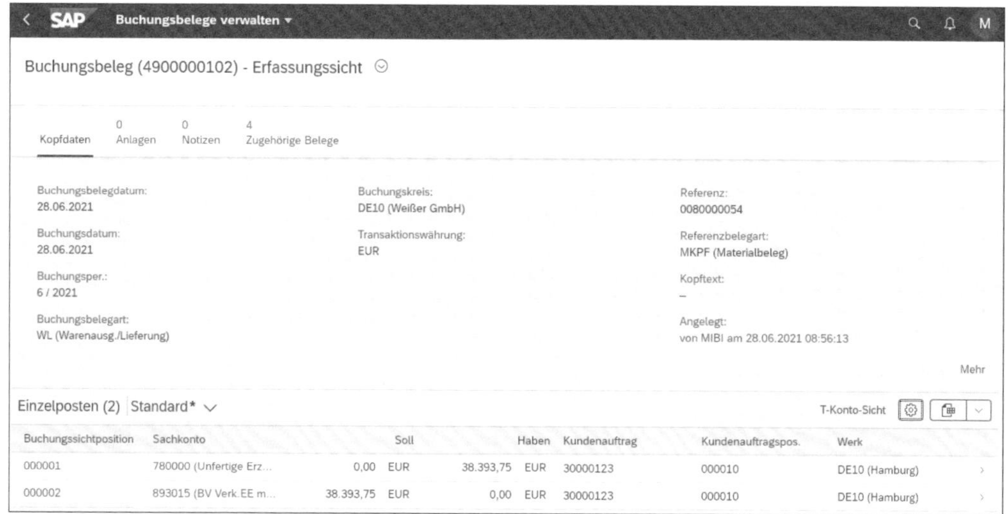

Abbildung 6.4 Umsatzkostenbuchung in der Finanzbuchhaltung und buchhalterischen Ergebnisrechnung (SAP-Fiori-App »Buchungsbelege verwalten«)

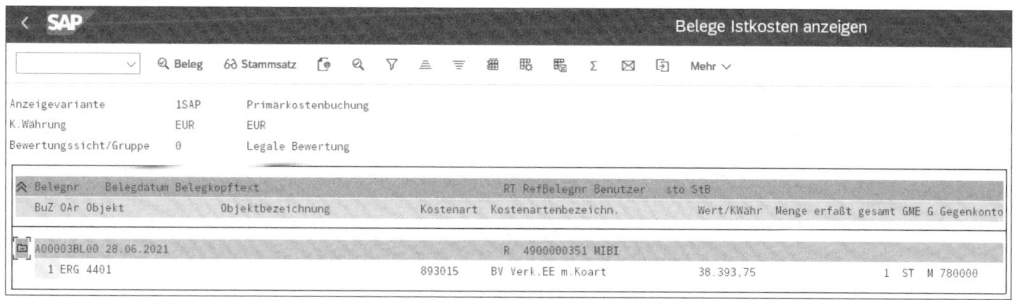

Abbildung 6.5 Kostenrechnungsbeleg zur Warenausgangslieferung

Da es sich in unserem Beispiel um ein produzierendes Unternehmen handelt, sollten die Umsatzkosten in ihre Bestandteile aufgesplittet und nicht als Summe berichtet werden. Wie in Abschnitt 6.2, »Funktionen in SAP S/4HANA«, beschrieben, ist dies nun auch mit der buchhalterischen Ergebnisrechnung möglich. Abbildung 6.6 zeigt den Sachverhalt:

Dazu wird neben der oben beschriebenen Buchung von Umsatzkosten eine weitere Buchung erzeugt, die dazu dient, das ursprüngliche Sachkonto zu entlasten und die aufgesplitteten Umsatzkostenkonten zu belasten. Damit ist eine detaillierte Berichterstattung der Umsatzkosten sowohl in der buchhalterischen Ergebnisrechnung als auch in der Finanzbuchhaltung möglich. Die Umsatzkonten sind im Reporting im Finanzwesen entsprechend zu berücksichtigen und so z. B. in der Struktur der Bilanz und der Gewinn-und-Verlust-Rechnung zuzuordnen.

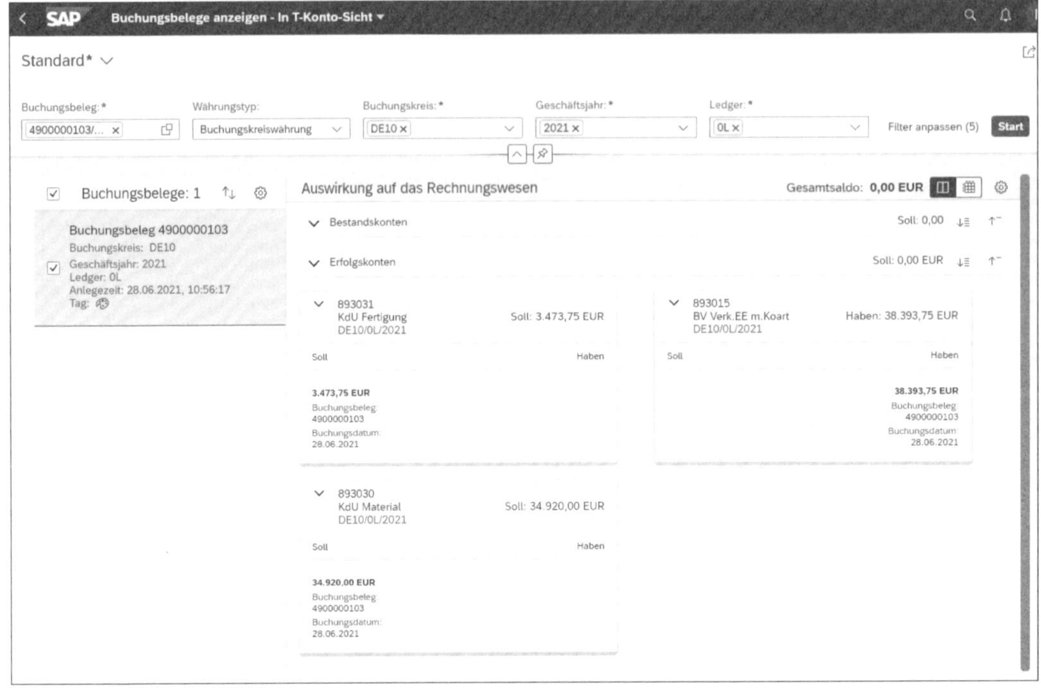

Abbildung 6.6 Split der Umsatzkosten in der buchhalterischen Ergebnisrechnung (SAP-Fiori-App »Buchungsbelege anzeigen – In T-Konto-Sicht«)

Schritt 3: Erzeugen der Faktura

Im letzten Schritt unseres Beispiels wird die *Faktura* zur Lieferung erzeugt. Dabei werden Umsatzkosten und Umsatzerlöse aus Konditionen (hier **PR00** und **VPRS**) abgeleitet und in der kalkulatorischen Ergebnisrechnung verbucht (siehe Abbildung 6.7).

Split der Umsatzkosten

Der Split der Umsatzkosten in ihre Bestandteile ist auch weiterhin problemlos möglich (siehe Abbildung 6.8). Der Vorteil gegenüber der buchhalterischen Ergebnisrechnung lag lange Zeit in der Funktion zur Übernahme kalkulatorischer Wertansätze (wie z. B. einer Kundenauftragskalkulation) bzw. statistischer Konditionen. Diese Funktionen sind jedoch mittlerweile auch bei Nutzung der buchhalterischen Ergebnisrechnung bzw. Margenanalyse abbildbar.

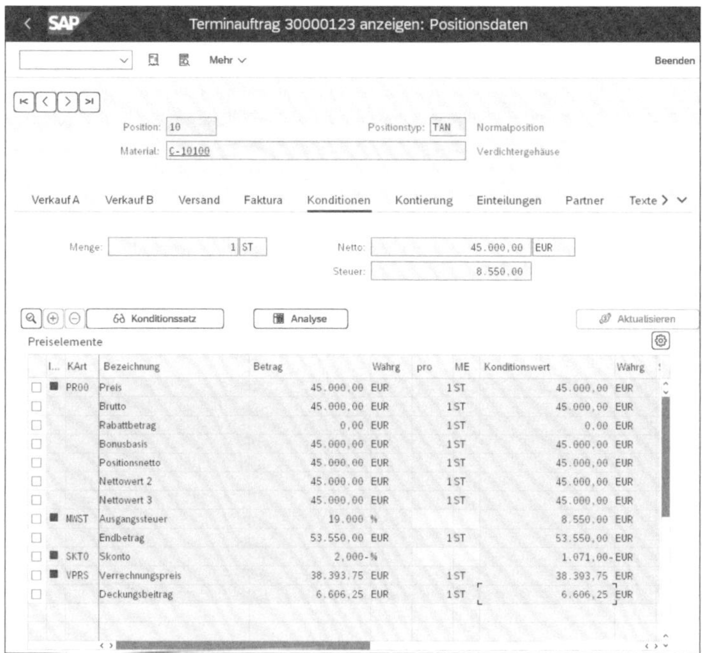

Abbildung 6.7 Konditionen PR00 und VPRS vor der Übernahme in die kalkulatorische Ergebnisrechnung (Transaktion VA03)

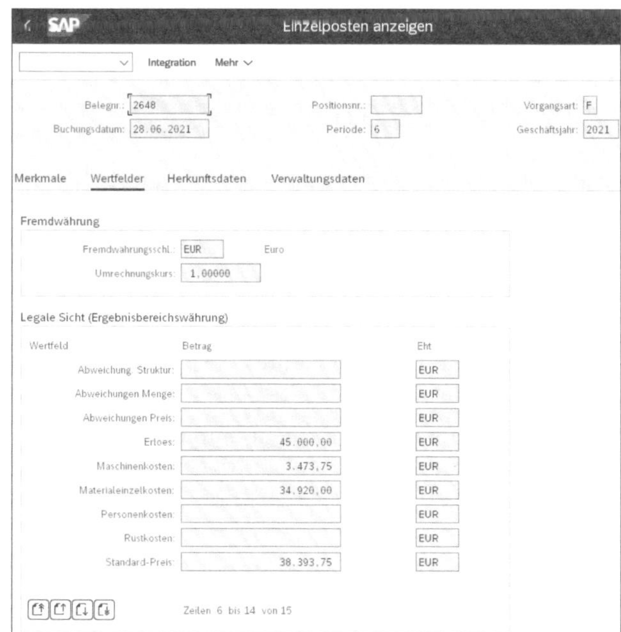

Abbildung 6.8 Split der Umsatzkosten mit der kalkulatorischen Ergebnisrechnung (Transaktion VF03)

Zum Zeitpunkt der Faktura werden dort hingegen ausschließlich Umsatzerlöse verbucht (siehe Abbildung 6.9).

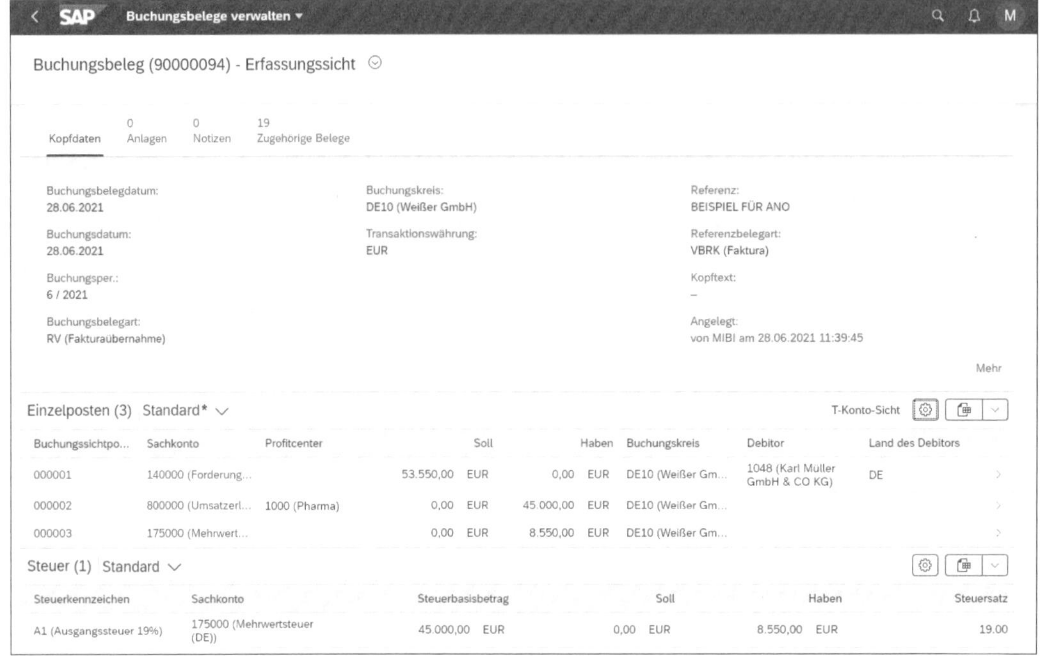

Abbildung 6.9 Buchung von Umsatzerlösen in der Finanzbuchhaltung und buchhalterischen Ergebnisrechnung (SAP-Fiori-App »Buchungsbelege verwalten«)

Buchhalterische oder kalkulatorische Ergebnisrechnung?

Abschließend stellt sich die Frage, ob Sie nur die buchhalterische oder beide Formen der Ergebnisrechnung verwenden sollten. In der Tat hat SAP mit SAP S/4HANA einige der wichtigsten Kritikpunkte der buchhalterischen Ergebnisrechnung (z. B. Aufspaltung der Herstellkosten in die Kostenelemente der Kalkulation, Übernahme von statistischen Konditionen) beseitigt. Die neuen Entwicklungen in der buchhalterischen Ergebnisrechnung bzw. Margenanalyse führen dazu, dass wir derzeit die Verwendung der kalkulatorischen Ergebnisrechnung mit den bekannten Nachteilen (Abstimmung mit der Finanzbuchhaltung, erhöhte Komplexität durch Nutzung von zwei Formen der Ergebnisrechnung) nicht mehr empfehlen und stattdessen zu einer alleinigen Verwendung der buchhalterischen Ergebnisrechnung bzw. Margenanalyse raten.

TEIL III

Vertriebsprozesse in SAP S/4HANA

Kapitel 7
Der Verkaufsbeleg

In diesem Kapitel beschreiben wir den Verkaufsbeleg genauer. Dazu gehen wir auf die Struktur eines Belegs ein und erläutern die Phasen, die er nach dem Anlegen durchläuft.

Der Verkaufsbeleg ist das wichtigste und meistgenutzte Instrument innerhalb der Anwendung Sales. Als Verkaufsbeleg werden Anfragen, Angebote, Kundenaufträge oder Rahmenverträge bezeichnet. Weitere Belege im Vertriebsprozess, wie Lieferungen und Fakturen, stehen in der Regel in Bezug zu einem Kundenauftrag und werden als Vertriebsbelege bezeichnet. Für alle Belege im Vertrieb finden spätestens bei der Belegerfassung die zuvor vorgenommenen Customizing-Einstellungen, eingerichteten Funktionalitäten und angelegten Stammdaten ihre Anwendung. Bei SAP S/4HANA hat sich der Aufbau eines Verkaufsbelegs nicht geändert, er besteht weiterhin aus zwei bis drei Bereichen, die jeweils eine steuernde Funktion übernehmen. Nur die Anordnung der Steuerungsschaltflächen hat sich geändert: Waren diese bisher unterhalb der Positionen zu finden, sind sie jetzt oberhalb der Positionsübersicht platziert.

Im Folgenden wollen wir uns dem Aufbau des Verkaufsbelegs und seinen steuernden Bereichen widmen.

7.1 Belegstruktur

In diesem Abschnitt stellen wir Ihnen die prinzipielle Struktur von Belegen im Vertrieb, im Versand und bei der Fakturierung vor. Damit legen wir hier eine wichtige Grundlage für den weiteren Verlauf des Kapitels.

Bereiche des Verkaufsbelegs

Generell lassen sich alle Belege im Vertrieb in zwei bzw. drei Bereiche unterteilen:

- Auftragskopf
- Positionsebene
- Einteilungen

Der *Auftragskopf* enthält Informationen, die für den gesamten Auftrag (also alle Positionen und Einteilungen) gelten. Dazu gehören z. B. die Auftragsnummer, die Kundennummer des Auftraggebers, die Bestellnummer des Kunden sowie die Zahlungsbedingungen.

Auf der *Positionsebene* werden die Produkte und Leistungen festgelegt, die der Kunde bestellt. Dort finden Sie unter anderem die Materialnummer, die Auftragsmenge, das Lieferdatum und den Preis sowie die Konditionen (Zu- und Abschläge, Steuern etc.).

Zusätzlich kann sich eine Position in mehrere *Einteilungen* untergliedern. Bestellt ein Kunde z. B. 10 Stück eines Materials und wünscht die Lieferung zu unterschiedlichen Terminen, wird für jeden Liefertermin eine Einteilung angelegt. Abbildung 7.1 zeigt diese Struktur.

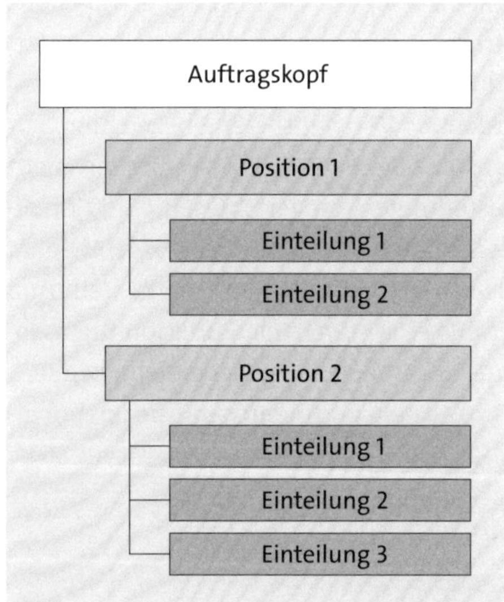

Abbildung 7.1 Struktur von Vertriebsbelegen

Einteilungen gemäß Verfügbarkeit

Einteilungen ergeben sich auch als Ergebnis der Verfügbarkeitsprüfung (siehe Abschnitt 4.1). Wünscht der Kunde nur einen einzigen Liefertermin und ist die Ware zu diesem Termin auch verfügbar, wird nur eine einzige Einteilung angelegt. Die bestätigte Menge der Einteilung entspricht dann der gesamten Positionsmenge. Ist die Ware zum Wunschliefertermin nicht verfügbar, werden zwei Einteilungen angelegt. Die erste Einteilung enthält dann das Wunschlieferdatum und die bestätigte Menge 0. Die zweite Einteilung wird zum nächstmöglichen Liefertermin erzeugt. Ergebnis der Verfügbarkeitsprüfung kann auch ein Split auf mehrere Einteilungen sein.

Es gibt jedoch auch Auftragspositionen ohne Einteilungen. Dazu gehören z. B. Gut- und Lastschriftspositionen (siehe Kapitel 14, »Gut- und Lastschriften«), die nicht zu einer Lieferung führen.

Versand- und Fakturabelege

Die Untergliederung in Kopf, Position und Einteilung gilt allerdings nicht für sämtliche Vertriebsbelege, sondern nur für alle Verkaufsbelege (z. B. Anfragen, Angebote, Aufträge, Rahmenverträge). Weitere Vertriebsbelege wie Versand- und Fakturabelege enthalten dagegen nur Kopf- und Positionsdaten. Alle Belegarten können wiederum Unterpositionen enthalten. So gibt es in Lieferbelegen zu der jeweiligen Lieferungsposition auch *Unterpositionen*. Diese werden notwendig, wenn eine Lieferposition aus unterschiedlichen Chargen besteht. In diesem Fall spricht man von einem *Chargensplit*, bei dem mehrere Unterpositionen angelegt werden (siehe hierzu auch Abschnitt 4.5, »Chargenfindung«).

Unterpositionen

Auch im Kundenauftrag kann es Unterpositionen geben. Diese sind z. B. bei der Setabwicklung von Bedeutung. Bei einer *Setabwicklung* besteht ein Produkt aus mehreren Komponenten. Klassisches Beispiel ist ein PC, der in der Regel aus dem Monitor, der Tastatur, dem Rechner, der Maus und gegebenenfalls einem Drucker oder weiteren Peripheriegeräten besteht. Auch im Anlagenbau ist diese Möglichkeit der Auftragsstrukturierung von großer Bedeutung. Anlagen bestehen häufig aus mehreren Komponenten, die durchaus getrennt geliefert, aber als *eine* Anlage berechnet werden. In diesen Fällen wird für das Gesamtsystem eine *Position* angelegt (z. B. der PC oder die gesamte Anlage). Für jede Komponente (z. B. Festplatte, Bildschirm, Maus, Drucker) wird jeweils eine Unterposition angelegt. Im Customizing kann festgelegt werden, ob z. B. die Preisfindung auf der Ebene der einzelnen Komponenten (also auf der Ebene der Unterposition) erfolgt oder ob ein Gesamtpreis für die übergeordnete Position ermittelt wird. Es ist möglich, über Customizing und einen speziellen Programmcode die Preise der einzelnen Komponenten zu einem Gesamtpreis für das System zu kumulieren. Dies geschieht über die Verwendung einer sogenannten *Kumulationskondition*. In dieser werden die Preise der Unterpositionen aufsummiert und dann als Gesamtpreis für das System in die Hauptposition übernommen. Die Werte der Unterpositionen sind in diesem Fall nur statistisch. Über die *Versandfälligkeit* wird definiert, ob eine Komponente als einzelne Einheit versendet wird oder ob die gesamte Anlage zusammen ausgeliefert wird. Ein Beispiel für die Bedeutung von Unterpositionen liefert uns auch die Funktion *automatische Produktselektion* aus Abschnitt 5.1, »Materialfindung«.

Customizing-Objekte

Schon in Teil II, »Vertriebsfunktionen in SAP S/4HANA«, haben wir gezeigt, wie Customizing und Stammdatenpflege den Ablauf der Vertriebsfunktionen (z. B. Verfügbarkeitsprüfung und Preisfindung) steuern. Dies gilt auch für die Gestaltung der Prozesse. Folgende Customizing-Objekte sind für die Vertriebsbelege von Bedeutung:

- die **Auftragsart** für den Auftragskopf
- der **Positionstyp** für die Position
- der **Einteilungstyp** für die Einteilung

Im Folgenden werden wir diese Objekte näher erläutern.

7.1.1 Auftragsart

Festlegung der Auftragsart

Die *Auftragsart* ist eines der zentralen Objekte des Customizings in der Vertriebsanwendung (Transaktion VOV8). Der Anwender legt beim Anlegen eines Auftrags die Auftragsart fest und steuert somit den weiteren Ablauf. Unter anderem werden folgende Punkte abhängig von der Auftragsart festgelegt:

- Um welchen Vertriebsbelegtyp handelt es sich, z. B. Anfrage, Angebot, Auftrag, Lieferplan, Kontrakt, Retoure, Gutschriftsanforderung oder Lastschriftsanforderung? Über diese Option werden Vertriebsbelege und damit verschiedene Prozesse unterschieden.
- Aus welchem Nummernkreis wird die Auftragsnummer vergeben, und handelt es sich um eine interne oder externe Nummernvergabe?
- Welche Positionstypen sollen innerhalb eines Auftrags ermittelt werden?
- In welche Folgebelege kann ein Auftrag kopiert werden? Hiermit wird z. B. festgelegt, ob ein Auftrag als Kopiervorlage für einen anderen Auftrag verwendet werden kann.
- Wird die Kreditlimitprüfung (siehe Abschnitt 5.4, »Kreditmanagement«) durchgeführt – und wenn ja, in welcher Form?
- Werden die Funktionen Materialfindung (siehe Abschnitt 5.1) sowie Materiallistung und Materialausschluss (siehe Abschnitt 5.2) durchgeführt – und wenn ja, in welcher Form?
- Wie laufen die Transaktionen der Auftragsbearbeitung ab? So kann z. B. abhängig von der Auftragsart bei der Auftragserfassung ein Hinweis auf vorliegende Angebote oder Rahmenverträge des Kunden gegeben werden.
- Welche Belegarten werden für die Folgebelege (Lieferungen, Fakturen) vorgeschlagen?

Auftragsarten anpassen

Ein wesentlicher Bestandteil eines SAP-S/4HANA-Einführungsprojekts ist die Festlegung von Geschäftsprozessen und deren Abbildung in SAP

S/4HANA. Daraus können dann die benötigten Auftragsarten abgeleitet werden. Im SAP-Standard wird bereits eine ganze Reihe wichtiger Auftragsarten ausgeliefert. In der Regel kopieren Sie die Standardauftragsarten und prägen diese gemäß den Anforderungen Ihres Unternehmens aus. Dies gilt selbstverständlich auch für Positions- und Einteilungstypen. Die neuen Objekte (Auftragsart, Positionstypen, Einteilungstypen) sollten stets in einem eigens vorgesehenen Kundennamensraum (in der Regel mit Z oder Y beginnend) angelegt werden. Dadurch können Sie verhindern, dass die Einstellungen bei einem Releasewechsel überschrieben werden. Zudem können auch etliche Jahre nach der Prozesseinführung die Standardeinstellungen von SAP mit den eigenen verglichen werden.

7.1.2 Positionstyp

Einstellungen im Customizing

Ein wichtiger Baustein der Gestaltung von Vertriebsprozessen ist die automatische Ermittlung des richtigen *Positionstyps*. Im Customizing werden für die unterschiedlichen Positionstypen Einstellungen vorgenommen (Transaktion SPRO • **Vertrieb** • **Verkauf** • **Verkaufsbelege** • **Verkaufsbelegposition** • **Positionstypen definieren**). Diese Einstellungen steuern den Ablauf der Auftragsbearbeitung für diese Position. Unter anderem wird dabei Folgendes geregelt:

- Handelt es sich um eine Position mit Preisrelevanz? Nur in diesem Fall kann eine Preisfindung innerhalb dieser Position durchgeführt werden. Ansonsten handelt es sich um eine »kostenlose Position«.
- Sind Einteilungen innerhalb der Position erlaubt? Ist dies der Fall, existiert immer mindestens eine Einteilung pro Position.
- Kann eine Position kopiert werden? In welche Folgebelege kann sie kopiert werden?
- Handelt es sich um eine Retourenposition?
- Handelt es sich um eine fakturarelevante Position? In der Praxis ist meist jede preisrelevante Position auch eine fakturarelevante Position. Diese Positionen werden in den Fakturabeleg übernommen und fakturiert.
- Ermittlung der Einteilungstypen und damit die weitere Steuerung der Einteilungsbearbeitung

Automatische Ermittlung des Positionstyps

Von besonderer Bedeutung ist die automatische Ermittlung des Positionstyps in einem Auftrag (Transaktion SPRO • **Vertrieb** • **Verkauf** • **Verkaufsbelege** • **Verkaufsbelegposition** • **Positionstypen zuordnen**). Diese erfolgt abhängig von folgenden Kriterien:

- **Auftragsart**
  Damit erfolgt die *Positionstypermittlung* abhängig von der Auftragsart und damit abhängig von dem entsprechenden Prozess (z. B. Terminauftragsabwicklung, Streckengeschäft, Konsignation).
- **Positionstypengruppe**
  Im Materialstamm wird das Material einer *Positionstypengruppe* zugeordnet (z. B. NORM für die »normale« Terminauftragsposition). Im Customizing können beliebig viele Positionstypengruppen definiert werden. Damit kann die Prozesssteuerung differenziert pro Material festgelegt werden.
- **Übergeordneter Positionstyp**
  Wenn es sich um eine Unterposition handelt, hängt die Ermittlung des Positionstyps zusätzlich von dem Positionstyp der übergeordneten Position ab.
- **Verwendung**
  Dieses Merkmal wird nicht durch Stammdaten oder Customizing-Einstellungen ermittelt. Vielmehr greift es automatisch bei bestimmten Funktionen (z. B. Chargensplit, Produktselektion).

Beispiel

Abbildung 7.2 zeigt die Positionstypermittlung für den Positionstyp TAN (Terminauftrag Normalposition). Sie sehen in Spalte **PsTyD**, dass mehrere Positionstypen eingestellt werden können. Dabei wird der erste Eintrag automatisch in die Auftragsposition übernommen. Die übrigen Einträge in Spalte **MPsTy** sind die möglichen Einträge für die manuelle Änderung durch den Anwender im Beleg.

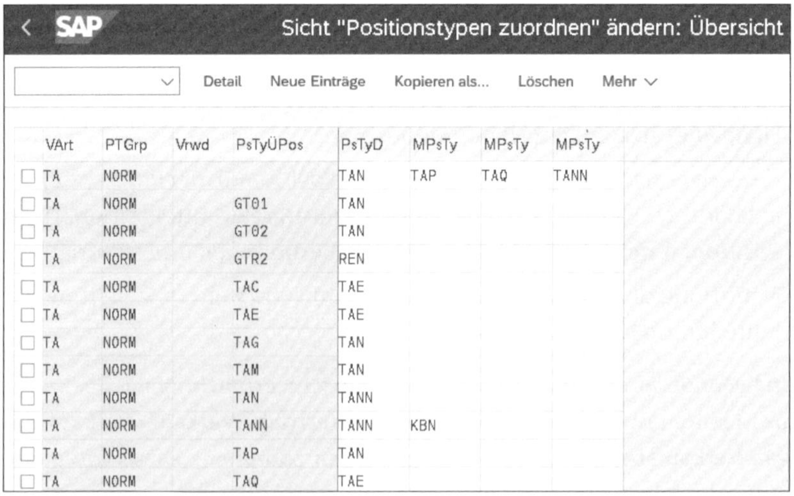

SAP Sicht "Positionstypen zuordnen" ändern: Übersicht

Detail Neue Einträge Kopieren als... Löschen Mehr

VArt	PTGrp	Vrwd	PsTyÜPos	PsTyD	MPsTy	MPsTy	MPsTy
TA	NORM			TAN	TAP	TAQ	TANN
TA	NORM		GT01	TAN			
TA	NORM		GT02	TAN			
TA	NORM		GTR2	REN			
TA	NORM		TAC	TAE			
TA	NORM		TAE	TAE			
TA	NORM		TAG	TAN			
TA	NORM		TAM	TAN			
TA	NORM		TAN	TANN			
TA	NORM		TANN	TANN	KBN		
TA	NORM		TAP	TAN			
TA	NORM		TAQ	TAE			

Abbildung 7.2 Customizing für die automatische Positionstypermittlung (Transaktion SPRO • Positionstypen zuordnen)

Die Abbildung der Positionstypermittlung zeigt, dass im Fall der Auftragsart Terminauftrag (**TA**, siehe Spalte **VArt**) zunächst der Positionstyp Normalposition (**TAN**, siehe Spalte **PsTyD**) ermittelt wird. Voraussetzung dafür ist, dass es sich nicht um eine Unterposition handelt und dass im Materialstamm die Positionstypengruppe Normalposition (**NORM**, siehe Spalte **PT-Grp**) zugeordnet wurde. Der Anwender kann diesen Eintrag während der Auftragserfassung z. B. auf den Positionstyp *kostenlose Position* (**TANN**, siehe Spalte **MPsTy**) ändern.

7.1.3 Einteilungstyp

Einstellungen im Customizing

Auf der Ebene des *Einteilungstyps* werden folgende Einstellungen im Customizing (Transaktion VOV6) vorgenommen:

- Die *Lieferrelevanz* einer Einteilung wird festgelegt. Nur lieferrelevante Einteilungen können in einen Lieferbeleg kopiert werden.
- Die *Bewegungsart*, mit der die Warenausgangsbuchung in der Lieferung durchgeführt wird, ist ein Customizing-Objekt in der SAP-Komponente Materialwirtschaft (MM). Darüber werden die Materialbewegungen gesteuert. Für den Einteilungstyp kann z. B. festgelegt werden, ob es sich um eine Auslieferung oder eine Retoure handelt.
- Es kann festgelegt werden, dass abhängig vom Einteilungstyp eine *Liefersperre* im Auftrag gesetzt wird. Diese ist vom Anwender manuell zu entfernen, bevor eine Lieferung angelegt werden kann.

Für den Einteilungstyp wird festgelegt, ob eine Verfügbarkeitsprüfung und eine Bedarfsübergabe im Vertriebsbeleg durchgeführt werden. In Abschnitt 4.1, »Verfügbarkeitsprüfung«, haben Sie gesehen, dass diese Funktionen von der Bedarfsklasse abhängen. Die Bedarfsklasse wiederum wird über Daten im Materialstamm (Dispositionsgruppe) ermittelt. Warum gibt es also an dieser Stelle noch einmal die gleiche Einstellungsmöglichkeit? Es handelt sich hierbei um eine zusätzliche Option. Verfügbarkeitsprüfung und Bedarfsübergabe können hier nur *ausgeschaltet* werden. Sind sie also auf der Ebene der Bedarfsklasse nicht eingeschaltet, können sie hier nicht aktiviert werden. Die Möglichkeit, Verfügbarkeitsprüfung und Bedarfsübergabe ausschalten zu können, wird in der Praxis relevant, wenn bei bestimmten Aufträgen, wie z. B. bei Sonderaufträgen, die Verfügbarkeit nicht geprüft werden soll.

Automatische Ermittlung des Einteilungstyps

Ebenso wie der Positionstyp wird auch der Einteilungstyp über das Customizing (Transaktion SPRO • **Vertrieb** • **Verkauf** • **Verkaufsbelege** • **Einteilungen** • **Einteilungstypen zuordnen**) automatisch ermittelt. Auch hier ist eine manuelle Änderung des Einteilungstyps durch den Anwender im Vertriebsbeleg möglich. Die automatische Ermittlung hängt von den folgenden beiden Kriterien ab:

- **Positionstyp**
  vom Positionstyp der Position, zu der die Einteilung gehört
- **Dispositionsmerkmal**
  vom Materialstamm (siehe Abschnitt 4.1, »Verfügbarkeitsprüfung«)

Lieferarten

Auftragsarten und Positionstypen haben auch im Versand ihre Bedeutung. Für die Lieferbelege im Versand werden eigene Lieferarten definiert (Transaktion OVLK). Die wichtigsten Einstellungen zur Lieferart sind:

- **Vertriebsbelegtyp**
  Hier bestimmen Sie den Vertriebsbelegtyp, wie z. B. Auslieferung oder Retoure.
- **Nummernkreis**
  Aus dem Nummernkreis wird die Belegnummer des Lieferbelegs vergeben.
- **Kopiersteuerung**
  Hierüber wird definiert, welche Vorgänger- und welche Nachfolgebelege eine Lieferart haben kann.

Bei einer SAP-S/4HANA-Standardinstallation werden bereits die wichtigsten Lieferarten angelegt. Es ist möglich, zusätzliche Lieferarten gemäß den jeweiligen Anforderungen im Customizing anzulegen. Auch hier gilt, dass neue Lieferungsarten stets in den kundeneigenen Namensräumen (beginnend mit Y oder Z) anzulegen sind.

Positionstypen in der Lieferung

Die Positionstypen werden aus den Aufträgen in die Lieferung übernommen. Den Positionstyp TAN finden Sie demzufolge im Auftrag und auch im Lieferbeleg. Allerdings können im Customizing des Versands zusätzliche Einstellungen für den Positionstyp vorgenommen werden (Transaktion OVLP). Hierüber kann z. B. gesteuert werden, ob der Lagerort zu einer Lieferposition automatisch ermittelt wird und ob eine Kommissionierung durchgeführt werden soll. Das klassische Beispiel einer Lieferposition ohne Kommissionierung ist die Retourenposition. Da der Kunde etwas zurückschickt, findet keine Kommissionierung beim empfangenden Unternehmen statt.

Fakturaarten

Für die Fakturabelege werden Fakturaarten definiert. Zu den wichtigsten Customizing-Einstellungen (Transaktion VOFA) der Fakturaart gehören:

- **Vertriebsbelegtyp**
  Damit wird festgelegt, ob es sich um eine Rechnung, einen Stornobeleg oder eine Gut-/Lastschrift handelt.

- **Kopiersteuerung**
  Es wird festgelegt, welche Vorgänger- und Nachfolgebelege möglich sind. (Beispielsweise kann festgelegt werden, ob eine Faktura als Vorlage für einen Kundenauftrag dienen kann.)
- **Nummernkreis**
  Hiermit wird der Nummernkreis für die Fakturabelege festgelegt.
- **Stornobelegart**
  Hier wird die Belegart festgelegt, mit der ein Fakturabeleg storniert werden kann.

Positionstypen werden von den Vorgängerbelegen übernommen. Eigene Positionstypen für die Fakturabelege gibt es nicht. Es gibt auch keine zusätzlichen Einstellungen zu Positionstypen, wie etwa im Versand.

7.2 Vertriebsprozess

Im vorherigen Abschnitt haben wir den Aufbau der Vertriebsbelege betrachtet, die in unterschiedlichen Phasen des Vertriebsprozesses entstehen. Nun wenden wir uns dem grundsätzlichen *Vertriebsprozess* (Anfrage, Angebot, Auftrag, Lieferung, Faktura) zu. Die konkreten Ausprägungen des Prozessflusses für die Abbildung unterschiedlicher Geschäftsprozesse erläutern wir dann ab Kapitel 8, »Terminauftragsabwicklung«. Eine kurze Übersicht über die grafische Aufbereitung, den sogenannten Belegfluss im GUI und den Prozessablauf in den SAP-Fiori-Apps, finden Sie in Abschnitt 7.2.6.

Vertriebsbelege im Vertriebsprozess

Welche Vertriebsbelege in den unterschiedlichen Phasen des Vertriebsprozesses verwendet werden, zeigt Abbildung 7.3.

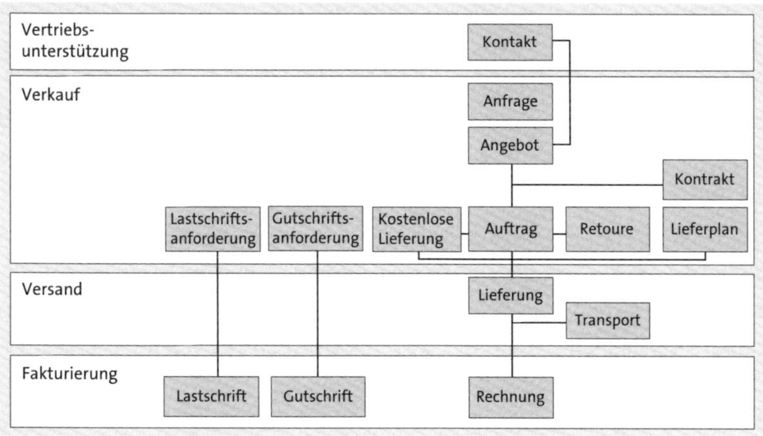

Abbildung 7.3 Übersicht über die Vertriebsbelege in den unterschiedlichen Phasen des Vertriebsprozesses

Dabei werden die Daten in einem Beleg erfasst und in den Folgebeleg kopiert. Eine doppelte Erfassung der benötigten Informationen entfällt. Das spart Zeit und vermeidet Übertragungsfehler. Diese Kopierfunktion ist ein wichtiger Bestandteil der Steuerung von Prozessen in der SAP-ERP-Software. Der Belegfluss kann in jedem Beleg angezeigt werden, damit besteht Transparenz über Vorgänger und Nachfolger. Der Anwender hat die Möglichkeit, direkt in diese Belege zu navigieren. Nachfolgend gehen wir auf die einzelnen Phasen und Belege näher ein.

7.2.1 Vertriebsunterstützung

Vorbereitung von Auftragsvergabe und Auftragsbearbeitung

Die Phase Vertriebsunterstützung dient dazu, die Auftragsvergabe und die Auftragsbearbeitung vorzubereiten. In Kontaktbelegen werden vor allem Vertriebsaktivitäten (Telefonate, Kundenbesuche, Messekontakte) dokumentiert und verwaltet. Es besteht die Möglichkeit, Gesprächsnotizen zu hinterlegen und Folgeaktivitäten (erneuter Anruf, Versenden von Werbematerial etc.) zu planen und durchzuführen. Diese Funktionen werden in der Regel durch ein Customer-Relationship-Management-System (CRM-System) abgedeckt. Einige SAP-Funktionen von früher wurden abgelöst. In diesem Buch gehen wir in Kapitel 27, »CRM mit SAP Customer Experience«, näher auf die Thematik ein.

7.2.2 Verkauf

Erfassung von Kundenanfragen

Konkreter wird es, wenn der Kunde in der *Verkaufsphase* Konditionen und Liefertermine zu Produkten des Unternehmens anfragt. In einem *Anfragebeleg* wird die Kundennummer erfasst, und die gewünschten Artikel (Materialstämme) werden in den Auftragspositionen hinzugefügt. Außerdem können in Freitexten Sonderwünsche des Kunden hinterlegt werden. Mit Bezug auf diese Anfrage kann der Anwender dann ein Angebot erfassen. Die Konditionen (Preise, Rabatte, Steuer) sowie die Lieferdaten werden automatisch vom System ermittelt. Der Anwender hat die Möglichkeit, über die Nachrichtenfindung ein Angebot zu drucken und an den Kunden zu versenden.

Erfassung von Rahmenverträgen und Lieferplänen

Ebenfalls zur Verkaufsphase gehört die Erfassung von *Kontrakten*. Kontrakte sind Rahmenvereinbarungen, in denen mit dem Kunden die Abnahme bestimmter Mengen oder Werte in einem bestimmten Zeitraum vereinbart werden kann. In diesen Vereinbarungen können auch Konditionen hinterlegt werden, die dann in die einzelnen Abrufaufträge übernommen werden können. Ebenfalls zu den Rahmenverträgen zählen *Lieferpläne*. Im Gegensatz zu den Kontrakten werden in Lieferplänen konkrete Liefertermine vereinbart.

Erfassung von Kundenaufträgen

Kundenaufträge können entweder ohne Vorgängerbeleg oder mit Bezug zu Angeboten oder Kontrakten angelegt werden. Im Kundenauftrag ermittelt das System die Konditionen (entweder aus dem Vorgängerbeleg oder über die Preisfindung). Außerdem ermittelt die Verfügbarkeitsprüfung, zu welchem Zeitpunkt die gewünschten Produkte geliefert werden können. Aus dem Auftrag kann eine Auftragsbestätigung gedruckt werden, die an den Kunden versendet wird. Neben dem »normalen« Verkauf sind auch Retouren abzuwickeln. Dafür stehen eigene Auftragsarten (Retourenaufträge, siehe Kapitel 13, »Retourenabwicklung«) zur Verfügung. Weitere Sonderformen des Auftrags sind Gut- und Lastschriftsanforderungen (siehe Kapitel 14, »Gut- und Lastschriften«). Diese werden zur Berechnung von Gut- und Lastschriften benötigt.

7.2.3 Versand

Erfassung der Lieferung

Mit Bezug zum Kundenauftrag (oder dem Lieferplan) wird dann ein Lieferbeleg erstellt. Damit hat die *Versandphase* begonnen. Über den Lieferbeleg werden die Aktivitäten zur Kommissionierung, zur Versandvorbereitung und beim Warenausgang gesteuert. Bei der *Kommissionierung* wird die aus dem Lager entnommene Menge in den Beleg eingetragen. Sobald alle Versandvorbereitungen, wie z. B. das Verpacken, abgeschlossen sind, kann der *Warenausgang* gebucht werden. Diese Buchung aktualisiert den physischen Lagerbestand und führt in der Finanzbuchhaltung eine entsprechende Buchung durch. Außerdem können aus der Lieferung die Warenbegleitpapiere gedruckt werden. Retourenaufträge werden durch entsprechende Retourenanlieferungen unterstützt. Retourenanlieferungen führen zu Wareneingangsbuchungen.

7.2.4 Fakturierung

Erstellung der Kundenrechnung

Nach der Erfassung der Lieferung wird in der Phase *Fakturierung* die Kundenrechnung (Faktura) erzeugt. Dabei werden die ausgelieferten Mengen übernommen. Die Preise werden aus dem Kundenauftrag übergeben. Aus dem Fakturabeleg wird eine Rechnung gedruckt, die an den Kunden versendet wird. Außerdem werden die notwendigen Erlösbuchungen in der Finanzbuchhaltung und dem Controlling erzeugt.

Integration

Schon der Überblick über die Belegsteuerung in SAP zeigt den hohen Integrationsgrad der Software. Sobald im Vertrieb ein Warenausgang gebucht wird, werden auch die Materialwirtschaft und die Finanzbuchhaltung aktualisiert. Gleiches gilt beim Buchen der Kundenfaktura. Dort werden die Buchungen im Controlling (Betriebsergebnisrechnung) und in der Finanzbuchhaltung zeitgleich durchgeführt, wie Sie bereits in Kapitel 6, »Integration in das Rechnungswesen«, gelernt haben.

7.2.5 Kopiersteuerung

Customizing

Der Belegfluss wird im Customizing durch die Kopiersteuerung festgelegt. Dabei werden folgende Einstellungen zur Steuerung des Verkaufsprozesses festgelegt:

- **In welche Folgebelege darf eine bestimmte Belegart kopiert werden?**
Damit wird festgelegt, welche Kopierreihenfolge zwischen Belegarten erlaubt ist.
- **Welche Daten dürfen in die Folgebelege übergeben werden?**
Es können z. B. die Chargensplitpositionen einer Lieferung in die Faktura übergeben werden. In diesem Fall enthält die Faktura die gleiche Anzahl von Positionen wie die Lieferung. Es ist jedoch auch möglich, die Chargensplitpositionen der Lieferung zu einer einzigen Fakturaposition zu kumulieren.
- **Nach welchen Regeln wird ein Vorgängerbeleg als erledigt gekennzeichnet?**
In der Praxis spielt dies vor allem bei Angeboten eine Rolle. Darüber kann die Frage beantwortet werden, ob Angebote nur einmalig zu einem Auftrag führen dürfen oder ob beliebig viele Referenzbelege erzeugt werden können.
- **Nach welchen Regeln werden Vorgängerbelege überführt?**
Es können z. B. mehrere Aufträge zu einer Lieferung und mehrere Lieferungen zu einer Faktura zusammengefasst werden.
- **Wie werden die Funktionen in den Nachfolgebelegen gesteuert?**
Es wird bei der Erstellung einer Faktura über die Kopiersteuerung festgelegt, ob die Preise aus dem Auftrag übernommen werden oder ob eine neue Preisfindung durchgeführt wird.

Die Kopiersteuerung nutzt insbesondere Kopierbedingungen und User Exits. Somit sind kundenindividuelle Anpassungen möglich.

7.2.6 Grafische Aufbereitung

Klassische Ansicht »Belegfluss«

Der *Belegfluss* zeigt eine Übersicht zu den einzelnen Belegen (z. B. Auftrag oder Lieferung), die zusammen eine Belegkette bilden. Über (**Belegfluss anzeigen** oder [F5]) können Sie von jedem Beleg in den Belegfluss abspringen und sich eine Abbildung der im System aufeinanderfolgenden Belege anzeigen lassen. Zusätzlich bietet der Belegfluss weitere Informationen, wie beispielsweise zum Erstelldatum in Spalte **Am** und zum aktuellen **Status** des Vertriebsbelegs, wie in Abbildung 7.4 zu sehen ist.

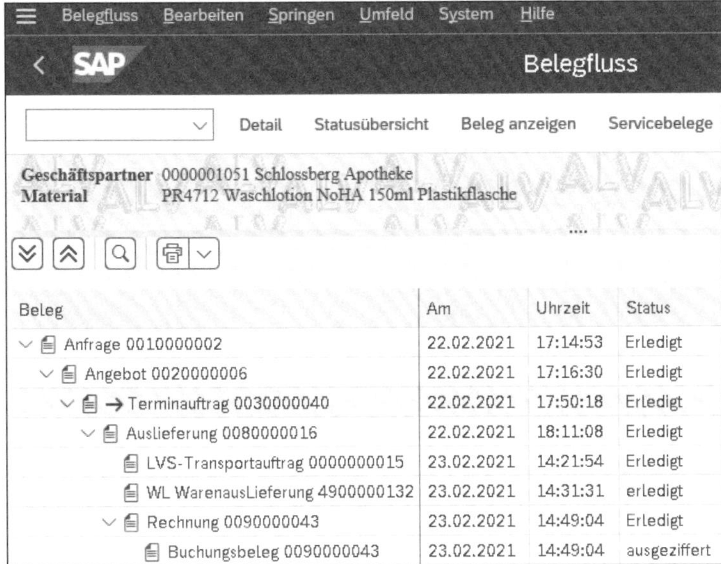

Abbildung 7.4 Klassische Ansicht des Belegflusses

Über das Menü (Pfad **Belegfluss • Sicht • Positionen**) können Sie sich die Vorgänger- und Nachfolgebelege zu den einzelnen Positionen anzeigen lassen.

Für Spezialisten: Belegflussnavigation via Doppelklick

Jahrelang war die Belegflussnavigation umständlich gestaltet. Der Anwender lässt sich für einen spezifischen Verkaufsbeleg (z. B. Terminauftrag) den Belegfluss anzeigen. Wenn er nun auf einen anderen Beleg (z. B. Rechnung) doppelklickt, dann zeigt das SAP-System die Details am unteren Bildrand an. Der Benutzer erwartet jedoch, dass er direkt in den Beleg abspringen kann. Um in unserem Beispiel vom Auftrag in die Rechnung zu gelangen, muss der Anwender den Beleg **Rechnung** markieren und anschließend auf die Schaltfläche **Beleg anzeigen** klicken.

Mit den neueren SAP-S/4HANA-Releases ist es nun möglich, ohne Coding die Navigation per Doppelklick zu ermöglichen. Dazu müssen Sie in den Benutzerparametern (Transkation SU01 oder SU3) den Parameter DOCFLOW_DCLICK_NAVI eingeben. Stellen Sie den Parameterwert auf »X« und speichern Sie die Einstellungen, um die Funktion zu aktivieren. Nun ist die Belegflussnavigation per Doppelklick möglich.

Weitere Informationen finden Sie in SAP-Hinweis 2631700.

SAP-Fiori-Apps Neben dem Belegfluss, wie er bisher im System im klassischen GUI zu finden war, stellt SAP auch mehrere SAP-Fiori-Anwendungen zur Verfügung, in denen der Belegfluss und die möglichen Stränge aufgeführt werden. In den Apps der einzelnen Belegarten (z. B. Kundenauftrag, Auslieferung, Rechnung etc.) wird unter dem Reiter **Prozessablauf** die Belegkette grafisch aufbereitet. Mit einem Klick auf einen der Belege können Sie direkt abspringen und sich unter **Weitere Links** zusätzliche Apps anzeigen lassen (siehe Abbildung 7.5)

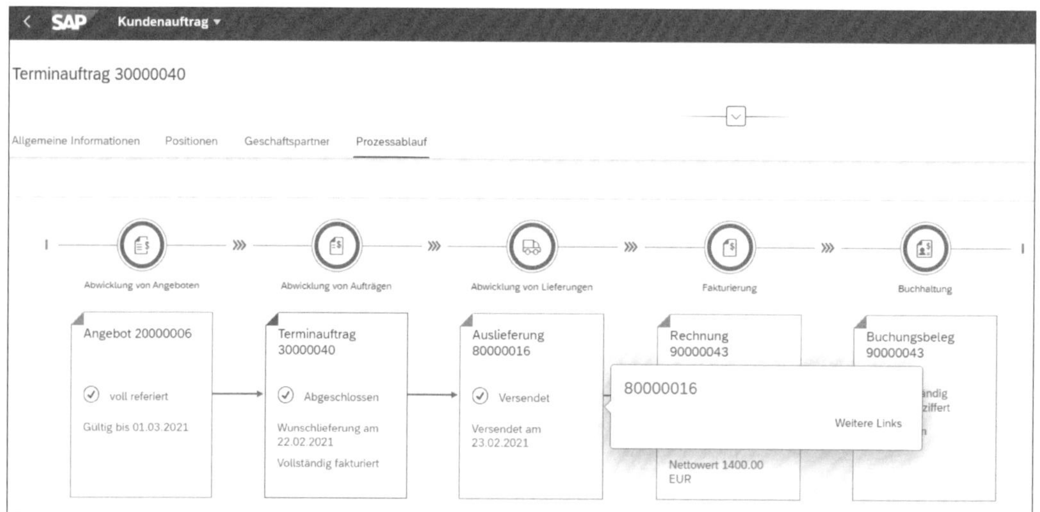

Abbildung 7.5 Prozessablauf innerhalb einer SAP-Fiori-App (hier SAP-Fiori-App »Kundenauftrag«)

Mit der SAP-Fiori-App **Belegfluss anzeigen** (siehe Abbildung 7.6) können Sie durch die Eingabe der **Belegart** (Verkaufsbeleg, Einkaufsbeleg, Kreditorenrechnung usw.) und der Belegnummer (unter **Verkaufsbeleg**) direkt in den Geschäftsvorfall eintauchen. Die Applikation stellt Ihnen neben allen Vorgänger- und Nachfolgebelegen auch den sogenannten operativen Belegfluss (**Operativer Belegfluss**) und den **Hauptbuchbelegfluss** dar. In Kapitel 8, »Terminauftragsabwicklung«, gehen wir anhand eines Beispiels detaillierter darauf ein.

Mithilfe der SAP-Fiori-App **Prozessaktivitäten** können zudem auch Leistungskennzahlen (Key Performance Indicators, kurz: KPI) hinterlegt werden, die bei den Auswertungen zum Tragen kommen.

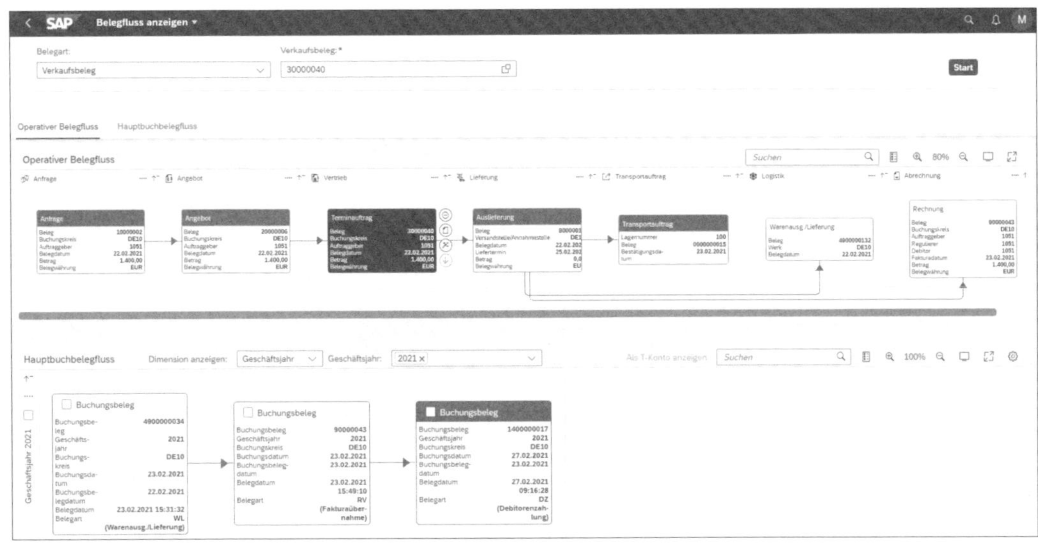

Abbildung 7.6 Operativer Belegfluss und Hauptbuchbelegfluss (SAP-Fiori-App »Belegfluss anzeigen«)

Einige dieser Kennzahlen werden in verschiedenen anderen SAP-Fiori-Apps (z. B. **Performance der Auftragsabwicklung**) genutzt, um die Durchlaufzeiten zu bestimmen. Die Verbindungen zwischen den einzelnen Belegen werden im Customizing hinterlegt. Das System berechnet daraufhin die vergangene Zeit zwischen den beiden Vorgängen. Der Vorteil in diesem Vorgehen ist, dass sich Ausreißer besser erkennen lassen und Sie speziell auf diese Aufträge reagieren können. Vor allem in Verbindung mit den SAP-Fiori-Apps zur Rückstandsbearbeitung kann hier durch die hinterlegten Kennzahlen der Sachbearbeiter schneller agieren.

Kapitel 8
Terminauftragsabwicklung

In diesem Kapitel gehen wir auf einen der Kernprozesse der Anwendung Sales ein: die Terminauftragsabwicklung. Wir erklären den Prozess und führen ihn anhand eines Beispiels durch.

Im Folgenden beschreiben wir den Standardvertriebsprozess – von der Anfrage des Kunden über die Auftragsbearbeitung bis hin zur Fakturierung. Dabei nehmen wir Bezug auf die in Teil II, »Vertriebsfunktionen in SAP S/4HANA«, beschriebenen Funktionen. Die nachfolgenden Kapitel (9 bis 17) stellen allesamt Variationen dieses Ablaufs dar. Im vorliegenden Kapitel betrachten wir den Kernprozess von SAP S/4HANA Sales.

An dieser Stelle wollen wir bewusst auf die Behandlung der Vertriebsunterstützung (Kontaktbearbeitung) verzichten. Zwar ist es in SAP S/4HANA möglich, Kundenkontakte zu erfassen und diese auch als Vorlage für die Angebots- bzw. Auftragserfassung zu verwenden, die Praxis zeigt jedoch, dass diese Funktionen mehr und mehr durch eigene CRM-Systeme (Customer Relationship Management), wie in Kapitel 27, »CRM mit SAP Customer Experience«, geschrieben, übernommen werden.

Abbildung 8.1 zeigt den Standardvertriebsprozess. Er besteht aus den folgenden Schritten:

1. Kundenanfrage
2. Kundenangebot
3. Terminauftrag
4. Lieferung
5. Fakturierung

Diese Abläufe werden wir im Folgenden näher vorstellen.

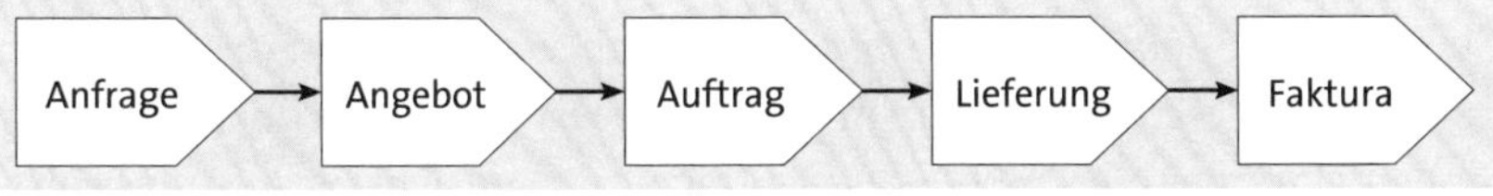

Abbildung 8.1 Überblick über den Standardvertriebsprozess

8.1 Kundenanfrage

Beginn des Auftragsprozesses

Der Auftragsprozess beginnt mit der Erfassung einer *Kundenanfrage*. Der Anwender erfasst dazu einen Vertriebsbeleg mit der Auftragsart AF (Anfrage). Diese wird bereits mit der SAP-S/4HANA-Standardinstallation ausgeliefert. Außerdem sind Vertriebsbereich und Kundennummer zu erfassen.

Positionsdaten

In den *Positionsdaten* werden die Materialien erfasst, die der Kunde anfragt. Weitere Informationen auf Positionsebene sind Menge und Liefertermin. Dabei unterscheidet sich die Erfassung einer Anfrage nicht wesentlich von der Erfassung eines Kundenauftrags oder eines Angebots. So können die entsprechenden Funktionen (unter anderem Preisfindung, Verfügbarkeitsprüfung, Bedarfsübergabe, Nachrichtenfindung, Kreditlimitprüfung) in all diesen Belegen genutzt werden. In freien Textfeldern können weitere Informationen zur Anfrage abgelegt werden. Zu unterscheiden sind dabei Kopf- und Positionstexte. Texte im Auftragskopf betreffen den gesamten Beleg, Positionstexte gelten nur für eine Position. Texte in der Anfrage dienen insbesondere dazu, zusätzliche Informationen über den Kunden (Zusatzwünsche, Kriterien für die Auftragsvergabe etc.) zu erfassen.

Nachrichtenfindung

Über die *Nachrichtenfindung* kann ein Anfragebeleg ausgedruckt werden. Dies ist dann notwendig, wenn die interne Organisation auf Papierbelegen aufbaut. Außerdem könnten Sie dem Kunden auf diesem Weg eine Bestätigung für die Annahme der Anfrage zukommen lassen. Darin sollte auch eine Information über den nächsten Schritt enthalten sein (z. B. »Sie erhalten unser Angebot bis zum …«).

Erfassen von Alternativpositionen

Zu den Besonderheiten der Kundenanfrage gehört es, dass *Alternativpositionen* erfasst werden können. Der Kunde fragt in diesem Fall zwei Positionen an. Später wird er sich – abhängig von dem entsprechenden Angebot – für eine Position entscheiden.

Am Beispiel der Kundenanfrage wollen wir auch die differenzierten Steuerungsmöglichkeiten der Bedarfsübergabe und der Verfügbarkeitsprüfung nochmals erörtern. Wie in Abschnitt 4.1, »Verfügbarkeitsprüfung«, ausgeführt, wird die Bedarfsart über bestimmte Daten im Materialstamm (Strategiegruppe, Dispositionsgruppe) ermittelt. Über die Bedarfsart wird dann im Customizing festgelegt, ob ein Bedarf an die Disposition übergeben werden soll. In Abschnitt 7.1, »Belegstruktur«, haben Sie jedoch gesehen, dass auf Ebene des Einteilungstyps die Bedarfsübergabe und Verfügbarkeitsprüfung ausgeschaltet werden können. In der Anfrage ist genau dies der Fall. Häufig wollen Unternehmen nicht, dass Anfragen mit unsicherer Auftragswahrscheinlichkeit die Materialbedarfsplanung zu einem so frühen Zeitpunkt beeinflussen, weshalb diese Funktionen hier noch nicht ausgeführt werden.

Allerdings haben Sie bei entsprechender Einstellung des Customizings (siehe Abschnitt 7.1) die Möglichkeit, den Einteilungstyp manuell zu ändern und damit sofort die Verfügbarkeitsprüfung zu aktivieren. Dies ist bei Aufträgen mit einer hohen Eintrittswahrscheinlichkeit zu empfehlen, damit bereits in einem frühen Stadium dispositiv entsprechende Mengen reserviert werden können.

Auftragswahrscheinlichkeit

Bedarfsübergabe und Verfügbarkeitsprüfung lassen sich auch über die *Auftragswahrscheinlichkeit* steuern. Diese können Sie im Anfragebeleg als Prozentsatz auf Positionsebene erfassen. Das System liefert Ihnen abhängig von den Customizing-Einstellungen zur Positionstypermittlung einen Vorschlagswert für den Positionstyp. Sind die Funktionen Bedarfsübergabe und Verfügbarkeitsprüfung aktiviert, wird die angefragte Menge gemäß der Auftragswahrscheinlichkeit als Bedarf übergeben. Wurde z. B. eine Auftragswahrscheinlichkeit von 50 % hinterlegt und die Position umfasst eine Menge von 100 Stück, dann werden 50 Stück als Bedarf an die Disposition übergeben.

8.2 Kundenangebot

Die Angebotserfassung unterscheidet sich nicht wesentlich von der Erfassung einer Anfrage. Hiermit soll vor allem ein neuer Status im Gesamtprozess abgebildet werden. Das heißt, die Anfrage erhält den Status »erledigt«, nachdem ein Angebot (Auftragsart AG) mit Bezug zu dieser angelegt wurde. Auch im Angebot können die Vertriebsfunktionen entsprechend genutzt werden. Dazu zählt auch die differenzierte Steuerung der Bedarfsübergabe und der Verfügbarkeitsprüfung, indem der Einteilungstyp und die Auftragswahrscheinlichkeit manuell geändert werden. Über die Nachrichtensteuerung kann ein Angebot ausgedruckt und an den Kunden versendet werden.

Optionen beim Anlegen eines Angebots

Die wichtigsten Optionen beim Anlegen eines Angebots sind:

- Erfassung mit Bezug zur Anfrage
- Erfassung mit Bezug zu einem anderen Angebot
- Erfassung mit Bezug zu einem Auftrag
- Erfassung ohne Bezug

Wird das Angebot mit Bezug zu einem Vorgängerbeleg erfasst, werden die Daten aus diesem Beleg kopiert (siehe Abschnitt 7.2, »Vertriebsprozess«).

8.3 Terminauftrag

Auch im Terminauftrag werden die Daten aus den Vorgängerbelegen übernommen. Beim Anlegen mit Bezug zu einem Vorgängerbeleg können Sie die Positionen auswählen, die Sie übernehmen möchten. Vor allem müssen Sie bei Alternativpositionen in Anfrage und Angebot jetzt endgültig auswählen, welche Positionen in den Auftrag kopiert werden sollen. Alternativpositionen lassen sich nur in Anfragen und Angeboten erfassen, nicht aber in Kundenaufträgen.

Optionen beim Anlegen eines Terminauftrags

Die wichtigsten Optionen beim Anlegen eines Terminauftrags sind:

- Erfassung mit Bezug zum Angebot
- Erfassung mit Bezug zur Anfrage
- Erfassung mit Bezug zu einem anderen Auftrag
- Erfassung mit Bezug zu einem Kontrakt
- Erfassung mit Bezug zu einer Faktura
- Erfassung ohne Bezug

Debitoren

An dieser Stelle wollen wir noch einmal die Bedeutung des Geschäftspartnerstammsatzes für die Auftragsbearbeitung hervorheben. Diese Zusammenhänge gelten zwar auch für Anfragen und Angebote, im Auftrag sind sie aber besonders wichtig, da hier eine endgültige Entscheidung zu treffen ist. In Teil I, »Grundlagen des Vertriebs mit SAP S/4HANA«, haben wir die Struktur des Geschäftspartners erläutert. Die unterschiedlichen Partnerrollen werden jetzt in den Auftrag übernommen. Zunächst wird über den Stammsatz des Auftraggebers ermittelt, welche Regulierer, Rechnungsempfänger und Warenempfänger dem Auftraggeber zugeordnet sind. Dabei kann der Auftraggeber gleichzeitig auch selbst Warenempfänger, Regulierer und Rechnungsempfänger sein. In der Praxis gibt es jedoch viele Fälle, in denen dies nicht so ist. Einige wollen wir beispielhaft anführen:

- Der Kunde gehört zu einem Konzernverbund. Er ist zwar Auftraggeber, die Rechnung wird aber durch ein anderes Unternehmen im Konzern des Kunden beglichen. In diesem Fall ist ein abweichender Regulierer zu ermitteln.
- Der Kunde ist zwar Auftraggeber und Regulierer, die Rechnung soll aber an eine andere Adresse als die des Auftraggebers geschickt werden. Beispielsweise könnte es sich um eine zentrale Erfassungsstelle für Eingangsrechnungen handeln.
- Der Kunde hat einen zentralen Einkauf, der für mehrere Unternehmenseinheiten an unterschiedlichen Standorten die Beschaffung übernimmt. In diesem Fall ist aus mehreren alternativen Warenempfängern

im Kundenstamm beim Anlegen des Auftrags der gewünschte Warenempfänger auszuwählen.

Sind im Kundenstamm mehrere Regulierer, Rechnungsempfänger oder Warenempfänger hinterlegt, müssen Sie als Anwender bei der Auftragserfassung die jeweiligen Partner manuell auswählen. Dabei zeigt Ihnen das System eine Auswahlliste mit den möglichen Partnern.

Die Partner werden vom Auftragskopf in die Positionen übernommen, um Regulierer, Rechnungsempfänger und Warenempfänger auf Positionsebene separat festlegen zu können. Auf Positionsebene können damit auch abweichende Partner ausgewählt werden. Der Auftraggeber kann nur auf Kopfebene festgelegt werden. Die Auswahl der Partner ist entscheidend für den weiteren Ablauf. So können nur die Auftragspositionen in einen gemeinsamen Lieferbeleg überführt werden, bei denen der Warenempfänger derselbe ist. Gleichermaßen können nur solche Positionen gemeinsam fakturiert werden, bei denen Regulierer und Rechnungsempfänger identisch sind.

Auftragszusammenführung

Außerdem kann im Auftragskopf das Kennzeichen **Auftragszusammenführung** geändert werden. Der Vorschlagswert wird aus dem Debitorenstamm des Auftraggebers ermittelt. Ist dieses Kennzeichen gesetzt, kann die Auslieferung mehrerer Aufträge über einen Lieferbeleg erfolgen. Über die Kopiersteuerung (siehe Abschnitt 7.2, »Vertriebsprozess«) kann hingegen festgelegt werden, dass ein Auftrag immer zu genau einer Lieferung und zu genau einer Rechnung führen muss. Damit können Sie flexibel auf die Anforderungen des Kunden reagieren.

Liefergruppen

Auftragspositionen lassen sich auch zu *Liefergruppen* zusammenfassen. Diese werden dann gemeinsam zu einem Termin und über einen Lieferbeleg geliefert. Damit ist der frühestmögliche Liefertermin der, an dem auch die letzte Position einer Liefergruppe verfügbar ist.

8.4 Lieferungsbearbeitung

Die Versandabwicklung erfolgt über Lieferbelege. Dieser Teilprozess lässt sich grob in folgende Schritte gliedern:

1. Erstellung des Lieferbelegs
2. Kommissionierung
3. Erstellung der Lieferpapiere
4. Warenausgangsbuchung

In dieser Reihenfolge erklären wir im Folgenden die Bearbeitung von Lieferungen.

8.4.1 Erstellung des Lieferbelegs

Regeln für die Zusammenfassung von Positionen

Zunächst beschäftigt uns die Frage, nach welchen Regeln die Positionen eines oder mehrerer Aufträge zu einem Lieferbeleg zusammengefasst werden können. Grundsätzlich gibt es dafür die folgenden Möglichkeiten (siehe Abbildung 8.2):

- **Komplettlieferung**
  Ein Auftrag wird durch genau eine Lieferung beliefert.
- **Teillieferung**
  Ein Auftrag wird durch mehrere Lieferungen beliefert.
- **Auftragszusammenführung**
  Mehrere Aufträge werden durch einen Lieferbeleg beliefert.

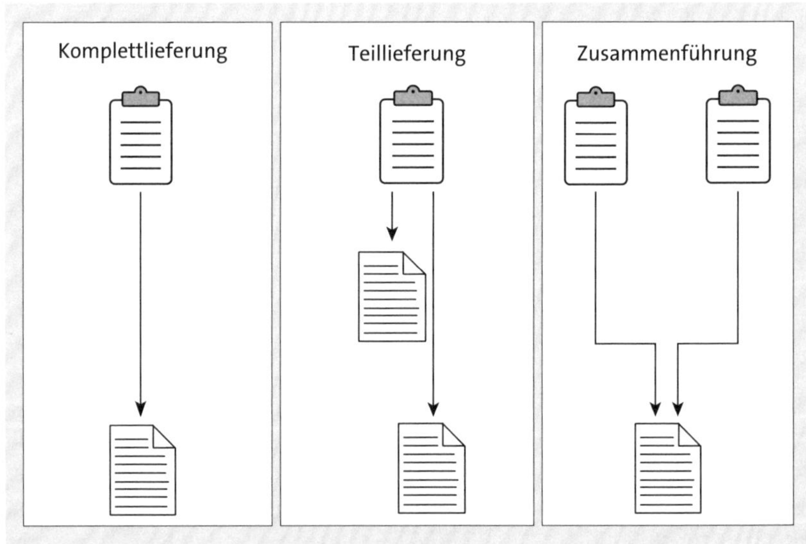

Abbildung 8.2 Erstellungsformen der Lieferung

Voraussetzungen für die Auftragszusammenführung

Damit Positionen in einer Lieferung zusammengeführt werden können, müssen folgende Voraussetzungen gegeben sein:

- Es können nur Aufträge zusammen beliefert werden, wenn im Auftragskopf das Kennzeichen **Auftragszusammenführung** gesetzt wurde.
- Die Auftragspositionen müssen den gleichen Warenempfänger enthalten. Der Warenempfänger wird aus der Auftragsposition in den Kopf der Lieferung übernommen.
- Die Versandstelle der Positionen muss dieselbe sein. Wie der Warenempfänger wird auch die Versandstelle im Belegkopf des Lieferbelegs gespeichert.

- Die Lieferungsbedingungen, also die sogenannten Incoterms (»EXW« für ab Werk, »DPP« für geliefert verzollt, »CFR« für Kosten und Fracht etc.), müssen in den Positionen identisch sein.
- Die Positionen müssen zum Selektionsdatum der Lieferung (dieses ist vom Anwender beim Anlegen der Lieferung zu erfassen) mindestens eine Einteilung mit einer bestätigten Menge haben.

Abbildung 8.3 macht diese Zusammenhänge am Beispiel deutlich.

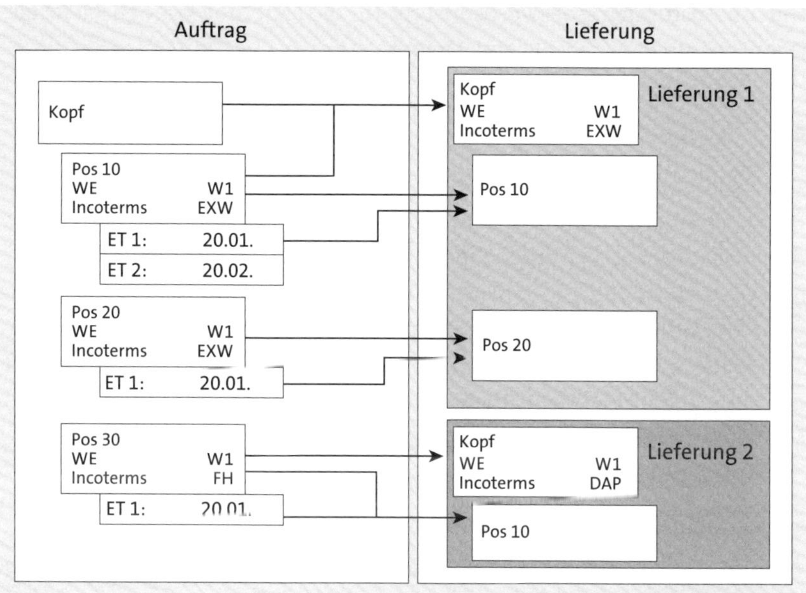

Abbildung 8.3 Zusammenführung von Auftragspositionen in der Lieferung

Beispiel

Sie sehen einen Auftrag mit drei Positionen: Position 10 hat zwei Einteilungen (ET). Die erste Einteilung ist am 20.01., die zweite dagegen erst am 20.02. fällig. Fällig heißt: Sie verfügt über eine bestätigte Menge zu diesem Termin. Die Positionen 20 und 30 enthalten jeweils eine Einteilung, die ebenfalls zum 20.01. fällig ist. Bei der Erstellung einer Lieferung mit dem Selektionsdatum 20.01. wird zur Position 10 die erste Einteilung und zur Position 20 ebenfalls die erste Einteilung in diese Lieferung übernommen. Die zweite Einteilung der Position 10 ist erst später fällig und wird nicht übernommen. Die erste Einteilung der Position 30 wird nicht übernommen. Sie hat zwar das gleiche Fälligkeitsdatum und den gleichen Warenempfänger (W1) wie die anderen Einteilungen, sie verfügt aber über andere Lieferbedingungen, nämlich »geliefert genannter Bestimmungsort« (DAP) statt »ab Werk« (EXW). Damit wird für diese Einteilung ein eigener Lieferbeleg erstellt.

Verfügbarkeitsprüfung

Mit der Erstellung der Lieferung kann abhängig von Einstellungen im Customizing eine Verfügbarkeitsprüfung durchgeführt werden. Dabei wird nur die Menge in die Lieferposition übernommen, die auch verfügbar ist. In vielen Unternehmen wird die Verfügbarkeitsprüfung beim Erstellen der Lieferung so gesteuert, dass nur physische Bestände berücksichtigt werden. Damit soll die Versandabteilung davor bewahrt werden, zu viele nicht versandfähige Lieferbelege bearbeiten zu müssen. Ist für eine Auftragsposition kein Stück verfügbar, wird eine Position mit der Liefermenge »null« angelegt. Im Customizing des Positionstyps für die Lieferung können Sie festgelegen, dass in diesem Fall keine Lieferposition erzeugt wird.

8.4.2 Kommissionierung

Ermittlung des Kommissionierlagerortes

Der zweite Schritt in der Lieferungsbearbeitung ist die *Kommissionierung*. Diese beginnt mit der Ermittlung des *Kommissionierlagerortes*. Zur Erinnerung: Über Lagerorte werden die Bestände unterhalb der Organisationseinheit Werk verwaltet. Damit nach der Kommissionierung der Warenausgang gebucht werden kann, muss ein entsprechender Bestand in diesem Lagerort vorhanden sein. Auch für die Ermittlung des Kommissionierlagerortes gibt es unterschiedliche Möglichkeiten:

- Erfassung durch den Anwender im Kundenauftrag und automatisches Kopieren in den Lieferbeleg
- manuelle Erfassung im Lieferbeleg
- automatische Ermittlung im Lieferbeleg durch Einstellungen im Customizing

Für die automatische Ermittlung des Kommissionierlagerortes im Lieferbeleg können im Customizing unterschiedliche Regeln hinterlegt werden. Mithilfe von User Exits lassen sich auch eigene Regeln für die Versandsteuerung programmieren. Eine der in der Praxis häufig verwendeten Standardregeln umfasst die folgenden Kriterien:

- **Werk**
  Das Werk wird im Kundenauftrag als *Auslieferwerk* automatisch aus den Stammdaten (Material, Kundenstamm) ermittelt und in die Lieferung übergeben. Das Werk ist ein Pflichtfeld im Auftrag.
- **Versandstelle**
  Auch die Versandstelle muss bereits im Kundenauftrag vorhanden sein. Sie wird im Auftrag automatisch über Customizing-Tabellen ermittelt.
- **Raumbedingung**
  Die Raumbedingung wird im Materialstamm hinterlegt. Dementsprechend wird der Kommissionierlagerort auch abhängig von der Ware er-

mittelt, die geliefert wird. So führt z. B. die Raumbedingung »gekühlte Lagerung« dazu, dass die Ware aus einem Kühllager entnommen wird.

Abbildung 8.4 zeigt das Customizing für die automatische Ermittlung des Kommissionierlagerortes abhängig von den Kriterien Versandstelle (Spalte **VStl**), Werk (Spalte **Werk**), Raumbedingung (Spalte **RB**) und Lagerort (Spalte **LOrt**).

Abbildung 8.4 Ermittlung des Kommissionierlagerortes im Customizing (Transaktion SPRO • Kommissionierlagerortfindung)

8

Lagerverwaltung

Die Kommissionierung führt uns zu einer weiteren SAP-Anwendung – der *Lagerverwaltung*. Die Anwendung Warehouse Management (LE-WM) wurde seitens SAP für SAP S/4HANA abgekündigt. Allerdings gibt es eine Möglichkeit für Bestandskunden der WM-Funktionen, ihr Lager auf ein SAP-S/4HANA-System zu migrieren. Dazu bietet SAP seit dem SAP-S/4HANA-Release 1909 die Komponente Stock Room Management (StRM) an. Wir beschreiben die unter SAP S/4HANA zur Verfügung stehenden Lösungen zur Lagerverwaltung in Abschnitt 26.1, »SAP Extended Warehouse Management«.

Stock Room Management

Die Grundstrukturen und Grundfunktionen von StRM entsprechen denen von LE-WM:

- Lagernummer
- Lagertyp
- Lagerplatz

Die Bestände in StRM werden auf Ebene der Lagerplätze geführt. Somit kann der genaue Standort eines Materials im Lager bestimmt werden.

Kommissionierung mit Lean-WM

Bisher besteht darüber hinaus die Möglichkeit, die Kommissionierung mithilfe von Lean-WM vorzunehmen. Bei dieser Variante wird die SAP-Lagerverwaltung nur für die Bearbeitung von Wareneingängen und Warenausgängen genutzt. Die Bestandsführung erfolgt aber auf Ebene des Lagerortes und somit entfällt der Aufbau der für StRM benötigten Lagerstrukturen. Für die Zusammenstellung der ausgehenden Lieferungen werden auch in Lean-WM Transportaufträge verwendet, die den Mitarbeitern im Lager als Kommissionierlisten dienen.

Wie bereits weiter oben beschrieben, verfolgt SAP mit SAP S/4HANA bezüglich der Bestandsführung eine neue Strategie. Die Anwendung Warehouse Management System, so wie sie aktuell im Einsatz ist, soll bis 2027 vollkommen durch SAP EWM ersetzt und die bisherigen WM-Funktionalitäten sollen dann abgeschaltet werden. Derzeit können die Funktionen von Lean-WM noch unter SAP S/4HANA genutzt werden.

Kommissionierung mit Stock Room Management

Für die Kommissionierung mit StRM muss zunächst die *Auslagerung* in der Lagerverwaltung angestoßen werden. Auch hier ist eine lückenlose Integration der unterschiedlichen Komponenten gewährleistet. Mit Bezug zum SD-Lieferbeleg wird in Stock Room Management ein Transportauftrag angelegt. Über diesen Beleg erfolgt die Kommissionierung. An dieser Stelle können Auslagerstrategien (z. B. »first in first out«) ermittelt und angewendet werden. Das System schlägt dann automatisch den entsprechenden Lagerplatz für die Entnahme vor. Dort entnimmt der Lagerarbeiter die Ware aus dem vom System vorgeschlagenen Lagerplatz. Der Transportauftrag in der Komponente StRM wird durch eine Quittierung der Transportaufträge abgeschlossen. Danach wird die entnommene Menge als kommissionierte Menge an den SD-Lieferbeleg übergeben.

Liefermenge und Kommissioniermenge

Im SD-Lieferbeleg ist stets zwischen der *Liefermenge* (aus dem Auftrag) und der *Kommissioniermenge* zu unterscheiden. Die Warenausgangsbuchung im Lieferbeleg kann erst dann erfolgen, wenn der Beleg vollständig kommissioniert ist. Dazu müssen sich Liefermenge und kommissionierte Menge entsprechen. Ist die Kommissioniermenge im StRM-Transportauftrag geringer als die Liefermenge, kann die Liefermenge automatisch angepasst werden. Da in diesem Fall nicht die gesamte Auftragsmenge geliefert wird, muss über die Restmenge eine weitere Lieferung mit Bezug zum Kundenauftrag erzeugt werden. Aus dem Transportbeleg können Kommissionierinformationen für das Lagerpersonal gedruckt werden. Dazu gehören neben Kommissionierlisten auch Etiketten und sonstige Warenbegleitpapiere.

Manuelle Kommissionierung

Wir haben schon erwähnt, dass die Verwendung der Komponente StRM optional ist. Die Kommissionierung kann auch manuell erfolgen. Dabei trägt der zuständige Sachbearbeiter die kommissionierte Menge manuell im Lieferbeleg ein. Auch die Quittierung der Kommissionierung kann manuell im Lieferbeleg erfolgen.

8.4.3 Erstellung der Lieferpapiere

Mithilfe der Nachrichtenfindung und der Formularsteuerung können die Warenbegleitpapiere gestaltet und gedruckt werden. Abhängig vom jeweiligen Unternehmen können folgende Nachrichten benötigt werden:

- Lieferschein
- Lieferavise
- Qualitätszeugnisse
- Packscheine
- Sicherheitsdatenblatt

Die Drucksteuerung kann im Customizing so eingestellt werden, dass der Druck der Dokumente erst nach der Warenausgangsbuchung erfolgen kann.

8.4.4 Warenausgangsbuchung

Die Lieferungsbearbeitung wird durch die Warenausgangsbuchung abgeschlossen. Abbildung 8.5 gibt Aufschluss über die Auswirkungen.

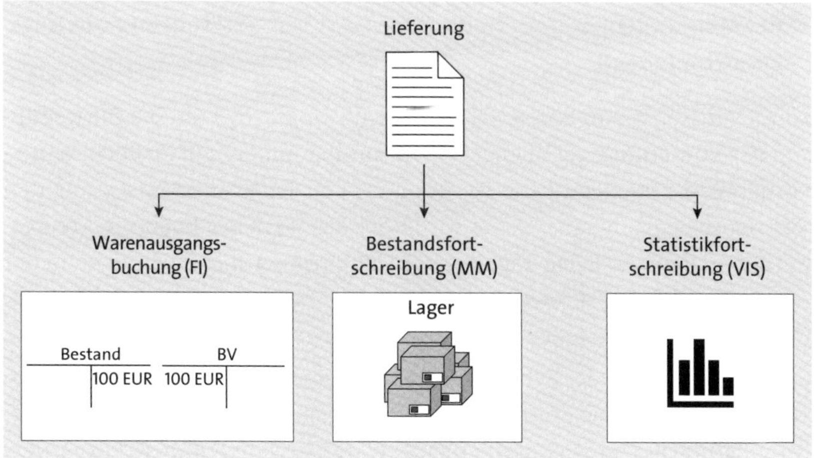

Abbildung 8.5 Warenausgangsbuchung im Lieferbeleg

Bestandsfortschreibung Materialwirtschaft

Zunächst werden die Bestandsmengen der SAP-Komponente Materialwirtschaft (MM) aktualisiert. Dies erfolgt auf den Ebenen *Werk* und *Lagerort*. Zur Erinnerung: Die Bestände in der SAP-Lagerverwaltung (WMS oder SAP EWM) werden bereits bei der Kommissionierung korrigiert. Sie befinden sich nach Abschluss der Kommissionierung im Versandbereich. Die MM-Bestandsbuchung wird im Materialbeleg abgebildet.

Bestandsfortschreibung Finanzbuchhaltung

Automatisch mit der Buchung des Warenausgangs werden auch die Bestände in der Finanzbuchhaltung korrigiert. In Abbildung 8.5 sehen Sie, dass hier der Buchungssatz »Bestandsveränderungen (BV) an Bestand (Bestand)« gebucht wird. Die Ermittlung der richtigen Konten für die Warenausgangsbuchung erfolgt automatisch über das Customizing der Kontenfindung (Transaktion OBYC) in der Komponente Materialwirtschaft (MM). Dabei wird das Bestandskonto abhängig von der Bewertungsklasse aus der Buchhaltungssicht des Materialstammsatzes gefunden.

Das Bestandsveränderungskonto wird über folgende Customizing-Einstellungen ermittelt:

- Die Warenausgangsbuchung erfolgt über eine sogenannte *Bewegungsart*. Im SAP-Standard ist die Bewegungsart 601 für »normale« Warenausgänge vorgesehen. Diese Bewegungsart wird im SD-Customizing (Transaktion VOV6) über den Einteilungstyp ermittelt.
- Das Customizing der Bewegungsart erfolgt in der Komponente MM. Dort wird die zur Bewegungsart gehörende *Kontomodifikationskonstante* (Transaktion OMJJ) ermittelt. Abhängig vom Kontenplan, dem Bewertungskreis (Werk oder Buchungskreis), der Kontomodifikationskonstante und der Bewertungsklasse des Materialstammsatzes wird dann in der MM-Kontenfindung (Transaktion OBYC) ein Bestandsveränderungskonto hinterlegt.

Somit müssen Sie in SAP-S/4HANA-Einführungsprojekten die Einstellungen der Kontenfindung in enger Abstimmung mit der Finanzbuchhaltung vornehmen. Die eigentliche Buchung erfolgt dann automatisch aus den Vertriebsbelegen heraus. Dabei wird über das Werk der Buchungskreis ermittelt, in dem der Beleg angelegt wird. Zur Erinnerung: Buchungen in der Finanzbuchhaltung erfolgen immer auf der Ebene eines Buchungskreises. Die Buchung wird in einem *Buchungsbeleg* abgebildet.

Sonderfälle

Bislang sind wir bei der Behandlung der Warenausgangsbuchung stets vom »Normalfall« des bewerteten Materials ausgegangen. Dabei führt jede wertverändernde Buchung (Wareneingang, Warenausgang, Umbewertung, Verbrauch) zu einem Buchungsbeleg mit entsprechender Buchung in der Finanzbuchhaltung. Damit werden nicht nur die mengen-, sondern auch die wertmäßigen Bestände des Unternehmens in einer Transaktion aktualisiert. Es gibt jedoch auch die folgenden Sonderfälle:

- unbewertetes Material
- unbewerteter Bestand

Unbewertetes Material

Der klassische Fall eines *unbewerteten Materials* ist Werbe- und Informationsmaterial. Diese Materialien können mengenmäßig durchaus verwaltet werden, aber eine explizite Bewertung ist oft zu aufwendig und wenig zielführend. In diesem Fall wird bei der Warenausgangsbuchung kein Buchungsbeleg, aber ein Materialbeleg erzeugt. Ob ein Material mengen- und/oder wertmäßig im Bestand geführt wird, hängt von der Materialart des Materialstammsatzes ab. In den allgemeinen Logistikeinstellungen im Customizing wird für die Materialart die Bestandsführung werksabhängig eingeschaltet.

Unbewerteter Bestand

Der klassische Fall des *unbewerteten Bestands* ist der *unbewertete Kundeneinzelbestand* im Szenario Kundeneinzelfertigung (siehe Kapitel 6, »Integration in das Rechnungswesen«). Demzufolge findet bei der Warenausgangsbuchung aus dem Kundeneinzelbestand keine Buchung in der Finanzbuchhaltung statt.

Einstellung eines neuen Prozesses im Customizing

In der Praxis gibt es häufig die Anforderung, die Ermittlung des Bestandsveränderungskontos weiter zu differenzieren. Dies ist z. B. bei Musterlieferungen der Fall. Unternehmen stellen ihren Kunden kleine Mengen eines Materials als Muster oder Probe zur Verfügung. In diesem Fall ist ein entsprechender Terminauftrag mit anschließendem Lieferbeleg zu erfassen. Der Aufwand soll dabei aber nicht auf Bestandsveränderungen, sondern auf ein eigenes Aufwandskonto gebucht werden. Daher lautet die Buchung beim Warenausgang hier nun »Werbeaufwand an Bestand« (abweichend zum Buchungssatz »Bestandsveränderung an Bestand« weiter oben).

In diesem Fall sind im Customizing folgende Schritte durchzuführen:

1. Im MM-Customizing wird eine neue Bewegungsart definiert (Transaktion OMJJ). Diese entsteht durch Kopie der Bewegungsart 601, Warenausgang. Dabei ist stets darauf zu achten, die neue Bewegungsart in einem dafür vorgesehenen Kundennamensraum anzulegen.
2. Der neuen Bewegungsart wird eine neue Kontomodifikation zugeordnet (Transaktion OMJJ).
3. In der MM-Kontenfindung (Transaktion OBYC) wird für diese Kontomodifikation statt des Bestandsveränderungskontos nun das gewünschte Aufwandskonto zugeordnet.
4. Im SD-Customizing ist ein neuer Einteilungstyp durch Kopie eines vorhandenen Einteilungstyps zu definieren (Transaktion VOV6).
5. Dem Einteilungstyp wird die neue Bewegungsart zugeordnet (Transaktion VOV6).
6. Der weitere Ablauf in der Anwendung SD kann auf unterschiedliche Art gestaltet werden:
   - Es gibt zum einen die Möglichkeit, nur einen Einteilungstyp zu definieren. Das heißt, der Anwender hinterlegt im Customizing bei der Er-

mittlung des Einteilungstyps eine Alternative zum Standardwert. In diesem Fall muss manuell im Kundenauftrag durch Änderung des Einteilungstyps festgelegt werden, ob es sich um eine *Musterposition* oder eine *Normalposition* handelt.

- Es gibt aber auch die Möglichkeit, einen neuen Positionstyp oder gar zusätzlich eine neue Auftragsart anzulegen. Über die Auftragsart *Musteraufträge* wird dann automatisch der Positionstyp *Muster* gefunden und über diesen auch der richtige Einteilungstyp.

Dieses Beispiel zeigt, wie das Customizing in den unterschiedlichen Komponenten zur Entwicklung der eigenen Geschäftsprozesse eingesetzt werden kann.

8.5 Fakturierung

Aus Gründen der CO-PA-Integration (siehe Kapitel 6, »Integration in das Rechnungswesen«) ist es wichtig, den Zeitraum zwischen Warenausgangsbuchung und Erstellung der Faktura zu minimieren, da sonst Differenzen zwischen den Komponenten der Finanzbuchhaltung und dem Controlling entstehen können. Viele Unternehmen nutzen deshalb die Möglichkeit, den Prozess der Fakturierung zu automatisieren. In SAP S/4HANA bieten sich hier Sammelläufe an, um sämtliche Lieferungen zu fakturieren, bei denen der Warenausgang bereits gebucht wurde.

8.5.1 Neuerungen in SAP S/4HANA 2020

Vorläufige Faktura

SAP bietet ab dem Release SAP S/4HANA 2020 die Funktion *vorläufige Faktura*. Dabei handelt es sich um einen optionalen Zwischenbeleg zwischen dem fakturierten Bezugsbeleg (z. B. einer Lieferung mit Warenausgangsbuchung) und der endgültigen Faktura (z. B. einer Rechnung). In der Praxis wird die vorläufige Faktura genutzt, um die Verhandlungen mit dem Kunden zu erleichtern. Somit kann der Zwischenbeleg erstellt und so oft wie nötig abgeändert werden, ohne dass dabei Buchungen in der Komponente FI entstehen. Sobald eine Einigung zu den konkreten Details, wie Preisen, Zahlungsbedingungen und Fakturadatum, erzielt wird, kann die Vorabfaktura in eine echte Faktura umgewandelt werden. Erst mit diesem Schritt werden auch die Buchungsbelege in FI erstellt. Um die neue Funktion nutzen zu können, müssen Sie u. a. die Business Function `SD_BIL_PRELIMBILLINGDOC` aktivieren. Darüber hinaus müssen Sie ein neues Nummernkreispräfix, wie in SAP-Hinweis 2921988 beschrieben, für das Nummernkreisobjekt `RV_BELEG` pflegen. In Abschnitt 8.6, »Beispiel für die Terminauftragsabwicklung«, gehen wir detaillierter auf den Prozess ein.

Flexible Fakturanummerierung

Wenn Fakturen erstellt werden, vergibt das SAP-System eine eindeutige Nummer aus dem Nummernkreisintervall, welches in der Fakturaart hinterlegt wird (Transaktion VOFA). Die rechtlichen Anforderungen für die Rechnungsnummerierung kann jedoch von Land zu Land (oder sogar Region) unterschiedlich sein, sodass in der Praxis häufig die Anforderung besteht, die Fakturanummer nach einer vorab definierten Logik zu erstellen. Um diesen Anforderungen gerecht zu werden, mussten in der Vergangenheit User-Exits implementiert und aufwendig programmiert werden. Mit SAP S/4HANA gibt es mehrere Wege, die flexible Fakturanummerierung zu implementieren (siehe Expertenkasten unten) und beispielsweise anhand des Buchungskreises oder der Fakturaart dynamisch ein Nummernkreisintervall zu ermitteln. In Abbildung 8.6 sehen Sie einen Anwendungsfall, wie er in der Praxis häufig vorkommt.

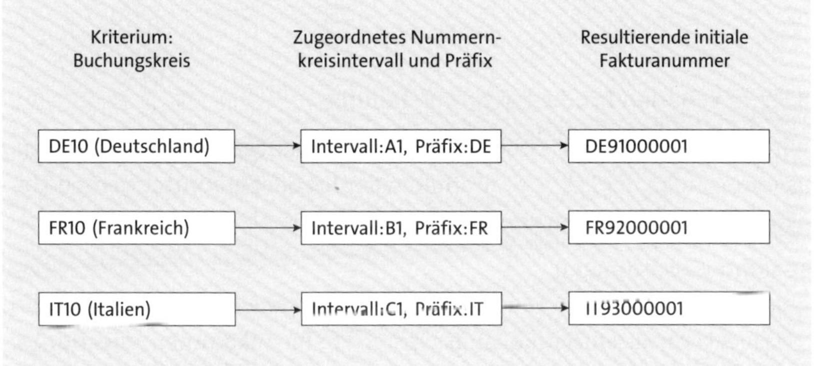

Abbildung 8.6 Beispiel für ein Nummernkreisintervall mit Präfix

Nummernkreispräfixe

Die Nummernkreispräfixe können nicht nur für Fakturen, sondern auch für Verkaufsbelege und Lieferbelege definiert werden. Alle Präfixe, die Sie definieren, müssen dem folgenden Format entsprechen:

- nur alphanumerische Zeichen (A-Z, 0-9, keine Sonderzeichen)
- Maximallänge von fünf Zeichen
- Das letzte Zeichen muss ein Buchstabe sein (z. B. 1A oder 1234B).
- Sie können weder »P« noch »S«, »PBD« oder »TMP« als Präfixe zuordnen, da diese für die Systemverwendung reserviert sind.

Denken Sie daran, dass die technische Maximallänge einer Vertriebsbelegnummer zehn Zeichen beträgt. Verwenden Sie also ein Präfix, dann reduziert dies die Länge des möglichen Nummernkreises um die Länge des Präfixes.

Flexible Fakturanummerierung implementieren

Als Konfigurationsexperte können Sie zum einen die flexible Fakturanummerierung durch die Verwendung der *Konfigurierbaren Parameter und Formeln* (Configurable Parameters and Formulas, kurz: CPF) implementieren. Dazu müssen Sie Ihre Parameter, Formeln und Entscheidungstabellen über den Customizing-Pfad Transaktion SPRO • **Vertrieb** • **Fakturierung** • **Konfigurierbare Parameter und Formeln in der Fakturierung** definieren. Dabei sind keine Kenntnisse in ABAP-Coding erforderlich.

Zum anderen können Sie die Funktion über das BAdI Flexible Fakturanummerierung (`SD_BIL_FLEX_NUMBERING`) aktivieren, um Ihre Präfixe anhand von Kopffeldern abzuleiten. Diese Logik kann über die SAP-Fiori-App **Benutzerdefinierte Felder und Logik** angelegt werden. Von SAP wird dieser Weg für erfahrene Benutzer mit Kenntnissen in ABAP empfohlen.

8.5.2 Szenarien für die Fakturaerstellung

Wir wollen jetzt darauf eingehen, wie die Vorgängerbelege (Aufträge und Lieferungen) in der Faktura zusammengeführt oder gesplittet werden können. Folgende Szenarien können auftreten (siehe Abbildung 8.7):

- **Sammelrechnungen**
  Mehrere Lieferungen werden in einem Fakturabeleg zusammengeführt. Dabei kann als einschränkendes Kriterium hinzukommen, dass nur Lieferungen mit gleichem Auftragsbezug zusammen fakturiert werden können.
- **Lieferbezogene Faktura**
  Pro Lieferung wird ein Fakturabeleg erzeugt.
- **Fakturasplit**
  Eine Lieferung wird über mehrere Fakturabelege abgerechnet.

Ausgangsbedingungen

Damit Lieferpositionen in einem Fakturabeleg zusammengefasst werden können, müssen folgende Bedingungen erfüllt sein:

- **Gleicher Regulierer**
  Die Auftragspositionen müssen den gleichen Regulierer enthalten. Der Regulierer wird aus der Auftragsposition in den Kopf der Faktura übernommen.
- **Gleicher Rechnungsempfänger**
  Die Auftragspositionen müssen den gleichen Rechnungsempfänger enthalten. Der Rechnungsempfänger wird aus der Auftragsposition in den Kopf der Faktura übernommen.

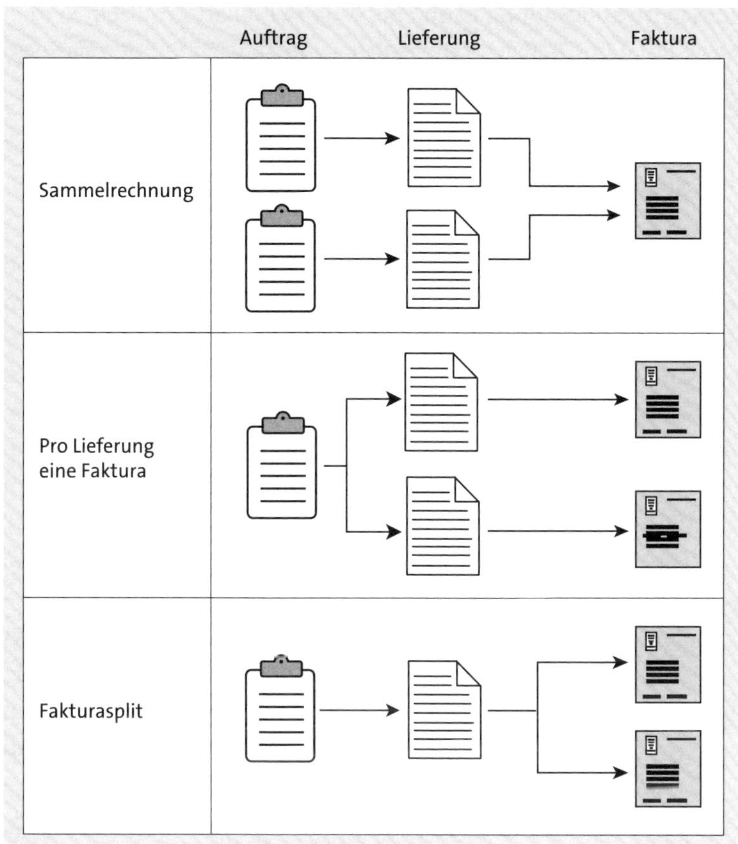

Abbildung 8.7 Formen der Fakturaerstellung

- **Gleiche Zahlungsbedingungen**
  Die Auftragspositionen müssen die gleichen Zahlungsbedingungen enthalten. Die Zahlungsbedingungen werden ebenfalls aus der Auftragsposition in den Kopf der Faktura übernommen.

Customizing der Kopiersteuerung

Weitere Splitkriterien lassen sich über Bedingungen im Customizing der Kopiersteuerung (siehe Abschnitt 7.2, »Vertriebsprozess«) einrichten. Dort wird auch festgelegt, welche Preisbestandteile in der Faktura neu zu ermitteln sind und welche aus dem Auftrag übernommen werden. Viele Unternehmen wählen hier eine Einstellung, bei der Preise aus dem Auftrag übernommen, Steuerbeträge aber neu ermittelt werden. Damit wird sichergestellt, dass stets der aktuell gültige Mehrwertsteuersatz berücksichtigt wird.

Über die Nachrichtenfindung kann eine Nachrichtenart ermittelt werden (siehe Abschnitt 4.4). Der Beleg kann gedruckt und an den Kunden als Rechnung versendet werden.

8.5.3 Integration mit der Finanzbuchhaltung

Für den weiteren Ablauf im eigenen Unternehmen ist die Integration der Faktura in das Rechnungswesen von großer Bedeutung. Dabei ist zwischen der Integration mit der Finanzbuchhaltung und der Integration mit dem Controlling zu unterscheiden. Die Integration in das Controlling (CO-PA, Ergebnis- und Marktsegmentrechnung) ist sehr komplex. Sie steht in engem Zusammenhang mit den unterschiedlichen Fertigungsstrategien (Einzelfertigung, Serienfertigung) und wurde deshalb ausführlich in Kapitel 6, »Integration in das Rechnungswesen«, dargestellt. Im Folgenden geht es um die Übergabe der Belegdaten an die Finanzbuchhaltung.

Fakturaart

Analog zu der Auftragsart bei Kundenaufträgen und der Lieferart bei Lieferungen erfolgt die Steuerung der Faktura über eine Fakturaart. So wird in der Auftragsart (z. B. Terminauftrag) bereits festgelegt, mit welcher Fakturaart der Auftrag oder die daraus resultierenden Lieferungen später fakturiert werden können. Auf Ebene der Fakturaart wird auch definiert, ob ein Fakturabeleg direkt an die Finanzbuchhaltung übergeben werden kann oder ob eine explizite Freigabe durch einen Anwender notwendig ist. Es stehen Auswertungen zur Verfügung, mit denen sich der Anwender die freizugebenden Belege anzeigen lassen kann, um anschließend die Freigabe vornehmen zu können. Die Integration in die Finanzbuchhaltung erfolgt über den Buchungsbeleg. Dieser Buchungsbeleg enthält den Buchungssatz »Debitorenkonto an Umsatzerlöse und Mehrwertsteuer«. Auch an dieser Stelle wollen wir kurz darauf eingehen, wie die entsprechenden Konten ermittelt werden.

Debitorenkonto

Wie wir bereits in Abschnitt 8.3, »Terminauftrag«, angesprochen haben, wird schon im Kundenauftrag der Stammsatz des Regulierers ermittelt. Die Buchhaltungsdaten des Regulierers stellen gleichzeitig das *Debitorenkonto* der Debitorenbuchhaltung dar. In den Buchhaltungsdaten des Regulierers wird ein Abstimmkonto hinterlegt. Das ist letztlich das Bilanzkonto »Forderungen« in der Finanzbuchhaltung. Man bezeichnet dieses Forderungskonto auch als *Mitbuchkonto*. Auf diesem Konto werden die Forderungen aller Debitoren kumuliert. Die offenen Posten hingegen werden auf der Ebene *Regulierer* verwaltet. Auch der Zahlungseingang wird dort überwacht. Das Zahlungsziel des offenen Postens errechnet sich aus den Zahlungsbedingungen im SD-Beleg. Erfolgt die Zahlung nicht rechtzeitig, wird der

Kunde gemahnt. Sobald der Zahlungseingang des Kunden verbucht wird, gilt der offene Posten als »Vollständig ausgeziffert« und damit als erledigt. Diese Information wird auch im Belegfluss bzw. in den SAP-Fiori-Apps über den Prozessablauf des Fakturabelegs in der Vertriebskomponente angezeigt. Damit sieht der Sachbearbeiter bei der Anzeige der Faktura, ob der Beleg vollständig erledigt ist.

Erlöskonto

Differenzierter als die Ermittlung des Debitorenkontos über den Stammsatz des Regulierers ist die Ermittlung der *Erlöskonten*. In Abschnitt 3.3, »Konditionen«, haben Sie gesehen, dass die Preisfindung über Konditionsarten erfolgt. Jeder dieser Konditionsarten wird im Customizing des Kalkulationsschemas ein sogenannter *Erlöskontenschlüssel* zugeordnet. Die Ermittlung des Erlöskontos kann ebenfalls über die Konditionstechnik sehr individuell gesteuert werden. Wir wollen uns an dieser Stelle auf wesentliche Zusammenhänge beschränken. In der Praxis erfolgt die Ermittlung des Erlöskontos meist über folgende Kriterien:

- Verkaufsorganisation, Vertriebsweg, Sparte aus der Fakturaposition
- Kontierungsgruppe im Debitorenstamm (häufig untergliedert nach »Debitoren – Inland«, »Debitoren – Ausland« und »Debitoren – Verbundene Unternehmen«)
- Kontierungsgruppe im Materialstamm; eine der wichtigsten Unterscheidungen in der Praxis ist die Gliederung in Warenlieferungen und Dienstleistungen.
- Erlöskontenschlüssel aus der Konditionsart; über diesen Schlüssel wird z. B. gesteuert, dass ein Rabatt auf ein Erlösschmälerungskonto gebucht wird.

Wichtige Fragen für das Einführungsprojekt

An dieser Stelle wird wieder deutlich, wie in einem SAP-S/4HANA-Einführungsprojekt die verschiedenen Abteilungen im Unternehmen zusammenarbeiten müssen. Die wichtigsten Fragen sind betriebswirtschaftlicher Natur. Folgendes Vorgehen wäre zur Gestaltung dieser Detailfunktion denkbar:

1. Die Finanzbuchhaltung legt fest, wie differenziert Erlöse in der Gewinn- und-Verlust-Rechnung auszuweisen sind. Aus dieser Vorgabe ergibt sich die Zahl der Erlöskonten.
2. Daraus werden die Kontierungsgruppen für Debitoren und Materialien abgeleitet und im Customizing eingestellt (Transaktion SPRO • **Erlöskontenfindung**).
3. Anschließend werden jeder Debitor und jedes Material einem Schlüssel zugeordnet. Häufig kann dies bei der Übernahme der Altdaten aus den Vorgängersystemen automatisiert erfolgen.

4. Auf Basis dieser Informationen stellt das Einführungsteam dann die automatische Erlöskontenfindung im Customizing (Transaktion VKOA) ein. Nur wenn diese Einstellungen komplett vorgenommen sind, werden in den Fakturabelegen die richtigen Konten ermittelt. Und nur dann, wenn alle Konten ermittelt werden, können die Belege an die Finanzbuchhaltung übergeben werden.

Mehrwertsteuerkonto

Bereits in Abschnitt 4.3, »Preisfindung«, haben Sie gesehen, dass die Mehrwertsteuersätze über Mehrwertsteuerkennzeichen ermittelt werden. Diese werden im Customizing des Finanzwesens angelegt. Dort wird auch ein entsprechendes Mehrwertsteuerkonto hinterlegt.

8.6 Beispiel für die Terminauftragsabwicklung

In diesem Abschnitt wollen wir uns ein Beispiel für die Terminauftragsabwicklung ansehen. Dabei werden wir im Einzelnen folgende Schritte durchlaufen:

1. Anzeige der Bestände
2. Anzeige der aktuellen Bedarfs- und Bestandsliste
3. Erfassen der Anfrage
4. Anlegen des Angebots mit Bezug zur Anfrage
5. Übergabe eines Bedarfs an die Produktion
6. Anlegen des Terminauftrags mit Bezug zum Angebot
7. Erstellen des Lieferbelegs
8. Kommissionierung des Lieferbelegs über die Komponente Lean-WM
9. Warenausgangsbuchung des Lieferbelegs
10. Erstellen der vorläufigen Faktura
11. Erstellen der Faktura
12. Anzeige des offenen Postens in der Finanzbuchhaltung
13. Verbuchung des Zahlungseingangs in der Finanzbuchhaltung

Schritt 1: Bestände anzeigen

In der Ausgangssituation ist für unser Beispielmaterial PR4712, einer Waschlotion 150 ml in einer Plastikflasche, ein Bestand von 9.014 Stück im Werk DE10 (Hamburg) vorhanden. Abbildung 8.8 zeigt die Bestandsübersicht.

Schritt 2: Aktuelle Bedarfs- und Bestandsliste anzeigen

In der SAP-Fiori-App **Materialdeckung bearbeiten** sehen Sie die aktuelle Bedarfs-/Bestandsliste für unser Material im Werk DE10. Diese liefert uns die dispositive Sicht. Es sind keine weiteren Auftragsbedarfe (geplante Abgänge) eingelastet. Es existieren auch keine geplanten Zugänge.

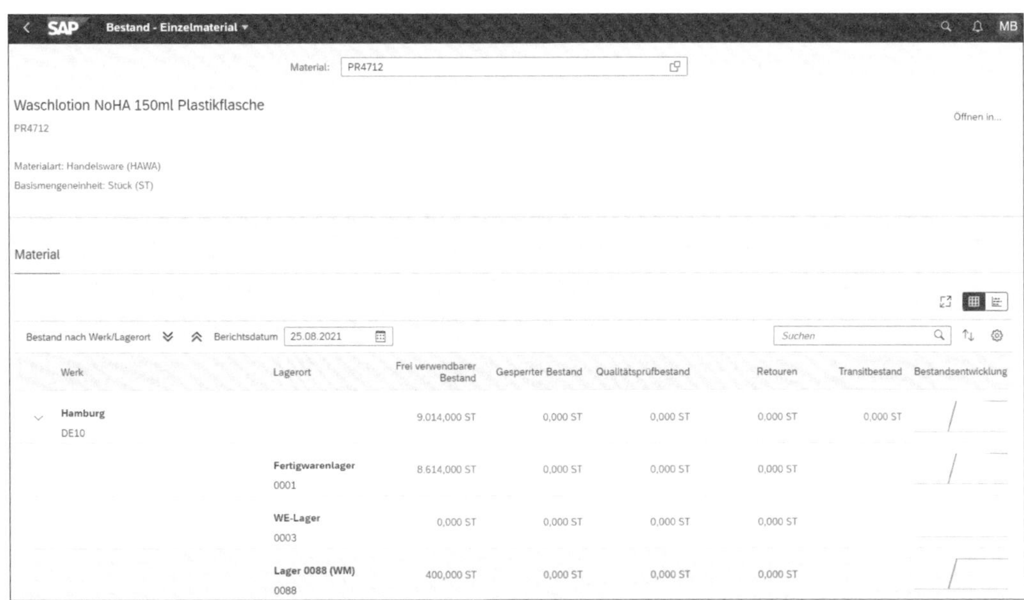

Abbildung 8.8 Bestandsübersicht für das Material PR4712 im Werk DE10 und im Lagerort 0001 (SAP-Fiori-App »Bestand – Einzelmaterial«)

Schritt 3: Anfrage erfassen

Erfassen wir nun als ersten Vertriebsbeleg die Kundenanfrage mit der Verkaufsbelegart AF. In Abbildung 8.9 sehen Sie die Positionsübersicht beim Erfassen der Anfrage. Unsere Anfrage kommt von dem Kunden (**Auftraggeber**) mit der Geschäftspartnernummer 1051, der Schlossberg Apotheke in Homburg. Die Anfrage enthält zwei Positionen, wobei Position **20** (Material **PR4711**) eine Alternativposition zur Position **10** (**PR4712**) ist. Dies erkennen Sie daran, dass für die Position **20** das Feld **AltPos** gefüllt ist. Dort ist die Position **10** als Alternative erfasst.

Anfrage 10000003 ändern: Übersicht

Mehr

Anfrage: 10000003 Nettowert: 1.400,00 EUR
Auftraggeber: 1051 Schlossberg Apotheke / Talstraße 49 / 66424 Homburg
Warenempfänger: 1051 Schlossberg Apotheke / Talstraße 49 / 66424 Homburg
Kundenreferenz: Anfrage Kundenref.datum: 25.08.2021

Verkauf | Positionsübersicht | Positionsdetail | Besteller | Beschaffung | Versand | Absagegrund

Gültig von: Gültig bis:
WunschliefDatum: * D 25.08.2021 ErwAuftragswert: 420,00 EUR

Gruppe

Alle Positionen

Pos	Material	Auftragsmenge	ME	AltPos	Positionsbezeichnung	Posi...	Nettowert	Währg	Werk	KArt	Betrag	Währg
10	PR4712	100	ST		Waschlotion NoHA 150ml Plastikflasche	AFN	1.400,00	EUR	DE10	PR00	14,00	EUR
20	PR4711	100	ST	10	Waschlotion NoHA 150ml Glasflasche	AFN	1.600,00	EUR	DE10	PR00	16,00	EUR

Abbildung 8.9 Erfassung einer Anfrage (Transaktion VA11)

Als **Auftragsmenge** haben wir jeweils 100 Stück erfasst. Die Anfrage wird unter der Belegnummer 10000003 abgespeichert. Die aktuelle Bedarfs- und Bestandsliste ist nach Erfassung der Anfrage unverändert, was daran liegt, dass im Customizing auf der Ebene »Einteilungstyp« die Bedarfsübergabe ausgeschaltet wurde.

Schritt 4: Angebot erfassen

Erfassen wir nun also ein Angebot mit Bezug zur Anfrage. Dabei werden die Beleginformationen kopiert. In Abbildung 8.10 sehen Sie die Erfassungsdaten. Sie legen die Angebotsart (**AG** für Angebot), die **Organisationsdaten** und den Referenzbeleg (**Anlegen mit Bezug**) fest.

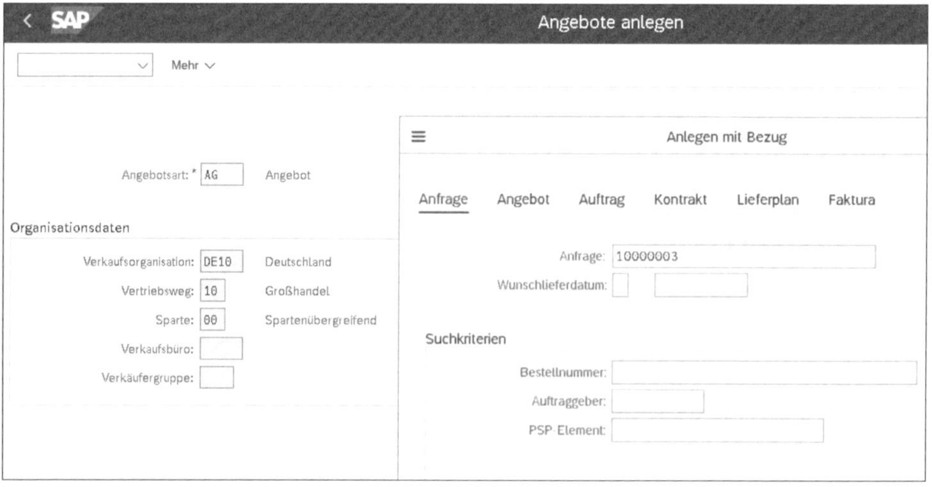

Abbildung 8.10 Erfassung des Angebots mit Bezug zur Anfrage (Transaktion VA21)

Die Daten (inklusive der Alternativposition) werden ins Angebot 20000017 übernommen (siehe Abbildung 8.11). Wie schon in der Anfrage wird auch im Angebot ein Einteilungstyp ermittelt, der die Bedarfsübergabe verhindert. Somit erfolgen zunächst auch hier keine Verfügbarkeitsprüfung und keine Bedarfsübergabe. Der Vertriebssachbearbeiter geht bei diesem Kunden aber von einer hohen Auftragswahrscheinlichkeit aus und erfasst sie mit einem Wert von 70 % (das entsprechende Feld befindet sich auf Positionsebene im Detailbild **Verkauf A** und wird in Abbildung 8.11 nicht angezeigt). Deshalb will er eine entsprechende Menge reservieren. Dazu hat er in der Einteilung zur Position 10 den **Einteilungstyp** von **BN** (Einteilungstyp ohne Disposition, also ohne Bedarfsübergabe und Verfügbarkeitsprüfung) auf **BP** (Einteilungstyp mit plangesteuerter Disposition, also mit Bedarfsübergabe und Verfügbarkeitsprüfung) geändert. Abbildung 8.11 zeigt, dass zur Position 10 (Positionstyp **AGN**, Angebot **Normalposition**) zwei Einteilungen existieren: eine zum Wunschlieferdatum des Kunden (25.08.2021) und eine zum frühestmöglichen Lieferdatum (30.08.2021).

Abbildung 8.11 Einteilungen im Angebot (Transaktion VA22)

Schritt 5: Bedarfsübergabe

Wie Sie im vorherigen Schritt gesehen haben, hat der Anwender den **Einteilungstyp** bereits auf **BP** geändert. Dieser neue Einteilungstyp führt nun dazu, dass Bedarfe an die Disposition übergeben werden. Deshalb zeigen wir nochmals die aktuelle Bedarfs- und Bestandsliste, jetzt nach der Angebotserfassung (siehe Abbildung 8.12).

Abbildung 8.12 Aktuelle Bedarfs- und Bestandsliste nach der Erfassung des Angebots (SAP-Fiori-App »Materialdeckung bearbeiten«)

Es wurde nun ein Bedarf an die Materialbedarfsplanung übergeben. Am Dispositionselement erkennt der Disponent, dass es sich um ein Angebot handelt (**K-Ange**). Es wurde jedoch nicht die gesamte Angebotsmenge von 100 Stück als Bedarf übergeben. Da in der Angebotsposition eine Auftragswahrscheinlichkeit von 70 % hinterlegt wurde, werden nur 70 Stück als Bedarf übergeben. Über die Auftragswahrscheinlichkeit steht dem Anwender also ein weiteres Kriterium zur Feinsteuerung des Prozesses zur Verfügung.

Schritt 6: Terminauftrag erfassen

Im nächsten Schritt wird das Angebot in einen Kundenauftrag übernommen. Dabei muss sich der Anwender zwischen den Alternativpositionen im Angebot entscheiden. Abbildung 8.13 zeigt die **Auswahlliste des Bezugsbelegs**.

Abbildung 8.13 Positionsselektion beim Anlegen des Terminauftrags mit Bezug zum Angebot (Transaktion VA01)

Wir entscheiden uns für Position 10, die in den Kundenauftrag übernommen wird. Der Terminauftrag wird angelegt, die Konditionen und Texte werden aus dem Angebot übernommen. Der Auftrag hat die Auftragsnummer 30000138 (siehe Abbildung 8.14).

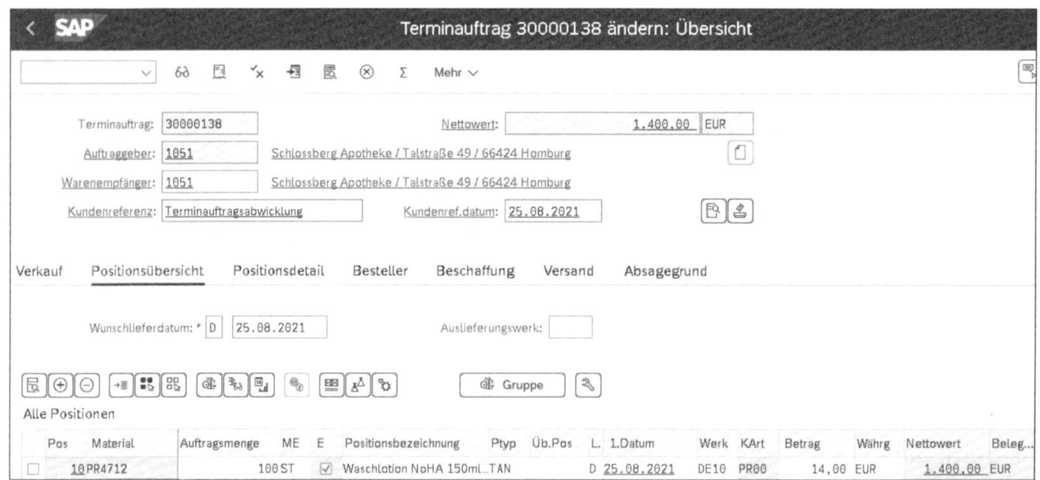

Abbildung 8.14 Positionsübersicht im Kundenauftrag (Transaktion VA02)

Der Terminauftrag enthält nur noch eine Position – unser Beispielmaterial PR4712. Für die Position wurde automatisch im Feld **Ptyp** der Positionstyp **TAN** (Terminauftrag Normalposition) ermittelt. Die Lieferung erfolgt aus

Werk **DE10**. Der Nettopreis beträgt 14,00 EUR pro Stück, daraus errechnet sich ein Positionswert von 1.400,00 EUR.

In Abbildung 8.15 sehen Sie die aktuelle Bedarfs- und Bestandsliste. Der Angebotsbedarf wurde jetzt in einen Auftragsbedarf über die volle Positionsmenge 100 umgesetzt (Dispositionselement **K-Auft**).

Abbildung 8.15 Aktuelle Bedarfs- und Bestandsliste nach Erfassung des Kundenauftrags (SAP-Fiori-App »Materialdeckung bearbeiten«)

Schritt 7: Lieferung erfassen

Mit Bezug zum Terminauftrag erstellen wir jetzt den Lieferbeleg. Im Customizing wurde eingestellt, dass die Kommissionierung über die Komponente Lean-WM erfolgt. Der Transportauftrag wird automatisch über die Nachrichtenart WMTA (**WM-TA**) beim Erstellen des Lieferbelegs erzeugt. Abbildung 8.16 zeigt den Lieferbeleg mit der Belegnummer 80000067.

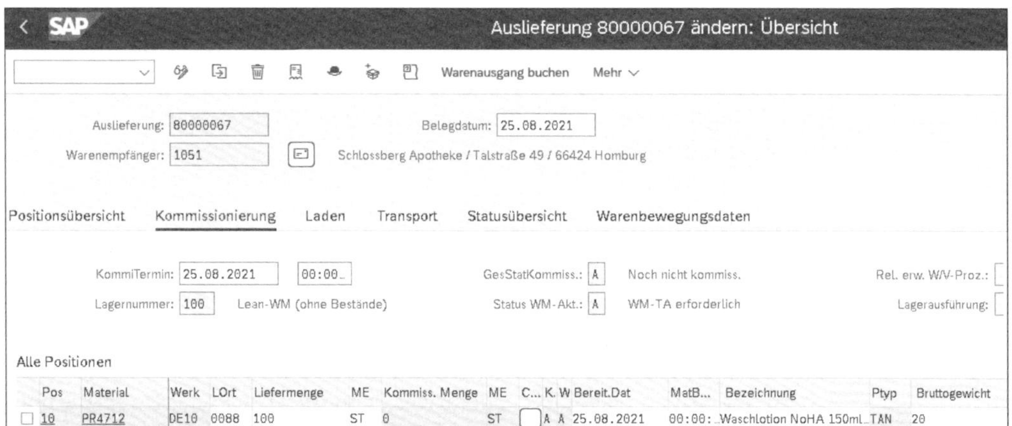

Abbildung 8.16 Ändern des Lieferbelegs (Transaktion VL02N)

Die Funktion Belegfluss gibt einen Überblick über sämtliche Vorgänger- und Nachfolgebelege. Damit lässt sich der Status des Vertriebsprozesses komplett zurückverfolgen. Diese Funktion kann aus allen Vertriebsbelegen

(Anfrage, Angebot, Kundenauftrag, Lieferung, Faktura) heraus aufgerufen werden.

Der bisherige Belegfluss in der Anwendung Sales wird durch den in der SAP-Fiori-App **Kundenauftrag** eingebetteten Reiter **Prozessablauf** grafisch noch einmal aufgewertet. Der Aufbau unterscheidet sich allerdings vor allem dadurch, dass nicht die gesamte Belegübersicht angezeigt wird, sondern nur ausgehend vom Kundenangebot (siehe Abbildung 8.17). Die Daten werden mit Kennzahlen versehen, und es werden auch mögliche Sperren dargestellt und angezeigt, ob diese gelöst wurden. In der App wird ein Kundenauftrag erst abgeschlossen, wenn auch die Faktura dazu ausgeziffert wird.

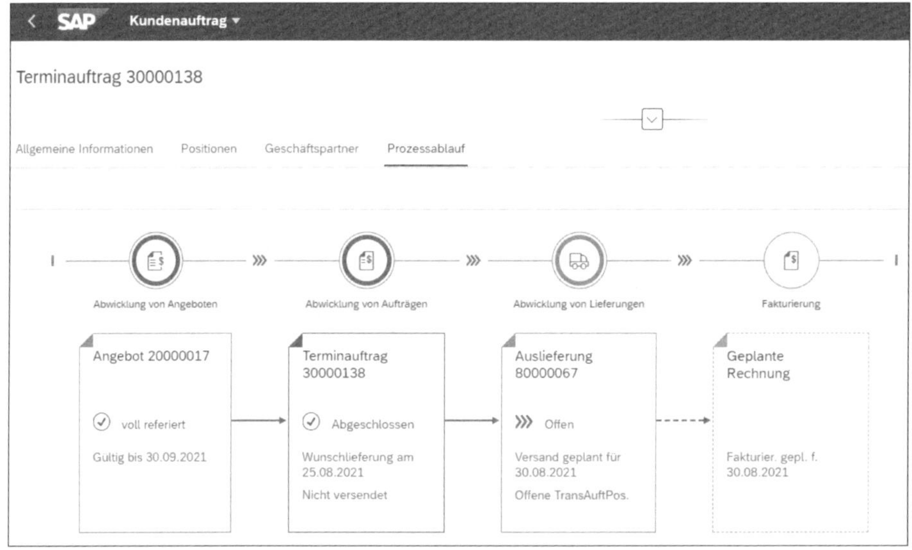

Abbildung 8.17 Prozessablauf für Kundenauftrag 30000138 (SAP-Fiori-App »Kundenauftrag«)

Seit dem On-Premise-Release SAP S/4HANA 1909 steht Ihnen auch die SAP-Fiori-App **Belegfluss anzeigen** zur Verfügung. Wie in Abbildung 8.18 zu erkennen ist, werden Ihnen im Gegensatz zum Reiter **Prozessablauf** in Abbildung 8.17 alle Vorgängerbelege angezeigt (Terminauftrag 30000138, Angebot 20000017 und Anfrage 10000003). Zusätzlich ist in dieser App neben dem operativen Belegfluss (**Operativer Belegfluss**) auch der **Hauptbuchbelegfluss** zu sehen. Auch hier können Sie in die entsprechenden Belege abspringen.

Schritt 8: Kommissionierung

Im Belegfluss finden wir die Vorgängerbelege zu unserer Lieferung. Für die Weiterbearbeitung ist der Transportauftrag 21 von Bedeutung. Mit dessen Quittierung wird die tatsächliche Pickmenge in den Lieferbeleg fortgeschrieben. Abbildung 8.19 zeigt die Quittierung des Transportauftrags.

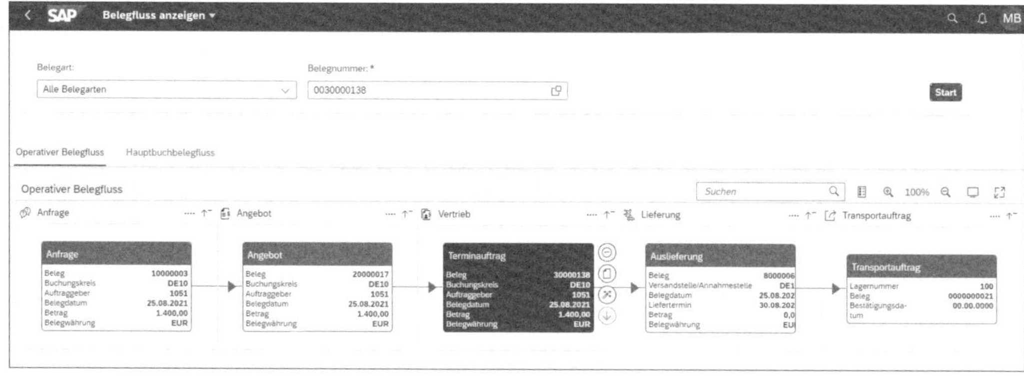

Abbildung 8.18 Belegfluss (SAP-Fiori-App »Belegfluss anzeigen«)

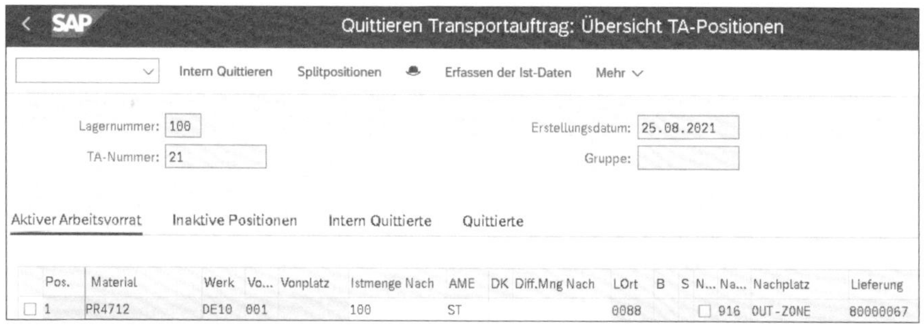

Abbildung 8.19 Quittierung des Transportbelegs (Transaktion LT12)

Der Anwender trägt im Feld **Istmenge Nach** die tatsächlich entnommene Menge ein. Im Beispiel gehen wir davon aus, dass die gesamte Menge entnommen werden kann. Als Ist-Menge erfassen wir also 100 Stück. Beim Quittieren im Transportbeleg geben wir an, dass die Liefermenge im Lieferbeleg entsprechend übernommen werden soll. Nach der Quittierung des Transportauftrags ist die Kommissionierung abgeschlossen. In Abbildung 8.20 sehen Sie den Lieferbeleg nach der Quittierung des Transportauftrags.

Schritt 9: Warenausgangsbuchung

Liefermenge und Pickmenge (**Kommiss. Menge**) sind gleich. Der Warenausgang kann gebucht werden. Mit der Warenausgangsbuchung werden automatisch zwei Belege erzeugt:

- Materialbeleg
- Buchungsbeleg

Über den *Materialbeleg* erfolgt eine Korrektur der mengenmäßigen Bestandsführung. In Abbildung 8.21 sehen Sie den Materialbeleg zu unserer Beispiellieferung.

Abbildung 8.20 Lieferung nach der Quittierung der Kommissionierung (Transaktion VL02N)

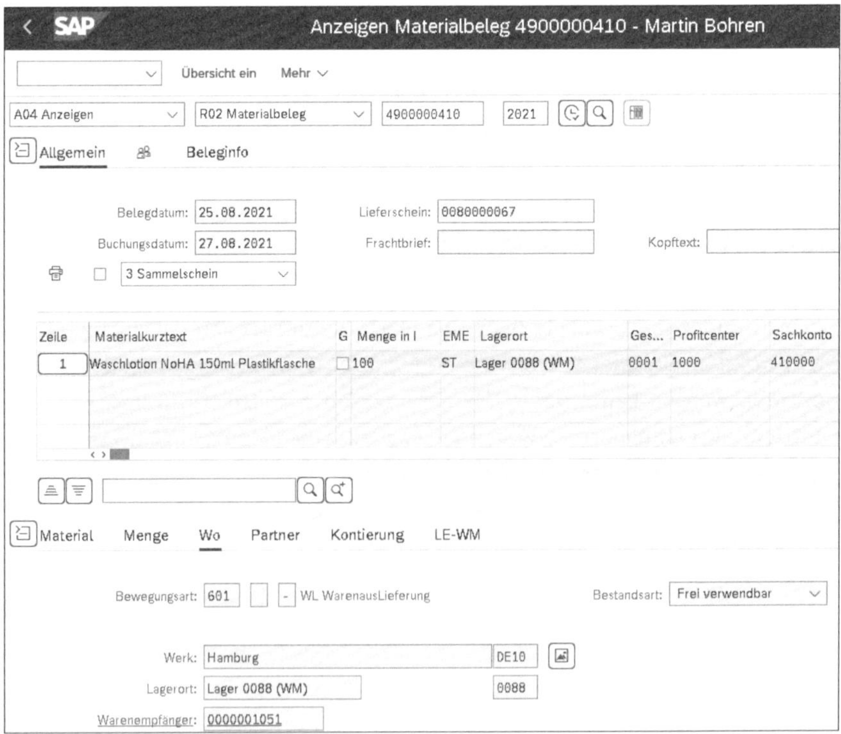

Abbildung 8.21 Materialbeleg zur Lieferung (Transaktion MIGO)

Aus dem Materialbeleg können Sie in die Belege des Rechnungswesens abspringen. Wir schauen uns den zugehörigen Buchungsbeleg an. Über diesen wird die wertmäßige Bestandsführung aktualisiert. Die Bewertung erfolgt anhand des Bewertungspreises im Buchhaltungsbild des Materialstamms.

Das Beispielmaterial PR4712 hat einen Bewertungspreis von 5,50 EUR pro Stück. Der Beleg in Abbildung 8.22 zeigt den Buchungssatz »Verbrauch Handelsware (Konto 410000) an Bestand (Konto 390100)«.

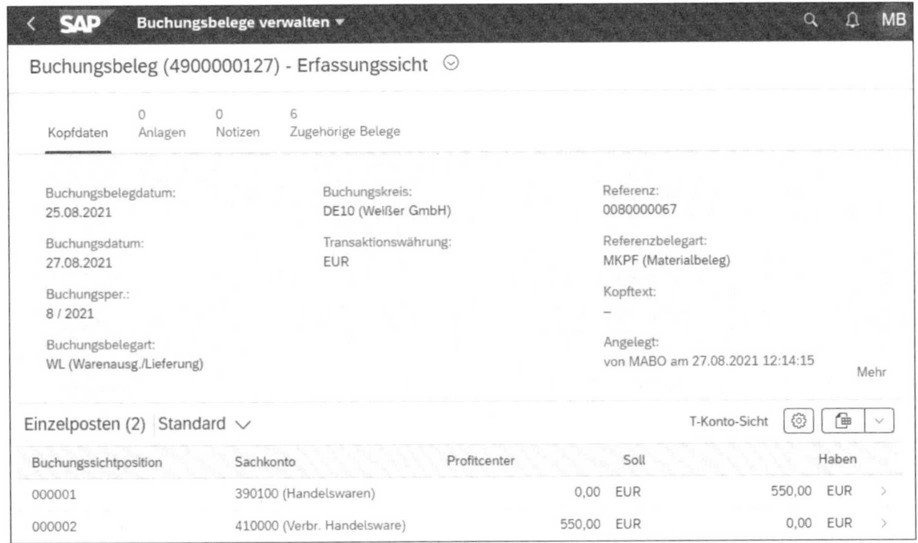

Abbildung 8.22 Buchungsbeleg zur Lieferung (SAP-Fiori-App »Buchungsbelege verwalten«)

Schritt 10: Vorläufige Faktura erfassen

Mit der Warenausgangsbuchung haben wir den Versandprozess abgeschlossen. Nun erstellen wir mit der SAP-Fiori-App **Vorläufige Fakturen anlegen** einen Vorgängerentwurf für die endgültige Faktura (siehe auch Abschnitt 8.5.1 für vorläufige Fakturen). Die Abbildung 8.23 zeigt den optionalen Zwischenbeleg mit der Belegnummer PBD0000002.

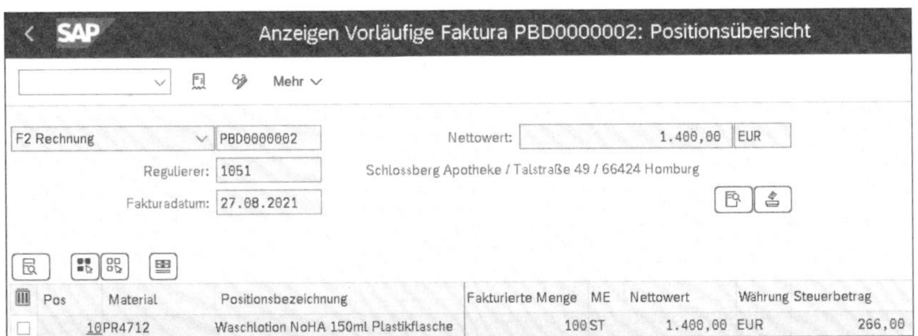

Abbildung 8.23 Vorläufige Faktura (Transaktion VFP3)

Hinweis: Wenn Sie die vorläufigen Fakturen nicht nutzen, können Sie den Schritt 10 überspringen und entweder mit der SAP-Fiori-App **Fakturen anlegen** oder den Transaktionen VF01 oder VF04 die Faktura mit der Lieferung als Vorgängerbeleg anlegen.

Schritt 11: Faktura erfassen

Bei vorläufigen Fakturen werden keine FI-Belege erstellt. In unserem Beispiel entspricht der Beleg nach Absprache mit dem Kunden den Anforderungen und kann im nächsten Schritt in eine echte Faktura umgesetzt werden. Durch die Schaltfläche **Fakturen anlegen** (siehe Abbildung 8.24) wird die vorläufige Faktura in eine echte Faktura umgesetzt.

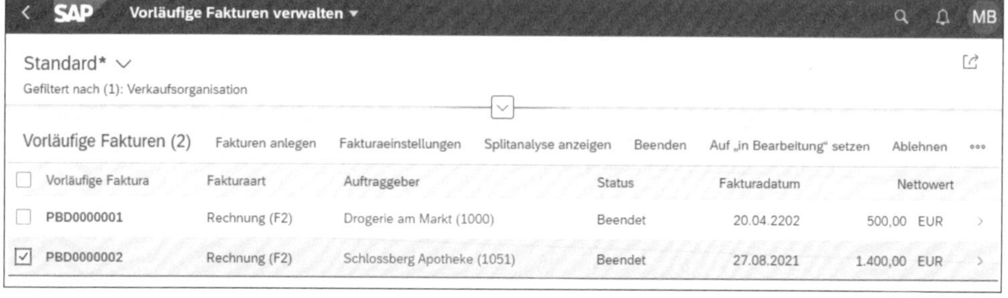

Abbildung 8.24 Erstellen des Fakturabelegs (SAP-Fiori-App »Vorläufige Fakturen verwalten«)

Dadurch ändert sich der **Status** der vorläufigen Faktura von **Beendet** auf **Abgeschlossen**. Sehen wir uns das Ergebnis in der App **Fakturen verwalten** an (siehe Abbildung 8.25). Der Fakturabeleg zeigt, dass nur die tatsächlich ausgelieferte Menge berechnet wird. Der zugehörige Terminauftrag hat durch die Fakturierung den Status **Abgeschlossen**.

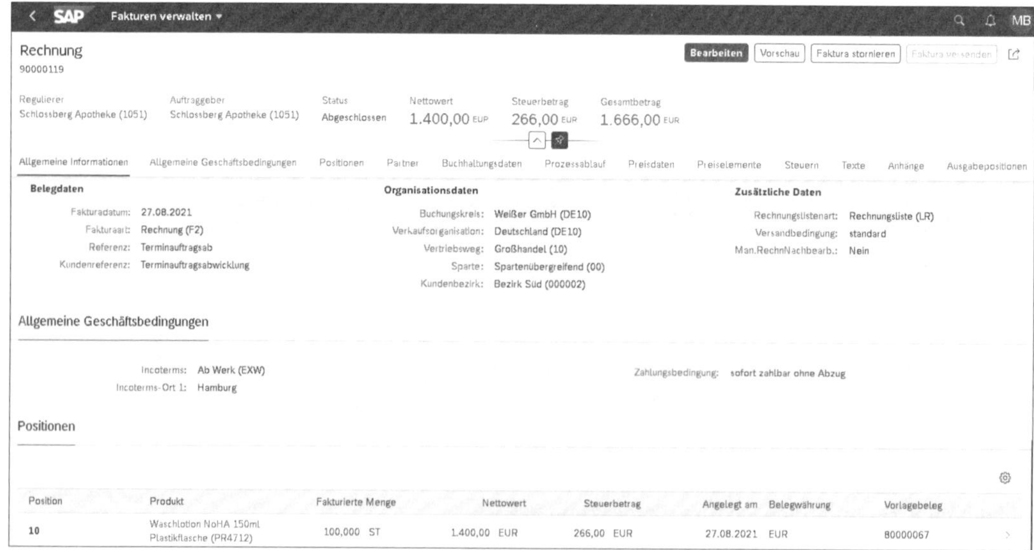

Abbildung 8.25 Anzeige des Fakturabelegs (SAP-Fiori-App »Fakturen verwalten«)

Ein Blick auf den Belegfluss – jetzt aus Sicht der Faktura 90000119 – zeigt diesen Zusammenhang (siehe Abbildung 8.26).

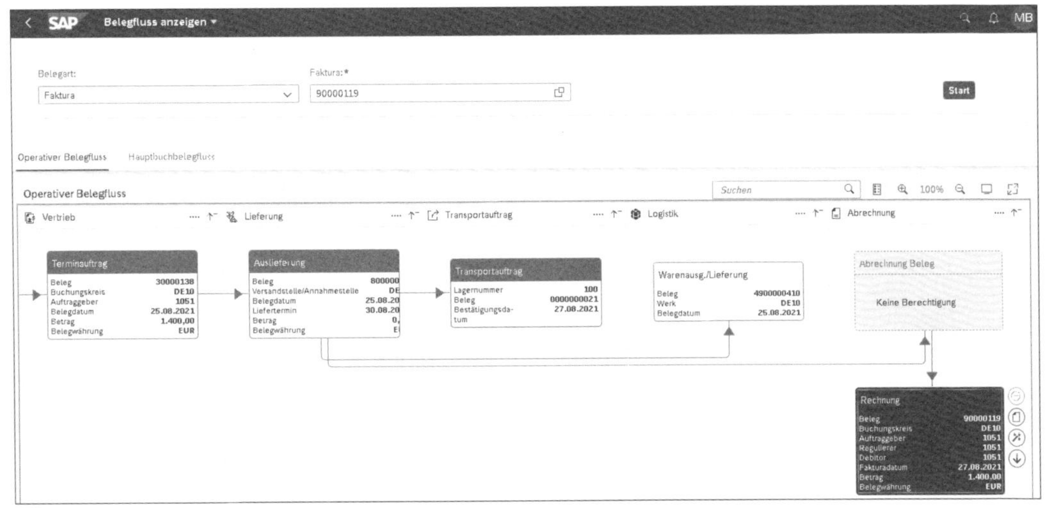

Abbildung 8.26 Belegfluss in der Faktura (SAP-Fiori-App »Belegfluss anzeigen«)

Der zugehörige Buchungsbeleg der Finanzbuchhaltung (Belegnummer 90000119) in Abbildung 8.27 enthält die Erlösbuchung.

Buchungssichtposition	Sachkonto	Profitcenter	Soll		Haben	
000001	140000 (Forderungen Inland)		1.666,00	EUR	0,00	EUR
000002	800000 (Umsatzerlöse Inland)	1000 (Pharma)	0,00	EUR	1.400,00	EUR
000003	175000 (Mehrwertsteuer (DE))		0,00	EUR	266,00	EUR

Abbildung 8.27 Buchungsbeleg der Faktura (SAP-Fiori-App »Buchungsbelege verwalten«)

Aus Kapitel 6, »Integration in das Rechnungswesen«, wissen Sie, dass die Faktura auch Erlöse und Umsatzkosten an die Ergebnis- und Marktsegmentrechnung übergibt. Die Erlöse entsprechen dem Umsatz der Finanzbuchhaltung (14,00 EUR mal 100 Stück entspricht 1.400,00 EUR). Die Umsatzkosten werden über die Konditionsart VPRS aus dem Bewertungspreis des Materialstamms (5,50 EUR pro Stück) ermittelt und übergeben. In Abbildung 8.28 sehen Sie den Ergebnisbeleg 3411 zur Faktura.

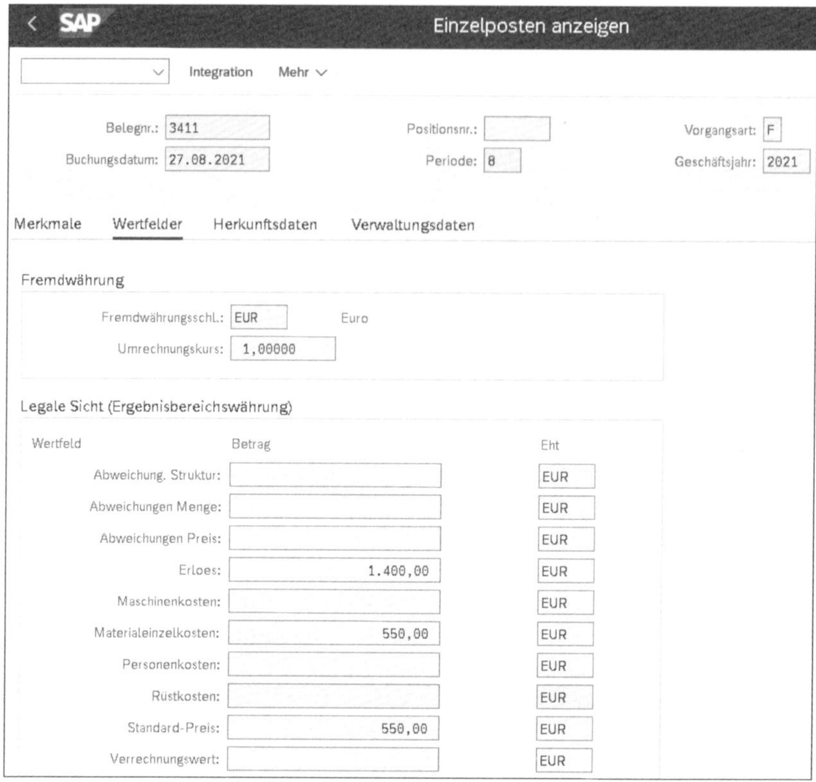

Abbildung 8.28 Beleg der Ergebnisrechnung (Transaktion VF02)

Schritt 12: Offene Posten

Die Erlösbuchung aus Abbildung 8.27 lautet »Forderungen (Konto 140000) an Umsatzerlöse (Konto 800000) und Mehrwertsteuer (Konto 175000)«. Mit dieser Buchung wurde die Faktura als offener Posten an die Finanzbuchhaltung übergeben. Über die Nachrichtenfindung kann ein Fakturabeleg gedruckt werden. Dieser wird an den Kunden versendet, der ihn wiederum als Eingangsrechnung verbucht. Der Vertriebsprozess wird durch die Zahlung des Kunden abgeschlossen. Abbildung 8.29 zeigt einen Auszug aus der Liste der offenen Posten des Geschäftspartners 1051 Schlossberg Apotheke in der Finanzbuchhaltung.

Schritt 13: Zahlungseingang des Kunden

Die Zeile in Abbildung 8.29 enthält den Beleg aus unserer SD-Faktura (Belegnummer 90000119). Nach dem Zahlungseingang des Kunden gleicht ein Sachbearbeiter in der Finanzbuchhaltung den offenen Posten aus. Abbildung 8.30 zeigt den Buchungsbeleg 1400000036 mit dem Zahlungseingang.

Abbildung 8.29 Liste der offenen Forderungen (SAP-Fiori-App »Forderungen bearbeiten«)

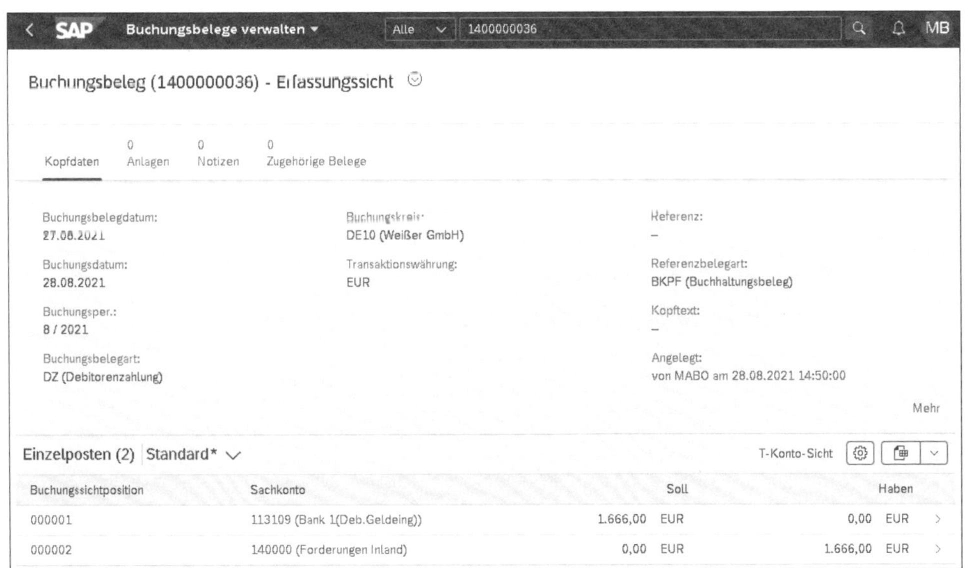

Abbildung 8.30 Buchungsbeleg zum Zahlungseingang des Kunden (SAP-Fiori-App »Buchungsbelege verwalten«)

Es erfolgt die Buchung »Bank (Konto 113109) an Forderungen (Konto 140000)«. Sie sehen also, dass der Kunde gemäß den Zahlungsbedingungen in der Faktura bei seiner Zahlung keinen Skonto abgezogen hat. Der Prozessablauf in der Faktura der Vertriebskomponente wird durch die Verbuchung des Zahlungseingangs aktualisiert (siehe Abbildung 8.31) und zeigt nun für den Buchungsbeleg 90000119 den Status **Vollständig ausgeziffert**.

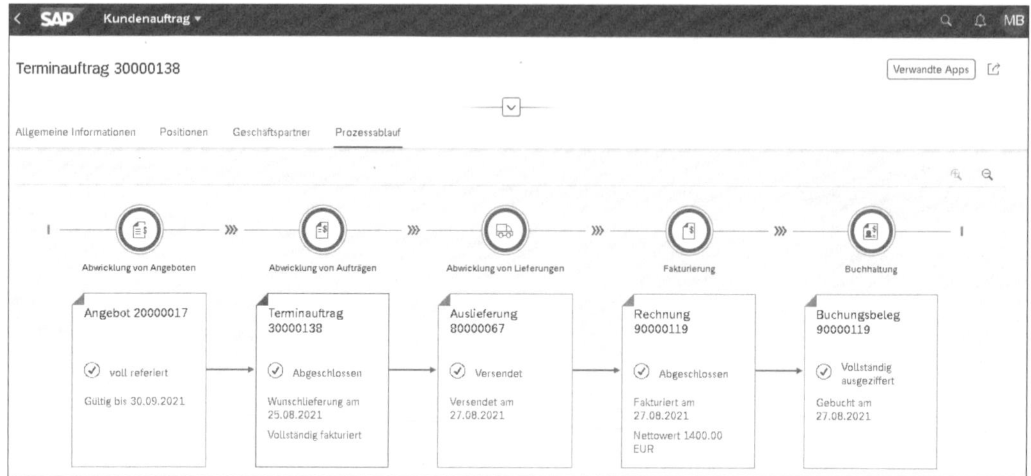

Abbildung 8.31 Prozessablauf des Kundenauftrags (SAP-Fiori-App »Kundenauftrag«)

Kapitel 9
Streckenauftragsabwicklung

Mit der Streckenauftragsabwicklung werden die Streckengeschäfte in SAP S/4HANA umgesetzt. Zuerst erklären wir Ihnen die betriebswirtschaftlichen Grundlagen, anschließend zeigen wir die Durchführung anhand eines Beispiels.

Streckengeschäfte gehören zum klassischen Repertoire betriebswirtschaftlicher Abläufe. Entscheidend ist dabei die optimale Abstimmung zwischen Vertrieb, Einkauf und dem Lieferanten – eine Aufgabe, die durch eine integrierte Standardsoftware besonders gut geleistet werden kann. Im Folgenden zeigen wir, wie Streckengeschäfte auf der Basis der in Kapitel 8, »Terminauftragsabwicklung«, vorgestellten Auftragsabwicklung unterstützt werden.

9.1 Betriebswirtschaftliche Grundlagen

Die Beteiligten an einem Streckengeschäft sind folgende:

- der Endkunde
- das verkaufende Unternehmen
- das liefernde Unternehmen

Das verkaufende Unternehmen erhält einen Auftrag von seinem Endkunden und bestellt die angeforderten Produkte bei einem Lieferanten. Dieser liefert die Produkte direkt an den Endkunden, stellt aber die Rechnung an das verkaufende Unternehmen. Dieses wiederum berechnet die Lieferung an den Endkunden.

Abbildung 9.1 zeigt die Lieferbeziehungen im Überblick.

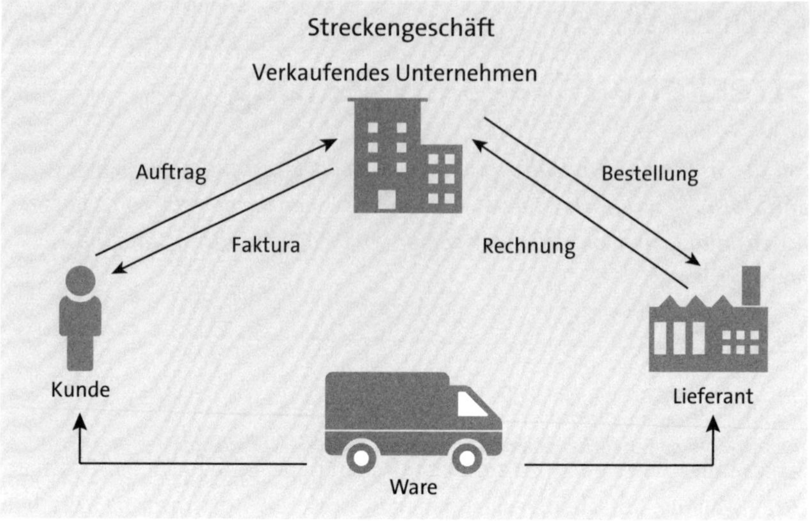

Abbildung 9.1 Übersicht über die Streckenauftragsabwicklung

Aus Sicht des verkaufenden Unternehmens sind dabei zwei Fälle zu unterscheiden:

- **Ein Produkt wird immer über eine Streckenabwicklung vertrieben.**
  Wird ein Produkt grundsätzlich über Streckengeschäfte vertrieben, können Sie auf eine eigene Lagerhaltung verzichten. Dies ist z. B. für Unternehmen im Anlagenbau sinnvoll, deren Anlagen Komponenten von Drittlieferanten enthalten. Muss eine solche Komponente im Zuge einer Reparatur ausgetauscht werden, wendet sich der Endkunde zunächst an »seinen« Lieferanten. Für diesen ist es unter Umständen nicht sinnvoll, die gesamte Palette von Fremdkomponenten vorzuhalten. Er bestellt das Produkt stattdessen beim Drittlieferanten, der dann wiederum die benötigte Komponente direkt an den Endkunden liefert. Dies spart Zeit – ein bei der Bereitstellung von Ersatzteilen wesentliches Kriterium. Die gesamte kaufmännische Abwicklung, z. B. die Klärung von Garantie- und Kulanzfällen, verbleibt beim Verkäufer der Anlage. Somit hat der Endkunde nur einen Ansprechpartner für den Kauf und die Wartung seiner Anlage.
- **Ein Produkt wird von Fall zu Fall entweder aus dem eigenen Lager oder über ein Streckengeschäft vertrieben.**
  Beim Streckengeschäft von Fall zu Fall verfügt das verkaufende Unternehmen normalerweise über Lagervorräte. Nur wenn die Verfügbarkeit nicht gewährleistet werden kann, erfolgt eine Direktlieferung vom Lieferanten an den Endkunden. Dies kann z. B. bei außerordentlich großen Aufträgen der Fall sein.

Die Unterscheidung zwischen beiden Fällen ist für die Abbildung dieses Prozesses in SAP relevant. Dies zeigen wir im folgenden Abschnitt.

9.2 Streckenauftragsabwicklung in SAP S/4HANA

Kapitel 7, »Der Verkaufsbeleg«, und Kapitel 8, »Terminauftragsabwicklung«, haben gezeigt, dass die Gestaltung der Geschäftsprozesse in SAP S/4HANA im Customizing im Wesentlichen auf folgenden Objekten beruht:

- Auftragsart
- Positionstyp
- Einteilungstyp
- Kopiersteuerung

Folgerichtig unterscheidet sich der Streckenauftrag in diesen Punkten vom »normalen« Terminauftrag. Die Abwicklung hat sich auch unter SAP S/4HANA nicht geändert.

Überblick über den Belegfluss

Verschaffen wir uns zunächst einen Überblick über das Zusammenspiel der SAP-Belege in Vertrieb und Materialwirtschaft. In der Auftragsart TA (Terminauftrag) wird für das Material über die Positionstypengruppe im Materialstamm der Positionstyp TAS (Streckenposition) ermittelt. Über die Auftragsart und den Positionstyp wird der Einteilungstyp CS (Strecke) in den Beleg übernommen. Der Einteilungstyp CS bewirkt, dass zu der Streckenauftragsposition eine Bestellanforderung (BANF) in der SAP-Materialwirtschaftskomponente MM angelegt wird. Diese wird im Einkauf in eine Bestellung umgesetzt. Eine Wareneingangsbuchung zu dieser Bestellung ist nicht notwendig; die Ware gelangt direkt zum Kunden. Vielmehr wird mit Bezug zur Bestellung die Eingangsrechnung des Lieferanten verbucht. Sobald diese Eingangsrechnung (über die Funktion *Rechnungsprüfung* in der Komponente MM) verbucht ist, kann in der Vertriebskomponente mit Bezug zum Kundenauftrag eine Faktura erzeugt werden.

Folgende Aspekte wollen wir nun etwas näher betrachten:

- das Zusammenspiel von Auftragsart und Positionstyp
- das Customizing des Einteilungstyps für das Streckengeschäft
- die Bestellanforderung in der Komponente MM
- die Bestellung in der Komponente MM
- die auftragsbezogene Faktura in der Komponente SD

Auftragsart und Positionstyp

Im SAP-Standard ist für das Streckengeschäft keine eigene Auftragsart vorgesehen. Innerhalb der Auftragsart *Terminauftrag* steht für die Erfassung von Streckenpositionen der Positionstyp TAS zur Verfügung. Damit kann ein Auftrag sowohl Normal- als auch Streckenpositionen enthalten. Für die Steuerung des Streckengeschäfts gibt es folgende Möglichkeiten:

- Sie verwenden die Standardauftragsart TA (Terminauftrag). Der Positionstyp TAS (Streckenposition) wird automatisch über die Positionstypengruppe BANS (Streckenposition) im Materialstamm ermittelt. Damit hängt es allein vom Materialstamm ab, ob eine Position über ein Streckengeschäft abgewickelt wird.
- Sie verwenden die Standardauftragsart TA (Terminauftrag). Die automatische Ermittlung des Positionstyps führt zum Positionstyp TAN (Normalposition). Für den Fall, dass diese Position ausnahmsweise über ein Streckengeschäft abgewickelt werden soll, ändern Sie den Positionstyp manuell. Damit entscheiden Sie auf Ebene der Auftragsposition, ob ein Material über ein Streckengeschäft verkauft wird.
- Sie definieren eine eigene Auftragsart für das Streckengeschäft. Die neue Auftragsart (z. B. ZTAS, Streckenauftrag) entsteht durch eine Kopie der Auftragsart TA. In der Positionstypfindung für diese Auftragsart lassen Sie nur den Positionstyp TAS (Streckenposition) zu. Damit entscheiden Sie auf Ebene der Auftragsart, wie der Prozess abläuft.

Diese Möglichkeiten zeigen uns wieder das Zusammenspiel von Customizing-Einstellungen, Stammdatenpflege und Anwenderentscheidung.

Customizing für den Einteilungstyp »Strecke«

Abhängig vom Positionstyp TAS wird der Einteilungstyp CS (Strecke) ermittelt. Abbildung 9.2 zeigt das Customizing für diesen Einteilungstyp. Die Optionen **Verfügbarkeit** und **Bedarf/Montage** zur Verfügbarkeitsprüfung und Bedarfsübergabe (siehe Abschnitt 4.1, »Verfügbarkeitsprüfung«) werden hier explizit ausgeschaltet. Schließlich soll die Auftragsposition nicht aus dem eigenen Lager geliefert werden. Damit ist die Einlastung in die Disposition obsolet.

Stattdessen wird im Einteilungstyp festgelegt, dass zum Auftrag automatisch eine Bestellanforderung in der Komponente MM angelegt wird. Die Bestellanforderung hat in MM die **Bestellart NB**.

Bestellanforderung

Es handelt sich dabei um eine Bedarfsmeldung, die nach der Lieferantenzuordnung in eine Bestellung umgesetzt werden kann. Für die Steuerung der Bestellanforderung werden im Einteilungstyp zwei wichtige Informationen mitgeliefert (siehe Abbildung 9.2):

- **Positionstyp**

  Der **Positionstyp 5** (Strecke) steuert, dass es sich in der Bestellanforderung ebenfalls um eine Streckenposition handelt. Bei einer Streckenbestellung wird die Lieferadresse des Endkunden aus dem Kundenauftrag (Partnerrolle »Warenempfänger«) in die Bestellung kopiert (siehe Abbildung 9.7). Diese erscheint dann auf dem Bestellformular, das dem Lieferanten zugesendet wird. Für den Lieferanten ist dies der Warenempfänger.

- **Kontierungstyp**
  Der Kontierungstyp **X** (**KontierTyp**) regelt die Verbuchung der Eingangsrechnung. Bestellungen von lagerhaltigen Materialien mit wertmäßiger Bestandsführung (siehe Abschnitt 8.6, »Beispiel für die Terminauftragsabwicklung«) führen zu einer Wareneingangsbuchung mit entsprechender Fortschreibung der Bestandswerte in der Finanzbuchhaltung. Die Buchung des Wareneingangs lautet »Bestandskonto an WE/RE-Konto (Wareneingangs-/Rechnungseingangs-Verrechnungskonto)«. Der Eingang der Eingangsrechnung gleicht das WE/RE-Verrechnungskonto durch die Buchung »WE/RE-Konto + Vorsteuer an Kreditor« wieder aus.

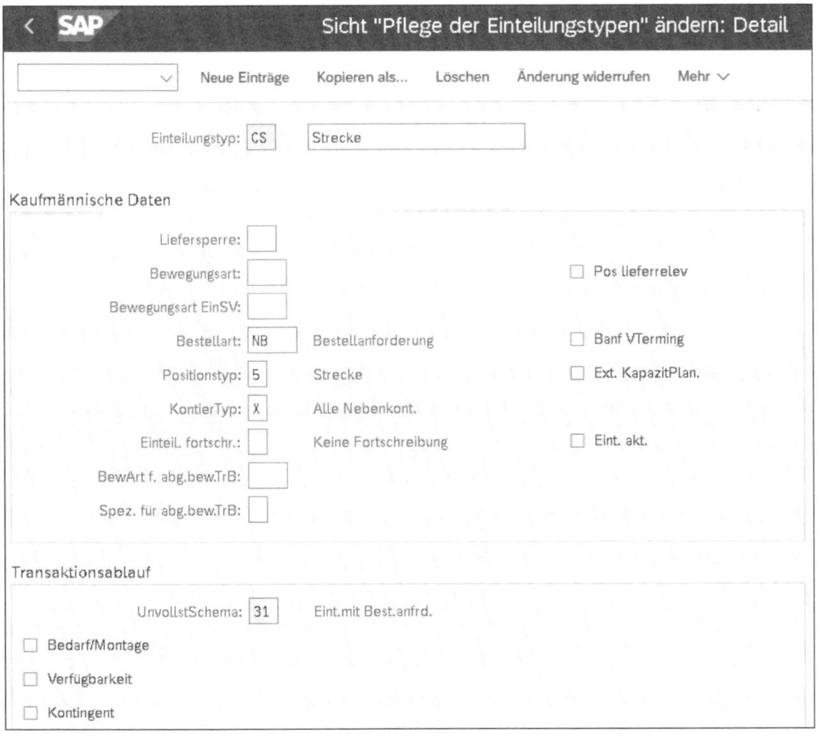

Abbildung 9.2 Customizing für den Einteilungstyp CS, »Strecke« (Transaktion VOV6)

Buchung auf Aufwandskonto

Im Fall der Streckenbestellung kommt jedoch diese Buchung auf ein Bestandskonto nicht infrage, da das verkaufende Unternehmen keinen Bestand der Ware verbuchen kann. Insofern wird auch keine Wareneingangsbuchung erforderlich. Bei der Erfassung der Eingangsrechnung zur Streckenbestellung ist an dieser Stelle auf ein Aufwandskonto zu buchen. Der Buchungssatz lautet dann »Aufwandskonto (z. B. Wareneinsatz Streckengeschäft) + Vorsteuer an Kreditor«.

Das Aufwandskonto wird über das Customizing der Kontenfindung in der Komponente MM (Transaktion OBYC) automatisch ermittelt. Als Hauptkriterium dient dazu der Kontierungstyp, der bereits im SD-Customizing zum Einteilungstyp festgelegt wird. Der Kontierungstyp steuert normalerweise, auf welches Objekt im Controlling (Kostenstelle, Innenauftrag, Projekt) kontiert werden kann. Allerdings ist in einem Streckengeschäft eine kostenrechnungsrelevante Zusatzkontierung nicht erforderlich. Erinnern Sie sich an die Zusammenhänge der CO-Integration, die in Kapitel 6, »Integration in das Rechnungswesen«, dargestellt wurden. Dort haben Sie gesehen, dass im Fall der Kundenfaktura sowohl Erlöse als auch Umsatzkosten an die Ergebnis- und Marktsegmentrechnung übergeben werden. Damit werden die Kosten bei der SD-Faktura in einem Schritt verbucht und müssen hier nicht noch einmal auf einem sogenannten CO-Objekt verbucht werden. Allerdings kann es statistische Gründe geben, diese Buchung trotzdem vorzunehmen – dann z. B., wenn Sie die Kosten für ein Streckengeschäft auf einer Kostenstelle oder einem CO-Auftrag sammeln wollen. In diesem Fall kann die Kontierung entweder vom Anwender in der Bestellanforderung vergeben oder automatisch über das Sachkonto (bzw. die zugehörige Kostenart) ermittelt werden.

Bestellung

Der Bestellanforderung wird in der Komponente MM zunächst eine Bezugsquelle (Lieferant) zugeordnet. Dieser Vorgang lässt sich durch entsprechende Stammdatenpflege (Orderbuch, Infosatz) automatisieren. Nach der Zuordnung kann die Bestellanforderung in eine Bestellung umgesetzt werden. Auch dieser Schritt kann durch ein Programm automatisch erfolgen. Dazu ist ein sogenannter *Batchjob* einzurichten. Das Programm setzt innerhalb dieses Jobs regelmäßig alle zugeordneten Bestellanforderungen in Bestellungen um. In der Bestellung werden die Konditionen (Preise, Lieferungs- und Zahlungsbedingungen) ermittelt. Über die Nachrichtenfindung wird die Bestellung gedruckt und an den Lieferanten versendet. Damit wird deutlich, dass die Erfassung einer Streckenposition in der Vertriebskomponente SD automatisch zu einer Bestellung in der Materialwirtschaftskomponente MM beim Lieferanten führen kann. Allerdings ist die weitgehende Automatisierung optional und auch von bestimmten Voraussetzungen (Stammdatenpflege, Batchjob) abhängig.

Statistische Wareneingangsbuchung

Anschließend werden die Produkte geliefert, und der Lieferant stellt eine entsprechende Rechnung. Diese wird mit Bezug zur Bestellung in der Komponente MM erfasst und wie beschrieben verbucht. In der Praxis führen manche Unternehmen zusätzlich eine statistische Wareneingangsbuchung ohne mengen- und wertmäßige Bestandsfortschreibung durch. Sie ist zwar nicht erforderlich, kann aber zusätzliche Transparenz schaffen. So ist es denkbar, dass der Endkunde eine Rückmeldung über die tatsächlich gelieferte Menge an das verkaufende Unternehmen gibt. Über diese Menge wird dann eine Wareneingangsbuchung zur Bestellung erfasst. Bei der Verbuchung der Eingangsrechnung wird diese Wareneingangsmenge mit der Rechnungsmenge verglichen. Dies erleichtert die Rechnungsprüfung, da die tatsächlich gelieferte Menge im System gespeichert ist und dem Sachbearbeiter bei der Rechnungserfassung vorgeschlagen wird.

Auftragsbezogene Faktura

Die Verbuchung der Eingangsrechnung zur Bestellung in der Komponente MM ist eine Voraussetzung dafür, dass die Kundenauftragsposition fakturiert werden kann. Jedenfalls ist dies im SAP-Standard im Customizing so hinterlegt. Diese Einstellung kann in der Kopiersteuerung geändert werden. Da die Ware nicht aus dem eigenen Lager geliefert wird, entfällt die Erstellung eines Lieferbelegs. Im Unterschied zu dem in Kapitel 8, »Terminauftragsabwicklung«, beschriebenen Ablauf kann sich eine SD-Faktura auch auf eine Auftragsposition beziehen. Die entsprechenden Einstellungen werden im Customizing des Positionstyps vorgenommen. Der Positionstyp TAS enthält die Option **Auftragsbezogene Faktura**. Mit der Fakturierung des Auftrags wird der Prozess abgeschlossen.

9.3 Beispiel für den Prozess der Streckenabwicklung

Ausgehend von einem Kundenauftrag mit einer Streckenposition wollen wir den Prozess der Streckenabwicklung erläutern. Im Einzelnen werden wir dabei die folgenden Schritte durchlaufen:

1. Erfassen des Kundenauftrags
2. Anzeige der Bestellanforderung
3. Umsetzung der Bestellanforderung in eine Bestellung
4. Buchung der Eingangsrechnung
5. Erstellen der Faktura mit Bezug zum Kundenauftrag

Schritt 1: Kundenauftrag erfassen

Beginnen wir also, indem wir den Kundenauftrag mit der Auftragsart TA erfassen. Der Kunde 1000 (Drogerie am Markt) hat das Material ST4711, eine Waschlotion 300ml in einer Glasflasche, bestellt. Das Material ist aus unserer Sicht eine Handelsware, die grundsätzlich über ein Streckengeschäft geliefert wird. Deshalb ist im Materialstamm die Positionstypengruppe BANS hinterlegt (siehe Abbildung 9.3). (Hinweis: Die Positionstypengruppe **NORM** im Feld **allg.Pos.typenGruppe** ist hier nicht relevant. Sie wird auf Mandantenebene festgelegt und damit nur gezogen, wenn kein Eintrag im Feld **Positionstypengruppe** vorhanden ist.)

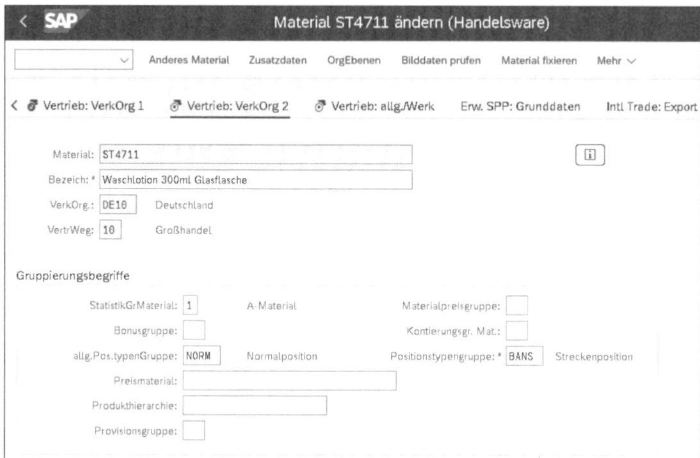

Abbildung 9.3 Zuordnung der Positionstypengruppe BANS im Materialstamm (Transaktion MM02)

Die Positionstypengruppe BANS bewirkt, dass im Kundenauftrag automatisch der Positionstyp TAS (Streckenauftrag) ermittelt wird. In Abbildung 9.4 sehen Sie den Auftrag mit dem Positionstyp (**Ptyp**) **TAS**.

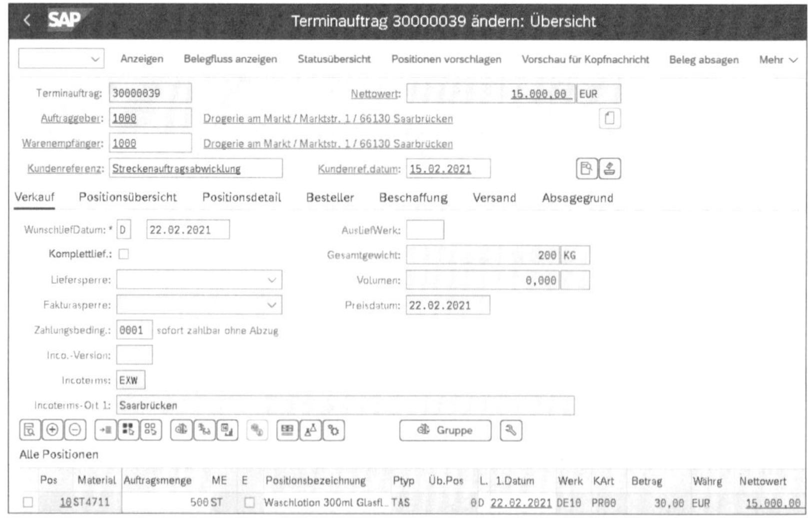

Abbildung 9.4 Erfassen eines Kundenauftrags mit Streckenposition (Transaktion VA01)

Der Verkaufspreis für unser Material beträgt 30,00 EUR pro Stück, der Kunde bestellt 500 Stück. Über den Positionstyp TAS wird automatisch der Einteilungstyp CS (Strecke) ermittelt. Abbildung 9.5 zeigt die Einteilungsdaten.

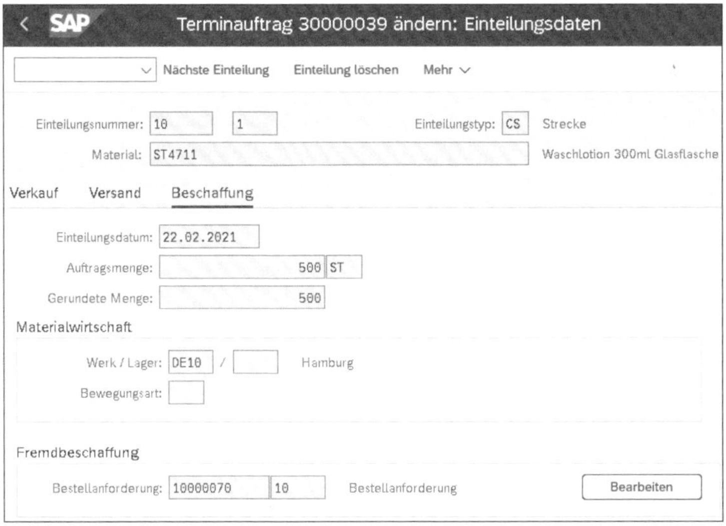

Abbildung 9.5 Einteilung zur Streckenposition (Transaktion VA02)

Schritt 2: Bestellanforderung anzeigen

In Abbildung 9.5 wird deutlich, dass mit dem Anlegen des Kundenauftrags mit der Auftragsnummer 30000039 automatisch eine *Bestellanforderung* (Belegnummer 10000070) in der SAP-Materialwirtschaftskomponente MM angelegt worden ist. Der Anwender kann direkt in die Bearbeitung der Bestellanforderung springen. Diese sehen Sie in Abbildung 9.6.

Schritt 3: Bestellanforderung umsetzen

Im Bereich **Bezugsmöglichkeiten** wurde der Geschäftspartner (Geschäftspartnernummer 1010, DroGerie Großhandel GmbH) als fester Lieferant (**Fst.Lief.**) bereits zugeordnet. Damit verfügt die Bestellanforderung über eine Bezugsquelle und kann in eine Bestellung umgewandelt werden. Abbildung 9.7 zeigt die Bestellung mit der Belegnummer 4500000016 samt Anlieferadresse des Kunden, da die Ware ja direkt an ihn versandt wird. Der Positionstyp **S** (Spalte **P**) und der Kontierungstyp **X** (Spalte **K**) für Streckengeschäft wurden aus dem Einteilungstyp im Kundenauftrag übernommen. Die Konditionen wurden aus dem Einkaufsinfosatz ermittelt. Die Bestellung kann gedruckt und versendet werden.

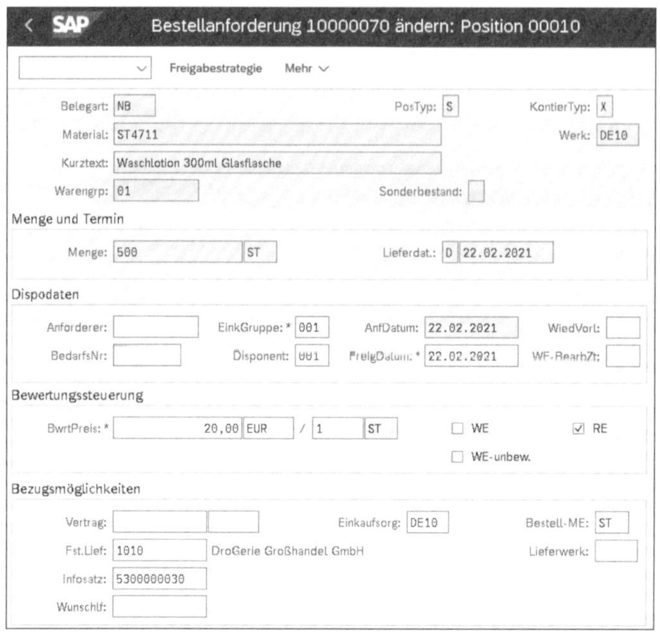

Abbildung 9.6 Bestellanforderung in der Komponente MM (Transaktion ME52N)

Abbildung 9.7 Bestellung zur Streckenposition (Transaktion ME21N)

Schritt 4: Eingangsrechnung buchen

Jetzt folgt die Buchung der Eingangsrechnung, die uns der Lieferant 1010 geschickt hat. Abbildung 9.8 zeigt ihre Erfassung. Die Bestellmenge (Wert im Feld **Menge**) und der Nettobetrag (Wert im Feld **Betrag**) werden aus der Bestellung übernommen und als Vorschlagswerte angeboten.

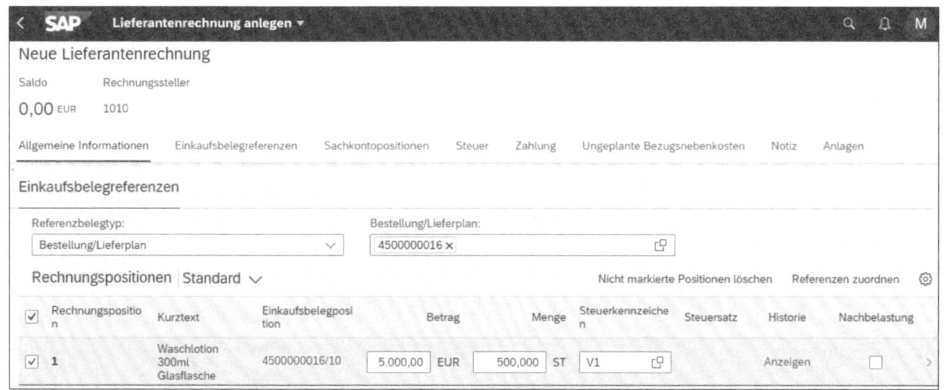

Abbildung 9.8 Buchen der Eingangsrechnung zur Bestellung (SAP-Fiori-App »Lieferantenrechnung anlegen«)

Die Buchung der Rechnung führt zu dem in Abbildung 9.9 gezeigten Beleg. Sie sehen den Buchungssatz »Verbrauch Handelsware (Aufwandskonto) + Vorsteuer an Verbindlichkeiten«.

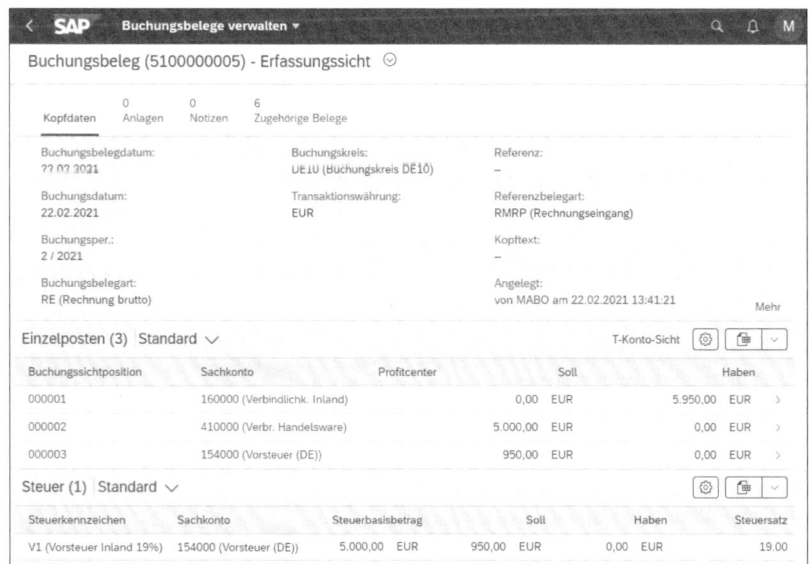

Abbildung 9.9 Buchungsbeleg zur Eingangsrechnung (SAP-Fiori-App »Buchungsbelege verwalten«)

Schritt 5: Faktura an Endkunden erstellen

Die Verbuchung der Eingangsrechnung bewirkt, dass jetzt auch die Faktura an den Endkunden erstellt und versendet werden kann. Die Kundenfaktura wird mit Bezug zum Kundenauftrag erzeugt. Abbildung 9.10 zeigt die Erstellung der Faktura mit der Belegnummer 90000042, die dann zu dem in Abbildung 9.11 gezeigten Buchungsbeleg führt.

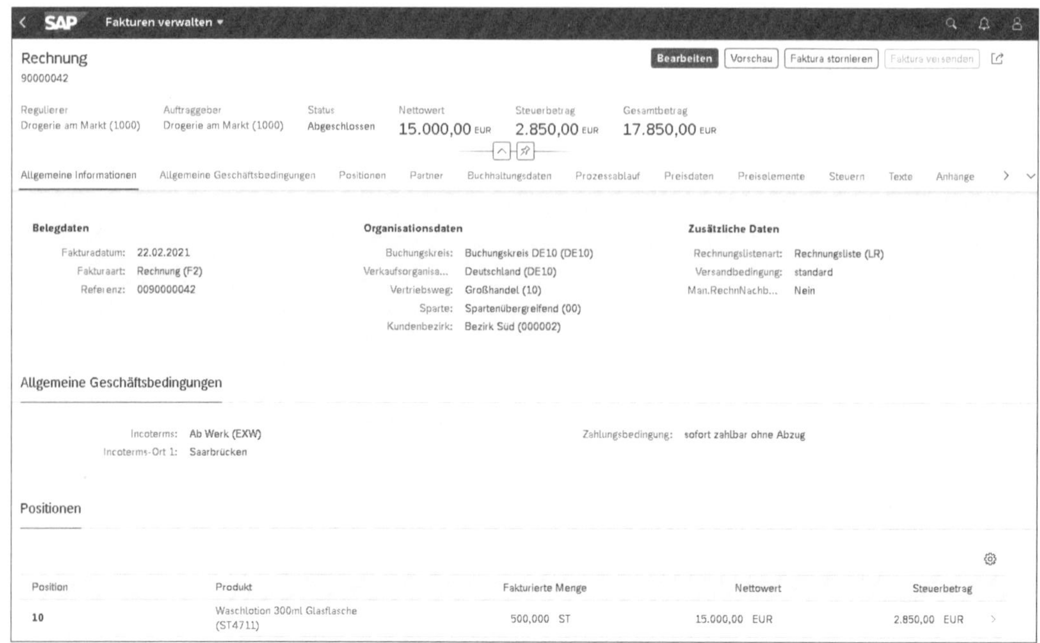

Abbildung 9.10 Faktura an den Endkunden (SAP-Fiori-App »Fakturen verwalten«)

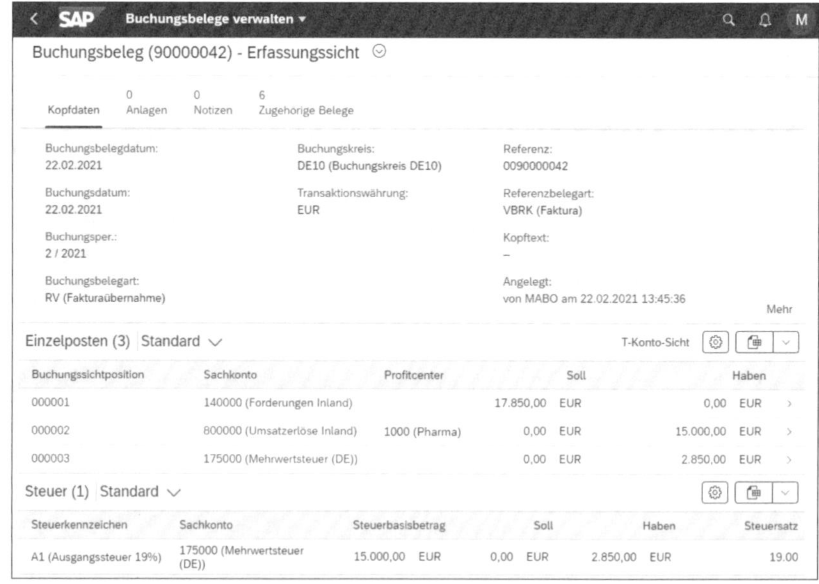

Abbildung 9.11 Buchungsbeleg zur Faktura im Streckengeschäft (SAP-Fiori-App »Buchungsbelege verwalten«)

Der Buchungsbeleg zeigt den Buchungssatz »Forderungen an Umsatz und Mehrwertsteuer«. Mit der Faktura werden auch Erlöse und Umsatzkosten an die Ergebnis- und Marktsegmentrechnung (CO-PA) übergeben.

Im Konditionsbild der Faktura (siehe Abbildung 9.12) sehen Sie sowohl den Nettowert der Position als auch den Verrechnungswert. Der Nettowert wird über die Preisfindung gebildet und stellt mithilfe der Konditionsart **PR00 Preis** die Erlöse dar. Der Verrechnungswert wird über die Konditionsart **VPRS Verrechnungspreis** in der Preisfindung ermittelt. Diese Kondition greift auf den Bewertungspreis im Materialstamm zu und ermittelt so die Umsatzkosten. Von den Erlösen werden die Umsatzkosten subtrahiert, womit Sie so zum **Deckungsbeitrag** gelangen.

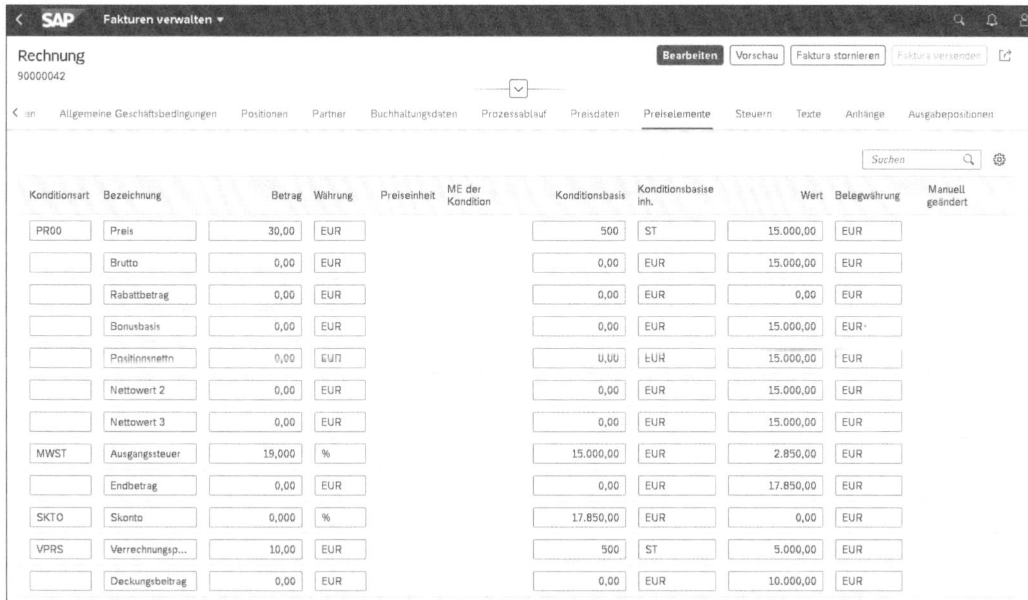

Konditionsart	Bezeichnung	Betrag	Währung	Preiseinheit	ME der Kondition	Konditionsbasis	Konditionsbasise inh.	Wert	Belegwährung	Manuell geändert
PR00	Preis	30,00	EUR			500	ST	15.000,00	EUR	
	Brutto	0,00	EUR			0,00	EUR	15.000,00	EUR	
	Rabattbetrag	0,00	EUR			0,00	EUR	0,00	EUR	
	Bonusbasis	0,00	EUR			0,00	EUR	15.000,00	EUR	
	Positionsnetto	0,00	EUR			0,00	EUR	15.000,00	EUR	
	Nettowert 2	0,00	EUR			0,00	EUR	15.000,00	EUR	
	Nettowert 3	0,00	EUR			0,00	EUR	15.000,00	EUR	
MWST	Ausgangssteuer	19,000	%			15.000,00	EUR	2.850,00	EUR	
	Endbetrag	0,00	EUR			0,00	EUR	17.850,00	EUR	
SKTO	Skonto	0,000	%			17.850,00	EUR	0,00	EUR	
VPRS	Verrechnungsp...	10,00	EUR			500	ST	5.000,00	EUR	
	Deckungsbeitrag	0,00	EUR			0,00	EUR	10.000,00	EUR	

Abbildung 9.12 Konditionsbild der Faktura (SAP-Fiori-App »Fakturen verwalten«)

Mit der Erstellung der Faktura ist der Prozess abgeschlossen. Werfen Sie abschließend einen Blick auf den Prozessablauf im Kundenauftrag in Abbildung 9.13. Der Prozessablauf zeigt auch die Bestellung in der Komponente Materialwirtschaft (MM). Hier sehen Sie ebenfalls, dass komponentenübergreifende Prozesse durchgängig abgebildet werden können.

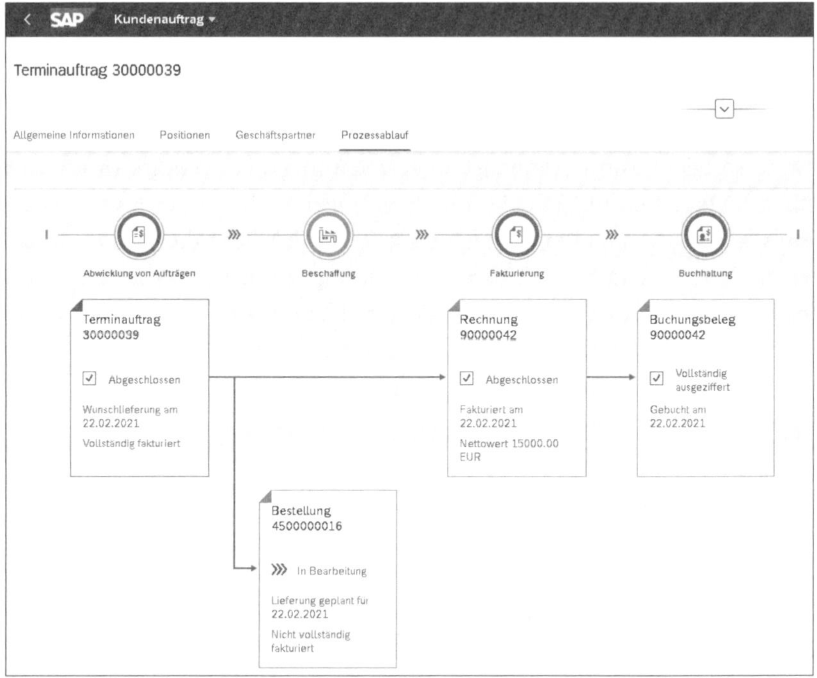

Abbildung 9.13 Belegfluss im Kundenauftrag (SAP-Fiori-App »Kundenauftrag«)

Kapitel 10
Konsignationsabwicklung

Die Konsignationsabwicklung ist ein häufig eingesetzter Prozess in produzierenden Unternehmen. Dabei wird Ware im Lager des Kunden zur Verfügung gestellt, die so lange im Eigentum des Lieferanten bleibt, bis sie vom Kunden entnommen wird.

10

Die Optimierung von Abläufen und Beständen bei gleichzeitiger Sicherung der Verfügbarkeit der Produkte gehört zu den wichtigsten Aufgaben der Unternehmenslogistik. Ähnlich wie die Abwicklung von Aufträgen über Streckengeschäfte wächst auch die Bedeutung von Konsignationslagern (Lieferantenlager auf dem Gelände des Kunden). Dies hängt nicht zuletzt damit zusammen, dass moderne IT-Systeme diese Formen der Auftragsbearbeitung durchgängig unterstützen.

10.1 Betriebswirtschaftliche Grundlagen

Der Lieferant ist für die Bevorratung des Konsignationslagers verantwortlich. Die Bestände bleiben dabei in seinem Eigentum. Der Kunde entnimmt Waren bedarfsgerecht aus dem Konsignationslager und meldet diese Bedarfe in regelmäßigen Abständen dem Lieferanten. Auf Basis dieser Entnahmemeldungen stellt der Lieferant seine Rechnung. Abbildung 10.1 zeigt die Konsignationsabwicklung im Überblick.

Vorteile

Aus Sicht des Kunden ergeben sich folgende Vorteile:

- geringe Kapitalbindung, da die Waren erst dann wertmäßig als Wareneingang verbucht werden, wenn sie tatsächlich benötigt werden
- geringer Aufwand für die Beschaffung
- geringer Aufwand für die Disposition der Waren
- geringe Transportzeit

Aus Sicht des Lieferanten besteht der Vorteil in der tendenziell höheren Kundenbindung. Voraussetzung ist jedoch eine vertrauensvolle Beziehung zum Kunden, da der Lieferant auf dessen Entnahmemeldungen angewiesen ist. In der Praxis werden Inventuren in Konsignationslagern zwar in regelmäßigen Abständen durchgeführt. Wegen des hohen Aufwands ist es jedoch meistens kaum möglich, die Bestände häufiger als einmal pro Quartal zu kontrollieren.

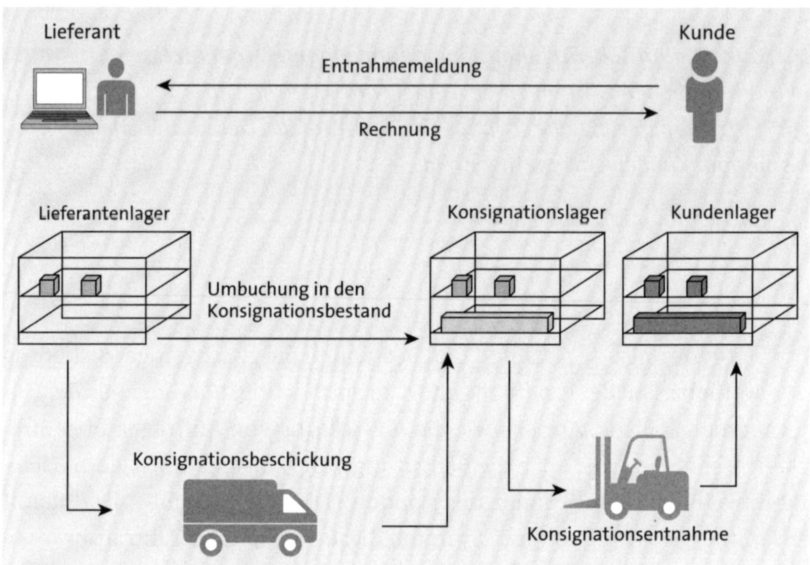

Abbildung 10.1 Übersicht über die Konsignationsabwicklung

Verwendungsgebiete

Konsignationslager werden in vielen Branchen eingesetzt. So sind beispielsweise viele Tanklager in der Chemie- und Pharmaindustrie mittlerweile als Konsignationslager eingerichtet. Man spricht in diesem Zusammenhang auch von einem *Vendor-Managed Inventory* (VMI).

10.2 Konsignationsabwicklung mit SAP S/4HANA

Auch bei der Konsignationsabwicklung erfolgt die Gestaltung der Prozesse anhand der Auftragsart, der Positionstypen und der Einteilungstypen. Für die Konsignationsabwicklung stehen im SAP-Standard folgende Auftragsarten zur Verfügung:

- Konsignationsbeschickung (KB)
- Konsignationsentnahme (KE)
- Konsignationsabholung (KA)
- Konsignationsretoure (KR)

Konsignationsbeschickung

Mithilfe der Auftragsart *Konsignationsbeschickung* erfolgt im SAP-System des Lieferanten die Auslieferung der Produkte ins Konsignationslager. Das System ermittelt automatisch den entsprechenden Positionstyp KBN (Konsignation Beschickung). Folgende Customizing-Einstellungen (Transaktion SPRO • **Pflege Positionstypen**) zu diesem Positionstyp sind dabei wichtig:

- nicht preisfindungsrelevant
- nicht fakturarelevant

Über diese Optionen wird gesteuert, dass im Kundenauftrag keine Preise ermittelt werden können. Außerdem kann auch keine Faktura mit Bezug zu dieser Auftragsposition erstellt werden. Die Steuerung der Verfügbarkeitsprüfung und der Bedarfsübergabe für den Positionstyp KBN unterscheidet sich nicht von derjenigen bei der Terminauftragsabwicklung mit dem Positionstyp TAN (siehe Kapitel 8, »Terminauftragsabwicklung«). Über die Auftragsart und den Positionstyp ermittelt das System den Einteilungstyp E1 (Konsignation mit Verfügbarkeitsprüfung).

Lieferung

Mit Bezug zu diesem Auftrag (Konsignationsbeschickung) wird ein Lieferbeleg erzeugt. Über die Bewegungsart des Einteilungstyps aus dem Auftrag wird festgelegt, dass bei der Warenausgangsbuchung im Lieferbeleg eine Umbuchung vom frei verwendbaren Bestand in den Konsignationsbestand des Kunden (des Warenempfängers aus dem Kundenauftrag) erfolgt.

Sonderbestandsführer

Allerdings gibt es auch die Möglichkeit, einen sogenannten *Sonderbestandsführer* zu definieren. Sonderbestandsführer sind z. B. externe Lagerhalter oder Speditionsfirmen, die Bestände für mehrere Kunden verwalten. Dazu ist im Debitorenstammsatz des Auftraggebers neben dem Warenempfänger, dem Regulierer und dem Rechnungsempfänger ein weiterer Partner zuzuordnen. Sobald Sie einen Sonderbestandsführer definiert haben, werden die Konsignationsbestände auf der Ebene des Sonderbestandsführers verwaltet.

Konsignationsbestände gehören unabhängig davon, wo sie gelagert werden (beim Sonderbestandsführer oder beim Kunden), wertmäßig zum Vermögen des Lieferanten und werden auch in dessen Bilanz geführt. Aus diesem Grund werden die Bestände deshalb als *bewertete Kundensonderbestände* geführt. Deshalb wird bei dieser Warenausgangsbuchung kein Buchungsbeleg erzeugt. Allerdings gilt dieser Bestand in der Disposition als nicht verfügbar, da die Ware physisch beim Kunden liegt.

Konsignationsentnahme

Über die Auftragsart *Konsignationsentnahme* (KE) wird die Verbrauchsmeldung des Kunden abgebildet. In dieser Auftragsart findet eine Preisfindung statt. Bei der Verfügbarkeitsprüfung wird nur der Konsignationsbestand des Kunden berücksichtigt. Mit Bezug zu diesem Auftrag wird ein SD-Lieferbeleg erzeugt. Die Warenausgangsbuchung im Lieferbeleg erfolgt aus dem Konsignationsbestand des Kunden. Jetzt geht der Bestand in das Eigentum des Kunden über. Damit wird an dieser Stelle auch ein Buchungsbeleg erzeugt. Mit Bezug zu dieser Lieferung wird eine Faktura erfasst, über die die Entnahme des Kunden berechnet wird.

Konsignationsabholung

Die Auftragsart *Konsignationsabholung* dient der Rücklieferung der Waren aus dem Konsignationslager. Zunächst wird ein Auftrag erfasst. Die Lieferung stellt eine sogenannte *Retourenanlieferung* dar. Weiterführende Informationen zum Thema Retourenabwicklung finden Sie in Kapitel 13. Über die Wareneingangsbuchung dieser Lieferung wird eine Umbuchung vom Konsignationsbestand in den Werksbestand vorgenommen. Analog zur Konsignationsbeschickung wird kein Buchungsbeleg erzeugt.

Konsignationsretoure

Hat ein Kunde eine Entnahme durchgeführt und gibt er die Ware anschließend an das Konsignationslager zurück, ist ein Kundenauftrag mit der Auftragsart *Konsignationsretoure* anzulegen. Mit Bezug zu diesem Auftrag wird eine Retourenanlieferung erzeugt. Dieser Beleg bewirkt eine Wareneingangsbuchung in den Konsignationsbestand. Wenn die Entnahme schon berechnet worden war, wird jetzt mit Bezug zur Konsignationsretoure eine auftragsbezogene Gutschrift angelegt, die nun auch verbucht wird und damit einen Buchungsbeleg erzeugt.

Exkurs: Werke im Ausland

Wenn in einem Land der Europäischen Union (EU) meldepflichtige Umsätze getätigt werden, jedoch keine Betriebsstätte besteht, bietet sich die Funktion *Werke im Ausland* (WIA) an. In der Praxis handelt es sich oftmals um eine Vertriebsstätte, ein Außenlager oder Werke im Ausland. Der Vorteil besteht darin, dass ein steuerliches Meldewesen und die Erstellung von Handelsstatistiken für den innergemeinschaftlichen Warenverkehr ermöglicht werden, ohne einen eigenen Buchungskreis anzulegen.

Die Aktivierung der WIA wird über das Customizing im Finanzwesen vorgenommen. Darüber hinaus müssen weitere Anpassungen für die Steuerermittlungen hinterlegt werden, auf die an dieser Stelle nicht näher eingegangen wird.

Weiter oben haben wir gelernt, dass die Konsignationsbeschickung nicht fakturarelevant ist, da erst bei der Konsignationsentnahme dem Kunden die Ware in Rechnung gestellt wird. Wenn jedoch ein Warenfluss zwischen zwei Werken innerhalb der EU besteht, muss auch für die Konsignationsbeschickung im Zuge des notwendigen Steuerreportings und der INSTRASTAT-Meldung eine Faktura erstellt werden. Das setzt eine spezielle Preisfindung voraus, die im Standard über das Kalkulationsschema RVWIA1 abgebildet werden kann und über eine neue Fakturaart WIA gefunden wird. Zusätzlich wird die Fakturarelevanz des Positionstyps der Konsignationsbeschickung mit dem Kennzeichen »J« (Relevant bei EG-länderübergreifenden Lieferungen) versehen.

Weitere vertriebsspezifische Einstellungen sind im Customizing unter folgendem Pfad vorzunehmen: Transaktion SPRO • **Vertrieb** • **Grundfunktionen** • **Steuern** • **Werke im Ausland**.

Befindet sich das ausländische Werk außerhalb der EU, müssen diese Systemanpassungen nicht vorgenommen werden, da in diesem Fall die Proforma-Rechnung ausreicht.

10.3 Beispiel für die Konsignationsabwicklung

In unserem Beispiel zur Konsignationsabwicklung werden wir folgende Schritte durchlaufen:

1. Anzeigen der Bestandsübersicht
2. Durchführen der Konsignationsbeschickung
3. Anzeigen der Bestandsübersicht
4. Durchführen der Konsignationsentnahme
5. Anzeigen der Bestandsübersicht

Schritt 1: Bestandsanzeige

In der Ausgangssituation hat unser Beispielmaterial mit der **Materialnummer** PR4711 einen Bestand (**Frei verwendbar**) von 2.000 Stück im **Werk** DE10 (Hamburg), **Lagerort** 0001 (**Fertigwarenlager**). Abbildung 10.2 zeigt die Bestandsübersicht.

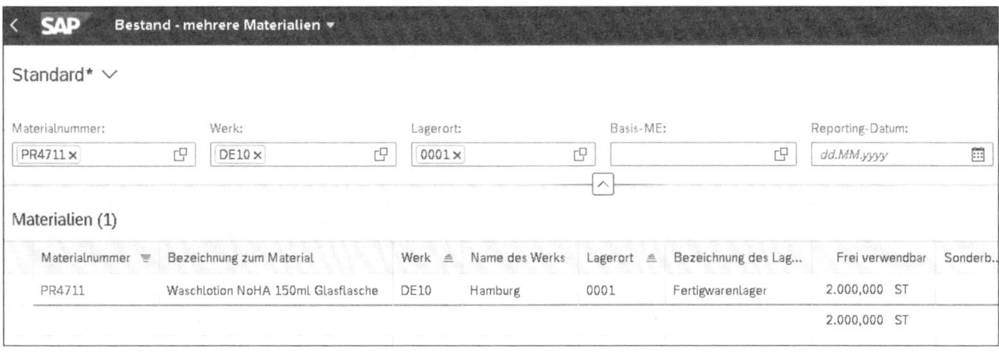

Abbildung 10.2 Bestandsübersicht über das Material PR4711 im Werk DE10 (SAP-Fiori-App »Bestand – mehrere Materialien«)

Schritt 2: Konsignationsbeschickung

Aus diesem Bestand soll eine Auftragsmenge von 52 Stück in das Konsignationslager unseres Geschäftspartners geliefert werden. Dazu ist ein Kundenauftrag mit der Auftragsart Konsignationsbeschickung (KB) zu erfassen (siehe Abbildung 10.3).

Abbildung 10.3 Erfassung des Kundenauftrags mit der Auftragsart »Konsignationsbeschickung« (Transaktion VA01)

Das System ermittelt über die Auftragsart den Positionstyp (**Ptyp**) **KBN** (Konsignationsbeschickung). Es handelt sich um eine Position ohne Preisfindung, daher ist das Feld **Betrag** ohne Wert. Im Anschluss an den Kundenauftrag mit der Belegnummer 30000048 wurde ein Lieferbeleg mit der Bewegungsart 631 (WA Konsi Ausleihe) erzeugt und der Warenausgang gebucht. Abbildung 10.4 zeigt den Prozessablauf zum Kundenauftrag nach diesen Aktivitäten.

Abbildung 10.4 Prozessablauf zur Konsignationsbeschickung (SAP-Fiori-App »Kundenauftrag«)

Schritt 3: Bestandsanzeige

Die Kommissionierung im Lieferbeleg 80000024 erfolgte – analog zum »normalen« Kundenauftrag – über die Komponente Lean-WM. Die Warenausgangsbuchung führt zum in Abbildung 10.5 dargestellten Ergebnis.

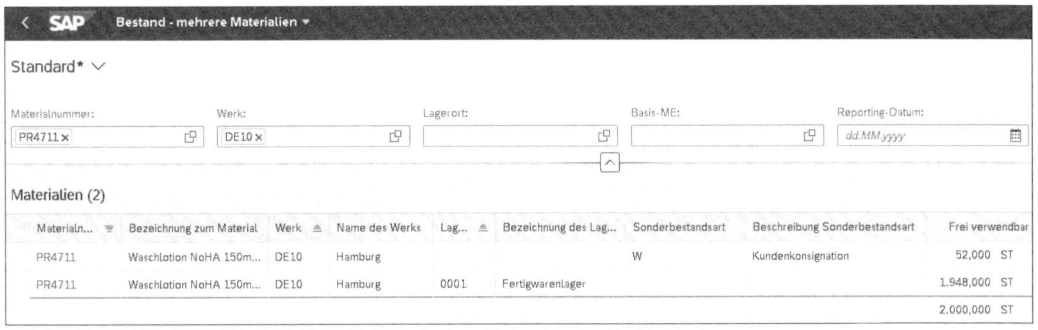

Bestand - mehrere Materialien

Standard*

Materialnummer: PR4711 | Werk: DE10 | Lagerort: | Basis-ME: | Reporting-Datum: dd.MM.yyyy

Materialien (2)

Materialn...	Bezeichnung zum Material	Werk	Name des Werks	Lag...	Bezeichnung des Lag...	Sonderbestandsart	Beschreibung Sonderbestandsart	Frei verwendbar
PR4711	Waschlotion NoHA 150m...	DE10	Hamburg			W	Kundenkonsignation	52,000 ST
PR4711	Waschlotion NoHA 150m...	DE10	Hamburg	0001	Fertigwarenlager			1.948,000 ST
								2.000,000 ST

Abbildung 10.5 Bestandsübersicht über das Material PR4711 im Werk DE10 (SAP-Fiori-App »Bestand – mehrere Materialien«)

Schritt 4: Konsignationsentnahme

Ab sofort werden 52 Stück unseres Materials im Kundensonderbestand **Kundenkonsignation** bei uns auf Werksebene geführt (siehe Abbildung 10.5). Der Geschäftspartner meldet uns dann die Entnahme von 27 Stück aus dem Konsignationslager, und wir erfassen daraufhin einen Kundenauftrag mit der Auftragsart Konsignationsentnahme (siehe Abbildung 10.6).

Konsi.entnahme 30000049 ändern: Übersicht

Konsi.entnahme: 30000049 | Nettowert: 432,00 EUR

Auftraggeber: 1000 Drogerie am Markt / Marktstr. 1 / 66130 Saarbrücken

Warenempfänger: 1000 Drogerie am Markt / Marktstr. 1 / 66130 Saarbrücken

Kundenreferenz: Meldung Entnahme vom 04.05.21 | Kundenref.datum: 04.05.2021

Verkauf | Positionsübersicht | Positionsdetail | Besteller | Beschaffung | Versand | Absagegrund

Wunschlieferdatum: D 04.05.2021 | Auslieferungswerk:

Alle Positionen

Pos	Material	Auftragsmenge	ME	E	Positionsbezeichnung	Ptyp	Üb.Pos	L.	1.Datum	Werk	KArt	Betrag	Währg	Nettowert		Beleg...
10	PR4711	27	ST		Waschlotion NoHA 150ml	KEN		D	04.05.2021	DE10	PR00	16,00	EUR	432,00	EUR	

Abbildung 10.6 Erfassung des Kundenauftrags mit der Auftragsart »Konsignationsentnahme« (Transaktion VA01)

Nun ermittelt das System den Positionstyp (**Ptyp**) **KEN** (Konsignationsentnahme) und über die Preisfindung den Verkaufspreis von 16 Euro für unser Material. Nach der Erfassung des Lieferbelegs (nicht kommissionierrelevant) zum Kundenauftrag, der entsprechenden Warenausgangsbuchung und Fakturierung zeigt der Prozessablauf das in Abbildung 10.7 dargestellte Bild.

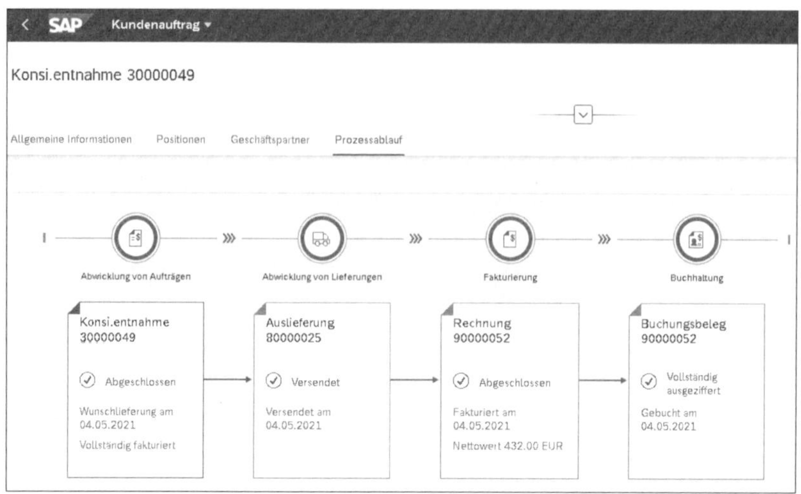

Abbildung 10.7 Prozessablauf zur Konsignationsentnahme (SAP-Fiori-App »Kundenauftrag«)

Im Gegensatz zur Konsignationsbeschickung wird jetzt beim Warenausgang auch ein Buchungsbeleg erzeugt. Die Buchung »Bestandsveränderung an Bestand« unterscheidet sich nicht von einer »normalen« Buchung beim Warenausgang in der Terminauftragsabwicklung. Gleiches gilt für den Fakturabeleg, der mit Bezug zur Lieferung erzeugt wurde.

Schritt 5: Bestandsanzeige

Die Warenausgangsbuchung hat den Konsignationsbestand aktualisiert. Folglich wurde der Konsignationsbestand auf 25 Stück reduziert. In Abbildung 10.8 sehen Sie zeigt die neue Bestandsübersicht.

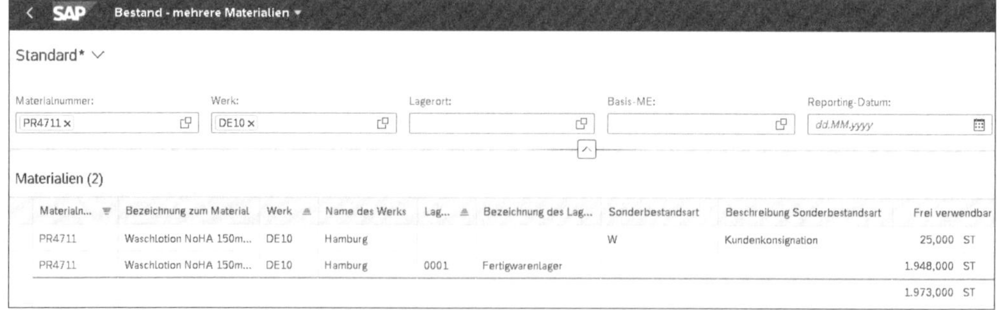

Abbildung 10.8 Bestandsübersicht nach der Konsignationsentnahme (SAP-Fiori-App »Bestand – mehrere Materialien«)

Auf die Konsignationsabholung und -retoure verzichten wir an dieser Stelle. Zusammenfassend halten wir fest, dass in der Konsignationsabwicklung die Eigentumsübertragung vom Lieferanten zum Kunden buchhalterisch verbucht wird.

Kapitel 11
Fakturierungspläne und Anzahlungsabwicklung

In diesem Kapitel zeigen wir, wie sich Kundenaufträge mit mehreren Zahlungsterminen erfassen lassen und wie die Anzahlungsabwicklung mit abschließender Verrechnung, bei Stellung der Schlussrechnung, funktioniert. Wir vertiefen den Prozessablauf durch praxisnahe Beispiele.

Kundenaufträge mit Zahlungsvereinbarungen, die mehr als einen Zahlungstermin umfassen, können über sogenannte *Fakturierungspläne* abgebildet werden. Neben der Abbildung von Anzahlungen über Fakturierungspläne im System kann die Anzahlungsabwicklung auch über Belegkonditionen eingestellt werden. Mit dieser Anzahlungsabwicklung kann der geforderte Anzahlungsbetrag über eine spezielle Konditionsart im Kalkulationsschema des Kundenauftrags erfasst werden.

Wir beginnen auch in diesem Abschnitt mit den betriebswirtschaftlichen Grundlagen. Im Anschluss daran erläutern wir die Funktion mit einem Systembeispiel, das auf Fakturierungsplänen basiert. Zuletzt stellen wir Ihnen dann die Anzahlungsabwicklung über Konditionen vor und zeigen Ihnen auch hierzu ein Beispiel.

11.1 Betriebswirtschaftliche Grundlagen

Aus betriebswirtschaftlicher Sicht sind im Zusammenhang mit Fakturierungsplänen folgende Vorgänge zu unterscheiden:

- periodische Fakturierung
- Anzahlungsabwicklung
- Teilfakturierung

Periodische Fakturierung

Bei der *periodischen Fakturierung* wird ein bestimmter Betrag in regelmäßigen Abständen (z. B. monatlich) in Rechnung gestellt. Beispiele für die periodische Fakturierung finden wir bei der Abrechnung von Mietverträgen oder Wartungs- und Servicepauschalen. Zu den einzelnen Terminen wird eine Rechnung mit dem Buchungssatz »Forderungen an Umsatz und Mehrwertsteuer« erstellt.

Hintergrund der Anzahlungsabwicklung

Anzahlungen und *Teilfakturierungen*, wie sie bei der Projektfertigung (z. B. im Anlagenbau) vorkommen, spielen vor allem bei der Abrechnung komplexer Kundenaufträge eine Rolle. Wenn Sie die Logik und den betriebswirtschaftlichen Hintergrund der Anzahlungsabwicklung verstehen wollen, kommen Sie nicht umhin, sich mit den entsprechenden Buchungsvorgängen zu beschäftigen. An dieser Stelle greifen wir auf klassische T-Konten zurück, um die entsprechenden Vorgänge zu erläutern. Wir orientieren uns dabei an der SAP-Buchungslogik, wie sie in den anschließenden Systembeispielen zu sehen ist. Grundsätzlich gliedert sich diese beispielhafte Anzahlungsabwicklung in die folgenden Schritte:

1. Erfassung einer Anzahlungsanforderung über 1.190,00 EUR (inklusive Mehrwertsteuer)
2. Verbuchung der Anzahlung des Kunden (Zahlungseingang) über 1.190,00 EUR
3. Verbuchung der Endrechnung über 11.900,00 EUR mit der Verrechnung der Anzahlung
4. Zahlungseingang für die Endrechnung über 10.710,00 EUR

Schritt 1: Erfassen der Anzahlungsanforderung

Man spricht im SAP-System von einer *Anzahlungsanforderung*, wenn Sie dem Kunden eine Anzahlung in Rechnung stellen. Der erste Schritt (siehe Abbildung 11.1), die Erfassung der Anzahlungsanforderung, ist aus buchhalterischen Gründen eigentlich nicht erforderlich.

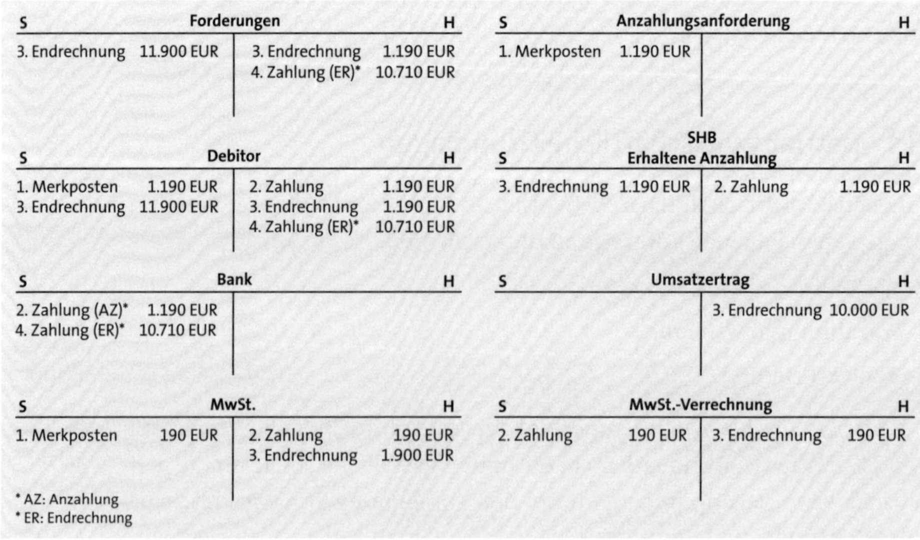

Abbildung 11.1 T-Konten-Übersicht zur Anzahlungsabwicklung

Es wird dabei lediglich ein Merkposten auf dem Debitorenkonto erzeugt. Aus diesem Grund gibt es zu dieser Buchung auch kein Gegenkonto auf der Habenseite. Gleichzeitig wird der Merkposten auf dem Mitbuchkonto »Anzahlungsanforderungen« gebucht. Der Posten ist dennoch wichtig, wenn die Anzahlungsanforderung auch im Mahnlauf der Anwendung Financial Accounting berücksichtigt werden soll.

Schritt 2: Erfassen des Zahlungseingangs zur Anzahlungsanforderung

Die zweite Buchung zeigt den Zahlungseingang für die Anzahlung durch den Kunden. Die Zahlung vermehrt das Bankkonto im Soll, die Gegenbuchung erfolgt auf das Debitorenkonto. Gleichzeitig wird der Posten auf dem Mitbuchkonto »Sonderhauptbuch für erhaltene Anzahlungen« (Buchungssatz »Bank an Forderungen/Sonderhauptbuchkonto erhaltene Anzahlungen«) gebucht. Da für diese Anzahlung noch keine Leistung erbracht wurde, wird dem Debitor die Leistung geschuldet. Folgerichtig erfolgt ein Ausweis der erhaltenen Anzahlungen auf der Passivseite der Bilanz. Erhaltene Anzahlungen stellen also eine Verbindlichkeit an den Kunden dar. Auf dem Sonderhauptbuchkonto wird der Bruttobetrag inklusive Mehrwertsteuer ausgewiesen. Gleichzeitig wird die Mehrwertsteuer in Höhe von 190,00 EUR auf dem Mehrwertsteuerkonto verbucht, da die Mehrwertsteuer bei Zahlungseingang des Kunden fällig wird. Als Gegenkonto für die Buchung der Mehrwertsteuer wird das Mehrwertsteuer-Verrechnungskonto bebucht. Darüber erfolgt im nächsten Schritt die Mehrwertsteuerverrechnung.

Schritt 3: Endrechnung mit Verrechnung der Anzahlung

Der dritte Schritt zeigt die Verbuchung der Endrechnung über den Gesamtbetrag in Höhe von 11.900,00 EUR. Die erhaltene Anzahlung wird dabei mit der Endrechnung verrechnet. Sie erkennen, dass erst jetzt die Umsatzbuchung im Haben über den Gesamtbetrag in Höhe von 10.000,00 EUR gebucht wird. Die Buchung lautet »Debitor (11.900,00 EUR) an Umsatz (10.000,00 EUR) und Mehrwertsteuer (1.900,00 EUR)« – also zunächst die gewöhnliche Umsatzbuchung, die sich aus der Faktura ergibt. Die debitorische Buchung wird auch auf dem Mitbuchkonto »Forderungen« verbucht. Zusätzlich erfolgt mit dem dritten Buchungssatz unseres Beispiels aber auch die Verrechnung der Anzahlung. Dazu wird gebucht »Debitor mit Sonderhauptbuch erhaltene Anzahlungen an Debitor«. Dadurch wird das Sonderhauptbuchkonto ausgeglichen, die Anzahlungsposition wird aufgelöst. Das gilt auch für die Mehrwertsteuer mit der Buchung »Mehrwertsteuerkonto an Mehrwertsteuer-Verrechnungskonto«.

Schritt 4: Erfassen des Zahlungseingangs zur Endrechnung

Im vierten Schritt leistet der Kunde die Zahlung des Restbetrags in Höhe von 10.710,00 EUR. Der Buchungssatz lautet, wie beim normalen Zahlungseingang, »Bank an Debitor«. Die Konten »Debitor«, »Sonderhauptbuch erhaltene Anzahlungen« und »Mehrwertsteuer-Verrechnungskonto« weisen den Saldo »null« auf und sind somit ausgeglichen. Auf den übrigen Konten stehen die jeweils korrekten Beträge.

Anzahlungen vs. Teilfakturen

Im Gegensatz zu Anzahlungen, bei denen die Umsatzbuchung, wie soeben erläutert, erst mit der Endrechnung verbucht wird, handelt es sich bei Teilfakturen um »vollwertige« Rechnungen, bei denen jeweils ein gewöhnlicher Buchungssatz »Debitor an Umsatz und Mehrwertsteuer« gebildet wird. Wenn Sie die Prozesse in Ihrem Unternehmen festlegen, müssen Sie demnach immer zuerst mit der Buchhaltung klären, ob die rechtlichen (vor allem die steuerrechtlichen) Voraussetzungen gegeben sind, um eine Teilfaktura im beschriebenen Sinne zu erstellen. Darauf wollen wir an dieser Stelle aber nicht weiter eingehen.

11.2 Fakturierungspläne in SAP S/4HANA

Es existieren zwei Arten von Fakturierungsplänen: *periodische Fakturierungspläne* und *Teilfakturierungspläne*. Fakturierungspläne können Sie als Kopffakturierungspläne oder als Positionsfakturierungspläne pflegen. Ob eine Position über einen Fakturierungsplan abgerechnet wird, hängt vom Customizing des Positionstyps ab. In der Customizing-Transaktion SPRO • **Positionstypen definieren** ist im Feld **Fakturarelevanz** die Option **I** (Aufwandsbezogene Faktura – Fakturaplan) auszuwählen.

Periodische Fakturierungspläne

Periodische Fakturierungspläne ermöglichen es, einen Betrag wiederkehrend über einen vorgegebenen Zeitraum zu fakturieren. Sie werden vor allem im Zusammenhang mit Mieten und Wartungsverträgen verwendet. Je Periode wird dem Kunden ein fester Betrag in Rechnung gestellt.

Teilfakturierungsplan

Teilfakturierungspläne werden verwendet, wenn der vom Kunden zu zahlende Betrag nicht zu einem Termin, sondern verteilt auf mehrere Termine zu entrichten ist. Der Betrag, der an den einzelnen Terminen anfällt, variiert i. d. R. Daher können Sie einen Fakturierungsplan mit mehreren Rechnungsterminen und den entsprechenden Beträgen hinterlegen. Abhängig vom Termin können Sie hinterlegen, ob es sich um eine Anzahlung, eine Teilrechnung oder die Schlussrechnung handelt. Abbildung 11.2 zeigt Beispiele für die periodische Fakturierung und die Teilfakturierung.

Kopf- und Positionsfakturierungspläne

Man unterscheidet zwischen Kopf- und Positionsfakturierungsplänen. Im Fall von *Kopffakturierungsplänen* gilt der Fakturierungsplan für alle Positionen des Kundenauftrags. Der Kopffakturierungsplan wird über das Customizing der Verkaufsbelegart ermittelt (Customizing-Transaktion VOV8). Ein *Positionsfakturierungsplan* ist einem Kopffakturierungsplan allerdings nur dann zugeordnet, wenn dem Positionstyp dieselbe Fakturierungsplanart wie der Verkaufsbelegart des Auftrags zugeordnet ist.

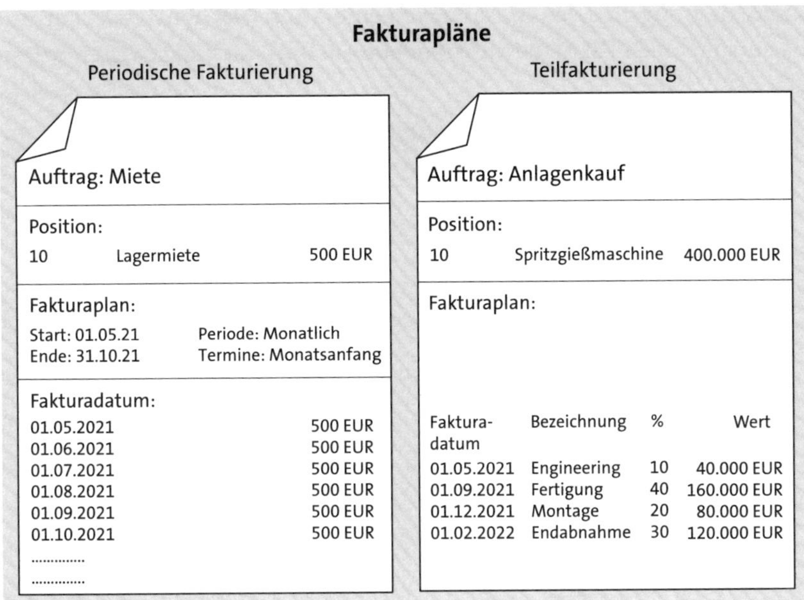

Abbildung 11.2 Fakturapläne für die periodische Fakturierung und die Teilfakturierung

Der Kopffakturierungsplan wird auf die einzelnen Auftragspositionen kopiert. Auf Positionsebene wird dann vom System automatisch das Kennzeichen **Kopffakturierungsplan** per Kennzeichen gesetzt, falls der Positionsfakturierungsplan dem Kopffakturierungsplan zugeordnet ist. Dadurch kann der Positionsfakturierungsplan zunächst nicht geändert werden. Falls für die Position aber ein vom Kopffakturierungsplan abweichender Fakturierungsplan gelten soll, hat der Anwender die Möglichkeit, im Kundenauftrag das Häkchen bei **Kopffakturierungsplan** zu entfernen und Änderungen im Positionsfakturierungsplan vorzunehmen.

Customizing von Fakturierungsplänen

In den folgenden Abschnitten werden wir die Customizing-Einstellungen zu den Fakturierungsplänen erläutern. Dabei gehen wir schwerpunktmäßig auf die Fakturierungspläne für Teilfakturierungen ein, da wir in unseren Beispielen die Unterschiede zwischen Anzahlungen mit Teilfakturierungsplänen und der Anzahlungsabwicklung mit Belegkonditionen erklären wollen.

Periodische Fakturierung

Wie bereits erläutert, gibt es *Fakturierungsplanarten* für die periodische Fakturierung (wie Mieten) und für Teilfakturierungen. Bei Fakturierungsplanarten für die periodische Fakturierung können Sie den Zeitraum, in dem die Fakturierung erfolgen soll, hinterlegen. Dieser gibt an, zu welchen Zeitpunkten innerhalb des definierten Zeitraumes fakturiert wird. In Abbildung 11.3 sehen Sie ein Beispiel für eine periodische Fakturierungsplanart **Z3**, die im

Kundenauftrag über den Zeitraum von einem Jahr (**Horizont**) zu jedem Monatsersten einen Fakturatermin (**Periode FakDat**) mit einem festen Betrag erzeugt.

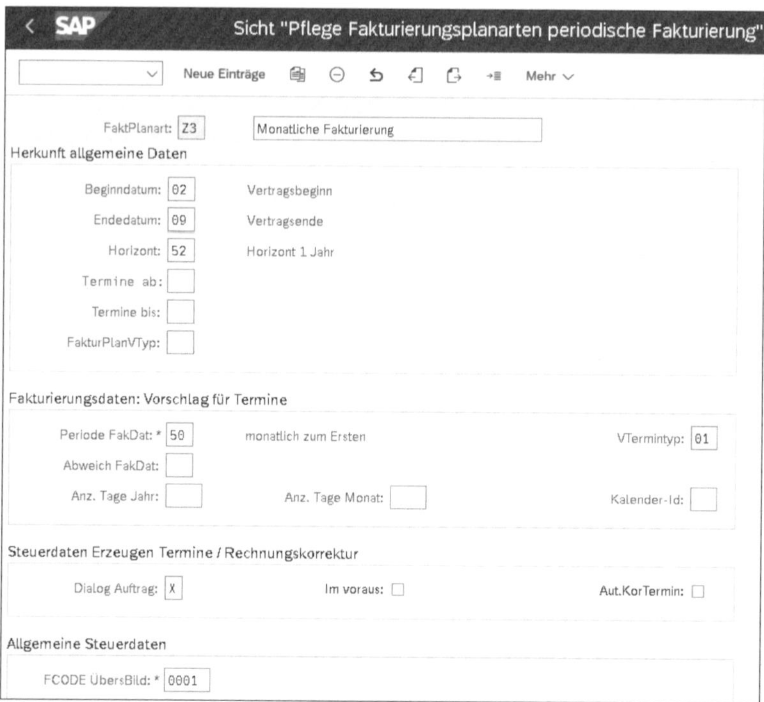

Abbildung 11.3 Customizing der periodischen Fakturierungsplanart (Transaktion SPRO • Fakturierungsplanart definieren)

Teilfakturierung

Das Customizing von Teilfakturierungsplanarten unterscheidet sich von dem für periodische Fakturierungsplanarten. In Abbildung 11.4 sehen Sie die Fakturierungsplanart **Z1** (es handelt sich dabei um einen Teilfakturierungsplan), die wir in unserem Systembeispiel in Abschnitt 11.3, »Beispiel eines Fakturierungsplans mit Anzahlungen«, benutzen werden.

Hier pflegen Sie zunächst das **Beginndatum**. Die weiteren notwendigen Einstellungen, wie beispielsweise eine Vorlage für den Aufbau des Fakturierungsplans (**FPlanNr Vorlage**) oder welche Arten von Fakturaterminen (**Termintyp**) angelegt werden können, nehmen Sie an anderen Stellen im Customizing vor. Darauf gehen wir in Abschnitt 11.3, »Beispiel eines Fakturierungsplans mit Anzahlungen«, noch genauer ein.

Termintyp

Termintypen werden abhängig von der Fakturierungsplanart angelegt. Über die Kombination aus Fakturierungsplanart und Termintyp werden Einstellungen in den Fakturaterminen des Fakturierungsplans gesteuert.

Abbildung 11.4 Customizing der Teilfakturierungsplanart (Transaktion SPRO • Fakturierungsplanart definieren)

Dabei wird Folgendes festgelegt:

- Terminbezeichnung des Termins im Fakturierungsplan
- verwendete Fakturierungsregel
- verwendete Fakturaart bei der Fakturierung des Termins
- optional eine automatische Fakturasperre des Termins im Fakturierungsplan

Fakturierungsregeln

Dafür stehen fünf Fakturierungsregeln zur Verfügung:

1. prozentuale Teilfakturierung
2. wertmäßige Teilfakturierung
3. Schlussrechnung bei Teilfakturierung
4. Anzahlung bei prozentualer Teilfakturierung
5. Anzahlung bei wertmäßiger Teilfakturierung

Für unser Beispiel haben wir im Customizing die Kombination aus der Fakturierungsplanart (**FaktPlanart**) **Z1 Teilfakturierung** und dem **Termintyp Z1 Anzahlungsanforderung (proz.)** eingestellt (siehe Abbildung 11.5). Die **Fakturaart FAZ** wird zur Fakturierung von Anzahlungsterminen verwendet. Für Anzahlungstermintypen muss die Fakturaart explizit angegeben werden, da das System ansonsten versuchen würde, die Anzahlungsanforderung mit der eingestellten Standardfakturaart (im Allgemeinen F2) zu erstellen.

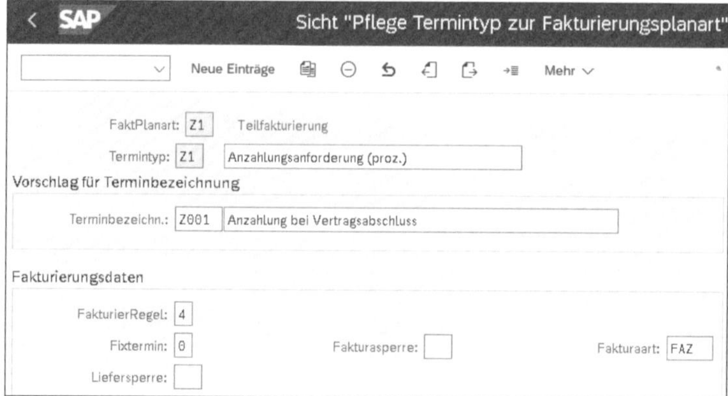

Abbildung 11.5 Customizing des Termintyps (Transaktion SPRO • Termintyp definieren und zuordnen)

Terminbezeichnung

Die Terminbezeichnung (**Terminbezeichn.**) wird dazu benutzt, die einzelnen Termine im Fakturierungsplan voneinander zu unterscheiden. Sie hat keine Steuerungsfunktion. Wir werden mit einem Fakturierungsplan arbeiten, der die Termine *Vertragsabschluss*, *Lieferung* und *Inbetriebnahme* hat.

Wenn Sie die automatische Generierung von Terminen für den Fakturierungsplan im Kundenauftrag nicht nutzen, sondern den Fakturierungsplan im Kundenauftrag manuell pflegen, so geben Sie im Kundenauftrag die einzelnen Fakturadaten zusammen mit dem Termintyp ein. Das System bestimmt dann die anderen Parameter für das gepflegte Fakturadatum anhand des Customizings, das für die Kombination aus Fakturierungsplanart und Termintyp hinterlegt wurde.

Terminvorschlag

Sie können Terminvorschläge zu Teilfakturierungsplänen hinterlegen. Wir verlangen grundsätzlich von unseren Kunden bei Vertragsabschluss eine Anzahlung in Höhe von 10 % des Gesamtwertes, eine Teilrechnung von 60 % bei Lieferung und den Rest des Betrags bei Inbetriebnahme. Ob die erhaltene Anzahlung, auf der Teil- oder der Schlussfaktura verrechnet wird, wird bei Anlage der einzelnen Rechnungen vom Anwender entschieden.

Zuordnung der Fakturierungsplanart

Um eine Fakturierungsplanart verwenden zu können, muss sie im Customizing der Verkaufsbelegart und/oder dem Positionstyp zugeordnet werden. Für unser späteres Beispiel haben wir eine Verkaufsbelegart ZFP (Kopie der Verkaufsbelegart TA) angelegt. Dieser Verkaufsbelegart wurde im Customizing eine Fakturierungsplanart zugeordnet. Damit ist es, im Gegensatz zur Verkaufsbelegart TA, möglich, bei der Auftragserfassung einen Fakturierungsplan auf Kopfebene zu hinterlegen.

Außerdem haben wir einen Positionstyp ZPFP über eine Kopie des Standardpositionstyps TAK angelegt. Der Positionstyp TAK wird lieferbezogen fakturiert. Die Fakturierung für unseren neuen Positionstyp ZPFP soll aber über den Fakturierungsplan erfolgen. Daher müssen wir für ihn die Fakturarelevanz »I« (Fakturierungsplan) hinterlegen und zusätzlich die Fakturierungsplanart Z1 zuordnen.

Kalkulationsschema

Um den Anzahlungsbetrag in unseren Anzahlungsanforderungen, Teil- und Schlussrechnungen verarbeiten zu können, benötigen wir im Kalkulationsschema die Konditionsart AZWR. Der Wert von erhaltenen, aber noch nicht verrechneten Anzahlungen wird in dieser Kondition bei der Erstellung der Rechnung bestimmt und bei der Anlage der Schlussrechnung in der Finanzbuchhaltung mit der entstandenen Forderung verrechnet. Eine im Kalkulationsschema hinterlegte Formel verhindert, dass der zu verrechnende Anzahlungsbetrag höher als der Rechnungsbetrag sein kann.

Anzahlungen in der Finanzbuchhaltung

Anzahlungen werden dem Kunden über die Fakturaart FAZ (Anzahlungsanforderung) in Rechnung gestellt. Für Anzahlungsanforderungen wird ein *Merkposten* im Sonderhauptbuchkonto »Anzahlungsanforderungen« erzeugt (siehe Abschnitt 11.1, »Betriebswirtschaftliche Grundlagen«). Anzahlungen sind steuerpflichtig, d. h., bei Erhalt der Anzahlung wird eine Umsatzsteuer fällig.

Beim Buchen des Zahlungseingangs des Kunden für die Anzahlungsanforderung wird der Merkposten ausgeziffert.

Die einzelnen Buchungssätze können Sie in den nun folgenden Beispielen anhand der Buchungsbelege verfolgen.

11.3 Beispiel eines Fakturierungsplans mit Anzahlungen

Anhand des Verkaufs einer Wasserpumpe erklären wir im Folgenden die Fakturierung über einen Teilfakturierungsplan. Wir haben mit dem Kunden drei Zahlungstermine vereinbart, die im Fakturierungsplan hinterlegt werden. Das Beispiel gliedert sich in folgende Schritte:

1. Erfassen des Kundenauftrags mit Fakturierungsplan
2. Entfernen der Fakturasperre für die Anzahlung
3. Erstellen der Anzahlungsanforderung
4. Buchen des Zahlungseingangs für die Anzahlung
5. Erstellen der Lieferung
6. Entfernen der Fakturasperre für die Lieferung
7. Erstellen der Teilfaktura (und Verrechnung der Anzahlung)
8. Buchen des Zahlungseingangs für die Teilfaktura
9. Entfernen der Fakturasperre für die Inbetriebnahme

10. Erstellen der Schlussrechnung
11. Buchen des Zahlungseingangs für die Schlussrechnung
12. Anzeigen des Prozessablaufs

Schritt 1: Kundenauftrag erfassen

Unser Kunde 1053, die Stadtwerke Homburg Saar, bestellt eine Wasserpumpe PMP-30000, die nach seinen speziellen Anforderungen von uns produziert wird. Wir vereinbaren mit dem Kunden, dass er bei Beauftragung eine Anzahlung von 10 % des Gesamtpreises leistet. Wenn wir die Pumpe ausliefern, soll er 60 % des Gesamtpreises als Teilrechnung zahlen, dabei wird die erhaltene Anzahlung verrechnet. Den Restbetrag zahlt er, wenn er die Pumpe in Betrieb nimmt.

Wir erfassen einen Kundenauftrag mit Verkaufsbelegart ZFP für die Pumpe und hinterlegen einen Fakturierungsplan auf Kopfebene, der wie vorher beschrieben auf die Position vererbt wird (siehe Abbildung 11.6).

Abbildung 11.6 Anlage des Kundenauftrags (Transaktion VA01)

Im Customizing unserer Fakturierungsplanart (**FaktPlanart**) **Z1** haben wir einen Fakturierungsplan als Vorlage hinterlegt. Dieser wird vom System in den Kundenauftrag auf Kopfebene übernommen. Im Kundenauftrag können die vorgeschlagenen Daten auf Positionsebene angepasst werden, indem das Kennzeichen **KopffaktPlan** gelöscht wird.

Die einzelnen Zahlungstermine enthalten eine Fakturasperre (Spalte **Sperre**). Diese wird vom Anwender entfernt, wenn die Rechnung zu den einzelnen Fakturaterminen erstellt werden soll.

Meilensteine in SAP PS

Wenn Sie Fakturierungspläne in Verbindung mit *Meilensteinen* in SAP-Projektsystemen einsetzen, können Sie den manuellen Schritt der Entfernung der Fakturasperre einsparen. Das Customizing kann so eingestellt werden, dass mit der Rückmeldung des Meilensteins, der mit dem Fakturatermin verlinkt ist, die Fakturasperre des Termins automatisch vom System entfernt wird. Dann ist eine automatische Fakturierung über den Fakturavorrat möglich. Eine ausführliche Beschreibung des betriebswirtschaftlichen Prozesses sowie ein Systembeispiel erwarten Sie in Kapitel 22, »Projektfertigung«.

Schritt 2: Fakturasperre entfernen

Um die Anzahlungsanforderung erstellen zu können, muss zunächst die Fakturasperre im Kundenauftrag 30000052 entfernt werden. Die Sperre wird über Transaktion VA02 entfernt. Der Anwender ruft das Bild des Positionsfakturierungsplans auf und entfernt die Sperre für die Anzahlung. Danach muss er den Auftrag sichern. In Abbildung 11.7 sehen Sie den Kundenauftrag nach Entfernen der Fakturasperre **02** (Spalte **Sperre**) für die Anzahlung.

Abbildung 11.7 Pflegbarer Positionsfakturierungsplan (Transaktion VA02)

Schritt 3: Anzahlungsanforderung erstellen

Nachdem die Sperre entfernt wurde, kann die Anzahlungsanforderung über Transaktion VF01 oder die SAP-Fiori-App **Fakturen verwalten** angelegt werden (siehe Abbildung 11.8). Im Fakturierungsplan ist für die Anzahlung die **Fakturaart FAZ** hinterlegt.

Wenn Sie sich in der Anzahlungsanforderung die Konditionen zur Position ansehen (siehe Abbildung 11.9), erkennen Sie, dass die **Konditionsart AZWR** aktiv ist, während die **Konditionsart PR00** als **Inaktive Kondition** gekennzeichnet ist. Für die Anzahlungsanforderung wird ein Merkposten mit einem **Wert** von 22.500,00 EUR in der Finanzbuchhaltung angelegt.

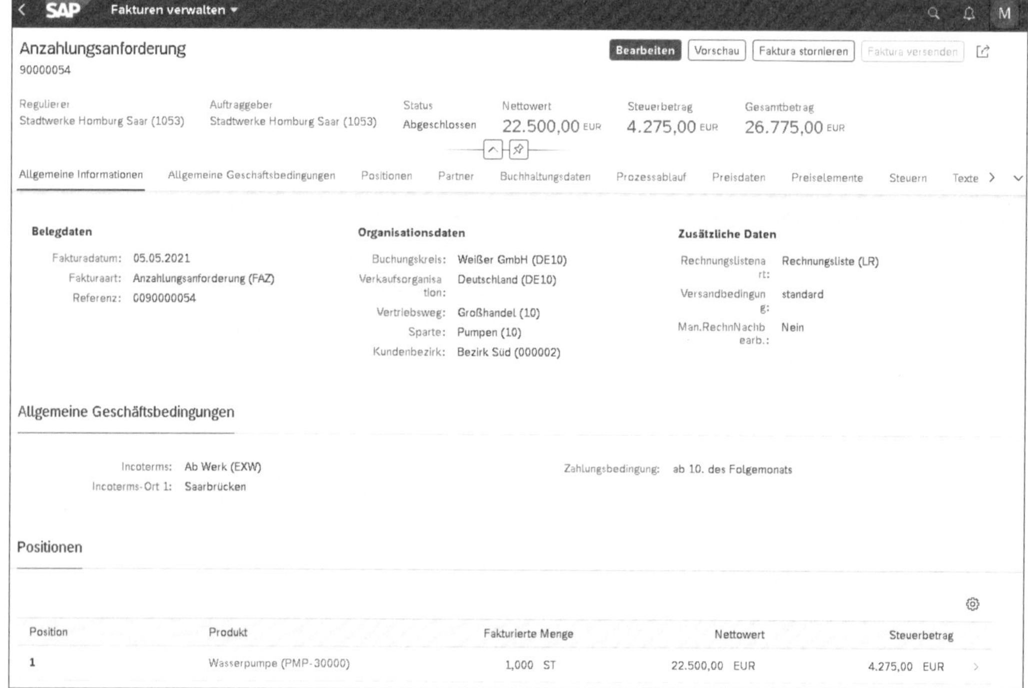

Abbildung 11.8 Erstellen der Anzahlungsanforderung (SAP-Fiori-App »Fakturen verwalten«)

Inaktive Kondition	Konditionsart	Bezeichnung	Betrag	Währung	Preiseinheit	ME der Kondition	Konditionsbasis	Konditionsbasis-einh.	Wert	Belegwährung
ⓘ	PR00	Preis	225.000,00	EUR			1	ST	22.500,00	EUR
			0,00	EUR			0,00	EUR	0,00	EUR
	AZWR	Anzahlung/Verrechng.	0,00	EUR			225.000,00	EUR	22.500,00	EUR
			0,00	EUR			0,00	EUR	22.500,00	EUR
	MWST	Ausgangssteuer	19,000	%			22.500,00	EUR	4.275,00	EUR
			0,00	EUR			0,00	EUR	26.775,00	EUR
	AZDI	Kond Anzahlung/Diff	0,00	EUR			26.775,00	EUR	0,00	EUR
		Deckungsbeitrag	0,00	EUR			0,00	EUR	22.500,00	EUR

Abbildung 11.9 Positionskonditionen der Anzahlungsanforderung (SAP-Fiori-App »Fakturen verwalten«)

Die Anzahlungsanforderung mit der Fakturaart FAZ hat die Belegnummer 0090000054, wie unter dem Eintrag **Referenz** in Abbildung 11.8 zu sehen ist. Das Rechnungsformular enthält die Bezeichnung »Anzahlungsanforderung« statt »Rechnung«. Die Buchung der Anzahlungsanforderung erzeugt einen Merkposten im Debitorenkonto und im Sonderhauptbuchkonto »Anzahlungsanforderungen«.

Schritt 4: Zahlungseingang der Anzahlung buchen

Der Zahlungseingang zur Anzahlungsanforderung kann über Transaktion F-29 in der Finanzbuchhaltung gebucht werden. In Abbildung 11.10 sehen Sie jedoch das Einstiegsbild zur Erfassung des Zahlungseingangs in der SAP-Fiori-App **Eingangszahlungen buchen**. Sie müssen unter **Weitere Auswählen** unter **Einzelpostenart** die Sonderhauptbuchvorgänge angeben. Des Weiteren sind unter anderem die Debitorennummer (**Konto** 1053), das Bankkonto für den Zahlungseingang (**Sachkonto** 113109) und der Bruttobetrag inklusive Mehrwertsteuer (**Betrag** 26.775,00 EUR) zu erfassen.

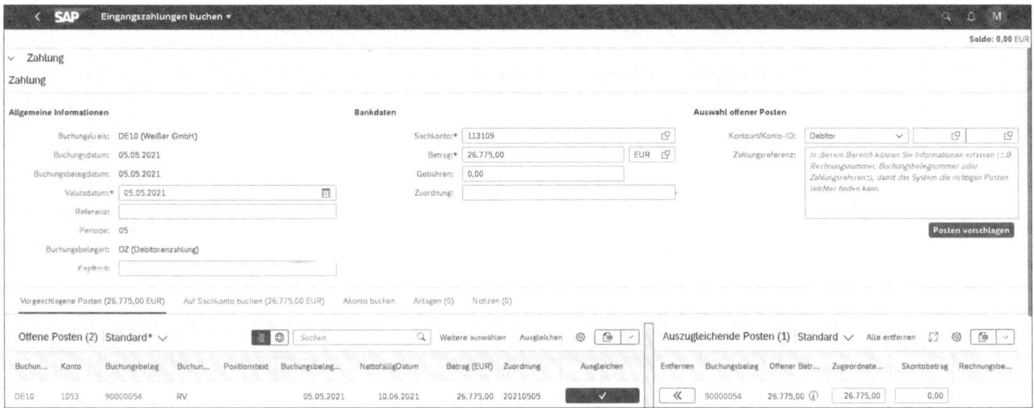

Abbildung 11.10 Buchung des Zahlungseingangs zur Anzahlungsanforderung (SAP-Fiori-App »Eingangszahlungen buchen«)

Mit der Buchung des Zahlungseingangs wird der Buchungsbeleg erstellt. Im Prozessablauf (siehe Abbildung 11.11) zu unserem Kundenauftrag sehen Sie die **Anzahlungsanforderung** und den zugehörigen **Buchungsbeleg** für den Merkposten. Dieser Buchungsbeleg ist bereits als **Vollständig ausgeziffert** gekennzeichnet. Daran erkennen Sie, dass der Kunde die Anzahlung geleistet hat.

Schritt 5: Lieferung erstellen

Auf die Produktion wollen wir in diesem Beispiel nicht näher eingehen. Nachdem die Pumpe gefertigt wurde, erstellen wir die Lieferung an den Kunden. Nach dem Anlegen der Lieferung und dem Kommissionieren der Ware wird der Warenausgang gebucht.

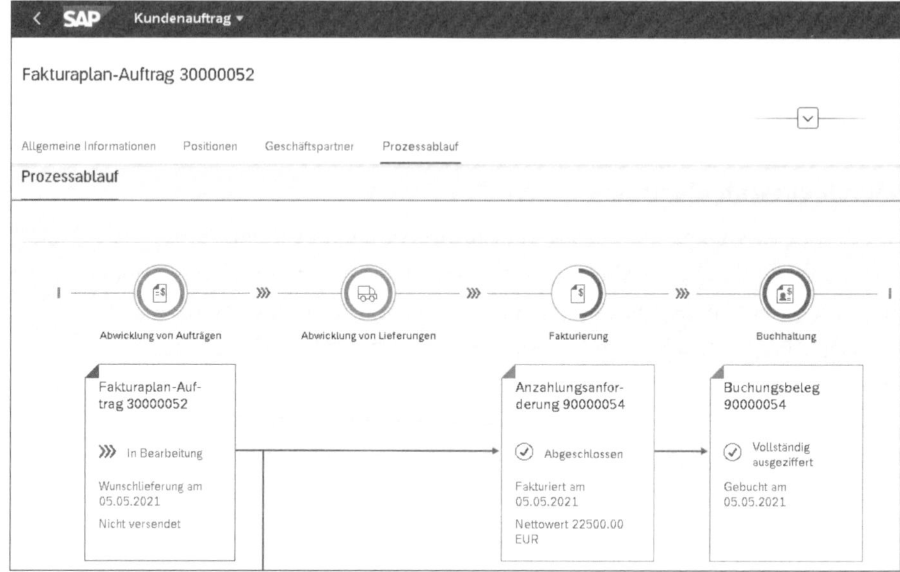

Abbildung 11.11 Prozessablauf nach dem Zahlungseingang (SAP-Fiori-App »Kundenauftrag«)

Schritt 6: Fakturasperre für die Lieferung entfernen

Mit der Lieferung (80000026) der Pumpe an den Kunden können wir die Teilrechnung erstellen. Bevor wir die Rechnung anlegen können, müssen wir zunächst die Fakturasperre entfernen. In Abbildung 11.12 sehen Sie den Fakturierungsplan nach Entfernen der Sperre.

Fakturadatum	TBez.	MlstBez	%	Fakturawert	Währg	Sperre	MeiS	FakR	FaktSt	ZBed	TTyp	Fakturaart
05.05.2021	Z001	Anzahlung bei Vertragsabschluss	10,00	22.500,00	EUR		☐	4	C		Z1	FAZ
02.11.2021	Z002	Teilrechnung bei Lieferung	60,00	135.000,00	EUR		☐	1	A		Z2	
02.01.2022	Z003	Schlussrechnung bei Inbetriebnahme		90.000,00	EUR	02	☐	3	A		Z3	

Abbildung 11.12 Entfernen der Fakturasperre zur »Teilrechnung bei Lieferung« (Transaktion VA02)

Die erste Zeile (**Fakturadatum 05.05.2021**) mit der Anzahlung ist ausgegraut, da die Anzahlungsanforderung bereits erstellt wurde und deshalb keine Änderung mehr möglich ist.

Schritt 7: Teilfaktura erstellen

Auf der Teilrechnung werden die erhaltenen Anzahlungen verrechnet. Abbildung 11.13 zeigt das Anlegen der Teilrechnung nach der Lieferung. Die Rechnung enthält zwei Positionen:

- **Position 10** für die **Wasserpumpe**
- **Position 11** zur **Anzahlungsverrechnung**, die vom SAP-System erzeugt wird

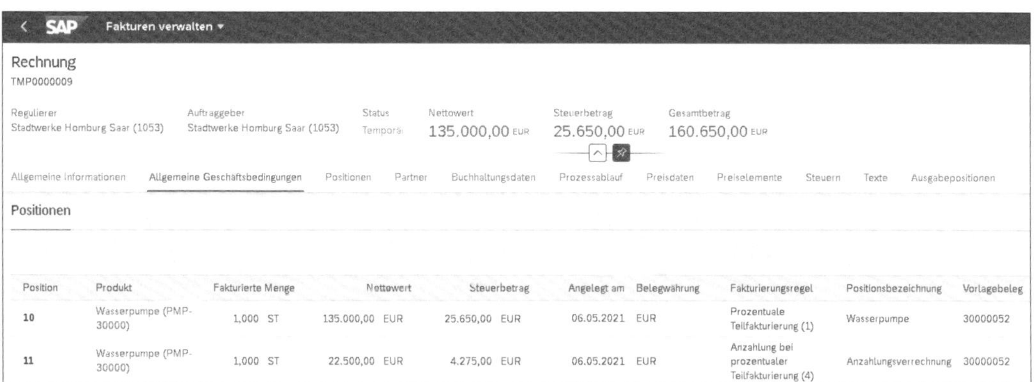

Abbildung 11.13 Erstellung der Teilfaktura mit Verrechnung der Anzahlung (SAP-Fiori-App »Fakturen verwalten«)

Sie sehen, dass diese Position den Wert der erhaltenen Anzahlung hat. Die Anzahlungsposition wird nach der Position, auf die sie sich bezieht, im Fakturabeleg angezeigt.

Wenn Sie einen geringeren Teil der erhaltenen Anzahlung (22.500,00 EUR) verrechnen wollen, können Sie auf dem Reiter **Preisdaten** zur Anzahlungsposition gehen und dort den Wert, der verrechnet werden soll, in der **Konditionsart AZWR** anpassen (siehe Abbildung 11.14). Das System akzeptiert nur einen Wert kleiner oder gleich dem Wert der Teilrechnung als Kondition AZWR. Wenn Sie versuchen, einen höheren Wert einzutragen, bekommen Sie eine Fehlermeldung aufgrund der im Kalkulationsschema hinterlegten Bedingung für den Anzahlungswert.

Auf dem Rechnungsformular werden die Anzahlungen gedruckt, die vom Kunden mit dem Rechnungswert verrechnet werden können. Falls der Zahlungseingang zur Anzahlungsanforderung zum Zeitpunkt der Erstellung der Teilrechnung noch nicht gebucht ist, wird keine Anzahlungsposition erzeugt, d. h., es findet keine Verrechnung statt.

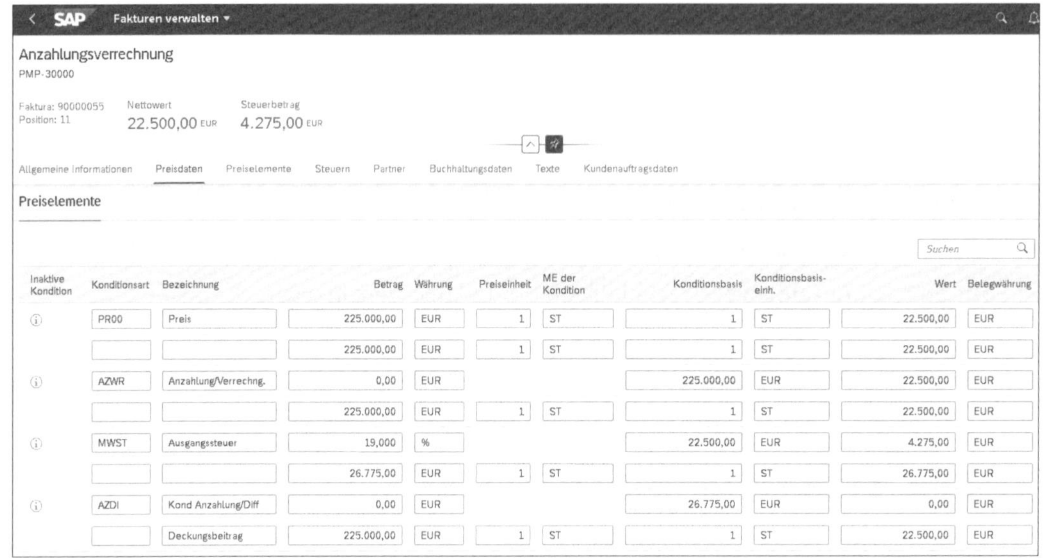

Abbildung 11.14 Preisdaten der Anzahlungsposition (SAP-Fiori-App »Fakturen verwalten«)

In Abbildung 11.15 sehen Sie den Buchungsbeleg zur Teilrechnung mit der Belegnummer 90000055. Wie wir in den Ausführungen zu den betriebswirtschaftlichen Grundlagen (siehe Abschnitt 11.1) beschrieben haben, wird in der Komponente FI der Wert der zu verrechnenden Anzahlungen gegen die Forderung verrechnet, die durch die Teilrechnung entstanden ist. Dabei wird auch die Mehrwertsteuer verrechnet.

In dem Buchungsbeleg erkennen Sie folgende Buchungen:

1. die Umsatzbuchung »Forderungen (140000) an Umsatzerlöse (800000) und Mehrwertsteuer (175000)«
2. die Verrechnung der Anzahlung über die Buchung »Erhaltene Anzahlungen (171000) mit Sonderhauptbuchkonto (zu erkennen an dem Sonderhauptbuchkennzeichen **A**) an Forderungen (140000)«
3. die Verrechnung der Mehrwertsteuer »Mehrwertsteuer (175000) an Mehrwertsteuer-Verrechnungskonto (171010)«

Schritt 8: Zahlungseingang der Teilfaktura buchen

Wir buchen den Zahlungseingang des Kunden. In Abbildung 11.16 sehen Sie, dass sich die verbleibende Zahlschuld aus zwei Posten errechnet:

- aus dem Posten für die Gesamtschuld
- aus dem Posten für die Anzahlung

Daraus ergibt sich die Restschuld des Kunden.

Abbildung 11.15 Buchungsbeleg der Teilrechnung (SAP-Fiori-App »Buchungsbelege verwalten«)

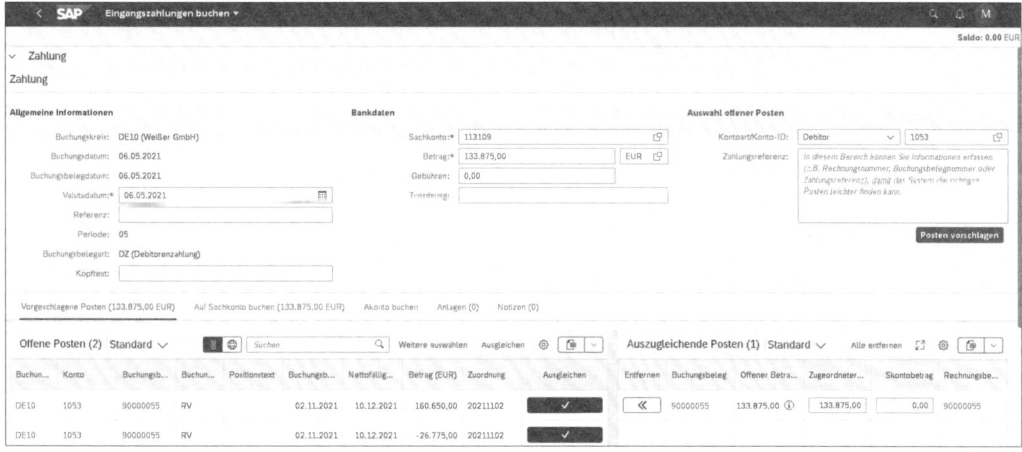

Abbildung 11.16 Buchung des Zahlungseingangs zur Teilrechnung (SAP-Fiori-App »Eingangszahlung buchen«)

Der Buchungsbeleg zur Zahlung des Kunden hat den Buchungssatz wie bei der »normalen« Buchung, also einer Zahlung »Bank an Forderungen«.

Für die Teilrechnung gibt es zwei Positionen, und zwar die Teilrechnung und die zu verrechnende Anzahlung. Sie sind durch die Buchung des Zahlungseingangs auszuziffern.

Schritt 9: Fakturasperre für Inbetriebnahme entfernen

Die Wasserpumpe wurde beim Kunden eingebaut und in Betrieb genommen. Wir können nun die Schlussrechnung erstellen. Dazu müssen wir zunächst die Fakturasperre des letzten Termins entfernen. Dies entspricht dem Vorgehen wie in Schritt 2.

Schritt 10: Schlussrechnung erstellen

Die erhaltene Anzahlung haben wir schon auf der Teilfaktura verrechnet. Daher wird in der Schlussrechnung keine Anzahlungsposition erzeugt (siehe Abbildung 11.17).

Abbildung 11.17 Erstellen der Schlussrechnung (SAP-Fiori-App »Fakturen verwalten«)

Der Buchungsbeleg 90000056 zur Schlussrechnung enthält den gewöhnlichen Buchungssatz »Forderungen (140000) an Umsatzerlöse (800000) und Mehrwertsteuer (175000)«, wie Sie in Abbildung 11.18 sehen können.

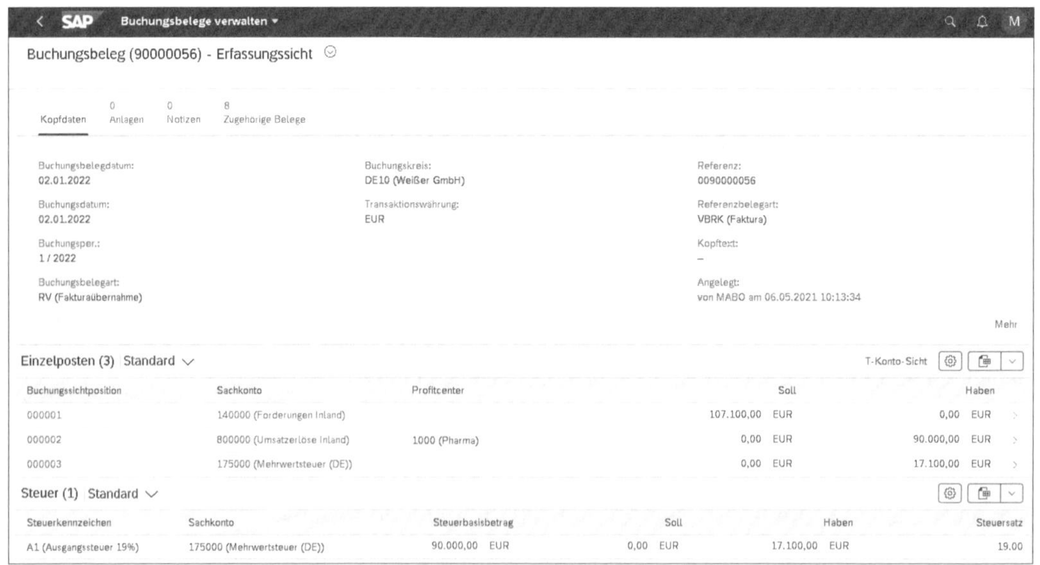

Abbildung 11.18 Anzeige des Buchungsbelegs der Schlussrechnung (SAP-Fiori-App »Buchungsbelege verwalten«)

Schritt 11: Zahlungseingang buchen

Anschließend erfolgt der Zahlungseingang des Kunden für die Endrechnung. Die Buchung erfolgt über den gewöhnlichen Buchungssatz »Bank (113109) an Forderungen (140000)«.

Im Prozessablauf in Abbildung 11.19 zum Kundenauftrag sehen Sie alle Folgebelege. Der Prozessablauf zeigt Ihnen die einzelnen zum Fakturierungsplan erzeugten Rechnungen.

Schritt 12: Prozessablauf anzeigen

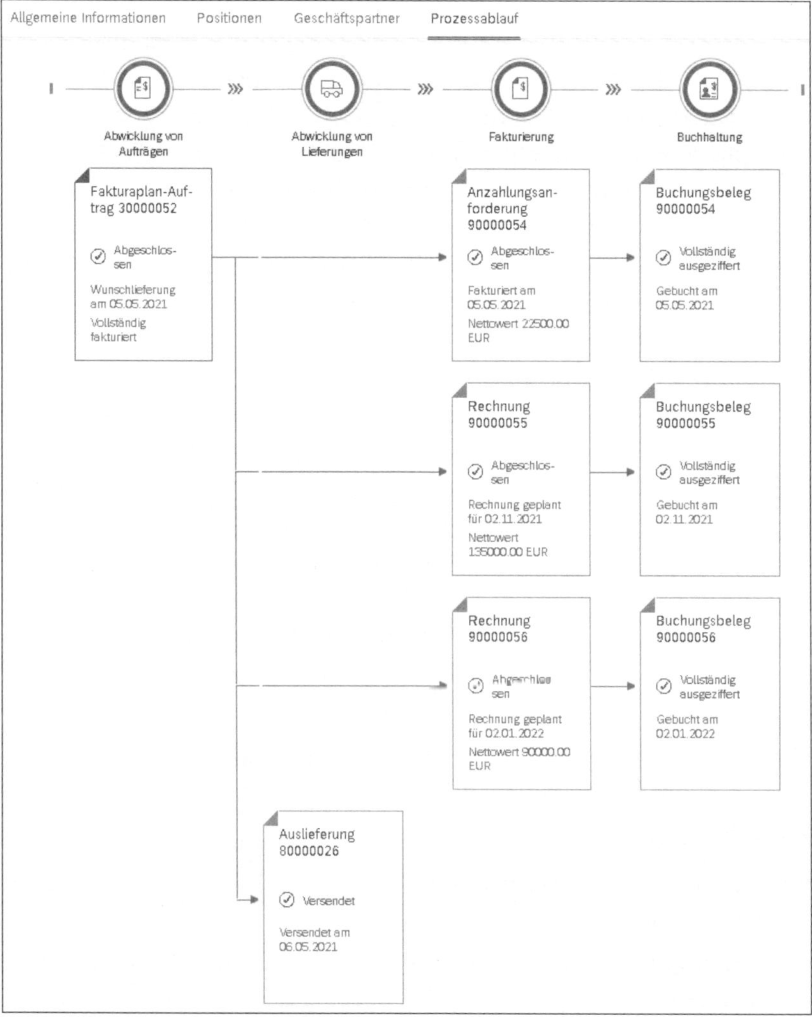

Abbildung 11.19 Prozessablauf zum Kundenauftrag (SAP-Fiori-App »Kundenauftrag«)

11.4 Anzahlungsabwicklung mit Belegkonditionen

Die Anzahlungsabwicklung mit Belegkonditionen ermöglicht es Ihnen, den Anzahlungsbetrag zu hinterlegen, *ohne* einen Fakturierungsplan im Kundenauftrag einzugeben. Der Betrag wird als zusätzliche Preiskondition im Kundenauftrag eingegeben. Diese Art der Zahlungsabwicklung ist sinnvoll, wenn der Kunde bei Vertragsabschluss Anzahlungen zu leisten hat. Der Wert der Anzahlung wird im Kundenauftrag über eine spezielle Anzahlungskondition eingegeben. Der Kunde leistet danach die Anzahlung. Wenn er die Ware erhält, wird die erhaltene Anzahlung auf der Faktura verrechnet.

Prozessablauf

Im ersten Schritt legen Sie einen Kundenauftrag an. In diesem geben Sie entweder auf Positions- oder auf Kopfebene den Wert der Anzahlung an, die der Kunde leisten soll. Es wird im Vergleich zur Abwicklung über Fakturierungspläne *keine* Anzahlungsanforderung im System erstellt. Der Kunde erhält keine Rechnung von uns, sondern zahlt den gewünschten Anzahlungsbetrag. Dieser Betrag wird in der Finanzbuchhaltung als Einzahlung gebucht (Transaktion F-29 oder in der SAP-Fiori-App **Eingangszahlung buchen**). Bei dieser Buchung *muss* die Kundenauftragsnummer mitgegeben werden, damit der angezahlte Betrag später vom System auf der Rechnung als erhaltene Anzahlung ausgewiesen wird.

Nachdem der Kunde die Ware erhalten hat, wird die Faktura angelegt. Dies kann abhängig von der Einstellung des Positionstyps auftrags- oder lieferbezogen erfolgen. Diese Faktura enthält, anders als ein Fakturierungsplan, keine eigene Position für die Anzahlungsverrechnung. Die zu verrechnende Anzahlung wird nur in den Konditionen ausgewiesen. Wenn notwendig, kann ihr Wert manuell geändert werden. Auf die Buchungen in der Finanzbuchhaltung werden wir im Systembeispiel in Abschnitt 11.5, »Beispiel einer Anzahlungsabwicklung mit Konditionen«, näher eingehen.

Customizing der Konditionen

Die Anzahlungsabwicklung basiert auf drei im Standard ausgelieferten Konditionen und ihrer Aufnahme in das bestehende Kalkulationsschema. Insgesamt stehen drei Konditionen zur Verfügung:

- eine Kondition AZWA für die geforderte Anzahlung
- eine Kondition AZWB für die Verrechnung der erhaltenen Anzahlung mit der Endrechnung
- eine Kondition AZDI für den Ausgleich von Rundungsdifferenzen, die bei Teilfakturierungen aufgrund von Teillieferungen auftreten können

Die Kondition AZWA kann als Positions- und Kopfkondition gepflegt werden, d. h., Sie können die Anzahlung für den kompletten Beleg oder einzeln für jede Position pflegen. Abhängig von den Anforderungen kann die Kondition AZWA zur Erfassung des Anzahlungsbetrags als wertmäßige oder prozentuale Kondition angelegt werden. Im SAP-Standard steht die Konditionsart AZWA mit der Rechenregel »wertmäßiger Betrag« zur Verfügung. Diese kann, falls sie als prozentuale Kondition benötigt wird, als neue Konditionsart in den Kundennamensraum kopiert und entsprechend angepasst werden.

Customizing der Kalkulationsschemata

Damit Sie mit den drei Konditionen arbeiten können, müssen diese entsprechend den Vorgaben in der SAP-Customizing-Dokumentation in das Kalkulationsschema aufgenommen werden. Dort wird auch beschrieben, an welcher Stelle im Kalkulationsschema die drei Konditionen eingefügt werden müssen und welche Bedingungen, Konditionsbasisformeln und Konditionswertformeln zuzuordnen sind.

In Abbildung 11.20 sehen Sie ein Kalkulationsschema mit den Konditionen für die Anzahlungsabwicklung. Unser Beispielkalkulationsschema **ZVAANZ** enthält zusätzlich die Konditionsart (**Kon...**) **AZWR**, die für Fakturierungspläne mit Anzahlungen benötigt wird.

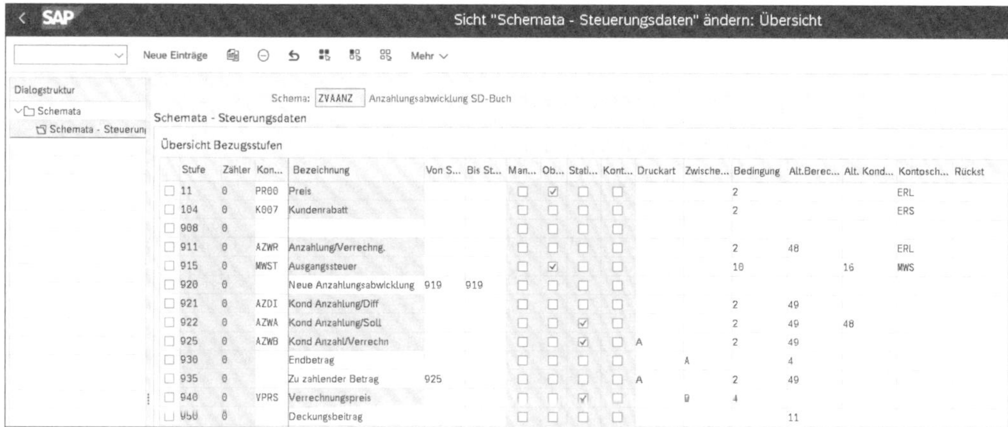

Sicht "Schemata - Steuerungsdaten" ändern: Übersicht

Neue Einträge | Mehr

Dialogstruktur: Schemata / Schemata - Steuerun

Schema: ZVAANZ Anzahlungsabwicklung SD-Buch

Schemata - Steuerungsdaten

Übersicht Bezugsstufen

Stufe	Zähler	Kon...	Bezeichnung	Von S...	Bis St...	Man...	Ob...	Stati...	Kont...	Druckart	Zwische...	Bedingung	Alt.Berec...	Alt. Kond...	Kontosch...	Rückst
11	0	PR00	Preis			☐	☑	☐	☐			2			ERL	
104	0	K007	Kundenrabatt			☐	☐	☐	☐			2			ERS	
908	0					☐	☐	☐	☐							
911	0	AZWR	Anzahlung/Verrechng.			☐	☐	☐	☐			2	48		ERL	
915	0	MWST	Ausgangssteuer			☐	☑	☐	☐			10		16	MWS	
920	0		Neue Anzahlungsabwicklung	919	919	☐	☐	☐	☐							
921	0	AZDI	Kond Anzahlung/Diff			☐	☐	☐	☐			2	49			
922	0	AZWA	Kond Anzahlung/Soll			☐	☐	☑	☐			2	49	48		
925	0	AZWB	Kond Anzahl/Verrechn			☐	☐	☑	☐	A		2	49			
930	0		Endbetrag			☐	☐	☐	☐		A		4			
935	0		Zu zahlender Betrag	925		☐	☐	☐	☐	A		2	49			
940	0	VPRS	Verrechnungspreis			☐	☐	☑	☐		B	4				
950	0		Deckungsbeitrag			☐	☐	☐	☐				11			

Abbildung 11.20 Kalkulationsschema der neuen Anzahlungsabwicklung (Transaktion SPRO • Kalkulationsschema definieren und zuordnen)

Für die Anzahlungskonditionen **AZWA**, **AZWB** und **AZDI** müssen im Kalkulationsschema Formeln zugeordnet werden. Die Rechenformel (**Alt.Berec...**) **49** berechnet die Werte der Anzahlungskonditionen, die Konditionsbasisformel (**Alt. Kond...**) **48** markiert die Kondition als Sollanzahlung.

Vermeiden von gemischten Kundenaufträgen

Wenn Sie Anzahlungen auf der Grundlage von Fakturierungsplänen *und* auf der Grundlage von Konditionen nutzen wollen, aber keine Aufträge angelegt werden sollen, die beide Funktionen gleichzeitig enthalten, dann kann dies über die Nutzung zweier verschiedener Verkaufsbelegarten erreicht werden. Jede der beiden Verkaufsbelegarten findet für dasselbe Material im Kundenauftrag unterschiedliche Positionstypen. Über die gefundenen Positionstypen wird die weitere Funktion gesteuert, wie oben beschrieben.

Für die Anzahlungsabwicklung mit Fakturierungsplänen wird ein Positionstyp mit Fakturarelevanz »Fakturierungsplan« benötigt, für die Anzahlungsabwicklung mit Belegkonditionen ein Positionstyp mit Fakturarelevanz »lieferbezogen« oder »auftragsbezogen«.

11.5 Beispiel einer Anzahlungsabwicklung mit Konditionen

Unsere Beispielfirma ist ein Möbelhaus, das bei Vertragsabschluss Anzahlungen vom Kunden verlangt. Unsere Kundin Frau Ruppert bestellt eine Wohnwand zum Preis von 2.599,00 EUR exklusive Mehrwertsteuer und leistet eine Anzahlung in Höhe von 1.000,00 EUR. Die Wohnwand ist zurzeit nicht im Lager und muss vom Möbelhaus bestellt werden. Auf den Bestellprozess werden wir nicht näher eingehen.

Unser Beispiel setzt sich aus den folgenden Schritten zusammen:

1. Erfassen des Kundenauftrags mit Anzahlung
2. Buchen des Zahlungseingangs der Anzahlung
3. Erstellen der Lieferung
4. Erstellen der Schlussrechnung
5. Zahlungseingang der Endrechnung
6. Anzeigen des Prozessablaufs

Schritt 1: Erfassen eines Kundenauftrags

Das Möbelhaus legt einen Kundenauftrag zur Lieferung der Wohnwand an (siehe Abbildung 11.21). Das System berechnet das Lieferdatum anhand der im Materialstamm hinterlegten Planlieferzeit.

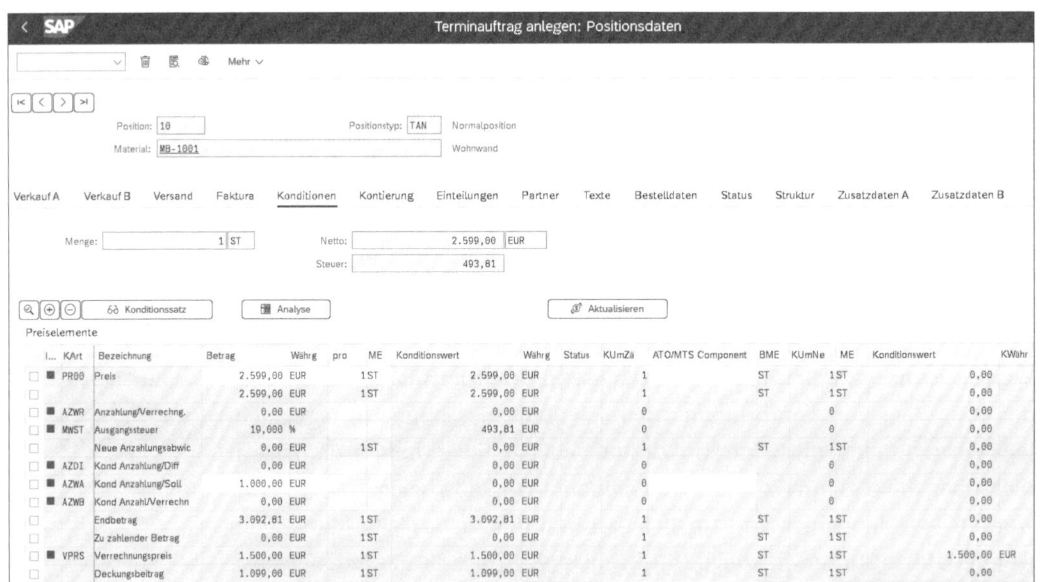

I...	KArt	Bezeichnung	Betrag	Währg	pro	ME	Konditionswert	Währg	Status	KUmZä	ATO/MTS Component	BME	KUmNe	ME	Konditionswert	KWähr
■	PR00	Preis	2.599,00	EUR	1	ST	2.599,00	EUR		1		ST	1	ST	0,00	
			2.599,00	EUR	1	ST	2.599,00	EUR		1		ST	1	ST	0,00	
■	AZWR	Anzahlung/Verrechng.	0,00	EUR			0,00	EUR		0			0		0,00	
■	MWST	Ausgangssteuer	19,000	%			493,81	EUR		0			0		0,00	
		Neue Anzahlungsabwic	0,00	EUR	1	ST	0,00	EUR		1		ST	1	ST	0,00	
■	AZDI	Kond Anzahlung/Diff	0,00	EUR			0,00	EUR		0			0		0,00	
■	AZWA	Kond Anzahlung/Soll	1.000,00	EUR			0,00	EUR		0			0		0,00	
■	AZWB	Kond Anzahl/Verrechn	0,00	EUR			0,00	EUR		0			0		0,00	
		Endbetrag	3.092,81	EUR	1	ST	3.092,81	EUR		1		ST	1	ST	0,00	
		Zu zahlender Betrag	0,00	EUR	1	ST	0,00	EUR		1		ST	1	ST	0,00	
■	VPRS	Verrechnungspreis	1.500,00	EUR	1	ST	1.500,00	EUR		1		ST	1	ST	1.500,00	EUR
		Deckungsbeitrag	1.099,00	EUR	1	ST	1.099,00	EUR		1		ST	1	ST	0,00	

Abbildung 11.21 Kundenauftrag anlegen und Erfassung der Anzahlungskondition (Transaktion VA01)

In den Konditionen (**AZWA**) erfassen wir, dass Frau Ruppert eine Anzahlung in Höhe von 1.000,00 EUR leisten wird. Über den Anzahlungsbetrag wird keine Anzahlungsanforderungsrechnung erstellt. Frau Ruppert zahlt den Betrag an der Kasse.

Schritt 2: Zahlungseingang der Anzahlung buchen

Die Kundin erhält also im Gegensatz zum Prozess mit Fakturierungsplänen *keine* Anzahlungsanforderung. Sie bezahlt den Betrag in Höhe von 1.000,00 EUR direkt im Möbelhaus. Der Zahlungseingang des Anzahlungsbetrags von 1.000,00 EUR wird direkt in der Finanzbuchhaltung gebucht. Bei der Buchung muss die Nummer des Kundenauftrags erfasst werden, damit in der Schlussrechnung die Verrechnung der erhaltenen Anzahlung durch das System stattfinden kann. In unserem Beispiel buchen wir die Anzahlung positionsgenau ein, d. h., wir geben die Auftragsnummer (30000053) und die Position (10) bei der Buchung im Feld **Verkaufsb.:** an (siehe Abbildung 11.22).

Durch die Buchung des Zahlungseingangs der Anzahlung wird ein Buchungsbeleg (1400000028) erzeugt. Der Buchungssatz lautet »Bank (113200) an Debitor (1054) mit Sonderhauptbuch erhaltene Anzahlungen (171000)«, die Buchung erfolgt auch hier im Bruttoverfahren.

Wie erwähnt, fällt für Anzahlungen aufgrund der gesetzlichen Vorschriften bei der Buchung Steuer an. Die Buchung »Mehrwertsteuer an Mehrwertsteuer-Verrechnungskonto« entspricht der bereits beschriebenen Buchungslogik.

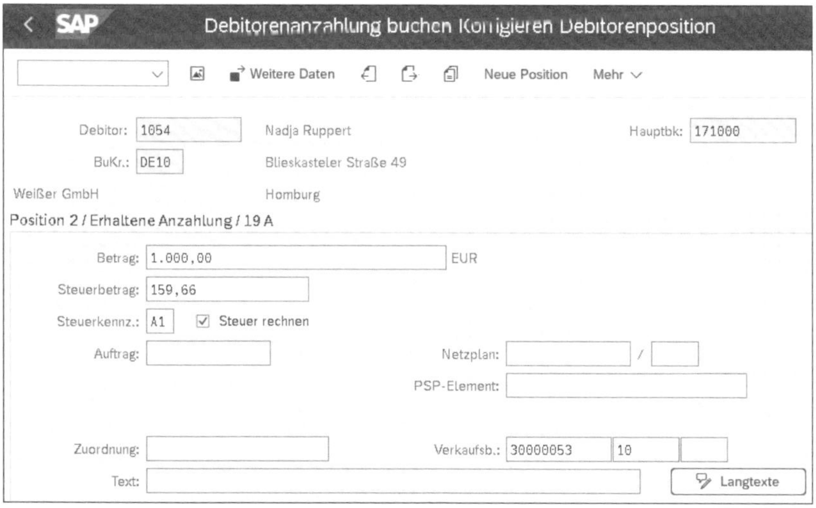

Abbildung 11.22 Buchen des Zahlungseingangs der Anzahlung (Transaktion F-29)

Schritt 3: Lieferung erstellen

Nachdem die Wohnwand von unserem Lieferanten an unser Lager geliefert wurde, können wir die Lieferung an Frau Ruppert anlegen. Nachdem die Kommissionierung stattgefunden hat, wird der Warenausgang gebucht.

Schritt 4: Schlussrechnung erstellen

Mit der Lieferung der Wohnwand an die Kundin können wir die Rechnung erstellen. Die Rechnung wird »lieferbezogen« mit der Standardfakturaart F2 angelegt.

Da wir die Anzahlung mit Bezug zur Kundenauftragsnummer eingebucht haben, ist auf dem Konditionsbild zur Rechnungsposition die erhaltene Anzahlung als **Konditionsart AZWB** enthalten. Die Kundin hat noch einen Betrag in der Höhe von 2.092,81 EUR zu zahlen, wie in der Zeile **Zu zahlender Betrag** in Abbildung 11.23 zu sehen ist.

Mit dem Sichern der Rechnung wird der Buchungsbeleg 90000057 angelegt. Die Buchung besteht aus:

1. der Umsatzbuchung »Forderungen (140000) an Umsatz (800000) und Mehrwertsteuer (175000)«
2. der Verrechnung der Anzahlung »Mit Sonderhauptbuchkonto erhaltene Anzahlungen (171000) an Forderungen (140000)«
3. der Verrechnung der Mehrwertsteuer »Mehrwertsteuer (175000) an Mehrwertsteuer-Verrechnungskonto (171010)«

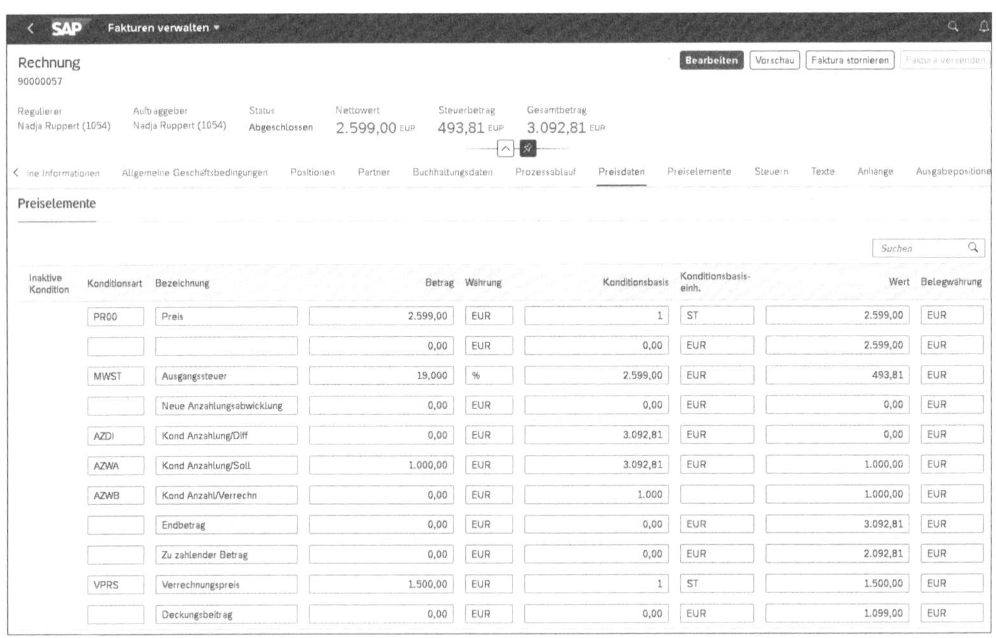

Abbildung 11.23 Anzahlungsverrechnung in den Konditionen (SAP-Fiori-App »Fakturen verwalten«)

Schritt 5: Zahlungseingang Endrechnung

Wenn wir die Zahlung für die Endrechnung unserer Kundin erhalten, buchen wir den Zahlungseingang. Es werden zwei Posten zur verbleibenden Zahlschuld erstellt:

- ein Posten für die Gesamtschuld
- ein Posten für die Anzahlung

Daraus errechnet sich die verbleibende Zahlschuld (siehe Abbildung 11.24). Die Buchung lautet »Bank (113200) an Forderungen (140000)«.

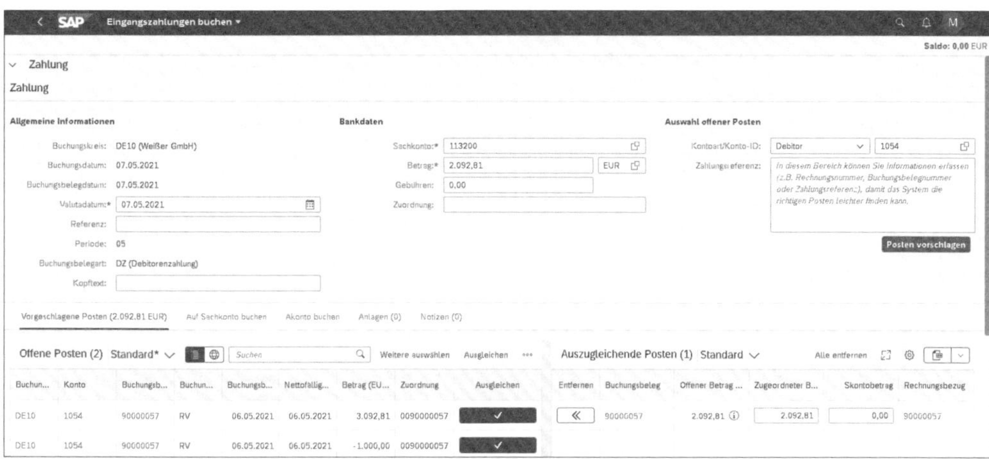

Abbildung 11.24 Buchung des Zahlungseingangs der Endrechnung (SAP-Fiori-App »Eingangszahlungen buchen«)

Schritt 6: Prozessablauf anzeigen

Der Prozessablauf zum Kundenauftrag mit der Anzahlungsabwicklung über Konditionen unterscheidet sich von dem Prozessablauf zum Kundenauftrag mit Fakturierungsplan dadurch, dass Sie nur die Schlussrechnung im Prozessablauf sehen (siehe Abbildung 11.25). Die erhaltene Anzahlung ist hier nicht sichtbar, da ja kein separater Beleg in der Komponente SD angelegt wurde.

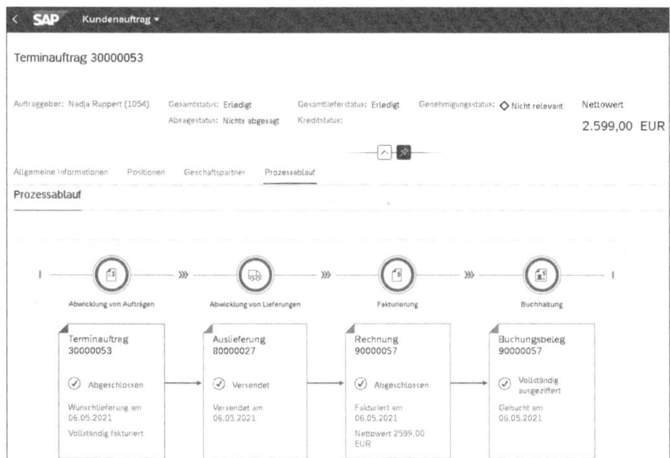

Abbildung 11.25 Prozessablauf (SAP-Fiori-App »Kundenauftrag«)

Kapitel 12
Leihgut- und Mietabwicklung

Um den Überblick über ausgeliehene Güter beim Kunden zu behalten, kann die Leihgutabwicklung genutzt werden. In diesem Kapitel zeigen wir diese Funktion und den betriebswirtschaftlichen Hintergrund.

Durch Ergänzungen zum gewöhnlichen Leistungsspektrum schaffen sich Unternehmen Wettbewerbsvorteile. Dazu gehört auch die Bereitstellung von Leihgütern. Auch ein solcher Prozess sollte im System abgebildet sein, um Transparenz über die Leihgutbestände zu erhalten und eine effiziente Abwicklung zu ermöglichen.

12.1 Betriebswirtschaftliche Grundlagen

Leihgüter werden dem Kunden ohne Berechnung für eine begrenzte Zeit bereitgestellt. Dafür kann es unterschiedliche Gründe geben:

- leihweise Bereitstellung einer wiederverwendbaren Verpackung
- leihweise Bereitstellung eines Produkts als Warenprobe
- leihweise Bereitstellung zusätzlicher Maschinen (ein Hersteller von Reinigungsmitteln stellt z. B. eine Reinigungsmaschine für die Anwendung der eigenen Produkte bereit)
- leihweise Bereitstellung von Promotionsmaterial (z. B. eines Werbedisplays)

Nach Ablauf der vereinbarten Zeit für die Leihe gibt es für den Kunden unterschiedliche Möglichkeiten:

- Rückgabe des Leihgutes an den Lieferanten
- Kauf des Leihgutes durch den Kunden

Leihe und Miete

Die Leihgutabwicklung ist auch im Zusammenhang mit Vermietungen von Interesse. Aus Sicht des Lieferanten besteht die Vermietung aus zwei getrennten Vorgängen. Zum einen muss das vermietete Material in einem Kundensonderbestand geführt werden. Wie beim Konsignationsgeschäft (siehe Kapitel 10, »Konsignationsabwicklung«) bleibt der Lieferant Eigentümer und führt das Material wertmäßig in seinem Vermögen. Es ist jedoch aus Sicht der Disposition im Unternehmen des Lieferanten »nicht verfügbar«. Zum anderen sind die Mietbeträge zu fakturieren und die Zahlungseingänge zu überwachen. Wir werden in einem Fallbeispiel in Abschnitt 12.3, »Beispiel des Customizings von Leihgutabwicklung und Mietgeschäft«, zeigen, wie dies in SAP S/4HANA bewerkstelligt werden kann.

12.2 Leihgutabwicklung

Die Leihgutabwicklung in SAP S/4HANA ähnelt sehr stark der Konsignationsabwicklung (siehe Kapitel 10). Wir betrachten folgende Vorgänge:

- Leihgutbeschickung (ähnlich der Konsignationsbeschickung)
- Leihgutnachbelastung (ähnlich der Konsignationsentnahme)
- Leihgutabholung (ähnlich der Konsignationsabholung)

Leihgutbeschickung

Im Unterschied zur Konsignationsabwicklung steht im SAP-Standard für die *Leihgutbeschickung* keine eigene Auftragsart zur Verfügung. Diese müsste bei Bedarf im Customizing angelegt werden. Ansonsten können Sie auch die Auftragsart TA (Terminauftrag) verwenden. Hingegen steht mit dem Positionstyp TAL (Leihgutbeschickung) ein eigener Positionstyp zur Verfügung. Ähnlich wie der Positionstyp KBN in der Konsignationsabwicklung ist TAL weder für die Preisfindung noch für die Fakturierung relevant.

Über den Positionstyp TAL wird ein entsprechender Einteilungstyp (E3, Leihgut) im Terminauftrag ermittelt. Dieser bewirkt, dass im Lieferbeleg die Bewegungsart 621 (»WA Leergut Ausleihe«) ermittelt wird. Über diese Bewegungsart erfolgt bei der Warenausgangsbuchung eine Umbuchung aus dem frei verfügbaren Werksbestand in den bewerteten Kundensonderbestand »Leihgut«.

Leihgutnachbelastung

Verbraucht der Kunde das Leihgut, meldet er dies dem Lieferanten. Dieser erfasst einen Auftrag mit der Auftragsart Leihgutnachbelastung. Mit Bezug zu diesem Auftrag wird ein Lieferbeleg erzeugt. Dessen Warenausgangsbuchung vermindert die entsprechende Menge im Leihgutbestand. Analog zur Konsignationsabwicklung geht jetzt das Material in das Eigentum des Kunden über. Mit der Warenausgangsbuchung wird ein Buchungsbeleg »Bestandsveränderung an Bestand« erzeugt. Mit Bezug zum Kundenauftrag (Leihgutnachbelastung) wird eine Faktura zur Abrechnung des Verbrauchs angelegt.

Leihgutabholung

Über die Auftragsart Leihgutabholung und einen entsprechenden Lieferbeleg erfolgt die Rückbuchung vom Leihgutbestand des Kunden in den Werksbestand des Lieferanten.

Mietverträge

So weit der Prozessablauf bei der Leihgutabwicklung. Interessant ist jedoch noch der Zusammenhang der Leihgutabwicklung mit Mietgeschäften. Für die Abbildung von Mietverträgen gibt es im SAP-Standard eine eigene Auftragsart MV (Mietvertrag). Diese verwendet den Positionstyp MVN (Mietvertragsposition). Im Customizing zu diesem Positionstyp ist eine Zuordnung zu Fakturaplänen hinterlegt. Über Fakturapläne werden Teilfakturierungen (z. B. Anzahlungen) und die periodische Fakturierung (z. B. Miete) abgebildet. In der entsprechenden Auftragsposition werden die Zahlungstermine erfasst. Zu jedem Zahlungstermin wird dann eine Rechnung erzeugt. Die Abwicklung von Fakturaplänen erfolgt über die auftragsbezogene Fakturierung. Demnach ist nicht der Lieferbeleg Grundlage für die Faktura, sondern der Auftrag.

Allerdings gibt es im SAP-Standard keine Möglichkeit, Leihgutabwicklung und Mietverträge in einer Auftragsposition zu erfassen. Im folgenden Abschnitt wollen wir daher anhand eines Beispiels zeigen, wie diese Möglichkeit im Customizing einzustellen ist.

12.3 Beispiel des Customizings von Leihgutabwicklung und Mietgeschäft

Ausgangslage

Ein Chemieunternehmen beliefert seine Kunden mit verschiedenen Reinigungsflüssigkeiten. Zusätzlich können die Kunden hochwertige Spezialreinigungsmaschinen für einen bestimmten Zeitraum mieten. Die gesamte Abwicklung der Maschinenmiete (Berechnung der Miete, Bestandsführung) soll in einer Auftragsposition erfolgen. Um diesen Geschäftsfall abbilden zu können, werden wir zunächst im Customizing einen neuen Positionstyp anlegen. Anschließend werden wir den Prozess anhand eines Beispiels erläutern.

Customizing

In Abschnitt 12.2, »Leihgutabwicklung«, wurde bereits deutlich, dass in einer SAP-Standardinstallation Positionstypen sowohl für die Miete (MVN) als auch für die Leihe (TAL) vorhanden sind. Eine solche Abwicklung würde aber mindestens zu zwei Auftragspositionen führen und damit die Kontrolle der Abwicklung erschweren. Das Problem lösen wir durch einen neuen Positionstyp, den wir im Customizing anlegen. Wir kopieren dazu den Positionstyp TAL (Leihe) und nennen den neuen Positionstyp ZLM (»Leihe + Miete«). Abbildung 12.1 zeigt den für die weitere Vorgehensweise relevanten Teil des Customizings für den **Positionstyp ZLM**.

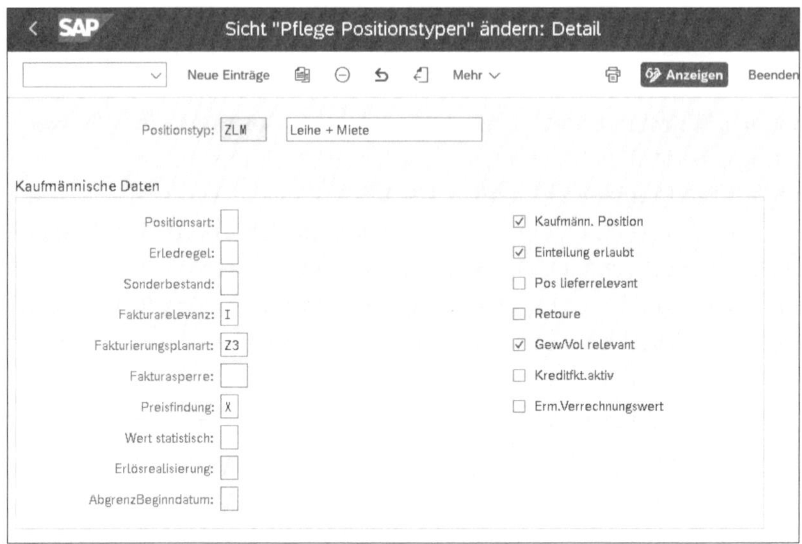

Abbildung 12.1 Anlegen eines neuen Positionstyps im Customizing (Transaktion SPRO • Positionstypen definieren)

Im Unterschied zu dem Positionstyp TAL ist bei unserem Positionstyp die Preisfindungsrelevanz aktiviert (Kennzeichen **X** im Feld **Preisfindung**). Außerdem ist der Positionstyp relevant für die Fakturierung (Wert **I** im Feld **Fakturarelevanz**). Der Wert »I« führt dazu, dass mit Bezug zur Auftragsposition eine Faktura angelegt werden kann (auftragsbezogene Faktura). Ebenfalls von Bedeutung ist die Option **Fakturierungsplanart**. Der Eintrag **Z3** führt zu einer periodischen Fakturierung, wie sie dem Mietgeschäft entspricht. Die Option **Erm. Verrechnungswert** wurde nicht markiert. Damit wird festgelegt, dass bei diesen Positionen die Konditionsart VPRS (Verrechnungspreis aus dem Materialstamm) nicht berücksichtigt wird.

Im Unterschied zu dem Positionstyp MVN (Miete) ist bei unserem Positionstyp das Kennzeichen **Einteilung erlaubt** gesetzt. Nur wenn dies gegeben ist, kann eine Auftragsposition Einteilungen enthalten.

Wir haben also einen Positionstyp geschaffen, der eine Kombination aus den Standardpositionstypen TAL und MVN darstellt. Da er als Kopie aus dem Positionstyp TAL entstanden ist, »erbt« das neue Objekt die Zuordnung der Einteilungstypen. Wie bei TAL wird der Einteilungstyp E3 (Leihgut) im Auftrag ermittelt.

Abbildung 12.2 zeigt die Abwicklung »Leihe und Miete« im Überblick. Sie sehen, dass mit Bezug zur Auftragsposition sowohl die periodische Fakturierung der Miete als auch die Lieferung zur Umbuchung in den Sonderbestand »Leihgut« erfolgt.

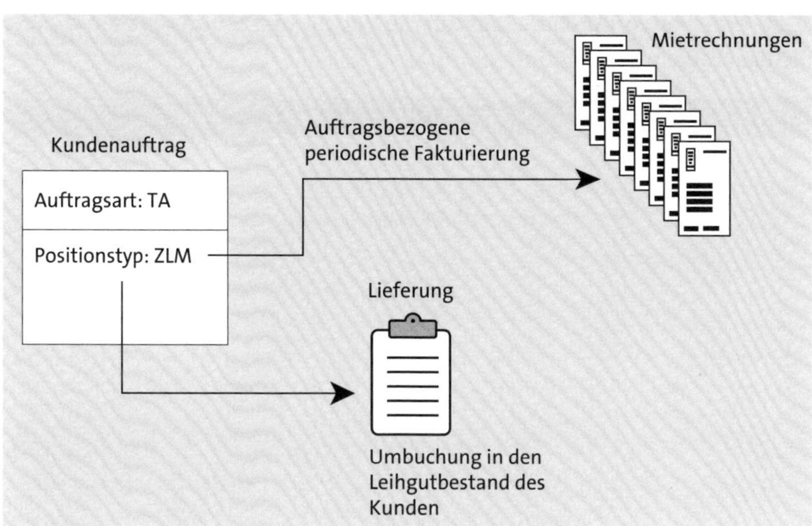

Abbildung 12.2 Überblick über den Prozess »Leihe und Miete«

Systembeispiel

Jetzt wollen wir den Einsatz unseres Positionstyps in einem Systembeispiel testen. Unser Kunde, die Chemieanlagen GmbH (Debitorennummer 1049), bestellt für die Zeit vom 01.03.2021 bis zum 31.12.2021 eine Reinigungsmaschine. Der monatliche Mietpreis beträgt 200,00 EUR.

Dazu durchlaufen wir folgende Schritte:

1. Bestandsübersicht über die Reinigungsgeräte
2. Erfassung des Kundenauftrags mit Fakturaplan
3. Auslieferung der Maschine in den Leihgutbestand des Kunden
4. Erstellen der Mietfakturen über den Fakturavorrat

Bevor wir uns die Bestandsübersicht anzeigen lassen, wollen wir noch darauf hinweisen, dass unsere Mietmaschine als Materialstamm mit einem Serialnummernprofil angelegt worden ist (siehe Abschnitt 4.6, »Serialnummern«). Als Kontierungsgruppe wurde im Materialstamm die Option 40 (Mieterträge) zugeordnet. Diese ist nicht im SAP-Standard enthalten, sondern wurde ebenfalls neu angelegt. Die Kontierungsgruppe 40 bewirkt, dass die Erlösbuchungen in den Fakturen auf den entsprechenden Mietertragskonten erfolgen.

Schritt 1: Bestandsübersicht

Abbildung 12.3 zeigt die Ausgangssituation bei unserem Material LG1100, einem Spezialreinigungsgerät. Im Bestand (**Frei verwendbar**) im Werk DE10 (Werk Hamburg) befinden sich 71 Stück (40 Stück im **Fertigwarenlager** und 31 Stück im **Leihgutlager**). Fünf Maschinen sind bereits an die Kunden 1020 (Nordsee Gas & Öl, 2 Stück) und 1049 (Chemieanlagen GmbH, 3 Stück) ausgeliehen. Für Serialnummern und Equipments gibt es in SAP S/4HANA

2020 leider keine SAP-Fiori-Apps für die Verwaltung. Somit schauen wir uns die Bestände in Transaktion MMBE an.

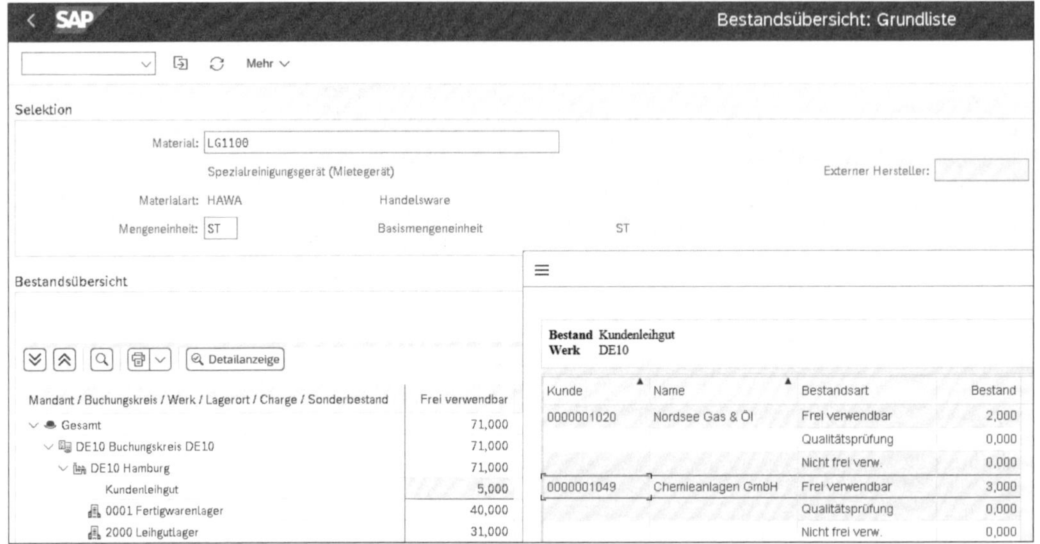

Abbildung 12.3 Bestandsübersicht für das Werk DE10 (Transaktion MMBE)

Da für das Material LG1100 Serialnummernpflicht besteht, kann für jedes einzelne Gerät der aktuelle Standort ermittelt werden. In Abbildung 12.4 sehen Sie die Liste der Serialnummern als Ergänzung zur Bestandsübersicht. Die Geräte haben im Kundenbestand den **Systemstatus EKUN** (Kunde) angenommen.

MatSerialNr anzeigen: Serialnummernliste

A...	Material	Serialnummer	Werk	Lagerort	Systemstatus
	LG1100	68	DE10	2000	ELAG
	LG1100	69	DE10	2000	ELAG
	LG1100	70	DE10	2000	ELAG
	LG1100	71	DE10	2000	ELAG
	LG1100	72	DE10	2000	ELAG
	LG1100	73	DE10	2000	ELAG
	LG1100	74	DE10		EKUN ELAG
	LG1100	75	DE10	2000	ELAG
	LG1100	76	DE10	2000	ELAG
	LG1100	77	DE10		EKUN ELAG
	LG1100	78	DE10		EKUN ELAG
	LG1100	79	DE10		EKUN ELAG

Abbildung 12.4 Serialnummernliste (Transaktion IQ09)

Via Doppelklick auf das Feld **Serialnummer** können weitergehende Informationen wie beispielsweise die **Kontonummer des Sonderbestandskunden** angezeigt werden.

Schritt 2: Kundenauftrag mit Fakturaplan erfassen

Im nächsten Schritt erfassen wir den Kundenauftrag mit der Auftragsart TA (Terminauftrag). Das System ermittelt zunächst den Positionstyp TAL (Leihgutbeschickung). Da wir Miete und Leihe in einer Position abbilden wollen, ändern wir den Positionstyp manuell ab. Dazu erfassen wir den Positionstyp (**PTyp**) **ZLM** (»Leihe + Miete«), den wir im Customizing angelegt haben. Abbildung 12.5 zeigt die Erfassung des Auftrags. Da der Positionstyp ZLM preisfindungsrelevant ist, kann der monatliche Mietpreis in Höhe von 200,00 EUR erfasst werden.

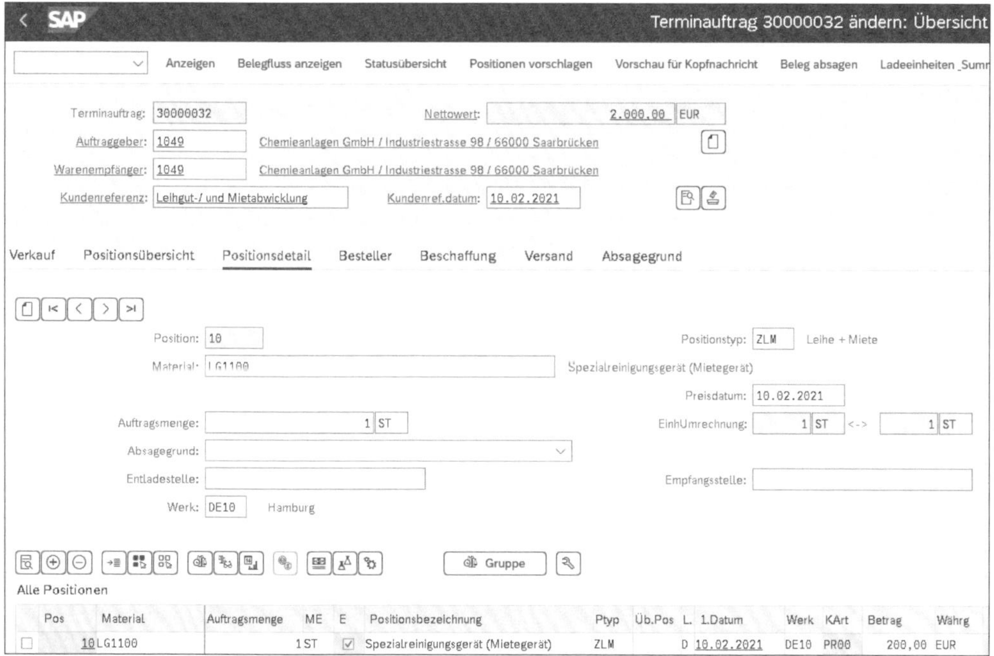

Abbildung 12.5 Erfassung des Kundenauftrags (Transaktion VA01)

Im Detailbild zur Position 10 können wir jetzt den Fakturaplan für die periodische Fakturierung der Miete erfassen (siehe Abbildung 12.6).

Der Mietvertrag beginnt am 01.03.2021 (**Beginndatum**) und endet am 31.12.2021 (**Endedatum**). Nach der Erfassung dieser Daten ermittelt das System automatisch die Fakturatermine zum jeweiligen Monatsbeginn. Jeder Fakturatermin gilt für einen bestimmten Abrechnungszeitraum (jeweils einen Monat). Als Fakturabetrag wird der Mietpreis von 200,00 EUR aus der Position übernommen. Insgesamt ergibt sich ein Nettowert von 2.000,00 EUR für die gesamte Position.

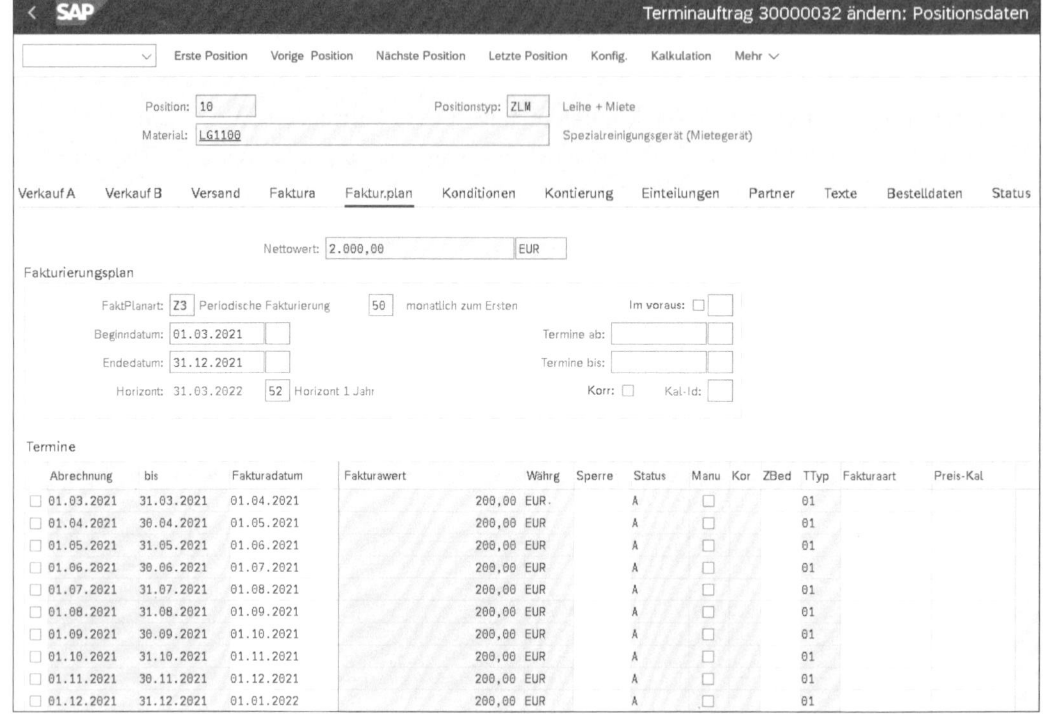

Abbildung 12.6 Fakturaplan zur Position im Kundenauftrag (Transaktion VA02)

Schritt 3: Auslieferung

Nach der Erfassung des Kundenauftrags schließt sich die Erstellung des Lieferbelegs an. Im Lieferbeleg wird unter anderem die Serialnummer erfasst, mit der festgelegt wird, welches Gerät ausgeliefert wird.

In Abbildung 12.7 sehen Sie, dass das Feld **Kommiss. Menge** eingabebereit ist. In diesem Fall wird also nicht die Komponente Lean-WM (siehe Kapitel 8, »Terminauftragsabwicklung«) eingesetzt, sondern es wird manuell kommissioniert.

Nach der Warenausgangsbuchung dieser Lieferung ergibt sich eine Bestandssituation, wie sie in Abbildung 12.8 dargestellt ist.

Nach der Auslieferung einer weiteren Maschine durch den Kunden mit der Debitorennummer 1049 (Chemieanlagen GmbH) befinden sich im Lagerort 2000 *Leihgutlager* nur noch 30 Stück (siehe Abbildung 12.8). Die gelieferte Maschine befindet sich jetzt im Leihgutbestand des Kunden.

Schritt 4: Mietfakturen erstellen

Im letzten Schritt zeigen wir die Verrechnung der Miete. Wir erzeugen dazu den Fakturavorrat zu unserem Kundenauftrag mit der Auftragsnummer 30000032. Als Selektionsdatum geben wir den 01.05.2021 an.

SAP
Auslieferung 80000013 ändern: Übersicht
Anzeigen <-> Ändern
Andere Auslieferung
Löschen
Belegfluss
Detail Kopf
Verpacken
Unvollständigkeit
Warenausgang buchen
Mehr
Auslieferung: 80000013
Belegdatum: 11.02.2021
Warenempfänger: 1049
Chemieanlagen GmbH / Industriestrasse 98 / 66000 Saarbrücken
Positionsübersicht
Kommissionierung
Laden
Transport
Statusübersicht
Warenbewegungsdaten
KommiTermin: 11.02.2021
08:24
GesStatKommiss.: C
Voll kommissioniert
Lagernummer:
Status WM-Akt.:
Kein WM-TA notig
Alle Positionen
Pos Material Bezeichnung Werk LOrt Liefermenge ME Kommiss. Menge ME C... K. W Bereit.Dat MatBerei... Ptyp Bruttogewicht Eh
10 LG1100 Spezialreinigungsgerät (Mietegerät) DE10 2000 1 ST 1 ST C 11.02.2021 08:24:25 ZLM 100 KG

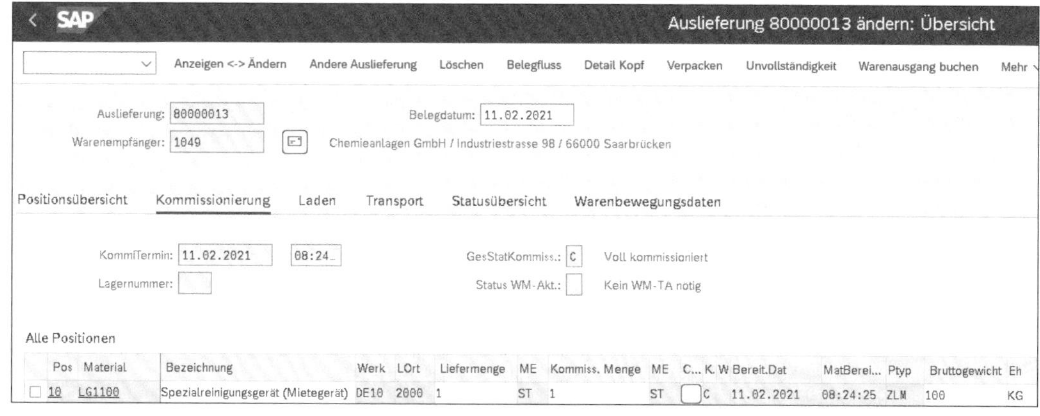

Abbildung 12.7 Bearbeitung der Lieferung (Transaktion VL02N)

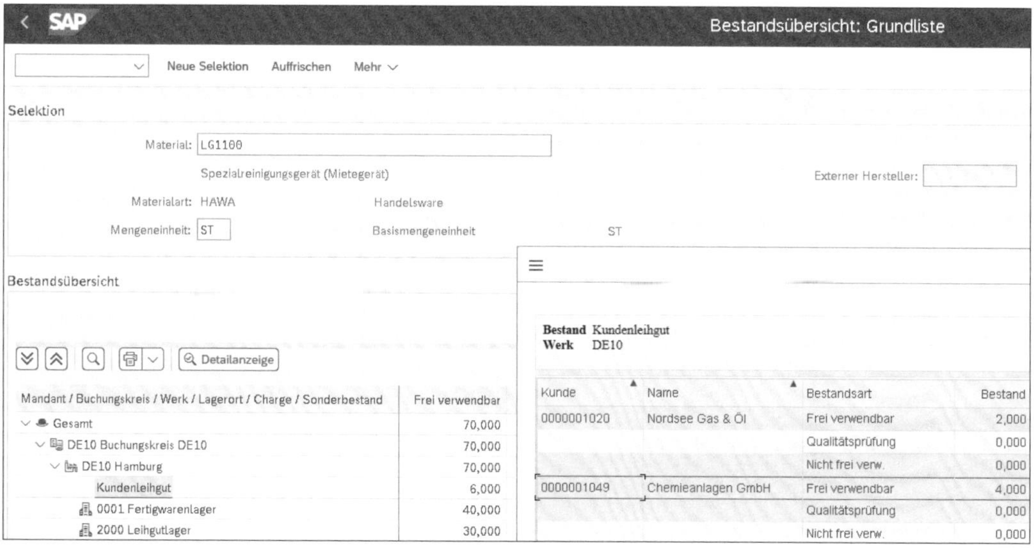

SAP
Bestandsübersicht: Grundliste
Neue Selektion
Auffrischen
Mehr
Selektion
Material: LG1100
Spezialreinigungsgerät (Mietegerät)
Externer Hersteller:
Materialart: HAWA
Handelsware
Mengeneinheit: ST
Basismengeneinheit
ST
Bestandsübersicht
Detailanzeige
Mandant / Buchungskreis / Werk / Lagerort / Charge / Sonderbestand
Frei verwendbar
Gesamt 70,000
DE10 Buchungskreis DE10 70,000
DE10 Hamburg 70,000
Kundenleihgut 6,000
0001 Fertigwarenlager 40,000
2000 Leihgutlager 30,000
Bestand Kundenleihgut
Werk DE10
Kunde
Name
Bestandsart
Bestand
0000001020
Nordsee Gas & Öl
Frei verwendbar 2,000
Qualitätsprüfung 0,000
Nicht frei verw. 0,000
0000001049
Chemieanlagen GmbH
Frei verwendbar 4,000
Qualitätsprüfung 0,000
Nicht frei verw. 0,000

Abbildung 12.8 Bestandsübersicht (Transaktion MMBE)

Der in Abbildung 12.9 gezeigte Fakturavorrat enthält gemäß den vorgegebenen Selektionskriterien die Rechnungen für die ersten beiden Vertragsmonate und März und April.

Aus dem Fakturavorrat heraus werden nun die entsprechenden Rechnungen erzeugt und gebucht. In der Praxis wird dieser Schritt meistens automatisch ablaufen: Über ein Programm wird der Fakturavorrat ermittelt, und die entsprechenden Rechnungen werden erzeugt. Somit brauchen Sie sich um die Fakturierung des Auftrags nicht mehr zu kümmern.

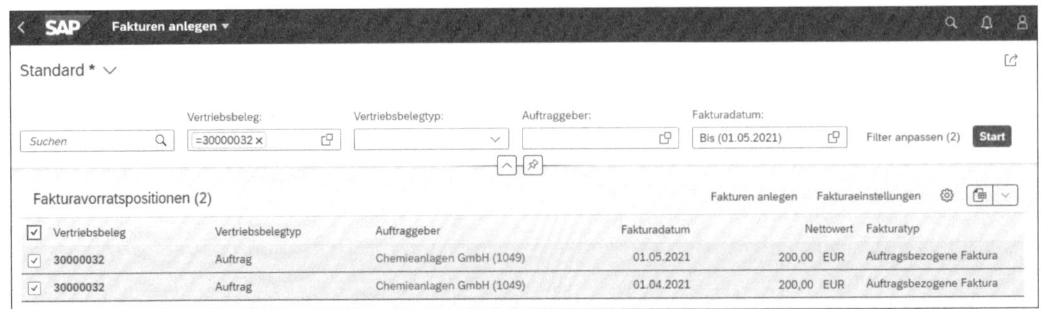

Abbildung 12.9 Fakturavorrat für die Erstellung der Mietfakturen aus dem Fakturaplan (SAP-Fiori-App »Fakturen anlegen«)

Prozessablauf

Der Prozessablauf im Auftrag hat nach dem Fakturalauf das in Abbildung 12.10 gezeigte Bild. Sie sehen den Terminauftrag und die beiden Rechnungen.

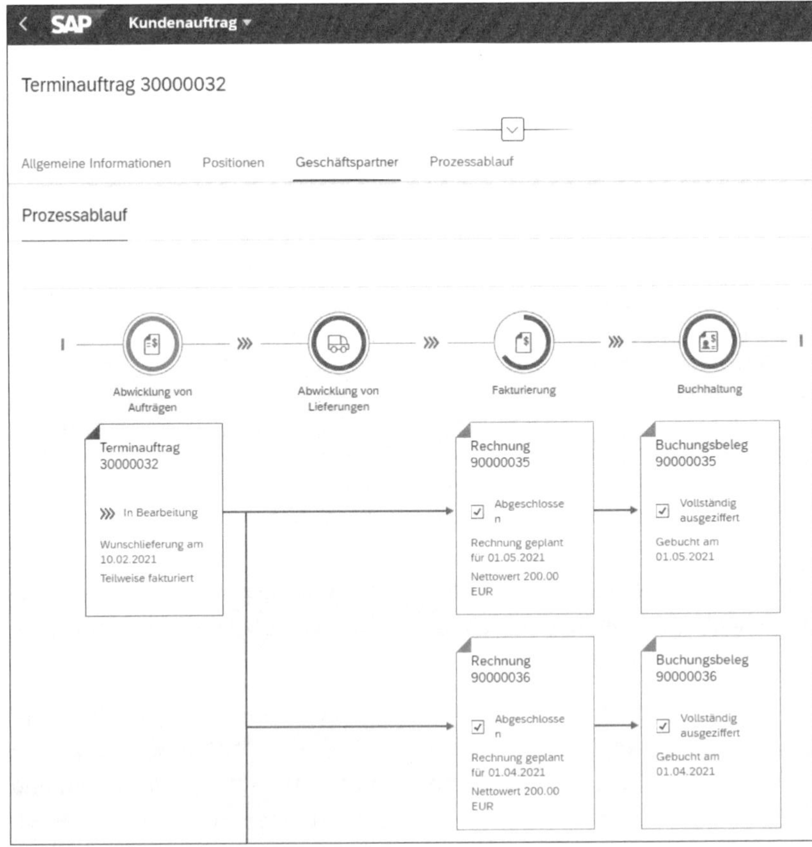

Abbildung 12.10 Prozessablauf zum Kundenauftrag 30000032 (SAP-Fiori-App »Kundenauftrag«)

Buchungsbeleg

Abbildung 12.11 zeigt den Buchungsbeleg zur Rechnung. Gemäß der Kontierungsgruppe im Materialstamm wurden die Erlöse als Mieterträge auf dem Konto 840000 verbucht. An dieser Stelle sei noch darauf hingewiesen, dass Maschinen mit ihrem Buchwert im Anlagevermögen auszuweisen sind. Die Zuordnung einer Maschine zu einem Anlagenstammsatz erfolgt über die Serialnummer bzw. den Equipmentstammsatz zur Serialnummer. In diesem Fall wird der Wert der Maschine in der Anlagenbuchhaltung verwaltet. Deshalb ist der Materialstamm hier als »unbewertetes Material« zu führen. Wenn der Kunde die Maschine im Zuge einer Leihgutnachbelastung übernehmen will, wird bei der Warenausgangsbuchung kein Buchungsbeleg erzeugt. Hier müsste der wertmäßige Abgang der Anlage in der Anlagenbuchhaltung manuell gebucht werden.

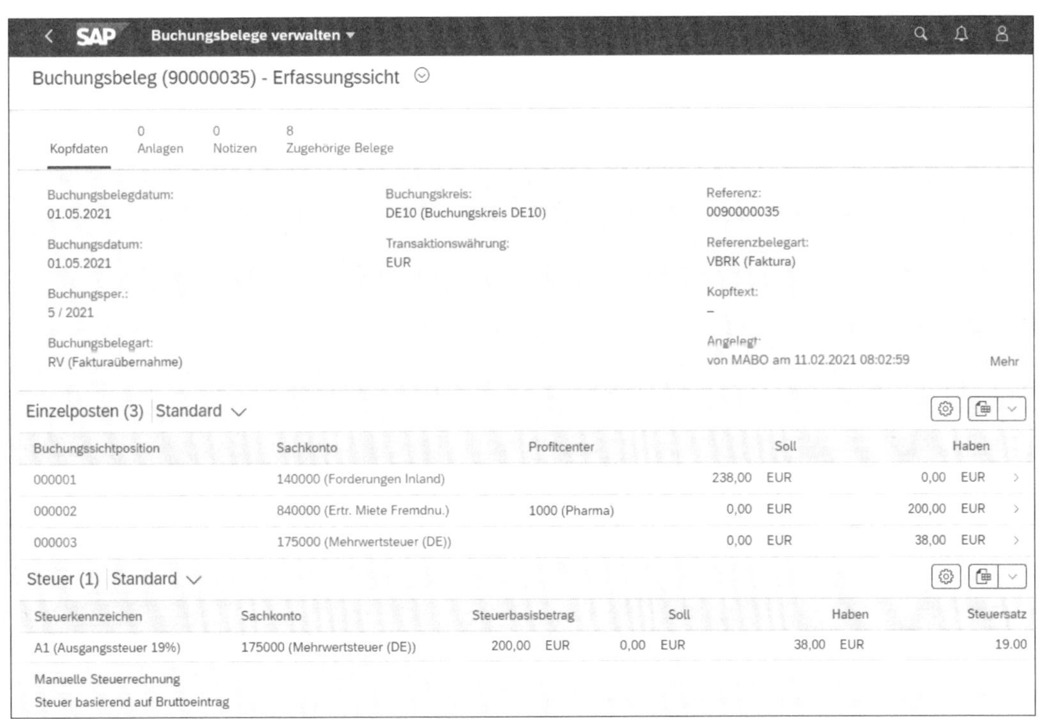

Abbildung 12.11 Buchungsbeleg zur Mietrechnung (SAP-Fiori-App »Buchungsbelege verwalten«)

Zu der Faktura wurde auch ein Beleg in der Ergebnisrechnung erzeugt. In diesem Beleg wurden nur die Erlöse an die Ergebnis- und Marktsegmentrechnung (CO-PA) übergeben. Da die Konditionsart VPRS bei unserem Positionstyp ZLM nicht ermittelt wird, werden keine Umsatzkosten übergeben: Die Fortschreibung der Umsatzkosten wäre hier nicht zielführend, da dann pro Mietfaktura jeweils die gesamten Herstellungskosten weitergeleitet würden. Die Kosten der Vermietung entstehen jedoch in erster Linie über den Wertverlust der Maschine, also über die Abschreibungen. Diese werden aber unabhängig von der Leihgutabwicklung auf einer Kostenstelle gesammelt und von dort in die Ergebnis- und Marktsegmentrechnung übergeben.

Kapitel 13
Retourenabwicklung

In diesem Kapitel erklären wir die betriebswirtschaftlichen Grundlagen einer Retourenabwicklung und deren Umsetzung in SAP S/4HANA. Dabei gehen wir auch auf die benutzerfreundlichere und vor allem schnellere erweiterte Retourenabwicklung ein.

Zum Vertrieb gehört auch eine rasche Bearbeitung von *Kundenretouren*. Wurden falsche Produkte geliefert oder ist die Ware beschädigt, geht es um schnelle Schadensbegrenzung. Vor allem die Handhabung von Garantie- und Kulanzfällen gehört zu den wichtigen Wettbewerbsvorteilen eines Unternehmens. Für eine schnelle Prüfung und Bearbeitung dieser Fälle ist jedoch ein effizientes System unabdingbar.

13.1 Betriebswirtschaftliche Grundlagen

Rücksendungen von Kunden gehören zu den eher unangenehmen Ereignissen im Vertriebsalltag. Gründe für Retouren können sein:

- Es wurde die falsche Ware geliefert.
- Die gelieferte Ware war schadhaft.
- Der Kunde hat die falsche Ware bestellt.

Nach dem Eingang der Retoure stellen sich folgende Probleme:

- Identifikation des Materials
- Bewertung des Materials
- Verwendungsentscheidung
- Gutschrift oder Ersatzlieferung für den Kunden

Wenn die Ware aufbereitet wird, Ersatzteile ausgetauscht werden oder Ähnliches, handelt es sich allerdings um eine Reklamation und nicht um eine Retoure (siehe dazu Kapitel 15, »Zentrale Reklamationsbearbeitung«).

Bei einer erfolgten Rücksendung geht es zunächst darum, die richtige Materialnummer zu ermitteln. Über sie lässt sich feststellen, ob und wann die Ware geliefert worden ist. Vor allem bei der Rücksendung älterer Produkte, **Identifikation** die meist ohne zusätzliche Dokumentation eintreffen, kann dies problematisch sein.

Bewertung

Der nächste Schritt besteht in der Bewertung des Materials. Lediglich dann, wenn ein Produkt vom Kunden unmittelbar nach der Auslieferung zurückgeschickt wird und offenkundig kein Wertverlust eingetreten ist, kann es ohne Einschränkung in den bewerteten Lagerbestand übernommen werden. Dieser Bestand wird dann zum Zeitpunkt der Wareneingangsbuchung mengen- und wertmäßig erhöht.

Wie ist aber zu verfahren, wenn der Warenwert gemindert ist? Wenn gewissermaßen eine B-Ware entstanden ist? In diesem Fall gibt es zwei Möglichkeiten:

- Zum einen können Sie die Retourenprodukte unter einem eigenen Materialstamm verwalten. Dies führt aber schnell zu einer Vielzahl zusätzlicher Materialstämme.
- Zum anderen können Sie die Bestände eines Materials differenziert bewerten. SAP S/4HANA bietet mit der Funktion *getrennte Bewertung* die Möglichkeit, Bestände unterhalb der Ebene *Werk/Material* über eigene Bewertungssegmente unterschiedlich zu bewerten. Allerdings ist dann bei jeder Materialbewegung zu diesem Materialstamm das Bewertungssegment mitzugeben.

In der Praxis scheuen viele Unternehmen den Aufwand, den die Einführung und vor allem die Handhabung dieser Lösung verursachen. Letztlich ist von Fall zu Fall zu prüfen, welche Lösung mit vertretbarem Aufwand die gewünschten Ergebnisse bringt. Unternehmen, die chargenpflichtige Produkte herstellen, können die Differenzierung der Bestandsbewertung auch über Chargen vornehmen. Zu jeder Charge kann ein eigenes Bewertungssegment mit einem Bewertungspreis angelegt werden. Somit buchen Sie Retouren unter einer eigenen Charge ein und vergeben für diese Charge einen eigenen Bewertungspreis.

Verwendungsentscheid

In der Regel wird das Material aber erstmal in einen gesperrten Bestand eingebucht, bevor nach einer Überprüfung entschieden wird, ob und wie das Material zu bewerten ist. Dies erfolgt über einen sogenannten *Verwendungsentscheid*. Folgende Möglichkeiten bieten sich an:

- Verschrottung
- Einbuchen in den freien Bestand
- Reparatur

Wegen einer möglichen Verschrottung ist es sinnvoll, die Ware gar nicht erst in den bewerteten, freien Bestand einzubuchen. Vielmehr sollten Sie sie direkt der geeigneten Entsorgung zuführen. Ist die Ware ohne größere Überarbeitung wieder verkaufsfähig, wird sie in den Bestand übernommen. Schließlich kann das Produkt repariert werden. Die Abwicklung von Reparaturen kann mithilfe der Komponente CS (Customer Service) vorgenommen werden. Diese verwendet Funktionen aus der Instandhaltungskomponente (sie ist Teil der Anwendung *SAP Product Lifecycle Management*, SAP PLM) und der Vertriebskomponente SD.

Gutschrift oder Ersatzlieferung

Nach der Prüfung der Ware ist zu entscheiden, ob der Kunde eine Gutschrift für die Retoure erhält. Eine andere Möglichkeit besteht in der Ersatzlieferung. Wichtig ist, dass der gesamte Retourenvorgang transparent und damit nachvollziehbar ist.

13.2 Retourenabwicklung in SAP S/4HANA

Retourenauftrag

Für die Abwicklung von Retouren steht im SAP-Standard die Auftragsart RE (Retourenauftrag) zur Verfügung. Retourenpositionen haben den Positionstyp REN (Retourenposition). Über die Zuordnung der Einteilungstypen im Customizing wird der Einteilungstyp DN (Retoure) ermittelt.

Retourenanlieferung

Analog zur normalen Auftragsabwicklung (siehe Kapitel 8, »Terminauftragsabwicklung«) wird mit Bezug zum Retourenauftrag ein SD-Lieferbeleg mit der Lieferart LR (Retourenanlieferung) angelegt. Der Positionstyp in der Lieferung wird aus dem Auftrag übernommen. Im Customizing ist der Positionstyp REN als »nicht relevant« für die Kommissionierung eingestellt, da der Kommissionierungsvorgang (die Rückmeldung der Pickmenge) beim Kunden stattfindet.

Für eine schnelle und einfache Abwicklung empfiehlt es sich, dass ein Kunde seine Retoure anmeldet. Dann können sowohl Retourenauftrag als auch Retourenanlieferung schon in SAP S/4HANA erzeugt werden. Sendet der Kunde die entsprechenden Referenznummern mit, kann direkt der Wareneingang zum entsprechenden Beleg gebucht werden.

Retourensperrbestand

Der Einteilungstyp DN (Retoure) im Retourenauftrag führt in der Retourenanlieferung über die Bewegungsart 651 zu einer Buchung in den *Retourensperrbestand*. Dabei handelt es sich um einen unbewerteten Bestand. Aus diesem Grund wird für diesen Materialbeleg kein Buchungsbeleg erzeugt. Im Customizing der Komponente Materialwirtschaft (MM) gibt es zusätzliche Bewegungsarten, die für die Steuerung von Retouren eingesetzt werden können. Dazu gehört unter anderem die Bewegungsart 653. Diese führt dazu, dass die Wareneingangsbuchung direkt in den frei verwendbaren Bestand erfolgt. In diesem Fall wird ein Buchungsbeleg erzeugt (»Bestand an

Bestandsveränderungen«). Um diese Bewegungsart zu nutzen, muss im SD-Customizing (Transaktion VOV6) ein neuer Einteilungstyp angelegt werden. Am besten geschieht dies durch Kopie des Einteilungstyps DN. Dem neuen Einteilungstyp ordnen Sie die Bewegungsart 653 zu. Erlauben Sie den neuen Einteilungstyp als Alternative, kann der Anwender im Retourenauftrag durch manuelle Auswahl eines Einteilungstyps entscheiden, ob in den Retourensperrbestand oder in den frei verwendbaren Bestand gebucht werden soll.

Umbuchung in den frei verwendbaren Bestand

Die Umbuchung vom Retourensperrbestand in den frei verwendbaren Bestand erfolgt über die Bewegungsart 453 in der Komponente MM (Transaktion MIGO_TR).

Retourengutschrift

Dem Kunden kann eine Gutschrift für die Retoure eingeräumt werden. Dazu gibt es im Standard die Fakturaart RE (Retourengutschrift), bei der es sich um eine auftragsbezogene Faktura handelt. In der Praxis wird deshalb bei der Erfassung des Retourenauftrags immer eine Fakturasperre gesetzt. Diese kann abhängig vom Customizing der Auftragsart automatisch vom System vorgeschlagen werden. Erst wenn geklärt ist, dass eine Gutschrift erfolgen soll, wird die Sperre manuell entfernt. Danach kann die Gutschrift automatisch über den Fakturalauf erzeugt werden. Abbildung 13.1 gibt einen Überblick über die Retourenabwicklung.

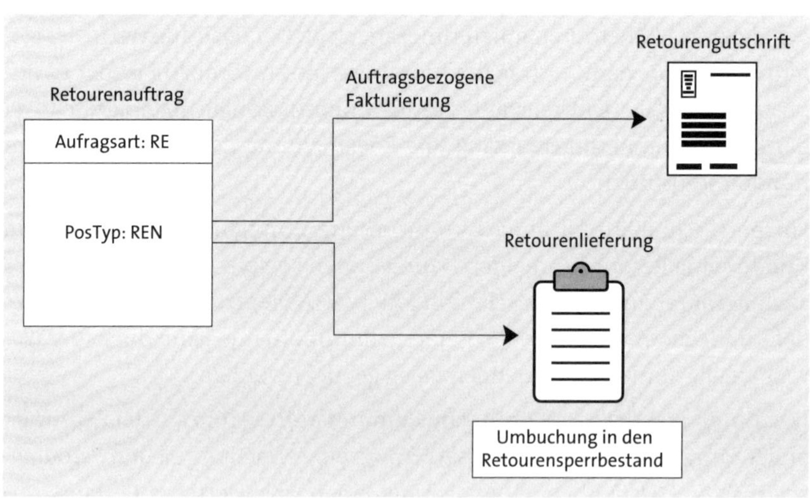

Abbildung 13.1 Überblick über die Retourenabwicklung

Integration mit dem Rechnungswesen

Über die Gutschrift wird ein Buchungsbeleg erzeugt. Dieser enthält die »umgekehrte« Erlösbuchung: »Umsatzerlöse und Mehrwertsteuer an Debitor«. Wie bei einer Faktura können auch bei einer Gutschrift Werte an die Ergebnis- und Marktsegmentrechnung (CO-PA) übergeben werden. In CO-PA werden Erlöse (Nettowert der Position), Umsatzkosten (über die Konditionsart VPRS) und die Absatzmenge korrigiert. Allerdings ist es bei Gutschriften nicht immer sinnvoll, alle Werte zu korrigieren.

Dabei sind im Wesentlichen zwei Fälle zu unterscheiden:

- **Rücksendung eines neuwertigen Produkts**
  Der Kunde schickt ein neuwertiges Produkt zurück, z. B. wegen Überlieferung. In diesem Fall ist es sinnvoll, die Erlöse, Umsatzkosten und auch die Absatzmenge zu korrigieren.
- **Rücksendung eines alten Produkts**
  Der Kunde schickt ein altes Gerät zurück, z. B. im Zuge einer Verkaufsaktion, bei der Altgeräte in Zahlung genommen werden. Dann ist es sinnvoll, den Gutschriftsbetrag als negativen Erlös in CO-PA zu buchen. Die Absatzmenge hingegen ist nicht zu korrigieren, und ebenso wenig ist es sinnvoll, die Umsatzkosten der laufenden Periode anzupassen.

Im Customizing gibt es entsprechende Möglichkeiten, die betroffenen Wertfelder abhängig von der Fakturaart von der Überleitung auszuschließen. Diese werden in Kapitel 14, »Gut- und Lastschriften«, vorgestellt.

Kostenlose Lieferung

Des Weiteren ist es möglich, dem Kunden eine Ersatzlieferung zu schicken. Dazu sollte mit Bezug zum Retourenauftrag ein weiterer Auftrag mit der Auftragsart Kostenlose Lieferung angelegt werden. Somit erscheint dieser Auftrag im Belegfluss des Retourenauftrags. Jeder Sachbearbeiter im Vertrieb kann erkennen, wie auf die Retoure reagiert wurde. Die Auftragsart Kostenlose Lieferung führt zu einem Positionstyp ohne Preisfindungsrelevanz und ohne Fakturarelevanz.

Garantielieferung

Die kostenlose Lieferung könnte z. B. im Garantiefall eingesetzt werden. Viele Unternehmen wollen jedoch den Aufwand für Garantielieferungen sowohl in der Finanzbuchhaltung als auch im Controlling gesondert ausweisen. Um den Aufwand in der Finanzbuchhaltung auf ein Konto »Garantieaufwand« zu buchen, können Sie die gleiche Vorgehensweise anwenden, wie sie für Musterlieferungen in Abschnitt 8.4.4, »Warenausgangsbuchung«, erläutert wurde. Für einen Ausweis der Garantieaufwendungen in der Ergebnis- und Marktsegmentrechnung (CO-PA) der Controlling-Komponente (CO) müssen wir die Ausführungen zur CO-PA-Schnittstelle aus Kapitel 6, »Integration in das Rechnungswesen«, beherzigen. Dort haben Sie gesehen, dass im »normalen« Auftragsprozess sowohl Erlöse als auch Kosten aus der SD-Faktura in die Ergebnis- und Marktsegmentrechnung übergeben werden. Bei einer kostenlosen Lieferung ist eine SD-Faktura nicht zwingend erforderlich, da es nichts zu belasten gibt. Andererseits kommen ohne SD-Faktura auch keine Kosten in die Ergebnis- und Marktsegmentrechnung.

Dies wird dadurch gelöst, dass ein normaler Auftrag (z. B. ein Terminauftrag) mit einer preisrelevanten Position erfasst wird. Sie ergänzen die automatische Preisfindung um einen 100-%-Rabatt. Dieser Rabatt sollte in der Erlöskontenfindung auf das identische Konto gesteuert werden, das auch für die Verkaufspreiskondition genutzt wird (z. B. »Umsatzerlöse«). Anschließend erfassen Sie die Lieferung und Faktura. Durch die Faktura entsteht in der Finanzbuchhaltung die Buchung aus Abbildung 13.2.

Soll		Haben	
Umsatz	100,00 EUR	Umsatz	100,00 EUR

Abbildung 13.2 Buchung in der Garantiefaktura

Der Erlös und der 100-%-Rabatt verrechnen sich zu null. In CO-PA werden der Erlös und der Rabatt an das gleiche Wertfeld übergeben. Sie gleichen sich aus und sind damit ergebnisneutral. Zusätzlich werden die Kosten für das Material (ermittelt aus der Konditionsart VPRS) an die Ergebnis- und Marktsegmentrechnung übergeben. Somit verschlechtert sich das Betriebsergebnis in der Ergebnis- und Marktsegmentrechnung (CO-PA) um die Kosten des gelieferten Materials. Der gewünschte Effekt ist eingetreten. Sollen die Kosten in CO-PA als Garantie- oder Kulanzkosten erkennbar sein, sollte in der Kundenauftragsposition ein spezieller Positionstyp verwendet werden, der dann zur Merkmalsableitung in CO-PA verwendet werden kann.

Getrennte Bewertung

In Abschnitt 13.1, »Betriebswirtschaftliche Grundlagen«, haben wir darauf hingewiesen, dass die Funktion getrennte Bewertung dazu genutzt werden kann, unterhalb des Materials zusätzliche Bewertungssegmente einzuführen. Dazu ist im Materialstamm auf dem Buchhaltungsbild das Feld **Bewertungstyp** zu pflegen. Der Bewertungstyp legt fest, nach welchen Kriterien die Bestände unterschieden werden sollen. Zu jedem Bewertungstyp gibt es unterschiedliche Bewertungsarten. Beispiele für Bewertungstypen und Bewertungsarten sind:

- **Eigen-/Fremdfertigung**
  Anwendbar auf Materialien, die sowohl in Eigenherstellung als auch in Fremdbezug beschafft werden. Der Materialbestand wird in zwei Bewertungsarten (eigen, fremd) unterschieden.

- **Herkunft**
  Anwendbar bei Rohstoffen, die aus unterschiedlichen Ländern mit unterschiedlichen Preisen beschafft werden. Hier stellen die jeweiligen Länder die Bewertungsarten dar.
- **Charge**
  Anwendbar bei chargenpflichtigen Materialien. Hier stellt jede Charge eine Bewertungsart dar.

Zusätzliche Bewertungstypen und Bewertungsarten können im Customizing definiert werden. Bei getrennt bewerteten Materialstammsätzen existiert unterhalb des Buchhaltungsbildes pro Bewertungsart ein weiteres Buchhaltungsbild mit einem eigenen Bewertungspreis. Der Bewertungspreis auf dem übergeordneten Werksbild errechnet sich aus dem Durchschnitt der Preise der einzelnen Bewertungsarten. Das Material CH1000, das wir auch für unser Systembeispiel in Abschnitt 13.3, »Beispiel einer Retourenabwicklung«, verwenden, ist chargenpflichtig. Auf dem Buchhaltungsbild des Materialstammsatzes (siehe Abbildung 13.3) wurde die getrennte Bewertung nach Chargen eingestellt.

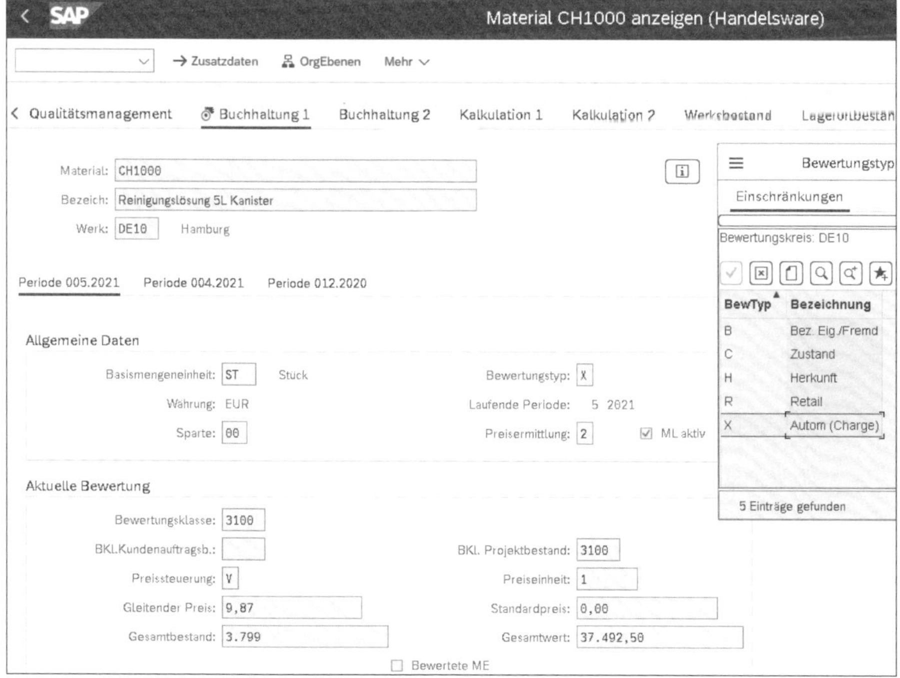

Abbildung 13.3 Buchhaltungsbild auf Werksebene (Transaktion MM03)

Beispiel

Für das Material CH1000 wurde im Feld **Bewertungstyp** der Eintrag »X« ausgewählt. Damit wurde die getrennte Bewertung nach Chargen aktiviert. Der

Betrag im Feld **Gleitender Preis** (9,87 EUR) errechnet sich aus den untergeordneten Chargen.

Für das Material gibt es zwei Chargen. Der Bestand teilt sich zu 1.799 Stück auf die Charge CH-01 und 2.000 Stück auf die Charge CH-02 auf. Abbildung 13.4 zeigt exemplarisch das Bewertungssegment für die Charge CH-01. Der Bewertungspreis bei dieser Charge beträgt 7,50 EUR (siehe Eintrag im Feld **Per. VPreis**, periodischer Verrechnungspreis).

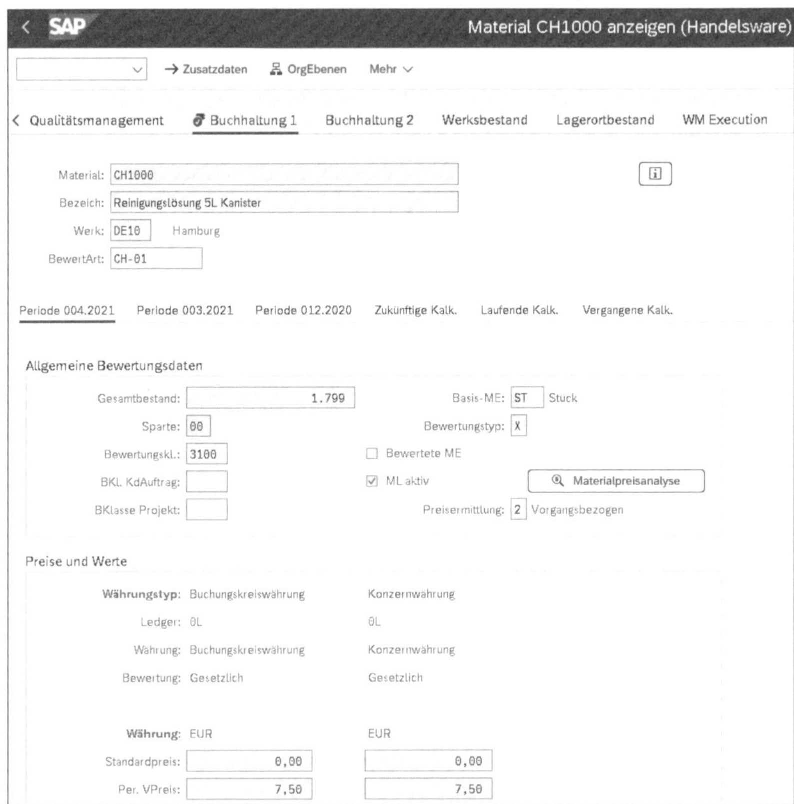

Abbildung 13.4 Buchhaltungsbild für die Bewertungsart CH-01 (Transaktion MM03)

Das Bewertungsbild für die Charge CH-02 zeigt einen Bewertungspreis von 12,00 EUR. Dabei handelt es sich um den periodischen Verrechnungspreis, also den gleitenden Durchschnittspreis mit der aktivierten Material-Ledger-Funktion.

Aus den Bestandswerten für die Chargen CH-01 (13.492,50 EUR) und CH-02 (24.000,00 EUR) errechnet sich der Gesamtwert von 37.492,50 EUR für den Gesamtbestand. Bei 3.799 Stück ergibt dies einen durchschnittlichen Bewertungspreis auf der Werksebene von 9,87 EUR (siehe Abbildung 13.3).

Die Funktion getrennte Bewertung wird man in aller Regel nicht allein wegen der Retourenabwicklung einführen. Vielmehr geht es insgesamt um einen korrekten Ausweis der Bestandswerte.

13.3 Beispiel einer Retourenabwicklung

Nun wollen wir in einer kurzen Übersicht für das Material CH1000 eine klassische Retourenabwicklung durchführen. Dabei durchlaufen wir folgende Schritte:

1. Bestandsübersicht
2. Erfassung des Retourenauftrags
3. Erfassung einer neuen Bewertungsart
4. Erfassung der Retourenanlieferung
5. Wareneingangsbuchung
6. Umbuchung in den frei verwendbaren Bestand
7. Erfassung der Retourengutschrift

Schritt 1: Bestandsübersicht

Bevor wir einen Retourenauftrag erfassen, werfen wir wieder einen Blick auf die Bestandsübersicht. Im Werk DE10 Hamburg befinden sich 3.799 Stück unseres Materials CH1000 im frei verwendbaren Bestand. Dieser verteilt sich auf die beiden Chargen CH-01 und CH-02.

Schritt 2: Retourenauftrag erfassen

In unserem Szenario hat unser Kunde, die Karl Müller GmbH (1048), eine Lieferung über 100 Stück Kanister Reinigungslösung erhalten. Diese will er nun aufgrund eines Schadens retournieren. Erfassen wir nun also den Retourenauftrag mit der Auftragsart RE. Im Retourenauftrag mit der Belegnummer 60000010 in Abbildung 13.5 erkennen Sie, dass im Feld **Fakturasperre** die Option **08 Gutschrift prüfen** ausgewählt ist. Als **Auftragsgrund** wurde ein **Transportschaden** eingetragen (hier nicht zu sehen).

Das heißt, eine Fakturasperre ist gesetzt und verhindert zunächst das Anlegen einer Gutschrift. Im Customizing zur Auftragsart kann hinterlegt werden, dass die Fakturasperre automatisch beim Anlegen gesetzt wird. Die Auftragsmenge beträgt 100 Stück. Wie in der Spalte **Ptyp** zu erkennen, enthält die Position den Positionstyp **REN** (Retourenposition). Über die Preisfindung werden die Konditionen im Auftrag ermittelt. Der Nettowert des Retourenauftrags wird dem Kunden im Fall einer Gutschrift gutgeschrieben. Es ist denkbar, bei einem Retourenauftrag spezielle Preise oder Konditionen (z. B. eine Bearbeitungsgebühr) zu verwenden. Diese Preise können in der Preisfindung (siehe Abschnitt 3.3, »Konditionen«) auch von der Auftragsart oder dem Positionstyp abhängig gemacht werden.

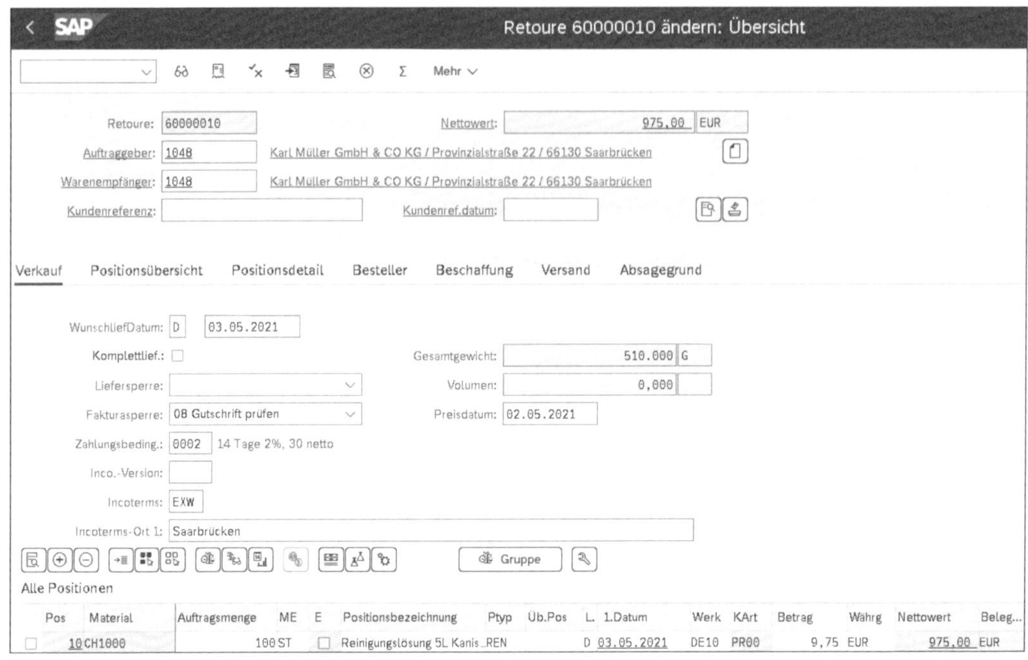

Abbildung 13.5 Retourenauftrag (Transaktion VA02)

In unserem Beispiel hat das System einen Gutschriftsbetrag von 9,75 EUR pro Stück ermittelt (siehe Spalte **Betrag**).

Schritt 3: Neue Bewertungsart erfassen

Bevor wir die Retourenanlieferung zum Auftrag erfassen, denken Sie daran, dass unser Material chargenpflichtig ist. Außerdem wurde die getrennte Bewertung für dieses Material aktiviert. Gehen wir für unser Beispiel davon aus, dass es sich bei den Waren um Chargen mit relativ geringer Restlaufzeit handelt, die umgehend über Sonderangebote verkauft werden müssen. Ansonsten sind die Produkte aber in Ordnung.

Im nächsten Schritt legen wir mit Transaktion MSC1N einen Chargenstammsatz (CH-RE-01) und eine eigene Bewertungsart für diese Charge an (siehe Abbildung 13.6). In der Bewertungsart gehen wir davon aus, dass die Produkte mit einem periodischen Verrechnungspreis von 2,00 EUR bewertet werden können (siehe Feld **Per. VPreis**). Die neue Bewertungsart sehen Sie im Feld **BewertArt**.

Schritt 4: Anlieferung erfassen

Der nächste Schritt besteht in der Erfassung der Retourenanlieferung mit der Lieferart LR. In der Lieferung wird die Charge erfasst. Aus dem Chargenstammsatz wird die Bewertungsart ermittelt.

Schritt 5: Wareneingangsbuchung

Die Wareneingangsbuchung zur Retourenanlieferung 84000007 bucht das Material in den Retourensperrbestand mit der Bewegungsart **651** (»WL WarenRück Retoureein«). Abbildung 13.7 zeigt den Vorgang:

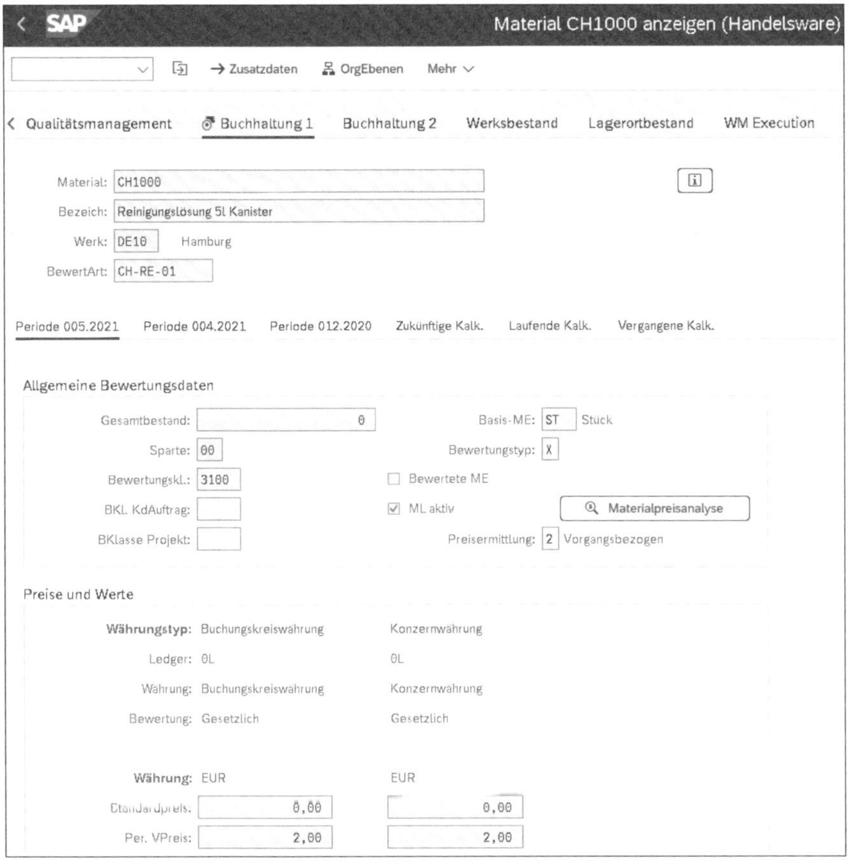

SAP
Material CH1000 anzeigen (Handelsware)
Zusatzdaten
OrgEbenen
Mehr
Qualitätsmanagement
Buchhaltung 1
Buchhaltung 2
Werksbestand
Lagerortbestand
WM Execution
Material: CH1000
Bezeich: Reinigungslösung 5l Kanister
Werk: DE10 Hamburg
BewertArt: CH-RE-01
Periode 005.2021
Periode 004.2021
Periode 012.2020
Zukünftige Kalk.
Laufende Kalk.
Vergangene Kalk.
Allgemeine Bewertungsdaten
Gesamtbestand: 0
Basis-ME: ST Stück
Sparte: 00
Bewertungstyp: X
Bewertungskl.: 3100
Bewertete ME
BKl. KdAuftrag:
ML aktiv
Materialpreisanalyse
BKlasse Projekt:
Preisermittlung: 2 Vorgangsbezogen
Preise und Werte
Währungstyp: Buchungskreiswährung Konzernwährung
Ledger: 0L 0L
Währung: Buchungskreiswährung Konzernwährung
Bewertung: Gesetzlich Gesetzlich
Währung: EUR EUR
Standardpreis: 0,00 0,00
Per. VPreis: 2,00 2,00

Abbildung 13.6 Buchhaltungsbild der Bewertungsart CH-RE-01 (Transaktion MM03)

SAP
Retourenanlieferung 84000007 ändern: Übersicht
Wareneingang buchen
Mehr
Auslieferung: 84000007
Belegdatum: 02.05.2021
Warenempfänger: 1048
Karl Müller GmbH & CO KG / Provinzialstraße 22 / 66130 Saarbrücken
Positionsübersicht
Kommissionierung
Laden
Transport
Statusübersicht
Warenbewegungsdaten
Planwarenbew.: 03.05.2021 00:00
WarenbewegStat.: A Noch nicht begonnen
Istwarenbew.: 00:00
Alle Positionen
Pos Ptyp Werk LOrt Material Liefermenge ME Be... K. Charge C... BewertArt
10 REN DE10 0001 CH1000 100 ST 651 CH-RE-01 CH-RE-01

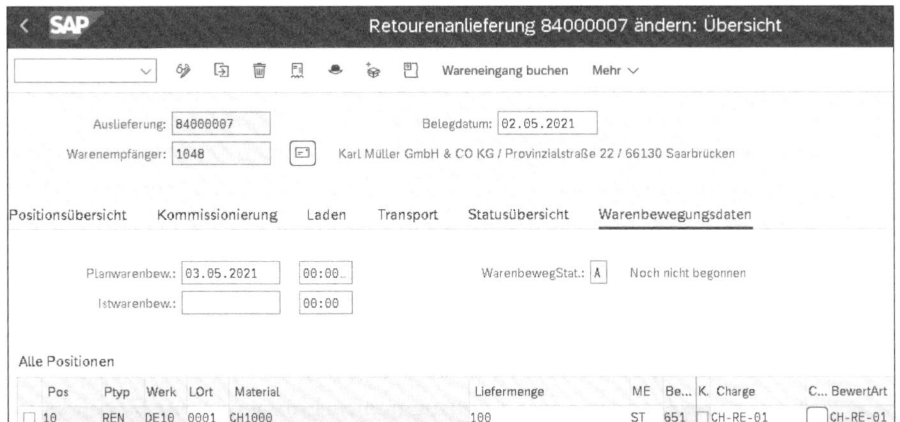

Abbildung 13.7 Wareneingangsbuchung zur Retourenanlieferung (Transaktion VL02N)

Schritt 6: Umbuchung in den frei verwendbaren Bestand

Der Retourenbestand wurde für die Charge CH-RE-01 um 100 Stück erhöht. Im nächsten Schritt erfolgt die Umbuchung in den frei verwendbaren Bestand. Diese Buchung geht über eine Umbuchung in der Komponente MM (Transaktion MIGO) vonstatten. Dazu steht die Bewegungsart 453 (»Umbuchung Eigen aus Retoure vom Kunden«) zur Verfügung. Abbildung 13.8 zeigt den Materialbeleg der Umbuchung.

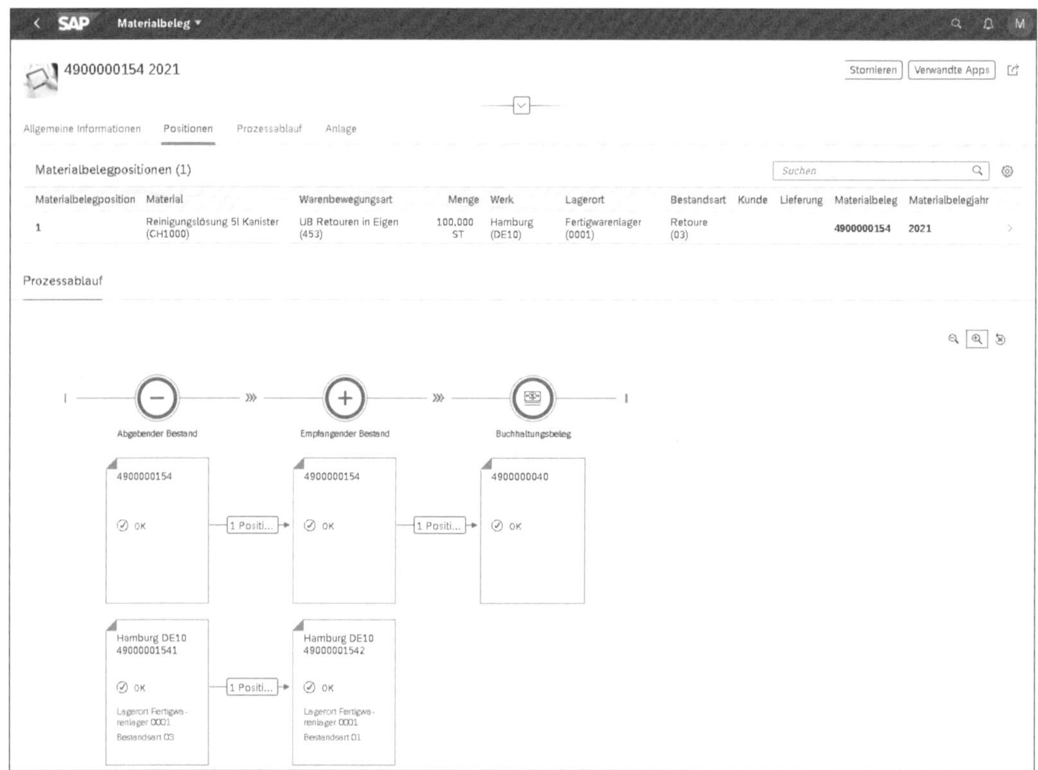

Abbildung 13.8 Anzeige des Materialbelegs der Umbuchung in den frei verwendbaren Bestand (SAP-Fiori-App »Übersicht Materialbelege«)

Mit diesem Vorgang erfolgt die Umbuchung in einen bewerteten Bestand. Damit wird zu dem Materialbeleg 4900000154 ein Buchungsbeleg »Handelswaren an Verbrauch Handelswaren« erzeugt. Dieser erhöht den Bestand und schreibt die Bewertungsart im Materialstamm fort. Die Bewegung wird mit dem Bewertungspreis aus der Bewertungsart CH-RE-01 (2,00 EUR) bewertet. Es sei an dieser Stelle darauf hingewiesen, dass die geschilderte Vorgehensweise zu Abstimmdifferenzen zwischen Finanzbuchhaltung und Ergebnis- und Marktsegmentrechnung (CO-PA) führen kann. Dies ist dann der Fall, wenn die Einbuchung in den unbewerteten Retourenbestand und die Umbuchung in den bewerteten Bestand in verschiedenen

Buchungsperioden erfolgt. Auch die Bestandsübersicht wurde durch die Umbuchung aktualisiert. Der Bestand für unsere Charge CH-RE-01 liegt nun im frei verwendbaren Bestand.

Schritt 7: Retourengutschrift erfassen

Da der Kunde 1048 eine Gutschrift erhalten soll, ist im letzten Schritt die Fakturasperre aus dem Retourenauftrag zu entfernen und die Retourengutschrift (Fakturaart RE) mit der Belegnummer 90000049 zu erstellen. Für unseren gesamten Ablauf ergibt sich damit ein Belegfluss, wie er in Abbildung 13.9 gezeigt wird.

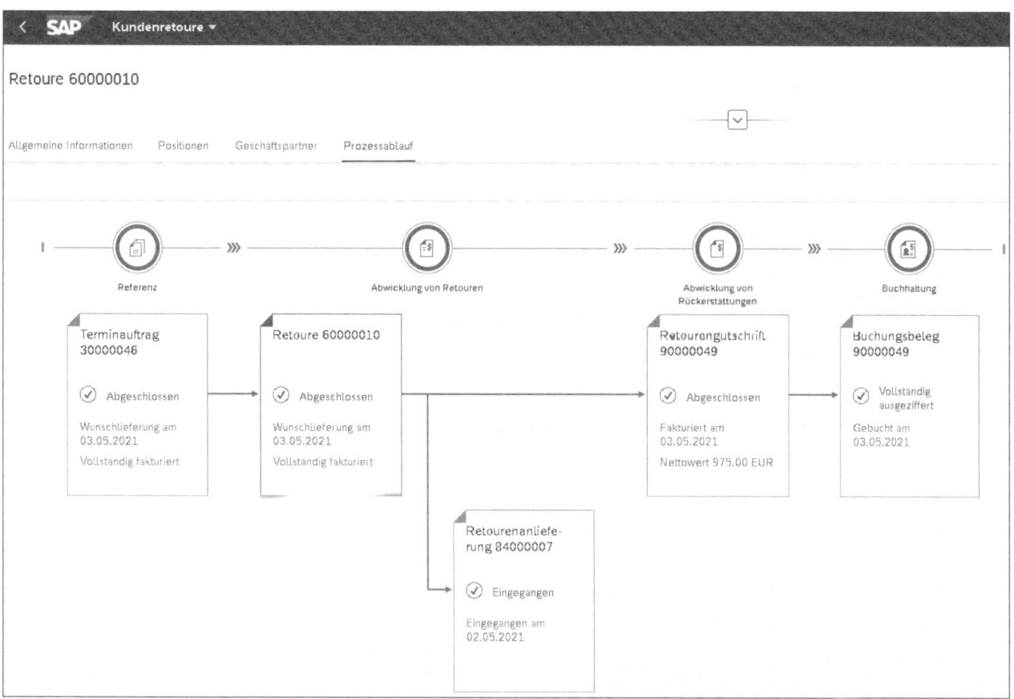

Abbildung 13.9 Prozessablauf der Retourenabwicklung (SAP-Fiori-App »Kundenretouren«)

Die Umbuchung aus dem Retourensperrbestand in den frei verwendbaren Bestand erfolgte ohne Bezug zum Retourenauftrag; sie ist damit nicht im Belegfluss enthalten. Die Buchung »Umsatz und Ausgangssteuer an Debitor« erfolgt in der Finanzbuchhaltung. Welche Werte wurden jedoch über unsere Gutschrift an die Ergebnis- und Marktsegmentrechnung übergeben? Die Korrektur der fakturierten Menge, der Erlöse und der Umsatzkosten werden in der Ergebnis- und Marktsegmentrechnung mit der Gutschrift erzeugt.

Ermittlung des Bewertungspreises

Bei der Korrektur der Umsatzkosten können wir einen weiteren Effekt unserer Abwicklung über die getrennte Bewertung beobachten. In der Gutschrift wird der Bewertungspreis des Materialstamms (9,87 EUR, siehe Abbildung 13.3) und nicht der untergeordneten Bewertungsart CH-RE-01 ermittelt. Wie ist das zu erklären? Die Ursache liegt darin, dass es sich bei unserer Gutschrift um eine auftragsbezogene Gutschrift handelt. Dabei wird die Faktura rein auf Basis des Auftrags erstellt.

Im Auftrag war jedoch die Charge noch nicht festgelegt. Aus diesem Grund zieht das System hier den Bewertungspreis des Materials (9,87 EUR). Hätten Sie bereits im Auftrag die Charge festgelegt, wäre der Bewertungspreis aus dem Bewertungssegment der Charge ermittelt worden.

Lieferbezogene Gutschrift

Eine andere Möglichkeit für die richtige Korrektur der Umsatzkosten in der Ergebnis- und Marktsegmentrechnung (CO-PA) besteht darin, statt der auftragsbezogenen Gutschrift eine *lieferbezogene Gutschrift* im Customizing anzulegen. Auch dann wird in der Faktura der Bewertungspreis aus dem Bewertungssegment der Charge gezogen, da diese spätestens im Lieferbeleg definiert werden *muss* und damit automatisch in die Faktura übergeben wird.

Wichtige Entscheidungsfaktoren

Dieses Beispiel zeigt wieder die Gestaltungsspielräume bei der Nutzung von SAP S/4HANA. Im Zusammenhang mit der getrennten Bewertung sind bei der Einführung bzw. bei der Weiterentwicklung und Optimierung der Prozesse und des Customizings folgende Fragen zu beantworten:

- Ist eine differenzierte Bewertung von retournierten Materialien notwendig?
- Zu welchem Zeitpunkt wird die Bewertungsart vergeben (Retourenauftrag oder Retourenanlieferung)?
- Welche Werte in der Ergebnis- und Marktsegmentrechnung (Erlöse, Umsatzkosten, Absatzmengen) sind zu korrigieren?
- Mit welchem Wertansatz sind diese Werte zu korrigieren (z. B. mit dem Wert der retournierten Charge, dem Durchschnittswert des Materialstamms oder der ursprünglich gelieferten Charge)?

13.4 Erweiterte Retourenabwicklung für Kundenretouren

In SAP S/4HANA stehen seit dem Release 1610 die Funktionen der erweiterten Retourenabwicklung initial zur Verfügung. Diese unterstützen die Abwicklung des gesamten Retourenprozesses, sowohl für Kunden- als auch für Lieferantenretouren. Wir möchten schwerpunktmäßig aber nur auf die Möglichkeiten bei der Abwicklung für Kundenretouren und deren weitere Verarbeitung eingehen.

Die erweiterte Retourenabwicklung bietet folgende Funktionen:

- Kundenretourenaufträge erstellen
- Materialinspektionen erfassen
- logistische Folgeaktionen erfassen
- Rückerstattung oder Ersatzlieferung anlegen
- den kompletten Retourenprozess überwachen

Customizing

Das notwendige Customizing für die erweiterte Retourenabwicklung für Kundenretouren befindet sich im Menüpfad **Vertrieb**. Alternativ kann das Customizing auch unter dem Menüeintrag **Logistik Allgemein** vorgenommen werden, der zusätzlich noch die Einstellungen für Lieferantenretouren umfasst. Um die Standardauftragsart **RE2** (**Erw. Retoure**) für die Abwicklung nutzen zu können, muss diese im Customizing aktiviert werden (siehe Abbildung 13.10).

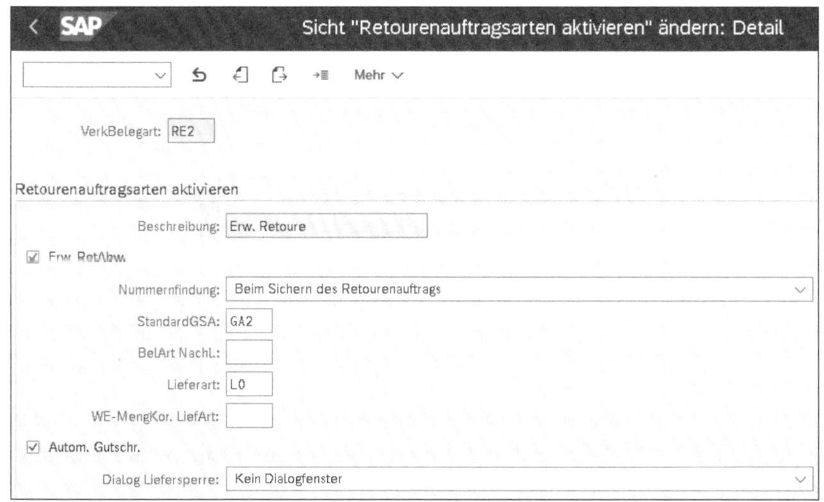

Abbildung 13.10 Aktivierung der Kundenretourenauftragsart (Transaktion SPRO)

Für die Erstellung der Gutschrift muss zusätzlich im Customizing auch eine Auftragsart für die Gutschriftsanforderung aktiviert werden. Im Standard ist dies für die erweiterte Retourenabwicklung die Auftragsart **GA2** (Feld **StandardGSA**)

Ebenfalls im Customizing können Sie Retourengründe (siehe Abbildung 13.11) und Rückerstattungsschlüssel (siehe Abbildung 13.12) definieren. Diese können anschließend in der Preisfindung für die Rückerstattung genutzt werden.

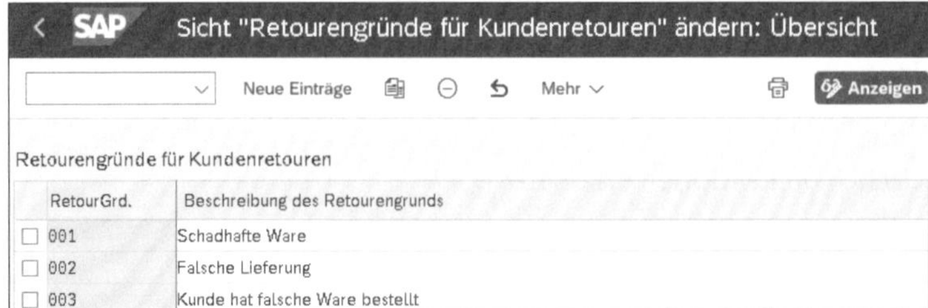

Abbildung 13.11 Definition der Retourengründe (Transaktion SPRO)

Mit dem Rückerstattungsschlüssel in Abbildung 13.12 können Sie anschließend in der Preisfindung der Gutschriftsanforderung (bzw. in der Gutschrift) Abschläge vom normalen Verkaufsnettopreis für die Rückerstattung definieren.

Abbildung 13.12 Definition des Rückerstattungsschlüssels (Transaktion SPRO)

Die Preisfindung der Gutschriftsanforderung nehmen Sie im Vertriebs-Customizing unter dem Menüeintrag **Preisfindung** vor. Es empfiehlt sich, eine eigene Konditionsart mit entsprechender Zugriffsfolge anzulegen.

Für die Untersuchung der zurückgesendeten Ware oder der Inspektion des Materials beim Kunden vor Ort definieren Sie im Customizing der erweiterten Retourenabwicklung Inspektionsschlüssel. Die Inspektionsergebnisse dienen dazu, die Folgeaktionen und die Rückerstattung zu steuern.

Für logistische Folgeaktionen werden im Standard verschiedene Schlüssel ausgeliefert, die im Customizing aktiviert werden können. Auf Basis dieser Folgeaktionsschlüssel und der Steuerung der Rückerstattung wird die automatische Erstellung der erforderlichen Folgebelege gesteuert.

Einen Einblick in die Funktionen der erweiterten Retourenabwicklung geben wir im nachfolgenden Beispiel. Die Bedeutung der jeweiligen Folgeaktivität finden Sie übersichtlich in der Customizing-Dokumentation der erweiterten Retourenabwicklung.

13.5 Beispiel einer erweiterten Retourenabwicklung

Der Kunde 1048, Karl Müller GmbH, avisiert eine Retoure für ein Bücherregal mit der Materialnummer W0004711. Die Ware befindet sich beim Kunden. Im Zuge des Beispiels durchlaufen wir folgende Schritte:

1. Erfassen des Kundenretourenauftrags
2. Erfassen der Retourenanlieferung
3. Materialinspektion im Lager
4. Rückerstattung für Kundenretoure
5. Kundenretourenübersicht

Schritt 1: Kundenretourenauftrag erfassen

Wir erfassen einen Retourenauftrag mit der Auftragsart RE2. Dabei kann der Retourenauftrag mit Bezug oder ohne Bezug zu einem vorherigen Kundenauftrag oder einer Rechnung erfasst werden. Für eine bessere Übersicht legen wir einen Retourenauftrag (Belegnummer 60000011) ohne Bezug an. Aufgrund der Funktionalität der erweiterten Retourenabwicklung hat der Kundenauftrag einen zusätzlichen Reiter **Retouren** (siehe Abbildung 13.13). Darauf erfassen wir die Materialnummer, die zurückgesendete Menge und den **Retourengrund**.

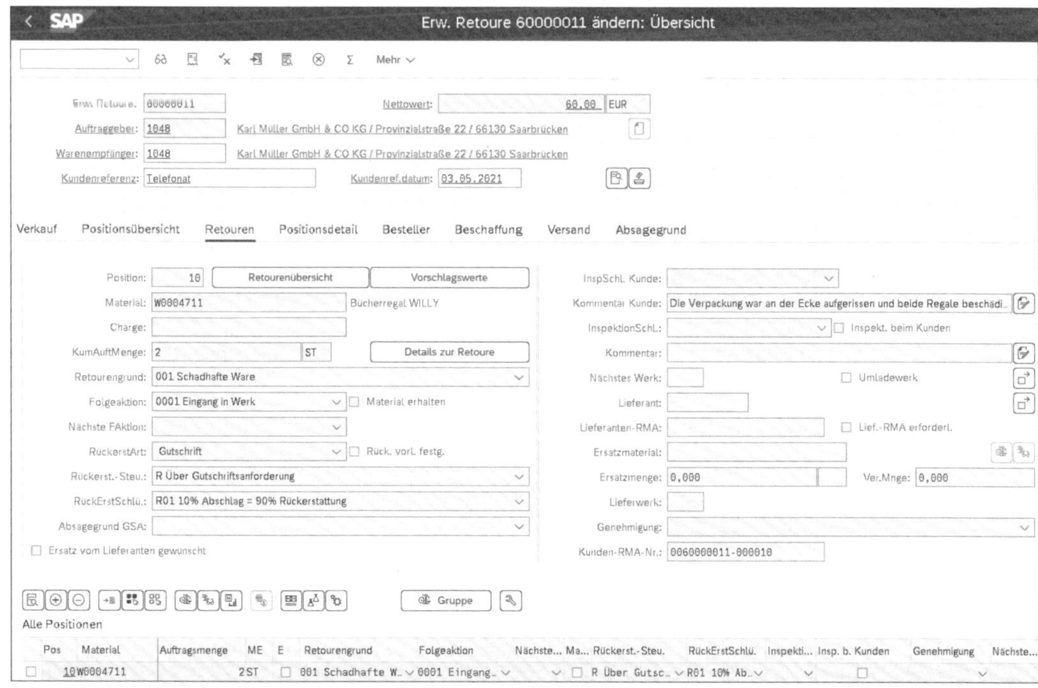

Abbildung 13.13 Kundenretourenauftrag anlegen (Transaktion VA01)

Handelt es sich um eine ungeplante Retoure, d. h., sendet der Kunde die Ware unangekündigt zurück, können Sie das Kennzeichen **Material erhalten** setzen. In diesem Fall wird automatisch ein Wareneingang in den Retourensperrbestand über eine Retourenanlieferung gebucht. Dieser Beleg muss aber nicht mehr bearbeitet werden. In unserem Beispiel setzen wir dieses Kennzeichen nicht. Wir erfassen aber eine **Folgeaktion** (**Eingang in Werk**) und legen den Schlüssel für die Rückerstattungssteuerung (**Über Gutschriftsanforderung**) fest.

Durch die Auswahl der Folgeaktion **Eingang in Werk** wird im Hintergrund automatisch der Beleg für die Retourenanlieferung erzeugt. Im Feld für die Rückerstattungssteuerung (**Rückerst.-Steu.**) wählen wir die Option **Über Gutschriftsanforderung**. Damit wird festgelegt, dass die Fakturierung über eine Gutschriftsanforderung erfolgt (alternativ dazu wäre es auch möglich, eine Faktura direkt mit Bezug zum Retourenauftrag zu erzeugen).

Schritt 2: Anlieferung erfassen

Im nächsten Schritt erfassen wir den Wareneingang zu unserem Lieferbeleg mit der Nummer 84000008 für zurückgelieferte Waren in unserem Werk (siehe Abbildung 13.14).

Abbildung 13.14 Bearbeitung der Retourenanlieferung (Transaktion VL02N)

Die Wareneingangsbuchung des Materials erfolgt in den Retourensperrbestand für die anschließende Materialinspektion im Lager. Dies wird über die Bewegungsart **657** (»WL Retoure gesperrt«) auf dem Reiter **Warenbewegungsdaten** ausgesteuert.

Schritt 3: Materialinspektion erfassen

Die Ergebnisse der Inspektion der im Lager eingegangenen Ware werden in Transaktion MSR_INSPWH erfasst. Im Einstiegsbildschirm können wir den gewünschten Vorgang für die weitere Verarbeitung selektieren.

In dieser Funktion (siehe Abbildung 13.15) erfassen wir das **Inspektionsergebnis**. Es werden ein **Inspektionsschlüssel Z001**, ein **Kommentar** zur Inspektion, ein **Inspektionsdatum** und der Name des Prüfers (**Prüfer**) dokumentiert.

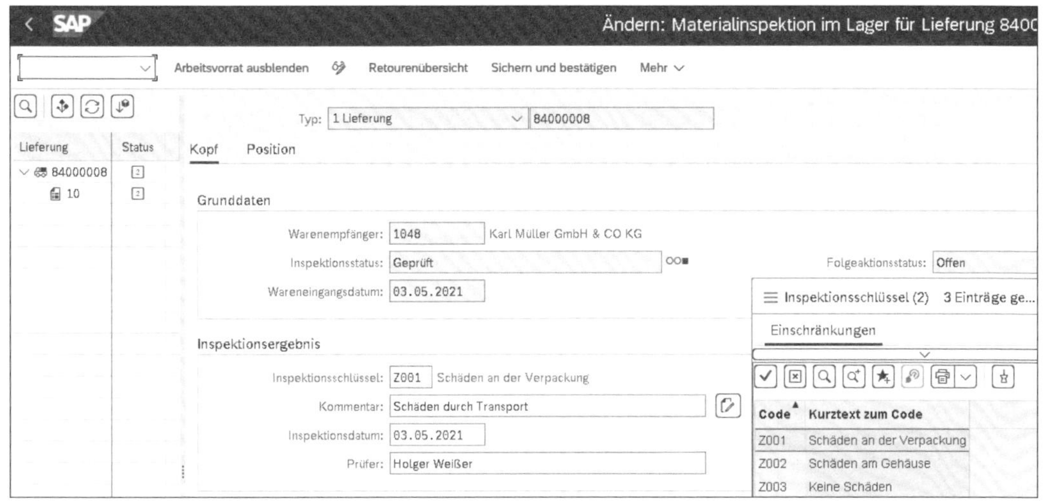

Abbildung 13.15 Erfassung der Materialinspektion im Lager (Transaktion MSR_INSPWH)

Auf Basis des Inspektionsergebnisses können Sie die entsprechenden logistischen Folgeaktionen sowie die Rückerstattung für die Kundenretoure in der gleichen Transaktion bestimmen (siehe unterer Teil in Abbildung 13.16).

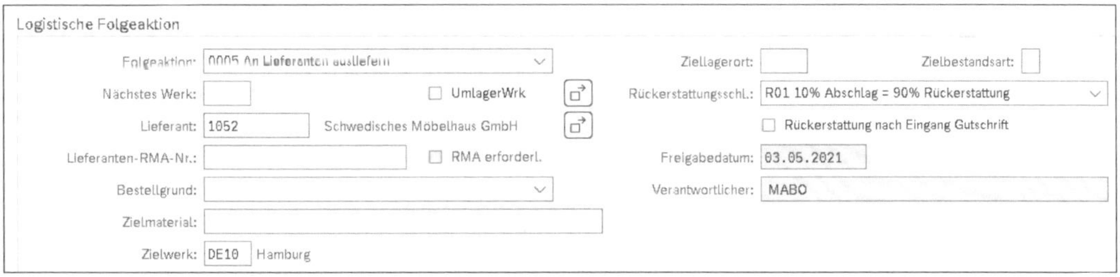

Logistische Folgeaktion

Folgeaktion: 0005 An Lieferanten ausliefern
Nächstes Werk:
UmlagerWrk
Lieferant: 1052 Schwedisches Möbelhaus GmbH
Lieferanten-RMA-Nr.:
RMA erforderl.
Bestellgrund:
Zielmaterial:
Zielwerk: DE10 Hamburg
Ziellagerort:
Zielbestandsart:
Rückerstattungsschl.: R01 10% Abschlag = 90% Rückerstattung
Rückerstattung nach Eingang Gutschrift
Freigabedatum: 03.05.2021
Verantwortlicher: MABO

Abbildung 13.16 Erfassung logistischer Folgeaktionen und des Rückerstattungsschlüssels (Transaktion MSR_INSPWH)

Wir wählen die Folgeaktion **0005 An Lieferanten ausliefern** aus. Über diese Folgeaktion wird die Integration mit der Komponente MM gesteuert. Dort wird mithilfe der gleichen Funktion (erweiterte Retourenabwicklung) die Rücksendung der Ware an unseren Lieferanten gesteuert. Darauf wollen wir an dieser Stelle aber nicht im Detail eingehen.

Schritt 4: Rückerstattung erstellen

Im nächsten Schritt legen wir über Transaktion MSR_CRD die Rückerstattung für den Kunden fest und erfassen die Gutschriftsanforderung. Dieser Schritt kann auch vor der Materialinspektion durchgeführt werden. Da aber häufig der Rückerstattungsbetrag vom Inspektionsergebnis abhängt, führen wir diesen Schritt anschließend durch (siehe Abbildung 13.17).

Abbildung 13.17 Rückerstattung für Kundenretouren anlegen (Transaktion MSR_CRD)

Im Einstiegsbildschirm von Transaktion MSR_CRD selektieren wir den Retourenauftrag (Belegnummer: 60000011). Durch die Wahl der Rückerstattungssteuerung im Retourenbeleg wird die Erstellung einer Gutschriftsanforderung festgelegt. Es erscheint dazu die Schaltfläche **Gutschriftsanforderung anlegen**, über die wir den Beleg 60000012 erzeugen.

In den Konditionen der Positionen hat die neue Preisfindung die Konditionsart **ZR01** gefunden. Abhängig vom Retourengrund und dem Rückerstattungsschlüssel erfolgt in unserem Beispiel ein Abschlag für den Kunden von 10 % (siehe Abbildung 13.18).

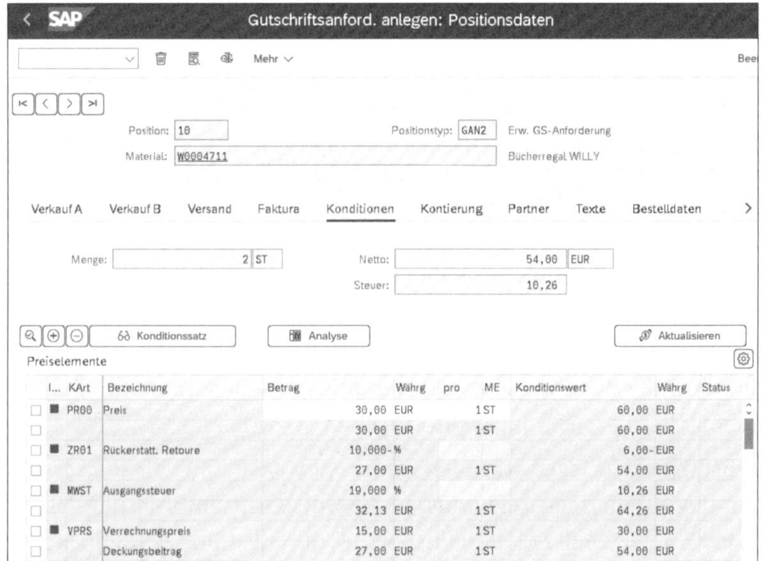

Abbildung 13.18 Preiselemente der Gutschriftsanforderungsposition (Transaktion VA01)

Schritt 5: Kundenretourenübersicht anzeigen

Einen Überblick über den Retourenprozess, die Belege und deren Status bekommen Sie in Transaktion MSR_TRC_C.

Nach Selektion des relevanten Retourenauftrags sind im Detailbaum alle erzeugten Belege sowie der jeweilige Status der logistischen Folgeaktionen und der Rückerstattung angezeigt. Im Beispiel wurde die Gutschriftsanforderung erstellt, die Gutschrift noch nicht (siehe Abbildung 13.19).

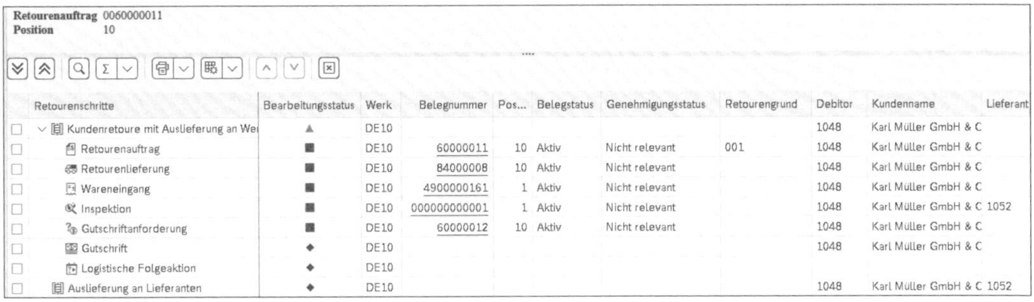

Retourenauftrag 0060000011
Position 10

Retourenschritte	Bearbeitungsstatus	Werk	Belegnummer	Pos...	Belegstatus	Genehmigungsstatus	Retourengrund	Debitor	Kundenname	Lieferant
Kundenretoure mit Auslieferung an We	▲	DE10						1048	Karl Müller GmbH & C	
Retourenauftrag	■	DE10	60000011	10	Aktiv	Nicht relevant	001	1048	Karl Müller GmbH & C	
Retourenlieferung	■	DE10	84000008	10	Aktiv	Nicht relevant		1048	Karl Müller GmbH & C	
Wareneingang	■	DE10	4900000161	1	Aktiv	Nicht relevant		1048	Karl Müller GmbH & C	
Inspektion	■	DE10	000000000001	1	Aktiv	Nicht relevant		1048	Karl Müller GmbH & C	1052
Gutschriftanforderung	■	DE10	60000012	10	Aktiv	Nicht relevant		1048	Karl Müller GmbH & C	
Gutschrift	◆	DE10						1048	Karl Müller GmbH & C	
Logistische Folgeaktion	◆	DE10								
Auslieferung an Lieferanten	◆	DE10						1048	Karl Müller GmbH & C	1052

Abbildung 13.19 Detailbaum der Retourenübersicht für Kundenretouren vor Erstellung der Gutschrift (Transaktion MSR_TRC_C)

Nach der Erstellung der Gutschrift (Belegnummer 90000051), die wir hier nicht mehr explizit aufführen, erscheint dieser Beleg ebenfalls in der Übersicht. Über die Schaltfläche **Belegerstellung neu starten** kann die Erstellung von Belegen angestoßen werden, die automatisch nicht erzeugt werden konnten, weil Fehler (z. B. fehlende Stammdaten) beim Versuch der automatischen Erstellung aufgetreten sind.

Prozessablauf

Werfen wir abschließend einen Blick auf den Prozessablauf in Abbildung 13.20. Der Prozessablauf zeigt die verschiedenen Schritte von der Abwicklung der Retoure über die Prüfung bis zur Rückerstattung.

Ab dem SAP-S/4HANA-Release 1709 steht Ihnen die SAP-Fiori-App **Kundenretouren - Flexible Analysen** zur Verfügung (siehe Abbildung 13.21). Mithilfe dieser App können Sie die Kundenretouren grafisch aufbereitet analysieren. Die Dimensionen wie beispielsweise Kennzahlen, Produkt und Retourengrund lassen sich intuitiv via Drag-and-Drop auf die Spalten oder Zeilen verteilen. Somit lassen sich beispielsweise pro Produkt die Retourengründe auf einer Zeitleiste ermitteln. Darüber hinaus ist auch ein Export in MS Excel möglich.

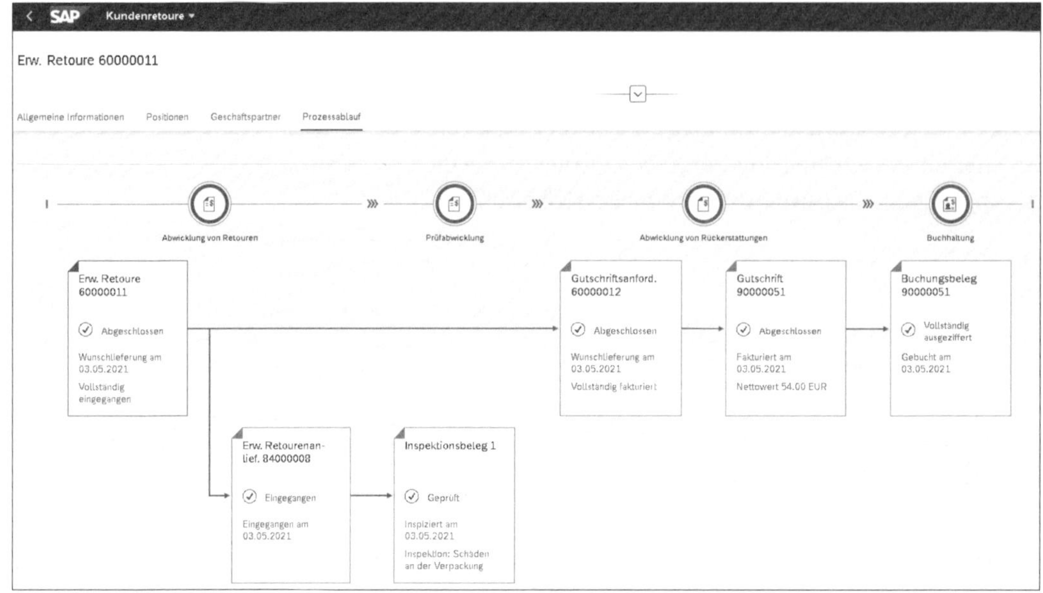

Abbildung 13.20 Prozessablauf zur erweiterten Retourenabwicklung (SAP-Fiori-App »Kundenretouren«)

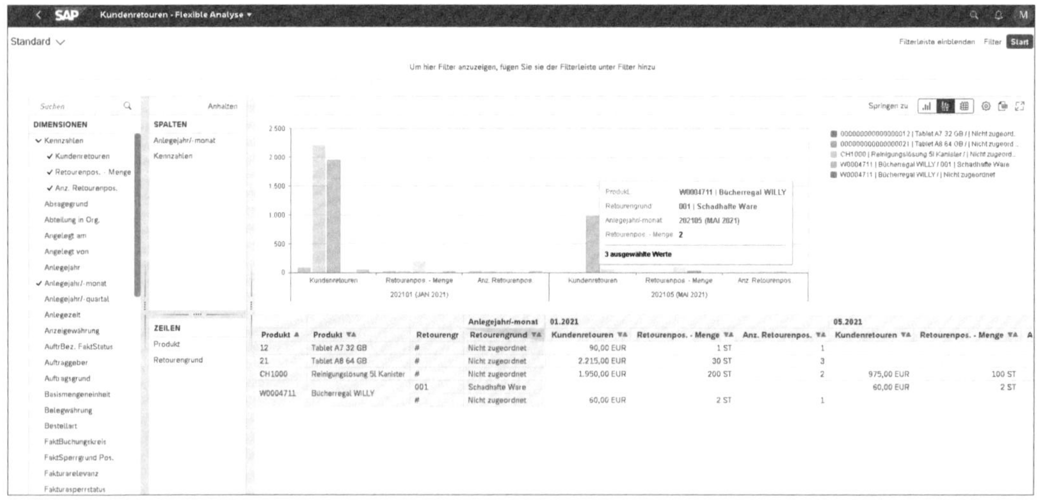

Abbildung 13.21 Flexible Analysen von Kundenretouren (SAP-Fiori-App »Kundenretouren – Flexible Analysen«)

Kapitel 14
Gut- und Lastschriften

In diesem Kapitel werden wir Ihnen zunächst die betriebswirtschaftlichen Grundlagen zu Gut- und Lastschriften erläutern, um Ihnen dann die Umsetzung der Thematik in SAP S/4HANA zu erklären und durch ein Beispiel zu veranschaulichen.

Gut- und Lastschriften zählen auf den ersten Blick eher nicht zu den »Highlights« in der Abwicklung mit einer Standardsoftware. Im Alltag hingegen ist es jedoch von großer Bedeutung, auch diese Fälle optimal zu unterstützen. Gut- und Lastschriften runden den Vertriebsprozess ab und geben dem Sachbearbeiter Flexibilität bei der Abbildung von Geschäften mit seinen Kunden.

14.1 Betriebswirtschaftliche Grundlagen

Gut- und Lastschriften können Sie dazu verwenden, einem Kunden Beträge gutzuschreiben oder zu belasten. Die Lieferung eines Produkts oder die Erbringung einer Leistung ist dazu nicht zwingend erforderlich. Diesen Prozess optimal zu gestalten, heißt in der Praxis vor allem:

- dem Sachbearbeiter ein einfaches und flexibles Instrumentarium an die Hand zu geben
- die korrekte Abbildung des Werteflusses im Controlling und in der Finanzbuchhaltung sicherzustellen

Gutschrift

Häufig stehen Gut- und Lastschriften in Zusammenhang mit einer vorherigen Lieferung, die bereits berechnet worden ist. Der Kunde hat unter Umständen die Ware schon bezahlt und entdeckt später einen versteckten Mangel. Er will die Ware behalten, macht aber eine Minderung des Kaufpreises geltend. Er fordert daher bei seinem Lieferanten eine Gutschrift an. Eine Gutschrift kann auch als nachträgliche Vergütung (Rabatt, Bonus) auf abgeschlossene Geschäfte gewährt werden.

Lastschrift

Eine Lastschrift kommt z. B. dann zum Einsatz, wenn dem Kunden versehentlich in der Rechnung ein zu niedriger Preis berechnet worden ist. Eine

Lastschrift kommt auch infrage, wenn z. B. die Versandkosten höher sind als geplant und dem Kunden nachbelastet werden sollen.

14.2 Gut- und Lastschriften in SAP S/4HANA

In Kapitel 13, »Retourenabwicklung«, haben Sie bereits eine Form der Gutschrift, die Retourengutschrift, kennengelernt. Der Kunde liefert hierbei die Ware zurück und erhält dafür eine Gutschrift über den Kaufpreis. Dabei handelt es sich um eine auftragsbezogene Fakturierung. Allerdings ist immer noch eine Lieferung, nämlich die Retourenanlieferung, im Spiel. Dann spricht man auch von einer *materialbezogenen Gutschrift*.

Auftragsarten

Der Ablauf bei Gut- und Lastschriften ohne Retoure ist einfacher. Im SAP-Standard stehen hierzu folgende Auftragsarten zur Verfügung:

- Gutschriftsanforderung (Auftragsart G2)
- Lastschriftsanforderung (Auftragsart L2)

Es handelt sich hierbei um Auftragsarten, die über die gleichnamigen Fakturaarten G2 und L2 fakturiert werden. In diesen Fällen spricht man von einer *wertbezogenen Gutschrift* oder einer *wertbezogenen Lastschrift*.

Allerdings können Gut- und Lastschriften auch mit Bezug zu bereits abgeschlossenen Prozessen erfasst werden. Man bezeichnet sie dann als *Nachbelastungen* und *nachträgliche Gutschriften*. Dabei werden die gleichen Auftrags- und Fakturaarten verwendet, wie sie oben beschrieben werden. Allerdings wird die Gut- bzw. die Lastschriftsanforderung mit Bezug zu einem Kundenauftrag oder einer Faktura angelegt. Sie sehen diesen Ablauf in Abbildung 14.1.

Positionstypen

In einer SAP-Standardinstallation stehen folgende Positionstypen zur Bearbeitung von Gut- und Lastschriften zur Verfügung:

- L2N (Lastschriftsposition)
- G2N (Gutschriftsposition)

Abbildung 14.2 zeigt die Customizing-Einstellungen zum **Positionstyp L2N**. Für diesen Positionstyp sind keine Einteilungen erlaubt; dies gilt analog für den Positionstyp G2N. Ebenso sind die Positionstypen L2N und G2N nicht lieferrelevant. Demzufolge ist es nicht möglich, Lieferungen zu einer solchen Position zu erfassen. Die Option **Fakturarelevanz** enthält den Wert **C**. Damit ist der Positionstyp für die auftragsbezogene Fakturierung relevant.

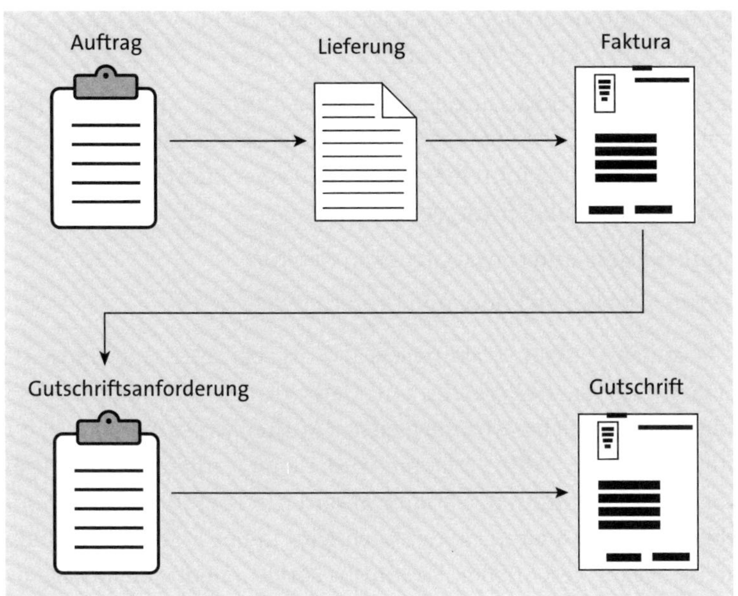

Abbildung 14.1 Nachträgliche Gutschrift

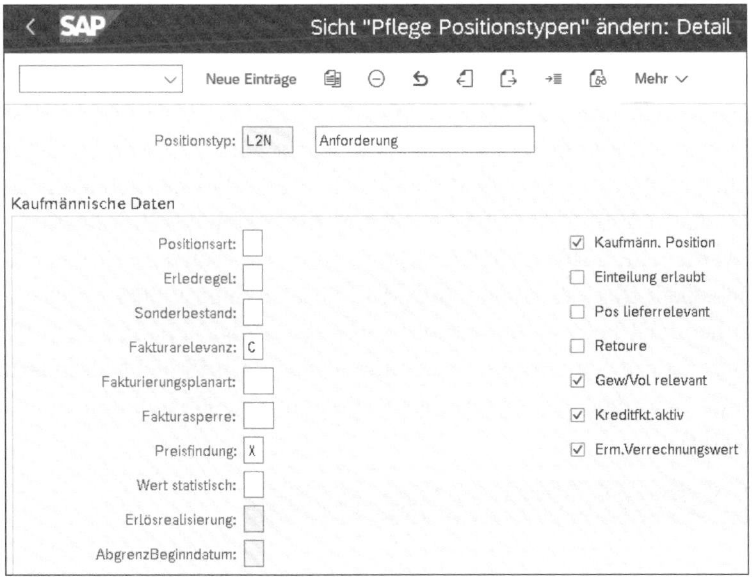

Sicht "Pflege Positionstypen" ändern: Detail

Neue Einträge Mehr

Positionstyp: L2N Anforderung

Kaufmännische Daten

Positionsart:
Erledregel:
Sonderbestand:
Fakturarelevanz: C
Fakturierungsplanart:
Fakturasperre:
Preisfindung: X
Wert statistisch:
Erlösrealisierung:
AbgrenzBeginndatum:

☑ Kaufmänn. Position
☐ Einteilung erlaubt
☐ Pos lieferrelevant
☐ Retoure
☑ Gew/Vol relevant
☑ Kreditfkt.aktiv
☑ Erm.Verrechnungswert

Abbildung 14.2 Customizing für den Positionstyp L2N (Transaktion SPRO • Positionstypen definieren)

Automatische Fakturasperren

Bei der Auftragserfassung für die Belegarten G2 und L2 werden automatisch Fakturasperren gesetzt. Dies wird im Customizing für die Auftragsart hinterlegt. Damit soll vor der Erstellung der Gut- oder Lastschrift zunächst eine abschließende Prüfung erfolgen. Auch ist die Auswahl eines Auftragsgrundes bei dieser Auftragsart obligatorisch.

Nach der Entfernung der Fakturasperre kann der Auftrag fakturiert werden. Es wird dann eine Gut- bzw. eine Lastschrift mit der Fakturaart G2 bzw. L2 erzeugt. In der Buchhaltung führt diese Faktura zu einer Erlösbuchung. Dabei werden folgende Buchungen vorgenommen:

- Gutschrift: »Erlöse und Umsatzsteuer an Debitor«
- Lastschrift: »Debitor an Erlöse und Umsatzsteuer«

Wertgut-, Mengengut- und -lastschriften

Wie eine »normale« Faktura (Fakturaart F2) übergeben auch Gut- und Lastschriften ihre Werte an die Ergebnis- und Marktsegmentrechnung (CO-PA). Dies erfolgt grundsätzlich nach dem gleichen Muster, wie es in Kapitel 8 für die Terminauftragsabwicklung erläutert wird. Damit werden Erlöse und geplante Kosten, basierend auf den Konditionsarten (z. B. PR00 und VPRS), an die Ergebnisrechnung weitergeleitet. Auch wird in der Ergebnisrechnung die Absatzmenge fortgeschrieben. Sowohl die Fortschreibung der Menge als auch die Fortschreibung der geplanten Kosten ist jedoch bei Gut- und Lastschriften nicht immer folgerichtig.

Korrektur der CO-PA-Werte

Betrachten wir dies an einem kleinen Beispiel: Der Kunde erhält aufgrund einer Mängelrüge eine nachträgliche Gutschrift. Wir erfassen eine Gutschriftsanforderung und fakturieren diese mit einer Gutschrift. In CO-PA soll jetzt richtigerweise der Erlös korrigiert werden, da dieser niedriger ist als vorher. Die Absatzmenge hingegen darf nicht korrigiert werden, denn schließlich bleibt die gelieferte Menge gleich – verändert hat sich lediglich der Wert der Lieferung. Ebenso wenig dürfen die Kosten des Umsatzes korrigiert werden. Im Customizing der Komponente CO-PA haben Sie deshalb die Möglichkeit, diese Wertfelder (**ABSMG** – Absatzmenge, **VRPRS** – Umsatzkosten) bei der Übergabe zurückzusetzen. Dies erfolgt abhängig von der Fakturaart – somit werden diese Felder durch die Gutschrift nicht verändert. Abbildung 14.3 zeigt die entsprechende Customizing-Einstellung für die Fakturaart G2.

Abbildung 14.3 Zurücksetzen der Wertfelder im CO-PA-Customizing (Transaktion KE4W)

14.3 Beispiel einer Gutschriftsabwicklung

Ausgangslage

Auch die Gutschriftsabwicklung wollen wir an einem Systembeispiel betrachten. Wir haben dem Kunden die Ware bereits geliefert. Die Lieferung wurde bezahlt, und nun stellt der Kunde einen Mangel fest. Er teilt uns mit, dass die ihm gelieferte Ware fehlerhaft ist. Die Ware wurde über die Lieferscheinnummer 80000028 ausgeliefert. Der Kunde kann den Mangel selbst beheben und fordert von uns eine Gutschrift in Höhe von 10 % des Auftragswertes. Bei der Abbildung in SAP S/4HANA gehen wir in folgenden Schritten vor:

1. Anzeigen des Prozessablaufs zum Lieferbeleg 80000028 im System und Ermittlung der Faktura
2. Erfassen einer Gutschriftsanforderung mit Bezug zur Faktura und Festlegung des Gutschriftswertes
3. Entfernen der Fakturasperre in der Gutschriftsanforderung
4. Fakturieren der Gutschriftsanforderung
5. Anzeigen des Prozessablaufs zum ursprünglichen Auftrag

14

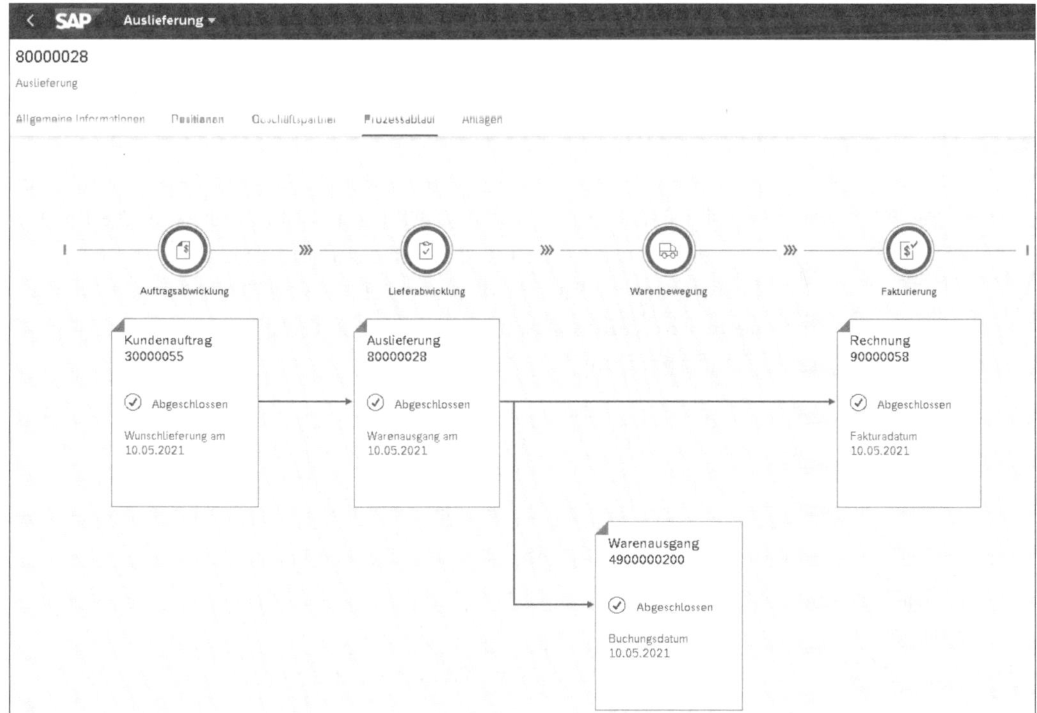

Abbildung 14.4 Prozessablauf zur Auslieferung (SAP-Fiori-App »Auslieferung«)

Schritt 1: Prozessablauf zum Lieferbeleg anzeigen

Da uns der Kunde die Lieferscheinnummer genannt hat, können wir uns die Lieferung im System anzeigen lassen. Wir nutzen den Reiter **Prozessablauf**, um die entsprechende Faktura zu ermitteln. Die Abbildung 14.4 zeigt, dass die Lieferung 80000028 über die Faktura mit der Belegnummer 90000058 berechnet wurde.

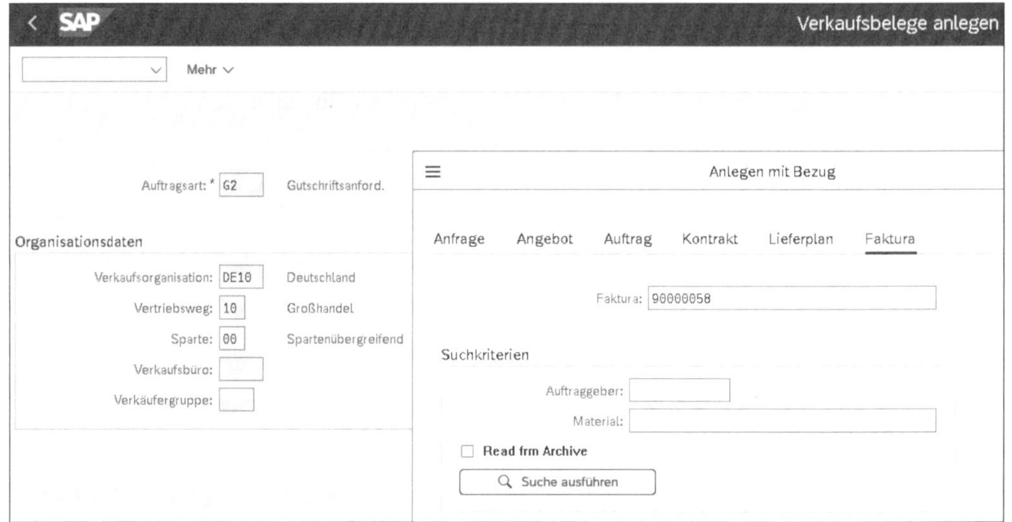

Abbildung 14.5 Erfassen der Gutschriftsanforderung mit Bezug zur Faktura (Transaktion VA01)

Schritt 2: Gutschriftsanforderung anlegen

Jetzt erfassen wir eine Gutschriftsanforderung (**G2**) mit Bezug zu der Faktura mit der Belegnummer 90000058 (siehe Abbildung 14.5). Die Positionen aus der Faktura werden in die Gutschriftsanforderung übernommen. Der Nettowert der Fakturaposition beläuft sich auf 1.440,00 EUR. Die **Fakturasperre** wird automatisch über die Einstellungen im Customizing gesetzt (siehe Abbildung 14.6).

Da wir dem Kunden aber nicht den gesamten Wert, sondern nur 10 % davon gutschreiben wollen, nehmen wir eine entsprechende Veränderung auf dem Konditionsbild vor. In der Konditionsart (**KArt**) **PR00** erfassen wir den Gutschriftswert in Höhe von 1,60 EUR pro Stück (siehe Abbildung 14.7). Daraus errechnet sich ein Nettowert in Höhe von 144,00 EUR.

Schritt 3: Fakturasperre entfernen

Anschließend sichern wir die Gutschriftsanforderung unter der Nummer 60000013. In der SAP-Fiori-App **Gutschriftsanforderungen verwalten** sehen wir, dass die **Fakturasperre** (**Gutschrift prüfen (08)**) in diesem Beleg gesetzt ist. Wir entfernen diese Sperre, damit der Beleg fakturiert werden kann.

Abbildung 14.6 Positionsübersicht in der Gutschriftsanforderung (Transaktion VA01)

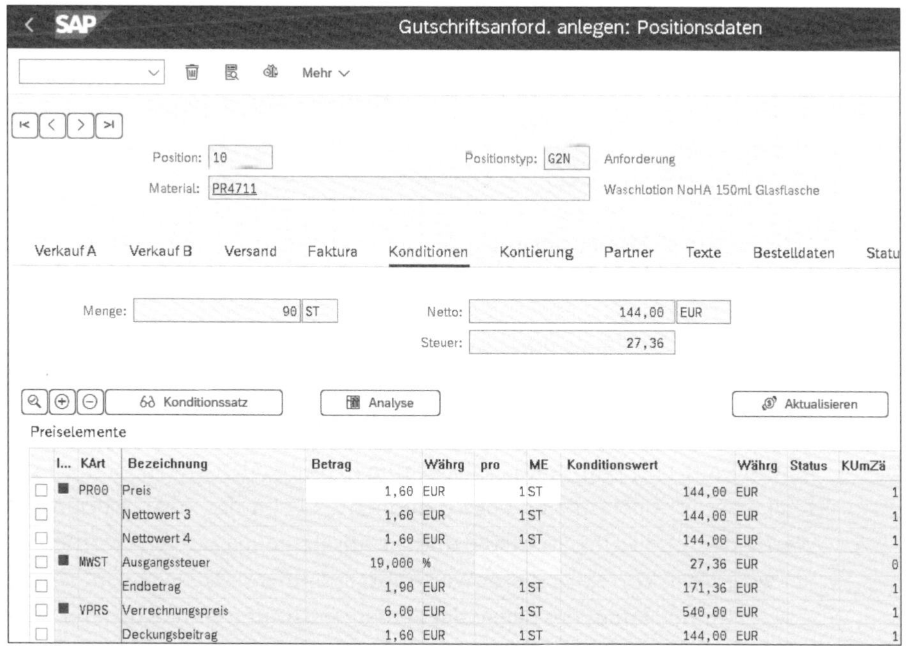

Abbildung 14.7 Erfassung des Gutschriftswertes (Transaktion VA01)

Mit der Schaltfläche **Fakturasperre aufheben** (siehe Abbildung 14.8) können Sie die Sperre der Gutschriftsanforderung direkt entfernen, ohne in den Beleg abspringen zu müssen.

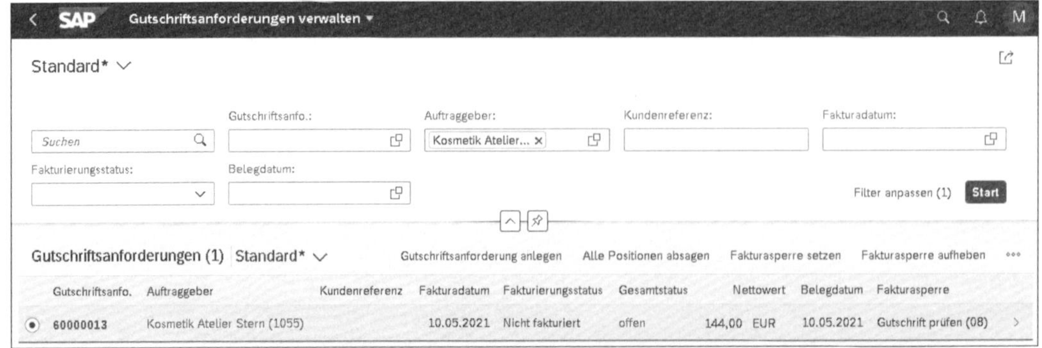

Abbildung 14.8 Entfernen der Fakturasperre (SAP-Fiori-App »Gutschriftsanforderungen verwalten«)

Schritt 4: Gutschrift anlegen

Die Fakturierung erfolgt über die Fakturaart G2. Abbildung 14.9 zeigt die Positionsübersicht nach Erfassung des Gutschriftsbelegs 90000059.

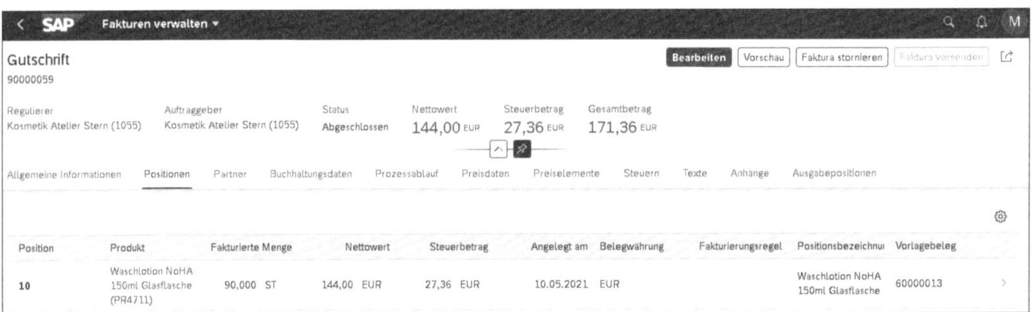

Abbildung 14.9 Positionsübersicht der Gutschrift (SAP-Fiori-App »Fakturen verwalten«)

Werfen wir jetzt einen Blick auf den Buchungsbeleg, der mit dieser Gutschrift erzeugt wurde. In Abbildung 14.10 erkennen Sie die Buchung »Erlöse (800000) und Mehrwertsteuer (175000) an Forderungen (140000)«.

In Abschnitt 14.2, »Gut- und Lastschriften in SAP S/4HANA«, haben wir gezeigt, dass im Customizing der Komponente CO-PA das Zurücksetzen der Wertfelder für die Umsatzkosten und die Absatzmenge aktiviert wurde. Daher wird keine Korrektur dieser Werte vorgenommen. Dagegen wird der Erlöswert im Feld **Erloes** des Belegs der Ergebnisrechnung gemäß unserer Gutschrift reduziert (siehe Abbildung 14.11). Diesen Beleg können Sie sich in Transaktion VF03 zum jeweiligen Fakturabeleg über die Schaltfläche **Rechnungswesen** anzeigen lassen.

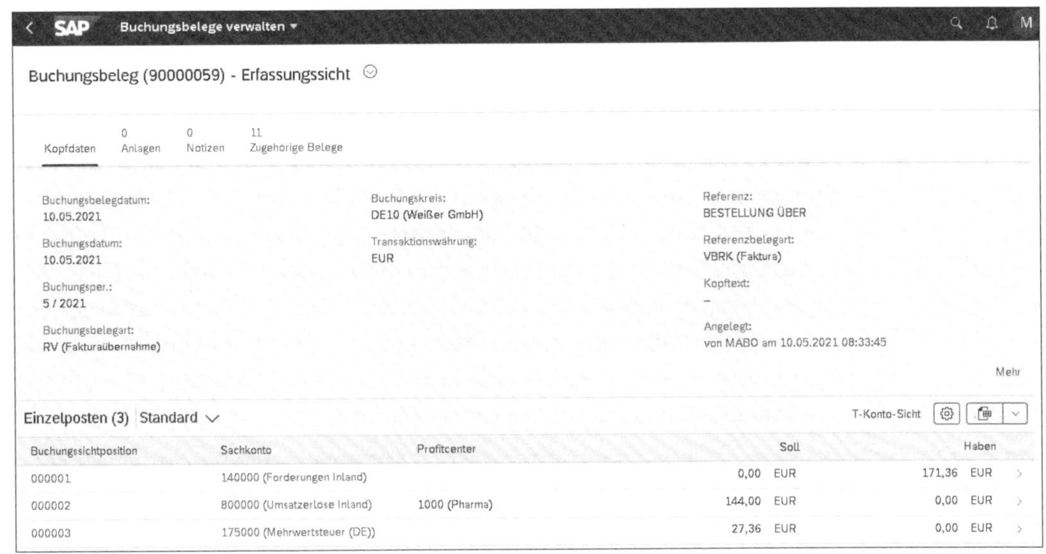

Abbildung 14.10 Buchungsbeleg zur Gutschrift (SAP-Fiori-App »Buchungsbelege verwalten«)

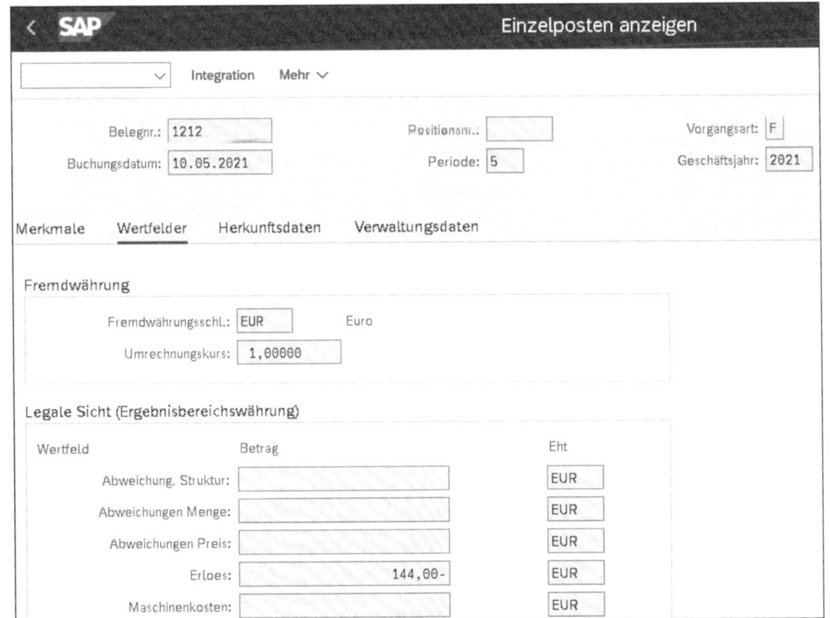

Abbildung 14.11 Beleg der Ergebnis- und Marktsegmentrechnung (Transaktion VF03)

Schritt 5: Prozessablauf zum ursprünglichen Auftrag anzeigen

Lassen wir uns zum Abschluss den Prozessablauf des Auftrags 30000055 nochmals anzeigen (siehe Abbildung 14.12): Sie sehen, dass mit Bezug zur Faktura 90000058 eine Gutschriftsanforderung 60000013 erfasst wurde. Mit einem Klick auf die Gutschriftsanforderung können wir in den Prozessablauf der Gutschrift springen. In Abbildung 14.13 sehen wir, dass die Gutschriftsanforderung über die Gutschrift (90000059) fakturiert wurde. Damit wird transparent, dass der Kunde mit Bezug zur ursprünglichen Rechnung 90000058 eine Gutschrift erhalten hat. Die Auszahlung an den Kunden ist erfolgt. Dies erkennen Sie am Status des Buchungsbelegs zur Gutschrift: **Vollständig ausgeziffert**. In der Debitorenbuchhaltung ist die Zahlung mit dem offenen Posten dieses Kunden verrechnet (SAP-Fiori-App **Ausgangszahlung buchen** oder Transaktion F-31).

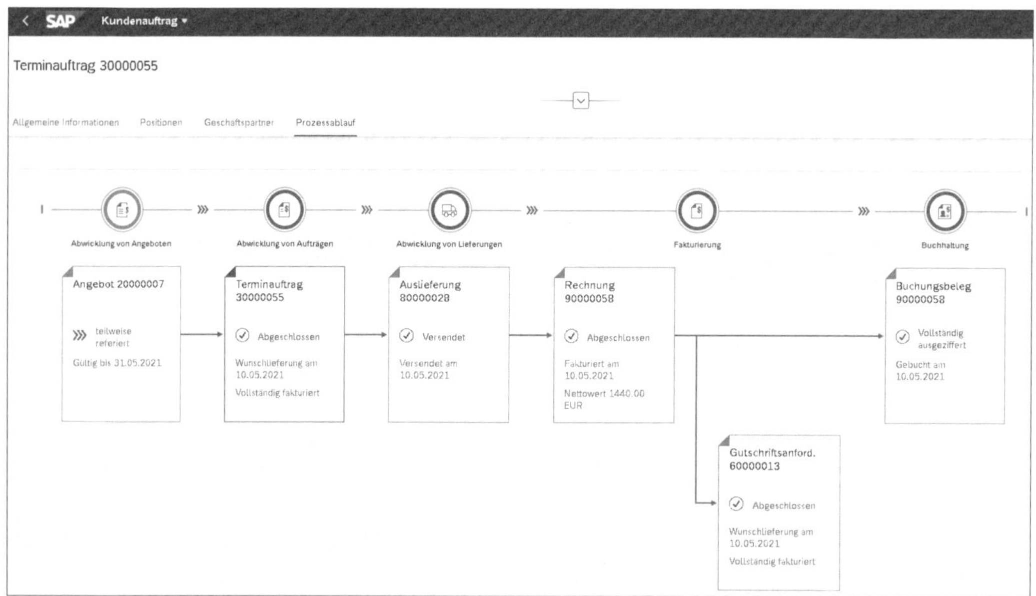

Abbildung 14.12 Prozessablauf des Kundenauftrags (SAP-Fiori-App »Kundenauftrag«)

Auf die Lastschriften gehen wir an dieser Stelle nicht näher ein. Die Funktionen sind, bis auf das Vorzeichen der Buchungen, mit den Gutschriften gleichzusetzen. Auch eine Lastschriftsanforderung kann mit Bezug zu anderen Belegen angelegt werden. Hier wird dem Kunden jedoch nichts gutgeschrieben, sondern eine nachträgliche Rechnung zur Zahlung eines Wertes übermittelt. Gut- und Lastschriften gehören zu den täglich genutzten Vertriebswerkzeugen und müssen daher in jeder SAP-Neueinführung betrachtet werden.

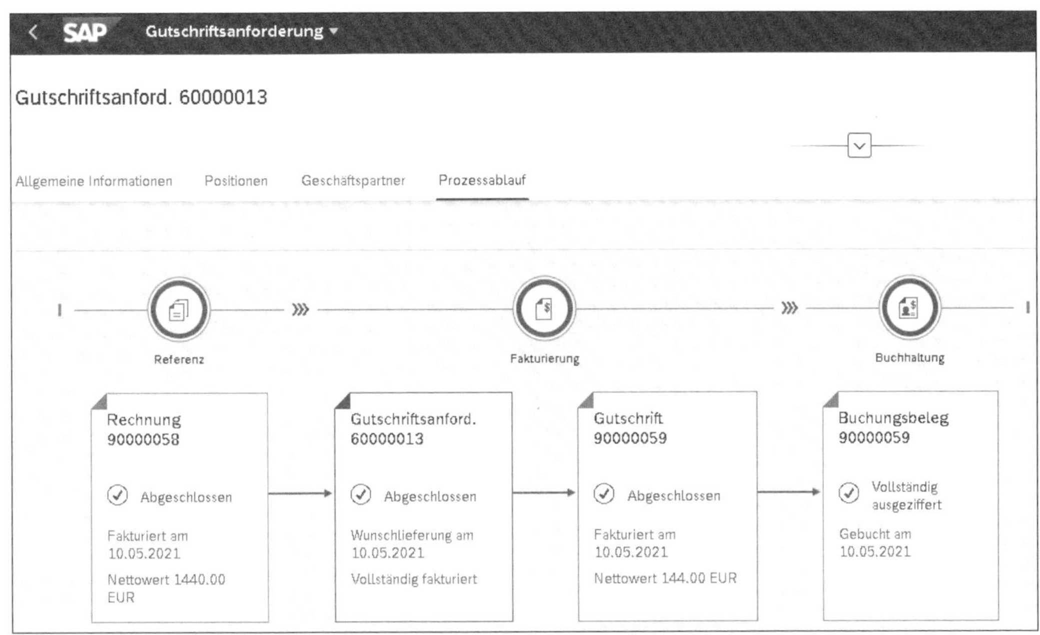

Abbildung 14.13 Prozessablauf der Gutschrift (SAP-Fiori-App »Gutschrifts-anforderung«)

14

Kapitel 15
Zentrale Reklamationsbearbeitung

In diesem Kapitel erklären wir, wie Sie die Reklamation von Waren leicht über eine einzige Transaktion steuern und somit effizienter arbeiten können.

Die effiziente und schnelle Bearbeitung von Reklamationen hat uns schon in Kapitel 13, »Retourenabwicklung«, und in Kapitel 14, »Gut- und Lastschriften«, beschäftigt. Eine interessante Funktion für die zügige Abwicklung ist die *zentrale Reklamationsbearbeitung*, mit der sich aus einer Transaktion heraus unterschiedliche Prozesse starten lassen.

Wir stellen Ihnen die Reklamationsabwicklung einzelner Belege am Beispiel eines Austauschs und einer Gutschrift vor. Außerdem gibt es mit SAP S/4HANA Neuerungen in Bezug auf die ursprüngliche SD-Reklamationsabwicklung. Zunächst aber gehen wir wie immer auf die betriebswirtschaftlichen Grundlagen ein.

15.1 Betriebswirtschaftliche Grundlagen

Wendet sich ein Kunde mit einer Reklamation an das Unternehmen, ist nicht immer sofort ersichtlich, wie die Lösung des Kundenproblems konkret aussieht. Durch eine zentrale Einstiegstransaktion kann der Mitarbeiter einen Überblick über alle Kundenreklamationen erhalten und gegebenenfalls nach Rücksprache entscheiden, ob die Reklamation berechtigt ist. Falls sie berechtigt ist, können über den zentralen Einstieg folgende Prozesse gestartet werden:

- Retouren (siehe Kapitel 13)
- Gut- und Lastschriften (siehe Kapitel 14)

An dieser Stelle soll es also nicht um zusätzliche Prozesse und Funktionen innerhalb der Reklamationsbearbeitung gehen, sondern um die Steigerung der Benutzerfreundlichkeit.

Schnelligkeit vs. Komplexität

Wie schon in den genannten Kapiteln dargestellt, ist bei der Bearbeitung von Kundenreklamationen einerseits Schnelligkeit gefordert: Ist eine Unregelmäßigkeit aufgetreten, soll der Schaden so schnell wie möglich behoben werden. Andererseits zeichnen sich Reklamationsprozesse in der Praxis häufig durch eine hohe Komplexität aus. Reklamationen sind zeit- und damit kostenintensiv, da individuelle Fälle zu betrachten sind und sich die Prozesse deshalb nur schwer standardisieren lassen.

Für den Anwender stellen sich daher folgende Fragen:

- Wie lassen sich die Bezugsbelege (z. B. Kundenaufträge, Lieferungen, Fakturen) schnell identifizieren?
- Um welche Produkte (Materialien) geht es?
- Welche Folgeaktivitäten (Retoure, kostenlose Nachlieferung, Austausch etc.) sind einzuleiten?
- Können Standards für die Reklamationsprozesse definiert werden?

Der Umgang mit dem Kunden in einem Reklamationsfall ist ein sehr kritischer Prozess, da eine unbürokratische und schnelle Abwicklung einen entscheidenden Wettbewerbsvorteil darstellt. Eine Reklamationsbearbeitung, die den Kunden zufriedenstellt, ist daher ein wichtiger Faktor für die Kundenbindung. Durch eine hohe Qualität im Reklamationsmanagement können Sie die Kundenbeziehung stärken und sich von Ihren Marktbegleitern abheben. Gerade in Zeiten zunehmender Onlinebestellungen werden reibungslose Reklamationsprozesse immer wichtiger.

15.2 Reklamationsbearbeitung in SAP S/4HANA

Die branchenspezifische Reklamationsabwicklung im Modul SD in SAP ERP ist in SAP S/4HANA nicht mehr verfügbar. Konkret handelt es sich dabei um die Business Function `LOG_SD_EACOMPLAINTS`, die laut SAP in SAP S/4HANA obsolet ist. Die Abwicklung `WCMP_PROCESSING` wird vollständig durch `CMP_PROCESSING` ersetzt. Auch die Transaktionen zur Massenreklamation und Ergebnisanzeige der Massenreklamation sind in SAP S/4HANA nicht mehr verfügbar. Weitere Informationen sind unter SAP-Hinweis 2267398 nachzulesen.

Faktura ermitteln

Über die zentrale Reklamationsbearbeitung (Transaktion CMP_PROCESSING) stehen Ihnen jedoch weiterhin folgende Selektionskriterien zur Verfügung, um einen Bezugsbeleg (z. B. eine Faktura) zu ermitteln:

- Bestellnummer des Kunden
- Lieferscheinnummer
- Fakturanummer
- Kundennummer des Warenempfängers

Über diese Kriterien wird die Faktura ermittelt. Mit Bezug zur Faktura können dann Folgeaktivitäten wie Gutschriften, Retouren, Nachlieferungen etc. ausgelöst werden. Wenn es keinen Bezug zu einem Vorgängerbeleg gibt, lassen sich auch keine Folgeaktivitäten auslösen. Mit dem Bezugsbeleg werden auch die Materialnummern und die gelieferten Mengen ermittelt. Anschließend kann der Anwender über die Vorgabe eines Reklamationsgrundes auch die Auslösung der Folgeaktivitäten steuern.

Reklamationsgründe definieren

Reklamationsgründe werden im Customizing (Transaktion SPRO • **Vertrieb • Fakturierung • Fakturen • Reklamationsgründe definieren**) angelegt. Für jeden Reklamationsgrund können zwei unterschiedliche Folgebelege ausgelöst werden. Hat der Kunde z. B. eine Falschlieferung erhalten, dann kann der Anwender über den Reklamationsgrund steuern, dass automatisch aus der Reklamationsbearbeitung heraus ein Retourenauftrag zur Rücknahme der falschen Ware angelegt wird. Gleichzeitig legt das System einen Kundenauftrag (z. B. Terminauftrag TA) an, über den der Kunde die richtigen Materialien erhält.

Über die Reklamationsgründe lassen sich also Standards für die Behandlung von Reklamationen definieren, die dem Anwender die Entscheidung über die Folgemaßnahmen erleichtern. Darüber hinaus dienen solche Standards dazu, die Belegerfassung zu automatisieren, wodurch der Anwender Zeit spart. Fälle, die nicht über die in den Reklamationsgründen vordefinierten Prozessstandards abgedeckt sind, müssen nach wie vor individuell behandelt werden. Dabei stehen die bekannten Prozesse zur Bearbeitung von Retouren sowie von Gut- und Lastschriften zur Verfügung. In Abbildung 15.1 sehen Sie das Customizing der Reklamationsgründe.

Sicht "Customizing Reklamationsgründe" ändern: Übersicht

Neue Einträge Mehr

Customizing Reklamationsgründe

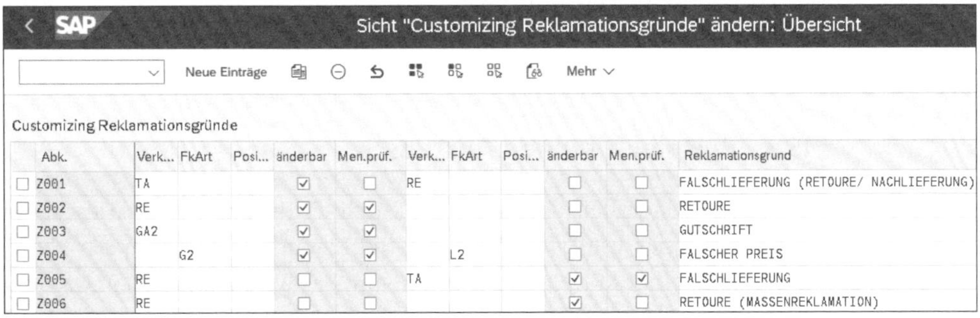

Abk.	Verk...	FkArt	Posi...	änderbar	Men.prüf.	Verk...	FkArt	Posi...	änderbar	Men.prüf.	Reklamationsgrund
Z001	TA			☑	☐	RE			☐	☐	FALSCHLIEFERUNG (RETOURE/ NACHLIEFERUNG)
Z002	RE			☑	☑				☐	☐	RETOURE
Z003	GA2			☑	☑				☐	☐	GUTSCHRIFT
Z004		G2		☑	☑		L2		☐	☐	FALSCHER PREIS
Z005	RE			☐	☐	TA			☑	☑	FALSCHLIEFERUNG
Z006	RE			☐	☐				☑	☐	RETOURE (MASSENREKLAMATION)

Abbildung 15.1 Customizing der Reklamationsgründe (Transaktion SPRO • Reklamationsgründe definieren)

Um die verwendeten Reklamationsgründe aus Ihrer bisherigen Reklamationsabwicklung einzusetzen, müssen Sie die Datenbanktabelle `CMP_REASON` im ABAP Dictionary (Transaktion SE11) aktualisieren.

Folgeaktivitäten festlegen

Pro Reklamationsgrund können zwei Folgeaktivitäten festgelegt werden. Diese werden über die Auftrags- bzw. Fakturaarten definiert. Der Reklamationsgrund Z005 sieht als Folgeaktivität zwei Auftragsarten vor: einen Retourenauftrag (in der Spalte **Verkaufsbelegart**, hier abgekürzt zu **Verk...**, ist dazu die Belegart **RE** eingetragen) und zusätzlich einen Terminauftrag (im Feld **Verkaufsbelegart** ist dazu die Belegart **TA** eingetragen). Sind dem Kunden falsche Produkte geliefert worden, kann über diesen Reklamationsgrund die Rückholung der falsch gelieferten Produkte und die Auslieferung der richtigen Produkte initiiert werden. Für den Reklamationsgrund **Z004** sind als Folgeaktivitäten zwei Fakturaarten in den Feldern **FkArt** zugeordnet: eine Gutschrift der Fakturaart **G2** und eine Lastschrift der Fakturaart **L2**. Leider werden im Gegensatz zur ursprünglichen Abwicklung (WCMP_PROCESSING) in der neuen Transaktion (CMP_PROCESSING) die Auftrags- und Fakturaarten für die Folgeaktivitäten in den Positionsdaten *nicht* mehr angezeigt.

Das Kennzeichen **änderbar** (siehe Abbildung 15.1, fünfte Spalte von links) bewirkt, dass in dem Folgebeleg Mengen, Mengeneinheiten und Konditionen geändert werden können. Das Kennzeichen **Men.prüf.** (siehe Abbildung 15.1, sechste Spalte von links) bewirkt, dass vom System geprüft wird, ob die Menge im Folgebeleg die Menge im Bezugsbeleg überschreitet. Die besonderen betriebswirtschaftlichen Fragen hinsichtlich der Bewertung von Produkten im Retourenbestand und der Behandlung im Controlling wurden bereits in Kapitel 13, »Retourenabwicklung«, behandelt. Wir wollen deshalb an dieser Stelle nicht mehr darauf eingehen. Das gilt auch für die Beschreibung der Prozesse, die aus der Reklamationsbearbeitung heraus gestartet werden.

Im Folgenden werden wir die Möglichkeiten der zentralen Reklamationsbearbeitung anhand von zwei Systembeispielen erläutern.

15.3 Beispiel für einen Austausch

Im ersten Systembeispiel hat unser Kunde Christian Scherer (Geschäftspartnernummer 1061), für sich und zwei Freunde neue Ski in der Länge 188 cm und einer Mittelbreite von 106 mm bestellt (Material SLALOMON_QST6_188). Irrtümlich wurden ihm die Ski in der Länge 174 cm (Material SLALOMON_QST6_174) anstatt 188 cm geliefert. Nach der Reklamation des Kunden wird die falsch gelieferte Menge des Materials zurückgenommen und ein neuer Auftrag über das ursprüngliche Material erfasst. Wir müssen deshalb einen Austausch vornehmen. Für die Rückholung ist ein Retourenauftrag anzulegen, und für die Nachlieferung ist ein Kundenauftrag zu erzeugen. Für die Retoure erhält der Kunde eine Gutschrift, und die Nachlieferung wird über eine Faktura berechnet. Das Beispiel umfasst folgende Schritte:

1. Anzeige des ursprünglichen Kundenauftrags
2. Selektion der Bezugsbelege in der Transaktion zur Reklamationsbearbeitung
3. Auswahl des Reklamationsgrundes
4. Erzeugen der Folgebelege
5. Anzeige der Folgebelege
6. Anzeige des Belegflusses zum ursprünglichen Auftrag

Schritt 1: Ursprünglichen Kundenauftrag anzeigen

Als Erstes wollen wir uns einen Überblick über die Ausgangssituation verschaffen. Dazu werfen wir einen Blick auf den ursprünglichen Kundenauftrag mit der Belegnummer 30000072 (siehe Abbildung 15.2). Der Kunde 1061 (Christian Scherer) hat 3 Stück des Materials SLALOMON_QST6_188 bestellt.

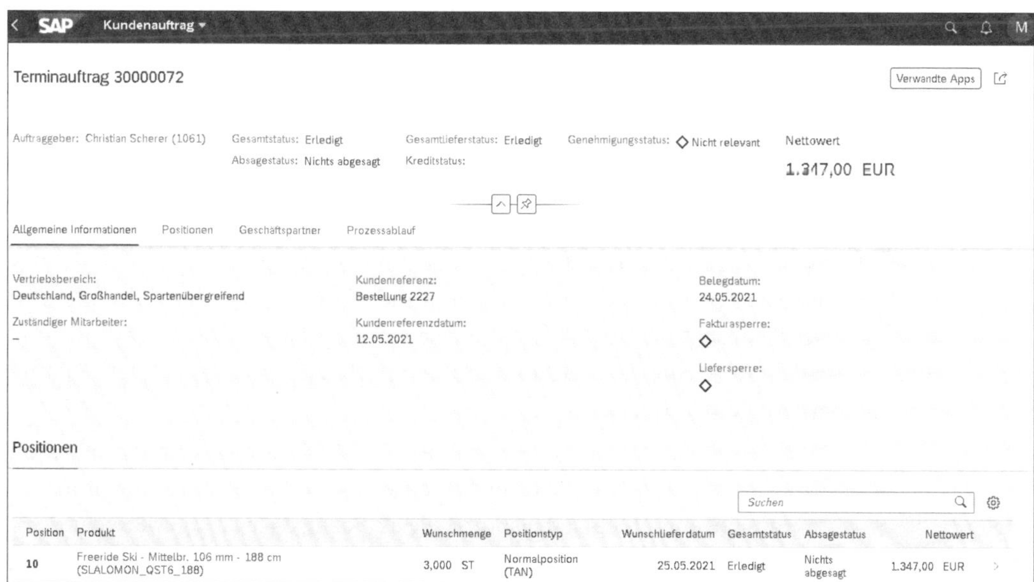

Abbildung 15.2 Ursprünglicher Kundenauftrag (SAP-Fiori-App »Kundenauftrag«)

Die Informationen über die Folgebelege liefert uns der Prozessablauf zu diesem Kundenauftrag. Abbildung 15.3 zeigt, dass mit Bezug zu dem Kundenauftrag ein Lieferbeleg (80000040) existiert. An dessen Status (**Versendet**) erkennen wir, dass der Warenausgang gebucht ist. Auch die Faktura wurde bereits erstellt (**Abgeschlossen**), allerdings steht die Zahlung durch den Kunden noch aus (**Nicht ausgeziffert**).

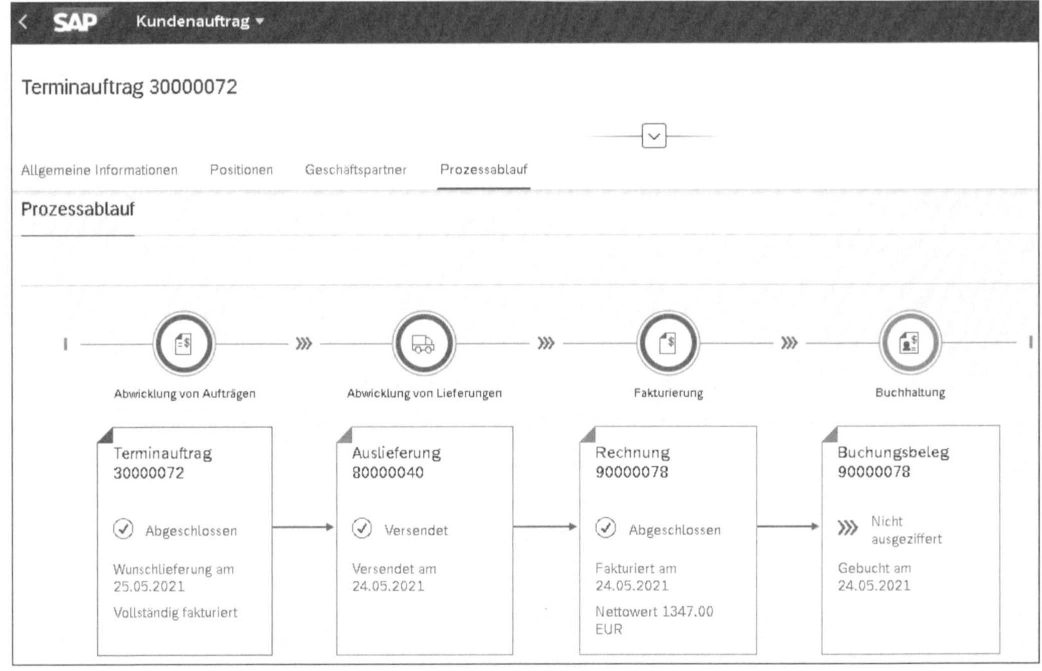

Abbildung 15.3 Prozessablauf zum Kundenauftrag 30000072 (SAP-Fiori-App »Kundenauftrag«)

Schritt 2: Selektion der Bezugsbelege

Der Kunde möchte einen Austausch vornehmen und statt des gelieferten Materials SLALOMON_QST6_174 das Modell SLALOMON_QST6_188 bekommen (wie es in den Auftrags- und Lieferbelegen auch ausgewiesen ist). Als Referenz nennt er uns die Liefernummer (80000040). Der Anwender ruft die Transaktion zur Reklamationsabwicklung CMP_PROCESSING auf und sucht über die Lieferscheinnummer nach der entsprechenden Faktura (siehe Abbildung 15.4).

Der Anwender hat die Liefernummer 80000040 erfasst und die Selektion über die Schaltfläche **Suche ausführen** gestartet. Das System zeigt ihm daraufhin die entsprechende Faktura, die als Bezugsbeleg ausgewählt wird.

Schritt 3: Reklamationsgrund auswählen

Nach Eingabe der Belegnummer der Faktura 90000078 im Feld **Belegnummer** wird die entsprechende Position angezeigt (siehe Abbildung 15.5). In diesem Fall wird der Reklamationsgrund **Z005** (**FALSCHLIEFERUNG**) ausgewählt (das entsprechende Customizing zeigt Abbildung 15.1). Ebenfalls kann die tatsächlich fakturierte Menge eingegeben werden, wenn dem Kunden eine falsche Menge in Rechnung gestellt wurde. So wird ein neuer Kundenauftrag mit der eingetragenen Menge erstellt, der bearbeitet werden kann.

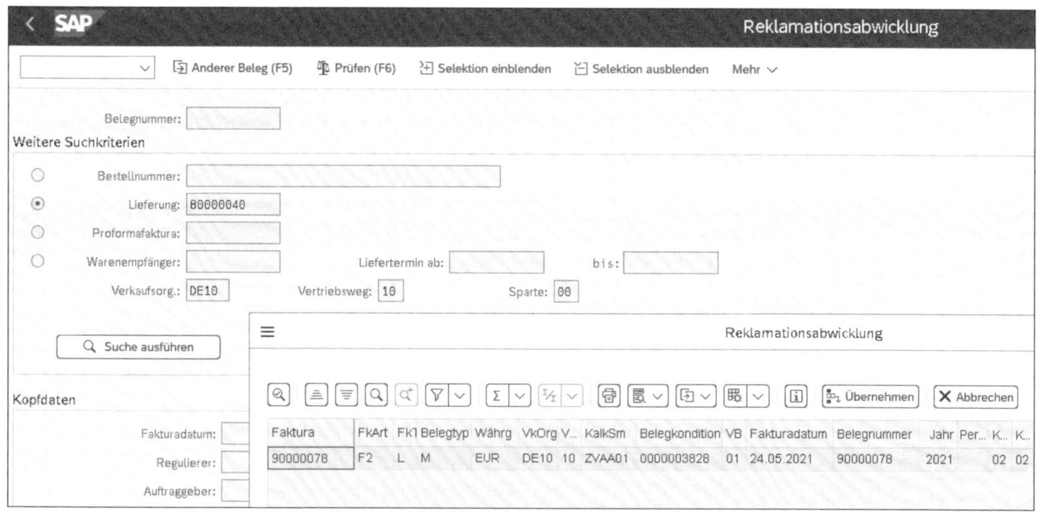

Abbildung 15.4 Selektion der Bezugsbelege in der Reklamationsabwicklung (Transaktion CMP_PROCESSING)

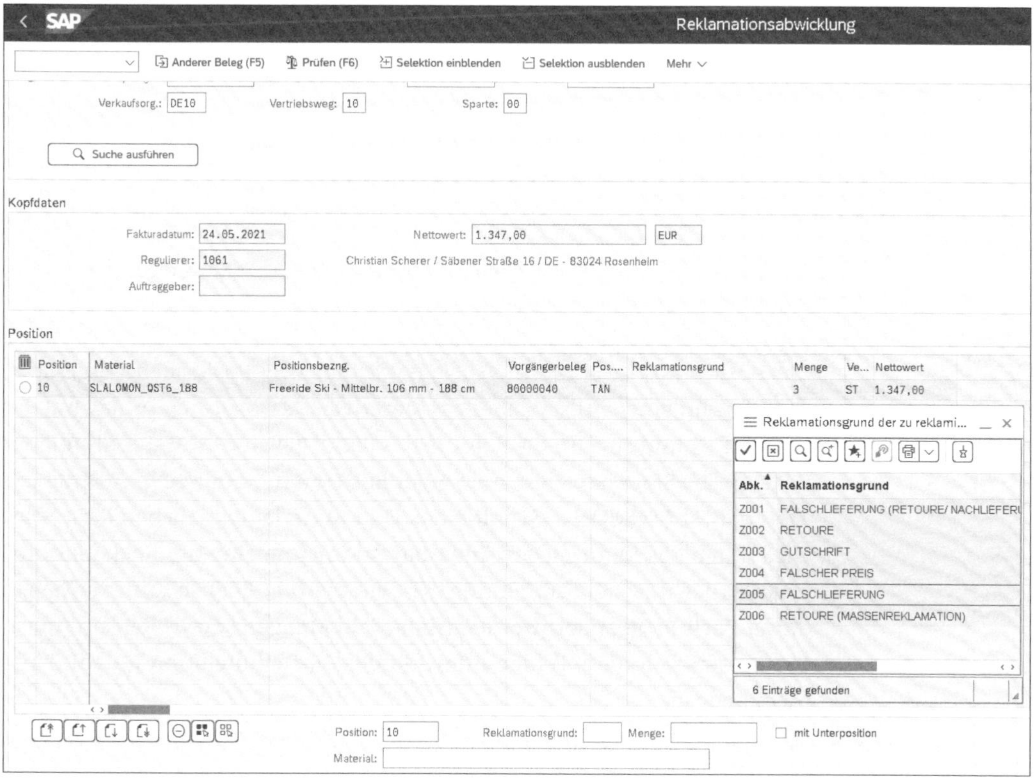

Abbildung 15.5 Auswahl des Reklamationsgrundes (Transaktion CMP_PROCESSING)

Über die Customizing-Einstellungen zum Reklamationsgrund ermittelt das System automatisch die zu erzeugenden Folgebelege und leitet daraus einen Vorschlag für die entsprechenden Positionen in diesen Belegen ab. In Abbildung 15.6 sehen Sie, welche Positionen das System für die Folgebelege vorschlägt.

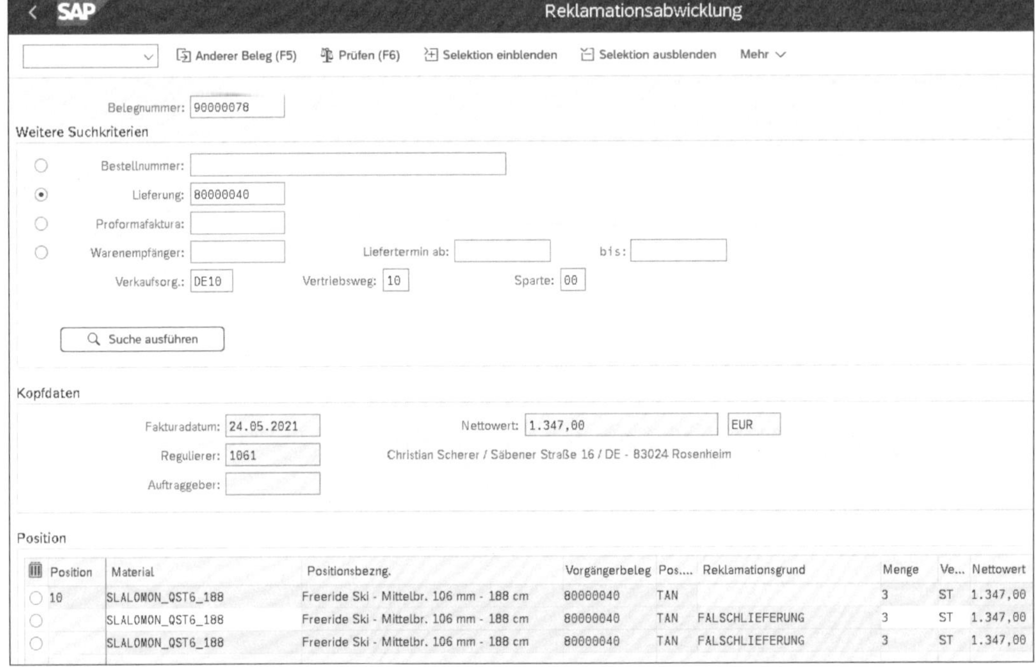

Abbildung 15.6 Positionsvorschlag des Systems für die Folgebelege (Transaktion CMP_PROCESSING)

Zur Position 10 des Ursprungsbelegs werden zwei Positionen vorgeschlagen: eine für einen Auftrag über das Material SLALOMON_QST6_188 mit der Belegart TA und eine für die Retoure des falsch gelieferten Materials mit der Belegart RE. Sie sehen, dass nur in der Position für den neuen Auftrag des Materials SLALOMON_QST6_188 das Feld **Material** eingabebereit ist. Dies wird durch das Kennzeichen **änderbar** im Customizing des Reklamationsgrundes bewirkt (siehe Abbildung 15.1 weiter vorne). Ebenso kann die Menge dieser Position geändert werden (siehe Feld **Menge**). Für die Retourenposition lassen sich diese Felder aufgrund der Einstellungen im Customizing nicht ändern.

Schritt 4: Folgebelege erzeugen

Mit dem Sichern werden die Folgebelege automatisch vom System angelegt. Abbildung 15.7 zeigt das Ergebnis.

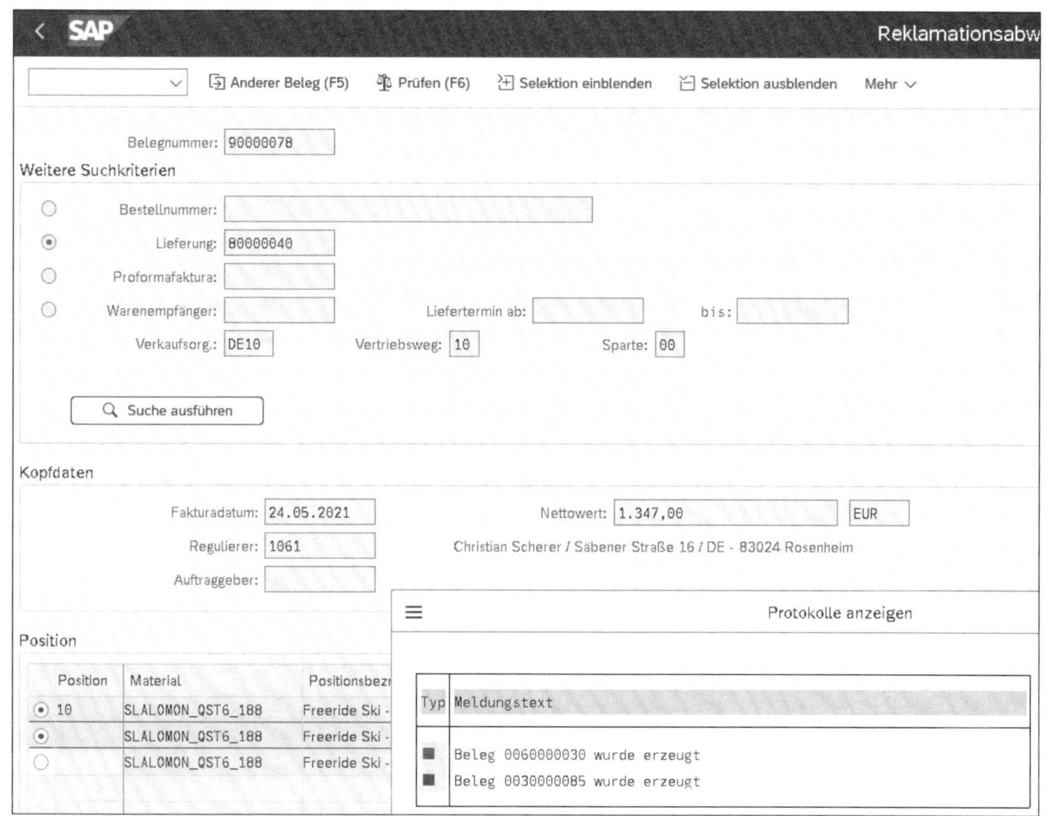

Abbildung 15.7 Protokoll zum Anlegen der Folgebelege (Transaktion CMP_PROCESSING)

Schritt 5: Folgebelege anzeigen

Das System hat automatisch einen Retourenauftrag mit der Belegnummer 60000030 und einen Kundenauftrag mit der Belegnummer 30000085 angelegt. Diese Folgebelege wollen wir uns kurz ansehen. Abbildung 15.8 zeigt den Retourenauftrag und Abbildung 15.9 den Kundenauftrag mit dem Material SLALOMON_QST6_188.

Beide Aufträge werden jetzt so weiterbearbeitet, wie es in Kapitel 8, »Terminauftragsabwicklung«, und in Kapitel 13, »Retourenabwicklung«, beschrieben wurde. Zum Retourenauftrag wurden in SAP S/4HANA eine Retourenanlieferung und eine Retourengutschrift angelegt, und zum Kundenauftrag wurden Lieferung und Faktura erzeugt. Diese Schritte zeigen wir an dieser Stelle nicht mehr durch eigene Abbildungen, sondern wir verweisen dafür auf die genannten Kapitel.

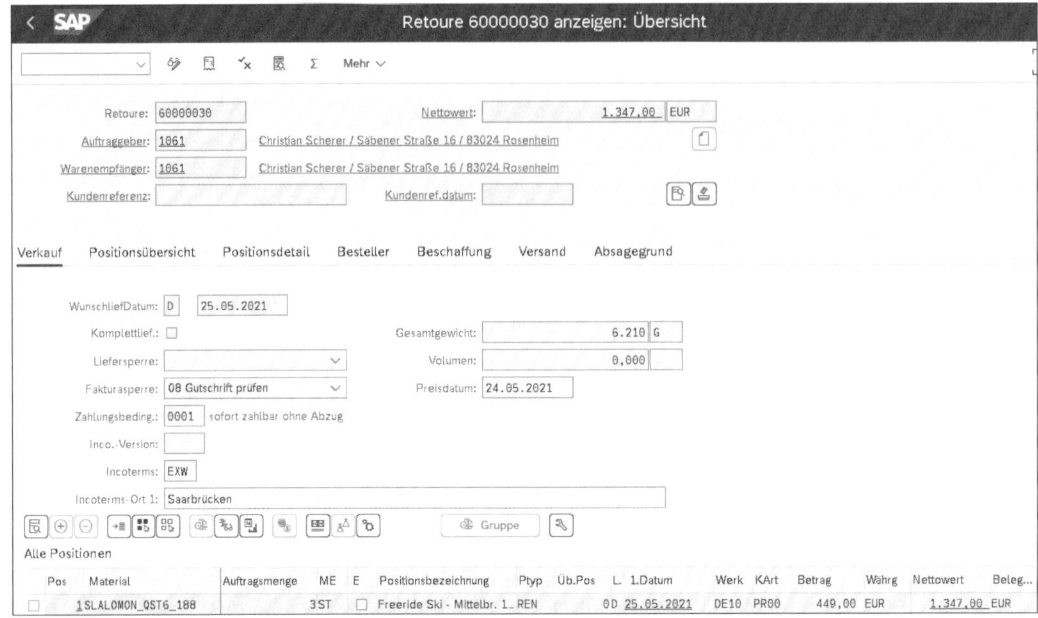

Abbildung 15.8 Retourenauftrag 60000030 (Transaktion VA03)

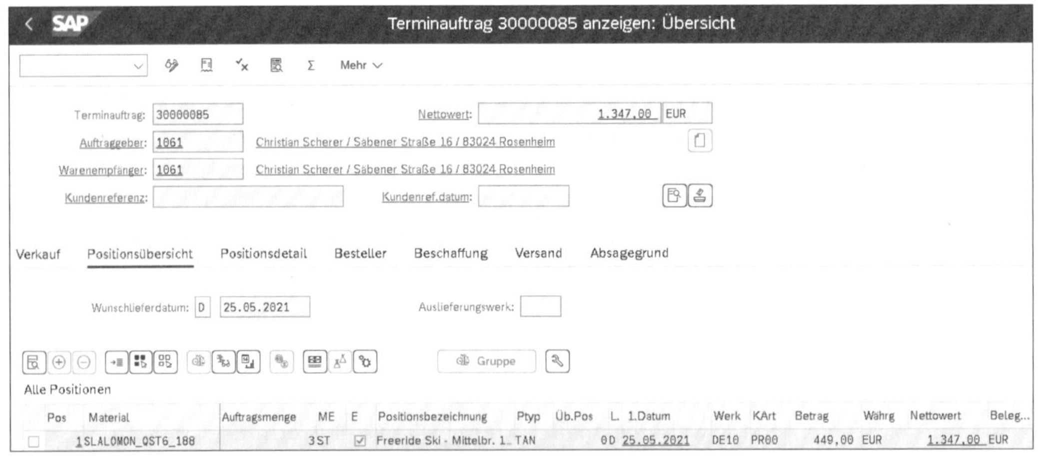

Abbildung 15.9 Kundenauftrag 30000085 (Transaktion VA03)

Noch ein Hinweis zum Retourenauftrag: Der Kunde sendet das falsch gelieferte Material SLALOMON_QST6_174 zurück. Der Retourenauftrag enthält aber das Material SLALOMON_QST6_188. Auf diesen Umstand sollte in einem Positionstext hingewiesen werden, damit dies beim Wareneingang der Retoure erkannt wird. Es ist dennoch richtig, dass der Retourenauftrag das Material SLALOMON_QST6_188 enthält, weil nur so der Bestand für dieses Material nach dem Wareneingang für die Retourenanlieferung korrekt ausgewiesen wird.

Schritt 6: Belegfluss anzeigen

Beide Belege (Retouren- und Kundenauftrag) wurden automatisch mit Bezug zur ursprünglichen Faktura (Belegnummer 90000078) angelegt. Damit lässt sich der Gesamtvorgang im Belegfluss des der Faktura zugrunde liegenden Kundenauftrags mit der Belegnummer 30000072 nachvollziehen (siehe Abbildung 15.10).

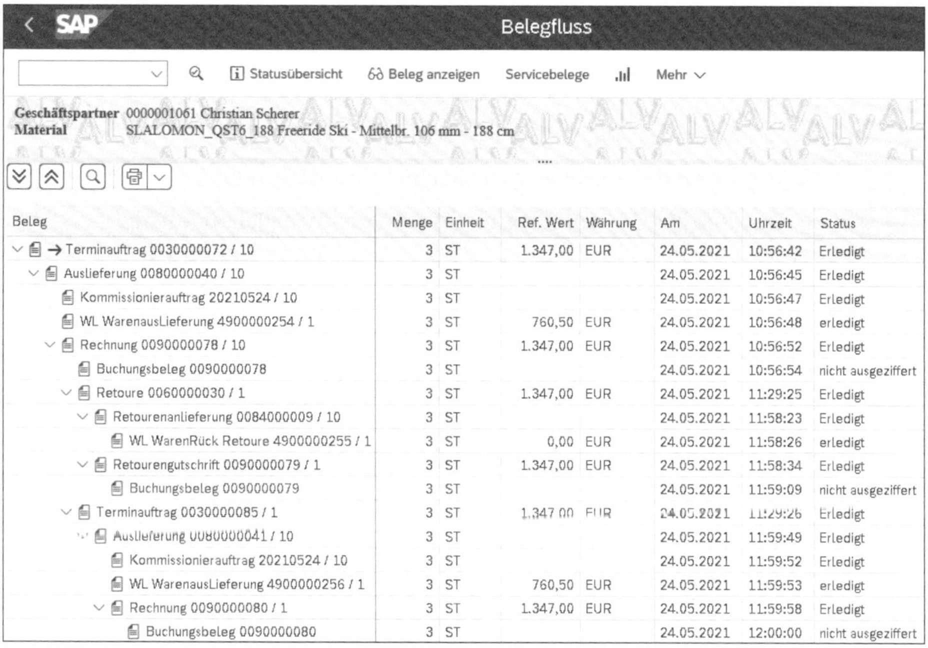

Belegfluss

Statusübersicht | Beleg anzeigen | Servicebelege | Mehr

Geschäftspartner 0000001061 Christian Scherer
Material SLALOMON_QST6_188 Freeride Ski - Mittelbr. 106 mm - 188 cm

Beleg	Menge	Einheit	Ref. Wert	Währung	Am	Uhrzeit	Status
→ Terminauftrag 0030000072 / 10	3	ST	1.347,00	EUR	24.05.2021	10:56:42	Erledigt
Auslieferung 0080000040 / 10	3	ST			24.05.2021	10:56:45	Erledigt
Kommissionierauftrag 20210524 / 10	3	ST			24.05.2021	10:56:47	Erledigt
WL WarenausLieferung 4900000254 / 1	3	ST	760,50	EUR	24.05.2021	10:56:48	erledigt
Rechnung 0090000078 / 10	3	ST	1.347,00	EUR	24.05.2021	10:56:52	Erledigt
Buchungsbeleg 0090000078	3	ST			24.05.2021	10:56:54	nicht ausgeziffert
Retoure 0060000030 / 1	3	ST	1.347,00	EUR	24.05.2021	11:29:25	Erledigt
Retourenanlieferung 0084000009 / 10	3	ST			24.05.2021	11:58:23	Erledigt
WL WarenRück Retoure 4900000255 / 1	3	ST	0,00	EUR	24.05.2021	11:58:26	erledigt
Retourengutschrift 0090000079 / 1	3	ST	1.347,00	EUR	24.05.2021	11:58:34	Erledigt
Buchungsbeleg 0090000079	3	ST			24.05.2021	11:59:09	nicht ausgeziffert
Terminauftrag 0030000085 / 1	3	ST	1.347,00	EUR	24.05.2021	11:29:26	Erledigt
Auslieferung 0080000041 / 10	3	ST			24.05.2021	11:59:49	Erledigt
Kommissionierauftrag 20210524 / 10	3	ST			24.05.2021	11:59:52	Erledigt
WL WarenausLieferung 4900000256 / 1	3	ST	760,50	EUR	24.05.2021	11:59:53	erledigt
Rechnung 0090000080 / 1	3	ST	1.347,00	EUR	24.05.2021	11:59:58	Erledigt
Buchungsbeleg 0090000080	3	ST			24.05.2021	12:00:00	nicht ausgeziffert

Abbildung 15.10 Belegfluss mit dem ursprünglichen Kundenauftrag und den Folgebelegen der Reklamationsbearbeitung (Transaktion VA02)

Der Belegfluss zeigt, dass zum Retourenauftrag (60000030) eine Retourenanlieferung (84000009) und die Retourengutschrift (90000079) angelegt wurden. Damit ist der Retourenvorgang abgeschlossen. Zum Kundenauftrag wurden ein Lieferbeleg (80000041) und die Faktura (90000080) erfasst. Damit hat der Kunde das gewünschte Material SLALOMON_QST6_188 erhalten, und der Prozess ist nach der Verbuchung des Zahlungseingangs des Debitors abgeschlossen.

15.4 Beispiel für eine Gutschrift

Im Beispiel für eine Gutschrift hat unser Kunde Christian Scherer (Kundennummer 1061) eine Lieferung erhalten, die leicht beschädigt war. Es wurde

1 Stück des Materials SLALOMON_QST6_188 für 449 Euro netto ausgeliefert. Der Ski hat optische Mängel (Kratzer an der Oberseite) und wurde durch den Kunden reklamiert. Nach einer Überprüfung durch unseren Servicemitarbeiter haben wir mit dem Kunden eine Einigung erzielt: Er behält den Ski, und wir erstatten ihm einen Teilbetrag (Gutschrift) von 49 Euro. Eine Nachlieferung wird nicht benötigt. Das Beispiel umfasst folgende Schritte:

1. Anzeige des ursprünglichen Auftrags
2. Selektion der Bezugsbelege in der Transaktion zur Reklamationsbearbeitung
3. Auswahl des Reklamationsgrundes
4. Erzeugen des Folgebelegs (Gutschriftsanforderung)
5. Anpassen des Folgebelegs (Gutschriftsanforderung)
6. Anzeige des Gesamtbelegflusses zum ursprünglichen Auftrag

Schritt 1: Ursprünglichen Kundenauftrag anzeigen

Auch in diesem Beispiel verschaffen wir uns zuerst einen Überblick darüber, welche Belege im Zuge des ursprünglichen Kundenauftrags erzeugt wurden. Der Kunde hat 1 Stück des Materials SLALOMON_QST6_188 erhalten. Diesem Vorgang liegt der Kundenauftrag mit der Belegnummer 30000086 zugrunde, den Sie in Abbildung 15.11 sehen.

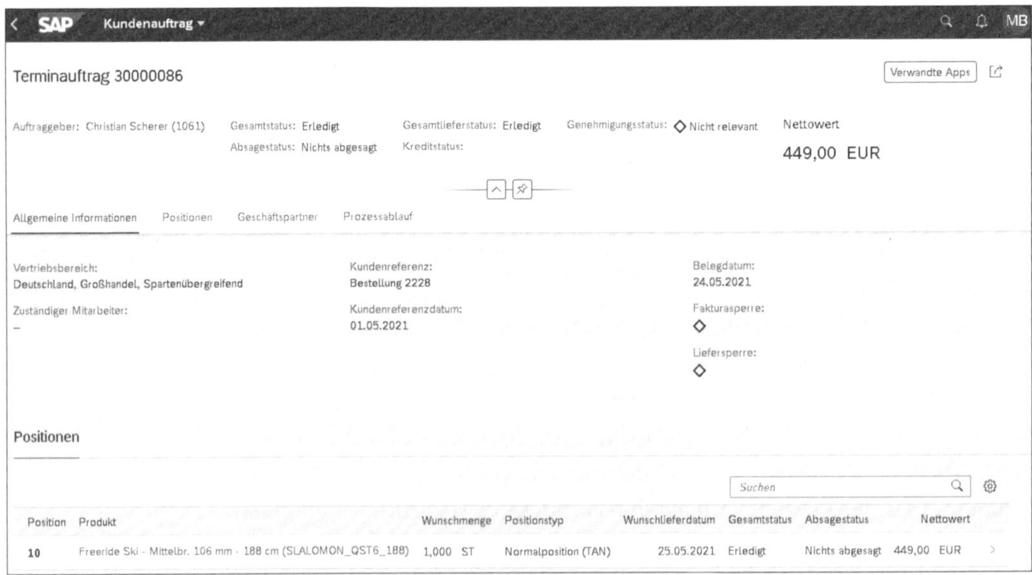

Abbildung 15.11 Ursprünglicher Kundenauftrag 30000086 (SAP-Fiori-App »Kundenauftrag«)

Im Kundenauftrag ist auch die Bestellnummer (**Bestellung 2228**) des Kunden als Referenzbeleg erfasst worden. Auf diese Nummer wird sich der

Kunde bei seiner Reklamation beziehen. In Abbildung 15.12 sehen Sie den vollständigen Prozessablauf zu diesem Kundenauftrag, der auch in diesem Beispiel aus Terminauftrag, Lieferung und Faktura besteht. Auch in diesem Fall wurde die Faktura durch den Kunden noch nicht bezahlt.

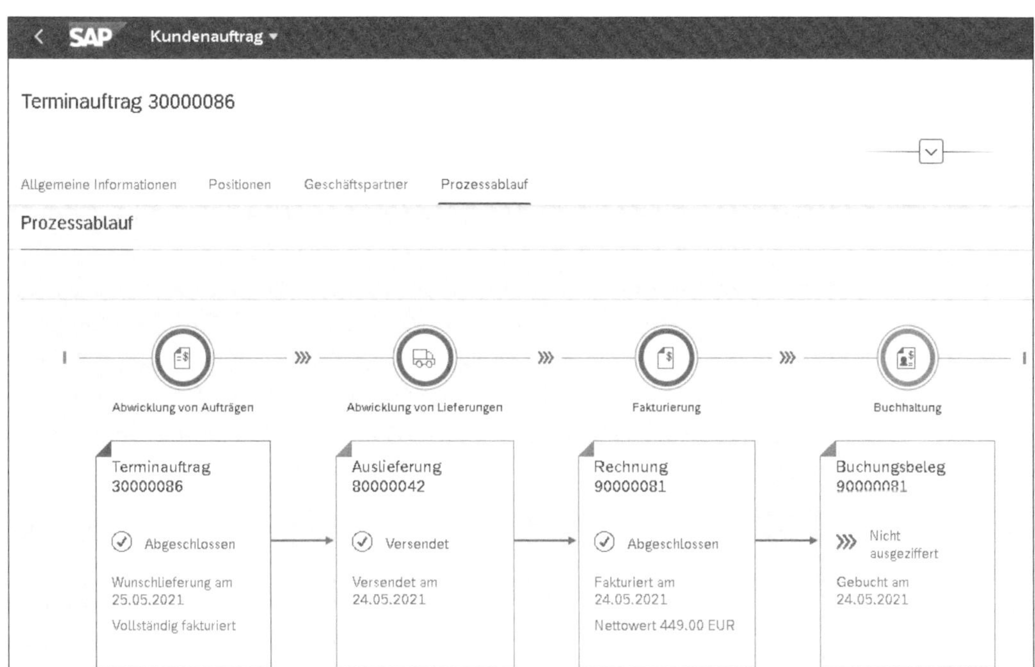

Abbildung 15.12 Prozessablauf zum Kundenauftrag 30000086 (SAP-Fiori-App »Kundenauftrag«)

Schritt 2: Selektion der Bezugsbelege

Der Kunde reklamiert den optischen Mangel seiner erhaltenen Ware. Bei seiner Reklamation bezieht er sich auf seine Bestellnummer (**Bestellung 2228**), die im Kundenauftrag (siehe Abbildung 15.11) erfasst wurde. Über diese Referenz suchen wir in der zentralen Reklamationsabwicklung (Transaktion CMP_PROCESSING) nach dem Bezugsbeleg (siehe Abbildung 15.13).

Das System ermittelt über die Bestellnummer aus dem Kundenauftrag die Faktura des ursprünglichen Auftrags (siehe Abbildung 15.13) als Bezugsbeleg und zeigt diesen am Bildschirm an.

Schritt 3: Reklamationsgrund auswählen

Der Anwender wählt den Bezugsbeleg (90000081) für die Reklamation aus und erhält anschließend einen automatischen Vorschlag für die Folgebelege und die Reklamationspositionen. Dieser Vorschlag wird über die Customizing-Einstellungen zum Reklamationsgrund (siehe Abbildung 15.1 weiter vorne) ermittelt.

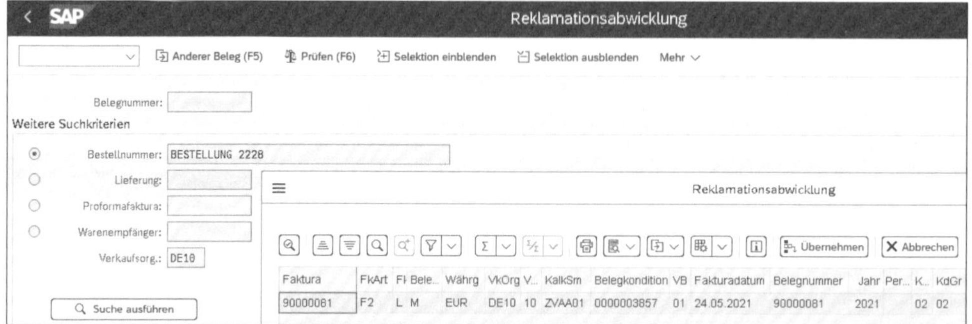

Abbildung 15.13 Selektion des Bezugsbelegs (Transaktion CMP_PROCESSING)

In diesem Beispiel wird der Reklamationsgrund **Z003** (**Gutschrift**) aus den sechs angebotenen Reklamationsgründen ausgewählt (siehe Abbildung 15.14). Darüber wird gesteuert, dass für den Kunden eine Gutschriftsanforderung mit Bezug zur Faktura erzeugt wird. Das wird über den Eintrag **GA2** im Feld **Verkaufsbelegart** im Customizing des Reklamationsgrundes Z003 sichergestellt.

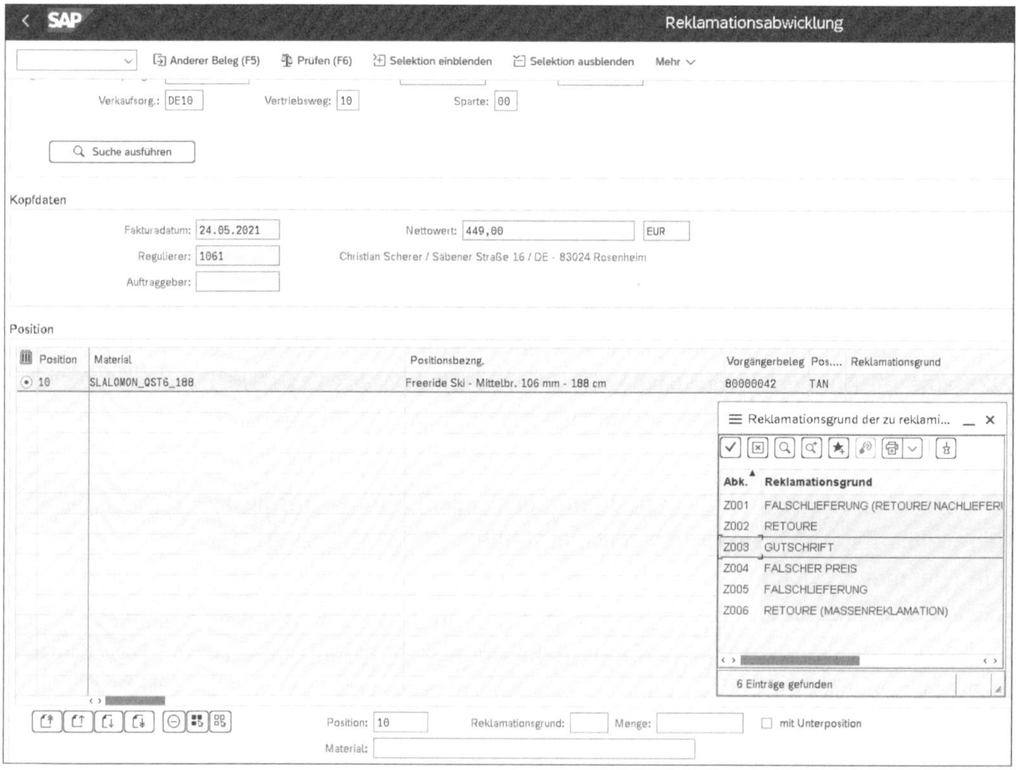

Abbildung 15.14 Auswahl des Reklamationsgrundes (Transaktion CMP_PROCESSING)

Hier wäre es auch denkbar, direkt eine Gutschrift zu erstellen und nicht den Umweg über eine Gutschriftsanforderung zu gehen. Das wäre mit dem Reklamationsgrund **Z004** und dem Eintrag **G2** im Feld **FkArt** (Fakturaart) abbildbar. In diesem Szenario wird also keine Gutschriftsanforderung benötigt (wie in Kapitel 14, »Gut- und Lastschriften«, beschrieben). Damit wird der Prozess einfacher und überschaubarer als der eigentliche Prozess der Gutschrifterstellung, der immer eine Gutschriftsanforderung als Auftragsart benötigt, die dann durch die Fakturaart **G2** fakturiert wird.

In *unserem* Beispiel haben wir jedoch mit dem Kunden eine Teilerstattung von 49 Euro vereinbart. In der Gutschriftsanforderung haben wir später die Möglichkeit, die Höhe der Gutschrift anzupassen und können dem Kunden somit den zuvor besprochenen Teilbetrag erstatten.

In das Feld **Menge** in der Position **10** muss die Menge eingetragen werden, über die eine Gutschrift erfolgen soll. Da nur ein Teil der Lieferung defekt war, geben wir die Menge entsprechend ein. Der Kunde soll eine Teilgutschrift über 1 Stück erhalten.

Abbildung 15.15 zeigt das Ergebnis: Das System schlägt zur Position 10 des Ursprungsbelegs eine Gutschriftsposition mit der Menge 1 vor.

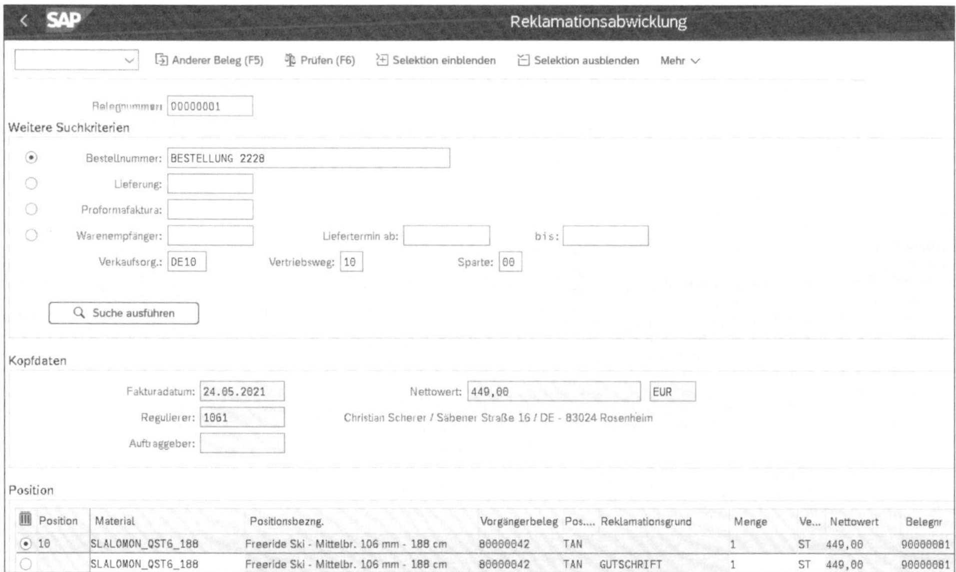

Abbildung 15.15 Positionsvorschlag des Systems für die Folgebelege (Transaktion CMP_PROCESSING)

Schritt 4: Folgebeleg erzeugen

Mit dem Sichern erzeugt das System automatisch die entsprechende Gutschriftsanforderung mit der Belegnummer 60000032 und zeigt ein Protokoll an (siehe Abbildung 15.16).

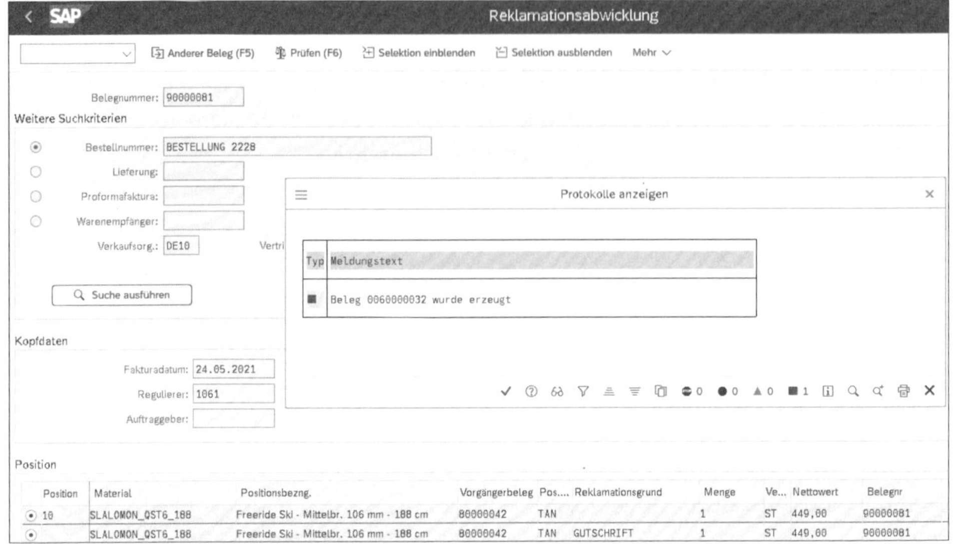

Abbildung 15.16 Protokoll zum Anlegen des Folgebelegs (Transaktion CMP_PROCESSING)

Schritt 5: Folgebeleg anpassen

Da der Kunde nicht den gesamten Betrag, sondern nur eine Teilerstattung bekommt, wird die Gutschriftsanforderung in diesem Schritt angepasst. Auf dem Reiter **Konditionen** auf Positionsebene wird der Gutschriftswert über die Konditionsart **PR00** von den ursprünglichen 449 Euro auf 49 Euro reduziert. Nach Eingabe des Auftragsgrundes kann die Gutschriftsanforderung fakturiert werden. Der Auftraggeber erhält somit seine Gutschrift über 49 Euro.

Schritt 6: Belegfluss anzeigen

Die Abbildung 15.17 zeigt einen Überblick zum ursprünglichen Kundenauftrag 30000086. Die Gutschriftsanforderung 60000032 wurde mit Bezug zum Ursprungsbeleg (Faktura 90000081) angelegt. Damit ist die Bearbeitung abgeschlossen.

Abbildung 15.17 Belegfluss des ursprünglichen Auftrags (VA03)

Kapitel 16
Rahmenverträge

Da Liefersicherheit, Preisabsprachen etc. für den Beschaffungsprozess von großer Bedeutung sind, werden wir in diesem Kapitel das Thema Rahmenverträge sowohl aus betriebswirtschaftlicher als auch aus SAP-S/4HANA-Sicht erklären.

Kunden begreifen heute die systematische Ermittlung und Auswahl von Beschaffungsmöglichkeiten als strategische Aufgabe. Lieferanten werden zu Partnern, mit denen man über einen längeren Zeitraum zusammenarbeitet. Rahmenverträge sind ein wichtiges Instrument, um das Regelwerk einer solchen Partnerschaft abzubilden. Die Abbildung und Abwicklung von Rahmenverträgen hat sich unter SAP S/4HANA nicht verändert.

16.1 Betriebswirtschaftliche Grundlagen

Elemente für die Gestaltung von Rahmenverträgen

Rahmenverträge legen die Bedingungen einer langfristigen Zusammenarbeit fest. Diese gelten in der Regel dann für einzelne Abrufaufträge, die sich auf den Rahmenvertrag beziehen. Je nach Branche, Produktspektrum und Markt können sehr unterschiedliche Aspekte geregelt werden. Zu den wichtigsten Elementen der Gestaltung von Rahmenverträgen gehören:

- **Preise**
  Innerhalb eines Rahmenvertrags werden häufig die Preise für Produkte oder Leistungen für einen bestimmten Zeitraum festgelegt.
- **Konditionen**
  Zusätzlich zu den Preisen werden oft weitere Abschläge gewährt. Allerdings können auch Zuschläge (wie z. B. Pauschalen für bestimmte Leistungen, etwa Fracht, oder Reisekostenpauschalen bei Dienstleistungen) festgelegt werden.
- **Lieferungs- und Zahlungsbedingungen**
  Rahmenverträge werden vielfach genutzt, um Lieferungs- und Zahlungsbedingungen zu vereinheitlichen.

- **Abnahmemengen**
  Der Kunde sagt die Abnahme bestimmter Liefermengen zu. Der Lieferant garantiert die Bereitstellung der entsprechenden Menge im definierten Zeitraum.
- **Liefertermine**
  Je nach Branche können in Rahmenverträgen auch Liefertermine oder Lieferzyklen festgelegt werden.
- **Abnahmewerte**
  Der Kunde verpflichtet sich zur Abnahme eines bestimmten Wertes. Häufig erhält er als Gegenleistung zusätzliche Vergünstigungen.
- **Gültigkeitszeitraum der Rahmenvereinbarung**
  In jedem Rahmenvertrag sind Vertragsbeginn, Vertragsende und die Modalitäten der Kündigung zu hinterlegen.
- **Festlegung der Abrufpartner**
  Eine wichtige Frage ist die des Gültigkeitsbereichs. Damit wird geklärt, wer sich auf die Konditionen eines Rahmenvertrags beziehen darf. Die zentralen Einkaufsorganisationen großer Konzerne sind bestrebt, ihre Marktmacht zu bündeln und möglichst vielen Konzerngesellschaften Zugang zu Rahmenverträgen zu ermöglichen.
- **Produkte oder Produktgruppen**
  Auch hinsichtlich der betroffenen Produkte ist eine Aussage erforderlich. Grundsätzlich können sich Rahmenverträge auf einzelne Produkte beziehen. Es ist aber auch möglich, Rahmenverträge für Produktgruppen zu definieren.

Im Folgenden wollen wir uns einen Überblick darüber verschaffen, welche Instrumente zur Gestaltung von Rahmenverträgen in der Standardinstallation von SAP S/4HANA bereitgestellt werden.

16.2 Rahmenverträge in SAP S/4HANA

Customizing

Für die Abbildung von Rahmenverträgen stehen unterschiedliche Auftragsarten und entsprechende Positionstypen zur Verfügung. Über die Steuerung dieser Objekte im Customizing wird Folgendes festgelegt:

- Welche Aspekte können im Rahmenvertrag geregelt werden?
- Wie sieht die Folgebelegsteuerung aus?

Dabei wird grundsätzlich zwischen Kontrakten und Lieferplänen unterschieden. Zunächst werden wir uns mit den Lieferplänen und anschließend mit Kontrakten beschäftigen.

16.2.1 Lieferpläne

In einem *Lieferplan* werden in einer Position Material und Lieferplanmenge festgelegt. Außerdem werden im Lieferplan auch die Liefertermine fixiert. Es existieren also Einteilungen zur Position. Als Folgebeleg wird eine Lieferung erfasst. Abbildung 16.1 zeigt die Abwicklung von Lieferplänen im Überblick.

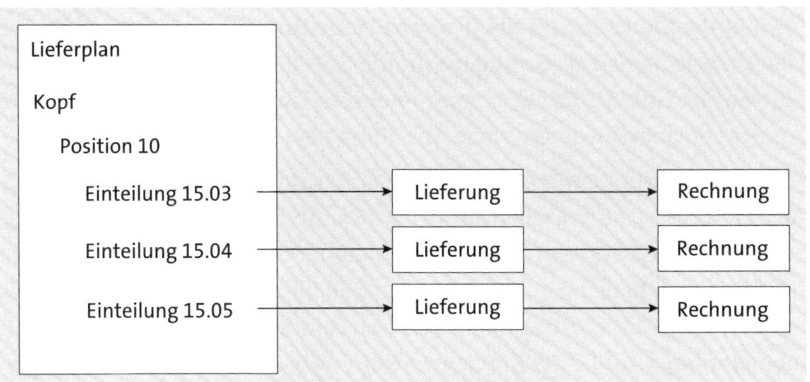

Abbildung 16.1 Überblick über die Lieferplanabwicklung

Erfassung von Lieferplänen

In der Standardinstallation von SAP S/4HANA steht für die Erfassung von Lieferplänen die Auftragsart LP (Lieferplan) zur Verfügung. Innerhalb dieser Auftragsart wird über die Positionstypengruppe NORM im Materialstamm der Positionstyp LPN (Lieferplanposition) ermittelt. Dieser Positionstyp ist im Customizing als relevant für die Preisfindung eingestellt. Damit werden in einem Lieferplan auch die Preise hinterlegt. Innerhalb dieses Positionstyps wird der Einteilungstyp CP (plangesteuerte Disposition) über das Customizing ermittelt. Damit ähnelt die Abwicklung von Lieferplänen sehr stark der herkömmlichen Terminauftragsabwicklung (siehe Kapitel 8).

Der Unterschied besteht jedoch in der Steuerung der Auftragserfassung. Bei der Erfassung eines Terminauftrags gibt der Anwender Material und Positionsmenge ein. Das System führt automatisch die Verfügbarkeitsprüfung durch und unterbreitet dem Anwender einen Liefervorschlag. Ist die gesamte Positionsmenge zum Wunschlieferdatum des Kunden verfügbar, wird vom System genau *eine* Einteilung angelegt. Das System versucht bei der Terminauftragsabwicklung, die gesamte Positionsmenge auf möglichst wenige Einteilungen und damit auf möglichst wenige Liefertermine zu verteilen.

Besonderheiten der Lieferplanabwicklung

Auch bei der Erfassung eines Lieferplans mit der Auftragsart LP gibt der Anwender zunächst die Positionsmenge vor. Allerdings führt das System keine automatische Verfügbarkeitsprüfung durch. Es werden auch keine Einteilungen angelegt. Vielmehr erfasst der Anwender die Einteilungen und damit die Liefertermine *manuell*. Für jede Einteilung wird dann ein Bedarf an die Disposition übergeben und eine Verfügbarkeitsprüfung durchgeführt. Die weitere Logik entspricht der Vorgehensweise bei der Erfassung eines Terminauftrags: Pro Einteilung wird die bestätigte Menge ermittelt. Nur für Einteilungen mit bestätigter Menge kann ein Lieferbeleg erzeugt werden. Die Lieferbelege werden mit Bezug zum Lieferplan angelegt, außerdem ist für den Positionstyp LPN die lieferbezogene Fakturierung eingestellt. Die Lieferbelege dienen als Grundlage für die Erstellung der Rechnung. Abhängig vom Rechnungstermin können mehrere Lieferungen in einer Faktura zusammengefasst werden (siehe Abschnitt 8.5, »Fakturierung«).

Lieferpläne für Zulieferer

Für die Zulieferindustrie stehen weitere Funktionen zum Lieferplan zur Verfügung. Diese sind vor allem in der Automobilindustrie von Bedeutung. Dazu sind zusätzliche Lieferplanarten und Positionstypen vorgesehen. Grundsätzlich haben die Lieferpläne für Zulieferer die gleiche Struktur wie der Lieferplan LP (Auftragskopf, Position, Einteilung). Zusätzlich können hier allerdings *Abrufe des Kunden* verwaltet werden. Durch einen Kundenabruf wird eine Einteilung im Lieferplan erzeugt. Diese Lieferabrufe des Kunden werden in der Regel elektronisch übermittelt. Dazu gibt es z. B. in der Automobilindustrie standardisierte EDI-Nachrichten (Electronic Data Interchange). Die Eingangsnachricht vom Kunden wird über die ALE-Schnittstelle (Application Link Enabling) im SAP-System verarbeitet (siehe dazu auch den entsprechenden Exkurs in Abschnitt 17.2.1, »Buchungskreisübergreifender Verkauf«). Über diese Eingangsverarbeitung wird ein Abruf und über den Abruf eine Einteilung im Lieferplan erzeugt. Die Kundenabrufe lassen sich auch manuell im System erfassen.

Abrufarten

Über die Historie zu den Abrufen wird das Abrufverhalten des Kunden dokumentiert. Gemäß den Richtlinien des Verbands der Automobilindustrie (VDA) werden dabei verschiedene Abrufarten unterschieden:

- **Lieferabruf**
  Über Lieferabrufe erfolgen in der Regel die mittel- und langfristige Planung. Sie dienen als Grundlage für die Produktionsplanung.
- **Feinabruf**
  Über Feinabrufe wird das kurzfristige Abrufverhalten des Kunden gesteuert. Dies ist vor allem bei der Just-in-time-Produktion von Bedeutung. Der Kunde steuert das Abrufverhalten über die Vorgabe exakter Uhrzeiten für die Anlieferung.
- **Planabruf**
  Bei Planabrufen handelt es sich um interne Abrufe zur Steuerung der Bedarfsplanung.

Über diese Abrufe werden auch *Fortschrittszahlen* ermittelt und angezeigt. Dabei handelt es sich um kumulierte Mengen (z. B. Abrufmengen, Liefermengen), die ein Kunde erhalten hat. So dokumentiert die *Eingangsfortschrittszahl*, welche Liefermengen der Kunde innerhalb einer Periode erhalten hat. Die *Lieferfortschrittszahl* dokumentiert die kumulierte Liefermenge des Lieferanten. Die *Warenausgangsfortschrittszahl* dokumentiert die kumulierte Liefermenge, für die beim Lieferanten der Warenausgang gebucht wurde, und zwar unabhängig davon, ob diese Lieferungen beim Kunden angekommen sind. Mit Bezug zu den Lieferplanpositionen werden Lieferbelege erzeugt, über die der Versand organisiert wird.

Fortschrittszahlen

16.2.2 Kontrakte

Im Gegensatz zu Lieferplänen wird in *Kontrakten* der Liefertermin noch nicht festgelegt. Der konkrete Liefertermin und die Liefermenge werden in *Abrufaufträgen* erfasst, die als Terminaufträge (Auftragsart TA) mit Bezug zum Kontrakt erfasst werden. Dabei kann der Anwender aus den Kontraktpositionen diejenigen auswählen, die in den Auftrag übernommen werden sollen. Damit unterscheidet sich der Kontrakt schon in der Art des Folgebelegs vom Lieferplan: Kontrakte enthalten Kopf- und Positionsdaten, aber keine Einteilungen. Auf den Lieferplan folgt der Lieferbeleg. Auf den Kontrakt hingegen folgt der Abrufauftrag; mit Bezug zum Abrufauftrag wird anschließend ein Lieferbeleg erzeugt. Abbildung 16.2 zeigt einen Überblick über die Kontraktabwicklung.

16

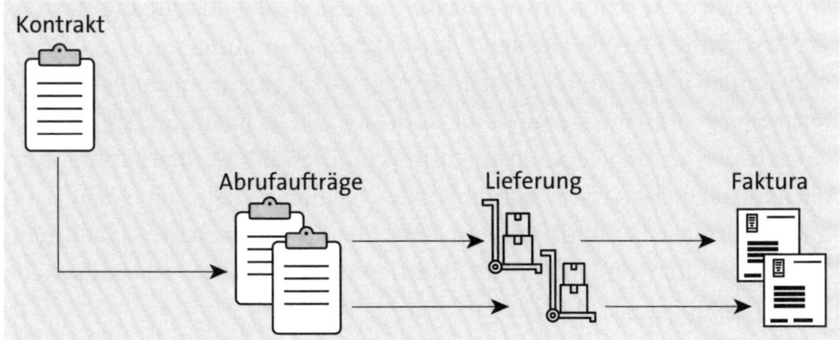

Abbildung 16.2 Überblick über die Kontraktabwicklung

Grundsätzlich lassen sich folgende Kontraktarten unterscheiden:

Kontraktarten

- **Gruppenkontrakt (Auftragsart GK)**
  In Gruppenkontrakten werden nur Kopfdaten gepflegt (Zahlungsbedingungen, Gültigkeitszeiträume). Die Daten aus dem Gruppenkontrakt werden in die untergeordneten Kontrakte kopiert. Im Customizing wird

festgelegt, welche Daten in einen Kontrakt kopiert werden. Gruppenkontrakte dienen der Vereinheitlichung von Rahmenverträgen.

- **Wertkontrakt allgemein (Auftragsart WK1)**
  Im Unterschied zu materialbezogenen Wertkontrakten (Auftragsart WK2) wird hier das Material nicht festgelegt. Stattdessen werden im Kontrakt Produkthierarchien oder Sortimente hinterlegt, auf die sich die Abrufe beziehen. Erst bei der Erfassung des Abrufauftrags wird das konkrete Material festgelegt. Zulässig sind dann alle Materialien, die zu der im Kontrakt festgelegten Produkthierarchie bzw. zu dem festgelegten Sortiment gehören.
- **Wertkontrakt für ein Material (Auftragsart WK2)**
  Bei Wertkontrakten wird mit dem Kunden die Abnahme eines bestimmten Wertes vereinbart. Eine Abnahmemenge wird hingegen nicht festgelegt. Im Kontrakt werden die Auftragswerte der Abrufaufträge fortgeschrieben, außerdem können Preise und Konditionen für das Material festgelegt und in die Abrufaufträge übernommen werden. Über die Funktion Belegfluss/Prozessablauf lässt sich die Entwicklung des Abrufverhaltens des Kunden nachvollziehen.
- **Mengenkontrakt (Auftragsart KM)**
  In einem Mengenkontrakt wird mit dem Kunden die Abnahme einer Zielmenge vereinbart. Im Kontrakt werden außerdem die Materialien hinterlegt. Die konkrete Abrufmenge wird in einem Abrufauftrag mit der Auftragsart TA (Terminauftrag) erfasst.

Eine wichtige Funktion im Kontrakt besteht in der Festlegung der Geschäftspartner, die sich auf den Kontrakt beziehen dürfen. In einem Kontrakt können neben dem Auftraggeber weitere sogenannte *abrufberechtigte Auftraggeber* erfasst werden. Dafür ist in SAP S/4HANA eine entsprechende Partnerrolle (AA) angelegt, die im Kontrakt ausgewählt werden kann. Für die Abrufauftraggeber lassen sich ebenfalls Terminaufträge mit Bezug zum Kontrakt anlegen. Damit können bestehende Kontrakte von mehreren Kunden genutzt werden. Für die Abrufaufträge können auch zusätzliche Warenempfänger erlaubt werden.

16.3 Beispiel eines allgemeinen Wertkontrakts

Ausgangssituation

An dieser Stelle wollen wir die Abbildung von Rahmenverträgen in SAP S/4HANA am Beispiel eines allgemeinen Wertkontrakts demonstrieren. Unsere Beispielfirma fertigt Schokolade und verkauft diese an Handelsunternehmen. Mit einem Kunden (1066), der Süßwaren Handelsgesellschaft mbH, hat unser Schokoladenhersteller aus Stuttgart für das Jahr 2021 einen Wertkontrakt über 250.000,00 EUR für ein bestimmtes Schokoladensortiment vereinbart. Gegenstand der Vereinbarung ist, dass Schokolade in diesem Wert abgenommen wird. Der Kontrakt bezieht sich auf ein bestimmtes Sortiment. Darin sind folgende Sorten enthalten:

- Vollmilchschokolade: Materialnummer SC11000
- Zartbitterschokolade: Materialnummer SC11001
- Joghurtschokolade: Materialnummer SC11002
- Haselnussschokolade: Materialnummer SC11003

Die Süßwaren Handelsgesellschaft mbH erteilt pro Monat einen Abrufauftrag, bei dem die jeweiligen Sorten festgelegt werden. Außerdem hat unser Kunde eine Mehrheitsbeteiligung an dem Unternehmen Lebensmittelhandel Klein & Fein OHG erworben. Auch dieses Unternehmen, das bislang schon Kunde unserer Beispielfirma war, soll diesen Kontrakt beim Einkauf nutzen. Das Unternehmen Lebensmittelhandel Klein & Fein OHG (1056) tritt dabei als selbstständiger Auftraggeber auf.

Wir werden in unserem Beispiel folgende Schritte durchlaufen:

1. Anlegen eines Sortiments für den Wertkontrakt
2. Anlegen des Wertkontrakts für das Sortiment
3. Erfassen eines Abrufauftrags
4. Anzeigen der aktuellen Bedarfs- und Bestandsliste
5. Belieferung des Abrufauftrags
6. Fakturierung des Abrufauftrags
7. Kontrolle des Wertkontrakts

Schritt 1: Sortiment anlegen

Über *Sortimente* lassen sich Materialien zusammenfassen. Im Vertrieb werden Sortimente zur Steuerung des Produktprogramms eingesetzt. Dazu gehört auch die Möglichkeit, im Wertkontrakt ein Sortiment festzulegen und im Abruf dann aus dem Sortiment das jeweilige Material auszuwählen. Abbildung 16.3 zeigt unser Schokoladensortiment (Sortimentsnummer SC001) mit den unterschiedlichen Schokoladensorten.

Schritt 2: Wertkontrakt anlegen

Auf dieses Sortiment bezieht sich der Wertkontrakt, den wir in Schritt 2 für unseren Kunden, die Süßwaren Handelsgesellschaft mbH (Partnernummer 1066), anlegen. In Abbildung 16.4 sehen Sie den Kontrakt mit der Belegnummer 40000001 und der Auftragsart **Wertktr. allgemein** (WK1). Als **Zielwert** wurde der Betrag von 250.000,00 EUR erfasst. Unser Schokoladensortiment wurde in den Positionsdaten auf dem Reiter **Sortimentsbaustein** mit dem Eintrag »SC001« erfasst. In der Position 10 erkennen Sie das **Material** mit der Materialnummer **WKM1**.

Abbildung 16.3 Sortiment (Transaktion WSV2)

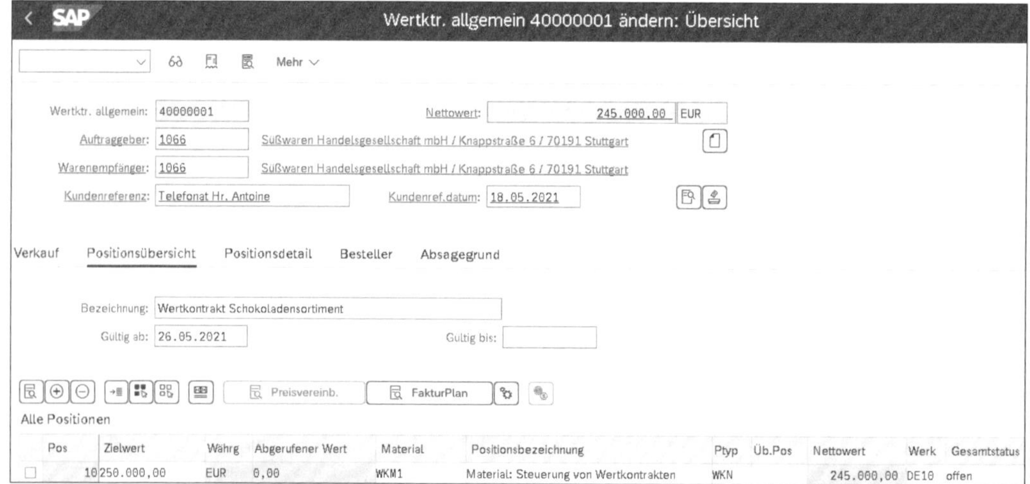

Abbildung 16.4 Positionsübersicht über den Wertkontrakt (Transaktion VA42)

Es handelt sich dabei lediglich um einen »Dummy-Materialstamm«, über den die Belegsteuerung, z. B. die Steuerermittlung, erfolgt. Somit wird dieses Material aus rein technischen Gründen benötigt. Im Customizing wird es dem **Positionstyp WKN** (Wertkontraktposition) unter **Wertkontraktmaterial** zugeordnet und automatisch in den Kontrakt übernommen. Im Kontrakt erkennen Sie auch im Feld **Abgerufener Wert**, dass der bisher abgerufene Wert null ist.

Da der Kontrakt auch von der Firma Lebensmittelhandel Klein & Fein OHG (Partnernummer 1056) genutzt werden soll, ist dieser Partner als zusätzlicher Kontraktabrufer (Partnerrolle AA) zu definieren. Sie sehen dies auf dem Partnerbild im Kopf unseres Wertkontrakts (siehe Abbildung 16.5). Hinweis: In SAP-Fiori-Apps wird diese Partnerart als »SP Kontraktabruf« bezeichnet.

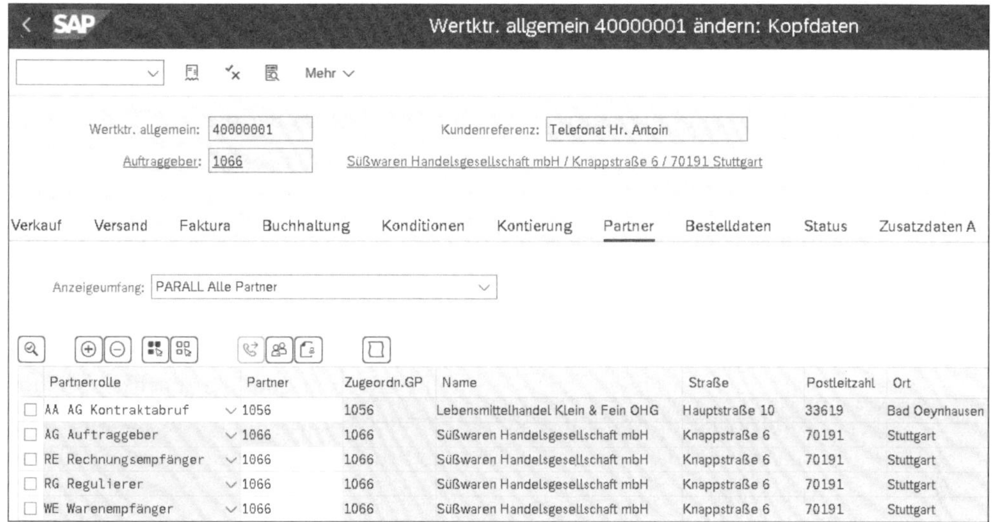

Abbildung 16.5 Partner im Wertkontrakt (Transaktion VA42)

Außerdem wurde mit der Süßwaren Handelsgesellschaft mbH vereinbart, dass auf jeden Abrufauftrag, der sich auf den Kontrakt bezieht, ein zusätzlicher **Kundenrabatt** von 2 % gewährt wird. Dieser Rabatt wird über die Konditionsart **K007** in der Preisfindung des Wertkontrakts festgehalten (siehe Spalte **KArt** in Abbildung 16.6).

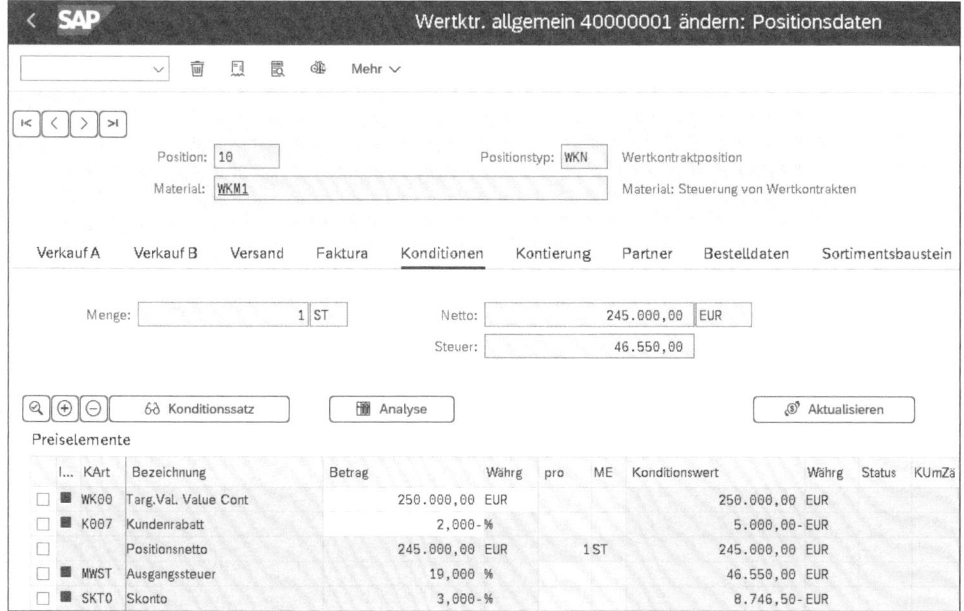

Abbildung 16.6 Konditionen im Wertkontrakt (Transaktion VA42)

Schritt 3: Abrufauftrag erfassen

Erfassen wir nun den ersten Abrufauftrag. Es handelt sich dabei um einen *herkömmlichen* Terminauftrag (**Auftragsart TA**), der mit Bezug zu unserem Kontrakt angelegt wird. Wir erfassen die Kontraktnummer (40000001) und wählen den Abrufauftraggeber aus. In unserem Beispiel erfolgt der Abruf durch die Firma Lebensmittelhandel Klein & Fein OHG mit der Partnernummer 1056.

Normalerweise wird beim Anlegen mit Bezug zum Vorgängerbeleg die Position in den Folgebeleg kopiert. Beim Abruf zu unserem Wertkontrakt sind jedoch zunächst die konkreten Materialnummern und deren Abrufmengen festzulegen. Dabei stehen die Materialien des Sortiments zur Auswahl, sobald die Auswahlliste zum Sortimentsbaustein über die Schaltfläche **Sort. auflösen** (siehe Abbildung 16.7) aufgerufen wird. In Abbildung 16.8 sehen Sie die Auswahl der Materialien für den Abrufauftrag und die Erfassung der Abrufmenge.

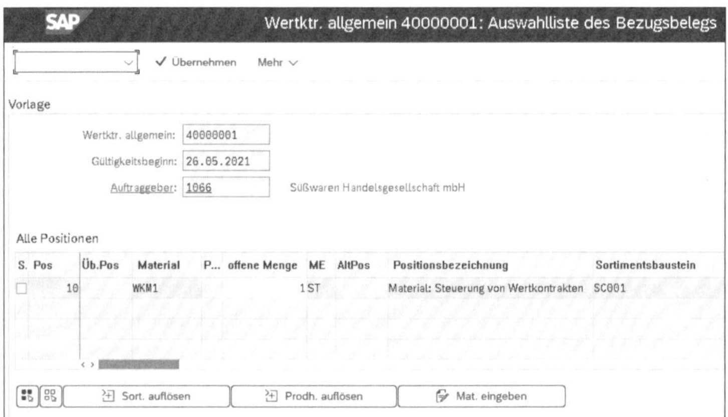

Abbildung 16.7 Erfassung eines Abrufauftrags zum Wertkontrakt (Transaktion VA01)

Wertktr. allgemein 40000001: Auswahlliste zum Sortimentsbaustein

Mehr

Verkaufsbeleg: 40000001 Position: 10

Auftraggeber: 1066 Süßwaren Handelsgesellschaft mbH

Sortimentsbaustein: SC001

Sortimentspositionen

Material	Auftragsmenge	ME	Positionsbezng.	Material
SC11000	500	KAR	Vollmilchschokolade	SC11000
SC11001	750	KAR	Zartbitterschokolade	SC11001
SC11002	250	KAR	Joghurtschokolade	SC11002
SC11003	350	KAR	Haselnussschokolade	SC11003

Abbildung 16.8 Auswahl der Materialien aus dem Sortiment beim Anlegen des Abrufauftrags (Transaktion VA01)

Die ausgewählten Materialien werden als Auftragspositionen in den Abrufauftrag übernommen. Wird bei der Erfassung des Abrufes der Zielwert überschritten, erhält der Anwender eine Information. Er kann den Abruf dennoch anlegen. Abbildung 16.9 zeigt den Abrufauftrag mit der Belegnummer 30000090.

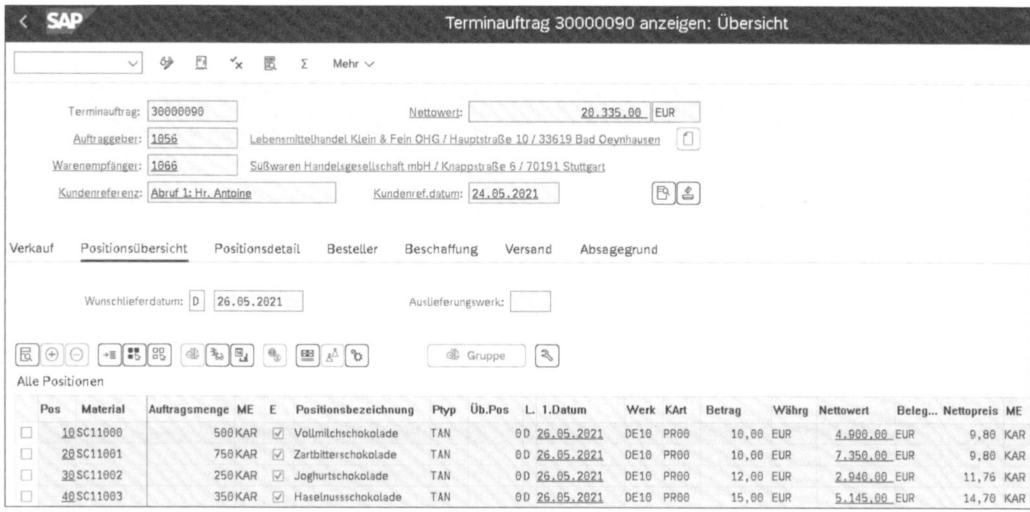

Abbildung 16.9 Abrufauftrag zum Kontrakt (Transaktion VA03)

Sie sehen, dass für die ausgewählten Materialien Positionen mit dem Positionstyp (**Ptyp**) **TAN** (Normalposition, siehe Kapitel 8, »Terminauftragsabwicklung«) angelegt wurden. Sie sehen auf Positionsebene einige Informationen, die für einen ersten Überblick relevant sind, wie die Menge der einzelnen Positionen oder den Nettowert. Um detailliertere Informationen zu bekommen, können Sie hier tiefer abspringen.

Schritt 4: Aktuelle Bedarfs- und Bestandsliste

Nach der Erfassung des Abrufauftrags werfen wir einen Blick auf die aktuelle Bedarfs- und Bestandsliste, die Ihnen bereits aus den vorherigen Kapiteln bekannt ist. Abbildung 16.10 zeigt die Liste für unser Material SC11003 (Haselnussschokolade).

Im Werk DE10 ist für unser Material ein Bestand von 1.000 Kartons (Basismengeneinheit KAR) vorhanden. Der Abrufauftrag 30000090 hat einen Bedarf in Höhe von 350 Kartons an die Disposition übergeben. Der Wertkontrakt hat keinerlei Auswirkungen auf die Disposition: Bedarfsübergabe und Verfügbarkeitsprüfung erfolgen vielmehr in den Abrufaufträgen.

Schritt 5: Belieferung

Mit Bezug zum Abrufauftrag erzeugen wir einen Lieferbeleg (Belegnummer 80000045). Die Auftragspositionen werden kopiert. Abbildung 16.11 zeigt den kommissionierten Lieferbeleg, für den anschließend die Warenausgangsbuchung vorgenommen wird.

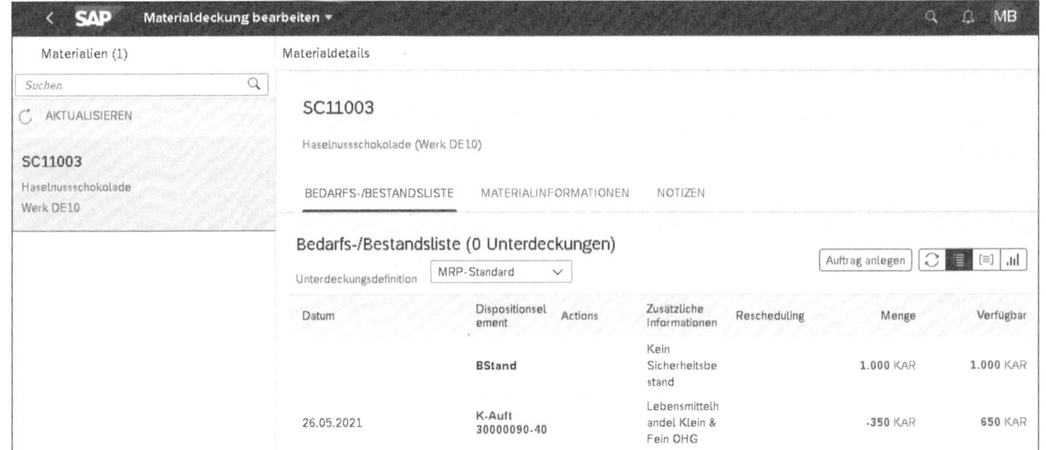

Abbildung 16.10 Aktuelle Bedarfs- und Bestandsliste für das Material SC11003 im Werk DE10 (SAP-Fiori-App »Materialdeckung bearbeiten«)

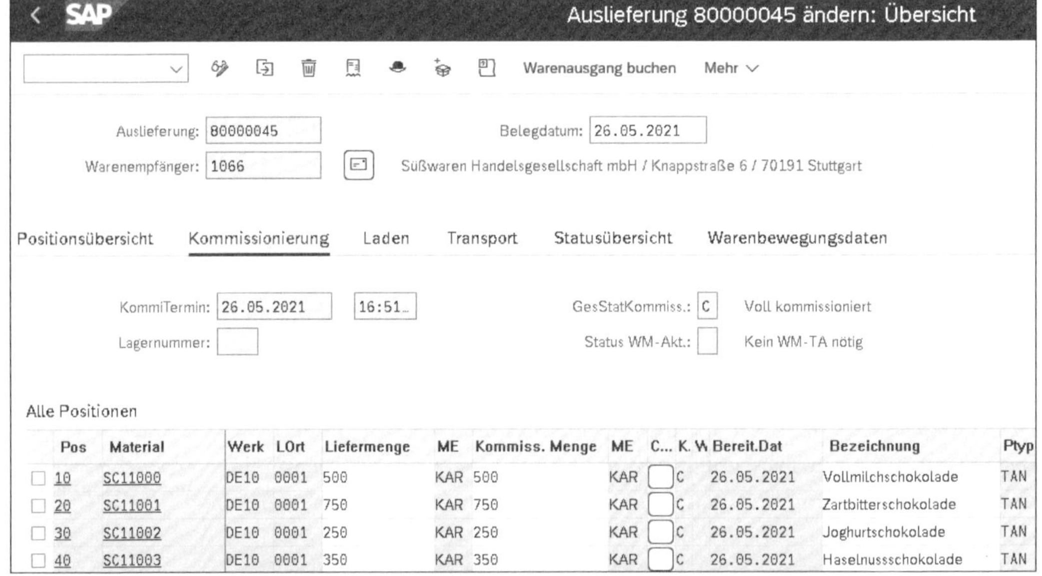

Pos	Material	Werk	LOrt	Liefermenge	ME	Kommiss. Menge	ME	C...	K. W	Bereit.Dat	Bezeichnung	Ptyp
10	SC11000	DE10	0001	500	KAR	500	KAR		C	26.05.2021	Vollmilchschokolade	TAN
20	SC11001	DE10	0001	750	KAR	750	KAR		C	26.05.2021	Zartbitterschokolade	TAN
30	SC11002	DE10	0001	250	KAR	250	KAR		C	26.05.2021	Joghurtschokolade	TAN
40	SC11003	DE10	0001	350	KAR	350	KAR		C	26.05.2021	Haselnussschokolade	TAN

Abbildung 16.11 Lieferbeleg zum Abrufauftrag (Transaktion VL02N)

Schritt 6: Fakturierung

An die Lieferung schließt sich die Erstellung der Rechnung an. Abbildung 16.12 zeigt die Faktura 90000084 zur Lieferung 80000045.

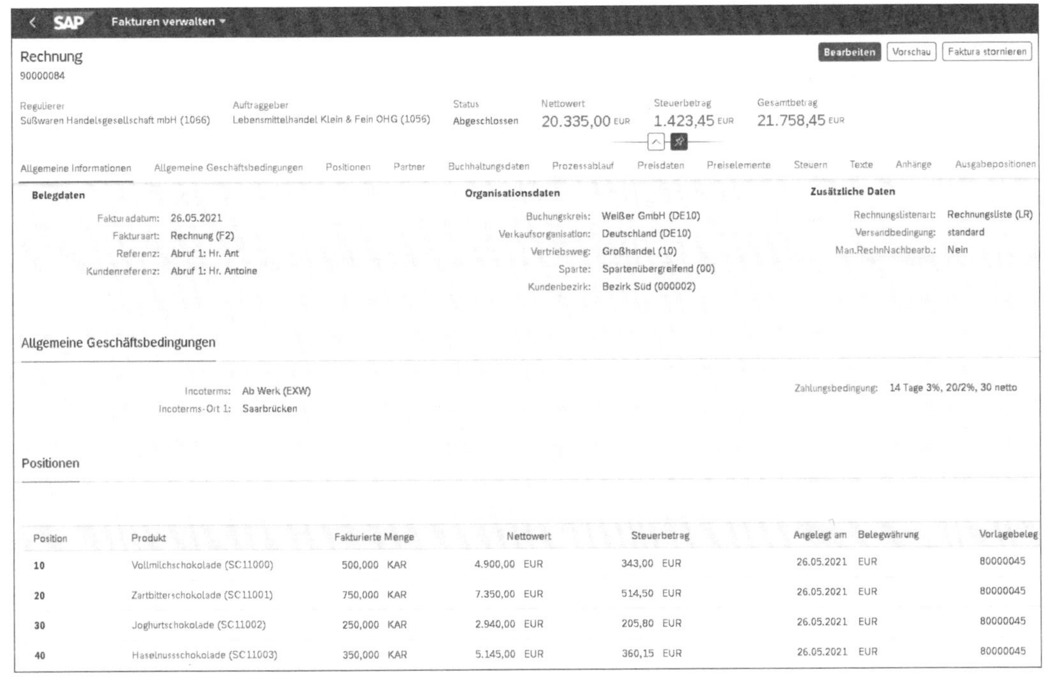

Abbildung 16.12 Fakturabeleg 90000084 (SAP-Fiori-App »Fakturen verwalten«)

Schritt 7: Kontrolle des Wertkontrakts

Mit der Erfassung der Rechnung haben wir den Abrufauftrag abgeschlossen. Betrachten wir nun die Auswirkungen im Wertkontrakt. Sie erkennen in Abbildung 16.13, dass sich Position 10 durch unsere Rechnung nun verändert hat. Der Zielwert ist gleich geblieben, jedoch hat sich durch unsere Rechnung der Wert im Feld **Abgerufener Wert** auf 20.335 EUR erhöht.

Wertktr. allgemein 40000001 ändern: Übersicht

Mehr

Wertktr. allgemein: 40000001 Nettowert: 245.000,00 EUR

Auftraggeber: 1066 Süßwaren Handelsgesellschaft mbH / Knappstraße 6 / 70191 Stuttgart

Warenempfänger: 1066 Süßwaren Handelsgesellschaft mbH / Knappstraße 6 / 70191 Stuttgart

Kundenreferenz: Telefonat Hr. Antoine Kundenref.datum: 18.05.2021

Verkauf | Positionsübersicht | Positionsdetail | Besteller | Absagegrund

Bezeichnung: Wertkontrakt Schokoladensortiment

Gültig ab: 26.05.2021 Gültig bis:

Preisvereinb. FakturPlan

Alle Positionen

Pos	Zielwert	Währg	Abgerufener Wert	Material	Positionsbezeichnung	Ptyp	Üb.Pos	Nettowert
10	250.000,00	EUR	20.335,00	WKM1	Material: Steuerung von Wertkontrakten	WKN		245.000,00

Abbildung 16.13 Überwachung des Wertkontrakts (Transaktion VA42)

Zudem wird der Prozessablauf entsprechend aufgebaut. Abbildung 16.14 zeigt den Prozessablauf zum Wertkontrakt 40000001. Über diese Funktion können wir jederzeit nachvollziehen, welche Abrufe (z. B. 30000090) zu unserem Wertkontrakt getätigt wurden und welchen Status diese Abrufaufträge derzeit haben. Der Buchungsbeleg unserer Rechnung hat noch den Status **Nicht ausgeziffert**, da noch kein Zahlungseingang gebucht wurde.

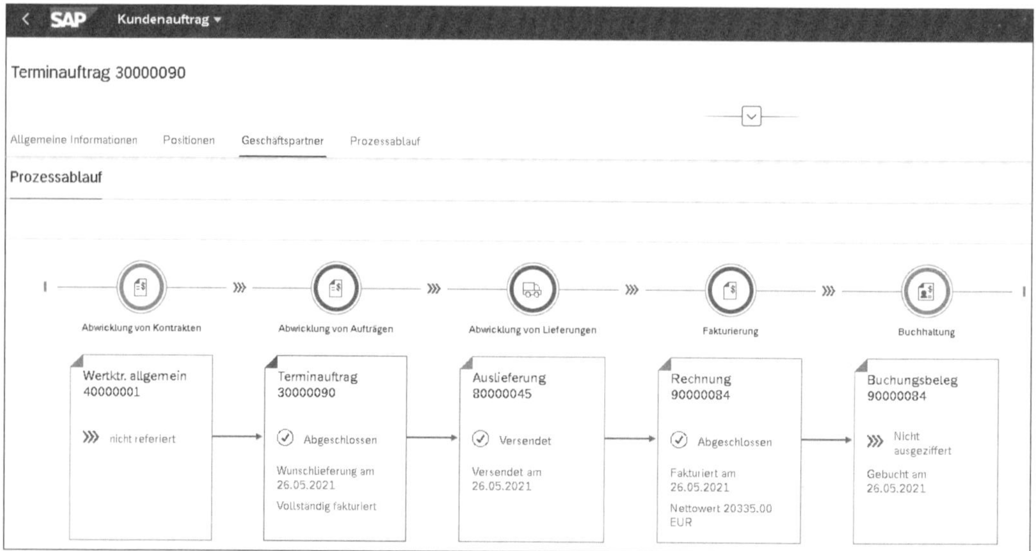

Abbildung 16.14 Prozessablauf zum Wertkontrakt (SAP-Fiori-App »Kundenauftrag«)

Kapitel 17
Cross-Company-Geschäfte

In diesem Kapitel lernen Sie, wie Sie den Vertrieb von Produkten abwickeln, wenn ein Konzern in mehrere selbstständige Einheiten aufgegliedert ist. Diese Unternehmen haben unterschiedliche Organisationseinheiten, wollen sich aus Vertriebssicht aber gegenseitig unterstützen.

In Zeiten des globalen Wettbewerbs unterliegen die Organisationsstrukturen von Unternehmen einem ständigen Wandel. Steuerliche, organisatorische und rechtliche Gründe führen dazu, dass innerhalb eines Konzerns mehrere rechtlich selbstständige Einheiten entstehen, die Geschäfte untereinander abwickeln. Vertriebs- und Servicegesellschaften spezialisieren sich auf den Absatz in unterschiedlichen Märkten, während sich produzierende Einheiten auf die Entwicklung und die Herstellung der Produkte konzentrieren. Gerade die Prozesse zwischen Unternehmen eines Konzerns sollten effizient, einfach und transparent sein. Gleichzeitig müssen die Anforderungen an das Controlling erfüllt werden. Mithilfe einer integrierten Standardsoftware wie der von SAP ist dieses Ziel erreichbar. Aber auch hier gilt grundsätzlich: Selbst mit der besten Software lässt sich nicht jede Struktur abbilden. Im Folgenden zeigen wir Gestaltungsspielräume für die Entwicklung von Cross-Company-Prozessen.

17.1 Betriebswirtschaftliche Grundlagen

Zwei Geschäftsmodelle

Konzerne sind oft in mehrere rechtlich selbstständige Einheiten untergliedert. Zwischen diesen Einheiten bestehen häufig vielfältige Kunden- und Lieferantenbeziehungen, d. h., die einzelnen Gesellschaften kaufen und verkaufen einander Produkte und Dienstleistungen. Wir wollen dabei zwei Geschäfte unterscheiden:

- **Verkauf an Endkunden**
  Dabei kauft ein Endkunde außerhalb des Konzerns Produkte bei einer Konzerngesellschaft, der Vertriebsgesellschaft. Die Lieferung erfolgt jedoch direkt aus dem Bestand einer anderen Konzerneinheit, der Produktionsgesellschaft. Die Vertriebsgesellschaft berechnet die Ware an den Endkunden, während die Produktionsgesellschaft die Ware direkt an den

Endkunden liefert und eine interne Rechnung an die Vertriebsgesellschaft stellt.

- **Konzerninterne Beschaffung**
  Dabei sind Kunde und Lieferant jeweils Unternehmen *eines* Konzerns. Der Kunde bestellt die Ware, und diese wird vom Lieferanten geliefert und berechnet. Der Kunde wird Eigentümer und führt die Ware in seinem Bestand. Anschließend verbraucht er die Ware als Rohstoff oder Komponente in der eigenen Produktion oder verkauft diese als Handelsware weiter.

Verkauf an Endkunden

Beide Vorgänge sind eigentlich »normale« Verkaufsvorgänge. Grundsätzlich könnten Sie demnach diese Vorgänge auch als »normalen« Vertriebsprozess abbilden. Abbildung 17.1 zeigt den Prozess »Verkauf an Endkunden« innerhalb eines Konzerns als konventionellen Vertriebsprozess.

Abbildung 17.1 Verkauf an Endkunden (konventionell)

Die Vertriebsgesellschaft erfasst in diesem Prozess zunächst den Kundenauftrag vom Endkunden, erzeugt dann eine Bestellung und leitet diese an die Produktionsgesellschaft weiter. Dort wird ein Kundenauftrag (Auftraggeber: Vertriebsgesellschaft) angelegt. Die Auslieferung an den Endkunden erfolgt über einen Lieferbeleg. Mit Bezug zu dieser Lieferung erfolgt die Fakturierung an die Vertriebsgesellschaft, die abschließend die Rechnung an den Endkunden stellt. Dieser Prozess entspricht dem klassischen Streckengeschäft (siehe Kapitel 9, »Streckenauftragsabwicklung«).

Interne Beschaffung

Auch der Prozess der internen Beschaffung lässt sich als konventioneller Liefervorgang abbilden. Dieser wird anschaulich in Abbildung 17.2 wiedergegeben.

Abbildung 17.2 Interne Beschaffung (konventionell)

Dabei wird in der Vertriebsgesellschaft eine Bestellung erfasst. Lieferant ist die Produktionsgesellschaft, die bei sich einen Kundenauftrag (Auftraggeber: Vertriebsgesellschaft) erfasst. Über eine Lieferung wird die Warenlieferung im SAP-System abgebildet. In der Vertriebsgesellschaft verbuchen Sie den Wareneingang. In der Produktionsgesellschaft wird eine Rechnung gestellt, die in der Vertriebsgesellschaft zu einer Eingangsrechnung führt.

17.2 Cross-Company-Konzept in SAP S/4HANA

In Teil I, »Grundlagen des Vertriebs mit SAP S/4HANA«, haben wir unter anderem die Bedeutung der unterschiedlichen Organisationsstrukturen in SAP S/4HANA beschrieben. Für die Abwicklung von Cross-Company-Prozessen rücken die folgenden Objekte in den Mittelpunkt:

- Buchungskreis
- Vertriebsbereich
- Werk

Die in Abschnitt 17.1, »Betriebswirtschaftliche Grundlagen«, beschriebenen Abläufe werden im SAP-System durch folgende Szenarien abgebildet:

- buchungskreisübergreifender Verkauf (Verkauf an Endkunden)
- buchungskreisübergreifende Umlagerung (konzerninterne Beschaffung)

17.2.1 Buchungskreisübergreifender Verkauf

Die oben genannten Szenarien ermöglichen eine wesentlich schlankere Abbildung von Cross-Company-Prozessen als die in Abbildung 17.1 und in Abbildung 17.2 beschriebene »konventionelle« Vorgehensweise«. Beschäftigen wir uns zunächst mit dem Szenario des *buchungskreisübergreifenden Verkaufs*.

Abbildung 17.3 gibt hierzu einen Überblick. Im Folgenden werden wir die dort gezeigten Schritte näher vorstellen:

1. Erfassen des Cross-Company-Auftrags im verkaufenden Buchungskreis
2. Erfassen der Lieferung im produzierenden Buchungskreis
3. Externe Faktura im verkaufenden Buchungskreis
4. Interne Faktura im produzierenden Buchungskreis
5. Eingangsrechnung im verkaufenden Buchungskreis

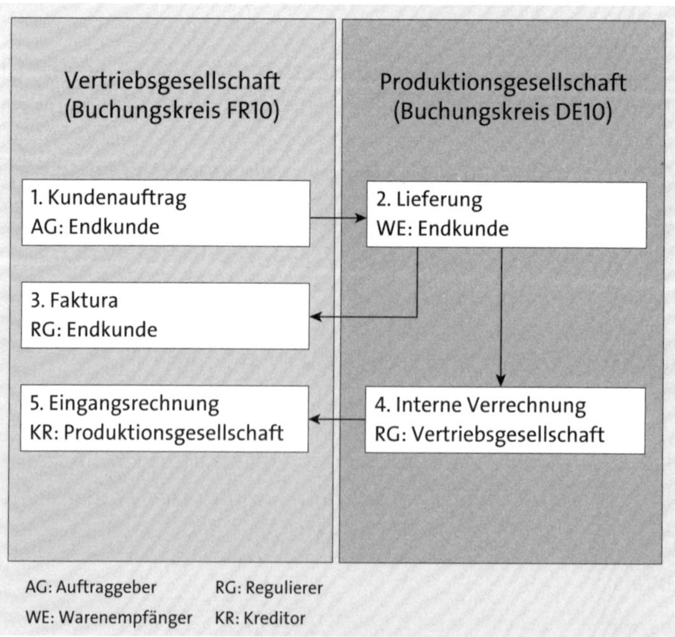

Abbildung 17.3 Buchungskreisübergreifender Verkauf

Schritt 1: Cross-Company-Auftrag

Im Buchungskreis der Vertriebsgesellschaft (Buchungskreis FR10) wird ein Kundenauftrag (Auftragsart TA, Positionstyp TAN) erfasst. In der Position des Kundenauftrags wird jedoch ein Auslieferwerk ermittelt, das dem Buchungskreis der Produktionsgesellschaft (DE10) zugeordnet ist. Die Versandstelle (DE10) gehört ebenfalls zu dem Werk der Produktionsgesellschaft. Über die Preisfindung wird in diesem Auftrag zusätzlich die Konditionsart PI01 (interner Verrechnungspreis) ermittelt. Im Auftrag ist diese Kondition statistisch und beeinflusst den Auftragswert nicht.

Sie stellt lediglich den Verrechnungspreis der Produktionsgesellschaft an die Vertriebsgesellschaft als zusätzliche Information dar. Da als Auslieferwerk der Position direkt das Werk der Produktionsgesellschaft erfasst wurde, erfolgt die Bedarfsübergabe unmittelbar an dieses Werk. Auch die Verfügbarkeitsprüfung prüft gegen die Bestände bzw. die geplanten Zu- und Abgänge im Produktionswerk. Dadurch kann sowohl die Bestellung in der Vertriebsgesellschaft als auch der Kundenauftrag in der Produktionsgesellschaft entfallen. Im Vergleich zu Abbildung 17.1 hat Abbildung 17.3 deshalb *zwei* Prozessschritte weniger. Auch erhält der Sachbearbeiter, der den Auftrag anlegt, sofort eine aktuelle Information über die möglichen Liefertermine. Dies wäre bei einer konventionellen Abwicklung ebenfalls nicht möglich, zumindest nicht auf der Basis der dispositiven Situation im Lieferwerk.

Schritt 2: Lieferung

Mit Bezug zum Kundenauftrag in der Vertriebsgesellschaft wird dann im Werk der Produktionsgesellschaft (Buchungskreis DE10) ein Lieferbeleg in SAP S/4HANA erzeugt. Dieser unterscheidet sich zunächst nicht von der Lieferungsbearbeitung im »normalen« Auftragsprozess (siehe Kapitel 8, »Terminauftragsabwicklung«). Allerdings stellt sich bei dieser Lieferung die Frage nach der Ermittlung des Vertriebsbereichs (Kombination aus Verkaufsorganisation, Vertriebsweg, Sparte). Normalerweise wird der Vertriebsbereich aus dem Kundenauftrag übernommen. Bei einer buchungskreisübergreifenden Lieferung ist dies nicht möglich, da der Kundenauftrag in einem anderen Buchungskreis liegt. Deshalb wird der Vertriebsbereich aus dem Customizing ermittelt. Jedem (Liefer-)Werk wird ein Vertriebsbereich für die interne Verrechnung zugeordnet. Abbildung 17.4 zeigt die Customizing-Einstellungen. Dort ist dem Werk **DE10** der Vertriebsbereich **DE10/10/00** zugeordnet.

Nur wenn diese Einstellung vorhanden ist, kann aus diesem Werk buchungskreisübergreifend verkauft werden. Der Vertriebsbereich in der Produktionsgesellschaft wird demzufolge abhängig vom Werk der zugrunde liegenden Lieferung ermittelt: Wird also im Werk DE10 eine Lieferung für einen Auftrag aus einem anderen Buchungskreis erfasst, wird in dieser Lieferung der Vertriebsbereich DE10/10/00 ermittelt.

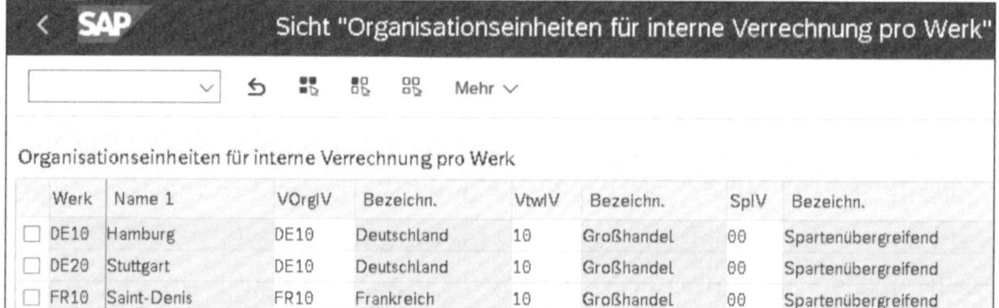

Werk	Name 1	VOrgIV	Bezeichn.	VtwIV	Bezeichn.	SpIV	Bezeichn.
DE10	Hamburg	DE10	Deutschland	10	Großhandel	00	Spartenübergreifend
DE20	Stuttgart	DE10	Deutschland	10	Großhandel	00	Spartenübergreifend
FR10	Saint-Denis	FR10	Frankreich	10	Großhandel	00	Spartenübergreifend

Abbildung 17.4 Customizing-Einstellungen zur Ermittlung des Vertriebsbereichs in der buchungskreisübergreifenden Lieferung (Transaktion OVV9)

Schritt 3: Externe Faktura

Im Unterschied zur »normalen« Auftragsabwicklung werden im Szenario des buchungskreisübergreifenden Verkaufs zwei Fakturen mit Bezug zur Lieferung angelegt. Zunächst wird die *externe Faktura* (Fakturaart F2) im Buchungskreis der Vertriebsgesellschaft erzeugt. Über diese fakturiert die Vertriebsgesellschaft die Lieferung an den Endkunden. Die Erlöse werden in der Finanzbuchhaltung gebucht und an die Ergebnis- und Marktsegmentrechnung übergeben (siehe Kapitel 6, »Integration in das Rechnungswesen«). Allerdings werden die Kosten in der Ergebnisrechnung hier in der Regel nicht aus dem Verrechnungspreis VPRS ermittelt, denn dieser spiegelt bekanntlich den Bewertungspreis in der Produktionsgesellschaft und damit die Planherstellungskosten aus Sicht eines anderen Buchungskreises wider. Die Kosten in CO-PA werden daher häufig über die Konditionsart PI01 (interner Verrechnungspreis) ermittelt. Dies ist der Preis, den die Vertriebsgesellschaft an die Produktionsgesellschaft zahlt. Aus Sicht der Vertriebsgesellschaft stellt die Konditionsart PI01 also die Kosten des Umsatzes dar. Die Konditionsart PI01 ist somit im Customizing der Ergebnis- und Marktsegmentrechnung (siehe Kapitel 6) dem Wertfeld **Umsatzkosten** zugeordnet. Auf diese Einstellung kommen wir im vierten Schritt unseres Szenarios zurück.

Exkurs: Umsatzsteuer bei Cross-Company und Export

Besonderheiten gibt es in der Cross-Company-Abwicklung auch bei der Ermittlung des richtigen *Mehrwertsteuerkennzeichens*. Im Inlandsgeschäft ist dies unkritisch: Sind Endkunde, Vertriebsgesellschaft und Produktionsgesellschaft in einem Land angesiedelt, sind beide Vorgänge (externe sowie interne Faktura) umsatzsteuerpflichtig. Der Mehrwertsteuersatz hängt dann nur am Steuerkennzeichen des Debitors und des Materials. Allerdings gibt es die Möglichkeit, mit den Finanzbehörden zu vereinbaren, dass die *interne Faktura* von der Umsatzsteuerpflicht ausgenommen wird (umsatzsteuerliche Organschaft innerhalb eines Konzerns).

Interessant dagegen ist der Exportfall. Dann ermittelt das System das Steuerkennzeichen abhängig von folgenden Kriterien:

- Abgangsland
- Empfangsland
- Steuerkennzeichen Debitor
- Steuerkennzeichen Material

Das Abgangsland wird dabei aus dem Lieferwerk ermittelt. Für die externe Faktura ist das im Exportfall aber problematisch. Nehmen wir an, unsere Vertriebsgesellschaft hat ihren Sitz in Frankreich und die Produktionsgesellschaft ihren Sitz in Deutschland. Die französische Vertriebsgesellschaft verkauft an einen Kunden in Frankreich, und zwar buchungskreisübergreifend aus dem Werk der Produktionsgesellschaft in Deutschland. Wird das Abgangsland jetzt aus dem Lieferwerk ermittelt, so ist dies Deutschland. Für die externe Faktura ergäbe sich folgende Situation:

- Abgangsland: Deutschland (aus Lieferwerk)
- Empfangsland: Frankreich (aus dem Debitorenstamm des Kunden)

In diesem Fall müsste das System einen Mehrwertsteuersatz von 0 % ermitteln, da Lieferungen innerhalb der Europäischen Union unter bestimmten Voraussetzungen (der Kunde muss über eine Umsatzsteuer-Identifikationsnummer verfügen) von der Umsatzsteuer befreit sind. Tatsächlich gilt dies aber *nur* für die Verrechnung der Produktionsgesellschaft in Deutschland an die Vertriebsgesellschaft in Frankreich. Die französische Vertriebsgesellschaft dagegen liefert innerhalb eines Landes an einen Kunden in Frankreich – auch wenn die Ware direkt geliefert wird. Dieser Vorgang, und damit die externe Faktura, unterliegt normalerweise der Umsatzsteuer. Für diesen Fall sieht das System die Möglichkeit vor, das Abgangsland aus der Verkaufsorganisation im Kundenauftrag zu ermitteln. Dazu ist ein sogenannter *User-Exit* im Programm `MV45AFZZ` vorgesehen. Die genaue Vorgehensweise können Sie SAP-Hinweis 10560 entnehmen (weitere wichtige Informationen zur Verwendung von User-Exits finden Sie in SAP-Hinweis 381348). Damit ist Frankreich sowohl das Abgangs- als auch das Empfangsland für die externe Faktura, und die Umsatzsteuer wird entsprechend ermittelt.

An dieser Stelle sei darauf hingewiesen, dass in der Praxis die korrekte Ermittlung der Umsatzsteuer, vor allem im Exportfall, immer mit den zuständigen Behörden zu klären ist. Dies gilt vor allem bei *EU-Dreiecksgeschäften*. Ein solches Geschäft liegt z. B. dann vor, wenn die Vertriebsgesellschaft im Ausland über den beschriebenen Cross-Company-Ablauf aus einem deutschen Produktionswerk an einen Kunden verkauft, der seinen Sitz weder im Land der Vertriebsgesellschaft noch im Land der Produktionsgesellschaft hat. In diesen Fällen muss die Ermittlung des Steuerkennzeichens von weiteren Bedingungen abhängig gemacht werden. Je nach Anforderung können diese in dem angesprochenen User-Exit (`MV45AFZZ`) oder aber durch Bedingungen und Übernahmeroutinen (Transaktion VOFM) im Rahmen der Kopiersteuerung hinterlegt werden. Sie sehen die Umsatzsteuerermittlung auch im Systembeispiel in Abschnitt 17.3, »Beispiel für den buchungsübergreifenden Verkauf«.

Schritt 4: Interne Faktura

Ebenfalls mit Bezug zur Lieferung wird die interne Faktura (Fakturaart IV) im produzierenden Buchungskreis erzeugt. Der Vertriebsbereich wird aus der Lieferung übernommen. In unserem Fall wird der Vertriebsbereich DE10/10/00 übergeben (siehe Schritt 2). Eine weitere Besonderheit besteht in der Ermittlung des Regulierers und des Rechnungsempfängers. Beide werden im Standardablauf (Terminauftragsabwicklung, bei der verkaufender und produzierender und damit liefernder Buchungskreis identisch sind) aus dem Kundenauftrag übernommen. Dies ist bei der internen Verrechnung nicht möglich: Als Rechnungsempfänger und Regulierer fungiert die Vertriebsgesellschaft und nicht der Endkunde. Also ist für die Vertriebsgesellschaft ein entsprechender Geschäftspartner im Buchungskreis der Produktionsgesellschaft zu verwenden. Auch dieser Stammsatz wird über das Customizing ermittelt, indem jeder Verkaufsorganisation ein entsprechender Geschäftspartner zugeordnet wird (siehe Abbildung 17.5).

Abhängig von der Verkaufsorganisation im Kundenauftrag wird der Debitorenstammsatz der internen Faktura ermittelt. In unserem Beispiel (siehe Abbildung 17.5) heißt das: Wenn in der Verkaufsorganisation FR10 ein Kundenauftrag mit buchungskreisübergreifendem Verkauf angelegt wird, dann wird in der zugehörigen internen Faktura (Buchungskreis DE10) der Debitor 1058 (Vertrieb Fankreich – Saint Denis) über das Customizing ermittelt.

Sicht "View für interne Verrechnung" ändern:

Mehr

VerkOrg.	Verkaufsorganisation	KundenNrIV	Kundennummer f. interne Verrechnung
DE10	Deutschland	1057	Werk DE10 (Hamburg)
FR10	Frankreich	1058	Vertrieb Frankreich (Saint-Denis)

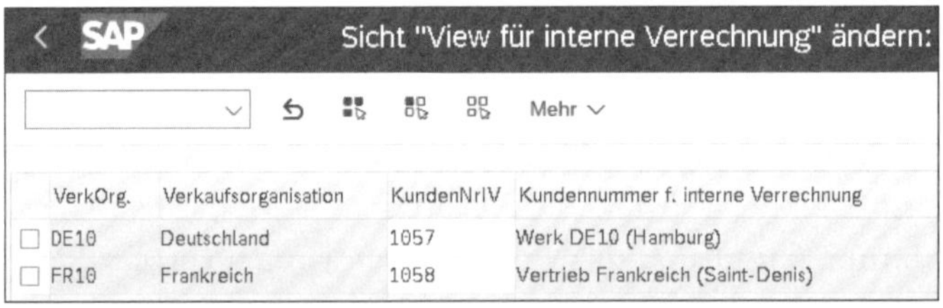

Abbildung 17.5 Zuordnung einer Kundennummer zur Verkaufsorganisation (Transaktion OVVA)

Die interne Faktura erzeugt einen Buchungsbeleg im liefernden Buchungskreis. Dieser enthält die Erlösbuchung »Debitorenkonto an Umsatzerlöse (und Mehrwertsteuer)«. Genau wie in der externen Faktura erfolgt eine Fortschreibung der Ergebnis- und Marktsegmentrechnung (CO-PA) im liefernden Buchungskreis. Übergeben werden die geplanten Erlöse sowie die

Planumsatzkosten. Die Ermittlung der Erlöse basiert auf der Konditionsart PI01 und damit auf dem Preis, den der verkaufende Buchungskreis an den liefernden Buchungskreis bezahlen muss. In dieser Faktura entfällt die Konditionsart PI01. Vielmehr wird über die Einstellungen in der Preisfindung das Kalkulationsschema ICAA01 gefunden. Dieses ist in der Standardauslieferung von SAP vorhanden und enthält u. a. die Konditionsarten IV01, IV02, KW00 und PC00. Für unseren Fall ist IV01 relevant, denn diese dient jetzt als Preis zur Ermittlung des Fakturawertes. Dabei handelt es sich bei der IV01 um eine sogenannte *Referenzkonditionsart* zur PI01. In der Pflege der Konditionssätze kann nur PI01 angelegt werden, wodurch IV01 automatisch ermittelt wird.

Die Trennung von PI01 in der Kundenfaktura und IV01 in der internen Faktura ist notwendig, da PI01 die Kosten und IV01 die Erlöse repräsentiert. Dadurch kann die korrekte Zuordnung der *CO-PA-Wertfelder* vorgenommen werden, die über die Konditionsarten erfolgt. Die Umsatzkosten werden »ganz normal« aus der Konditionsart VPRS (Bewertungspreis des Materialstamms des liefernden Werkes) ermittelt.

Schritt 5: Eingangsrechnung

Kommen wir damit zu Schritt 5, der Verbuchung der Eingangsrechnung im verkaufenden Buchungskreis. Im »normalen« Einkaufsprozess (Bestellanforderung, Bestellung, Wareneingang, Rechnung) wird die Eingangsrechnung über die Rechnungsprüfung in der Anwendung Materialwirtschaft (MM) mit Bezug zu Bestellung und Wareneingang verbucht. Im konventionellen Ablauf (siehe Abbildung 17.1) würde dies deckungsgleich erfolgen. Da aber im Szenario des buchungskreisübergreifenden Verkaufs Bestellung und Wareneingangsbuchung in der Vertriebsgesellschaft entfallen, ist diese Funktion hier nicht einsetzbar, weshalb die Rechnung direkt in der Finanzbuchhaltung als Kreditorenbeleg zu erfassen ist. Der Buchungssatz lautet dann »Aufwandskonto (z. B. Wareneinsatz oder Verbrauch Handelsware) und Vorsteuer an Kreditorenkonto«.

Exkurs: Automatisierung durch ALE

Auch dieser Schritt lässt sich automatisieren. Dabei kommt die Komponente ALE (Application Link Enabling) der SAP-Software zum Einsatz. Es handelt sich dabei um ein generelles Werkzeug zur Verteilung von Daten. Mithilfe der ALE-Werkzeuge lassen sich folgende Aktivitäten steuern:

- Daten an eine Integrationsplattform (z. B. SAP Exchange Infrastructure) zur Übermittlung an andere Systeme oder Unternehmen übergeben (siehe Kapitel 28, »Unternehmensübergreifende Auftragsabwicklung«)
- Daten an ein EDI-(Electronic-Data-Interchange-)Subsystem zur Versendung von EDI-Nachrichten übergeben
- Daten von einem EDI-Subsystem empfangen und verarbeiten

- Daten zwischen verschiedenen SAP-Systemen austauschen
- Daten zwischen Mandanten austauschen
- Aktivitäten innerhalb eines Mandanten anstoßen

IDocs Als Basis für den Datenaustausch dienen sogenannte *Zwischendateien*, die *IDocs* genannt werden. Das Kürzel IDoc steht für *Intermediate Document*. In unserem Beispiel wird über die Nachrichtenfindung in der internen Faktura eine Nachrichtenart mit dem Typ ALE ermittelt. Diese initiiert das Anlegen eines IDocs mit dem IDoc-Typ INVOICE. Diese Datei enthält sämtliche Daten der Faktura. Dazu gehören Kopfdaten wie der Regulierer, der Rechnungsempfänger oder die Zahlungsbedingungen. Genauso enthalten sind Positionsdaten wie Material, Menge, Preise und Konditionen. Es werden jedoch nur die Konditionen in das IDoc übergeben, für die im Kalkulationsschema das Druckkennzeichen gesetzt wurde. Dieses dient normalerweise der Drucksteuerung auf dem Fakturaformular. Ist das Kennzeichen gesetzt, wird die Kondition auf dem Formular gedruckt. Dieses Kennzeichen ist also auch für die Erstellung der IDoc-Datei bei der Ausgangsrechnung zuständig.

Eingangsverarbeitung Sobald die Zwischendatei erzeugt ist, wird in Financial Accounting eine sogenannte *Eingangsverarbeitung* für diese Datei gestartet. Somit dient dieses IDoc gleichermaßen als Eingangs- und als Ausgangsdatei. Dabei wird auf Basis der Rechnungsdaten die Eingangsrechnung in der Finanzbuchhaltung gebucht – vorausgesetzt, dass entsprechende Customizing-Einstellungen in Financial Accounting vorgenommen worden sind. Die wichtigsten Einstellungen wollen wir kurz aufzählen:

- Ermittlung des Kreditorenstamms für den liefernden Buchungskreis
- Ermittlung des Aufwandskontos für die Verbuchung (siehe Abbildung 17.6); dabei wird abhängig vom Materialstamm ein Sachkonto ermittelt.

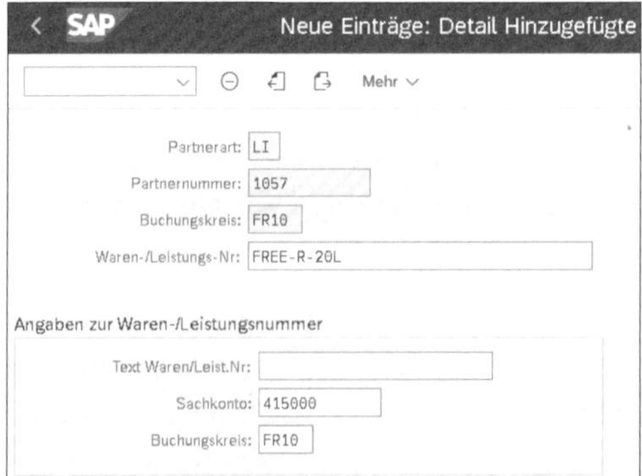

Abbildung 17.6 Ermittlung des Sachkontos bei der automatischen Verbuchung der Eingangsrechnung im verkaufenden Buchungskreis (Transaktion SPRO • Sachkonten für EDI-Verfahren zuordnen)

- Ermittlung einer kostenrechnungsrelevanten Zusatzkontierung (Kostenstelle, Projekt, Innenauftrag); diese Zuordnung muss dann vorgenommen werden, wenn es sich bei dem Aufwandskonto um eine Kostenart handelt – nicht jedes Aufwandskonto ist zwingend auch als Kostenart angelegt.
- Ermittlung des Vorsteuerkennzeichens
- Ermittlung von Programmparametern für die Durchführung der Buchung (siehe Abbildung 17.7)

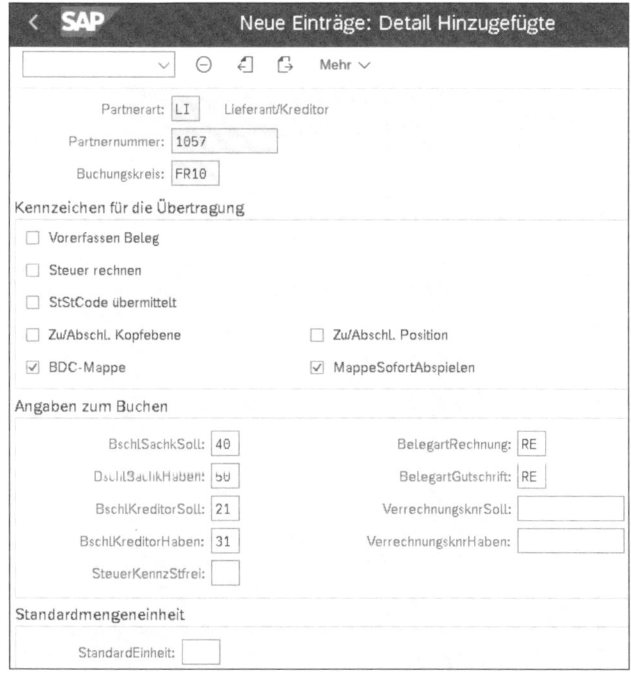

Abbildung 17.7 Eingangsparameter im Customizing von Financial Accounting zur automatischen Verbuchung der Eingangsrechnung im verkaufenden Buchungskreis (Transaktion OBCE)

Sind diese Parameter gepflegt, wird mit der Verbuchung der Ausgangsrechnung in der Produktionsgesellschaft automatisch die Verbuchung der Eingangsrechnung in der Vertriebsgesellschaft initiiert. Um eine gewisse Kontrolle im verkaufenden Buchungskreis zu haben, kann der Beleg mit einer Zahlsperre versehen werden. In diesem Fall muss der Sachbearbeiter in der Kreditorenbuchhaltung diese Sperre erst entfernen, bevor die Zahlung erfolgen kann.

17.2.2 Buchungskreisübergreifende Umlagerung

Kommen wir jetzt zum zweiten Szenario im Cross-Company-Geschäft, der *buchungskreisübergreifenden Umlagerung*. Dabei kauft die Vertriebsgesellschaft (Buchungskreis FR10) Produkte von der Produktionsgesellschaft (Buchungskreis DE10). Anstatt diese aber wie beim buchungskreisübergreifenden Verkauf direkt an den Kunden zu liefern, erfolgt die Lieferung an die Vertriebsgesellschaft. Diese übernimmt die Materialien in ihren Bestand und verwendet sie dann entweder als Komponente oder Rohstoff in der eigenen Produktion oder verkauft sie als Handelsware an ihre Kunden weiter. Abbildung 17.8 gibt hierzu einen Überblick.

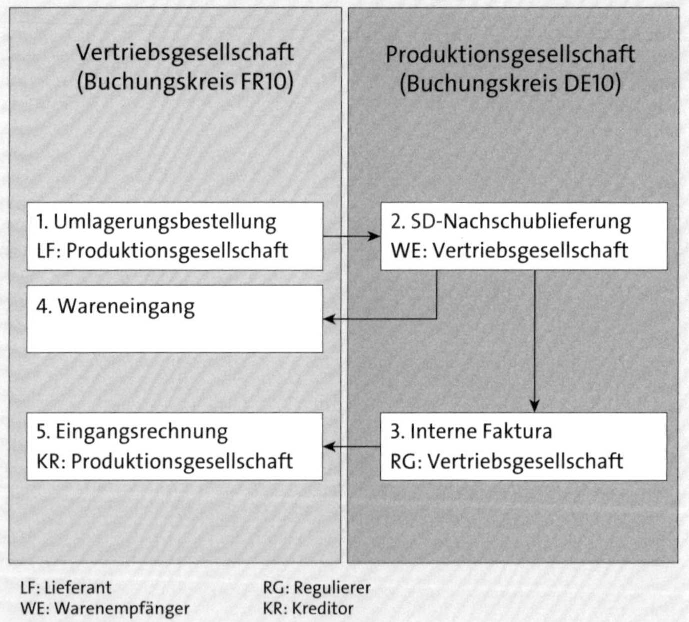

Abbildung 17.8 Buchungskreisübergreifende Umlagerung

Wir werden uns jetzt im Detail mit den folgenden Schritten beschäftigen:

1. Erfassen der Umlagerungsbestellung
2. Erfassen der Nachschublieferung
3. Durchführen der internen Verrechnung
4. Wareneingangsbuchung in der Vertriebsgesellschaft
5. Erfassen der Eingangsrechnung

Schritt 1: Umlagerungsbestellung erfassen

Im ersten Schritt wird in der Vertriebsgesellschaft eine Umlagerungsbestellung in der Materialwirtschaftsanwendung MM erfasst. Grundsätzlich könnte vor der Umlagerungsbestellung auch eine Umlagerungsbestellanforderung stehen. Diese wird dann anschließend in eine Umlagerungsbestellung umgewandelt. Jede Umlagerungsbestellanforderung wird im Werk der Vertriebsgesellschaft als geplanter Zugang in der Disposition wirksam. Gleichzeitig wird sie als geplanter Abgang (Bestellanforderungsabruf) in der Produktionsgesellschaft eingelastet. Mit der Umsetzung der Umlagerungsbestellanforderung in eine Umlagerungsbestellung in der Vertriebsgesellschaft wird der Abrufbedarf zu einem Bestellabruf in der Produktionsgesellschaft (zur Thematik der werksübergreifenden Beschaffung siehe auch Kapitel 19, »Lagerverkauf mit Chargenfertigung«). Jede Bestellung hat im Belegkopf einen Lieferantenstamm. Die Umlagerungsbestellung enthält den Lieferantenstamm, der die Produktionsgesellschaft als Kreditor in der Vertriebsgesellschaft repräsentiert. In diesem Kreditorenstamm ist das Lieferwerk hinterlegt, wodurch das System erkennt, dass es sich um eine Umlagerung aus einem anderen Werk handelt. In den Positionen der Umlagerungsbestellung werden außerdem Materialien und Mengen sowie das Lieferdatum festgelegt.

Schritt 2: Nachschublieferung erfassen

Mit Bezug zur Umlagerungsbestellung kann nun in der Anwendung Sales eine Lieferung mit der Lieferart *Nachschublieferung Cross Company* in der Produktionsgesellschaft (Buchungskreis DE10) angelegt werden. Bei der Terminauftragsabwicklung wird der Warenempfänger im Auftrag erfasst und in den Lieferbeleg kopiert. Dies ist bei dieser Abwicklung nicht möglich, da es keinen Kundenauftrag gibt. Vielmehr wird der Warenempfänger über Customizing-Einstellungen in der Anwendung MM ermittelt. Dort ist jedem Empfangswerk ein entsprechender Debitorenstamm zugeordnet. Das Empfangswerk wird in der Umlagerungsbestellung vom Anwender erfasst. In Abbildung 17.9 sehen Sie die Zuordnung des Werkes zu einem Debitorenstammsatz.

17

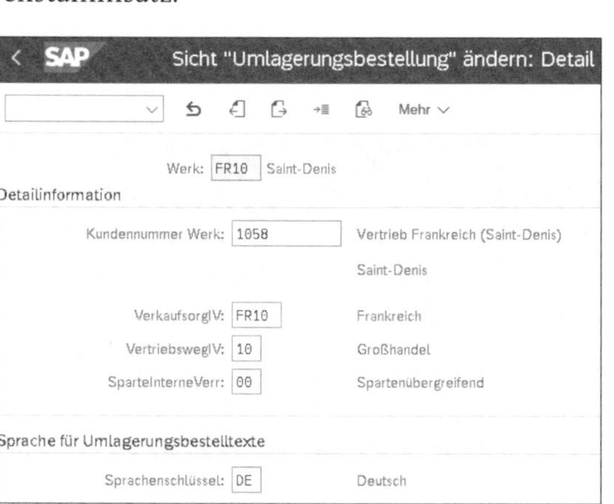

Abbildung 17.9 Zuordnung des Debitorenstamms zum Werk (Transaktion SPRO • Versanddaten für Werke einstellen)

Abbildung 17.9 zeigt damit Folgendes: Wenn eine Umlagerungsbestellung in der Vertriebsgesellschaft (Werk FR10) erfasst wird, dann wird in der Nachschublieferung der Produktionsgesellschaft der Geschäftspartner 1058 (Geschäftspartnername: Vertrieb Frankreich – Saint Denis) über die Customizing-Einstellung ermittelt.

Neben dem Geschäftspartnerstammsatz muss auch der Vertriebsbereich über das Customizing ermittelt werden. Dies geschieht nach der gleichen Logik wie in der Lieferung im Szenario des buchungskreisübergreifenden Verkaufs (siehe Abbildung 17.4). Jedem Lieferwerk wird dabei ein Vertriebsbereich zugeordnet. Für eine Nachschublieferung im Buchungskreis DE10 (Produktionsgesellschaft) wird der Vertriebsbereich DE10/10/00 im Customizing ermittelt. Es handelt sich hierbei um die gleiche Tabelle wie im Sales-Customizing des Szenarios buchungskreisübergreifender Verkauf. Damit kann jedem Werk nur ein Vertriebsbereich zugeordnet werden. Dieser wird bei beiden Szenarien herangezogen.

Schritt 3: Interne Verrechnung

Mit Bezug zur Lieferung wird in der Produktionsgesellschaft (Buchungskreis DE10) eine Faktura mit der Fakturaart interne Verrechnung angelegt. Im Unterschied zum Szenario buchungskreisübergreifender Verkauf entfällt die externe Faktura. Es können hier keinerlei Konditionen aus dem Kundenauftrag übernommen werden. Die Preisbestandteile, z. B. die Konditionsart PI01, müssen neu ermittelt werden.

Ansonsten unterscheidet sich der Fakturierungsvorgang nicht von der Erstellung der internen Faktura beim buchungskreisübergreifenden Verkauf. Durch die Faktura wird also ein Buchungsbeleg »Debitorenkonto an Umsatzerlöse und Mehrwertsteuer« erzeugt. Auch werden die Daten in die Ergebnis- und Marktsegmentrechnung (CO-PA) fortgeschrieben.

Schritt 4: Wareneingangsbuchung

Im vierten Schritt wird der Wareneingang in der Materialwirtschaftsanwendung MM in der Vertriebsgesellschaft gebucht. Dies erfolgt mit Bezug zur Umlagerungsbestellung. Damit werden die entsprechenden Bestellpositionen zur Auswahl angeboten. Der Buchungsbeleg zur Wareneingangsbuchung enthält die Buchung »Bestand an Wareneingangs-/Rechnungseingangs-Verrechnungskonto«. Über die Wareneingangsbuchung wird die Bestellentwicklungsstatistik der Umlagerungsbestellung nahtlos fortgeschrieben.

Schritt 5: Eingangsrechnung erfassen

Im letzten Schritt des Ablaufs ist die Eingangsrechnung in der Vertriebsgesellschaft zu erfassen. Im Unterschied zum Szenario buchungskreisübergreifender Verkauf existiert jetzt in der Vertriebsgesellschaft eine Bestellung. Damit kann auch die Komponente *Rechnungsprüfung* in der Materialwirtschaftsanwendung MM genutzt werden. Für den Anwender ergeben sich keine Unterschiede zur Erfassung einer »normalen« Eingangsrechnung. Der Buchungssatz des Belegs in der Finanzbuchhaltung lautet »Wareneingangs-/Rechnungseingangs-Verrechnungskonto und Vorsteuer an Kreditor«. Auch bei diesem Ablauf kann die Rechnungserfassung über die ALE-Komponente automatisiert werden (siehe Szenario buchungskreisübergreifender Verkauf). Dabei ist es sehr wichtig, das ALE-Customizing so zu steuern, dass die Rechnungsprüfung der Materialwirtschaft genutzt wird. Die Eingangsverarbeitung simuliert gewissermaßen die Prüfung einer Eingangsrechnung über die Komponente Rechnungsprüfung und erzeugt den entsprechenden Beleg. Nur wenn die Komponente Rechnungsprüfung genutzt wird, wird die Umlagerungsbestellung richtig fortgeschrieben und erhält dadurch den Status **endgeliefert**. Damit ist die Umlagerungsbestellung erledigt. Vor allem wird das WE/RE-Konto (Wareneingangs-/Rechnungseingangs-Verrechnungskonto), das beim Wareneingang bebucht wurde, wieder korrekt ausgeglichen.

17.3 Beispiel für den buchungsübergreifenden Verkauf

Ausgangslage

In unserem Systembeispiel wollen wir das Szenario buchungskreisübergreifender Verkauf demonstrieren. Wir bleiben bei den in Abschnitt 17.2, »Cross-Company-Konzept in SAP S/4HANA«, eingeführten Organisationseinheiten. Unser Endkunde in Frankreich, die Intersport Chamonix (Debitorennummer 1059), mit Sitz in Chamonix am Mont-Blanc, bestellt für die kommende Skisaison Freeride-Rucksäcke (SAP-Material FREE-R-20L) bei unserer Vertriebsgesellschaft in Frankreich. Diese wird im System über den Buchungskreis FR10 abgebildet. Für den Verkauf ist der Vertriebsbereich FR10/10/00 zuständig. Die Lieferung erfolgt aus der Produktionsgesellschaft (Buchungskreis DE10) in Deutschland direkt an den Endkunden in Frankreich. Die Rechnung an den Endkunden stellt die Vertriebsgesellschaft in Frankreich (Buchungskreis FR10). Die Produktionsgesellschaft (Buchungskreis DE10) stellt eine interne Faktura an die Vertriebsgesellschaft in Frankreich (Buchungskreis FR10). In unserem Beispiel durchlaufen wir folgende Schritte:

1. Anzeige der Bestandssituation in der Produktionsgesellschaft (Buchungskreis DE10, Werk DE10)
2. Erfassen des Kundenauftrags im Vertriebsbereich FR10/10/00 (Buchungskreis FR10, Vertriebsgesellschaft in Frankreich)

3. Anlegen der Lieferung in der Produktionsgesellschaft
4. Anzeige der Bestandssituation in der Produktionsgesellschaft (Buchungskreis DE10, Werk DE10)
5. Erstellen der externen Faktura in der Vertriebsgesellschaft (Buchungskreis FR10)
6. Erstellen der internen Faktura in der Produktionsgesellschaft (Buchungskreis DE10)
7. Automatisches Verbuchen der Eingangsrechnung in der Vertriebsgesellschaft (Buchungskreis FR10)
8. Gesamtüberblick durch Anzeige des Prozessablaufs zum Kundenauftrag

Schritt 1: Bestandsanzeige Produktionswerk

Zunächst betrachten wir die Bestände im Produktionswerk DE10 (siehe Abbildung 17.10). Für unser Material FREE-R-20L befinden sich noch 2.191 Stück im Lagerort 0001 (Fertigwarenlager).

Materialnum...	Bezeichnung zum Material	Werk	Name des Werks	Lagerort	Bezeichnung des Lag...	Frei verwendbar	Aktueller Wert des frei verfügbaren Bestands
FREE-R-20L	Ski Freeride-Rucksack - 20 Liter	DE10	Hamburg	0001	Fertigwarenlager	2.191,000 ST	471.065,00 EUR
						2.191,000 ST	471.065,00 EUR

Abbildung 17.10 Bestandsübersicht im Werk DE10 (Produktionsgesellschaft) (SAP-Fiori-App »Bestand – mehrere Materialien«)

Schritt 2: Kundenauftrag

Erfassen wir jetzt den Kundenauftrag mit der Auftragsart TA (Terminauftrag) im Vertriebsbereich der Vertriebsgesellschaft (FR10/10/00). Abbildung 17.11 zeigt den Einstieg in die Auftragserfassung.

Der Kunde Intersport Chamonix (Debitorennummer 1059) bestellt 100 Stück des Materials FREE-R-20L (Freeride-Rucksack mit einem Volumen von 20 Liter). In der Positionsübersicht im Kundenauftrag 30000064 (siehe Abbildung 17.12) sehen Sie, dass als Auslieferwerk das **Werk DE10** aus dem Buchungskreis der Produktionsgesellschaft erfasst wurde. Damit gehört das Werk zu einem *anderen* Buchungskreis als die Verkaufsorganisation des Kundenauftrags.

Abbildung 17.11 Erfassung des Kundenauftrags im Vertriebsbereich FR10/10/00 (Transaktion VA01)

SAP Terminauftrag anlegen: Übersicht

Mehr

Terminauftrag:
Nettowert: 69.900,00 EUR
Auftraggeber: 1059 Intersport Chamonix (Freeride) / 68 Rue de la Tour / F-74400 Chamonix-Mont-B...
Warenempfänger: 1059 Intersport Chamonix (Freeride) / 68 Rue de la Tour / F-74400 Chamonix-Mont-B...
Kundenreferenz: Bestellung 8896 (Webshop)
Kundenref.datum: 12.05.2021

Verkauf | Positionsübersicht | Positionsdetail | Besteller | Beschaffung | Versand | Absagegrund

Wunschlieferdatum: * D 19.05.2021
Auslieferungswerk: DE10 Hamburg

Gruppe

Alle Positionen

Pos	Material	Auftragsmenge	ME	E	Positionsbezeichnung	Ptyp	Üb.Pos	L.	1.Datum	Werk	KArt	Betrag	Währg	Nettowert	Beleg...
10	FREE-R-20L	100	ST	☑	Ski Freeride-Rucksack - ...	TAN		D	19.05.2021	DE10	PR00	699,00	EUR	69.900,00	EUR

Abbildung 17.12 Positionsübersicht im Kundenauftrag (Transaktion VA01)

In der Preisfindung für diese Position (siehe Abbildung 17.13) erkennen Sie in der Spalte **KArt** die Konditionsart **PR00** (Verkaufspreis des Endkunden) und **PI01** (interner Verrechnungspreis). Die Konditionsart PI01 ist im Auftrag »statistisch« und beeinflusst den Nettowert der Position nicht. Als Verkaufspreis für den Endkunden wurden 699,00 EUR pro Stück festgelegt. Der Verkaufspreis der Produktionsgesellschaft an die Vertriebsgesellschaft beträgt 500,00 EUR pro Stück.

Über die Konditionsart PI01 wird der Preis festgelegt, den die Vertriebsgesellschaft (Buchungskreis FR10) an die Produktionsgesellschaft (Buchungskreis DE10) bezahlt.

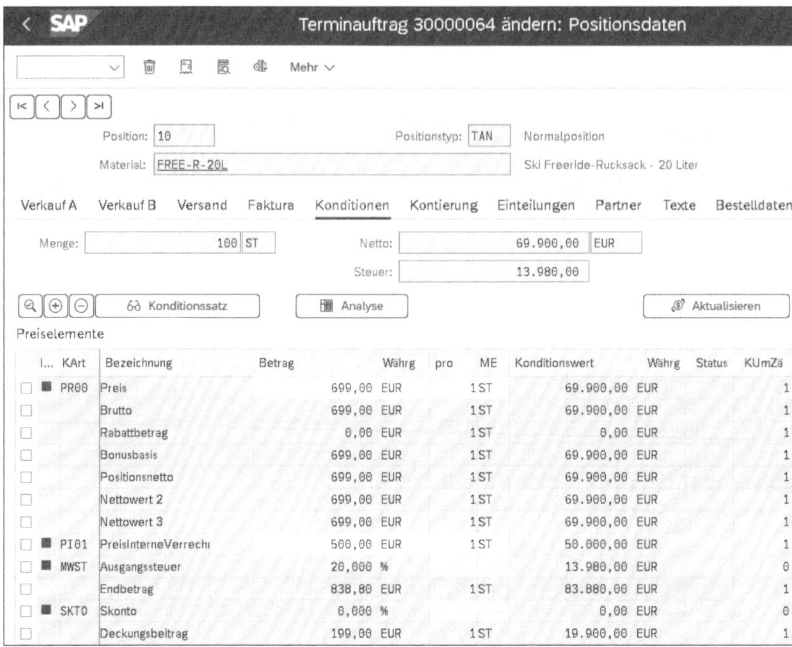

Abbildung 17.13 Preisfindung im Kundenauftrag (Transaktion VA02)

Schritt 3: Lieferung

Nach Speichern des Kundenauftrags wird mit Bezug zu diesem ein Lieferbeleg mit der Nummer 80000037 im Werk der Produktionsgesellschaft DE10 angelegt. Die Kommissionierung wird über die Pickmenge dokumentiert. Abbildung 17.14 zeigt die Lieferung.

Abbildung 17.14 Lieferbeleg in der Cross-Company-Abwicklung (Transaktion VL02N)

Schritt 4: Bestandsanzeige Produktionswerk

Durch die Warenausgangsbuchung hat sich die Bestandssituation im Werk der Produktionsgesellschaft verändert (siehe Abbildung 17.15). Die Bestände für unser Material im Werk DE10 wurden um 100 auf 2.091 Stück reduziert (siehe Spalte **Frei verwendbar**).

Der Warenausgang wurde wie üblich mit der Bewegungsart 601 gebucht. Der zugehörige Buchungsbeleg enthält den Buchungssatz »Bestandsveränderungen an Bestand«.

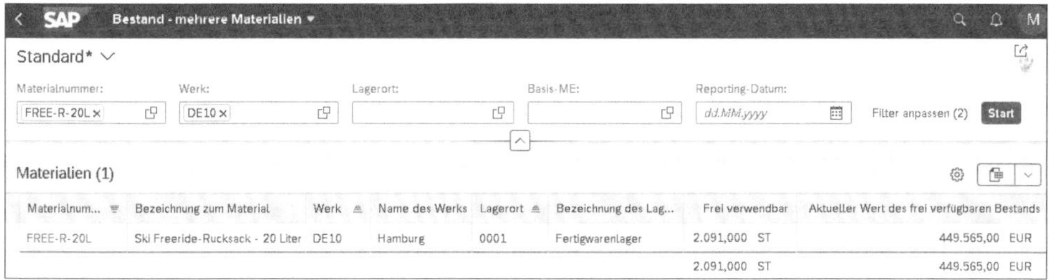

Abbildung 17.15 Bestandsübersicht nach der Warenausgangsbuchung im Werk DE10 (SAP-Fiori-App »Bestand – mehrere Materialien«)

Schritt 5: Externe Faktura

Im fünften Schritt wird die externe Faktura der Vertriebsgesellschaft FR10 an den Endkunden 1059 erstellt (90000074). Abbildung 17.16 zeigt die erstellte Rechnung (Fakturaart F2) an den Endkunden.

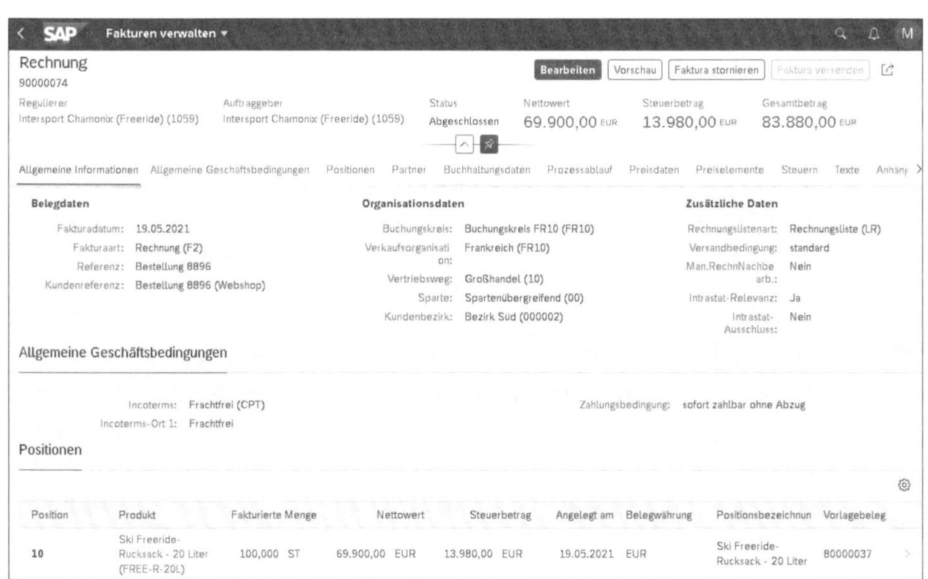

Abbildung 17.16 Faktura der Vertriebsgesellschaft an den Endkunden (SAP-Fiori-App »Fakturen verwalten«)

Als Regulierer erscheint der externe Kunde im Kopf der Faktura. In unserem Beispiel ist dies der Kunde Intersport Chamonix mit der Debitorennummer 1059. Die Faktura führt zu dem Buchungsbeleg in Abbildung 17.17.

Der Buchungsbeleg (90000074) enthält die Buchung »Forderungen an Umsatzerlöse und Mehrwertsteuer«. In unserem Beispiel tritt der Fall ein, der in unserem Exkurs »Umsatzsteuer bei Cross-Company und Export« in Abschnitt 17.2.1 beschrieben wurde. Die Rechnung der französischen Vertriebsgesellschaft an den Kunden in Frankreich ist umsatzsteuerpflichtig. Unser System wurde so eingestellt, dass das Abgangsland in der externen Faktura aus der Verkaufsorganisation (in unserem Fall: Verkaufsorganisation FR10 mit Sitz in Frankreich) ermittelt wird. In der Ergebnis- und Marktsegmentrechnung (CO-PA) spiegeln sich Erlöse (aus der Konditionsart PR00) und Kosten (aus der statistischen Kondition PI01) wider.

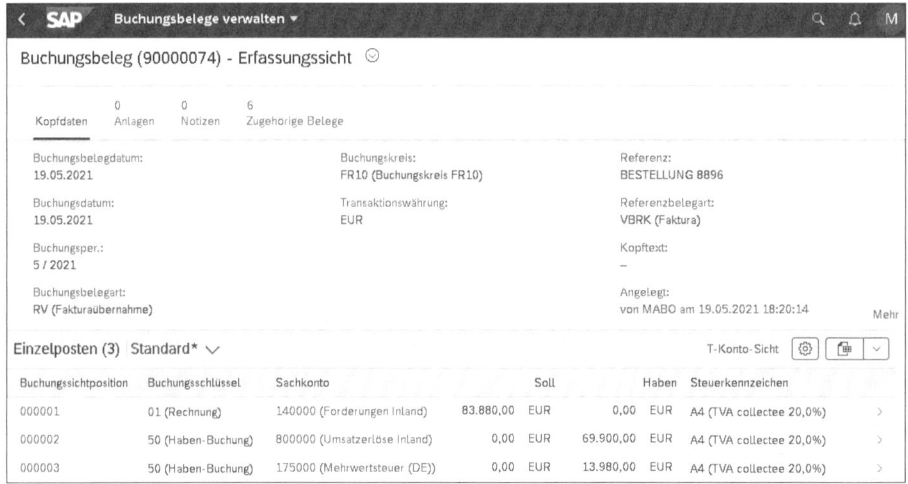

Abbildung 17.17 Buchungsbeleg zur externen Faktura im Buchungskreis FR10 (Vertriebsgesellschaft) (SAP-Fiori-App »Buchungsbelege verwalten«)

Schritt 6: Interne Faktura

Ebenfalls mit Bezug zur Lieferung erstellen wir nun die interne Faktura mit der Belegnummer 90000075 (siehe Abbildung 17.18). Über die interne Verrechnung stellt die Produktionsgesellschaft (Buchungskreis DE10) eine Rechnung an die Vertriebsgesellschaft (Buchungskreis FR10). Folgerichtig tritt die Vertriebsgesellschaft hier als Regulierer (Debitorenstamm 1058) auf. Der Debitor wird über das Customizing ermittelt (siehe Abbildung 17.5 weiter vorne).

Werfen wir einen Blick auf die Preisfindung. Da es sich beim Verkauf der deutschen Produktionsgesellschaft an die französische Vertriebsgesellschaft um ein Geschäft innerhalb der Europäischen Union handelt und der Debitorenstammsatz der Vertriebsgesellschaft über eine Umsatzsteuer-Identifikationsnummer verfügt, bleibt der Vorgang von der Umsatzsteuer befreit. Auch in der Produktionsgesellschaft werden Erlöse und Umsatzkosten an die Ergebnis- und Marktsegmentrechnung weitergeleitet. Abbildung 17.19 zeigt die Preiselemente zur internen Verrechnung. Der Preis **PR00** ist *inaktiv*. Die Erlöse stammen von der Konditionsart **IV01** (50.000,00 EUR).

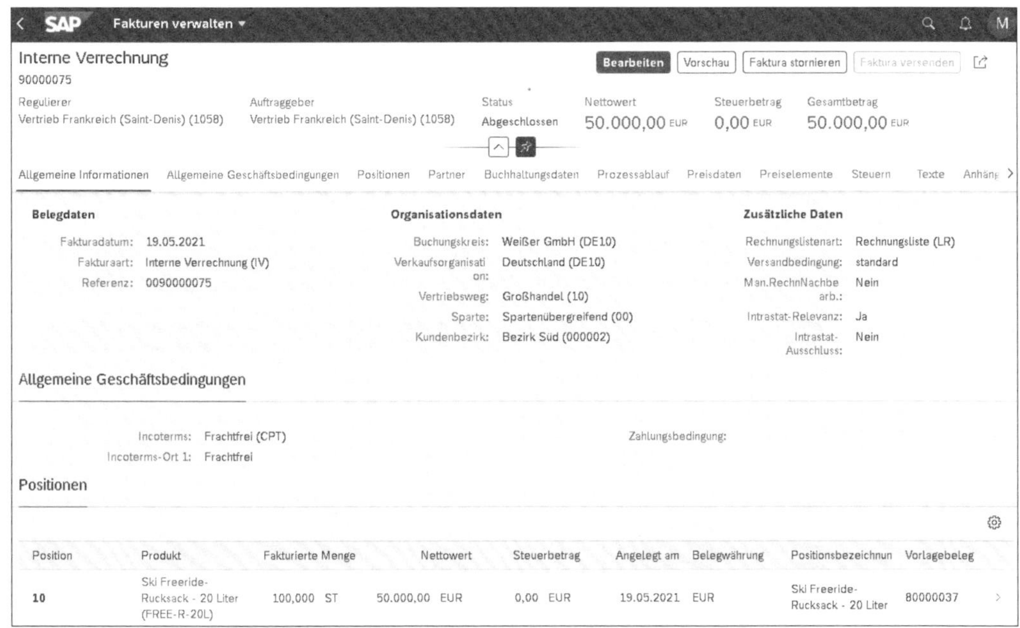

Abbildung 17.18 Anzeige interne Faktura im Cross-Company-Geschäft (SAP-Fiori-App »Fakturen verwalten«)

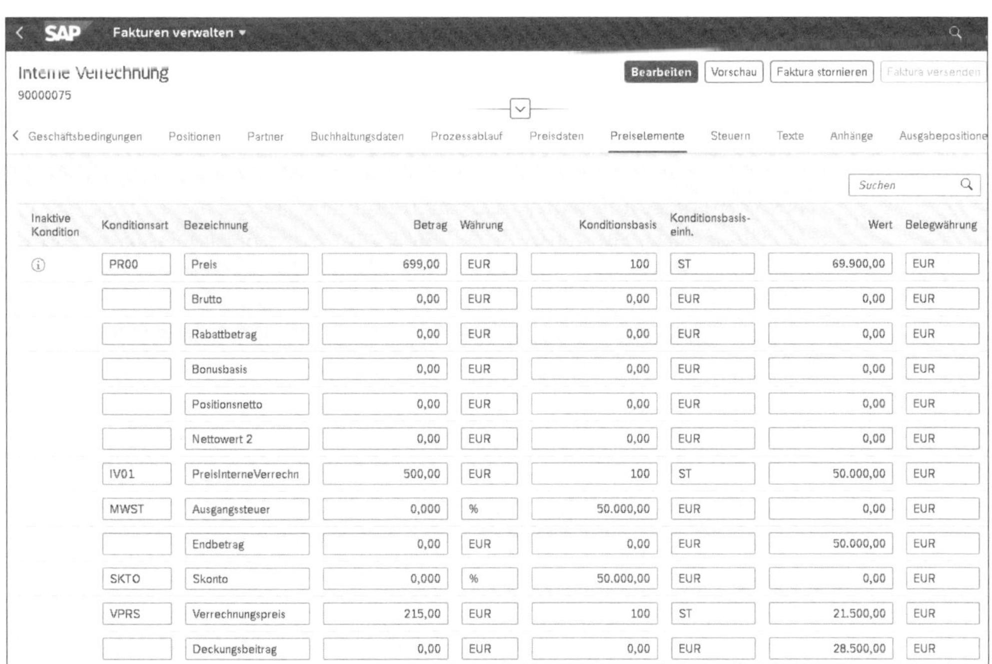

Inaktive Kondition	Konditionsart	Bezeichnung	Betrag	Währung	Konditionsbasis	Konditionsbasis-einh.	Wert	Belegwährung
ⓘ	PR00	Preis	699,00	EUR	100	ST	69.900,00	EUR
		Brutto	0,00	EUR	0,00	EUR	0,00	EUR
		Rabattbetrag	0,00	EUR	0,00	EUR	0,00	EUR
		Bonusbasis	0,00	EUR	0,00	EUR	0,00	EUR
		Positionsnetto	0,00	EUR	0,00	EUR	0,00	EUR
		Nettowert 2	0,00	EUR	0,00	EUR	0,00	EUR
	IV01	PreisInterneVerrechn	500,00	EUR	100	ST	50.000,00	EUR
	MWST	Ausgangssteuer	0,000	%	50.000,00	EUR	0,00	EUR
		Endbetrag	0,00	EUR	0,00	EUR	50.000,00	EUR
	SKTO	Skonto	0,000	%	50.000,00	EUR	0,00	EUR
	VPRS	Verrechnungspreis	215,00	EUR	100	ST	21.500,00	EUR
		Deckungsbeitrag	0,00	EUR	0,00	EUR	28.500,00	EUR

Abbildung 17.19 Preisfindung der internen Verrechnung (SAP-Fiori-App »Fakturen verwalten«)

Dabei handelt es sich, wie in Schritt 4 in Abschnitt 17.2.1, »Buchungskreisübergreifender Verkauf«, beschrieben, um eine Referenzkonditionsart zur Konditionsart PI01. Die Umsatzkosten werden über die Konditionsart **VPRS** aus dem Bewertungspreis im Materialstamm ermittelt. Damit werden die Planherstellungskosten an die Ergebnisrechnung in der Produktionsgesellschaft übergeben.

Der dazugehörige Buchungsbeleg (siehe Abbildung 17.20) in der Produktionsgesellschaft enthält den Buchungssatz »Forderungen an Umsatzerlöse«.

Abbildung 17.20 Buchungsbeleg der internen Faktura im Buchungskreis der Produktionsgesellschaft (SAP-Fiori-App »Buchungsbelege verwalten«)

Schritt 7: Eingangsrechnung in der Vertriebsgesellschaft

In der Vertriebsgesellschaft ist nun eine Eingangsrechnung zu buchen. In unserem Systembeispiel haben wir diesen Schritt automatisiert. Über die Nachrichtenfindung wurde die Nachrichtenart `Z_BILLING_DOCUMENT` ermittelt. Diese Nachrichtenart initiiert die Verbuchung der Eingangsrechnung. Abbildung 17.21 zeigt das Nachrichtenbild zur internen Faktura.

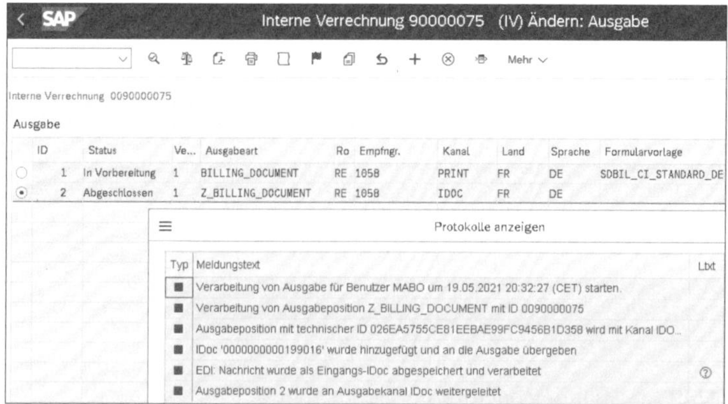

Abbildung 17.21 Nachrichten in der internen Faktura (Transaktion VF02)

Diese Nachricht bewirkt, dass das System ein IDoc mit der Nummer 199016 angelegt hat. Diese Datei enthält die Rechnungsdaten. In Abbildung 17.22 sehen Sie den Verarbeitungsstatus dieser Datei.

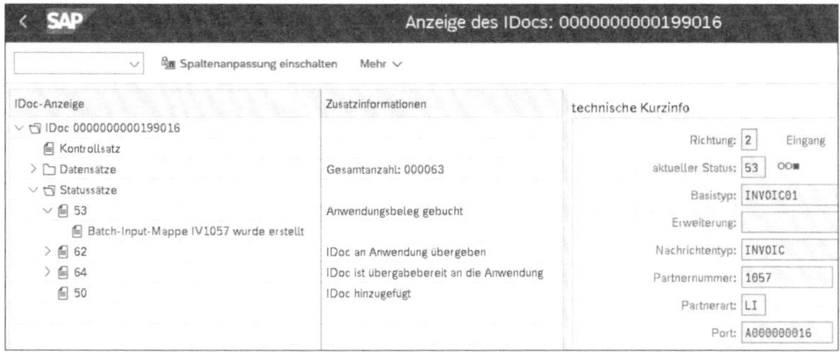

Abbildung 17.22 IDoc zur internen Faktura (Transaktion BD87)

Der Status **53** zeigt, dass über die Eingangsverarbeitung eine sogenannte *Batch-Input-Mappe* erzeugt wurde. Mithilfe des Batch-Input-Verfahrens werden Anwendertransaktionen durch ein Programm automatisch ausgeführt. In unserem Fall wird also, basierend auf den Rechnungsdaten aus dem IDoc 199016, eine Eingangsrechnung in der Finanzbuchhaltung der französischen Vertriebsgesellschaft (Buchungskreis FR10) gebucht. Abbildung 17.23 zeigt den Beleg in der Finanzbuchhaltung. Unter **Referenzbelegart** ist zu sehen, dass der Beleg über ein IDoc angelegt wurde.

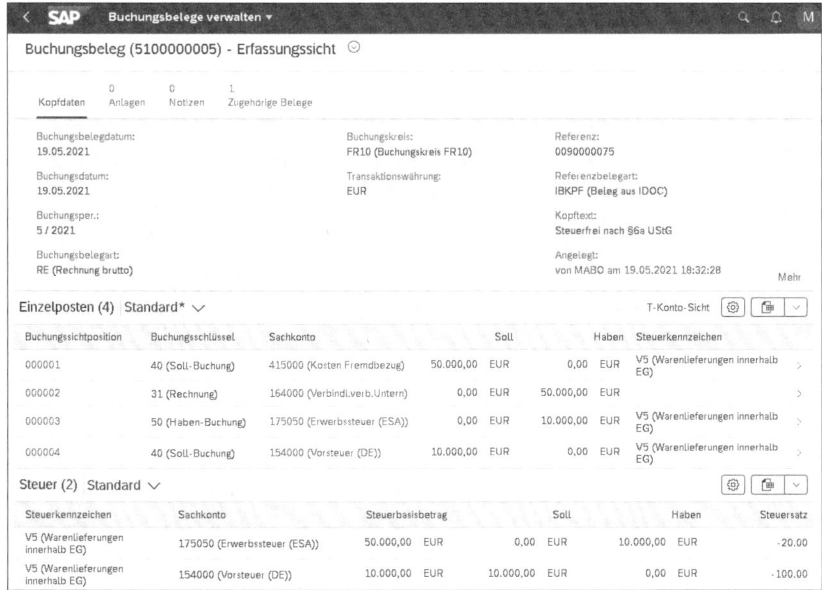

Buchungssichtposition	Buchungsschlüssel	Sachkonto	Soll		Haben		Steuerkennzeichen
000001	40 (Soll-Buchung)	415000 (Kosten Fremdbezug)	50.000,00	EUR	0,00	EUR	V5 (Warenlieferungen innerhalb EG)
000002	31 (Rechnung)	164000 (Verbindl.verb.Untern)	0,00	EUR	50.000,00	EUR	
000003	50 (Haben-Buchung)	175050 (Erwerbssteuer (ESA))	0,00	EUR	10.000,00	EUR	V5 (Warenlieferungen innerhalb EG)
000004	40 (Soll-Buchung)	154000 (Vorsteuer (DE))	10.000,00	EUR	0,00	EUR	V5 (Warenlieferungen innerhalb EG)

Steuer (2) Standard

Steuerkennzeichen	Sachkonto	Steuerbasisbetrag		Soll		Haben		Steuersatz
V5 (Warenlieferungen innerhalb EG)	175050 (Erwerbssteuer (ESA))	50.000,00	EUR	0,00	EUR	10.000,00	EUR	-20.00
V5 (Warenlieferungen innerhalb EG)	154000 (Vorsteuer (DE))	10.000,00	EUR	10.000,00	EUR	0,00	EUR	-100.00

Abbildung 17.23 Beleg über die Eingangsrechnung im Buchungskreis FR10 (SAP-Fiori-App »Buchungsbelege verwalten«)

In der internen Faktura haben Sie gesehen, dass dieser Vorgang von der Umsatzsteuer befreit ist, da es sich um eine innergemeinschaftliche Lieferung handelt. Folgerichtig ist auch die Eingangsrechnung ohne Mehrwertsteuer zu buchen. Gemäß Umsatzsteuerrecht der Europäischen Union sind hier jedoch *zwei* Buchungszeilen zu erfassen: eine über die *Ausgangssteuer* und eine über die *Eingangssteuer* (*Erwerbssteuer*). Die Produktionsgesellschaft muss somit Erwerbssteuer entrichten, darf diese jedoch in gleicher Höhe als abzugsfähige Vorsteuer geltend machen. Die Effekte heben sich also gegenseitig auf, es erfolgt jedoch ein getrennter Ausweis in der Umsatzsteuervoranmeldung.

Schritt 8: Prozessablauf

Werfen wir abschließend einen Blick auf den Prozessablauf unseres Kundenauftrags mit der Auftragsnummer 30000064 (siehe Abbildung 17.24). Sie sehen, dass zunächst ein Kundenauftrag angelegt wurde. Der erste Folgebeleg ist die Lieferung (80000037) aus einem Werk, welches zu einem anderen Buchungskreis gehört. Die Lieferung löst zwei Fakturen aus: die *externe Faktura* mit Fakturaart F2 (90000074) und die *interne Verrechnung* mit Fakturaart IV (90000075). Die Eingangsrechnung in der Vertriebsgesellschaft sehen Sie im Prozessablauf zum Kundenauftrag nicht.

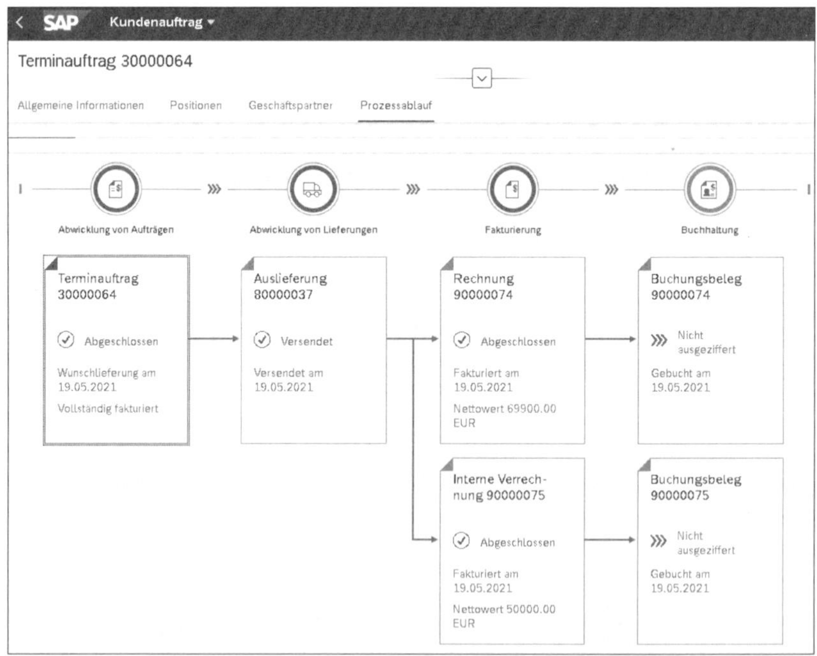

Abbildung 17.24 Belegfluss im Kundenauftrag (Transaktion VA03)

Kapitel 18
Reporting mit SAP S/4HANA Embedded Analytics

Die Datenauswertung mit SAP S/4HANA Embedded Analytics ist eine weitere große Neuerung unter SAP S/4HANA. In diesem Kapitel geben wir einen Einblick in die technischen Grundlagen und die Funktionsweise dieser Reportinglösung.

Ein ERP-System hat den Vorteil, dass sich über Anwendungen hinweg Stamm- und Bewegungsdaten gemeinsam nutzen lassen. Auf Grundlage dieser einheitlichen Daten können z. B. Berichte und Auswertungen erstellt und verwendet werden. So weit die Theorie. In der Praxis sind solche Auswertungen recht komplex und benötigen bei Systemen mit hohem Datenvolumen auch eine lange Laufzeit. Mit der In-Memory-Datenbank SAP HANA ist es jedoch möglich, Analysen in größerem Umfang direkt im ERP-System zu nutzen. Dadurch können sie gleich in den Prozess eingebettet werden und die operative Arbeit unterstützen. Neben den technologischen Fortschritten, die eine SAP-HANA-Datenbank mit sich bringt, wurden im Zuge der SAP-S/4HANA-Entwicklung weitere Änderungen an der Struktur des Datenmodells vorgenommen. In den folgenden Abschnitten erklären wir, was SAP S/4HANA Embedded Analytics ist, welche Technologie zugrunde liegt, wo Analysen direkt im System umgesetzt werden können und was der Unterschied zu einer Data-Warehouse-Lösung ist.

18.1 Embedded Analytics in SAP S/4HANA

SAP S/4HANA Embedded Analytics bezeichnet eine Sammlung von Lösungen, die unmittelbar in das SAP-S/4HANA-System eingebunden ist und an die bekannten Möglichkeiten aus dem Umfeld von *SAP Business Warehouse* (SAP BW) anknüpft. Mit diesen Funktionen können Daten, die während der Prozesse anfallen, in Echtzeit analysiert werden, ohne dass bereits eine vollständige BW-Lösung implementiert werden muss. Dies wird durch ein von SAP entwickeltes *virtuelles Datenmodell* (VDM) erreicht. Während die physischen Tabellen direkt auf der SAP-HANA-Datenbank als flache Tabellen liegen, ermöglicht das VDM gleichsam einen virtuellen Blick auf diese Daten. Das VDM wird in Abschnitt 18.1.1, »Virtuelles Datenmodell«, näher erläutert. Auf diesem Modell basieren sowohl die transaktionalen Anwendungen, die wir in den anderen Kapiteln dieses Buches behandeln, als auch die hier beschriebenen analytischen Anwendungen. Mit SAP S/4HANA Embedded Analytics es ist möglich, eine Vielzahl an Auswertungsmöglichkeiten im Standard zu nutzen oder sich eigene Auswertungen zusammenzustellen. Hierbei müssen Sie jedoch Folgendes bedenken: Der Anwender sieht mit SAP S/4HANA Embedded Analytics lediglich eine Momentaufnahme der Daten in Echtzeit. Daten werden exakt so dargestellt, wie es ihrem aktuellen Zustand entspricht. Sie sind allerdings stets Veränderungen unterworfen. Wird beispielsweise ein neuer Kundenauftrag erfasst, verändert sich auch die Analyse.

Anwendungen

Die Anwendungen, die durch SAP S/4HANA Embedded Analytics genutzt werden können, sind grob in drei Kategorien zu unterteilen.

Kategorie 1: Analysemöglichkeiten in SAP S/4HANA

Die erste Kategorie umfasst Analysemöglichkeiten, die direkt in einem SAP-S/4HANA-System vorhanden und somit nutzbar sind. Auch hier gibt es verschiedene Funktionen. Dazu gehören die sogenannten KPI-Kacheln, die es ermöglichen, im SAP Fiori Launchpad auf einen Blick eine Kennzahl zu überwachen und bei Bedarf tiefer in deren Auswertung einzusteigen (siehe Kapitel 25, »SAP Fiori Launchpad«). *Key Performance Indicators* (KPIs) bezeichnen Kennzahlen, anhand derer der Fortschritt oder der Erfüllungsgrad einer Zielsetzung innerhalb einer Organisation gemessen bzw. ermittelt werden kann. Eine weitere Funktion sind sogenannte *Multidimensional Reports*, die es dem Anwender ermöglichen, seine Analysen flexibel zu gestalten, um einen umfassenden Einblick in die Daten zu erhalten. Zudem stehen dem User eine Reihe von Funktionen zur Verfügung, um solche Analysen bereitzustellen und auf die oben genannte Weise zu visualisieren.

Kategorie 2: Tools aus dem Umfeld von SAP BusinessObjects

Die zweite Kategorie von Anwendungen ermöglicht es, nicht nur speziell für SAP S/4HANA designte Benutzeroberflächen (SAP Fiori Launchpad) zu nutzen, sondern die bekannten Tools aus dem Umfeld von SAP BusinessObjects zur Visualisierung einzusetzen (siehe Abschnitt 18.6, »Integration von SAP BusinessObjects«). Dies bedeutet, dass beispielsweise mit den Frontendtools von SAP Lumira 2.x oder SAP BusinessObjects Web Intelligence auf das virtuelle Datenmodell zugegriffen werden kann, um Daten auszuwerten. Auch dadurch lassen sich die Analysen freier gestalten und besser an die individuellen Bedürfnisse der Nutzer anpassen. Um diese Tools verwenden zu können, müssen allerdings zusätzliche Lizenzen erworben werden.

Die dritte Kategorie betrifft das Aufrufen der Daten in einer SAPUI5-Applikation. *SAPUI5* steht für SAP User Interface for HTML5. Dieses Toolkit bietet Entwicklern die Möglichkeit, mobile Anwendungen zu programmieren, die in einem Webbrowser lauffähig sind und HTML5-Entwicklungsstandards verwenden. Diese Applikationen sind die komplexesten der hier genannten Kategorien, da Kenntnisse in der SAPUI5-Entwicklung notwendig sind. Allerdings sind auch die Möglichkeiten ihres Einsatzes dementsprechend frei.

Kategorie 3: SAPUI5-Applikationen

Wie Sie anhand der verschiedenen Kategorien sehen, lassen sich mit SAP S/4HANA Embedded Analytics somit Datenauswertungen durchführen, die auf den Nutzer zugeschnitten sind und die operative Arbeit sowie notwendige Entscheidungen unterstützen.

Im folgenden Abschnitt gehen wir näher auf das zugrunde liegende virtuelle Datenmodell (VDM) ein, das SAP S/4HANA Embedded Analytics überhaupt erst möglich macht.

18.1.1 Virtuelles Datenmodell

Das mehrschichtige virtuelle Datenmodell bildet das Fundament für alle Anwendungen auf dem SAP-S/4HANA-System. Es dient dazu, die persistenten Daten aus den SAP-spezifischen und kundeneigenen Dictionary-Tabellen (Datenbanktabellen, in denen die in SAP anfallenden Daten abgelegt sind) zu virtualisieren und aufzubereiten, sodass sie sich in verschiedenen Anwendungen nutzen lassen.

Core Data Services

Technologisch wurde das virtuelle Datenmodell mit dem sogenannten *ABAP Core Data Service View* (ABAP CDS View) umgesetzt. Grundsätzlich werden ABAP CDS Views in einer SQL-ähnlichen Sprache in der Applikationsschicht entwickelt. Dadurch können SQL-Views auf der Datenbank sowie Services im System automatisiert erstellt werden, durch welche die unterschiedlichen Arten der Nutzung ermöglicht werden, die wir in Abschnitt 18.1, »Embedded Analytics in SAP S/4HANA«, skizziert haben.

Schichten des virtuellen Datenmodells

Die große Anzahl dieser ABAP CDS Views führt dazu, dass sich das virtuelle Datenmodell aus unterschiedlichen Schichten zusammensetzt (siehe Abbildung 18.1).

Jede dieser Schichten verfügt über bestimmte Funktionen, durch die sie auf die physischen Tabellen von SAP S/4HANA zugreift.

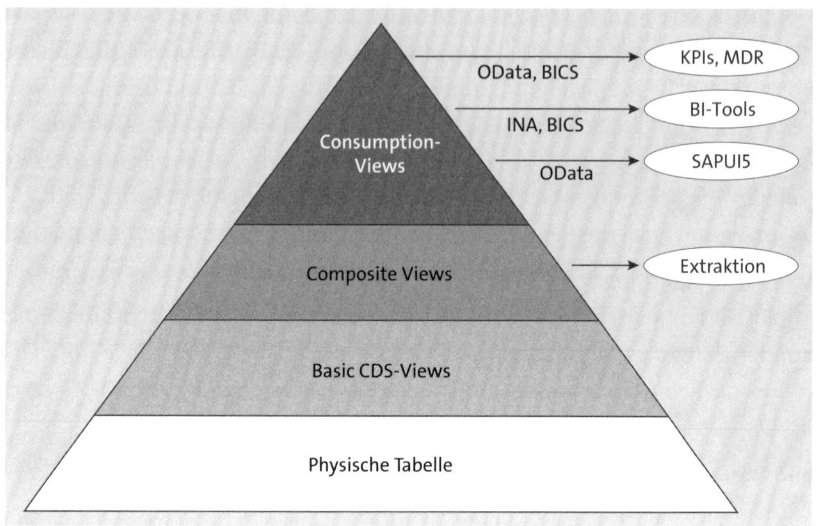

Abbildung 18.1 Schichten des virtuellen Datenmodells

Basic CDS Views

Die *Basic CDS Views* setzen direkt auf den physischen Tabellen auf und dienen als deren virtuelle Repräsentation. Zudem kann in dieser Schicht das Datenmodell bereits semantisch angereichert werden, um eine einheitliche, lesbare Struktur der Daten zu gewährleisten und auf technische Namen zu verzichten. So kann beispielsweise das technische Feld `VBELN` mit der Semantik »Sales Order« oder »Kundenauftrag« angereichert werden. Diese Semantik wird anschließend durch alle Schichten nach oben weitergegeben, wodurch ein einheitliches semantisches Modell entsteht.

Composite Views

Composite Views vereinen verschiedene Basic Views zu einer großen Sicht. So entsteht beispielsweise durch die Verbindung (Join) der verschiedenen Basic Views für Belegkopf-, Belegpositions- und Einteilungsdaten ein Composite View, in dem alle diese Informationen zu einem Verkaufsbeleg enthalten sind. Daher sind Composite Views auch der optimale Anlaufpunkt, um Daten in ein angeschlossenes BW-System zu extrahieren.

Consumption Views

Diese Gesamtsicht auf Daten aus einem bestimmten fachlichen Gebiet (wie im Beispiel Auftragsdaten) kann aber nicht nur zur Extraktion ins BW genutzt werden. Vielmehr lässt sie sich auch durch *Consumption Views* nutzen, um erneut einen bestimmten Teilbereich der Gesamtsicht wiederzugeben. Ausgehend von dem Composite View kann beispielsweise eine Sicht auf bestimmte Positionsdaten in einem Consumption View dargestellt werden. ABAP CDS Views bieten hier die Möglichkeit, Webservices (genau genommen OData-Services) automatisiert zu generieren, die dazu dienen, die Daten in KPI- und SAPUI5-Applikationen zu nutzen. Durch weitere Schnittstellen ist es ebenfalls möglich, herkömmliche Business-Intelligence-(BI-)

Tools wie SAP Analysis for Microsoft Office oder SAP Lumira 2.x für Reporting-Zwecke einzusetzen.

Zusammenfassend können wir festhalten, dass das virtuelle Datenmodell und seine Funktionen eine einheitliche und einfache Möglichkeit bieten, Daten in verschiedenen Anwendungen darzustellen und auszuwerten. Im nächsten Abschnitt gehen wir auf einige dieser Funktionen genauer ein, um Ihnen einen Einblick in ihre vielfältigen Nutzungsmöglichkeiten zu geben.

18.1.2 Visualisierung der Daten mit SAP S/4HANA Embedded Analytics

SAP S/4HANA bietet verschiedene Möglichkeiten der Analyse bzw. Visualisierung von Daten. Nachfolgend gehen wir auf KPI-Kacheln und Multidimensional Reports als SAP-S/4HANA-Standardauswertung ein. In Abschnitt 18.6.3, »SAP Lumira 2.x«, blicken wir zudem auf SAP Lumira Designer 2.x und SAP Analysis for Microsoft Office als Erweiterung des Standardrepertoires. Zudem werden wir skizzieren, welche Möglichkeiten sich durch das Entwickeln eigener SAPUI5-Anwendungen ergeben und welche Anforderungen bereits in den SAP-Fiori-Apps in der Standardinstallation von SAP S/4HANA umgesetzt sind.

KPI-Kacheln

KPI-Kacheln bieten Anwendern einen einfachen Überblick über das Geschehen im Unternehmen. Kombiniert man diese Kacheln zu einer sogenannten *Kachelgruppe*, ermöglichen sie einen noch schnelleren Überblick über alle für eine Anwenderrolle wichtigen Informationen und bieten per Klick Zugriff auf weitere Details. Wenn ein Vertriebsmitarbeiter beispielsweise mit der Kundenauftragsbearbeitung betraut ist, kann er alle Funktionen und Analysen, die für seine Arbeit notwendig sind, auf einen Blick erkennen und direkt darauf zugreifen (siehe Abbildung 18.2).

Abbildung 18.2 SAP-Fiori-Kachelgruppe »Vertriebsanalyse«

Drilldown Mit dem Klick auf eine Kachel führt der Anwender einen sogenannten *Drilldown* durch, der ihm detaillierte Informationen zur Kennzahl liefert. Diese Drilldowns können auf unterschiedliche Weise visualisiert werden (Tabellen, Balkendiagramme, Säulendiagramme etc.). Bei einem Klick auf die Kachel **Umsatz Deckungsbeitrag** (die zweite von links) erhalten Sie beispielsweise ein Balkendiagramm, das den Umsatz und den Deckungsbeitrag gesplittet nach Verkaufsorganisationen darstellt (siehe Abbildung 18.3). Auf der x-Achse sehen Sie die einzelnen Verkaufsorganisationen DE10 und FR10. Die y-Achse gibt an, wie hoch der Umsatz und der Deckungsbeitrag sind.

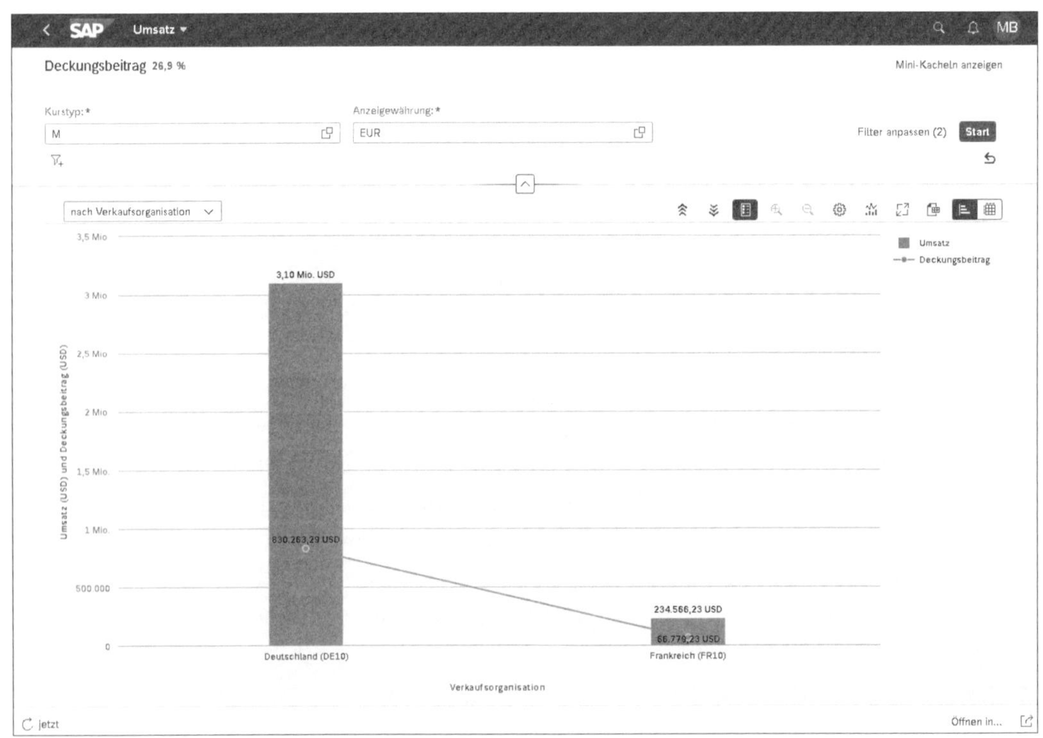

Abbildung 18.3 Umsatz und Deckungsbeitrag nach Verkaufsorganisationen (SAP-Fiori-App »Umsatz«)

Verknüpfung zu weiteren Prozess- und Analyseschritten Zudem können Verknüpfungen von semantischen Objekten (wie beispielsweise einem Kunden) zu weiteren Prozess- oder Analyseschritten genutzt werden. So ist es beispielsweise möglich, aus einer Vertriebsanalyse direkt in den Kundenstamm, die Auftragsbearbeitung oder die Faktura abzuspringen. Im vorliegenden Beispiel können Sie die Analyse verfeinern, indem Sie den Umsatz der Verkaufsorganisation nach Kunden darstellen. Dazu können Sie im Drop-down-Menü **nach Auftraggeber** auswählen. So gelangen

Sie in eine genauere Analyse, in der Sie erkennen können, welcher Umsatz mit den einzelnen Kunden gemacht wurde und wie hoch der Deckungsbetrag ist (siehe Abbildung 18.4).

Abbildung 18.4 Umsatz und Deckungsbeitrag nach Auftraggebern (SAP-Fiori-App »Umsatz«)

Mit einem Klick auf die Schaltfläche **Öffnen in...** am unteren rechten Rand des Bildschirms können Sie nun in die funktionalen Applikationen wechseln und sich beispielsweise die Fakturen in der Verkaufsorganisation anzeigen lassen (siehe Abbildung 18.5 und Abbildung 18.6).

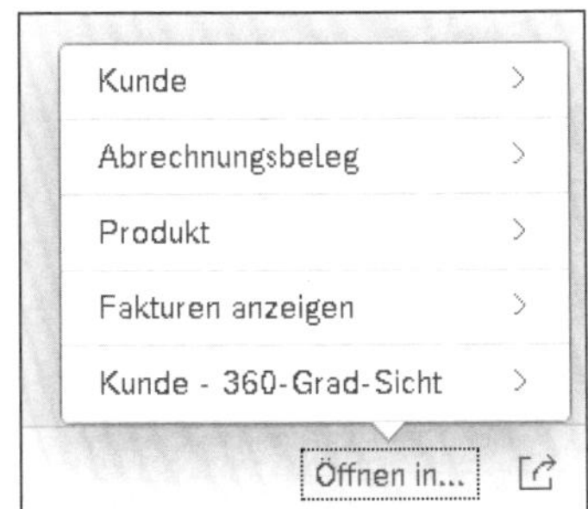

Abbildung 18.5 Absprung zu funktionalen Anwendungen

Dort bekommen Sie einen Überblick über die Fakturen und Fakturawerte zu Ihrer Selektion. Die hier aufgeführten Fakturen können auch nachbearbeitet oder wieder storniert werden.

Faktura	Auftraggeber	Fakturaart	Fakturadatum	Gesamtbetrag		Nettowert		Referenz	Steuerbetrag	
90000000	Drogerie am Markt (1000)	Rechnung (F2)	06.01.2021	1.666,00	EUR	1.400,00	EUR	Terminauftrag	266,00	EUR
90000001	Nordsee Gas & Öl (1020)	Anzahlungsanforderung (FAZ)	08.01.2021	142.800,00	EUR	120.000,00	EUR	0090000001	22.800,00	EUR
90000002	Nordsee Gas & Öl (1020)	Anzahlungsanforderung (FAZ)	13.01.2021	285.600,00	EUR	240.000,00	EUR	0090000002	45.600,00	EUR
90000003	Nordsee Gas & Öl (1020)	Anzahlungsanforderung (FAZ)	13.01.2021	285.600,00	EUR	240.000,00	EUR	0090000003	45.600,00	EUR
90000004	Nordsee Gas & Öl (1020)	Anzahlungsanforderung (FAZ)	08.01.2021	142.800,00	EUR	120.000,00	EUR	0090000004	22.800,00	EUR
90000005	Nordsee Gas & Öl (1020)	Anzahlungsanforderung (FAZ)	13.01.2021	285.600,00	EUR	240.000,00	EUR	0090000005	45.600,00	EUR
90000006	Nordsee Gas & Öl (1020)	Anzahlungsanforderung (FAZ)	13.01.2021	285.600,00	EUR	240.000,00	EUR	0090000006	45.600,00	EUR
90000007	Nordsee Gas & Öl (1020)	Rechnung (F2)	13.01.2021	1.428.000,00	EUR	1.200.000,00	EUR	0090000007	228.000,00	EUR
90000008	Elektrofachhandel Saarbrücken (1031)	Rechnung (F2)	13.01.2021	535,50	EUR	450,00	EUR	0090000008	85,50	EUR
90000009	Elektrofachhandel Saarbrücken (1031)	Rechnung (F2)	13.01.2021	535,50	EUR	450,00	EUR	PIKON Retoure	85,50	EUR
90000010	Elektrofachhandel Saarbrücken (1031)	Retourengutschrift (RE)	13.01.2021	107,10	EUR	90,00	EUR	0090000010	17,10	EUR
90000011	Elektrofachhandel Mainz (1047)	Rechnung (F2)	14.01.2021	1.428,00	EUR	1.200,00	EUR	PIKON Auftrag--	228,00	EUR
90000012	Elektrofachhandel Mainz (1047)	Retourengutschrift (RE)	14.01.2021	1.428,00	EUR	1.200,00	EUR	0090000012	228,00	EUR

Abbildung 18.6 SAP-Fiori-App »Faktura anzeigen«

Durch diese Funktionen ist es möglich, verwandte Analysen und Transaktionen so miteinander zu verknüpfen, dass Sie intuitiv und fließend die nötigen Funktionen ausführen können. Diese Verknüpfungen sind der Hintergrund für die Namensgebung »Embedded Analytics«, denn die Auswertungen sind direkt in die Bearbeitungstransaktionen eingebettet. Wenn alles an die unternehmens- und anwenderspezifischen Bedürfnisse angepasst ist, haben Sie somit ein einfach zu bedienendes und entscheidungsunterstützendes System zur Hand, das Ihnen ein mühsames Arbeiten mit verschiedenen Systemen erspart.

Multidimensional Reports

Eine weitere Option, die direkt in SAP S/4HANA verfügbar ist, sind die oben bereits erwähnten *Multidimensional Reports*. Diese bauen auf Basic CDS Views auf, die nicht noch einmal aufbereitet werden. Somit gibt ein solcher Report eine Sicht auf die Rohdaten wieder, die Sie dann zu einem Report zusammenstellen können. So können Sie beispielsweise Auftragsdaten als Datengrundlage wählen und darauf aufbauend eine eigene Analyse zusammenstellen. Abbildung 18.7 zeigt z. B. den Auftragseingang pro Monat (Spalte) für die Verkaufsorganisationen (Zeile).

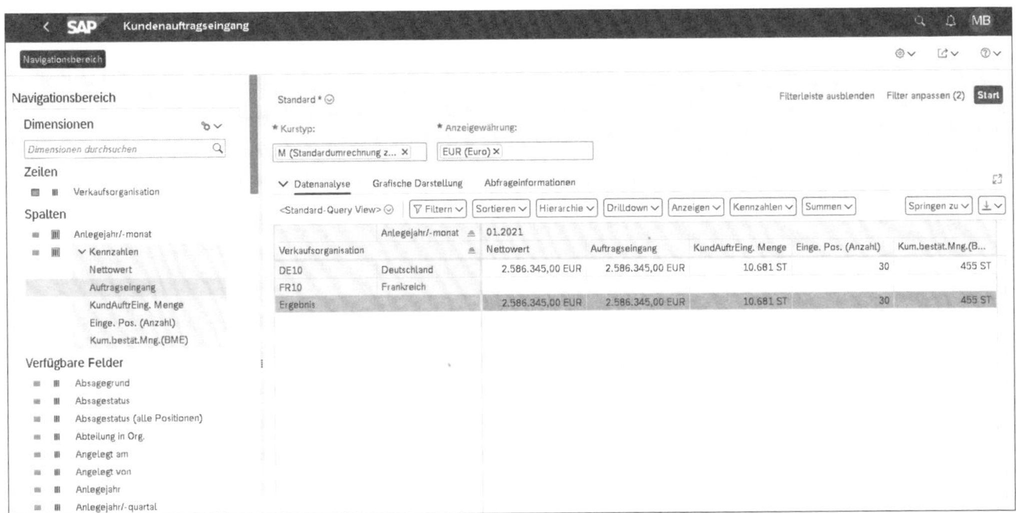

Abbildung 18.7 SAP-Fiori-App »Kundenauftragseingang – Flexible Analyse« auf Basis von CDS Views nach Verkaufsorganisationen

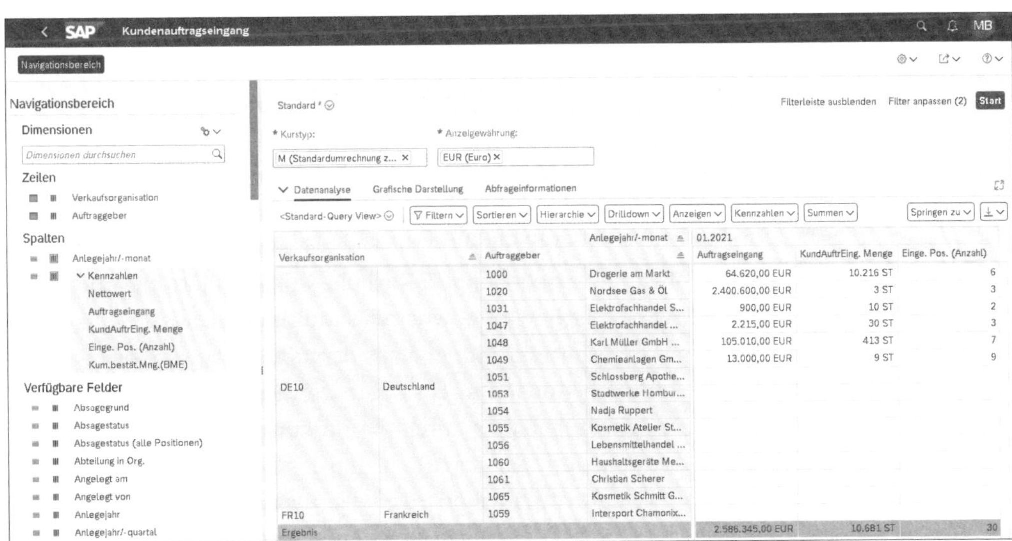

Abbildung 18.8 SAP-Fiori-App »Kundenauftragseingang –- Flexible Analyse« auf Basis von CDS Views nach Verkaufsorganisationen und Auftraggebern

Die Analyse kann nun weiter Ihren Anwenderanforderungen angepasst werden, indem Sie beispielsweise den Auftraggeber in die Zeilenachse übernehmen (siehe Abbildung 18.8), den Filter oder auch die Visualisierungsart (beispielsweise zu einem Säulendiagramm) ändern. Abschließend können Sie die Analysen mit wenigen Klicks in Microsoft Excel (siehe Abbildung 18.9) oder PDF exportieren.

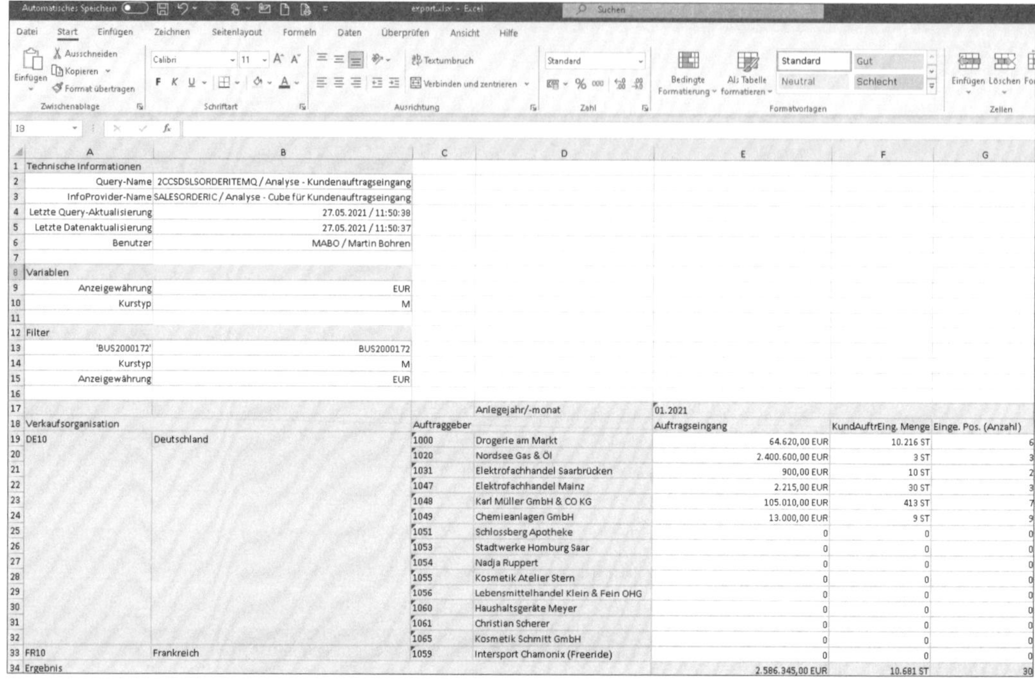

Abbildung 18.9 Export der Analyse in Microsoft Excel

Diese Art von Reporting gibt Ihnen als Anwender sehr großen Gestaltungsspielraum für Ihre Arbeit, erfordert allerdings ein grundlegendes Verständnis und Erfahrung im Umgang mit Datenanalysen.

SAP BusinessObjects

Hinter den oben beschriebenen KPI-Kacheln können allerdings nicht nur SAP-S/4HANA-spezifische Drilldowns oder Multidimensional Reports liegen, sondern auch Frontendlösungen aus dem SAP-BusinessObjects-Paket zum Einsatz kommen. Auch diese Lösungen werden durch das virtuelle Datenmodell ermöglicht, genauer durch die Nutzung der Schnittstelle *Business Intelligence Consumer Services* (BICS) und des *Information Access Protocol* (InA). Entwickler von Dashboards oder Excel-Analyseanwendungen können geeignete CDS Views beispielsweise direkt in SAP Analysis for Microsoft Office oder SAP Lumira nutzen und haben dadurch einen Datenzugriff, wie sie ihn aus SAP BW gewohnt sind. Auf die Erstellung solcher Analyseanwendungen können wir hier nicht weiter eingehen, da dies ein eigenständiges Thema ist und den Rahmen dieses Buches sprengen würde. Ihnen sollte aber klar geworden sein, dass Sie mit den SAP-BusinessObjects-Werkzeugen Ihre Analysen mit mehr Funktionen versehen und noch individueller anpassen können, falls Ihnen die in SAP S/4HANA vorhandenen Drilldowns nicht ausreichen sollten. Auf die SAP-BusinessObjects-Werkzeuge werden wir in Abschnitt 18.6, »Integration von SAP BusinessObjects«, näher eingehen.

SAPUI5

Das Gleiche gilt für SAPUI5-Applikationen. Hier sind Sie in der Entwicklung und Zusammenstellung der Analysen sogar noch freier. So ist es beispielsweise möglich, eine Analyse zu erstellen, mit der gleichzeitig transaktionale Schritte durchgeführt werden können (z. B. Lieferungen direkt aus einer Analyse anstoßen). Umgekehrt kann eine analytische Funktionalität in eine transaktionale Applikation eingebaut werden (z. B. eine Analyse von Kunden bei der Auftragsanlage).

Für beide Fälle werden Standardapplikationen (SAP-Fiori-Apps **Auslieferung anlegen** und **Kundenaufträge verwalten**) in SAP S/4HANA bereitgestellt, die Sie gegebenenfalls direkt nutzen können.

18.2 Unterschiede zu SAP Business Warehouse

Zahlreiche SAP-Kunden setzen schon seit Jahren erfolgreich SAP Business Warehouse (SAP BW) als Reporting- und Planungsplattform ein. Der Schwerpunkt lag bisher auch aufgrund technischer Einschränkungen bezüglich der Realtime-Fähigkeiten auf dem strategischen Reporting. Operatives Reporting, speziell auch im Umfeld des Vertriebs, wurde zwar ebenfalls in SAP BW abgebildet, hatte jedoch immer den Nachteil des zeitlichen Verzugs. Dennoch hat man dies in der Vergangenheit in Kauf genommen, da die Flexibilität von SAP BW im Hinblick auf die Harmonisierung, Anreicherung und Verknüpfung von Daten aus anderen Bereichen gegenüber dem Vertriebsinformationssystem (VIS) in SAP ERP erheblich besser war. Auch aufgrund der Optionen bei der Analyse, mithilfe verschiedener Reportingwerkzeuge, war SAP BW im Vergleich zu den Standardtools in SAP ERP das Mittel der Wahl.

So liegt die Schlussfolgerung nahe, dass mit der Nutzung von Embedded Analytics in SAP S/4HANA der Einsatz einer separaten SAP-BW-Lösung obsolet wird. Doch ganz richtig wäre dieses Fazit nicht, wie wir im folgenden Abschnitt aufzeigen werden. Ob eine separate SAP-BW-Lösung überflüssig ist, lässt sich nicht pauschal beantworten. Es gibt keinen Best-Practice-Ansatz. Jedes Unternehmen muss die eigenen Aspekte und Anforderungen berücksichtigen und sich dann für eine angemessene Strategie im Hinblick auf Reporting bzw. BI entscheiden.

Kein vollständiger Ersatz für ein Data Warehouse

Mit SAP S/4HANA Embedded Analytics kann das operative Reporting wieder ins ERP-System verlagert werden. Mithilfe moderner Werkzeuge können Sie den Anwendern ein rollen- und zielgruppenspezifisches Reporting bieten, das die tägliche Arbeit enorm verbessert. Dennoch kann und soll mit SAP S/4HANA Embedded Analytics ein Data Warehouse nicht in Gänze ersetzt werden. Viele benötigte Funktionen eines SAP BW sind bei SAP S/4HANA Embedded Analytics *nicht* gegeben. So können beispielsweise Daten nicht eingefroren werden, um einen historischen Stand zu reporten und verschiedene zeitliche Perspektiven abzubilden. Zudem wird die Anreicherung bzw. die Verknüpfung von SAP-S/4HANA-Daten mit externen Daten nicht unterstützt bzw. von SAP nicht empfohlen. So kommt es zu einer Lücke zwischen den Anforderungen an ein modernes Data Warehouse und den Möglichkeiten mit SAP S/4HANA Embedded Analytics.

Hauptaufgaben eines Data Warehouses

Die Hauptaufgaben eines modernen Data Warehouses in einem Unternehmen sind folgende:

- Integration, Aufbereitung und Harmonisierung von Daten
- Historisierung und Datenpersistenz
- Datenanreicherung und Verknüpfung
- Unterstützung von Advanced und Predictive Analytics

Daran erkennen Sie, dass viele Aspekte einer Embedded-Analytics-Umgebung nicht unterstützt werden. Weitere Gründe bzw. Argumente für den Betrieb einer separaten SAP-BW-Lösung sind:

- heterogene und/oder verteilte ERP-Systeme für unterschiedliche Unternehmenszweige
- unterschiedliche Systeme für verschiedene Unternehmensprozesse (Produktion, Logistik, Finanzen)
- Integration von cloudbasierten Systemen (z. B. SAP Ariba, SAP SuccessFactors, SAP Hybris Cloud for Customer)
- Integration von Maschinen-, Betriebs- und Prozessdaten
- funktionsfähiges Data Warehouse
- Komplexitätsgrad der in SAP BW aufgebauten Datenmodelle und Data-Marts
- Notwendigkeit für zusätzliche Persistenz von Daten
- Vereinheitlichung/Harmonisierung von Daten
- Daten aus externen Quellen (Social Media, Marktdaten usw.)

Hybrider Ansatz

Letztendlich wird es in vielen Fällen wohl auf einen Hybridansatz hinauslaufen, also auf eine Kombination von SAP BW und SAP S/4HANA Embedded Analytics. Hierdurch können Sie in Zukunft die Flexibilität in der Ausgestaltung der BI-Landschaft und der BI-Applikationen erheblich steigern. Ein Mehrwert entsteht bereits dadurch, dass die Implementierungsvarianten kombiniert werden können, da es sich um die gleiche Basisplattform auf einer SAP-HANA-Datenbank handelt. So ist es durchaus möglich, Datenmodelle von SAP BW mit CDS Views des SAP-S/4HANA-Systems über einen virtuellen Zugriff zu verknüpfen und somit ein systemübergreifendes Reporting zu ermöglichen. Die Anwendungsszenarien im Hinblick auf die Kombination der beiden Ansätze sind sehr vielfältig und können je nach Anforderung individuell gestaltet werden.

Data Warehouse bleibt Single Point of Truth

Die Möglichkeiten, die SAP S/4HANA Embedded Analytics im Umfeld des operativen Reportings bietet, stellen eine enorme Verbesserung und Unterstützung der ERP-Prozesse dar und sollten genutzt werden. Der Einsatz eines separaten modernen SAP BW (z. B. SAP BW/4HANA) kann aber in vielen Fällen weiterhin sinnvoll sein. Die Rolle und die Aufgabe des Business Warehouses werden sich in Zukunft stark verändern. Der Kerngedanke eines Data Warehouses als Single Point of Truth wird jedoch bestehen bleiben, wenngleich mit anderen Ansätzen und Möglichkeiten. Es werden viele weitere interne und externe Datenquellen für die Analyse benötigt, um unternehmerische Entscheidungen zu untermauern. Für eine Integration dieser Daten wird eine moderne Data-Warehousing-Lösung mit den entsprechenden Funktionen unverzichtbar sein. Die Herausforderung wird in Zukunft darin bestehen, sämtliche Lösungen im Umfeld von SAP S/4HANA Embedded Analytics in Einklang zu bringen und somit einen Mehrwert für das Unternehmen zu liefern.

18.3 Unterschiede zum Logistikinformationssystem

Schon weit vor SAP S/4HANA erfolgte das Reporting für den Vertrieb über das *Logistikinformationssystem* (LO-LIS) oder über ein separates BW-System. Unter SAP S/4HANA räumt SAP – zumindest augenscheinlich – auf und bietet für das Reporting nur noch eine Lösung an. Die Wahrheit ist jedoch etwas differenzierter. Auch unter SAP S/4HANA existiert das LIS noch und kann genutzt werden. Jedoch gibt es zum einen Nachteile, wie etwa den Umstand, dass mit dem LIS *keine* langen Materialnummern verwendet werden können (mit SAP S/4HANA kann die Materialnummer von 18 auf maximal 40 Stellen erweitert werden). Zum anderen besteht Unsicherheit darüber, ob das LIS auch in Zukunft in SAP S/4HANA vorhanden bleibt. Es kann allerdings auch nicht einfach abgeschaltet werden, da einige seiner Strukturen in Anwendungen wie der Absatz- und Programmplanung (Sales and Operations Planning, kurz: SOP) oder für die Kontingentierung noch benötigt werden. Daher ist es derzeit nicht absehbar, wie die SAP-Strategie in Bezug auf den Erhalt des LIS aussieht.

LIS vs. SAP BW vs. SAP S/4HANA Embedded Analystics

Vor diesem Hintergrund ist es wichtig zu wissen, wo die Unterschiede zwischen LIS, SAP BW und SAP S/4HANA Embedded Analytics liegen.

Das *LIS* als Vorläufer von SAP BW hat zumindest eine ähnliche Philosophie, allerdings eine andere technologische Grundlage. Im LIS werden Transaktionsdaten redundant in Infostrukturen gespeichert, die aus der jeweiligen Komponente fortgeschrieben werden.

Leider gab es und gibt es im LIS viele Begrenzungen (z. B. die Anzahl der Schlüsselbegriffe einer Infostruktur), einen umständlichen Aufbau der Statistikdateien und fast gar keine Flexibilität für die eigene Datenrecherche. Vor allem aber war an komponentenübergreifende Auswertungen gar nicht zu denken. Das war ein erheblicher Nachteil, liegt doch der Nutzen eines ERP-Systems auf transaktionaler Ebene vor allem in der nahtlosen Integration unterschiedlicher Komponenten, sodass beispielsweise ein Warenausgang in der Materialwirtschaft quasi in Echtzeit eine Buchung in der Finanzbuchhaltung auslöst. Zudem ist das LIS kaum benutzerfreundlich gestaltet.

Durch *SAP BW* wurden vor allem die Benutzerfreundlichkeit und die bereichsübergreifenden Auswertungen sehr viel besser, jedoch sind auch in SAP BW die Daten nicht zwingend aktuell, denn die Aktualität hängt davon ab, wie oft die Daten nach SAP BW transferiert werden.

Mit *SAP S/4HANA Embedded Analytics* werden genau diese Punkte aufgegriffen und verbessert. Die Auswertungen sind nicht nur tagesaktuell, sondern sekundengenau (insbesondere in Bereichen wie der Materialbedarfsplanung ist das sehr wichtig), da die Daten nicht redundant gespeichert werden, sondern direkt aus den Belegen abgegriffen werden. Die Auswertungen sind darüber hinaus ansprechend und benutzerfreundlich aufbereitet, und es können bereichsübergreifende Auswertungen einfach erstellt werden.

Operatives vs. strategisches Reporting

Vor diesem Hintergrund spricht beim *operativen Reporting* eigentlich nichts mehr für den Einsatz des LIS. Für das *strategische Reporting*, das auch Vergleiche gegen Vergangenheitsdaten benötigt und gegebenenfalls auch externe Datenquellen nutzt, ist hingegen SAP S/4HANA Embedded Analytics weniger geeignet. Hier ist SAP BW die richtige Wahl. Auch die Weiterverwendung des LIS sollte man nur dann in Betracht ziehen, wenn schlicht die Zeit fehlt, um nach einer SAP-S/4HANA-Migration ein gereiftes LIS-System mit vielen eigenen Infostrukturen und Eingriffen über User-Exits abzulösen. Das LIS ist daher eher als Übergangslösung zu SAP S/4HANA Embedded Analytics und/oder SAP BW zu sehen.

18.4 Kennzahlen für den Vertrieb

SAP stellt bereits im Standard eine Vielzahl von Kennzahlen zur Verfügung, die dabei helfen sollen, die Prozesse zu optimieren und Ausreißer zu identifizieren. Sie werden in separaten SAP-Fiori-Apps bereitgestellt, wie beispielsweise die Erfüllungsrate von Kontrakten, oder in Form von Dashboards. In diesem Abschnitt möchten wir Ihnen das Dashboard *Order to Cash Performance* zeigen und auf seine Auswertungsmöglichkeiten eingehen.

Dashboard »Order to Cash Performance«

Der SAP-Rolle `SAP_BR_SALES_PROCESS_MANAGER` (Auftragsabwicklung - Prozessmanager) sind alle Berechtigungen und Kacheln zugeordnet, die für unser Beispiel benötigt werden. Im SAP Fiori Launchpad erhalten die Anwender mit dieser Rolle eine Kachelgruppe, wie sie in Abbildung 18.10 dargestellt ist.

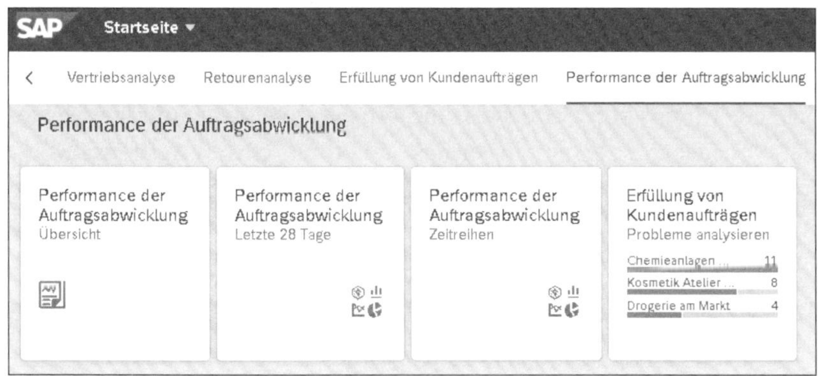

Abbildung 18.10 SAP-Fiori-Kachelgruppe »Performance der Auftragsabwicklung«

Die SAP-Fiori-App **Performance der Auftragsabwicklung – Übersicht** zeigt eine Fülle von Kennzahlen an, die in den einzelnen Prozessschritten gesammelt wurden. Die Auswertung zeigt die letzten 365 Tage, gegliedert nach angelegten Kundenaufträgen, Kundenauftragspositionen, Lieferungen und Rechnungen (siehe Abbildung 18.11). Es kann auch ein Durchschnittswert gebildet werden, der in die Übersicht eingetragen werden kann.

Im unteren Bereich werden Zusatzinformationen zu den Prozessen gebündelt dargestellt (im Screenshot nicht zu sehen). Hier erhält der Anwender Informationen über Liefersperren, die in den Aufträgen gesetzt wurden, oder Informationen zur Durchlaufzeit der Prozesse.

Abbildung 18.11 SAP-Fiori-App »Performance der Auftragsabwicklung« – Übersicht

Schauen wir uns nun die Auswertung »Angelegte Kundenaufträge pro Monat« genauer an, so erkennen wir, dass der Prozess **O2C_1 - Auftragsabwicklung** und die KPI **N01 - Angelegte Aufträge** eingeschränkt sind. Die Spalte links in Abbildung 18.12 zeigt diese Filter. Zudem wird die Auswertung grafisch in einem Liniendiagramm dargestellt.

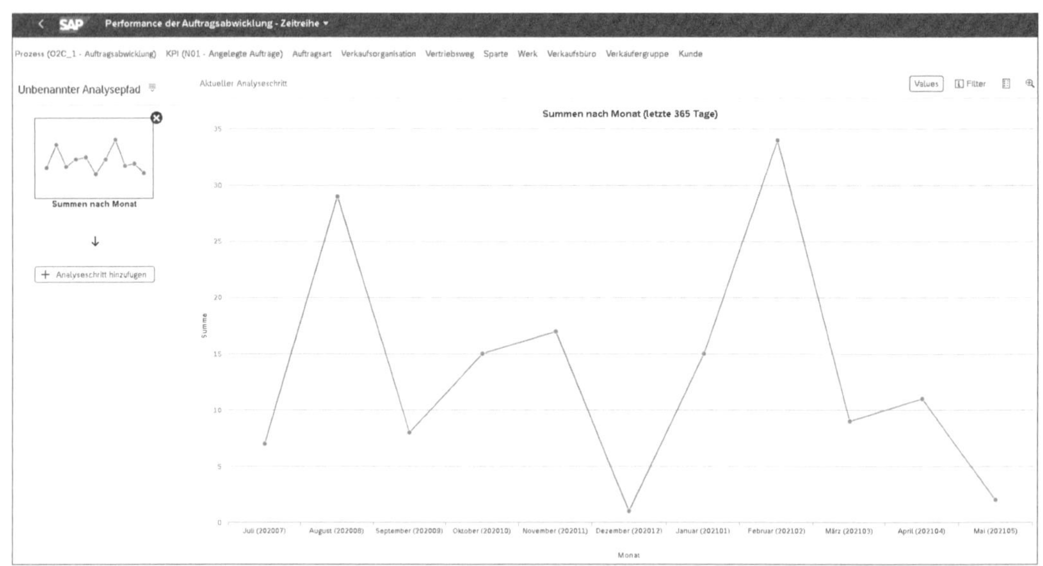

Abbildung 18.12 KPI-Auswertung »Angelegte Kundenaufträge pro Monat«

[«]

Für Spezialisten: Customizing

SAP gibt im Standard bereits einige Prozesse und KPIs vor, die ausgewertet werden können, ohne viele Einstellungen im System vorzunehmen. Hat ein Unternehmen aber beispielsweise eigene Auftragsarten oder Lieferarten eingerichtet, so werden diese nicht in die Standardprozesse übernommen. Hier muss eine Zuordnung der Auftrags- und Lieferarten im Customizing erfolgen. Zudem bietet das Customizing die Möglichkeit, eigene Prozesse zu definieren, um die unterschiedlichen Abwicklungsarten im Unternehmen abzubilden. Auch bei der Definition der KPIs haben die Unternehmen eine Vielzahl von Möglichkeiten. Im Customizing werden auch die Prozessschritte definiert, die für eine Auswertung der Prozesszeiten verantwortlich sind. Beispielsweise kann ausgewertet werden, wie lange es dauert, bis eine Liefer- oder Kreditsperre freigegeben wird.

Beispiel

Der Anwender hat viele Möglichkeiten, um eigene Auswertungsschritte einzufügen und für zukünftige Zwecke abzuspeichern. Als kleines Beispiel legen wir einen neuen Analyseschritt an, in dem wir die Kundenauftragseingange je Verkaufsorganisation auswerten wollen. Dazu klicken wir auf die Schaltfläche **+ Analyseschritt hinzufügen** und wählen im folgenden Pop-up-Fenster die Option **Nach Verkaufsorganisation** aus (siehe Abbildung 18.13).

Abbildung 18.13 Analyseschritt hinzufügen I – Auswahl der Kategorie nach Verkaufsorganisation

Anschließend möchten wir eine Summe nach Verkaufsorganisation auswerten. Dazu wählen wir im nächsten Bild die Option **Summen nach Verkaufsorganisation** (siehe Abbildung 18.14).

Abbildung 18.14 Analyseschritt hinzufügen II – Auswahl der Option Summen nach Verkaufsorganisation

Nun können wir die Präsentation der Daten anpassen. SAP bietet verschiedene Darstellungsformen an, je nachdem, welche Analyse gerade durchzuführen ist. Wir entscheiden uns für die Option **Balkendiagramm** (siehe Abbildung 18.15).

Abbildung 18.15 Analyseschritt hinzufügen III – Auswahl der Darstellungsart Balkendiagramm

Damit haben wir nun die angelegten Kundenaufträge nach Verkaufsorganisationen aufgeteilt. Abbildung 18.16 zeigt das Ergebnis der Analyse.

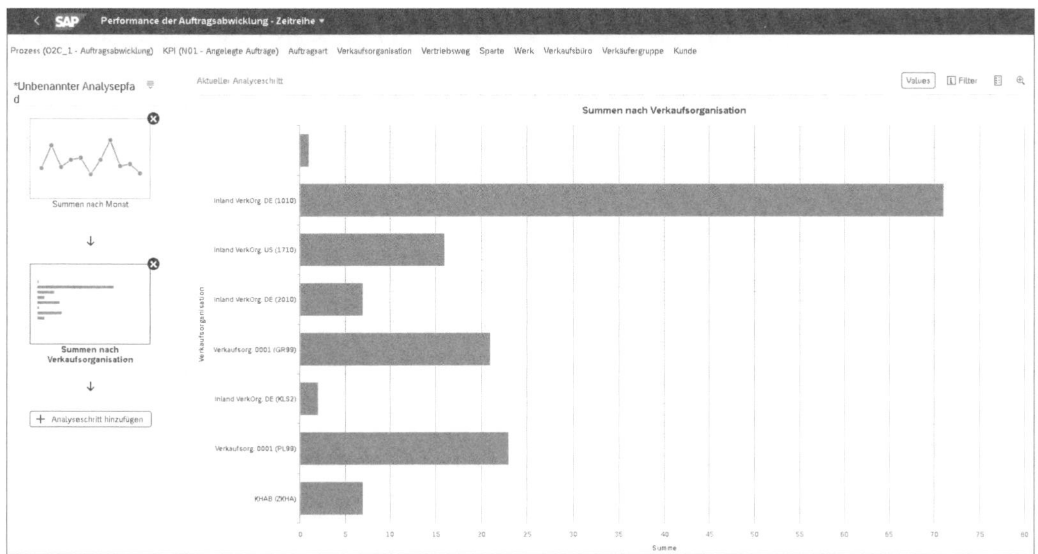

Abbildung 18.16 Anzeige der Analyse nach eigenen Kriterien

Diese Analyse kann gespeichert und für zukünftige Auswertungen herangezogen werden (siehe Abbildung 18.17).

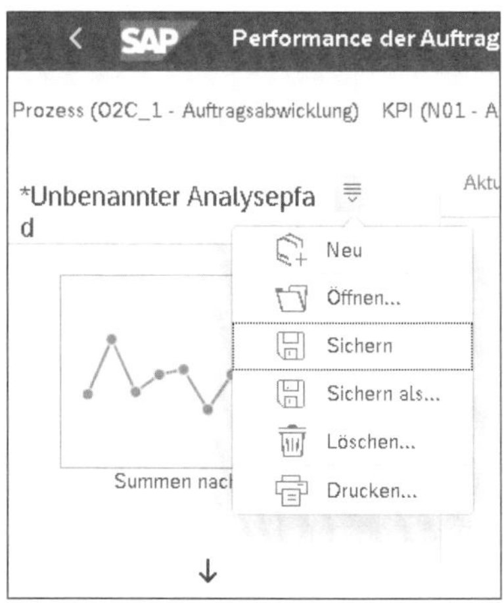

Abbildung 18.17 Speichern der Analyse

Dieses Beispiel verdeutlicht, wie einfach und übersichtlich es für den Anwender ist, individuelle Reports mit SAP S/4HANA Embedded Analytics zu erstellen. Auf diese Weise lassen sich viele Reportinganforderungen schneller umsetzen.

18.5 Neues Dashboard in der SAP Analytics Cloud

Mit der SAP-Fiori-App **Kundenübersicht**, die ab dem Release SAP S/4HANA 2020 verfügbar ist, liefert SAP ein neues Dashboard für den Vertrieb aus. Damit können alle wichtigen KPIs eines oder mehrerer Kunden übersichtlich dargestellt werden. Die in Form von einzelnen Karten dargestellten Verkaufskennzahlen können nach diversen Kriterien gefiltert werden, wie beispielsweise Auftraggeber, Verkaufsorganisation oder Verkaufsbüro. In Abbildung 18.18 sehen Sie ein Beispiel für 26 ausgewählte Kunden. Mit einem Klick auf die einzelnen Diagramme und Listen können Sie zu den verwandten Apps, wie z. B. **Kundenaufträge verwalten**, **Umsatz – Deckungsbeitrag** oder **Verkaufsangebote verwalten**, navigieren.

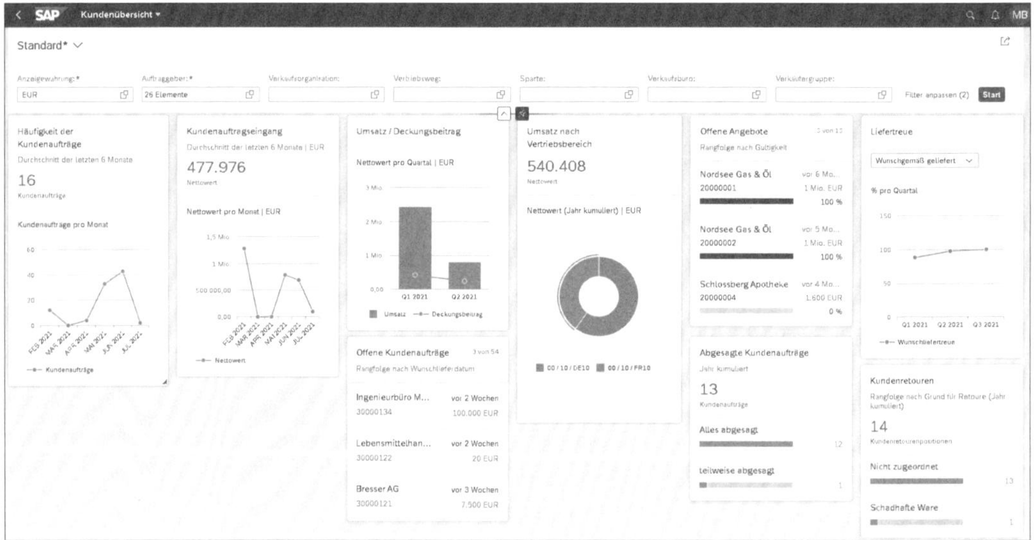

Abbildung 18.18 SAP-Fiori-App »Kundenübersicht«

18.6 Integration von SAP BusinessObjects

In vielen Unternehmen existiert bereits eine umfassende Reportinglandschaft mit SAP BW als Data-Warehouse-Lösung und SAP BusinessObjects Business Intelligence (SAP BusinessObjects BI) als Reportingplattform. Wie erwähnt, hat SAP BW weiterhin seine Berechtigung, vor allem wenn es um das strategische und systemübergreifende Reporting sowie um die Auswertung historisierter Daten geht.

Komplexe Auswertungen

Die Reportingtools in SAP BusinessObjects BI können allerdings auch ohne den Zwischenschritt SAP BW dazu verwendet werden, komplexe Auswertungen in Form von Excel-Workbooks, Webberichten und Dashboards zu erstellen. Dies geschieht direkt auf Basis der zuvor beschriebenen Core Data Services Views (CDS Views) im SAP-S/4HANA-System. Sollten in Ihrem Unternehmen die entsprechenden Lizenzen bereits vorhanden sein, liefern diese Werkzeuge zusätzliche Analysefunktionen, die die in SAP S/4HANA eingebetteten Möglichkeiten ergänzen. Die wichtigsten Reportingwerkzeuge und deren Einsatzgebiete stellen wir Ihnen im Folgenden vor.

18.6.1 SAP Analysis for Microsoft Office

Einbindung in Excel

Bei dem Werkzeug *SAP Analysis for Microsoft Office* handelt es sich um eine Lösung, die auf Microsoft Excel basiert und den früheren BEx Analyzer von SAP BW ablöst. Die Berichte werden über ein Add-in in Excel ausgeführt (siehe Abbildung 18.19) und basieren auf den in Abschnitt 18.1.1, »Virtuelles Datenmodell«, vorgestellten Core Data Services.

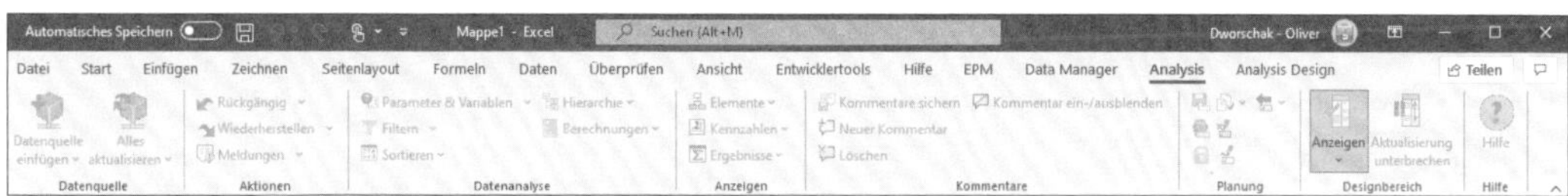

Abbildung 18.19 SAP Analysis for Microsoft Office als Excel-Add-in

Über ein Navigationsfenster kann der Anwender den Berichtsaufriss nach seinen Bedürfnissen verändern und durch entsprechende Analyseverfahren wie Filter und Drilldowns seiner jeweiligen Fragestellung anpassen (siehe Abbildung 18.20).

Der Anwender kann die Daten lokal speichern und sämtliche Auswertungs- und Gestaltungsmöglichkeiten aus Excel nutzen (siehe Abbildung 18.21). Da Excel für die tägliche Arbeit sehr gebräuchlich ist, fällt vielen Anwendern die Nutzung von SAP Analysis for Microsoft Office relativ leicht.

Einbettung in PowerPoint

Berichte oder Charts lassen sich auch in Microsoft PowerPoint einbetten. Dabei können die Berichtsdaten direkt aus PowerPoint heraus aktualisiert werden, sodass man pünktlich zum Meeting immer die aktuellen Zahlen zur Verfügung hat.

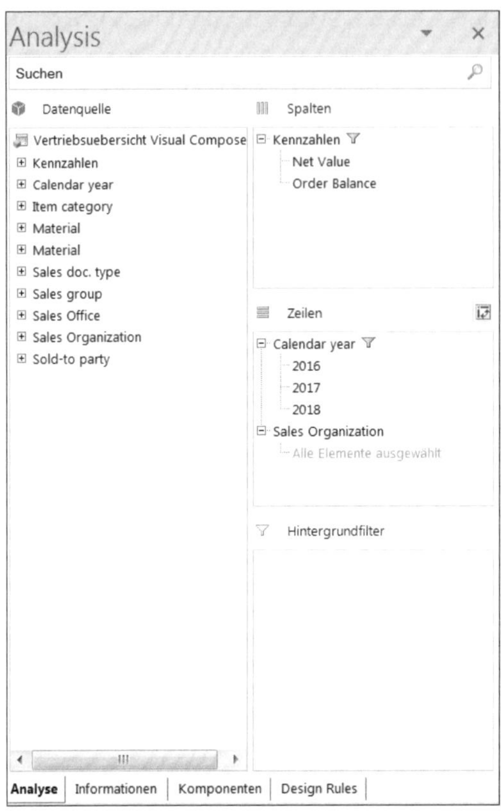

Abbildung 18.20 Berichtsaufriss über Navigationsfenster

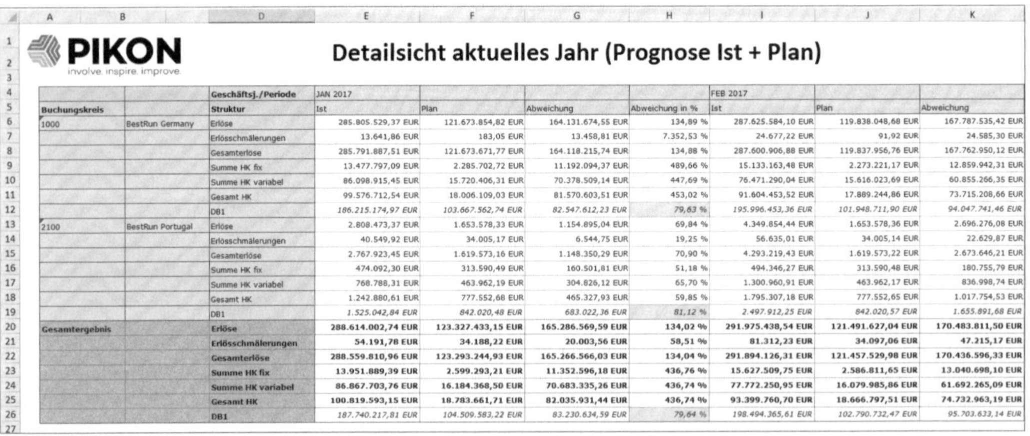

PIKON
involve. inspire. improve.

Detailsicht aktuelles Jahr (Prognose Ist + Plan)

		Geschäftsj./Periode	JAN 2017				FEB 2017		
Buchungskreis		Struktur	Ist	Plan	Abweichung	Abweichung in %	Ist	Plan	Abweichung
1000	BestRun Germany	Erlöse	285.805.529,37 EUR	121.673.854,82 EUR	164.131.674,55 EUR	134,89 %	287.625.584,10 EUR	119.838.048,68 EUR	167.787.535,42 EUR
		Erlösschmälerungen	13.641,86 EUR	183,05 EUR	13.458,81 EUR	7.352,53 %	24.677,22 EUR	91,92 EUR	24.585,30 EUR
		Gesamterlöse	285.791.887,51 EUR	121.673.671,77 EUR	164.118.215,74 EUR	134,88 %	287.600.906,88 EUR	119.837.956,76 EUR	167.762.950,12 EUR
		Summe HK fix	13.477.797,09 EUR	2.285.702,72 EUR	11.192.094,37 EUR	489,66 %	15.133.163,48 EUR	2.273.221,17 EUR	12.859.942,31 EUR
		Summe HK variabel	86.098.915,45 EUR	15.720.406,31 EUR	70.378.509,14 EUR	447,69 %	76.471.290,04 EUR	15.616.023,69 EUR	60.855.266,35 EUR
		Gesamt HK	99.576.712,54 EUR	18.006.109,03 EUR	81.570.603,51 EUR	453,02 %	91.604.453,52 EUR	17.889.244,86 EUR	73.715.208,66 EUR
		DB1	*186.215.174,97 EUR*	*103.667.562,74 EUR*	*82.547.612,23 EUR*	*79,63 %*	*195.996.453,36 EUR*	*101.948.711,90 EUR*	*94.047.741,46 EUR*
2100	BestRun Portugal	Erlöse	2.808.473,37 EUR	1.653.578,33 EUR	1.154.895,04 EUR	69,84 %	4.349.854,44 EUR	1.653.578,36 EUR	2.696.276,08 EUR
		Erlösschmälerungen	40.549,92 EUR	34.005,17 EUR	6.544,75 EUR	19,25 %	56.635,01 EUR	34.005,14 EUR	22.629,87 EUR
		Gesamterlöse	2.767.923,45 EUR	1.619.573,16 EUR	1.148.350,29 EUR	70,90 %	4.293.219,43 EUR	1.619.573,22 EUR	2.673.646,21 EUR
		Summe HK fix	474.092,30 EUR	313.590,49 EUR	160.501,81 EUR	51,18 %	494.346,27 EUR	313.590,48 EUR	180.755,79 EUR
		Summe HK variabel	768.788,31 EUR	463.962,19 EUR	304.826,12 EUR	65,70 %	1.300.960,91 EUR	463.962,17 EUR	836.998,74 EUR
		Gesamt HK	1.242.880,61 EUR	777.552,68 EUR	465.327,93 EUR	59,85 %	1.795.307,18 EUR	777.552,65 EUR	1.017.754,53 EUR
		DB1	*1.525.042,84 EUR*	*842.020,48 EUR*	*683.022,36 EUR*	*81,12 %*	*2.497.912,25 EUR*	*842.020,57 EUR*	*1.655.891,68 EUR*
Gesamtergebnis		**Erlöse**	**288.614.002,74 EUR**	**123.327.433,15 EUR**	**165.286.569,59 EUR**	**134,02 %**	**291.975.438,54 EUR**	**121.491.627,04 EUR**	**170.483.811,50 EUR**
		Erlösschmälerungen	**54.191,78 EUR**	**34.188,22 EUR**	**20.003,56 EUR**	**58,51 %**	**81.312,23 EUR**	**34.097,06 EUR**	**47.215,17 EUR**
		Gesamterlöse	**288.559.810,96 EUR**	**123.293.244,93 EUR**	**165.266.566,03 EUR**	**134,04 %**	**291.894.126,31 EUR**	**121.457.529,98 EUR**	**170.436.596,33 EUR**
		Summe HK fix	**13.951.889,39 EUR**	**2.599.293,21 EUR**	**11.352.596,18 EUR**	**436,76 %**	**15.627.509,75 EUR**	**2.586.811,65 EUR**	**13.040.698,10 EUR**
		Summe HK variabel	**86.867.703,76 EUR**	**16.184.368,50 EUR**	**70.683.335,26 EUR**	**436,74 %**	**77.772.250,95 EUR**	**16.079.985,86 EUR**	**61.692.265,09 EUR**
		Gesamt HK	**100.819.593,15 EUR**	**18.783.661,71 EUR**	**82.035.931,44 EUR**	**436,74 %**	**93.399.760,70 EUR**	**18.666.797,51 EUR**	**74.732.963,19 EUR**
		DB1	*187.740.217,81 EUR*	*104.509.583,22 EUR*	*83.230.634,59 EUR*	*79,64 %*	*198.494.365,61 EUR*	*102.790.732,47 EUR*	*95.703.633,14 EUR*

Abbildung 18.21 Beispiel für eine Auswertung mit SAP Analysis for Microsoft Office

18.6.2 SAP BusinessObjects Web Intelligence

Browserbasiertes Reporting

SAP BusinessObjects Web Intelligence kann sowohl für die Erstellung als auch für die Nutzung von Berichten rein browserbasiert verwendet werden. Die benötigten Informationen können in kurzer Zeit zielgerecht selektiert und dargestellt werden. Des Weiteren können Daten aus unterschiedlichen Datenquellen miteinander kombiniert bzw. über ein geeignetes Objekt miteinander verknüpft werden. So ist es denkbar, innerhalb eines Berichts operative Daten aus SAP S/4HANA mit strategischen Daten aus einem SAP-BW-System zu kombinieren und über ein zentrales Merkmal, wie z. B. die Kundennummer, zu verknüpfen.

Mobile Nutzung

Der Entwickler kann die Anordnung der Berichtsinhalte passend zur Anforderung vornehmen und den Bericht über das Business-Intelligence-(BI-) Launchpad (Webzugriff des Endanwenders) zur Verfügung stellen. In SAP BusinessObjects Web Intelligence können Berichte in die Formate Excel und PDF exportiert werden, damit sie sich lokal mit entsprechender Standardsoftware öffnen lassen. Mithilfe der App *SAP BusinessObjects Mobile* können die Berichte auch auf mobilen Endgeräten intuitiv genutzt werden (siehe Abbildung 18.22).

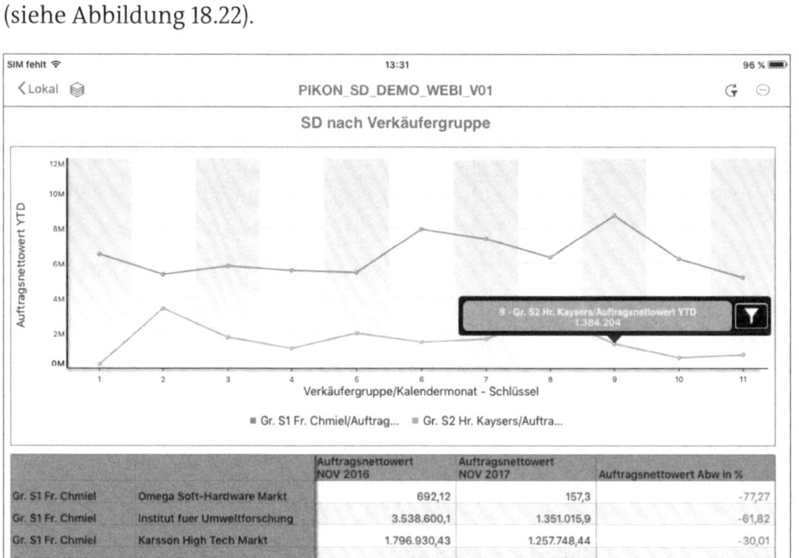

		Auftragsnettowert NOV 2016	Auftragsnettowert NOV 2017	Auftragsnettowert Abw in %
Gr. S1 Fr. Chmiel	Omega Soft-Hardware Markt	692,12	157,3	-77,27
Gr. S1 Fr. Chmiel	Institut fuer Umweltforschung	3.538.600,1	1.351.015,9	-61,82
Gr. S1 Fr. Chmiel	Karsson High Tech Markt	1.796.930,43	1.257.748,44	-30,01
Gr. S1 Fr. Chmiel	Becker Stuttgart	999.414	582.903,9	-41,68
Gr. S1 Fr. Chmiel	Amadeus	1.064.931,26	736.859,55	-30,81
Gr. S1 Fr. Chmiel	SudaTech GmbH	2.649.969,6	1.243.793,5	-53,06

Abbildung 18.22 SAP BusinessObjects Mobile App

18.6.3 SAP Lumira 2.x

SAP Lumira, Designer Edition

SAP bietet für die Erstellung von komplexeren webbasierten Applikationen und Dashboards *SAP Lumira, Designer Edition* an (ehemals unter dem Namen SAP BusinessObjects Design Studio bekannt). Neben der dynamischen Darstellung von Daten bietet das Tool die Möglichkeit, sogenannte *Was-wäre-wenn-Analysen* durchzuführen. Mithilfe von SAPUI5 können hochkomplexe Anwendungen programmiert bzw. geskriptet werden, die innerhalb einer einzigen Anwendungsseite z. B. die Analyse von Daten und die Durchführung einer Aktion aufgrund der gewonnenen Erkenntnisse ermöglichen. Möglich wären etwa die Auswertung offener Posten und das Setzen einer Liefersperre. Auf diese Applikationen bzw. Dashboards können die Anwender mit ihrem Webbrowser zugreifen oder auch vom mobilen Endgerät über eine entsprechende App. Ferner besteht eine gewisse Interoperabilität zwischen SAP Analysis for Microsoft Office und SAP Lumira. So können Sie aus einem erstellten Excel-Bericht per Knopfdruck ein einfaches Lumira-Dashboard erzeugen und dies dann entsprechend erweitern (siehe Abbildung 18.23).

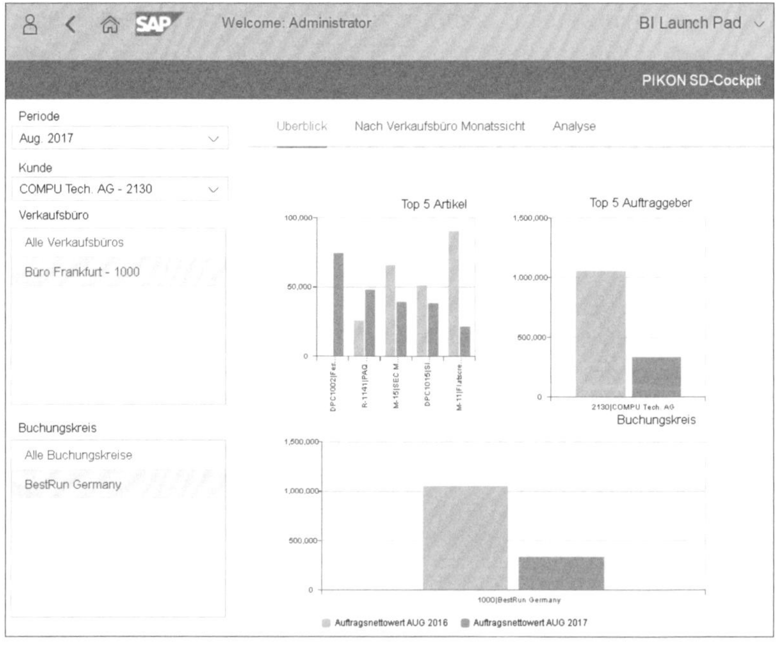

Abbildung 18.23 Dashboard aus SAP Lumira

SAP Lumira, Discovery Edition

SAP Lumira, Discovery Edition ist die On-Premise-Lösung von SAP für Self-Service-Szenarios und richtet sich an den Business-Analysten aus dem Fachbereich. Der Anwender kann hier über eine intuitiv bedienbare Oberfläche Daten aus dem SAP-S/4HANA-System mit lokalen Daten anreichern, die Daten bereinigen/zuordnen, analysieren, visualisieren, signifikante Werte/Ausreißer kommentieren und interpretieren (Storytelling) und sich mit Kollegen darüber austauschen. Die mit SAP Lumira, Discovery Edition erstellten Storys und Dashboards können bei Bedarf mithilfe von SAP Lumira, Designer Edition erweitert und einem breiteren Publikum zur Verfügung gestellt werden. Diese spezifischen Möglichkeiten liegen in der Regel aber außerhalb der Berechtigungen von SAP-S/4HANA-Anwendern im Vertrieb.

18.6.4 SAP Analytics Cloud

Datenintegration

Der von SAP proklamierte Weg für die Zukunft von Self-Service und Data Discovery ist die *SAP Analytics Cloud*. Hier lassen sich Daten aus unterschiedlichsten Systemen integrieren und mit allen Vorzügen einer cloudbasierten Lösung verwenden. In Bezug auf SAP S/4HANA und SAP BW besteht zudem die Option einer Live-Data-Connection. Mit dieser kann sichergestellt werden, dass die Daten zu jeder Zeit innerhalb der Unternehmensfirewall verbleiben und nicht in die SAP-HANA-Datenbank der SAP Analytics Cloud transferiert werden müssen. Mit dem *Story Builder* können Sie Ihr Reporting, Ihre Planung und Ihre Analysen auf ein völlig neues Level heben. Der Story Builder erlaubt es Ihrem Fachbereich und Ihrer IT-Abteilung, Erkenntnisse in Echtzeit zu gewinnen, analytische Vorhersagen zu treffen und schnelle Entscheidungen zu fällen.

SAP Analytics Cloud hat eine moderne und intuitiv zu bedienende Oberfläche (siehe Abbildung 18.24). Storys lassen sich einfach per Drag-and-Drop erstellen, um zusätzliche Abfragen und eigene Berechnungen zu erweitern, entsprechend zu visualisieren und mit Kollegen zu teilen und zu kommentieren.

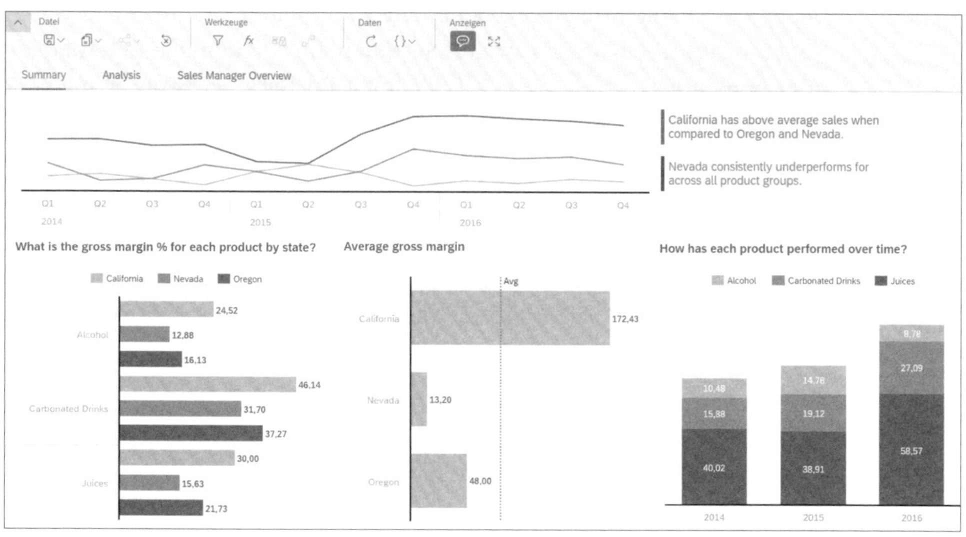

Abbildung 18.24 Dashboard in der SAP Analytics Cloud

Reichen die Boardmittel des Story Builders nicht mehr aus, besteht auch die Möglichkeit, ähnlich wie mit SAP Lumira, Designer Edition komplexe Webapplikationen mit Scripterweiterung zu erstellen.

Darüber hinaus bietet *SAP Digital Boardroom*, eine App in der SAP Analytics Cloud, die Möglichkeit, interaktive Management-Dashboards zu erstellen, die für große Touchscreens ausgelegt sind.

18.7 Integration in die Prozesse

Einbindung von Kennzahlen für alle Prozesse

Aus Prozesssicht bietet SAP S/4HANA Embedded Analytics einen immensen Vorteil gegenüber Auswertungen in einem SAP-ECC-System. Die Anwender sind freier in der Gestaltung und dem Aufbau von Berichten. Wo früher lediglich starre Berichtsstrukturen vorhanden waren, kann heute auf eine Vielzahl von Daten und Kennzahlen zurückgegriffen werden. Wichtige Prozesskennzahlen oder KPIs können im *SAP Fiori Launchpad* eingebunden werden und vereinfachen so die tägliche Arbeit mit dem System. Die Anwender haben damit eine optimale Unterstützung, und die Daten werden in Echtzeit zur Verfügung gestellt. Auf diese Weise stellt SAP Werkzeuge zur Verfügung, mit denen alle Prozesse im Unternehmen mit Kennzahlen versehen werden können.

In diesem Buch beschäftigen wir uns mit den vertriebsspezifischen Themen, aber natürlich stellt SAP auch für die Einkaufs- und die Produktionsbereiche die unterschiedlichsten Kennzahlen in Dashboards dar. Durch diese Integration können Unternehmen ihre internen Prozesse noch besser überwachen und Risiken gegebenenfalls minimieren. Der Anwender benötigt im Tagesgeschäft kein zweites System mehr, sondern hat innerhalb einer einheitlichen Navigation alles schnell im Blick. So kann er mit SAP S/4HANA Embedded Analytics seine Datenanalysen unmittelbar im Prozess nutzen, die Prozesse besser aussteuern und erfolgreich abschließen.

Alles in allem bietet SAP S/4HANA Embedded Analytics die Chance, einen ersten wichtigen Schritt hin zu einem datengetriebenen Unternehmen zu meistern. Durch die zugrunde liegenden Daten werden die Abläufe verbessert und die Digitalisierung innerhalb der Wertschöpfungskette optimal eingesetzt.

TEIL IV

Gestaltung von Wertschöpfungsketten in SAP S/4HANA

Kapitel 19
Lagerverkauf mit Chargenfertigung

In diesem Kapitel werden wir erklären, wie Sie mit Produkten umgehen, die der Chargenpflicht unterliegen, und wie Sie deren Verkauf mithilfe von SAP S/4HANA abwickeln können.

In diesem Szenario beschreiben wir den Lagerverkauf von Produkten mit Chargenpflicht. Diese sollen in großen Mengen hergestellt und an Handelsunternehmen verkauft werden. In der Praxis sind solche Prozesse vor allem in der chemisch-pharmazeutischen Industrie zu finden.

19.1 Produkte und Märkte

Aufbau des Szenarios

Unser Beispielunternehmen fertigt apothekenpflichtige Pharmaprodukte (Medikamente und Hautpflegepräparate), die an Pharma-Großhändler vertrieben werden. Diese übernehmen die Versorgung von Apotheken. Das Sortiment ist in einer Produkthierarchie geordnet und umfasst sehr viele unterschiedliche Produktgruppen. Außerdem haben viele Produkte identische Inhaltsstoffe, werden aber in unterschiedlichen *Darreichungsformen* angeboten. So gibt es einen bestimmten Hustensaft z. B. in folgenden Darreichungsformen:

- Hustensaft in einer 20-ml-Reiseflasche
- Hustensaft in einer 100-ml-Glasflasche
- Hustensaft in einer 100-ml-Plastikflasche
- Hustensaft in einer 250-ml-Plastikflasche

In der Praxis wird ein eigener Materialstammsatz pro Darreichungsform (Bezeichnung »Hustensaft 100 ml Glasflasche«) im System hinterlegt.

19.2 Organisationsstruktur

Produktion und Vertrieb der Produkte erfolgen in unterschiedlichen Werken. Während die Produktion im Werk DE20 (Stuttgart) angesiedelt ist, wird der Vertrieb über das Werk DE10 (Hamburg) abgewickelt. Im weiteren Verlauf bezeichnen wir das Werk DE10 (Hamburg) als *Vertriebswerk* und das Werk DE20 (Stuttgart) als *Produktionswerk*. Abbildung 19.1 zeigt die Organisationsstruktur für unser Beispielunternehmen.

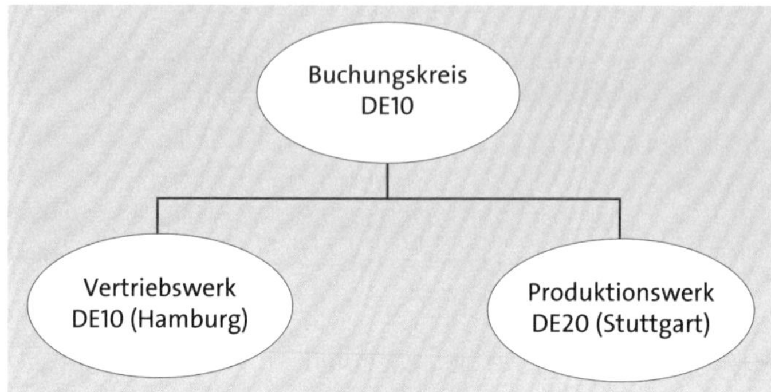

Abbildung 19.1 Organisationsstruktur

Beide Werke liegen in einem Buchungskreis. Gleichzeitig liegt zwischen dem Vertriebswerk und dem Produktionswerk eine große räumliche Distanz. Dies ist für die Abbildung der Liefervorgänge zwischen den Werken bedeutsam: Aus der räumlichen Distanz ergibt sich in der Praxis die Anforderung, entsprechende Lieferpapiere (nicht nur einen »internen« Warenbegleitschein) beizulegen und auch Transportmittel frühzeitig einzuplanen. In unserem Beispiel hat die Verfügbarkeit der Produkte die höchste Priorität; um diese zu gewährleisten, werden auch höhere Bestände in Kauf genommen.

19.3 Prozessbeschreibung

Überblick

Das Zusammenspiel von Absatz- und Produktionsgrobplanung, Programmplanung, Materialbedarfsplanung, Kundenaufträgen, Versand und Fakturierung ist einer der entscheidenden Aspekte beim Gestalten einer Wertschöpfungskette im Unternehmen. Unterschiedliche Bereiche im Unternehmen (Marketing, Vertrieb, Produktion, Disposition), aber auch unterschiedliche Anwendungen innerhalb von SAP S/4HANA sind betroffen. Die Komplexität ist hoch, und komponentenübergreifendes Wissen ist von außerordentlicher Bedeutung. Wertschöpfungsketten wie in Abbildung 19.2 veranschaulichen den Gesamtprozess in elf Schritten – hier für das Szenario *Verkauf ab Lager*.

In Schritt ❶ wird der Absatz- und Produktionsgrobplan erstellt. Dieser wird in Schritt ❷ an die Programmplanung übergeben. Anschließend betrachten wir in Schritt ❸ die Materialbedarfsplanung.

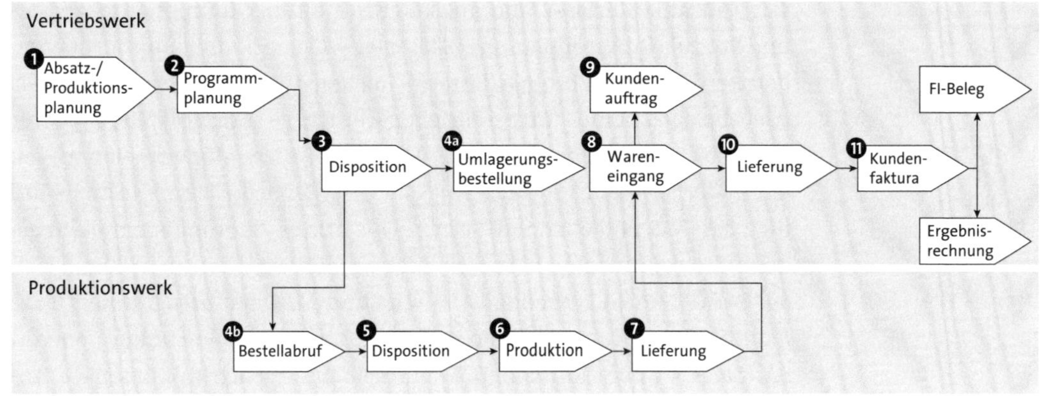

Abbildung 19.2 Wertschöpfungskette »Verkauf ab Lager«

Die Schritte 4a und 4b erfolgen gleichzeitig: Mit dem Anlegen der Umlagerungsbestellung im Vertriebswerk (Schritt 4a) wird ein geplanter Zugang eingelastet. Gleichzeitig wird mit einem Bestellabruf im Produktionswerk (Schritt 4b) ein geplanter Abgang dispositiv wirksam. In Schritt 5 wird die Materialbedarfsplanung im Produktionswerk durchgeführt. Danach erfolgt die eigentliche Produktion (Schritt 6). Der Versand (Schritt 7) führt zu einer Auslieferung an das Vertriebswerk. Dort wird der Wareneingang gebucht (Schritt 8). Anschließend wird ein Kundenauftrag erfasst (Schritt 9). Mit Bezug zum Auftrag erfolgt die Lieferung aus dem Vertriebswerk an den Endkunden (Schritt 10) und danach schließlich die Fakturierung (Schritt 11). Im Folgenden werden wir diese elf Einzelschritte im Detail erläutern.

Schritt 1: Absatz- und Produktionsgrobplan

Zunächst wird die Vertriebsplanung für das Vertriebswerk vorgenommen. Dort gibt es die Möglichkeit, Absatz- und Produktionsmengen zu planen. Die Planung erfolgt in der *Absatz- und Produktionsgrobplanung* in der Anwendung *Produktionsplanung und -steuerung* (PP). Für die Erstellung der Planung gibt es jedoch unterschiedliche Möglichkeiten:

- Im Sinne einer integrierten Planung können die Informationen aus der Ergebnisplanung in die *Ergebnis- und Marktsegmentrechnung* (CO-PA) übernommen werden. Dort werden zunächst Absatzmengen, Umsatz und Ergebnis für die kommenden Perioden geplant. Die Absatzmengen können auf der Ebene von Produktgruppen an die *Absatz- und Produktionsgrobplanung* übergeben werden (die Planung auf einzelnen Produkten wäre aufgrund der Vielzahl nicht zu bewerkstelligen). Über die Funktion *Disaggregation* wird die Absatzmenge dann auf konkrete Materialien verteilt.
- Die Vertriebsplanung kann in der Anwendung Sales innerhalb des *Vertriebsinformationssystems* (VIS) vorgenommen werden. Dort können Ab-

satzplanzahlen erfasst und anschließend an die Komponente Absatz- und Produktionsgrobplanung (SAP Sales & Operations Planning) übergeben werden. Da in VIS auch die tatsächlichen Absatzmengen aus den Vertriebsbelegen heraus fortgeschrieben werden, lässt sich hieraus ein guter Plan-Ist-Vergleich ableiten. Aktuell bietet SAP diese Möglichkeit noch an, hat in der Simplification List for SAP S/4HANA jedoch bereits angekündigt, dass VIS und auch SAP Sales & Operations Planning nicht mehr als Zukunftstechnologien berücksichtigt werden. Stattdessen will man sich auf SAP S/4HANA Embedded Analytics und *SAP Integrated Business Planning* (SAP IBP) konzentrieren. Letzteres soll dabei alle Funktionen von SAP Sales & Operations Planning bündeln und Zusatzfunktionen wie Advanced Statistical Forecasting oder Multi-Level Supply Planning beinhalten. SAP IBP ist eine cloudbasierte Lösung auf Basis von SAP HANA und bietet in der Bedarfs- und Bestandsplanung über die komplette Supply Chain hinweg viele Vorteile. Unter anderem kann die Mustererkennung in der Bedarfsentwicklung durch Machine Learning unterstützt werden, und Trends können mit Predictive Analytics identifiziert und Anpassungen durch anschauliche Visualisierungen und nutzerfreundliche Frontends in Echtzeit abgeleitet werden.

- Auch *SAP Business Warehouse* (SAP BW) bietet eigene Planungsfunktionen, die eine integrierte Unternehmensplanung oder eine Vertriebsplanung ermöglichen. Da es sich dabei um eine eigene Software handelt, werden die Plandaten dort erfasst und anschließend bei Bedarf über eine sogenannte *Retraktion* in das SAP-S/4HANA-System überspielt. Als Zielstrukturen in SAP S/4HANA kommen dann wiederum die Ergebnis- und Marktsegmentrechnung und das Vertriebsinformationssystem infrage.
- Die Vertriebsplanung kann auch direkt in der Absatz- und Produktionsgrobplanung vorgenommen werden. Es ist möglich, hierarchische Produktgruppen für die Planung anzulegen. Auf der untersten Ebene ordnet man konkrete Materialstämme zu. Die Planung kann dann auf der Ebene einer Produktgruppe vorgenommen und über die Disaggregationsfunktion auf einzelne Materialien heruntergebrochen werden.

Innerhalb der Absatz- und Produktionsgrobplanung kann zwischen verschiedenen Planversionen unterschieden werden. Damit lassen sich mehrere Planungsszenarien (z. B. optimistisch, pessimistisch) abbilden. Die Absatzplanung kann anschließend über eine Funktion an die Programmplanung übergeben werden. Erst dann werden konkrete Vorplanungsbedarfe in der aktuellen Bedarfs- und Bestandsliste sichtbar.

Schritt 2: Programmplanung

Sie haben schon in Abschnitt 4.1, »Verfügbarkeitsprüfung«, gesehen, wie über Parameter im Materialstamm (Strategiegruppe, Dispositionsgruppe) die Bedarfsart des Kundenauftrags ermittelt wird. Über die gleichen Parameter wird auch die Bedarfsart für die Vorplanungsbedarfe automatisch ermittelt. Die Steuerung der Vorplanungsbedarfe erfolgt im Customizing der Anwendung PP über die Strategiegruppe. Dort wird z. B. festgelegt, ob sich Kundenauftragsbedarfe und Vorplanungsbedarfe gegenseitig verrechnen. In unserem Fall verwenden wir im Materialstamm die Strategiegruppe 10 (*anonyme Lagerfertigung*). Dies führt zu Vorplanungsbedarfen (Bedarfsart LSF), die für die Disposition relevant sind. Wir gehen von einer *Nettoplanung* aus, bei der die Vorplanungsbedarfe mit vorhandenen Beständen abgeglichen werden. Es wird also nur produziert, wenn die Vorplanung nicht durch vorhandene Bestände gedeckt ist. Bei der *Bruttoplanung* erfolgt die Produktion unabhängig von vorhandenen Beständen (siehe Abschnitt 23.2, »Anonyme Lagerfertigung mit Bruttoplanung«).

Schritt 3: Disposition im Vertriebswerk

Die Vorplanungsbedarfe werden beim Start des *Dispositionslaufs* (auch *MRP-Lauf* genannt, von *Material Requirements Planning*) in der Materialbedarfsplanung automatisch in entsprechende Beschaffungs- bzw. Produktionsvorschläge umgesetzt, und zwar unabhängig davon, ob bereits konkrete Kundenauftragsbedarfe vorliegen oder nicht. In unserem Szenario werden im Vertriebswerk über die Materialbedarfsplanung Umlagerungsbestellanforderungen angelegt.

Schritte 4a und 4b: Umlagerungsbestellung

Die Bedeutung von Umlagerungsbestellanforderungen haben Sie bereits bei der Beschreibung des Cross-Company-Prozesses in Kapitel 17, »Cross-Company-Geschäfte«, kennengelernt. Diese Bestellanforderung wird anschließend in eine Umlagerungsbestellung umgesetzt. Umlagerungsbestellanforderungen führen automatisch zu sogenannten *Abrufbedarfen* im Produktionswerk. Damit erscheint die benötigte Menge im Vertriebswerk als geplanter Zugang und im Produktionswerk als geplanter Abgang.

Schritt 5: Disposition im Produktionswerk

Im Produktionswerk führen die Abrufbedarfe aus der Umlagerungsbestellung über die Materialbedarfsplanung (*Disposition*) zu Planaufträgen. Diese sind das Werkzeug des Disponenten zur Feinsteuerung der Produktion. Selbstverständlich können im Produktionswerk Bedarfe aus unterschiedlichen Vertriebswerken (z. B. im In- und Ausland) zusammengefasst werden.

Schritt 6: Produktion

Die *Planaufträge* werden anschließend in *Fertigungsaufträge* umgesetzt. Über die Stücklistenauflösung werden die Komponenten ermittelt, die für die Herstellung des Endprodukts benötigt werden. In *Arbeitsplänen* werden die notwendigen Produktionsschritte zur Herstellung eines Materials definiert: Im Fertigungsauftrag werden die Arbeitspläne aufgelöst und initiieren über den Druck von Fertigungspapieren die tatsächliche Produktion. Sobald die Produktion abgeschlossen ist, erfolgt eine Rückmeldung des Fertigungsauftrags. Mit der Rückmeldung können der Komponentenverbrauch und der Wareneingang des Fertigprodukts im Produktionswerk verbucht werden.

Der Fertigungsauftrag hat zusätzlich zur Steuerung der Produktion eine wichtige Bedeutung für die Kalkulation in der Controlling-Komponente (CO). Über die Stücklisten und die Arbeitspläne werden die geplanten Kosten für die Herstellung der Produkte durch eine Kalkulation bestimmt. Über die tatsächlich entnommenen Komponenten und die tatsächlich zurückgemeldeten Zeiten werden die Ist-Kosten ermittelt. In unserem Szenario *Verkauf ab Lager* werden lediglich Plan-Ist-Abweichungen an die Ergebnisrechnung in CO-PA abgerechnet (siehe Kapitel 6, »Integration in das Rechnungswesen«).

Schritt 7: Lieferung

Über eine *Nachschublieferung* wird die Auslieferung aus dem Produktionswerk abgebildet. Da wir in unserem Fall davon ausgehen, dass zwischen Produktions- und Vertriebswerk ein großer räumlicher Abstand besteht, ist es sehr wichtig, die Warenauslieferung mit Nachschublieferungen zu organisieren. Darüber lässt sich die gesamte Versandorganisation (Kommissionierung, Warenausgang, Erstellung der Lieferpapiere) abdecken. In der Lieferung kann auch die Funktion *Chargenfindung* genutzt werden. Darüber werden die zu entnehmenden Chargen automatisch ermittelt. Eine Fakturierung der Lieferung – wie im Cross-Company-Fall – ist nicht erforderlich, da Produktions- und Vertriebswerk zu einem Buchungskreis gehören und sich in einem Land befinden.

Schritt 8: Wareneingang

Sobald die Ware im Vertriebswerk angekommen ist, wird dort mit Bezug zur Umlagerungsbestellung ein Wareneingang gebucht.

Schritt 9: Kundenauftrag

Eingehende Kundenaufträge werden im Vertriebswerk mit der Bedarfsart **KSL** eingelastet. Sie sind nicht relevant für die Disposition. Damit verändern eingehende Kundenaufträge die Produktionsplanung nicht, sie werden in der aktuellen Bedarfs- und Bestandsliste nur als Information angezeigt. Die Produktion wird somit ausschließlich über die Vorplanung gesteuert. Die Verfügbarkeitsprüfung im Kundenauftrag berücksichtigt physische Bestände sowie die Umlagerungsbestellanforderung (bzw. Umlagerungsbestellungen) als geplante Zugänge.

Die Preisfindung in dem beschriebenen Szenario wird häufig durch folgende Konditionen gekennzeichnet:

- kundenindividuelle Preise für die einzelnen Produkte
- zusätzliche Rabatte auf der Ebene von Produktgruppen oder Produkthierarchien
- Mindermengenzuschläge bei Unterschreitung von Mindestmengen
- zeitlich begrenzte Sonderkonditionen für einzelne Produkte und Produktgruppen

Die Belieferung des Endkunden erfolgt über einen SD-Lieferbeleg. Dieser wird im Vertriebswerk mit Bezug zum Kundenauftrag angelegt. Hier ist die Chargenfindung von besonderer Bedeutung, da die speziellen Anforderungen des Kunden (Haltbarkeit, Qualität etc.) zu berücksichtigen sind. In Kapitel 8, »Terminauftragsabwicklung«, haben wir die Bedeutung der Lagerverwaltung erläutert. In der Regel wird die Lagerverwaltung in einem Zentrallager über eine speziell dafür konzipierte Komponente, wie z. B. SAP EWM (Extended Warehouse Management) organisiert. Sowohl die Kommissionierung als auch die automatische Chargenfindung erfolgen dann in der Komponente EWM. Über die Anbindung eines Lagersteuerrechners kann auch die physische Entnahme weitgehend automatisiert werden. Wir beschreiben die unter SAP S/4HANA zur Verfügung stehenden Lösungen zur Lagerverwaltung in Abschnitt 26.1, »SAP Extended Warehouse Management«.

Schritt 10: Auslieferung aus dem Vertriebswerk

Der Auftragsprozess wird, wie wir in Teil III, »Vertriebsprozesse in SAP S/4HANA«, beschrieben haben, durch die Fakturierung abgeschlossen. In unserem Szenario ist die Integration in das Rechnungswesen (siehe Abschnitt 6.1, »Betriebswirtschaftliche Grundlagen«) relativ einfach: Umsatz, Absatzmenge, Erlösschmälerungen und Planumsatzkosten werden aus der Faktura übergeben. Die Abrechnung des Fertigungsauftrags liefert die Produktionsabweichungen, und somit ergeben sich aus Plankosten plus/minus Produktionsabweichungen die Ist-Kosten.

Schritt 11: Fakturierung

19.4 Beispiel eines Lagerverkaufs mit Chargenfertigung

Für unser Beispiel stehen folgende Werke zur Verfügung:

- Werk DE10: Vertriebswerk in Hamburg
- Werk DE20: Produktionswerk in Stuttgart

Das Beispielmaterial mit der Materialnummer SZCHF4811 hat die Bezeichnung »Hustensaft 100 ml Glasflasche«.

In unserem Systembeispiel werden wir folgende Schritte durchlaufen:

1. Durchführung der Vertriebsplanung
2. Übergabe der geplanten Absatzmenge an die Programmplanung
3. Materialbedarfsplanung im Vertriebswerk
4. Anlegen der Umlagerungsbestellungen im Vertriebswerk
5. Nachschublieferung im Produktionswerk
6. Wareneingang im Vertriebswerk
7. Kundenauftrag im Vertriebswerk

8. Auslieferung aus dem Vertriebswerk
9. Fakturierung

Schritt 1: Durchführung der Vertriebsplanung

Bevor wir eine Absatzplanung für unser Produkt anlegen, werfen wir einen Blick auf die Ausgangssituation in den beiden Werken. In Abbildung 19.3 sehen Sie die aktuelle Bedarfs- und Bestandsliste im Vertriebswerk in Hamburg (Werk DE10). Im Vertriebswerk gibt es demnach weder Bestände noch geplante Zu- oder Abgänge.

Abbildung 19.3 Aktuelle Bedarfs- und Bestandsliste im Vertriebswerk DE10 (SAP-Fiori-App »Materialdeckung bearbeiten«)

Abbildung 19.4 zeigt die aktuelle Bedarfs- und Bestandsliste im Produktionswerk. Im Produktionswerk in Stuttgart (Werk DE20) ist noch ein Bestand von 900 Stück vorhanden.

Abbildung 19.4 Aktuelle Bedarfs- und Bestandsliste im Produktionswerk DE20 (SAP-Fiori-App »Materialdeckung bearbeiten«)

Wir wollen jetzt im Vertriebswerk DE10 (Hamburg) mithilfe der Absatz- und Produktionsgrobplanung in der Anwendung PP eine Absatzplanung vornehmen. Abbildung 19.5 zeigt die Erfassung der Planwerte. Sie sehen, dass die Vertriebsabteilung in den Monaten Oktober (**M 10.2021**) bis März (**M**

03.2022) mit einem konstanten Absatz von 100 Stück pro Monat für das Produkt rechnet. Dies geht aus der Zeile **Absatz** hervor. Die Zeile **Produktion** zeigt, dass im Rhythmus von zwei Monaten eine Menge von 200 Stück im Produktionswerk bestellt werden soll. Somit hat man eine gewisse Sicherheit bei Schwankungen.

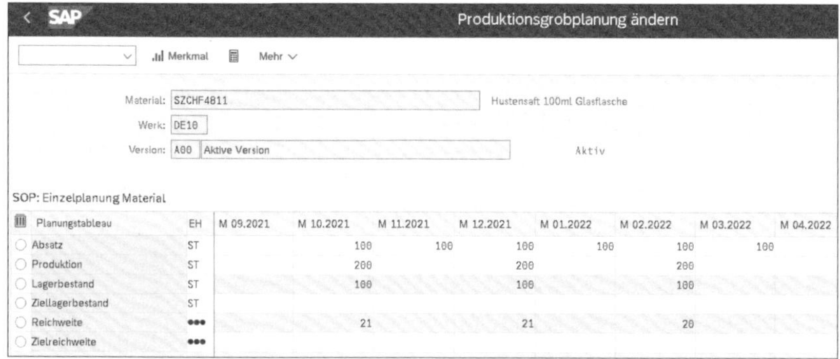

Abbildung 19.5 Absatzplanung im Vertriebswerk DE10 (Transaktion MC88)

Schritt 2: Übergabe an die Programmplanung

Diese Planwerte haben noch keinerlei Auswirkungen auf die dispositive Situation in den Vertriebs- und Produktionswerken. Erst im zweiten Schritt – bei der Übergabe der Absatzplanung an die Programmplanung über Transaktion MC74 – werden sogenannte *Vorplanungsbedarfe* eingelastet.

Abbildung 19.6 zeigt die Planungssituation nach der Übergabe des Produktionsplans an die Programmplanung. Die Vorplanungsbedarfe ergeben sich aus dem Beschaffungsrhythmus, der in der Grobplanung festgelegt wurde. Die einzelnen Vorplanungsbedarfe (**VP-Bed**) wurden mit der Bedarfsart **LSF** angelegt.

Abbildung 19.6 Aktuelle Bedarfs- und Bestandsliste nach Übergabe der Absatzplanung (SAP-Fiori-App »Materialdeckung bearbeiten«)

Schritt 3: Materialbedarfsplanung im Vertriebswerk

Wir führen jetzt eine Materialbedarfsplanung (Dispositionslauf, auch MRP-Lauf) im Vertriebswerk DE10 (Hamburg) durch. Im Materialstamm unseres Beispielmaterials wurde über einen sogenannten *Sonderbeschaffungsschlüssel* festgelegt, dass die Beschaffung über eine Umlagerungsbestellung aus dem Produktionswerk DE20 (Stuttgart) erfolgen soll. In Abbildung 19.7 sehen Sie den Start des Dispositionslaufs in der Anwendung PP.

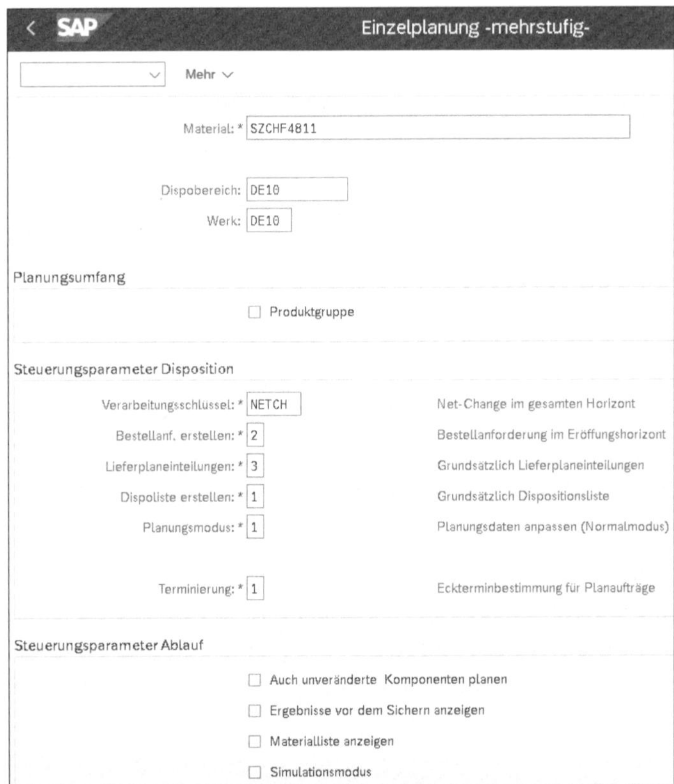

Abbildung 19.7 Start des Dispositionslaufs im Vertriebswerk DE10 (Transaktion MD02)

Wichtig ist hier vor allem die Option **Bestellanf. erstellen**. Mit dem gewählten Schlüssel **2** wird festgelegt, dass in einem bestimmten Zeithorizont, dem *Eröffnungshorizont*, Bestellanforderungen angelegt werden sollen. Für Planbedarfe mit einem späteren Termin werden lediglich Planaufträge angelegt, die dann vom Disponenten in Bestellanforderungen umgesetzt werden können. Der Eröffnungshorizont wird im Materialstamm hinterlegt und beträgt bei unserem Beispielmaterial 30 Tage. Folgerichtig wird in Abbildung 19.8 der erste Vorplanungsbedarf (Anfang Oktober) durch eine Bestellanforderung (10000170) gedeckt, alle weiteren hingegen durch Planaufträge.

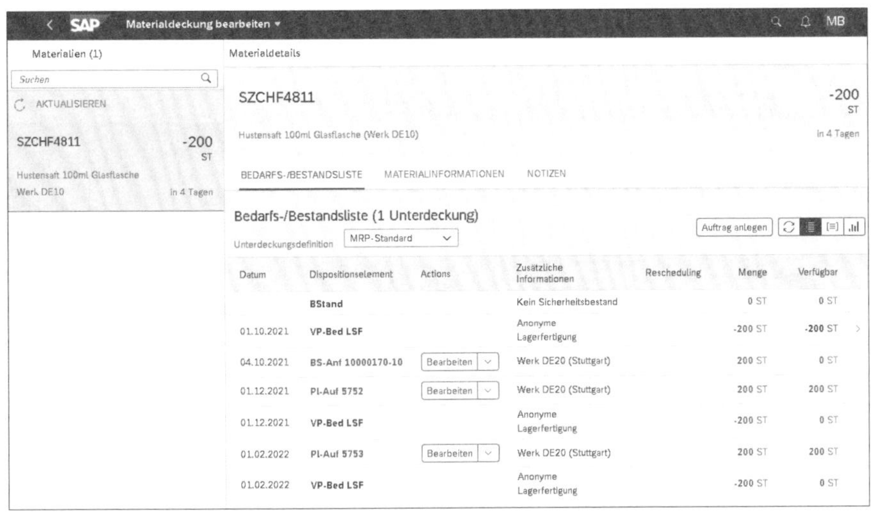

Abbildung 19.8 Aktuelle Bedarfs- und Bestandsliste im Vertriebswerk DE10 nach der Materialbedarfsplanung (SAP-Fiori-App »Materialdeckung bearbeiten«)

MRP Live für SAP S/4HANA

SAP bietet mit SAP S/4HANA eine für HANA-Datenbanken optimierte Funktion der Bedarfsplanung an: MRP Live. MRP Live wird über die neue Transaktion MD01N ausgeführt. Allerdings steht die klassische Bedarfsplanung mit den Transaktionen MD01, MD02 und MD03 weiterhin zur Verfügung. SAP-Hinweis 2640393 gibt Auskunft über die Unterschiede zwischen der neuen MRP-Live-Transaktion und den klassischen Transaktionen. Bei der Umstellung eines SAP-ECC-Systems auf ein SAP-S/4HANA-System beachten Sie bitte die SAP-Hinweise 2268085 und 2638465.

Doch die Materialbedarfsplanung hat in unserem Beispielszenario nicht nur Auswirkungen auf das Vertriebswerk. Im Produktionswerk wird gleichzeitig zu jeder Umlagerungsbestellanforderung ein Bestellanforderungsabruf angelegt (siehe Dispositionselement **BA-Abr** in Abbildung 19.9). Außerdem wurde zu jedem Planauftrag im Vertriebswerk DE10 (Hamburg) ein Planauftragsabruf im Produktionswerk DE20 (Stuttgart) erzeugt (siehe Dispositionselement **PA-Abr** in Abbildung 19.9). Damit ist dem Disponenten im Produktionswerk DE20 (Stuttgart) die gesamte Planungssituation des Vertriebs bekannt.

Die Abrufe in Werk DE20 (Stuttgart) führen dazu, dass die entsprechende Bestandsmenge reserviert wird. Sobald die geplanten Abgänge die vorhandenen Bestände überschreiten, werden in der Materialbedarfsplanung des Produktionswerkes entsprechende Beschaffungsvorschläge erzeugt. In der

Regel werden dies Planaufträge sein, die dann in Fertigungsaufträge umgesetzt werden.

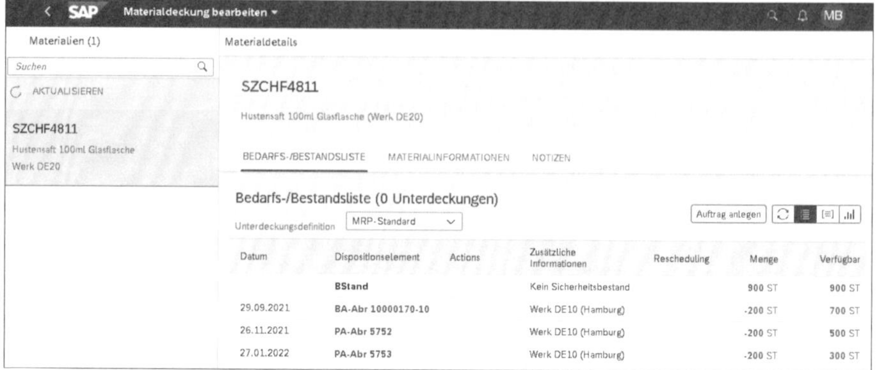

Abbildung 19.9 Aktuelle Bedarfs- und Bestandsliste im Produktionswerk DE20 (Stuttgart) nach der Durchführung der Materialbedarfsplanung im Vertriebswerk DE10 (Hamburg) (SAP-Fiori-App »Materialdeckung bearbeiten«)

Schritt 4: Umlagerungsbestellungen anlegen

Bislang wurde über die Disposition im Vertriebswerk lediglich eine Umlagerungsbestellanforderung angelegt. Diese wird nun im vierten Schritt unseres Beispiels in eine Bestellung umgesetzt. Die Umsetzung kann direkt aus der aktuellen Bedarfs- und Bestandsliste in Transaktion MD04 heraus erfolgen oder über Transaktion ME58 in der Materialwirtschaftsanwendung MM. Falls Sie bereits mit der SAP-Fiori-App **Materialdeckung bearbeiten** arbeiten, können Sie die Bestellanforderung auch direkt in dieser App in eine Bestellung umsetzen.

In Abbildung 19.10 wurde das Dispositionselement in der aktuellen Bedarfs- und Bestandsliste von **BS-Anf** (Bestellanforderung, siehe Abbildung 19.8) auf **BS-Ein** (Bestellung) geändert. Gleichzeitig ändert sich im Werk DE20 (Stuttgart) das Dispositionselement BA-Abr (Bestellanforderungsabruf) auf BS-Abr (Bestellabruf).

Schritt 5: Nachschublieferung im Produktionswerk

Diese Änderung bewirkt, dass nunmehr im Produktionswerk DE20 (Stuttgart) eine Nachschublieferung mit Bezug zur Umlagerungsbestellung (Beleg 4500000020) angelegt werden kann. Abbildung 19.11 zeigt die Nachschublieferung 80000069 nach der Zuordnung der Charge und der Durchführung der Kommissionierung.

Mit der Erfassung der Nachschublieferung 80000069 in der Vertriebsanwendung wird das Dispositionselement *Bestellabruf* (**BS-Abr**) im Produktionswerk DE20 (Stuttgart) in einen Lieferbedarf (**LIEFER**) umgesetzt. Im Lieferbeleg haben wir die Charge **CHARGE-001** erfasst, da unser Material chargenpflichtig ist. Die Charge wird in der Auslieferung als Unterposition **900001** zur Hauptposition **10** angezeigt.

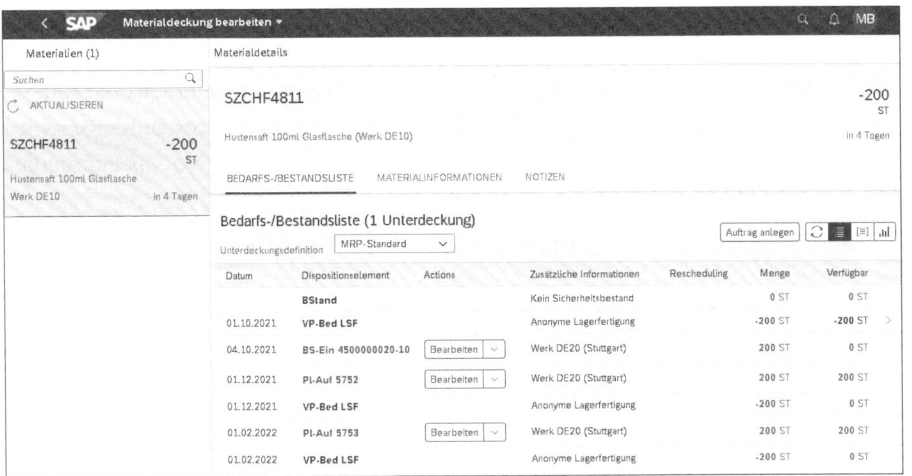

Abbildung 19.10 Aktuelle Bedarfs- und Bestandsliste im Vertriebswerk DE10 nach Umsetzung der Bestellanforderung in eine Bestellung (SAP-Fiori-App »Materialdeckung bearbeiten«)

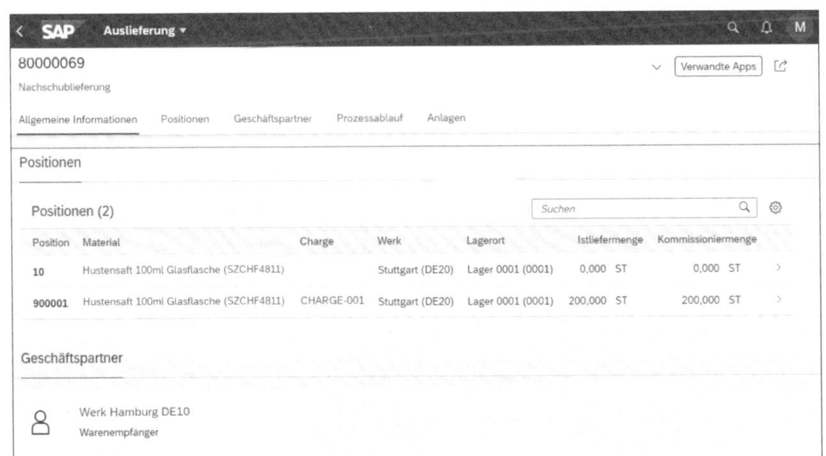

Abbildung 19.11 Nachschublieferung im Produktionswerk DE20 (SAP-Fiori-App »Auslieferungen verwalten«)

Der **Warenempfänger** ist unser Vertriebswerk DE10 in Hamburg. Die anschließende Warenausgangsbuchung über 200 Stück aktualisiert die Bestände im Produktionswerk DE20 (Stuttgart) auf 700.

Schritt 6: Wareneingang im Vertriebswerk

Sobald das Material im Vertriebswerk DE10 (Hamburg) angeliefert wird, erfolgt dort auch die Wareneingangsbuchung. Diese wird mit Bezug zur Umlagerungsbestellung und der in der Lieferung eingetragenen **CHARGE-001** (Spalte **Charge**) erfasst. Abbildung 19.12 zeigt die Wareneingangsbuchung in der Komponente MM im **Werk DE10**.

Die Buchung des Wareneingangs im Vertriebswerk DE10 verändert die aktuelle Bedarfs- und Bestandsliste (siehe Abbildung 19.13). Im Vertriebswerk Hamburg zeigt sie nun in der ersten Zeile (**Dispositionselement BStand**) einen Bestand von 200 Stück. Der Vorplanungsbedarf zum 01.10.2021 wird jetzt durch diesen Bestand gedeckt. Er ist aber nach wie vor als Planbedarf vorhanden.

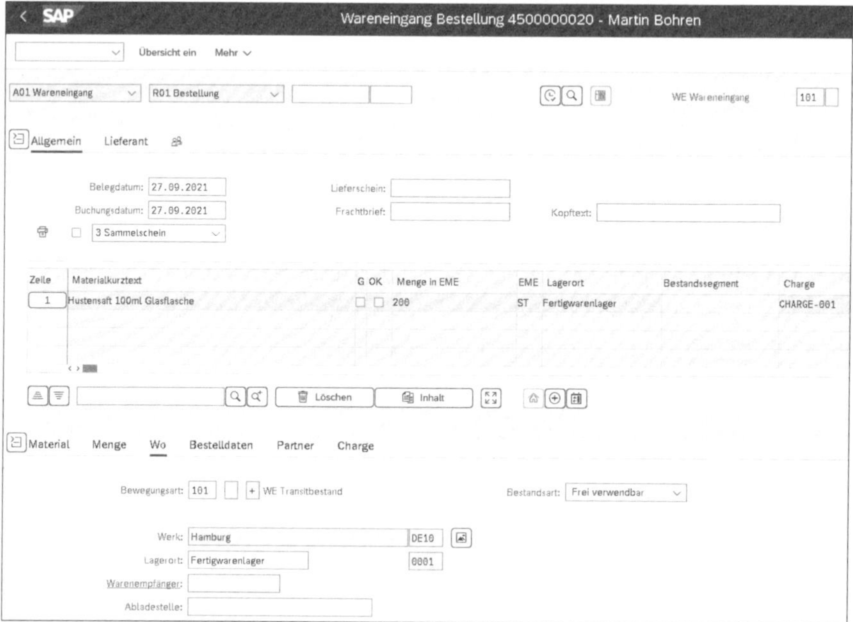

Abbildung 19.12 Wareneingang zur Umlagerungsbestellung im Vertriebswerk DE10 (Transaktion MIGO)

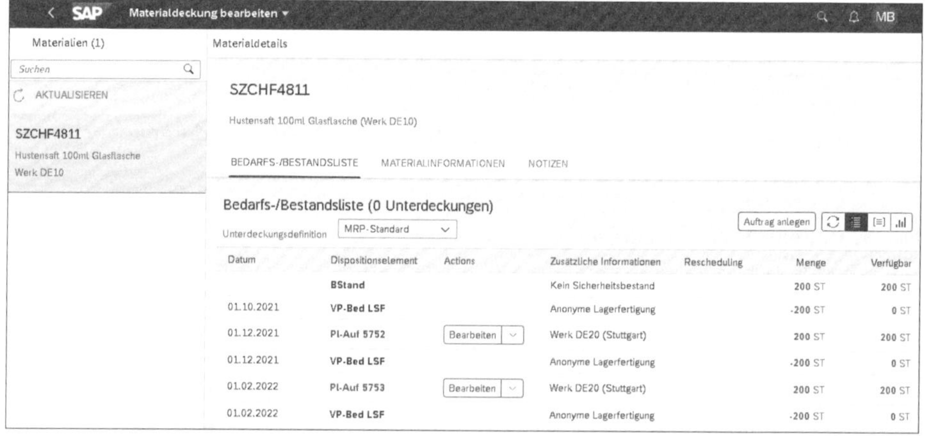

Abbildung 19.13 Aktuelle Bedarfs- und Bestandsliste im Vertriebswerk DE10 nach der Wareneingangsbuchung (SAP-Fiori-App »Materialdeckung bearbeiten«)

Schritt 7: Kundenauftrag im Vertriebswerk

Im nächsten Schritt erfassen wir einen Kundenauftrag im Vertriebswerk DE10 (Hamburg). Der Kundenauftrag enthält eine Position über 250 Stück. In der Verfügbarkeitsprüfung im Kundenauftrag (siehe Abbildung 19.14) sehen Sie im Bereich **Liefervorschlag**, dass im Vertriebswerk DE10 200 Stück (**Bestätigte Menge**) zum 04.10.2021 (**Lf/Best.Datum**) bestätigt werden können. Die restlichen 50 Stück werden durch den Planauftrag zum 12.10.2021 bestätigt.

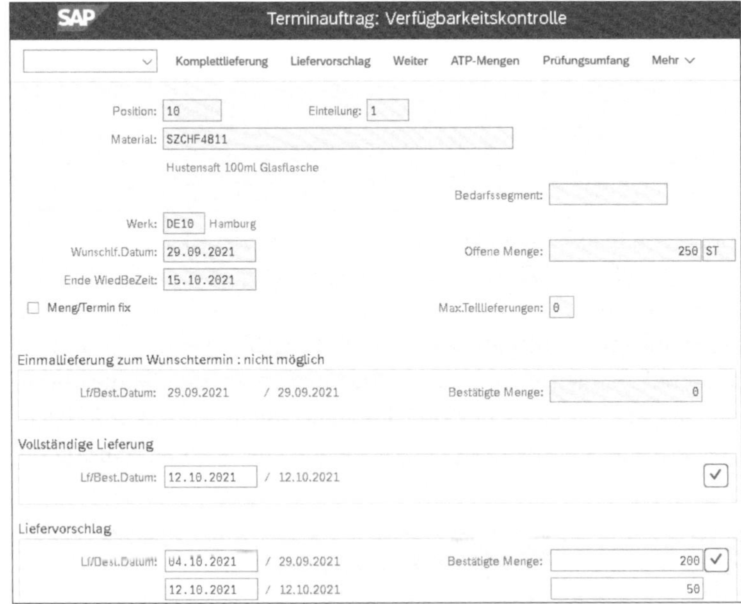

Abbildung 19.14 Verfügbarkeitsprüfung im Kundenauftrag, der aus dem Vertriebswerk DE10 beliefert werden soll (Transaktion VA01)

Wir akzeptieren den Liefervorschlag, speichern den Kundenauftrag ab und erhalten somit die Belegnummer 30000156.

Wie verändert sich jetzt die aktuelle Bedarfs- und Bestandssituation im Vertriebswerk? Der Kundenauftragsbedarf (siehe Abbildung 19.15) wird in der Übersicht der Materialdeckung im Vertriebswerk DE10 (Hamburg) unter **Bestellte Zugänge** als Dispositionselement **K-Auft** angezeigt. Würden Sie allerdings jetzt eine weitere Materialbedarfsplanung durchführen, fände der ungedeckte Teil des Auftrags (50 Stück) keine Berücksichtigung: Das System würde keine Umlagerungsbestellanforderung anlegen, denn die entsprechende Bedarfsklasse der Kundenauftragsposition wurde im Customizing als »nicht dispositionsrelevant« gekennzeichnet.

Abbildung 19.15 Aktuelle Materialdeckung im Vertriebswerk DE10 nach Erfassung des Kundenauftrags (SAP-Fiori-App »Materialdeckung bearbeiten«)

Schritt 8: Auslieferung aus dem Vertriebswerk

Mit Bezug zu unserem Auftrag wird jetzt ein Lieferbeleg erstellt. Da unser Beispielmaterial chargenpflichtig ist, müssen wir ihm eine Charge zuordnen. Dazu klicken Sie im Eingangsbild der Lieferung in Transaktion VL01N auf die Schaltfläche **Chargensplit** und anschließend auf **Chargenfindung** (siehe Abbildung 19.16).

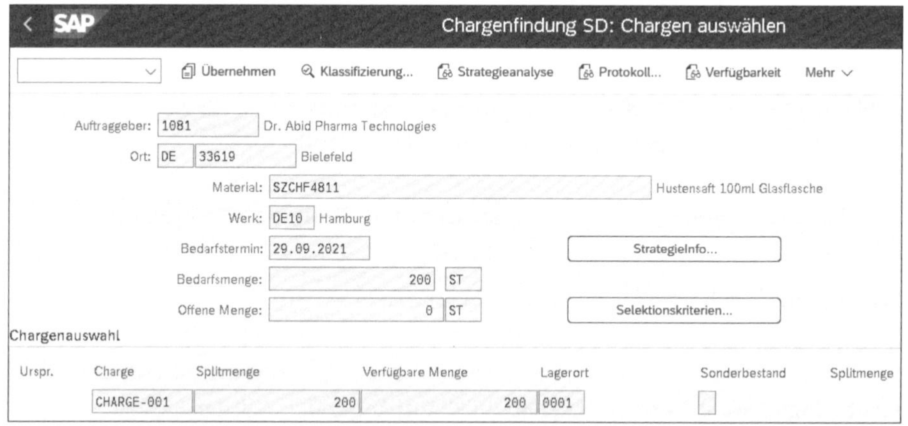

Abbildung 19.16 Chargenfindung in der Auslieferung (Transaktion VL01N)

Das Ergebnis der Chargenübernahme sehen Sie in Abbildung 19.17.

Die Charge mit der Nummer **CHARGE-001** wurde mit der gesamten verfügbaren Menge von 200 Stück (**Kommiss. Menge**) der Auslieferung an den **Warenempfänger 1081** zugeordnet.

Abbildung 19.17 Auslieferung mit der Chargenstruktur (Transaktion VL01N)

Nach der Warenausgangsbuchung zeigt die aktuelle Bedarfs- und Bestandsliste im Vertriebswerk DE10 das in Abbildung 19.18 dargestellte Bild.

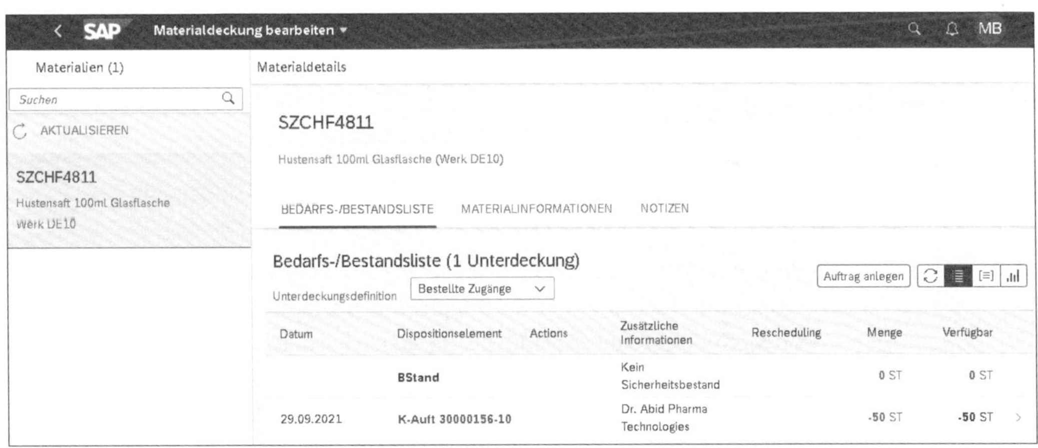

Abbildung 19.18 Aktuelle Bedarfs- und Bestandsliste im Vertriebswerk DE10 nach der Warenausgangsbuchung (SAP-Fiori-App »Materialdeckung bearbeiten«)

Da zu diesem Zeitpunkt nur 200 Stück im Vertriebswerk vorhanden waren, wurde ein Lieferbeleg über diese Menge erstellt. Es bleibt ein offener Auftragsbedarf in Höhe von 50 Stück bestehen (siehe Spalte **Verfügbar** mit der Menge **-50 ST**).

Schritt 9: Fakturierung

Der Prozess wird durch die Erstellung der Debitorenrechnung abgeschlossen. Diese wird als lieferbezogene Faktura mit der Belegnummer 90000124 erzeugt (siehe Abbildung 19.19). Auch in der Rechnung finden wir den Bezug zur ausgelieferten Charge in Position 11 und können somit die Chargennummer einfach in unsere Rechnungsformulare übernehmen. Sollten mehrere Chargen ausgeliefert werden, so würde das System für jede Charge eine eigene Unterposition erstellen. Das ist auch für die Rückverfolgbarkeit wichtig.

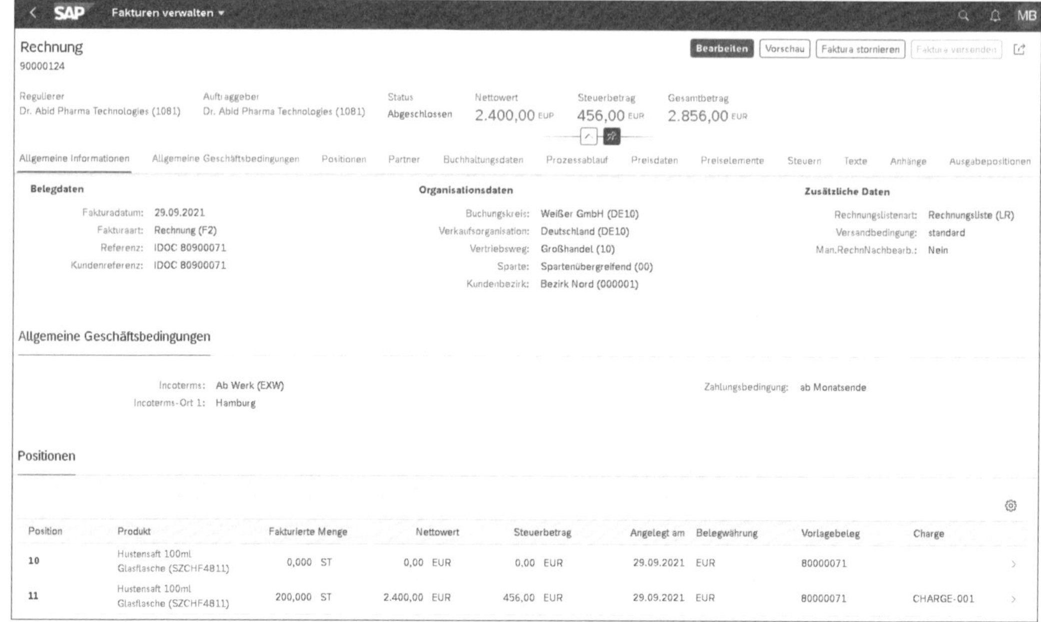

Abbildung 19.19 Fakturierung (SAP-Fiori-App »Fakturen verwalten«)

Uns interessiert nun der Buchungsbeleg 90000124 (siehe Abbildung 19.20). Er zeigt die Buchung »Forderungen (140000) an Umsatzerlöse (800000) und Mehrwertsteuer (1750000)«. Da es sich bei diesem Beispiel aus Sicht des Controllings um ein klassisches Massenfertigungsszenario handelt, werden aus der Faktura Erlöse und Umsatzkosten – ermittelt über den Bewertungspreis aus dem Materialstamm – an die Ergebnis- und Marktsegmentrechnung (CO-PA) weitergeleitet (siehe hierzu Kapitel 6, »Integration in das Rechnungswesen«).

Wir schließen unser Beispiel mit einem Gesamtüberblick ab. Dazu lassen wir uns den Prozessablauf anzeigen (siehe Abbildung 19.21). Der Terminauftrag 30000156 hat den Status **Teilweise versendet**, da noch nicht die gesamte Menge ausgeliefert werden konnte.

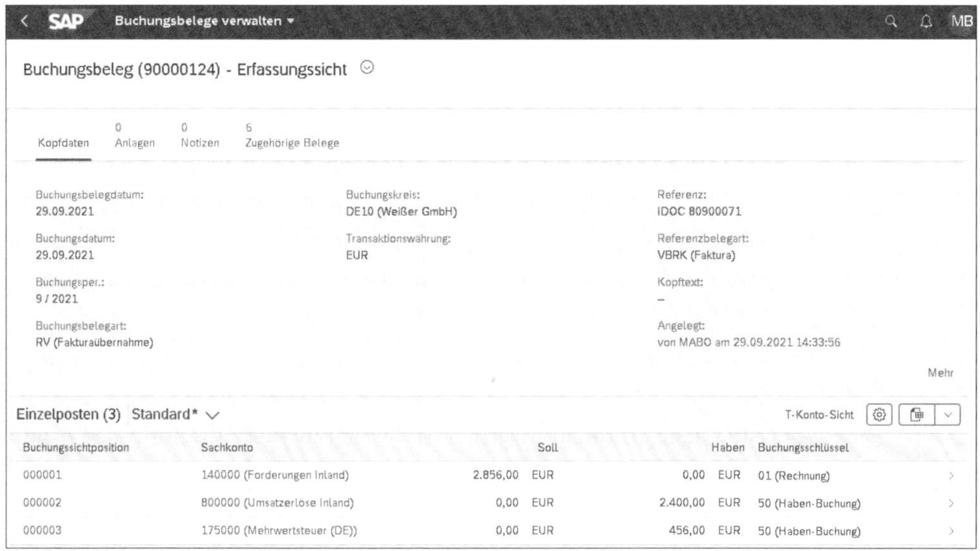

Abbildung 19.20 Buchungsbeleg zur Debitorenrechnung (SAP-Fiori-App »Buchungsbelege verwalten«)

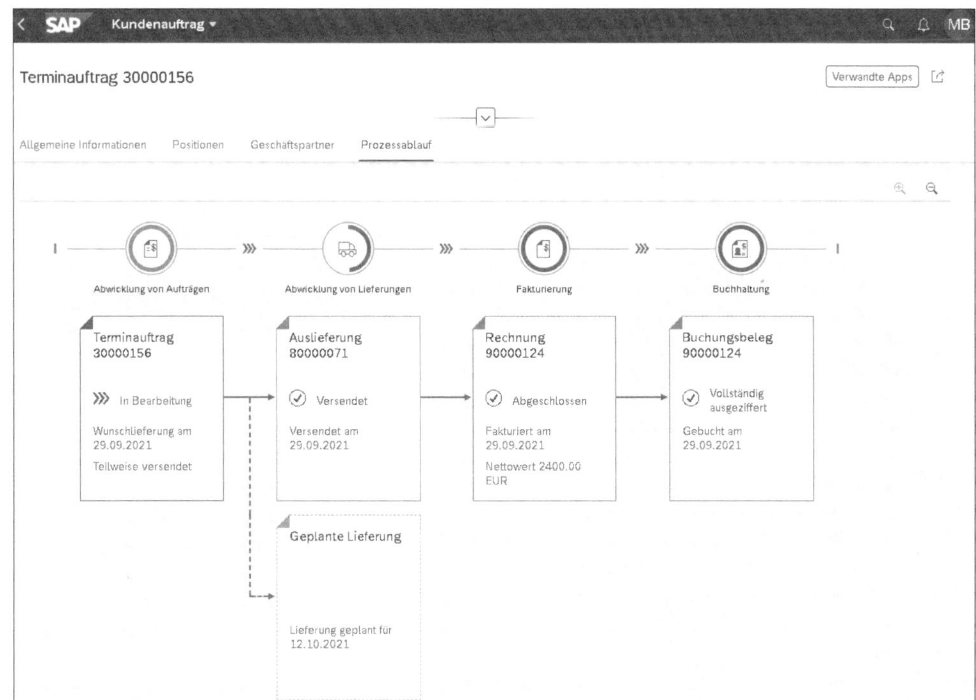

Abbildung 19.21 Prozessablauf des Kundenauftrags (SAP-Fiori-App »Kundenauftrag«)

19

Der in diesem Kapitel vorgestellte Prozess des Lagerverkaufs mit Chargenfertigung eignet sich für produzierende Betriebe, die aufgrund der Branche, in der sie tätig sind, eine Rückverfolgbarkeit ihrer vertriebenen Waren gewährleisten müssen. Wie in der Einleitung bereits erwähnt sind hier Unternehmen aus der chemisch-pharmazeutischen Industrie ein gutes Beispiel.

Mit der Chargenführung lassen sich Chargen über Merkmale, aber auch Eigenschaften wie Farbe oder prozentuale Anteile von Inhaltsstoffen einer produzierten Losgröße erfassen, ohne dass die Materialstammdaten angepasst werden müssen.

Durch die Chargenfindung kann somit auf individuelle Kundenanforderungen, wie z. B. eine geforderte Mindesthaltbarkeit, eingegangen werden, aber auf Lager produziert werden (siehe hierzu auch Abschnitt 4.5, »Chargenfindung«).

Kapitel 20
Vorplanung ohne Endmontage

Lagerkosten zu reduzieren, ist immer wieder ein Thema in Unternehmen. In diesem Kapitel werden wir zeigen, wie Sie die Kosten, die durch Lagerung der Endprodukte entstehen, und die Kosten, die durch eine möglichst schnelle Lieferung anfallen, in der Waage halten können.

Hohe Lagerbestände an Fertigerzeugnissen sind problematisch: Sie verursachen Lagerkosten und gehen mit einer hohen Kapitalbindung im Lager einher. Auch die Flexibilität ist gering: Kundenwünsche können kaum mehr berücksichtigt werden. Das andere Extrem, eine rein kundenauftragsbezogene Fertigung, ist aber auch nicht immer zielführend, denn die Lieferzeiten verlängern sich, und die Einhaltung zugesagter Termine ist schwierig. Schließlich können viele Ereignisse die Terminerfüllung beeinträchtigen. Das Szenario *Vorplanung ohne Endmontage* stellt einen Mittelweg dar. Die Absatzplanung erfolgt auf der Ebene des Fertigprodukts. Diese Planung löst die Beschaffung der benötigten Komponenten aus. Die Endmontage erfolgt jedoch erst, wenn ein Kundenauftrag vorliegt.

20.1 Produkte und Märkte

Aufbau des Szenarios

Diesmal fertigt unser Beispielunternehmen Pumpen. Unsere Beispielpumpe mit dem Materialstamm PMP-100000 wird häufig in Privathaushalten für den Anschluss einer Regenwasserzisterne benötigt. Sie besteht aus fünf Komponenten. Diese fertigen wir nur zum Teil selbst. Die übrigen Teile beziehen wir von Zulieferbetrieben. Die Stückliste für unsere Pumpe besteht aus folgenden Positionen:

- Standard-Pumpengehäuse (Fremdbezug)
- Stromaggregat (Fremdbezug)
- Pumpe (Eigenfertigung)
- Eingangsschlauch (Eigenfertigung)
- Ausgangsschlauch (Fremdbezug)

Abbildung 20.1 zeigt die Stückliste, die als Stammsatz in der Produktionsplanung und -steuerung (PP) für unser Material angelegt wurde.

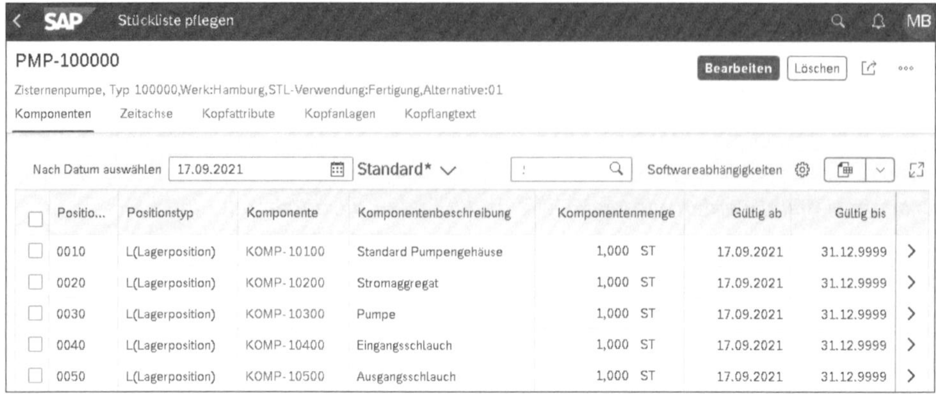

Abbildung 20.1 Stückliste für unser Beispielmaterial PMP-100000, eine Zisternenpumpe (SAP-Fiori-App »Stückliste pflegen«)

Schon vor längerer Zeit hat unser Unternehmen die Zahl der Komponenten drastisch reduziert. Wir verwenden deshalb standardisierte Halbfertigerzeugnisse, die in unterschiedliche Endgeräte eingebaut werden können. Außerdem werden die Komponenten als Ersatzteile verkauft. Aus diesem Grund erfolgt die Endmontage der Pumpe erst, wenn ein entsprechender Kundenauftrag vorliegt. Um jedoch den Kunden eine Lieferzeit von zwei Wochen garantieren zu können, werden die benötigten Komponenten auftragsanonym disponiert. Dabei erarbeiten wir zunächst eine Absatzplanung für die Fertigerzeugnisse, auf deren Basis dann die Beschaffung der Komponenten erfolgt.

Unsere Kunden sind in der Regel Großabnehmer (Großhändler, Baumarktketten). Als Mindestabnahme wurde mit den Kunden eine Menge von 50 Stück vereinbart. Diese Information haben wir im Materialstamm unseres Materials PMP-100000 hinterlegt (Sicht: Vertrieb: VerkOrg 1). Da wir für unsere Produkte auch den technischen Kundendienst übernehmen, wird für jedes Einzelteil eine eindeutige Gerätenummer vergeben. Diese wird im SAP-System mithilfe der Serialnummer abgebildet (siehe Abschnitt 4.6). Aus diesem Grund wurde im Materialstamm ein Serialnummernprofil zugeordnet. In unserem Systembeispiel (siehe Abschnitt 20.4, »Beispiel einer gesamten Wertschöpfungskette«) werden wir auch die Vergabe und die Statusveränderung der Serialnummer verfolgen.

20.2 Organisationsstruktur

Im Vergleich zu unserem Beispiel aus Kapitel 19, »Lagerverkauf mit Chargenfertigung«, wählen wir diesmal eine einfache Organisationsstruktur:

Die Pumpen werden im Werk DE10 (Hamburg) gefertigt. Aus diesem Werk erfolgt auch direkt die Lieferung an unsere Kunden. Der zuständige Vertriebsbereich besteht aus der folgenden Kombination:

- Verkaufsorganisation DE10
- Vertriebsweg 10
- Sparte 10

Abbildung 20.2 gibt einen Überblick über diese Struktur.

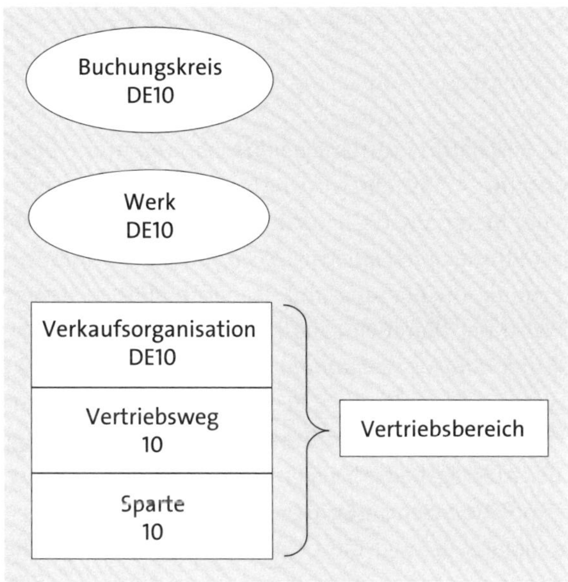

Abbildung 20.2 Organisationsstruktur

20.3 Prozessbeschreibung

Überblick

Auch in diesem Szenario beschäftigt uns die anwendungsübergreifende Gestaltung von Geschäftsprozessen. Abbildung 20.3 zeigt das Szenario *Vorplanung ohne Endmontage* in zehn Schritten (3a und 3b sind separate Schritte).

Vorplanung ohne Endmontage

Auch dieses Szenario beginnt mit der Planung der Absatzmenge (Schritt 1, Programmplanung) für das Endprodukt. Durch die Programmplanung werden Planprimärbedarfe angelegt. Über die Disposition (Schritt 2) wird die Stückliste aufgelöst, und es werden Sekundärbedarfe für die Beschaffung der Komponenten erzeugt. Die Komponenten werden auftragsanonym beschafft, die Beschaffung erfolgt also unabhängig von der Frage, ob für das Endprodukt bereits Kundenaufträge vorliegen oder nicht.

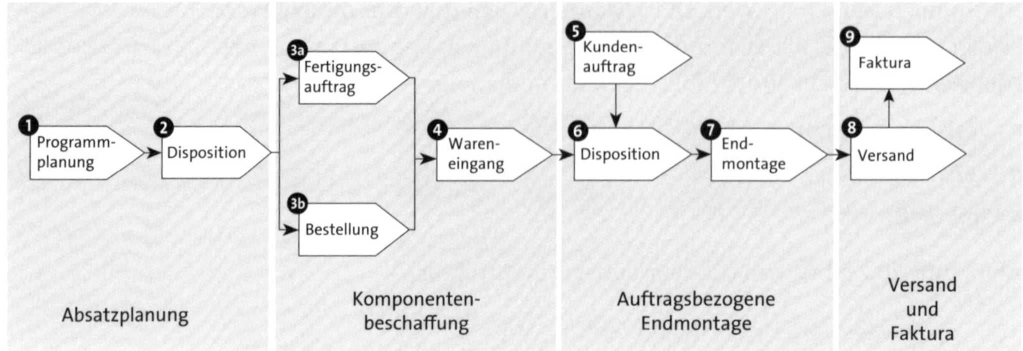

Abbildung 20.3 Wertschöpfungskette »Vorplanung ohne Endmontage«

Grundsätzlich stehen die Beschaffungsarten *Eigenbeschaffung* und *Fremdbeschaffung* zur Verfügung. Im SAP-System wird die Fremdbeschaffung über Einkaufsbestellungen in der Materialwirtschaftsanwendung MM (Schritt 3b) abgebildet. Die Eigenbeschaffung (auch *interne Beschaffung*) wird über Fertigungsaufträge in der Produktionsplanung und -steuerung (PP) gesteuert (Schritt 3a). In Schritt 4 wird der Wareneingang für die Komponenten gebucht. Bei der Strategie *Vorplanung ohne Endmontage* gibt es zum Zeitpunkt der Kundenauftragserfassung (Schritt 5) in der Regel keinen Bestand an Fertigerzeugnissen. Trotzdem ist ein Liefertermin zu ermitteln. Dies erfolgt über eine Verrechnung des Auftragsbedarfs gegen die Vorplanung. Der Auftragsbedarf wird in die Disposition (Schritt 6) als geplanter Abgang eingelastet. Zur Deckung dieses Bedarfs erzeugt die Disposition Planaufträge, die vom Disponenten in Fertigungsaufträge umgesetzt werden. Über diese Fertigungsaufträge wird die Endmontage (Schritt 7) eingeplant. Nach der Fertigung wird das Produkt versendet (Schritt 8) und fakturiert (Schritt 9). Mit der Fakturierung werden die Umsätze in der Finanzbuchhaltung gebucht sowie die Umsätze und Kosten an die Ergebnisrechnung übergeben. Diese einzelnen Schritte der Wertschöpfungskette wollen wir im Folgenden näher betrachten.

Schritt 1: Programmplanung

Im ersten Schritt nehmen wir eine Absatzplanung für das Fertigprodukt vor. Grundsätzlich stehen dafür die gleichen Instrumente zur Verfügung, die bereits in Kapitel 19, »Lagerverkauf mit Chargenfertigung«, für den anonymen Lagerverkauf beschrieben worden sind, z. B. die Absatz- und Produktionsgrobplanung. In diesem Beispiel verzichten wir jedoch auf die Funktionen der Absatz- und Produktionsgrobplanung und erfassen die Planprimärbedarfe für das Fertigerzeugnis direkt in der Programmplanung. Die Planung kann auf Monats-, Wochen- oder Tagesbasis erfolgen. Über die Strategiegruppe im Materialstamm ermittelt das System automatisch die Bedarfsarten – sowohl für die Vorplanung als auch für den Kundenauftrag.

Abbildung 20.4 zeigt das Customizing für die **Strategiegruppe 52**, die unserem Beispielmaterial PMP-100000 zugeordnet ist.

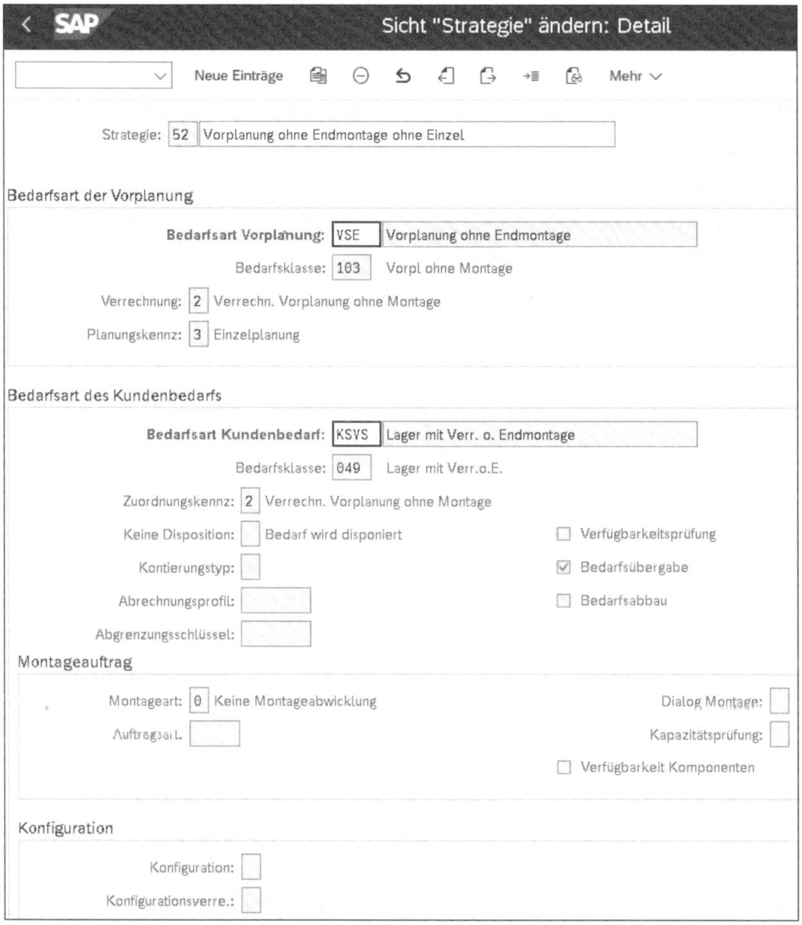

Abbildung 20.4 Customizing der Planungsstrategie in der Komponente PP (Transaktion SPRO • Strategie festlegen)

Wir erfahren, dass für die Vorplanung die Bedarfsart VSE zur Verfügung steht. Außerdem wird an dieser Stelle festgelegt, dass sich diese Bedarfsart mit Kundenauftragsbedarfen verrechnet. Über den Eintrag **VSE** im Feld **Bedarfsart Vorplanung** wird gesteuert, dass für Planprimärbedarfe ein eigenes Planungssegment *Vorplanung ohne Endmontage* für das Material angelegt wird. In der aktuellen Bedarfs- und Bestandsliste wird also ein eigener Bereich nur für die Vorplanungsbedarfe eingerichtet.

Schritt 2: Disposition

Im zweiten Schritt wird ein Dispositionslauf für das Enderzeugnis gestartet. Dabei handelt es sich um eine mehrstufige Planung. Auf der Ebene des Enderzeugnisses – in unserem Beispiel handelt es sich um das Material PMP-

100000 – werden zur Deckung der Vorplanungsbedarfe spezielle Planaufträge erzeugt. Diese Planaufträge werden in dem Planungssegment *Vorplanung ohne Endmontage* angelegt und erhalten das Kennzeichen **Vorplanung**. Damit können sie nicht in Fertigungsaufträge umgesetzt werden. Dies soll im Zuge der Strategie *Vorplanung ohne Endmontage* geschehen, wenn Kundenaufträge vorliegen. Über diese Planaufträge erfolgt aber die Auflösung der Stückliste. Durch die mehrstufige Planung werden sogenannte *Sekundärbedarfe* für die Komponenten erzeugt. Sind diese Sekundärbedarfe nicht durch Bestand gedeckt, erzeugt das System einen Beschaffungsvorschlag für die jeweilige Baugruppe.

Schritte 3a und 3b: Komponentenbeschaffung

Im Materialstamm der Komponente wird festgelegt, ob das Material selbst hergestellt oder zugekauft wird. Im Fall der Eigenfertigung erzeugt die Materialbedarfsplanung Planaufträge, die vom Disponenten in Fertigungsaufträge umgesetzt werden. Bei der Fremdbeschaffung kann das System direkt Bestellanforderungen erstellen, die vom Einkauf über die Materialwirtschaftsanwendung in Bestellungen umgewandelt werden.

Schritt 4: Wareneingang der Komponenten

Nach der Lieferung durch den Lieferanten wird ein Wareneingang mit Bezug zur Bestellung gebucht. Bei der Eigenfertigung erfolgt die Wareneingangsbuchung mit Bezug zum Fertigungsauftrag. Durch diese Wareneingänge werden die Sekundärbedarfe gedeckt – die Komponentenbeschaffung ist abgeschlossen.

Schritt 5: Kundenauftrag

Im fünften Schritt erfassen wir den Kundenauftrag für das Enderzeugnis. Dabei interessiert uns vor allem die Ermittlung des Liefertermins. Ein Bestand an Fertigerzeugnissen ist bei dieser Strategie in der Regel nicht vorhanden, wodurch eine Verfügbarkeitsprüfung nach der ATP-Logik (Available to Promise, siehe Abschnitt 4.1, »Verfügbarkeitsprüfung«) nicht sinnvoll ist. Deshalb nutzen wir hier die *Verrechnung gegen die Vorplanung*. In Abbildung 20.4 sehen Sie das Customizing für die Strategiegruppe 52, die unserem Beispielmaterial (PMP-100000) zugeordnet ist. Darin wird nicht nur die Bedarfsart **VSE** im Feld **Bedarfsart Vorplanungsbedarfe**, sondern auch die Bedarfsart **KSVS** im Feld **Bedarfsart Kundenauftrag** festgelegt. Im Vertriebs-Customizing wurde dieser Bedarfsart die Bedarfsklasse 049 zugeordnet. Für diese Bedarfsklasse erfolgt eine Bedarfsübergabe, aber keine Verfügbarkeitsprüfung. Das Kennzeichen **Verfügbarkeitsprüfung** wird also ausgeschaltet. Stattdessen verrechnet sich der Auftragsbedarf mit dem Vorplanungsbedarf. In der Abbildung erkennen Sie dies am Feld **Zuordnungskennz**. Dort ist die Option **2** (**Verrechn. Vorplanung ohne Montage**) eingetragen.

[«]

Customizing der Bedarfsart

Noch ein kleiner Tipp für diejenigen, die sich künftig stärker mit dem Customizing beschäftigen wollen: Die Einstellungen zur Bedarfsart im Kundenauftrag erfolgen im Vertriebs-Customizing. Die Daten sind im Produktions-Customizing (siehe Abbildung 20.4) zwar sichtbar, können dort aber nicht geändert werden. In Abschnitt 4.1, »Verfügbarkeitsprüfung«, zeigen wir das Customizing einer Bedarfsklasse in der Vertriebsanwendung SD.

Verrechnungshorizonte definieren

Kommen wir zurück zur Logik *Verrechnung gegen die Vorplanung* im Kundenauftrag. Solange ein Vorplanungsbedarf vorhanden ist, gegen den sich der Kundenauftrag verrechnen kann, erhält der Auftrag eine bestätigte Menge. Auf dem Dispositionsbild im Materialstamm werden die Verrechnungshorizonte definiert. Folgende Optionen stehen zur Auswahl:

- Der Auftragsbedarf verrechnet sich nur gegen Vorplanungsbedarfe, die exakt denselben Bedarfstermin haben.
- Der Auftragsbedarf verrechnet sich nur gegen Vorplanungsbedarfe in der Zukunft. Ein Tageshorizont für die Verrechnung wird im Materialstamm hinterlegt.
- Der Auftragsbedarf verrechnet sich nur gegen Vorplanungsbedarfe in der Vergangenheit. Ein Tageshorizont für die Verrechnung wird im Materialstamm hinterlegt.
- Der Auftragsbedarf verrechnet sich zuerst gegen Vorplanungsbedarfe in der Zukunft und dann gegen Vorplanungsbedarfe in der Vergangenheit.
- Der Auftragsbedarf verrechnet sich zuerst gegen Vorplanungsbedarfe in der Vergangenheit und dann gegen Vorplanungsbedarfe in der Zukunft.

Wie ist die Verrechnungslogik bei unserer Pumpe eingestellt? Ein Blick auf den Materialstamm (siehe Abbildung 20.5) hilft weiter. Sie sehen, dass im Feld **Verrechnungsmodus** die Option **2** eingestellt ist. Damit versucht das System, zunächst eine Rückwärts- und anschließend eine Vorwärtsverrechnung durchzuführen. Als Verrechnungsintervall wurden 30 Tage (Rückwärtsverrechnung) und 10 Tage (Vorwärtsverrechnung) eingestellt. Sie sehen in Abbildung 20.5 auch, dass dem Materialstamm die Strategiegruppe **52** (**Vorplanung ohne Endmontage o. Einzel**) zugeordnet wurde.

Serialnummern

Eine weitere Besonderheit unseres Beispiels besteht darin, dass es sich um ein Material mit Serialnummernpflicht handelt. Im Serialnummernprofil wurde im Customizing eingestellt, dass die Vergabe der Serialnummer im Kundenauftrag erfolgen kann, aber nicht erfolgen muss. In unserem konkreten Fall sind die Geräte zum Zeitpunkt der Auftragserfassung noch nicht gefertigt, weshalb die Serialnummer nicht im Auftrag vergeben wird. Wir werden darauf bei der Auslieferung zurückkommen.

Schritt 6: Disposition

Nach der Auftragserfassung wird ein Auftragsbedarf für das Enderzeugnis an die Disposition übergeben. In Schritt 2 wurden Vorplanungsbedarfe in einem eigenen Planungssegment (Vorplanung ohne Endmontage) angelegt.

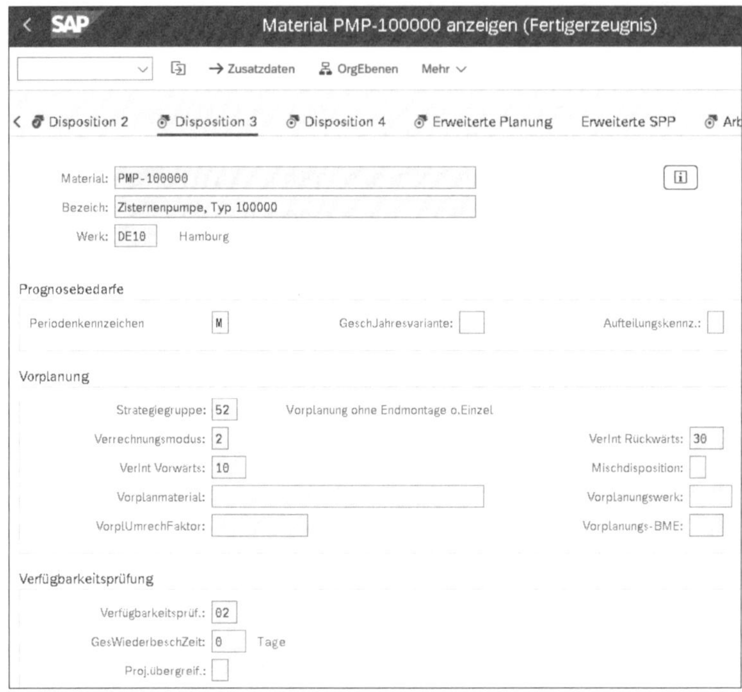

Abbildung 20.5 Materialstamm im Dispositionsbild (Transaktion MM03)

Mit der Auftragserfassung hat eine Verrechnung des Kundenbedarfs mit dem Vorplanungsbedarf stattgefunden. Dabei wurde der Vorplanungsbedarf abgebaut. Gleichzeitig wird für das Material PMP-100000 ein Kundenauftragsbedarf *außerhalb* des Planungssegments für die Vorplanung angelegt.

Über den Dispositionslauf wird zur Deckung dieses Auftragsbedarfs ein Planauftrag angelegt. Im Gegensatz zu den Planaufträgen aus dem zweiten Schritt können diese Planaufträge auch in Fertigungsaufträge umgesetzt werden. Die Planaufträge erzeugen jetzt keine Sekundärbedarfe für die Komponenten. Bei der Umsetzung des Planauftrags in einen Fertigungsauftrag werden die bereits aus Schritt 2 vorhandenen Sekundärbedarfe in abhängige Reservierungen umgesetzt. Damit reserviert der Fertigungsauftrag die benötigte Menge an Komponenten aus dem Lagerbestand. Die abhängige Reservierung auf Ebene der Komponente liefert dem Disponenten die wichtige Information darüber, ob die Endmontage des Fertigprodukts bereits eingeplant ist oder ob es sich lediglich um eine Vorplanung handelt.

Schritt 7: Endmontage

Über die Materialbedarfsplanung (Disposition) wurde im vorangegangenen Schritt ein Planauftrag vom Disponenten in einen Fertigungsauftrag umgesetzt, über den nun die Endmontage unserer Pumpe abgebildet wird. Über die Stückliste (siehe dazu noch einmal Abbildung 20.1) werden die benötigten Komponenten in den Fertigungsauftrag eingestellt, und durch den Arbeitsplan (siehe Abbildung 20.6) werden die Vorgänge definiert, die für die Endmontage ausgeführt werden müssen.

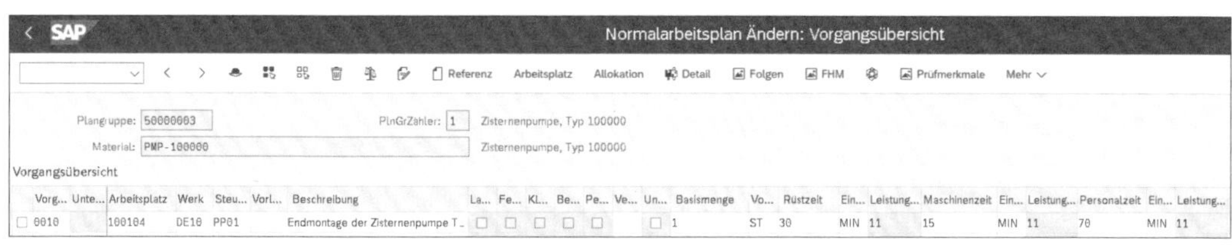

Abbildung 20.6 Arbeitsplan für das Material PMP-100000 (Transaktion CA02)

Unser Arbeitsplan enthält einen einzigen Vorgang: die Endmontage. Zu diesem Vorgang wurden entsprechende Zeiten (**Rüstzeit**, **Maschinenzeit**, **Personalzeit**) hinterlegt. Den einzelnen Zeiten werden Leistungsarten zugeordnet (siehe Spalten **Leistung...** in Abbildung 20.6). Für diese Leistungsarten werden in der Controlling-Anwendung (CO) Tarife festgelegt, die mit den Planzeiten des Fertigungsauftrags multipliziert werden. Der errechnete Wert geht in die Plankalkulation des Materials ein.

Kalkulation

Diese Plankalkulation wurde in der Anwendung CO für unser Material angelegt. Dabei wurden die Planselbstkosten für das Enderzeugnis über die Stückliste, den Arbeitsplan und entsprechende Gemeinkostenzuschläge ermittelt. Über diese Kalkulation wurde auch der Standardpreis, der zur Bestandsbewertung herangezogen wird, im Materialstamm gesetzt. Abbildung 20.7 zeigt das Buchhaltungsbild mit dem Bewertungspreis (Feld **Standardpreis**: 1.812,86 EUR).

Nach der Freigabe des Fertigungsauftrags werden nun die benötigten Komponenten aus dem Lager entnommen. Dies erfolgt über eine Warenausgangsbewegung in der Anwendung Materialwirtschaft (MM). Mit dieser Warenausgangsbuchung werden zusätzlich zur Bestandsbuchung die Ist-Kosten auf dem Fertigungsauftrag verbucht. Verbraucht man mehr Komponenten, als in der Stückliste geplant sind, entsteht eine Plan-Ist-Abweichung bei den Herstellungskosten.

Im Fertigungsauftrag erfolgt nun auch die Vergabe der Serialnummern an unsere Enderzeugnisse. Diese können vom Anwender manuell vorgegeben werden. Es ist jedoch auch möglich, die Serialnummern automatisch vom System ermitteln zu lassen.

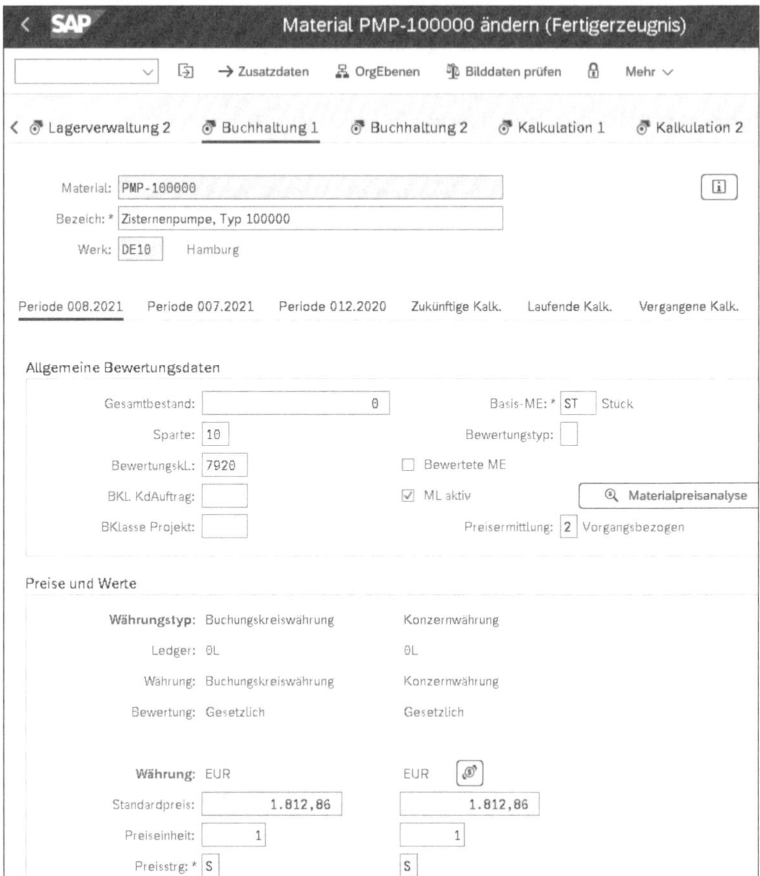

Abbildung 20.7 Buchhaltungsbild im Materialstamm für das Material PMP-100000 (Transaktion MM02)

Ist die Endmontage unserer Pumpe abgeschlossen, wird zum Fertigungsauftrag eine Rückmeldung gebucht. Dabei werden die tatsächlich benötigten Zeiten für die Montage erfasst. Abweichungen zu den Planzeiten im Arbeitsplan führen ebenfalls zu Plan-Ist-Abweichungen bei den Herstellungskosten.

Nach der Rückmeldung des Fertigungsauftrags wird der Wareneingang für unsere Pumpe gebucht. Auch dabei können Abweichungen durch Unter- oder Überlieferung des Auftrags entstehen. Durch die Ablieferung der Pumpen an das Lager wird der Fertigungsauftrag kostenmäßig entlastet (Wert = Produktmenge × Standardpreis aus dem Materialstamm). Die eventuell entstandenen Differenzen (zwischen Plankosten und Ist-Kosten) können durch die Abrechnung des Fertigungsauftrags in die Finanzbuchhaltung und die Ergebnisrechnung weitergeleitet werden.

Schritt 8: Versand

Mit Bezug zu dem Kundenauftrag aus Schritt 5 wird ein Lieferbeleg erfasst. Die Verfügbarkeitsprüfung im Lieferbeleg erfolgt nach der ATP-Logik. In der Lieferung muss die Verfügbarkeitsprüfung so eingestellt werden, dass vor allem die physisch vorhandenen Bestände berücksichtigt werden. Auch die Serialnummern, die an den Kunden versendet werden, müssen im Lieferbeleg ausgewählt werden. Da die Serialnummern bereits im Fertigungsauftrag (Schritt 7) angelegt wurden, müssen wir hier aus den vorhandenen Nummern diejenigen zuordnen, die tatsächlich geliefert werden. Über die Warenausgangsbuchung werden die Bestände in der Materialwirtschaft und die Bestandswerte in der Finanzbuchhaltung aktualisiert.

Schritt 9: Fakturierung

Im letzten Schritt des Szenarios erfolgt nun die Fakturierung. Dabei werden die Preise aus dem Auftrag und die Liefermengen aus dem Lieferbeleg übernommen. Zur Faktura wird ein Buchungsbeleg erzeugt. Dieser enthält die Erlösbuchung »Forderungen an Umsatz und Mehrwertsteuer«. Die Erlöse sowie die Kosten des Umsatzes (Planherstellungskosten) werden an die Ergebnis- und Marktsegmentrechnung übergeben. Die geplanten Herstellungskosten werden in der Preisfindung über die Konditionsart VPRS ermittelt. Diese Konditionsart ermittelt die geplanten Herstellungskosten aus dem Bewertungspreis des Materialstamms. Sofern eine gültige Plankalkulation zum Material existiert, können auch die einzelnen Kostenelemente (z. B. Material- und Fertigungskosten) in die Ergebnisrechnung übernommen werden.

20.4 Beispiel einer gesamten Wertschöpfungskette

In unserem Systembeispiel werden wir nun für unsere Pumpe (Materialstamm PMP-100000) die gesamte Wertschöpfungskette im System abbilden. Dabei wollen wir insbesondere das anwendungsübergreifende Zusammenspiel von Vertrieb, Kalkulation, Herstellung, Materialwirtschaft, Versand, Fakturierung und Betriebsergebnisanalyse aufzeigen. Im Einzelnen werden dabei folgende Schritte durchlaufen:

1. Anzeigen der Ausgangssituation (aktuelle Bedarfs- und Bestandsliste)
2. Programmplanung für das Endprodukt (PMP-100000)
3. Materialbedarfsplanung (Disposition)
4. Beschaffung der Komponenten
5. Erfassen des Kundenauftrags
6. Materialbedarfsplanung (Disposition)

7. Endmontage des Endprodukts
8. Versand
9. Fakturierung
10. Analyse des Betriebsergebnisses

Innerhalb dieses Beispiels werden wir zeigen, dass Transaktionen wie die Bedarfs- und Bestandsliste (Transaktion MD04) in SAP S/4HANA weiterhin zur Verfügung stehen. Mit SAP S/4HANA können Sie auch SAP-Fiori-Apps nutzen, um sich einen Überblick über die Bestandsverfügbarkeit zu verschaffen. Im folgenden Beispiel zeigen wir Ihnen die Darstellung der Bestandsverfügbarkeit in der bekannten Transaktion MD04 und in der SAP-Fiori-App **Materialdeckung ermitteln**.

Schritt 1: Ausgangssituation anzeigen

Zu Beginn wollen wir uns die dispositive Ausgangssituation für unser Endprodukt und die benötigten Komponenten (siehe die Stückliste aus Abbildung 20.1) ansehen. Für unser Endprodukt sind lediglich ein Materialstamm, die Stückliste und der Arbeitsplan (siehe Abbildung 20.6) vorhanden. Um die Produktion richtig anstoßen zu können, muss für das Endprodukt auch eine Fertigungsversion angelegt werden. Diese ermittelt die Stückliste und den Arbeitsplan. Im Controlling (CO) wurde für das Material eine Kalkulation der Planherstellungskosten vorgenommen. Diese spiegeln sich im Bewertungspreis des Materialstamms (siehe Abbildung 20.7, Feld **Standardpreis**) wider. Ansonsten gibt es für das Material PMP-100000 weder einen Bestand noch eine Vorplanung.

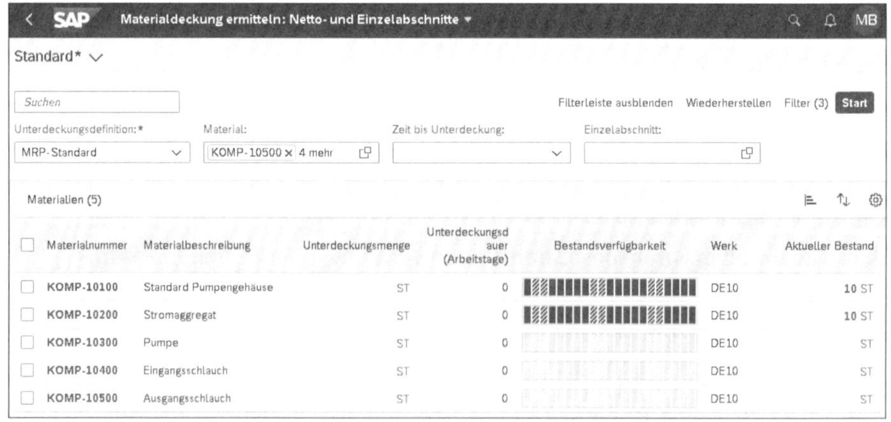

Abbildung 20.8 Materialdeckung für das Beispiel (SAP-Fiori-App »Materialdeckung ermitteln: Netto- und Einzelabschnitte«)

Für unsere Komponenten aus der Stückliste gibt es zum Teil noch Lagerbestände. Eine Planung für die Komponenten wurde ebenfalls noch nicht durchgeführt. Die SAP-Fiori-App **Materialdeckung ermitteln: Netto- und**

Einzelabschnitte in Abbildung 20.8 zeigt uns den Bestand aller Komponenten an, die in der Stückliste enthalten sind. Für die beiden Materialien **KOMP-10100** und **KOMP-10200** haben wir noch einen Bestand von 10 Stück im Lager (siehe Spalte **Aktueller Bestand**).

[«]

Fertigungsversionen in SAP S/4HANA

Fertigungsversionen sind in SAP S/4HANA obligatorisch. Bitte beachten Sie bei einer Systemumstellung von SAP ECC auf SAP S/4HANA SAP-Hinweis 2267880.

Schritt 2: Programmplanung

Im zweiten Schritt erfassen wir jetzt die Programmplanung für das Endprodukt, unsere Pumpe mit der Materialnummer PMP-100000. Im Unterschied zum Vorgehen in Kapitel 19, »Lagerverkauf mit Chargenfertigung«, legen wir hier die Vorplanungsbedarfe direkt in der Programmplanung an und planen somit direkt die Produktionsmengen auf Wochenbasis. Abbildung 20.9 zeigt den Programmplan für unser Endprodukt.

Abbildung 20.9 Programmplan für das Material PMP-100000 – Planmengen erfassen (Transaktion MD62)

Unsere Planung beginnt in der Kalenderwoche 40. Für die Übersichtlichkeit wurde die Planung in diesem Beispiel nur für fünf Wochen erstellt. Wir planen, pro Woche 100 Pumpen zu produzieren. Bei der Erstellung der Programmplanung können unterschiedliche Planversionen angelegt werden. Wir haben eine Planung mit der Version **00** (Spalte **VS**) angelegt und diese auch gleich aktiviert. Abbildung 20.10 zeigt die Positionsdaten zu unserem Programmplan, die die wichtigsten Einstellungen bzgl. Strategiegruppe (**Str... – 52**) und Bedarfsart (**BDAr – VSE**) für das geplante Material zeigen.

In der Position werden die zuvor erfassten Mengen zu einer gesamten **Planmenge** von 500 Stück kumuliert. Außerdem sehen wir, dass die Vorplanungsbedarfe mit der Bedarfsart **VSE** (**BDAr**) angelegt wurden. Wie wirkt sich nun die Erfassung unseres Programmplans auf die aktuelle Bedarfs- und Bestandsliste unserer Pumpe aus?

Abbildung 20.10 Programmplan für das Material PMP-100000 – Positionsdaten anzeigen (Transaktion MD62)

Abbildung 20.11 zeigt die aktuelle Bedarfs- und Bestandsliste unseres Endprodukts in Transaktion MD04. Die Vorplanungsbedarfe erscheinen darin in einem eigenen Segment (**Vorplanung ohne Montage**). In diesem Bereich werden die Planprimärbedarfe verwaltet.

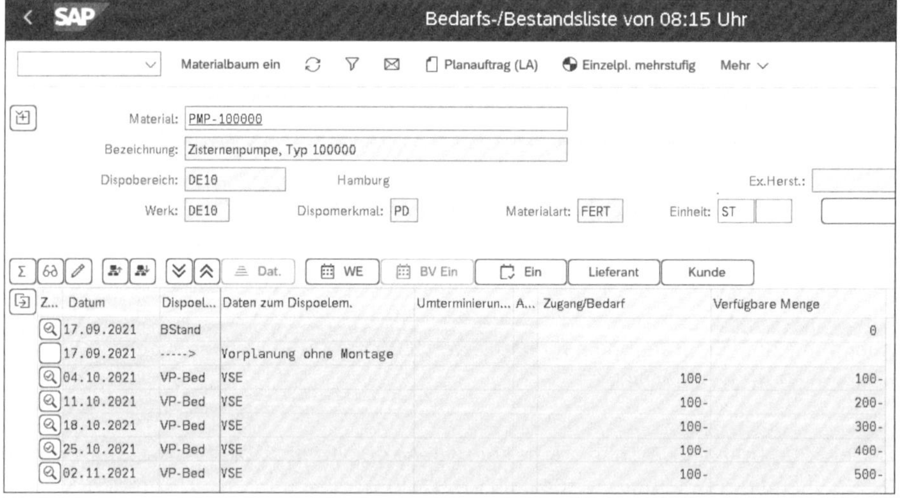

Abbildung 20.11 Aktuelle Bedarfs- und Bestandsliste für das Material PMP-100000 nach Erfassung der Programmplanung (Transaktion MD04)

Schritt 3: Materialbedarfsplanung

Nach der Erfassung der Programmplanung wollen wir nun im dritten Schritt einen mehrstufigen Materialbedarfsplanungslauf für unsere Pumpe (PMP-100000) starten. Im Zuge des Dispositionslaufs werden auf der Basis der Vorplanungsbedarfe (siehe Abbildung 20.11) Planaufträge erzeugt.

Abbildung 20.12 zeigt die aktuelle Bedarfs- und Bestandsliste unserer Pumpe nach der Disposition. Die Planaufträge werden ebenfalls in dem Planungssegment für die Vorplanung geführt. In der Spalte **Daten zum Dispoelem.** sehen Sie hinter jeder Planauftragsnummer (Dispoelement **Pl-Auf**) das Kennzeichen **VP** (Vorplanung). Planaufträge mit diesem Kennzeichen dienen nur der Vorplanung und können nicht in Fertigungsaufträge umgesetzt werden. Zu jedem Vorplanungsbedarf wurde ein Planauftrag angelegt. Über diese Planaufträge erfolgt auch eine Stücklistenauflösung für die Komponenten. Dadurch werden Sekundärbedarfe (geplante Abgänge) für unsere Materialien KOMP-10100, KOMP-10200, KOMP-10300, KOMP-10400 und KOMP-10500 gebildet.

Abbildung 20.12 Aktuelle Bedarfs- und Bestandsliste für das Endprodukt nach der Programmplanung und der Disposition (Transaktion MD04)

Die Auswirkungen in der Dispositionssituation zeigen wir exemplarisch für das Gehäuse unserer Pumpe (Material KOMP-10100). Über einen mehrstufigen Planungslauf wurden Sekundärbedarfe für das Pumpengehäuse angelegt. In der Spalte **Dispositionselement** (siehe Abbildung 20.13) sehen Sie die erzeugten Sekundärbedarfe (z. B. **SekBed 252-1**) und in der Spalte **Zusätzliche Informationen** erscheint ein Bezug zu dem Endprodukt, über dessen Planung der Sekundärbedarf erzeugt wurde. Diese Bedarfe werden nur zum Teil durch den vorhandenen Bestand gedeckt (siehe erste Zeile **Dispositionselement BStand** mit einer **Menge** von 10 Stück). Für die restlichen geplanten Abgänge wurden über den Dispositionslauf Bestellanforderungen (**BS-Anf**) im Einkauf in der Materialwirtschaftskomponente MM angelegt. Das System hat am Beschaffungskennzeichen (F für Fremdbeschaffung) im Materialstamm erkannt, dass es sich um ein Kaufteil handelt, und deshalb Bestellanforderungen angelegt.

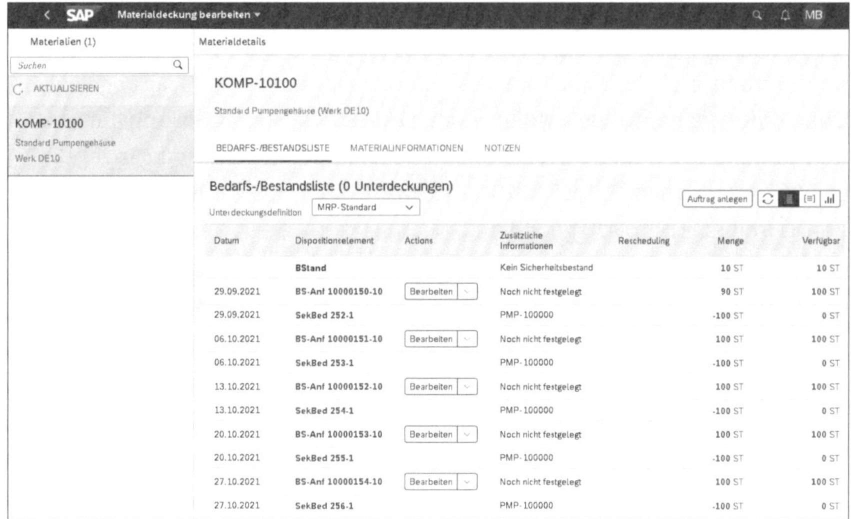

Abbildung 20.13 Aktuelle Bedarfs- und Bestandsliste für die Komponente KOMP-10100 nach der Materialbedarfsplanung (SAP-Fiori-App »Materialdeckung bearbeiten«)

Bei unserer Komponente KOMP-10300 handelt es sich um ein Halbfertigerzeugnis, das wir selbst produzieren. Aus diesem Grund werden bei diesem Material keine Bestellanforderungen, sondern Planaufträge (**Pl.Auf**) erfasst (siehe Abbildung 20.14).

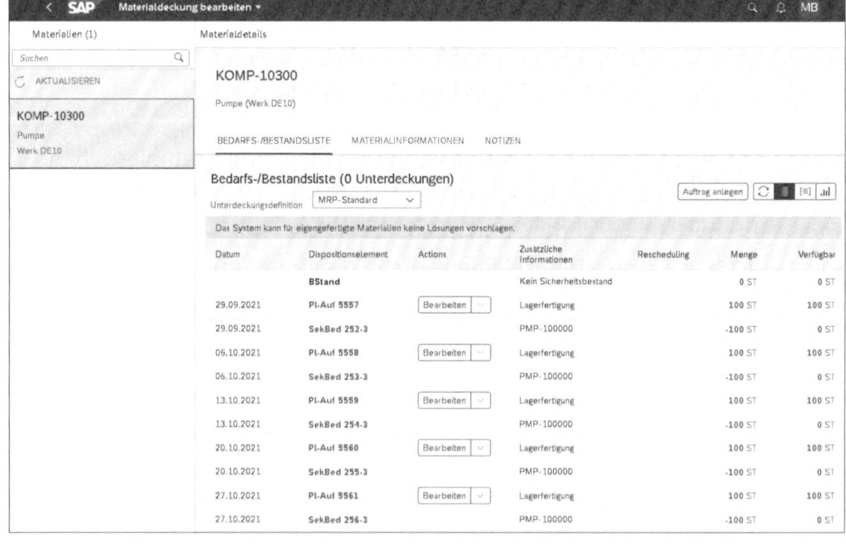

Abbildung 20.14 Aktuelle Bedarfs- und Bestandsliste für die Komponente KOMP-10300 nach der Materialbedarfsplanung (SAP-Fiori-App »Materialdeckung bearbeiten«)

Schritt 4: Beschaffung der Komponenten

Für die eigengefertigten Teile werden die Planaufträge in Fertigungsaufträge umgesetzt. Über diese Fertigungsaufträge wird die Produktion der Komponenten gesteuert. Nach der Herstellung wird ein Wareneingang mit Bezug zum Fertigungsauftrag gebucht. Auf diesen Schritt werden wir für unser Endprodukt noch näher eingehen.

Für die Einkaufsteile werden die Bestellanforderungen vom Einkauf weiterbearbeitet. Zunächst wird eine Bezugsquelle (Lieferant) zugeordnet. Im zweiten Schritt erfolgt die Umsetzung der Bestellanforderung in eine Bestellung. Die Bearbeitung der Bestellanforderung kann direkt aus der SAP-Fiori-App heraus erfolgen, wie in Abbildung 20.15 gezeigt wird. Die **Bestellanforderung 10000150-10** enthält eine Bedarfsmenge von 90 Stück, da sich noch 10 Stück im Lager befinden. Es wird also exakt die Menge bestellt, die zur Bedarfsdeckung der geforderten 100 Stück benötigt wird. Dies wird über den Losgrößenschlüssel im Materialstamm festgelegt. In Abbildung 20.15 ist zu sehen, wie die Bestellanforderung in eine Bestellung umgesetzt wird (über **Bearbeiten • Konvertieren**).

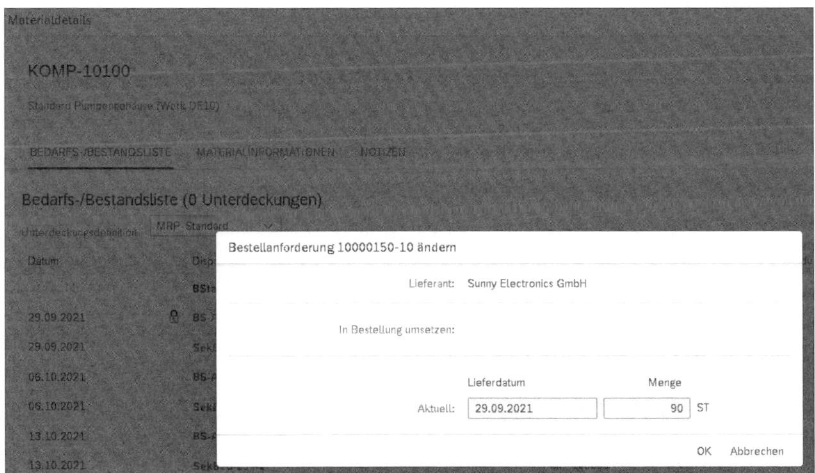

Abbildung 20.15 Umsetzen einer Bestellanforderung in eine Bestellung (SAP-Fiori-App »Materialdeckung bearbeiten«)

Nach der Umsetzung sieht die aktuelle Bedarfs- und Bestandsliste wie in Abbildung 20.16 gezeigt aus. Das **Dispositionselement** wurde von **BS-Anf** in **BS-Ein** geändert. Nach der Lieferung durch den Lieferanten wird ein Wareneingang mit Bezug zur Bestellung 4500000019 gebucht. Danach liegt der Bestand für das Material bei 100 Stück (siehe Abbildung 20.17). Auch für die anderen Komponenten wurde die Herstellung bzw. der Einkauf in die Wege geleitet. Jeweils der erste Planauftrag bzw. die erste Bestellanforderung – mit dem frühesten Datum – wurde umgesetzt. So haben alle Komponenten nun einen Bestand von mindestens 100 Stück.

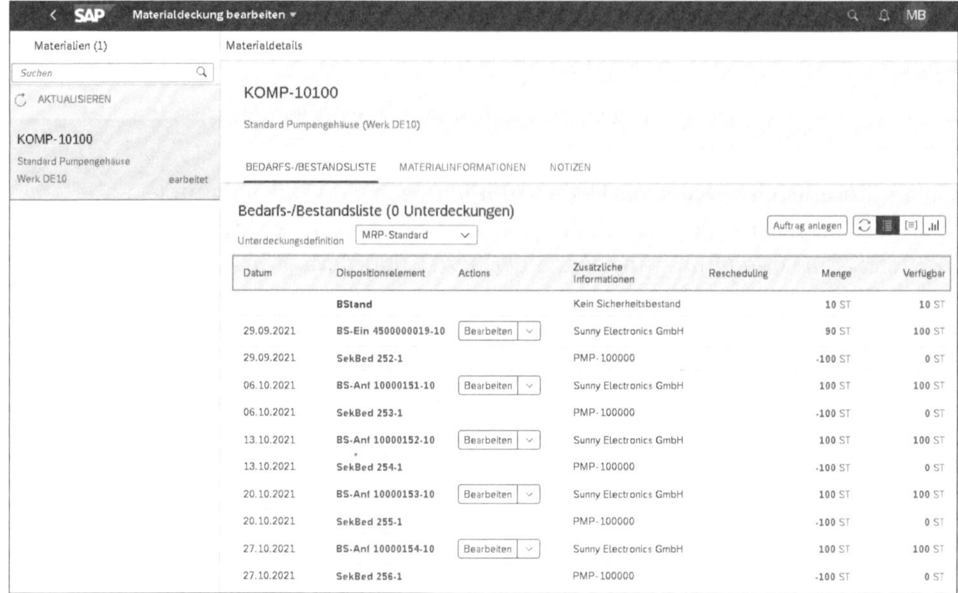

Abbildung 20.16 Materialdeckung für das Material KOMP-10100 nach Umsetzung der Bestellanforderung (SAP-Fiori-App »Materialdeckung bearbeiten«)

Abbildung 20.17 zeigt die Materialdeckung für unser Pumpengehäuse. Der geplante Zugang (**BS-Ein**) wurde mit dem Wareneingang gelöscht. Stattdessen wurde der Bestand (**BStand**) auf 100 Stück erhöht.

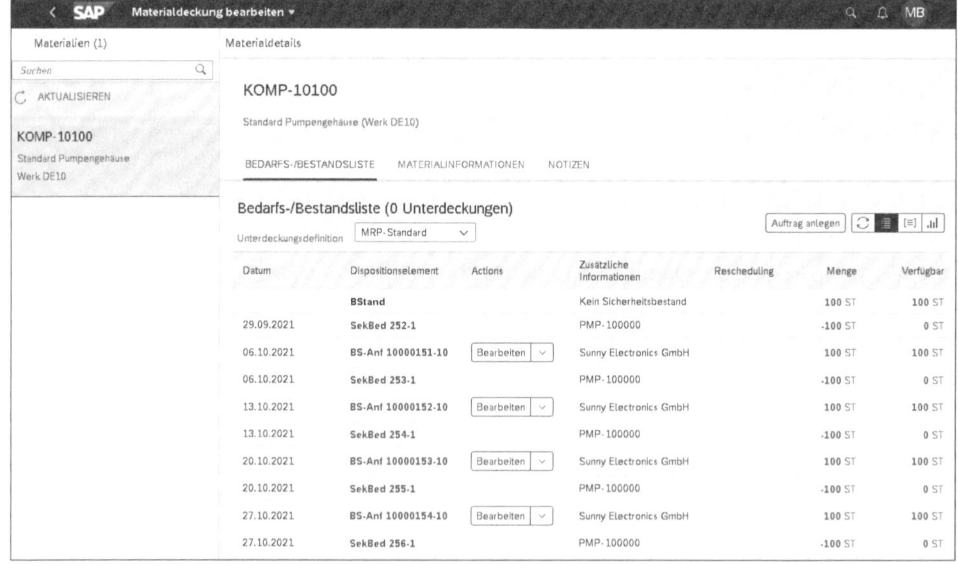

Abbildung 20.17 Materialdeckung für das Material KOMP-10100 nach der Wareneingangsbuchung zur Bestellung (SAP-Fiori-App »Materialdeckung bearbeiten«)

Schritt 5: Kundenauftrag erfassen

In den Schritten 1 bis 4 haben wir die Planung für unser Endprodukt, die Pumpe, durchgeführt. Auf Basis dieser Planung wurden die Komponenten, die wir für die Fertigung eines Endprodukts benötigen, bereits beschafft, obwohl noch gar kein Kundenauftrag vorlag. Diesen erfassen wir im nächsten Schritt. Ein neuer Kunde bestellt 40 Stück unseres Materials PMP-100000. In Abschnitt 20.1, »Produkte und Märkte«, haben Sie erfahren, dass eine Mindestbestellmenge von 50 Stück definiert worden ist. Wie reagiert das System nun darauf?

Erfassen wir einen Kundenauftrag zunächst mit der **Auftragsmenge** von 40 Stück (siehe Abbildung 20.18). Das System antwortet uns mit einer Warnmeldung: **In Position 000010 bitte die Mindestauftragsmenge beachten: 50 ST**.

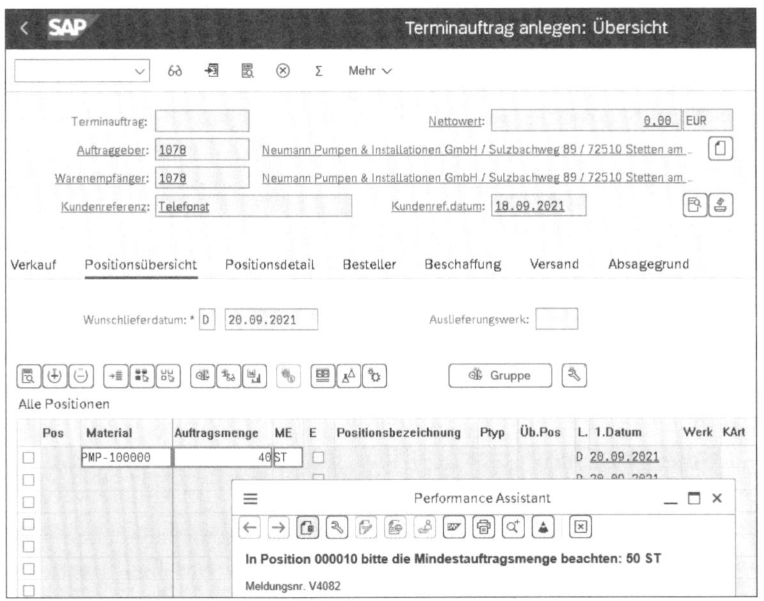

Abbildung 20.18 Erfassung des Terminauftrags für das Material PMP-100000 (Transaktion VA01)

Wir erhöhen die Menge auf 50 Stück. Anschließend ermittelt das System den Liefertermin über die Logik *Verrechnung gegen die Vorplanung* (siehe Abbildung 20.19). Als Wunschliefertermin wurde im Kundenauftrag der 20.09.2021 (siehe Feld **Wunschlf.Datum:**) erfasst. Das System sucht nun gemäß den Einstellungen im Materialstamm (siehe Abbildung 20.5) nach einem Vorplanungsbedarf, und zwar zunächst über die Rückwärtsverrechnung. Allerdings wissen Sie aus Abbildung 20.11, dass der erste Bedarf für den 04.10.2021 eingeplant wurde. Über die Vorwärtsverrechnung ermittelt das System diesen Vorplanungsbedarf und verrechnet den Kundenbedarf entsprechend. Die Position wird demzufolge zum 04.10.2021 bestätigt. Über die Versandterminierung (siehe Abschnitt 4.2) wird das frühestmögliche Lieferdatum (**Lf/Best.Datum:** 07.10.2021) errechnet.

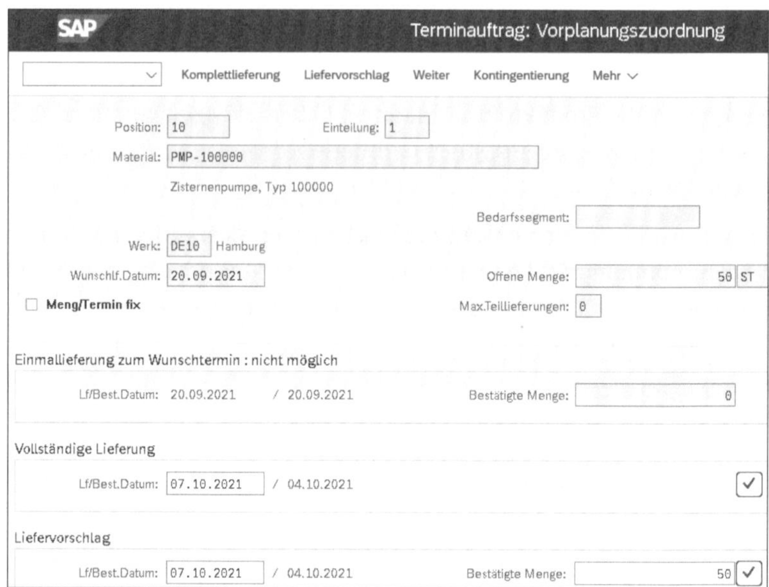

Abbildung 20.19 Verfügbarkeitsprüfung im Terminauftrag für das Material PMP-100000 (Transaktion VA01)

Kennzeichen »Meng/Termin fix«

Besondere Beachtung wollen wir an dieser Stelle dem Kennzeichen **Meng/Termin fix** schenken (siehe Abbildung 20.19). In unserem Auftrag ist dieses Kennzeichen *nicht* gesetzt, daher übergibt der Auftrag den Bedarfstermin, der zur Einhaltung des ursprünglichen Wunschlieferdatums führen würde. Dies ist der 20.09.2021. In der Produktion wird nach dieser Information der Versuch unternommen, die Fertigung zu beschleunigen, um das ursprüngliche Lieferdatum des Kunden zu halten.

Wird das Kennzeichen gesetzt, wird der Bestätigungstermin im Kundenauftrag *fixiert*. Der Auftragsbedarf wird dann zum Bestätigungsdatum, also zum 04.10.2021, übergeben, und es wird kein Versuch unternommen, den ursprünglichen Termin zu halten. Die Disposition plant lediglich die Einhaltung des so nun bestätigten Termins, da sie davon ausgeht, dass dieser Termin mit dem Kunden abgestimmt wurde.

Nach der Bestätigung der Liefertermine und der Kontrolle der Preisfindung wird ein Kundenauftrag mit der Auftragsnummer 30000149 angelegt. Sie sehen den Kundenauftrag in Abbildung 20.20. Unter anderem erkennen Sie, dass die Bedarfsart (**BDar**) **KSVS** ermittelt wurde. Die Position wird zum 04.10.2021 (siehe zweite Zeile der Spalte **Bereit.Dat**) bestätigt, und als Kundenlieferdatum wurde der 07.10.2021 errechnet.

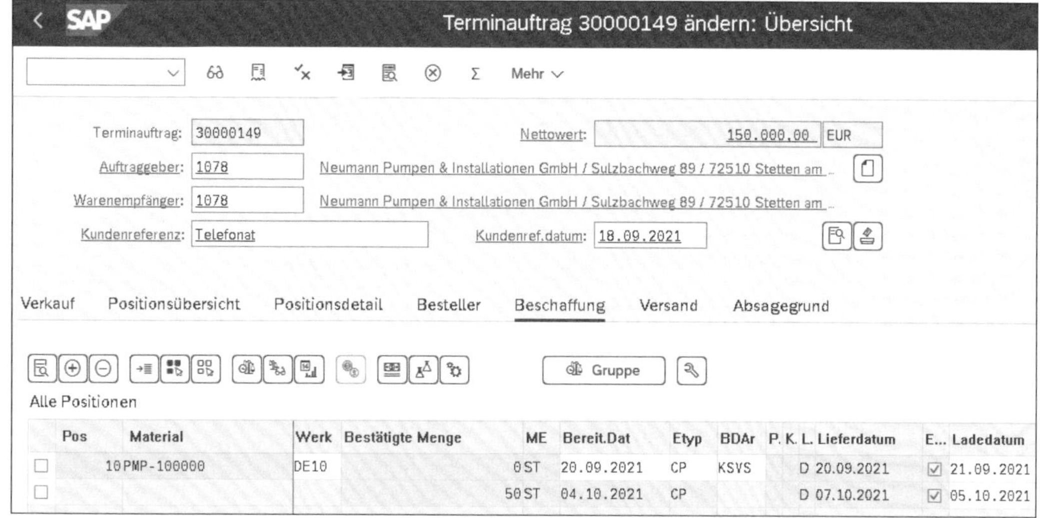

Abbildung 20.20 Terminauftrag 30000149 (Transaktion VA02)

Welche Auswirkungen hat der Terminauftrag in der aktuellen Bedarfs- und Bestandsliste? Der Auftrag hat den Vorplanungsbedarf vom 04.10.2021 abgebaut und zusätzlich einen Auftragsbedarf (**K-Auft**) für das Endprodukt an die Disposition übergeben. Dieser wird nun außerhalb des Planungssegments *Vorplanung ohne Endmontage* verwaltet. Betrachten Sie also die aktualisierte Bedarfs- und Bestandsliste nach der Auftragserfassung (siehe Abbildung 20.21).

Damit steht dem Vorplanungsbedarf in Höhe von 50 Stück vom 04.10.2021 jetzt ein Planauftrag (mit dem Kennzeichen **VP**, siehe Schritt 2) in Höhe von 100 Stück gegenüber. Der Auftragsbedarf in Höhe von 50 Stück ist noch nicht gedeckt.

Schritt 6: Materialbedarfsplanung

Zur Deckung des Auftragsbedarfs wurde durch den Dispositionslauf ein Planauftrag (**Pl-Auf**) mit der Auftragsnummer 5652 mit dem Kennzeichen **LA** angelegt (siehe Abbildung 20.22). Dieser Planauftrag kann – anders als die Planaufträge im Planungssegment *Vorplanung ohne Montage* – in einen Fertigungsauftrag umgesetzt werden. Über diesen Fertigungsauftrag wird nun die Endmontage unserer Pumpe angestoßen. Der Fertigungsauftrag wird so terminiert, dass die bestätigten Termine im Kundenauftrag eingehalten werden. Durch den Dispositionslauf wurde außerdem der Planauftrag 5552 um 50 Stück verringert (siehe Abbildung 20.22). Er deckt den nach der Verrechnung verbleibenden Vorplanungsbedarf vom 04.10.2021 jetzt wieder exakt.

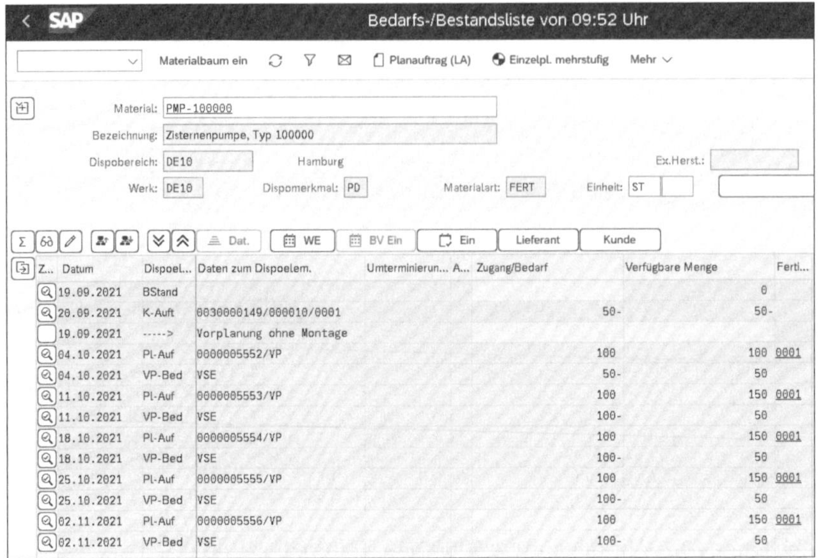

Abbildung 20.21 Aktuelle Bedarfs- und Bestandsliste nach Auftragserfassung mit Vorplanungsverrechnung (Transaktion MD04)

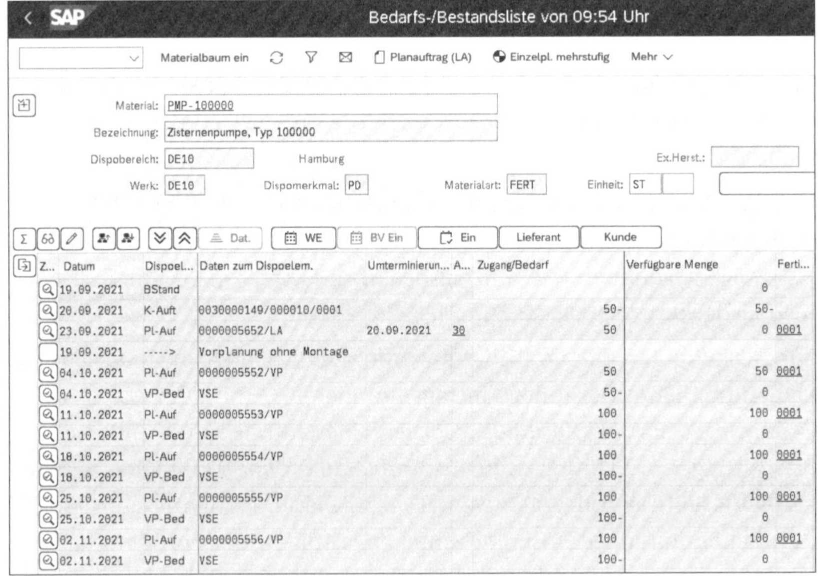

Abbildung 20.22 Aktuelle Bedarfs- und Bestandsliste für das Material PMP-100000 nach Auftragserfassung und Disposition (Transaktion MD04)

Wie wirkt sich dieser erneute Dispositionslauf auf die dispositive Situation bei den Komponenten aus? Abbildung 20.23 zeigt die Materialdeckung zu unserem Standard-Pumpengehäuse. Sie sehen, dass der ursprüngliche Sekundärbedarf **SekBed 252-1** des Materials KOMP-10100 von ursprünglich 100 Stück um 50 Stück reduziert wurde. Gleichzeitig wurde ein neuer Sekundärbedarf **SekBed 272-1** in Höhe von 50 Stück aufgebaut. In den Detaildaten zum Dispositionselement erkennen Sie, dass der neue Sekundärbedarf dem neuen Planauftrag mit der Auftragsnummer 5652 (**Pl-Auf 5652-1**) zugeordnet ist.

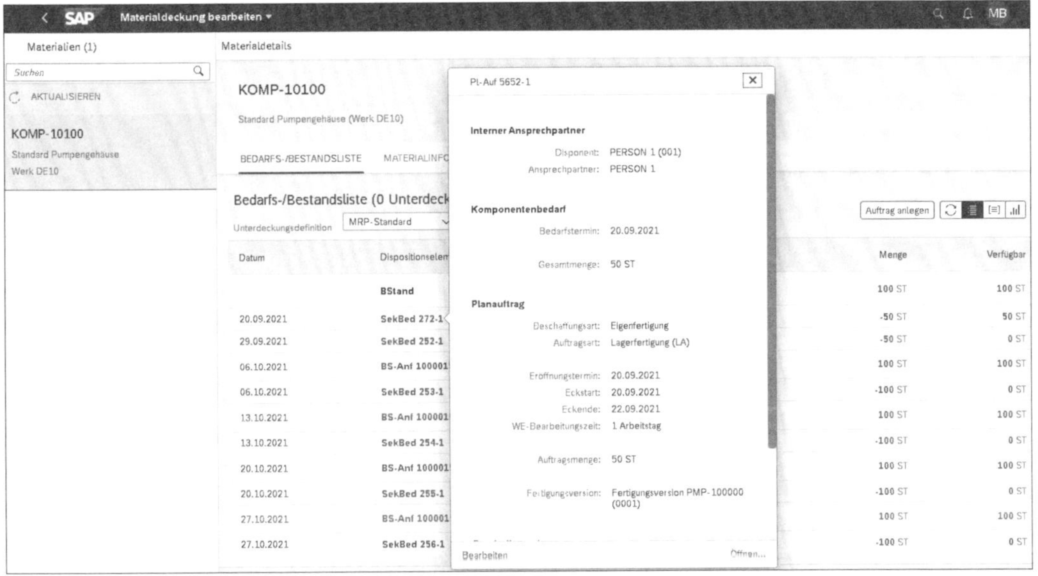

Abbildung 20.23 Materialdeckung der Komponente KOMP-10100 (SAP-Fiori-App »Materialdeckung bearbeiten«)

Schritt 7: Endmontage

Genau dieser Planauftrag (5652) wird vom Disponenten in einen Fertigungsauftrag zur Montage des Endgeräts umgesetzt. Bevor der Fertigungsauftrag freigegeben werden kann, müssen die Serialnummern vergeben werden. Sie erinnern sich:

- Im Materialstamm wurde die Serialnummernpflicht festgelegt. Dazu wurde ein Serialnummernprofil zugeordnet.
- Im Customizing des Serialnummernprofils wurde festgelegt, dass im Fertigungsauftrag Serialnummern vergeben werden *müssen* (siehe Abschnitt 4.6).

Die Serialnummern können durch das System fortlaufend vergeben oder manuell zugewiesen werden. Wir entscheiden uns dafür, die Serialnummern automatisch vergeben zu lassen. Das System vergibt die Nummern 1 bis 50 für unsere 50 Pumpen (siehe Abbildung 20.24).

Nach der Vergabe der Serialnummern wird der Fertigungsauftrag 1000040 freigegeben.

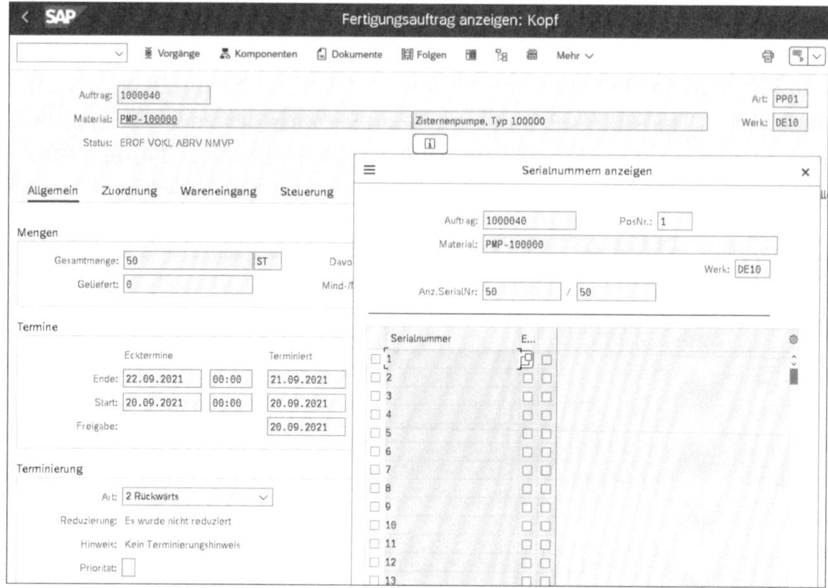

Abbildung 20.24 Serialnummernvergabe im Fertigungsauftrag 1000040 (Transaktion CO03)

Über die Stückliste werden die benötigten Komponenten (und die Planmengen) im Fertigungsauftrag ermittelt, und über den Arbeitsplan wird der Vorgang zur Endmontage mit seinen Planzeiten festgelegt. Abbildung 20.25 zeigt die aktuelle Bedarfs- und Bestandsliste nach der Umsetzung des Planauftrags in einen Fertigungsauftrag.

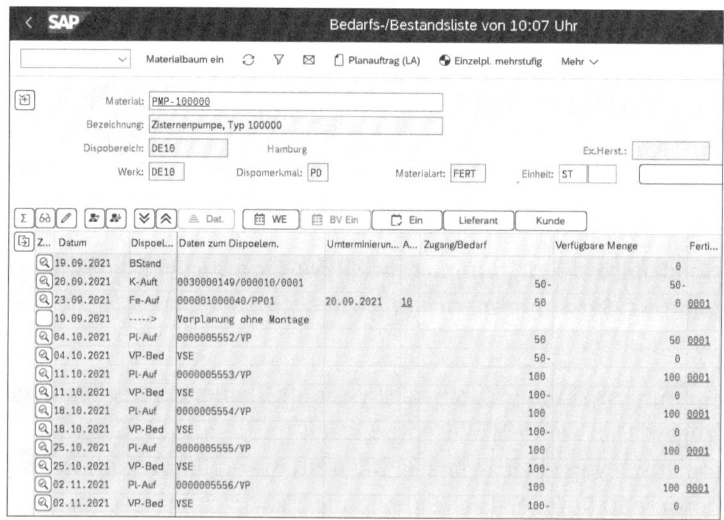

Abbildung 20.25 Aktuelle Bedarfs- und Bestandsliste nach der Erstellung des Fertigungsauftrags (Transaktion MD04)

Mit der Umsetzung des Planauftrags wurden die Sekundärbedarfe für die Komponenten in eine abhängige Reservierung (**AR-Res 272-1**) zum Fertigungsauftrag umgesetzt. Dies zeigt Abbildung 20.26 am Beispiel der Komponente KOMP-10100 (Standard-Pumpengehäuse).

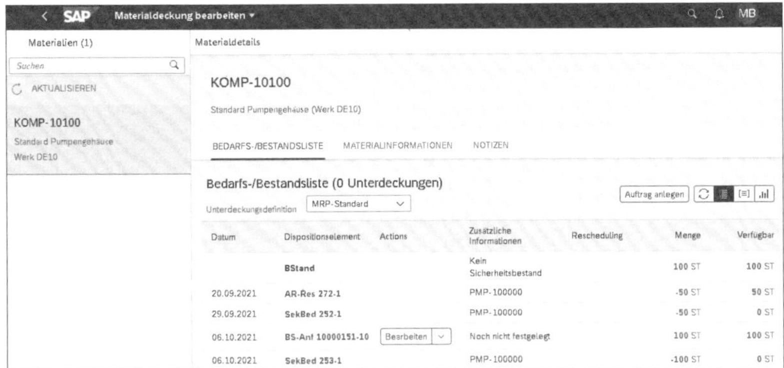

Abbildung 20.26 Materialdeckung für das Material KOMP-10100 mit Reservierung zum Fertigungsauftrag (SAP-Fiori-App »Materialdeckung bearbeiten«)

Der nächste Schritt innerhalb des Fertigungsauftrags ist die Entnahme der Komponenten aus dem Lager. Die entsprechende Verbrauchsbuchung wird auf den Fertigungsauftrag kontiert. Abbildung 20.27 zeigt den Materialbeleg 4900000434, der mit der Entnahmebuchung mit **Warenbewegungsart WA für Auftrag (261)** in der Materialwirtschaftsanwendung MM erzeugt wurde.

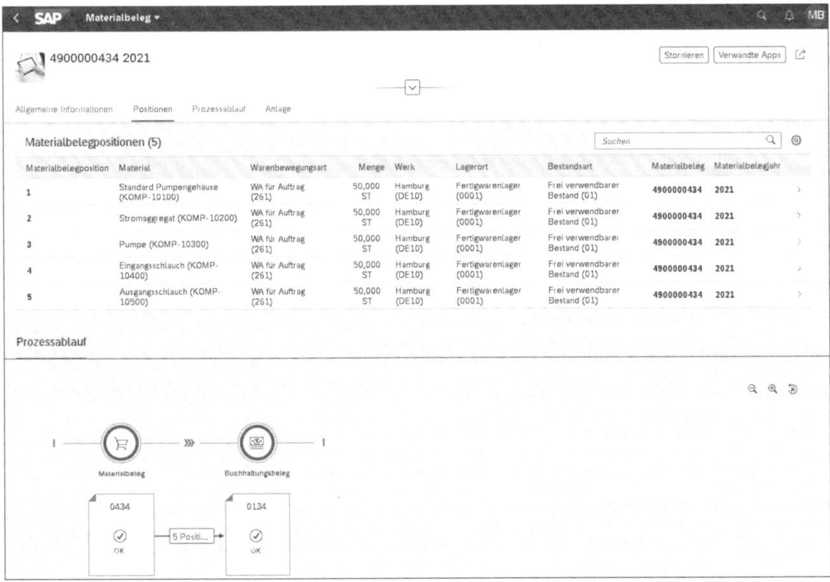

Abbildung 20.27 Materialbeleg zur Entnahme der Komponenten (SAP-Fiori-App »Übersicht Materialbelege«)

Zum Materialbeleg wurde auch ein Buchungsbeleg in der Finanzbuchhaltung erstellt (siehe Abbildung 20.28). Er enthält die Verbrauchsbuchung für die Halbfertigerzeugnisse. Der Buchungssatz lautet »Verbrauch Komponenten an Bestand unfertige Erzeugnisse«.

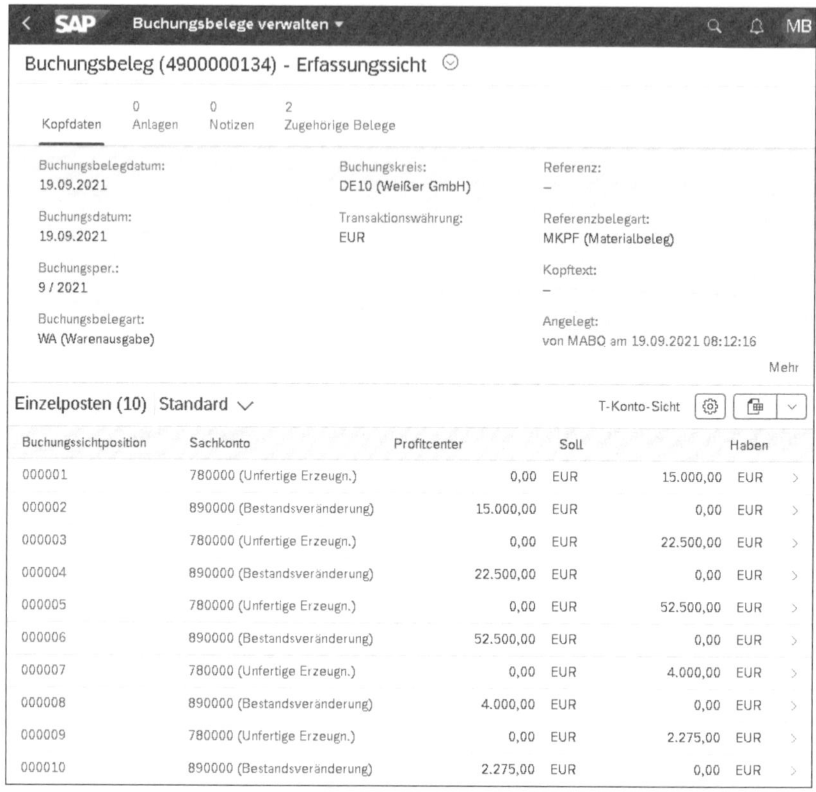

Abbildung 20.28 Buchungsbeleg zur Warenentnahme (SAP-Fiori-App »Buchungsbelege verwalten«)

Die Verbrauchsbuchung auf das Sachkonto 890000 ist auf den Fertigungsauftrag mit der Auftragsnummer 1000040 kontiert. Abbildung 20.29 zeigt das Detailbild zur Buchungszeile 2 aus unserem Buchungsbeleg. Dort sehen Sie unter anderem die Kontierung auf den Fertigungsauftrag (**Auftrags-ID**). Über diese Kontierung wird der Fertigungsauftrag mit Ist-Kosten belastet und dient somit als Kostensammler.

Im nächsten Schritt innerhalb der Endmontage erfolgt nun die Rückmeldung des Fertigungsauftrags. Dabei werden die Ist-Zeiten (Rüstzeit, Maschinenzeit, Personalzeit) erfasst und über die Tarife aus der Kostenrechnung bewertet. Dadurch werden weitere Ist-Kosten auf dem Fertigungsauftrag verbucht. Unterscheiden sich diese Zeiten von den Planzeiten im Arbeitsplan, ergeben sich Zeit- und in deren Folge Kostenabweichungen. Sie können das System auch so einstellen, dass immer automatisch Planzeiten zurückgemeldet werden.

Abbildung 20.29 Detailbild zur Verbrauchsbuchung im Buchungsbeleg (SAP-Fiori-App »Buchungsbelege verwalten«)

Schließlich erfolgt die Ablieferung unserer Pumpen an das Lager. Diese Buchung erfolgt über eine Wareneingangsbuchung mit der **Warenbewegungsart WE zum Auftrag (101)**. Dabei wird der Materialbeleg 5000000081 (siehe Abbildung 20.30) erzeugt.

Über die Wareneingangsbuchung entsteht auch ein Buchungsbeleg 5000000017 (siehe Abbildung 20.31). Dieser enthält den Buchungssatz »Bestand Fertige Erzeugnisse an Fabrikleistung Fertigungsaufträge«. Es wird also ein Ertrag (positive Bestandsveränderung) gebucht. Die Buchung auf dem Bestandsveränderungskonto ist auf den Fertigungsauftrag kontiert, womit dieser kostenmäßig entlastet wird. Die Wareneingangsbuchung wird mit dem Bewertungspreis aus dem Materialstamm und damit mit Plankosten bewertet. Die Menge (50 Stück) wurde mit dem Standardpreis (1.812,86 EUR) multipliziert.

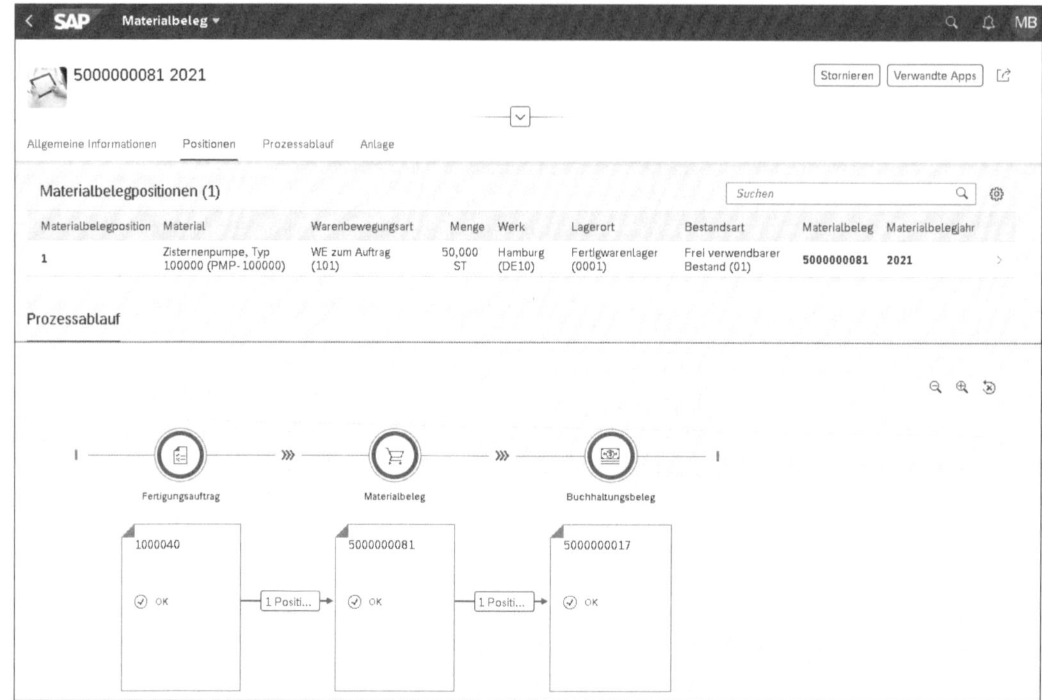

Abbildung 20.30 Materialbeleg zur Wareneingangsbuchung der Endgeräte im Lager (SAP-Fiori-App »Übersicht Materialbelege«)

Abbildung 20.31 Buchungsbeleg zur Wareneingangsbuchung für die Endgeräte (SAP-Fiori-App »Buchungsbelege verwalten«)

Abweichungsanalyse

Mit der Buchung des Wareneingangs für unsere Pumpen ist der Fertigungsauftrag aus logistischer Sicht abgeschlossen. Im Controlling kann nun eine

Abweichungsanalyse und anschließend die Abrechnung des Auftrags durchgeführt werden (typischerweise geschieht dies in einem Sammellauf über alle Fertigungsaufträge im Rahmen des Monatsabschlusses). Bei der Abweichungsanalyse wird die Differenz zwischen den Plankosten aus der Materialkalkulation und den Ist-Kosten im Fertigungsauftrag errechnet und in verschiedene Abweichungskategorien (wie z. B. Mengenabweichung und Preisabweichung) aufgeschlüsselt. Über die Abrechnung des Fertigungsauftrags wird die ermittelte Differenz als Preisabweichung in der Finanzbuchhaltung gebucht. Diese Buchung ist nicht ergebniswirksam (Gewinn- und Verlustkonto an Gewinn- und Verlustkonto) und dient lediglich dazu, den verbleibenden Saldo des Fertigungsauftrags auszubuchen.

Auftragsabrechnung

Die Auftragsabrechnung übergibt die Abweichungen zusätzlich an die Ergebnis- und Marktsegmentrechnung (CO-PA), wobei die unterschiedlichen Abweichungskategorien je nach Anforderung in verschiedenen Berichtszeilen (Wertfeldern) ausgewiesen werden können. Auf die Auswirkungen in der Ergebnisrechnung werden wir nach der Fakturierung des Kundenauftrags noch zurückkommen.

Schritt 8: Versand

Nachdem die Montage unserer Pumpen abgeschlossen ist, kann jetzt der Versand beginnen. Nach der Zubuchung der Bestände für die Endprodukte zeigt die aktuelle Bedarfs- und Bestandsliste die in Abbildung 20.32 dargestellte Situation.

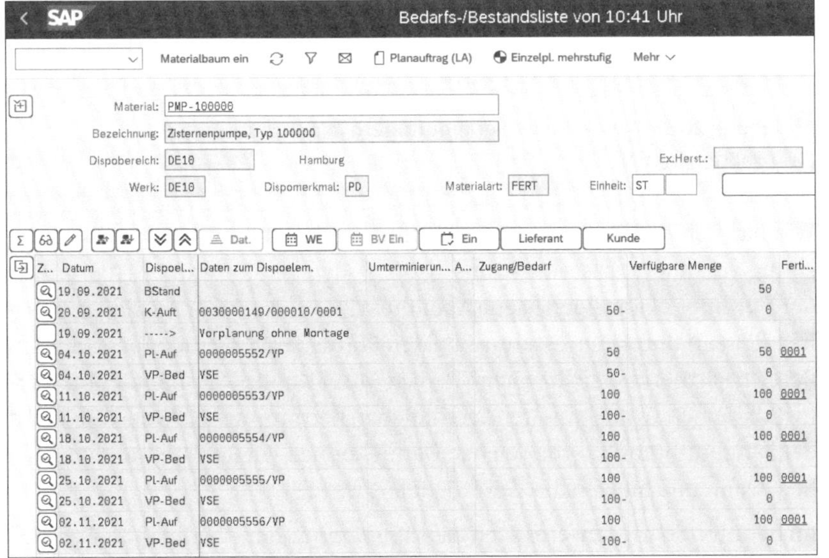

Abbildung 20.32 Aktuelle Bedarfs- und Bestandsliste nach der Endmontage (Transaktion MD04)

Der Kundenauftragsbedarf in Höhe von 50 Stück ist jetzt durch den Lagerbestand gedeckt (**BStand**), und mit Bezug zum Kundenauftrag kann eine Lieferung angelegt werden. Da die Serialnummern für unsere Pumpen bereits im Fertigungsauftrag vergeben wurden, müssen nun die Serialnummern im Lieferbeleg ausgewählt werden.

In Abbildung 20.33 sehen Sie die Auswahl der Serialnummern in der Lieferung. Das System bietet uns die Liste der Serialnummern an, die im Fertigungsauftrag vergeben wurden (1 bis 50). Die Warenausgangsbuchung in der Lieferung 80000068 erfolgt über die Bewegungsart 601 (Warenausgang Lieferung). Die Buchung wird mit dem Bewertungspreis aus dem Materialstamm bewertet. Der Buchungsbeleg enthält die Buchung »Fertigerzeugnisse an Bestandsveränderungen«.

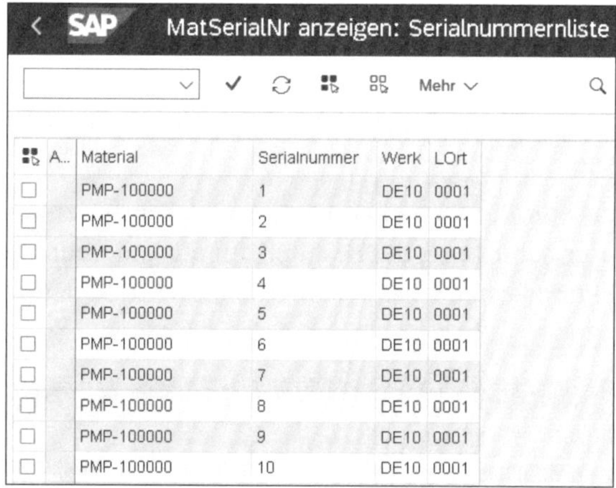

A...	Material	Serialnummer	Werk	LOrt
	PMP-100000	1	DE10	0001
	PMP-100000	2	DE10	0001
	PMP-100000	3	DE10	0001
	PMP-100000	4	DE10	0001
	PMP-100000	5	DE10	0001
	PMP-100000	6	DE10	0001
	PMP-100000	7	DE10	0001
	PMP-100000	8	DE10	0001
	PMP-100000	9	DE10	0001
	PMP-100000	10	DE10	0001

Abbildung 20.33 Auswahl der Serialnummern in der Lieferung (Transaktion VL01N)

Wie hat sich der Status der Serialnummern durch die Warenausgangsbuchung verändert? Lassen wir uns also z. B. den Serialnummernstammsatz der Nummer 24 anzeigen (siehe Abbildung 20.34). Nach der Auslieferung erhält der Serialnummernstammsatz den **Status EKUN** (Kundenbestand). Im Bereich **Partnerübersicht** sehen Sie, dass unser Kunde Neumann Pumpen & Installationen GmbH mit der Geschäftspartnernummer 1078 das Gerät mit der Serialnummer 24 erhalten hat. Damit können wir jederzeit nachvollziehen, wann und an wen das Gerät geliefert wurde.

Schritt 9: Fakturierung

Im neunten Schritt unseres Szenarios *Vorplanung ohne Endmontage* geht es um die Fakturierung. Mit Bezug zur Lieferung wird eine Kundenrechnung im System erzeugt. Der Nettowert (150.000,00 EUR) ergibt sich aus einem Stückpreis von 3.000,00 EUR, der aus dem Auftrag übernommen wurde (siehe Abbildung 20.35).

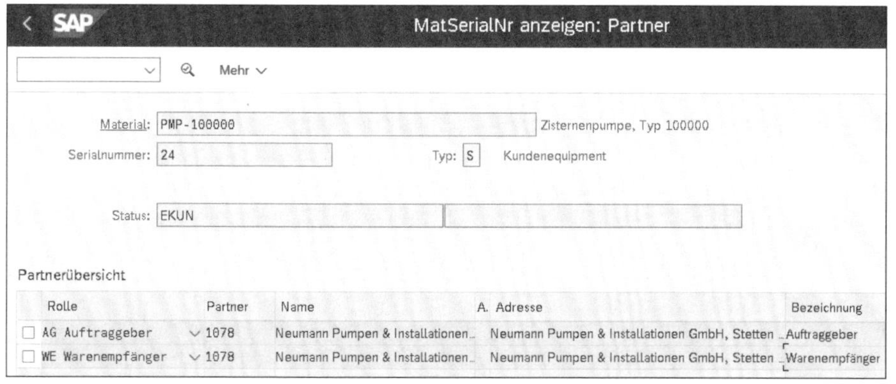

Abbildung 20.34 Serialnummernstammsatz nach der Auslieferung (Transaktion IQ03)

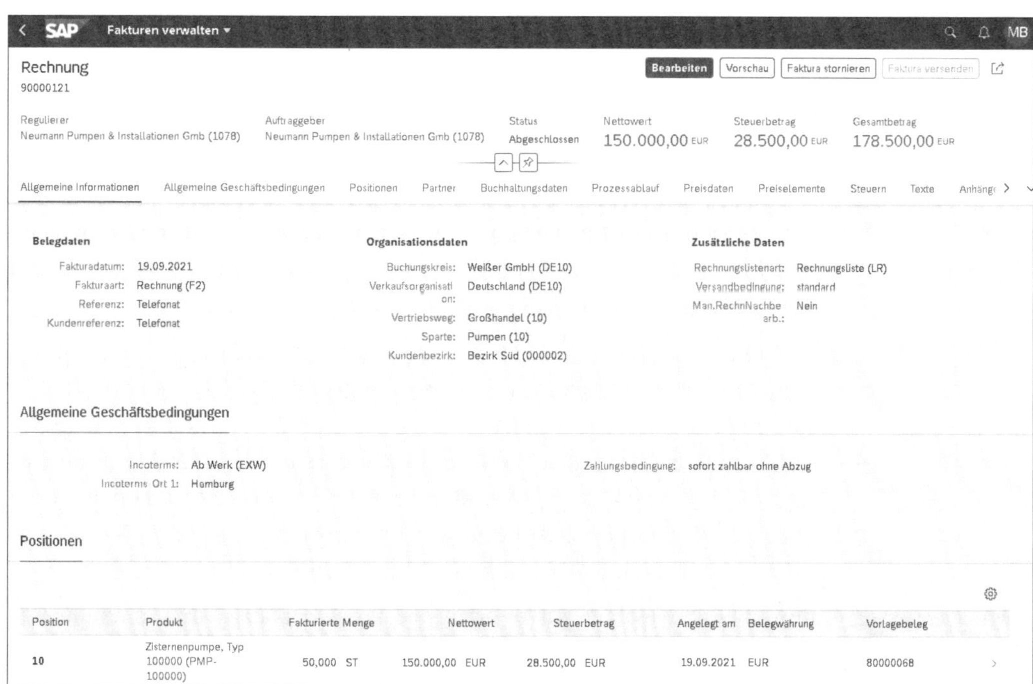

Abbildung 20.35 Fakturierung (SAP-Fiori-App »Fakturen verwalten«)

Der Vollständigkeit halber wollen wir uns auch den Buchungsbeleg 90000121 ansehen (siehe Abbildung 20.36). Er enthält die Erlösbuchung »Forderungen an Umsatzerlöse und Mehrwertsteuer«. Die Erlöse und die Planherstellungskosten werden an die Ergebnisrechnung übergeben.

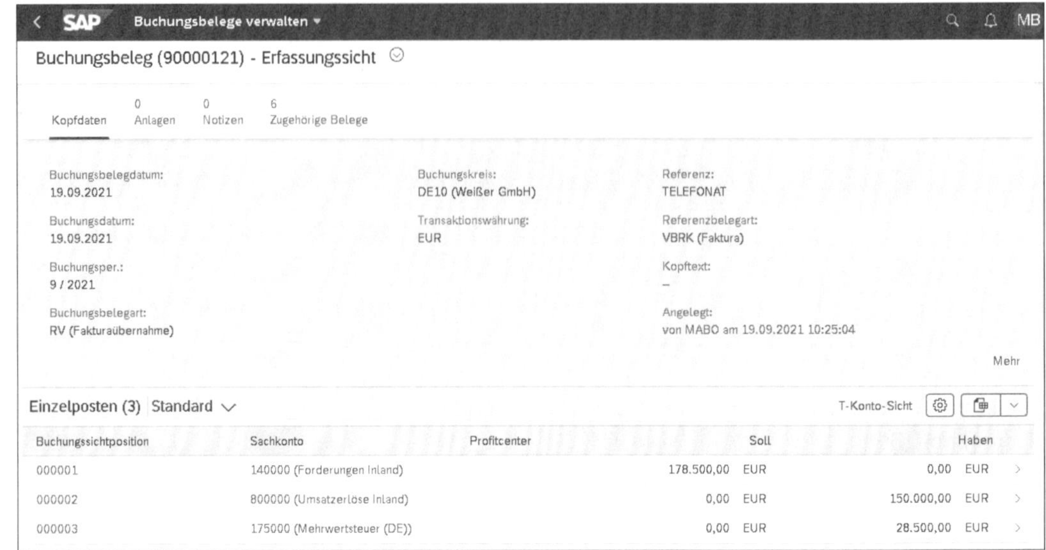

Abbildung 20.36 Buchungsbeleg zur Kundenrechnung (SAP-Fiori-App »Buchungsbelege verwalten«)

Schritt 10: Analyse des Ergebnisses

Im Verlauf des Szenarios haben wir auch die Entstehung der Ist-Kosten auf dem Fertigungsauftrag verfolgt. Wie bereits dargestellt, wurde für den Fertigungsauftrag eine Abweichungsermittlung durchgeführt. Der Betrag der Abweichung wurde an die Ergebnisrechnung übermittelt.

Die fakturierte Menge (50 Stück), die Umsätze (150.000,00 EUR) und die Standardherstellungskosten (**Verrechnungspreis** i. H. v. 90.643,00 EUR) stammen aus der Faktura. Daraus errechnet sich der Standarddeckungsbeitrag, von dem die eventuellen Abweichungen auf dem Fertigungsauftrag abgezogen werden. Da in unserem Beispiel keine Abweichungen aufgetreten sind, verbleibt ein Ist-Deckungsbeitrag in Höhe von 59.357,00 EUR, wie in der letzten Zeile in Abbildung 20.37 zu erkennen ist.

Zusammenfassung

Abschließend wollen wir anhand des Prozessablaufs im Kundenauftrag (siehe Abbildung 20.38) das Szenario *Vorplanung ohne Endmontage* zusammenfassen. Bereits vor der Erfassung des Auftrags wurde für unsere Pumpe eine Programmplanung angelegt und als Basis für die Beschaffung der Komponenten genutzt. Der eingehende Kundenauftrag mit der Auftragsnummer 30000149 übergab einen Bedarf an die Disposition. Der Auftragsbedarf verrechnete sich mit der Vorplanung und führte über die Disposition zu einem Fertigungsauftrag für die Endmontage. Nach dem Wareneingang der Endprodukte im Lager folgten der Lieferbeleg mit der Nummer 80000068 und die Kundenrechnung mit der Nummer 90000121.

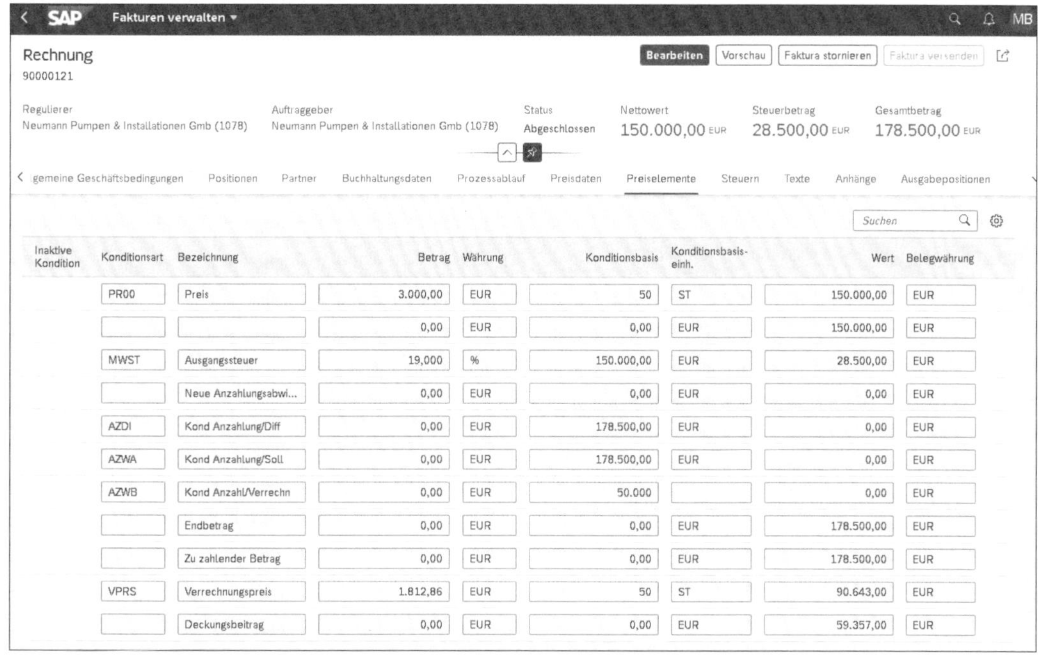

Abbildung 20.37 Preiselemente der Kundenfaktura (SAP-Fiori-App »Fakturen verwalten«)

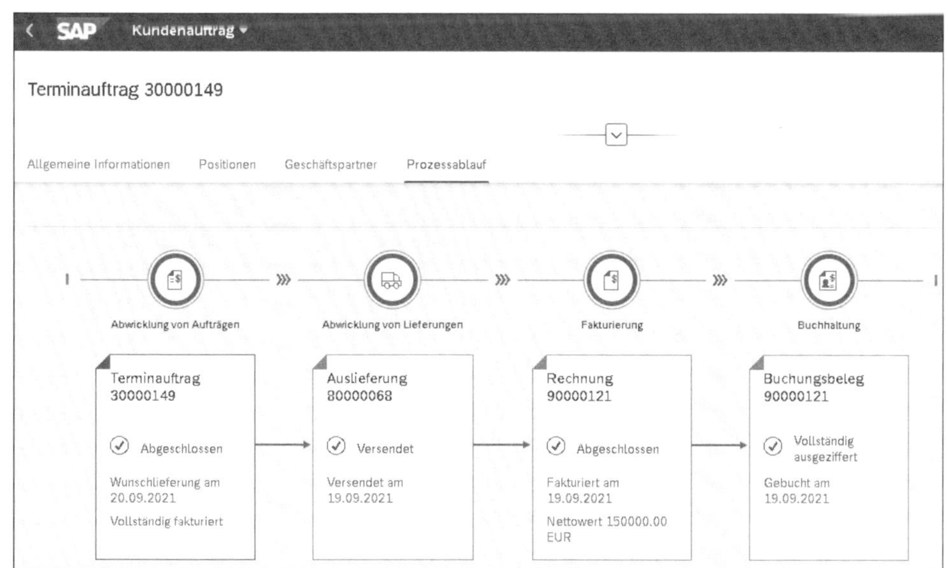

Abbildung 20.38 Prozessablauf im Kundenauftrag (SAP-Fiori-App »Kundenauftrag«)

20

Kapitel 21
Kundeneinzelfertigung

Nicht alle Produkte können in Massen gefertigt und an Endkunden verkauft werden. In diesem Kapitel erklären wir Ihnen, wie Sie die Fertigung von Produkten, die explizit für einen Kunden entwickelt und hergestellt werden, mit SAP S/4HANA realisieren.

Bislang haben Sie zwei Szenarien für die anonyme Massenfertigung kennengelernt. In diesem Abschnitt beschäftigt uns jetzt die klassische Kundeneinzelfertigung. Dabei wird ein Produkt speziell für einen Kundenauftrag entwickelt, hergestellt und geliefert. Neben der entsprechenden Gestaltung der logistischen Abläufe in der Produktion, der Materialwirtschaft und dem Vertrieb ist ein auftragsbezogenes Controlling von außerordentlicher Bedeutung. Dieses Szenario nutzt einen Fakturierungsplan; die Grundlagen hierfür haben wir in Teil III, »Vertriebsprozesse in SAP S/4HANA«, beschrieben.

21.1 Produkte und Märkte

Aufbau des Szenarios

Auch in diesem Beispiel bleiben wir bei der Herstellung von Pumpen, die Sie schon aus dem Szenario *Vorplanung ohne Endmontage* aus Kapitel 20 kennen. Neben den dort behandelten Standardpumpen fertigt unser Unternehmen auch Spezialpumpen. Wir erhalten von unseren Kunden vollständige Konstruktionszeichnungen für die entsprechende Pumpe und sind anschließend für die Herstellung des Geräts verantwortlich. Das Gerät wird als Ganzes ausgeliefert und dann vom Kunden eingebaut. Da es sich um hochindividuelle Produkte handelt, können nur in sehr begrenztem Ausmaß Standardkomponenten eingesetzt werden. Viele der benötigten Komponenten werden nach detaillierten Vorgaben des Kunden individuell beschafft. Demzufolge wird pro Kundenauftrag eine sogenannte *Auftragsstückliste* erstellt. Auch der Arbeitsplan für die Herstellung des Produkts wird pro Kundenauftrag angelegt. Auf der Basis dieser Daten erfolgt eine Kalkulation der Herstellungs- und Selbstkosten im Kundenauftrag.

Im Gegensatz zu Kapitel 19, »Lagerverkauf mit Chargenfertigung«, und Kapitel 20, »Vorplanung ohne Endmontage«, werden Aufträge immer erst nach Abgabe eines entsprechenden Angebots abgeschlossen. Der Materialstamm PMP-200000 (Spezialpumpe Kundeneinzelfertigung) dient uns als Beispiel. Die benötigten Komponenten, Stücklisten und Arbeitspläne werden im Laufe des Beispiels erstellt. Da die Pumpe eine Spezialanfertigung für unseren Kunden ist, haben wir mit ihm vereinbart, dass wir bei Vertragsabschluss eine Anzahlung erhalten. Nach der Lieferung wird der Restbetrag fällig. Die Anzahlung wird bei der Schlussrechnung verrechnet.

21.2 Organisationsstruktur

Wir verwenden die gleiche Organisationsstruktur wie im Beispiel aus Kapitel 20, »Vorplanung ohne Endmontage«. Abbildung 21.1 zeigt diese Struktur. Auch in diesem Beispiel erfolgt die Produktion in Werk DE10, und der Vertrieb wird über den Vertriebsbereich DE10/10/00 organisiert.

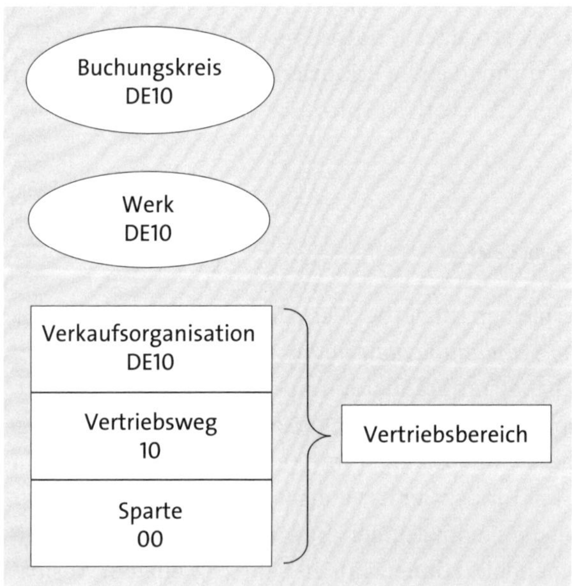

Abbildung 21.1 Organisationsstruktur

21.3 Prozessbeschreibung

Überblick

In Kapitel 6, »Integration in das Rechnungswesen«, haben wir bereits auf den Zusammenhang zwischen Produktions- und Planungsszenarien, Vertrieb und Materialwirtschaft einerseits und den Controlling-Konzepten andererseits hingewiesen. In dieser Wertschöpfungskette beschäftigt uns die reine Kundeneinzelfertigung mit einem unbewerteten Kundeneinzelbestand (siehe Abbildung 21.2).

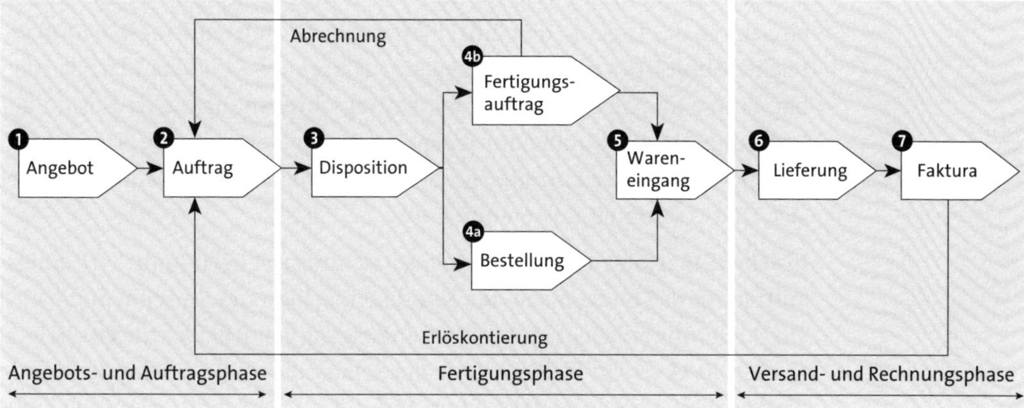

Abbildung 21.2 Wertschöpfungskette »Kundeneinzelfertigung«

Im Gegensatz zu den bisherigen Szenarien wird bei der *Einzelfertigung* keine Absatzplanung vorgenommen. Es handelt sich hier um sehr individuelle Produkte, für die eine solche Planung nicht sinnvoll ist. Der erste Schritt in unserer Prozesskette besteht in der Erfassung eines Angebots ❶. Bei Aufträgen dieser Größenordnung (unsere Spezialpumpen haben einen Wert von bis zu 1.000.000,00 EUR) holen die Kunden unseres Beispielunternehmens immer mehrere Angebote ein. Wir hinterlegen auf Positionsebene im Angebot den Fakturierungsplan, der aus einer Anzahlung und einer Schlussrechnung nach Lieferung besteht. Die Anzahlung ist in der Wertschöpfungskette nicht dargestellt.

In Schritt ❷ wird mit Bezug zum Angebot ein Kundenauftrag erfasst. Zum Kundenauftrag werden eine Auftragsstückliste für unsere Spezialpumpe und ein Arbeitsplan entwickelt, der nur für das Material in *diesem* Auftrag gültig ist. Aus dem Kundenauftrag heraus wird bei der Kundeneinzelfertigung ein sogenanntes *Einzelbestandssegment* angelegt. Es handelt sich um einen Bestand, der nur der Auftragsposition zugeordnet ist. Zusätzlich wird der Auftragsbedarf übergeben. Nach der Auftragsanlage wird eine Anzahlungsrechnung entsprechend dem hinterlegten Fakturierungsplan erstellt. In Schritt ❸ erfolgt dann die Disposition (Materialbedarfsplanung) in der Anwendung PP (Produktionsplanung und -steuerung). Als Dispositionsergebnis liegt ein Planauftrag für die Herstellung unserer Spezialpumpe vor.

Über die mehrstufige Stücklistenauflösung in der Disposition werden in Schritt ❹a Sekundärbedarfe für die Beschaffung der Komponenten ausgelöst. Der Planauftrag für das Endgerät wird in Schritt 4b in einen Fertigungsauftrag umgesetzt. Im Unterschied z. B. in Kapitel 20, »Vorplanung ohne Endmontage«, ist dieser Fertigungsauftrag aber auf den Kundenauftrag kontiert. Das bewirkt zweierlei: Zum einen wird das Endgerät beim Wareneingang in das Lager in den Einzelbestand der Kundenauftragsposition gebucht. Damit ist es nur für den bedarfsauslösenden Kundenauftrag verfügbar. Zum anderen werden mit der Auftragsabrechnung die Ist-Kosten der Fertigung an die Kundenauftragsposition abgerechnet. Die Kundenauftragsposition in der Einzelfertigung verfügt über ein sogenanntes *CO-Objekt*. Dieses sammelt Kosten und Erlöse.

In Schritt 5 erfolgt die Wareneingangsbuchung mit Bezug zum Fertigungsauftrag für das Endgerät in den Kundeneinzelbestand. Anschließend wird eine Lieferung angelegt und der Warenausgang gebucht (Schritt 6). Im letzten Schritt 7 erfolgt die Erstellung der Schlussrechnung. Sofern der Kunde die Anzahlung bereits geleistet hat, wird sie auf der Schlussrechnung automatisch vom System verrechnet. Im Unterschied zu den bisherigen Szenarien wird hier in der Ergebnisrechnung noch kein Beleg erzeugt. Vielmehr werden die Erlöse auf die Kundenauftragsposition kontiert. Erst über die Abrechnung des Kundenauftrags gelangen Kosten und Erlöse in die Ergebnis- und Marktsegmentrechnung. Im Folgenden gehen wir ausführlich auf die einzelnen Schritte ein.

Schritt 1: Angebot erfassen

Im ersten Schritt erfassen wir eine Angebotsposition mit unserem Materialstamm (PMP-200000). Da es sich bei der Kundeneinzelfertigung um ein Produkt handelt, das in dieser Form noch nicht produziert wurde, stellt sich die Frage nach der Grundlage für die Preisfindung. Stücklisten und Arbeitspläne, die bei Serienprodukten Auskunft über die benötigten Teile und Komponenten sowie die erforderlichen Arbeitsschritte geben, sind noch nicht vorhanden. Damit fehlt die Basis für die Durchführung einer Erzeugniskalkulation in der Anwendung CO: Sie basiert schließlich genau auf diesen Informationen. Wie aber soll der Verkaufspreis kalkuliert werden, wenn die Herstellungskosten bzw. die Selbstkosten (Selbstkosten = Herstellungskosten + Vertriebs- und Verwaltungskosten) noch nicht bekannt sind? Grundsätzlich gibt es zwei Möglichkeiten: die Erzeugniskalkulation und die Einzelkalkulation.

Erzeugniskalkulation

Die erste Möglichkeit besteht darin, auf Basis der detaillierten Kundeninformationen (z. B. Zeichnungen, Pflichtenhefte) Stücklisten und Arbeitspläne anzulegen und anschließend eine *Erzeugniskalkulation* durchzuführen. In der Praxis scheuen sich jedoch die meisten Unternehmen, diesen Schritt bereits im Angebot zu tun. Die Gründe dafür liegen im hohen Aufwand (es müssen mehrstufige Stücklisten und entsprechende Arbeitspläne angelegt werden) und in der Inflation an Materialstämmen, die entstünde, betriebe man für jedes Angebot die komplette Datenerfassung.

Einzelkalkulation

Die zweite Möglichkeit besteht in der Durchführung einer *Einzelkalkulation* im Angebot. Im Gegensatz zur Erzeugniskalkulation benötigt diese Art der Kalkulation keine Stücklisten und Arbeitspläne. Die Bestandteile einer Einzelkalkulation können in einer Art Tabellenkalkulation erfasst werden, wobei es möglich ist, auf bereits vorhandene Stammdaten (z. B. Materialstämme, Einkaufsinformationen) zurückzugreifen. Auch können Leistungen von Kostenstellen (z. B. Fertigungskostenstellen, Montagekostenstellen, Maschinenstunden, Personalstunden) in der Einzelkalkulation berücksichtigt werden. Darüber hinaus gibt es einfache Wertpositionen, mit deren Hilfe man beliebige Kosten kalkulieren kann. Zudem kann eine automatische Gemeinkostenbezuschlagung, z. B. zur Berechnung von Vertriebs- und Verwaltungskosten, erfolgen. Das Ergebnis der Einzelplanung kann an eine spezielle Konditionsart der Preisfindung im Kundenauftrag übergeben werden. Im Standard ist dies unter anderem die Konditionsart EK01. Damit erhält man einen Anhaltspunkt für die Gestaltung der Verkaufspreise im Angebot.

Die Kalkulation der Kosten und die Ermittlung des Verkaufspreises sind die Hauptaufgaben des Angebots im Szenario der Kundeneinzelfertigung.

Verfügbarkeitsprüfung und Bedarfsübergabe

Es stellt sich aber auch die Frage nach den Funktionen *Verfügbarkeitsprüfung* und *Bedarfsübergabe*. Eine Verfügbarkeitsprüfung nach der ATP-Logik (Available to Promise, siehe Abschnitt 4.1, »Verfügbarkeitsprüfung«) ist im Angebot nicht sinnvoll, da die Produkte auf Kundenwunsch gefertigt werden und daher nicht am Lager vorrätig sein können. Wie aber sieht es mit der Bedarfsübergabe aus? Erinnern Sie sich an Abschnitt 4.1. Dort haben Sie gelernt, dass im Vertriebsbeleg die Bedarfsart automatisch ermittelt wird und dass diese Bedarfsart im Customizing einer Bedarfsklasse zugeordnet ist. Diese Bedarfsklasse steuert die Verfügbarkeitsprüfung und die Bedarfsübergabe, aber zusätzlich auch Einstellungen, die für das Controlling relevant sind. Für unser Szenario ermitteln wir im Angebot die Bedarfsart ZKA (Kundeneinzelangebot). Diese Bedarfsart wird über die Strategiegruppe **Z2** (**Kundeneinzelfertigung (020)**) im Materialstamm ermittelt. Abbildung 21.3 zeigt die Zuordnung der Strategiegruppe im Datenbild **Disposition 3** im Materialstamm PMP-200000.

Sowohl die Strategiegruppe als auch die im Customizing zugeordnete Bedarfsart ZKA wurden neu angelegt, d. h., sie sind in dieser Form nicht im Standard-Customizing enthalten. Über die Bedarfsart ZKA wird im Customizing die Bedarfsklasse Z40 ermittelt.

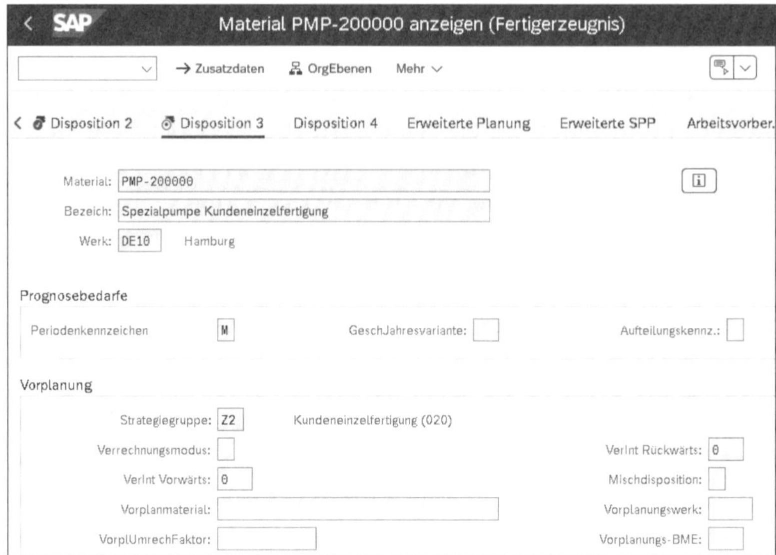

Abbildung 21.3 Zuordnung der Strategiegruppe im Materialstamm (Transaktion MM02)

In Abbildung 21.4 sehen Sie das Customizing für die Bedarfsklasse **Z40**. In dieser Abbildung ist für unser Szenario das Folgende wesentlich:

- Die Option **Verfügbarkeit** ist deaktiviert.
- Die Option **Bedarfsübergabe** ist deaktiviert; somit wird in der aktuellen Bedarfs- und Bestandsliste nach der Angebotserfassung weder ein Kundenbedarf noch ein Einzelbestandssegment sichtbar.
- Als Kalkulationsmethode (**Kalk.methode**) wurde die Option **2** (Einzelkalkulation) eingestellt. Damit ist die Voraussetzung dafür geschaffen, dass zu der Position eine Einzelkalkulation in der Komponente CO angelegt werden kann.
- Das Feld **KontierTyp** erhält den Eintrag **M** und das Feld **Bewertung** den Eintrag **A**. Damit wird ein bewerteter Kundeneinzelbestand ohne CO-Objekt realisiert.

[»]

Für Spezialisten: Anonyme Bewertung

Es handelt sich hier um einen bewerteten Kundeneinzelbestand mit anonymer Bewertung. Durch die Verwendung eines Kontierungstyps wird eine Kontomodifikationskonstante ermittelt, die für die Verbrauchskontenfindung in der Kalkulation benötigt wird. Gleichzeitig vermeiden wir durch die anonyme Bewertung ein CO-Objekt für die Angebotsposition.

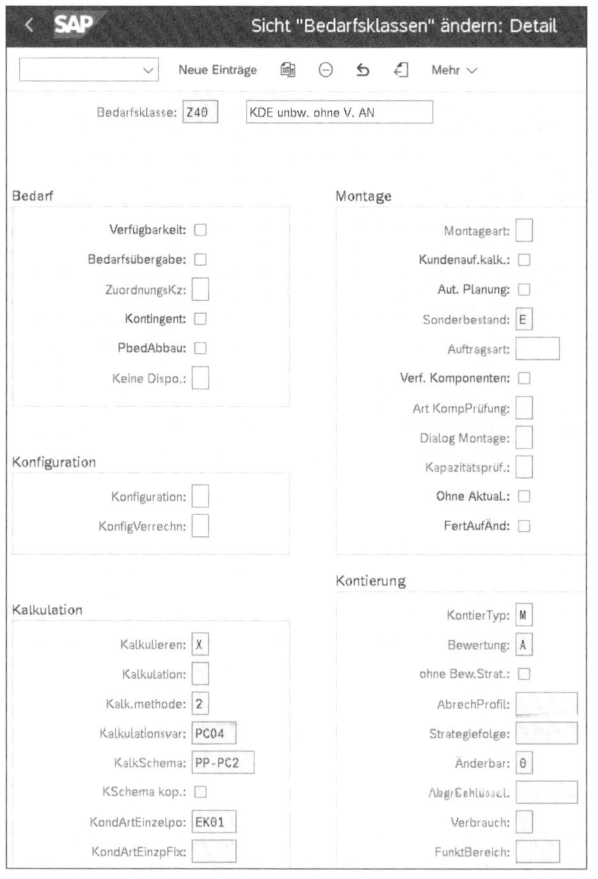

Abbildung 21.4 Customizing der Bedarfsklasse (Transaktion OVZG)

In einer SAP-Standardinstallation wird das CO-Objekt bereits im Angebot angelegt. Die Kundenauftragsposition »erbt« dann das CO-Objekt der Angebotsposition. Der Vorteil in diesem Szenario besteht darin, dass es möglich ist, Kosten (z. B. Reisekosten für Vertriebsmitarbeiter) auf die Angebotsposition zu erfassen. In unserem Szenario ist dies aber nicht gewünscht, weil in der Regel sehr viele Angebote erstellt werden müssen, bis es zu einem Auftrag kommt. Eine Kostenkontrolle der Angebote wäre somit zu aufwendig. Wir wollen vielmehr eine Einzelkalkulation im Angebot durchführen, um eine grobe Kostenschätzung auf der Basis vorhandener Daten (Tarife, Bewertungspreise, Gemeinkostenzuschläge) zu erhalten. Ein CO-Objekt ist dazu nicht erforderlich. Aus diesem Grund werden wir erst im Kundenauftrag eine Bedarfsklasse mit dem Einzelbestandskennzeichen **E** ermitteln. Aus diesen Überlegungen heraus wird abermals deutlich, wie über die Bedarfsklasse die Vertriebs-, Produktions- und Controlling-Strategien im Customizing definiert werden.

Zusätzlich werden Liefertermine, Mengen, Gültigkeitstermine und die Geschäftspartnerdaten (Warenempfänger, Regulierer) erfasst. Auch die Erfassung von Texten ist bei der Kundeneinzelfertigung von größerer Bedeutung als im Prozess der Massenfertigung. Hier können Sonderwünsche des Kunden bezüglich der Angebots- und Auftragsabwicklung hinterlegt werden. Der Fakturierungsplan wird im Angebot hinterlegt. Schließlich wird das Angebot gedruckt und an den Kunden versendet.

Schritt 2: Kundenauftrag erfassen

Im zweiten Schritt wird mit Bezug zum Angebot der Auftrag angelegt. Dabei werden die Informationen wiederum in den Auftrag kopiert. Auch im Kundenauftrag ist die Ermittlung der *Bedarfsklasse* von besonderer Bedeutung, da wir jetzt eine andere Bedarfsklasse benötigen als im Angebot. Da die Bedarfsklasse über die Bedarfsart ermittelt wird, können wir sie nicht automatisch über die Strategiegruppe im Materialstamm ermitteln. Entweder definieren Sie also in der Strategiegruppe eine alternative Bedarfsart und erfassen diese im Kundenauftrag manuell oder Sie steuern die Ermittlung über die Kombination **Positionstyp** und **Dispomerkmal** (das Dispomerkmal wird ebenfalls im Materialstamm zugeordnet). Genau diese Möglichkeit wollen wir nutzen, um im Kundenauftrag die Bedarfsart **ZKK** (**Kundeneinzel-Kundenauftrag**) zu ermitteln.

Abbildung 21.5 zeigt die notwendigen Einstellungen im SD-Customizing. Sie erkennen, dass bei dem Positionstyp **ZTAK** in Kombination mit dem Dispomerkmal **PD** die Bedarfsart **ZKK** ermittelt wird. Der Eintrag **1** im Feld **Quelle** bewirkt, dass diese Einstellung gegenüber der Ermittlung der Bedarfsart über die Strategiegruppe aus dem Materialstamm Priorität hat.

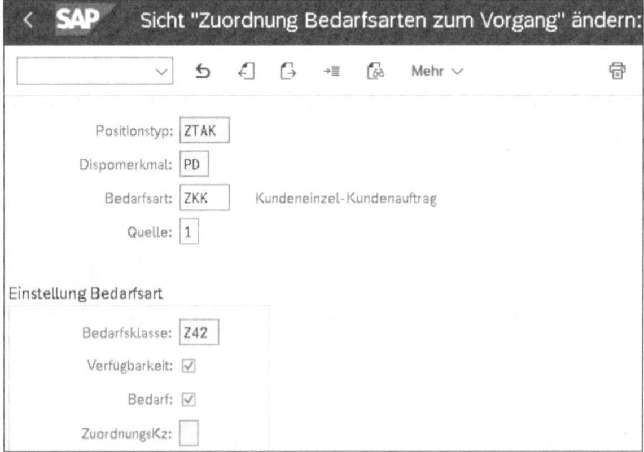

Abbildung 21.5 Ermittlung der Bedarfsart über die Kombination »Positionstyp« und »Dispomerkmal« (Transaktion SPRO • Bedarfsart über Positionstyp und Dispositionsmerkmal ermitteln)

Über die Bedarfsart ZKK wird im Customizing die Bedarfsklasse Z42 ermittelt. Sie steuert den Ablauf der Verfügbarkeitsprüfung und der Bedarfsübergabe im Kundenauftrag. Abbildung 21.6 zeigt diese Bedarfsklasse.

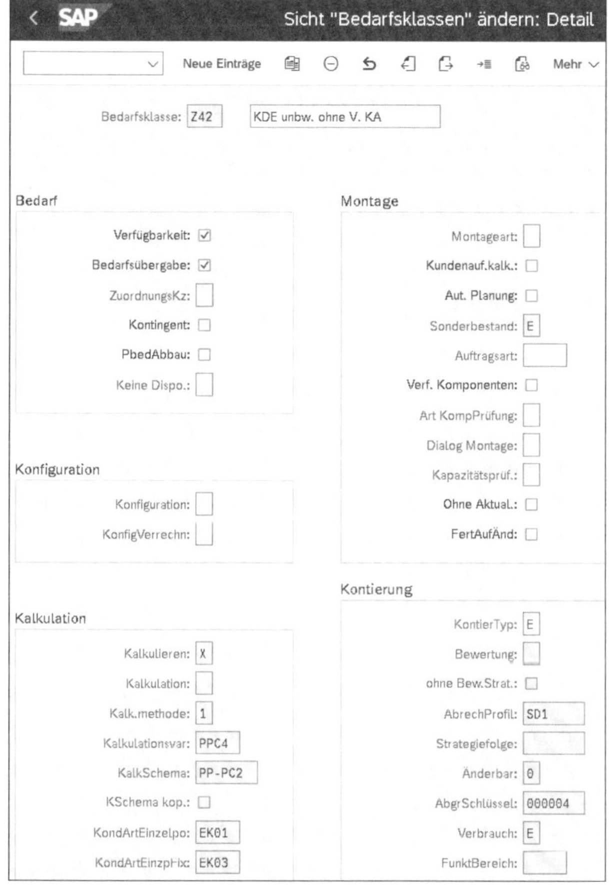

Abbildung 21.6 Customizing der Bedarfsklasse Z42 (Transaktion OVZG)

Folgende Optionen sind zu beachten:

- Die Option **Verfügbarkeit** ist aktiviert. Dies ist notwendig, auch wenn bei der Auftragserfassung natürlich noch kein Bestand vorhanden ist. Nach der Fertigung unserer Pumpe erhält der Auftrag über die Verfügbarkeitsprüfung eine bestätigte Menge und kann geliefert werden.
- Die Option **Bedarfsübergabe** ist ebenfalls aktiviert. Damit wird ein Einzelbestandssegment angelegt, innerhalb dessen ein Kundenauftragsbedarf übergeben wird.

- Die Option **Kalk.methode** ist aktiviert. Als Kalkulationsmethode wurde die Option **1** (Erzeugniskalkulation) eingestellt. Damit ist die Voraussetzung dafür geschaffen, dass zu der Position eine Erzeugniskalkulation in der Komponente CO angelegt werden kann.
- Das Feld **KontierTyp** erhält den Eintrag **E**. Damit wird die Position zur Einzelfertigungsposition mit einem CO-Objekt realisiert. Über diese Einstellung wird auch festgelegt, dass es sich um einen unbewerteten Kundeneinzelbestand handelt (siehe Kapitel 6, »Integration in das Rechnungswesen«).
- Im Feld **KondArtEinzelpo** (Konditionsart Einzelposition) wurde die Konditionsart **EK01** hinterlegt. Damit wird das Kalkulationsergebnis (und somit die Selbstkosten) an die Preisfindung als Basis für die Verkaufspreiskalkulation übergeben.

Nach der Erfassung des Kundenauftrags werden die auftragsbezogenen Stücklisten und Arbeitspläne im System angelegt. Die kalkulierten Kosten werden aus dem Angebot übernommen, ebenso der festgelegte Verkaufspreis. Allerdings wird jetzt eine Erzeugniskalkulation auf exakter Datenbasis (Stückliste, Arbeitsplan, Mengengerüst) durchgeführt. Das Ergebnis aktualisiert die Konditionsart EK01.

Der Positionsfakturierungsplan besteht aus einer Anzahlung bei Vertragsabschluss und einer Schlussrechnung bei Lieferung. Die beiden Fakturatermine bekommen zunächst jeweils eine Fakturasperre. Nachdem der Auftrag angelegt wurde, wird die Fakturasperre für die Anzahlung entfernt. Die Anzahlungsrechnung kann dann erstellt werden. Das System bucht die Anzahlungsanforderung als Merkposten zum Regulierer in der Finanzbuchhaltung.

Schritt 3: Disposition

Über den Kundenauftrag wird ein Einzelbestandssegment zur Auftragsposition erzeugt. Innerhalb dieses Segments ist nach der Auftragserfassung kein Bestand vorhanden. Dem Einzelbestandssegment ist ebenfalls der Auftragsbedarf (als geplanter Abgang) zugeordnet. Dieser Logik folgend kann der Kundenauftrag jetzt auch disponiert werden. Das Ergebnis der Disposition (Materialbedarfsplanung) ist ein Planauftrag, der auf den Kundenauftrag kontiert ist. Im Planauftrag wird die im vorangegangenen Schritt erfasste Auftragsstückliste aufgelöst, und für die erforderlichen Komponenten werden Sekundärbedarfe erzeugt.

Schritt 4a: Fertigungsauftrag für das Endgerät

In der Fertigungssteuerung wird der Planauftrag für unsere Individualpumpe in einen Fertigungsauftrag umgesetzt. Wie der Planauftrag ist auch der Fertigungsauftrag auf den Kundenauftrag kontiert. Die Vorgänge werden über den auftragsbezogenen Arbeitsplan und die Komponenten über die Stückliste ermittelt. Die Sekundärbedarfe werden ebenfalls über die Stückliste ermittelt und in abhängige Reservierungen umgewandelt. Im Laufe der Fertigung werden die Komponenten aus dem Lager mit Kontierung auf den Fertigungsauftrag entnommen. Die Kontierung bewirkt, dass die wertmäßigen Verbräuche als Ist-Kosten auf dem Fertigungsauftrag gesammelt werden. Über die Rückmeldung des Fertigungsauftrags werden Ist-Zeiten (Fertigungszeiten, Rüstzeiten etc.) erfasst. Damit werden die Ist-Kosten der Fertigung fortgeschrieben. Der Fertigungsauftrag rechnet die Ist-Kosten an den Kundenauftrag ab und wird auf diese Weise vollständig entlastet.

Schritt 4b: Beschaffung der Komponenten

Die Beschaffung der Komponenten unterscheidet sich nicht wesentlich von unserem Szenario in Kapitel 20, »Vorplanung ohne Endmontage«. Allerdings kann im Unterschied zur anonymen Fertigung auch für die Sekundärbedarfe ein Einzelbestandssegment zur Kundenauftragsposition angelegt werden. Dies ist dann erforderlich, wenn auch die Komponenten individuell gefertigt werden und die entstehenden Ist-Kosten auf den Kundenauftrag abzurechnen sind. In diesem Fall ist auch der Fertigungsauftrag für eine Komponente auf den Kundenauftrag kontiert und rechnet seine Kosten an diesen ab. Ob auch für die Komponenten Kundeneinzelbestände erzeugt werden, hängt vom Einzel-/Sammelbedarfskennzeichen im Materialstamm der Komponente ab.

Werden die Komponenten ebenfalls über unbewertete Kundeneinzelbestände verwaltet, ergeben sich auch bei den Bestandsbuchungen Besonderheiten. So wird bei dem Wareneingang der Komponente mit Bezug zum Fertigungsauftrag in einen unbewerteten Kundeneinzelbestand kein Buchungsbeleg erzeugt. Ebenso verhält es sich bei der Entnahme der Komponente für den Fertigungsauftrag des Endgeräts: Auch hierbei entsteht keine Buchung in der Finanzbuchhaltung, da die Komponenten in diesem Fall aus einem unbewerteten Bestand entnommen werden.

Schritt 5: Wareneingang für das Endgerät

Der Wareneingang für das Endgerät wird als *Wareneingang zum Fertigungsauftrag* gebucht. Die Zubuchung erfolgt in das Einzelbestandssegment zur Kundenauftragsposition. Diese Bestände sind für andere Kundenaufträge nicht verfügbar. Es handelt sich um einen unbewerteten Bestand (siehe Kapitel 6, »Integration in das Rechnungswesen«). Aus diesem Grund entsteht bei der Wareneingangsbuchung in diesem Szenario kein Buchungsbeleg.

Schritt 6: Lieferung

Jetzt kann im Kundenauftrag eine erneute Verfügbarkeitsprüfung durchgeführt werden. Das Ergebnis der Prüfung ist ein bestätigtes Lieferdatum. Anschließend wird ein Lieferbeleg mit Bezug zum Kundenauftrag erfasst. Die Bearbeitung der Lieferung unterscheidet sich zunächst nicht von den übrigen Szenarien. Erst beim Buchen des Warenausgangs ist zu berücksichtigen, dass kein Buchungsbeleg erzeugt wird (unbewerteter Bestand).

Schritt 7: Fakturierung

Im letzten Schritt wird mit Bezug zum Auftrag eine Faktura angelegt. Erhaltene Anzahlungen werden in dieser Faktura verrechnet. Beim Sichern wird ein Buchungsbeleg *Debitor an Umsatz und Mehrwertsteuer* erzeugt. Allerdings wird kein Beleg in der Ergebnisrechnung erzeugt, vielmehr sind die Erlöse auf den Kundenauftrag kontiert. Nach der Erfassung der Faktura kann ein Ergebnis im Kundenauftrag ermittelt und über die Abrechnung an die Ergebnis- und Marktsegmentrechnung übergeleitet werden.

21.4 Beispiel für Auftragsabwicklung und Controlling einer Kundeneinzelfertigung

In diesem Abschnitt werden wir die komplette Auftragsabwicklung und das Controlling für eine Kundeneinzelfertigung am Beispiel unserer Pumpe durchlaufen. Unser Kunde ist das Ingenieurbüro Meier GmbH, das als Generalunternehmer ein bestehendes Kraftwerk erweitern soll. Wir haben die Aufgabe, eine spezielle Pumpe für dieses Kraftwerk zu bauen und zu liefern. Die Pumpe soll direkt an das Kraftwerk geliefert werden. Im Einzelnen sind folgende Schritte erforderlich:

1. Angebotserfassung für unser Material PMP-200000
2. Durchführung der Einzelkalkulation im Angebot
3. Ermittlung des Angebotspreises über die Preisfindung
4. Erfassen des Kundenauftrags mit Bezug zum Angebot
5. Anlegen der auftragsbezogenen Stückliste und des auftragsbezogenen Arbeitsplans
6. Durchführung der Erzeugniskalkulation im Kundenauftrag
7. Erstellen der Anzahlungsanforderung
8. Buchen des Zahlungseingangs der Anzahlung
9. Disposition des Kundenauftrags
10. Fertigung der Pumpe
11. Entnahmen der Komponenten für den Fertigungsauftrag
12. Wareneingang für das Endgerät und Rückmeldung des Fertigungsauftrags
13. Erstellung der Lieferung
14. Fakturierung und Auftragsabrechnung

Schritt 1: Angebotserfassung

Im ersten Schritt lassen wir uns die Ausgangssituation für unser Material PMP-200000 in der aktuellen Bedarfs- und Bestandsliste anzeigen. Bislang gibt es keinerlei Bestände, Zu- oder Abgänge.

Da die Pumpe direkt an das Kraftwerk geliefert werden soll, erfassen wir im Kundenstamm des Ingenieurbüros das Kraftwerk Saar als zusätzlichen Warenempfänger mit der Kundennummer 1075 und wählen diesen bei der Angebotserfassung aus (siehe Abbildung 21.7). Bislang wurde kein Preis im Angebot festgelegt; der Nettowert der Position ist null.

Abbildung 21.7 Angebotserfassung für die Spezialpumpe (Transaktion VA21)

Schritt 2: Einzelkalkulation im Angebot

Um den Verkaufspreis zu ermitteln, wollen wir zunächst eine Grobkalkulation der Kosten auf Basis einer Einzelkalkulation vornehmen. In der Abbildung 21.8 sehen Sie die Angebotskalkulation.

Einzelkalkulation anlegen: Listbild - 1

Verkaufsbeleg: INTERN/000010

Material: PMP-200000

Kalkulationspositionen - Grundsicht

P.	Position	T.	Ressource	Werk/L...	Eink...	Menge	M...	L.	Wert - Gesamt	Beschreibung	Preis - Gesamt	Preise...	Kostenart
	1	M	KOMP-90000	DE10		1	ST		2.500,00	Energieversorgung EX-90-AG	2.500,00		1890000
	2	E	1301	11		100	H		3.500,00	Personalstunden	35,00		1640100
	3	E	1301	3		15	H		750,00	Rüsten	50,00		1640150
	4	E	1301	1		40	H		2.800,00	Maschinenstunden	70,00		1640100
	5	V				1.000,000			45.000,00	Komponenten (Materialverbrauch)	45.000,00	1.000	

Abbildung 21.8 Einzelkalkulation im Angebot (Transaktion VA21)

Bestandteil unserer Einzelkalkulation sind eine Materialposition (**Typ M**), drei Positionen mit Eigenleistung (**Typ E**) und eine variable Wertposition (**Typ V**). Darüber hinaus sind der Vollständigkeit halber noch die Gemeinkostenpositionen (**Typ G**) mit prozentualen Zuschlägen zur Deckung der Fertigungs-, Vertriebs- und Verwaltungskosten zu nennen, auch wenn sie in unserem Beispiel nicht vorhanden sind:

- Die *Materialposition* enthält das Bauteil mit der Materialnummer KOMP-900000, das als Standardkomponente in unsere Pumpe eingebaut wird. Die Kosten werden über den Bewertungspreis aus dem Materialstamm ermittelt.
- Die Einzelkosten der Fertigung planen wir als *Eigenleistungen*. Dazu erfassen wir eine Kostenstelle und Leistungen (Maschinenstunden, Rüststunden, Personalstunden), die von dieser Kostenstelle erbracht werden. Die Leistungen werden mit Tarifen bewertet, die für die Kostenstelle und die jeweilige Leistungsart hinterlegt sind.
- Mithilfe der *variablen Position* (**Typ V**) planen wir den Verbrauch an Komponenten, für die zum Angebotszeitpunkt noch keine Materialstämme vorhanden sind, weil diese individuell gefertigt oder beschafft werden müssen. In unserem Angebot planen wir einen Komponentenverbrauch von insgesamt 45.000,00 EUR.
- Schließlich erfolgt eine automatische Zuschlagsrechnung für die *Gemeinkosten*. Das System berechnet den Wert auf der Basis einer Zuschlagskalkulation, die im Customizing der Komponente CO definiert wird. Für die Gemeinkosten erzeugt das System Positionen mit dem **Typ G**. Wie oben beschrieben, verzichten wir in unserem Beispiel auf die Gemeinkosten.

Schritt 3: Ermittlung des Angebotspreises

Die geplanten Selbstkosten in Höhe von 54.550,00 EUR werden an die Konditionsart EK01 in der Preisfindung übergeben. Abbildung 21.9 zeigt das Ergebnis dieses Vorgangs.

Auf Basis der kalkulierten Kosten setzen wir den Verkaufspreis für unsere Pumpe auf 100.000,00 EUR fest. Mit Eingabe der Konditionsart PR00 wird die Konditionsart EK01 inaktiv. Wir pflegen den Fakturierungsplan bereits im Angebot (siehe Abbildung 21.10), damit der Kunde die Informationen zu den von uns angebotenen Zahlungsterminen und den dann fälligen Beträgen frühzeitig erhält. Danach sichern wir das Angebot.

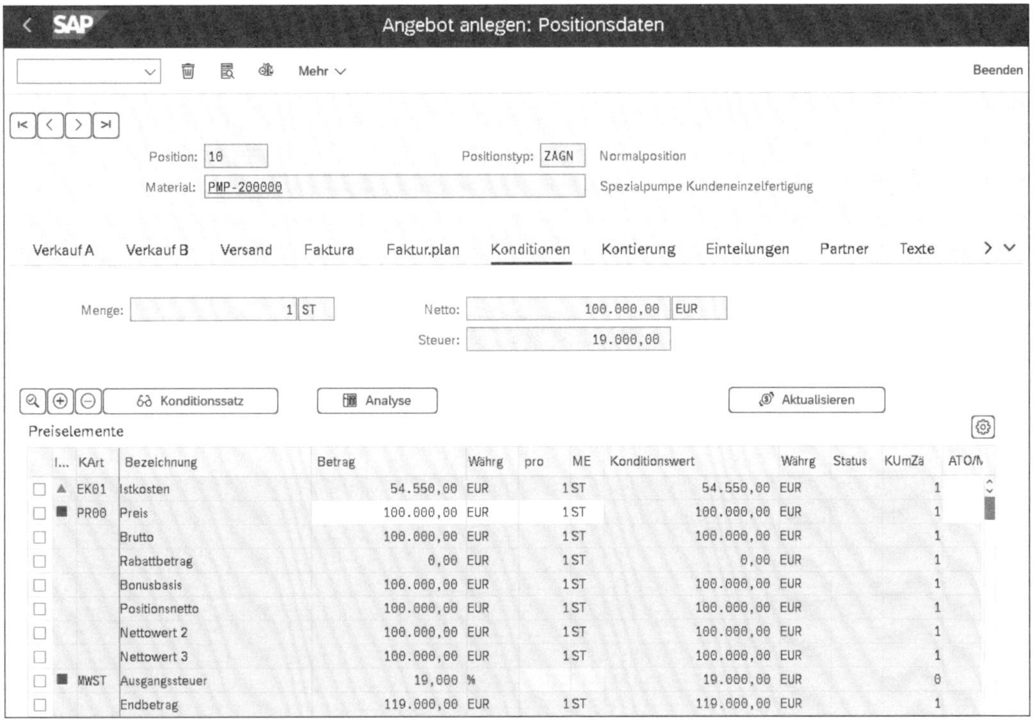

Angebot anlegen: Positionsdaten
Mehr
Beenden
Position: 10
Positionstyp: ZAGN
Normalposition
Material: PMP-200000
Spezialpumpe Kundeneinzelfertigung
Verkauf A
Verkauf B
Versand
Faktura
Faktur.plan
Konditionen
Kontierung
Einteilungen
Partner
Texte
Menge: 1 ST
Netto: 100.000,00 EUR
Steuer: 19.000,00
Konditionssatz
Analyse
Aktualisieren
Preiselemente
I... KArt Bezeichnung Betrag Währg pro ME Konditionswert Währg Status KUmZä ATO/M
EK01 Istkosten 54.550,00 EUR 1 ST 54.550,00 EUR 1
PR00 Preis 100.000,00 EUR 1 ST 100.000,00 EUR 1
Brutto 100.000,00 EUR 1 ST 100.000,00 EUR 1
Rabattbetrag 0,00 EUR 1 ST 0,00 EUR 1
Bonusbasis 100.000,00 EUR 1 ST 100.000,00 EUR 1
Positionsnetto 100.000,00 EUR 1 ST 100.000,00 EUR 1
Nettowert 2 100.000,00 EUR 1 ST 100.000,00 EUR 1
Nettowert 3 100.000,00 EUR 1 ST 100.000,00 EUR 1
MWST Ausgangssteuer 19,000 % 19.000,00 EUR 0
Endbetrag 119.000,00 EUR 1 ST 119.000,00 EUR 1

Abbildung 21.9 Preisfindung auf Basis der Konditionsart EK01 (kalkulierte Kosten) (Transaktion VA21)

Angebot anlegen: Positionsdaten
Konfig.
Kalkulation
Mehr
Position: 10
Positionstyp: ZAGN
Normalposition
Material: PMP-200000
Spezialpumpe Kundeneinzelfertigung
Verkauf A
Verkauf B
Versand
Faktura
Faktur.plan
Konditionen
Kontierung
Einteilungen
Partner
Texte
Bestelldaten
Nettowert: 100.000,00 EUR
Fakturierungsplan
FaktPlanart: Z1 Teilfakturierung
Beginndatum: 13.09.2021 01 Tagesdatum
Vorlage: 0000000032
FaktProzentsatz: 0,00
Fakturawert: 100.000,00 EUR
Termine
Fakturadatum TBez. MlstBez % Fakturawert Währg Sperre MeiS FakR FaktSt ZBed TTyp Fakturaart
13.09.2021 Z001 Anzahlung bei Vertragsabschluss 25,00 25.000,00 EUR 02 4 Z1 FAZ
15.11.2022 Z003 Schlussrechnung bei Inbetriebnahme 100.000,00 EUR 02 3 Z3

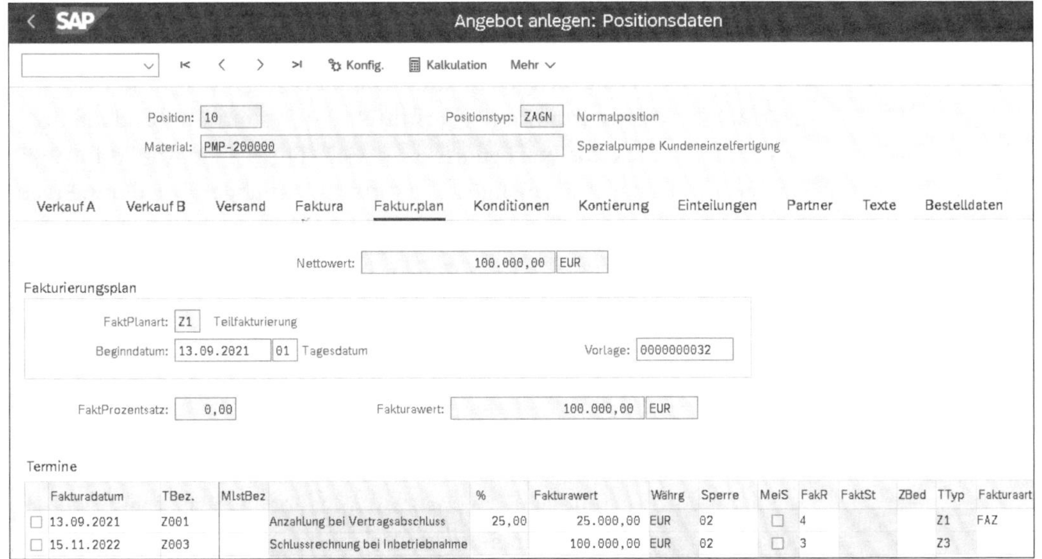

Abbildung 21.10 Fakturierungsplan im Angebot (Transaktion VA21)

Bevor wir im nächsten Schritt den Kundenauftrag erfassen, noch eine Anmerkung zur aktuellen Bedarfs- und Bestandssituation: Da wir im Angebot keine Bedarfsübergabe durchführen (siehe Abbildung 21.4 zum Customizing der Bedarfsklasse), werden keine Bedarfe übergeben. Sie sind damit auch nicht als Dispositionselement in der Bedarfs- und Bestandsliste zu sehen.

Schritt 4: Kundenauftrag

Mit Bezug zu diesem Angebot erfassen wir nun den Kundenauftrag, wie in Abbildung 21.11 dargestellt. Dabei werden die Angebotsdaten kopiert.

Abbildung 21.11 Anlegen des Terminauftrags mit Bezug zum Angebot (Transaktion VA01)

Abhängig vom Positionstyp im Kundenauftrag (ZTAK) und dem Dispomerkmal im Materialstamm (PD) ermittelt das System im Kundenauftrag die Bedarfsart ZKK, die zur Bedarfsklasse Z42 führt (siehe Abbildung 21.6). Jetzt wird zunächst eine Verfügbarkeitsprüfung durchgeführt, deren Ergebnis Sie in Abbildung 21.12 sehen.

Natürlich gilt auch hier, dass es für unsere Pumpe keinen Bestand geben kann. Trotzdem ermitteln wir über die Wiederbeschaffungszeit aus dem Materialstamm das frühestmögliche Lieferdatum. Die Abbildung zeigt, dass das Kennzeichen **Meng/Termin fix** gesetzt wurde. Der Kunde hat diesen Liefertermin akzeptiert, und das System übergibt diesen Bedarfstermin an die Disposition. Er dient dort als Ecktermin für die Fertigung.

Da wir den Auftrag mit Bezug zu unserem Angebot angelegt haben, werden auch die Angebotskonditionen in der Preisfindung an den Auftrag übergeben. Abbildung 21.13 zeigt einen Ausschnitt aus der Preisfindung im Kundenauftrag.

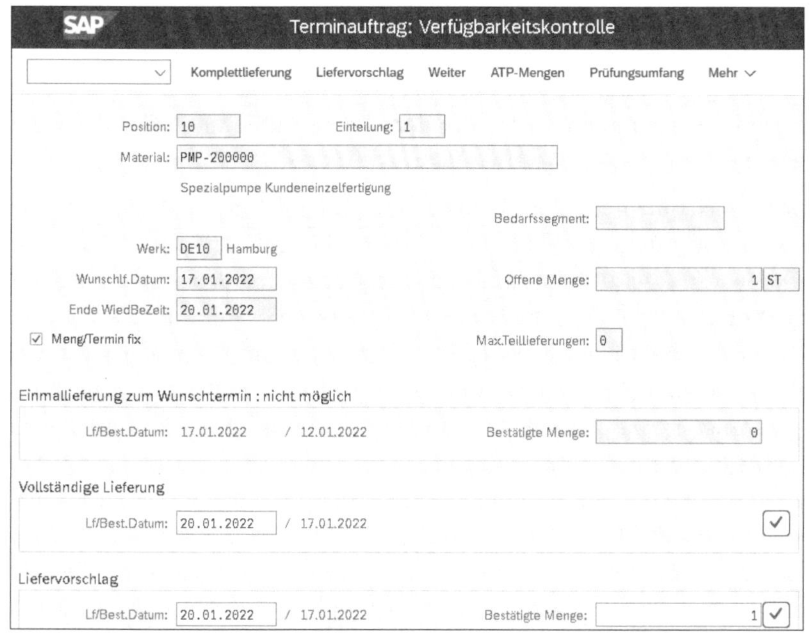

Abbildung 21.12 Ergebnis der Verfügbarkeitsprüfung im Kundenauftrag (Transaktion VA01)

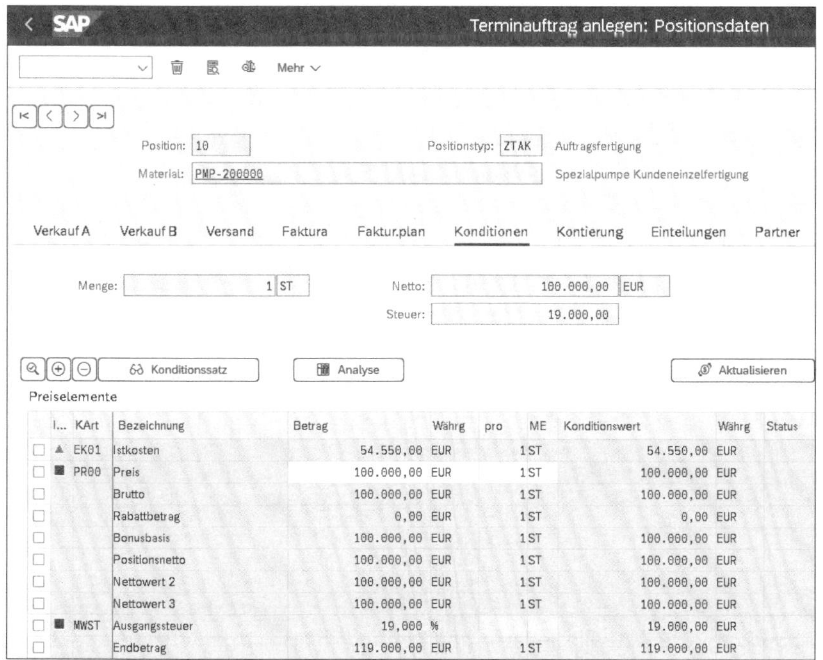

Abbildung 21.13 Auszug aus der Preisfindung im Kundenauftrag (Transaktion VA01)

Dabei erkennen Sie, dass auch die kalkulierten Kosten aus der Einzelkalkulation im Angebot (Konditionsart EK01) übergeben worden sind. Der manuell vorgegebene Preis (Konditionsart PR00) wurde ebenfalls aus dem Angebot übernommen. Unser Kundenauftrag wurde unter der Auftragsnummer 30000155 im System erfasst.

Wie hat sich nun die aktuelle Bedarfs- und Bestandsliste durch die Auftragserfassung verändert? Abbildung 21.14 gibt darüber Aufschluss. Aus dem Kundenauftrag wird ein Bedarf an die Disposition übergeben. Da es sich um eine Kundeneinzelfertigung handelt, wird, wie bereits erwähnt, ein Einzelbestandssegment erzeugt. Es handelt sich dabei um einen separaten Bereich in der aktuellen Bedarfs- und Bestandsliste, der der Auftragsposition zugeordnet ist. Das Einzelbestandssegment für unseren Auftrag erhält das Dispositionselement **KdBest**. Zugleich wird innerhalb des Kundeneinzelbestands ein Bedarf für unseren Kundenauftrag übergeben (Dispositionselement **K-Auft**). In der Abbildung sehen Sie auch die Detaildaten zum Auftragsbedarf. Unter anderem erkennen Sie die Bedarfsklasse des Kundenauftrags (Kundeneinzelauftrag). Das Customizing dieser Bedarfsklasse haben Sie bereits in Abbildung 21.6 kennengelernt. Von Interesse ist auch der Bedarfstermin. Dieser Termin wurde in der Verfügbarkeitsprüfung über die Wiederbeschaffungszeit ermittelt, mit dem Kunden abgestimmt und als fixierter Termin an die Disposition übergeben.

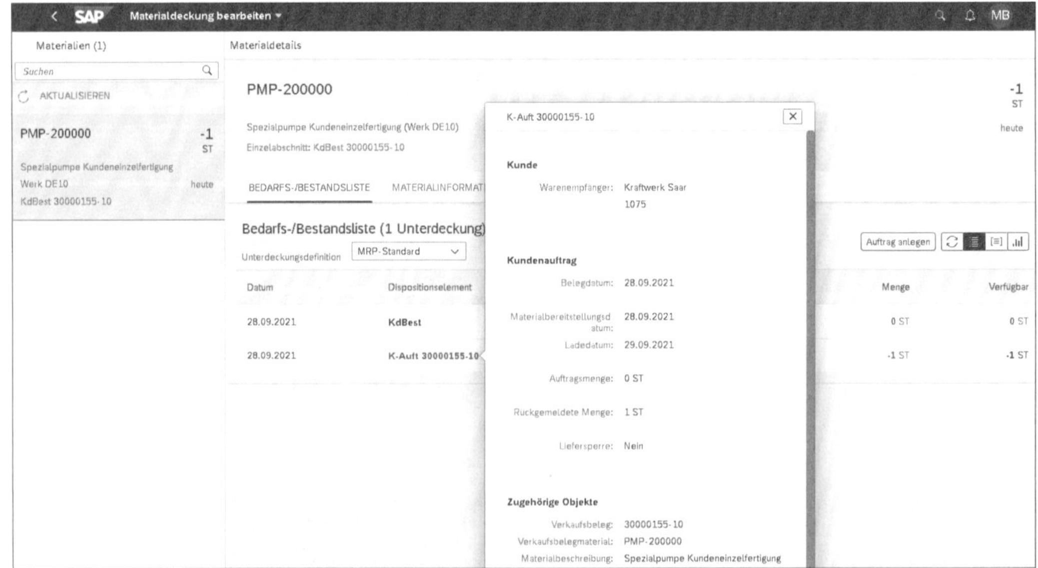

Abbildung 21.14 Aktuelle Bedarfs- und Bestandsliste nach der Auftragserfassung (SAP-Fiori-App »Materialdeckung bearbeiten«)

Schritt 5: Auftragsbezogene Stückliste und Arbeitsplan

Erinnern Sie sich an Schritt 2. Im Angebot haben wir über die Einzelkalkulation die Kosten grob kalkuliert. Im Auftrag wollen wir nun mithilfe einer *Erzeugniskalkulation* die Kosten exakt kalkulieren. Dies geschieht auf Basis der Stückliste, des Arbeitsplans und der neu berechneten Gemeinkostenzuschläge. Voraussetzung für die Erzeugniskalkulation ist das Anlegen von Stückliste und Arbeitsplan. In Abbildung 21.15 sehen Sie die Auftragsstückliste für unsere Pumpe mit der Materialnummer PMP-200000.

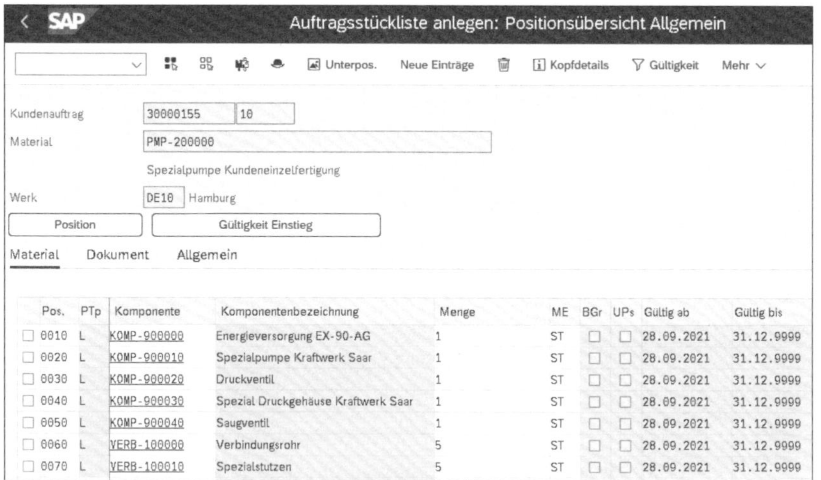

Pos.	PTp	Komponente	Komponentenbezeichnung	Menge	ME	BGr	UPs	Gültig ab	Gültig bis
0010	L	KOMP-900000	Energieversorgung EX-90-AG	1	ST	☐	☐	28.09.2021	31.12.9999
0020	L	KOMP-900010	Spezialpumpe Kraftwerk Saar	1	ST	☐	☐	28.09.2021	31.12.9999
0030	L	KOMP-900020	Druckventil	1	ST	☐	☐	28.09.2021	31.12.9999
0040	L	KOMP-900030	Spezial Druckgehäuse Kraftwerk Saar	1	ST	☐	☐	28.09.2021	31.12.9999
0050	L	KOMP-900040	Saugventil	1	ST	☐	☐	28.09.2021	31.12.9999
0060	L	VERB-100000	Verbindungsrohr	5	ST	☐	☐	28.09.2021	31.12.9999
0070	L	VERB-100010	Spezialstutzen	5	ST	☐	☐	28.09.2021	31.12.9999

Abbildung 21.15 Auftragsstückliste (Transaktion CS61)

Die entsprechenden Materialstämme für die Komponenten wurden zuvor ebenfalls neu angelegt. Lediglich die Standardkomponente KOMP-900000 gab es bereits vor der Auftragserfassung.

Neben der Stückliste wird auch der Arbeitsplan für unseren Kundenauftrag angelegt, der in Abbildung 21.16 zu sehen ist.

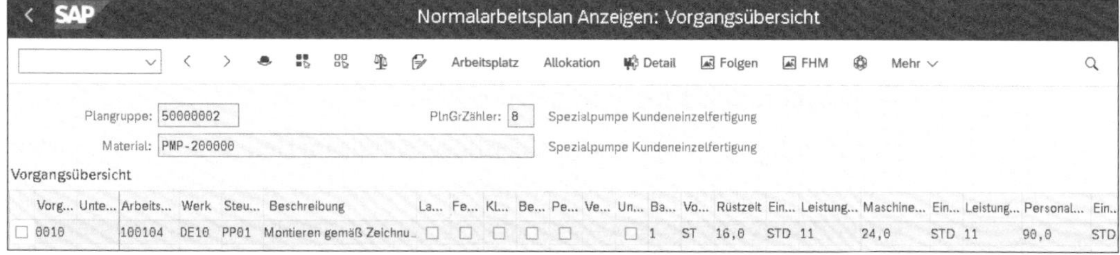

Vorg...	Unte...	Arbeits...	Werk	Steu...	Beschreibung	La...	Fe...	Kl...	Be...	Pe...	Ve...	Un...	Ba...	Vo...	Rüstzeit	Ein...	Leistung...	Maschine...	Ein...	Leistung...	Personal...	Ein...
0010		100104	DE10	PP01	Montieren gemäß Zeichnu...	☐	☐	☐	☐	☐		☐	1	ST	16,0	STD	11	24,0	STD	11	90,0	STD

Abbildung 21.16 Arbeitsplan zur Kundenauftragsposition (Transaktion CA03)

Auch in diesem Beispiel wollen wir einen sehr einfachen Arbeitsplan verwenden: Er besteht lediglich aus einem Vorgang. Für diesen Vorgang haben wir Rüstzeiten (16 Stunden), Maschinenzeiten (24 Stunden) und Personenstunden (90 Stunden) geplant. Über diese Zeiten werden – über die Tarife der Kostenstelle – die Fertigungseinzelkosten ermittelt.

Schritt 6: Erzeugniskalkulation

Da die erforderlichen Stammdaten nun vorhanden sind, kann im Kundenauftrag eine Erzeugniskalkulation durchgeführt werden. Abbildung 21.17 zeigt ihr Ergebnis im Kundenauftrag.

Abbildung 21.17 Ergebnis der Erzeugniskalkulation (Transaktion VA02)

Basierend auf den Informationen der Stückliste und des Arbeitsplans hat das System zunächst die Herstellungskosten (Materialverbrauch, Kosten der Fertigung) ermittelt. Über ein Kalkulationsschema im CO-Customizing können zusätzlich die Gemeinkostenzuschläge (Vertriebs- und Verwaltungskosten) ermittelt werden, worauf wir zur Vereinfachung des Sachverhaltes in unserem Beispiel verzichtet haben. Daraus errechnen sich die Kosten des Umsatzes in Höhe von 45.550,00 EUR.

Abbildung 21.18 zeigt das Kalkulationsergebnis im Detail. Dabei können wir die Herkunft der einzelnen Kostenbestandteile nachvollziehen. Die ersten drei Positionen beziehen sich auf die Planfertigungsstunden aus dem Arbeitsplan. Die Stunden werden mit Tarifen der Kostenstelle bewertet. Für jede Komponente aus der Stückliste wird der geplante Verbrauch ermittelt. Die Wertermittlung basiert auf dem Bewertungspreis im Materialstamm. Zusätzlich könnten hier die Gemeinkostenzuschläge (**GK Verwaltung**, **GK Vertrieb**, **GK Fertigung**) stehen, die das System automatisch berechnen kann.

Kundenauftragskalkulation

Detailliste aus | Kalkulationsstruktur aus | Merken | Mehr

Kalkulationsstruktur	F...	Wert Gesamt	Währung	Menge	M...	Ressource	Wert Fix	Wert variabel
Spezialpumpe Kundeneinzelfertigung	■	45.550,00	EUR	1	ST	DE10 PMP-200000	4.550,00	41.000,00
Montieren gemäß Zeichnung und Arb		560,00	EUR	16	H	1301 100104 11	560,00	0,00
Montieren gemäß Zeichnung und Arb		840,00	EUR	24	H	1301 100104 11	840,00	0,00
Montieren gemäß Zeichnung und Arb		3.150,00	EUR	90	H	1301 100104 11	3.150,00	0,00
Energieversorgung EX-90-AG	■	2.500,00	EUR	1	ST	DE10 KOMP-900000	0,00	2.500,00
Spezialpumpe Kraftwerk Saar	■	30.000,00	EUR	1	ST	DE10 KOMP-900010	0,00	30.000,00
Druckventil	■	1.000,00	EUR	1	ST	DE10 KOMP-900020	0,00	1.000,00
Spezial Druckgehäuse Kraftwerk Sa	■	4.000,00	EUR	1	ST	DE10 KOMP-900030	0,00	4.000,00
Saugventil	■	1.000,00	EUR	1	ST	DE10 KOMP-900040	0,00	1.000,00
Verbindungsrohr	■	1.250,00	EUR	5	ST	DE10 VERB-100000	0,00	1.250,00
Spezialstutzen	■	1.250,00	EUR	5	ST	DE10 VERB-100010	0,00	1.250,00

Abbildung 21.18 Ergebnis der Auftragskalkulation im Detail (Transaktion VA02)

Die Erzeugniskalkulation hat die Konditionsart EK01 in der Preisfindung des Kundenauftrags aktualisiert. Die Konditionsart EK01 enthält jetzt den aktuellen Wert, der über die Erzeugniskalkulation ermittelt worden ist. Die geplanten Selbstkosten sind geringer, als in der Einzelkalkulation angenommen. Bis jetzt liegen wir also mit unserem Verkaufspreis in Höhe von 100.000,00 EUR richtig. Wir planen einen Gewinn für diesen Auftrag in Höhe von 54.450,00 EUR.

Schritt 7: Anzahlungsanforderung

Der Kundenauftrag enthält einen Fakturierungsplan für die Pumpe (siehe Abbildung 21.19).

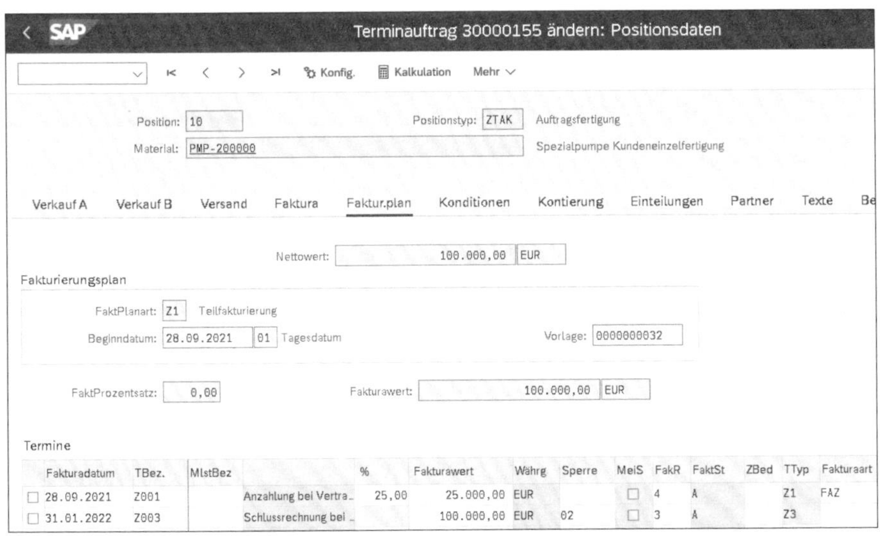

Abbildung 21.19 Fakturierungsplan zur Kundenauftragsposition (Transaktion VA02)

Er besteht aus einer Anzahlung bei Auftragserteilung und einer Schlussrechnung bei Inbetriebnahme. Die beiden Fakturatermine sind zunächst zur Fakturierung gesperrt. Die Sperre muss vor der Fakturierung manuell aufgehoben werden.

Anhand des Eintrags **FAZ** im Feld **Fakturaart** sehen Sie, dass zum 28.09.2021 eine Anzahlungsanforderung mit der Fakturaart FAZ erstellt werden soll. Nachdem die Fakturasperre für die Anzahlung entfernt wurde, kann die Anzahlungsanforderung über Transaktion VF01 angelegt werden.

Schritt 8: Buchung des Zahlungseingangs zur Anzahlung

Der Zahlungseingang zur Anzahlungsanforderung mit der Belegnummer 90000122 wird über Transaktion F-29 gebucht. Bei der Buchung muss das Sonderhauptbuchkennzeichen **A** (Anzahlung) mitgegeben werden. Damit wird sichergestellt, dass der Eingang als debitorische Anzahlung ausgewiesen wird. Nach der Zahlungseingangsbuchung ist die Anzahlungsanforderung ausgeziffert. Die Anzahlungsanforderung wird im Belegfluss angezeigt (siehe Abbildung 21.20). Wenn Sie die Schlussrechnung erstellen, wird die erhaltene Anzahlung verrechnet. Das System berücksichtigt bei der Erstellung der Schlussrechnung nur Anzahlungsanforderungen mit ausgezifferten Buchungsbelegen.

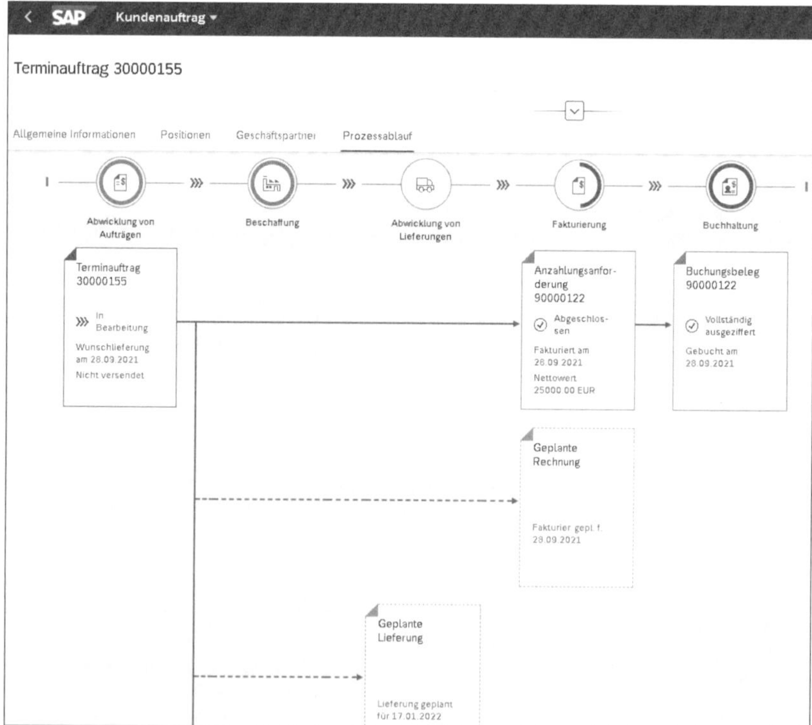

Abbildung 21.20 Belegfluss nach Zahlungseingang (SAP-Fiori-App »Prozessablauf« zum Kundenauftrag)

Schritt 9: Disposition des Kundenauftrags

Im nächsten Schritt führen wir eine Disposition (Materialbedarfsplanung) für unseren Kundenauftrag durch. Über den Dispositionslauf erzeugt das System für unser Endprodukt einen Planauftrag mit der Nummer 5953 (siehe Abbildung 21.21). Der Planauftrag für unsere Pumpe wird innerhalb des Einzelbestandssegments für unseren Kundenauftrag angelegt. Der Planauftrag deckt den Kundenbedarf zum 17.01.2022. Über die Stücklistenauflösung im Planauftrag werden Sekundärbedarfe für die Komponenten erzeugt.

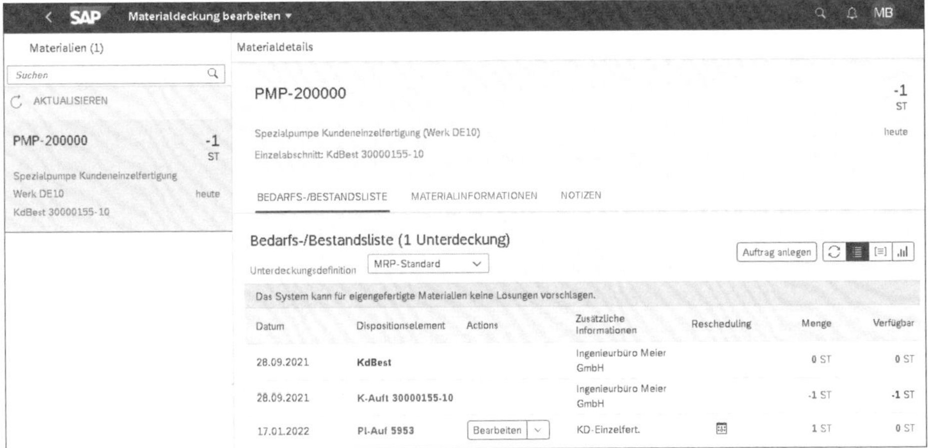

Abbildung 21.21 Aktuelle Bedarfs- und Bestandsliste nach dem Dispositionslauf (SAP-Fiori-App »Materialdeckung bearbeiten«)

Schritt 10: Fertigung der Pumpe

Der Disponent setzt den Planauftrag 5953 in einen Fertigungsauftrag um. Der Fertigungsauftrag wird ebenfalls im Einzelbestand zur Kundenauftragsposition mit der Nummer 30000155/10 verwaltet. Er ist auf den Kundenauftrag kontiert. Diese Zuordnung erkennen Sie in Abbildung 21.22 im Bereich **Kundenauftrag**. Unter der Auftragsnummer wird auch der Auftraggeber (Ingenieurbüro Meier GmbH) im Fertigungsauftrag 1000082 angezeigt. Der Fertigungsauftrag kann nun durch den zuständigen Mitarbeiter in der Arbeitsvorbereitung freigegeben werden. Davor muss noch die Serialnummer für unsere Pumpe vergeben werden.

Schritt 11: Entnahmen der Komponenten

Bereits durch die Disposition wurden Sekundärbedarfe für die Komponenten ausgelöst. Wir haben in Abschnitt 21.3, »Prozessbeschreibung«, bereits erwähnt, dass auch für die Komponenten Einzelbestandssegmente zum Kundenauftrag des Endprodukts erzeugt werden können. In unserem Systembeispiel gehen wir jedoch davon aus, dass wir die Kundeneinzelfertigung nur auf der Ebene des Endprodukts einsetzen. Damit unterscheidet sich die Vorgehensweise für die Komponentenbeschaffung nicht von dem Beispiel aus Kapitel 20, »Vorplanung ohne Endmontage«. Demnach werden die Komponenten entweder über Fremdbezug (Einkauf) oder durch eigene

Herstellung beschafft und über die Wareneingangsbuchung in einen anonymen (d. h. nicht auftragsbezogenen) und bewerteten Bestand eingebucht.

Abbildung 21.22 Fertigungsauftrag mit Kontierung auf den Kundenauftrag (Transaktion CO03)

Anschließend werden die Komponenten aus dem Fertigungsauftrag 1000082 entnommen. Die entsprechende Buchung in der Materialwirtschaft erfolgt über die Bewegungsart 261 (Warenausgang zum Fertigungsauftrag). Abbildung 21.23 zeigt den Materialbeleg 4900000467 für die Komponentenentnahme.

Übersicht Materialbelege

Standard*

Gefiltert nach (3): Bestandsänderung, Materialbeleg, Materialbelegjahr

Materialbelege (7)

Materialbeleg	Materialbelegjahr	Material	Warenbewegungsart	Werk	Lagerort	Buchungsdatum	Bestandsart	Auftrag
4900000467	2021	Energieversorgung EX-90-AG (KOMP-900000)	WA Auftrag aus KdAuf (261)	Hamburg (DE10)	Fertigwarenlager (0001)	28.09.2021	Frei verwendbarer Bestand (01)	1000082
4900000467	2021	Spezialpumpe Kraftwerk Saar (KOMP-900010)	WA für Auftrag (261)	Hamburg (DE10)	Fertigwarenlager (0001)	28.09.2021	Frei verwendbarer Bestand (01)	1000082
4900000467	2021	Druckventil (KOMP-900020)	WA für Auftrag (261)	Hamburg (DE10)	Fertigwarenlager (0001)	28.09.2021	Frei verwendbarer Bestand (01)	1000082
4900000467	2021	Spezial Druckgehäuse Kraftwerk Saar (KOMP-900030)	WA für Auftrag (261)	Hamburg (DE10)	Fertigwarenlager (0001)	28.09.2021	Frei verwendbarer Bestand (01)	1000082
4900000467	2021	Saugventil (KOMP-900040)	WA für Auftrag (261)	Hamburg (DE10)	Fertigwarenlager (0001)	28.09.2021	Frei verwendbarer Bestand (01)	1000082
4900000467	2021	Verbindungsrohr (VERB-100000)	WA für Auftrag (261)	Hamburg (DE10)	Fertigwarenlager (0001)	28.09.2021	Frei verwendbarer Bestand (01)	1000082
4900000467	2021	Spezialstutzen (VERB-100010)	WA für Auftrag (261)	Hamburg (DE10)	Fertigwarenlager (0001)	28.09.2021	Frei verwendbarer Bestand (01)	1000082

Abbildung 21.23 Materialbeleg zur Entnahme der Komponenten (SAP-Fiori-App »Übersicht Materialbelege«)

Da die Komponenten aus einem bewerteten Bestand entnommen werden, wird ein Buchungsbeleg erzeugt. Für jede der Komponenten wird eine Buchungszeile mit der Buchung *Verbrauch an Bestand* erzeugt. Die Verbrauchsbuchungen sind auf den Fertigungsauftrag kontiert, wodurch dieser durch die Komponentenentnahme mit Kosten belastet wird. Die Bewertung erfolgt anhand des Bewertungspreises aus dem Materialstamm.

Schritt 12: Wareneingang und Rückmeldung

Im nächsten Schritt erfolgt die Rückmeldung des Fertigungsauftrags. Wir erfassen eine Endrückmeldung (**603**) mit den tatsächlich benötigten Zeiteinheiten. Abbildung 21.24 zeigt die Rückmeldung zum Fertigungsauftrag. Aus ihr geht hervor, dass die geplanten Zeiten aus dem Arbeitsplan eingehalten werden konnten.

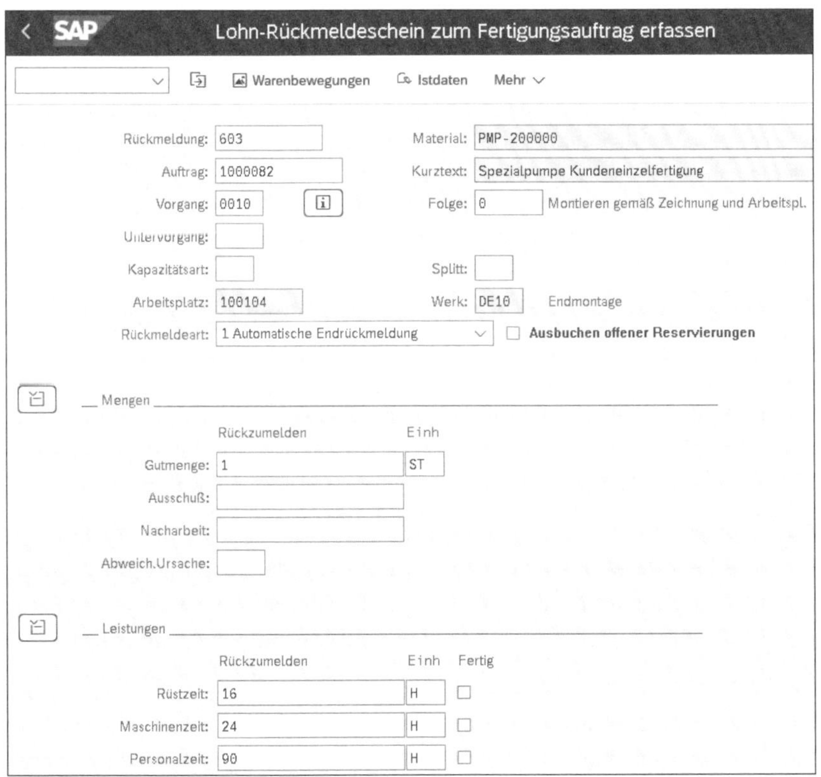

Abbildung 21.24 Erfassung der Rückmeldung zum Fertigungsauftrag (Transaktion CO11N)

Nach der Rückmeldung ist die Fertigung unserer Pumpe abgeschlossen. Damit kann der Wareneingang des Endgeräts in den Kundeneinzelbestand gebucht werden. Die Buchung erfolgt mit der Bewegungsart 101 (Wareneingang mit Bezug zum Fertigungsauftrag). Da es sich in unserem Szenario um einen unbewerteten Kundeneinzelbestand handelt, wird kein Buchungsbeleg erzeugt.

Wie hat sich nun die aktuelle Bedarfs- und Bestandsliste verändert? In Abbildung 21.25 erkennen Sie, dass die Zugangsbuchung im Einzelbestandssegment (**KdBest**) erfolgte. Damit steht dem Auftragsbedarf (**K-Auft**) jetzt ein entsprechender Bestand gegenüber. Der Lieferbeleg kann erstellt werden.

Abbildung 21.25 Aktuelle Bedarfs- und Bestandsliste nach der Wareneingangsbuchung des Endgeräts (SAP-Fiori-App »Materialdeckung bearbeiten«)

Der Fertigungsauftrag ist nun abgeschlossen und kann abgerechnet werden. Über diese Funktion werden die Kosten an den Kundenauftrag weitergeleitet. Der Fertigungsauftrag wird entlastet, der Kundenauftrag belastet.

Schritt 13: Lieferung

Nach der Wareneingangsbuchung des Endgeräts kann die Lieferung erfolgen. Die Erstellung des Lieferbelegs in der Kundeneinzelfertigung unterscheidet sich nicht von der Abwicklung bei der auftragsanonymen Fertigung. Allerdings erfolgt die Lieferung aus dem unbewerteten Bestand – damit wird durch die Warenausgangsbuchung kein Buchungsbeleg erzeugt.

Da es sich bei unserer Pumpe um ein serialnummernpflichtiges Produkt handelt, ist auch hier die Serialnummer auszuwählen. Bereits im Fertigungsauftrag wurde für die Pumpe die Serialnummer PMP-000018 vergeben. Im Lieferbeleg wird diese dann ausgewählt (siehe Abbildung 21.26).

Nach der Erfassung der Kommissioniermenge kann der Warenausgang gebucht werden. Anschließend an die Warenausgangsbuchung der Lieferung (80000070) wurde das Bedarfselement der Lieferung in der Bedarfs- und Bestandsliste aufgelöst. Die aktuelle Bedarfs- und Bestandsliste hat jetzt wieder den gleichen Zustand wie zu Beginn unseres Beispiels.

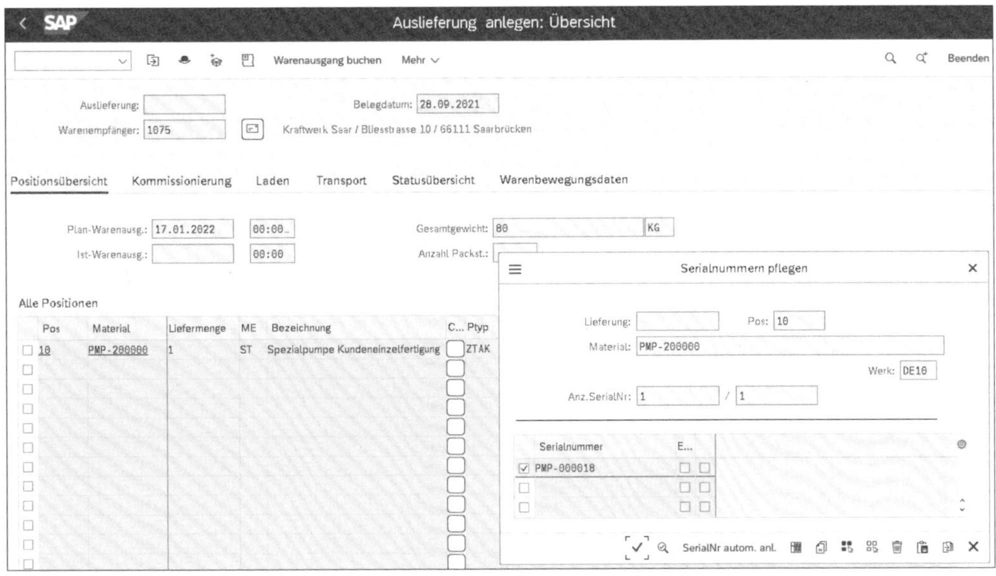

Abbildung 21.26 Serialnummernauswahl in der Lieferung (Transaktion VL01N)

Schritt 14: Fakturierung und Auftragsabrechnung

Nach der Lieferung der Pumpe an den Kunden kann die Faktura erzeugt werden. Da wir einen Fakturierungsplan verwenden, wird die Faktura nicht lieferbezogen, sondern auftragsbezogen erstellt. Vor der Fakturierung muss zunächst die Fakturasperre für die Schlussrechnung aus dem Kundenauftrag entfernt werden. In Abbildung 21.27 sehen Sie die angelegte Schlussfaktura mit der Belegnummer 90000123.

Betrachten Sie den Buchungsbeleg (siehe Abbildung 21.28). Im Unterschied zu den bisher beschriebenen Erlösbuchungen aus Kapitel 19, »Lagerverkauf mit Chargenfertigung«, und Kapitel 20, »Vorplanung ohne Endmontage«, enthält der Buchungsbeleg zusätzlich die Verrechnung der Anzahlungsposition (Position 11). Damit wird der bisher vorhandene Anzahlungsposten aufgelöst und der Umsatz gebucht.

Ein weiterer Unterschied in diesem Szenario besteht darin, dass die Erlöse auf den Kundenauftrag kontiert sind. Damit werden sie nicht wie bisher direkt in die Ergebnis- und Marktsegmentrechnung übergeben, sondern an die Kundenauftragsposition weitergegeben (siehe Kapitel 6, »Integration in das Rechnungswesen«).

Die Kundenauftragsposition sammelt also die Kosten aus der Abrechnung des Fertigungsauftrags und die Erlöse aus der Faktura. Analog zum Vorgehen in der Kundenauftragskalkulation, bei der die Plangemeinkostenzuschläge ermittelt wurden, könnten jetzt die Ist-Gemeinkostenzuschläge errechnet werden, die in unserem Beispiel jedoch aus Gründen der Vereinfachung nicht vorhanden sind.

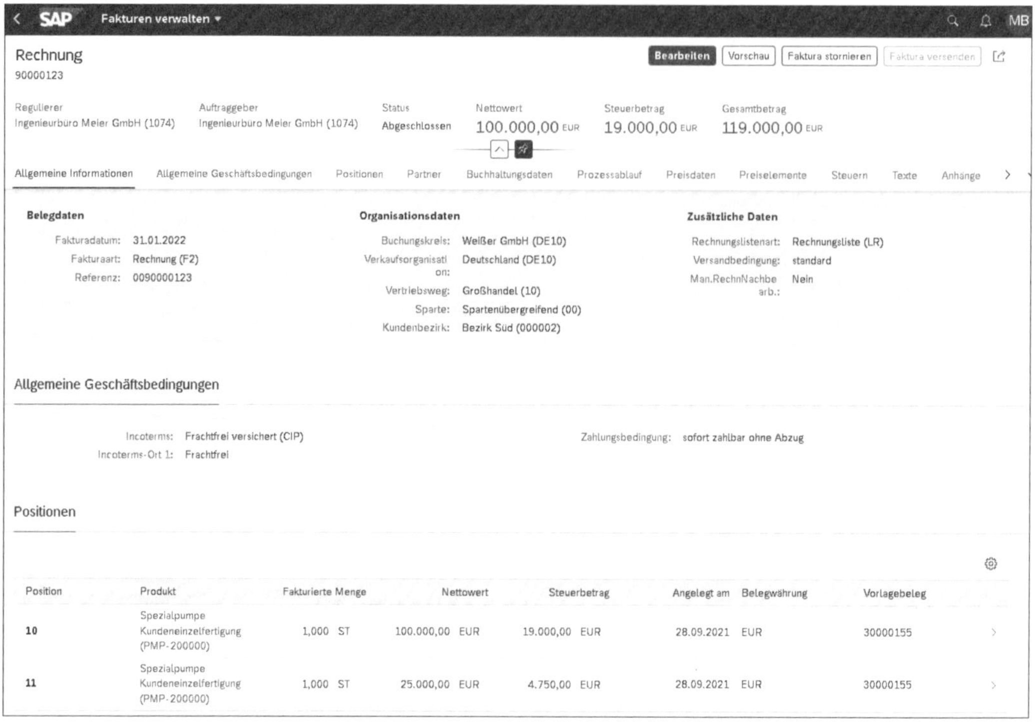

SAP
Fakturen verwalten
MB
Rechnung
90000123
Bearbeiten
Vorschau
Faktura stornieren
Faktura versenden
Regulierer
Ingenieurbüro Meier GmbH (1074)
Auftraggeber
Ingenieurbüro Meier GmbH (1074)
Status
Abgeschlossen
Nettowert
100.000,00 EUR
Steuerbetrag
19.000,00 EUR
Gesamtbetrag
119.000,00 EUR
Allgemeine Informationen
Allgemeine Geschäftsbedingungen
Positionen
Partner
Buchhaltungsdaten
Prozessablauf
Preisdaten
Preiselemente
Steuern
Texte
Anhänge
Belegdaten
Fakturadatum: 31.01.2022
Fakturaart: Rechnung (F2)
Referenz: 0090000123
Organisationsdaten
Buchungskreis: Weißer GmbH (DE10)
Verkaufsorganisation: Deutschland (DE10)
Vertriebsweg: Großhandel (10)
Sparte: Spartenübergreifend (00)
Kundenbezirk: Bezirk Süd (000002)
Zusätzliche Daten
Rechnungslistenart: Rechnungsliste (LR)
Versandbedingung: standard
Man.RechnNachbearb.: Nein
Allgemeine Geschäftsbedingungen
Incoterms: Frachtfrei versichert (CIP)
Incoterms-Ort 1: Frachtfrei
Zahlungsbedingung: sofort zahlbar ohne Abzug
Positionen
Position
Produkt
Fakturierte Menge
Nettowert
Steuerbetrag
Angelegt am
Belegwährung
Vorlagebeleg
10
Spezialpumpe Kundeneinzelfertigung (PMP-200000)
1,000 ST
100.000,00 EUR
19.000,00 EUR
28.09.2021
EUR
30000155
11
Spezialpumpe Kundeneinzelfertigung (PMP-200000)
1,000 ST
25.000,00 EUR
4.750,00 EUR
28.09.2021
EUR
30000155

Abbildung 21.27 Schlussfaktura (SAP-Fiori-App »Fakturen verwalten«)

SAP
Buchungsbelege verwalten
MB
Buchungsbeleg (90000123) - Erfassungssicht
Kopfdaten
0 Anlagen
0 Notizen
13 Zugehörige Belege
Buchungsbelegdatum: 31.01.2022
Buchungsdatum: 31.01.2022
Buchungsper.: 1 / 2022
Buchungsbelegart: RV (Fakturaübernahme)
Buchungskreis: DE10 (Weißer GmbH)
Transaktionswährung: EUR
Referenz: 0090000123
Referenzbelegart: VBRK (Faktura)
Kopftext: –
Angelegt: von MABO am 28.09.2021 13:33:36
Mehr
Einzelposten (7) Standard*
T-Konto-Sicht
Buchungssichtposition
Sachkonto
Soll
Haben
000001 140000 (Forderungen Inland) 119.000,00 EUR 0,00 EUR
000002 800000 (Umsatzerlöse Inland) 0,00 EUR 100.000,00 EUR
000003 175000 (Mehrwertsteuer (DE)) 0,00 EUR 19.000,00 EUR
000004 171000 (Erhalt. Anzahlungen) 29.750,00 EUR 0,00 EUR
000005 140000 (Forderungen Inland) 0,00 EUR 29.750,00 EUR
000006 175000 (Mehrwertsteuer (DE)) 4.750,00 EUR 0,00 EUR
000007 171010 (MWST-Verr.Kundenanz.) 0,00 EUR 4.750,00 EUR

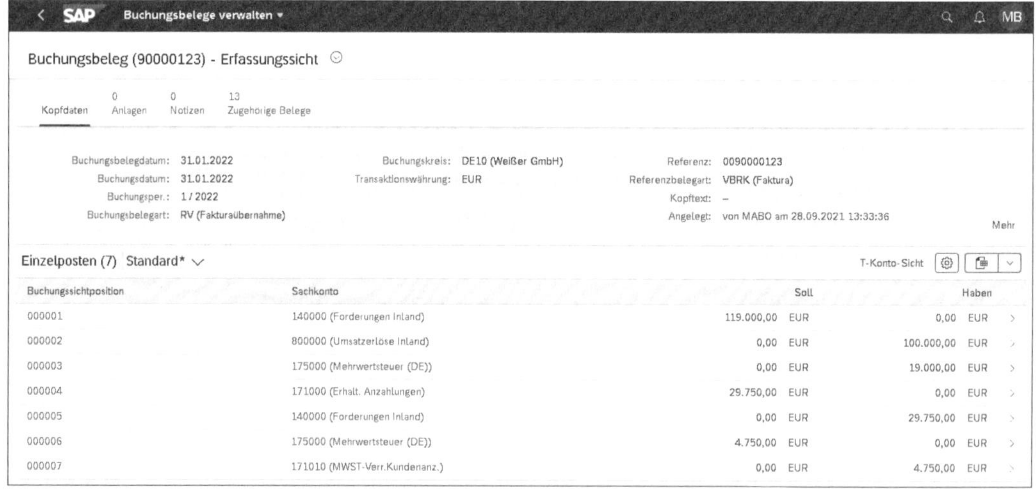

Abbildung 21.28 Buchungsbeleg zur Faktura (SAP-Fiori-App »Buchungsbelege verwalten«)

Anschließend wird in der Controlling-Komponente CO eine Ergebnisermittlung durchgeführt. Dabei werden die Erlöse und Kosten periodengerecht abgegrenzt. In unserem Beispiel ist der Auftrag bereits voll fakturiert, wie in Abbildung 21.29 zu erkennen, insofern ist keine Kostenabgrenzung erforderlich. Sobald das Auftragsergebnis ermittelt ist, wird der Kundenauftrag abgerechnet. Bei dieser Abrechnung wird ein Ergebnisbeleg erzeugt.

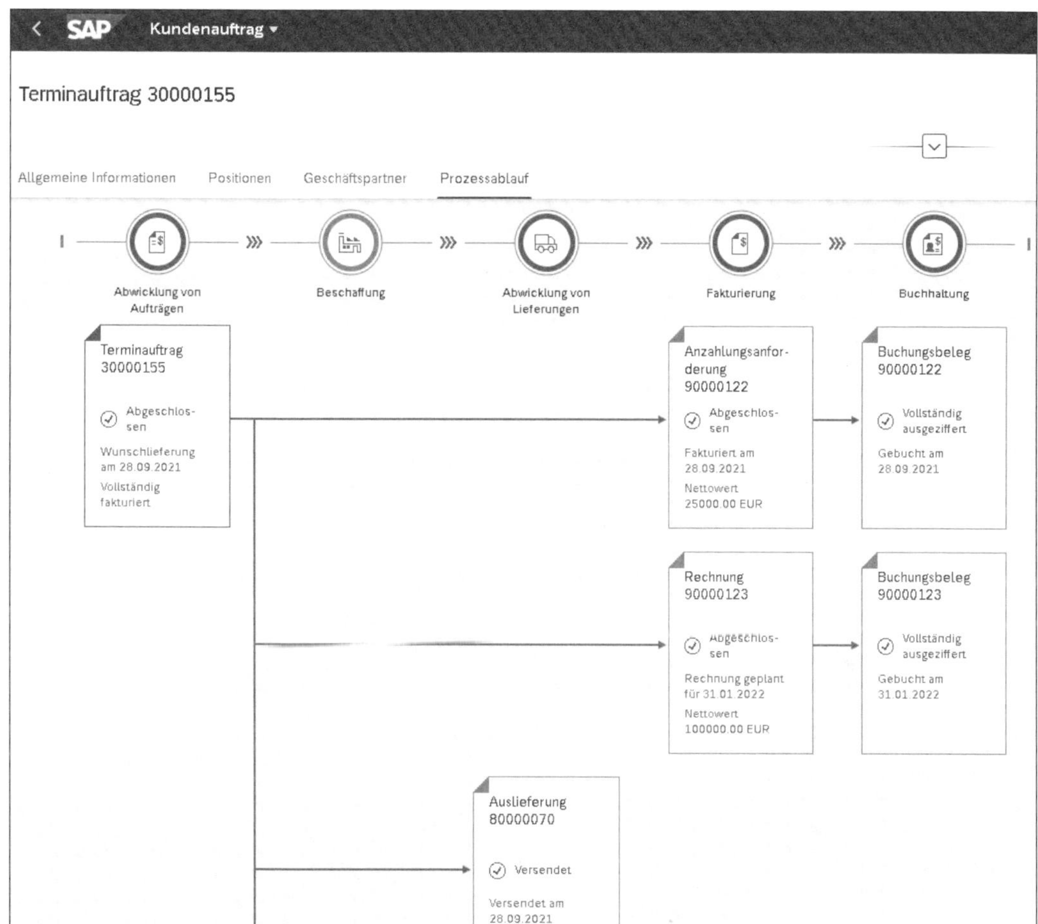

Abbildung 21.29 Prozessablauf im Kundenauftrag (SAP-Fiori-App »Kundenauftrag«)

Den Erlösen aus den Fakturen stehen die Kosten aus der Fertigung und der Materialbereitstellung gegenüber. Der Erfolg des Kundenauftrags kann somit nun beurteilt werden. Mit der Abrechnung des Kundenauftrags in die Ergebnis- und Marktsegmentrechnung ist unser Beispiel der Kundeneinzelfertigung mit unbewertetem Einzelbestand abgeschlossen.

Kapitel 22
Projektfertigung

Wenn speziell für Kunden entwickelte Produkte sehr komplex werden, ist es erforderlich, diese Entwicklung und Produktion in einem Projekt abzuhandeln. In diesem Kapitel werden wir Ihnen erklären, wie Sie solche Projekte mithilfe von SAP S/4HANA abwickeln können.

In Kapitel 21 haben Sie ein Beispiel zur Kundeneinzelfertigung kennengelernt. Dabei wird der Kundeneinzelbestand auf der Ebene der Auftragsposition verwaltet. Für die Entwicklung, die Planung, die Herstellung und die Montage komplexer Anlagen reichen jedoch die Strukturierungsmöglichkeiten im Kundenauftrag bzw. im Fertigungsauftrag nicht aus. Das heißt, je komplexer die Anlage bzw. das Projekt ist, desto wichtiger ist das Projektmanagement. Es erfordert den Einsatz spezieller Software zum Planen, Durchführen und Steuern. Häufig wird hierfür externe Software, wie z. B. *MS Project*, eingesetzt. Problematisch ist dabei die fehlende Integration dieser Software in die vorhandene SAP-Software, in der die meisten Daten innerhalb der Wertschöpfungskette erzeugt und genutzt werden. Deshalb ist es hier sinnvoll, anstelle von externer Software das in SAP integrierte *Projektsystem* (PS) zu nutzen. Hier ist auch eine Anbindung beispielsweise von MS Project möglich, und als eigenständige SAP-Anwendungen sind unter anderem *Procurement*, *Manufacturing*, *Sales*, *Controlling* und *Financial Accounting* integriert.

22

PSP-Elemente und Netzpläne

PS dient somit der Strukturierung des Aufbaus und Ablaufs von komplexen Projekten. Die Aufbauorganisation von Projekten wird über sogenannte *Projektstrukturplanelemente* (PSP-Elemente) abgebildet, wohingegen die Ablauforganisation über *Netzpläne* abgebildet werden kann. Während die PSP-Elemente hauptsächlich für die Planung und Überwachung der Kosten des Projekts verwendet werden, liegt der Schwerpunkt der Netzpläne auf Terminen und Kapazitäten. Außerdem stellen sie die Schnittstellen zu Materialwirtschaft und Produktion dar.

22.1 Produkte und Märkte

Aufbau des Szenarios

In diesem Beispiel produzieren und vertreiben wir – anders als bei den Beispielen aus vorherigen Kapiteln – ein neues Produkt. Unser Beispielunternehmen ist ein Anlagenbauer, der kundenindividuelle Verdichteranlagen herstellt. Der Materialstamm C-10000 (Verdichter 10000) repräsentiert unser Produkt. Dieser Materialstamm ist ein Dummy-Material, d. h., er hat keine Steuerungsfunktionen, sondern dient der groben Identifizierung des Endprodukts und kann auch in anderen kundenindividuellen Projektfertigungen als Basis verwendet werden.

Unsere Verdichteranlagen komprimieren Erdgas, um dem Druckverlust beim Transport von Erdgas durch Pipelines entgegenzuwirken. Aufgrund der Komplexität und Individualität einer Anlage treten unsere Kunden zunächst mit Ausschreibungen an uns heran. Aufträge erhalten wir erst, nachdem wir ein entsprechendes Angebot abgegeben haben und dieses vom Kunden angenommen wurde. Die Grundlage für unsere Angebote sind kundenseitige Spezifikationen und Leistungsvorgaben, die die Anlage erfüllen muss. Da es sich wie bei der Kundeneinzelfertigung um ein sehr individuelles Produkt handelt, können auch hier Standardkomponenten nur bedingt eingesetzt werden. Folglich werden für jeden Auftrag Projektstücklisten im Projektsystem angelegt. Die Arbeitspläne werden ebenfalls pro Projekt angelegt. Bedingt durch die lange Laufzeit eines solchen Anlagenbaus arbeiten wir für gewöhnlich innerhalb eines Projekts mit mehreren Meilensteinen, bei deren Erfüllung der Kunde eine Anzahlung an uns leisten muss. Die erste Anzahlung wird bei Auftragserteilung fällig. Weitere Anzahlungen werden dem Kunden nach Abschluss des Engineerings und der Fertigung in Rechnung gestellt. Sie werden am Ende eines Projekts mit der Schlussrechnung verrechnet, die erst nach vollständiger Lieferung und der Vor-Ort-Montage des jeweiligen Verdichters fällig ist. Unsere Anlage (C-10000) wird zwecks Transports in mehreren Teilstücken gefertigt und auch als solche transportiert. Innerhalb des Beispiels werden wir auf diese Abwicklung näher eingehen.

22.2 Organisationsstruktur

Wir verwenden die gleiche Organisationsstruktur wie in Kapitel 20, »Vorplanung ohne Endmontage«, und Kapitel 21, »Kundeneinzelfertigung« (siehe Abbildung 22.1). Die Produktion unserer Anlagen findet im Werk DE10 statt. Der Vertrieb wird dabei über den Vertriebsbereich DE10/20/20 realisiert.

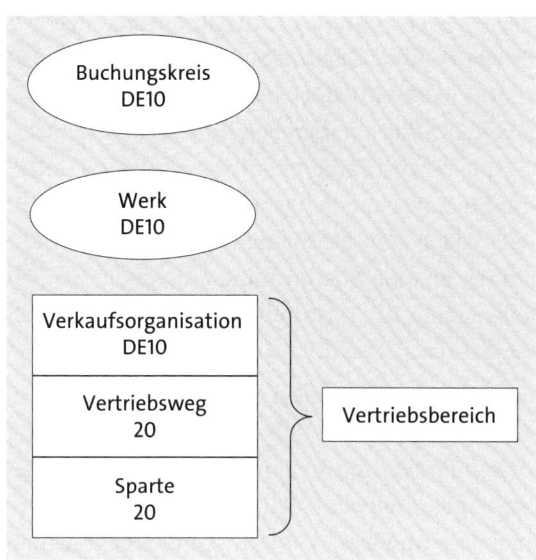

Abbildung 22.1 Organisationsstruktur

22.3 Prozessbeschreibung

In der folgenden Wertschöpfungskette wollen wir wieder auf den Prozess in seiner Gesamtheit eingehen, beginnend im Vertrieb mit der Erstellung eines Angebots (siehe Abbildung 22.2). Im Laufe des Prozesses werden auch hier weitere Fachbereiche (wie beispielsweise Beschaffung, Produktion und Controlling) eingebunden, die miteinander agieren müssen. Wir beenden den Prozess wie üblich mit der Schlussrechnung. Überblick

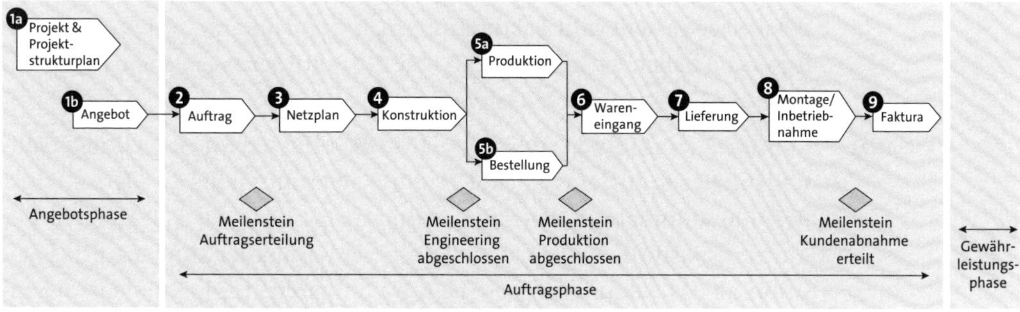

Abbildung 22.2 Wertschöpfungskette »Projektfertigung«

Ähnlich wie im Beispiel in Kapitel 21, »Kundeneinzelfertigung«, handelt es sich bei unseren Verdichtern um kundenindividuelle und zudem äußerst komplexe Produkte. Folglich wird auch hier keine Absatzplanung vorgenommen.

Projektstrukturplan In Schritt 1a wird zunächst ein Projekt samt Projektstrukturplan angelegt bzw. aus einer Standardvorlage kopiert. Der Aufbau des Projektstrukturplans ist kunden- und produktindividuell, jedoch hat sich in der Praxis eine Untergliederung des Projekts in die Phasen *Angebot*, *Auftrag* und *Gewährleistung* bewährt. Die Auftragsphase wird dann typischerweise weiter unterteilt, häufig orientiert an einer technischen Baugruppenstruktur. Der Grad der Detaillierung richtet sich nach den Bedürfnissen des Projekt-Controllings, sodass in realen Projekten eine Abstimmung notwendig ist. Den PSP-Elementen können Meilensteine zur Terminüberwachung und insbesondere zum Auslösen von Fakturen zugeordnet werden.

Angebot Die Angebotspositionen (Schritt 1b) werden auf das PSP-Element der Projektstruktur kontiert, das die Auftragsphase repräsentiert (das sogenannte *Fakturaelement*). Dies ist notwendig, weil die Meilensteine für den Fakturierungsplan der Auftragsphase zugeordnet sind. Beim Anlegen des Kundenauftrags wird das PSP-Element des Angebots kopiert. Damit stellen wir sicher, dass der Kundenauftrag direkt richtig kontiert wird.

Die in der Angebotsphase anfallenden Kosten (z. B. Reisekosten, interne Arbeitsstunden) können auf dem PSP-Element für die Angebotsphase erfasst werden. Sie sollten abwägen, ob Sie diesen Aufwand betreiben wollen, der unter anderem von der Anzahl der Angebote, der Hit-Rate (d. h. dem Prozentsatz der erfolgreichen Angebote) und den Controlling-Anforderungen abhängt.

Schon in der Angebotsposition kann ein Fakturierungsplan aus den im Projekt definierten fakturarelevanten Meilensteinen generiert werden. Typischerweise umfasst ein Fakturierungsplan mehrere Anzahlungsanforderungen und eine Schlussrechnung, die nach Inbetriebnahme und Abnahme der Anlage gestellt wird. Fakturierungspläne und die auftragsbezogene Fakturierung haben Sie bereits in Kapitel 11, »Fakturierungspläne und Anzahlungsabwicklung«, kennengelernt.

Auftrag Kommt es zur Auftragserteilung (Schritt 2), erfassen wir einen Kundenauftrag mit Bezug zu dem Angebot. Dadurch übernimmt die Kundenauftragsposition automatisch den Fakturierungsplan sowie das PSP-Element der Angebotsposition. Die geplanten Erlöse werden aus der Kundenauftragsposition an das Fakturierungselement weiter-gereicht. Die Kundenauftragsposition ist somit, anders als in der Kundeneinzelfertigung, kein Kontierungsobjekt. In diesem Fall trägt das zugeordnete PSP-Element in der Kundenauftragsposition die Kosten.

Auf den untergeordneten PSP-Elementen der Auftragsphase werden in der Regel auch die Einzelbestandssegmente geführt. Es gibt demnach nicht nur genau einen Kundeneinzelbestand, sondern Projekteinzelbestände pro PSP-Element. Wir werden mit unbewerteten Einzelbeständen arbeiten, um sicherzustellen, dass sämtliche Ist-Kosten (inklusive etwaiger Abweichungen beispielsweise aus der Produktion) auf unser Projekt gebucht werden. Analog zum CO-Objekt der Kundenauftragsposition werden jetzt die PSP-Elemente zu Kosten- und Erlössammlern. Sogenannte operative Kennzeichen, wie auf der rechten Seite in Abbildung 22.5 zu sehen, legen für jedes PSP-Element fest, ob darauf geplant, Kosten kontiert und Erlöse gebucht werden können.

Netzplan

In Schritt ❸ legen die Terminplaner und/oder der Projektmanager den Netzplan zum Projekt an. Häufig ist dies eine Kopie eines Standardnetzplans, die dann an das entsprechende Kundenprojekt angepasst wird.

Konstruktion

In Schritt ❹ (Konstruktion) wird für die Materialplanung eine mehrstufige Projektstückliste angelegt, und deren Komponenten und/oder Baugruppen werden den einzelnen Netzplanvorgängen zugeordnet. Dadurch werden die Bedarfe automatisch passend zu den Terminen der Netzplanvorgänge ausgelöst. Die Bedarfe werden zu Reservierungen, sobald der Vorgang freigegeben wird. Der Dispositionslauf erzeugt anhand dieser Reservierungen Planaufträge für die Baugruppen und Bestellanforderungen für die Teile, die eingekauft werden müssen (Kaufteile).

Produktion

In Schritt ❺a erfolgt die Produktion. Basierend auf den Reservierungen in den Netzplanvorgängen werden die bestehenden Planaufträge in Fertigungsaufträge umgewandelt. Die Fertigungsaufträge werden auf das PSP-Element kontiert und liefern die Baugruppen in den Einzelbestand zum PSP-Element ab. Das heißt, wenn ein Wareneingang zum Fertigungsauftrag gebucht wird, erfolgt dieser in den Einzelbestand zum PSP-Element.

Bestellung

In Schritt ❺b wird der Einkauf tätig. Basierend auf den Reservierungen in den Netzplanvorgängen werden die bestehenden Bestellanforderungen in Bestellungen umgewandelt. Die Bestellungen können auf das PSP-Element kontiert werden und liefern die Kaufteile in den Einzelbestand zum PSP-Element ab. Gängige Kaufteile werden oft im anonymen Bestand geführt und sind in diesem Fall nicht auf das PSP-Element kontiert.

Wareneingang

In Schritt ❻ erfolgt die Wareneingangsbuchung. Die Wareneingangsbuchung für die eingekauften und produzierten Baugruppen wird mit Bezug zu den Fertigungsaufträgen in den Projekteinzelbestand gebucht.

Lieferung

Nachdem der Wareneingang gebucht wurde, wird im nächsten Schritt ❼ eine Lieferung aus dem Projekt heraus angelegt und der Warenausgang, also die Lieferung der entsprechenden Baugruppen an den Kunden, gebucht.

Montage/ Inbetriebnahme

Nach der Lieferung erfolgt in Schritt ❽ die Montage und Inbetriebnahme der Anlage vor Ort. Dazu werden Rückmeldungen auf spezielle Vorgänge (z. B. eine Inbetriebnahme) im Netzplan erfasst.

Faktura

Im letzten Schritt ❾ erfolgt die Fakturierung, insbesondere die Erstellung der Schlussrechnung. Generell können alle Fakturen – egal, ob Anzahlungsanforderungen, Teil- oder Schlussrechnungen – durch die Rückmeldung von fakturarelevanten Meilensteinen im Projekt angestoßen werden. Sofern der Kunde bereits Anzahlungen geleistet hat, werden diese mit der Schlussrechnung automatisch verrechnet. Wie bei der Kundeneinzelfertigung wird auch hier in der Ergebnisrechnung noch kein Beleg erzeugt. Vielmehr werden die Erlöse auf das der Kundenauftragsposition zugeordnete PSP-Element kontiert. Erst über die Abgrenzung und Abrechnung des Projekts gelangen Kosten und Erlöse in die Ergebnis- und Marktsegmentrechnung. Gehen wir die einzelnen Schritte nun ausführlicher durch.

Schritt 1 (a und b): Projektstruktur anlegen und Angebot erfassen

Im ersten Schritt legen wir unseren Projektstrukturplan inklusive der Meilensteine an. Abbildung 22.3 zeigt vorab eine Projektstruktur, wie sie später auch in Abschnitt 22.4, »Beispiel einer Projektfertigung«, angelegt wird.

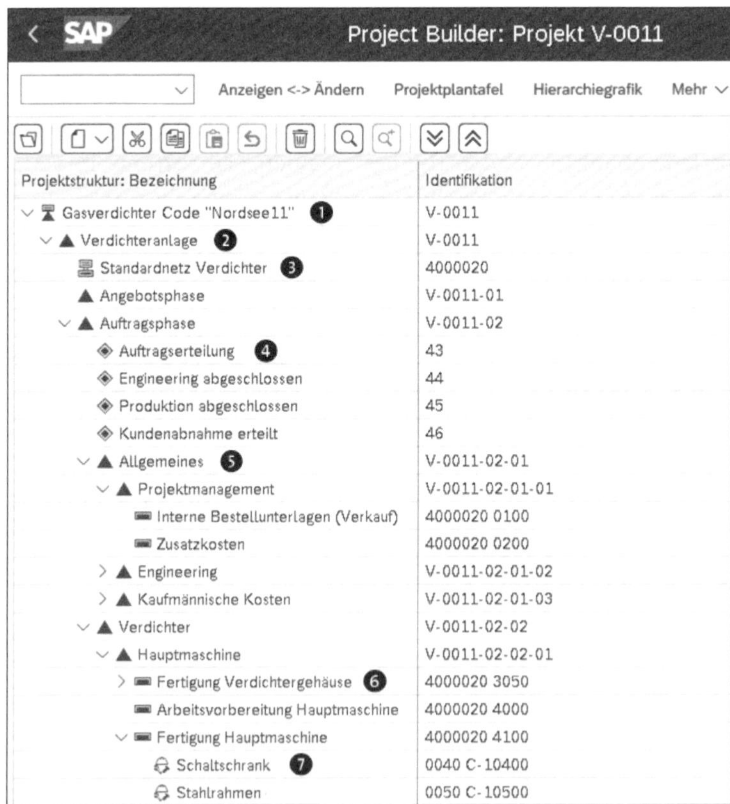

Abbildung 22.3 Beispiel der Projektstruktur in SAP S/4HANA

Auf der obersten Ebene ist die Projektdefinition **Gasverdichter Code "Nordsee11"** ❶ mit der ID **V-0011** zu sehen. Die Projektdefinition fungiert als eine Art Klammer um das Projekt und vererbt die steuernden Eigenschaften an die untergeordneten PSP-Elemente. Darunter befindet sich das TOP-PSP-Element **Verdichteranlage** ❷, dem ein Netzplan ❸ zugeordnet ist. Unter dem TOP-PSP-Element finden sich weitere untergeordnete PSP-Elemente, die die zwei Projektphasen zeigen: **Angebotsphase** und **Auftragsphase**. Diese PSP-Elemente selbst können wieder untergeordnete PSP-Elemente haben ❺. Innerhalb der Auftragsphase ❹ wurden Meilensteine definiert, die vor allem für die Fakturierung genutzt werden (siehe Abschnitt 22.4, »Beispiel einer Projektfertigung«). Den PSP-Elementen können wiederum Netzplanvorgänge ❻ zugeordnet sein, hier z. B. **Fertigung Hauptmaschine 4000020 4100**. Dieser Vorgang beinhaltet die Fertigung einiger der benötigten Komponenten ❼.

Nach dem Anlegen der Projektstruktur eröffnen wir ein Angebot mit unserem Dummy-Materialstamm (C-10000).

Preisfindung

Da es sich bei der Projektfertigung um ein Produkt handelt, das in dieser Form noch nicht produziert wurde, stellt sich die Frage nach der Grundlage für die Preisfindung. Eine Preisliste kann es naturgemäß nicht geben. Stücklisten und Arbeitspläne, die bei Serienprodukten Auskunft über die benötigten Teile und Komponenten sowie die erforderlichen Arbeitsschritte geben, sind noch nicht vorhanden und entstehen erst im Projektverlauf. Damit fehlt die Basis für die Durchführung einer Erzeugniskalkulation in der Komponente CO (Kostenrechnung): Diese basiert schließlich genau auf diesen Informationen. Wie aber soll der Verkaufspreis kalkuliert werden, wenn die Herstellungskosten bzw. die Selbstkosten (Selbstkosten = Herstellungskosten + Vertriebs- und Verwaltungskosten) noch nicht bekannt sind? Das Projektsystem bietet mehrere Möglichkeiten, wie Kosten ohne Stücklisten und Arbeitsplan geplant werden können. Im Folgenden stellen wir Ihnen die Kostenartenplanung und das Easy Cost Planning kurz vor.

Kostenartenplanung im Projekt

Die häufig verwendete *Kostenartenplanung* erlaubt es Ihnen, Beträge und Mengen (z. B. Engineering-Stunden) pro PSP-Element und Kostenart zu planen. Häufig werden dazu einige wenige spezielle Planungskostenarten verwendet (z. B. Materialkosten, Fremdleistungen, Reisekosten, Eigenleistungen verschiedener Art und sonstige Kosten). Die Kostenartenplanung kann offline per Upload aus Microsoft Excel erfolgen. So können die Kalkulationsergebnisse der im Anlagenbau häufig verwendeten externen Kalkulationssysteme einfach in das SAP-Projektsystem (PS) übernommen werden.

Easy Cost Planning

Das *Easy Cost Planning* eignet sich eher für unerfahrene SAP-Anwender (z. B. Vertriebsmitarbeiter oder Projektkaufleute, die ansonsten wenig mit

SAP arbeiten), die direkt in SAP planen möchten. Auch hier können Sie pro PSP-Element auf Kostenartenbasis planen und dafür auch selbst gestaltete HTML-Eingabemasken und Formeln verwenden. Beispielsweise könnten Sie eine Entfernung zur Baustelle in Kilometern eingeben, und das System könnte über eine Pauschale die Fahrtkosten errechnen und automatisch auf der richtigen Kostenart planen.

Leider gibt es keine Integration aus der PS-Kostenplanung in die Kundenauftragsposition, d. h., Sie können die Preisfindung in der Anwendung Sales nicht auf den geplanten Kosten in der Projektabwicklung (Anwendung PS) aufbauen.

[»]

Für Spezialisten: Dynamischer Postenprozessor (DPP)

Abhilfe bietet an dieser Stelle der *Dynamische Postenprozessor* (DPP), mit dem auf Basis einer Kostenplanung ein Angebot automatisch erstellt werden kann. Weiterhin erlaubt der DPP eine aufwandsgerechte Fakturierung. In unserem Szenario kommt er jedoch nicht zum Einsatz.

Oftmals wird die Kalkulation vorab in einem externen Kalkulationssystem angelegt. Die Basis hierfür sind die vom Kunden genannten Spezifikationen für das Produkt sowie Erfahrungswerte aus früheren Projekten. Oft kommen technische Auslegungsprogramme und/oder Expertensysteme zum Einsatz. Aufbauend auf dieser Kalkulation müssen wir dann, bedingt durch die fehlende Integration der Kalkulation in die Sales-Anwendung, manuell einen Verkaufspreis im Angebot eingeben. Das Anlegen eines kundenindividuellen Konditionssatzes ist in der Projektfertigung nur bedingt sinnvoll, da wir zum Kunden und Material keine regelmäßigen Aufträge erwarten und sich dieser Aufwand deshalb in der Regel nicht rechtfertigt.

Verfügbarkeitsprüfung und Bedarfsübergabe

Eine weitere Besonderheit der Projektfertigung sind die *Verfügbarkeitsprüfung* und die *Bedarfsübergabe*. Eine Verfügbarkeitsprüfung nach ATP-Logik ist in unserem Projektfertigungsprozess nicht sinnvoll, da wir – wie im Prozess der Kundeneinzelfertigung – unser Produkt kundenindividuell fertigen und dementsprechend für das Produkt noch keine Bestände vorhanden sind.

Wir entscheiden uns ebenfalls gegen eine Bedarfsübergabe, da wir im Angebot und Auftrag mit einem Dummy-Material (C-10000) arbeiten und für dieses keine Bedarfe übergeben werden sollen. Wie jedoch werden die benötigten Teile zur Fertigung herangezogen? Dies geschieht zu einem späteren Zeitpunkt in den Schritten 3 und 4, dem Anlegen von Netzplanvorgängen und der Konstruktion. Dort werden die Voraussetzungen für die wichtigen

Stücklisten und termingerechten Bedarfe für eine spätere Fertigung erzeugt und ausgelöst. Dies ist eine ganz wesentliche Stärke des Projektsystems.

Zur Umsetzung dieser Anforderungen an die Verfügbarkeitsprüfung und Bedarfsübergabe empfiehlt sich eine Steuerung über die Strategiegruppe. Aus diesem Grund benötigt das Dummy-Material Dispositionssichten. Durch die Strategiegruppe aus dem Materialstamm (Sicht: **Disposition 3**) unseres Materials C-10000 wird in unserem Angebot die Bedarfsart ZPS (Projektfertigung) ermittelt. Durch entsprechende Zuordnung der Bedarfsart ZPS zur namensgleichen Bedarfsklasse ZPS (Projektfertigung) im Customizing greifen beim Anlegen des Angebots die in der Bedarfsklasse hinterlegten Einstellungen bezüglich Bedarfsübergabe und Verfügbarkeitsprüfung. Die Strategiegruppe (ZP), die Bedarfsart (ZPS) und die Bedarfsklasse (ZPS) wurden im Customizing für unseren Projektfertigungsprozess neu definiert und zugeordnet.

Abbildung 22.4 zeigt die Einstellungen der Bedarfsklasse:

- Die Option **Verfügbarkeit** ist deaktiviert.
- Die Option **Bedarfsübergabe** ist deaktiviert; somit wird in der aktuellen Bedarfs- und Bestandsliste nach der Angebotserfassung weder ein Kundenbedarf noch ein Einzelbestandssegment sichtbar.
- Das Feld **Kalk.methode** enthält keinen Eintrag, da wir für unsere Projektaufträge weder eine Einzelkalkulation noch eine Erzeugniskalkulation durchführen.
- Das Feld **KontierTyp** erhält den Eintrag **Q**. Damit wird ein unbewerteter Projektbestand realisiert.

Ferner bedeutet der Eintrag **P** im Feld **Verbrauch**, dass es um die Verbrauchsbuchung von Einkaufsteilen geht, die direkt auf das Projekt kontiert werden. Zudem besagt der Eintrag **0** bei **Änderbar**, dass Abrechnungsvorschriften nicht geändert werden dürfen.

Im Zusammenhang mit der Erstellung des Angebots müssen wir notwendige Gültigkeitstermine, Partner, Liefertermine oder optionale Texte pflegen. Vor allem in Großprojekten sind unterschiedliche Partnerdaten keine Seltenheit. Damit letztlich eine Verbindung zwischen Angebot und dem definierten Projekt besteht, muss das Projekt im Angebot auf Ebene unserer Position (C-10000 Verdichter 1000) durch den Eintrag des PSP-Elements bekannt gemacht werden. Wenn die Meilensteine bereits im Projektsystem definiert wurden, kann der Fakturierungsplan automatisch aus den Meilensteinen generiert werden. Das zeitnahe Generieren des Fakturierungsplans (spätestens im Auftrag) ist unerlässlich, um die Anzahlungsanforderungen und die Schlussrechnung erstellen zu können.

Sicht "Bedarfsklassen" ändern: Detail

Neue Einträge | Kopieren als... | Löschen | Mehr

Bedarfsklasse: ZPS Projektfertigung

Bedarf

Verfügbarkeit:	
Bedarfsübergabe:	
ZuordnungsKz:	
Kontingent:	
PbedAbbau:	
Keine Dispo.:	

Konfiguration

Konfiguration:	
KonfigVerrechn:	

Kalkulation

Kalkulieren:	
Kalkulation:	
Kalk.methode:	
Kalkulationsvar:	
KalkSchema:	
KSchema kop.:	
KondArtEinzelpo:	
KondArtEinzpFix:	

Montage

Montageart:	
Kundenauf.kalk.:	
Aut. Planung:	
Sonderbestand:	Q
Auftragsart:	
Verf. Komponenten:	
Art KompPrüfung:	
Dialog Montage:	
Kapazitätsprüf.:	
Ohne Aktual.:	
FertAufÄnd:	

Kontierung

KontierTyp:	Q
Bewertung:	
ohne Bew.Strat.:	
AbrechProfil:	
Strategiefolge:	
Änderbar:	0
AbgrSchlüssel:	
Verbrauch:	P
FunktBereich:	

Abbildung 22.4 Customizing der Bedarfsklasse (Transaktion OVZG)

Schritt 2: Kundenauftrag erfassen

Im nächsten Schritt erfassen wir einen Kundenauftrag mit Bezug zu dem bereits angelegten Angebot. Durch dieses referenzierte Anlegen werden unter anderem die wichtigen Daten, wie die PSP-Elemente und die Kopfdaten des Fakturierungsplans, übernommen. Die Generierung der Termine des übergebenen Fakturierungsplans wird erneut manuell angestoßen. Die erneute Ermittlung der Termine ist sinnvoll, da in der Projektfertigung zwischen der Angebotsphase und dem Abschließen eines endgültigen Vertrags möglicherweise bereits viel Zeit vergangen ist. Der Starttermin für das eigentliche Projekt und Termine für die Meilensteine müssen dann neu festgelegt werden. Weiterhin können im Rahmen der Verhandlungen neue Meilensteine hinzukommen oder vorhandene geändert worden sein. Aus diesen Gründen stimmen die Fakturameilensteine im Angebot in den seltensten Fällen mit denen im Auftrag überein.

Da für unser Dummy-Material (C-10000) bekanntlich keine Bedarfsübergabe und Verfügbarkeitsprüfung durchgeführt werden soll, sind beide auch im Auftrag obsolet. An dieser Stelle weisen wir erneut darauf hin, dass die Verfügbarkeitsprüfung und die Übergabe der Bedarfe nicht aus dem Kundenauftrag erfolgen, da die Fertigung der benötigten Baugruppen über Netzplanvorgänge realisiert werden (Schritte 3 und 4). Das bedeutet, dass – im Gegensatz zur Kundeneinzelfertigung – keine neue Bedarfsklasse im Auftrag gefunden werden soll. Die Bedarfsklasse ZPS (Projektfertigung), die bereits im Angebot über die Strategiegruppe im Materialstamm ermittelt wurde, kann übernommen werden. Es gelten weiterhin die Einstellungen dieser Bedarfsklasse.

Anzahlung

Basierend auf dem Fakturierungsplan kann nun die bei Auftragserteilung fällige Anzahlungsanforderung erzeugt werden. Zunächst jedoch muss dazu die Fakturasperre im Auftrag entfernt werden. Das Entfernen dieser Sperre geschieht typischerweise nicht im Verkaufsbeleg. Eine Rückmeldung des entsprechenden Meilensteins im Projektsystem entfernt automatisch die Fakturasperre des verknüpften Termins im Fakturierungsplan. Diese Vorgehensweise erlaubt es dem Projektleiter, in der ihm vertrauten PS-Arbeitsumgebung die Anzahlungsanforderung anzustoßen, ohne die Kundenauftragsposition ändern zu müssen (wozu er unter Umständen keine Berechtigung hat).

Schritt 3: Netzplan anlegen

Nach der Erfassung des Kundenauftrags beginnt die Arbeit der Terminplaner und/oder des Projektmanagers. Sie sind verantwortlich für die Ablaufplanung des Projekts und legen in diesem Schritt *Netzpläne* im System an. In Netzplänen wird mithilfe von Vorgängen und Anordnungsbeziehungen zwischen Vorgängen die Terminsituation abgebildet. In *Vorgängen* werden die Dauer der Aktivität und die benötigte Arbeit hinterlegt, die die Basis der Terminierung bilden. Über Arbeitsplätze oder über die Ressourcenzuordnung von Mitarbeitern wird der Kapazitätsbedarf des Projekts gesteuert. In den Vorgängen wird definiert, ob sie durch eigene Mitarbeiter oder durch Fremdfirmen bearbeitet werden sollen. In diesem Fall müssen durch den Projektmanager Einkaufsdaten für die Fremdvorgänge hinterlegt werden. Die Abwicklung der Fremdbearbeitung erfolgt dann durch den Einkauf.

[»]

Für Spezialisten: MM-Dienstleistungsabwicklung

Als Sonderausprägung der Fremdbearbeitung können Dienstleistungen mithilfe der MM-Dienstleistungsabwicklung beschafft werden. In diesem Fall können sowohl geplante als auch nicht geplante Leistungen beschafft werden, und es kann über eine Leistungsgliederung eine Struktur vorgegeben werden. Häufig wird dies bei eigenen geplanten größeren Bauvorhaben im Rahmen des Projekts genutzt.

Das Anlegen der Netzpläne erfolgt häufig durch Kopieren von Standardnetzplänen, die projektspezifisch angepasst werden können. Bei weniger einzigartigen Projekten und eher standardisierbaren Vorgängen können Standardnetzpläne auch mithilfe der Variantenkonfiguration beschrieben werden. In diesem Fall wird eine Maximalausprägung des Standardnetzplans angelegt, die alle denkbaren Varianten abdeckt. Beim Anlegen des operativen Netzplans wird der Standardnetzplan über eine Merkmalsbewertung konfiguriert, und aus der maximalen Ausprägung werden die notwendigen Vorgänge ermittelt.

Für die zu fertigenden Baugruppen können auch projektspezifische Arbeitspläne angelegt werden. Diese werden angelegt, wie in Kapitel 21, »Kundeneinzelfertigung«, beschrieben, müssen aber einen Bezug zum PSP-Element haben, nicht zur Kundenauftragsposition.

Schritt 4: Konstruktion und Stücklisten anlegen

Im nächsten Schritt wird die Planung der benötigten Materialien durchgeführt. Dazu wird eine mehrstufige Projektstückliste im System angelegt, die die benötigten Baugruppen, die selbst gefertigt werden, und die Komponenten enthält, die für die Fertigung benötigt werden. Projektstücklisten sind ähnlich wie Auftragsstücklisten (die bei der Kundeneinzelfertigung verwendet werden), sie werden aber mit Bezug zum PSP-Element statt mit Bezug zur Kundenauftragsposition angelegt. Die Projektstücklisten können dabei aus Materialstücklisten oder anderen Projektstücklisten kopiert und danach geändert werden.

Anders als in der Kundeneinzelfertigung werden Projektstücklisten nicht automatisch in den Netzplan übernommen. Hierfür steht die Funktion *Stücklistenübernahme* (Transaktion CN33) zur Verfügung. Dabei werden durch die Konstruktion die Komponenten und/oder Baugruppen den einzelnen Netzplanvorgängen zugeordnet. Die Anlage selbst wird nicht in den Netzplan übernommen, da diese nicht direkt gefertigt wird, sondern vor Ort montiert wird.

Für Spezialisten: Automatisierte Zuordnung

Werden Bezugsorte in Netzplanvorgängen und Stücklistenpositionen verwendet, kann die Zuordnung bei der Stücklistenübernahme automatisiert werden.

Durch die Zuordnung der Komponenten und/oder Baugruppen zu den Netzplanvorgängen wird der Bedarfstermin aus dem Vorgang an die Reservierungen vererbt. In der Regel werden die Bedarfe für die Komponenten erst nach Freigabe des Netzplans ausgelöst. Die Baugruppen und individuellen Komponenten werden dabei in Projekteinzelbestandssegmenten geführt, allgemeine Komponenten im Werksbestand. Das Projekteinzelbestandssegment ist dem jeweiligen PSP-Element zugeordnet. Ob für Baugruppen und Komponenten Projekteinzelbestände erzeugt werden, hängt vom Einzel- bzw. Sammelbedarfskennzeichen im Materialstamm der Baugruppe bzw. der Komponente ab.

Für Spezialisten: Weitere Funktionen im Netzplan

Neben Reservierungen können aus dem Netzplan auch Planprimärbedarfe, Bestellanforderungen, Streckenbestellanforderungen und Vorabbestellanforderungen erzeugt werden. Zusätzlich können auch Kundeneinzelbestandssegmente genutzt werden, wenn im Netzplankopf ein Kundenauftrag hinterlegt wird. In unserem Szenario kommen diese Funktionen jedoch nicht zum Einsatz.

Die jetzt folgende Disposition (Materialbedarfsplanung) erzeugt anhand der Reservierungen aus dem Netzplan Planaufträge für die Baugruppen und Bestellanforderungen für die Kaufteile.

Schritt 5a: Produktion

In der Fertigungssteuerung werden die Planaufträge für unsere Baugruppen in Fertigungsaufträge umgesetzt. Wie die Planaufträge sind auch die Fertigungsaufträge auf das PSP-Element kontiert. Die Vorgänge werden über den projektspezifischen Arbeitsplan und die Komponenten über die Projektstückliste ermittelt. Die Sekundärbedarfe werden ebenfalls über die Stückliste ermittelt und in vom Fertigungsauftrag abhängige Reservierungen umgewandelt. Im Laufe der Fertigung werden die Komponenten aus dem Lager entnommen und auf den Fertigungsauftrag kontiert. Die Kontierung bewirkt, dass die wertmäßigen Verbräuche als Ist-Kosten auf dem Fertigungsauftrag gesammelt werden. Über die Rückmeldung des Fertigungsauftrags werden die Ist-Zeiten (Fertigungszeiten, Rüstzeiten etc.) erfasst.

Damit werden die Ist-Kosten der Fertigung fortgeschrieben. Der Fertigungsauftrag rechnet die Ist-Kosten an das PSP-Element ab und wird dadurch vollständig entlastet.

Schritt 5b: Bestellung

Die Beschaffung der Komponenten unterscheidet sich nicht wesentlich von unserem Szenario in Kapitel 21, »Kundeneinzelfertigung«. Allerdings werden im Unterschied zur Kundeneinzelfertigung Sekundärbedarfe im Einzelbestandssegment zum PSP-Element angelegt. Dies ist dann erforderlich, wenn auch die Komponenten individuell beschafft werden und die entstehenden Ist-Kosten auf das PSP-Element abzurechnen sind. In diesem Fall ist auch die Bestellung für eine Komponente auf das PSP-Element kontiert, und die Kosten der Komponente werden entsprechend auf das PSP-Element berechnet. Ob auch für die Komponenten Projekteinzelbestände erzeugt werden, hängt vom Einzel-/Sammelbedarfskennzeichen im Materialstamm der Komponente ab.

Werden die Komponenten ebenfalls über unbewertete Projekteinzelbestände verwaltet, ergeben sich auch bei den Bestandsbuchungen Besonderheiten. So wird bei dem Wareneingang der Komponente mit Bezug zur Bestellung in einen unbewerteten Projektbestand kein Buchungsbeleg erzeugt. Ebenso verhält es sich bei der Entnahme der Komponente für den Fertigungsauftrag der Baugruppe: Auch hierbei entsteht keine Buchung in der Finanzbuchhaltung, da die Komponenten in diesem Fall aus einem unbewerteten Bestand entnommen werden.

Schritt 6: Wareneingang

Der Wareneingang für die Baugruppe wird als *Wareneingang zum Fertigungsauftrag* gebucht. Die Zubuchung erfolgt in das Einzelbestandssegment zum PSP-Element. Diese Bestände sind für andere PSP-Elemente nicht verfügbar. Es handelt sich um einen unbewerteten Bestand (siehe Kapitel 6, »Integration in das Rechnungswesen«). Aus diesem Grund entsteht bei der Wareneingangsbuchung in diesem Szenario kein Buchungsbeleg.

Schritt 7: Versand aus dem Netz

Anders als bei der Kundeneinzelfertigung wird hier kein komplettes Produkt geliefert. Nachdem die einzelnen Baugruppen gefertigt wurden und ihr Wareneingang gebucht wurde, werden sie – sofern ihre Liefertermine erreicht wurden – zum Kunden geliefert. Anders als in den bisherigen Prozessen und Beispielen dieses Buches findet im vorliegenden Projektfertigungsprozess keine Lieferung mit Bezug zum Kundenauftrag statt. Stattdessen erfolgt eine *Lieferung aus dem Projekt* (auch *Versand aus dem Netz* genannt). Nach dem Erzeugen der Lieferung aus dem Netz kann diese wie gewohnt in der Versandkomponente weiterbearbeitet werden.

Eine Lieferung aus dem Netz ist besonders dann wichtig, wenn eine komplexe Anlage aus mehreren Lieferkomponenten oder mehreren separaten

Lieferungen besteht und die Anlage erst vor Ort montiert wird. Das hat folgende Vorteile:

- Die zu liefernden Komponenten müssen nicht zusätzlich im Kundenauftrag erfasst werden. Dort genügt eine Dummy-Position für die komplette Anlage.
- Es herrscht eine höhere Transparenz über die Projektbestände, da Einzelbestände pro PSP-Element (Baugruppe) verwaltet werden.

Der Nachteil dieser Methode ist, dass die Lieferung standardmäßig nicht im Belegfluss fortgeschrieben wird und dort als solche nicht zu sehen ist. Folglich muss die spätere Schlussrechnung auftragsbezogen erfolgen. Das ergibt sich jedoch zwingend beim Einsatz von Fakturaplänen (siehe Kapitel 11, »Fakturierungspläne und Anzahlungsabwicklung«).

Schritt 8: Montage/ Inbetriebnahme

Nachdem die Lieferung stattgefunden hat, kann die Anlage vor Ort montiert werden. Die Montage wie auch die Inbetriebnahme werden dabei als Vorgang im Netzplan abgebildet. Mit dem Rückmelden der Vorgänge wird im System hinterlegt, dass die Montage bzw. die Inbetriebnahme stattgefunden hat. Die Rückmeldung kann dabei über eine Netzplanrückmeldung oder eine Stundenrückmeldung über das Arbeitszeitblatt erfolgen. Bei Nutzung des Arbeitszeitblattes ist es wichtig, dass die Endrückmeldung entweder im Arbeitszeitblatt hinterlegt werden kann oder gesondert als Netzplanrückmeldung erfasst wird.

Schritt 9: Endabrechnung

Im letzten Schritt wird durch Rückmeldung des relevanten Abnahme-Meilensteins im Projektsystem der Termin für die Schlussrechnung in der Kundenauftragsposition entsperrt. Nun kann mit Bezug zum Auftrag die Schlussfaktura angelegt werden. Die Schlussrechnung beinhaltet den vollen Kundenauftragswert, wobei bereits erhaltene Anzahlungen automatisch verrechnet werden. Beim Sichern wird ein Buchungsbeleg *Debitor an Umsatz und Mehrwertsteuer* erzeugt. Es wird allerdings kein Beleg in der Ergebnisrechnung erzeugt, vielmehr sind die Erlöse auf das der Kundenauftragsposition zugeordnete PSP-Element kontiert. Im Rahmen des Monatsabschlusses wird mithilfe der Ergebnisermittlung eine bilanzielle Bewertung der Kundenprojekte durchgeführt. Erst durch die Projektabrechnung erfolgen dann Buchungen in der Ergebnisrechnung.

22.4 Beispiel einer Projektfertigung

In diesem Beispiel werden wir eine komplette Wertschöpfungskette der Projektfertigung in SAP durchlaufen. Dabei betrachten wir insbesondere die Auftragsabwicklung der Projektfertigung am Beispiel unserer Verdichteranlage. Unser Kunde in diesem Beispiel ist die Firma Nordsee Gas & Öl in Bremerhaven, die einen Verdichter für eine ihrer Gaspipelines benötigt. Wir haben die Aufgabe, eine Verdichteranlage speziell für diese Gaspipeline zu entwickeln, die Baugruppen zu bauen und zu liefern. Die Montage erfolgt direkt vor Ort an der Gaspipeline. Im Einzelnen sind die folgenden Schritte erforderlich:

1. Erfassen der Projektstruktur
2. Angebotserfassung für unser Material C-10000
3. Erfassen des Kundenauftrags mit Bezug zum Angebot
4. Anlegen des Netzplans
5. Anlegen der Projektstückliste und Einhängen ins Netz
6. Auftragseingangskalkulation im Projekt und Netzplankalkulation
7. Rückmeldung von Meilensteinen und Erstellen der Anzahlungsanforderung
8. Buchen des Zahlungseingangs der Anzahlung
9. Anlegen der Fertigungsaufträge für die Baugruppen
10. Beschaffung der Komponenten
11. Entnahmen der Komponenten für den Fertigungsauftrag
12. Wareneingang für die Baugruppen und Rückmeldung des Fertigungsauftrags
13. Erstellung der Lieferung aus dem Netz
14. Montage/Inbetriebnahme und Rückmeldung
15. Fakturierung und Projektabrechnung

Schritt 1: Projektstruktur erfassen

Die Projektstruktur wird mithilfe des *Project Builders* (Transaktion CJ20N) angelegt, wobei in der Regel das Projekt aus einer Standardvorlage kopiert wird. Durch das Kopieren des Standardprojekts V-9000 wird das neue Projekt V-0011 automatisch mit PSP-Elementen und Meilensteinen angelegt (siehe Abbildung 22.5).

Meilensteine dienen im Projektsystem unterschiedlichen Zwecken. Für uns sind sie insbesondere als Bindeglied zum Fakturierungsplan in den Vertriebsbelegen interessant. Damit dies funktioniert, muss in den für die Faktura relevanten Meilensteinen unbedingt das Kennzeichen **Termin VerkBelg** (Termin Verkaufsbeleg) gesetzt sein; weiterhin wird der Fakturierungsprozentsatz hinterlegt. Der nachfolgende Meilenstein steht für eine 10-prozentige Anzahlung bei Auftragserteilung, die wir für den 01.04.2021 erwarten (siehe Abbildung 22.6).

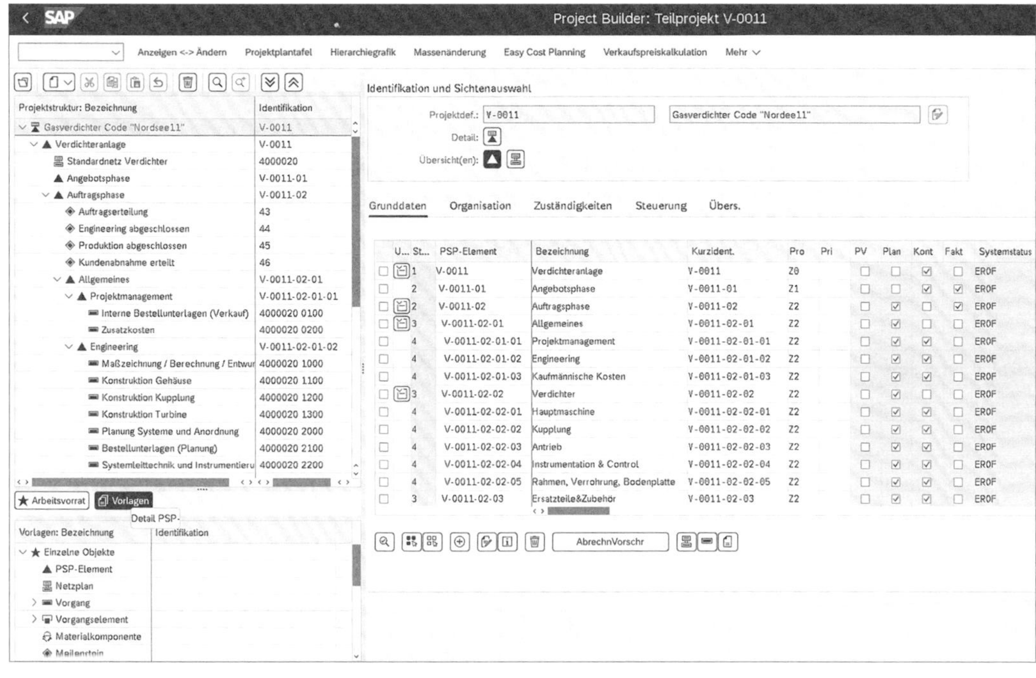

Abbildung 22.5 Die Projektstruktur mit PSP-Elementen und Meilensteinen (Transaktion CJ20N)

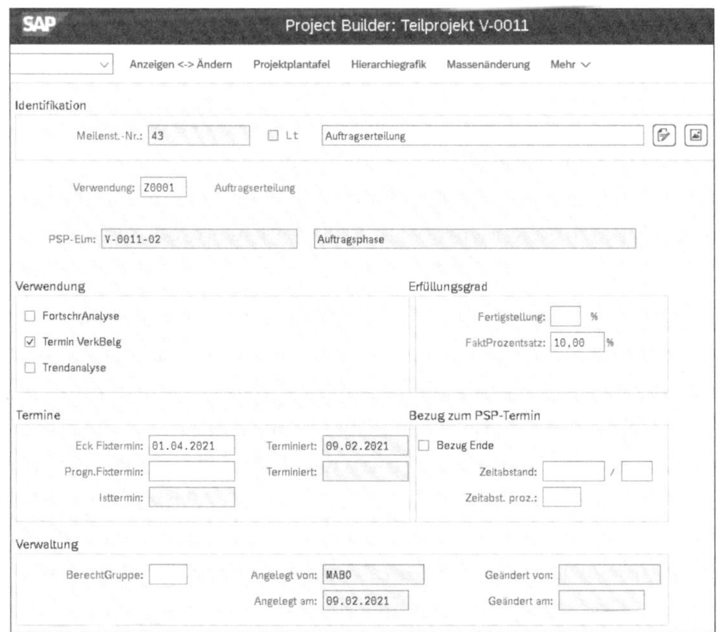

Abbildung 22.6 Meilenstein für die Anzahlung bei Auftragserteilung (Transaktion CJ20N)

Schritt 2: Angebotserfassung

Nachdem wir die Projektstruktur und die aus Vertriebssicht wichtigen Fakturameilensteine angelegt haben, können wir mit der Angebotserfassung beginnen.

In Abbildung 22.7 sehen Sie unser Angebot für den Kunden Nordsee Gas & Öl, mit unserem Verdichter als Angebotsposition. Im Feld **PSP-Element** geben wir die Nummer unserer Auftragsphase aus dem Projektstrukturplan ein. Dieser Eintrag ist von großer Bedeutung, damit die Verbindung zwischen der Vertriebskomponente und dem Projektsystem hergestellt wird. Das PSP-Element dient nun als Kontierungsobjekt.

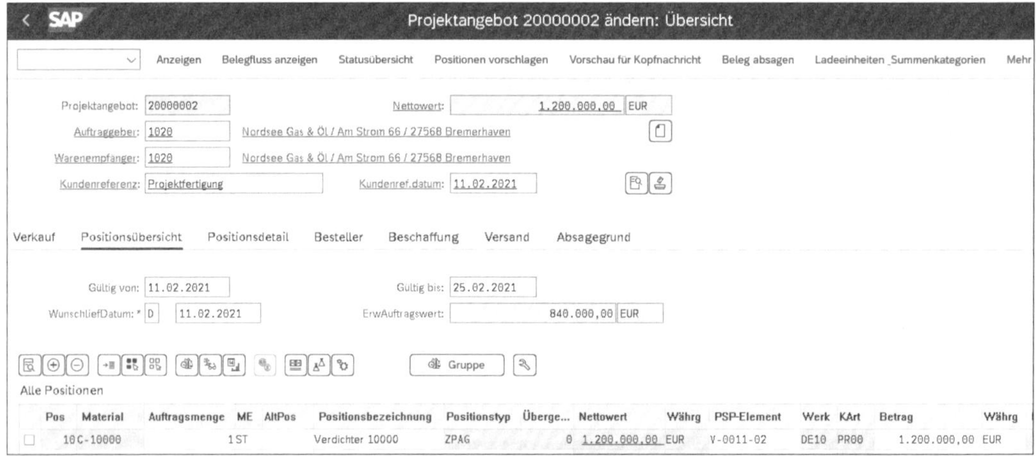

Abbildung 22.7 Angebot für die Verdichteranlage C-10000 (Transaktion VA22)

Unsere Position hat speziell für dieses Kundenprojekt einen Nettowert von 1.200.000 EUR. Für dieses Material wird ein kundenindividueller Preis eingegeben; dieser basiert, wie in Abschnitt 22.3, »Prozessbeschreibung«, (Schritt 1) bereits beschrieben wurde, auf Erfahrungswerten und externen Kalkulationen.

Da wir durch das Hinterlegen des PSP-Elements auf Positionsebene eine Verbindung zu dem betroffenen Kundenprojekt hergestellt haben, können wir nun den Fakturierungsplan mit den zuvor im Projektsystem definierten Fakturameilensteinen generieren (siehe Abbildung 22.8). In unserem Beispiel verwenden wir die Fakturierungsplanart **Z2** (**PS Planfaktura**), die im Customizing als Positionsfakturierungsplanart dem Positionstyp **ZPAG** (**Projektangebot**) zugeordnet ist. Sowohl die Fakturierungsplanart Z2 als auch der Positionstyp ZPAG wurden im Customizing neu angelegt, damit wir einen für unseren Projektfertigungsprozess eigens zugeschnittenen Fakturierungsplan mit den dafür vorgesehenen Termintypen erzeugen können. Näheres zu Fakturierungsplänen lesen Sie in Kapitel 11, »Fakturierungspläne und Anzahlungsabwicklung«. Um die Standardauslieferung von SAP S/4HANA weiterhin unverändert zu lassen und das Zusammenspiel von Angebotsart, Positionstyp und Fakturierungsplanart zu gewährleisten, haben wir zusätzlich eine neue Angebotsart ZPAG (Projektangebot) im Customizing hinzugefügt und den neuen Positionstyp ZPAG (Projektangebot) zugeordnet.

Mit Bezug zum Projekt (siehe Abbildung 22.8) wurden nun unsere Fakturameilensteine mit den im Project Builder (Transaktion CJ20N) geplanten Terminen aus dem Projekt in das Angebot übernommen (siehe Abbildung 22.9).

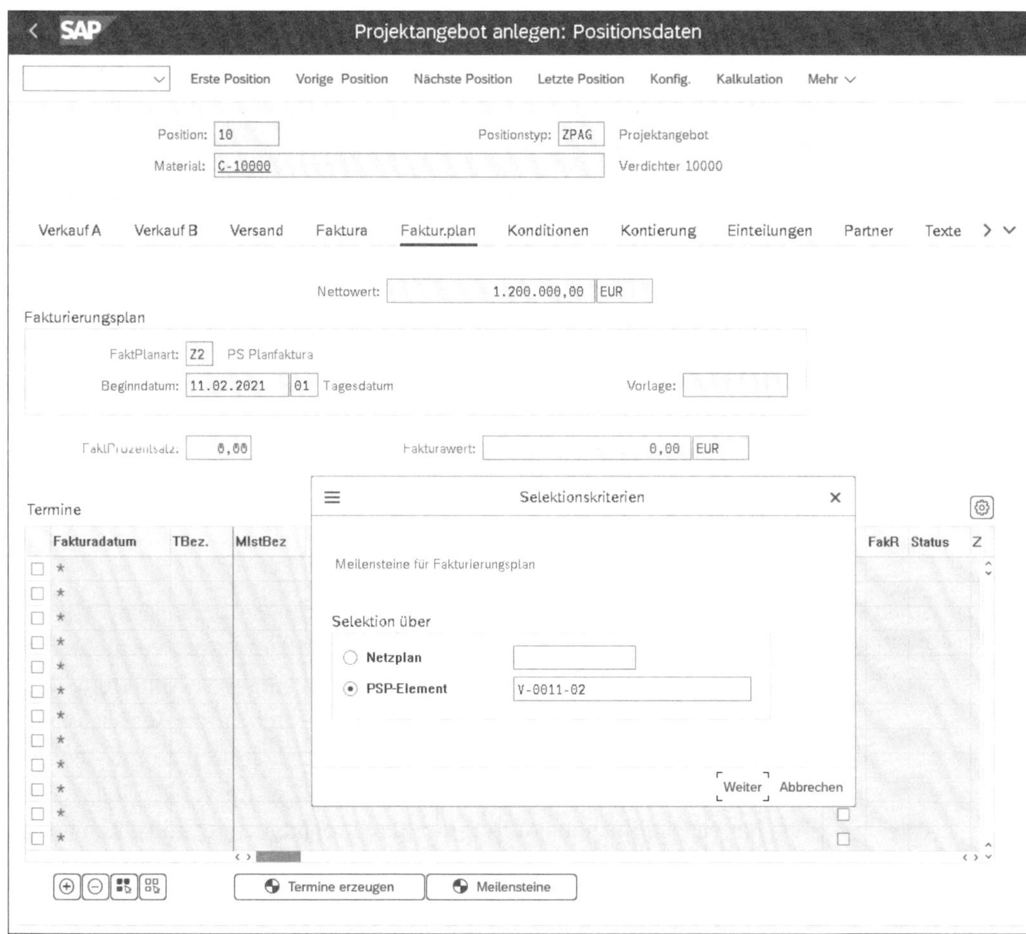

Abbildung 22.8 Fakturierungsplan im Angebot (Transaktion VA21)

Der generierte Fakturierungsplan beinhaltet vier Fakturameilensteine. Drei davon sind durch den Termintyp Z1 (Spalte **TTyp**) als Anzahlungen definiert und werden durch eine Anzahlungsanforderung (Eintrag **FAZ** in der Spalte

Fakturaart) abgewickelt. Die Schlussrechnung wird durch eine Rechnung (Fakturaart F2) umgesetzt, gesteuert über den Termintyp Z3. Beide Termintypen wurden im Customizing neu angelegt und der Fakturierungsplanart Z2 zugewiesen, um unserem Fakturierungsplan gerecht zu werden. Das Angebot kann gesichert werden und ist im System unter der Angebotsnummer 20000002 zu finden.

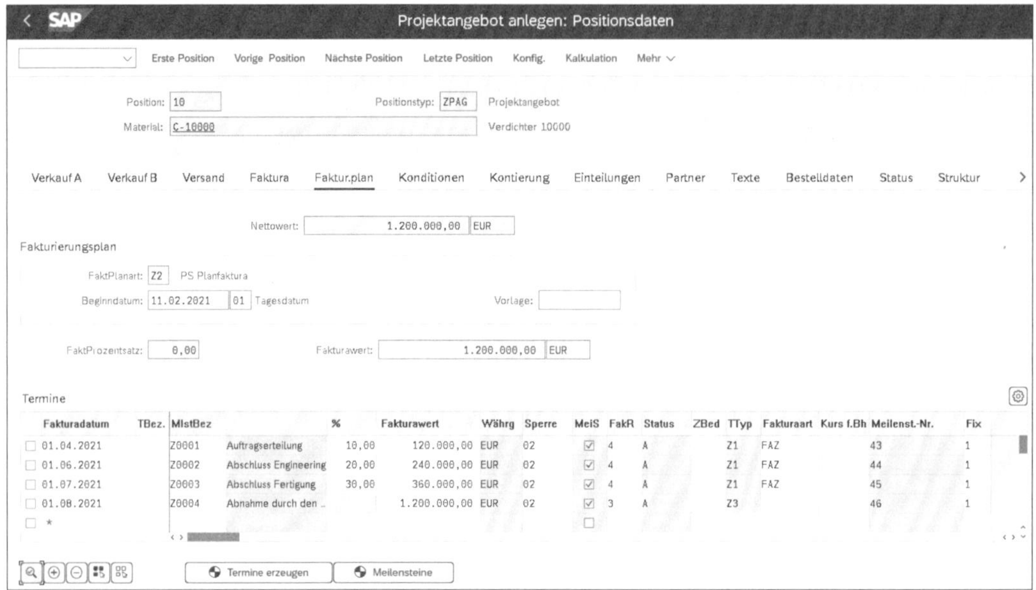

Abbildung 22.9 Übersicht über den Fakturierungsplan mit Fakturameilensteinen (Transaktion VA21)

Schritt 3: Kundenauftrag erfassen

Als nächsten Schritt in unserem Projektfertigungsprozess legen wir den Kundenauftrag an. Damit die Angebotsdaten im Auftrag zur Verfügung stehen, erfassen wir den Auftrag mit Bezug zum Angebot. Abbildung 22.10 zeigt den Projektauftrag. Um auch im Rahmen der Auftragserfassung die Standardauslieferung von SAP S/4HANA nicht verändern zu müssen und unsere zuvor definierte Fakturierungsplanart Z2 weiterverwenden zu können, haben wir eine neue Auftragsart ZPS (Projektauftrag) und einen neuen Positionstyp ZPSP (Projektauftrag) im Customizing angelegt. Wie im Schritt zuvor wurden die neue Auftragsart, der Positionstyp und die Fakturierungsplanart einander zugeordnet.

Wie Sie bereits wissen, müssen für den Projektauftrag die Fakturameilensteine und die dazugehörigen Termine im Projektauftrag neu generiert werden. Dieser Vorgang ist identisch zum Generieren der Fakturameilensteine im Angebot und soll an dieser Stelle nicht wiederholt werden. Bei allen Fakturameilensteinen ist eine Fakturasperre aktiv (Eintrag **02** in der Spalte **Sperre**), da bisher noch keine Rückmeldungen zu den betroffenen Meilensteinen im Projektsystem vorliegen.

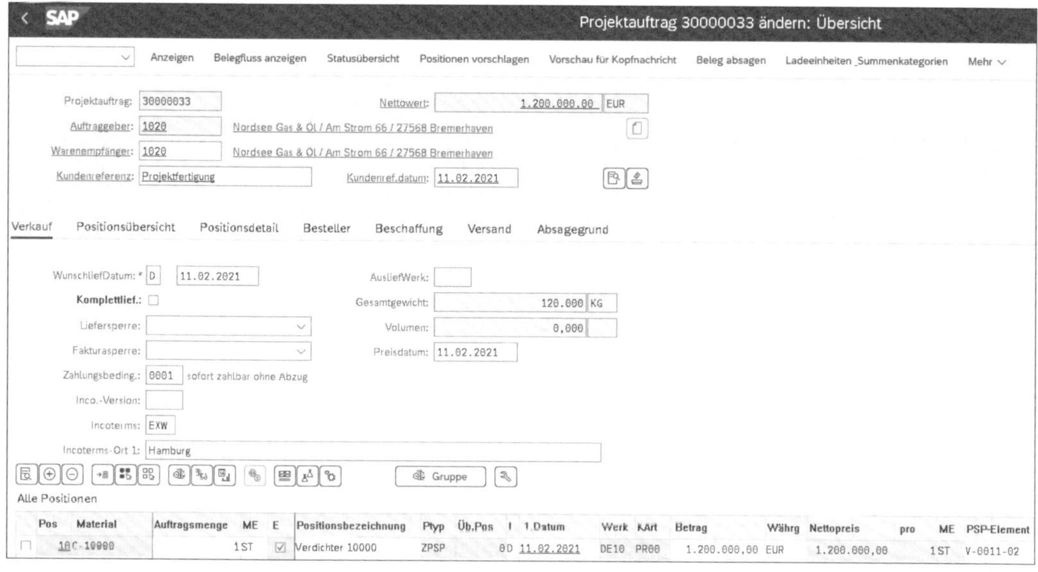

Abbildung 22.10 Anlegen des Projektauftrags mit Bezug zum Angebot (Transaktion VA01)

Aus der Sicht des Vertriebsmitarbeiters sind in diesem Schritt der Wertschöpfungskette keine weiteren steuernden Einstellungen vorzunehmen. Sinnvoll ist es natürlich, an dieser Stelle abschließend die kopierten Daten des Projektauftrags auf Aktualität und Korrektheit hin zu überprüfen.

Schritt 4: Netzplan anlegen

Nach dem Erfassen des Kundenauftrags wird die Ablaufplanung des Projekts durchgeführt. Dazu legen wir zu unserem Projekt einen Netzplan an, indem wir einen Standardnetzplan kopieren. In unserem Beispiel haben wir nicht den Standardnetzplan angepasst, sondern Dauern und Arbeit aus dem Standardnetzplan übernommen. Über die Arbeitszeiten kann die Netzplankalkulation durchgeführt werden. Hierfür werden auch die Tarife der Kostenstelle berücksichtigt. Da in der Regel eine Projektkalkulation angelegt wird, dient die Netzplankalkulation lediglich als Prüfung, ob die Projektkalkulation valide ist (zumal die Netzplanvorgänge in der Regel im Laufe der Projektabwicklung geändert bzw. detailliert werden). In Abbildung 22.11 sehen Sie die Vorgänge, die für unser Projekt benötigt werden.

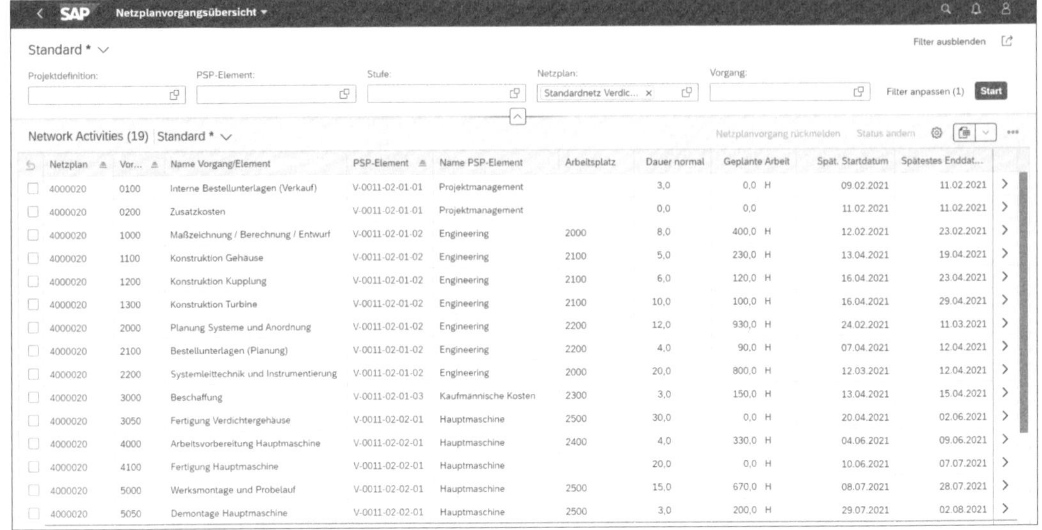

Netzplan	Vor...	Name Vorgang/Element	PSP-Element	Name PSP-Element	Arbeitsplatz	Dauer normal	Geplante Arbeit	Spät. Startdatum	Spätestes Enddat...
4000020	0100	Interne Bestellunterlagen (Verkauf)	V-0011-02-01-01	Projektmanagement		3,0	0,0 H	09.02.2021	11.02.2021
4000020	0200	Zusatzkosten	V-0011-02-01-01	Projektmanagement		0,0	0,0	11.02.2021	11.02.2021
4000020	1000	Maßzeichnung / Berechnung / Entwurf	V-0011-02-01-02	Engineering	2000	8,0	400,0 H	12.02.2021	23.02.2021
4000020	1100	Konstruktion Gehäuse	V-0011-02-01-02	Engineering	2100	5,0	230,0 H	13.04.2021	19.04.2021
4000020	1200	Konstruktion Kupplung	V-0011-02-01-02	Engineering	2100	6,0	120,0 H	16.04.2021	23.04.2021
4000020	1300	Konstruktion Turbine	V-0011-02-01-02	Engineering	2100	10,0	100,0 H	16.04.2021	29.04.2021
4000020	2000	Planung Systeme und Anordnung	V-0011-02-01-02	Engineering	2200	12,0	930,0 H	24.02.2021	11.03.2021
4000020	2100	Bestellunterlagen (Planung)	V-0011-02-01-02	Engineering	2200	4,0	90,0 H	07.04.2021	12.04.2021
4000020	2200	Systemleittechnik und Instrumentierung	V-0011-02-01-02	Engineering	2000	20,0	800,0 H	12.03.2021	12.04.2021
4000020	3000	Beschaffung	V-0011-02-01-03	Kaufmännische Kosten	2300	3,0	150,0 H	13.04.2021	15.04.2021
4000020	3050	Fertigung Verdichtergehäuse	V-0011-02-02-01	Hauptmaschine	2500	30,0	0,0 H	20.04.2021	02.06.2021
4000020	4000	Arbeitsvorbereitung Hauptmaschine	V-0011-02-02-01	Hauptmaschine	2400	4,0	330,0 H	04.06.2021	09.06.2021
4000020	4100	Fertigung Hauptmaschine	V-0011-02-02-01	Hauptmaschine		20,0	0,0 H	10.06.2021	07.07.2021
4000020	5000	Werksmontage und Probelauf	V-0011-02-02-01	Hauptmaschine	2500	15,0	670,0 H	08.07.2021	28.07.2021
4000020	5050	Demontage Hauptmaschine	V-0011-02-02-01	Hauptmaschine	2500	3,0	200,0 H	29.07.2021	02.08.2021

Abbildung 22.11 Netzplan (SAP-Fiori-App »Netzplanvorgangsübersicht«)

In Abbildung 22.12 ist die SAP-GUI-basierte Netzplangrafik zu sehen (Sie rufen sie auf, indem Sie den Netzplan in der Projektstruktur markieren und auf **Springen • Netzplangrafik** klicken). Darin werden die Anordnungsbeziehungen zwischen den Vorgängen modelliert, die zusammen mit den Dauern der Vorgänge terminbestimmend für den Netzplan sind.

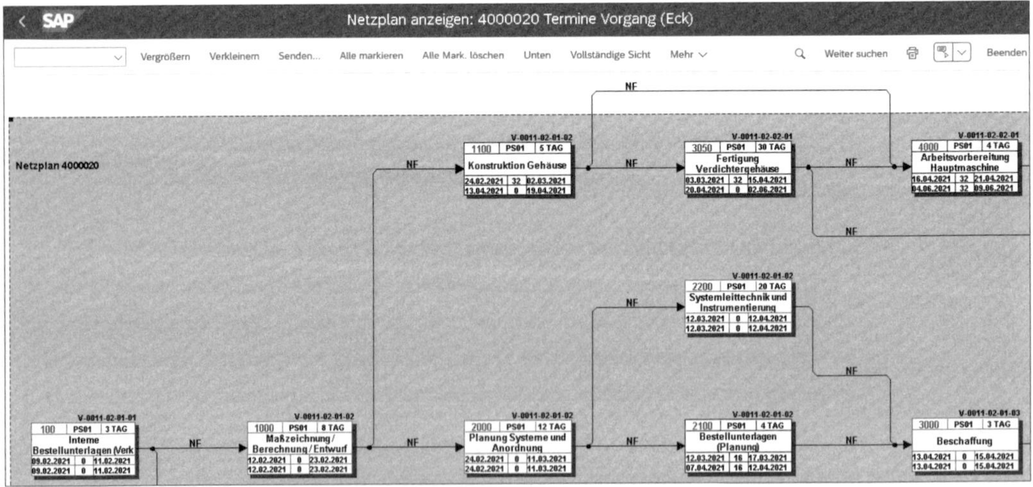

Abbildung 22.12 Netzplangrafik (Transaktion CJ20N)

Zudem ist ab SAP S/4HANA 2020 FPS1 die alternative Funktion der SAPUI5-basierten SAP-Fiori-App **Projektnetzplangrafik** verfügbar. Die App kann direkt über das SAP Fiori Launchpad gestartet werden und ist in der Abbildung 22.13 zu sehen.

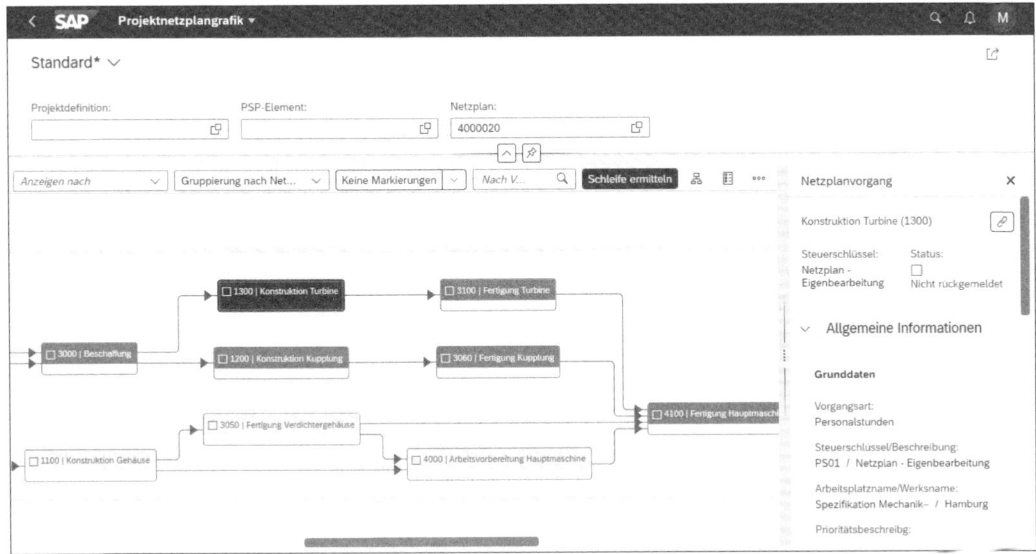

Abbildung 22.13 Netzplangrafik (SAP Fiori-App »Projektnetzplangrafik«)

Schritt 5: Projektstückliste anlegen und im Netz einhängen

Neben dem Netzplan wird in der Konstruktionsphase für unser Projekt eine spezielle Projektstückliste angelegt. In Abbildung 22.14 sehen Sie die Projektstückliste für unsere Verdichteranlage mit der Materialnummer C-10000.

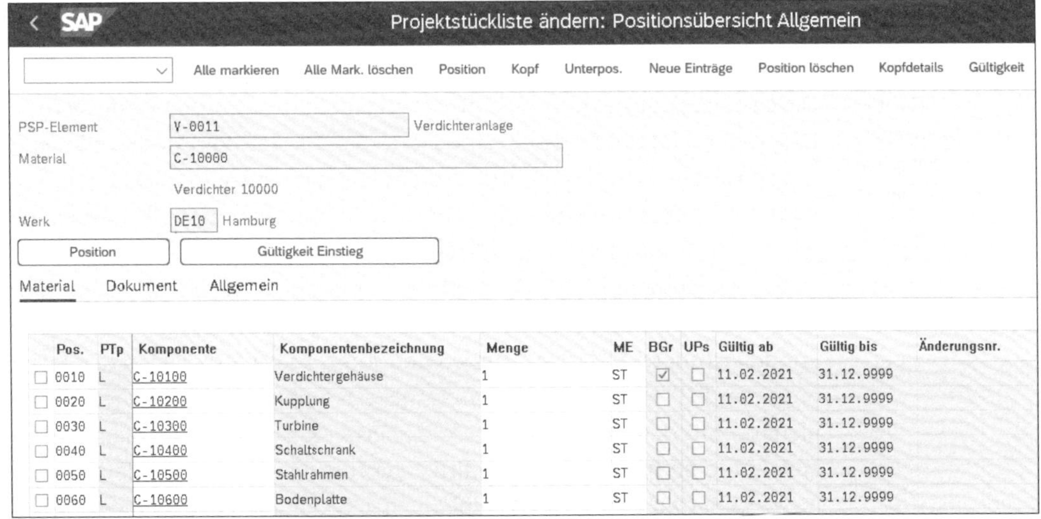

Pos.	PTp	Komponente	Komponentenbezeichnung	Menge	ME	BGr	UPs	Gültig ab	Gültig bis	Änderungsnr.
0010	L	C-10100	Verdichtergehäuse	1	ST	☑	☐	11.02.2021	31.12.9999	
0020	L	C-10200	Kupplung	1	ST	☐	☐	11.02.2021	31.12.9999	
0030	L	C-10300	Turbine	1	ST	☐	☐	11.02.2021	31.12.9999	
0040	L	C-10400	Schaltschrank	1	ST	☐	☐	11.02.2021	31.12.9999	
0050	L	C-10500	Stahlrahmen	1	ST	☐	☐	11.02.2021	31.12.9999	
0060	L	C-10600	Bodenplatte	1	ST	☐	☐	11.02.2021	31.12.9999	

Abbildung 22.14 Projektstückliste (Transaktion CS72)

Die entsprechenden Materialstämme für die Baugruppen wurden zuvor ebenfalls neu angelegt. Lediglich die Standardkomponente C-10000 existierte bereits vor der Auftragserfassung. Neben der Projektstückliste für die Verdichteranlage müssen auch Stücklisten für die eigengefertigten Baugruppen angelegt werden. In unserem Beispiel haben wir dies sehr einfach gehalten und nur für das Verdichtergehäuse eine eigene Projektstückliste angelegt.

Nachdem Netzplan und Projektstückliste angelegt wurden, kann nun die Projektstückliste in den Netzplan übernommen werden. Dazu wählen wir das Projekt (oder den Netzplan) und die Projektstückliste aus, die übernommen werden soll. Das Selektionsprofil steuert dabei, wie die Stücklistenübernahme durchgeführt wird. In der Stücklistenübernahme (Transaktion CN33) können die benötigten Baugruppen/Komponenten den relevanten Netzplanvorgängen zugeordnet werden. Nach dem Speichern sind die Baugruppen/Komponenten auch im Projekt ersichtlich und lösen Reservierungen aus.

An dieser Stelle muss erwähnt werden, dass die Stücklistenübernahme manuell erfolgt ist. Dazu werden die Materialien den entsprechenden Netzplanvorgängen zugeordnet. SAP S/4HANA bietet hier auch die Möglichkeit, die Materialien automatisiert zuzuordnen. Um diesen Automatismus einsetzen zu können, werden sowohl die Stückliste als auch der Netzplan mit Bezugsorten versehen. Die Bezugsorte werden im Programm ausgelesen, und die Materialien werden den entsprechenden Netzplanvorgängen zugeordnet. Dieses Vorgehen ist natürlich mit einem Aufwand verbunden und macht deshalb nur in standardisierten Projektstrukturen Sinn, die sich kaum verändern.

Schritt 6: Auftragseingangs- und Netzplankalkulation

Durch die Anlage des Kundenauftrags und die Zuordnung der Position 10 zu unserem Projekt in Schritt 3 wurde automatisch der Wert der Kundenauftragsposition als geplanter Erlös auf das PSP-Element V-0011-02 übernommen. Im PS-Customizing kann dabei pro Planprofil eingestellt werden, ob dies für Angebote und/oder Aufträge geschehen soll. Wie kommen wir nun zu einer Kostenplanung? Die in Schritt 4 angelegten Netzpläne können automatisch aufgrund der in den Netzplanvorgängen hinterlegten Eigen- und Fremdleistungen kalkuliert werden und somit zu Plankosten auf den zugeordneten PSP-Elementen führen. Im PS-Customizing kann für jede Netzplanart hinterlegt werden, ob die kalkulierten Kosten des Netzplans für die zugeordneten PSP-Elemente additiv oder nicht additiv sein sollen, also ob die kalkulierten Kosten des Netzplans zu den Plankosten des zugeordneten PSP-Elements hinzugezählt werden oder ob sie als Davon-Wert (dispositiv) anzusehen sind. Da unsere Netzplanvorgänge während der Projektlaufzeit immer wieder verändert werden und wir zum Zeitpunkt der Auftragserteilung eine stabile Vorkalkulation benötigen, behandeln wir die Netzplankalkulation als nicht additiv und führen eine manuelle Kostenartenplanung auf unseren PSP-Elementen mit Transaktion CJR2 durch.

Wie Sie sehen, kann in mehreren Versionen geplant werden, was im Maschinen- und Anlagenbau sehr wichtig ist. Unsere Auftragseingangskalkulation speichern wir in Version P01 und verändern diese nachträglich nicht mehr, sodass uns die ursprünglichen Planwerte im Reporting jederzeit zur Verfügung stehen. Laufende Plananpassungen (häufig als *Mitkalkulation* bezeichnet) nehmen wir bei Bedarf in einer separaten Planversion vor (oder in mehreren).

Die Kostenartenplanung muss immer mit Bezug zu einem konkreten Geschäftsjahr und zu Perioden erfolgen, wobei viele Anwender den Aufwand einer Verteilung der Planwerte auf einzelne Perioden scheuen und einfach die gesamten Planwerte beispielsweise in das Jahr der Auftragserteilung planen. Hier geben wir die zu beplanenden PSP-Elemente (diese müssen als Planungselemente gekennzeichnet sein) sowie eine Kostenartengruppe an, die die zulässigen Kostenarten für die Planung beinhaltet. In Abbildung 22.15 können wir nun pro PSP-Element die einzelnen Kostenarten beplanen. Wir planen auf dem PSP-Element für die Hauptmaschine 400.000 EUR an Materialkosten, 200.000 EUR für Fremdleistungen, 120.000 EUR Fertigungskosten und 1.300 Fertigungsstunden ein. Zudem planen wir auch mit Versandkosten von 10.000 EUR und Reisekosten für die Mitarbeiter in Höhe von 15.000 EUR.

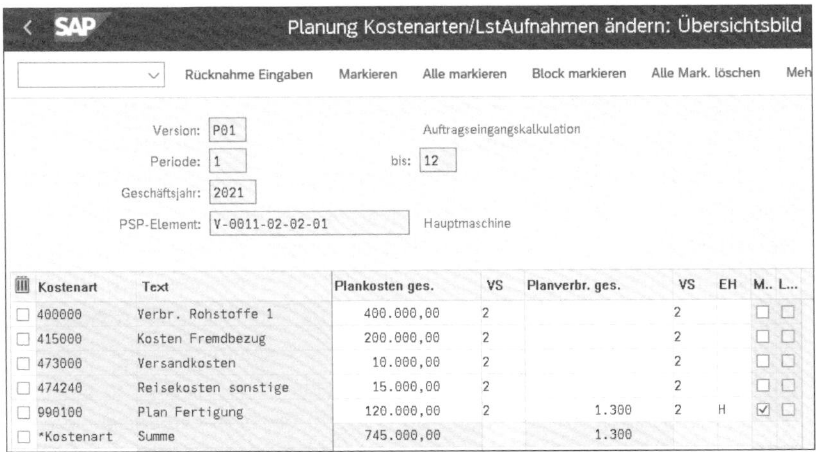

Kostenart	Text	Plankosten ges.	VS	Planverbr. ges.	VS	EH	M..	L...
400000	Verbr. Rohstoffe 1	400.000,00	2		2		☐	☐
415000	Kosten Fremdbezug	200.000,00	2		2		☐	☐
473000	Versandkosten	10.000,00	2		2		☐	☐
474240	Reisekosten sonstige	15.000,00	2		2		☐	☐
990100	Plan Fertigung	120.000,00	2	1.300	2	H	☑	☐
*Kostenart	Summe	745.000,00		1.300				

Abbildung 22.15 Planung von Kosten und Stunden auf PSP-Elementen (Transaktion CJR2)

Die Kostenartenplanung wird nun für alle planungsrelevanten PSP-Elemente durchgeführt (in der Praxis erfolgt dies häufig automatisch durch den Upload einer **.csv**-Datei, was durch Transaktion CJR2 unterstützt wird). Nach Abschluss der Kostenartenplanung sind im Berichtswesen die Planwerte sichtbar (siehe Abbildung 22.16).

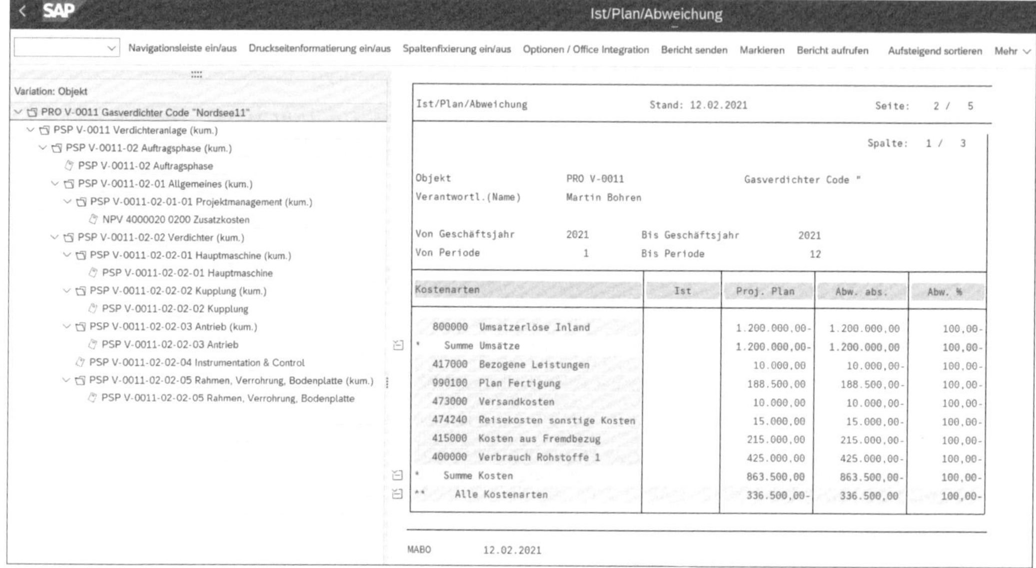

Kostenarten	Ist	Proj. Plan	Abw. abs.	Abw. %
800000 Umsatzerlöse Inland		1.200.000,00-	1.200.000,00	100,00-
* Summe Umsätze		1.200.000,00-	1.200.000,00	100,00-
417000 Bezogene Leistungen		10.000,00	10.000,00-	100,00-
990100 Plan Fertigung		188.500,00	188.500,00-	100,00-
473000 Versandkosten		10.000,00	10.000,00-	100,00-
474240 Reisekosten sonstige Kosten		15.000,00	15.000,00-	100,00-
415000 Kosten aus Fremdbezug		215.000,00	215.000,00-	100,00-
400000 Verbrauch Rohstoffe 1		425.000,00	425.000,00-	100,00-
* Summe Kosten		863.500,00	863.500,00-	100,00-
** Alle Kostenarten		336.500,00-	336.500,00	100,00-

Abbildung 22.16 Erlös- und Kostenplan in einem PS-Kostenartenbericht (Transaktion S_ALR_87013543)

Für Spezialisten: Planung auf Primärkostenart

Kenner der CO-Anwendung werden sich vielleicht fragen, weshalb in diesem Beispiel Stunden auf einer Primärkostenart geplant wurden, anstatt eine Leistungsaufnahmeplanung mit Partnerkostenstelle und -leistungsart zu verwenden. Das ist natürlich möglich, wird aber aus folgenden Gründen häufig in der Praxis nicht so gemacht: Erstens können Sie mit der oben angewandten Technik sowohl Kosten als auch Mengen mit einer einzigen Planungstransaktion planen. Zweitens ist zum Zeitpunkt der Auftragseingangskalkulation häufig noch gar nicht klar, von welcher konkreten Kostenstelle Leistungen benötigt werden (die Arbeitspläne entstehen ja erst noch!). Schließlich kommen drittens die Planwerte häufig aus einem Kalkulationsvorsystem. Soll dieses führend sein, ergibt es keinen Sinn, dass das System noch einmal die Planwerte anhand von Kostenstellentarifen berechnet.

Schritt 7: Meilensteine und Anzahlungen

Wir gehen davon aus, dass aus Vertriebssicht bis zum jetzigen Zeitpunkt alle Tätigkeiten beendet sind, die mit dem Vertragsabschluss zu tun haben, da alle Vor- und Nacharbeiten zur Auftragserfassung abgeschlossen sind. An diesem Punkt in unserer Wertschöpfungskette – der abgeschlossenen Auftragserteilung – ist laut unserem zu Beginn erzeugten Fakturierungsplan eine erste Anzahlungsanforderung fällig. Sie erinnern sich, dass seit dem Generieren der Fakturameilensteine im Projektauftrag automatisch eine Fakturasperre für jeden Termin gesetzt ist. Das Erstellen einer Anzahlungsanforderung ist somit momentan nicht möglich. Im Gegensatz zu den bisherigen Beispielen, die Fakturierungspläne thematisieren, ist es in unserem Projektfertigungsprozess nicht möglich, die Sperre manuell im Projektauftrag zu entfernen. Technisch ist es möglich, dies zu ändern, es ist in unserem Szenario aber nicht sinnvoll. Um die Fakturasperre für den zu fakturierenden Meilenstein zu lösen, muss dieser im Projektsystem als abgeschlossen zurückgemeldet werden. Diese Tätigkeit wird in aller Regel von einem Projektleiter oder einer anderen befugten Person innerhalb des Projekts durchgeführt. Abbildung 22.17 zeigt die SAP-Fiori-App **Projektmeilenstein rückmelden**. Wir schränken hier das Gesamtprojekt ein und sehen alle Meilensteine, die in unserem Projekt angelegt sind.

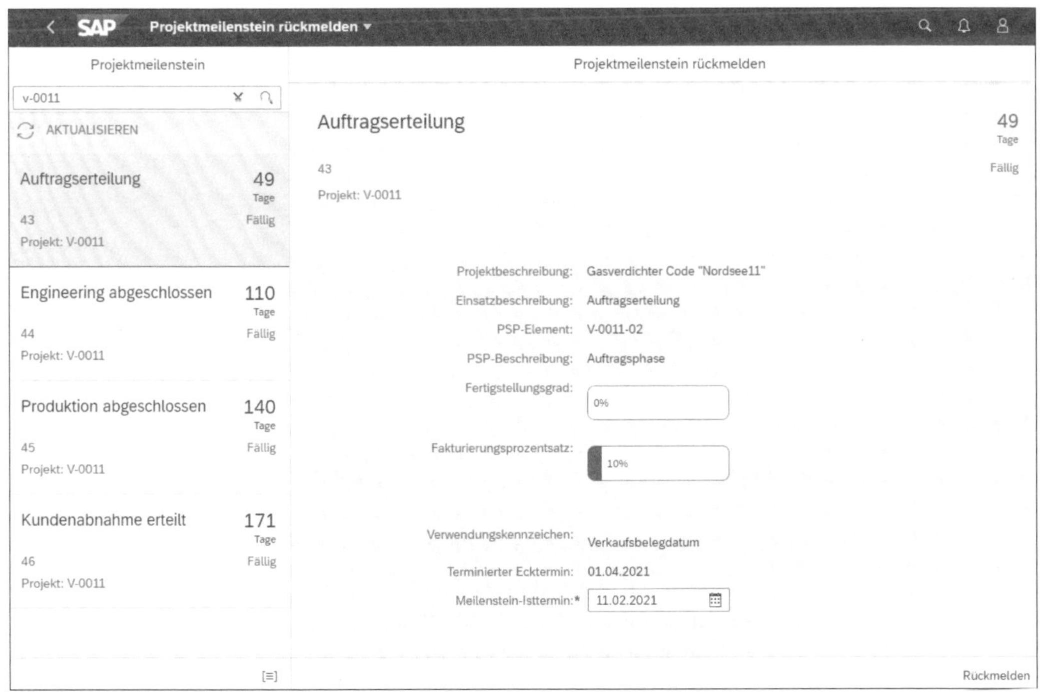

Abbildung 22.17 Rückmelden des Fakturameilensteins (SAP-Fiori-App »Projektmeilenstein rückmelden«)

In Abbildung 22.6 weiter vorne haben Sie gesehen, dass das Kennzeichen **Termin VerkBelg** (Verkaufsbeleg) gesetzt ist. Diese Einstellung ist nötig, damit beim Generieren der Fakturameilensteine im Verkaufsbeleg der terminierte Termin des Meilensteins in den Verkaufsbeleg bzw. Fakturierungsplan übernommen werden kann. Des Weiteren sehen Sie den zu fakturierenden Prozentsatz, der anteilig vom Nettowert der Position zu fakturieren ist und im Folgenden in der Anzahlungsanforderung erscheint. Die Rückmeldung des Meilensteins mit der Nummer 43 wird über das Eintragen des Datums der eigentlichen Fertigstellung im Feld **Meilenstein-Isttermin** realisiert. Das Feld beinhaltet somit das Datum, an dem der Meilenstein erreicht wurde (in unserem Beispiel ist das der 11.02.2021).

Bei einem erneuten Blick auf den Fakturierungsplan (siehe Abbildung 22.18) unseres Projektauftrags stellen wir fest, dass die Fakturasperre für den zuvor zurückgemeldeten Fakturameilenstein 43 entfernt wurde. Die Anzahlungsanforderung für den erreichten Meilenstein *Auftragserteilung* kann nun erstellt werden.

Fakturadatum	TBez.	MlstBez		%	Fakturawert	Währg	Sperre	MeiS	FakR	Status	ZBed	TTyp	Fakturaart	Kurs f.Bh	Meilenst.-Nr.	Fix
11.02.2021		Z0001	Auftragserteilung	10,00	120.000,00	EUR		☑	4	A		Z1	FAZ		43	1
01.06.2021		Z0002	Abschluss Engineering	20,00	240.000,00	EUR	02	☑	4	A		Z1	FAZ		44	1
01.07.2021		Z0003	Abschluss Fertigung	30,00	360.000,00	EUR	02	☑	4	A		Z1	FAZ		45	1
01.08.2021		Z0004	Abnahme durch den Kunden		1.200.000,00	EUR	02	☑	3	A		Z3			46	1

Abbildung 22.18 Fakturierungsplan des Projektauftrags (Transaktion VA02)

In der SAP-Fiori-App **Fakturen anlegen** können wir nun eine Anzahlungsanforderung der Fakturaart FAZ erstellen. Die Faktura bezieht sich auf unseren Projektauftrag und beinhaltet eine Position unseres Materials C-10000. Es wird ein Nettowert von 120.000 EUR ermittelt. Dieser Wert entspricht dem zu fakturierenden Prozentsatz von 10 % vom Gesamtwert des Auftrags in Höhe von 1.200.000 EUR, der im Projektsystem im betroffenen Meilenstein hinterlegt wurde (siehe Abbildung 22.19). Mit der Erstellung der Faktura verändert sich der **Fakturastatus** im Fakturaplan unseres Kundenauftrags von **A** (Offen) zu **C** (Fakturiert). Dieser Schritt wird dann für alle Meilensteine wiederholt, an die eine Anzahlung geknüpft ist.

Abbildung 22.19 Anzahlungsanforderung (SAP-Fiori-App »Faktura anzeigen«)

Schritt 8: Zahlungseingang zur Anzahlung buchen

Der Zahlungseingang zur Anzahlungsanforderung unterscheidet sich nicht von den bisherigen Anzahlungen (siehe z. B. Kapitel 21, »Kundeneinzelfertigung«). Auch hier wird das Sonderhauptbuchkennzeichen **A** (Anzahlung) gepflegt, damit der Eingang als debitorische Anzahlung ausgewiesen wird. Nach der Zahlungseingangsbuchung ist die Anzahlungsanforderung ausgeziffert. Wird die Schlussrechnung erstellt, wird die erhaltene Anzahlung verrechnet. Das System berücksichtigt bei der Erstellung der Schlussrechnung ausschließlich Anzahlungsanforderungen mit ausgezifferten Buchungsbelegen.

Schritt 9: Fertigungsauftrag für Baugruppen anlegen

Im nächsten Schritt führen wir eine Disposition (Materialbedarfsplanung) durch. In SAP ERP war die Disposition über das ganze Werk eine der zeitaufwendigsten Aktivitäten für das System. Aus diesem Grund stand für die Projekte Transaktion MD51 für eine mehrstufige Projektplanung zur Verfügung. Mit SAP S/4HANA und der In-Memory-Technologie sind der Zugriff auf die Daten und die Durchführung der Disposition erheblich schneller. Bei Massendaten, wie sie für die Disposition bereitgestellt werden müssen, steht auch MRP Live zur Verfügung (siehe Abschnitt 1.3.9), das eine Echtzeitdisposition unterstützen soll. Hierbei wird die Laufzeit im Vergleich zum klassischen MRP deutlich reduziert. Sie können nach dem Erfassen eines Kundenauftrags umgehend einen Dispositionslauf anstoßen und das Ergebnis direkt sehen. Dieser Effekt wird umso größer, je mehr Daten im System zur Verfügung stehen. Für die Überwachung der Performance werden auch entsprechende SAP-Fiori-Apps zur Verfügung gestellt.

Über den Dispositionslauf erzeugt das System für die Baugruppen, die im Projekteinzelbestand geplant sind, Planaufträge oder Bestellanforderungen. Da wir nicht nur das Projekt geplant, sondern die Disposition für das gesamte Werk ausgeführt haben, wurde die Planung auch für die Materialien durchgeführt, die nicht projektbezogen sind. Abbildung 22.20 zeigt die SAP-Fiori-App **Materialdeckung bearbeiten** für das Material C-10100 (Verdichtergehäuse) nach dem Dispositionslauf.

Abbildung 22.20 Materialdeckung nach der Materialbedarfsplanung (SAP-Fiori-App »Materialdeckung bearbeiten«)

Der Planauftrag für unser Verdichtergehäuse wurde innerhalb des Einzelbestandssegments für unser PSP-Element angelegt. Der Planauftrag deckt die Reservierung zum 20.04.2021 ab. Über die Stücklistenauflösung im Planauftrag werden die Sekundärbedarfe für die Komponenten erzeugt. Der Disponent setzt den Planauftrag 5138 aus Abbildung 22.20 in einen Fertigungsauftrag um.

Der Fertigungsauftrag wird ebenfalls im Einzelbestand zum PSP-Element mit der Nummer V-0011-02-02-01 verwaltet. Er ist auf das PSP-Element kontiert, wie Sie in Abbildung 22.21 sehen können. Anders als in der Kundeneinzelfertigung ist der Auftraggeber nicht zu erkennen. Der Fertigungsauftrag kann nun durch den zuständigen Mitarbeiter in der Arbeitsvorbereitung freigegeben werden.

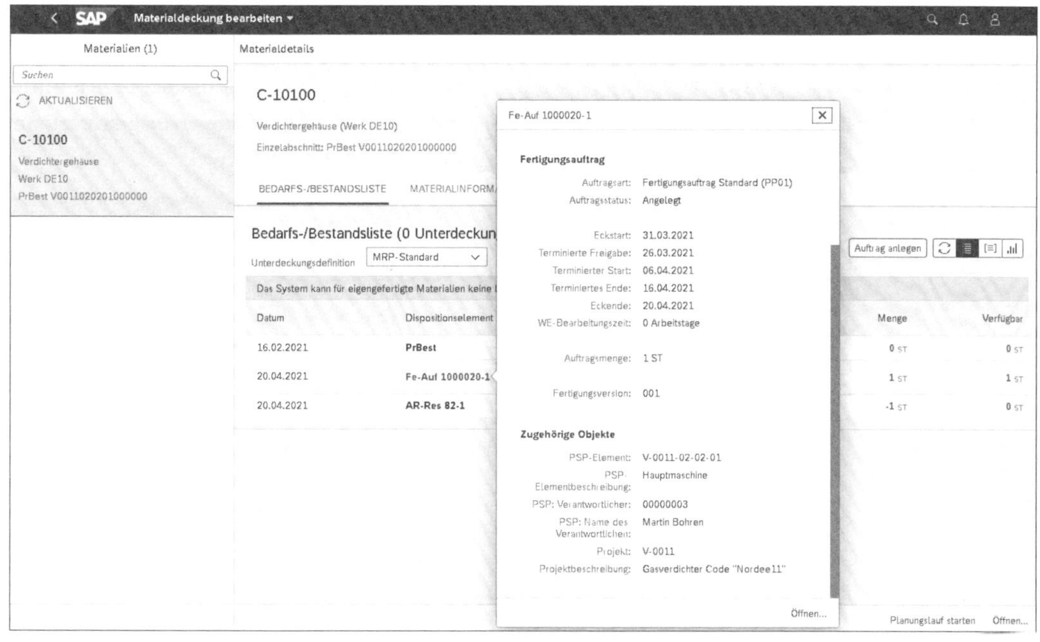

Abbildung 22.21 Fertigungsauftrag mit Kontierung auf das PSP-Element (SAP-Fiori-App »Materialdeckung bearbeiten«)

Schritt 10: Beschaffung der Komponenten

Bereits durch die Disposition wurden Sekundärbedarfe für die Komponenten ausgelöst (sowohl für Komponenten, die dem Netzplan zugeordnet sind, als auch für Komponenten, die für die Baugruppen benötigt werden). Wir haben in Abschnitt 22.3, »Prozessbeschreibung«, bereits erwähnt, dass auch für die Komponenten Einzelbestandssegmente zum PSP-Element erzeugt werden können. In unserem Systembeispiel gehen wir jedoch davon aus, dass wir die Projekteinzelfertigung nur auf der Ebene der Baugruppen einsetzen.

Schritt 11: Entnahmen der Komponenten

Demnach werden die Komponenten über Fremdbezug (Einkauf) für die Fertigung der Baugruppen beschafft und über die Wareneingangsbuchung in einen anonymen (d. h. nicht projektbezogenen) und bewerteten Bestand eingebucht. Anschließend werden die Komponenten auf den Fertigungsauftrag entnommen. Die entsprechende Buchung in der Materialwirtschaft erfolgt über die Bewegungsart 261 (Warenausgang zum Fertigungsauftrag). Die Positionen beziehen sich auf eine Reservierungsnummer und nicht, wie zu erwarten, auf den Fertigungsauftrag. Diese Materialreservierung wurde beim Umsetzen des Planauftrags in den Fertigungsauftrag erzeugt. Die Materialreservierung löst die Sekundärbedarfe ab, die wiederum durch den Planauftrag erzeugt wurden. Da die Komponenten aus einem bewerteten Bestand entnommen werden, wird ein Buchungsbeleg erzeugt.

Für jede der Komponenten wird eine Buchungszeile mit der Buchung *Verbrauch an Bestand* erzeugt. Die Verbrauchsbuchungen sind auf den Fertigungsauftrag kontiert, wodurch dieser durch die Komponentenentnahme mit Kosten belastet wird (siehe Abbildung 22.22). Die Bewertung erfolgt anhand des Bewertungspreises aus dem Materialstamm.

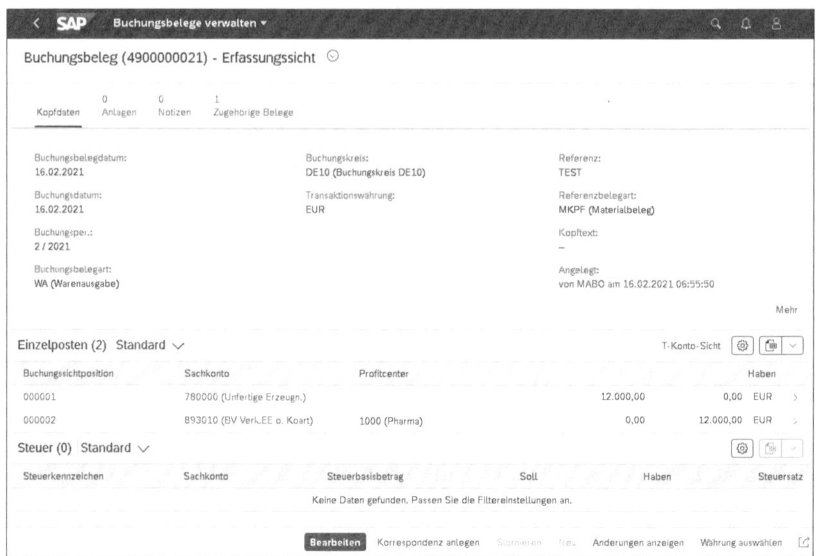

Abbildung 22.22 Buchungsbeleg zur Entnahme der Komponenten (SAP-Fiori-App »Buchungsbelege verwalten«)

Schritt 12: Wareneingang und Rückmeldung

Im nächsten Schritt erfolgt die Rückmeldung des Fertigungsauftrags. Wir erfassen eine Endrückmeldung mit den tatsächlich benötigten Zeiten. Für die Vereinfachung unseres Beispiels übernehmen wir die geplanten Zeiten aus dem Arbeitsplan. Nach der Rückmeldung ist die Fertigung unserer Baugruppe C-10100 (Verdichtergehäuse) abgeschlossen. Damit kann der Wareneingang der Baugruppe in den Projekteinzelbestand gebucht werden. Die Buchung erfolgt mit der Bewegungsart 101 Q (Wareneingang zum Projektbestand mit Bezug zum Fertigungsauftrag).

Da es sich in unserem Szenario um einen unbewerteten Projekteinzelbestand handelt, wird kein Buchungsbeleg erzeugt. Wie hat sich nun die aktuelle Bedarfs- und Bestandsliste verändert? In Abbildung 22.23 erkennen Sie, dass die Zugangsbuchung im Einzelbestandssegment (**PrBest**) erfolgte. Aus diesem Grund steht der Reservierung (**AR-Res 82-1**) jetzt ein entsprechender Bestand gegenüber.

Der Fertigungsauftrag ist nun abgeschlossen und kann abgerechnet werden. Über diese Funktion werden die Kosten an das PSP-Element weitergeleitet: Der Fertigungsauftrag wird entlastet und das PSP-Element belastet.

Abbildung 22.23 Aktuelle Bedarfs- und Bestandsliste nach der Wareneingangsbuchung der Baugruppe (SAP-Fiori-App »Materialdeckung bearbeiten«)

Schritt 13: Lieferung aus dem Netz

Nach den Wareneingangsbuchungen der Baugruppen kann die Lieferung erfolgen. In unserem Szenario sehen wir von mehreren Teillieferungen ab und setzen voraus, dass unser Beispielunternehmen alle Baugruppen in einer Lieferung zusammenfasst. Wie schon zuvor beschrieben, erfolgt die Lieferung in unserem Szenario *Projektfertigung* nicht wie gewohnt mit Bezug zum Kundenauftrag, sondern über eine Lieferung aus dem Projekt.

Zunächst jedoch legen wir sogenannte *Lieferinformationen* an. Lieferinformationen sind kein Muss, um eine Lieferung aus dem Projekt anzulegen; sie können aber unter Umständen, je nach Anzahl der zu liefernden Komponenten, dem Anwender Aufwand bei der Datenerfassung ersparen.

Auch können der Lieferinformation zusätzlich konkrete PSP-Elemente, Vorgänge, kopfkontierte Netzpläne oder Materialkomponenten zugeordnet werden. In unserem Szenario wurden die drei PSP-Elemente zugeordnet, die die zu liefernden Baugruppen umfassen.

Die Lieferung aus dem Projekt erfolgt nun über Transaktion CNSO. Die zu liefernden Baugruppen wählen wir aus, indem wir bestimmte Filterkriterien eingeben und dann auf **Komponenten** klicken. In unserem Beispiel selektieren wir über das PSP-Element V-0011-02-02 Verdichter. Das Resultat unserer zuvor angelegten Lieferinformation erscheint in einem bereits vorausgefüllten Pop-up-Fenster **Allgemeine Daten**, das wir mit einem Klick auf **Übernehmen** bestätigen (siehe Abbildung 22.24).

In Abbildung 22.25 sehen Sie auf dem Reiter **Zuordnungen** die zur Selektion gefundenen Komponenten mit Informationen zu Netzplanzugehörigkeit, Vorgang und PSP-Element. Auf dem Reiter **Mengen/Termine** kann der geplante Warenausgang, der Liefertermin sowie die Menge pro Komponente bearbeitet werden.

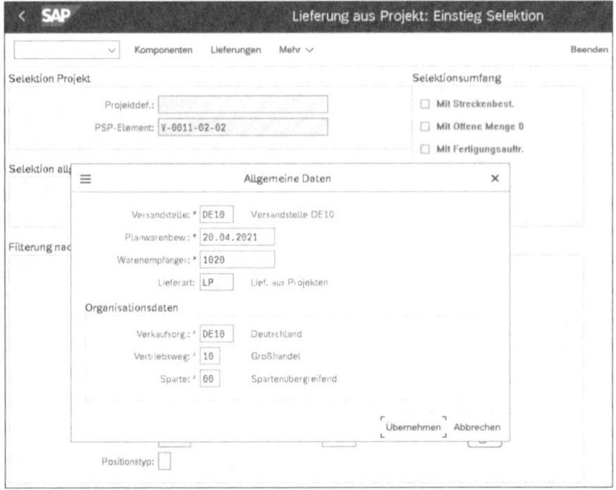

Abbildung 22.24 Anlegen der Lieferung aus dem Projekt (Transaktion CNS0)

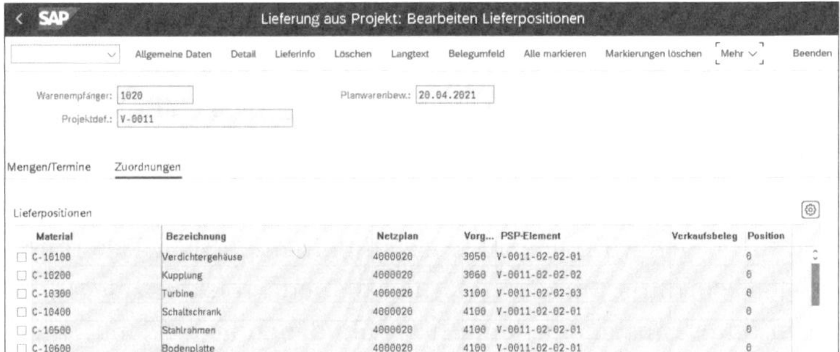

Abbildung 22.25 Anlegen der Lieferung aus dem Projekt (Transaktion CNS0)

Nach dem Sichern erhalten wir eine Systeminformation, dass unsere Lieferung aus Projekten angelegt wurde. Sie enthält alle unsere zu liefernden Bauteile und kann nun in Transaktion VL02N aufgerufen und weiterbearbeitet werden (siehe Abbildung 22.26).

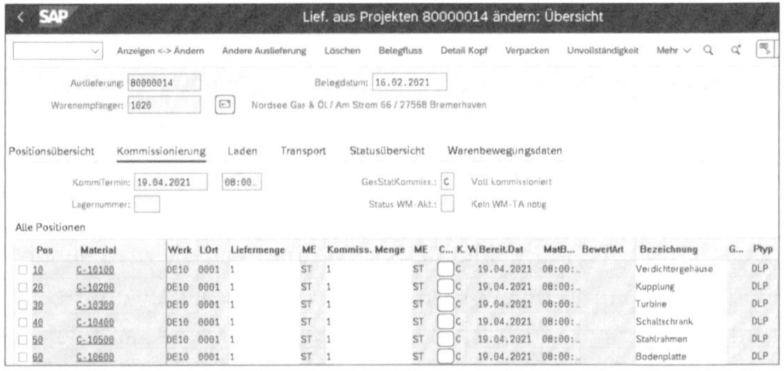

Abbildung 22.26 Bearbeiten der Lieferung aus Projekten (Transaktion VL02N)

Wenn die Termine erreicht wurden, kann mit dem Kommissionieren begonnen werden, gefolgt von der obligatorischen Warenausgangsbuchung. Da beide Tätigkeiten im Laufe des Buches schon beschrieben wurden (z. B. in Abschnitt 8.4, »Lieferungsbearbeitung«), verzichten wir an dieser Stelle auf eine erneute Erklärung.

Schritt 14: Montage und Inbetriebnahme

Nachdem die Lieferung der Baugruppen durchgeführt wurde, können diese vor Ort montiert werden, und der gesamte Verdichter kann in Betrieb genommen werden. Für diese Aktivitäten wurde im Netzplan ein eigener Vorgang angelegt, und es wurde hinterlegt, wie lange dieser Vorgang dauern wird, welche Arbeit anfällt und an welchem Arbeitsplatz der Vorgang anfällt.

Die Rückmeldung der Inbetriebnahme führen wir mit der *Netzplanrückmeldung* durch. In der SAP-Fiori-App **Netzplanvorgang rückmelden** werden Dauern sowie die Arbeit gemeldet, die für die Montage und die Inbetriebnahme angefallen sind. Zusätzlich können wir hinterlegen, ob die Montage und die Inbetriebnahme abgeschlossen wurden: In diesem Fall klicken wir in der Rückmeldung auf die Schaltfläche **Endrückmeldung**. In Abbildung 22.27 sehen Sie die Endrückmeldung zu dem Vorgang **Baustellenmontage/Inbetriebnahme**.

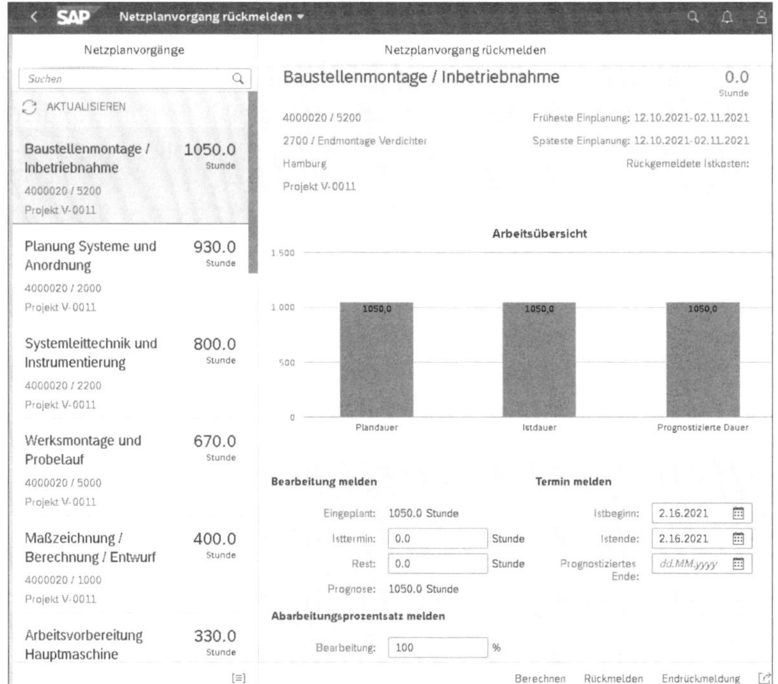

Abbildung 22.27 Rückmeldung zum Netzplanvorgang (SAP-Fiori-App »Netzplanvorgang rückmelden«)

Schritt 15: Fakturierung und Endabrechnung

Um unsere Wertschöpfungskette abschließen zu können, folgen nun im letzten Schritt die Fakturierung in Form einer Schlussrechnung und die Endabrechnung. Zunächst ist zu erwähnen, dass in unserem Beispielprozess erst eine einzige Anzahlungsanforderung (Auftragserteilung) erstellt wurde (in Schritt 7).

Laut unserem Fakturierungsplan sind jedoch weitere Anzahlungen im Laufe unseres Prozesses fällig. Bei den zu fakturierenden Meilensteinen handelte es sich um das abgeschlossene Engineering sowie um die abgeschlossene Fertigung der Baugruppen. Da sich die Erstellung dieser Anzahlungsaufforderungen nicht von der in Schritt 7 erläuterten Rückmeldung des Meilensteins und der Erstellung der Anzahlungsanforderung unterscheidet, haben wir sie nicht mehr eingehend beschrieben. Wir gehen also davon aus, dass die zwei Anzahlungen (siehe Abbildung 22.18) fakturiert und anschließend der Zahlungseingang verbucht wurde.

Um die Schlussrechnung erstellen zu können, die die Verrechnung aller Anzahlungen beinhaltet, müssen auch diese Anzahlungsanforderungen erstellt und deren Zahlungseingang gebucht werden. Wir gehen in unserem Szenario davon aus, dass alle Rückmeldungen und Anzahlungsanforderungen termingerecht bei Vollendung der Meilensteine ausgeführt wurden. Somit können wir nun unsere Schlussrechnung erstellen.

Da wir einen Fakturierungsplan verwenden und aus dem Projekt geliefert haben, wird die Faktura nicht lieferbezogen, sondern auftragsbezogen erstellt. Vor der Fakturierung muss auch für diesen Meilenstein im Kundenauftrag die Sperre über das Projekt entfernt werden. In Abbildung 22.28 sehen Sie die angelegte Schlussrechnung.

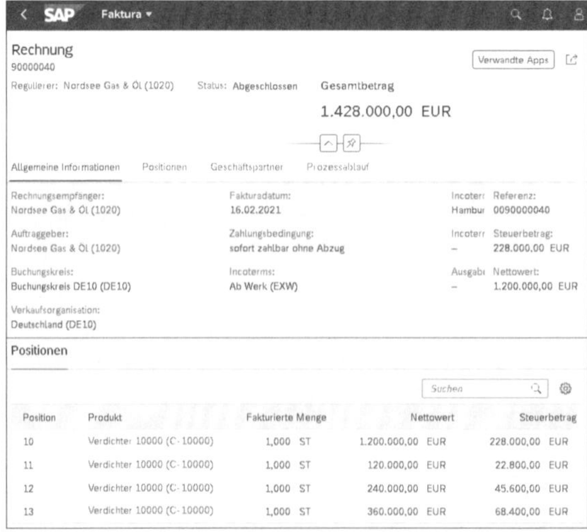

Abbildung 22.28 Schlussfaktura (SAP-Fiori-App »Faktura anzeigen«)

Position 10 beinhaltet den Betrag der Schlussrechnung über 100 % in Höhe von 1.200.000 EUR. Die bisherigen Anzahlungen erscheinen in den Positionen 20 bis 40 als Anzahlungsverrechnungen und sind später auch auf dem Rechnungsformular als bereits geleistete Anzahlungen zu erkennen.

An der Liste der Belege im Rechnungswesen erkennen wir, dass in der Ergebnisrechnung kein Beleg erzeugt wurde. Die Verrechnung der Anzahlungsposition erfolgt in der Buchhaltung. Der bisher vorhandene Anzahlungsposten wird aufgelöst und der Umsatz gebucht. Dabei wird die Erlösbuchung entsprechend ihrer Kontierung auf das PSP-Element Auftragsphase V-0011-02 gebucht und nicht direkt in die Ergebnis- und Marktsegmentrechnung übergeleitet.

Projektabrechnung

Wie in den vorherigen Kapiteln zeigen wir auch hier den gesamten Prozess nochmal anhand des Prozessablaufs in unserem Projektauftrag (siehe Abbildung 22.29). Ähnlich wie in Kapitel 21, »Kundeneinzelfertigung«, wird erst durch die Abrechnung des Projekts (Transaktionen CJ88 bzw. CJ8G für die Sammelverarbeitung) ein Beleg in der Ergebnis- und Marktsegmentrechnung (CO-PA) erzeugt.

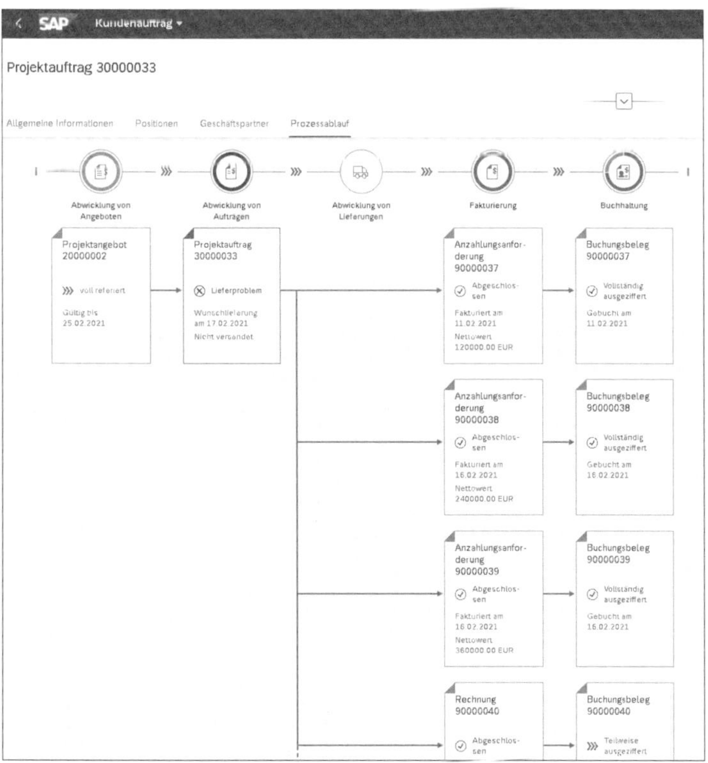

Abbildung 22.29 Prozessablauf im Projektauftrag (SAP-Fiori-App »Kundenauftrag«)

Da Projekte typischerweise langlebig sind und Erlöse und Kosten in der Regel nicht in derselben Periode anfallen, wird zunächst eine Ergebnisermittlung (Transaktionen KKA2 bzw. KKAJ für die Sammelverarbeitung) für das Projekt durchgeführt, die die ergebnisrelevanten Erlöse und Kosten der jeweiligen Periode ermittelt. Dies kann auch parallel in mehreren Versionen zur Abbildung unterschiedlicher Rechnungslegungsstandards (etwa HGB und IFRS) erfolgen. Vor der eigentlichen Abrechnung werden die Abrechnungsvorschriften für das Projekt automatisch generiert (Transaktionen CJB1 bzw. CJB2 für die Sammelverarbeitung). Diese Generierung übernimmt automatisch Informationen aus den Kundenaufträgen, die den PSP-Elementen zugeordnet sind (z. B. Kunde, Land, Verkaufsorganisation), in die Merkmale der Abrechnungsvorschrift. Dadurch stehen diese Merkmale in CO-PA neben dem PSP-Element für Auswertungszwecke zur Verfügung. Somit erhalten wir neben den Controlling-Berichten (in Echtzeit) im Projektsystem auch monatliche Projektberichte in CO-PA. Diese sind in der Regel weniger detailliert als in der Anwendung PS, erlauben aber durch die Vielzahl an verfügbaren Auswertungsmerkmalen fundierte Analysen.

Kapitel 23
Weitere Szenarien

In diesem Kapitel werden wir Ihnen zusätzlich zu den bisher vorgestellten Wertschöpfungsketten weitere in der Praxis angewandte Szenarien zeigen, die ebenfalls mit SAP S/4HANA umgesetzt werden können.

Bisher haben Sie in Teil IV, »Gestaltung von Wertschöpfungsketten in SAP S/4HANA«, unterschiedliche Szenarien für die anwendungsübergreifende Gestaltung betrieblicher Wertschöpfungsketten im Detail kennengelernt. An dieser Stelle wollen wir Ihnen einen Überblick über weitere Szenarien geben. Der betriebswirtschaftliche Hintergrund für die Abbildung von Unternehmensprozessen hat sich mit SAP S/4HANA nicht geändert, bildet aber weiterhin das Rückgrat für den sinnvollen Einsatz der Software.

In den bisherigen Beispielen sollte deutlich geworden sein, dass mithilfe der Customizing-Einstellungen, insbesondere zur Bedarfsklasse, noch sehr viele andere Szenarien entwickelt werden können. Dabei kann es sich durchaus um Misch- oder Ergänzungsformen der Abläufe handeln, die wir bereits vorgestellt haben. Auch kommen häufig noch zusätzliche Funktionen (z. B. die Variantenkonfiguration) zum Einsatz. Es ist nicht möglich, alle Szenarien in diesem Buch zu behandeln. Gleichwohl bietet es sich an, zumindest einen Überblick über einige ausgewählte Szenarien zu geben, die Sie im Folgenden kennenlernen werden:

- Losfertigung (siehe Abschnitt 23.1)
- anonyme Lagerfertigung mit Bruttoplanung (siehe Abschnitt 23.2)
- Kombination von Losfertigung und anonymer Lagerfertigung (siehe Abschnitt 23.3)
- Vorplanung mit Endmontage (siehe Abschnitt 23.4)
- Kundeneinzelfertigung mit Verrechnung gegen die Vorplanung (siehe Abschnitt 23.5)
- Variantenkonfiguration (siehe Abschnitt 23.6)

Das Wissen, das wir in Kapitel 19, »Lagerverkauf mit Chargenfertigung«, Kapitel 20, »Vorplanung ohne Endmontage«, und in Kapitel 21, »Kundeneinzelfertigung«, vermittelt haben, hilft Ihnen dabei, die wesentlichen Zusammenhänge zu erkennen. Bei der Beschreibung dieser Szenarien konzentrieren wir uns auf folgende Aspekte:

- Absatzplanung
- Kundenauftragsbearbeitung (Verfügbarkeit, Bedarfsübergabe)
- Produktionsplanung
- Controlling-Szenario
- Versand und Fakturierung

23.1 Losfertigung

Disposition

In Kapitel 19, »Lagerverkauf mit Chargenfertigung«, haben Sie das Szenario *anonyme Lagerfertigung* kennengelernt. Dabei wird die Produktion ausschließlich über die Vorplanung gesteuert. Kundenauftragsbedarfe sind nicht dispositionsrelevant und haben somit keinen Einfluss auf die Produktion. Im Gegensatz dazu sind Auftragsbedarfe bei der Losfertigung dispositionsrelevant. Es erfolgt keine auftragsanonyme Vorplanung der Produktion, sondern die Produktion beginnt vielmehr erst, wenn Kundenauftragsbedarfe vorliegen. Diese können in der Produktion zu Fertigungslosen zusammengefasst werden.

In der Auftragsbearbeitung erfolgt die Verfügbarkeitsprüfung nach der ATP-Logik (Available to Promise, siehe Abschnitt 4.1, »Verfügbarkeitsprüfung«). Die Auslieferung erfolgt aus dem anonymen Bestand und baut den Auftragsbedarf in der Disposition ab.

Produktbezogenes Controlling

Aus Sicht des Controllings handelt es sich hier um eine Massenfertigung mit produktbezogenem Controlling, also nicht um eine Kundeneinzelfertigung mit auftragsorientiertem Controlling (siehe Kapitel 6, »Integration in das Rechnungswesen«). Das bedeutet, dass durch die Faktura Erlöse und Kosten (Standardherstellungskosten) an die Ergebnis- und Marktsegmentrechnung (CO-PA) übergeben werden. Aus logistischer Betrachtungsweise unterscheidet sich die Losfertigung von der Kundeneinzelfertigung dadurch, dass bei der Losfertigung keine Kundeneinzelbestände wie im Szenario aus Kapitel 21, »Kundeneinzelfertigung«, aufgebaut werden.

23.2 Anonyme Lagerfertigung mit Bruttoplanung

Nettoplanung

Bei dem Szenario *anonyme Lagerfertigung* aus Kapitel 19, »Lagerverkauf mit Chargenfertigung«, werden über eine Vorplanung sogenannte *Planprimärbedarfe* erzeugt, die die Produktion auslösen. In Kapitel 19 haben wir dabei zudem eine *Nettoplanung* angenommen. Bei dieser Strategie werden die Vorplanungsbedarfe mit den vorhandenen Beständen abgeglichen: Es wird nur dann produziert, wenn die geplante Menge nicht durch Bestand gedeckt ist. Die eingehenden Kundenaufträge beeinflussen die Disposition dagegen nicht. Die Vorplanungsbedarfe werden durch die Warenausgangsbuchung im Lieferbeleg abgebaut (siehe das Systembeispiel in Abschnitt 19.4, »Beispiel eines Lagerverkaufs mit Chargenfertigung«).

Bruttoplanung

Bei der *Bruttoplanung* wird unabhängig von vorhandenen Beständen produziert. Dies ist in Industriezweigen erforderlich, die ihre Produktion nicht ohne Weiteres stoppen können (Prozessfertigung, chemische Industrie, Stahlerzeugung). Der Abbau der Vorplanungsbedarfe erfolgt aber nicht durch den Lieferbeleg. Vielmehr wird der Planprimärbedarf durch den Wareneingang aus der Produktion abgebaut. Ansonsten entspricht diese Strategie der anonymen Lagerfertigung aus Kapitel 19.

23.3 Kombination von Losfertigung und anonymer Lagerfertigung

Die reine Losfertigung lässt sich natürlich auch mit dem Szenario *anonyme Lagerfertigung* (siehe Kapitel 19, »Lagerverkauf mit Chargenfertigung«) kombinieren. In diesem Fall erfolgt zunächst eine auftragsanonyme Vorplanung. Diese ist dispositionsrelevant und löst damit die Fertigung von Endprodukten aus.

Bedarfsart und -klasse ermitteln

Im Kundenauftrag wird entschieden, ob der Auftragsbedarf als zusätzlicher dispositionsrelevanter Bedarf eingelastet wird oder ob der Auftragsbedarf die Produktionsplanung nicht verändern soll. Dies hängt von den Einstellungen der Bedarfsklasse ab, die wiederum über die Bedarfsart ermittelt wird. Die Bedarfsart im Kundenauftrag wird über die Strategiegruppe im Materialstamm oder über die Kombination aus Positionstyp und Dispositionsmerkmal im Kundenauftrag ermittelt. Demzufolge kann die Entscheidung über die Dispositionsrelevanz des Auftrags entweder durch eine manuelle Änderung der Bedarfsart im Kundenauftrag erfolgen. Die Voraussetzung hierfür ist, dass in der Strategiegruppe eine alternative Bedarfsart zugelassen ist. Oder der Anwender ändert den Positionstyp im Kundenauftrag manuell ab, und es wird automatisch eine neue Bedarfsart ermittelt.

Verfügbarkeitsprüfung

Die Verfügbarkeitsprüfung im Kundenauftrag erfolgt in diesem Szenario über die ATP-Logik. Aus der Sicht des Controllings handelt es sich hierbei um ein Szenario der Massenfertigung. Erlöse und Planherstellungskosten werden also durch die Faktura an die Ergebnisrechnung übergeben.

Belieferung von Großkunden

Dieses Szenario kann z. B. eingesetzt werden, wenn ein Unternehmen in erster Linie einige wenige Großkunden beliefert. Deren Kundenaufträge werden als dispositionsrelevante Bedarfe an die Produktion übergeben. Dies ist insbesondere dann sinnvoll, wenn mit den Kunden Lieferpläne (siehe Kapitel 16, »Rahmenverträge«) vereinbart werden können, sodass die Bedarfe relativ früh bekannt sind. Zusätzlich zu den Auftragsbedarfen der Großkunden erfasst man eine Vorplanung, die ebenfalls die Produktion beeinflusst. Damit können zum einen die Produktionslose optimiert werden, und zum anderen können kleinere Aufträge mit nicht dispositionsrelevanten Auftragsbedarfen aus dem Lager bedient werden, ohne dass der Produktionsplan geändert werden muss.

23.4 Vorplanung mit Endmontage

Ein weiteres, in der Praxis sehr häufig eingesetztes Verfahren zur Planung des Vertriebs und der Produktion ist die Strategie *Verrechnung gegen die Vorplanung mit Endmontage*. Wir haben auf diese Verrechnungslogik bereits in Abschnitt 4.1, »Verfügbarkeitsprüfung«, hingewiesen. Trotzdem sollte gerade dieses Szenario hier nicht fehlen.

Auftragsanonyme Planung und Beschaffung

Im Gegensatz zur Vorplanung *ohne* Endmontage werden hier nicht nur die Komponenten, sondern auch die Fertigprodukte auftragsanonym geplant und beschafft. Basierend auf der Absatz- und Produktionsgrobplanung werden Vorplanungsbedarfe erzeugt. Der Dispositionslauf erzeugt zur Deckung der Vorplanungsbedarfe Planaufträge. Über die Stücklistenauflösung werden Sekundärbedarfe für die Komponenten erzeugt. Schließlich erfolgen die Beschaffung der Komponenten und die Fertigung der Enderzeugnisse. Die Enderzeugnisse werden im Lager in einem anonymen Bestand verwaltet. Auch nach dem Wareneingang der Enderzeugnisse bleiben die Vorplanungsbedarfe bestehen. Sie sind jetzt lediglich durch den Bestand gedeckt.

Die Vorplanungsbedarfe werden erst durch eingehende Kundenaufträge über die Verrechnungslogik (siehe Abschnitt 4.1) abgebaut. Dabei erfolgt die Verfügbarkeitsprüfung im Kundenauftrag über die ATP-Logik. Vorplanungsbedarfe, die nicht durch die Verrechnung mit Auftragsbedarfen abgebaut werden, erhöhen den Lagerbestand. Übersteigen die Auftragsbedarfe die Vorplanung, wird die Produktionsplanung entsprechend erhöht.

Dieses Verfahren findet vor allem in Unternehmen Anwendung, die ihren Absatz gut planen können, aber auch auf zusätzliche Nachfrage flexibel reagieren wollen.

23.5 Kundeneinzelfertigung mit Verrechnung gegen die Vorplanung

In Kapitel 20, »Vorplanung ohne Endmontage«, haben Sie eine Wertschöpfungskette gesehen, bei der die Vorplanung auf Komponentenebene erfolgt. Dabei werden aus dem Absatzplan für das Endprodukt Komponentenbedarfe abgeleitet. Die Beschaffung der Komponenten erfolgt auftragsanonym. Die Endmontage wird erst gestartet, wenn ein Kundenauftrag vorliegt. Die Ermittlung des Lieferdatums in diesem Kundenauftrag erfolgt auf Basis der Strategie *Verrechnung gegen die Vorplanung*. In Kapitel 21, »Kundeneinzelfertigung«, haben Sie ein ausführliches Beispiel zur Kundeneinzelfertigung gesehen.

Ablauf des Szenarios

Beide Strategien werden in dem Szenario *Kundeneinzelfertigung mit Verrechnung gegen die Vorplanung* kombiniert. In diesem Fall wird die auftragsorientierte Endmontage als Kundeneinzelfertigung abgebildet. Die Absatzplanung und die Beschaffung der Komponenten unterscheiden sich nicht von dem Beispiel in Kapitel 21. Für eintreffende Kundenaufträge wird eine Bedarfsklasse mit den Einstellungen zur Kundeneinzelfertigung ermittelt (siehe Abbildung 21.4). Es wird ein Einzelbestandssegment für die Auftragsposition gebildet, und die entstehenden Fertigungsaufträge für die Endmontage sind auf die Kundenauftragsposition kontiert. Die vorher auftragsanonym beschafften Komponenten werden aus dem Fertigungsauftrag entnommen, und die entstehenden Kosten für den Materialverbrauch werden auf den Fertigungsauftrag kontiert. Der Fertigungsauftrag verrechnet die Kosten an den Kundenauftrag weiter. Die Auslieferung zum Kundenauftrag erfolgt im Gegensatz zu den Szenarien in Abschnitt 23.1 bis Abschnitt 23.3 aus dem Einzelbestand. Aus Controlling-Sicht handelt es sich hier um eine klassische Kundeneinzelfertigung. Man ist dabei am Ergebnis des Kundenauftrags interessiert (siehe Kapitel 6, »Integration in das Rechnungswesen«).

Einsatz des Szenarios

Dieses Szenario wird eingesetzt, wenn bei der Endmontage kundenspezifische Komponenten eingebaut oder spezielle Dienstleistungen (z. B. Montage vor Ort) erbracht werden. Um kundenspezifische Sonderwünsche zu berücksichtigen, können im Fertigungsauftrag Komponenten ersetzt, gelöscht oder ergänzt werden. Dabei ist auch denkbar, dass zusätzliche Fertigungsschritte erforderlich sind. In diesem Fall sind die Vorgänge zu ändern, die in unserem Beispiel aus dem Arbeitsplan ermittelt und an den Fertigungsauftrag übergeben werden. Für die Erbringung spezifischer Dienstleistungen können innerbetriebliche Leistungsverrechnungen (Zeitrückmeldungen) auf das CO-Objekt der Kundenauftragsposition gebucht werden. All diese vom Produktstandard abweichenden Komponenten und Aktivitäten können ein auftragsspezifisches Controlling erforderlich machen.

Bestandsbewertung

Bezüglich der Bestandsbewertung (bewertet/unbewertet) stellen sich die in Kapitel 6 diskutierten Fragen. In unserem Beispiel zur Kundeneinzelfertigung in Abschnitt 21.4 arbeiten wir mit dem unbewerteten Einzelbestand, d. h., die Kundenauftragsposition ist das Sammelelement für Kosten und Erlöse. Warenbewegungen innerhalb des unbewerteten Kundeneinzelbestands erzeugen keine Buchungsbelege in der Komponente FI. Sowohl dieses Beispiel als auch die Strategie *Kundeneinzelfertigung mit Verrechnung gegen die Vorplanung* kann mit bewerteten, aber auch mit unbewerteten Beständen abgebildet werden. Die Unterschiede liegen in der Sichtweise des Controllings. Diese werden in Kapitel 6 dargelegt.

23.6 Variantenkonfiguration

Einsatzgebiet des Szenarios

Eine weitere wichtige Funktion zur Gestaltung betrieblicher Wertschöpfungsketten ist die Variantenkonfiguration. Dabei werden gleichartige und standardisierte Produkte in unterschiedlichen Varianten hergestellt. Beispiele für variantenreiche Produkte sind uns allen bekannt, etwa das Auto, die Einbauküche oder der Personal Computer. Unternehmen, die diese Art von Produkten herstellen, können entweder für jede denkbare Variante einen Materialstamm, eine Stückliste und einen Arbeitsplan anlegen oder die Variantenkonfiguration nutzen. Die erste Möglichkeit führt zu einer Vielzahl von Stammdaten (Materialstämme, Stücklisten, Arbeitspläne), deren Änderungsmanagement kaum zu bewältigen ist. Kommen wir auf das Beispiel aus Kapitel 6, »Integration in das Rechnungswesen«, zurück. Ein Auto eines bestimmten Typs (z. B. ein Audi A6) wird in einer Vielzahl von Varianten gefertigt (Motor, Farbe, Felgen, Interieur, Sonderausstattung etc.). In diesem Beispiel entsteht somit eine fast unendlich scheinende Variantenvielfalt!

Stücklisten und Arbeitsplan

Bei der Variantenkonfiguration in SAP S/4HANA wird ein sogenanntes *konfigurierbares Material* (z. B. ein Audi A6) angelegt. Dazu werden *eine* Maximalstückliste und *ein* Maximalarbeitsplan erstellt. Die Maximalstückliste enthält alle möglichen Komponenten des Produkts (z. B. alle für dieses Modell einsetzbaren Elektro-, Benzin- und Dieselmotoren). Ebenso enthält der Maximalarbeitsplan alle möglichen Arbeitsvorgänge. Außerdem wird dem konfigurierbaren Material eine spezielle Klasse im SAP-Klassensystem (Klassifizierung) zugeordnet. Diese Klasse enthält alle Merkmale, die das konfigurierbare Material beschreiben (Farbe, Motor, Bremsen etc.). Zwischen den Merkmalen kann ein sogenanntes *Beziehungswissen* hinterlegt werden, welches die logische Beziehung zwischen den Merkmalen abbildet. Wenn z. B. eine bestimmte Motorleistung ausgewählt wurde, könnte auch nur ein bestimmtes Bremssystem infrage kommen. Diese Auswahl wird über das Beziehungswissen gesteuert.

Im Kundenauftrag wird der Anwender aufgefordert, die Merkmale des konfigurierbaren Materials zu erfassen. Er gibt also die Farbe, die gewünschte Motorenart (z. B. Diesel, Benzin), die Motorleistung und die übrigen Merkmale ein. Das System ermittelt dann aus der Maximalstückliste und den ausgewählten Merkmalswerten die individuell ausgeprägte Komponentenliste des Fertigungsauftrags. Gleiches geschieht für den Arbeitsplan.

Neben diesen Auswirkungen in der Produktion (Ableitung der Stückliste und des Arbeitsplans) kann die Merkmalsbewertung auch für die Preisfindung verwendet werden. Dafür stehen eigene Variantenkonditionsarten zur Verfügung, mit deren Hilfe sich auch die Ermittlung des Verkaufspreises der konkreten Variante automatisieren lässt (z. B. Zuschläge für eine Metalliclackierung). Für die Ermittlung der Variantenpreise können die Möglichkeiten der Preisfindung (siehe Abschnitt 4.3, »Preisfindung«) genutzt werden.

Controlling-Strategie

An dieser Stelle kommt wieder die Frage nach der Controlling-Strategie ins Spiel. Gerade die Hersteller von Automobilen werden kein Interesse an einer Ergebnisermittlung auf der Ebene des einzelnen Kundenauftrags haben. Sie sind in der Regel an einem produktbezogenen Controlling interessiert. In diesem Zusammenhang ist also von Bedeutung, welche Ergebnisbeiträge bestimmte Fahrzeugtypen (z. B. ein Audi A6) geleistet haben. Genau aus diesem Grund wird man die Variantenfertigung in diesem Beispiel immer in Kombination mit der Controlling-Strategie *auftragsorientierte Massenfertigung* einsetzen. Diese Strategie haben wir bereits in Kapitel 6, »Integration in das Rechnungswesen«, erklärt. Im Unterschied zum Beispiel in Kapitel 21, »Kundeneinzelfertigung«, werden dabei bewertete Kundeneinzelbestände eingesetzt. Die Kosten werden nicht auf dem Kundenauftrag, sondern auf einem Produktkostensammler gesammelt. Allerdings kann die Variantenkonfiguration auch zusammen mit unbewerteten Kundeneinzelbeständen eingesetzt werden.

Auch eine Kombination mit der Strategie *Kundeneinzelfertigung mit Verrechnung gegen die Vorplanung* aus Abschnitt 21.4, »Beispiel für Auftragsabwicklung und Controlling einer Kundeneinzelfertigung«, ist denkbar. Gerade bei der Variantenkonfiguration können zumindest einige Standardkomponenten, nämlich die Gleichteile, auftragsanonym geplant werden.

23.7 Fazit

Mit diesem Kapitel haben wir einen Blick über den Tellerrand der Anwendung Sales gewagt und die komplette Abbildung von betrieblichen Wertschöpfungsketten in den Mittelpunkt gerückt. Die grundlegende Idee dahinter ist die Prozessorientierung. Dabei muss sich die Einführung von SAP S/4HANA immer daran messen lassen, wie gut die Abläufe gerade an den Schnittstellen zwischen den unterschiedlichen Funktionsbereichen eines Unternehmens funktionieren.

TEIL V

Technologien und systemübergreifende Geschäftsprozesse

Kapitel 24
Integrationstechnologie

In diesem Kapitel geben wir Ihnen einen Einblick in die Möglichkeiten der SAP Business Technology Platform. Im Mittelpunkt steht dabei die Komponente SAP Integration Suite, mit der system- und unternehmensübergreifende Daten ausgetauscht werden können.

Integrationstechnologien dienen zum einen dazu, Daten zwischen Anwendungen (A2A) oder zwischen Unternehmen (B2B) auszutauschen. Neben den Softwarelösungen SAP Process Integration bzw. SAP Process Orchestration bietet SAP neuerdings auch die Integrationskomponente der SAP Business Technology Platform mit einem ähnlichen Funktionsumfang an. Zum anderen dienen Integrationstechnologien dazu, verschiedene Technologien unter einem Dach zu vereinen. Neben einer Reihe von Portallösungen kann dafür auch der SAP Business Client als GUI-Integrationskomponente und als Alternative zum SAP GUI eingesetzt werden. Auf diesen Punkt wollen wir nachfolgend kurz eingehen, bevor wir uns dann im weiteren Verlauf des Kapitels mit der Cloud-Lösung beschäftigen.

24.1 SAP Business Client

Bedeutung der Benutzerfreundlichkeit

Lange galt das *SAP Graphical User Interface* (SAP GUI) für Windows als fortschrittlich und zeitgemäß. Bis heute ist das SAP GUI der Standard, wenn ein Anwender mit dem SAP-ERP-System arbeitet. Die Erfahrungswerte, die SAP seit SAP R/3 gewonnen hat, zeigen jedoch, dass sich die Kunden mehr und mehr ein innovatives und benutzerfreundliches Frontend wünschen. Im Vergleich zu heute gängigen Anwendungen erscheint das SAP GUI bei Grafik und Bedienbarkeit wenig intuitiv zu sein, und viele Endanwender finden es zu komplex. Gerade für komplexe Software wird eine intuitive Bedienbarkeit immer bedeutsamer, damit sich der Anwender selbstständig in der Anwendung zurechtfindet und sie schnell und effizient bedienen kann. Für die Unternehmen ist dieser Aspekt nicht unerheblich, da sich dadurch die Einarbeitungsphase verkürzen lässt und teure Schulungskosten vermieden werden können. Auch der emotionale Aspekt ist in diesem Zusammenhang wichtig. Ein Anwender, der viel mit einer Anwendung arbeitet, sollte sie akzeptieren und sich mit ihr wohlfühlen.

Um diesen Forderungen zu begegnen, hat SAP den *SAP Business Client* entwickelt, der aktuell in der Version 7.7 vorliegt. Mit dem Client ist es möglich, eine speziell für den Benutzer optimierte, persönliche Navigation sowie rollenspezifische Anwendungen bereitzustellen. Reicht die Standardfunktionalität nicht aus, können dem Anwender mit verhältnismäßig geringem Aufwand eigene Anwendungen, z. B. Sidepanels, zusätzlich zur Verfügung gestellt werden. Durch eine offene und standardisierte Architektur ist dies mithilfe der *Web-Dynpro-Technologie* möglich. Technisch gesehen ist der SAP Business Client ein Rich Client, der eine dem Anwender vertraute Desktop-Integration und somit eine verbesserte Benutzerfreundlichkeit bietet. Optisch und hinsichtlich der Bedienbarkeit lehnt er sich an das Look-and-feel eines Webbrowsers an und kann auch als solcher genutzt werden.

Einsatzszenario

Je nach Unternehmens- bzw. Anwenderszenario kann entschieden werden, welche SAP-Anwendungen mit dem SAP Business Client betrieben werden sollen. Nicht nur ein SAP-ERP-System, sondern auch andere SAP-Lösungen – beispielsweise das *SAP Enterprise Portal* – können integriert werden. Die Praxis zeigt jedoch, dass der SAP Business Client für Unternehmen, die bereits ein Portal nutzen, nur bedingt Sinn macht. Der SAP Business Client ist eher als ein »kleines Portal« anzusehen, das ursprünglich aus der Lösung *SAP Portfolio and Project Management* heraus entstanden ist. Er überbrückte somit die Kluft zwischen dem Thick Client des SAP GUI für Windows, dem Webbrowser für Portale sowie weiteren SAP-Lösungen. Außerdem besteht die Möglichkeit, ihn als Desktop-Client oder in einem Webbrowser als HTML-Client zu nutzen.

Mit dem Übergang zu SAP S/4HANA verliert der SAP Business Client allerdings immer mehr an Bedeutung, da seine Funktionen in das SAP Fiori Launchpad überführt und dort auch verbessert wurden.

24.2 SAP Business Technology Platform

Bevor wir die Integrationskomponente der *SAP Business Technology Platform* (SAP BTP) vorstellen, wollen wir Ihnen zunächst aufzeigen, was die SAP BTP eigentlich ist, welche Möglichkeiten sie Ihnen bietet und was Sie dafür tun müssen. Mit der SAP BTP können Sie ohne eine Erweiterung der eigenen Hard- oder Software Anwendungen erstellen, vorhandene Cloud-Apps nutzen und diese mit Ihren bestehenden Systemen vernetzen. Dabei nutzt die

SAP BTP offene Standards wie HTML5 oder Java und verspricht kürzere Entwicklungszeiten, zielgerichtete Anwendungen und eine neuartige Benutzererfahrung. Dadurch ist auch die Integration von neuen Technologien, wie etwa Internet of Things (IoT), Machine Learning oder Analytics-Bausteinen, wesentlich einfacher. Die erste Version der SAP BTP kam bereits Ende 2012 auf den Markt, damals noch unter dem Namen SAP HANA Cloud Platform. Da sich mit der Zeit die Hauptfunktion der Cloud Platform immer weniger um die HANA-Technologie drehte, war die Namensänderung nur eine Frage der Zeit, auch um Verwechslungen mit anderen Produkten wie SAP HANA oder SAP S/4HANA zu vermeiden. Ein offenes Preismodell sowie die Flexibilität in der Zusammensetzung der genutzten Services (wie Speicher, Integrationslösungen oder Anzahl an Anwendungen) zählen zu den Stärken der Cloud-Lösung.

IaaS, PaaS und SaaS

Betrachtet man den Nutzen von SAP Cloud von der Hardwareseite, so stellt SAP Rechenleistung, Dateispeicher und die nötige Netzwerkinfrastruktur zur Verfügung. Dieses Modell ist auch unter dem Namen *Infrastructure as a Service* (IaaS) bekannt. Läuft auf dieser Basis die SAP BTP, bezeichnet man dies als *Platform as a Service* (PaaS). Neben dem Entwickeln von eigenen Komponenten können hier natürlich auch die SAP-Cloud-Produkte, wie SAP Concur, SAP Ariba oder SAP Hybris, genutzt werden. Dies bezeichnet man dann als *Software as a Service* (Saas). Abbildung 24.1 zeigt dieses System der SAP BTP auf.

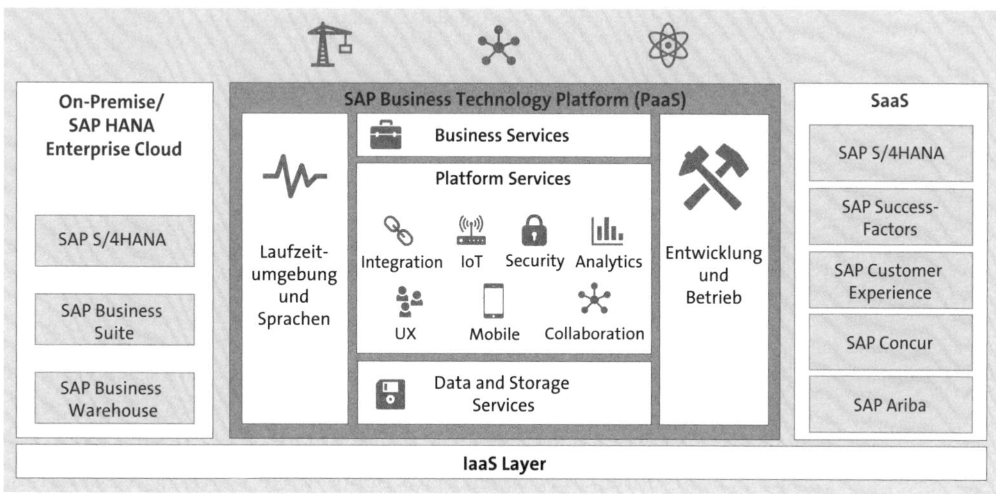

Abbildung 24.1 Überblick SAP Business Technology Platform

24.2.1 Benutzerführung im Backend

SAP BTP Cockpit

Das *SAP BTP Cockpit* bildet die Benutzeroberfläche der SAP BTP. Mit einem SAP-Account über *https://account.hana.ondemand.com/* gelangt man zur Auswahl der konkreten Cloud-Instanz. Diese wird dem User vom jeweiligen Administrator der Instanz zugewiesen und so automatisiert angeboten. Innerhalb eines Unternehmens übernimmt das in der Regel ein interner Administrator. Unternehmensübergreifend, wie z. B. in der Beratungsbranche üblich, können hier allerdings auch Clouds von unterschiedlichen Eigentümerunternehmen aufgelistet sein. In unserem Beispiel stehen die Server bei Sankt Leon-Rot, man sieht allerdings, dass in vielen Teilen der Welt Cloud-Systeme betrieben werden (siehe Abbildung 24.2).

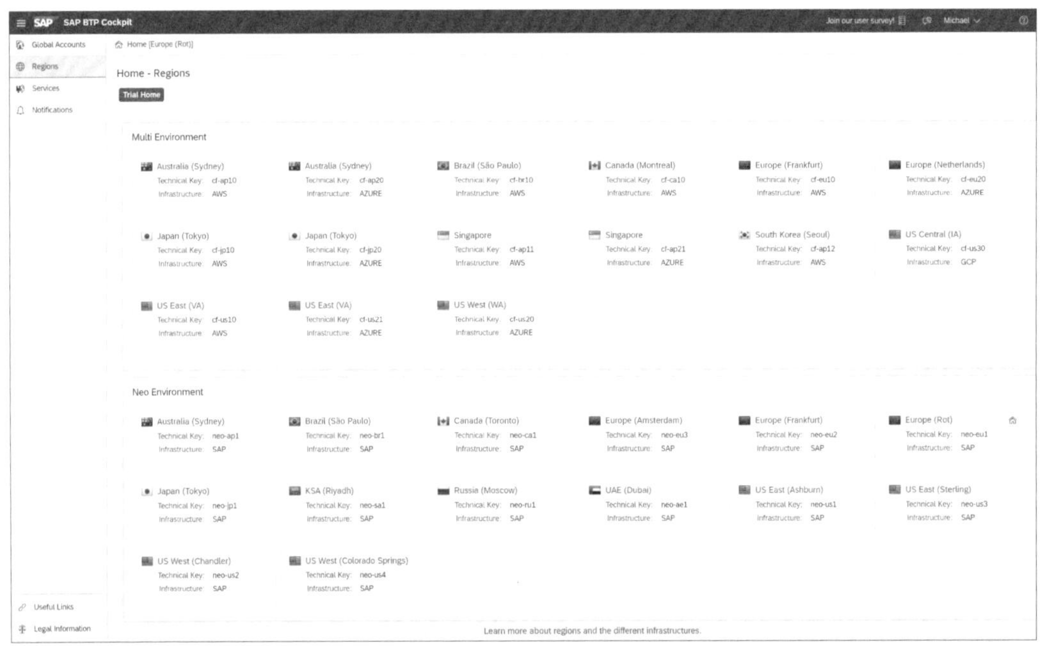

Abbildung 24.2 Einstieg in die SAP Business Technology Platform über das Cockpit – Auswahl der Cloud-Instanz

Cloud-Instanzen

Für eine möglichst große Abdeckung arbeitet SAP nicht nur mit eigener Infrastruktur, sondern erweitert die Regionen auch mithilfe von Drittanbietern wie Amazon, Google oder Microsoft. Dies können Sie auch in der Benutzeroberfläche erkennen. Im Bereich **Multi Environment** sehen Sie die Cloud-Instanzen, die nicht direkt von SAP gehostet werden, sondern über Drittanbieter angeboten werden. Die konkrete Infrastruktur, auf der die SAP Business Technology Platform in der entsprechenden Region basiert, ist auf der jeweiligen Kachel sichtbar (**AWS** = Amazon Web Services, **GCP** = Google Cloud Platform, **Azure** = Microsoft Azure). Diese Umgebungen bieten im Gegensatz zu den Cloud-Instanzen, die von SAP selbst gehostet werden, unterschiedliche Portfolios an Services und auch an Oberflächen. Die von SAP gehosteten Cloud-Instanzen sehen Sie im Bereich **Neo Environment**. Beispielsweise wird die Integrationskomponente bisher nur im Neo Environment angeboten, Dienste wie eine Entwicklungsumgebung für die Programmiersprache Ruby dagegen nur im Multi Environment. Auf Dauer kann das Ziel nur sein, diese gewachsene Struktur wieder zu vereinheitlichen. Aktuell wird das Neo Environment für HTML5, SAP HANA Extended Application Services (XS), komplexe Java-Anwendungen sowie für Integrations- und Erweiterungsszenarien genutzt. Im Multi Environment gibt es laut aktuellen SAP-Hinweisen eine bessere Unterstützung bei Szenarien zum Internet of Things (IoT) und zum Machine Learning. Ferner besteht hier die Möglichkeit, weitere Programmiersprachen wie Node.js zu nutzen.

Im Bereich **Trial Home** kann eine Cloud-Instanz von SAP in einer Demoversion genutzt werden, um die ersten Gehversuche in der Cloud zu machen.

Bereich »Regions«

Nachdem Sie nun im Bereich **Regions** die entsprechende Umgebung ausgewählt haben, bekommen Sie alle dort verfügbaren Accounts (meist ein Account pro Unternehmen oder Standort) und Ihnen zugeordnete Cloud-Instanzen angeboten (auch als *Subaccounts* bezeichnet). In unserem Beispiel haben wir für die App-Entwicklung und Integrationsszenarien zwei separate Cloud-Instanzen. In produktivem Einsatz kann dies auch in die bekannte Struktur Entwicklungs-, Test- und Produktivsystem gegliedert sein oder nach Einsatzgebiet wie Integration und Anwendungen. Verschaffen wir uns zunächst einen Überblick, was die SAP BTP grundsätzlich bietet. Auf die konkreten Funktionen gehen wir im Laufe des Kapitels näher ein. Abhängig von den jeweiligen Rollen und der Authentifizierung baut sich das Cockpit für jeden User spezifisch auf. In unserem Beispiel sehen Sie ein Cockpit, das nahezu alle möglichen Optionen anzeigt (siehe Abbildung 24.3).

Bereich »Applications«

Im Bereich **Applications** werden alle Anwendungen gelistet, die auf der SAP BTP aktuell zur Ausführung bereitgestellt werden. Technologisch gesehen handelt es sich um Anwendungen auf Basis von Java, HTML5 oder SAP HANA XS. Über sogenannte Subscriptions (Abonnements) hat ein Subaccount Zugriff auf fremde, jedoch für den Subaccount freigegebene Anwendungen. Ein Beispiel dafür ist die SAP Integration Suite, die unter **Subscriptions** aufgeführt wird, sobald dieses Paket in der erworbenen Cloud-Variante enthalten ist.

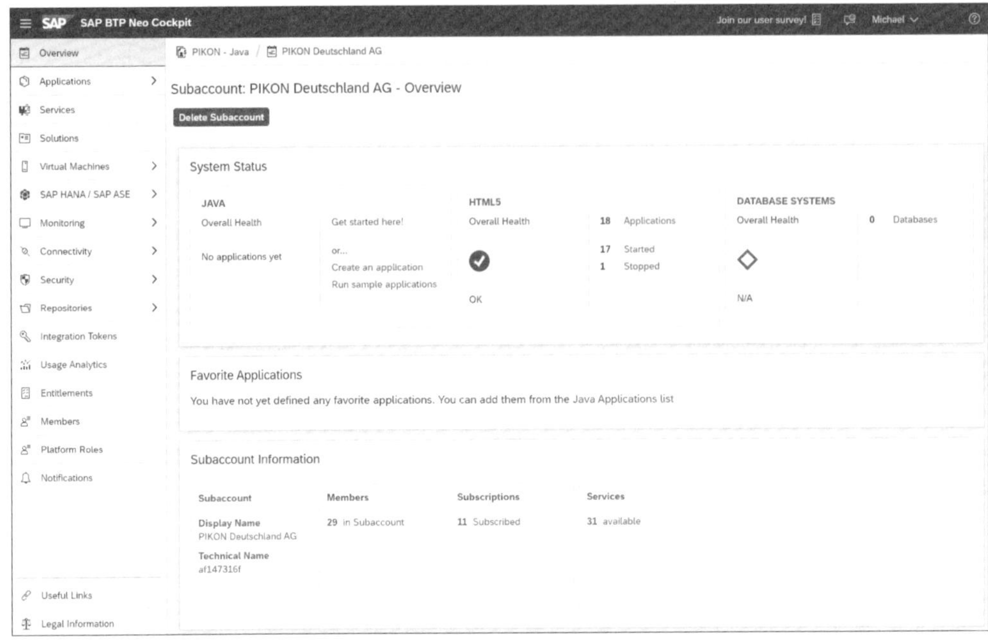

Abbildung 24.3 SAP Business Technology Platform Cockpit

Bereich »Services«

Im Bereich **Services** finden Sie die Cloud-Anwendungen, die entweder von SAP über den Erwerb der Lizenz bereitgestellt werden oder auf deren Basis noch hinzugebucht werden können (siehe Abbildung 24.4). Aktuell gibt es mehrere Ansätze des Pricings, vom *Subscription-based pricing*, bei dem vorher ausgewählte Pakete als Basis dienen, über das *Consumption-based pricing*, bei dem es um die tatsächlich genutzten Services und Ressourcen geht, bis hin zum *Used-Case-Modell*, bei dem vorgegebene Servicezusammenstellungen genutzt werden. Unabhängig vom jeweiligen Pricing-Ansatz lassen sich nicht gebuchte Services einzeln hinzufügen und wieder entfernen.

Bereich »SAP HANA / SAP ASE«

Im Bereich **SAP HANA / SAP ASE** können Datenbanksysteme und deren Schemata verwaltet werden. Diese lassen sich je nach Bedarf skalieren, z. B. im Hinblick auf das genutzte Datenvolumen, die Anzahl der User oder der Zugriffe. Die Konfiguration und die Einsicht in die Datenbanken erfolgen über eine Weboberfläche. Da eine Datenhaltung allerdings nicht immer benötigt wird, sind die Services SAP Adaptive Server Enterprise (ASE) oder SAP HANA nicht verpflichtend.

Bereich »Connectivity«

Im Bereich **Connectivity** ist die Verwaltung von Verbindungen (Destinations) und dem angebundenen SAP Cloud Connector beheimatet. Über **Destinations** entkoppeln Sie die konkreten Netzwerkpfade von der Codelogik und können so Verbindungsparameter anpassen, ohne den Code ändern zu müssen.

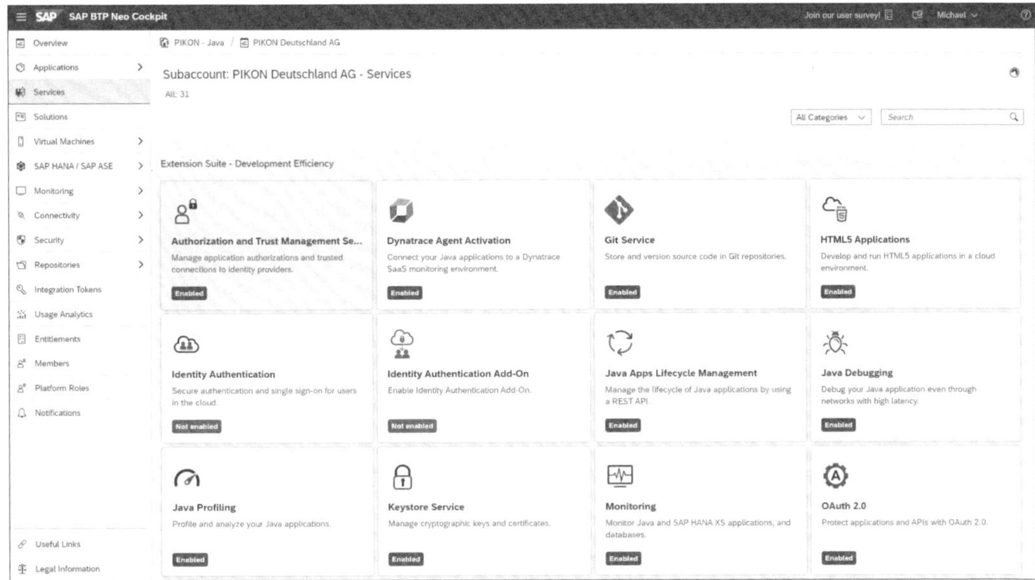

Abbildung 24.4 Überblick der Services in der SAP BTP

Die **Cloud Connectors** dienen dazu, die Verbindung zwischen der Cloud und dem On-Premise-System zu sichern, mehr dazu in Abschnitt 24.2.2, »SAP Cloud Connector«.

Bereich »Security«

Im Bereich **Security** finden Sie die Menüeinträge **Trust**, **Authorizations** und **OAuth** (Open Authorization). Das im ersten Menüeintrag behandelte *Trust Management* dient dazu, die Identity Provider für die Enduseranwendungen zu verwalten. Ein Identity Provider ist ein zentrales Anmeldesystem. Das kann entweder ein bestehendes System sein, das integriert wird, oder auch *https://account.hana.ondemand.com* selbst. Da je nach Wahl des Lizenzmodells der Preis auf der Anzahl von Autorisierungsanfragen basieren kann, sind die Art und die Anzahl der Identity Provider hier zweitrangig und können gemäß den eigenen Firmenrichtlinien angegeben werden. Der Menüeintrag **Authorizations** im Bereich **Security** bündelt die Themen User, Rollen, Gruppen und Tokens abhängig von den verfügbaren Cloud-Services und -Anwendungen für die SAP BTP selbst. Die aus dem klassischen SAP-ERP-System bekannte Systematik, dem Benutzer gebündelte Rollen in Form von Gruppen zuzuweisen, kann hier ebenfalls eingesetzt werden. Der dritte Menüeintrag im Bereich **Security** betrifft das Sicherheitsprotokoll Open Authentication (**OAuth**). Dieses Protokoll dient der Authentifizierung von Nutzern und ist für die Verwendung durch Schnittstellen zur Anwendungsprogrammierung (APIs) geeignet.

Bereich »Usage Analytics« Schließlich ist auch der Bereich **Usage Analytics** nicht zu vernachlässigen (siehe Abbildung 24.5). Er gibt einen Überblick über die verbrauchten Ressourcen, wie Speicher, geladene HTML5-Seiten oder Useranmeldungen, und ist damit auch für das Lizenzmodell relevant.

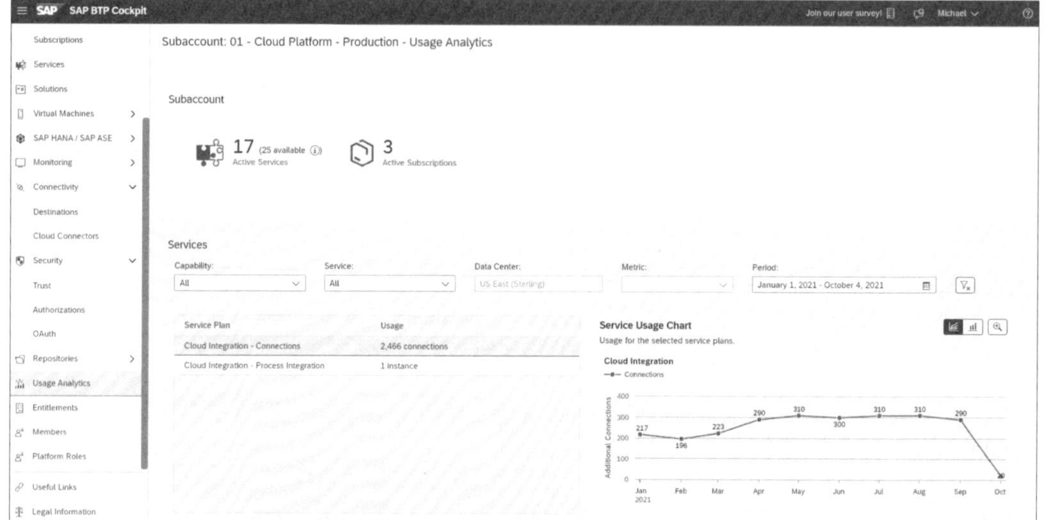

Abbildung 24.5 Usage Analytics

24.2.2 SAP Cloud Connector

Der *SAP Cloud Connector* ist die Antwort auf die Frage, wie Sie Ihre Daten schützen, während Sie sie vom eigenen SAP-System an die Cloud senden. Diese Komponente ermöglicht es, verschiedene On-Premise-Systeme mit der SAP BTP zu verbinden. Die Verbindung wird durch einen SSL/TSL-Tunnel abgebildet, also gesichert über das Hypertext Transfer Protocol Secure (HTTPS) aufgebaut (siehe Abbildung 24.6).

Konfiguration In der Konfiguration des SAP Cloud Connectors kann genau eine Business Technology Platform hinterlegt werden, mit der ein sicherer Tunnel aufgebaut werden soll, ähnlich wie bei einem Virtual Private Network (VPN). Zusätzlich hinterlegt man die Systeme, mit denen sich die Business Technology Platform verbinden darf, und auf der Detailebene auch deren Ports. Um die konkreten Systemnamen und Adressen vor der Cloud zu verbergen, kann man in der Administrationsoberfläche jeder SAP-System-/Port-Kombination ein virtuelles Pendant zuordnen. Dieses Vorgehen schützt zum einen die Daten, da in der Cloud dann lediglich die virtuellen Adressen genutzt werden.

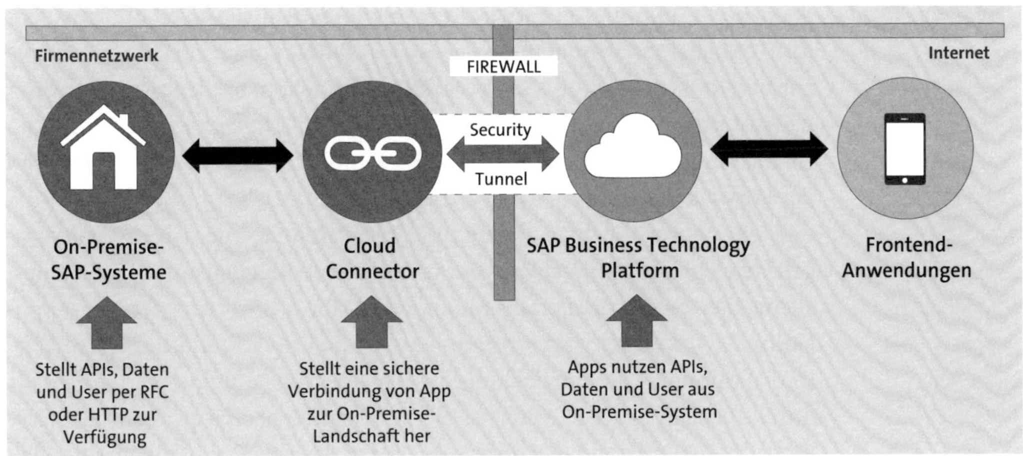

Abbildung 24.6 Schema des SAP Cloud Connectors

Zum anderen bringt es größere Flexibilität, um die Adressen gegebenenfalls auch ändern zu können, ohne im Anschluss jede einzelne Cloud-Anwendung auf die korrekten Netzwerkdaten hin überprüfen zu müssen.

Nach der Konfiguration können die hinterlegten und gesicherten Verbindungen z. B. von Java-Anwendungen oder auch von der SAP Integration Suite genutzt werden.

24.2.3 Ausgewählte Cloud-Services

SAP entwickelt mit Hochdruck an der SAP BTP. Dadurch können immer mehr Pakete und Funktionen angeboten und in eigenen Anwendungen genutzt werden. Im Folgenden erläutern wir bündig die einzelnen Servicegruppen und zeigen, welche Anwendungsszenarien sich dahinter verbergen.

Analytics

Die Servicegruppe Analytics besteht aus den Services *SAP Analytics Cloud für BI*, *SAP Analytics Cloud für Planung*, *SAP Data Warehouse Cloud*, *SAP BusinessObjects BI* und *SAP Business Planning and Consolidation*. Sie beschäftigt sich mit Lösungen für Business Intelligence (BI), Planung und Prognosen, die Einbindung von Analysen mithilfe von SAP-Fiori-Apps und interaktiven Dashboards oder sogar mit der Echtzeitanalyse von Datenflüssen.

Application Development and Integration

In der Servicegruppe Application Development and Integration befinden sich mehrere Dienste in den beiden Bereichen *SAP Extension Suite* und *SAP*

Integration Suite, die die Entwicklung mit der SAP Business Technology Platform erleichtern. So erlaubt *Git Service* z. B. die Nutzung von Git Repositorys zur Versionsverwaltung von Entwicklungsprojekten mit Unterstützung der Berechtigungen in der SAP BTP. Der Service *SAP Translation Hub* dient der Übersetzung von Texten im UI und bietet Möglichkeiten, bereits während der Entwicklung Textvorschläge zu erhalten. Speziell zur Java-Entwicklung werden mehrere Dienste angeboten, die das Management der Anwendungen erleichtern. Der *Debugging Service* bietet Möglichkeiten zur Fehlersuche, das *Java Apps Lifecycle Management* die Verwaltung der Java-Applikationen, und der *Monitoring Service* liefert anwendungsspezifische Informationen. Die Entwicklung für HTML5-Anwendungen wird ebenfalls durch spezielle Services unterstützt. *SAP Web IDE* ist eine grafische Entwicklungsumgebung, die nach dem SAP Design Standard handelt. Der Bereich SAP Integration Suite wird in Abschnitt 24.2.4, »SAP Integration Suite«, genauer erläutert.

Data & Storage

In der Servicegruppe Data & Storage finden wir Datenbankdienste wie z. B. *SAP HANA*, *SAP IQ*, *SAP Adaptive Server Enterprise*, durch die ein schneller und komfortabler Zugriff auf relationalen Datenbankservern sowie auf große Datenmengen im Petabyte-Maßstab gewährleistet wird. Des Weiteren finden wir hier verschiedene Datenmanagement Services wie *SAP Master Data Governance*, *SAP Data Intelligence*, *SAP Data Quality Management*, *SAP Information Lifecycle Management*, um nur einige zu nennen. Mithilfe dieser Services kann die Datenqualität verbessert, zentralisiert und analysiert werden.

Intelligent Technologies

Die Servicegruppe Intelligent Technologies umfasst Services in den Bereichen Künstliche Intelligenz und Internet of Things. Der Service *IoT* (kurz für: Internet of Things) dient dazu, einzelne Geräte in der SAP BTP zu registrieren, deren Daten zu erhalten und diese dann auszuwerten. Bei dem Service *SAP Edge Services* handelt es sich um eine Konvertierungsmöglichkeit, mit der Sensordaten in Echtzeit ausgewertet werden können. Dabei wird die ununterbrochene Verfügbarkeit der SAP-Software gewährleistet.

24.2.4 SAP Integration Suite

Der Bereich Künstliche Intelligenz (Artificial Intelligence, kurz: AI) mit den Services *SAP Intelligent Robotic Process Automation* und *SAP Conversational*

AI unterstützt die Anwender bei der Erstellung, Planung, Verwaltung und Überwachung von automatisierten Routineabläufen. Durch sogenannte Bots können zeitaufwendige, manuelle Arbeiten automatisiert und damit sich wiederholende Tätigkeiten fehlerfrei durchgeführt werden. *SAP Conversational AI* ermöglicht es dem Anwender, Geschäftsaufgaben effizient zu bewältigen: Mit Chatbots, die über eine Oberfläche erstellt und überwacht werden, können Aufgaben und Workflows automatisiert werden. Diese Chatbots können mit einer proprietären mehrsprachigen NLP-Technologie verknüpft werden.

Konzentrieren wir uns nun auf die Funktionen für die Integration, deren Nutzen auch in Abschnitt 28.2, »Beispiel für die unternehmensübergreifende Auftragsabwicklung«, detailliert erläutert wird. Unter der Integrationskomponente der SAP Business Technology Platform verstehen wir das Zusammenspiel von Verbindungen, Ablauflogiken, Datenformat- und Protokollanpassungen zum Zwecke eines Datenaustauschs über System- und Unternehmensgrenzen hinweg.

Einstieg und Überblick

SAP BTP Cockpit

Der Einstieg in die SAP Integration Suite erfolgt im SAP BTP Cockpit über **Applications • Subscriptions**. Wie in Abbildung 24.7 zu sehen, ist die linke Navigationsleiste sehr aufgeräumt gestaltet. Lediglich vier Menüeinträge stehen zur Auswahl. Dahinter verbergen sich allerdings sehr viele Funktionen.

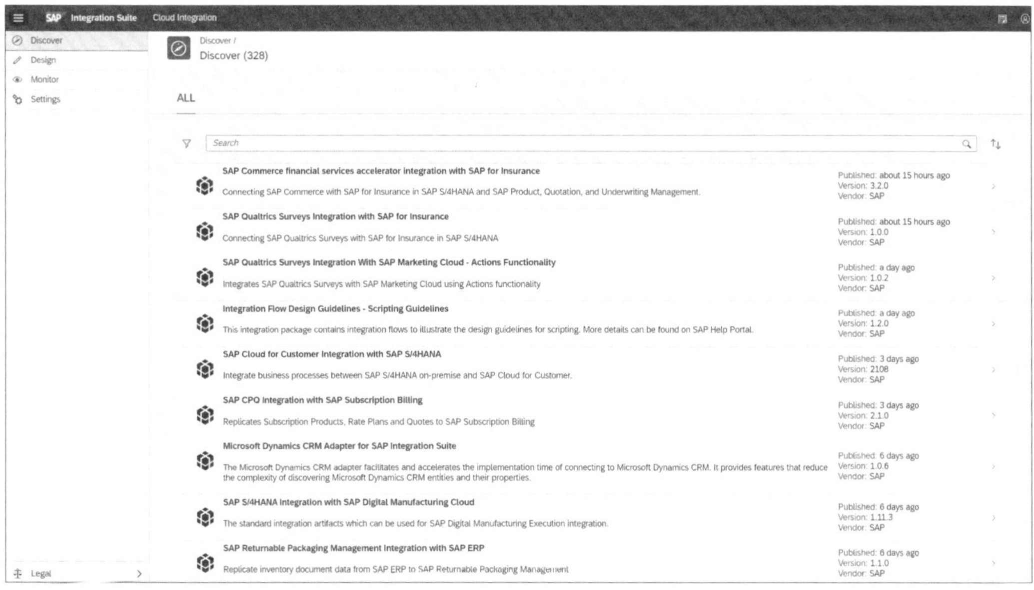

Abbildung 24.7 Einstieg in die SAP Integration Suite

Discover

Vordefinierte Integrationspakete

Im Menüeintrag **Discover** bieten SAP und Partner vorgefertigte Integrationspakete (Integration Packages) an, durch deren Installation bestimmte Funktionen implementiert werden können (siehe Abbildung 24.8). Dies bedeutet, es ist keine Suche über unzählige Webseiten und Blogs mehr nötig, um die passende Erweiterung zu finden, sondern es existiert eine vollständig integrierte Suche direkt in der SAP Integration Suite. Vor allem für das Zusammenspiel von SAP S/4HANA und den Cloud-Komponenten wie SAP Hybris, SAP Concur oder SAP SuccessFactors lässt sich durch die Nutzung von Standardpaketen der Aufwand für die Integration deutlich reduzieren.

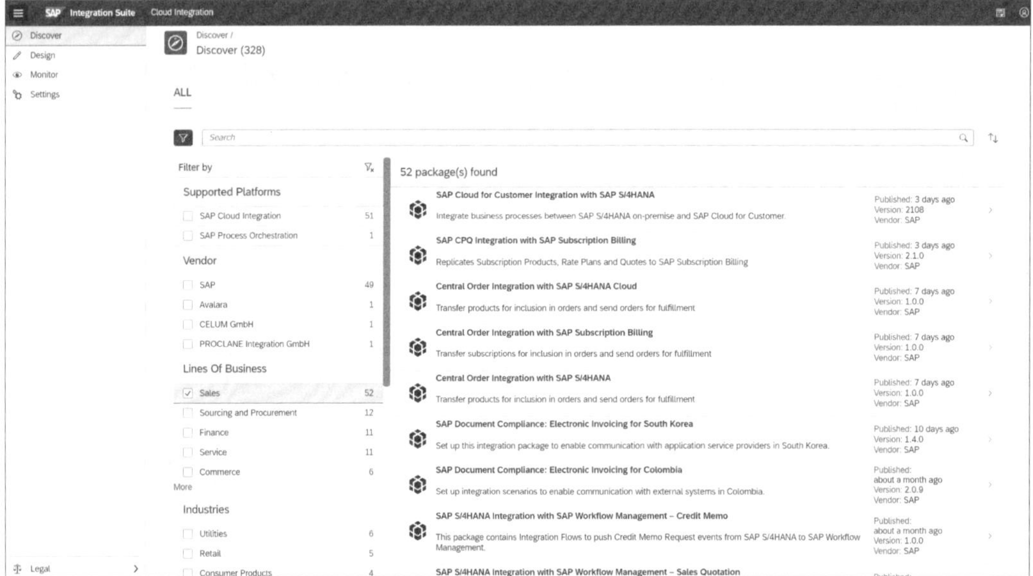

Abbildung 24.8 Suche nach vordefinierten Integrationspaketen in der SAP Integration Suite

Haben Sie dort ein interessantes Integrationspaket gefunden, können Sie sich zunächst die Beschreibung und die hinterlegten Dokumente anschauen, aus denen häufig bereits alle benötigten Informationen hervorgehen. Zusätzlich können Sie die jeweiligen Bestandteile einsehen, die sich auch alle einzeln herunterladen und einspielen lassen (siehe Abbildung 24.9).

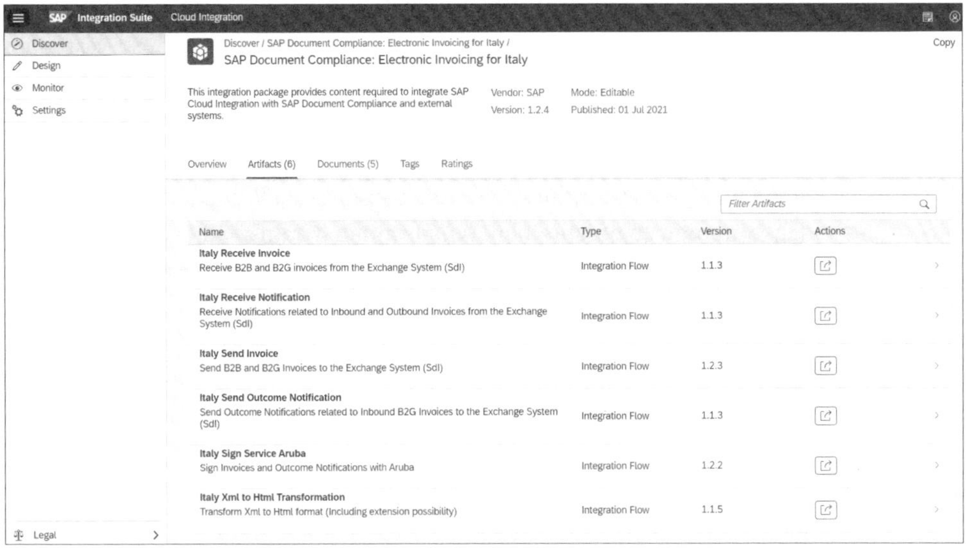

Abbildung 24.9 Beispiel eines Integrationspakets

Design

Hinter dem Menüeintrag **Design** verbirgt sich der Hauptarbeitsbereich für den Entwickler, der sich mit der SAP Integration Suite beschäftigt. Unterteilt in Pakete können sowohl Texte als auch Dokumente und Tags hinterlegt werden, die dazu dienen, das Paket zu beschreiben, zu erläutern oder ganz einfach wiederzufinden (siehe Abbildung 24.10).

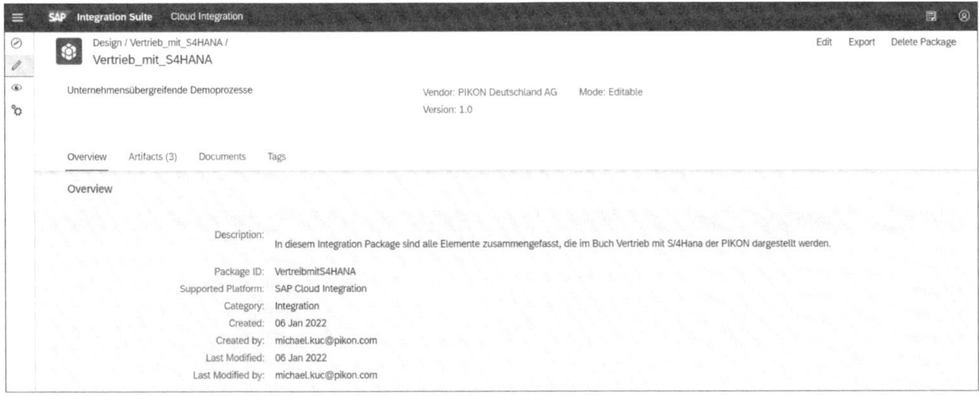

Abbildung 24.10 Überblick über ein Integrationspaket

Die Hauptelemente eines Pakets sind allerdings die sogenannten *Artefakte*. Diese untergliedern sich anhand ihrer Funktion in die Typen Data Integration, OData Service, Value Mapping und Integration Flow. Integration Flow ist der wohl meistgenutzten Typ.

Data Integration Das Artefakt *Data Integration* dient als Basis für ETL-Prozesse (Extract, Transform, Load), um Daten zwischen Cloud- und On-Premise-Systemen auszutauschen.

OData-Service Ein *OData-Service* erstellt einen speziellen Integration Flow, angereichert mit diversen Wizard-gestützten Anlagemethoden. Der Integration Flow dient dazu, den Datenfluss sowie die technischen Verbindungen zwischen den Systemen zu beschreiben. Wir kommen darauf später zurück. Hier soll zunächst der Hinweis genügen, dass die SAP Integration Suite OData-Services für Anwendungen innerhalb oder auch außerhalb der Cloud zur Verfügung stellen kann. Mit den Daten, die von diesen Anwendungen gesendet werden, und der aufgerufenen Funktion (Query, Create, Read, Update, Delete) wird dann ein Integration Flow gestartet. Dort kann dann weiter mit den Daten gearbeitet werden.

Value Mapping Über den Typ *Value Mapping* können zentral Datenzuweisungen für den späteren Gebrauch in Integration Flows angelegt werden. Dies erhöht die Wartbarkeit, da das eigentliche Mapping der Datenstrukturen nicht angepasst werden muss, um einzelne Werte zu ändern. Man kann mit dem Value Mapping z. B. bei einem internen Datenaustausch Organisationeinheiten (z. B. Buchungskreise) einander zuweisen, sollten diese auf Sender- und Empfängerseite unterschiedlich hinterlegt sein. In Abbildung 24.11 sehen Sie ein Beispiel, um unterschiedliche Buchungskreise zwischen zwei Systemen anzupassen. Werden nun Daten zwischen den Systemen ausgetauscht und der Buchungskreis 2000 gesendet, erhält das Zielsystem (hier **Production**) nach der Umsetzung den Wert 1010. Kommen weitere Buchungskreise hinzu oder fallen welche weg, kann man hier an zentraler Stelle eine Änderung vornehmen, ohne den eigentlichen Prozess ändern zu müssen. Zusätzlich bietet diese Variante den Vorteil, dass sie von mehreren Integration Flows oder auch mehrmals in einem Flow genutzt werden kann, wodurch sich Redundanzen vermeiden lassen.

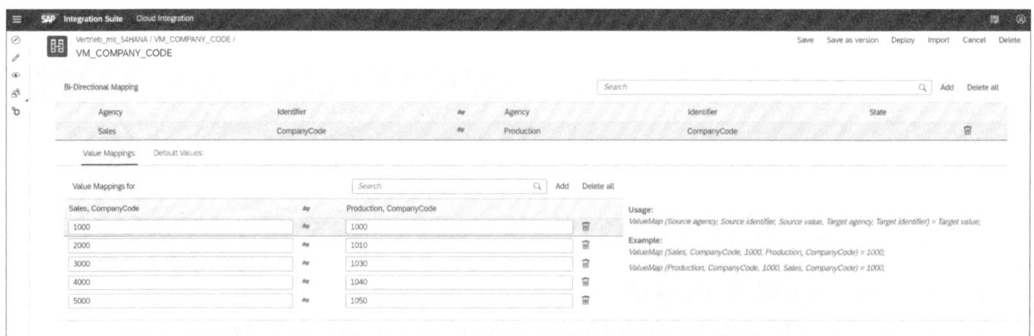

Abbildung 24.11 Value Mapping am Beispiel der Zuweisung von Buchungskreisen

Integration Flows

Kommen wir zu den Hauptelementen, den *Integration Flows*. Wie oben bereits angedeutet, werden mit ihnen der Datenfluss sowie die technischen Verbindungen zwischen den Systemen beschrieben. Ein Flow basiert immer auf den Komponenten Sendersystem und Empfängersystem. Diese können Sie zwar frei benennen (siehe Abbildung 24.12), allerdings sollten Sie aus Gründen der Wartbarkeit auf eine einheitliche Logik in der Namensgebung achten.

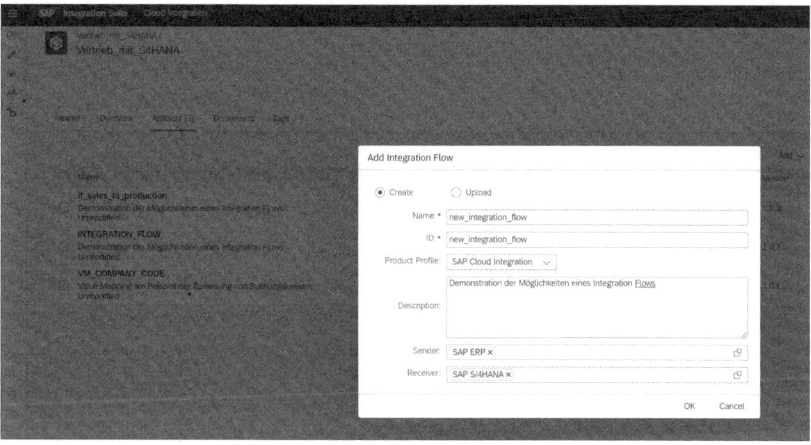

Abbildung 24.12 Anlegen eines Integration Flows

Diese Systeme beinhalten zunächst noch keine direkten technischen Verbindungen oder Daten des konkreten physischen Systems, sondern sind lediglich deren Repräsentanten im Flow.

Einfaches Beispiel

Beginnen wir mit dem einfachsten Beispiel: Ein Empfänger sendet Daten an die SAP Integration Suite, und diese werden 1:1 an den Empfänger weitergeleitet. Wir greifen dem Beispiel aus Kapitel 28, »Unternehmensübergreifende Auftragsabwicklung«, etwas vor und gehen von einer Kunden-Lieferanten-Beziehung in zwei unterschiedlichen Systemen aus. In Abbildung 24.12 haben wir einen Integration Flow zum Datenaustausch zwischen den Systemen SAP ERP (**Sender**) und SAP S/4HANA (**Receiver**) definiert.

Adaptertypen

Für das Sendersystem muss zuerst festgelegt werden, mit welchem Protokoll es die Daten an den Integration Flow sendet. Zur Auswahl stehen hier die folgenden sogenannten *Adaptertypen*:

- AMQP
- AS2
- AS4
- FTP

- HTTPS
- IDoc
- JMS
- Kafka
- Mail
- OData
- ProcessDirect
- SFTP
- SOAP
- XI

Zusätzlich bietet SAP die Möglichkeit, eigene Adapter zu entwickeln, um noch spezifischer mit den Eigenheiten der jeweiligen Sender- und Empfängersysteme umgehen zu können.

Neben den recht allgemein verwendeten Protokollen bietet die SAP Integration Suite auch Systemadapter für SAP Ariba und SAP SuccessFactors an (spezielle REST-, SOAP- und OData-Services).

Anzahl und Art der Adapter sowie deren einfache Verwendung machen einen der großen Vorteile der SAP Integration Suite aus, vergleicht man sie mit den Kommunikationsmöglichkeiten, die ein SAP-S/4HANA-System im Standard bietet. Daher treibt SAP hier in schnellen Zyklen die Weiterentwicklung voran, um immer mehr Systeme unterschiedlichster Art anbinden zu können, aber auch um die internen Lösungen zunehmend standardisierter bedienen zu können.

Indem Sie einen dieser Adaptertypen, z. B. **IDOC**, wählen, setzen Sie damit den Startpunkt des Integration Flows. Sobald das ERP-System nun ein IDoc an die SAP Integration Suite sendet, wird eine Instanz des Flows erzeugt (siehe Abbildung 24.13) und die darin enthaltenen Elemente werden in definierter Reihenfolge durchlaufen, bis letztlich Daten an das Zielsystem übertragen werden.

Hierzu ist natürlich noch eine Reihe von Einstellungen notwendig. Dazu betrachten wir die Konfigurationsmöglichkeiten des IDoc-Adapters (siehe Abbildung 24.13).

Konfiguration des IDoc-Adapters

Für den Sender sehen Sie hier die wichtigste Information: die Adresse, an die das ERP-System die Daten senden muss, um den Flow zu starten. Als Beispiel geben wir unter **CONNECTION DETAILS • Address** den Pfad »/idoc/intercompany« ein. Dieser ist frei wählbar, muss allerdings einem Pfad zum Aufruf einer HTTP-Adresse entsprechen.

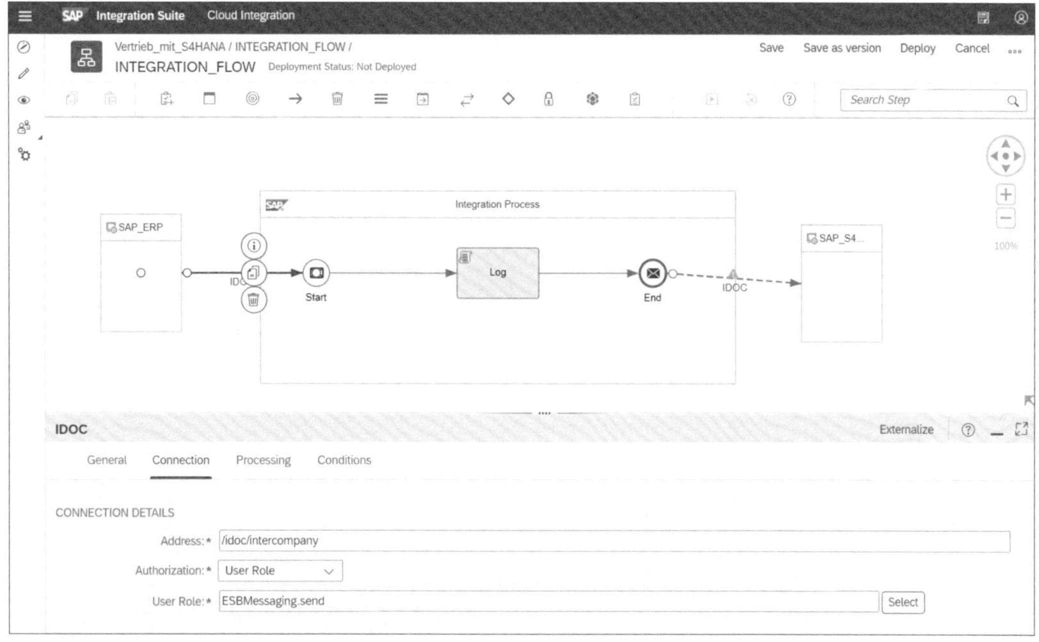

Abbildung 24.13 IDoc-Senderadapter

Hieran erkennen Sie bereits, dass der IDoc-Sender auf Basis von HTTP agiert und somit auch mit diesem Protokoll aus dem ERP-System heraus aufgerufen werden muss. Um diese Verbindung zu hinterlegen und in der IDoc-Verarbeitung in SAP S/4HANA zu nutzen, legen wir dort in Transaktion SM59 eine RFC-Destination vom Typ **G** (**HTTP-Verbindung zu ext. Server**) an (siehe Abbildung 24.14), in der die gleichen Pfadinformationen hinterlegt werden. Diese kann dann im Customizing der Ports (Transaktion WE21) genutzt werden, um das Ziel der IDocs, den Integration Flow, im Sendersystem zu hinterlegen.

Ähnlich einfach läuft die Konfiguration des IDoc-Adapters auch auf Empfängerseite ab. Sobald die Verbindung mittels SAP Cloud Connector eingerichtet ist, erfordert der IDoc-Adapter des Empfängersystems lediglich die HTTP-Adresse des IDoc-Service auf der Senderseite, im Normalfall: *http://<host>:<Port>/sap/bc/srt/idoc?sap-client=<Mandant>*. Hierbei handelt es sich um den Host und den Port, die im SAP Cloud Connector angegeben sind. Dieser übernimmt die Umsetzung auf die konkrete interne Adresse des Systems. Wie in Abschnitt 24.2.2, »SAP Cloud Connector«, beschrieben, werden die Netzwerkadressen geschützt und nur der Teil für die Cloud geöffnet, der auch benötigt wird.

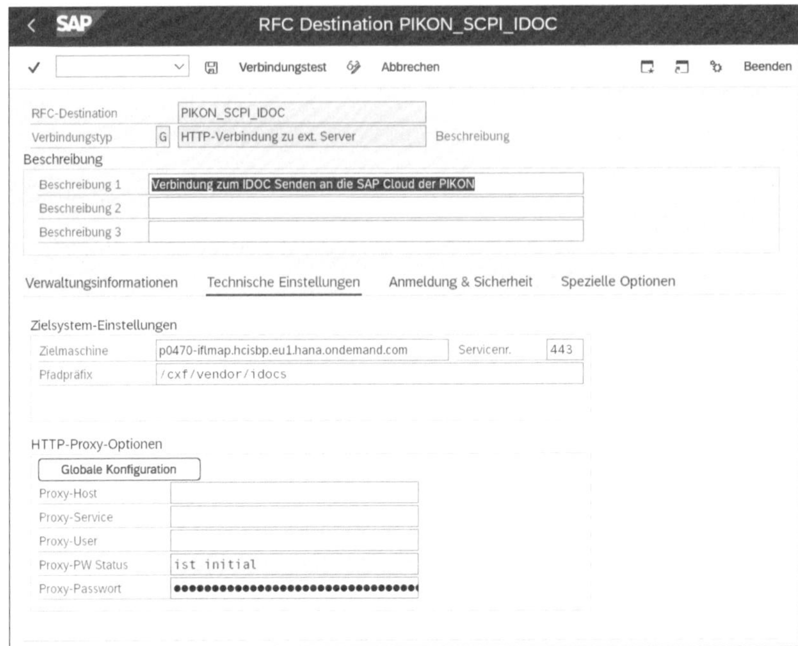

Abbildung 24.14 Remote-Function-Call-(RFC-)Konfiguration »ERP-System zu SAP Integration Suite«

Der zweite Teil der Sicherheitsmaßnahmen bilden die *Credentials*, die, wie wir auch in Abschnitt 24.3.3, »Monitoring«, darstellen werden, im Security Material hinterlegt werden. Somit sind im Integration Flow weder die konkreten Adressen der Systeme noch die Zugangsdaten wie Zertifikate oder Usernamen aufgeführt.

Weitere Protokolle für Empfängeradapter

Der Vollständigkeit halber wollen wir darauf hinweisen, dass bei den Empfängeradaptern noch weitere Protokolle zur Auswahl stehen:

- LDAP (Lightweight Directory Access Protocol)
- ODC (OData Channel)
- RFC (Remote Function Call)
- Facebook und Twitter

Wie Sie sehen, können neben den Standardprotokollen auch Social-Media-Posts über einen Integration Flow erstellt werden. Dieses Thema wollen wir hier aber nicht weiter vertiefen.

Nun haben wir den Basisfall in der SAP Integration Suite komplett eingerichtet. Das Sendersystem sendet per HTTP(S) ein IDoc an den Integration Flow, der es 1:1 per HTTP(S) weiter an das Empfängersystem leitet (siehe Abbildung 24.15).

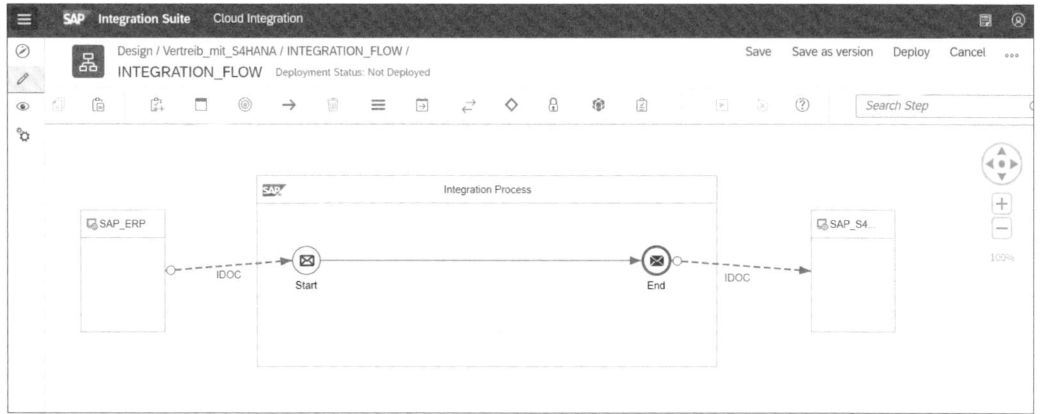

Abbildung 24.15 Einfacher Integration Flow

Dieses einfache Beispiel zeigt natürlich nur einen Bruchteil der Funktionalität, die im Ganzen bereitgestellt wird. Im Normalfall können Daten nicht einfach 1:1 vom Empfänger über den Integration Flow zum Zielsystem weitergeleitet werden, sondern dazu bedarf es noch einiger Mapping- und Transformationsschritte. Hier bietet der Integration Flow einige Möglichkeiten.

Datenmapping

Eine dieser Möglichkeiten stellt das *Message Mapping* dar (siehe Abbildung 24.16). Es definiert sich durch eine Eingangs- und eine Ausgangsstruktur sowie durch die Logik, mit der beide Strukturen verknüpft werden. Dazu wieder ein einfaches Beispiel: Nehmen wir an, es wird ein ORDERS-IDoc gesendet und auch empfangen. Dies bedeutet, dass die Systeme mit den gleichen Datenstrukturen kommunizieren, der Integration Flow ändert lediglich den Inhalt der Nachrichten. Die Transformation in andere Strukturen ist ebenfalls möglich, würde hier allerdings zu weit führen. Um die Quell- und Zielstruktur zu definieren, laden wir zunächst das XML-Schema des ORDERS05-IDocs aus dem SAP-S/4HANA-System (Transaktion WE60). Anschließend laden wir das XML-Schema in unser Mapping.

Der Einfachheit halber kann das System identische Feldnamen bereits 1:1 von der Quellstruktur auf die Zielstruktur zuweisen. In unserem Beispiel sollen alle Felder unverändert bleiben, bis auf den Buchungskreis, der im Quellsystem durch einen anderen Schlüssel repräsentiert wird als im Zielsystem. Neben vielen verschiedenen Funktionen aus den Bereichen Textbearbeitung, Berechnungen, Konstanten, Konvertierungen, Datumsberechnung und statistischen Funktionen bietet das Message Mapping auch die Möglichkeiten von Fallunterscheidungen, Vergleichen und eben auch Value Mappings. Diese werden nun in Kombination benötigt, um den Buchungskreis entsprechend der von uns getätigten Vorgaben zu konvertieren.

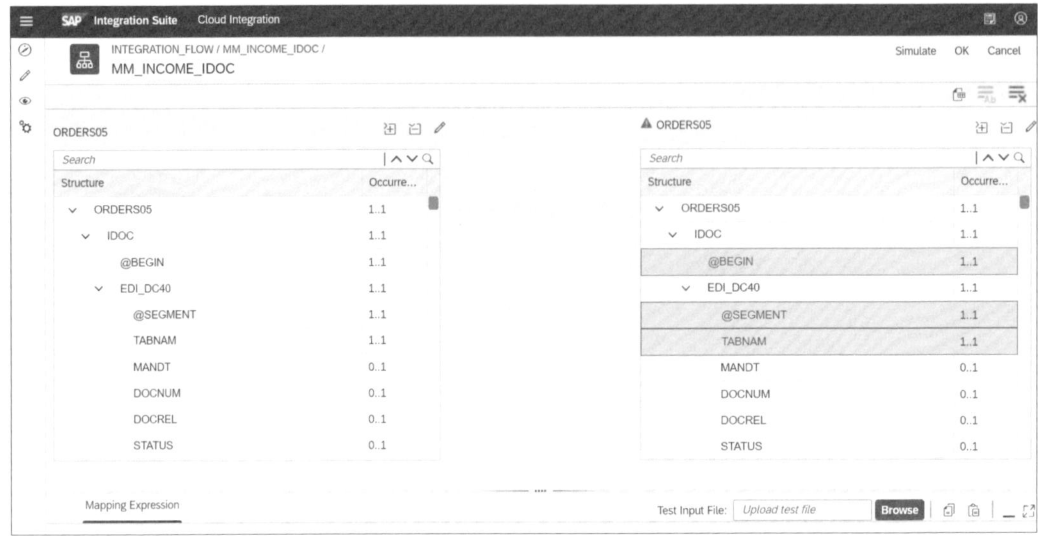

Abbildung 24.16 Initiales Message Mapping

Beispiellogik für das Value Mapping

Wie in Abbildung 24.17 zu sehen ist, können wir ohne das Schreiben von Code die folgende Logik abbilden: Für das Segment **E1EDK14** des **ORDERS05**-IDocs (Organisationseinheiten) wird die konkrete Organisations-ID (**ORGID**) genau dann mittels des Value Mappings `VM_COMPANY_CODE` angepasst, wenn der Qualifier den Wert 011 (Buchungskreis) enthält. Diese Struktur mit Qualifier und Datenteil sehen Sie in IDocs oft. Dadurch wird verhindert, dass einerseits die Datenstrukturen sehr lang werden, wenn sie viele Felder beinhalten, die oft gar nicht genutzt werden. Andererseits können so im gleichen Segment z. B. Verkaufsorganisation und Buchungskreis übermittelt werden. Dadurch reduziert sich auch die Anzahl an verschiedenen Segmenten.

Wenn also der Qualifier mit dem Wert 011 aussagt, dass es sich bei dieser ORGID um einen Buchungskreis handelt, dann soll die ORGID nicht einfach weitergeleitet werden, wie in allen anderen Fällen. Vielmehr soll das Value Mapping mit den dort hinterlegten Schlüsseln ausgeführt werden. Hierzu dient zunächst die Textvergleichsfunktion `equals` und die anschließende `if`-Anweisung. Sie sehen, dass für den Fall `false value` (Qualifier ist ungleich 011) die ORGID 1:1 weitergeleitet wird. Im Fall `true value` (Qualifier ist gleich 011) steht hingegen noch das Value Mapping zwischen der ORGID aus der Quelle und der ORGID im Ziel an.

Der Vergleich bei einer Testnachricht zeigt daher, dass – nach dem oben beschriebenen Verfahren – der Buchungskreis 2000 nicht 1:1 weitergeleitet wird, da ja der Qualifier den Wert 011 hat, sondern auf den Zielwert 1010 umgesetzt wird (siehe Abbildung 24.18).

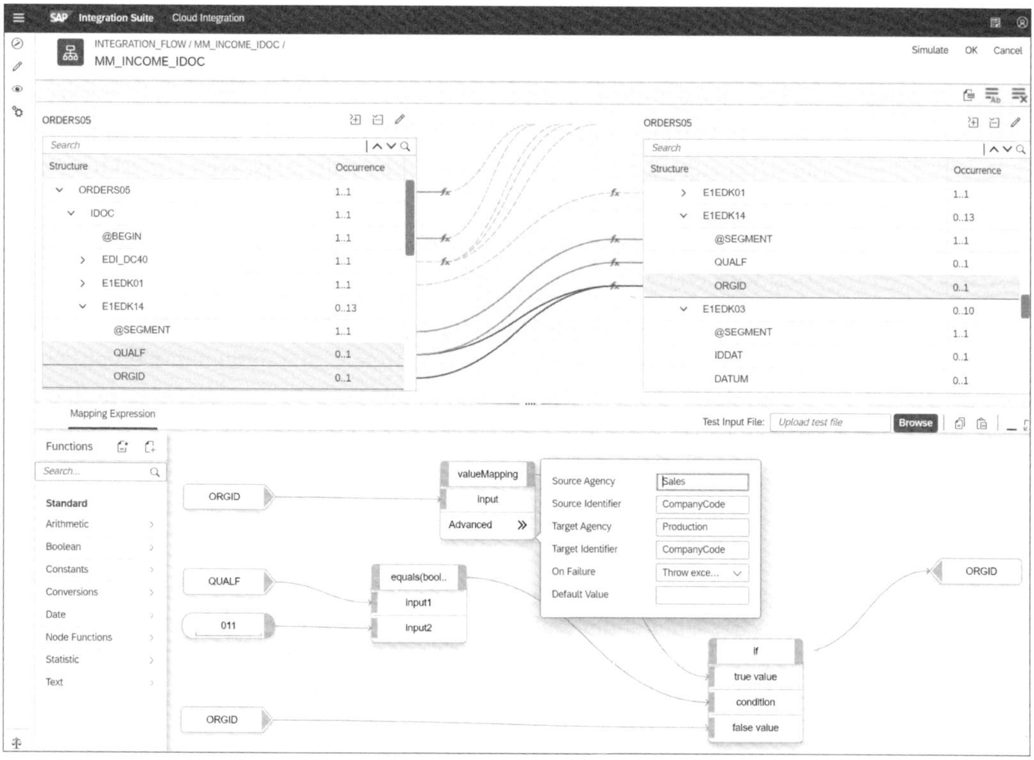

Abbildung 24.17 Einsatz des Value Mappings für die Buchungskreisumsetzung

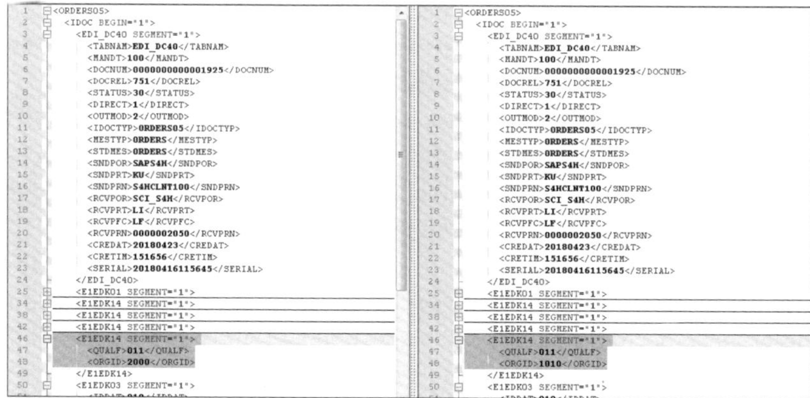

```
<ORDERS05>
  <IDOC BEGIN="1">
    <EDI_DC40 SEGMENT="1">
      <TABNAM>EDI_DC40</TABNAM>
      <MANDT>100</MANDT>
      <DOCNUM>0000000000001925</DOCNUM>
      <DOCREL>751</DOCREL>
      <STATUS>30</STATUS>
      <DIRECT>1</DIRECT>
      <OUTMOD>2</OUTMOD>
      <IDOCTYP>ORDERS05</IDOCTYP>
      <MESTYP>ORDERS</MESTYP>
      <STDMES>ORDERS</STDMES>
      <SNDPOR>SAPS4H</SNDPOR>
      <SNDPRT>KU</SNDPRT>
      <SNDPRN>S4HCLNT100</SNDPRN>
      <RCVPOR>SCI_S4H</RCVPOR>
      <RCVPRT>LI</RCVPRT>
      <RCVPFC>LF</RCVPFC>
      <RCVPRN>0000002050</RCVPRN>
      <CREDAT>20180423</CREDAT>
      <CRETIM>151656</CRETIM>
      <SERIAL>20180416115645</SERIAL>
    </EDI_DC40>
    <E1EDK01 SEGMENT="1">
    <E1EDK14 SEGMENT="1">
    <E1EDK14 SEGMENT="1">
    <E1EDK14 SEGMENT="1">
    <E1EDK14 SEGMENT="1">
      <QUALF>011</QUALF>
      <ORGID>2000</ORGID>
    </E1EDK14>
    <E1EDK03 SEGMENT="1">
```

```
<ORDERS05>
  <IDOC BEGIN="1">
    <EDI_DC40 SEGMENT="1">
      <TABNAM>EDI_DC40</TABNAM>
      <MANDT>100</MANDT>
      <DOCNUM>0000000000001925</DOCNUM>
      <DOCREL>751</DOCREL>
      <STATUS>30</STATUS>
      <DIRECT>1</DIRECT>
      <OUTMOD>2</OUTMOD>
      <IDOCTYP>ORDERS05</IDOCTYP>
      <MESTYP>ORDERS</MESTYP>
      <STDMES>ORDERS</STDMES>
      <SNDPOR>SAPS4H</SNDPOR>
      <SNDPRT>KU</SNDPRT>
      <SNDPRN>S4HCLNT100</SNDPRN>
      <RCVPOR>SCI_S4H</RCVPOR>
      <RCVPRT>LI</RCVPRT>
      <RCVPFC>LF</RCVPFC>
      <RCVPRN>0000002050</RCVPRN>
      <CREDAT>20180423</CREDAT>
      <CRETIM>151656</CRETIM>
      <SERIAL>20180416115645</SERIAL>
    </EDI_DC40>
    <E1EDK01 SEGMENT="1">
    <E1EDK14 SEGMENT="1">
    <E1EDK14 SEGMENT="1">
    <E1EDK14 SEGMENT="1">
    <E1EDK14 SEGMENT="1">
      <QUALF>011</QUALF>
      <ORGID>1010</ORGID>
    </E1EDK14>
    <E1EDK03 SEGMENT="1">
```

Abbildung 24.18 Vergleich von Quell- und Zielnachricht

So viel zum Thema Datenmapping. Wie Sie sich denken können, gibt es vielseitige Möglichkeiten, um einer sehr großen Anzahl differenzierter Anforderungen im Mapping zu begegnen. Sollten die rein grafischen Möglichkeiten nicht ausreichen, besteht überdies die Möglichkeit, ein *XSLT-Mapping*

(Extensible Stylesheet Language Transformation) zu nutzen und die gewünschten komplexen Feldzuweisungen so zu codieren.

Weitere Werkzeuge

Sollte auch das nicht reichen, bietet der Integration Flow weitere Werkzeuge an. Zum Beispiel können per JavaScript oder Groovy Script Daten manipuliert, hinzugefügt oder gelöscht werden. Ferner existieren Funktionen zum Codieren und Decodieren von Nachrichten, z. B. als ZIP. Außerdem können Daten per Konverter aus XML nach JSON oder in ein CSV-Format konvertiert werden.

Auch das Routing ist nicht immer so einfach, wie in unserem Beispiel beschrieben. Müssen Nachrichten gesammelt oder aufgeteilt werden, bevor sie an das Ziel gesendet werden, bietet die SAP Integration Suite dies genauso als Standardfunktion an wie das Verschlüsseln oder Signieren von Daten.

All dies führt zu einer großen Vielfalt an Werkzeugen, die – richtig kombiniert – ein wirkungsvolles Tool bilden, damit mehrere Systeme via SAP Integration Suite miteinander kommunizieren können. Aber nicht immer muss das Quell- oder Zielsystem zwingend außerhalb der SAP BTP liegen. Auch das Auslesen oder Speichern der Daten innerhalb der Cloud ist problemlos möglich und erweitert so den Funktionsumfang von Apps um eine Integrationskomponente.

Monitor

Benutzerspezifisches Dashboard

Unter dem Menüeintrag **Monitor** bietet SAP in der SAP Integration Suite die Möglichkeit, ein benutzerspezifisches Dashboard zu gestalten, das alle wichtigen Kennzahlen in einer Ansicht darstellt (siehe Abbildung 24.19). Dadurch lässt sich z. B. auf einen Blick ein tägliches Monitoring aller Schnittstellen mit Fehlern durchführen. Ob es nun um einen Überblick über Nachrichten geht, die durch die SAP Integration Suite verarbeitet wurden, oder um den aktuellen Integration Content (Integrationspakete) oder um den Absprung zu den hinterlegten Anmeldedaten, alles kann hier über das Monitoring in den Blick genommen werden. Der Vollständigkeit halber sei an dieser Stelle noch der Zugriff auf Audit- und System-Log-Files sowie auf Nachrichtensperren und Data Stores erwähnt, deren detaillierte Betrachtung hier allerdings zu weit führen würde.

Credentials

Das Monitoring ist auch der Einstieg in die Pflege des *Security Materials*. Darunter verstehen wir alle benötigten *Credentials* (Zugangsdaten), die für den Zugriff auf ein Fremdsystem nötig sind – angefangen bei den technischen Benutzern einer On-Premise-Lösung von SAP S/4HANA bis hin zu Zertifikaten für einen Third-Party-SFTP-Server.

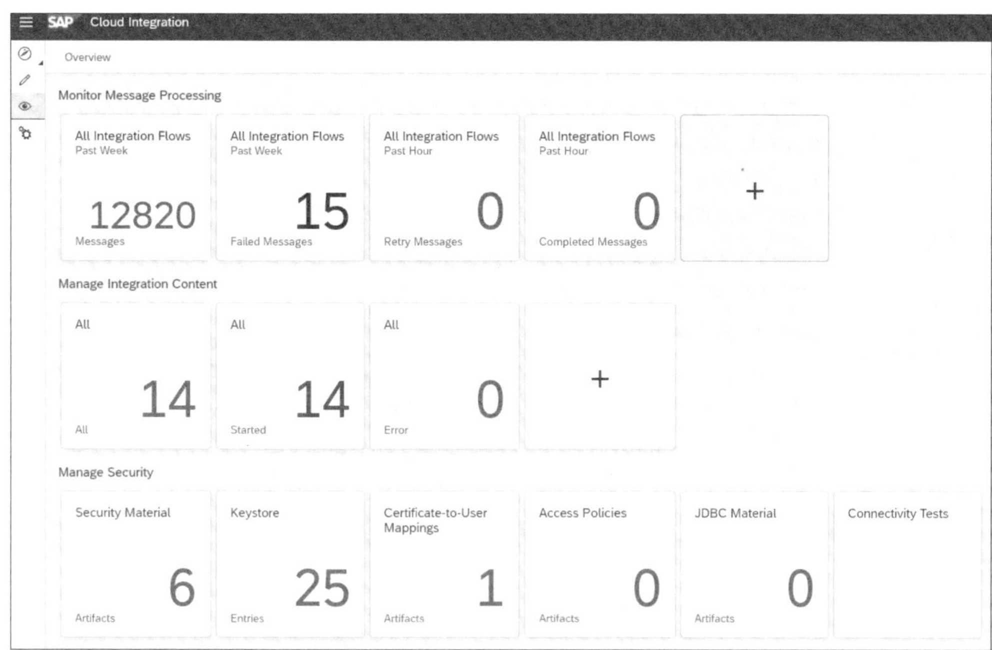

Abbildung 24.19 Monitoring-Cockpit in der SAP Integration Suite

In allen Fällen wird das Security Material (siehe Abbildung 24.20) für die spätere Verwendung lediglich mit seinem jeweiligen Namen hinterlegt, sodass eine zentrale Pflege aller vorhandenen Zugangsdaten hier ermöglicht wird, ganz gleich, ob es hierbei um die Adressen vertrauenswürdiger Server oder um altbewährte Usernamen-Passwort-Kombinationen geht. Dadurch wird im Idealfall sowohl eine redundante Pflege als auch die Notwendigkeit von Anpassungen der Entwicklungsobjekte (z. B. bei einer Useränderung) vermieden.

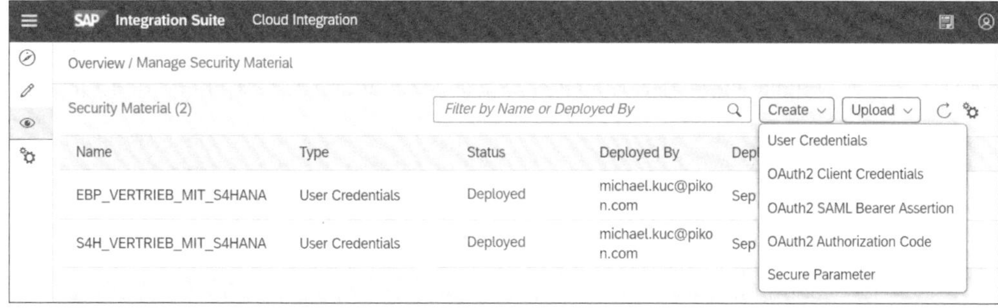

Abbildung 24.20 Security Material der SAP Integration Suite

Monitoring von Nachrichten

Die Hauptfunktionalität bildet allerdings das Monitoring der Nachrichten (siehe Abbildung 24.19). Hier kann sich der Anwender anhand des Nachrichtenstatus, des Verarbeitungszeitraumes sowie des Artefakts diejenigen Kacheln zusammenstellen, die ihm seine Arbeit erleichtern.

Durch einen Klick auf die Kacheln wird der Anwender direkt auf die Übersicht der konkreten Nachrichten geleitet, die zu der dazugehörigen Kategorie gehören, z. B. alle Nachrichten zu genau einem Integration Flow mit dem Status »Fehler«. Dort findet er Detailinformationen, wie Verarbeitungszeit, Detailstatus, Logs der einzelnen Schritte und je nach Einstellungen auch Attachments.

In Abbildung 24.21 wird eine erfolgreich übermittelte Nachricht angezeigt. Der Anhang einer solchen Übersicht kann auch die gesamte empfangene oder gesendete Nachricht enthalten. Dies werden wir in Abschnitt 28.2, »Beispiel für die unternehmensübergreifende Auftragsabwicklung«, noch einmal in einem Praxisbeispiel erläutern.

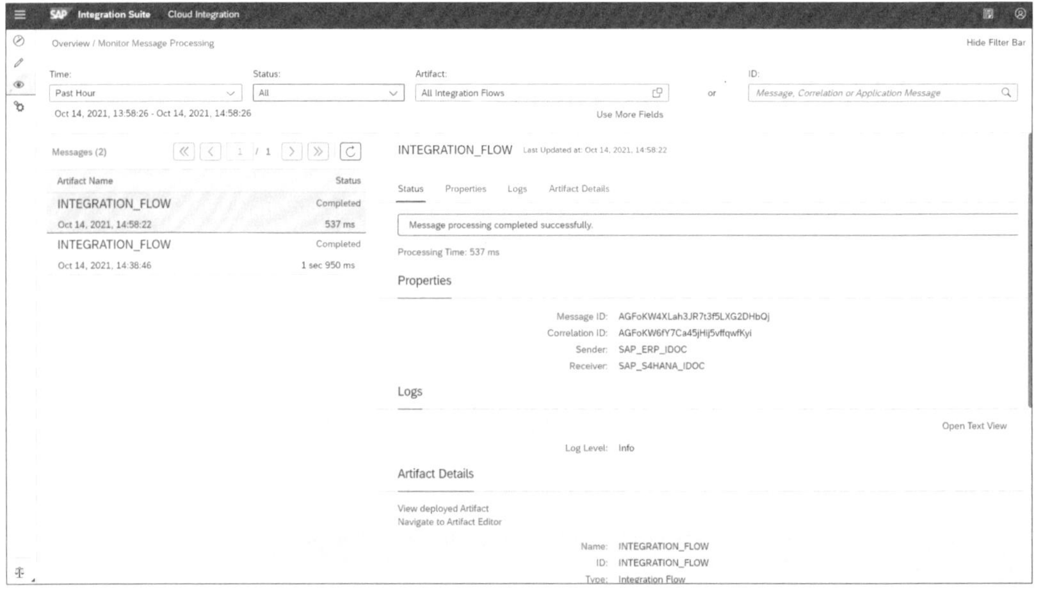

Abbildung 24.21 Nachrichtendetail im Monitoring der SAP Integration Suite

24.3 Vergleich zwischen SAP Integration Suite und SAP Process Orchestration

Beim Blick auf den Funktionsumfang der SAP Integration Suite drängt sich ein Vergleich mit SAP Process Orchestration auf. Diese aktuelle On-Premise-Lösung für Integrationsszenarien hat einen langen Entwicklungsweg hinter sich, sie war zunächst als Exchange Infrastructure (XI) bekannt, in späteren

Versionen als SAP Process Integration und letztendlich als SAP Process Orchestration am Markt. Auf funktionaler Ebene gibt es sehr viele Überschneidungen zur SAP Integration Suite. Der größte Unterschied liegt in der technischen Basis des Systems, das auf dem SAP NetWeaver Application Server (SAP NetWeaver AS) Java basiert und je nach Version auch noch einen ABAP-Stack beinhaltet.

Ist die Cloud-Version eher als Nachfolger zu sehen, als Konkurrenzprodukt oder als Ergänzung? Aus heutiger Sicht wohl eines der letzten beiden. Geht es ausschließlich um den Austausch von Daten zwischen Anwendungen (A2A) oder zwischen Unternehmen (B2B), ist SAP Process Orchestration aktuell noch die erste Wahl. Beim Thema Integration von on-premise zu Cloud ist die SAP Integration Suite die geeignetere Alternative. Daher kommt es momentan noch stark auf den konkreten Bedarfsfall an, welche Lösung zu empfehlen ist.

24.3.1 Verbindungsmöglichkeiten

Nachteile

Betrachtet man die rein technische Seite, hat die SAP Integration Suite noch einige Nachteile und eingeschränkte Nutzungsmöglichkeiten gegenüber SAP Process Orchestration. So ist etwa die Anzahl der Adapter noch begrenzt, erweitert sich allerdings rasant. Auch die Konfiguration innerhalb der Adapter bietet noch nicht den gleichen Umfang. Das gewährleistet zwar eine gute Übersichtlichkeit, nimmt aber auch Einsatzmöglichkeiten. Zum aktuellen Zeitpunkt fehlt z. B. noch ein geeigneter Datenbankadapter, um Daten direkt aus der Datenbank in den Integration Flow auszulesen. Einen solchen Adapter hat SAP Process Orchestration hingegen schon lange Zeit an Bord.

Vorteile

Allerdings gibt es im Bereich der Adapter auch Vorteile auf der Cloud-Seite: Die neuen Cloud-Systeme, wie SAP Hybris Cloud for Customer, SAP SuccessFactors, SAP Concur oder SAP Ariba, bekommen eigene Adaptertypen, um die Verbindung mit ihnen zu erleichtern. Dieser Fakt und der SAP Cloud Connector bilden die größten Vorteile, wenn sich Cloud-Anwendungen beim On-Premise-System Daten abholen.

Die passenden Integrationspakete gibt es natürlich auch für die SAP Integration Suite. Allerdings sollen laut SAP-Dokumentation die fertigen Integrationskomponenten auch mit SAP Process Orchestration nutzbar sein, was Aufwände bei der Neuentwicklung spart, aber keiner der beiden Lösungen einen expliziten Vorteil verschafft.

24.3.2 Installation und Updates

Geringer Aufwand

Der geringe Aufwand für die Lösung in der Cloud ist natürlich kaum zu schlagen. Es ist weder eine Hardware- noch eine Softwareinstallation notwendig (bis auf den Cloud Connector), und die Anwendung kann gleich genutzt werden. Die Wartung übernimmt SAP. Da es sich bei der SAP Business Technology Platform grundsätzlich um eine Public Cloud handelt, werden Updates im Dreimonatszyklus eingespielt, ohne Komplikationen und ohne Aufwand für den Kunden. Die Abwärtskompatibilität für bestehenden Content versteht sich von selbst.

24.3.3 Monitoring

Unterschiedliches Monitoring

Das Monitoring der beiden Lösungen ist schwerer zu vergleichen, da sie durchaus verschiedene Ansätze verfolgen. So baut SAP Process Integration/Orchestration auf ein detailliertes technisches Monitoring aller Einzelkomponenten. Hier lässt sich eine Nachricht zu jedem Zeitpunkt im Prozess nachverfolgen, und es spielt dabei keine Rolle, ob sie in der eigentlichen Verarbeitung angekommen ist, ob sie noch im Eingangsadapter verarbeitet wird oder bereits alle Schritte durchlaufen hat. Vom startenden Kommunikationskanal – auf klassischem Weg über eine Empfänger- und Interface-Ermittlung und technisches Routing – wird zu jedem Schritt nachvollziehbar mit protokolliert, wie sich sowohl Metadaten als auch der eigentliche Inhalt, die Payload, verändert. Wie Sie sich denken können, entstehen so je nach Einstellungen sehr große Datenmengen, sodass eine Archivierung oder ein Löschen der Monitoring-Daten zwingend notwendig ist. Je nach Version der SAP Process Integration/Orchestration erstreckt sich das Monitoring sowohl auf Transaktionen im ABAP als auch auf Anwendungen des Java-Stacks und bietet so vielfältige Möglichkeiten. Allerdings ist die Darstellung der Informationsflut eher geeignet für technisch versierte Nutzer (siehe Abbildung 24.22).

Übersichtlichkeit vs. Detailtiefe

Auf der anderen Seite verfügt die SAP Integration Suite über ein übersichtliches High-Level-Monitoring, dessen Einstieg über eine sehr aggregierte und flexible Oberfläche erfolgt. Dem Vorteil der Übersichtlichkeit steht der Nachteil gegenüber, dass der Detailgrad an Informationen selbst auf der tiefsten Stufe nicht den Level von SAP Process Orchestration erreicht. Möchte man hier mehr sehen, wie z. B. den Nachrichteninhalt an bestimmten Stellen im Integration Flow, muss man dies zurzeit noch mit einem Skript lösen, das Attachments zum Log der Nachricht erzeugt. Das ist zwar eine einfach zu realisierende Lösung, aber im Gegensatz zum Konkurrenzprodukt eben nicht ohne Aufwand realisierbar (siehe Abbildung 24.23).

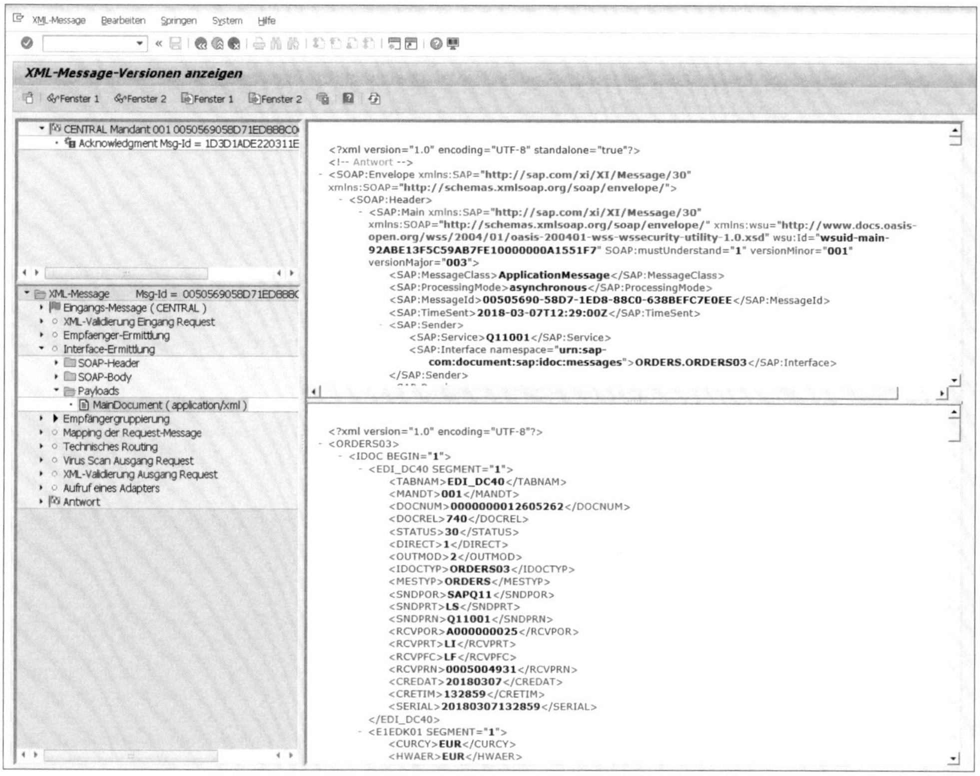

XML-Message Bearbeiten Springen System Hilfe

XML-Message-Versionen anzeigen

Fenster 1 Fenster 2 Fenster 1 Fenster 2

- CENTRAL Mandant 001 0050569058D71ED888C0
  - Acknowledgment Msg-Id = 1D3D1ADE220311E

- XML-Message Msg-Id = 0050569058D71ED888C
  - Eingangs-Message (CENTRAL)
  - XML-Validierung Eingang Request
  - Empfaenger-Ermittlung
  - Interface-Ermittlung
    - SOAP-Header
    - SOAP-Body
    - Payloads
      - MainDocument (application/xml)
  - Empfängergruppierung
  - Mapping der Request-Message
  - Technisches Routing
  - Virus Scan Ausgang Request
  - XML-Validierung Ausgang Request
  - Aufruf eines Adapters
  - Antwort


```
<?xml version="1.0" encoding="UTF-8" standalone="true"?>
<!-- Antwort -->
- <SOAP:Envelope xmlns:SAP="http://sap.com/xi/XI/Message/30"
  xmlns:SOAP="http://schemas.xmlsoap.org/soap/envelope/">
  - <SOAP:Header>
    - <SAP:Main xmlns:SAP="http://sap.com/xi/XI/Message/30"
      xmlns:SOAP="http://schemas.xmlsoap.org/soap/envelope/" xmlns:wsu="http://www.docs.oasis-
      open.org/wss/2004/01/oasis-200401-wss-wssecurity-utility-1.0.xsd" wsu:Id="wsuid-main-
      92ABE13F5C59AB7FE10000000A1551F7" SOAP:mustUnderstand="1" versionMinor="001"
      versionMajor="003">
        <SAP:MessageClass>ApplicationMessage</SAP:MessageClass>
        <SAP:ProcessingMode>asynchronous</SAP:ProcessingMode>
        <SAP:MessageId>00505690-58D7-1ED8-88C0-638BEFC7E0EE</SAP:MessageId>
        <SAP:TimeSent>2018-03-07T12:29:00Z</SAP:TimeSent>
      - <SAP:Sender>
          <SAP:Service>Q11001</SAP:Service>
          <SAP:Interface namespace="urn:sap-
            com:document:sap:idoc:messages">ORDERS.ORDERS03</SAP:Interface>
        </SAP:Sender>
```



```
<?xml version="1.0" encoding="UTF-8"?>
- <ORDERS03>
  - <IDOC BEGIN="1">
    - <EDI_DC40 SEGMENT="1">
        <TABNAM>EDI_DC40</TABNAM>
        <MANDT>001</MANDT>
        <DOCNUM>0000000012605262</DOCNUM>
        <DOCREL>740</DOCREL>
        <STATUS>30</STATUS>
        <DIRECT>1</DIRECT>
        <OUTMOD>2</OUTMOD>
        <IDOCTYP>ORDERS03</IDOCTYP>
        <MESTYP>ORDERS</MESTYP>
        <SNDPOR>SAPQ11</SNDPOR>
        <SNDPRT>LS</SNDPRT>
        <SNDPRN>Q11001</SNDPRN>
        <RCVPOR>A000000025</RCVPOR>
        <RCVPRT>LI</RCVPRT>
        <RCVPFC>LF</RCVPFC>
        <RCVPRN>0005004931</RCVPRN>
        <CREDAT>20180307</CREDAT>
        <CRETIM>132859</CRETIM>
        <SERIAL>20180307132859</SERIAL>
      </EDI_DC40>
    - <E1EDK01 SEGMENT="1">
        <CURCY>EUR</CURCY>
        <HWAER>EUR</HWAER>
```


Abbildung 24.22 ABAP Message Monitor in SAP Process Integration

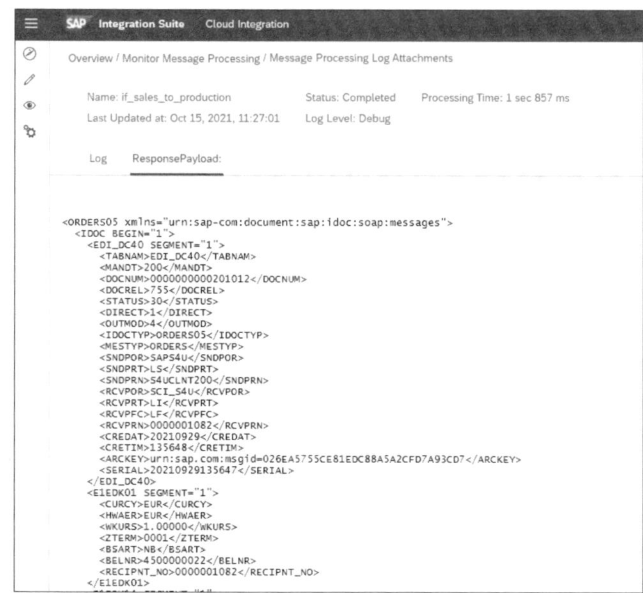

Abbildung 24.23 Monitoring mit IDoc-Anhang in der SAP Integration Suite

Kapitel 25
SAP Fiori Launchpad

In diesem Kapitel zeigen wir Ihnen die neue SAP-Oberfläche: das SAP Fiori Launchpad. Hier sind für die Anwender die größten Neuerungen von SAP S/4HANA sichtbar. Anhand eines Beispiels verdeutlichen wir, wie Sie eine App erfolgreich installieren können.

SAP GUI

Bis heute ist das SAP GUI der Standard, wenn ein Anwender mit dem SAP-ERP-System arbeitet. Doch in der Softwareentwicklung haben sich die Zeiten geändert. Durch die vermehrte Nutzung von Software und Apps sind die Ansprüche an die Benutzerfreundlichkeit auch bei der Unternehmenssoftware gestiegen. So gilt die klassische SAP-Oberfläche nunmehr schon seit vielen Jahren als wenig innovativ und optisch nicht ansprechend. Die Kritik zielt vor allem auf komplexe Frontends mit zu vielen Daten, Informationen und wenigen Absprungmöglichkeiten in angrenzende Anwendungen. Die klassische SAP-Oberfläche wird daher oft als überladen empfunden, mit Informationen und Feldern, die der Nutzer für seine tägliche Arbeit nicht benötigt. Die Einstellungsmöglichkeiten, die der Anwender von seiner privaten Softwarenutzung her kennt, lassen sich hier nicht vornehmen. Zudem müssen neue Mitarbeiter, die über wenig Erfahrung im Umgang mit einem SAP-System verfügen, erst umfassend eingearbeitet werden. An eine intuitive Nutzung ist gar nicht zu denken.

SAP Business Client

Mit dem *SAP Business Client* hat SAP einen ersten Schritt getan, um die Benutzeroberfläche flexibler und auch individueller aufzubauen. Die Transaktionen, die den Mitarbeitern zur Verfügung standen, waren in Rollen untergliedert, die das Arbeiten erleichtern sollten. Aber auch hier konnten die gestiegenen Anforderungen an die Benutzerfreundlichkeit nicht voll erfüllt werden. Eine moderne Oberfläche war daher mehr als dringend notwendig.

SAP Fiori Launchpad

Die neue Benutzerschnittstelle *SAP Fiori Launchpad* wird diesen Anforderungen in besonderer Weise gerecht. Durch eine moderne Gliederung in übersichtliche »Kacheln« wird eine intuitive Handhabung der Benutzeroberfläche ermöglicht. Dabei ist die Assoziation mit bekannten Smartphone-Apps gewollt und soll für eine höhere Akzeptanz bei den Anwendern sorgen. Einsteigern fällt es leichter, sich in SAP S/4HANA zurechtzufinden.

Indem sich mehrere Apps kombinieren bzw. verlinken lassen, ist ein reibungsloser Übergang zwischen analytischen Ansichten und der transaktionalen Bearbeitung möglich. Früher haben viele Unternehmen hierfür sogenannte *Cockpit-Transaktionen* entwickelt, um ihren Mitarbeitern einen zentralen Einstieg in die Bearbeitungs- und Berichtstransaktionen zur Verfügung zu stellen. Diese Cockpit-Transaktionen ließen sich aber selten vollständig individualisieren und konnten von den Anwendern meist auch nicht geändert werden, da dafür Codeänderungen im Programm notwendig waren.

Neuerung in SAP Fiori 3.0

Mit den SAP-S/4HANA-Releases 1809, 1909 und 2020 lässt sich mit *SAP Fiori 3.0* das SAP Fiori Launchpad noch besser strukturieren und bietet den Usern ein attraktiveres Benutzererlebnis. Drei Kernprioritäten wurden dabei für die neueste Fiori-Version herausgestellt:

1. Konsistenz
2. Integration
3. Intelligenz

Administratoren können jetzt mit den sogenannten Spaces (Leerzeichen) und Pages (Seiten) neue Strukturen erstellen und anpassen.

Noch mehr Übersichtlichkeit bieten die zwei neuen minimalistisch gestalteten Themes *SAP Quartz Light* und *SAP Quartz Dark* mit einer schlank gehaltenen Shell-Kopfleiste. Die Navigation wird vereinfacht, beispielsweise kann der Anwender mit einem Klick auf das SAP-Logo direkt auf die Startseite navigieren.

Kernprinzipien für die Nutzerfreundlichkeit

Mit dem SAP Fiori Launchpad hat der Anwender nun die Möglichkeit, die gesamte Benutzeroberfläche flexibel, individuell und persönlich mit ein paar Mausklicks zu gestalten. Alle SAP-Fiori-Apps sind auf eine bessere Nutzerfreundlichkeit ausgelegt und basieren daher auf den folgenden Kernprinzipien in der Entwicklung:

- **Rollenbasiert**: Es können individuelle Rollen definiert werden, die die Geschäftsprozesse des Nutzers abbilden. Damit ist es möglich, dem Nutzer nur die für ihn relevanten Applikationen im SAP Fiori Launchpad anzeigen zu lassen.
- **Adaptiv**: Durch eine hohe Anpassungsfähigkeit wird flexibles Arbeiten möglich. Alle relevanten Informationen stehen unabhängig vom Endgerät (Laptop, Smartphone, Tablet) zur Verfügung.
- **Durchgängig**: Eine einheitliche Benutzererfahrung wird beachtet, da transaktionale und analytische Funktionen nach dem gleichen Muster aufgebaut sind. Das erlaubt eine schnelle und intuitive Einarbeitung, auch anwendungsübergreifend.

- **Einfach**: Durch personalisierte Einstiege und Einstellungen können Prozesse schneller von den Anwendern bearbeitet werden. So sollen Aufgaben effizienter erledigt werden.

Transaktionale Apps

So gut diese Grundsätze klingen und so sehr der Fortschritt in SAP S/4HANA auch zu erkennen ist, hat die neue Oberfläche doch ihre Grenzen. Umfangreiche Funktionen, wie die Erfassung eines komplexen Kundenauftrags mit konfigurierbaren Materialien, lassen sich nicht ohne Weiteres in einer App darstellen und bearbeiten. Da beispielsweise bei einer Variantenkonfiguration viele Daten und Informationen durch den Anwender zu erfassen sind, stoßen vereinfachte Nutzeroberflächen an ihre Grenzen. Daher stehen auch unter SAP S/4HANA weiterhin die bisher bekannten *transaktionalen Apps* zur Verfügung. In solchen Fällen sind die SAP-Fiori-Apps nichts anderes als eine Web-GUI-Oberflächendarstellung der bisherigen Transaktionen, von denen sie sich in Funktion und Aufbau nicht unterscheiden.

Vorteile für unterschiedliche Anwendergruppen

Von dem SAP Fiori Launchpad profitieren sowohl routinierte SAP-Nutzer als auch Nutzer, die unregelmäßig im System arbeiten. Der Key-User hat die Möglichkeit, schnelle und individuelle Auswertungen genau seinen Bedürfnissen anzupassen. Der Gelegenheitsuser kann durch eine individualisierte Darstellung seiner Prozessschritte leichter im System navigieren. So sind z. B. Bestellfreigaben oder die Freigabe von Kreditlimits bei Geschäftspartnern Aufgaben, die bisweilen auch von Nutzern auszuführen sind, die in ihrem Tagesgeschaft nicht viel mit SAP S/4HANA arbeiten. Mit dem SAP Fiori Launchpad lassen sich diese Aufgaben mit nur wenigen Klicks durchführen.

25.1 Installation

SAP Fiori Apps Reference Library

Um das SAP Fiori Launchpad nutzen zu können, müssen zunächst die SAP-Fiori-Applikationen installiert und die OData-Services aktiviert werden. Diese Services dienen der Kommunikation des SAP-S/4HANA-Systems mit dem SAP Fiori Launchpad. Unter folgendem Link stellt SAP eine Bibliothek (*SAP Fiori Apps Reference Library*) der zur Verfügung stehenden Applikationen bereit: *https://fioriappslibrary.hana.ondemand.com/*

In dieser Bibliothek beschreibt SAP die notwendigen Voraussetzungen für die Installation einer App. Abhängig von der installierten SAP-S/4HANA-Version können eventuell nicht alle Applikationen aus dieser Bibliothek genutzt werden. Für welche Version die App jeweils vorgesehen ist, lässt sich, wie später in Abbildung 25.3 zu sehen, im oberen Bereich ableiten. Dies muss vorab geprüft werden. In Abbildung 25.1 sehen Sie eine Auswahl an Apps zum Stichwort »Sales Order«.

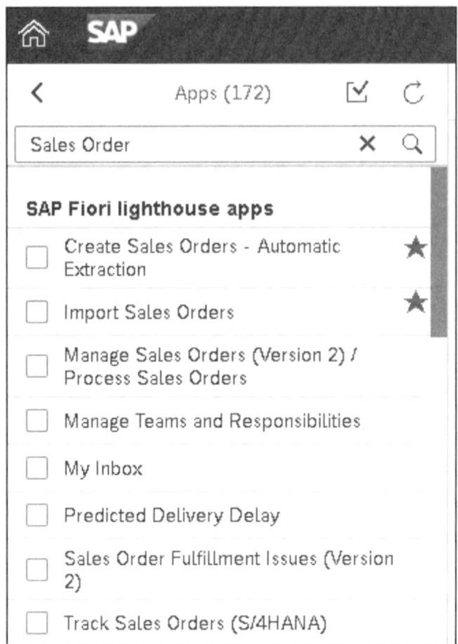

Abbildung 25.1 Auswahl an Apps zum Stichwort »Sales Order«

Detailansicht zur App

Zu jeder dieser Apps gibt es in der Bibliothek weiterführende Informationen. Sie müssen einfach die App auswählen, um die Details in der Bibliothek angezeigt zu bekommen (siehe Abbildung 25.2).

Abbildung 25.2 Informationsbild einer SAP-Fiori-App

In der Detailansicht sind nähere Informationen über die ausgewählte App aufgelistet, z. B. zu welcher Anwendung bzw. zu welchem Prozess diese App gehört (**Line of Business**) und auf welcher Datenbank die App lauffähig ist (**Database**). Der Eintrag **HANA DB exclusive** bedeutet, dass eine HANA-Datenbank vorausgesetzt wird. Bei einigen Apps gibt es den Eintrag **Any DB**, der anzeigt, dass diese Apps auch schon auf einem SAP-ERP-6.0-System ab Enhancement Package (EHP) 7 lauffähig sind.

Frontend- und Backendkomponente

Um die App in der Oberfläche nutzen zu können, müssen zwei Komponenten heruntergeladen und auf dem SAP-S/4HANA-System installiert werden. Voraussetzung für den Download ist eine Benutzer-ID für das *SAP Support Portal* mit ausreichenden Berechtigungen zum Download. Die notwendigen Informationen finden Sie auf dem Reiter **IMPLEMENTATION INFORMATION** (siehe Abbildung 25.3). Benötigt werden sowohl die Frontend- als auch die Backendkomponente. In Abbildung 25.3 sehen Sie beispielhaft die Informationsübersicht für die von uns ausgewählte App.

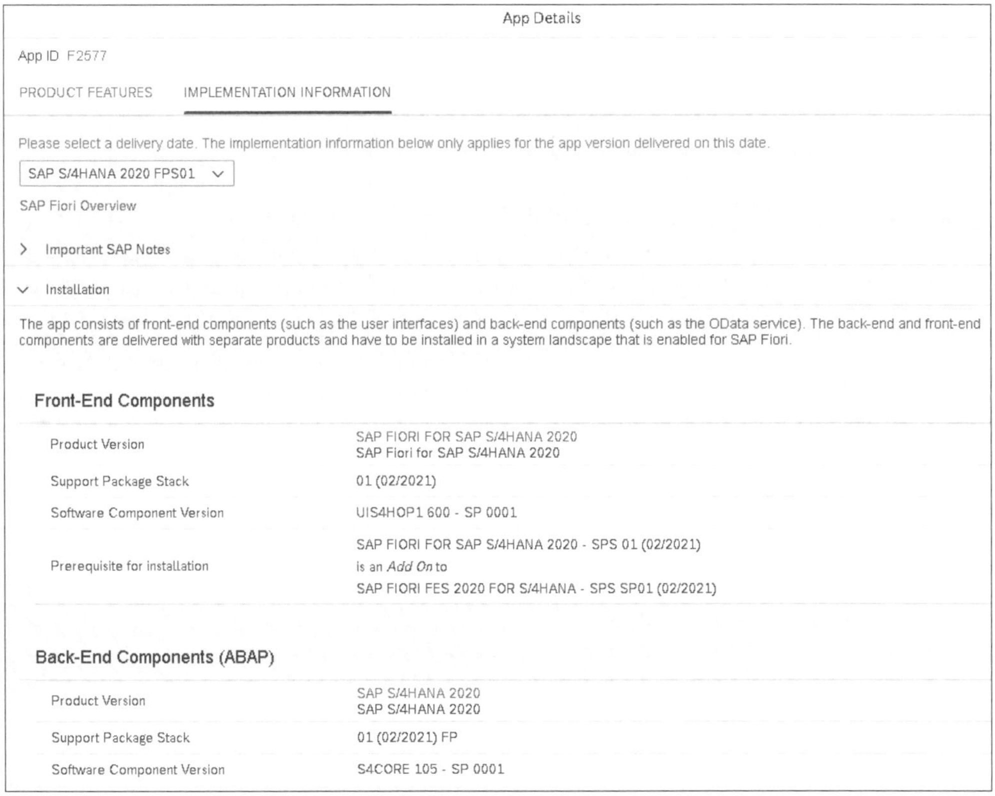

App Details

App ID F2577

PRODUCT FEATURES IMPLEMENTATION INFORMATION

Please select a delivery date. The implementation information below only applies for the app version delivered on this date.

SAP S/4HANA 2020 FPS01

SAP Fiori Overview

> Important SAP Notes

Installation

The app consists of front-end components (such as the user interfaces) and back-end components (such as the OData service). The back-end and front-end components are delivered with separate products and have to be installed in a system landscape that is enabled for SAP Fiori.

Front-End Components

Product Version	SAP FIORI FOR SAP S/4HANA 2020 SAP Fiori for SAP S/4HANA 2020
Support Package Stack	01 (02/2021)
Software Component Version	UIS4HOP1 600 - SP 0001
Prerequisite for installation	SAP FIORI FOR SAP S/4HANA 2020 - SPS 01 (02/2021) is an *Add On* to SAP FIORI FES 2020 FOR S/4HANA - SPS SP01 (02/2021)

Back-End Components (ABAP)

Product Version	SAP S/4HANA 2020 SAP S/4HANA 2020
Support Package Stack	01 (02/2021) FP
Software Component Version	S4CORE 105 - SP 0001

Abbildung 25.3 Frontend- und Backendkomponente

Beide Komponenten müssen unter dem folgenden Link heruntergeladen und installiert werden: *http://s-prs.de/v596802*

Damit sie auf dem SAP-S/4HANA-System installiert werden können, muss bei beiden Downloads die Dateiendung ***.SAR** lauten. Nach dem Download erfolgt die Installation im SAP GUI mittels Transaktion SAINT (siehe Abbildung 25.4).

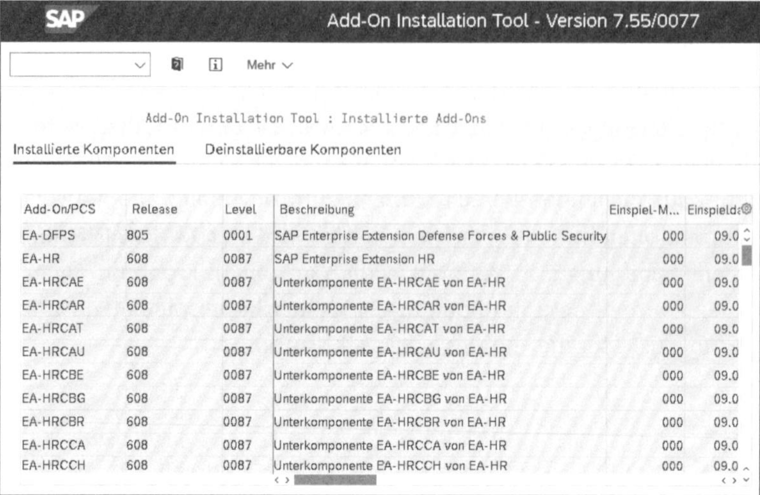

Abbildung 25.4 Einstieg in die Transaktion SAINT

Aktivierung der App

Nach der Installation der beiden Komponenten muss die App aktiviert werden. Hierfür muss der technische Name der App vorliegen. Schauen Sie daher noch einmal in die Informationen zur App (siehe Abbildung 25.5). Die dortigen Einträge SD_SO_MANAGES1, SD_REUSE_PFS1*, SD_REUSE_WKLS1* unter **Technical Name** zeigen die jeweiligen technischen Namen unserer App.

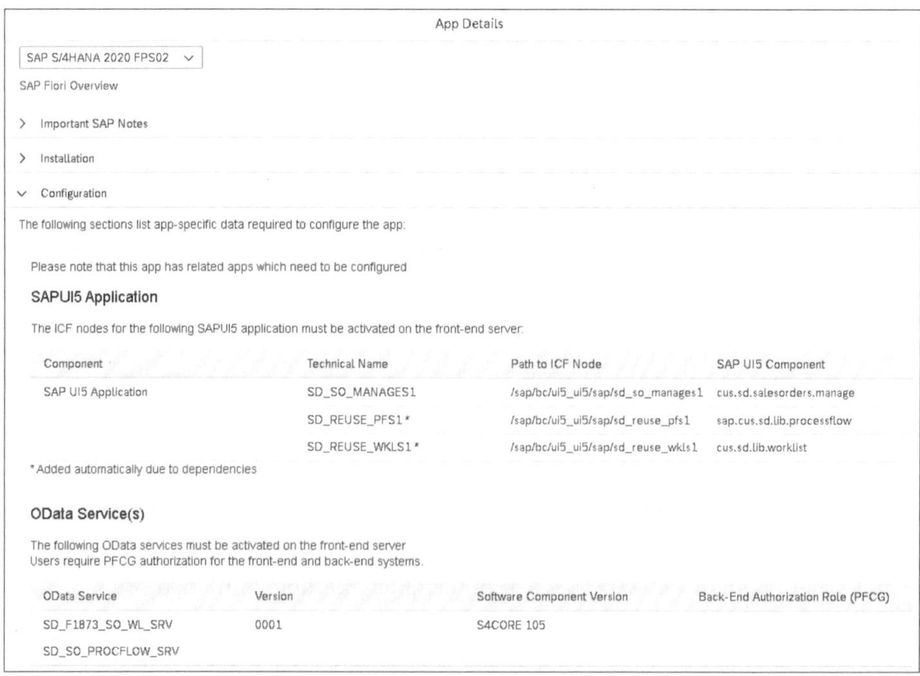

Abbildung 25.5 Konfigurationsinformationen zur App

Zur Aktivierung der App wird Transaktion SICF aufgerufen. In Abbildung 25.6 sehen Sie den Servicenamen, mit dem unsere App aktiviert wird. Aktiviert werden die Services über den Menüpfad **Service/Host • Aktivieren**.

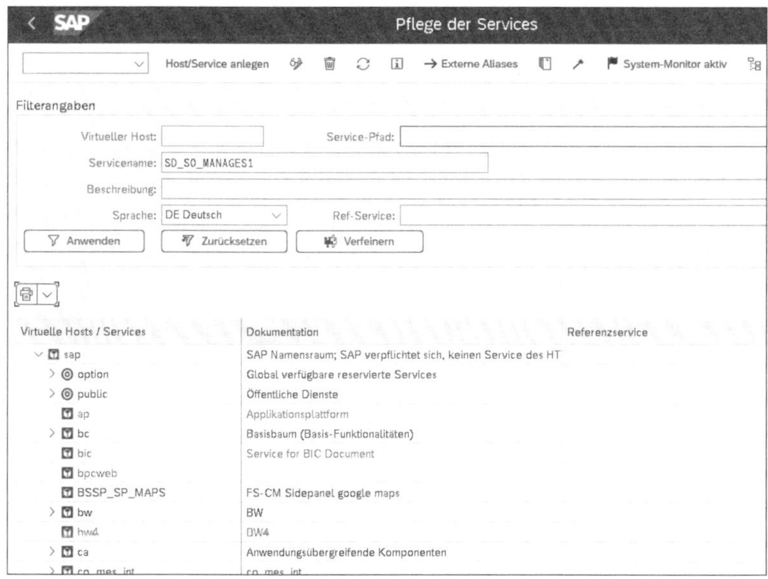

Abbildung 25.6 Aktivierung der App (Transaktion SICF)

OData-Service aktivieren

Nach dieser Aktivierung kann die App aber noch nicht im SAP Fiori Launchpad genutzt werden. Erst muss der OData-Service aktiviert werden. Auch hierfür werden weitere technische Informationen aus der SAP-Fiori-Bibliothek benötigt. Aus den Konfigurationsdaten muss der OData-Service identifiziert und aktiviert werden. Die Aktivierung erfolgt über Transaktion /N/IWFND/MAINT_SERVICE. In dieser Transaktion wird der Service sowohl angelegt als auch aktiviert. In Abbildung 25.7 sehen Sie den aktiven Service SD_F1873_SO_WL_SRV.

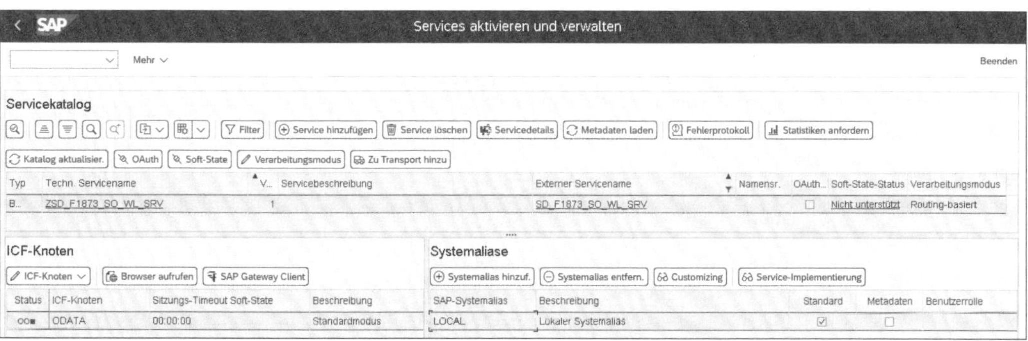

Abbildung 25.7 Aktiver OData-Service SD_F1873_SO_WL_SRV (Transaktion /N/IWFND/MAINT_SERVICE)

SAP-Fiori-App »Kundenaufträge verwalten« Nachdem alles installiert und aktiviert wurde, kann die App genutzt werden. Die Funktion dieser App geht über das Anlegen eines Kundenauftrags hinaus. Die vorhandenen Kundenaufträge können abgesagt, mit einer Liefer- oder Fakturasperre versehen werden u. v. m. (siehe Abbildung 25.8).

SAP Kundenaufträge verwalten ▾ Alle manage

Standard*
Gefiltert nach (3): Verkaufsorganisation, Vertriebsweg, Sparte

Kundenaufträge (112) Standard Kundenauftrag anlegen - VA01 Alle Positionen absagen Liefersperre setzen Liefersperre aufheben Fakturasperre setzen

Kundenauftrag	Auftraggeber	Kundenreferenz	Wunschlieferdatum	Gesamtstatus	Nettowert
30000148	Ingenieurbüro Meier GmbH (1074)	PO-47110815	14.09.2021	In Bearbeitung	100.000,00 EUR
30000147	Elektrofachhandel Florian Bresser (1047)	Intelligenter Produktvorschlag	13.09.2021	offen	6.672,00 EUR
30000146	Elektrofachhandel Florian Bresser (1047)		13.09.2021	offen	4.378,00 EUR
30000145	Elektrofachhandel Florian Bresser (1047)	Test_HX_MTS	13.09.2021	offen	3.980,00 EUR
30000144	Elektrofachhandel Florian Bresser (1047)		13.09.2021	offen	3.980,00 EUR
30000143	Elektrofachhandel Florian Bresser (1047)		03.09.2021	Nicht relevant	0,00 EUR
30000142	Elektrofachhandel Florian Bresser (1047)		03.09.2021	offen	60,00 EUR
30000141	Elektrofachhandel Florian Bresser (1047)		03.09.2021	offen	80,00 EUR
30000140	Antoine Elektrofachhandel GmbH (1076)	PO 47.325557	30.08.2021	offen	179,99 EUR
30000139	Antoine Elektrofachhandel GmbH (1076)	PO 10.116232	30.08.2021	offen	193,97 EUR

Abbildung 25.8 SAP-Fiori-App »Kundenaufträge verwalten«

Anmeldung Das SAP Fiori Launchpad ist bei der Standardauslieferung von SAP S/4HANA schon installiert und kann aus dem SAP GUI mit Transaktion /N/UI2/FLP aufgerufen werden. Der Anmeldebildschirm unterscheidet sich lediglich in seinem Aussehen von der bekannten SAP-Business-Client-Anmeldung. Bei der Anmeldung mit Username, Kennwort, Sprache und Mandant bestehen die bekannten Kriterien wie bisher (siehe Abbildung 25.9).

Abbildung 25.9 Anmeldung am SAP Fiori Launchpad

Nach einer erfolgreichen Anmeldung öffnet sich das Einstiegsbild des SAP Fiori Launchpads. Auf den ersten Blick fällt die neue Kacheloptik auf, die dem Anwender aus anderen Apps bekannt ist (siehe Abbildung 25.10). Die einzelnen Kacheln werden zu sogenannten *Kachelgruppen* zusammengefügt, die sich an möglichen Anwendungsszenarien orientieren.

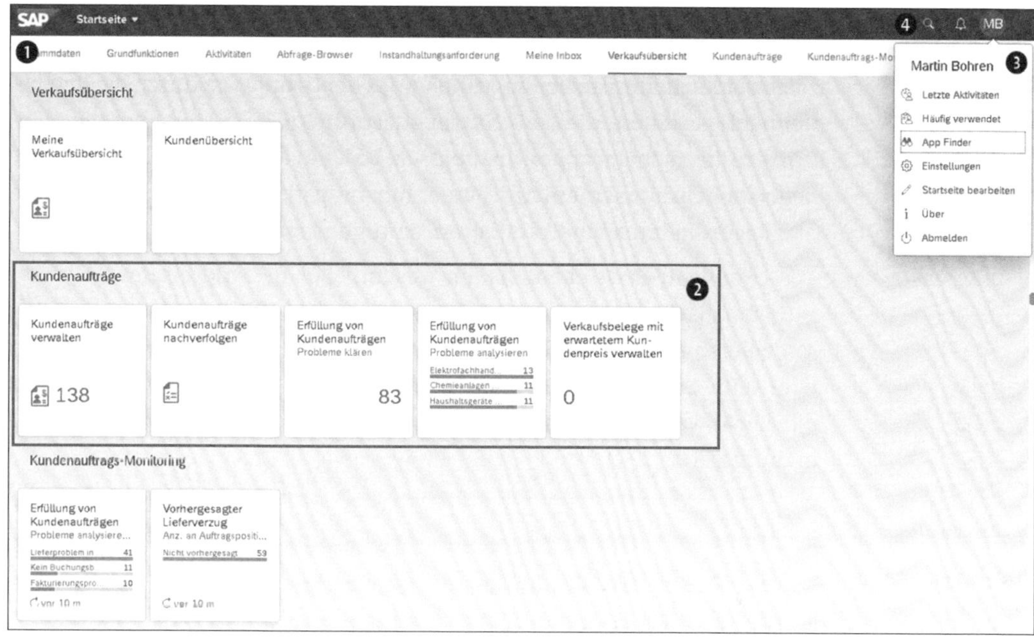

Abbildung 25.10 Einstiegsbild des SAP Fiori Launchpads

Navigationsleiste

Das Einstiegsbild ist die Initialseite, die auch als *Startseite* bezeichnet wird. Am wichtigsten ist die für den Benutzer vorgesehene *Navigationsleiste* ❶. Hier werden alle Kachelgruppen aufgeführt, die der Benutzer auf seiner Startseite eingefügt hat oder die ihm über die SAP-Berechtigungen und -Rollen zugeordnet sind. Im vorliegenden Beispiel sind dem angemeldeten Benutzer einige Kachelgruppen aus dem Bereich O2C (Order to Cash) zugeordnet. Über Berechtigungen kann dem Benutzer eine Vielzahl von Kacheln zur Verfügung gestellt werden. Jeder Nutzer kann seine Startseite individuell anpassen, um nur die Kacheln zu sehen, die er für seine tägliche Arbeit benötigt. Alle anderen Kacheln werden in den App Finder verschoben, wo sie gesucht und aufgerufen werden können.

Tabs

Beim SAP Fiori Launchpad gibt es keine Tabs mehr, wie das noch im SAP GUI der Fall war. Der Aufruf der jeweiligen Kachel erfolgt im gleichen Bild, jedoch lassen sich die Kacheln in einem neuen Browser-Tab aufrufen, wie man das von Webbrowsern gewohnt ist. Mehrere Kacheln (z. B. **Kundenauf-**

trag anlegen, **Kundenstammblatt anzeigen**) können somit parallel nebeneinander in Tabs ausgeführt werden.

Kachelgruppen Auf der Startseite des Anwenders werden die Kacheln in Kachelgruppen ❷ kompakt unter den Überschriften dargestellt, was die Navigation vereinfacht. Klickt man auf der Navigationsleiste auf eine der Überschriften, springt man auf die entsprechende Kachelgruppe. Die Kachelgruppen auf der Startseite lassen sich individuell anordnen und auch benennen. Die Anzeige der Kacheln, also der einzelnen Apps der Gruppe, ist durch die Berechtigungen gesteuert, die dem Nutzer zugeordnet sind. Er hat aber die Möglichkeit, die Kachelgruppen anzupassen. So kann er Kacheln entfernen oder neue Kacheln aus seinem App Finder hinzufügen, aber eben nur solche, die im zugeordneten Kachelkatalog zur Verfügung stehen.

Usermenü/Profil Das *Usermenü* ❸ ist ebenfalls ein wesentlicher Bestandteil des SAP Fiori Launchpads. Hier kann der Anwender mit einem Klick auf seine Initialen seine persönlichen Einstellungen anpassen, in den App Finder abspringen oder seine Startseite bearbeiten. Zudem werden hier die Apps aufgeführt, die der Anwender zuletzt aufgerufen oder häufig verwendet hat (siehe Abbildung 25.11).

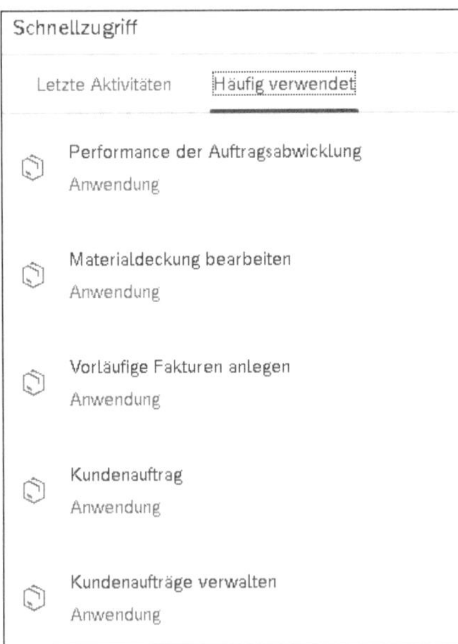

Abbildung 25.11 Usermenü im SAP Fiori Launchpad

App Finder Der *App Finder* beinhaltet alle Kacheln, die einem User zugeordnet sind. Die Zuordnung geschieht mithilfe von Kachelkatalogen, die umfangreicher sein können als eine Kachelgruppe. Der Anwender hat hier die Möglichkeit, die App direkt aufzurufen oder sie auf seiner Startseite einer Kachelgruppe zuzuordnen. Der Anwender kann anhand des Kennzeichens unter der App erkennen, ob diese bereits in einer Kachelgruppe enthalten ist oder noch hinzugefügt werden kann. Abbildung 25.12 zeigt den Kachelkatalog **Verkauf – Analytische Funktionen**, in dem unterschiedliche Layouts der jeweiligen Kacheln zu sehen sind. Neben den klassischen Auswertungen sind auch Analysen darunter, die auf den ersten Blick Kennzahlen anzeigen.

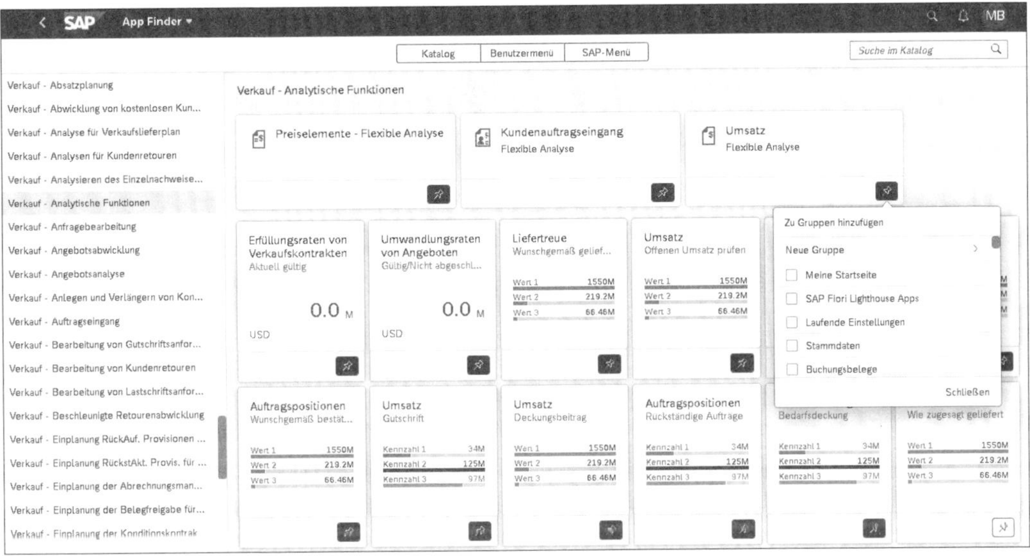

Abbildung 25.12 App Finder

In der Ansicht **Einstellungen** kann der Anwender das Erscheinungsbild des SAP Fiori Launchpads anpassen oder auch Standardwerte, z. B. Organisationseinheiten, festlegen (siehe Abbildung 25.13). Das Erscheinungsbild kann auch mit einem Firmenlogo versehen werden oder an die unternehmenseigene Corporate Identity (CI) angepasst werden. Wie weiter oben bereits erwähnt, sind unter SAP S/4HANA 2020 die beiden ansprechenden Themes **SAP Quartz Light** und **SAP Quartz Dark** auswählbar. Zusätzlich ist es möglich, in einer laufenden Session die Sprache zu wechseln, ohne sich erneut anmelden zu müssen. Das kann insbesondere im Kontext von internationalen Implementierungsprojekten hilfreich sein.

Einstellungen

Wie oben bereits erwähnt, kann der Nutzer unter dem Menüeintrag **Startseite bearbeiten** (siehe Abbildung 25.10) Kachelgruppen löschen oder ausblenden sowie Apps aus den Kachelgruppen entfernen oder einfügen (siehe Abbildung 25.14). Die Gruppen lassen sich auch individuell anordnen, oder es können neue Gruppen erstellt werden. Diese Möglichkeiten sollen den

Arbeitsalltag erleichtern und dem Nutzer die relevanten Informationen bereitstellen, die er für seine Aufgaben benötigt.

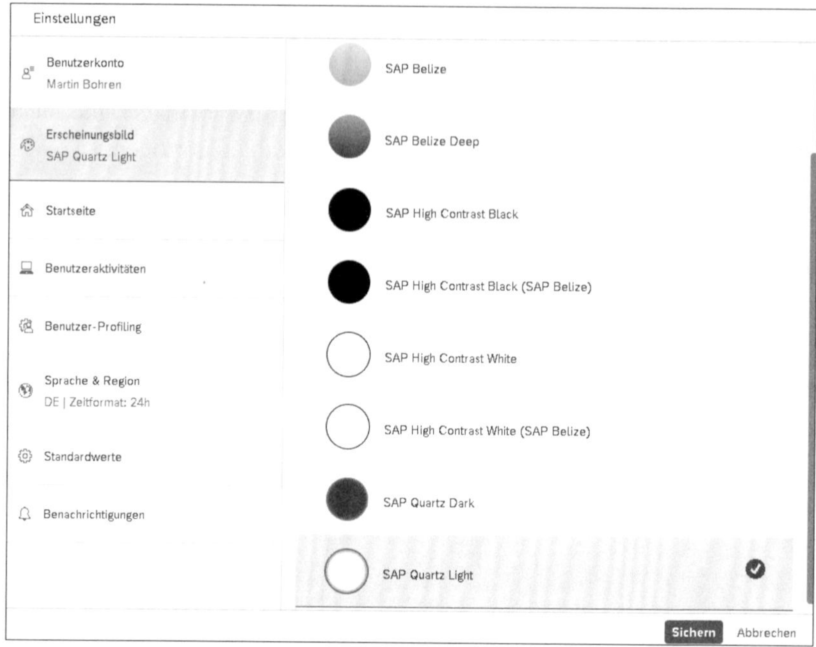

Abbildung 25.13 Einstellungsmenü

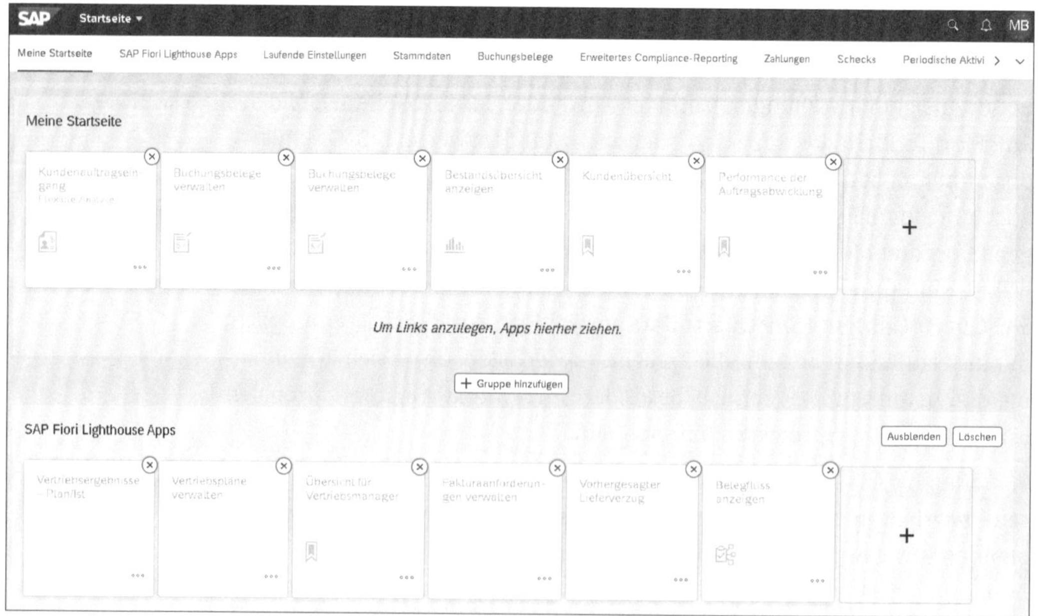

Abbildung 25.14 Bearbeitung der Startseite

Suche und Mitteilungen

Die Suchleiste und die Mitteilungen (❹, siehe Abbildung 25.10) sind weitere hilfreiche Übersichtsfunktionen. Hier erhält der Nutzer einen Überblick über Bekanntgaben, Freigabe-Workflows und Nachrichten, die er erhalten hat. Zudem kann er in eine Suche einsteigen, wie er es von gängigen Suchmaschinen her gewohnt ist. So erhält er beispielsweise schon direkt bei der Eingabe eine Vorschlagsliste zu seiner Suchanfrage, wie Abbildung 25.15 anhand der Suche nach Kundenaufträgen zeigt.

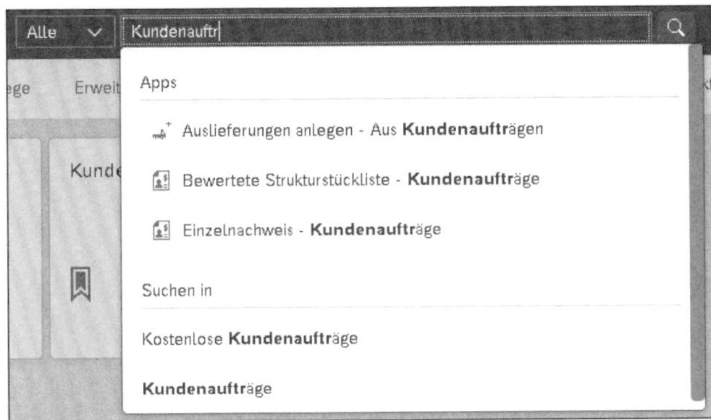

Abbildung 25.15 Suche nach Kundenaufträgen

Das Ergebnis der Suche sehen Sie in Abbildung 25.16. Vom Suchergebnis kann unmittelbar in weitere Apps abgesprungen werden, um weitere Details zu erhalten.

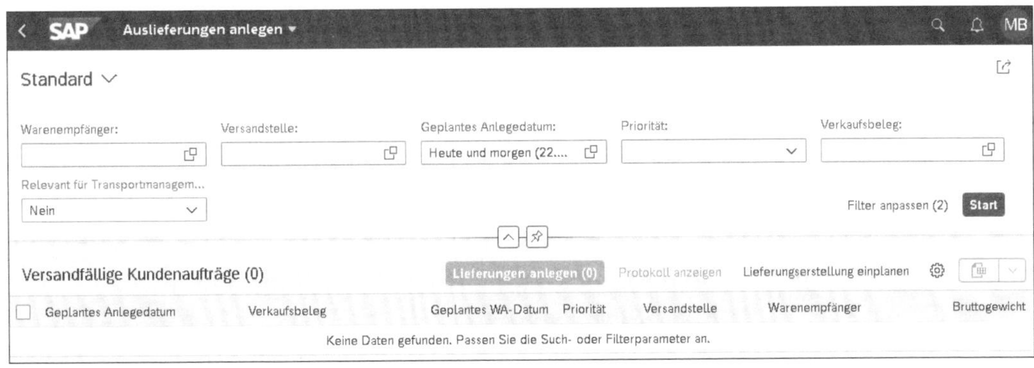

Abbildung 25.16 Ergebnis der Suche

360-Grad-Sicht

Eine sehr gute und kompakte Übersicht über den gewählten Geschäftspartner bietet die *360-Grad-Sicht* (SAP-Fiori App **Kunde - 360°-Sicht**). Hier kann sich der Nutzer **Offene Angebote** oder **Kundenaufträge** anzeigen lassen und außerdem in die einzelnen Belege abspringen und dort Daten bearbeiten (siehe Abbildung 25.17). Ein solcher Absprung wäre im klassischen SAP-ERP-System mit vielen Klicks und sogar Programmierungen verbunden.

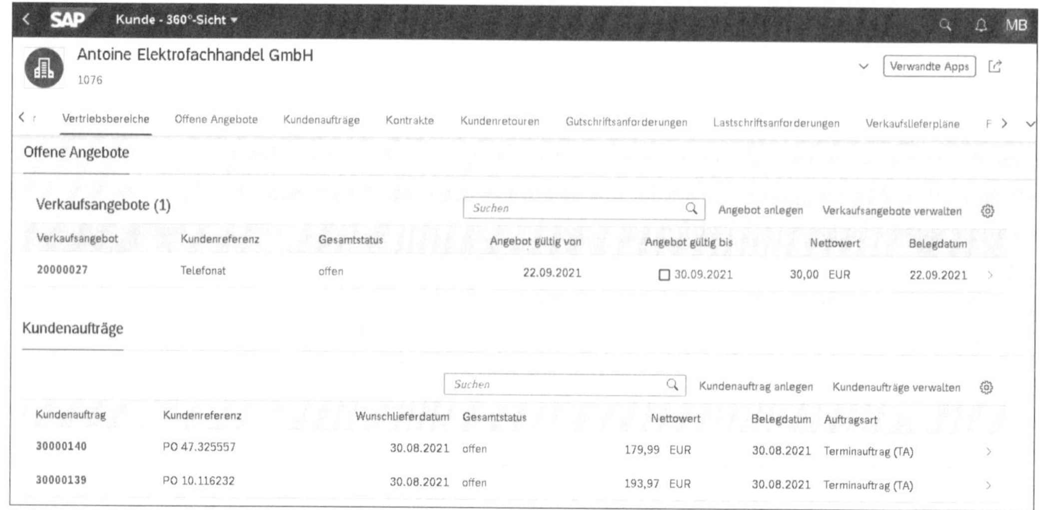

Abbildung 25.17 360-Grad-Sicht zum Geschäftspartner (SAP-Fiori-App »Kunde – 360°-Sicht«)

Zusammenfassend kann man sagen, dass SAP mit dem SAP Fiori Launchpad auf die Kundenwünsche nach Benutzerfreundlichkeit, Vereinfachung und Individualisierung eingegangen ist, wenngleich es an der einen oder anderen Stelle noch Verbesserungspotenzial gibt. Anhand der wachsenden Anzahl an SAP-Fiori-Apps lässt sich erkennen, dass das Thema Usability für SAP inzwischen einen hohen Stellenwert hat. Mit jeder neuen Version werden neue Apps bereitgestellt, die die Nutzer bei ihrer Arbeit unterstützen sollen. Mit der SAPUI5-Technologie, auf die wir in Kapitel 18, »Reporting mit SAP S/4HANA Embedded Analytics«, bereits eingegangen sind, gibt man den Unternehmen zusätzlich die Möglichkeit, eigene Apps zu entwickeln und an ihre individuellen Prozesse und Bedürfnisse anzupassen.

25.2 Vertriebsrollenspezifische Einstellungen im SAP Fiori Launchpad

Rolle »Vertriebsmitarbeiter im Innendienst«

Im vorherigen Abschnitt haben wir die Installation und Einstellungsmöglichkeiten im SAP Fiori Launchpad erläutert. Da sich dieses Buch gezielt an SAP-S/4HANA-Anwender im Bereich Sales richtet, möchten wir jetzt speziell auf weitere Möglichkeiten im Vertriebsumfeld eingehen. Dazu verwenden wir die Rolle `SAP_BR_INTERNAL_SALES_REP` – Vertriebsmitarbeiter im Innendienst, die von SAP im Standard ausgeliefert wird. Mit dieser Rolle wird eine Zusammenstellung von Apps speziell für Vertriebsmitarbeiter im Innendienst angeboten. Doch schauen wir uns zunächst den Aufbau der Rolle etwas genauer an. Abbildung 25.18 zeigt das eigene Menü der Rolle.

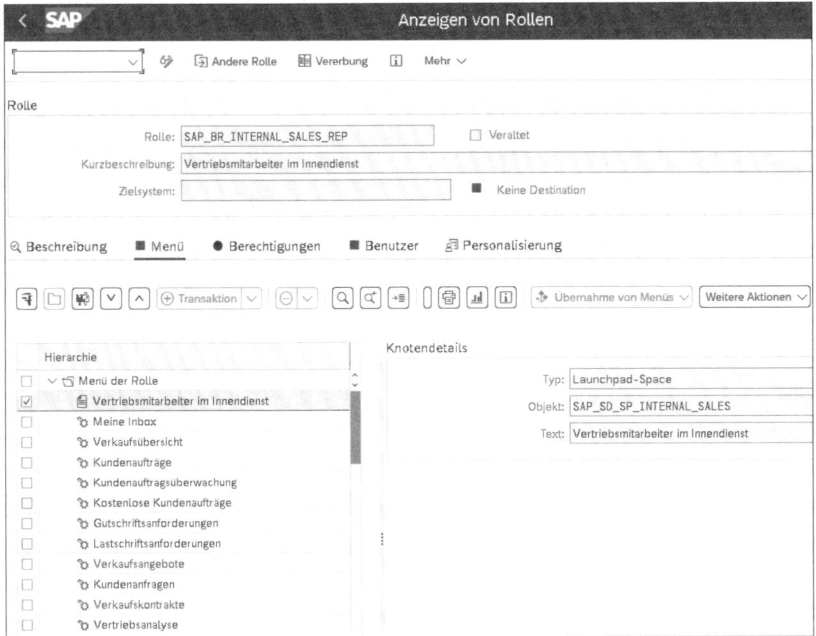

Abbildung 25.18 Menü der Rolle SAP_BR_INTERNAL_SALES_REP (Transaktion PFCG)

Kachelkatalog und Kachelgruppe

Der Rolle sind unterschiedliche Kachelkataloge und Kachelgruppen zugeordnet. Der Unterschied zwischen einer Kachelgruppe und einem Kachelkatalog zeigt sich in der Darstellung im SAP Fiori Launchpad. Ein *Kachelkatalog* bietet dem Anwender eine Vielzahl an Apps, auf die er mithilfe des App Finders zugreifen kann. Ein Kachelkatalog lässt sich bearbeiten, oder es kann auch ein neuer Katalog hinzugefügt werden. Eine *Kachelgruppe* hingegen wird auf der Startseite angezeigt und beinhaltet meist eine übersichtliche Anzahl von Apps.

Wie in Kapitel 18, »Reporting mit SAP S/4HANA Embedded Analytics«, bereits erwähnt, werden in den Kachelgruppen und -katalogen transaktionale, analytische und funktionale Apps zusammengefasst. Sie können sich den Katalog über Transaktion PFCG und den Reiter **Menü** anzeigen lassen, indem Sie den Cursor auf einen Eintrag setzen und auf die Schaltfläche (**Details**) und danach **Katalog anzeig.** klicken (siehe Abbildung 25.19).

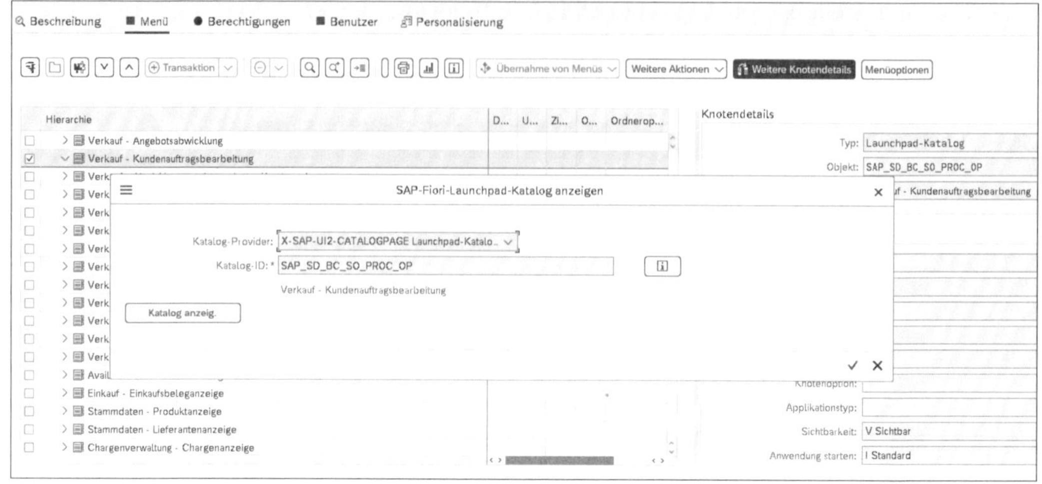

Abbildung 25.19 Absprung in den SAP-Fiori-Launchpad-Katalog (Transaktion PFCG)

Die Abbildung 25.20 zeigt den Inhalt des Kachelkatalogs **Kundenauftragsbearbeitung** im Browser.

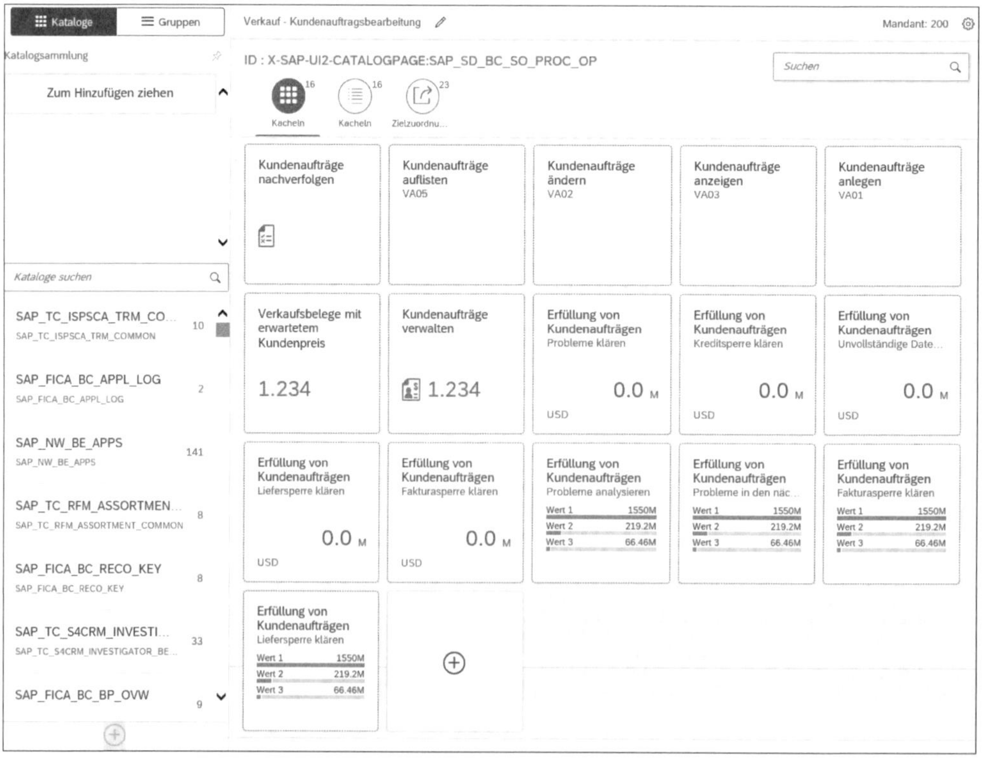

Abbildung 25.20 Inhalt des Kachelkatalogs (Browser)

Zuordnung der Rolle

In den sogenannten Knotendetails, die in der Abbildung 25.18 auf der rechten Seite zu erkennen sind, können einige detaillierte Informationen zu den Apps eingesehen werden. Zu beachten ist bei der Zuweisung von SAP-Fiori-Rollen, dass auch die Berechtigung für die Transaktionen in SAP S/4HANA zugeordnet sein muss. Wenn nur die SAP-Fiori-Rolle zugeordnet wird, sieht der Anwender die Apps zwar in seinem SAP Fiori Launchpad, kann sie jedoch wegen fehlender Berechtigung nicht ausführen.

Im Gegensatz zu den Kachelgruppen werden die Kachelkataloge nur im Hintergrund gespeichert und lassen sich mit dem App Finder aufrufen. Über den App Finder gelangen Sie in den Kachelkatalog **Verkauf - Kundenauftragsbearbeitung** und können dort die Apps einer bestehenden oder neu erstellten Gruppe hinzufügen.

Nach der Zuordnung der neuen Rolle werden im SAP Fiori Launchpad die neuen Kachelgruppen auf dem Startbildschirm angezeigt (siehe Abbildung 25.21). Der Startbildschirm kann, wie erwähnt, vom Anwender bearbeitet werden; Kachelgruppen können gelöscht, umbenannt und verschoben werden.

Abbildung 25.21 Startseite nach der Anmeldung (SAP Fiori Launchpad)

Individuelle Anpassung der App

Im nächsten Schritt möchten wir zeigen, wie eine App an unsere Bedürfnisse angepasst werden kann. Wir wählen dafür die App **Erfüllung von Kundenaufträgen – Probleme analysieren** aus (siehe Abbildung 25.22).

Beim Aufruf der App erhalten wir einen Überblick über alle 96 Auffälligkeiten, die bei der Erfüllung von Kundenaufträgen aufgetreten sind (siehe Abbildung 25.23).

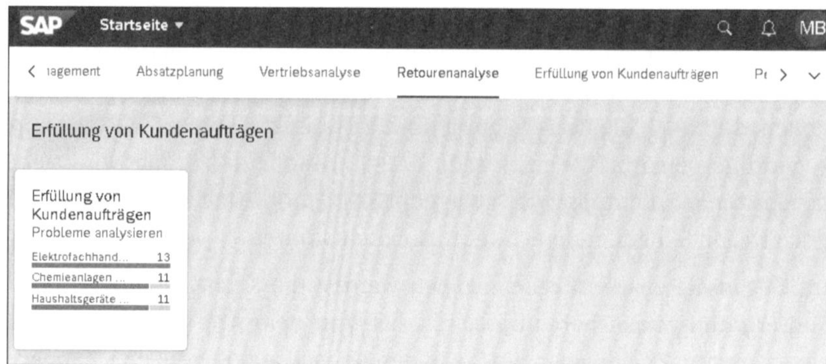

Abbildung 25.22 Startseite mit der SAP-Fiori-App »Erfüllung von Kundenaufträgen – Probleme analysieren«

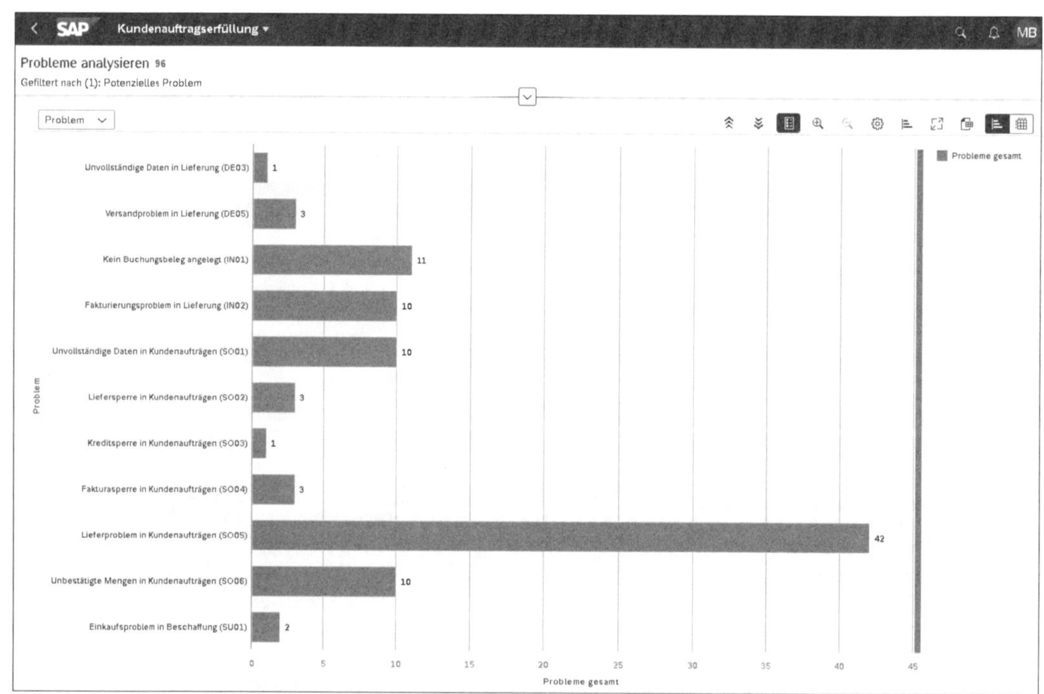

Abbildung 25.23 Überblick über alle Auffälligkeiten (SAP-Fiori-App »Erfüllung von Kundenaufträgen – Probleme analysieren«)

Filterfunktion Wenn Sie als Nutzer nur an der Darstellung der eigenen Aufträge interessiert sind, müssen Sie die vorhandene Auswertung anpassen und die geänderte Version als Kachel auf der Startseite einfügen. Dazu gehen Sie folgendermaßen vor: Im oberen Bereich der App haben Sie die Möglichkeit, eigene Filter einzustellen (siehe Abbildung 25.24, das Filtersymbol in der Anwendung). Wir nutzen für dieses Beispiel die Verkaufsorganisation **DE10** und den Username **MABO**. Nachdem wir den Filter eingestellt haben, reduziert sich die Anzahl der dargestellten Belege von 96 auf 55. Zudem wollen wir uns die einzelnen Kunden in einem Bubble-Diagramm anzeigen lassen und klicken dazu im linken oberen Bereich auf das Drop-down-Menü und wählen **Kunde** aus.

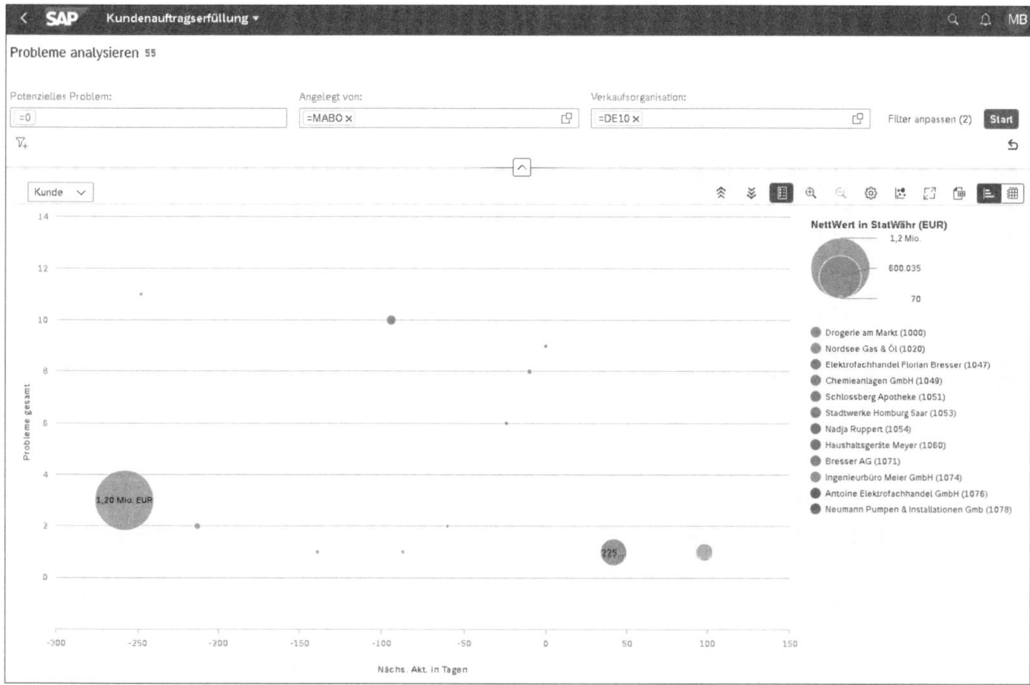

Abbildung 25.24 Einfügen von Filtern und Ändern der Darstellung

Darstellungsarten

Am rechten Rand können wir zwischen einer Diagramm- und Tabellensicht wechseln. Nun, da wir einen grafischen Gesamtüberblick erhalten haben, hätten wir gerne nur eine Auflistung der betroffenen Belege. Dazu klappen wir erneut das Drop-down-Menü am linken oberen Rand auf und wählen **Kundenaufträge** aus. Die folgende Ansicht sehen Sie in Abbildung 25.25.

Die Liste lässt sich noch weiter anpassen. Hierfür klicken wir auf das Zahnradsymbol. So kann die Liste geändert werden, und zusätzliche Informationen können in die Auswertung eingebunden werden. All diese Auswertungen und Listen lassen sich per Mausklick auch in Microsoft Excel exportieren, wenn die Daten dort weiterbearbeitet werden sollen.

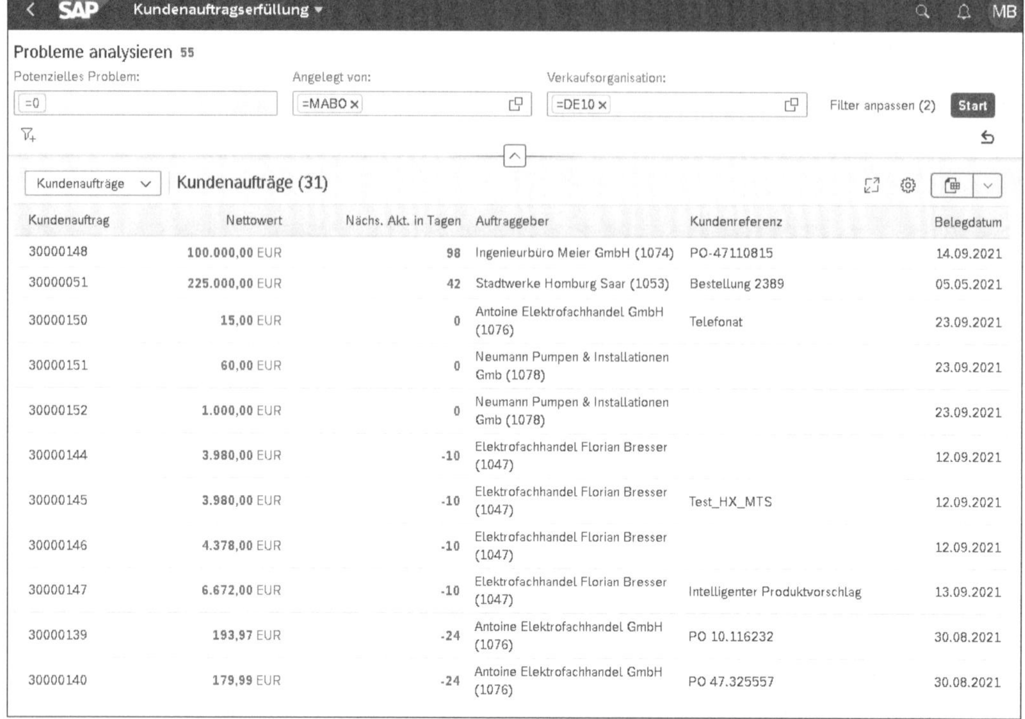

Kundenauftrag	Nettowert	Nächs. Akt. in Tagen	Auftraggeber	Kundenreferenz	Belegdatum
30000148	100.000,00 EUR	98	Ingenieurbüro Meier GmbH (1074)	PO-47110815	14.09.2021
30000051	225.000,00 EUR	42	Stadtwerke Homburg Saar (1053)	Bestellung 2389	05.05.2021
30000150	15,00 EUR	0	Antoine Elektrofachhandel GmbH (1076)	Telefonat	23.09.2021
30000151	60,00 EUR	0	Neumann Pumpen & Installationen Gmb (1078)		23.09.2021
30000152	1.000,00 EUR	0	Neumann Pumpen & Installationen Gmb (1078)		23.09.2021
30000144	3.980,00 EUR	-10	Elektrofachhandel Florian Bresser (1047)		12.09.2021
30000145	3.980,00 EUR	-10	Elektrofachhandel Florian Bresser (1047)	Test_HX_MTS	12.09.2021
30000146	4.378,00 EUR	-10	Elektrofachhandel Florian Bresser (1047)		12.09.2021
30000147	6.672,00 EUR	-10	Elektrofachhandel Florian Bresser (1047)	Intelligenter Produktvorschlag	13.09.2021
30000139	193,97 EUR	-24	Antoine Elektrofachhandel GmbH (1076)	PO 10.116232	30.08.2021
30000140	179,99 EUR	-24	Antoine Elektrofachhandel GmbH (1076)	PO 47.325557	30.08.2021

Abbildung 25.25 Listendarstellung der Kundenaufträge unserer Auswertung

Absprung in weitere Apps

Mit den vorbelegten Filtern haben Sie auch die Möglichkeit, in weitere Apps abzuspringen. Dazu nutzen Sie die Schaltfläche **Öffnen in...** (siehe Abbildung 25.26). Hinter dieser Schaltfläche sind alle Absprungmöglichkeiten hinterlegt, die die App direkt anbietet. In unserem Fall können wir in die App **Probleme mit Kundenauftrag klären** abspringen.

Abbildung 25.26 Absprungmöglichkeiten

Die vorgegebenen Daten werden nun übernommen, und es werden die gewählten 31 Belege mit den 55 Problemen dargestellt. Dabei werden nicht nur Kundenaufträge, sondern auch Lieferungen und Fakturen angezeigt. Das können Lieferungen sein, bei denen das geplante Warenausgangsdatum bereits überschritten wurde, oder Fakturen, bei denen die Überleitung in die Buchhaltungsanwendung nicht erfolgt ist (siehe Abbildung 25.27).

Eigene App speichern

Um die Auswertung mit dem entsprechenden Absprung und den Vorbelegungen zu sichern, gehen Sie in den Bericht. Um die Auswertung als eigene

App auf der Startseite zu speichern, muss sie als Kachel gesichert werden (siehe Abbildung 25.28).

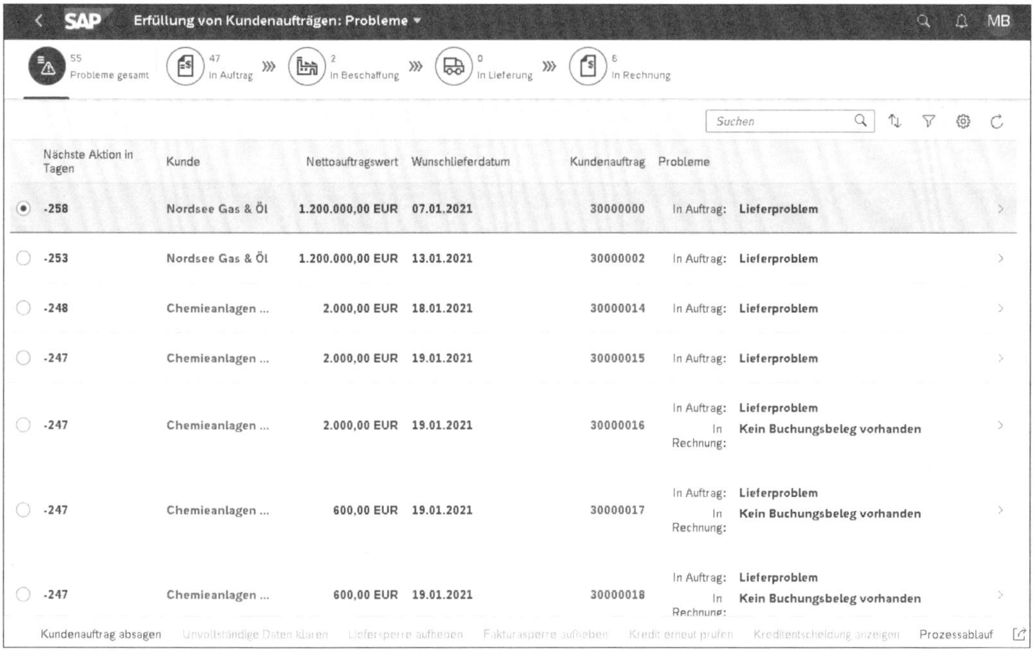

SAP Erfüllung von Kundenaufträgen: Probleme

55 Probleme gesamt | 47 In Auftrag | 2 In Beschaffung | 0 In Lieferung | 6 In Rechnung

Nächste Aktion in Tagen	Kunde	Nettoauftragswert	Wunschlieferdatum	Kundenauftrag	Probleme
-258	Nordsee Gas & Öl	1.200.000,00 EUR	07.01.2021	30000000	In Auftrag: Lieferproblem
-253	Nordsee Gas & Öl	1.200.000,00 EUR	13.01.2021	30000002	In Auftrag: Lieferproblem
-248	Chemieanlagen ...	2.000,00 EUR	18.01.2021	30000014	In Auftrag: Lieferproblem
-247	Chemieanlagen ...	2.000,00 EUR	19.01.2021	30000015	In Auftrag: Lieferproblem
-247	Chemieanlagen ...	2.000,00 EUR	19.01.2021	30000016	In Auftrag: Lieferproblem In Rechnung: Kein Buchungsbeleg vorhanden
-247	Chemieanlagen ...	600,00 EUR	19.01.2021	30000017	In Auftrag: Lieferproblem In Rechnung: Kein Buchungsbeleg vorhanden
-247	Chemieanlagen ...	600,00 EUR	19.01.2021	30000018	In Auftrag: Lieferproblem In Rechnung: Kein Buchungsbeleg vorhanden

Kundenauftrag absagen | Unvollständige Daten klären | Liefersperre aufheben | Fakturasperre aufheben | Kredit erneut prüfen | Kreditentscheidung anzeigen | Prozessablauf

Abbildung 25.27 Absprung in die SAP-Fiori-App »Erfüllung von Kundenaufträgen: Probleme«

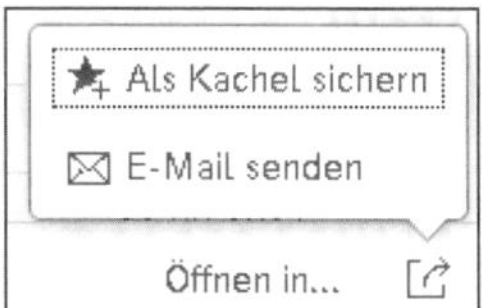

Abbildung 25.28 Auswertung als Kachel sichern

Dabei öffnet sich ein Fenster, in dem Sie zusätzliche Parameter hinterlegen können, um das Erscheinungsbild der Kachel anzupassen (siehe Abbildung 25.29). So können Sie beispielsweise festlegen, welche Einfärbung ein Balken erhalten soll, wenn eine Kennzahl überschritten wird.

Nach dem Speichern erhalten Sie vom SAP-System folgende Meldung: **Kachel gesichert. Aktualisieren Sie das SAP Fiori Launchpad, um die Kachel in der Gruppe Meine Startseite anzuzeigen.** Nachdem Sie die Seite neu geladen haben, erscheint die ganz individuell nach Ihren Anforderungen gestaltete Kachel auf dem Startbildschirm Ihres SAP Fiori Launchpads (siehe Abbildung 25.30).

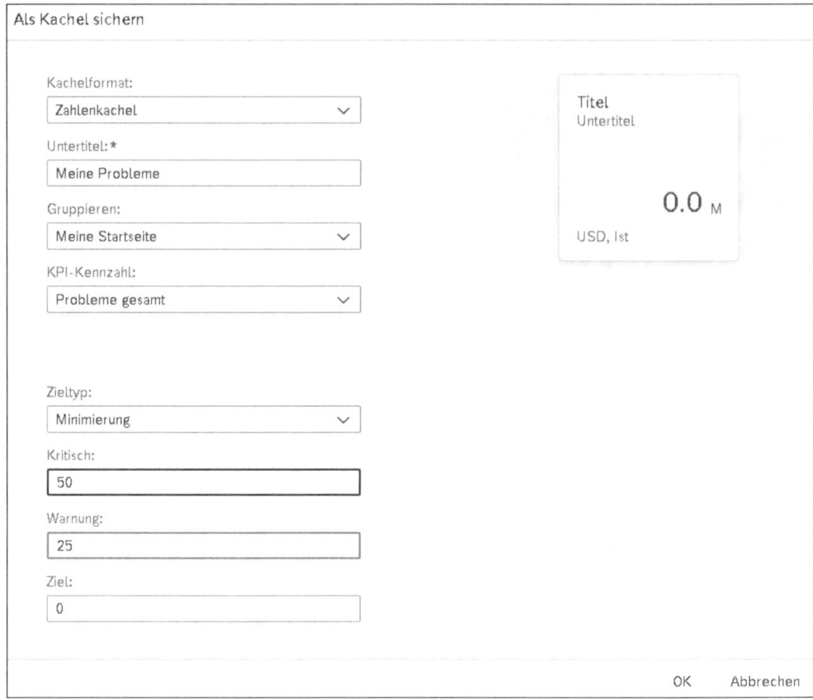

Abbildung 25.29 Kachel individuell gestalten

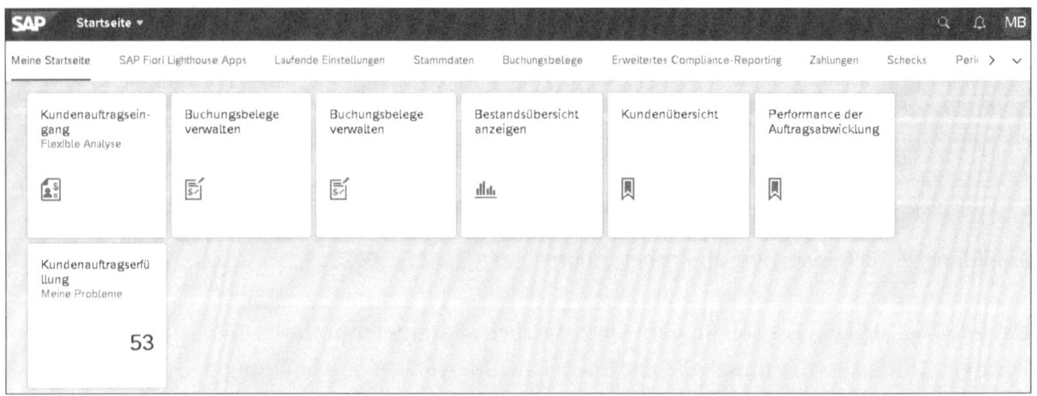

Abbildung 25.30 Gespeicherte Kachel auf der Startseite (SAP Fiori Launchpad)

In Abbildung 25.30 sehen Sie, dass die Kachel nun genau unsere Selektion enthält. Neben der Individualisierung ist an der Kachel eine weitere Besonderheit in SAP S/4HANA zu erkennen: Die Kennzahlen, die die Kachel aufführt, aktualisieren sich im Hintergrund. Wird beispielsweise eine Faktura für den Kunden Neumann Pumpen & Installationen GmbH neu erfasst, bei der kein Buchungsbeleg erzeugt wird, erscheint sie sofort in unserer App, und der Anwender kann mit der Nachbearbeitung beginnen. Es ist kein erneutes Durchführen oder Auffrischen notwendig. Auf diese Weise kann der Anwender recht leicht die Startseite seinen Bedürfnissen anpassen, um seinen Arbeitsalltag schneller und effizienter zu gestalten.

Auswertung per E-Mail versenden

Abschließend lässt sich die Auswertung auch per E-Mail versenden (siehe Abbildung 25.31). Dafür wird ein Link generiert, der Ihre Selektionskriterien enthält und den Anwender auf das gleiche Bild führt, auf dem Sie sich befinden. Der Empfänger muss allerdings über die erforderliche Berechtigung verfügen, um die App ausführen zu können, und darf auch keine organisatorischen Einschränkungen in seinen Berechtigungen haben (beispielsweise für eine andere Verkaufsorganisation).

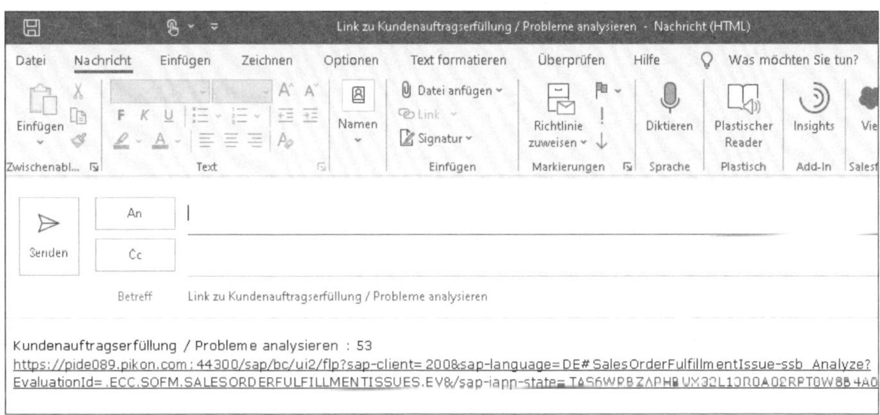

Abbildung 25.31 Auswertung per E-Mail versenden (Microsoft Outlook)

Insgesamt gelingt SAP mit der SAP-Fiori-Oberfläche ein großer Schritt in Richtung User Experience (UX). Nach eigenen Aussagen will SAP »den Nutzern über alle SAP-Anwendungen hinweg eine konsistente, intelligente und integrierte Benutzererfahrung bieten«. Der Anwender kann seine eigene Startseite individuell nach seinen Bedürfnissen und den für ihn wichtigen Sachverhalten gestalten, und das in einer sehr ansprechenden und übersichtlichen grafischen Aufbereitung. Beim Thema SAP Fiori bewegt sich aktuell sehr viel. Eine Zielrichtung ist klar erkennbar, und es ist zu erwarten, dass sich die Art des Arbeitens für die Anwender in Zukunft noch stark verändern wird.

Kapitel 26

Übergreifende Geschäftsprozesse

Mit SAP S/4HANA können Sie in Ihrem Unternehmen alle Supply-Chain-Prozesse vom Lieferanten bis zum Kunden digital und integriert abbilden. In diesem Kapitel gehen wir auf die von SAP S/4HANA bereitgestellten Kernfunktionen ein und zeigen, wie Sie mit diesen das gesamte Logistiknetzwerk innerhalb Ihres Unternehmens abdecken können.

Die übergreifenden Geschäftsprozesse innerhalb der Supply Chain bestehen aus mehreren einzelnen Funktionen und Komponenten. Darunter fallen neben der *Bestandsführung* und dem *Transportmanagement* auch die *Lagerverwaltung*. Weitere Themen des Supply Chain Managements sind die *Chargenverwaltung* und das *Konfigurationsmanagement*. Diese Komponenten funktionieren nur mit sauberen Logistikbasisdaten wie beispielsweise Geschäftspartner, Material- und Produktstammdaten.

SAP beschreibt die digitale Supply Chain Execution wie folgt:

- **funktional**: ganzheitliche und vertikale Prozesse
- **integriert**: Unterstützung für durchgängige Prozesse
- **flexibel**: anpassungsfähige und einsetzbare Prozesse
- **verbunden**: Echtzeiteinblicke durch In-Memory-Technologie und Netzwerkkommunikation

SAP S/4HANA Supply Chain Execution Platform

Das Herzstück und gleichzeitig der Schwerpunkt der digitalen SAP S/4HANA Supply Chain Execution Platform sind die drei Komponenten *SAP Transportation Management (TM)*, *SAP Extended Warehouse Management (EWM)* und *SAP Track and Trace*. Mit Track and Trace sollen Tracking-Informationen von überwachten Geschäftsprozessen erfasst, verarbeitet und gespeichert werden. Dadurch erzielen Sie eine Echtzeittransparenz im Hinblick auf die Ausführung Ihrer Prozesse. Die Abbildung 26.1 zeigt eine grafische Aufbereitung der Supply Chain Execution.

Wir werden zunächst in Abschnitt 26.1 auf die Lagerverwaltung mit der seit SAP S/4HANA 1610 verfügbaren Embedded-Variante von *Extended Warehouse Management (SAP EWM)* eingehen, die der Bestandsführung dient und unter anderem bei der Kommissionierung von Auslieferungen zum Einsatz kommt.

Dann werfen wir in Abschnitt 26.2 einen Blick auf die in SAP S/4HANA verfügbaren Zoll- und Außenhandelsfunktionen, die durch die Komponente *SAP S/4HANA International Trade* abgedeckt werden.

Und abschließend beschreiben wir in Abschnitt 26.3, wie die Organisation, Zusammenstellung und Abwicklung von Warentransporten vom Verkäufer zum Kunden mit der Komponente *Transportation Management (TM)* erfolgt.

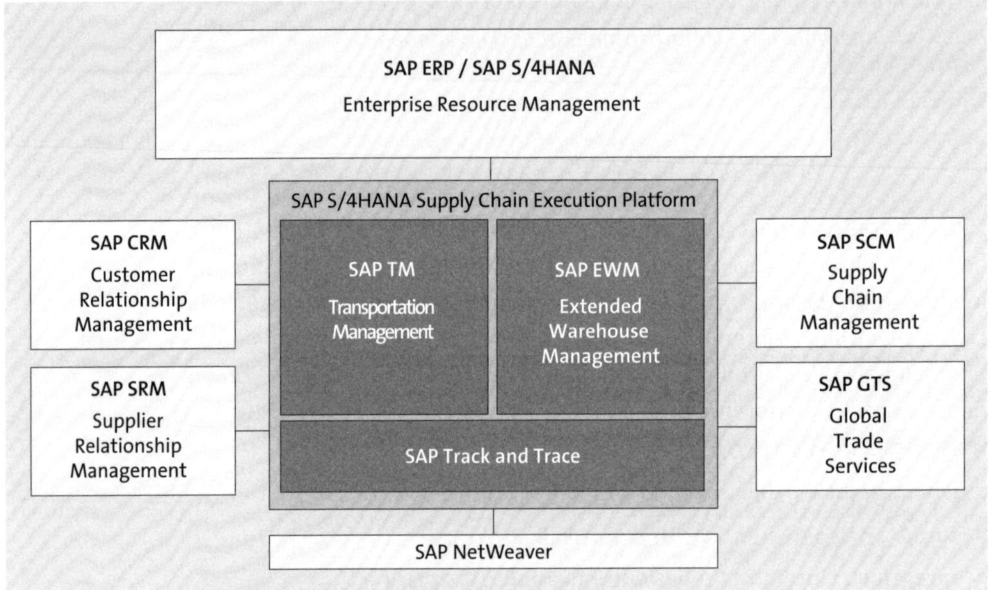

Abbildung 26.1 SAP S/4HANA Supply Chain Execution Platform

Da wir uns in diesem Buch auf die Funktionen von SAP S/4HANA Sales konzentrieren, gehen wir hier nicht in der Tiefe auf die Funktionen der oben genannten Komponenten ein, sondern beschränken uns auf einen Überblick aus der Perspektive des Vertriebs. Dabei reißen wir die SAP-Funktionen nur leicht an, da eine tiefere Analyse und Beschreibung der Komponenten den Rahmen dieses Buches sprengen würde. Zu jedem dieser einzelnen Themenblöcke gibt es genügend Lektüren, falls Sie sich näher damit beschäftigen wollen.

26.1 SAP Extended Warehouse Management

SAP Extended Warehouse Management (EWM) gibt es als Teil der Supply-Chain-Management-Lösungen bereits viele Jahre. Die ursprüngliche Aufgabe von *SAP EWM* ist es, eine Bestandsführung großer Warenlager auf Lagerplatzebene zu ermöglichen. Dabei kann EWM als eigenständiges System agieren, wenn es beispielsweise das Lager eines Logistikdienstleisters verwaltet, der für seine Kunden sowohl die Bestände führt als auch logistische Zusatzleistungen anbietet, wie z. B. Produkte zur Auslieferung mit bestimmten Packmitteln zu verpacken. EWM kann an automatisierte Lagersysteme angebunden oder auch zur Steuerung dieser Systeme eingesetzt werden. Ein so genutztes EWM-System ist meist an mehrere ERP-Systeme angebunden, die zu unterschiedlichen Kundenunternehmen gehören können.

In einem produzierenden Unternehmen wird ein EWM-System unter anderem zur lagerplatzabhängigen Bestandsführung, zur Zusammenstellung von Auslieferungen und zur Produktionsversorgung eingesetzt. Dabei kann das EWM-verwaltete Lager beispielsweise ein zentrales Lager sein, das mehrere Tochterunternehmen bzw. Werke versorgt.

26.1.1 Betriebswirtschaftliche Grundlagen

Eine zuverlässige Bestandsführung ist das Rückgrat der logistischen Prozesse eines Unternehmens. Die aktuellen Bestandsdaten bilden die Voraussetzung, um sowohl auf der Seite der Beschaffung als auch auf der Seite des Warenausgangs genaue Aussagen zu verfügbaren und benötigten Materialmengen treffen zu können.

Unterschiedliche Anforderungen an Bestandsführung

Je nach Branche und Größe eines Unternehmens gibt es unterschiedliche Anforderungen an die Bestandsführung und die Logistik innerhalb des Lagers. Weltweit agierende Onlinehändler benötigen einen hohen Grad an Automatisierung in vielen weltweit verteilten Lagerkomplexen, um die schiere Menge an unterschiedlichsten Artikeln unter Kontrolle zu behalten und um möglichst kurze Lieferzeiten zu gewährleisten.

Logistikdienstleister bieten nicht nur Transportleistungen an, sondern verwalten auch Bestände ihrer Kunden in eigenen Lagern. Sie müssen daher stets die Bestände ihrer Kunden im Blick haben und aussagefähig zum aktuellen Status einer Lieferung sein. Es handelt sich dabei nicht nur um eine einfache Führung der Bestände, denn vor allem Onlinehändler erwarten logistische Zusatzleistungen von ihren Logistikpartnern, wie z. B. die Bearbeitung von Retouren, Zusammenstellung von Verkaufskits oder Sonderverpackungen einzelner Artikel.

Produzierende Betriebe stehen vor der Herausforderung, die Produktionsversorgung sicherzustellen, ohne übermäßig große Lagerbestände aufbauen zu müssen. Vor allem bei der Herstellung kundenspezifischer Produkte werden Komponenten nur in der jeweils erforderlichen Menge beschafft und müssen dem jeweiligen Kundenauftrag oder Projekt zugeordnet werden.

26.1.2 Extended Warehouse Management in SAP S/4HANA

SAP hat über einen langen Zeitraum zwei Lagerverwaltungslösungen angeboten, die die Funktionen einer Bestandsführung mit Unterteilung in Lagernummern, Lagerbereiche und Lagerplätze abgedeckt haben. Dabei erlaubt *Warehouse Management* (LE-WM) die Führung eigener Bestände und die Abdeckung komplexerer Lagerprozesse, wie z. B. die zweistufige Kommissionierung während der Auslagerung. EWM hingegen erlaubt sowohl die Führung eigener als auch fremder Bestände und war auch auf die Anforderungen von Logistikdienstleistern ausgelegt.

SAP hat LE-WM seit geraumer Zeit nicht mehr weiterentwickelt mit der Begründung, dass es nicht zu den Zukunftstechnologien von SAP gehöre. Jegliche Weiterentwicklungen der Prozesse wurden in SAP EWM verlagert. Unter SAP ERP (SAP ECC 6.0) ist SAP EWM als eigenständige Komponente mit eigener Lizenzierung verfügbar.

Seit in der Simplification List mit SAP-Hinweis 2270211 angekündigt wurde, dass die Lagerverwaltung mit LE-WM nicht mehr weiterentwickelt wird, hat SAP einiges unternommen, um den Kunden den Umzug auf SAP S/4HANA zu erleichtern.

Die Entwicklung von SAP EWM hin zu Embedded EWM in SAP S/4HANA wird in Abbildung 26.2 dargestellt.

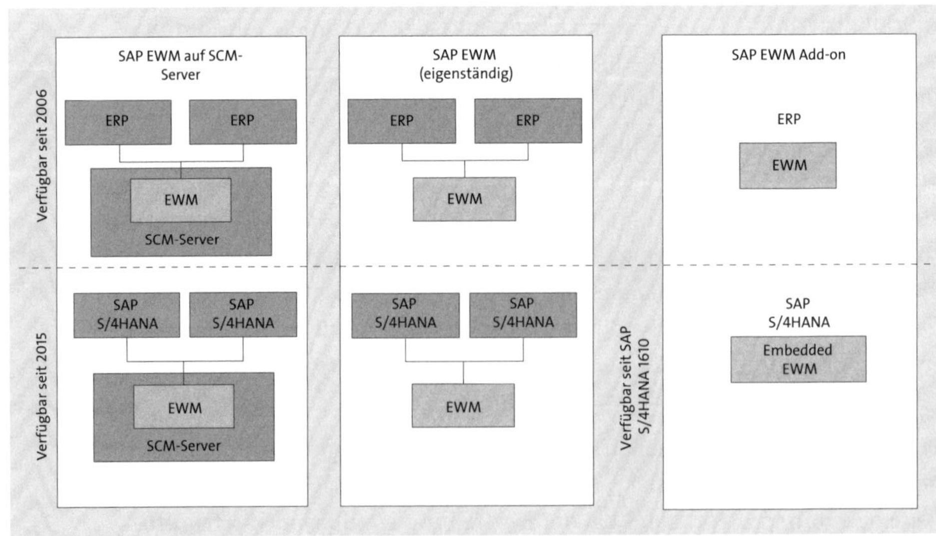

Abbildung 26.2 Entwicklung der Implementierungsoptionen von EWM

In der SAP-S/4HANA-Lizenz sind die folgenden Basisfunktionen enthalten: **Basisfunktionen**

- Wareneingangsprozesse: Eingang aus Anlieferung, Retoure, Produktion, Umlagerung aus anderem Lager/Werk
- Interne Prozesse: Bestandsverwaltung, Umbuchungen und Materialbewegungen
- Inventur: lagerplatzbezogene und produktbezogene Inventur mit verschiedenen Inventurverfahren (Stichtagsinventur, Ad-hoc-Inventur, etc.)
- Nachschub von Reservelagerplatz zu Kommissionierlagerplatz
- Warenausgangsprozesse: Ausgang zu Kunden, Lieferantenretouren, Produktionsversorgung, Umlagerung in anderes Lager/Werk
- Produktionsintegration: Bereitstellung von Material für die Produktion, Wareneingänge aus der Produktion
- Ressourcenmanagement: Arbeitskräfte und Equipment als Ressourcen verwalten sowie Zuordnung von Workload zu Ressourcen
- Radio-Frequency-(RF-)Framework und SAP-Fiori-Apps: Anbindung mobiler Geräte für Lagerarbeiter
- Reporting: Warehouse Monitor als zentrales Tool für Lageraktivitäten, Überwachung des Workloads und weiterer Kennzahlen

Zu den SAP-Fiori-Apps ist noch zu sagen, dass mit jedem Release neue Apps hinzukommen. Daher empfiehlt es sich, einen Blick in die SAP Fiori Apps Reference Library zu werfen.

[«]

Advanced Extended Warehouse Management

Wer weitergehende Funktionen von Embedded EWM nutzen möchte, braucht eine gesonderte Lizenz für *Advanced Extended Warehouse Management*. Zu den Funktionen von Advanced EWM gehört unter anderem das Wave Management, das die Zusammenfassung von Anlieferungen oder Warenausgängen und die anschließende Verteilung auf Lagerressourcen erlaubt. Weitere Informationen zum Embedded EWM in SAP S/4HANA 2020 finden Sie in Hinweis 2938306.

Das Embedded EWM teilt sich die Stammdaten für Geschäftspartner und Materialstämme mit den übrigen Komponenten von SAP S/4HANA. Es ist nicht notwendig, eine Stammdatenübertragung einzurichten, wie es bei einem extern angebundenen EWM-System der Fall wäre. Die Bewegungsdaten hingegen werden wie bei einem extern angebundenen System per *queued Remote Functions Calls (qRFC)* von SAP S/4HANA an Embedded

EWM übergeben. Embedded EWM arbeitet mit dem *Post Processing Framework (PPF)*, um Aktionen zur internen Verarbeitung als auch die Rückantwort an die SAP-S/4HANA-Belege anzustoßen. In Abbildung 26.3 ist diese systeminterne Anbindung vereinfacht dargestellt.

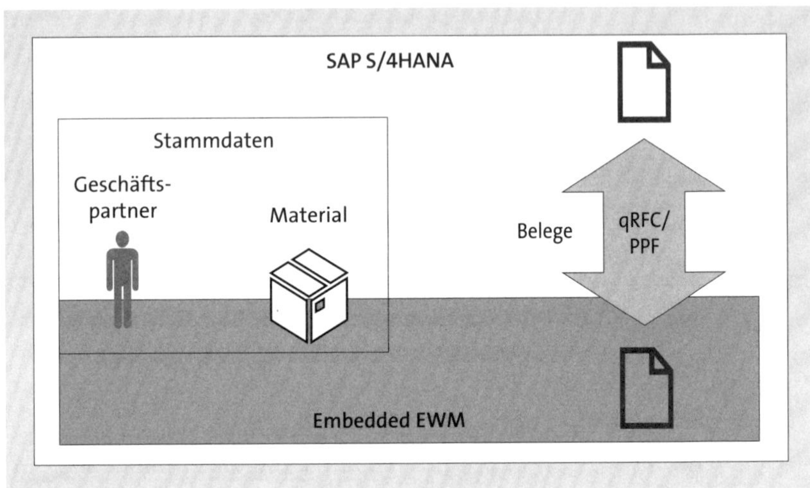

Abbildung 26.3 Embedded EWM in SAP S/4HANA

Organisationsstrukturen

Die Organisationsstrukturen der Bestandsführung in SAP S/4HANA reichen bis zur Ebene des Lagerortes. Für die Anbindung an die Organisationsstrukturen von Embedded EWM, die wiederum bis zur Ebene des einzelnen Lagerplatzes reicht, müssen die Lagerorte mit der *Lagernummer* von Embedded EWM verknüpft werden.

Abbildung 26.4 zeigt die Organisationsstrukturen von Embedded EWM. Lassen Sie sich nicht davon verwirren, dass hier eine ERP-Lagernummer als Zwischenebene zwischen Lagerort und EWM-Lagernummer eingezeichnet ist.

Diese ERP-Lagernummer entspricht einer WM-Lagernummer und ist lediglich für die technische Anbindung notwendig, benötigt aber keine weitere Ausprägung.

Vorbelege, die Warenausgänge bedingen – wie z. B. Auslieferungen zu Kundenaufträgen –, werden in EWM repliziert und anschließend in Lageraufgaben umgesetzt (siehe Abbildung 26.5). Die aus den Auslieferungen abgeleiteten Lageraufgaben enthalten alle Angaben, die die Lagermitarbeiter benötigen, um die Ware aus den Lagerplätzen zu entnehmen und die Lieferung zu kommissionieren. Mehrere Lageraufgaben können zu einem Lagerauftrag zusammengefasst werden, z. B. um Entnahmen aus demselben Lagerbereich zu bündeln.

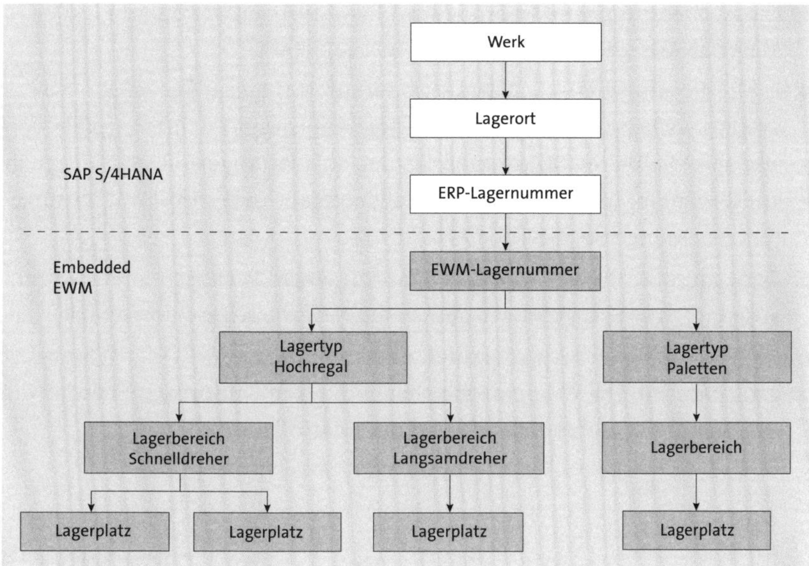

Abbildung 26.4 Organisationsstrukturen in Embedded EWM

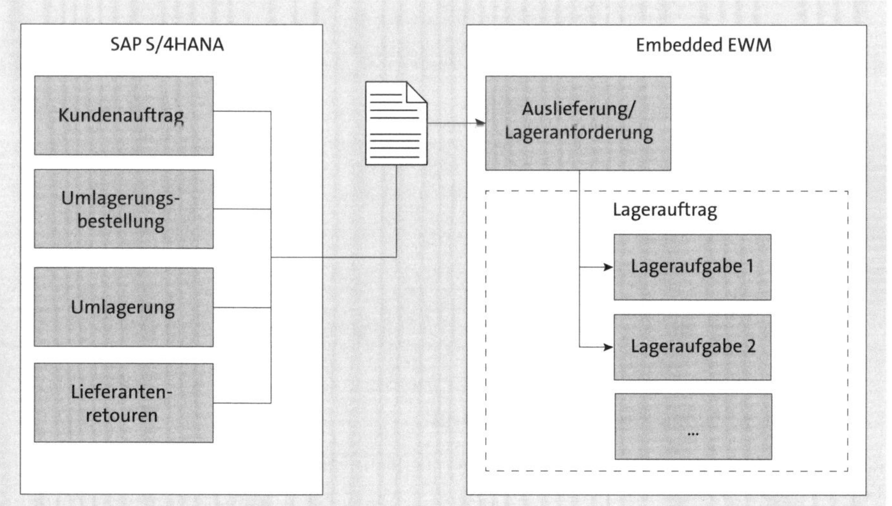

Abbildung 26.5 Übergabe von Belegdaten an Embedded EWM

Typischer Ablauf

Ein typischer Ablauf der Bearbeitung einer Auslieferung ist in Abbildung 26.6 dargestellt:

1. Es wird ein Kundenauftrag angelegt.
2. Die Auslieferung wird erzeugt, sobald die Versandterminierung es vorsieht. Dabei bestimmt das System aus dem Kommissionierlagerort der Auslieferung die entsprechende Lagernummer.

3. Die Auslieferung wird in Embedded EWM mit den benötigten Daten zu Material, Menge und Warenempfänger repliziert.
4. Es werden automatisch Lageraufgaben zur Auslieferung erzeugt, und das System schlägt automatisch den Lagerbereich und den Lagerplatz vor, aus dem die Ware entnommen werden soll. Ein Lagermitarbeiter erhält auf seinem mobilen Endgerät die Lageraufgabe und entnimmt die angeforderte Menge der auszuliefernden Ware.
5. Der Lagermitarbeiter bringt die Ware zu einem Packtisch in der Warenausgangszone und quittiert, dass er die Aufgabe abgeschlossen hat.
6. Die Ware wird verpackt, verladen und anschließend wird der Warenausgang gebucht. Die Warenausgangsbuchung kann automatisch durch die Quittierung der letzten Lageraufgabe angestoßen werden.

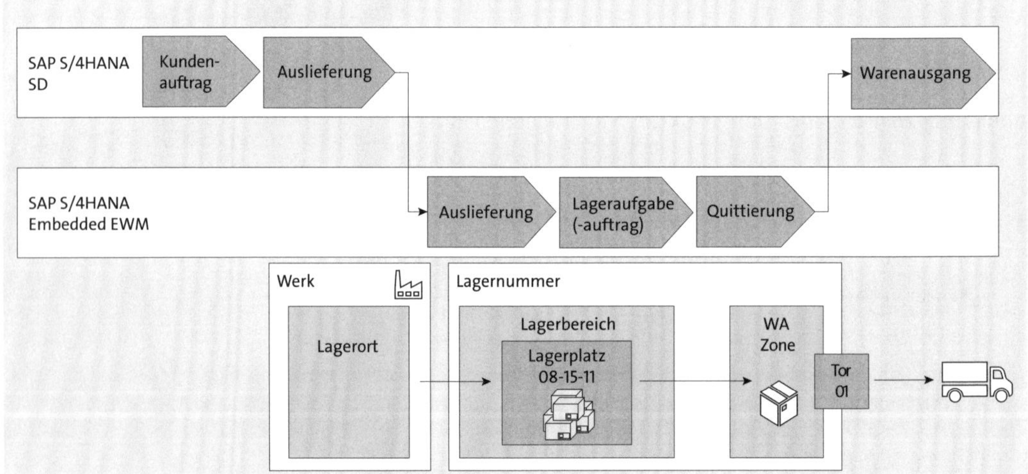

Abbildung 26.6 Bearbeitung einer Auslieferung in Embedded EWM

26.1.3 Stock Room Management

Weiternutzung LE-WM-geführter Lagerorte

Stock Room Management (StRM) stellt ein neues Angebot für On-Premise-Bestandskunden mit klassischen Lagerverwaltungsimplementierungen dar und ermöglicht somit die Weiternutzung LE-WM-geführter Lagerorte in SAP S/4HANA ab Release 1909. Dabei beinhaltet diese Lösung die Basisfunktionen von Warehouse Management (LE-WM) und ist auch nach 2027 nutzbar. Folgende Funktionen, die Sie aus SAP WM kennen, werden *nicht* in StRM angeboten:

- Task and Ressource Management (LE-TRM)
- Logistische Zusatzleistung LZL (LE-WM-VAS)
- Yard-Management (LE-YM)

- Cross-Docking (LE-WM-CD)
- Wellenmanagement (LE-WM-TFM-CP)
- Dezentrales Warehouse Management (LE-WM-DWM)
- Lagersteuerrechner-Anbindung (LSR)

Compliance Check

Mithilfe eines Reportprogramms (STOCKROOM_COMPLIANCE_CHECK) können Sie ermitteln, ob Ihr aktuelles System einen Umfang verwendet, der mit den verfügbaren Funktionen in SAP S/4HANA Stock Room Management abgedeckt werden kann. Dies ist auch nachzulesen in SAP-Hinweis 2882809 (Umfangseinhaltungsprüfung für Lagerraumverwaltung).

Da die strategische Produktentwicklung von SAP für Lagerverwaltungsvorgänge auf die Komponente SAP EWM ausgerichtet ist, sind für Stock Room Management keine SAP-Fiori-Apps vorgesehen.

SAP hat die wichtigsten Fragen und Antworten zu Stock Room Management in SAP-Hinweis 2881166 (FAQ: SAP S/4HANA Stock Room Management) zusammengefasst.

26.2 SAP S/4HANA International Trade

In SAP S/4HANA wird die aus den SAP-ECC-Systemen bekannte Außenhandelsfunktion des Moduls SD durch die Komponente *SAP S/4HANA International Trade* abgelöst. Der Funktionsumfang dieser Komponente hängt dabei von der genutzten SAP-S/4HANA-Version ab. Dies ist in SAP-Hinweis 2267310 (Arbeitsvorrat für Übergang nach SAP S/4HANA Außenhandel) beschrieben.

26.2.1 Betriebswirtschaftliche Grundlagen

Weltweit sind die Märkte in Bewegung. Insbesondere durch die gestiegene Internationalisierung spielen die globalen Wertschöpfungsketten bei der Herstellung von technisch komplexen Produkten eine immer größere Rolle. Die Lieferengpässe bei Halbleitern zur Herstellung von Mikrochips oder die gestiegene Nachfrage nach Rohholz sind nur zwei der vielen Themen, die in den vergangenen Jahren Wellen geschlagen haben.

Export und Import

Unter dem Begriff *Außenhandel* wird der Austausch von Gütern über Staatsgrenzen hinweg verstanden. Dieser kann in Form von Exporten (Ausfuhr) und von Importen (Einfuhr) stattfinden. Deutschland gehört insbesondere aufgrund der stark positionierten Automobilwirtschaft und der damit verbundenen Ausfuhr von Kraftfahrzeugen und Kraftfahrzeugteilen zu einem exportorientierten Land, erwirtschaftet also einen Ausfuhrüberschuss. Gleichzeitig muss Deutschland als rohstoffarmes Land auf die Importgüter (u. a. im Energiesektor) seiner Handelspartner setzen. Der wichtigste Handelspartner mit einem Umsatz der Exporte und Importe von zusammen über 210 Milliarden Euro ist im Jahr 2020 zum fünften Mal in Folge die Volksrepublik China. Als wichtigstes Abnehmerland von deutschen Exporten in 2020 sind, wie in den Vorjahren, die Vereinigten Staaten von Amerika zu nennen.

Diese Außenhandelsgeschäfte können auch innerhalb von ERP-Systemen wie dem von SAP abgebildet werden. In dem nachfolgenden Kapitel wird die Komponente International Trade unter SAP S/4HANA näher beschrieben.

26.2.2 Zoll und Außenhandel in SAP S/4HANA

SAP S/4HANA International Trade umfasst im Release 2020 die folgenden Funktionen:

- Klassifizierung von Produkten mit statistischen Warennummern, Intrastat Service Codes, Kontrollklassen und -gruppen sowie Zolltarifnummern
- Prüfungen der Belege hinsichtlich der gesetzlichen Kontrolle bei Ein- und Ausfuhrprozessen
- Prüfung der Belege auf mögliche Embargos
- Verwaltung der Intrastat-Meldungen

Keine ATLAS-Anbindung

International Trade bietet keine direkte Anbindung an das ATLAS-System des deutschen Zolls oder sonstiger Systeme von Regierungsbehörden. Mit den bisher angebotenen Funktionen ist auch keine Präferenzkalkulation oder die Verwaltung von Ursprungszeugnissen wie Lieferantenerklärungen möglich, wie es unter der Funktion Außenhandel im SAP-ECC-System möglich war. Sollten Sie eine vollumfängliche Anwendung mit ATLAS-Anbindung benötigen, so bietet SAP hierzu mit *SAP Global Trade Services (GTS)* ein zertifiziertes System an. GTS ist ein externes System, das mit SAP S/4HANA verbunden werden muss, damit seine Funktionen in die SAP-S/4HANA-Prozessse integriert werden können.

Ebenso bietet International Trade keine Prüfung der Geschäftspartner gegen Einträge auf Sanktionslisten. SAP bietet hierzu auf der SAP Business Technology Platform (SAP BTP) die Funktion *SAP Watch List Screening* an, die gesondert lizenziert werden muss. Diese Funktion kann in SAP-S/4HANA-Prozesse integriert werden.

SAP hat die wichtigsten Informationsquellen zu International Trade in SAP-Hinweis 2576322 (Dokumentation zu SAP S/4HANA für International Trade) zusammengefasst.

Unterschiede zu SAP ECC

Da International Trade programmiertechnisch nicht mehr auf denselben Tabellen und Programmen beruht wie die Funktion Außenhandel in SAP ECC, muss bei einer Umstellung auf ein SAP-S/4HANA-System die Migration der Außenhandelsdaten auf die neuen Tabellen erfolgen. SAP bietet hierzu Hinweise in der SAP Knowledge Base an.

Eine der größten Veränderungen ist, dass die Zuordnung der statistischen Warennummern zu den Materialnummern nicht mehr im Materialstamm erfolgt bzw. dort sichtbar ist. Beachten Sie dazu bitte SAP-Hinweis 2432527 (SAP S/4HANA – Statistische Warennummern definieren und Produkte (neu) klassifizieren).

Für die Pflege der statistischen Warennummern und die Klassifizierung der Materialien werden keine SAP-GUI-Transaktionen mehr angeboten. In SAP S/4HANA werden diese Vorgänge mit SAP-Fiori-Apps ausgeführt. Mit der SAP-Fiori-App **Statistische Warennummern verwalten** müssen zunächst die Warennummern und die zugehörigen Warenbeschreibungen angelegt werden (siehe Abbildung 26.7).

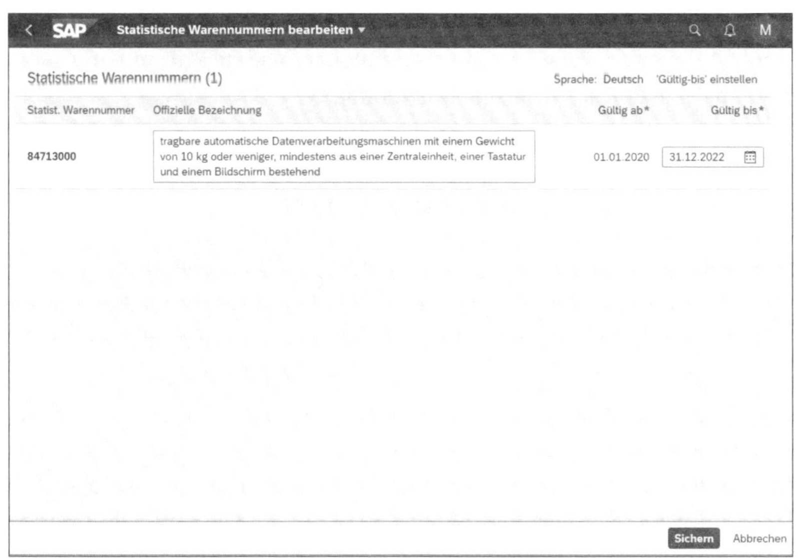

Abbildung 26.7 Statistische Warennummern verwalten (SAP-Fiori-App »Statistische Warennummern verwalten«)

Die statistischen Warennummern werden anschließend mit der SAP-Fiori-App **Produkte klassifizieren** den Materialnummern zugeordnet (siehe Abbildung 26.8).

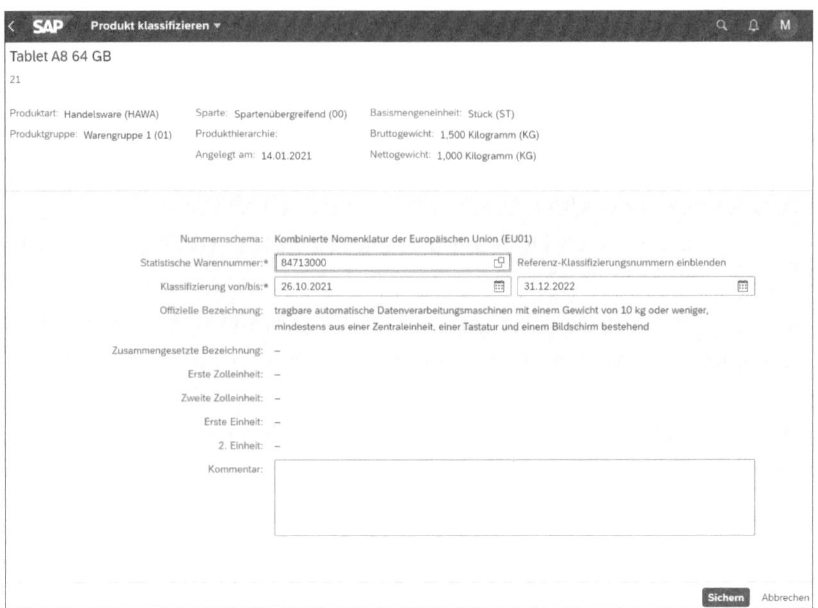

Abbildung 26.8 SAP-Fiori-App »Produkte klassifizieren – Statistische Warennummern«

Da die Warennummern und die Klassifizierung der Produkte mit einem Gültigkeitszeitraum versehen sind, ist eine regelmäßige Prüfung und gegebenenfalls eine Reklassifizierung notwendig.

26.3 SAP Transportation Management

Wie in Abbildung 26.1 zu sehen, ist neben SAP EWM (siehe Abschnitt 26.1) auch *SAP Transportation Management (TM)* ein wesentlicher Bestandteil der Supply Chain Execution Platform. Dabei werden innerhalb des Transports sowohl die eingehenden (inbound) als auch die ausgehenden (outbound) Waren betrachtet. Die Transportdisposition stellt sicher, dass die geplanten Transporte ohne Verzug durchgeführt werden und termingerecht beim Empfänger ankommen. Eine große Bedeutung kommt auch den Transportkosten zu, die bei der Berechnung des zu zahlenden Endpreises für den Kunden eine wesentliche Rolle spielen.

26.3.1 Betriebswirtschaftliche Grundlagen

Seit Jahrhunderten versenden Unternehmen Produkte in verschiedene Länder und Kontinente. Insbesondere große international agierende Unternehmen haben ihre Fertigung aus Kostengrüden ins Ausland verlagert (Outsourcing). Dieser globale Trend hat dazu geführt, dass das Überschreiten von Landesgrenzen zur Normalität geworden ist. Innerhalb des Transportmanagements können Sie mit verschiedenen Geschäftsszenarien konfrontiert werden, die Auswirkungen auf die Ausprägung Ihrer Transportmanagementlösung haben:

- ausgehende Transporte national und international
- eingehende Transporte national und international
- Luftfracht
- Seefracht
- Schienenfracht
- Kurierexpress

Herausforderungen für das Transportmanagement

Die Beschaffung von Produkten bei verschiedenen Lieferanten weltweit und der Verkauf an Kunden in die entlegensten Erdwinkel haben zu einer deutlichen Steigerung der Transportkosten geführt. Hinzu kommt die hohe Verletzlichkeit der Lieferketten, die sich beispielsweise bei Naturkatastrophen oder auch im Zusammenhang mit einer Pandemie zeigen kann. Eine Lieferverzögerung oder gar ein Lieferausfall führt zu einem Ruck in der gesamten Lieferkette und kostet Unternehmen weltweit Millionen.

In den Führungsebenen müssen sich die Entscheidungsträger daher mit folgenden Fragestellungen beschäftigen, um im weltweiten Wettbewerb konkurrenzfähig zu bleiben:

- Wie kann das Logistiknetzwerk ganzheitlich verwaltet werden?
- Wie können die Betriebskosten gesenkt und die Transportkosten auf Kundenebene besser verstanden werden?
- Wie kann ich meinen Kundenservicegrad steigern und auf unterwartete Lieferengpässe mit einer hohen Reaktionsfähigkeit antworten?
- Wie kann ich neue Geschäftsmodelle (keine Versandkosten, kostenlose Retouren usw.) identifizieren und integrieren?
- Wie kann ich meine Risikofaktoren in der Lieferkette verwalten?
- Wie kann ich die Einhaltung der sich ständig ändernden Compliance-Richtlinien sicherstellen?

Bei diesen Fragestellungen sehen wir sogleich, dass das Transportmanagement nie als isolierter Prozess gesehen werden darf, sondern dass es Auswirkungen auf viele Geschäftsprozesse hat. Im folgenden Abschnitt gehen wir auf die verschiedenen Lösungen von SAP ein, die eine effiziente Transportlogistik ermöglichen, und zeigen, was im Zusammenhang mit SAP S/4HANA beachtet werden sollte.

26.3.2 Transportation Management in SAP S/4HANA

LE-TRA

Von SAP gibt es mehrere Lösungen, mit denen Sie Ihre Transportplanung und -ausführung optimal auf ihre Logistikprozesse abstimmen können. Die erste und in der Praxis am häufigsten genutzte Transportkomponente ist die *Transportlösung* innerhalb der Logistikkomponente *Logistics Execution*, kurz *LE-TRA*. In Abschnitt 8.4, »Lieferungsbearbeitung«, sind wir bereits detailliert auf die Prozessbeschreibung eingegangen und verzichten daher an dieser Stelle darauf. Prägnant zusammengefasst ist LE-TRA insbesondere für Verlader ein wichtiges Instrument zur Planung und Abwicklung von Transporten im SAP-ERP-Umfeld.

LE-TRA stellt laut SAP *nicht* die Zielarchitektur für das Transportmanagement in SAP S/4HANA dar und wird, wie andere zahlreiche Logistikprodukte und -komponenten, zukünftig nicht mehr zur Verfügung stehen. Unter SAP S/4HANA sind die Funktionen von LE-TRA noch im Zuge der Kompatibilitätspakete bis 2030 nutzbar (siehe SAP-Hinweis 2269324).

SAP S/4HANA Transportation Management Basic Shipping

Als Nachfolger von LE-TRA wird *SAP S/4HANA Transportation Management Basic Shipping* genannt. Basic Shipping ist ein Teil der Hauptkomponente von SAP TM. Viele Jahre war SAP Transportation Management eine eigenständige und unabhängige Software, die neben einem ERP-System dezentral auf separaten Servern installiert wurde. Seit dem SAP-S/4HANA-Release 1709 ist SAP TM auch als integrierte Version (Embedded) verfügbar (siehe Abbildung 26.9).

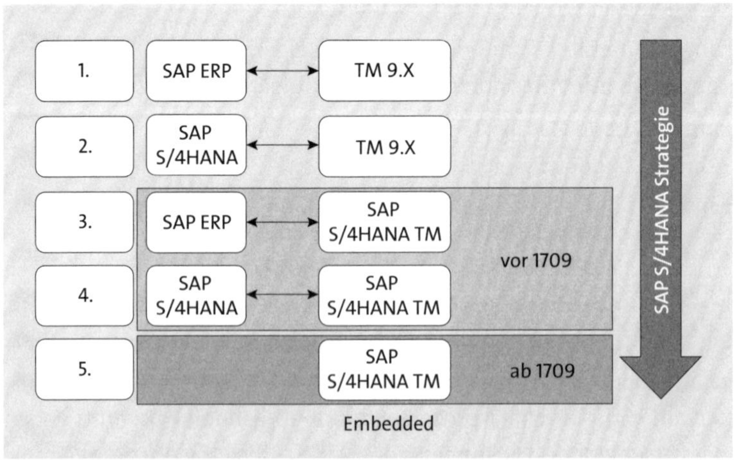

Abbildung 26.9 Varianten von SAP TM

In Abbildung 26.10 sehen Sie die Entwicklung von SAP TM über die Jahre hinweg. Sie erkennen die stetige Weiterentwicklung der Komponente auf Basis von SAP ECC aber auch in SAP S/4HANA. Die Umstellung auf mobile Endgeräte wird ebenfalls über die SAP-Fiori-Apps ständig vorangetrieben, sodass Fahrer beispielsweise Aktualisierungen direkt auf ihren Mobilgeräten erfassen und bei Verzögerungen gleich ihre Kunden informieren können.

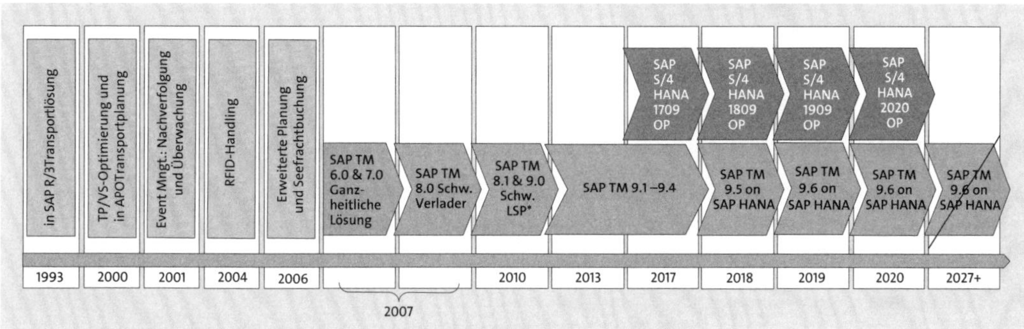

Abbildung 26.10 Entwicklung von SAP Transportation Management

Innerhalb eines integrierten SAP-TM-Systems können Sie zwischen folgenden zwei Transportlösungen wählen:

1. **SAP S/4HANA Transportation Management – Basic Shipping**
   Mit dieser integrierten Versandfunktion können Sie die gesamte Transportkette ähnlich wie bei LE-TRA abbilden. Sie können Eingangs- und Ausgangstransporte verwalten, Ausschreibungen an Spediteure erstellen und Frachtkosten in SAP FI/CO übermitteln.
2. **SAP S/4HANA – Advanced Transportation Management**
   Mit dem vollwertigen SAP TM stehen Ihnen deutlich mehr Funktionen zur Verfügung. Insbesondere die Integration in SAP EWM sowie Echtzeitanalysefunktionen, aber auch die deutlich stärkere Optimierungsmöglichkeit der Transportdisposition sprechen für diese Lösung.

In SAP-Hinweis 3056768 finden Sie detaillierte Informationen zum Unterschied zwischen den beiden Varianten.

Gehen wir nun auf die verschiedenen Funktionen von SAP TM ein. Die Abbildung 26.11 zeigt die funktionalen Bereiche von SAP TM: Auftragsverwaltung, Transportplanung, Transportausführung sowie Kosten und Abrechnung.

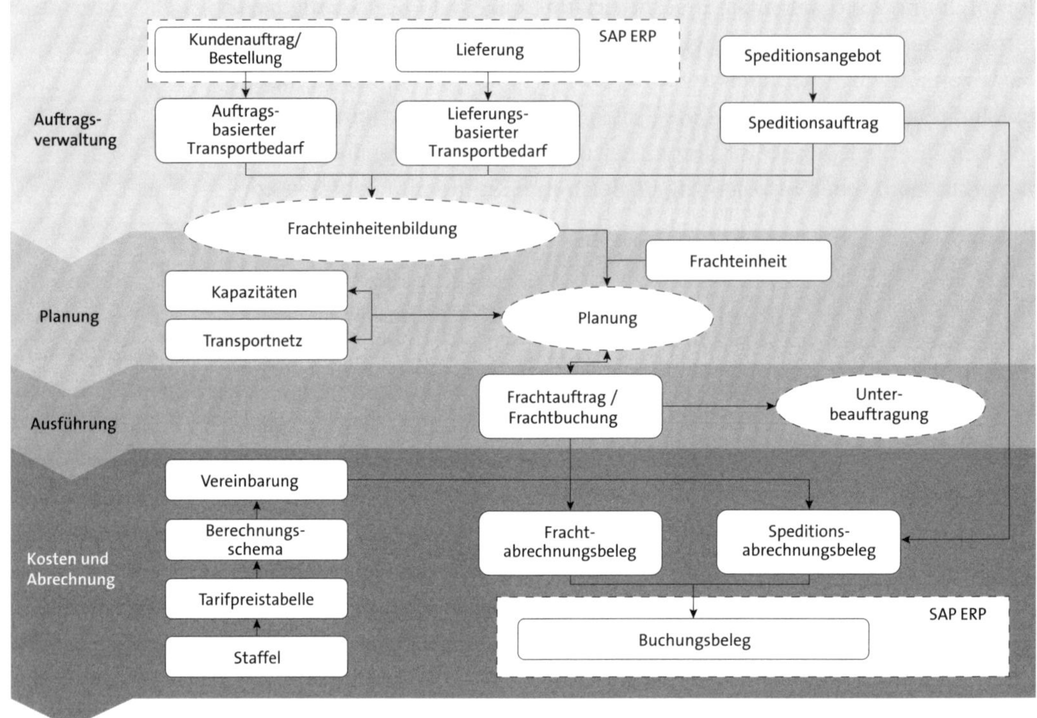

Abbildung 26.11 Funktionen von SAP TM

- **Auftragsverwaltung**
  Das Anfangsereignis bzw. der Trigger kann ein Kundenauftrag eine Bestellung, eine Umlagerungsbestellung, ein Lieferplan, eine Auslieferung, eine Anlieferung, ein Speditionsangebot und -auftrag oder eine Retoure sein, die dann jeweils in SAP TM einen Transportbedarf auslösen.
- **Planung**
  Aus der Auftragsverwaltung kommende Transportbedarfe können im Planungsprozess entweder manuell oder automatisch beplant und optimiert werden. Das Ziel der Transportplanung ist es, Kapazitäten mittels Frachteinheiten zuzuordnen, Packstücke zu erzeugen sowie Frachtaufträge, -buchungen und Speditionsaufträge zu erstellen. Das SAP-TM-Cockpit stellt dabei das zentrale Element im Transportplanungsprozess dar. Darin können Sie mehrere Layouts in einem interaktiven Menü abspeichern, um die gewünschten Daten anzuzeigen, und müssen dafür nicht in verschiedene Transaktionen springen.
- **Ausführung**
  In der Transportausführung haben Sie die Möglichkeit, Frachtaufträge auszuschreiben und eine Speditionsauswahl zu treffen. Zudem können

Sie die Lieferung in SAP TM anlegen und die Ausführung des Transports durch SAP EWM unterstützen.

- **Kosten und Abrechnung**
  Am Ende des Prozesses können Sie die Lieferanten- und Frachtkosten abrechnen, Ihre Frachtverträge verwalten und die Kosten verteilen. Die Buchungsbelege werden integrativ in SAP FI/CO erstellt.

Innerhalb von SAP TM gibt es diese neun Standardprozesse:

1. Transportbedarfe verwalten
2. Speditionsaufträge verwalten
3. Frachtaufträge/-buchungen verwalten
4. Fracht planen und Spediteure auswählen
5. Fracht ausschreiben
6. Fracht ausführen und überwachen
7. Speditionsaufträge abrechnen
8. Frachtaufträge abrechnen
9. Interne Gebühren abrechnen

Zusammenfassung

Zusammenfassend bietet SAP TM eine Vielzahl von neuen Funktionen im Vergleich zur Komponente LE-TRA. Outbound und Inbound sind im Gegensatz zu LE-TRA in einem Transport möglich. SAP TM ist sehr flexibel und lässt sich durch die sogenannten Bedingungen und den Change Controller ganz individuell an Ihre Anforderungen anpassen. Mit SAP Embedded TM können die Stammdaten von SAP S/4HANA genutzt werden und müssen nicht, wie früher, redundant gespeichert werden. Dadurch erreichen Sie auch einen durchgängigen Belegfluss über die verschiedenen Komponenten hinweg.

Durch die Ablösung von LE-TRA durch SAP TM müssen sich die SAP-Kunden zwangsläufig mit dem Thema beschäftigen. Eine Migration von LE-TRA zu einer SAP-S/4HANA-basierten Transportlösung ist nicht möglich, da sich die Komponenten durch die veränderten Datenmodelle zu sehr unterscheiden. Das heißt, Sie müssen sich für Ihre Transportdisposition einen Greenfield-Ansatz überlegen und sollten damit auch die Chance zu Optimierungen nutzen. Glücklicherweise hat SAP die Aufkündigung von LE-TRA auf das Jahr 2030 verschoben und bietet den Kunden damit genügend Zeit, um bestehende Transportprozesse zu analysieren und optimieren.

Kapitel 27
CRM mit SAP Customer Experience

In diesem Kapitel stellen wir Ihnen eine wichtige CRM-Lösung vor, die mit SAP S/4HANA integriert ist und für den Vertrieb eine große Bedeutung hat: SAP Customer Experience.

Wir wenden uns im Folgenden dem Thema *Customer Relationship Management* (CRM) zu – einem weiteren wichtigen Aspekt der unternehmensübergreifenden Zusammenarbeit. Die Lösung von SAP für diesen Bereich heißt *SAP Customer Experience* und ist ein von SAP S/4HANA unabhängiges Werkzeug. Es erweitert die vertrieblichen Funktionen und Prozesse, die wir in diesem Buch vorgestellt haben. Doch bevor wir hierzu einen Überblick geben, wollen wir die Bedeutung und die betriebswirtschaftlichen Grundlagen kurz verdeutlichen.

Betriebswirtschaftliche Grundlagen

Beim Thema CRM geht es um die ganzheitliche Betrachtung und Gestaltung der Beziehung zum Kunden. Gewissermaßen rückt der Kunde in den Mittelpunkt sämtlicher Aktivitäten. Die Planung und Steuerung aller kundenbezogenen Aktivitäten soll sich an den Bedürfnissen der Kunden orientieren. Es geht einerseits um analytische Aspekte. Damit ist gemeint, die im Unternehmen verfügbaren Informationen über den Kunden (z. B. Besuchsberichte, Verkaufsauswertungen, Reklamationen) systematisch zu sammeln und aufzubereiten, um daraus zielgerichtete Entscheidungen ableiten zu können. In diesem Zusammenhang spielt *SAP Business Intelligence (BI)* eine herausragende Rolle. Den grundsätzlichen Aufbau dieser Plattform haben wir bereits in Kapitel 18, »Reporting mit SAP S/4HANA Embedded Analytics«, erläutert.

Seit einigen Jahren beschäftigt man sich insbesondere damit, das Verhalten der Interessenten und Kunden zu analysieren. Durch moderne Lösungen aus der SAP-Customer-Experience-Suite wird aus dem Verhalten des einzelnen Anwenders bzw. vergleichbarer Anwender in der Vergangenheit gelernt, um diesem ein möglichst gutes Angebot mit einem passenden Produkt unterbreiten zu können, und zwar abhängig vom Kontext, in dem er sich befindet. Andererseits geht es um die Planung und Durchführung operativer Vorgänge. Dazu gehört, dass sämtliche Vertriebs- und Marketingaktivitäten (z. B. Mailings, Telefonate, E-Mails, Außendienstbesuche) geplant, erfasst und dokumentiert werden, um Folgeaktivitäten ableiten zu können. Aber auch die Serviceprozesse sind von großer Bedeutung (z. B. die Steuerung des Serviceaußendienstes, Abbildung von Serviceverträgen, Erfassung von Serviceaufträgen, Garantieabwicklung, Retourenabwicklung, Reparaturabwicklung, Reklamationsbearbeitung).

Im Zuge der Digitalisierung der Industrie ist die Integration des *Internet of Things* (IoT) mit den CRM-Komponenten von großer Bedeutung. Die IoT-Komponente wird durch SAP mit der Lösung *SAP Internet of Things* zur Verfügung gestellt.

Seit einigen Jahren hat man erkannt, dass sich Informationssysteme nicht nur auf den eigentlichen Vertriebsprozess (Angebot, Auftrag, Lieferung, Fakturierung) konzentrieren dürfen, sondern ein weiteres Feld abbilden müssen. Es würde allerdings den Rahmen dieses Buches sprengen, die Funktionen und Prozesse von SAP Customer Experience genauso detailliert zu erläutern, wie das für die ERP-Prozesse erfolgt ist. In einem groben Überblick sollen aber die wichtigsten Komponenten und Funktionen dargestellt werden. Dabei gehen wir erst auf die Stammdaten ein und erläutern dann die wesentlichen Prozesse.

Durch den Erfolg des Cloud-Computings werden die meisten der Lösungen als Cloud-Anwendungen angeboten. Allerdings findet sich in bestehenden Installationen nach wie vor eine Vielzahl von SAP-CRM- und SAP-Webchannel-Installationen als On-Premise-Lösungen.

27.1 Komponenten von SAP Customer Experience

Mit SAP Customer Experience wird eine komplette Lösungssuite für die Abbildung aller Prozesse aus den Funktionsbereichen Marketing, Vertrieb und Service zur Verfügung gestellt. Diese Suite besteht aus folgenden Komponenten:

- SAP Marketing Cloud
- SAP Sales Cloud
- SAP Service Cloud
- SAP Commerce Cloud
- SAP Customer Data Cloud

Alle Lösungen nutzen SAP HANA und die SAP Business Technology Platform.

Durch SAP Customer Experience wird es Unternehmen ermöglicht, Kunden und Interessenten vollständig aus einer Lösungssuite heraus zu betreuen, egal, über welchen Kanal oder Berührungspunkt (Touchpoint) sie mit dem Unternehmen in Kontakt treten. Dabei kommt SAP Commerce Cloud als Omnichannel-Commerce-Lösung eine zentrale Bedeutung zu. Konzeptionell werden all diese Prozesse durch die Betrachtung der sogenannten *Customer Journey* erfasst. Damit ist der Weg gemeint, dem ein Kunde über diverse Touchpoints folgt, bevor er eine Kaufentscheidung trifft. Typische Kanäle sind der eigene Vertrieb oder die Händlerstruktur eines Unternehmens. Weitere Touchpoints sind die unternehmenseigene Website, der Onlineshop, eine mobile Anwendung, das Callcenter oder ein gedruckter Katalog.

27.2 Customer Journey

Customer Journey

Die Customer Journey betrachtet Interessenten und Kunden eines Unternehmens und die Phasen, die sie beim Kauf eines Produkts oder bei der Inanspruchnahme eines Service durchlaufen. Im Allgemeinen werden folgenden Phasen unterschieden:

- **Awareness:** Der Kunde wird aufmerksam auf das Produkt und den Anbieter.
- **Interest:** Der Kunde recherchiert weitere Informationen.
- **Consideration:** Der Kunde holt sich ein Angebot und Detailinformationen ein, um das Produkt bzw. den Service kaufen zu können.
- **Purchase:** Der Kunde kauft das Produkt bzw. den Service.
- **Advocacy:** Der Kunde ist zufrieden und wird ein Markenbotschafter des Unternehmens, indem er z. B. Weiterempfehlungen ausspricht.

Durch SAP Customer Experience können alle Phasen der Customer Journey mit einer Lösungssuite betreut werden.

27.3 Stammdaten in SAP Customer Experience

Datenreplikation

Zu Beginn dieses Kapitels haben wir bereits darauf hingewiesen, dass es sich bei SAP Customer Experience um eine eigene Lösungssuite handelt und nicht um eine Erweiterung innerhalb von SAP S/4HANA. Damit stellt sich die Frage, welche Daten zwischen den Systemen ausgetauscht werden müssen. In Teil I, »Grundlagen des Vertriebs mit SAP S/4HANA«, haben wir bereits die Bedeutung des SAP-Geschäftspartners erläutert, der in SAP S/4HANA den Kundenstammsatz ablöst (siehe Abschnitt 3.1, »Geschäftspartner (Business Partner)«). Der Geschäftspartner bildet auch die Basis für die Betrachtung in den Lösungskomponenten von SAP Customer Experience. Geschäftspartnerstammsätze lassen sich von SAP S/4HANA auf die Lösungskomponenten von SAP Customer Experience übertragen. Aus organisatorischen Gründen ist dabei festzulegen, auf welchem System die Daten künftig *führend* gepflegt werden sollen. Über eine regelmäßige Datenreplikation erfolgt die Aktualisierung der anderen Systeme. Damit wird systemübergreifend sichergestellt, dass alle Mitarbeiter auf den gleichen konsistenten Datenbestand zugreifen.

Zeitabhängige Beziehungen

Innerhalb von SAP Customer Experience können zusätzlich auch zeitabhängige Beziehungen zwischen Stammsätzen abgebildet werden. Damit lässt sich z. B. ein Ansprechpartner einem Kundenstamm zuordnen (der Mitarbeiter Müller war z. B. in der Zeit vom 01.01.2021 bis zum 31.04.2021 Vertriebsleiter bei dem Kunden Maier Elektrohandel GmbH und ist seitdem bei dem Kunden Schulze Großhandel GmbH beschäftigt). Auch Kundenhierarchien (siehe Teil I, »Grundlagen des Vertriebs mit SAP S/4HANA«) können zwischen SAP S/4HANA und den Lösungskomponenten von SAP Customer Experience abgeglichen werden. Dies ist insbesondere für die Preisfindung bei der Angebots- und Auftragserfassung in SAP Customer Experience von Bedeutung.

Vertriebskonditionen

Neben den Geschäftspartnerstammsätzen können auch Materialstammsätze von SAP S/4HANA auf die Komponenten von SAP Customer Experience übertragen werden. Auch Vertriebskonditionen (siehe Abschnitt 3.3, »Konditionen«) können zwischen den Systemen ausgetauscht werden. Damit die Preisfindung in SAP Commerce Cloud oder SAP Sales Cloud nach den gleichen Regeln erfolgt wie in SAP S/4HANA, müssen zuvor auch Customizing-Einstellungen zwischen den beiden Systemen repliziert werden. Auch dafür stehen entsprechende Programme zur Verfügung. Die Preisfindung in SAP Commerce Cloud oder SAP Sales Cloud erfolgt entweder über den synchronen Aufruf von SAP S/4HANA oder durch das Replizieren von Standardpreisen nach SAP Commerce Cloud, abhängig vom gewünschten Szenario.

Initial- und Delta-Uploads

Für alle Stammdaten steht die Möglichkeit von Initial- und Delta-Uploads zur Verfügung. Beim *Initial-Upload* werden die Daten beim Aufbau von SAP-Customer Experience erstmals »initial« übertragen. Das Quellsystem ist SAP S/4HANA bzw. SAP ERP. Über die *Delta-Uploads* wird die Konsistenz der Stammdaten zwischen unterschiedlichen Systemen sichergestellt. Wird ein Datensatz auf dem Quellsystem geändert, wird diese Änderung über einen Delta-Upload auf das Zielsystem übertragen. Damit nutzen beide Systeme den gleichen Stammdatenbestand.

Bewegungsdaten

Neben den Stammdaten werden auch Bewegungsdaten zwischen den Systemen ausgetauscht. Zu den wichtigsten Belegen gehören Kundenaufträge, Fakturen und Servicebelege. Die Ausführung der Lieferung und die Faktura verbleiben komplett in SAP S/4HANA bzw. SAP ERP.

Benutzeroberfläche

In der alten On-Premise-Lösung *SAP Customer Relationship Management* (SAP CRM) kommt noch das SAP CRM WebClient UI als Benutzeroberfläche zum Einsatz. Dieses wird direkt aus dem SAP NetWeaver Application Server (AS) ABAP des CRM-Systems generiert. Der Anwender benötigt auf seinem Rechner lediglich einen Browser. Transaktionen können über den *Transaction Launcher* und den damit verbundenen *Internet Transaction Server* (ITS) eingebunden werden. Ergänzend wird inzwischen auch für SAP CRM eine Benutzeroberfläche nach dem SAP-Fiori-Designkonzept angeboten.

In den wesentlich moderneren Lösungen von SAP Customer Experience wird die Oberfläche typischerweise auf Basis von SAP Fiori erzeugt (siehe Kapitel 25, »SAP Fiori Launchpad«). Dieses neue browserbasierte Designkonzept vereinfacht und personalisiert die Benutzererfahrung von SAP-Anwendungen und nutzt dabei die Oberflächentechnologie SAPUI5. Das SAP Fiori Launchpad ist *responsiv*, bietet also eine geeignete Anzeige auf allen Arten von Endgeräten wie Desktop-PC, Tablet oder Smartphone.

Eine Ausnahme bildet SAP Commerce Cloud. Die Oberflächen sind in Java mit dem quelloffenen Spring-Framework implementiert, um den Endanwendern eine auf das Unternehmen und den Anwendungsfall angepasste Oberfläche bieten zu können. In neueren Releaseständen der SAP Commerce Cloud wird alternativ mit Spartacus eine sogenannte Headless Storefront auf Basis des Angular-Frameworks angeboten. Bei dieser Architektur sind das Backend, welches die Geschäftslogik enthält, sowie das Frontend, welches die Benutzeroberfläche mit einem individuellen Design dargestellt, technisch entkoppelt. Das Frontend kommuniziert hierbei per REST-API mit dem SAP-Commerce-Cloud-Backend.

Im Folgenden stellen wir Ihnen die Komponenten von SAP Customer Experience im Einzelnen vor.

27.4 SAP Marketing Cloud

Fokus auf der Vorverkaufsphase

SAP Marketing Cloud erweitert die Prozesse des Unternehmens auf die Vorverkaufsphase und unterstützt damit die Planung, Durchführung und Auswertung von Marketingaktivitäten. In der Funktion *Kampagnenmanagement* können operative Marketingprozesse ähnlich einem Projektplan strukturiert und dokumentiert werden. Eine Kampagne kann beispielsweise aus folgenden Schritten bestehen:

- Mailing/E-Mailing
- Nachfasstelefonate
- Versand von Informationsmaterial
- Einplanung von Folgeaktivitäten
- Angebot im Webshop anzeigen
- Vereinbarung von Besuchsterminen

Für jede Kampagne kann über eine Segmentierung der Kundenstammsätze die Zielgruppe festgelegt werden, an die sich die Aktion richtet. Durch die Nutzung von SAP HANA als Datenbank für SAP Marketing Cloud sind innerhalb kurzer Zeit komplexe Segmentierungen auf einer großen Anzahl von Datensätzen möglich. Der Kampagne können die Produktstammdaten zugeordnet werden, die beworben werden sollen. Auch die kaufmännische Planung und Steuerung (Budgetverwaltung) einer Kampagne werden unterstützt. Innerhalb der Marketingfunktionen können auch externe Adressbestände hochgeladen und anschließend bearbeitet werden. Diese Adressen lassen sich dann in Kampagnen zur Neukundengewinnung einsetzen. Des Weiteren können aus diesen Beständen heraus neue Geschäftspartner angelegt werden, die dann wiederum mit SAP S/4HANA über den Delta-Upload abgeglichen werden.

Kontextuelles Marketing

Mit SAP Marketing Cloud ist es möglich, *kontextuelles Marketing* zu betreiben. Das heißt, dem Kunden werden die Informationen und Angebote präsentiert, die ihn grundsätzlich (z. B. Verschleißteile aufgrund seiner in der Vergangenheit gekauften Maschinen) oder in genau diesem Moment interessieren (z. B. Softwareupdate für eine Maschine aufgrund einer aktuellen Gesetzesänderung). Die Zielsetzung von SAP Marketing Cloud ist es, aus allen angeschlossenen Systemen Informationen über den Kunden zu sammeln, um den *Golden Customer Record* aufzubauen, der die konsolidierten und qualitätsgesicherten Stammdaten der Kunden- und Interessenten enthält und der als Basis für die kontextuelle Ansprache des Kunden dient.

Qualtrics und Emarsys

SAP Marketing Cloud wird durch die Lösungen *Qualtrics* und *Emarsys* ergänzt.

Qualtrics ermöglicht die Ausführung von Marktforschungsmaßnahmen über Umfragen, die wichtige Erkenntnisse über aktuelle Trends, Interessen, Bedürfnisse und Zufriedenheit von Geschäftspartnern liefern.

Emarsys ist eine Omnichannel-Marketing-Plattform, mit der das Verhalten der Anwender auf den Interaktionskanälen analysiert wird, woraus wiederum Prognosen für deren Interessen und Bedürfnissen abgeleitet werden.

27.5 SAP Sales Cloud

Eine Sicht auf alle Vertriebsaktivitäten

Eine Vertriebsstrategie, die den Kunden konsequent in den Mittelpunkt stellt, macht es erforderlich, verschiedenen Anwendern eine ganzheitliche und einheitliche Sicht auf alle Vertriebsaktivitäten zu gewähren. Dies gilt gleichermaßen für Außendienst- und Vertriebsmitarbeiter, Mitarbeiter der Marketingabteilung, des Kundenservice, eines Callcenters, der Versandabteilung oder der Finanzbuchhaltung, ebenso wie der externen Händlerorganisation. In der unternehmerischen Praxis wurden in der Vergangenheit viele Vorgänge und Aktivitäten, die außerhalb der SAP-ERP-Prozesse lagen, entweder gar nicht oder aber in unterschiedlichen Systemen und Datenbanken dokumentiert – oft mit dem Ergebnis, dass nicht für alle Beteiligten die benötigten Informationen zum richtigen Zeitpunkt verfügbar waren. SAP Customer Experience schafft an dieser Stelle Abhilfe. Mithilfe der Funktion *Account and Territory Management* werden unter der Klammer des Geschäftspartners die vorhandenen Informationen gebündelt. Dazu gehören grundsätzlich Stamm- und Bewegungsdaten. Das Zusammenführen mehrerer Stammsätze wird unterstützt. Zu den Bewegungsdaten gehören Verkaufsbelege (Angebote, Aufträge, Lieferungen, Fakturen), aber auch alle Aktivitäten, die bereits im Vorfeld gelaufen sind (Telefonate, Außendienstbesuche, Dokumentenversand etc.) sowie Serviceleistungen (z. B. Reklamationen, Serviceangebote und -aufträge). Diese Informationen können im Account Management systematisch ausgewertet werden, um daraus weitere Schritte abzuleiten.

Lead Management

Ein wichtiger Schritt in der Vorverkaufsphase ist die Qualifizierung von *Leads*. Darunter versteht man im Vertrieb einen Kontakt zu einem potenziellen Geschäftspartner, bei dem grundsätzliches Interesse besteht. Der Kontakt kann über unterschiedliche Wege (Messen, Mailings, Telefonakquise, direkte Kundenanfrage über Telefon oder Internet, Marktplätze im Internet etc.) zustande gekommen sein. Wichtig ist, dass die Information in SAP Sales Cloud erfasst wird, um eine systematische Bearbeitung zu ermöglichen und die Erfolgsaussichten zu steigern. Nach der Erfassung erfolgt die Lead-Qualifizierung. Dabei wird in dem entsprechenden Beleg dokumentiert, auf welche Produkte (bzw. Produktgruppen) und Leistungen sich das Interesse des möglichen Geschäftspartners bezieht und wie groß das Potenzial ist. Die Bewertung der Verkaufschance erfolgt über die Zuordnung einer Lead-Qualifizierungsstufe (z. B. kurzfristige, mittelfristige, langfristige Verkaufschance). Diese Bewertung soll sicherstellen, dass sich der Ressourceneinsatz vor allem auf Kontakte richtet, die Erfolg versprechend sind und ein interessantes Volumen bieten. Zu einem Lead können Folgeaktivitäten angelegt und den zuständigen Mitarbeitern zugeordnet werden. Diese Zuordnung von Aktivitäten zu Ansprechpartnern lässt sich auch über ein Regelwerk automatisieren (z. B. abhängig von den Daten, die zu dem Interessenten vorliegen, oder abhängig von den Produkten, auf die sich das Interesse bezieht). Jedem Lead wird ein Status (z. B. »erfasst«, »in Bearbeitung«, »gewonnen«, »verloren«) zugewiesen, der im Laufe der Aktivitäten aktualisiert wird.

SAP Sales Cloud ist integriert mit SAP Marketing Cloud. So können Leads aus einer Kampagne in SAP Marketing Cloud entstehen, und der Erfolg der Kampagne kann später visualisiert werden.

Opportunity Management

Im *Opportunity Management* werden reelle Verkaufschancen bearbeitet. Diese können sich als Folgeaktivität aus einem Lead ergeben oder direkt im System erfasst werden. Sogenannte *Opportunitys* (deutsch: Geschäftschancen) bieten die Möglichkeit, die Akquisitionstätigkeiten in einem Projekt zu strukturieren und zu planen, die Aktivitäten zu dokumentieren und den Projektfortschritt zu überwachen. Dabei gibt es die Möglichkeit, Projekthierarchien (etwa zur Gliederung in Teilprojekte) anzulegen und unterschiedliche Opportunitys miteinander zu verknüpfen. Auf Basis einer erfassten Opportunity werden die Aktivitäten unterschiedlicher Mitarbeiter koordiniert.

Verkaufsmethodik

Ferner unterstützt das Opportunity Management die Anwendung einer *Verkaufsmethodik*. Damit wird der Verkaufsprozess systematisch in einzelne Phasen gegliedert. Über den Verkaufsassistenten können die Aktivitäten unternehmensgerecht definiert werden. Innerhalb der Verkaufsmethodik lassen sich Projektziele der Opportunity schriftlich fixieren. Die Ziele werden in unterschiedlichen Belegtexten erfasst, um zwischen den verschiedenen Zielsetzungen unterscheiden zu können (z. B. Ziele des Kunden, Ziele des verkaufenden Unternehmens).

Mitarbeiterrollen

Ein wichtiger Bestandteil einer Verkaufsmethodik ist die differenzierte Beschreibung der Mitarbeiterrollen auf Kundenseite. Zu unterscheiden sind dabei folgende erweiterbare Rollen:

- **Genehmiger**
  Der Genehmiger erteilt die endgültige Freigabe für die Entscheidung und kann diese auch blockieren.
- **Entscheider**
  Der Entscheider trägt die Verantwortung für die Entscheidung aus fachlicher Sicht und ist zumeist auch für das Budget verantwortlich.
- **Anwender**
  Anwender sind die Personen, die die Produkte beim Kunden einsetzen.

- **Prüfer**
  Der Prüfer stellt sicher, dass auch alternative Angebote geprüft und bewertet werden.
- **Coach**
  Der Coach ist ein Berater, der den Prozess auf Kundenseite unterstützend begleitet.

Mitarbeiter, die diese Rollen wahrnehmen, beurteilen das Verkaufsangebot aus ihrer jeweiligen Perspektive, woraus sich oft unterschiedliche Bewertungen ergeben. Die Anwendung einer Verkaufsmethodik zielt darauf ab, diese Aspekte zu berücksichtigen und das Angebot entsprechend zu präsentieren. Die Dokumentation der unterschiedlichen Personen und Rollen innerhalb eines Verkaufsvorgangs ist zusätzlich für künftige Opportunitys bei dem gleichen Interessenten von großer Bedeutung, da diese Informationen dann nicht von Grund auf neu erhoben werden müssen. SAP Sales Cloud ermöglicht dem Benutzer einen schnellen Zugriff auf diese bereits vorhandenen Informationen.

Wettbewerbsanalyse

Der nächste Bestandteil der Verkaufsmethodik ist die Analyse des Wettbewerbs und die Ableitung einer Strategie im Rahmen des Opportunity Managements. Eng verknüpft mit der Wettbewerbsanalyse ist auch die Bewertung der Opportunity durch den Vertriebsmitarbeiter im Rahmen des Akquisitionsprozesses. Innerhalb der Opportunity kann eine Entscheidung über die Weiterverfolgung (Go/No-Go) getroffen werden.

SWOT-Analyse

Klassischerweise kann auch eine SWOT-Analyse (Strengths, Weaknesses, Opportunities, Threats) zu der Kunden-Opportunity erstellt und hinterlegt werden. Diese Form der Analyse strukturiert eine Verkaufschance nach folgenden Kriterien:

- **Strengths (Stärken)**
  Hier werden die internen Stärken des Angebots bewertet. Diese können sich z. B. aus der Produktqualität, dem Preis, dem Service oder dem Image der Produkte ergeben.
- **Weaknesses (Schwächen)**
  Den internen Stärken des Angebots werden die Schwächen gegenübergestellt.
- **Opportunities (Chancen)**
  Hier werden die Chancen bewertet, die sich ergeben, wenn die Opportunity gewonnen wird. Wird damit z. B. ein Neukunde gewonnen, steigen die Chancen auf Folgeumsätze. Aber auch die Erreichung der eigenen Zielumsätze kann von dem Erfolg bei einzelnen Opportunitys abhängen.

- **Threats (Bedrohungen)**
  Hier werden die Bedrohungen gelistet, die sich ergeben, wenn die Opportunity gewonnen wird. Zum Beispiel kann es zu Kapazitätsengpässen kommen. Ebenso zählen Haftungsrisiken zu den Bedrohungen, die sich aus der Annahme eines Auftrags ergeben können.

Die SWOT-Analyse wird häufig in der Praxis eingesetzt. Sie dient der strukturierten Bewertung von strategischen und wichtigen operativen Vorgängen und Engagements.

Die Verkaufsmethodik kann um eine *Guided-Selling*-Funktion ergänzt werden. Dabei werden die Anforderungen des Kunden erfasst und passende Angebote ermittelt – dies unabhängig vom Touchpoint, mit dem der Kunde in Kontakt steht.

Die Erfassung der *Competitor Insight* ermöglicht es dem Vertriebsteam, die Strategie anzupassen, wenn bekannt ist, dass ein bestimmter Wettbewerber ebenso an dieser Opportunity arbeitet, indem z. B. gezielt auf dessen Stärken und Schwächen reagiert wird.

Opportunity-Plan

Die Verkaufsmethodik wird durch die Abbildung eines *Opportunity-Plans* abgerundet. Diese Funktion bietet einen Überblick über die wichtigsten Informationen und Aktivitäten, die in der Opportunity gepflegt worden sind. Der Opportunity-Plan kann ausgedruckt werden und als Vorlage für Projekt- und Vertriebsbesprechungen verwendet werden.

Als Folgeaktivität zu einer Opportunity lässt sich in SAP Sales Cloud ein Angebot anlegen. Das Angebot kann zur Weiterbearbeitung (Auftrag, Lieferung, Faktura) auch an SAP S/4HANA übergeben werden. Ähnlich wie in SAP S/4HANA entstehen in SAP Sales Cloud Folgebelege (z. B. Angebot aus Opportunity, Auftrag aus Angebot) mit Bezug zu Vorgängerbelegen. Der Belegfluss kann vollständig abgebildet werden, und er umfasst auch die Vorverkaufsaktivitäten (z. B. Leads, Opportunitys). Die Kreditlimitprüfung wird klassisch in SAP S/4HANA ausgeführt und folgt den gleichen Regeln, wie wir sie für das Kreditmanagement beschrieben haben (siehe Abschnitt 5.4). Die Fortschreibung der Ausschöpfung des Kreditlimits erfolgt erst mit der Übergabe des Auftrags an das SAP-S/4HANA-System. In Abschnitt 5.4 haben wir dazu die Funktionalität der Kreditlimitprüfung im Bereich SAP Financial Supply Chain Management beschrieben.

Da in SAP S/4HANA auch sämtliche Informationen zu Beständen sowie geplanten Zu- und Abgängen liegen, wird auch die Verfügbarkeitsprüfung per synchronem Aufruf in dieses System ausgeführt.

Lieferung und Fakturierung

Die Lieferungsbearbeitung für die in SAP Sales Cloud angelegten Aufträge erfolgt in SAP S/4HANA. Auf Basis der Lieferung erfolgt anschließend die

Fakturierung ebenfalls in SAP S/4HANA. Die Faktura in der Finanzbuchhaltung und die anschließende Zahlungsabwicklung erfolgen dann wieder in der Anwendung Financial Accounting.

Kommunikation mit Kunden

In SAP Sales Cloud wird die Kommunikation mit dem Kunden über unterschiedliche Kanäle (z. B. Telefon, E-Mail, Fax, Internet-Chat) unterstützt. Ein Schritt in einer Marketingkampagne kann darin bestehen, eine ausgewählte Liste von potenziellen Kunden anzurufen, um entsprechende Leads zu generieren. In SAP Sales Cloud können Anruflisten durch die Mitarbeiter im Callcenter abgearbeitet werden. Die sogenannten *Agents* können dabei durch vordefinierte Dialoge (Skripts) unterstützt werden. Diese stellen einen Gesprächsleitfaden für den Callcenteragenten dar. Während des Gesprächs können Vorgänge im Lead Management und Opportunity Management erfasst werden. Es können auch Folgeaktivitäten für Kollegen (z. B. Anruf durch einen Servicetechniker, Versand von Unterlagen) aus dem Gespräch heraus im System angelegt werden. Die gleiche Funktionalität lässt sich auch für die Durchführung von Kundenbefragungen nutzen.

Mithilfe der Funktionen in SAP Sales Cloud werden eingehende Kundentelefonate entgegengenommen. Über eine automatische Nummernidentifikation (ANI) werden die Daten des Kunden (Stammdaten, Verkaufsvorgänge) ermittelt und automatisch am Bildschirm angezeigt. Um die automatische Nummernidentifikation nutzen zu können, muss über die CTI-Komponente (*Computer Telephony Integration*) eine Schnittstelle zur Telefonanlage eingerichtet werden. Der Mitarbeiter im Callcenter kann für den Kunden Belege in SAP S/4HANA erfassen, wobei die Funktionen des Verkaufsprozesses (z. B. Verfügbarkeitsprüfung, Produktvorschläge für das Cross-, Up- oder Down-Selling, Preisfindung) zur Verfügung stehen. Die gleichen Funktionen können im Rahmen von *Outbound Telesales* genutzt werden. Dabei geht es um aktiven Telefonverkauf, bei dem der Kunde angerufen wird.

Monitoring

Neben den operativen Tätigkeiten in SAP Sales Cloud können auch die Managementtätigkeiten unterstützt werden. Dazu zählt das Monitoring der Abläufe im Callcenter. Es ist möglich, den Status der verschiedenen Aufgaben und Aktivitäten zu überwachen, um daraus Schlüsse für die Optimierung zu ziehen.

Groupware Integration

Durch die *Groupware Integration* können Anwender die Kontakte, Aufgaben und Termine aus SAP Sales Cloud mit ihrer Groupware (z. B. Microsoft Outlook) abgleichen. Ergänzt wird dies durch die E-Mail-Integration, die den Abgleich ein- und ausgehender E-Mails ermöglicht.

SAP Configure, Price, and Quote

In SAP Sales Cloud steht zudem mit *SAP Configure, Price, and Quote* (*SAP CPQ*) eine erweiterte Funktionalität zur Angebotsverhandlung und Angebotserstellung, insbesondere für konfigurierbare Produkte, zur Verfügung. Diese Lösung basiert auf der ehemals von SAP akquirierten CallidusCloud.

SAP CPQ ermöglicht die Konfiguration von Produkten und Dienstleistungen, die Verhandlung, Freigabe und Erstellung von Angeboten, inkl. der Dokumentenerzeugung. Das Beziehungswissen für die Konfiguration wird dabei über einen Cloud-Microservice geliefert, der über einen Replikationsmechanismus mit den Wissensbasen von SAP S/4HANA versorgt wird.

SAP CPQ ist mit SAP Commerce Cloud (als Endkundenoberfläche) und SAP S/4HANA integriert. Der Endkunde arbeitet dabei in SAP Commerce Cloud und kann dort konfigurieren und eine Anfrage anlegen. Diese wird nach SAP CPQ übertragen, wo der Vertriebsmitarbeiter das Angebot erstellt und an SAP Commerce zur Prüfung durch den Kunden sendet. Will der Kunde das Angebot annehmen, so kann er dies in SAP Commerce tun und dort einen Auftrag anlegen. Dieser Auftrag wird dann nach SAP S/4HANA übertragen.

SAP S/4HANA for Customer Management

Für Anwenderunternehmen, denen SAP Sales Cloud zu mächtig ist und die lediglich eine grundlegende CRM-Funktionalität benötigen, bietet SAP S/4HANA die Erweiterung *SAP S/4HANA for Customer Management* an. Diese enthält eine Callcenteranwendung mit den Objekten *Activities* und *Opportunities*. Für weitergehende Funktionen sind dann die Cloud-Anwendungen zu wählen.

27.6 SAP Service Cloud und SAP Subscription Billing

SAP Service Cloud

Innerhalb von SAP Service Cloud werden vor allem Kundendienstprozesse abgebildet, und zwar sowohl aus Sicht des Innen- als auch des Außendienstes. Dazu gehören die Verwaltung von Serviceverträgen, die Garantieabwicklung, die Belegabwicklung für Serviceaufträge, die Abbildung von Reparaturen und Reklamationen und die Rückmeldung von Serviceaktivitäten. Für SAP Service Cloud besteht eine ebenso tiefe Integration in SAP S/4HANA wie für SAP Sales Cloud. Diese ermöglicht die automatisierte Anlage von Belegen in SAP S/4HANA.

Für den Außendienst ist die Einplanung der Serviceressourcen möglich, die die ihnen zugewiesenen Aufträge über eine mobile Außendienstanwendung erhalten.

Außerdem wird ein Service für die SAP Commerce Cloud angeboten. Innerhalb der Funktionen des Omnichannel-Service werden die Kunden mit Self-Service-Funktionen für die Reklamations- und Retourenabwicklung, bei der

Platzierung von Serviceaufträgen und bei der Suche nach Problemlösungen zu den Produkten und Dienstleistungen unterstützt.

SAP Field Service Management

Für den mobilen Außendiensttechniker bietet sich in SAP Service Cloud die Lösung SAP Field Service Management, ehemals Coresystems, an. Diese Lösung ermöglicht nicht nur die effiziente Planung der Servicetechnikereinsätze, sondern auch die Bearbeitung der Vorgänge in einer App auf dem mobilen Endgerät.

SAP Subscription Billing

Mit SAP Subscription Billing erhält der Anwender die Möglichkeit, den Order-to-Cash-Prozess abzubilden und mit innovativen Neuerungen zu versehen. Neben dem Erstellen von Bundles aus Produkten und Dienstleistungen sowie der Angebotserstellung hierzu wird der Verkauf von Subskriptionen und deren Abrechnung ermöglicht. Auch die Abrechnung nach dem Verbrauch eines Produkts wird ermöglicht.

27.7 SAP Commerce Cloud

Aufgrund des inzwischen hohen Anteils an webbasierten Prozessen in Unternehmen kommt der Omnichannel-Plattform SAP Commerce Cloud eine zentrale Bedeutung zu. Bereits seit den ersten Jahren des 21. Jahrhunderts hat sich das Internet zu einem wichtigen Absatzkanal für Unternehmen entwickelt. Durch SAP Commerce Cloud können Produkte über Webshops an Endkunden (Business-to-Consumer, B2C) oder Geschäftspartner (Business-to-Business, B2B) verkauft sowie Serviceleistungen angeboten werden.

Hohe Integration

SAP Commerce lässt sich als Standalone-Webshop betreiben oder in bestehende Backendsysteme integrieren. Dabei bietet SAP Commerce Cloud insbesondere eine starke vorgefertigte Integration im Standard von SAP S/4HANA an. Diese Integration erfolgt über die Integrationssuite der *SAP Business Technology Platform (BTP)*. Hierzu stellt SAP fertige Integrationspakete zur Verfügung, welche Stamm- und Bewegungsdaten zwischen SAP S/4HANA und SAP Commerce synchronisieren. Um eine möglichst schlanke Infrastruktur zu erhalten, bieten Drittanbieter Lösungen an, die das asynchrone Laden der Stammdaten ohne Data Hub ausführen, z. B. der innovate Commerce Adapter.

SAP Commerce Cloud besteht aus folgenden Komponenten:

- **SAP Product Content Management**
  Produktdatenmanagement, in dem alle Daten für alle Kanäle verwaltet werden

- **Web Content Management/SmartEdit**
  Web Content Management für alle redaktionellen Inhalte, die nicht an einem Produkt gepflegt werden
- **SAP Commerce Cloud Core**
  Komponente innerhalb von SAP Commerce Cloud, Webshop-Anwendung für B2C-, B2B- und Marktplatzszenarien
- **SAP Configure, Price, and Quote (SAP CPQ)**
  Variantenkonfiguration und Belegmanagement

SAP Product Content Management

SAP Product Content Management ist ein vollwertiges Product-Information-Management-(PIM-)System, das die Verwaltung und Pflege von allen Arten von Produktdaten ermöglicht. Dabei können bestehende Materialstammdaten aus Backendsystemen wie SAP S/4HANA geladen werden und in der Komponente zu einem Produktkatalog zusammengefügt werden. Die Produktkataloge lassen sich in Katalogbereiche (z. B. für Produkt- oder Warengruppen) gliedern. Den einzelnen Katalogbereichen werden dann die Produktstammdaten zugeordnet. Weitere Informationen wie Texte und Klassifizierungsdaten können ergänzt und sprachabhängig hinterlegt werden. Mediendateien wie Dokumente, Bilder oder Videos können aus bestehenden Systemen geladen oder innerhalb von SAP Product Content Management gepflegt werden.

Zur Qualitätssicherung der erstellten Daten bietet SAP Product Content Management einen Staged-Onlinemechanismus, der zu einem definierten Zeitpunkt den Katalog ins Onlinesystem überführt. Fehlende Daten können vorab per Workflow von zuständigen Mitarbeitern angefragt und ergänzt werden.

SAP Product Content Management stellt den fertigen Katalog SAP Commerce Cloud zur Verfügung, welche dann die Inhalte für den Anwender visualisiert. Daneben ist aus der Komponente auch die Ausleitung der Kataloge an andere Touchpoints möglich, z. B. als elektronische Kataloge im BMEcat-Format (XML-basiertes, standardisiertes Austauschformat für Katalogdaten) oder als Printkataloge.

Zudem stehen in SAP Product Content Management Funktionen zur Verfügung, die die Übersetzung eines kompletten Produktkatalogs ermöglichen. Alternativ kann auch die Ausleitung in ein externes Translation-Memory-System erfolgen.

Web Content Management

Web Content Management und *SmartEdit* sind leistungsstarke Lösungen, um alle Komponenten eines Webshopszenarios oder einer kompletten Unternehmenswebsite zu verwalten. Dabei werden für die relevanten Layoutbereiche der Website Templates erstellt, die die Fachbereichsmitarbeiter dann mit konkreten Inhalten versehen. Dazu wird die Funktion *SmartEdit* verwendet, die eine komfortable Pflege der Informationen ermöglicht. Damit lassen sich Elemente einfach per Drag-and-Drop auf einer Webseite positionieren, ohne dass dafür Programmierkenntnisse oder die Unterstützung der IT nötig wäre. In der Vorschaufunktion wird dargestellt, wie die Seite auf den verschiedenen Endgeräten (z. B. Desktop, Tablet, Phone) dargestellt wird.

Beschleuniger in SAP Commerce Cloud

SAP Commerce Cloud Core bietet vorgefertigte Bestandteile eines Webshops, die zur finalen Lösung zusammengebaut werden können. In Projekten ist dabei der Einsatz von sogenannten *Accelerators* (Beschleunigern) sehr verbreitet, die ein ausimplementiertes Standardsystem zur Verfügung stellen.

Durch den Einsatz eines Accelerators verkürzt sich die Projektlaufzeit deutlich, und das Unternehmen profitiert von den vielen vordefinierten Funktionen.

Alternativ bietet sich nunmehr der Einsatz von *Spartacus* an, einem Frontend basierend auf dem Framework Angular. Es handelt sich dabei um eine Progressive Web App (PWA), die REST-Services nutzt, um auf die Funktionen des SAP Commerce Cloud Core zuzugreifen. Die Anwendung wird damit »headless«, also ohne integrierte Oberfläche, zur Verfügung gestellt. Die REST-Services in SAP Commerce Cloud werden über die Omni-Commerce-Connect-(OCC)Komponente zur Verfügung gestellt. Deren Aufruf ist auch über externe Oberflächen, z. B. Content-Management-Systeme, möglich. Anwenderunternehmen können somit eine moderne Webanwendung, für den Endanwender aus einem Guss mit Daten aus SAP Commerce Cloud und anderen Systemen erstellen.

Produktkatalog

Viele moderne Omnichannel-Commerce-Szenarien bieten einen öffentlichen Produktkatalog mit eingeschränkten Informationen und Funktionen an. Der Anwender kann sich registrieren bzw. anmelden, wenn er individuelle Informationen wünscht oder einen Auftrag erfassen möchte. Dem Anwender werden die Produkte aus dem Produktkatalog angezeigt, der im SAP Product Content Management erstellt wurde. Im Hinblick auf Sprache, Währung, angebotene Produkte und Preise lassen sich dabei zu jedem Katalog auch entsprechende Varianten pflegen. Der Kunde kann nach bestimmten Merkmalen filtern, um die Anzahl der angezeigten Produkte zu verringern. Die Preisfindung beim Anlegen der Aufträge kann entweder über einfache Listenpreise oder über eine Anfrage an SAP S/4HANA abgefragt werden.

Preisfindung Seit SAP ERP 6.0 EHP 7 existiert das LORD-Szenario (Lean Order API) in Kombination mit der synchronen, kundenindividuellen Preisfindung im Katalog per Pricing-Baustein. Das LORD-Szenario ist jedoch inzwischen abgekündigt. Alternativ bietet sich die Auftragsanlage per Funktionsbaustein oder in einem asynchronen Prozess an. Mit der Anlage über einen Funktionsbaustein ist es möglich, Angebote und Aufträge über die Oberfläche von SAP Commerce Cloud anzulegen und zu bearbeiten, den Datensatz jedoch direkt in SAP S/4HANA abzulegen und direkt kundenindividuelle Preise auf Basis der SAP-S/4HANA-Preisfindung zu ermitteln.

Externe Kataloge Zusätzlich lassen sich auch die Kataloge externer Anbieter einbinden. Der Kunde kann dann die Produkte aus diesem Katalog auswählen und anschließend seinen Auftrag in SAP Commerce Cloud platzieren. Die Anbindung externer Kataloge erfolgt über die OCI-Schnittstelle (Open Catalogue Interface) oder über SAP Ariba PunchOut.

Bestellvorgang Die Bestellung im Webshop erfolgt über einen virtuellen Einkaufskorb. Der Kunde wählt die Produkte im Produktkatalog aus und wird dabei durch die hierarchische Katalogstruktur unterstützt. Zusätzlich kann er aber auch die Materialnummer direkt eingeben, was häufiger in B2B-Katalogen der Fall ist. Des Weiteren wird der Kunde durch eine intelligente Suchfunktion unterstützt, die anhand von Suchkriterien eine Trefferliste mit Produkten ermittelt. Anschließend werden die ausgewählten Produkte in den Einkaufskorb übernommen, in dem der Kunde dann auch die Bestellmenge erfasst. Durch Produktvorschläge und Promotionen, die in SAP Marketing Cloud vorbereitet werden, wird der Kunde auf Produkte und Angebote hingewiesen, die zu seinem Kontext passen, d. h. zu den Produkten, für die er sich interessiert bzw. die er in der Vergangenheit gekauft hat. Durch die Integration des Webshops mit SAP S/4HANA können auch komplexe Bestellprozesse über diesen Weg abgewickelt werden. So ist es auch möglich, konfigurierbare Produkte zu bestellen (siehe Abschnitt 23.6, »Variantenkonfiguration«).

Produktkonfiguration in SAP CPQ Die Produktkonfiguration wird in SAP Commerce Cloud über die Komponente SAP Configure, Price, and Quote (SAP CPQ) durchgeführt. Diese Komponente bietet die Produktkonfiguration auf Basis der SAP-Variantenkonfiguration an. Die Produktkonfiguration in SAP CPQ funktioniert zwar nach den gleichen Prinzipien wie die Variantenkonfiguration in SAP, trotzdem handelt es sich um eine eigene Komponente, in Form des Cloud-Mircoservices SAP Variant Configuration and Pricing. Es ist möglich, die benötigten Stammdaten für die Produktkonfiguration aus dem SAP-ERP-System in SAP Variant Configuration and Pricing zu laden. Allerdings weisen wir darauf hin, dass es in der Variantenkonfiguration Unterschiede zwischen SAP ERP und SAP Variant Configuration and Pricing gibt. Diese werden in SAP-Hinweis 1819856 beschrieben. Die Systemvoraussetzungen für den Einsatz von SAP Variant Configuration and Pricing finden sich in SAP-Hinweis 2711932.

Die Variantenkonfiguration in SAP Commerce Cloud kann durch grafische Elemente unterstützt werden und ermöglicht auch ungeübten Anwendern, ein komplexes Produkt zu konfigurieren.

Weitere Funktionen bei Auftragserfassung

Bei der Erfassung eines Auftrags im Webshop stehen weitere Funktionen zur Verfügung. Mithilfe der *Produktsubstitution* wird ein Produkt durch ein anderes ersetzt. Dabei können die erforderlichen Einstellungen aus dem SAP Product Content Management kommen oder aus SAP S/4HANA aufgerufen werden.

Cross-Selling, Up-Selling und Down-Selling sind Funktionen, die beim Verkauf über das Internet besondere Bedeutung haben. Beim *Cross-Selling* werden im Einkaufskorb zusätzliche ergänzende Produkte angeboten, beim *Up-Selling* werden höherpreisige Produkte und beim *Down-Selling* preisgünstigere Produkte angeboten.

Die *Verfügbarkeitsprüfung* kann wie schon beim Verkauf über SAP S/4HANA ausgeführt werden. In jedem Fall erhält der Kunde eine aktuelle Information auf Basis von Beständen sowie geplanten Zu- und Abgängen. Er kann den Einkaufskorb sichern und die Bearbeitung unterbrechen, um sie später abzuschließen. Abschließend kann aus dem Einkaufskorb der Auftrag des Kunden ausgelöst und durch SAP Commerce Cloud nach SAP S/4HANA übertragen werden. Die Belieferung und Faktura erfolgen im Backendsystem.

Neben der Zahlung per Rechnung kann der Kunde auch moderne Zahlungsarten (z. B. Kreditkarte, PayPal, Giropay) auswählen. Typischerweise werden die Zahlungsinformationen, wie z. B. Kreditkartendaten, nicht im Betreibersystem verarbeitet und gespeichert, sondern bei einem externen Dienstleister. Dieser übernimmt die Verarbeitung und stellt sicher, dass die Daten nicht in falsche Hände geraten können. Damit entgeht der Betreiber auch der Pflicht, eine Zertifizierung nach dem Payment Card Industry Data Security Standard (PCI-DSS) durchführen zu müssen, um die Sicherheit der abgespeicherten Kreditkartendaten zu gewährleisten. Nachdem der Kunde seine Kartendaten auf der Internetseite des externen Dienstleisters eingegeben hat, vollzieht sich die Autorisierung der Karte automatisch im Hintergrund. Bei erfolgreicher Autorisierung ist die Zahlung des Kunden nach der Auftragserfassung gesichert. Durch die Integration von Lösungen von Drittanbietern (z. B. innovate pay) ist es möglich, die Kreditkartendaten nicht in SAP S/4HANA abzuspeichern, sondern dort lediglich eine Transaktions-ID abzulegen und die Folgeprozesse zu automatisieren. Nach der Fakturierung erfolgt die Abrechnung vollautomatisch direkt mit dem Institut der Kreditkarte, ohne dass ein Sachbearbeiter zum Ausgleich der Konten in SAP S/4HANA noch manuell eingreifen müsste.

Neben der Bestellung von Produkten kann sich der Kunde über den Webshop auch Angebote einholen. Er wählt dazu nach dem gleichen Verfahren die Produkte aus und erhält dann entsprechende Auskünfte über Preise und Liefertermine. Das Angebot wird in SAP S/4HANA gespeichert und kann vom Kunden später aufgerufen werden. Mithilfe der Funktion *Kundenkonto* kann der Kunde seine persönlichen Daten (Adresse, E-Mail-Adresse etc.) sowie die von ihm ausgelösten Vorgänge (Bestellungen, Einkaufskörbe) verwalten.

Die Open-Catalog-Interface-(OCI)-Schnittstelle bzw. SAP Ariba PunchOut werden genutzt, um SAP Commerce Cloud in die ERP- oder Beschaffungssysteme der Kunden direkt einzubinden und damit auf der Seite des Kunden eine Verschlankung der Prozesse zu erzielen.

Servicefunktionen

Neben reinen Marketing- und Vertriebsfunktionen bietet SAP Commerce Cloud auch umfangreiche Servicefunktionen. Dazu gehören das Beschwerde- und Retourenmanagement sowie das *Assisted Service Module* (ASM). Letzteres erlaubt es dem Kundenservice, den Warenkorb des Kunden einzusehen und ihn live zu beraten, welche zusätzlichen Produkte oder Optionen zu seiner Auswahl passen.

Als Alternative zu SAP Commerce Cloud bieten Drittanbieter Lösungen an, die auf eine eigene Infrastruktur verzichten, sondern direkt im *SAP NetWeaver AS ABAP Stack* für SAP S/4HANA lauffähig sind, z. B. *innovate ABAP Web-Channel*. Die Lösungen haben häufig einen vergleichbaren Funktionsumfang und ebenfalls moderne Benutzeroberflächen.

27.8 SAP Customer Data Cloud

SAP Customer Data Cloud

SAP Customer Data Cloud, ehemals Gigya, bietet den Benutzern die Möglichkeit, ihre Präferenzen, Berechtigungen und Zugänge zu verwalten und anderen Anwendungen zur Verfügung zu stellen. SAP Customer Data Cloud besteht aus den folgenden Komponenten:

- **SAP Customer Identity**
  Registrierung und Authentifizierung von Benutzern sowie Identifizierung von Profilen

- **SAP Customer Consent**
  Einstellungen und Einwilligung in Kundenprofilen (z. B. zur Kontaktaufnahme)
- **SAP Customer Profile**
  Merkmale des Kundenprofils und Aktivitätsdaten

Zielsetzung von SAP Customer Data Cloud ist es, datenschutzkonform alle Daten des Kunden zu speichern. Der Kunde soll Einsicht in seine Daten erhalten sowie die Möglichkeit haben, diese zu ändern oder zu löschen. Dies kann auch der Kundenbindung dienen, da die Kundenzufriedenheit erhöht wird und auch aus reinen Interessenten langjährige Kunden werden können.

27.9 Weitere Prozesse und Funktionen in SAP Customer Experience

E-Marketing

Im E-Marketing mit SAP Customer Experience werden strukturierte Marketingprojekte (Kampagnen) in Verbindung mit den Webchannel-Funktionen eingesetzt. Im Rahmen einer Kampagne wird der Verkauf bestimmter Produkte über einen Webshop forciert. Dazu können auch eigene Kampagnenpreise für die Zielgruppe festgelegt werden. Dabei ist zwischen offenen und geschlossenen Kampagnen zu unterscheiden. Auf offene Kampagnen haben alle Benutzer eines Onlineshops Zugriff. Dagegen richten sich geschlossene Kampagnen an eine bestimmte Kundengruppe, die vorher über die Funktion *Segmentierung* ausgewählt wurde. Bei geschlossenen Kampagnen muss sich der Kunde mit seinem Benutzerkonto anmelden, um an der Kampagne teilnehmen zu können. Anschließend kann er aus den angebotenen Produkten der Kampagne auswählen. Diese Funktion ermöglicht es dem Anbieter des Webshops, zielgruppenspezifische Angebote im Internet zu platzieren und diese durch geeignete Instrumente zu unterstützen (z. B. durch personalisierte E-Mails, die auf die Kampagne hinweisen). Die angebotenen Produkte und Kampagnen passen immer zum Kontext des Kunden, also z. B. zu Maschinen, die er in der Vergangenheit gekauft hat, oder zu seinen aktuellen Interessen aufgrund seiner erhaltenen Angebote aus SAP S/4HANA oder aufgrund seines Surfverhaltens im Webshop. Durch die Ergänzung von SAP Commerce Cloud um SAP Marketing Cloud und gegebenenfalls Emarsys wird dabei der gesamte Zyklus einer Kampagne mit den Phasen Planung, Durchführung und Auswertung unterstützt.

Channel Management

Es gibt kaum ein Gebiet, auf dem die Bedeutung unternehmensübergreifender Zusammenarbeit so offenkundig ist wie beim Thema *Channel Manage-*

ment. Unternehmen konzentrieren sich häufig auf ihre Kernkompetenzen und arbeiten außerhalb davon mit Partnern zusammen. Im Vertrieb sind dies z. B. Absatzmittler, Händler, Spezialisten für die Distributionslogistik oder Vertriebspartner. SAP Sales Cloud unterstützt mehrstufige Vertriebskonzepte unter Einbeziehung von Partnern. Obwohl partnerschaftliche Zusammenarbeit immer eine enge Kooperation und den Austausch von Informationen voraussetzt, sind die einzelnen Partner in einem Netzwerk doch zumeist eigenständige Unternehmen mit eigener Organisation und nicht zuletzt eigenen IT-Systemen. Abhängig von der Funktion des Partners ergeben sich daraus unterschiedliche Herausforderungen. Der Hersteller benötigt unter Umständen Informationen über die Endkunden, die in erster Linie direkt von Partnerunternehmen betreut werden. Vielfach gibt es gar keinen unmittelbaren Kontakt zwischen Hersteller und Endkunde. Auch wird sich ein Hersteller darüber Gedanken machen, wie ein Partner seine Produkte gegenüber den Endkunden präsentiert. Umgekehrt benötigt der Vertriebspartner weitreichende Informationen zu Produkten und Leistungen der Hersteller. Beim Channel Management geht es darum, diese Herausforderungen zu meistern und den Kunden durch einheitliche und abgestimmte Informationen und durch die Planung und Durchführung gemeinsamer Aktivitäten unternehmensübergreifend optimal zu betreuen.

Partner Management

In SAP Customer Experience gibt es dazu die Funktion *Partner Management*, die die bereits angesprochenen Funktionen des Marketings, des Verkaufs und von SAP Commerce Cloud nutzt. In dieser Funktion werden Informationen über die Partner selbst verwaltet. Dazu gehören Stammdaten (Anschrift, Ansprechpartner etc.), aber auch Informationen zu dem Produkt- und Leistungsspektrum, Zielvereinbarungen und Messgrößen für die Zielerreichung, Partnerverträge und Kontrakte oder etwa die allgemeinen Geschäftsbedingungen. SAP Marketing Cloud kann für die Planung, Durchführung und Auswertung gemeinsamer Aktivitäten und Kampagnen mit Vertriebs- und Marketingpartnern genutzt werden. Die Kampagnen werden dazu in SAP Marketing Cloud angelegt und verwaltet. Den Partnern werden über diese Kampagnen entsprechende Informationen über Produkte, Preise und Rabatte sowie zusätzliche Dokumente zur Verfügung gestellt. Über SAP Marketing Cloud lassen sich also Kampagnen, deren Zielgruppe die Endkunden sind, mit den Vertriebspartnern abstimmen.

Stammdatenpflege durch Vertriebspartner

Die Vertriebspartner können auch Stammdaten für Geschäftspartner (Endkunden, Ansprechpartner, potenzielle Kunden) in SAP Sales Cloud pflegen. Über ein Berechtigungskonzept wird festgelegt, welche Kundenstammsätze durch einen Partner bearbeitet werden dürfen. Zusätzlich kann bei der Erfassung von Ansprechpartnern zu einem Endkunden auch eine Dublettenprüfung durchgeführt werden, um Doppelerfassungen zu vermeiden. Über die Pflege von Stammdaten hinaus können die Vertriebspartner auch Leads und Opportunitys erfassen. Damit lassen sich Vertriebsaktivitäten unternehmensübergreifend koordinieren. Die weitere Bearbeitung erfolgt dann durch einen Mitarbeiter des Herstellers. Umgekehrt kann auch der Hersteller Leads und Opportunitys erfassen und diese an den am besten geeigneten Partner weiterleiten. Im weiteren Verlauf kann ein Vertriebspartner auch Angebote und Kundenaufträge im Namen des Endkunden in SAP S/4HANA erfassen. Es handelt sich dabei um eine Bestellung des Endkunden (Auftraggebers) beim Hersteller (Lieferanten). Bei der Erfassung der Vertriebsbelege stehen die entsprechenden Funktionen (z. B. Produktkonfiguration, Verfügbarkeitsprüfung, Preisfindung) zur Verfügung.

Partnernetzwerke

Von besonderer Bedeutung für die Abbildung unternehmensübergreifender Prozesse innerhalb eines Partnernetzwerkes sind die SAP-Commerce-Cloud-Funktionen. Über Multipartner-Webshops können Hersteller und Vertriebspartner Produkte gemeinsam über das Internet verkaufen. Dabei stellt der Hersteller einen Masterkatalog zur Verfügung. Jeder Händler erhält dann über eine sogenannte *Subskription* die Möglichkeit, die Produkte aus dem elektronischen Katalog auszuwählen, die er vertreiben will. In einem Multipartner-Webshop wählt der Endkunde die Produkte aus und legt sie in einen Einkaufskorb. Zu Beginn oder nach Auswahl der Produkte wird der Partner bestimmt, über den die Produkte bestellt werden sollen. Ein weiteres Szenario ist die Übergabe des Einkaufskorbes an den Webshop des Partners. Aus einem Multipartner-Webshop kann auch eine automatische Lead-Generierung erfolgen. Abhängig von bestimmten Aktivitäten des Onlinekunden kann automatisch ein Lead in SAP Sales Cloud erzeugt werden, der dann wiederum an den Partner oder einen Mitarbeiter beim Hersteller weitergeleitet wird. In diesem Zusammenhang sind auch die *Business-on-Behalf*-Szenarien von Bedeutung. Dabei kann ein Anwender (z. B. Außendienst, Handelsvertreter, Importeur) im Webshop Angebote und Aufträge im Namen des eigentlichen Endkunden erfassen, der die Lieferung erhält.

Mobiler Außendienst

In der Praxis wird dieses Verfahren häufig genutzt, um auf eine mobile Außendienstanwendung ganz oder teilweise verzichten zu können. Allerdings ist es mithilfe der *SAP-Fiori-Apps* für Außendienstmitarbeiter auch dann möglich, die Funktionen von SAP Sales Cloud zu nutzen, wenn keine Onlineverbindung besteht. Diese Anwendungen sind für die gängigen Endgeräte mit iOS, Android und Windows verfügbar. Es wird eine Funktion angeboten, die Visitenkarten scannt und automatisch verarbeitet.

Marktplatz

Zunehmend Bedeutung erhalten Marktplätze, auf denen verschiedene Hersteller und Anbieter direkt ihre Produkte an Endkunden verkaufen. Als Basis dafür dient SAP Commerce Cloud, die projektspezifisch erweitert wird.

Mit SAP Commerce Cloud steht damit eine moderne, funktionsstarke und erweiterbare Plattform für E-Commerce-Lösungen und Kundenportale innerhalb des SAP-Portfolios zur Verfügung.

Kapitel 28

Unternehmensübergreifende Auftragsabwicklung

Die Abwicklung von Aufträgen erfolgt meist komplett elektronisch: Bestellungen und Aufträge werden zwischen Kunden- und Lieferantensystemen ausgetauscht, oft sogar angelegt und aktualisiert. Wir erläutern in diesem Kapitel, wie der elektronische Datenaustausch zwischen Unternehmen funktioniert.

In Teil IV, »Gestaltung von Wertschöpfungsketten in SAP S/4HANA«, haben wir verschiedene Prozessvarianten der Auftragsabwicklung vorgestellt. Im Rahmen dieser Darstellung haben wir uns auf die Beschreibung der Prozesse innerhalb eines Unternehmens (Angebot, Auftrag, Lieferung, Fakturierung, Zahlung) konzentriert. An dieser Stelle rücken nun unternehmensübergreifende Prozesse in den Mittelpunkt.

Konventionelle Abwicklung

Betrachten wir zunächst die konventionelle Abwicklung zwischen einem Kunden und seinem Lieferanten. Beide Unternehmen setzen SAP-Systeme ein. Das Kundensystem ist SAP S/4HANA und das Lieferantensystem noch SAP ERP Central Component (ECC). Der Kunde erzeugt auf seinem System eine Bestellung, druckt diese aus und sendet sie an den Lieferanten. Beim Lieferanten wird dann ein Kundenauftrag erfasst. Über die Nachrichtenfindung (siehe Abschnitt 4.4) wird eine Auftragsbestätigung gedruckt und an den Kunden versendet. Der Kunde wiederum erfasst die Auftragsbestätigung in SAP S/4HANA und aktualisiert damit seine Bestellung.

Optimierungspotenzial durch elektronischen Datenaustausch

Schnell wird deutlich, dass hier einige manuelle Schritte notwendig sind, die prinzipiell auch automatisch laufen könnten. Dieses Potenzial hat man schon vor dem flächendeckenden Einsatz des Internets und der damit verbundenen Entwicklung von leistungsfähigen Integrationsplattformen erkannt. Zu dieser Zeit wurden Standards für die elektronische Datenverarbeitung (Electronic Data Interchange, kurz: EDI) entwickelt. Damit wurde es möglich, dass Unternehmen die oben erwähnten Informationen (z. B. Auftragsübermittlung, Auftragsbestätigung, Lieferavis, Rechnung) über standardisierte Dateien austauschen. Auf Basis dieser Dateien konnten die betroffenen Prozessschritte (Erfassung der Kundenaufträge, Versand der

Auftragsbestätigung, Verbuchung der Auftragsbestätigung im Kundensystem) automatisiert werden. Für die technische Übertragung der Daten wurden seinerzeit EDI-Subsysteme eingesetzt, die mit ihrer aufwendigen Einrichtung und Überwachung IT-Experten vorbehalten blieben. Nicht zuletzt aus diesem Grund haben sich EDI-Abläufe nur in Unternehmen durchgesetzt, die beispielsweise mit großen Kunden ein erhebliches Auftragsvolumen zu bewältigen hatten (z. B. die Abwicklung zwischen Automobilherstellern und der Zulieferindustrie). Wie wir schon zu Beginn dieses Buchteils erwähnt haben, hat sich dies in den letzten Jahren grundlegend geändert. Durch die Weiterentwicklung der IT-Infrastruktur (Internet, Integrationsplattformen), bei SAP zunächst in der Plattform SAP Process Integration bzw. SAP Process Orchestration und aktuell in der SAP Business Technology Platform, können Unternehmen heute Geschäftsprozesse mit vertretbarem Aufwand auch über Unternehmensgrenzen hinweg durchgängig auf Basis elektronischer Nachrichten abbilden. Durch die Automatisierung einzelner Schritte (z. B. Auftragsübermittlung) lassen sich Prozesse schneller und damit kostengünstiger abwickeln.

28.1 Prozessbeschreibung

Im Folgenden wollen wir ein Beispiel für einen unternehmensübergreifenden Prozess beschreiben, der auch den Beschaffungsprozess beim Kunden miteinschließt. Damit richten wir einmal mehr den Blick auf Funktionen, die außerhalb des Vertriebs liegen. Abbildung 28.1 zeigt den Informationsfluss des Prozesses im Überblick.

Dass sich bei der unternehmensübergreifenden Auftragsabwicklung ein SAP-S/4HANA-System und ein SAP-ECC-System gegenüberstehen, wird in der Übergangszeit bis Ende 2027 ein häufig anzutreffendes Szenario sein.

Schritt 1: Bestellanforderung

Schritt ❶ im Beschaffungsprozess im SAP-S/4HANA-System des Kunden besteht in der Erzeugung der Bestellanforderung (BANF). Bestellanforderungen können über die Materialbedarfsplanung (MRP) automatisch generiert werden. Dabei wird über Stücklisten aus einem Primärbedarf (Bedarf an Fertigerzeugnissen) der Sekundärbedarf für Komponenten und Kaufteile ermittelt. Für Kaufteile wird durch den Materialbedarfsplanungslauf eine Bestellanforderung erzeugt, die den geplanten Zugangstermin enthält. In der Bestellanforderung wird eine Bezugsquellenermittlung durchgeführt. Mit der Bezugsquellenfindung wird der Bestellanforderung ein Lieferant zugeordnet. Damit das System dem Anforderer oder dem Einkäufer einen Lieferanten vorschlagen kann, müssen sogenannte *Einkaufsinfosätze* im System gepflegt sein.

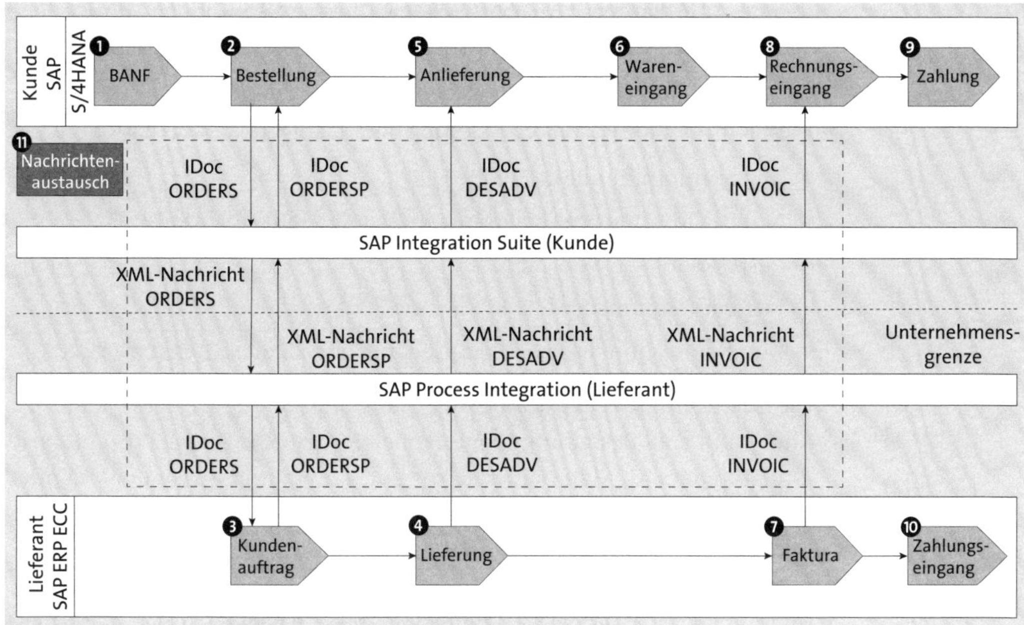

Abbildung 28.1 Überblick über die unternehmensübergreifende Auftragsabwicklung

Diese Stammsätze enthalten Daten für die Beschaffung eines Materials bei einem bestimmten Lieferanten. Jeder Lieferant, für den ein Einkaufsinfosatz zu diesem Material angelegt ist, kommt grundsätzlich als Bezugsquelle infrage.

Im Einkaufsinfosatz sind die Lieferzeit, der lieferantenspezifische Preis sowie weitere Bestellinformationen enthalten. Im Zusammenhang mit der unternehmensübergreifenden Auftragsabwicklung ist vor allem die Lieferantenmaterialnummer von Bedeutung. Der Kunde verwaltet das benötigte Material unter »seiner« Materialnummer in seinem System. Beim Lieferanten wird das Material unter der eigenen Materialnummer des Lieferanten verwaltet. Die Lieferantenmaterialnummer enthält die *Umschlüsselung* der Materialnummer des Kunden auf die Materialnummer des Lieferanten. Diese Umschlüsselung ist eine Voraussetzung dafür, dass später der Kundenauftrag auf dem System des Lieferanten automatisch erfasst werden kann. Die Umschlüsselung der Materialnummer könnte jedoch auch auf dem System des Lieferanten erfolgen. In diesem Fall ist in der Vertriebsfunktionalität eine Kundenmaterialinformation zu erfassen. Diesen Vorgang werden wir in dem Systembeispiel in Abschnitt 28.2, »Beispiel für die unternehmensübergreifende Auftragsabwicklung«, zeigen. Zusätzlich ist auch die Lieferantennummer umzuschlüsseln. Im Lieferantenstammsatz der SAP-Materialwirtschaft (MM) wird dazu die Kundennummer beim Lieferanten gepflegt. Da es sich noch um ein SAP-ECC-System handelt, sind hier noch keine Geschäftspartner gepflegt.

Damit enthält die Bestellanforderung bereits folgende Informationen:

- Materialnummer des Kunden
- Materialnummer des Lieferanten (über den Einkaufsinfosatz)
- Bestellmenge
- Lieferantennummer
- Kundennummer beim Lieferanten (über den Lieferantenstammsatz)

Schritt 2: Bestellung

Die Bestellanforderung (BANF) wird auf dem SAP-S/4HANA-System des Kunden in eine Bestellung umgewandelt (Schritt ❷). Dieser Prozessschritt erfolgt in der SAP-Materialwirtschaft und kann automatisch oder manuell ausgeführt werden. In der Bestellung steht dann die Funktion der Nachrichtenfindung zur Verfügung. Die Nachrichtenfindung in der Anwendung Materialwirtschaft wurde in SAP S/4HANA schon durch die neue Nachrichtenfindung im Business Rule Framework plus (BRFplus) umgesetzt (siehe Abschnitt 4.4, »Nachrichtenfindung«). Bei der elektronischen Nachrichtenübermittlung wird eine elektronische Nachricht erzeugt und an den Lieferanten versendet. Dadurch entfallen der separate Druck und Versand per Post, Fax oder E-Mail.

Schritt 3: Kundenauftrag

Auf Basis der übermittelten Bestelldaten des Kunden wird in Schritt ❸ im SAP-ECC-System des Lieferanten automatisch ein Kundenauftrag angelegt. Bei der Auftragserfassung laufen die Funktionen (Preisfindung, Verfügbarkeitsprüfung, Kreditmanagement etc.) automatisch ab. Im Kundenauftrag wird bei der Anlage die Nachrichtenfindung angestoßen, die die Auftragsbestätigung für den Kunden erzeugt. Die Auftragsbestätigung aktualisiert die Bestellung im Kundensystem mit den relevanten Informationen wie Lieferdatum und bestätigte Menge.

Schritt 4: Lieferung und Warenausgang

In Schritt ❹ wird auf dem SAP-ECC-System des Lieferanten mit Bezug zu dem Kundenauftrag eine Lieferung angelegt. Diesen Prozessschritt kennen Sie aus den Teilen III, »Vertriebsprozesse in SAP S/4HANA«, und IV, »Gestaltung von Wertschöpfungsketten in SAP S/4HANA«. In der Lieferung wird die Kommissionierung gesteuert, und unter anderem werden auch die Lieferpapiere gedruckt. Bei der Warenausgangsbuchung zur Lieferung wird mittels Nachrichtenfindung ein elektronischer Lieferavis erzeugt und an den Kunden verschickt.

Schritt 5: Anlieferung

Die Daten des Lieferavis aktualisieren, wie schon zuvor die Auftragsbestätigung, automatisch die Bestellung in der Anwendung Materialwirtschaft und legen eine Anlieferung (Schritt ❺) in SAP S/4HANA an. Auch das Lieferavis kann dispositiv wirksam sein. In diesem Fall ändert sich der geplante Zugangstermin für das Material auf Basis der Informationen aus dem Lieferavis. Zusätzlich werden in diesem Schritt mögliche Zusatzinformationen wie Chargennummern oder Serialnummern übertragen.

Schritt 6: Wareneingang beim Kunden

Nachdem die Ware beim Kunden angekommen ist (Schritt ❻), kann im SAP-S/4HANA-System des Kunden der Wareneingang mit Bezug zur Anlieferung gebucht werden. Alternativ kann der Wareneingang mit Bezug zur Bestellung gebucht werden. Der Vorteil beim Wareneingang mittels Lieferavis besteht darin, dass hier schon die aktuellen tatsächlichen Lieferdaten und Zusatzinformationen enthalten sind.

Schritt 7: Faktura beim Lieferanten

Beim Lieferanten wird in Schritt ❼ in der Vertriebsanwendung die Faktura mit Bezug zum Lieferbeleg erzeugt. Auch diesen Schritt kennen Sie aus den Teilen III und IV. Die Faktura wird in der Anwendung Financial Accounting verbucht. Entsprechende offene Posten (debitorisch) werden in der Finanzbuchhaltung gebucht. Analog zu den vorhergehenden Schritten wird die Faktura auch elektronisch an den Kunden versandt.

Schritt 8: Rechnungseingang beim Kunden

In Schritt ❽ erfolgt die automatische Verbuchung der Eingangsrechnung mit Bezug zu Wareneingang und Bestellung im SAP-S/4HANA-System des Kunden. Die benötigten Informationen für die automatische Verbuchung wurden durch die Lieferantenrechnung übertragen. Bei der Verbuchung wird ein entsprechender offener Posten (kreditorisch) erzeugt.

Schritte 9 und 10: Zahlung, Buchung

Der Prozess wird durch die Zahlung des Kunden (Schritt ❾) und die Verbuchung des Zahlungseingangs beim Lieferanten (Schritt ❿) abgeschlossen.

Schritt 11: Nachrichtenaustausch

Wir möchten an dieser Stelle noch einmal auf den Nachrichtenaustausch (Schritt ⓫) zwischen Kunden- und Lieferantensystem eingehen. Nach dem Erfassen der Bestellung wird ein sogenanntes *IDoc* (Intermediate Document, siehe Abschnitt 17.2, »Cross-Company-Konzept in SAP S/4HANA«), ein elektronisches Dokument, erzeugt. Darin sind die Informationen der Bestellung (Lieferant, Material, Menge, Lieferdatum, Lieferungs- und Zahlungsbedingungen) enthalten. SAP stellt in seinen Systemen verschiedene Nachrichtenarten (z. B. Auftrag, Auftragsbestätigung, Lieferavis, Lieferschein, Rechnung) durch unterschiedliche IDoc-Formate im Standard zur Verfügung.

Kundenauftrag

In diesem Fall wird der Nachrichtentyp ORDERS zur Übermittlung von Auftragsdaten eingesetzt. Dieser beschreibt die Interpretation der Daten, damit können mit dem gleichen IDoc-Typ ORDERS05 sowohl Bestellungen (Nachrichtentyp ORDERS), als auch Bestätigungen (ORDRSP) oder Bestelländerungen (ORDCHG) gesendet werden. Die IDoc-Daten werden anschließend an die Integrationsplattform SAP Business Technology Platform übergeben und dort mit der SAP Integration Suite verarbeitet. In unserem Beispiel kommuniziert der Kunde über die SAP Business Technology Platform mit externen Systemen, während der Lieferant für seine unternehmensübergreifende Kommunikation eine SAP-Process-Integration-Lösung einsetzt. Beide Integrationsplattformen dienen dem gleichen Zweck: Sie erweitern einerseits die Funktionen, die das SAP-ERP-System im Bereich Kommunikation bietet, und entlasten es so auch von der rein technischen Datenumsetzung und -übertragung. Andererseits schützen sie als eingehende Schnittstellen auch das SAP-ERP-System, sodass es Daten niemals direkt aus dem Internet empfängt, sondern immer über den Kommunikationsweg einer zwischengeschalteten Integrationsplattform. Weitere Vorteile und Funktionsweisen solcher Integrationstechnologien erläutern wir detaillierter in Kapitel 24, »Integrationstechnologie«. In unserem Beispiel senden beide ERP-Systeme das IDoc bereits in Form einer XML-Datei per HTTPS an das Integrationssystem. Der Vorteil ist, dass dieses Verfahren plattformunabhängig funktioniert, d. h., die in der XML-Datei versendeten Bestellinformationen können auch von Nicht-SAP-Systemen verarbeitet werden. Auf diese Weise tauschen die beiden Integrationsplattformen die Daten über eine geschützte Verbindung im Internet aus, und das Ziel-ERP-System des Lieferanten erhält die Daten in einem Format und Protokoll, das es verarbeiten kann.

Auftragsbestätigung

Auch für die Auftragsbestätigung wird ein IDoc erzeugt, diesmal mit dem Nachrichtentyp ORDRSP. Danach wird es auf dem gleichen Weg zurück an das Kundensystem geschickt. Dazu wird das IDoc zunächst an die Integrationsplattform des Lieferanten übergeben, anschließend wird die elektronische Auftragsbestätigung an die Integrationsplattform des Kunden geschickt. Auf Basis dieser Nachricht erfolgt dann die automatische Aktualisierung der Bestellung im System des Kunden. Die unter Umständen abweichenden Liefertermine, die der Lieferant auf diesem Weg übermittelt hat, können abhängig von den Einstellungen in der Materialwirtschaft dispositiv wirksam werden. Es ist aber auch möglich, diese Auswirkung auf die Disposition zu verhindern. In diesem Fall steht dem Disponenten zwar die Information zur Verfügung, es bleibt aber ihm überlassen, eine Umterminierung manuell vorzunehmen.

Lieferavis

Beim Warenausgang auf dem Lieferantensystem wird der Nachrichtentyp DESADV verwendet. Über ein Lieferavis wird dem Kunden nochmals der genaue Liefertermin angekündigt und bestätigt (avisiert). Wie schon beim Versand der Auftragsbestätigung nimmt die Nachricht ihren Weg über die Integrationsplattform des Lieferanten, und das Lieferavis wird wiederum bereits in Form einer XML-Datei an die SAP Business Technology Platform des Kunden gesendet, die die Kommunikation mit dem SAP-S/4HANA-System abwickelt.

Faktura

Wie das Lieferavis in der Lieferung kann auch die Faktura als elektronisches Dokument in Form eines IDocs erzeugt werden. Dazu wird der Nachrichtentyp INVOIC verwendet.

28.2 Beispiel für die unternehmensübergreifende Auftragsabwicklung

Aufbau des Szenarios

Unser Systembeispiel basiert auf der Beschreibung der unternehmensübergreifenden Auftragsabwicklung aus dem vorherigen Abschnitt. Damit das Beispiel anschaulich und nachvollziehbar bleibt, werden wir einen näheren Blick auf die elektronische Übermittlung der Auftragsdaten und die entsprechende Auftragsbestätigung des Lieferanten werfen. Auf die Übermittlung elektronischer Nachrichten für das Lieferavis und die Faktura mit den jeweiligen automatischen Eingangsverarbeitungen werden wir nicht im Detail eingehen, da sich die Schritte sehr ähnlich sind. Gleichwohl werden wir die restlichen Schritte des Beschaffungsprozesses (Lieferavis, Rechnungseingang, Zahlung) automatisiert durchführen und entsprechend erläutern. Gleiches gilt für den Vertriebsprozess beim Lieferanten. Dort werden wir den Warenausgang, die Rechnungserstellung und die Verbuchung der Zahlung des Kunden sehen.

Unser Kunde ist die IPU Industriepumpen GmbH, die für die Abbildung ihrer Geschäftsprozesse SAP S/4HANA 2020 einsetzt. Dieses Unternehmen beschafft das Material PU1000 (Pumpengehäuse Metall XLR) bei dem Lieferanten 1082, der Industriemaschinen GmbH, für die ein entsprechender Geschäftspartnerstamm gepflegt ist. Die IPU Industriepumpen GmbH verwendet als Integrationsplattform die SAP Business Technology Platform. Die Übermittlung der Bestellung an den Lieferanten erfolgt elektronisch.

Die Industriemaschinen GmbH wickelt ihre Geschäftsprozesse mit SAP ECC 6.0 ab. Die Industriemaschinen GmbH hat für den Kunden IPU Industriepumpen GmbH auf ihrem System einen Debitorenstammsatz mit der Nummer 88000 angelegt. Die Industriemaschinen GmbH erhält die Bestellungen des Kunden auf elektronischem Weg. Auf Basis dieser Information wird automatisch ein Kundenauftrag angelegt. Die Übermittlung der Auftragsbestätigung an den Kunden erfolgt ebenfalls elektronisch. Die restlichen Schritte wie Lieferavis und Faktura werden ebenfalls elektronisch an den Kunden übermittelt. Aus Platzgründen verzichten wir bei diesem Beispiel auf die Darstellung von Zahlungsausgang und -eingang.

Im Einzelnen umfasst das Systembeispiel folgende Schritte:

1. Anzeige der Stammdaten (Lieferant, Infosatz) beim Kunden
2. Anzeige des Materialbestands beim Kunden
3. Erfassung der Bestellanforderung beim Kunden
4. Bestellung des Kunden
5. Anzeige des ausgehenden IDocs mit den Bestelldaten
6. Anzeige der XML-Daten in der SAP Business Technology Platform
7. Anzeige des eingehenden IDocs mit den Bestelldaten beim Lieferanten
8. Kundenauftrag beim Lieferanten
9. Anzeige des ausgehenden IDocs mit der Auftragsbestätigung beim Lieferanten
10. Verbuchung der Auftragsbestätigung beim Kunden
11. Warenausgang beim Lieferanten
12. Lieferavis und Wareneingang beim Kunden
13. Rechnungsausgang beim Lieferanten
14. Rechnungseingang beim Kunden
15. Bestandsanzeige beim Kunden
16. Bestellentwicklung beim Kunden

Schritt 1: Anzeige der Stammdaten beim Kunden

Bevor wir mit dem Beschaffungsprozess des Kunden beginnen, wollen wir einen Blick auf die Stammdaten werfen. Das Material PU1000 wird bei dem Lieferanten mit der Lieferantennummer 1082 (Industriemaschinen GmbH) beschafft. Ein entsprechender Geschäftspartnerstamm ist beim Kunden in SAP S/4HANA angelegt. In Abbildung 28.2 sehen Sie den Geschäftspartnerstamm. Dabei ist vor allem das Feld **Konto b. Kreditor** interessant. Dort sehen Sie die Kundennummer, unter der der Kunde beim Lieferanten geführt wird (in unserem Beispiel 88000). Unter dieser Kundennummer wird später auf dem System des Lieferanten der Kundenauftrag erzeugt.

Die Informationen für die Beschaffung des Materials PU1000 bei unserem Lieferanten 1082 sind in der Materialwirtschaft im Einkaufsinfosatz hinterlegt. Diesen Infosatz sehen Sie in Abbildung 28.3.

Im Feld **BestätPf** ist ein Häkchen gesetzt. Mit diesem Kennzeichen wird festgelegt, dass zu Bestellungen eine Bestätigung des Lieferanten erwartet wird und diese auch im System erfasst wird. In unserem Systembeispiel erfolgen sowohl die Übermittlung der Bestellung, der Auftragsbestätigung als auch des Lieferavis auf elektronischem Weg. Im Feld **BestätSteu** ist ein Bestätigungsschlüssel 0001 hinterlegt.

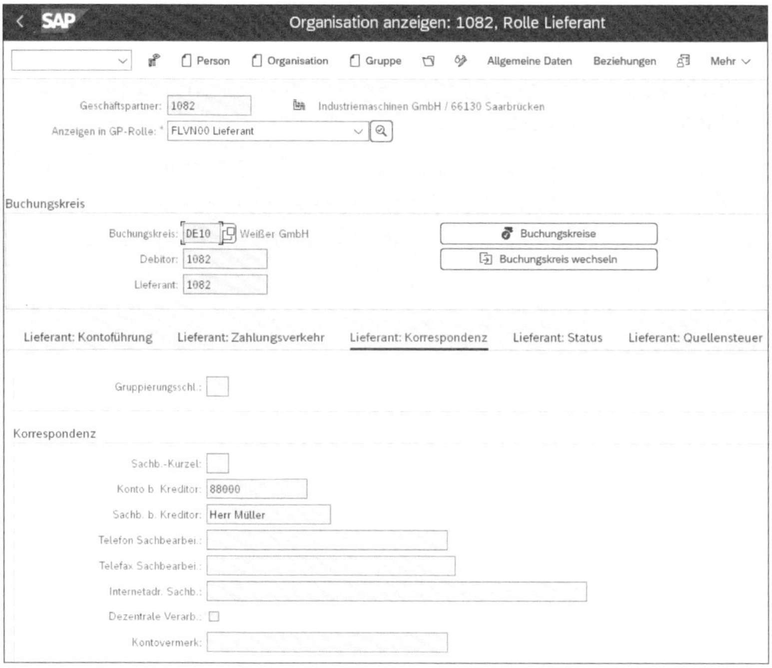

Organisation anzeigen: 1082, Rolle Lieferant
Person Organisation Gruppe Allgemeine Daten Beziehungen Mehr
Geschäftspartner: 1082 Industriemaschinen GmbH / 66130 Saarbrücken
Anzeigen in GP-Rolle: * FLVN00 Lieferant
Buchungskreis
Buchungskreis: DE10 Weißer GmbH
Debitor: 1082
Lieferant: 1082
Buchungskreise
Buchungskreis wechseln
Lieferant: Kontoführung Lieferant: Zahlungsverkehr Lieferant: Korrespondenz Lieferant: Status Lieferant: Quellensteuer
Gruppierungsschl.:
Korrespondenz
Sachb.-Kürzel:
Konto b. Kreditor: 88000
Sachb. b. Kreditor: Herr Müller
Telefon Sachbearbei.:
Telefax Sachbearbei.:
Internetadr. Sachb.:
Dezentrale Verarb.:
Kontovermerk:

Abbildung 28.2 Anzeige des Geschäftspartnerstamms (Transaktion BP)

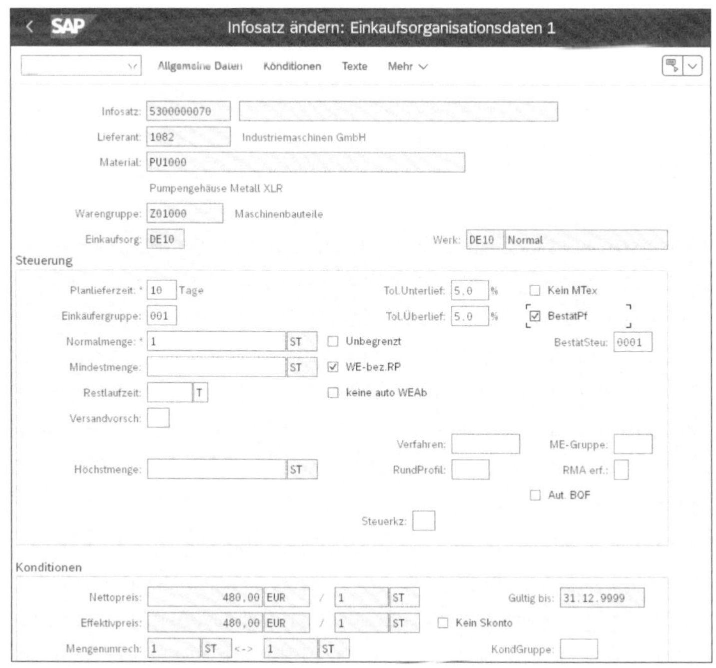

Abbildung 28.3 Infosatzdaten für die Beschaffung des Materials PU1000 beim Lieferanten 1082 (Transaktion ME12)

28

Im Customizing der Materialwirtschaft kann zu jedem Schlüssel hinterlegt werden, welche Bestätigungsnachrichten (z. B. Auftragsbestätigung oder Lieferavis) vom Lieferanten erwartet werden. In unserem Beispiel schickt uns der Lieferant beide Bestätigungsnachrichten.

Schritt 2: Anzeige des Materialbestands beim Kunden

Bevor wir mit der Beschaffung des Materials PU1000 beginnen, wollen wir uns die Bestandssituation beim Kunden ansehen. Aus Abbildung 28.4 geht hervor, dass im Werk Hamburg (DE10) des Kunden derzeit kein Bestand vorhanden ist.

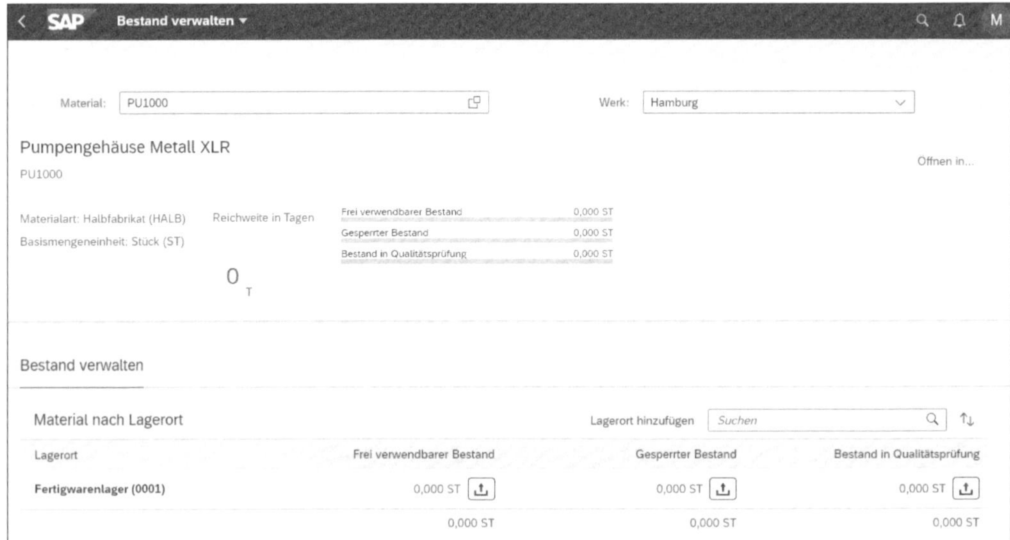

Abbildung 28.4 Bestandsübersicht über das Material PU1000 im Werk DE10 (Hamburg) (SAP-Fiori-App »Bestand verwalten«)

Schritt 3: Erfassung der Bestellanforderung beim Kunden

Der Beschaffungsprozess beginnt mit der manuellen Erfassung der Bestellanforderung (siehe Abbildung 28.5) für das Material PU1000 (Pumpengehäuse Metall XLR). Es wird eine Position mit 15 Stück erfasst. In den Detaildaten zur Position erkennt man, dass die Bezugsquellenfindung bereits durchgeführt wurde. Die Bestellung erfolgt bei unserem Lieferanten 1082, Industriemaschinen GmbH (siehe Abbildung 28.5). In derselben Zeile erkennen Sie den Bezug zum Infosatz 5300000070 aus Abbildung 28.3, über den die Bezugsquelle ermittelt wurde.

Schritt 4: Bestellung des Kunden

Anschließend wird die Bestellanforderung in eine Bestellung umgesetzt. Das Ergebnis, die Bestellung mit der Belegnummer 4500000024, sehen Sie in Abbildung 28.6. Die Position wurde aus der Bestellanforderung übernommen. Zu der Position existieren in der unteren Bildhälfte mehrere Sichten. In Abbildung 28.6 ist die Sicht für die **Lieferantenbestätigungssteuerung** eingeblendet. Sie erkennen, dass das Kennzeichen **BestätPflicht** mit einem

Ja aktiviert ist und dass als Schlüssel für die Bestätigungssteuerung (**Bestät-Steuerung**) der Schlüssel 0001 ermittelt wurde.

Abbildung 28.5 Anlegen der Bestellanforderung (SAP-Fiori-App »Bestellanforderungen verwalten«)

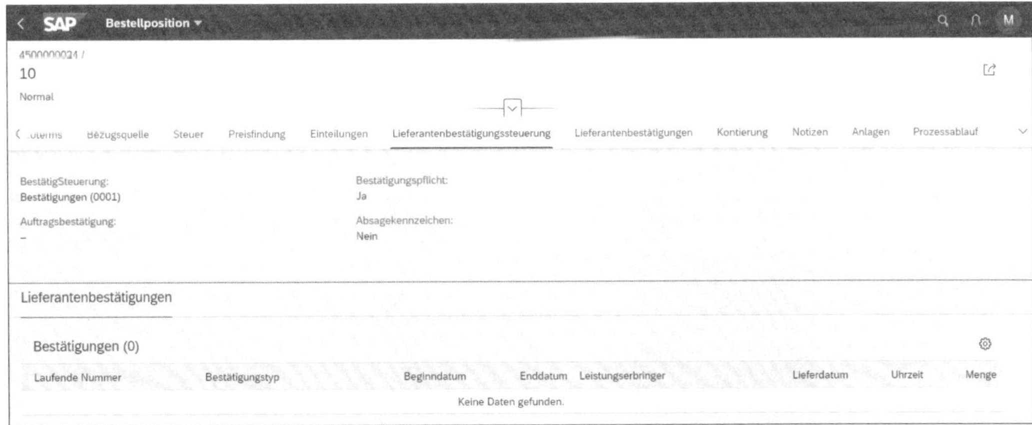

Abbildung 28.6 Bestellung mit Bestätigungspflicht (SAP-Fiori-App »Bestellungen verwalten«)

Beide Einstellungen wurden beim Anlegen der Bestellung automatisch aus dem Infosatz ermittelt. Die Zeilen darunter sind noch leer, da noch keine Bestätigungen vom Lieferanten übermittelt wurden.

Die Funktion der *Nachrichtenfindung* und ihre Umsetzung mit BRFplus haben wir ausführlich in Abschnitt 4.4 erläutert, sodass wir an dieser Stelle nicht näher darauf eingehen wollen. In Abbildung 28.7 sehen Sie das Ergebnis der Nachrichtenfindung für die Bestellung 4500000024.

28

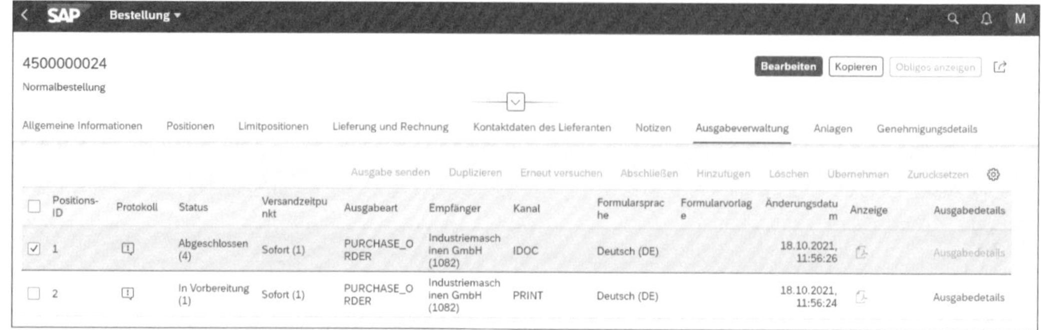

Abbildung 28.7 Ergebnis der Nachrichtenfindung in der Bestellung (SAP-Fiori-App »Bestellungen verwalten«)

Die Ausgabeart **PURCHASE_ORDER** enthält die Informationen der Bestellung. In der Ausgabesteuerung wurde festgelegt, dass es sich um eine elektronische Nachricht (Kanal **IDOC**) handelt. Abbildung 28.8 zeigt das Anwendungs-Log mit der IDoc-Nachrichtennummer 203012, die erzeugt wurde.

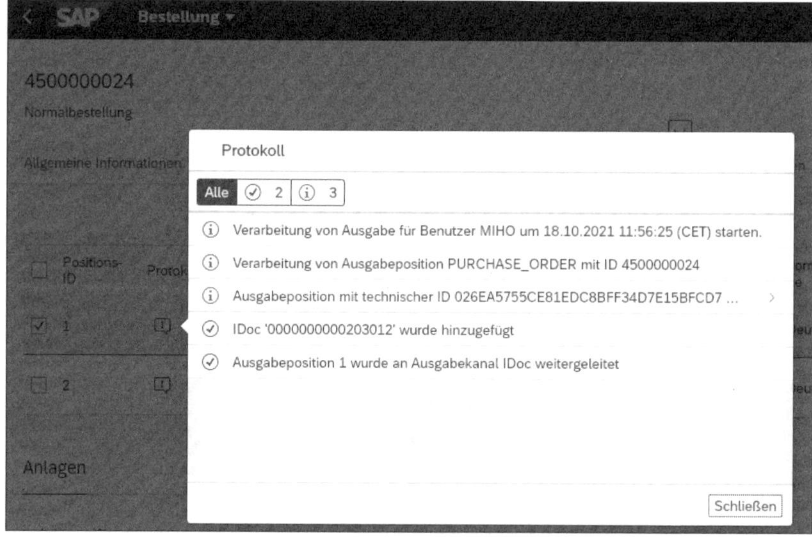

Abbildung 28.8 Verarbeitungsprotokoll der Ausgabeart PURCHASE_ORDER in der Bestellung (SAP-Fiori-App »Bestellungen verwalten«)

Schritt 5: Anzeige des ausgehenden IDocs

Das IDoc enthält die elektronischen Bestelldaten (siehe Abbildung 28.9). Es handelt sich um den Nachrichtentyp **ORDERS** (**Basistyp ORDERS05**) mit den Bestelldaten des Kunden, die an den Lieferanten übermittelt werden. Über Transaktion WE02 kann man sich den Verarbeitungsstatus und den Inhalt von IDocs anzeigen lassen. Hier lässt sich die grundsätzliche Gliederung des IDocs in Kontroll-, Daten- und Statussätze erkennen. Die Kontrolldaten enthalten im Wesentlichen technische Informationen (z. B. Nachrichtentyp, IDoc-Typ und Empfangssystem). Der betriebswirtschaftliche Inhalt befindet sich in den Datensätzen, während die Statussätze die einzelnen Bearbeitungsschritte dokumentieren (IDoc erzeugt, IDoc übergeben etc.).

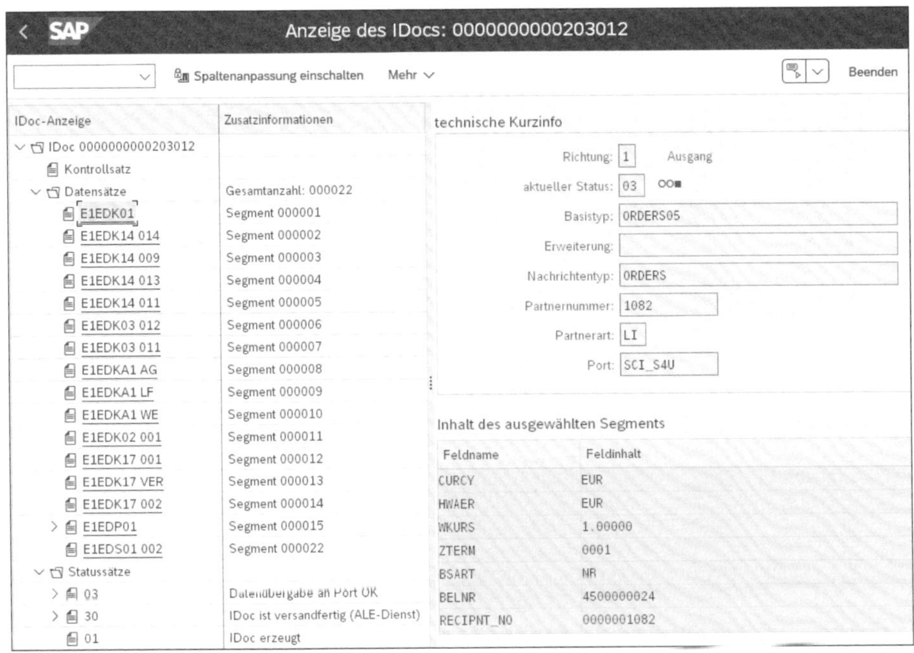

Abbildung 28.9 Anzeige der Datensätze des IDocs 203012 (Transaktion WE02)

Zur Veranschaulichung unseres Beispiels wollen wir uns an dieser Stelle auf die betriebswirtschaftlichen Informationen in den Datensätzen konzentrieren. Abbildung 28.9 zeigt, dass die Datensätze in mehreren Segmenten für Kopf- und Positionsdaten enthalten sind. Die Kopfdaten der Bestellung sind in den Segmenten 1 bis 14 enthalten, die Positionsdaten in n Segment 15. Der Aufbau dieser Daten ist durch den Basistyp **ORDERS05** festgelegt und kann z. B. über Transaktion WE60 eingesehen werden.

Beim Blick auf den Inhalt des ausgewählten Segments **E1EDK01** ist im Feld **BELNR** die Bestellnummer **4500000024** zu sehen. Darunter findet sich im Feld **RECIPNT_NO** die Lieferantennummer (1082) aus der Bestellung.

In Abbildung 28.10 sehen Sie die Positionsdaten der Bestellung. Diese sind im Datensatz **E1EDP01** und den Unterdatensätzen **E1EDP20** und **E1EDP19** enthalten. Im Segment **E1EDP01** erkennen Sie im Feld **MENGE** die Bestellmenge (15.000 = 15) und im Feld **MENEE** die Mengeneinheit **PCE** die der Basismengeneinheit »Stück« entspricht. In Zeile 17 des Datensatzes sehen Sie die Informationen zu der Materialnummer (**PU1000**) und der Materialbezeichnung (**Pumpengehäuse Metall XLR**).

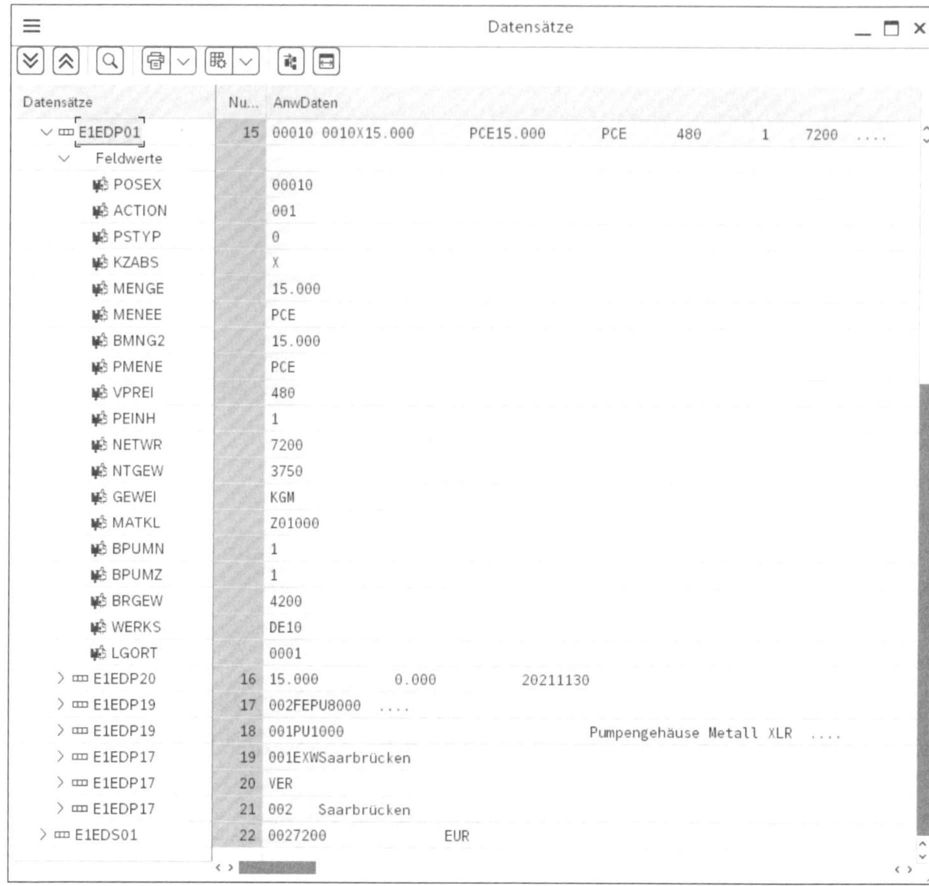

Abbildung 28.10 Anzeige der Datensätze des IDocs 203012 (Transaktion WE02)

Schritt 6: Anzeige der XML-Daten

Das IDoc wurde auf dem SAP-System des Bestellers (Kunde) erzeugt und über die Festlegungen in den Kontrolldaten an die Komponente SAP Business Technology Platform übergeben. Der Empfang und die Weiterleitung der Daten erfolgt, wie in Abschnitt 24.2, »SAP Business Technology Platform«, beschrieben, mithilfe eines Integration Flows, der sowohl die technischen Daten für den Empfang und das Senden der Nachrichten enthält als auch die Möglichkeit der Datenmanipulation umfasst. Abbildung 28.11 zeigt das Nachrichten-Log auf dem Integrationssystem.

Neben den Verarbeitungszeiten (**StartTime**, **StopTime**) finden wir unter **SenderId** einen Hinweis auf das Sendersystem **SenderID_SAP_S4HANA_IDOC** und unter **ReceiverId** einen Hinweis auf das Empfängersystem **SAP_ERP_IDOC**. Beide Bezeichnungen sind im Integration Flow frei wählbar.

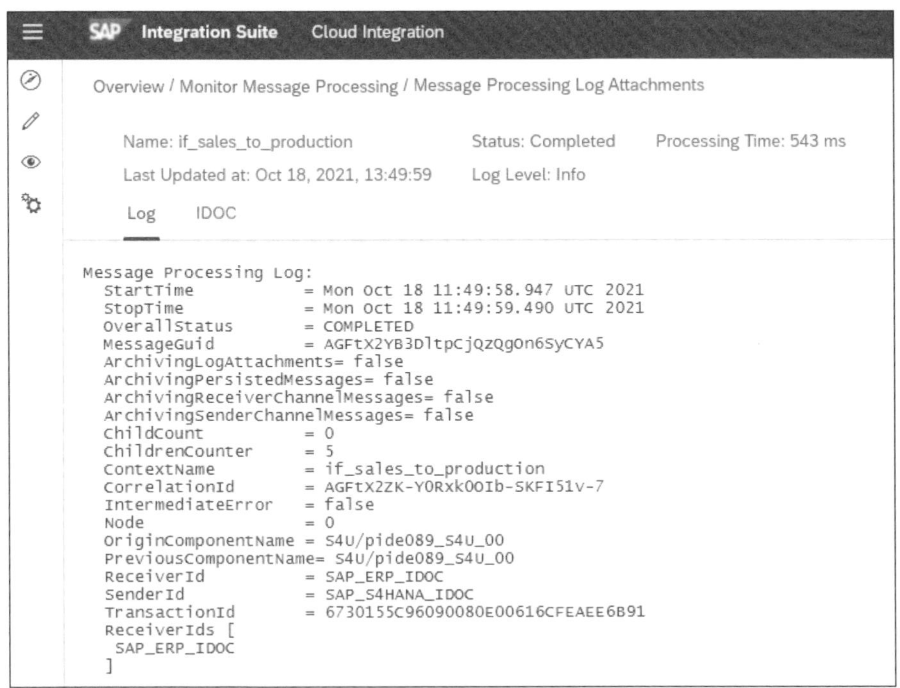

Abbildung 28.11 Nachrichten-Log der SAP Business Technology Platform

Inhalte der XML Nachricht

Auch hier wollen wir uns zur besseren Nachvollziehbarkeit die betriebswirtschaftlichen Inhalte der XML-Nachricht ansehen. Man bezeichnet die semantischen Inhalte der Nachricht auch als *Payload*. In Abbildung 28.12 erkennen Sie unter anderem die Nummer (203012) des IDocs, aus dem die Daten stammen (Zeile `<DOCNUM>`). Ebenso sind Informationen über den Nachrichtentyp ORDERS (Zeile `<MESTYP>`) und den IDoc-Typ ORDERS05 (Zeile `<IDOCTYP>`) enthalten. Damit wird zum einen die Referenz zu den Quellbelegen hergestellt und zum anderen die Weiterverarbeitung beim Lieferanten ermöglicht. Über den Nachrichtentyp erhält der Lieferant die Information, um welchen Vorgang (in unserem Fall die Bestellübermittlung) es sich handelt.

Zusätzlich sehen Sie auch bereits wirtschaftliche Informationen der XML-Nachricht. In der Zeile `<BELNR>` erkennen Sie die Bestellnummer des Kunden und in der Zeile `<RECIPNT_NO>` die Lieferantennummer 1082. Sämtliche Informationen aus den Segmenten des IDocs sind in den Nutzdaten (Payload) der XML-Nachricht vorhanden.

An dieser Stelle erfolgen weitere sehr unterschiedliche Bearbeitungsschritte innerhalb der Integrationsplattform (Feldmapping, Strukturmapping, Anreicherung von Daten etc.).

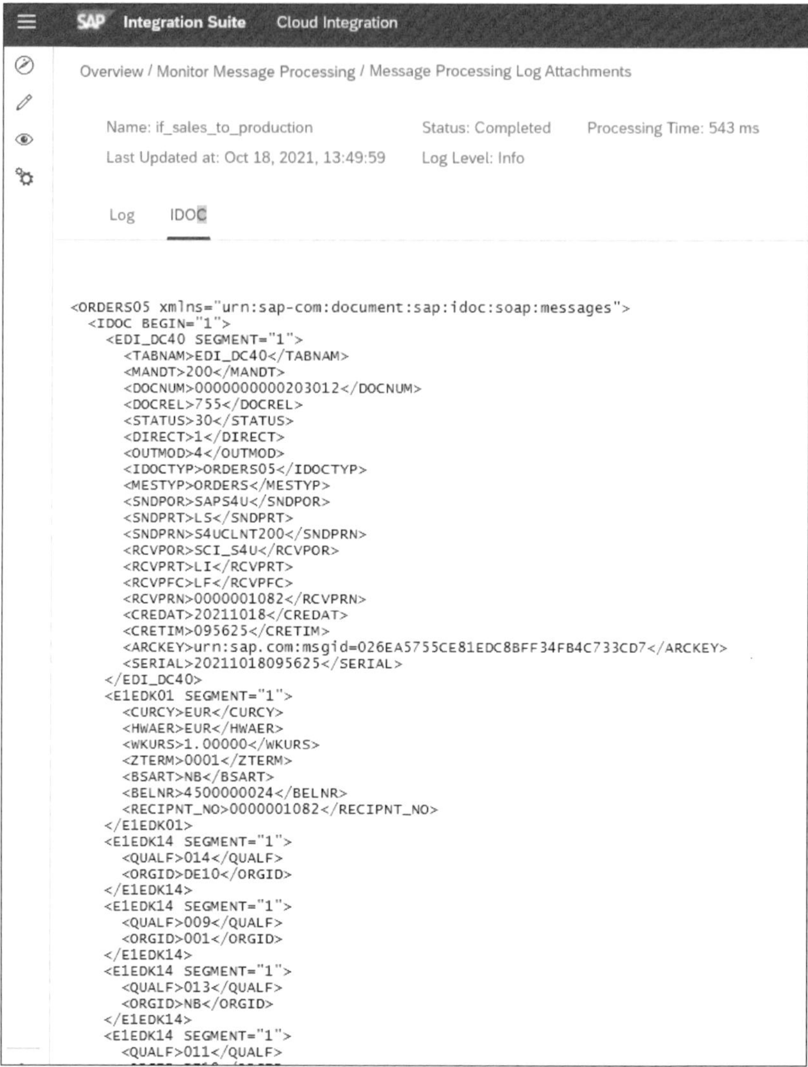

Abbildung 28.12 Anzeigen einer IDoc-XML-Datei in der SAP Business Technology Platform

Um dieses Systembeispiel überschaubar und damit nachvollziehbar zu gestalten, haben wir hier auf diese sehr technischen Bearbeitungsschritte verzichtet.

Die XML-Nachricht wird durch die SAP Business Technology Platform an die Integrationsplattform des Lieferanten weitergeleitet. Die Übermittlung kann über verschiedene Wege erfolgen, z. B. mit einem XML-Datenstrom über das Protokoll HTTP(S) oder durch einen Datenaustausch über das File Transfer Protocol (FTP). Beim Lieferanten erfolgen die Bearbeitungsschritte auf der Integrationsplattform spiegelbildlich. Dabei ist es nicht erforderlich, dass der Lieferant die gleiche Integrationsplattform einsetzt; es gibt weitere Anbieter mit einer Reihe von vergleichbaren Systemen, die ebenfalls eingesetzt werden können (z. B. webMethods, TIBCO oder Lobster). Die verschiedenen Integrationsplattformen verfügen in der Regel über entsprechende Adapter für die unterschiedlichen Backendsysteme (z. B. SAP ERP). In unserem Beispiel bleibt das IDoc in der XML-Form bestehen, wir passen nur die Partnerinformationen im Kontrollsatz an und senden diese Informationen via HTTPS an das ERP-System.

Schritt 7: Anzeige des eingehenden IDocs

Wir setzen unser Systembeispiel mit der Eingangsverarbeitung auf dem Zielsystem (SAP ECC) fort. In Abbildung 28.13 sehen Sie das eingehende IDoc mit den Bestellinformationen. Aus Sicht des Lieferanten handelt es sich hierbei um die elektronische Bestellung eines Kunden. Auf Basis dieser Nachricht wurde im Lieferantensystem ein Kundenauftrag (**Standard Order**) mit der Auftragsnummer **314** angelegt. Das geht aus den Statusinformationen des IDocs hervor (siehe Abbildung 28.13 links unten). Zudem erkennen Sie die bekannte Struktur des IDocs (Kontrollsätze, Datensätze, Statussätze) und die Gliederung in die einzelnen Segmente. In diesem Fall wurde der Datensatz **E1EDK01** aktiviert. Dort finden Sie die Bestellnummer des Kunden (**BELNR 4500000024**).

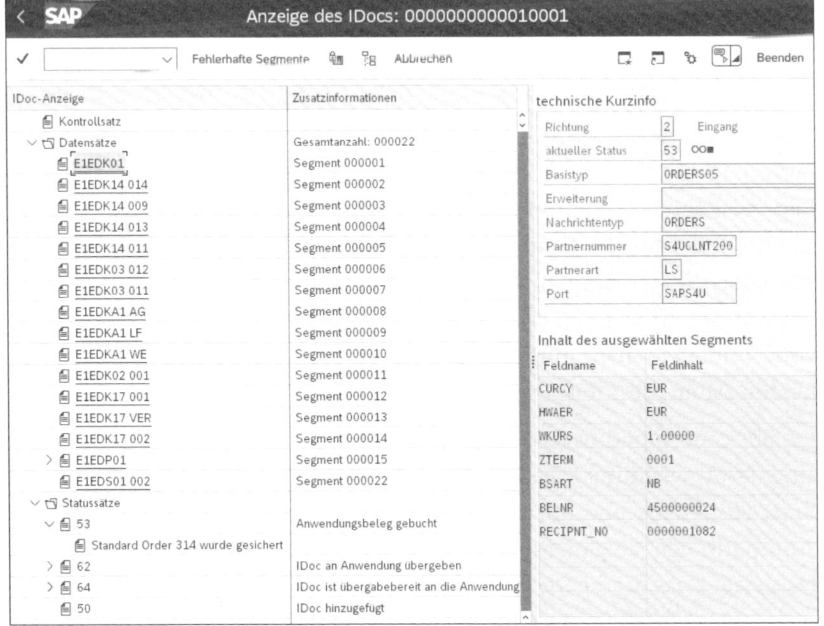

Abbildung 28.13 Anzeige der Bestelldaten im Eingangs-IDoc (Transaktion WE02)

Abbildung 28.14 zeigt das IDoc-Segment **E1EDKA1 AG** (Partnerdaten auf Belegkopfebene) mit der Auftraggebernummer **88000** (Feld **PARTN**). Diese wurde vom Kunden bereits mitgeliefert, da eine entsprechende Information im Lieferantenstamm erfasst worden war (siehe Abbildung 28.2).

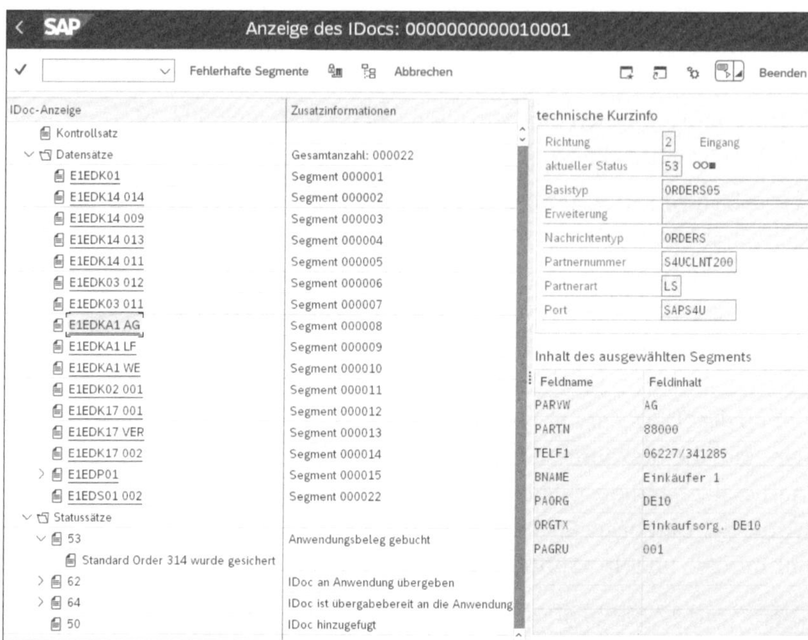

Abbildung 28.14 Anzeige der Partnerdaten im Eingangs-IDoc (Transaktion WE02)

Schritt 8: Kundenauftrag beim Lieferanten

Wie schon erwähnt, wurde auf Basis dieses IDocs ein Kundenauftrag im System des Lieferanten angelegt. Wie Sie aus Kapitel 2, »Organisationseinheiten«, Kapitel 3, »Stammdaten«, und Kapitel 4, »Grundlegende Vertriebsfunktionen«, wissen, benötigt man dazu die entsprechenden Organisationsdaten (Verkaufsorganisation, Vertriebsweg, Sparte) und die Festlegung der Auftragsart (z. B. TA für Terminauftrag). Da diese Informationen nicht vom Kunden im IDoc mitgeliefert werden, stellt sich die Frage, wie die fehlenden Daten ermittelt werden.

Ein Blick auf Abbildung 28.15 zeigt eine entsprechende Tabelle im Customizing der Anwendung Sales. Für jeden Kunden wird festgelegt, in welchem Vertriebsbereich und mit welcher Auftragsart der Kundenauftrag bei der automatischen Eingangsverarbeitung anzulegen ist. In der Tabelle wird festgelegt, dass für die Debitorennummer 88000 und die Lieferantennummer 0000001082 (führende Nullen sind mit anzugeben!) die Auftragsart TA (siehe Feld **VArt**) zu verwenden und der Auftrag im Vertriebsbereich 1000/10/00 (siehe Felder **VkOrg**, **VWeg**, **SP**) anzulegen ist.

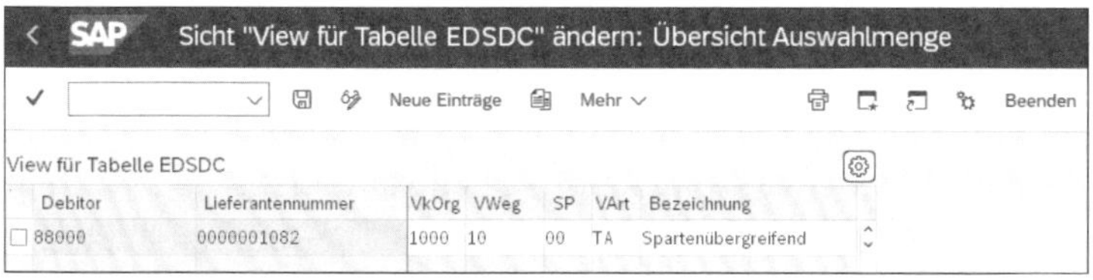

Sicht "View für Tabelle EDSDC" ändern: Übersicht Auswahlmenge

View für Tabelle EDSDC

Debitor	Lieferantennummer	VkOrg	VWeg	SP	VArt	Bezeichnung
88000	0000001082	1000	10	00	TA	Spartenübergreifend

Abbildung 28.15 Customizing der EDI-Eingangsverarbeitung (Transaktion VOE2)

Für den Fall, dass der Kunde seine Debitorennummer nicht im IDoc mitliefert, kann die Debitorennummer über eine weitere Customizing-Tabelle (Tabelle EDPAR über Transaktion VOE4) ermittelt werden. Dort erfolgt eine Umschlüsselung der Lieferantennummer aus dem IDoc auf die interne Debitorennummer beim Lieferanten.

Umschlüsselung

Die Thematik der Umschlüsselung stellt sich auch hinsichtlich der Materialnummer. Im IDoc befindet sich in unserem Beispiel lediglich die Materialnummer PU1000, unter der das Material auf dem Kundensystem verwaltet wird. Für die Ermittlung der zugehörigen Materialnummer beim Lieferanten nutzen wir in unserem Beispiel einen sogenannten *Kunden-Material-Infosatz* in der Anwendung Sales. Abbildung 28.16 zeigt diesen Stammsatz.

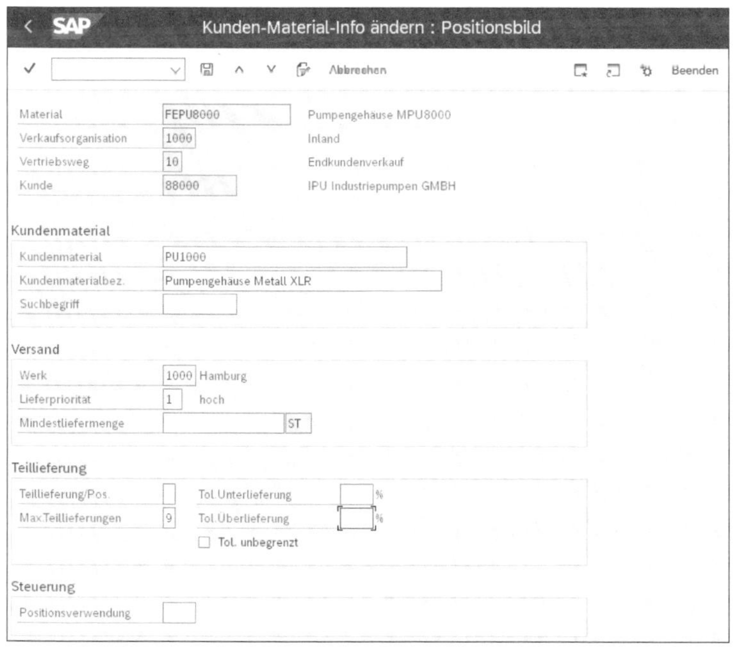

Abbildung 28.16 Anzeige der Kunden-Material-Info (Transaktion VD52)

Das Material wird auf dem Lieferantensystem unter der Materialnummer FEPU8000 verwaltet. In dem Kunden-Material-Infosatz wird diesem Material die kundenspezifische Materialnummer PU1000 zugeordnet. Aufgrund dieser Information kann der Kundenauftrag beim automatischen Anlegen mit der richtigen Materialnummer erfasst werden. Die Funktionalität der Kunden-Material-Info kann ein Anwender auch bei der Erfassung von Kundenaufträgen verwenden. Dies ist dann hilfreich, wenn eine schriftliche Bestellung des Kunden vorliegt, aus der lediglich dessen Materialnummer hervorgeht. Der Anwender gibt diese Nummer dann als Kundenmaterial ein, und das System ermittelt automatisch die entsprechende Materialnummer auf dem Lieferantensystem.

Auf Basis des IDocs, der erforderlichen Einstellungen im Customizing (Ermittlung der Organisationsdaten und der Auftragsnummer) und der Stammdaten zur Ermittlung der Materialnummer (Kunden-Material-Info) wurde ein Kundenauftrag im System des Lieferanten angelegt. Diesen Beleg sehen Sie in Abbildung 28.17.

Abbildung 28.17 Kundenauftrag 314 im SAP-ECC-System (Transaktion VA03)

Für den Kunden mit der Debitorennummer 88000 (IPU Industriepumpen GmbH) wurde ein Kundenauftrag mit der Position 10 für das Material FEPU8000 über die Auftragsmenge von 15 Stück angelegt. Im Feld **Bestellnummer** sehen Sie als Referenzinformation die Bestellnummer des Kunden (4500000024). Die Funktionen Preisfindung und Verfügbarkeitsprüfung werden genau wie bei der manuellen Erfassung automatisch ausgeführt. Das gilt auch für die Nachrichtenfindung. In unserem Beispiel soll die Auftragsbestätigung auf elektronischem Weg über ein IDoc versendet werden. In Abbildung 28.18 sehen Sie das Ergebnis der Nachrichtenfindung im Kundenauftrag.

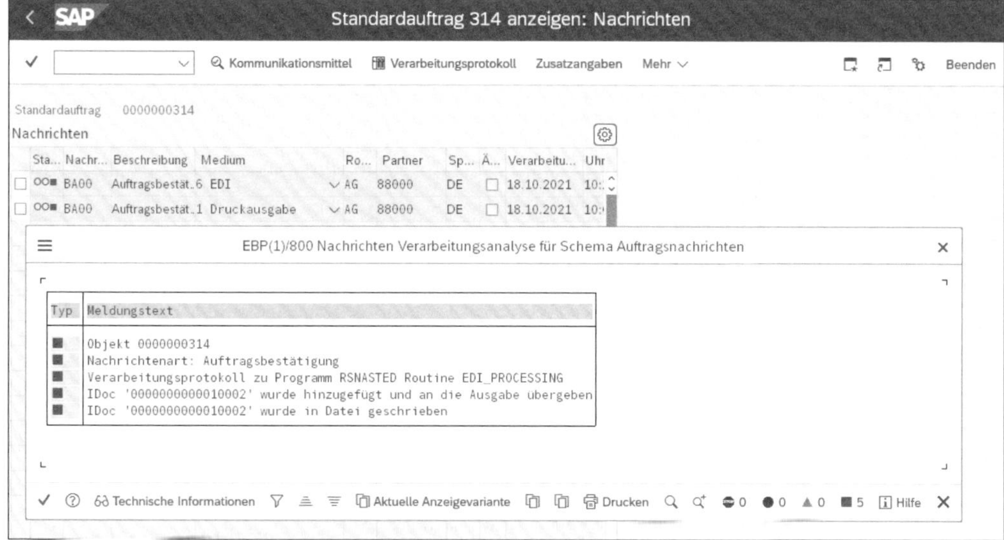

Abbildung 28.18 Nachrichtenfindung im Kundenauftrag 314 (Transaktion VA03)

Für die Nachrichtenart BA00 wurde in dem entsprechenden Konditionssatz (siehe Abschnitt 4.4, »Nachrichtenfindung«) über das Medium EDI festgelegt, dass die Auftragsbestätigung auch auf elektronischem Weg erfolgt. In Abbildung 28.18 wird ebenso das **Verarbeitungsprotokoll** der Nachrichtenausgabe angezeigt.

Schritt 9: Anzeige des ausgehenden IDocs beim Lieferanten

Ein IDoc vom Typ ORDERS05 mit der Nummer 10002 und dem Nachrichtentyp ORDRSP wurde erzeugt. Dieser enthält die Bestätigungsdaten für den Kundenauftrag. Abbildung 28.19 zeigt den IDoc-Ausgang für dieses elektronische Dokument. Auch für dieses IDoc wollen wir uns die wichtigsten Inhalte ansehen. Sie sehen die Auftragsnummer 314 (Feld **BELNR**), die dem Kunden in der Auftragsbestätigung übermittelt wird. Die Positionsdaten befinden sich wiederum im Datensatz E1EDP01 und den zugehörigen Untersegmenten (diese Informationen werden in der Abbildung nicht angezeigt).

Schritt 10: Verbuchung der Auftragsbestätigung

Der Rückweg für die Übermittlung der Auftragsbestätigung entspricht dem Ablauf, den wir für die Übermittlung der Bestelldaten (siehe Schritt 6) bereits gezeigt haben. Aus diesem Grund wollen wir hier auf eine erneute detaillierte Darstellung der Aus- und Eingangsverarbeitung verzichten.

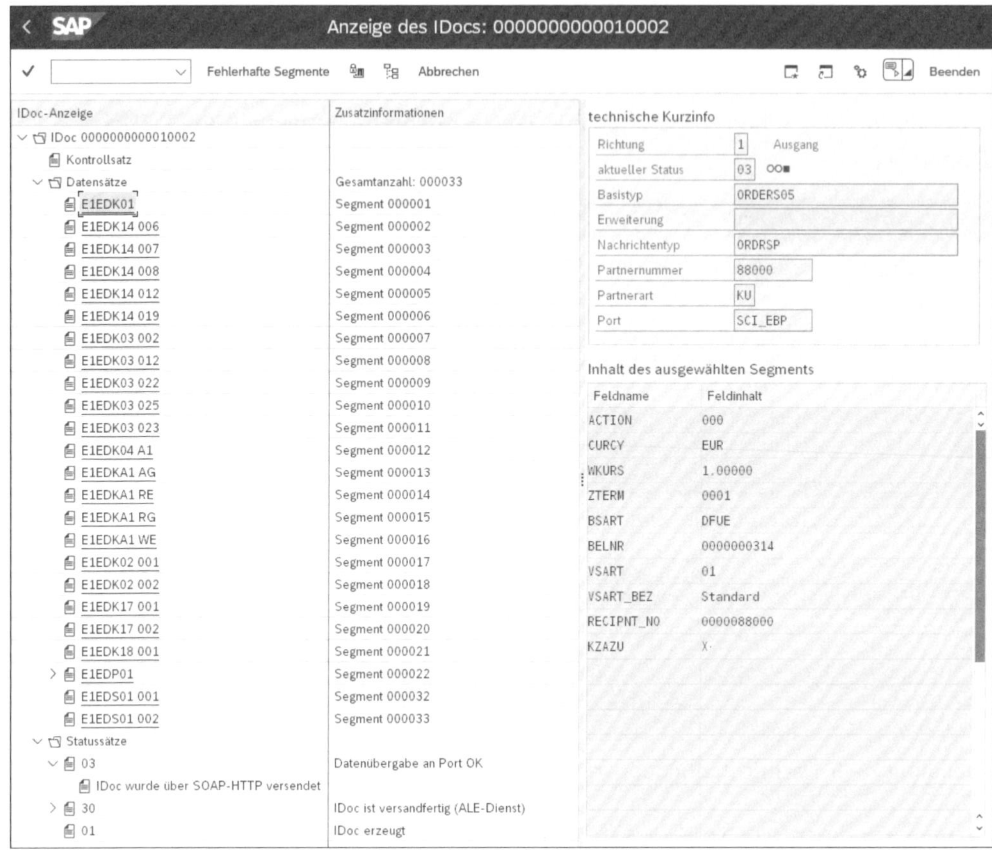

Abbildung 28.19 Anzeige des Ausgangs-IDocs mit der Auftragsbestätigung (Transaktion WE02)

Im nächsten Schritt wird das IDoc 10002 über die Integrationsplattformen des Lieferanten an das SAP-S/4HANA-System des Kunden übergeben. Auf Basis des IDocs wird automatisch eine Auftragsbestätigung zur Bestellung 4500000024 im Kundensystem angelegt.

In Abbildung 28.20 sehen Sie bereits die Auswirkung in der Bestellung. In der unteren Bildhälfte wurde der Reiter **Lieferantenbestätigungen** ausgewählt. Im Gegensatz zur vorherigen Situation (siehe Abbildung 28.6) sehen Sie in der ersten Zeile die Auftragsbestätigung des Lieferanten. Im Feld **Bestätigungstyp** erkennen Sie die Art der Bestätigung (**AB** = Auftragsbestätigung). Zusätzlich werden das Lieferdatum (30.11.2021) und die Menge (15 Stück) bestätigt.

Abbildung 28.20 Anzeige der Bestellung nach dem Eingang der elektronischen Auftragsbestätigung (SAP-Fiori-App »Bestellungen verwalten«)

Im Folgenden wollen wir den Prozess in beiden Systemen vervollständigen. Wir werden die nächsten Schritte bis auf die Wareneingangsbuchung automatisiert ablaufen lassen.

Schritt 11: Warenausgang beim Lieferanten

Zunächst wird im System des Lieferanten der Warenausgang gebucht. Dazu wird mit Bezug zum Kundenauftrag eine Lieferung angelegt. Diesen Beleg sehen Sie in Abbildung 28.21. An dieser Stelle erfolgt auch die Buchung des Warenausgangs.

Abbildung 28.21 Anlegen der Lieferung mit Bezug zum Kundenauftrag (Transaktion VL02N)

Die Ausgangsnachricht und das Verarbeitungsprotokoll sehen Sie in Abbildung 28.22.

Schritt 12: Lieferavis und Wareneingang beim Kunden

Im SAP-S/4HANA-System des Kunden wurde nun das Lieferavis gebucht. Das Ergebnis sehen Sie in Abbildung 28.23: Es wurde eine zweite Zeile auf dem Reiter **Lieferantenbestätigungssteuerung** erzeugt mit **Bestätigungstyp LA** für Lieferavis.

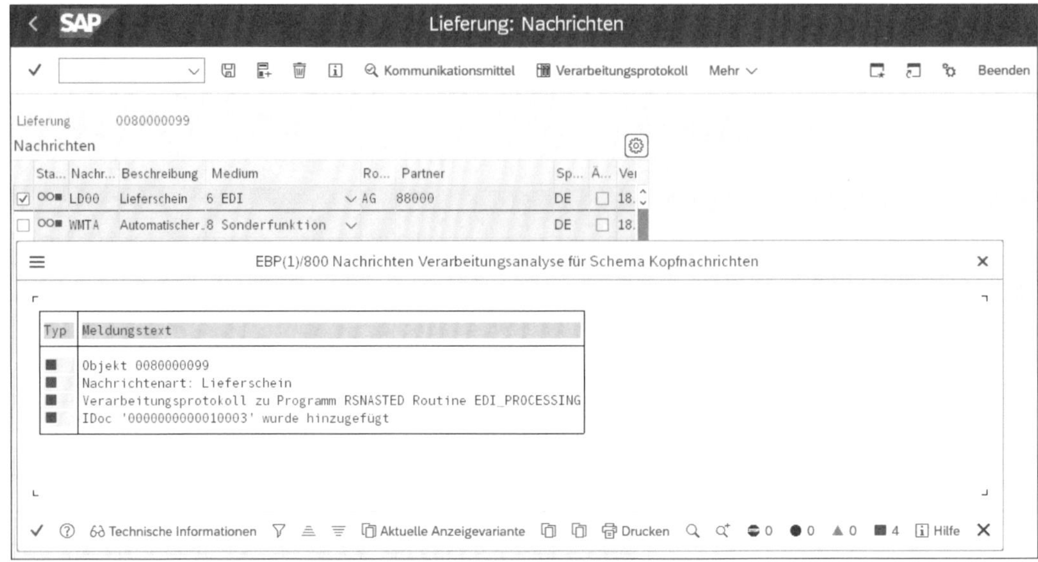

Abbildung 28.22 Nachricht und Verarbeitungsprotokoll des Lieferscheins (Transaktion VL02N)

Abbildung 28.23 Lieferavis in der Bestellung (SAP-Fiori-App »Bestellungen verwalten«)

Sobald die Ware beim Kunden eintrifft, erfolgt die Wareneingangsbuchung mit Bezug zum Lieferavis (Anlieferung). In Abbildung 28.24 sehen Sie diesen Vorgang im SAP-System des Kunden. Der Zugang in Höhe von 15 Stück erfolgt im **Werk** Hamburg (DE10) in den **Lagerort** Fertigwarenlager (0001) über die Schaltfläche **Buchen**.

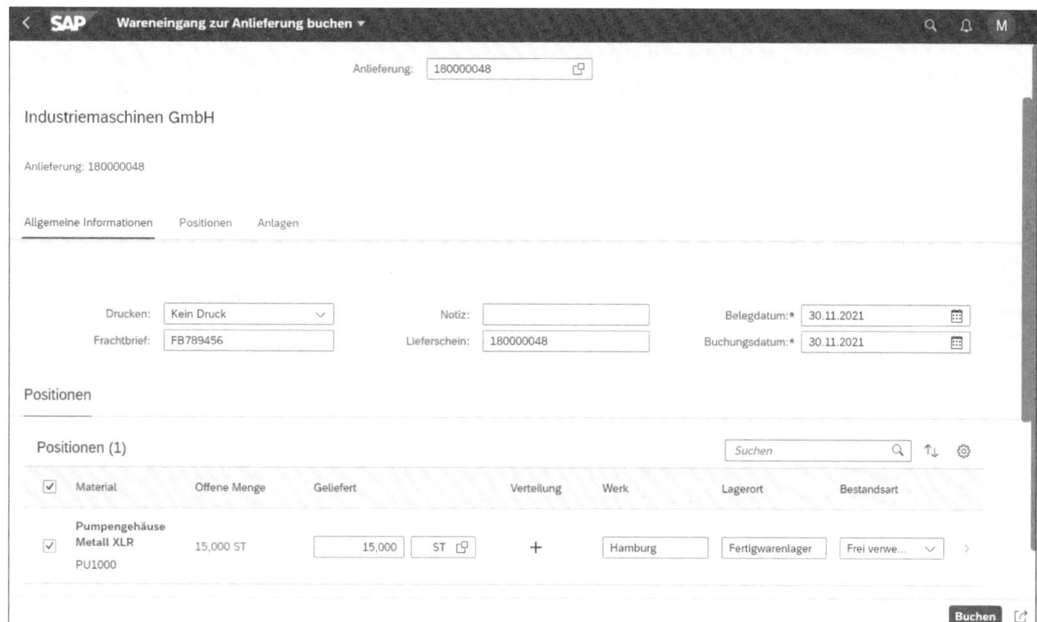

Abbildung 28.24 Wareneingang mit Bezug zur Anlieferung (SAP-Fiori-App »Wareneingang zur Anlieferung buchen«)

Schritt 13: Rechnungsausgang beim Lieferanten

Schließlich wird mit Bezug zum Auslieferungsbeleg eine Rechnung für den Kunden erstellt. Die Kundenfaktura im System des Lieferanten sehen Sie in Abbildung 28.25.

Rechnung 90000188 (F2) ändern: Übersicht - Fakturapositionen

Rechnungswesen | Fakturen | Abbrechen | Mehr | Beenden

F2 Rechnung: 90000188 — Nettowert: 7.200,00 EUR
Regulierer: 88000 — IPU Industriepumpen GMBH / Keplerstraße 1 / 20000 ...
Fakturadatum: 18.10.2021

Pos	Bezeichnung	Fakturierte Menge	ME	Nettowert	Material	VerrechngWert	Steuerbetrag	Preisdatum
10	Pumpengehäuse Metall XLR	15	ST	7.200,00	FEPU8000	7.202,10	1.368,00	18.10.2021

Abbildung 28.25 Kundenfaktura im SAP-ECC-System (Transaktion VF02)

Schritt 14: Rechnungseingang beim Kunden

Der Rechnungseingang wurde durch das SAP-S/4HANA-System automatisch gebucht. Für unser Beispiel haben wir eine Sperre eingebaut, um zu verhindern, dass automatisch erfasste Rechnungseingänge direkt zur Zahlung freigegeben werden. Abbildung 28.26 zeigt den Beleg, der für diese Buchung erzeugt worden ist. Die Werte für die Verbuchung der Eingangsrechnung werden aus der Bestellung und dem Wareneingang ermittelt. In dem zugehörigen Rechnungswesenbeleg wird der Buchungssatz »Wareneingangs-/Rechnungseingangs-Verrechnungskonto und Vorsteuer an das Kreditorenkonto (1082)« gebucht.

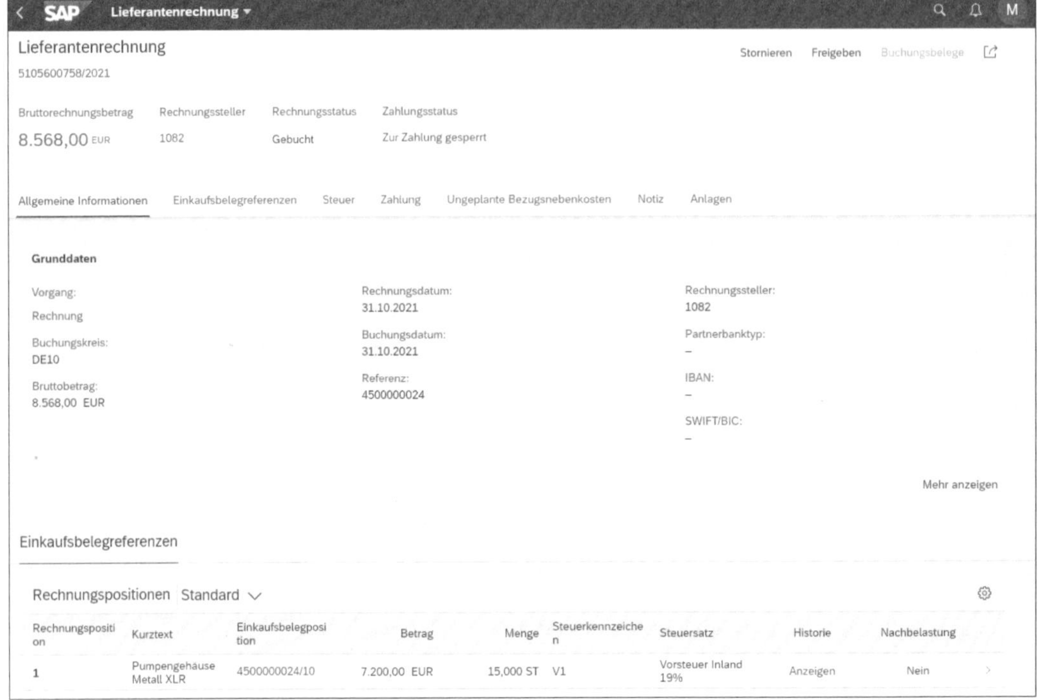

Abbildung 28.26 Anzeige des Rechnungsbelegs zur Eingangsrechnung (SAP-Fiori-App »Lieferantenrechnung verwalten«)

Schritt 15: Bestandsanzeige beim Kunden

Die Wareneingangsbuchung aktualisiert die Bestandsmengen in der Materialwirtschaft und die Bestandswerte im Finanzwesen. Abbildung 28.27 zeigt eine Bestandsübersicht nach der Wareneingangsbuchung. Jetzt ist im Werk Hamburg (DE10) ein Bestand von 15 Stück vorhanden.

In Finanzwesen wird ein entsprechender Rechnungswesenbeleg mit dem Buchungssatz »Bestandskonto an Wareneingangs-/Rechnungseingangs-Verrechnungskonto« erzeugt.

Schritt 16: Bestellentwicklung beim Kunden

Im nächsten Schritt (siehe Abbildung 28.28) wird der Prozessablauf zur Bestellung 4500000024 angezeigt. Er zeigt, ähnlich dem Belegfluss im Vertrieb, die einzelnen Folgeaktivitäten In unserem Beispiel hier erkennen wir, dass der **Wareneingang** erfolgt ist (gekennzeichnet mit **Abgeschlossen**) und die **Lieferantenrechnung** verbucht wurde (gekennzeichnet als **Gebucht**).

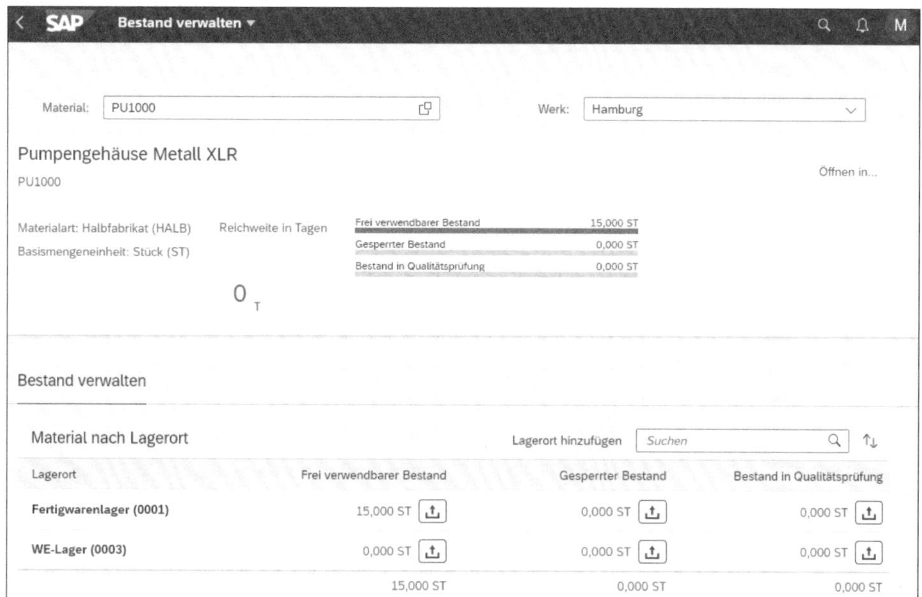

Abbildung 28.27 Bestandsübersicht für das Material PU1000 im Werk Hamburg (DE10) (SAP-Fiori-App »Bestand verwalten«)

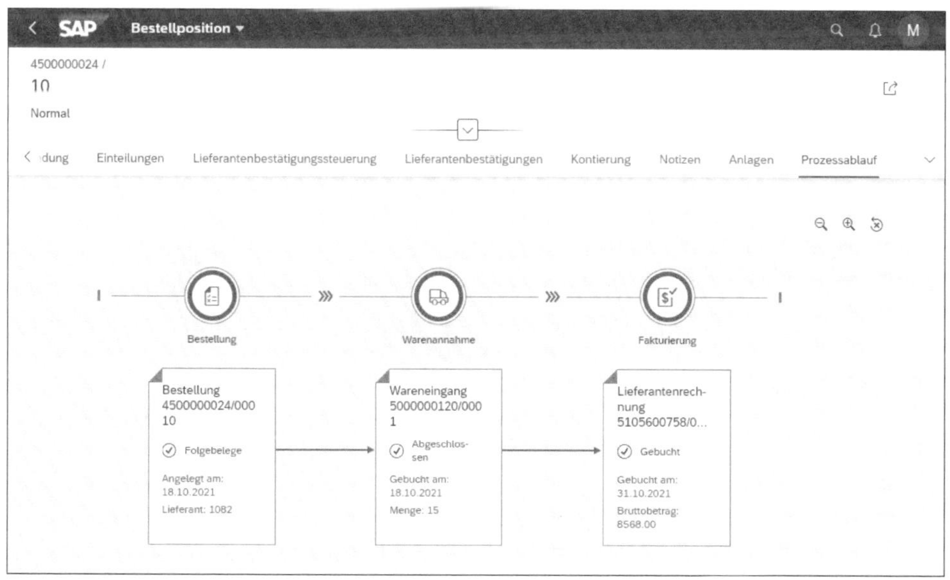

Abbildung 28.28 Anzeige des Prozessablaufs zur Bestellung 4500000024 (SAP-Fiori-App »Bestellungen verwalten«)

Mit dem Ausziffern der Kundenfaktura und dem Bezahlen der Lieferantenrechnung ist der komplette End-to-End-Prozess abgeschlossen.

Kapitel 29
Migration von SAP ERP nach SAP S/4HANA

Immer mehr Unternehmen stellen sich die Frage, wie ein Umstieg von ihrem vorhandenen SAP-System nach SAP S/4HANA aussehen könnte. Welche Möglichkeiten und Tools in SAP für die Umstellung zur Verfügung stehen, werden wir in diesem Kapitel beleuchten.

Um auf die Frage der Migration näher eingehen zu können, müssen wir im ersten Schritt die Betriebsmodelle von SAP erläutern. Unternehmen müssen zunächst entscheiden, ob sie SAP S/4HANA als Cloud- oder als On-Premise-Lösung betreiben wollen. Da dieses Thema in diesem Buch als Ergänzung dient, werden wir auf die Betriebsszenarien lediglich in aller Kürze eingehen.

SAP S/4HANA Cloud

Von einem *Cloud-Modell* spricht man, wenn ein Unternehmen die Software nicht selbst betreibt und administriert, sondern als Leistung eines Anbieters in Anspruch nimmt. Hardware wird nicht benötigt, und der Zugriff erfolgt über einen Internetzugang. Bei der Cloud-Lösung unterscheidet man zudem zwischen einer Public und einer Private Cloud. In der *Private Cloud* hat man die gleichen Einstellungsmöglichkeiten wie in einem On-Premise-System mit einigen Einschränkungen, die eine Cloud-Lösung mit sich bringt. Demgegenüber ist die *Public Cloud* viel restriktiver, individuelle Anpassungen sind hier nur sehr begrenzt möglich, die Customizing-Einstellungen beschränken sich auf einen vorgegebenen Rahmen, und individuelle Programmierungen lassen sich kaum umsetzen. Für alle Cloud-Lösungen gilt, dass das Unternehmen kaum Einfluss auf Softwarewartungen hat. Die Geschäftsmodelle sehen häufig so aus, dass das Unternehmen für die Zeit zahlt, in der es die Cloud nutzt, oder es zahlt nach der Anzahl der Anmeldungen.

SAP S/4HANA On-Premise

Unter *on-premise* versteht man die Nutzung einer Software, die erworben wurde und auf der entsprechenden Hardware selbst betrieben und administriert wird. In diesem Modell trägt der Kunde die Verantwortung für Hard- und Software, geschäftskritische Anwendungen, Verfügbarkeit der Software, Zugriffs- und Ausfallsicherheit und entscheidet auch selbst über das Einspielen der Softwarewartung. Bei der Anbindung anderer Systeme oder individueller Erweiterungen sind diese Unternehmen sehr flexibel.

Ob nun Cloud oder on-premise die geeignete Lösung für ein Unternehmen ist, muss jeweils im Einzelfall geprüft und entschieden werden. Generelle Empfehlungen lassen sich hierbei nicht geben. Nachdem Sie sich für ein Betriebsszenario entschieden haben, werden Sie in der Regel mit der Frage der Umstellung konfrontiert. Die Hauptszenarien, die SAP hier anbietet, sind der Greenfield- und der Brownfield-Approach. Daneben gibt es noch Mischformen bzw. hybride Ansätze (z. B. Selective Data Transition), auf die wir hier nicht genauer eingehen. Ganz grob kann man die beiden Szenarien folgendermaßen beschreiben:

Greenfield-Approach

Beim *Greenfield-Approach* handelt es sich um eine Neuimplementierung von SAP S/4HANA. Dieser Ansatz kann wie ein Projekt zur Neueinführung eines SAP-Systems betrachtet werden. Dies bietet den Unternehmen oft die Möglichkeit, ihre Prozesse wieder in den Standard zu überführen und ihre individuellen Programme anzupassen oder durch Standardfunktionen zu ersetzen. Zusätzlich kann eine Datenbereinigung erfolgen.

Brownfield-Approach

Ein *Brownfield-Approach* bedeutet, dass das aktuelle System umgewandelt wird. Dies setzt ein SAP-ERP-System voraus, in dem die *Unicode-Konvertierung* stattgefunden hat. Beim Brownfield-Approach werden Daten, Customizing und auch individuelle Programme weitestgehend konvertiert (in HANA-spezifische Strukturen). Dies ist erforderlich, weil sich in SAP S/4HANA viele Strukturen, wie Kunden- und Lieferantenstammsätze, geändert haben. Innerhalb des Brownfield-Approaches gibt es noch die Sonderform der *Landschaftstransformation*. Dieser Ansatz wird verwendet, wenn ein Unternehmen mehrere ERP-Systeme betreibt und diese in ein SAP-S/4HANA-System verschmelzen möchte. Abbildung 29.1 stellt die Szenarien grafisch dar.

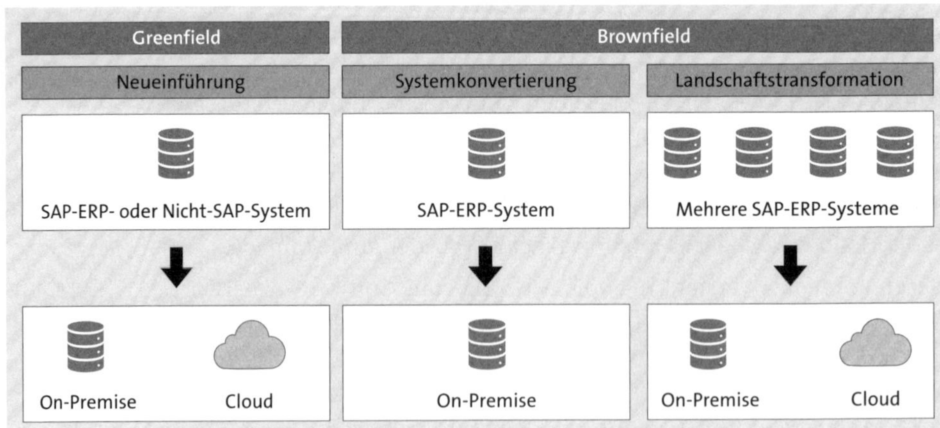

Abbildung 29.1 Mögliche Szenarien für den Umstieg auf SAP S/4HANA

Vor- und Nachteile beider Verfahren

Jede der beiden Vorgehensweisen bringt natürlich Vor- und Nachteile mit sich, die nicht unerheblich sind. Während bei einem Greenfield-Approach die Prozesse geprüft und in der Regel auch neu gestaltet werden, sollen diese bei einem Brownfield-Approach mit kleineren Anpassungen beibehalten werden. In einem Brownfield-Approach müssen die kundenindividuellen Programme identifiziert und nachbearbeitet werden, denn es besteht die Möglichkeit, dass auf veraltete Strukturen und Felder zurückgriffen wird, die nicht mehr existieren oder die nicht das gleiche Ergebnis liefern wie im bestehenden ERP-System. Ferner sind die zeitlichen Faktoren nicht zu unterschätzen. Während bei einem Greenfield-Approach die meiste Zeit dafür aufgewendet wird, die Prozesse zu gestalten und das Customizing einzustellen, wird bei einem Brownfield-Approach die meiste Zeit für Datenbereinigung und -kontrolle aufgewendet. Bei einem Brownfield-Approach muss außerdem die System-Downtime berücksichtigt werden. Hierbei handelt es sich um die Zeit, die für die Konvertierung benötigt wird und in der das System nicht einsetzbar ist.

Unabhängig davon, für welche Vorgehensweise sich ein Unternehmen entscheidet, sollte das Projekt gut geplant und überwacht werden und sollten die Mitarbeiter und Unternehmensprozesse stets im Mittelpunkt bleiben. Die technischen Werkzeuge, die wir Ihnen im Folgenden vorstellen, sollen das Projekt dabei unterstützen.

29.1 Migrationswerkzeuge

Readiness Check

Da viele Unternehmen nicht einschätzen können, ob ihr bestehendes SAP-ERP-System die Voraussetzungen für eine Konvertierung (Brownfield-Approach) erfüllt oder welcher Aufwand mit der Konvertierung verbunden ist, bietet SAP einen sogenannten *Readiness Check* an. Mit dem Readiness Check wird das System analysiert, und es werden Knackpunkte aufgezeigt, mit denen das Unternehmen bei der Konvertierung konfrontiert werden wird. Der Readiness Check unterstützt Sie u. a. bei den folgenden Auswertungen:

- Ermittlung der Anzahl aktiver Geschäftsfunktionen (Business Functions)
- Analyse kundeneigener Entwicklungen
- Ermittlung der Add-on-Kompatibilität
- Verwaltung des Datenvolumens
- Sizing Ihres zukünftigen SAP-S/4HANA-Systems
- Ermittlung der empfohlenen SAP-Fiori-Apps

Dieser Check sollte möglichst früh, im Idealfall vor dem Projekt durchgeführt werden. Aufgebaut ist der Readiness Check in unterschiedliche Schritte, die durchgeführt werden müssen:

- **Maintenance Planner**
  Der *Maintenance Planner* plant und simuliert eine Systemkonvertierung von SAP ERP nach SAP S/4HANA. Dieses Tool wird im SAP Support Portal zur Verfügung gestellt und nutzt die Systeminformationen aus dem Kundenprofil. Geprüft werden in diesem Schritt die Business Functions, Industrielösungen und Add-ons, die beim Kunden im Einsatz sind. Sollte beispielsweise ein Add-on unter SAP S/4HANA nicht zur Verfügung stehen, kann eine Systemkonvertierung nicht stattfinden. In solchen Fällen sollte der Partneranbieter kontaktiert werden, da SAP für die meisten Fälle Umsetzungspläne vorsieht. Falls keine Probleme auftreten, wird eine XML-Datei (auch Stack-XML genannt) erzeugt. Diese XML-Datei enthält neben der Ziellandschaft, die in SAP S/4HANA benötigt wird, weitere wichtige Informationen. Sie dient als Grundlage für die nächsten Schritte innerhalb des Readiness Checks.
- **SI-Checks**
  Der Begriff *SI-Checks* steht für »Simplification Item Checks«. Das Tool prüft, welche betriebswirtschaftlichen Prozesse bei einer Konvertierung anzupassen sind. Grundlage für die Prüfung ist die *Simplification List*, die SAP zu jedem Release von SAP S/4HANA veröffentlicht. In der Simplification List informiert SAP darüber, welche Veränderungen sich auf funktionaler Ebene durch die Konvertierung (oder Neueinführung) nach SAP S/4HANA ergeben. Zudem wird Auskunft darüber gegeben, welche Funktionen zwar aktuell noch zur Verfügung stehen, aber nicht mehr Teil der Zielarchitektur von SAP S/4HANA sind. Beispielsweise wird Warehouse Management System (WMS) derzeit noch unterstützt, aber ab 2025 vollständig durch SAP Extended Warehouse Management (SAP EWM) ersetzt.

  Die SI-Checks werden zu zwei unterschiedlichen Zeitpunkten ausgeführt. Der erste liegt, wie hier erläutert, in der Vorbereitungsphase, der zweite bei der tatsächlichen Konvertierung des Systems, da sich zwischen den beiden Zeitpunkten die Datengrundlage verändert haben könnte. Weitere Informationen finden Sie in SAP-Hinweis 2399707.
- **Customer-Vendor Integration (CVI)**
  Neben der Simplification List wird auch die Stack-XML aus dem Maintenance Planner benötigt, da sie die System- und Releaseinformationen beinhaltet. Eines der Objekte, die in diesem Schritt geprüft werden, ist die Kunden-/Lieferantenintegration. Wir haben in Kapitel 3, »Stammdaten«,

erläutert, dass der Geschäftspartner in SAP S/4HANA verpflichtend und Kunden/Lieferanten in Zukunft ersetzen wird. Hat auf dem aktuellen SAP-ERP-System die Umstellung von Kunden/Lieferanten in Geschäftspartner nicht stattgefunden, wird dies als Fehler betrachtet, der vor der Konvertierung behoben werden muss. Gleiches gilt auch für das Material Ledger, das in SAP S/4HANA Pflicht ist.

- **Custom Code**
  In diesem Schritt werden mithilfe des *Code Inspectors* die Eigenentwicklungen auf dem SAP-ERP-System untersucht. Da jedes Unternehmen aus vielerlei Gründen von den Standardprozessen abweicht, kann es zahlreiche Eigenentwicklungen im System geben. Dies ist auch notwendig, um sich einen betriebswirtschaftlichen Vorteil gegenüber Wettbewerbern zu verschaffen. Alle Eigenentwicklungen werden auf Kompatibilität mit SAP S/4HANA hin geprüft, und gegebenenfalls werden Fehler und Handlungsanweisungen durch das Programm generiert. Zu beachten sind hier SAP-Hinweis 1935918 und 1912445. Auf die Prüfung und das Ergebnis werden wir in Abschnitt 29.3, »Umgang mit Eigenentwicklungen und Programmen«, näher eingehen.

Mit dem Readiness Check erhalten die Unternehmen also einen Überblick darüber, was sie vor einer Migration nach SAP S/4HANA noch zu tun haben. Daraus lassen sich dann auch entsprechende Handlungsempfehlungen ableiten. Weitere Informationen finden Sie unter SAP-Hinweis 2758146.

Readiness Check beim Greenfield-Approach

Auch bei einem Greenfield-Approach ist es sinnvoll, den Readiness Check im Vorfeld auszuführen, da Sie dadurch wertvolle Informationen im Hinblick auf Prozessanpassungen und Eigenentwicklungen erhalten. Für die Migration gemäß Greenfield-Approach steht das *SAP S/4HANA Migration Cockpit* zur Verfügung, auf das wir in Abschnitt 29.4, »Datenmigration«, näher eingehen. Das Migration Cockpit soll die SAP Legacy System Migration Workbench ersetzen. Mit der Komponente SAP Legacy System Migration Workbench konnte bisher die Datenmigration von Nicht-SAP-Systemen in ein SAP-System durchgeführt werden, da sie ein Bestandteil des SAP-ERP-Systems ist und damit plattformunabhängig. Obwohl die SAP Legacy System Migration Workbench auch in SAP S/4HANA noch zur Verfügung steht, weist SAP darauf hin, dass sie lediglich in Einzelfällen eingesetzt werden sollte und die Nutzung auf eigene Gefahr erfolgt.

29.2 Customizing

Anpassungen für neue Funktionen

Durch unterschiedlichste neue Funktionen, wie beispielsweise die Integration von SAP EWM, ergibt sich auch die Notwendigkeit von Anpassungen im Customizing. Während bei einem Greenfield-Approach das Customizing wie bei einer Neueinführung aufgebaut wird, werden beim Brownfield-Approach alle Einstellungen übernommen. Zusätzlich müssen hier jedoch Anpassungen für Funktionen vorgenommen werden, die es im herkömmlichen SAP-ERP-System nicht gibt. Entscheidet sich das Unternehmen beispielsweise für einen Wechsel von WMS zu SAP EWM, müssen einige Schritte beachtet werden. Da das Customizing für SAP EWM im klassischen SAP ERP noch nicht vorhanden ist, kann hier auch nichts konvertiert werden. SAP stellt im Customizing jedoch Konvertierungsprogramme zur Verfügung, die die Lagerstrukturen von WMS in Lagerstrukturen von SAP EWM kopieren. Abbildung 29.2 zeigt den Customizing-Pfad für die Migration.

Abbildung 29.2 Customizing für die Migration der Lagerstrukturen von WMS nach SAP EWM (Transaktion SPRO)

Übernahme der Stammdaten

Neben dem Customizing müssen natürlich auch die Stammdaten übernommen werden. Die dafür notwendigen Programme sind im SAP-Menü zu finden. Wie in Abbildung 29.3 zu erkennen ist, besteht die Möglichkeit, neben den Lagerplätzen auch die Bestände aus WMS zu migrieren.

Zusammenfassend lässt sich festhalten, dass sich durch die neuen Funktionen auch das Customizing erheblich geändert hat und neue Transaktionen hinzugekommen sind.

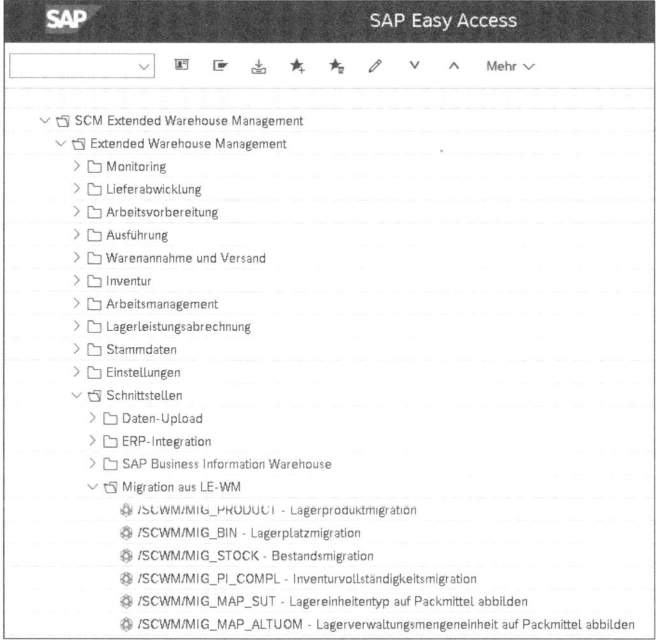

Abbildung 29.3 Migrationsanwendungen für SAP EWM

29.3 Umgang mit Eigenentwicklungen und Programmen

Prüfung mit dem Code Inspector

Wir wollen uns hier den Eigenentwicklungen und dem Custom Code Check widmen. Voraussetzung für diesen Check ist ein System auf SAP NetWeaver 7.50 oder höher. SAP stellt mit dem oben aufgeführten Hinweis in Transaktion SCI einen neuen Knoten *SAP S/4HANA Readiness* zur Verfügung, mit dem die Eigenentwicklungen auf dem bestehenden SAP-ERP-System analysiert werden können. Wie Sie den Code Inspector nutzen, können Sie dem Conversion Guide für SAP S/4HANA oder SAP-Hinweis 2228777 entnehmen. In Transaktion SCI wird eine Inspektion angelegt in Verbindung mit der Objektmenge, die zu prüfen ist, und mit der Prüfvariante, die den Prüfumfang definiert. Abbildung 29.4 zeigt das Einstiegsbild des Code Inspectors.

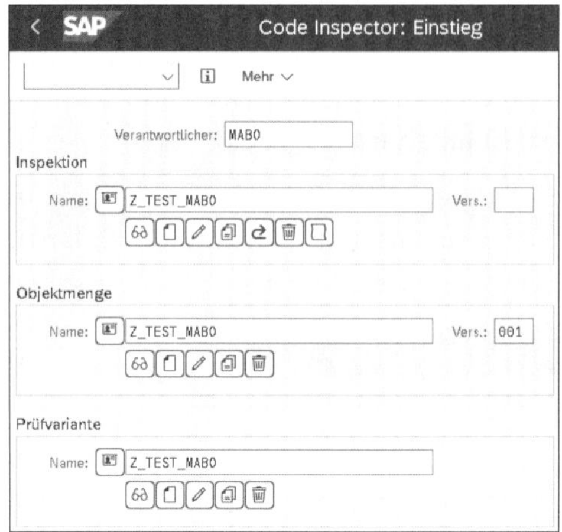

Abbildung 29.4 Einstiegsbild des Code Inspectors (Transaktion SCI)

Objektmenge

Die *Objektmenge* definiert, welche Objekte für die Prüfung berücksichtigt werden sollen. Für unser Beispiel wählen wir alle Pakete aus, die mit »ZSD*« starten (siehe Abbildung 29.5). Der Code Inspector untersucht nun alle Programme in den selektierten Paketen.

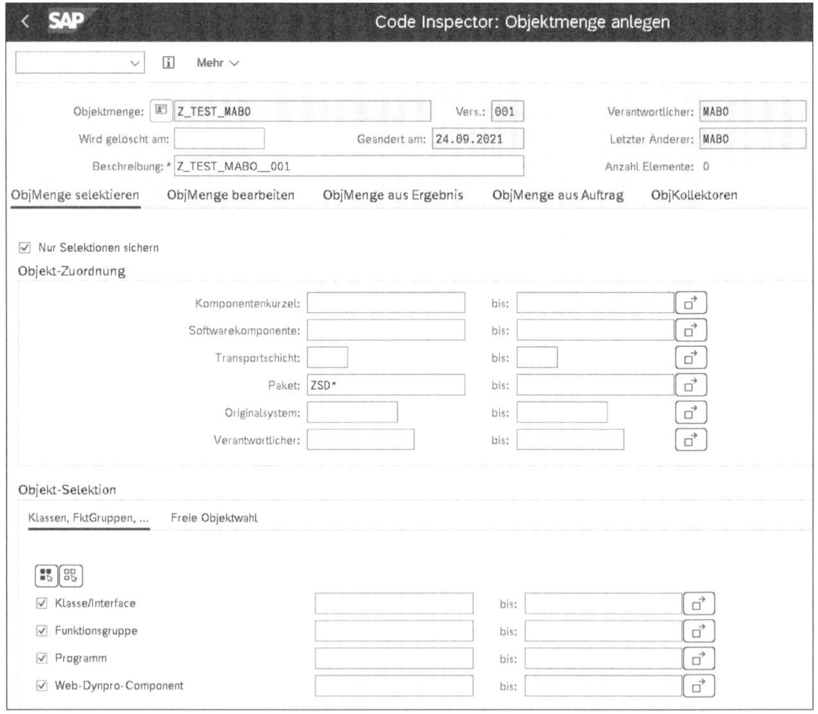

Abbildung 29.5 Objektmenge für die Prüfung im Code Inspector (Transaktion SCI)

Prüfvariante

Nachdem die Objektmenge definiert ist, muss noch die *Prüfvariante* eingerichtet werden. In der Prüfvariante wird der Prüfumfang festgelegt, d. h. welche Prüfungen für die Objekte durchlaufen werden. In Abbildung 29.6 wird ein Ausschnitt des Prüfumfangs dargestellt.

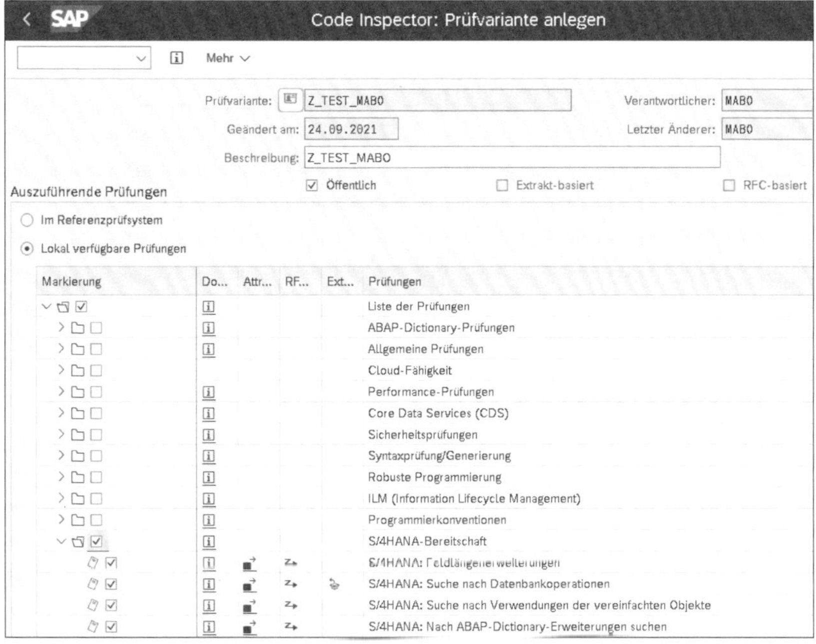

Abbildung 29.6 Prüfvariante für die Prüfung im Code Inspector (Transaktion SCI)

Nachdem die Prüfung durchgeführt wurde, kann das Ergebnis im Protokoll eingesehen werden. Abbildung 29.7 zeigt die ausgeführte Inspektion und Abbildung 29.8 zeigt das Ergebnis.

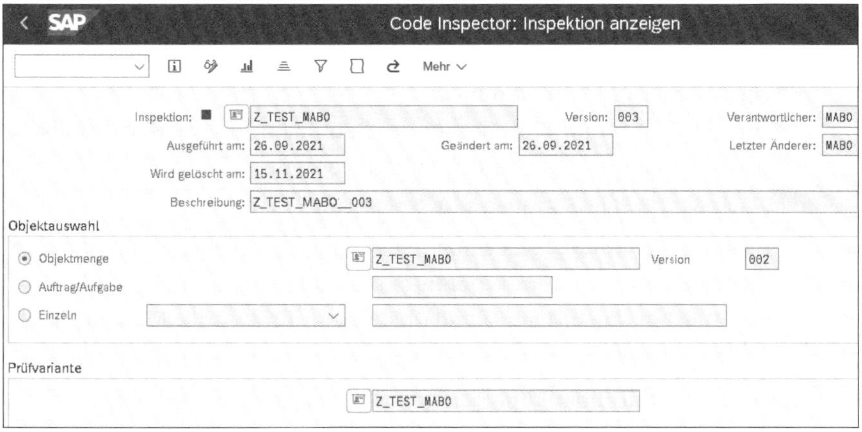

SAP Code Inspector: Inspektion anzeigen

Mehr

Inspektion: Z_TEST_MABO Version: 003 Verantwortlicher: MABO

Ausgeführt am: 26.09.2021 Geändert am: 26.09.2021 Letzter Änderer: MABO

Wird gelöscht am: 15.11.2021

Beschreibung: Z_TEST_MABO__003

Objektauswahl

Objektmenge Z_TEST_MABO Version 002

Auftrag/Aufgabe

Einzeln

Prüfvariante

Z_TEST_MABO

Abbildung 29.7 Ausgeführte Prüfung im Code Inspector

29

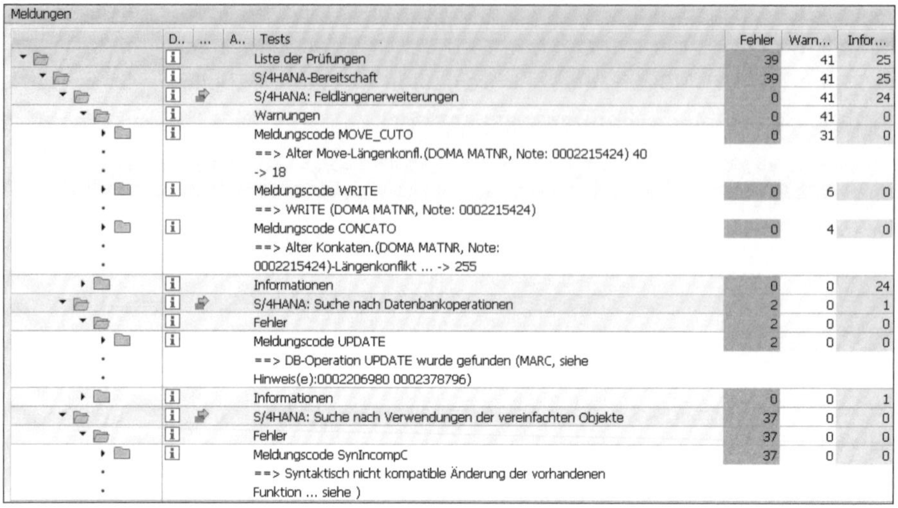

Meldungen

D..	...	A..	Tests	Fehler	Warn...	Infor...
			Liste der Prüfungen	39	41	25
			S/4HANA-Bereitschaft	39	41	25
			S/4HANA: Feldlängenerweiterungen	0	41	24
			Warnungen	0	41	0
			Meldungscode MOVE_CUTO	0	31	0
			==> Alter Move-Längenkonfl.(DOMA MATNR, Note: 0002215424) 40 -> 18			
			Meldungscode WRITE	0	6	0
			==> WRITE (DOMA MATNR, Note: 0002215424)			
			Meldungscode CONCATO	0	4	0
			==> Alter Konkaten.(DOMA MATNR, Note: 0002215424)-Längenkonflikt ... -> 255			
			Informationen	0	0	24
			S/4HANA: Suche nach Datenbankoperationen	2	0	1
			Fehler	2	0	0
			Meldungscode UPDATE	2	0	0
			==> DB-Operation UPDATE wurde gefunden (MARC, siehe Hinweis(e):0002206980 0002378796)			
			Informationen	0	0	1
			S/4HANA: Suche nach Verwendungen der vereinfachten Objekte	37	0	0
			Fehler	37	0	0
			Meldungscode SynIncompC	37	0	0
			==> Syntaktisch nicht kompatible Änderung der vorhandenen Funktion ... siehe)			

Abbildung 29.8 Ergebnisse der Prüfung im Code Inspector

Hier werden nun die Programmstellen aufgeführt, die unter SAP S/4HANA zu Fehlern führen. Zudem werden Warnungen bezüglich der Performance angezeigt sowie Hinweise gegeben, die zu besseren Ergebnissen bei der Konvertierung führen können.

Entwicklungsempfehlungen

Bei einem Greenfield-Approach müssen diese Programme überarbeitet werden, wenn sie nach SAP S/4HANA übernommen werden sollen. Eine Eigenentwicklung führt nämlich nicht automatisch zu einem schnelleren Ergebnis, nur weil sie auf einem SAP-S/4HANA-System implementiert ist. Vielmehr müssen die Programme an die veränderten Strukturen angepasst werden, um effizienter und schneller arbeiten zu können. Vor allem Datenbankzugriffe müssen optimiert werden, da einige Tabellen spaltenbasiert sind. Prinzipiell gelten hier folgende Entwicklungsempfehlungen von SAP zu S/4HANA:

- **Ergebnismenge klein halten**
  Ermitteln Sie nur die Einträge aus der Datenbank, die auf dem Applikationsserver oder im Programm benötigt werden.
- **Transferierte Daten reduzieren**
  Ermitteln Sie nur die Felder/Spalten aus der Datenbank, die auf dem Applikationsserver oder im Programm benötigt werden (Beispiel: `SELECT *` wird meistens nicht benötigt, da häufig zumindest der Mandant nicht benötigt wird!).
- **Anzahl der Datenbankoperationen (wie Selects) gering halten**
  Ermitteln Sie nach Möglichkeit alle Informationen mit einem Select bzw. übertragen Sie so viele Informationen wie möglich in eine Anweisung.

- **Multiples Laden verhindern**
  Vermeiden Sie das mehrmalige Laden von gleichen Daten.
- **Rechenintensive Berechnung verlegen**
  Verlagern Sie rechenintensive Berechnungen in die SAP-HANA-Datenbank. Das können einfache Sortierungen oder Summenbildungen bis hin zu umfangreicheren Logiken sein.

Für weitere Erläuterungen verweisen wir an dieser Stelle auf Kapitel 1, »Überblick über SAP S/4HANA«, in dem wir die Unterschiede der Datenspeicherung einander gegenüberstellen.

29.4 Datenmigration

Migration Cockpit

Zum Schluss dieses Kapitels möchten wir das *Migration Cockpit* vorstellen, das unter SAP S/4HANA zur Verfügung steht. Wie in Abschnitt 29.1, »Migrationswerkzeuge«, bereits erwähnt, wird die Nutzung der SAP Legacy System Migration Workbench von SAP nicht mehr länger empfohlen. Stattdessen soll das Migration Cockpit bzw. die SAP-Fiori-App **Migrationsprojekte** eingesetzt werden. Die Verwendung des Migration Cockpits wollen wir in einem kleinen Beispiel aufzeigen, da diese heute weit verbreitet ist. Transaktion LTMC startet das Migration Cockpit und führt über einen Browseraufruf in das Einstiegsbild der Anwendung (siehe Abbildung 29.9).

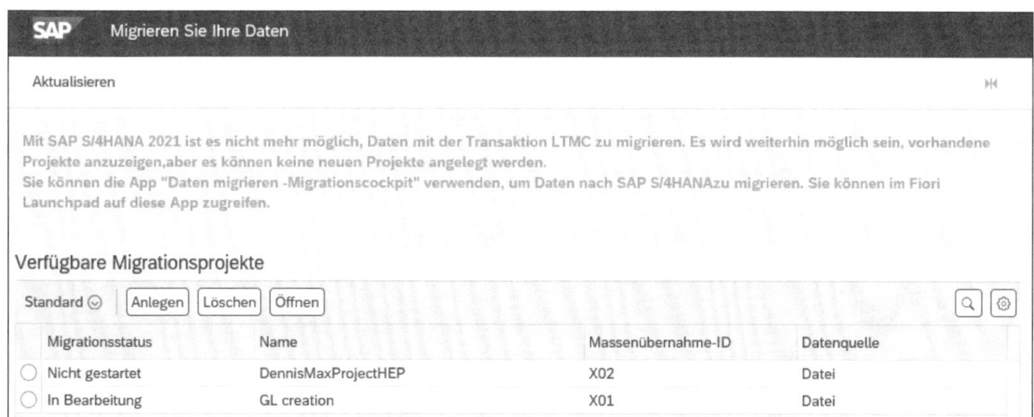

Abbildung 29.9 Einstiegsbild des Migration Cockpit (Transaktion LTMC)

Exkurs: SAP-Fiori-App »Migrationsprojekte«

In der Abbildung 29.9 ist zudem zu erkennen, dass SAP seit dem Release von SAP S/4HANA 2021 nicht weiter auf das Migration Cockpit in Transaktion LTMC setzt, sondern auf die SAP-Fiori-App **Migrationsprojekte** verweist (verfügbar ab SAP S/4HANA 1909). Diese App ist mit der Rolle SAP_BR_CON-

FIG_EXPERT_DATA_MIG auf Ihrem SAP Fiori Launchpad verfügbar (siehe SAP Fiori Apps Reference Library). Die Abbildung 29.10 zeigt ein angelegtes Migrationsprojekt mit einigen typischen Migrationsobjekten.

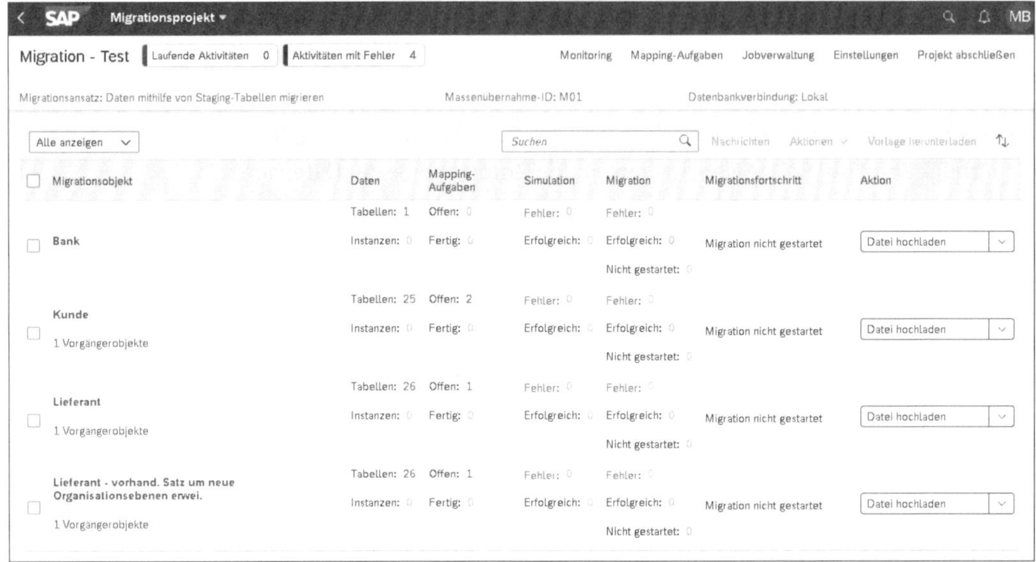

Abbildung 29.10 Migrationsprojekt in der SAP-Fiori-App »Migrationsprojekte«

Migrationsprojekt anlegen

Wir kehren nach diesem kurzen Exkurs zurück zu unserem Beispiel für das Migration Cockpit. Zunächst muss vor dem Start der Migration ein Migrationsprojekt angelegt werden. Mit der Schaltfläche **Anlegen** generieren wir das Migrationsprojekt »Z_S4BUCH_BEISPIEL«. Abbildung 29.11 zeigt das Fenster für die Erstellung des Migrationsprojekts.

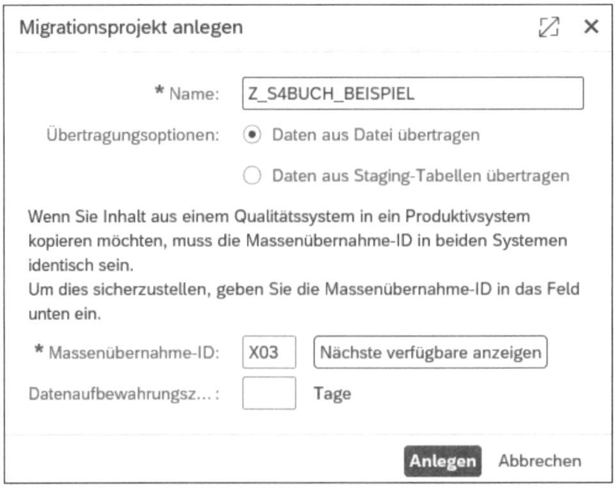

Abbildung 29.11 Migrationsprojekt anlegen (Transaktion LTMC)

Nun werden die Migrationsobjekte angezeigt, die SAP mit der Auslieferung bereitstellt. Die Anzahl der Migrationsobjekte ist abhängig von dem installierten SAP-S/4HANA-Release. In Abbildung 29.12 sehen Sie einen Ausschnitt aus der Objektliste.

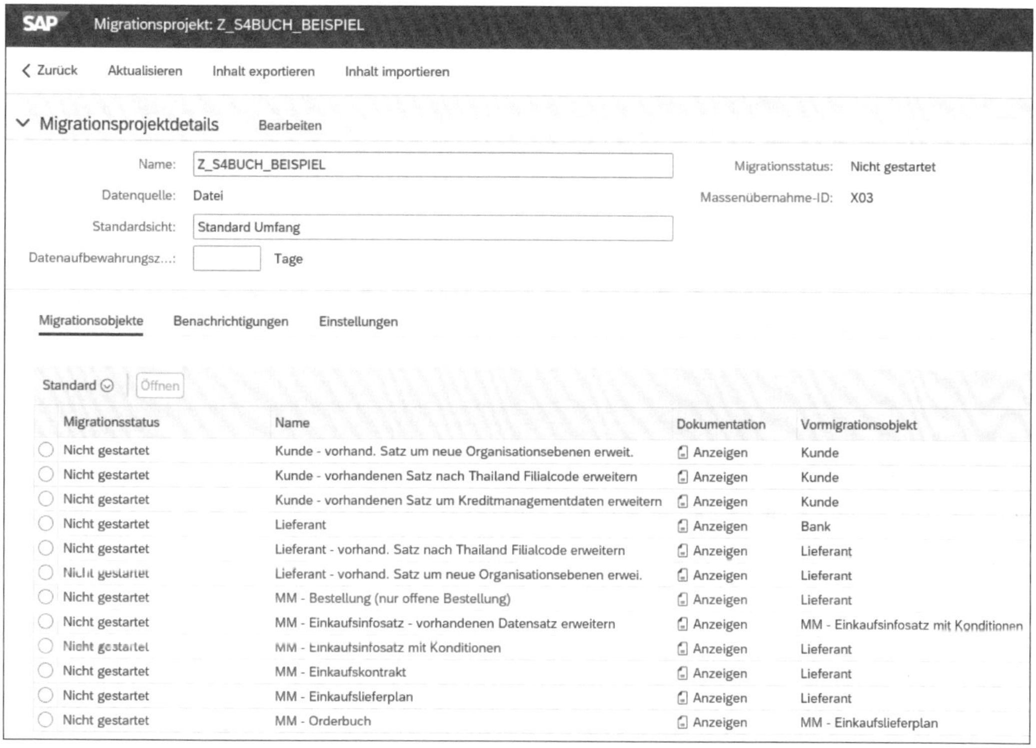

SAP Migrationsprojekt: Z_S4BUCH_BEISPIEL

< Zurück   Aktualisieren   Inhalt exportieren   Inhalt importieren

Migrationsprojektdetails   Bearbeiten

Name: Z_S4BUCH_BEISPIEL   Migrationsstatus: Nicht gestartet
Datenquelle: Datei   Massenübernahme-ID: X03
Standardsicht: Standard Umfang
Datenaufbewahrungsz...: Tage

Migrationsobjekte   Benachrichtigungen   Einstellungen

Standard   Öffnen

Migrationsstatus	Name	Dokumentation	Vormigrationsobjekt
Nicht gestartet	Kunde - vorhand. Satz um neue Organisationsebenen erweit.	Anzeigen	Kunde
Nicht gestartet	Kunde - vorhandenen Satz nach Thailand Filialcode erweitern	Anzeigen	Kunde
Nicht gestartet	Kunde - vorhandenen Satz um Kreditmanagementdaten erweitern	Anzeigen	Kunde
Nicht gestartet	Lieferant	Anzeigen	Bank
Nicht gestartet	Lieferant - vorhand. Satz nach Thailand Filialcode erweitern	Anzeigen	Lieferant
Nicht gestartet	Lieferant - vorhand. Satz um neue Organisationsebenen erwei.	Anzeigen	Lieferant
Nicht gestartet	MM - Bestellung (nur offene Bestellung)	Anzeigen	Lieferant
Nicht gestartet	MM - Einkaufsinfosatz - vorhandenen Datensatz erweitern	Anzeigen	MM - Einkaufsinfosatz mit Konditionen
Nicht gestartet	MM - Einkaufsinfosatz mit Konditionen	Anzeigen	Lieferant
Nicht gestartet	MM - Einkaufskontrakt	Anzeigen	Lieferant
Nicht gestartet	MM - Einkaufslieferplan	Anzeigen	Lieferant
Nicht gestartet	MM - Orderbuch	Anzeigen	MM - Einkaufslieferplan

Abbildung 29.12 Liste der Migrationsobjekte (Transaktion LTMC)

Vormigrationsobjekte

Zu jedem Migrationsobjekt wird eine Dokumentation bereitgestellt. Wichtig sind hier die *Vormigrationsobjekte*. Diese verweisen auf die Objekte, die vorher eingespielt werden sollten. Die Liste der abhängigen Migrationsobjekte muss je nach Projekt genauer betrachtet und ausspezifiziert werden. Nehmen wir beispielsweise die Migration von Kundenstämmen. Als Vormigrationsobjekt ist hier die Migration von Banken eingetragen. Dieses Objekt sollte migriert werden, bevor die Kundenstammsätze migriert werden. In unserem Beispiel existieren die Banken bereits im System, und wir können mit der Migration der Stammdaten beginnen. Der Übersichtlichkeit halber deaktivieren wir alle Objekte bis auf die Migration der Kundenstämme und schauen uns dieses Objekt genauer an.

Vorlagen für Migrationsobjekte

In Abbildung 29.13 können Sie erkennen, dass SAP eine Vorlage bereitstellt, die für dieses Migrationsobjekt genutzt werden kann. Diese Vorlage enthält alle Felder, die im aktuellen Release für die Migration zur Verfügung stehen. In der Standardauslieferung von SAP S/4HANA werden nicht zwingend alle Felder der Objekte angeboten. Der Fokus liegt vielmehr auf den Feldern, die aus der Erfahrung heraus am häufigsten verwendet werden. Sollten zusätzliche Felder benötigt werden, muss das Migrationsobjekt entsprechend angepasst werden.

Abbildung 29.13 Migrationsobjekt Kunde (Transaktion LTMC)

Quelldaten

Nachdem wir **Vorlage herunterladen** ausgeführt haben, wird uns die Quellstruktur im XML-Format bereitgestellt. Abbildung 29.14 zeigt die Quellstruktur für den Kundenstamm.

Diese Quellstruktur muss nun mit Informationen gefüllt werden, um den Kundenstamm in SAP S/4HANA anlegen zu können. Alle Muss-Eingaben sind mit einem Sternchen versehen und müssen auch befüllt werden. Je nach Feldsteuerung, also der Einstellung im Customizing, welche Felder Muss- und welche Kann-Eingaben sind, können in Ihrem System weitere Felder während der Migration benötigt werden. Wichtig ist hierbei, dass Spalten oder Reiter nicht aus dieser Struktur gelöscht werden sollten, da sonst die Datensätze nicht richtig gelesen und eingespielt werden können.

Für unser Beispiel legen wir **Allgemeine Daten** für einen Kunden an und laden die Datei wieder hoch (siehe Abbildung 29.15).

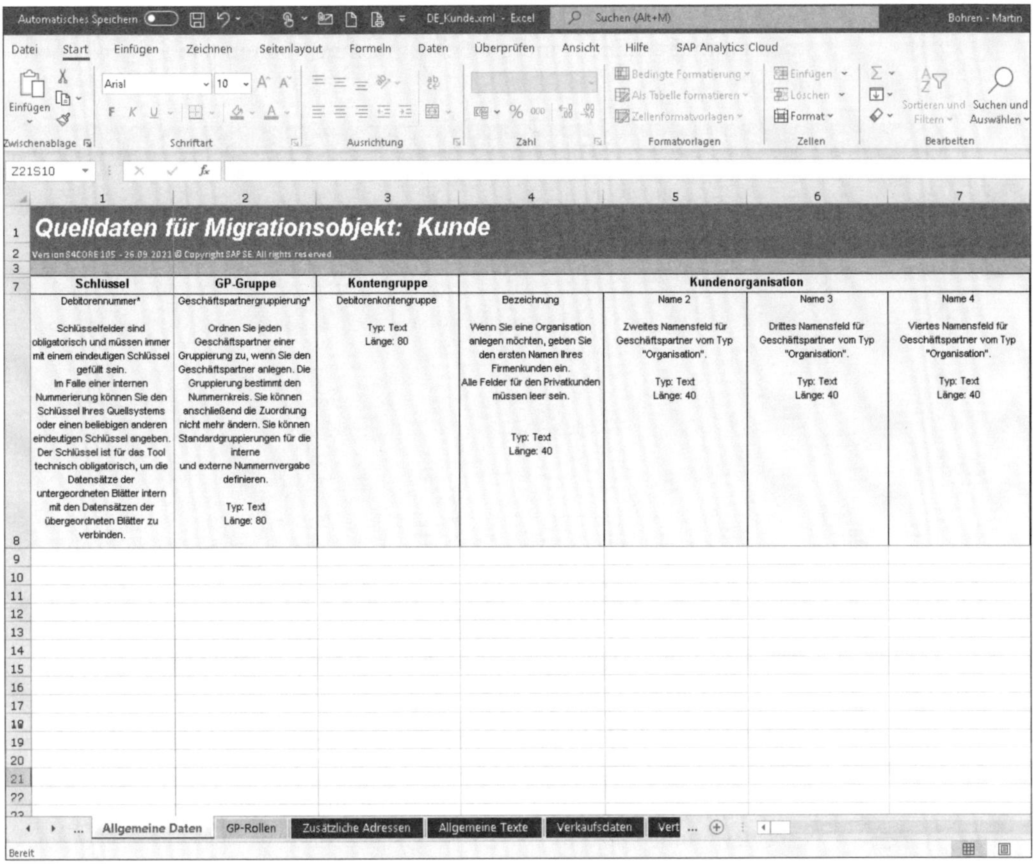

Quelldaten für Migrationsobjekt: Kunde

Version S4CORE 105 - 26.09.2021 © Copyright SAP SE. All rights reserved.

Schlüssel	GP-Gruppe	Kontengruppe	Kundenorganisation			
Debitorennummer*	Geschäftspartnergruppierung*	Debitorenkontengruppe	Bezeichnung	Name 2	Name 3	Name 4
Schlüsselfelder sind obligatorisch und müssen immer mit einem eindeutigen Schlüssel gefüllt sein. Im Falle einer internen Nummerierung können Sie den Schlüssel Ihres Quellsystems oder einen beliebigen anderen eindeutigen Schlüssel angeben. Der Schlüssel ist für das Tool technisch obligatorisch, um die Datensätze der untergeordneten Blätter intern mit den Datensätzen der übergeordneten Blätter zu verbinden.	Ordnen Sie jeden Geschäftspartner einer Gruppierung zu, wenn Sie den Geschäftspartner anlegen. Die Gruppierung bestimmt den Nummernkreis. Sie können anschließend die Zuordnung nicht mehr ändern. Sie können Standardgruppierungen für die interne und externe Nummernvergabe definieren. Typ: Text Länge: 80	Typ: Text Länge: 80	Wenn Sie eine Organisation anlegen möchten, geben Sie den ersten Namen Ihres Firmenkunden ein. Alle Felder für den Privatkunden müssen leer sein. Typ: Text Länge: 40	Zweites Namensfeld für Geschäftspartner vom Typ "Organisation". Typ: Text Länge: 40	Drittes Namensfeld für Geschäftspartner vom Typ "Organisation". Typ: Text Länge: 40	Viertes Namensfeld für Geschäftspartner vom Typ "Organisation". Typ: Text Länge: 40

Allgemeine Daten | GP-Rollen | Zusätzliche Adressen | Allgemeine Texte | Verkaufsdaten | Vert ...

Abbildung 29.14 Quellstruktur für den Kundenstamm (Microsoft Excel)

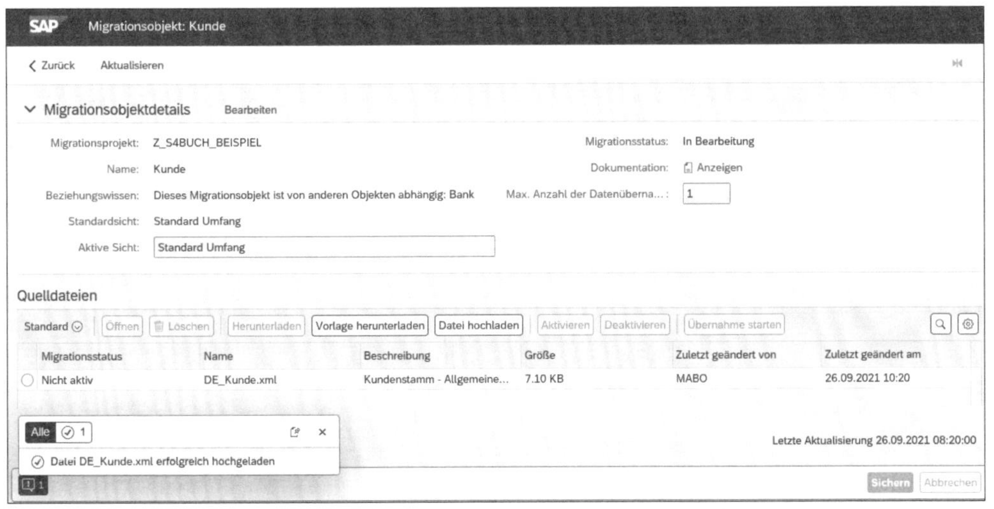

Abbildung 29.15 Hochladen der Quelldatei (Transaktion LTMC)

Nach dem Hochladen wird die Datei angezeigt. Sie können sich die Daten noch einmal ansehen und bei Bedarf nachbearbeiten (siehe hierzu Abbildung 29.16).

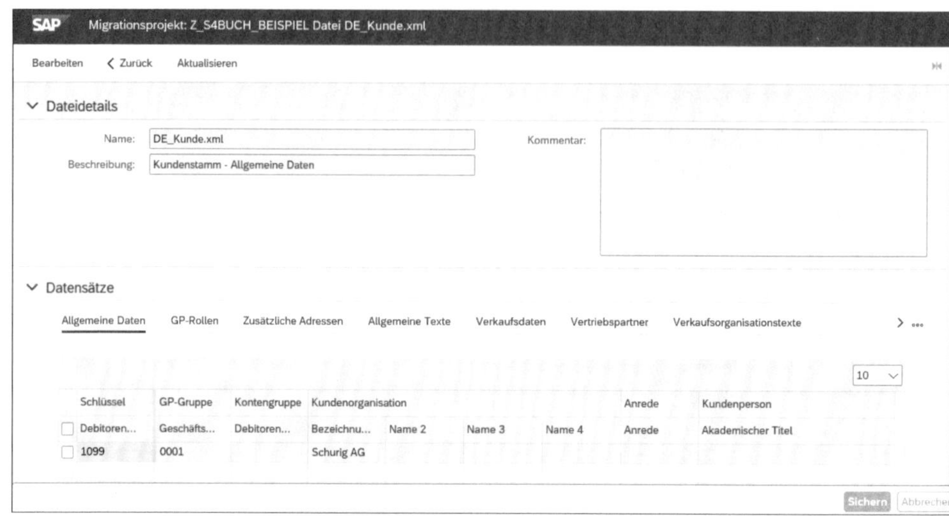

Abbildung 29.16 Nachbearbeiten der Quelldaten (Transaktion LTMC)

Nachdem wir die Datei inhaltlich überprüft haben, klicken wir zunächst auf die Schaltfläche **Zurück**, die uns wieder zu der Ansicht führt, die Sie in Abbildung 29.15 sehen können. Dann klicken wir auf **Aktivieren** und anschließend auf **Übernahme starten**.

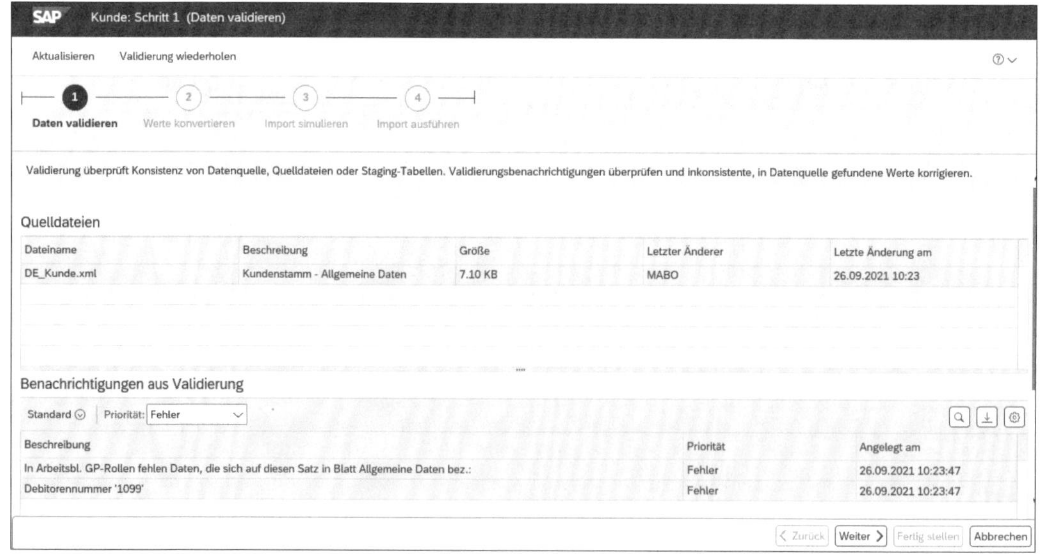

Abbildung 29.17 Start der Datenübernahme (Transaktion LTMC)

Beim Start der Übernahme (siehe Abbildung 29.17) können die Daten in vier Schritten ins System geladen werden. Die Schritte bauen aufeinander auf und müssen für die Datenübernahme zwingend in folgender Reihenfolge durchgeführt werden:

Schritte der Datenübernahme

- **Schritt 1: Validierung der Daten**
  Die Daten aus der Datei werden auf eventuelle Fehler hin geprüft, beispielsweise daraufhin, ob auch alle Muss-Eingaben gefüllt sind. Die Daten können in diesem Schritt noch einmal nachbearbeitet werden, damit sofort die nächsten Schritte ausgeführt werden können.
- **Schritt 2: Werte konvertieren**
  Werden die Daten aus einem Altsystem gezogen, können in diesem Schritt die Organisationsstrukturen gemappt bzw. Festwerte hinterlegt werden. Beispielsweise kann es vorkommen, dass ein Quellbuchungskreis 0100 auf dem Zielsystem nicht verfügbar ist. In diesem Fall wird der Buchungskreis 0100 auf 1000 gemappt. Durch die Verlagerung des Mappings in das Migrationstool entfällt ein mühsames Anpassen der Quelldaten in Excel. Gerade bei mehreren Datenloads lässt sich dadurch viel Zeit sparen.
- **Schritt 3: Simulation der Datenübernahme**
  Hier wird die Datenübernahme simuliert. Während der Simulation kann das Cockpit ein vollständiges Verbuchen der Migrationsdaten testen. Beispielsweise wird eine Mengeneinheit genutzt, die im System nicht vorhanden ist. In einem solchen Fall muss wieder mit Schritt 1 begonnen werden. Da diese Fehler bereits in der Simulation auffallen, kann ein teilweiser Datenload vermieden werden.
- **Schritt 4: Daten übernehmen**
  In diesem Schritt findet abschließend die Anlage der Stammdaten im System statt.

Nachdem Sie die Daten wie in Schritt 4 beschrieben übernommen haben, sollten Sie die migrierten Stammdaten in Ihrem SAP S/4HANA System überprüfen. Gegebenenfalls, sofern die Tests nicht erfolgreich verlaufen sind, müssen Sie an den Daten Korrekturen vornehmen.

Grundsätzlich ist für jedes Migrationsobjekt zu prüfen, ob lediglich eine Neuanlage- oder auch eine Updatefunktion zur Verfügung steht. Diese Informationen werden in der Dokumentation des Migration Cockpits veröffentlicht. Mit den neueren Releases von SAP S/4HANA wurde die Anzahl der Migrationsobjekte deutlich erhöht und auch die Funktionalität des Migration Cockpits verbessert. Verfolgt SAP jedoch weiterhin die Strategie, die Transaktionen durch SAP-Fiori-Apps zu ersetzen, müssen Sie sich mit der

Frage auseinandersetzen, ob Sie mit der LTMC arbeiten und gegebenenfalls in Entwicklungsaufwand für den Aufbau von Migrationsobjekten investieren, die Ihre Z-Felder enthalten, oder ob Sie sich gleich mit der SAP-Fiori-App **Migrationsprojekte** beschäftigen. In jedem Fall ist das Thema Migration in jedem Einführungsprojekt frühzeitig zu bewerten. Idealerweise führen Sie mehrere Testmigrationen in Ihrem Testsystem durch. Dadurch können Sie sich mit dem Ablauf der Datenmigration vertraut machen und von Beginn an saubere Stammdaten in Ihr System laden.

TEIL VI

Notwendigkeit von Organisationsentwicklung

Kapitel 30
Auswirkungen der Unternehmenskultur

Einer der mächtigsten und gleichzeitig gern übersehenen Faktoren bei einer übergreifenden SAP-S/4HANA-Einführung ist die Unternehmenskultur. Doch lässt man diese vollkommen außer Acht, so kann das im Veränderungsprozess zu Problemen und Verzögerungen führen. In diesem Kapitel zeigen wir Ihnen, wie Sie durch eine bewusste Gestaltung der Unternehmenskultur bevorstehende Veränderungsprozesse nachhaltig unterstützen.

Organisationen sind vergleichbar mit lebenden Organismen. Jede Veränderung in ihren Abläufen kann weitreichende Folgen für alle Teile des Organismus haben. Der Umstieg einer Organisation auf SAP S/4HANA stellt eine solche Veränderung dar. Sie erfordert Raum für Entfaltung und setzt gegebenenfalls auch Anpassungen, beispielsweise in der Zusammenarbeit der Fachbereiche, voraus.

Alle möglichen Problem- aber auch Chancenfelder dieser Veränderung zu skizzieren, würde im Rahmen dieses Buches zu weit führen. Wir möchten uns hier auf einige zentrale Aspekte der neuen, prozess- und mitarbeiterorientierten Zusammenarbeit, die so wichtig für eine gute Umsetzung von SAP S/4HANA ist, konzentrieren und auch einige Beispiele für hilfreiche Interventionen aufführen. Selbstverständlich ersetzen diese alleinstehend kein professionell unterstütztes Change Management bei der Einführung von SAP S/4HANA. Gleichwohl geben sie einen Einblick in mögliche Maßnahmen für die Einführung (siehe Kapitel 31, »Change Management«) sowie für die fortlaufende Anwendung, die in dem vorliegenden Kapitel behandelt wird.

Der Begriff Unternehmenskultur

Der Begriff *Unternehmenskultur*, oftmals assoziiert mit Begriffen wie *Betriebsklima* oder *interner Umgang*, umfasst eine Vielzahl von teils komplex miteinander verwobenen Faktoren. Dabei stimmt die niedergeschriebene Version dieser Kultur (z. B. ein »Firmencredo« oder »Verhaltensrichtlinien für das Miteinander«) normalerweise nicht oder nicht vollständig mit dem tatsächlich gelebten Umgang überein. Zusätzlich unterscheidet sich die wahrgenommene Unternehmenskultur häufig von Person zu Person und in Abhängigkeit von der jeweiligen Situation, zumal klassische Inhalte der

Unternehmenskultur wie Normen, Werte und Einstellungen in sich schon individuell unterschiedlichen Definitionen folgen. Daher erscheint das Konzept Unternehmenskultur zuerst einmal schwierig zu greifen.

Die Wirkung der Unternehmenskultur auf das gemeinsame Arbeiten wird besonders in fachbereichsübergreifenden Prozessen sichtbar. Abläufe jenseits der bereichsinternen Routinen lassen die oftmals impliziten Auswirkungen der Kultur auf das Miteinander besonders deutlich zutage treten. Hier geschieht es schnell, dass sich eine unkonstruktive Fehlerkultur, unreflektiertes Silodenken oder unbefriedigende Entscheidungsfindungen einstellen. Das hat häufig unmittelbare Konsequenzen. Dafür, wie mit Fehlern, Silodenken und Entscheidungen umgegangen wird, ist meist direkt die wahrgenommene Unternehmenskultur der entscheidende Faktor. Daher ist es für einen reibungslosen Prozessverlauf unabdingbar, sich zunächst die vorherrschende Kultur bewusst zu machen und mögliche, für das ganzheitliche Gelingen notwendige Veränderungen vorzunehmen. In den folgenden Abschnitten möchten wir beispielhaft Situationen im Zusammenhang mit der Unternehmenskultur vorstellen und an ihnen aufzeigen, wie mit einem bewussten Umgang mit diesen Aspekten ein konstruktives fachbereichsübergreifendes Arbeiten ermöglicht wird.

Systemische Unternehmenskultur

Aus *systemischer Sicht* betrachtet ist Unternehmenskultur kein festliegendes Konstrukt, das durch bewusste oder unbewusste Interventionen verändert werden kann, sondern vielmehr wird die wahrgenommene Unternehmenskultur durch die tagtägliche Interaktion der Mitarbeiter untereinander definiert. Besonders einflussreich ist dabei der Umgang über hierarchische Grenzen hinweg sowie die wahrgenommene Konsistenz dieses Umgangs. Ein Beispiel: Sagen Vorgesetzte wiederholt unkommentiert interne Termine ab, so kann sich dies auch auf die Priorisierung der internen Prozesse durch die Mitarbeiter auswirken. In der Folge kann es zu einer wahrgenommenen Kultur der Außenfokussierung kommen, in der sich die Mitarbeiter dazu berechtigt fühlen können, die internen Prozesse zu vernachlässigen. Dies wiederum wird mittelfristig zu Unzufriedenheit, Stillstand oder dysfunktionalen Interaktionen führen. Ebenso kann ein routiniertes und detailreiches Erarbeiten von Feedback in internen Terminen als eine wahrgenommene Kultur der intensiven Rückfragen verstanden werden. Das wiederum kann dazu führen, dass bei externen Workshops, also bei der Übertragung des internen Verhaltens auf externe Termine, ebenfalls gerne Zeit und Energie für Feedback investiert wird.

Ein Kulturwandel wird daher nur dann wahrgenommen, wenn Veränderungen im täglichen Miteinander stattfinden. Diese können zwar auch durch die direkte Ankündigung eines Kulturwandels unterstützt werden, sind aber im Gegensatz zu dieser Ankündigung unabdingbar für den Erfolg. Besonders übergreifende Führungskräfte, aber auch Bereichsleiter tragen hierbei eine große Verantwortung.

Wenn sich die wahrgenommene Unternehmenskultur also maßgeblich durch die tagtäglichen Erlebnisse der Mitarbeiter definiert, muss eine nützlich gestaltete Unternehmenskultur durch ein kontinuierlich vorbildliches Verhalten der Führungskräfte in der Interaktion mit den Mitarbeitern gewährleistet werden. Da eine gleichzeitige Beachtung aller möglichen Bereiche der Unternehmenskultur jedoch oftmals aus Kapazitätsgründen nicht möglich ist, empfiehlt es sich, die bewusste Gestaltung auf einige wenige Bereiche zu konzentrieren, je nach der aktuellen Situation im Unternehmen oder den Kapazitäten der betreffenden Personen. Im Idealfall überträgt sich der dort vorgelebte Unterschied auf das gesamte Unternehmen und wird damit zu einer als positiv und nützlich wahrgenommenen Kultur. In den folgenden Abschnitten möchten wir drei Bestandteile der Unternehmenskultur behandeln, die bewusst gestaltet werden können.

30.1 Fehlerkultur

Als Fehlerkultur bezeichnet man zumeist den Umgang mit Fehlern, Fehlverhalten und Rückschlägen. Die Fehlerkultur eines Unternehmens hat einen erheblichen Einfluss auf die tägliche Arbeit aller Beteiligten. Eine restriktive Fehlerkultur regt beispielsweise dazu an, Risiken zu zugunsten von Sicherheit und Vorhersagbarkeit zu vermeiden, und kann möglicherweise innovative Ideen und Entscheidungen im Keim ersticken. Ebenso essenzieller Bestandteil der Fehlerkultur ist die Art und Weise, wie Fehler grundsätzlich wahrgenommen werden. Sie können beispielsweise als lästig, notwendig, tragisch, begrüßenswert, hilfreich oder verachtenswert eingeordnet werden. Die Fehlerkultur ist stark verwoben mit dem vorherrschenden Menschenbild. Ob man Fehler als nützlich wahrnehmen kann, hängt z. B. davon ab, ob man Menschen und ihre Fähigkeiten grundsätzlich als veränderbar wahrnimmt. Geht man davon aus, dass der Mensch in der Lage ist, sich zu verändern, dann ist man eher bereit, Fehler als Zwischenschritt zur Verbesserung zu interpretieren.

Vorteile einer konstruktiven Fehlerkultur

Es gibt viele Argumente für eine konstruktive und wertschätzende Fehlerkultur. So kann sie für die Mitarbeiter ein Anreiz sein, innovativen und fortschrittlichen Ansätzen nachzugehen, sowie Raum für Eigeninitiative und -verantwortung bieten. Sie kann sich zudem positiv auf die allgemeine Motivation auswirken und eine gute Betriebsstimmung fördern, Stress und

Druck bei den Mitarbeitern reduzieren, einen konstruktiven Umgang mit Konflikten ermöglichen und Entwicklungspotentiale auf technischer wie auf menschlicher Ebene früher sichtbar machen.

Einführung: globaler Ansatz

Ähnlich wie bei der Unternehmenskultur ist es auch nicht möglich, keine Fehlerkultur zu haben. Die Arbeit in Unternehmen ist immer wieder mit kleinen und großen Rückschlägen verbunden. Selbst wenn Sie diese vollkommen ignorieren, schaffen Sie damit eine (dysfunktionale) Form der Fehlerkultur. Daher ist es empfehlenswert, von vorneherein bewusst den Umgang mit Fehlern zu gestalten. Hierfür bieten sich sowohl globale als auch spezifische Ansätze an. Mit einem *globalen Ansatz* wird vorbereitend möglichst differenziert transparent gemacht, welcher Umgang mit Fehlern im Projekt gewünscht ist und gelebt wird. Sie können Beispielsituationen und den konstruktiven Umgang damit anführen oder Werte und Einstellungen präsentieren und zu passenden Verhaltensweisen auffordern. Ein Problem dieser globalen Herangehensweise ist, dass die Erwartungen häufig sehr abstrakt formuliert sind, was den Mitarbeitern die konkrete Umsetzung im Alltag erschwert. Außerdem kann sich eine konsequente Umsetzung der gewünschten Werte und Verhaltensweisen im Umgang mit Fehlern mitunter schwierig gestalten, was vor allem am Anfang des Kulturwandels zwangsweise zu Diskrepanzen zwischen präsentierter und tatsächlich gelebter Fehlerkultur führt. Kann die gewünschte globale Fehlerkultur nicht vorgelebt werden, verliert das gesamte Konzept an Glaubwürdigkeit und damit an nutzbarem Potenzial.

Einführung: spezifischer Ansatz

Im Unterschied dazu kann durch einen *spezifischen Ansatz* bei der Einführung einer Fehlerkultur leichter ein kleinschrittiger Fortschritt im Kulturwandel erfolgen, da sich Verhaltensweisen nicht an einem »Ideal« messen lassen müssen. Die singulären Interventionen, die ein spezifischer Ansatz vorsieht, haben einen unmittelbaren Effekt, weil sie sich in positiver Weise von der Erwartung der Mitarbeiter unterscheiden. Besonders effektiv ist es hierbei, wenn Führungskräfte transparent ihre eigenen Fehler und ihren Umgang damit zeigen. Schwierigkeiten im Zusammenhang mit dem spezifischen Ansatz bei der Einführung einer Fehlerkultur liegen vor allem darin, dass Fehler dafür schon früh sichtbar und behandelbar sein müssen. Dies setzt ein gewisses Maß an Vertrauen zwischen den Mitarbeitern voraus. Außerdem lässt dieser Ansatz ausdrücklich zu, dass auch dysfunktionaler Umgang mit Fehlern vorerst gebilligt wird, da er nicht den Anspruch hat, ein vollumfängliches Konzept für den Umgang mit Fehlern bereitzustellen. Wird in den bestehenden Fachbereichen allerdings bereits unbewusst eine (dysfunktionale) Fehlerkultur gelebt, so muss der erste Schritt in den meisten Fällen darin bestehen, diese sichtbar, begreifbar und damit veränderbar zu machen.

Beide Ansätze haben also Vor- und Nachteile. Welche Herangehensweise gewählt wird, sollte sich nicht zuletzt an den zeitlichen Möglichkeiten, der Vorerfahrung der Mitarbeiter und der bisherigen Fehlerkultur in den beteiligten Unternehmen orientieren.

Interventionen für eine bessere Fehlerkultur

Folgende Interventionen können, wenn sie professionell begleitet und durchgeführt werden, eine bessere Fehlerkultur begünstigen und der fachbereichsübergreifenden Arbeit zuträglich sein:

- **Raum für die Reflektion von Fehlern fest einplanen**

  Findet in einem Unternehmen keine konstruktive Fehlerbearbeitung statt, so hat das häufig den Grund, dass dafür ein angemessener Rahmen fehlt. Ein regelmäßiges, fest eingeplantes Treffen zu ausschließlich diesem Zweck kann hingegen dazu führen, dass sich ein transparenter und konstruktiver Umgang mit Fehlern kontinuierlich einstellt.

- **Früheren Umgang mit Fehlern transparent analysieren**

  Das Eröffnen einer Meta-Ebene in Form einer Vogelperspektive auf den Umgang mit Fehlern in der Vergangenheit kann ein guter Startpunkt für die Veränderung dieses Umgangs sein. Dabei geht es nicht darum, zu erläutern, wie Probleme in der Vergangenheit gelöst wurden, sondern darum, welche Verhaltensweisen zu erwarten sind, wenn ein Fehler begangen und eingestanden wird (z. B. wurde die betreffende Person zurechtgewiesen, wurde sie bei der Fehlerbehebung unterstützt, wurde der Fehler totgeschwiegen?). Besonders hilfreich ist es dabei zu betonen, dass die Frage nach der Schuld an dem Fehler nachrangig ist. Der Blick auf die Situation sollte jederzeit konstruktiv und lösungsorientiert sein. Bei der Rückschau sollte außerdem herausgestellt werden, inwieweit auf die meist stark mit Schuldgefühlen und Scham belastete Person eingegangen wurde und welche positiven wie auch negativen Konsequenzen (z. B. im Hinblick auf den resultierenden. Arbeitsaufwand, die notwendige Unterstützung) das Eingestehen des Fehlers mit sich brachte.

- **Historie überwundener Rückschläge anlegen**

  Jeder Rückschlag, jeder Fehler ist mit einem Kraftaufwand verbunden, den es braucht, um die neue Situation zu meistern. Jedes Meistern einer solchen Situation wiederum macht Mut, dass auch zukünftige schwierige Situationen in den Griff zu bekommen sind. Eine interne, für die Beteiligten zugängliche Sammlung solcher überwundenen Rückschläge kann zwischendurch, aber zumindest bei jeder größeren Zwischenevaluation ein Motivationsbooster sein.

Dies sind einige wenige der vielen Möglichkeiten für kleine Interventionen auf dem Weg zu einer konstruktiven Fehlerkultur. Wichtig ist hierbei allerdings zu beachten, dass bereits eine tiefgehende Analyse der bestehenden Fehlerkultur ein großes Potential für eine hilfreiche Weiterentwicklung der Organisation birgt.

30.2 Silodenken

Eines der häufigsten Probleme in Unternehmen jeder Größe ist das Phänomen des *Silodenkens*. Unter Silodenken versteht man die Abkehr von einer gesamtheitlichen Entwicklung eines Unternehmens hin zu einem geschäftsbereichsorientierten Handeln. Es ist eine logische Konsequenz der Aufteilung eines Unternehmens in Fachbereiche. Diese wiederum wird in der Regel vorgenommen, um die wachsende Komplexität eines Unternehmens in den Griff zu bekommen. Einfach gesagt ist Silodenken also dem Umstand geschuldet, dass nicht jeder Mitarbeiter jeden Prozess, jede Entwicklung des Gesamtunternehmens verfolgen und beeinflussen kann, und ihm deshalb die Möglichkeit gegeben werden soll, sich auf seine persönlichen Kernaufgaben zu fokussieren.

Mögliche Probleme durch Silodenken

So betrachtet ist Silodenken eine notwendige Form der Spezialisierung, die ein Unternehmen überhaupt erst handlungsfähig macht. Der Begriff ist aber in der öffentlichen Wahrnehmung zumeist negativ besetzt. Silodenken wird selten als notwendige Fokussierung, sondern häufig als aktive Isolation der Geschäftsbereiche voneinander interpretiert. Auch dies ist nicht per se falsch, da übermäßiges Silodenken tatsächlich negative Folgen haben kann: Es kann dazu führen, dass die Bereiche sich untereinander als Gegenspieler wahrnehmen, dass unnötig viel Zeit für Budgetkonflikte aufgewendet wird und dass ein mögliches Kompetenzgerangel sogar zu toxischen Dynamiken zwischen Führungskräften und Mitarbeitern verschiedener Bereiche führt. Nicht selten werden solche Interaktionen als gesundes Konkurrenzverhalten deklariert. Diese Interpretation ist aber nur dann zutreffend, wenn die Rahmenbedingungen es zulassen, dass das Ausleben dieser Konkurrenz auch ausgewogen zum Fortschritt des Unternehmens beiträgt. Stattdessen ist aber zumeist ein einseitiges Wachstum eines Bereichs – ohne dass die anderen Bereiche mitwachsen können – in manchen Fällen sogar ein Risiko, weil das Unternehmen Gefahr laufen kann, diese kleineren Bereiche im Wachstumsprozess zu verlieren. Außerdem kann es sein, dass die Abhängigkeiten der Bereiche untereinander nicht mehr erfüllt werden können, wenn das Silodenken dazu führt, dass Wachstumspotenziale, wichtige Schnittstellen und ganzheitliche Entwicklung ignoriert werden.

Zusammenfassend können wir festhalten, dass Silodenken im Wesentlichen zu zwei Fehlern führen kann:

1. Verhinderung der Vertiefung und Individualisierung einzelner Bereiche auf Kosten hochspezialisierter Leistungen
2. Übermäßige Konzentration auf einzelne Bereiche, die eine ganzheitliche Entwicklung des Unternehmens torpedieren

Möglichkeiten Silodenken zu verringern

Erfahrungsgemäß übersteigt das Risiko, sich verstärkt auf den eigenen Bereich zu fokussieren und damit übermäßiges Silodenken zu betreiben, deutlich das gegenteilige Risiko, Bereiche zu sehr zu vereinheitlichen. Daher skizzieren wir im Folgenden drei Methoden, mit denen Sie Silodenken zwischen Fachbereichen unterbinden oder zumindest verringern können.

- **Kritische Rückkopplung der Gesamtziele mit Fachbereichszielen**

  Es ist hinreichend bekannt, dass eine transparente und umfassende Zielsetzung des Unternehmens für ein effizientes Arbeiten und damit für den Gesamterfolg unabdingbar ist. Wie detailliert die Ziele ausgearbeitet werden, ist hier von großer Bedeutung. Zu allgemeine Ziele (»Wir wollen als Unternehmen effizienter werden«) führen selten zu konkreter Motivation, wohingegen zu spezifische Ziele (»Der Einkaufsprozess soll um 20 % verkürzt werden«) nicht alle Mitarbeiter gleichermaßen ansprechen. Hier kann es sinnvoll sein, zwischen übergreifenden Unternehmenszielen und einzelnen Fachbereichszielen zu unterscheiden. Die besondere Herausforderung liegt darin, dass diese Ziele miteinander im Einklang stehen sollen. Da sich aber, besonders in Unternehmen mit agilem Selbstverständnis, vor allem die Fachbereichsziele im Laufe der Zeit verändern können, ist eine regelmäßige Rückkopplung zwischen Unternehmens- und Fachbereichszielen notwendig. Um das Silodenken zu verringern, sollte dabei unbedingt deutlich gemacht werden, wie das Verhältnis von Unternehmens- und Fachbereichszielen aussehen soll.

  Die bewusste Ausarbeitung von konkreten Zielen ist also unabdingbar für ein übergreifendes und zielgerichtetes Arbeiten im Unternehmen. Die so ausgearbeiteten Ziele sollten deshalb durchaus mit der nötigen Verbindlichkeit behandelt werden, wobei wiederum von einem allzu starken Dogmatismus abzuraten ist. So sollte es zwar möglich sein, dass veränderte Fachbereichsziele sich auch auf die übergreifenden Unternehmensziele auswirken, dies sollte aber kein zwingender Automatismus sein. Umgekehrt ist eine Änderung der Unternehmensziele immer auch mit Konsequenzen für die Fachbereichsziele verbunden. Diese müssen aber dann konsequent gemeinsam erarbeitet und in Rückkopplungsprozessen annehmbar gestaltet werden.

- **Präventives Training von Ressourcenkonflikten**

  Unabhängig davon, wie stark die einzelnen Mitarbeiter und Abteilungen hinter den übergreifenden Unternehmenszielen stehen, sind Ressourcenkonflikte zwischen den Fachbereichen in den meisten größeren Unternehmen nicht zu verhindern. Teilweise sind sie sogar wichtige Schlüsselmomente, in denen die Gestalt eines Geschäftsprozesses neu definiert wird. Es ist daher nicht sinnvoll, durch starre Strukturen zu versuchen, solche Konflikte von vorneherein zu unterbinden. Stattdessen sollte schon anhand kleiner Anlässe – und idealerweise spielerisch – eine konstruktive Diskussions- und Konfliktkultur eingeübt werden. Beispielsweise kann es sich in der Planungsphase für einen Geschäftsprozess empfehlen, Zeitüberschneidungen nicht bilateral, sondern bewusst in größerer Gruppe mit allen beteiligten Fachbereichen zu besprechen und diese Besprechungen wiederum zu reflektieren.

  Wenn alle Betroffenen involviert werden, bedeutet dies zunächst natürlich einen erhöhten Zeitaufwand. Dieses Vorgehen hat aber den Vorteil, dass es bereits frühzeitig Aufschluss darüber gibt, wie die einzelnen Beteiligten in zu diesem Zeitpunkt noch harmlosen Ressourcenverhandlungen Konflikte gestalten. So kann möglicherweise dysfunktionales Verhalten frühzeitig aufgedeckt, bewusst gemacht und verändert werden. Außerdem können dadurch bereits erste Erfolgserlebnisse im Gruppenkontext ermöglicht werden.

- **Fachbereichsübergreifende Hospitationen**

  Es ist leichter, sich in seinem Denken nicht nur auf seinen eigenen Fachbereich zu fokussieren und auch andere Fachbereiche zu berücksichtigen, wenn man auf persönliche Erfahrung statt beispielsweise nur auf eine Berichterstattung zurückgreifen kann. Besonders zwischen Fachbereichen, die viele Schnittstellen haben, kann es daher sinnvoll sein, einzelne Mitarbeiter oder auch nur Personen mit Entscheidungsverantwortung für begrenzte Zeiträume in diesen Fachbereichen hospitieren zu lassen. Diese Maßnahme kostet Zeit. Allerdings ersparen Sie sich einiges an Erklärungen und vor allem an Missverständnissen, wenn die jeweiligen Entscheidungsträger eigene Erfahrungen in den anderen Fachbereichen gemacht haben.

  Der Umfang solcher Hospitationen ist variabel. In manchen Fällen kann es ausreichen, dass der betreffende Mitarbeiter regelmäßig als Beobachter bei Jour-fixe-Termin anwesend ist. Handelt es sich jedoch um viele große Fachbereichsüberschneidungen, wie etwa im Zuge einer Einführung von SAP S/4HANA, lohnt sich hingegen eine ausführliche Hospitation, die verschiedene relevante Abläufe umfasst.

Diese sehr allgemein anwendbaren Interventionen können grundsätzlich in jedem Unternehmenskontext zur Anwendung kommen. Für die individuelle Problematik bezüglich des Silodenkens ist aber auch hier eine intensive Analyse des jeweils vorherrschenden Umgangs im Hinblick auf Silodenken unabdingbar.

30.3 Entscheidungsfindung

Das Silodenken tritt besonders dann zutage, wenn am Ende eines Entscheidungsprozesses von Gewinnern und Verlierern gesprochen wird. Aber selbst, wenn das Silodenken keine große Rolle in einem Unternehmen spielt, können Entscheidungen in jedem Geschäftsprozess eine zentrale Sollbruchstelle sein. Um also Entscheidungen für ein Unternehmen nützlich zu gestalten, hilft es, sich bewusst zu machen, wie sie entstehen (sollten), welche Auswirkungen sie haben können und welche Gründe es dafür geben kann, dass Entscheidungen per se eine so dominante Bedeutung in Unternehmen haben.

Funktionen von Entscheidungen

Entscheidungen haben verschiedene Funktionen. Manche davon sind sehr offensichtlich, andere wiederum macht man sich vielleicht seltener bewusst. Beispielsweise dienen Entscheidungen dazu, eine Gruppe, in diesem Fall ein Team oder ein ganzes Unternehmen, zu synchronisieren in Bezug auf Themen, zu denen es unterschiedliche Meinung gibt oder geben könnte. Die Entscheidung soll dabei sicherstellen, dass das zukünftige Handeln gemeinschaftlich ausgerichtet ist. Dabei gilt: Je allgemeiner eine Entscheidung formuliert wird, desto mehr asynchrone Interpretationen dieser Entscheidung können entstehen. Das wiederum führt schlimmstenfalls dazu, dass die Entscheidung folgen- und nutzlos bleibt. Je spezifischer die Entscheidung jedoch formuliert wird, desto weniger Gestaltungsspielraum bleibt vor allem jenen, die vor der Entscheidung einen anderen Weg einschlagen wollten.

Eine weitere Funktion von Entscheidungen ist das Schaffen von Sicherheit. Entscheidungen beenden uneindeutige Situationen und machen Verhalten und Einstellungen von beispielsweise Vorgesetzten greifbarer.

Außerdem lässt sich zukünftiges Handeln anhand von Entscheidungen bewerten und wird so einfacher diskutierbar. Gleichzeitig kann eine Entscheidung zur Beendigung einer Diskussion dienen, was je nachdem, wie viel Zeit und Energie in die Diskussion gesteckt wurde, zu suboptimalen Entscheidungen führen kann. Besonders wesentlich hierfür sind die unterschiedlichen (hierarchischen) Rollen, die an einer Entscheidung beteiligt sind.

Zu den weniger offensichtlichen Funktionen von Entscheidungen gehört beispielsweise das Ausleben oder gar Ausspielen von Macht. Die Befugnis, Entscheidungen treffen zu können, die folgenreich und bestimmend sind, ist ein wesentlicher Bestandteil von Macht. Daher kann eine Entscheidung auch von Motivationen getrieben sein, die sich jenseits von inhaltlichen Begründungen befinden. Gerade dann, wenn zwischen den Mitarbeitern unterschiedlicher Hierarchien Spannung herrscht, Rollenfragen ungeklärt sind oder strukturelle Defizite für eine beanspruchte Grundstimmung sorgen, können Entscheidungen (bewusst oder unbewusst) zu einem Mittel der Machtdemonstration werden.

Zu den vielfältigen Gründen, aus denen Entscheidungen getroffen werden, gehört auch die kurzfristige Reduktion von Spannungen. Diejenigen Diskussionen, die für eine Entscheidungsfindung unabdingbar sind, selbst wenn sie internal stattfinden, beinhalten immer auch Konflikte. Werden diese Konflikte konstruktiv und unter deutlicher Darstellung des gegenseitigen Respekts geführt, so ist dies auch kein Problem. Zumeist existiert aber keine gemeinsame, eingeübte Konfliktform, was dazu führen kann, dass der Prozess neben der notwendigen kognitiven Belastung auch zu einer emotional anstrengenden Situation werden kann. Eine (vor-)schnelle Entscheidung löst diese Spannung kurzfristig auf. Dies geschieht allerdings unter Inkaufnahme mittelfristiger Folgen (z. B. die rückwirkend negative Bewertung des Prozesses durch die Beteiligten oder gar die Anfechtung der Entscheidung, oder auch unausgesprochene persönliche Konflikte) sowie langfristiger Schäden, wenn die Entscheidung ohne ausreichende inhaltliche Grundlage getroffen wurde.

Prozessvorschläge für die Entscheidungsfindung

Aus diesen, ausdrücklich nicht mit dem Anspruch der Vollständigkeit angeführten Beispielen leiten wir nun eine Reihe von Prozessvorschlägen ab, mit denen Sie die Entscheidungsfindung in Ihrem Unternehmen nützlicher gestalten können.

- **Klarheit des Entscheidungsprozesses und konsequenter Umgang damit**

  Ist klar benannt worden, wo, wann und durch wen Entscheidungen auf welchem Weg gefällt werden, sind sie leichter zu akzeptieren. Hierbei ist es wichtig aufzuzeigen, an welchen Stellen die beteiligten Personen sich einbringen können. Je deutlicher die Einladung zur Partizipation ausgesprochen wird, umso höher ist die Chance, dass alle hinter den getroffenen Entscheidungen stehen. Es ist aber oftmals im stressigen Alltagsgeschäft nicht ohne Weiteres möglich, jede Entscheidung nach den dafür vorgesehenen Entscheidungsprozessen zu treffen. Daher kann es umso wichtiger sein, Abweichungen vom Entscheidungsprozess deutlich aufzuzeigen, zu erklären und gegebenenfalls Raum für Korrekturen zu schaffen. Denn je kürzer und knapper der Umgang mit solchen Abweichungen stattfindet, umso weniger glaubwürdig ist der vorher skizzierte Entscheidungsprozess.

- **Transparenz über Gründe sowohl für als auch gegen eine getroffene Entscheidung**

  Vor allem bei weitreichenden Entscheidungen ist es sinnvoll, die vorgebrachten Argumente aller Seiten in einem Protokoll festzuhalten. Zu einer zielführenden Transparenz gehört dabei aber neben einer Gewichtung der Argumente auch ein (schriftliches) Eingestehen von Risiken, die man bewusst eingeht, und eine Erklärung darüber, warum die Minderung eines bestimmten Risikos als wichtiger und ausschlaggebender bewertet wurde als die eines anderen. Nicht selten werden Entscheidungen, sind sie erst einmal getroffen, als alternativlos bezeichnet, um Diskussionen darüber nicht erneut öffnen zu müssen. Diesem Vorgehen lässt sich aber mit einem transparenten Umgang mit der Gewichtung der Argumente deutlich besser entgegenwirken als mit einer fiktiven Alternativlosigkeit.

- **Bewusste Verteilung von Diskussionsrollen während der Entscheidungsfindung**

  Während Diskussionen zu wichtigen Entscheidungen unterliegen die Beteiligten oftmals dem Gefühl, nach dem Äußern eines Arguments dieses auch verteidigen zu müssen. Schnell nehmen wir dann eine extremere Position ein, als wir ursprünglich geplant haben oder im Nachhinein für gut befinden würden. Um dem vorzubeugen, kann eine bewusste Rollenverteilung hilfreich sein. Die eingenommene Rolle muss dabei nicht mit der eigenen Meinung übereinstimmen. Argumentiert eine Person bewusst aus der Sicht eines Kritikers oder eines Innovationstreibers, kann dieselbe Person im Verlauf der Diskussion diese Rolle ablegen oder sogar wechseln. Das macht es auch einfacher, die später getroffene Entscheidung mitzutragen.

All diese Interventionen zur Verbesserung der Entscheidungsfindung sollten zuerst spielerisch in Situationen eingeübt werden, die nur einfache Entscheidungen betreffen. So können erste Erfahrungen gesammelt werden, ohne direkt durch besonders weitreichende oder emotional belastete Themen eingeschränkt zu werden.

Zusammengefasst gibt es neben der individuellen Analyse eines Unternehmens eine Reihe von Interventionen, die für eine Verbesserung der Unternehmenskultur hilfreich sein können. Die Auswahl und Durchführung jeder einzelnen ist jedoch nicht trivial und sollte jeweils an das betreffende Unternehmen angepasst werden. Daher ist eine vorherige Ziel- und Ist-Analyse immer empfehlenswert.

Kapitel 31
Change Management

In diesem Kapitel werden wir den Begriff Change Management erläutern. Dafür werden beispielhaft einige zentrale Aspekte des Change Managements sowie mögliche Anwendungsformen skizziert. Auch wenn das Kapitel primär für die Phase der Einführung der Geschäftsprozesse von SAP S/4HANA gedacht ist, lassen sich unmittelbare Interventionen auch für bereits existierenden Prozesse ableiten.

Change Management ist ein Begriff, der über die letzten Jahrzehnte immer wichtiger und gleichzeitig immer vorbelasteter geworden ist. Es gehört in nahezu allen größeren Einführungen technischer Neuheiten zum guten Ton, Change Management als wichtig und bedeutsam zu behandeln. So grundsätzlich richtig das sein mag, fehlt es aber häufig an einem breiten Verständnis davon, wozu es überhaupt wichtig ist, eine Veränderung für Menschen gemeinsam mit diesen Menschen zu gestalten. Welche Maßnahmen dann durch ein Change Management durchgeführt werden sollten, ist aber maßgeblich davon abhängig, welche Ziele dafür durch die Beteiligten formuliert werden.

Begriffsdefinition

Change Management als Begriff polarisiert nicht nur unter den praktizierenden Beratern, sondern bis hin zu den Endbenutzern in den Unternehmen, in denen die großen technischen Veränderungen stattfinden. Die Erwartungen an ein Change Management können mitunter sehr unterschiedlich sein, weil es bislang an einer weithin bekannten und akzeptierten Definition des Begriffs fehlt. So wird beispielsweise häufig der Umgang mit Change Requests fälschlicherweise mit Change Management im Sinne der aktiven Begleitung der gesamten Veränderung verwechselt.

Eine weitere Schwierigkeit des Begriffs ist die (fehlende) Trennschärfe zum Projektmanagement oder klassischen mitarbeiterorientierten Aufgaben von Führungskräften. Gerade in kleineren Fachbereichen wird von der Unternehmensleitung erwartet, dass die Bereichsleitung bei anstehenden Veränderungen die Aufgaben eines Change Managers automatisch miterledigt. Diese Selbstverständlichkeit stammt aus einer Zeit, in der Vorgänge wie eine gemeinsame Zielfindung, Motivation, Partizipation, Rückkopplungen und ein transparenter Umgang mit Fehlern und Plänen als vernachlässigbar oder gar unnötig betrachtet wurden. Heute weiß man, dass diese Prozesse nicht nur komplex, sondern auch kritisch für den Unternehmenserfolg sind. Kurz, Sie möchten es bei großen technischen Veränderungen nicht mehr vollständig dem Zufall überlassen, ob die angestrebten Veränderungen harmonisiert und akzeptiert werden und für alle umsetzbar sind. Hierbei arbeiten die Change Manager den betroffenen Führungskräften aktiv zu, indem ein Bewusstsein für mögliche Risiken und Chancen geschaffen, relevante Informationen erfasst und Handlungsalternativen ausarbeitet werden. Der Führungskraft wiederum kommt es dann zu, auf der Grundlage dieser Informationen die nötigen Entscheidungen zu treffen.

31.1 Entwicklungsauftrag des Change Managements

Einer der zentralen Aspekte des Change Managements ist die Weiterentwicklung der beteiligten Personen. Hierbei ist es je nach Unternehmen besonders wichtig, dass das Change Management auf die vorhandenen Instanzen für Personalentwicklung zurückgreift, die sich außerhalb des direkt am SAP-Projekt beteiligten Fachbereichs befinden. Im Kontext einer SAP-S/4HANA-Einführung ist hier vor allem die Frage nach der Schulungsverantwortung wichtig. So kann das Change Management dabei helfen, standardisierte Schulungen didaktisch an den individuellen Bedarf innerhalb eines Geschäftsprozesses anzupassen.

Klassischerweise liegt der Entwicklungsauftrag des Change Managements jedoch bei der Einarbeitung von Beteiligten in ihre neuen Rollen innerhalb eines neuen Geschäftsprozesses. Insbesondere mit Einführungs- oder Migrationsprojekten, wie in Kapitel 29, »Migration von SAP ERP nach SAP S/4HANA«, beschrieben, aber auch mit Optimierungsprojekten gehen oftmals weitreichende organisatorische Veränderungen einher. Besonders erfolgversprechend ist es da, die Menschen im Rahmen einer systemischen Beratung schrittweise an ihre neuen Aufgaben heranzuführen.

Das Change Management erfüllt noch eine Reihe weiterer Aufgaben, wie beispielsweise Konfliktschlichtung oder auch die Weiterentwicklung der Unternehmenskultur. Für die übergreifenden Prozesse im Rahmen einer SAP-S/4HANA-Einführung sind aber besonders die Informationsarbeit für die Führungskräfte und die Entwicklung der beteiligten Personen von großer Bedeutung.

Erwartungen, Widerstand und Konflikte

Natürlich ist es nicht notwendig, dass das Change Management alle möglichen Informationen für die Führungskräfte erhebt und aufbereitet. So ist es zwar immer hilfreich, einen Überblick über die Kultur des Unternehmens zu haben (siehe Kapitel 30, »Auswirkungen der Unternehmenskultur«), gleichzeitig brauchen die Führungskräfte aber vor allem kondensierte und fokussierte Informationen zu aktuellen Themen, die direkt relevant für den reibungslosen Ablauf der Geschäftsprozesse sind (z. B. bei Kommunikationsproblemen an Schnittstellen mit anderen Fachbereichen). Aus der Sicht des Change Managements ist es daher sinnvoll, sich vorrangig auf die zentralen Spannungsfelder zu konzentrieren, die zwischen den Beteiligten verschiedener Bereiche auftreten.

Im Folgenden werden drei dieser Spannungsfelder erklärt und jeweils eine Möglichkeit zur Bearbeitung des jeweiligen Spannungsfelds aufgezeigt.

31.1.1 Erwartungen

Zielsetzung für die SAP-S/4HANA-Einführung

Für ein Unternehmen kann die Einführung von SAP S/4HANA viele Dinge bedeuten. Für manche ist es ein Aufwand, der sich wegen des auslaufenden Supports nicht verhindern lässt. Andere sehen darin die Möglichkeit, ihre Geschäftsprozesse auf den neusten Stand zu bringen. Wieder andere begreifen den Prozess als Chance für ihre Mitarbeiter, sich zu beweisen. Die Ziele für die Einführung sind von Unternehmen zu Unternehmen unterschiedlich und können sich auch zum Teil widersprechen. Daher ist es nicht verwunderlich, dass auch die Erwartungen an das SAP-S/4HANA-System stark variieren können. Diese Abweichungen finden sich allerdings nicht nur zwischen verschiedenen Unternehmen, sondern auch innerhalb von Unternehmen zwischen den betroffenen Personen: zwischen verschiedenen hierarchischen Stufen, aber auch zwischen jüngeren und alteingesessenen Mitarbeitern, zwischen einzelnen Geschäftsbereichen und zwischen Mitarbeitern mit unterschiedlichen Vorerfahrungen im Umgang mit SAP.

Diese Erwartungen zu kennen oder zumindest in ihrer Breite zu überblicken, bedeutet für jede Führungskraft einen großen Vorteil. Je nach Erwartungslage und damit auch je nachdem, mit welcher Person man interagiert, braucht es einen anderen Fokus. Umgekehrt ist es für alle Beteiligten wichtig, dass die Erwartungen, die im Rahmen fachbereichsübergreifender Prozesse an sie gestellt werden, transparent und synchronisiert sind.

Für die Erhebung dieser Erwartungen und den Umgang damit ist es außerdem wichtig zu wissen, dass allein das Wissen darum, dass sie eigene Ansprüche und Erwartungen in Bezug auf die Zusammenarbeit äußern können, bereits einen positiven Effekt auf die Mitarbeiter hat. Darüber hinaus ist es ratsam, dass die Ergebnisse aus einer Erwartungserhebung berücksichtigt werden und der Umgang damit transparent aufgezeigt wird.

Dies bedeutet ausdrücklich nicht, dass man jeder Erwartung gerecht werden muss. Allerdings muss jede Führungskraft jederzeit in der Lage sein, ihre Gründe und ihren Standpunkt zu benennen und damit zu erklären, warum möglicherweise Erwartungen enttäuscht werden. Das gilt insbesondere auch für die höheren Managementebenen in Unternehmen.

Erhebung über die Erwartungen

Die Erhebung über die Erwartungen der Beteiligten kann in unterschiedlichen Abstufungen geschehen. Die Erwartungen korrelieren oft mit dem Grad der Partizipation, die in dem jeweiligen Geschäftsprozess von den Mitarbeitern zu erwarten ist. Ebenso ist die Form der Erhebung entscheidend für die Tiefe und Wirkung der erlangten Erkenntnisse. Hierbei muss die jeweilige Führungskraft im Austausch mit den Change Managern entscheiden, wie breit und wie zeitintensiv die Erhebung sein soll. Einen entscheidenden Unterschied macht hierbei der Zeitpunkt der Erhebung, also ob sie bereits bei der Einführung der neuen Prozesse mit SAP S/4HANA stattfindet oder erst nach den ersten Erfahrungen mit dem neuen System. Aber auch die Intensität der Befragung und die Auswahl der Befragten ist bedeutsam. Werden nur einige wenige Personen in Schlüsselrollen intensiv interviewt, dann werden die Ergebnisse dieser Erhebung zwar eine spürbare Tiefe aufweisen, aber auf eine sehr kleine Gruppe innerhalb des gesamten Geschäftsprozesses beschränkt sein. Werden stattdessen Fragebögen für alle Personen verteilt, die am Prozess beteiligt sind, so bildet die Erhebung eine zwar sehr breite, aber dafür möglicherweise nur oberflächliche und nicht interaktive Erwartungsbildung der Beteiligten ab. In einer idealen Welt würde man mit allen Beteiligten persönlich Interviews führen. Dies wiederum erfordert aber eine intensive Investition von Zeit und Geld. In Abhängigkeit von diesen Faktoren obliegt es dabei dem Change Management, für die jeweilige Erhebungsform die Fragen zu erarbeiten, die den größten Erkenntnisgewinn versprechen.

Unabhängig davon, auf welches Vorgehen die Entscheidung letztlich fällt, ist es essenziell, dass die Ergebnisse für alle Befragten transparent aufgearbeitet und zur Verfügung gestellt werden. Besonders hilfreich ist es, wenn man bei dieser Aufbereitung immer wieder auf die geäußerten Erwartungen eingeht, sie in den Kontext des anstehenden Veränderungsprozesses einordnet und aufzeigt, was man bezogen auf diese Erwartung (nicht) plant.

31.1.2 Widerstand

Ursprünge von Widerständen

Widerstand vonseiten der Mitarbeiter wird zumeist stark negativ und destruktiv interpretiert. Nicht selten herrscht der Irrglaube vor, es sei die Aufgabe des Change Managements, Widerstände ungeachtet ihres Ursprungs abzubauen und aus dem Weg zu schaffen. Tatsächlich ist es für ein Unternehmen aber deutlich sinnvoller, wenn Widerstände auf ihren Ursprung hin untersucht werden.

Mögliche Ursprünge von Widerständen

Hierfür ist es entscheidend, dass Widerstände als Reaktion auf gemachte Erfahrungen oder auch als Äußerung von Sorgen oder sogar Ängsten begriffen werden. Nicht selten aber werden diese Widerstände als Ausdruck einer bestimmten Persönlichkeit oder schlicht als Unwillen missinterpretiert, was zu einer Verhärtung der Fronten führen kann. Die Aufgabe des Change Managements ist es dabei, Widerstände zu finden, ihre Ursachen zu greifen und daraus Handlungsmöglichkeiten für die Führungskräfte herzuleiten. So kann es beispielsweise sein, dass Widerstände durch Unklarheiten in der vergangenen Kommunikation entstanden sind. Damit können sie als Indikator dafür begriffen werden, dass die Kommunikation optimiert werden sollte. Aber auch, wenn Widerstände aus persönlicheren Gründen heraus entstehen, kann durch beispielsweise Coaching (siehe Abschnitt 31.2, »Systemische Beratung«) oder Gesprächsangebote ein besserer Umgang mit ihnen erreicht werden als dadurch, dass man sie einfach übergeht.

Umgang mit Widerständen

Die wichtigste Voraussetzung dafür, dass Führungskräfte konstruktiv mit Widerständen umgehen können, ist allerdings, dass sie über die Widerstände innerhalb ihres Bereichs informiert sind. Diese Informationen können beispielsweise vom Change Management durch regelmäßige Kurzumfragen zur persönlichen Einstellung der Mitarbeiter gegenüber der Entwicklung der Geschäftsprozesse erhoben werden.

31.1.3 Konflikte

Mögliche Ursprünge von Konflikten

Im Unterschied zu Widerständen finden Konflikte immer zwischen mehreren beteiligten Personen oder Gruppen statt. Hierbei handelt es sich nicht zwingend um einen klassisch offen ausgetragenen Streit, sondern viel eher ein Aufeinandertreffen unterschiedlicher Meinungen oder Ansichten. Konflikte sind gerade in Diskussions- und Findungsphasen essenziell, um möglichst ein gemeinsames Bild der aktuellen Situation zu finden. Allerdings erfordern Konflikte immer auch ein erhebliches Maß an Vertrauen darauf, dass das Austragen sich nicht negativ auf die zwischenmenschlichen Beziehungen auswirkt. Umfasst eine Gruppendiskussion unterschiedliche hierarchische Stufen, wird beispielsweise gegenüber einer Führungskraft nur dann eine abweichende Meinung geäußert werden, wenn dadurch keine (un-)mittelbaren negativen Konsequenzen zu erwarten sind. Hierfür ist es ebenfalls wichtig zu berücksichtigen, dass die Erfahrung mit Konfliktbewältigung in der Vergangenheit (besonders in Gruppen) einen riesigen Unterschied für die konstruktive Konfliktbereitschaft macht.

Umgang mit Konflikten

Aufgabe des Change Managements ist es daher, ein Umfeld für Diskussionsrunden zu schaffen, das es allen Beteiligten ermöglicht, sich einzubringen. Das Change Management muss also moderativ unterstützen, wo noch wenig Erfahrung vorliegt, und dort bremsen, wo zu viel Entscheidungsroutine droht, die konstruktiven Gespräche vorzeitig zu beenden.

Nichtsdestotrotz lässt es sich nicht verhindern, dass mancher Konflikt auch eine persönliche Ebene erreicht. Dabei ist es sinnvoll, frühzeitig den Konfliktprozess zu strukturieren (z. B. in Form einer Mediation) und es den Beteiligten damit zu ermöglichen, ohne Gesichtsverlust zurück zu einem konstruktiven Miteinander zu gelangen. Nach seiner Beilegung sollte ein Konflikt auch für indirekt Beteiligte als beendet erklärt werden. Ansonsten besteht die Gefahr, dass in der Folge Stellvertreterkonflikte entstehen, deren Eigendynamik immer schwieriger einzufangen sein wird.

31.2 Systemische Beratung

Weiterentwicklung der beteiligten Personen

Der zweite Aspekt des Change Managements, den wir hier behandeln wollen, ist die Weiterentwicklung der Personen, die an fachübergreifenden Geschäftsprozessen beteiligt sind. Während es grundsätzlich ein großes Angebot an unterschiedlichsten Weiterbildungsschulen gibt, die eine Weiterentwicklung der betreffenden Personen anbieten, erfreut sich insbesondere die systemische Beratung immer größerer Beliebtheit. Der große Vorteil dieses Vorgehens besteht darin, dass es sich den individuellen Zielen der Person und des Unternehmens optimal anpassen kann. So wird dem Klienten kein allgemeines Korsett übergestülpt und gehofft, dass die damit verbundenen Weiterentwicklungen hilfreich für das Unternehmen sind, sondern es wird vielmehr direkt in der Alltagswirklichkeit der beteiligten Personen gearbeitet. Im Folgenden wollen wir eine Reihe von Konzepten aus der systemischen Beratung beschreiben und mit Beispielen aus der SAP-S/4HANA-Einführung illustrieren.

31.2.1 Kontextanalyse

Aspekte der Person vs. Aspekte der Situation

Bei der Weiterentwicklung eines Mitarbeiters ist es hilfreich – ähnlich wie bei der Analyse der existierenden Systemlandschaft –, einen Überblick über die Ausgangsposition der Person zu erhalten. Hierbei sollte allerdings nicht nur auf die Persönlichkeit der Person eingegangen werden: Der *fundamentale Attributionsfehler* ist eines der bestuntersuchten Phänomene der Sozialpsychologie. Er besagt, dass Menschen dazu tendieren, Aspekte einer Person als relevanter für ihr Verhalten zu interpretieren als Aspekte ihrer Situation. Die systemische Beratung berücksichtigt diesen Denkfehler. Das Instrument der *Kontextanalyse* dient nicht nur dazu, dem Berater einen Überblick über die Situation zu verschaffen, sondern es eröffnet auch der jeweiligen Person eine multiperspektivische Sicht auf die eigene Situation. Dadurch können gleich mehrere Entwicklungsschritte begünstigt werden. Es können situative Faktoren gefunden werden, die verbesserungswürdig und auch verbesserbar sind. Zudem erarbeitet sich die betreffende Person die Fähigkeit, auch in zukünftigen (Schnittstellen betreffenden) Situationen verschiedene Perspektiven einzunehmen. Nicht zuletzt erweitert sich auch ihr Handlungsspielraum, weil Verhalten nicht auf schwer veränderbare Persönlichkeitsmerkmale zurückgeführt wird.

Für einen Geschäftsprozess kann das beispielsweise bedeuten, dass erstens auf diese Art entwickelte Key-User frühzeitig kommunizieren können, welche Zeiträume im Laufe eines Prozesses z. B. für Veränderungen oder Anpassungen besonders geeignet sind. So kann die Führungskraft bessere Unterstützungsangebote machen, da sie genauer weiß, welche Problematiken vorherrschen. Dadurch wiederum verringert sich die wahrgenommene Belastung der entwickelten Key-User.

31.2.2 Zirkuläre Fragen

Perspektivwechsel

Wie schon in Abschnitt 31.2.1, »Kontextanalyse«, beschrieben, ist eine der Kernkompetenzen, die in fachbereichsübergreifenden Geschäftsprozessen benötigt wird, der routinierte Perspektivwechsel. Dies gilt zum einen für klassische Situationen, in denen beispielsweise Mitglieder der Unternehmens-IT die Perspektive der einzelnen Geschäftsbereiche einnehmen müssen, um einen Prozess optimieren zu können. Des Weiteren kommt diese Fähigkeit auch in Situationen zum Tragen, in denen z. B. eine Führungskraft die Sicht der ihr Unterstellten einnehmen möchte. Es lässt sich festhalten, dass Zusammenarbeit in größeren Gruppen ohne den Perspektivwechsel zwischen den Beteiligten nahezu unmöglich ist.

Eine einfache und gleichzeitig sehr effektive Form, diese Perspektivwechsel zur Routine werden zu lassen, sind *zirkuläre Fragen*. Systemische Beratung lädt die Klienten dazu ein, eine problembehaftete oder ungewöhnliche Situation nicht nur aus der eigenen, sondern auch aus der antizipierten Sicht einer anderen Person zu betrachten. Dies geschieht oft durch geschickte Fragestellungen, bei denen der Klient mehr oder weniger bewusst seine eigene Sicht reflektieren muss, indem er eine andere Perspektive einnimmt.

Zirkuläre Fragen führen so in größeren, bereichsübergreifenden Gruppen zu einem ganzheitlicheren Arbeiten, ohne dass alle Beteiligten zu jeder Zeit anwesend sein müssen. Gleichzeitig wird durch das regelmäßige Aufwerfen und Beantworten von zirkulären Fragen der Klient darin geschult, auch außerhalb seines eigenen Entwicklungskontextes unterschiedliche Positionen wahrzunehmen und zu interpretieren. Nehmen verschiedene Personen in Schlüsselpositionen automatisch häufiger fremde Perspektiven ein, kann das wiederum das bereichsübergreifende Arbeiten deutlich vereinfachen. Dadurch wiederum kann Silodenken (siehe Abschnitt 30.2) reduziert und die Chance erhöht werden, dass es eine bereichsübergreifende Verantwortungsübernahme für den jeweiligen Prozess gibt.

Unabhängig von den unmittelbaren Vorteilen für den Geschäftsprozess kann das Einnehmen unterschiedlicher Perspektiven durch zirkuläre Fragen auch zur Reduktion von selbstinduziertem Stress oder Defizitgedanken führen, weil Alternativen zu einer möglicherweise sehr negativen Betrachtung der eigenen Situation leichter zugänglich werden. Damit ist es eine wirksame Methode, um beispielsweise belastete Kollegen im Unternehmen zu unterstützen.

31.2.3 Lösungs- und Loslösungsorientierung

Der Begriff *Problemorientierung* beschreibt das Phänomen, dass sich Gespräche innerhalb eines Fachbereichs hauptsächlich darum drehen, was gerade nicht optimal läuft. Der Wortteil Orientierung meint hier die Fokussierung der Aufmerksamkeit auf einen einzelnen Teilbereich der aktuellen Geschehnisse. Dem gegenüber steht die *Lösungsorientierung*; die Fokussierung der Gespräche auf Möglichkeiten, um die bekannten Probleme zu bewältigen. Sie kann häufig als wertvoller als die Problemorientierung betrachtet werden, da Problemorientierung auch als anhaltendes Klagen über die aktuellen Zustände interpretiert werden kann. Lösungsorientierung bezeichnet man auch als »konstruktives Problemlösen«.

Diese Gegenüberstellung von Problem- und Lösungsorientierung lässt wenig Spielraum für Präferenzen. In der Regel wird die lösungsorientierte Herangehensweise der problemorientierten Herangehensweise vorgezogen. Beide Perspektiven können jedoch in Abhängigkeit von der Situation nützlich sein. Tritt ein Problem zum ersten Mal auf, ist bisher also weitgehend neu, so kann eine Lösungsorientierung unangebracht sein, da sie auf unvollständigen Informationen beruhen würde. Problemfokussiert und analytisch erst einmal das neue Phänomen zu betrachten, erscheint zu diesem Zeitpunkt sinnvoller. Ist ein Problem jedoch hinlänglich bekannt und umfassend beleuchtet, kann die Lösungsorientierung nützlicher sein, weil sie Handlungsspielräume sichtbar macht.

Aus der Sicht der lösungsorientierten systemischen Beratung gibt es allerdings noch weitere Perspektiven, die sich in Bezug auf eine Situation einnehmen lassen. So meint *lösungsorientiert systemisch* nicht den Fokus auf das Beheben eines Problems, sondern die Loslösung von dem problematischen Thema. Wenn wir schauen, was gut funktioniert, und uns damit von dem Problem loslösen, dann kann es sein, dass wir wieder handlungsfähig werden und über diesen Umweg in einem späteren Schritt das Problem bewältigbar wird. Ziel ist es also, die Aufmerksamkeit auf andere, funktionalere Aspekte der Situation zu lenken und damit konkret festgefahrenen Gruppen wieder eine bessere Zusammenarbeit zu ermöglichen. Dies ist besonders dann hilfreich, wenn fest etablierte Routinen, Verhaltensweisen oder Dilemmata bzw. Restriktionen vorliegen, die zu verändern nicht in der Macht der Gruppe liegt.

Für übergreifende Geschäftsprozesse ist dieses Vorgehen aus der systemischen Beratung vor allem dann nützlich, wenn einzelne, spezifische Themen drohen, den gesamten Projektverlauf zu hemmen. Loslösung heißt dabei nicht, dass die Probleme ignoriert werden. Viel eher dient sie dazu, dass die einzelnen Beteiligten wieder das große Ganze sehen, anstatt sich gegenseitig durch eine einseitige Fokussierung zu hemmen.

31.2.4 Selbstfürsorge und Eigenverantwortung

Ein Geschäftsprozess besteht zu großen Teilen aus (teils durch ein System wie SAP S/4HANA automatisierten) Absprachen zwischen bestimmten Personen. Und überall da, wo mehrere Menschen in Gruppen miteinander sprechen, diskutieren oder mehr oder weniger konstruktiv streiten, braucht es Rahmenbedingungen, die sicherstellen, dass diese Gespräche erfolgreich verlaufen können. Eine dieser Rahmenbedingungen ist, dass alle Beteiligten ein grundlegendes Maß an Selbstfürsorge betreiben. Damit ist gemeint, dass alle Beteiligten stehts darauf achten, dass alle Voraussetzungen für eine konstruktive Teilnahme vor und auch während des Gesprächs (Zeit, Ressourcen, Gesundheit etc.) vorliegen.

Selbstfürsorge wird in den meisten Fällen implizit und oft auch unbewusst von allen (führenden) Beteiligten vorausgesetzt. Sie ist allerdings keine Selbstverständlichkeit und bedarf einer Rahmung, beispielsweise durch die verantwortliche Führungskraft. Gerade im Zeitalter häufiger virtueller Meetings, in denen individuelle räumliche Gegebenheiten völlig unterschiedlich sein können, ist es daher sinnvoll, frühzeitig (und mehrfach) darauf hinzuweisen, welche Freiheiten zu selbstfürsorglichem Handeln sich alle Beteiligten nehmen können und sollen. Dazu gehören beispielsweise eigeninitiierte Pausenzeiten oder der Umgang mit Kamera und Mikrofon. Dies kann durch beispielhaftes Verhalten oder eine kurze verbale bzw. schriftliche Rahmung erfolgen.

Selbstfürsorge ist auch deshalb wichtig, weil bei einer Zusammenarbeit über längere Zeiträume Symptome fehlender Selbstfürsorge (unkommentiertes Zu-spät-Kommen zu Terminen, Lustlosigkeit, Unruhe) schnell fehlinterpretiert werden können, z. B. indem unbewusst fiktive Gründe konstruiert werden. So kann es schnell passieren, dass beispielsweise Desinteresse einem ganzen Fachbereich unterstellt wird, obwohl der wahre Grund in den privaten Umständen einer einzelnen Person begründet liegt, die in Verbindung mit fehlender Selbstfürsorge zu ungewöhnlichem Verhalten führen. Damit eine Gruppe langfristig gut zusammenarbeiten kann, ist es unabdingbar, dass die Teilnehmer nicht gezwungen sind, jedes Verhalten des anderen zu interpretieren. Stattdessen müssen genug Freiheiten und Räume gegeben sein, dass alle Beteiligten selbstfürsorglich handeln und partizipieren können und ihnen dabei von ihren Mitarbeitern grundsätzlich erst einmal gute Beweggründe für ihr Verhalten unterstellt werden.

Eine zweite Rahmenbedingung für eine gute langfristige Zusammenarbeit in einer Gruppe ist die Eigenverantwortung für den persönlichen (Lern-)Prozess. Dies ist besonders für Führungskräfte wichtig, die innerhalb eines Prozesses Verantwortung tragen. Den Führungskräften nämlich ist es in der Regel nicht möglich, eine Innenansicht der Personen zu haben, für die sie Verantwortung tragen. Dies kommt ganz besonders bei Schulungsthemen zu tragen, da es nahezu unmöglich ist, permanent den aktuellen Wissens- und Fähigkeitsstand aller Lernenden zu überblicken und für jeden individuell passende Lehrangebote zu adaptieren.

Eigenverantwortung kann schnell als das Abladen aller Verantwortung auf einer einzelnen Person missverstanden werden. Zum Beispiel könnte man annehmen, dass jeder End-User selbst dafür verantwortlich ist, sich Materialien und Informationen zu einem neuen System zusammenzusuchen und anzueignen. Diese Interpretation wäre wenig hilfreich, wenn nicht sogar kontraproduktiv. Dabei meint Eigenverantwortung vielmehr, dass alle Beteiligten dafür verantwortlich sind zu kommunizieren, was sie benötigen, um ihre Aufgabe erfolgreich zu bewältigen. Dies kann auch die Klarstellung beinhalten, dass sie selbst noch gar nicht wissen, was sie benötigen.

In jedem Fall müssen sich Verantwortungsträger in einem Geschäftsprozess darauf verlassen können, dass andere Mitarbeiter proaktiv auf sie zukommen, wenn ihre eigene Arbeit sonst behindert werden würde. Durch systemische Rahmung oder idealerweise sogar einen bewusst initiierten kulturellen Wandel (siehe Kapitel 30, »Auswirkungen der Unternehmenskultur«) kann diese Eigenverantwortung sicht- und nutzbar gemacht werden und damit den erfolgreichen Ablauf eines Geschäftsprozesses präventiv vor ungeplanten Störungen schützen.

Dieser kleine Einblick in die Möglichkeiten, im Rahmen von Change Management und durch systemische Beratung im SAP-S/4HANA-Kontext positive Veränderungen in Unternehmen anzustoßen, zeigt natürlich nur einen Bruchteil der vielen Möglichkeiten, eine konsequente Begleitung von Veränderungsprozessen zu ermöglichen. Bei all diesen Maßnahmen kann es ein erster, oftmals schon positiv wirkender Schritt sein, sich über die verschiedenen Anknüpfpunkte im eigenen Projekt, dem eigenen Fachbereich und dem gesamten Projekt bewusst zu werden, bevor man mit möglicherweise inadäquaten Interventionen startet. Eine gute, passgenaue Auswahl der Interventionen und Methoden ist genauso wichtig, wie ein passgenaues Customizing des SAP-S/4HANA-Systems.

Kapitel 32
Zusammenfassung und Ausblick

Am Ende dieses Buches möchten wir noch einmal die einzelnen Teile mit ihren zentralen Aussagen Revue passieren lassen und einen kurzen Ausblick auf die weitere Entwicklung geben.

Einleitend haben wir Ihnen in Teil I die wesentlichen Änderungen von SAP S/4HANA erläutert und sind dabei auf die In-Memory-Technologie sowie die Architektur einer SAP-HANA-Datenbank eingegangen. Mit der Abbildung der Unternehmensorganisation in SAP S/4HANA haben Sie schon einen ersten Einblick in die weitreichende Integration unterschiedlicher Anwendungen (Vertrieb, Materialwirtschaft, Produktion, Controlling und Finanzwesen) erhalten, die wir im Verlauf dieses Buches in unterschiedlichen Zusammenhängen immer wieder aufgegriffen und differenziert betrachtet haben.

In Teil II, »Vertriebsfunktionen in SAP S/4HANA«, beschäftigten uns die wichtigsten Funktionen der Anwendung Sales aufgeteilt in die grundlegenden, aber auch die spezielleren Vertriebsfunktionen. Wir haben in diesem Buchteil die grundsätzliche Systematik der wichtigsten Funktionen beschrieben und das Zusammenspiel zwischen Customizing, Stammdaten und Anwendung erläutert. Auch haben wir aufgezeigt, wo es bei SAP S/4HANA zu Veränderungen für den Anwender kommt. In Abschnitt 5.7, »Dynamische Workflows«, sind wir beispielsweise darauf eingegangen, wie nun auch in der Anwendung Sales Genehmigungsstufen eingearbeitet werden können. Viele Anwender haben diese Funktion lange herbeigesehnt. Zwar werden Sie nach der Lektüre dieses Buches je nach Erfahrungslevel noch nicht vollends in der Lage sein, das Customizing für alle erwähnten Vertriebsfunktionen selbstständig durchzuführen, aber die Einarbeitung in diese komplexe Umgebung wird Ihnen nun erheblich leichter fallen. Vor allem werden Sie die einzelnen Teilfunktionen in einen Gesamtzusammenhang einordnen können und das immer mit Blick auf die integrativen Nebenbereiche des Vertriebs, wie Beschaffung, Produktion, Finanzen oder Controlling.

Dazu gehört es auch, die Prozesse zu verstehen, die in Teil III, »Vertriebsprozesse in SAP S/4HANA«, beschrieben worden sind. Beginnend mit dem Belegaufbau und dem Überblick über den Belegfluss haben wir die Standardabwicklung des Vertriebs in Kapitel 8, »Terminauftragsabwicklung«, intensiv besprochen. Dort wurde die Grundlage für das Verständnis von Abläufen im SAP-S/4HANA-System gelegt. Immer wieder haben uns verschiedene innovative Prozessschritte, wie die vorläufigen Fakturen, aber auch teils völlig neu entwickelte SAP-Fiori-Apps begleitet. Gleichzeitig sollten Gestaltungsspielräume für die Anpassung dieser Abläufe an die eigenen Anforderungen deutlich werden. Dazu gehören auch die Aufbereitung und die Analyse von Daten. Das Reporting mit SAP S/4HANA Embedded Analytics bietet hier ganz neue Möglichkeiten, die wir in Kapitel 18 umrissen haben.

Basierend auf der Kenntnis von Funktionen und Prozessen stellte sich dann in Teil IV, »Gestaltung von Wertschöpfungsketten in SAP S/4HANA«, die spannende Frage, wie sich bereichs- und anwendungsübergreifende Wertschöpfungsketten in SAP S/4HANA abbilden lassen. Dabei wurde deutlich, wie sehr Vertriebsprozesse in die Strategien der Produktionsplanung, der Materialwirtschaft, der Finanzbuchhaltung und des Controllings integriert sind. Wir haben aufgezeigt, welche Möglichkeiten bestehen, um von SAP ERP Central Component (SAP ECC) auf SAP S/4HANA zu migrieren. Dieses hohe Maß an Integration erfordert vernetztes Denken. Genau dies ist bei einer SAP-Einführung und der späteren Optimierung von vorhandenen Prozessen gefragt – bei allen Beteiligten. Und da Prozesse zuerst von Menschen gestaltet werden, müssen auch die Menschen in den Mittelpunkt des Interesses rücken. Wie sich die Veränderung solcher Prozesse auf die Unternehmenskultur auswirkt und wie mithilfe des Change Managements die Erwartungen, Widerstände und Konflikte systemisch besprochen und angegangen werden können, haben wir in Teil VI, »Notwendigkeit von Organisationsentwicklung«, dargelegt.

Zuvor aber haben wir in Teil V, »Technologien und systemübergreifende Geschäftsprozesse«, unsere Perspektive auf die Gestaltung system- und unternehmensübergreifender Geschäftsprozesse ausgeweitet. Dabei haben wir intensiv die SAP Business Technology Platform und ihre Funktionsweise beleuchtet. Weiterentwicklungspotenziale enden nicht unmittelbar an den Grenzen des SAP-S/4HANA-Systems. Unternehmen sollten auch Technologien in Betracht ziehen, die über diese optischen und systemtechnischen Grenzen hinausgehen. System- und unternehmensübergreifende Prozesse im Vertrieb dienen vor allem dem Zweck, die Zusammenarbeit mit dem Kunden optimal zu unterstützen. Aus diesem Grund geben wir in Kapitel 27 auch einen Überblick, wie das Thema Customer Relationship Management (CRM) mit der Lösung SAP Customer Experience umgesetzt wird. Ein weiteres Beispiel für übergreifende Geschäftsprozesse ist die Kommunikation über Lieferanten- und Kundensysteme hinweg. Mit SAP steht eine offene Anwendungs- und Entwicklungsplattform für die Gestaltung system- und unternehmensübergreifender Geschäftsprozesse zur Verfügung. Am konkreten Beispiel haben wir in Kapitel 28 gezeigt, wie eine unternehmensübergreifende Auftragsabwicklung auf Basis elektronischer Nachrichten aussehen kann.

Technologien wie SAP Fiori Launchpad oder SAP S/4HANA Embedded Analytics lassen neue Gestaltungsspielräume entstehen. Gleichzeitig steigt aber auch die Komplexität bei der Entwicklung von Lösungen. Umso wichtiger ist es, die neuen Funktionen sinnvoll in die prozessorientierten Zusammenhänge einordnen zu können, die unser Buch zu vermitteln versucht. Die Gestaltung der Prozesse in den Kernkomponenten ist nach wie vor ein entscheidender Aspekt für die Optimierung von Geschäftsprozessen: Nur wer ein schlüssiges Gesamtkonzept für die Abbildung von Wertschöpfungsketten hat, wird die neuen Möglichkeiten der Informationstechnologie für sich nutzen können.

Dieses Buch basiert auf SAP S/4HANA mit dem On-Premise-Release 2020 FPS01. Inzwischen sind bereits weitere Releases wie SAP S/4HANA 2020 FPS02 und SAP S/4HANA 2021 verfügbar. Zudem sind weitere Cloud-Releases angekündigt. Es wird also ein hohes Tempo vorgelegt, was neue Versionen angeht, und damit gibt es immer wieder neue Funktionen und Simplifications.

Man kann sicher sagen, dass die aktuellen Releases an der einen oder anderen Stelle noch Optimierungsbedarf haben. Es sind aber auch keine »Beta-Versionen«, wie hin und wieder zu hören ist. Unternehmen, Anwender und Berater müssen sich ernsthaft mit SAP S/4HANA beschäftigen, auch wenn noch viel darüber diskutiert wird, ob die verlängerte Wartung des bestehenden SAP-ERP-Systems tatsächlich 2027 endet. Eines ist klar: SAP S/4HANA ist angelaufen und wird stetig weiterentwickelt. Im Zuge der Digitalisierung und ihrer Dynamik können Sie sich ohnehin nicht allzu sehr auf bisherige Erfahrungen verlassen, mit welchem Tempo SAP S/4HANA kommen wird. Daher ist jetzt die Zeit, sich dieser Entwicklung zu öffnen, um die neuen Potenziale frühzeitig ausschöpfen zu können und die Chance wahrzunehmen, Ihre Prozesse und Ihre SAP-Landschaft neu zu gestalten – neu mit SAP S/4HANA.

Anhang

Anhang A
Transaktionen und Menüpfade

Damit Sie die in diesem Buch erläuterten Systembeispiele und Customizing-Einstellungen leicht nachvollziehen können, haben wir Ihnen bereits in den einzelnen Kapiteln Hinweise auf die Transaktionscodes und SAP-Fiori-Apps gegeben. Über diese können Sie die entsprechenden Funktionen direkt ausführen. In diesem Anhang erhalten Sie eine Übersicht über die im Buch verwendeten Transaktionscodes und erfahren zusätzlich, wie Sie die Transaktionen über das SAP-Menü erreichen können. Die Übersicht ist aufgeteilt in die Bereiche Anwendung, SAP-Fiori-Apps und Customizing und dort weiter gegliedert nach den einzelnen Anwendungen. Die Transaktionen sind sachlogisch geordnet: zuerst Stammdaten, dann Funktionen und schließlich Prozesse.

A.1 Anwendung

A.1.1 Komponente SD

Logistik • Vertrieb •

Material [MM01/MM02/MM03]: **Stammdaten • Produkte • Sonstiges Material • Anlegen/Ändern/Anzeigen**

Materialstückliste [CS01/CS02/CS03]: **Stammdaten • Produkte • Stücklisten • Stückliste • Materialstückliste • Anlegen/Ändern/Anzeigen**

Auftragsstückliste [CS61/CS62/CS63]: **Stammdaten • Produkte • Stücklisten • Stückliste • Auftragsstückliste • Anlegen/Ändern/Anzeigen**

Kunden-Material-Info [VD51/VD52/VD53]: **Stammdaten • Absprachen • Kunden-Material-Info • Anlegen/Ändern/Anzeigen**

Stammdaten Kreditmanagement [BP/UKM_BP]: **Rechnungswesen • Financial Supply Chain Management • Credit Management • Stammdaten • Geschäftspartnerstammdaten (Geschäftspartnerrolle UKM000)**

Sortiment [WSV2/WSO2/WSO3/WSO4]: **Stammdaten • Produkte • Wertktr-Sortimentsb. • Anlegen/Ändern/Anzeigen/Löschen**

Konditionssätze Preisfindung [VK11/VK12/VK13]: Stammdaten • Konditionen • Selektion über Konditionsart • Anlegen/Ändern/Anzeigen

Konditionssätze in der Nachrichtenfindung [VV11/VV12/VV13]: Stammdaten • Nachrichten • Verkaufsbeleg • Anlegen/Ändern/Anzeigen

Konditionssätze Materialfindung [VB11/VB12/VB13]: Stammdaten • Produkte • Materialfindung • Anlegen/Ändern/Anzeigen

Konditionssätze Materiallistung [VB01/VB02/VB03]: Stammdaten • Produkte • Listung/Ausschluss • Anlegen/Ändern/Anzeigen

Konditionssätze Cross-Selling [VB41/VB42/VB43]: Stammdaten • Produkte • Cross-Selling • Anlegen/Ändern/Anzeigen

Chargensuchstrategie [VCH1/VCH2/VCH3]: Stammdaten • Produkte • Chargensuchstrategie • Anlegen/Ändern/Anzeigen

Charge anlegen [MSC1N]: Stammdaten • Produkte • Stücklisten • Umfeld • Materialstamm • Charge • Anlegen

Anfrage [VA11/VA12/VA13]: Verkauf • Anfrage • Anlegen/Ändern/Anzeigen

Angebot [VA21/VA22/VA23]: Verkauf • Angebot • Anlegen/Ändern/Anzeigen

Wertkontrakt [VA41/VA42/VA43]: Verkauf • Kontrakt • Anlegen/Ändern/Anzeigen

Auftrag [VA01/VA02/VA03]: Verkauf • Auftrag • Anlegen/Ändern/Anzeigen

Lieferung [VL01N/VL02N/VL03N]: Versand und Transport • Auslieferung • Anlegen/Ändern/Anzeigen

Quittieren des Transportbelegs [LT12]: Versand und Transport • Kommissionierung • Transportauftrag quittieren • Einzelbeleg • in einem Schritt

Vorläufige Fakturen ändern/anzeigen [VFP2/VFP3]

Faktura [VF01/VF02/VF03]: Fakturierung • Faktura • Anlegen/Ändern/Anzeigen

Fakturavorrat [VF04]: Fakturierung • Faktura • Fakturavorrat bearbeiten

Fakturen ausgeben [VF31]: Fakturierung • Nachrichten • Fakturen ausgeben

Kundenanalyse [MCTA]: Vertriebsinfosystem • Standardanalysen • Kunde

Verkaufsorganisationsanalyse [MCTE]: Vertriebsinfosystem • Standardanalysen • Verkaufsorganisation

Gesperrte Vertriebsbelege [VKM1]: Kreditmanagement • Ausnahmen • Gesperrte Vertriebsbelege

Dokumentierte Kreditentscheidung [UKM_CASE]: Rechnungswesen • Financial Supply Chain Management • Credit Management • Dokumentierte Kreditentscheidung

Konditionskontrakt für Bonusabwicklung [WCOCO]: Materialwirtschaft • Einkauf • Stammdaten • Nachtr. Abrechnung • Kundenabsprachen • Umfeld • Kondition/Absprache • Konditionskontrakt • Stammdaten • Bearbeiten/Anzeigen

Konditionskontrakt Umsatzreport [WB2R_BUSVOL]: Materialwirtschaft • Einkauf • Stammdaten • Nachtr. Abrechnung • Kundenabsprachen • Umfeld • Kondition/Absprache • Konditionskontrakt • Abrechnung • Umfeld • Berichtswesen •Umsatz

Konditionskontrakt Abrechnung [WB2R_SC]: Materialwirtschaft • Einkauf • Stammdaten • Nachtr. Abrechnung • Kundenabsprachen • Umfeld • Kondition/Absprache • Konditionskontrakt • Abrechnung • Kunde • Anlegen

Materialinspektion erfassen [MSR_INSPWH]: Verkauf • Umfeld • Erweiterte Retourenabwicklung • Materialinspektion im Lager erfassen

Kundenrückerstattung festlegen [MSR_CRD]: Verkauf • Umfeld • Erweiterte Retourenabwicklung • Kundenrückerstattung festlegen

Reklamationsabwicklung [CMP_PROCESSING]: Fakturierung • Faktura • Reklamationsabwicklung

A.1.2 Komponente MM

Logistik • Materialwirtschaft •

Material [MM01/MM02/MM03]: Materialstamm • Material • Anlegen allgemein (Sofort)/Ändern (Sofort)/Anzeigen (Anzeigen akt. Stand)

Infosatz [ME11/ME12/ME13]: Einkauf • Stammdaten • Infosatz • Anlegen/Ändern/Anzeigen

Serialnummern [IQ01/IQ02/IQ03]: Materialstamm • Umfeld • Serialnummern • Anlegen/Ändern/Anzeigen

Serialnummernliste [IQ04/IQ08/IQ09]: Materialstamm • Umfeld • Serialnummern • Listbearbeitung • Anlegen/Ändern/Anzeigen

Bestellanforderung [ME51N/ME52N/ME53N]: Einkauf • Banf • Anlegen/Ändern/Anzeigen

Umsetzung Bestellanforderung in Bestellung [ME58]: Einkauf • Bestellung • Anlegen • Über Banf-ZuordListe

Bestellung [ME21N/ME22N/ME23N]: Einkauf • Bestellung • Anlegen/Ändern/Anzeigen

Warenbewegung [MIGO]: Bestandsführung • Warenbewegung • Warenbewegung (MIGO)

Umbuchung [MIGO_TR]: Bestandsführung • Warenbewegung • Umbuchung (MIGO)

Materialbeleg [MB03]: Bestandsführung • Materialbeleg • Anzeigen

Eingangsrechnung [MIRO]: Logistik-Rechnungsprüfung • Belegerfassung • Eingangsrechnung hinzufügen

Rechnungsbeleg [MIR4]: Logistik-Rechnungsprüfung • Weiterverarbeitung • Rechnungsbeleg anzeigen

Aktuelle Bedarfs- und Bestandsliste [MD04]: Bestandsführung • Umfeld • Bestand • Akt.Bed./Best.Liste

Bestandsübersicht [MMBE]: Bestandsführung • Umfeld • Bestand • Bestandsübersicht

A.1.3 Komponente PP

Logistik • Produktion •

Material [MM01/MM02/MM03]: Stammdaten • Materialstamm • Material • Anlegen allgemein (Sofort)/Ändern (Sofort)/Anzeigen (Anzeigen akt. Stand)

Materialstückliste [CS01/CS02/CS03]: Stammdaten • Stücklisten • Stückliste • Materialstückliste • Anlegen/Ändern/Anzeigen

Normalarbeitspläne [CA01/CA02/CA03]: Stammdaten • Arbeitspläne • Arbeitspläne • Normalarbeitspläne • Anlegen/Ändern/Anzeigen

Arbeitsplätze [CR01/CR02/CR03]: Stammdaten • Arbeitsplätze • Arbeitsplatz • Anlegen/Ändern/Anzeigen

Produktionsgrobplanung [MC87/MC88/MC89]: Absatz-/Grobplanung • Planung • Für Material • Anlegen/Ändern/Anzeigen

Übergabe Plandaten an die Programmplanung [MC74]: Absatz-/Grobplanung • Planung • Für Material • Überg. Progr.pl. Mat

Programmplanung [MD61/MD62/MD63]: Produktion • Produktionsplanung • Programmplanung • Planprimärbedarf • Anlegen/Ändern/Anzeigen

Dispositionslauf [MD02]: Bedarfsplanung • Planung • Einzelpl. mehrstufig

Dispositionslauf [MD03]: Bedarfsplanung • Planung • Einzelpl. einstufig

Dispositionslauf für Kundenauftrag [MD50]: Bedarfsplanung • Planung • Einzelpl. KDAuftrag

Fertigungsaufträge [CO01/CO02/CO03]: Fertigungssteuerung • Auftrag • Anlegen (mit Material)/Ändern/Anzeigen

Rückmeldung Fertigungsauftrag [CO11N]: Fertigungssteuerung • Rückmeldung • Erfassen • Zum Vorgang • Lohn-Rückmeldeschein

Aktuelle Bedarfs- und Bestandsliste [MD04]: Bedarfsplanung • Auswertungen • Bedarfs-/Bestandsliste

Dispositionslauf für Projekte [MD51]: Bedarfsplanung • Planung • Einzelpl. Projekt

Projektstückliste [CS71/CS72/CS73]: Stammdaten • Stücklisten • Stückliste • Projektstückliste • Anlegen/Ändern/Anzeigen

A.1.4 Komponente FI

Rechnungswesen •

Zahlungseingang [F-28]: Finanzwesen • Debitoren • Buchung • Zahlungseingang

Zahlungseingang [F-29]: Finanzwesen • Debitoren • Buchung • Anzahlung • Anzahlung

Zahlungsausgang [F-31]: Finanzwesen • Debitoren • Buchung • Sonstige • Zahlungsausgang

Zahlungsausgang [F-53]: Finanzwesen • Kreditoren • Buchung • Zahlungsausgang • Buchen

Buchhaltungsbeleg [FB02/FB03]: Finanzwesen • Hauptbuch • Beleg • Ändern/Anzeigen

Debitoren Einzelpostenliste [FBL5N]: Finanzwesen • Debitoren • Konto • Posten anzeigen/ändern

Kreditoren Einzelpostenliste [FBL1N]: Finanzwesen • Kreditoren • Konto • Posten anzeigen/ändern

Geschäftspartnerstammdaten Credit Management [UKM_BP]: Financial Supply Chain Management • Credit Management • Stammdaten • Geschäftspartnerstammdaten

A.1.5 Komponente CO

Rechnungswesen • Controlling •

Ergebnisbericht [KE30]: Ergebnis- und Marktsegmentrechnung • Infosystem • Bericht ausführen

Einzelposten anzeigen [KE24]: Ergebnis- und Marktsegmentrechnung • Istbuchungen • Einzelposten anzeigen

Konditionssätze [KE41/KE42/KE43]: Ergebnis- und Marktsegmentrechnung • Stammdaten • Konditionssätze/Preise • Anlegen/Ändern/Anzeigen

Ist-Kosten-Abrechnung [VA88]: Produktkosten-Controlling • Kostenträgerrechnung • Kundenauftrags-Controlling • Periodenabschluss • Einzelfunktionen • Abrechnung

A.1.6 Komponente PS

Logistik • Projektsystem •

Project Builder [CJ20N]: Projekt • Project Builder

Stücklistenübernahme [CN33]: Material • Planung • Stücklistenübernahme

Planung Kostenarten [CJR2/CJR3]: Controlling • Planung • Kosten im PSP • Kosten/Leistungsaufnahmen • Ändern/Anzeigen

Lieferinformationen [CNL1/CNL2/CNL3]: Material • Realisierung • Lieferinformation • Anlegen/Ändern/Anzeigen

Lieferung aus Projekt [CNS0]: Material • Realisierung • Lieferung aus Projekt

Rückmeldung zum Netzplanvorgang [CN25]: Fortschritt • Rückmeldung • Einzelerfassung • Erfassen

Ist-Abrechnung Projekt [CJ88/CJ8G]: Controlling • Periodenabschluss • Einzelfunktionen • Abrechnung • Einzelverarbeitung/Sammelverarbeitung

Ergebnisermittlung Projekt [KKA2/KKAJ]: Controlling • Periodenabschluss • Einzelfunktionen • Ergebnisermittlung • Durchführen • Einzelverarbeitung/Sammelverarbeitung

Ergebnisermittlung Projekt [CJB2/CJB1]: Controlling • Periodenabschluss • Einzelfunktionen • Abrechnungsvorschrift • Einzelverarbeitung/Sammelverarbeitung

Ergebnisermittlung Projekt [S_ALR_87013543]: Infosystem • Controlling • Kosten • Planbezogen • Nach Kostenarten • Ist/Plan/Abweichung absolut/Abw. %

A.1.7 Werkzeuge

Werkzeuge •

Benutzerpflege [SU01]: Administration • Benutzerpflege • Benutzer

Rollenpflege [PFCG]: Administration • Benutzerpflege • Rollenverwaltung • Rollen

Batch-Input-Verarbeitung [SM35]: Administration • Monitor • Batch-Input

Ausgabesteuerung Drucker [SP01]: CCMS • Drucken • Ausgabesteuerung

Statusmonitor ALE-Nachrichten [BD87]: ALE • ALE-Administration • Monitoring • IDoc-Anzeige • Statusmonitor

IDoc-Liste [WE02]: ALE • ALE-Administration • Monitoring • IDoc-Anzeige • Anzeige

A.1.8 Sonstiges

Batch Information Cockpit [BMBC]: Logistik • Zentrale Funktionen • Chargenverwaltung • Batch Information Cockpit

Arbeitsplatz [SBWP]: Büro • Arbeitsplatz

Personalstamm pflegen [PA30]: Personal • Personalmanagement • Administration • Personalstamm • Pflegen

A.2 SAP-Fiori-Apps

Die SAP Fiori Apps Reference Library umfasst knapp 15.000 Apps, wobei jeden Monat neue Apps hinzukommen. Einige SAP Fiori Apps sind nur in bestimmten Releaseständen aufrufbar. Sie können die Voraussetzungen der SAP Fiori Apps unter

https://fioriappslibrary.hana.ondemand.com/

prüfen. Nachfolgend finden Sie zunächst wichtige Transaktionen zur Installation der SAP-Fiori-Apps und anschließend einige der Apps, die in diesem Buch behandelt wurden.

A.2.1 SAP Fiori-App-Installation

Add-On Installation Tool [SAINT]

App-Service aktivieren [SICF]: Werkzeuge • Administration • Verwaltung • Netzwerk • Pflege des HTTP-Service-Baums

ODatа-Service aktivieren [/N/IWFND/MAINT_SERVICE]

Fiori-Launchpad aus der SAP GUI öffnen [/N/UI2/FLP]

A.2.2 Vertrieb

Kundenstamm: Anlegen/Ändern/Anzeigen

Kundenauftrag

Kundenaufträge verwalten

Kunde – 360°-Sicht

Belegfluss anzeigen

Kundenretouren verwalten

Kundenretouren

Kreditkonten verwalten

Kreditentscheidungen verwalten

Kreditfälle verwalten

Obligo abstimmen

Ausschöpfung des Kreditlimits anzeigen

Kreditdaten anzeigen

Zahlungsverhalten anzeigen

BOP-Segment konfigurieren

BOP-Variante konfigurieren

BOP-Lauf einplanen

BOP-Lauf überwachen

E-Mail-Vorlagen pflegen

Formularvorlagen pflegen

Logos verwalten

Benutzerdefinierte Felder und Logik

Teams und Zuständigkeiten verwalten

Team Hierarchien verwalten

Workflows für Verkaufsbelege verwalten

Meine Inbox

Angebote verwalten

Chargen verwalten

Lieferungserstellung terminieren

Auslieferung anlegen

Auslieferung

Fakturen verwalten

Vorläufige Fakturen verwalten

Fakturen anlegen

Faktura anzeigen

Gutschriftsanforderungen verwalten

Gutschriftsanforderung

A.2.3 Vertrieb – Lighthouse Apps

Vertriebsergebnisse - Plan/Ist

Vertriebspläne verwalten

Übersicht für Vertriebsmanager

Erfüllung von Kundenaufträgen

Vorhergesagter Lieferverzug

A.2.4 Materialwirtschaft

Bestand – mehrere Materialien

Bestand – Einzelmaterial

Übersicht Materialbelege

Analyse des Lagerumschlags

Materialdeckung bearbeiten

Materialdeckung ermitteln

Materialdeckung ermitteln: Netto- und Einzelabschnitte

Materialbestandswerte: Bestandsliste, Einzelpositionen

Bestandsübersicht anzeigen

Bestand verwalten

Bestellanforderungen verwalten

Bestellungen verwalten

Wareneingang zur Anlieferung buchen

A.2.5 Produktion

Planprimärbedarfe bearbeiten

Umsetzen Planaufträge in Fertigungsaufträge

Materialdeckung ermitteln

Materialdeckung prüfen

Stückliste pflegen

A.2.6 Projektsystem

Netzplanvorgangsübersicht

Netzplanvorgang rückmelden

Projektnetzplangrafik (verfügbar ab SAP S/4HANA 2020 FPS01)

Projektmeilenstein rückmelden

A.2.7 Finanzwesen

Klärungsfälle bearbeiten

Buchungsbelege verwalten

Buchungsbelege anzeigen – In T-Konto-Sicht

Übersicht Materialbelege

Forderungen bearbeiten

Eingangszahlungen buchen

Ausgangszahlung buchen

Lieferantenrechnung verwalten

Lieferantenrechnung anlegen

A.2.8 Analysen

Erfüllung von Kundenaufträgen: Probleme analysieren/Probleme in den nächsten 7 Tagen

Umsatz

Order-to-Cash-Performance: Übersicht/Letzte 28 Tage/Zeitreihe

Performance der Auftragsabwicklung

Kundenauftragseingang - Flexible Analyse

Kundenübersicht

Prozessaktivitäten

Kundenretouren – Flexible Analysen

Auswertung anlegen

Drill-Down konfigurieren

KPI-Verknüpfungen verwalten

Kachel anlegen

KPI anlegen

View Browser

Migrationsprojekte

A.3 Customizing

Im Customizing stehen nicht für alle Funktionen eigene Transaktionscodes zur Verfügung. In diesem Fall ist das Customizing-Menü über Transaktion SPRO aufzurufen. Die weitere Navigation erfolgt über die im Folgenden beschriebenen Menüpfade. Wenn für eine Transaktion ein Transaktionscode vorhanden ist, haben wir diesen wie bei den Anwendungstransaktionen angefügt.

A.3.1 Komponente SD

SPRO • Vertrieb •

Auftragsarten definieren [VOV8]: Verkauf • Verkaufsbelege • Verkaufsbelegkopf • Verkaufsbelegarten definieren

Positionstypen definieren: Verkauf • Verkaufsbelege • Verkaufsbelegposition • Positionstypen definieren

Positionstyp zuordnen: Verkauf • Verkaufsbelege • Verkaufsbelegposition • Positionstypen zuordnen

Einteilungstypen definieren [VOV6]: Verkauf • Verkaufsbelege • Einteilungen • Einteilungstypen definieren

Einteilungstypen zuordnen: Verkauf • Verkaufsbelege • Einteilungen • Einteilungstypen zuordnen

Fakturaarten definieren [VOFA]: Fakturierung • Fakturen • Fakturaarten definieren

Reklamationsgründe definieren: Fakturierung • Fakturen • Reklamationsgründe definieren

Schemaermittlung [V/08]: Grundfunktionen • Preisfindung • Preisfindungssteuerung • Kalkulationsschemata definieren und zuordnen • Kalkulationsschemaermittlung festlegen

Konditionsarten Preisfindung pflegen [V/06]: Grundfunktionen • Preisfindung • Steuerung der Preisfindung • Konditionsarten definieren

Bedarfsklassen [OVZG]: Grundfunktionen • Verfügbarkeitsprüfung und Bedarfsübergabe • Bedarfsübergabe • Bedarfsklassen definieren

Verfügbarkeitsprüfgruppe definieren [OVZ2]: Grundfunktionen • Verfügbarkeitsprüfung und Bedarfsübergabe • Verfügbarkeitsprüfung • Verfügbarkeitsprüfung nach ATP-Logik und gegen Vorplanung • Verfügbarkeitsprüfgruppe definieren

Steuerung ATP-Prüfung [OVZ9]: Grundfunktionen • Verfügbarkeitsprüfung und Bedarfsübergabe • Verfügbarkeitsprüfung • Verfügbarkeitsprüfung nach ATP-Logik und gegen Vorplanung • Umfang der Verfügbarkeitsprüfung konfigurieren

Zuordnung Bedarfsarten zum Vorgang: Grundfunktionen • Verfügbarkeitsprüfung und Bedarfsübergabe • Bedarfsübergabe • Ermittlung der Bedarfsart über den Vorgang

Bedingung Bedarfsübergabe [OVB8]: Grundfunktionen • Verfügbarkeitsprüfung und Bedarfsübergabe • Bedarfsübergabe • Bedingungen für die Bedarfsübergabe pflegen

Richt-/Ladezeit einer Versandstelle [OVLZ]: Grundfunktionen • Versand- und Transportterminierung • Terminierung je Versandstelle definieren

Transitzeit für eine Route [OVTC]: Grundfunktionen • Routen • Routendefinition • Routen und Abschnitte definieren

Nachrichtenfindung BRF+ [OPD]: Ausgabesteuerung für neue Nachrichtensteuerung

Nachrichtenschemaermittlung/-pflege: Grundfunktionen • Nachrichtensteuerung • Nachrichtenfindung • Nachrichtenfindung über Konditionstechnik • Nachrichtenfindung für Verkaufsbelege pflegen • Nachrichtenschema zuordnen/Nachrichtenschema pflegen

Nachrichtenfindung [V/30]: Grundfunktionen • Nachrichtensteuerung • Nachrichtenfindung • Nachrichtenfindung über Konditionstechnik • Nachrichtenfindung für Verkaufsbelege pflegen • Nachrichtenarten pflegen

Nachrichtenfindung [V/43]: Grundfunktionen • Nachrichtensteuerung • Nachrichtenfindung • Nachrichtenfindung über Konditionstechnik • Nachrichtenfindung für Verkaufsbelege pflegen • Nachrichtenschema zuordnen • Verkaufsbelegkopf zuordnen

Materialfindungsschemas [OV14]: Grundfunktionen • Materialfindung • Schemata Verkaufsbelegarten zuordnen

Voraussetzungen für Materialfindung: Grundfunktionen • Materialfindung • Voraussetzungen für die Materialfindung pflegen (Schema pflegen)

Konditionsart für Materialfindung: Grundfunktionen • Materialfindung • Voraussetzungen für die Materialfindung pflegen • Konditionsarten definieren

Substitutionsgründe Materialfindung [OVRQ]: Grundfunktionen • Materialfindung • Substitutionsgründe definieren

Produktvorschlagsschema: Grundfunktionen • Dynamischer Produktvorschlag • Produktvorschlagsschema definieren und Zugriffsfolgen festlegen

Schemaermittlung Online-Verarbeitung [OV_SR08]: Grundfunktionen • Dynamischer Produktvorschlag • Online-Schemaermittlung für Produktvorschlag bearbeiten

Schemaermittlung Hintergrundverarbeitung [OV_SR06]: Grundfunktionen • Dynamischer Produktvorschlag • Hintergrundschemaermittlung für Produktvorschlag bearbeiten

Intelligenter Produktvorschlag [OV_SR09]: Grundfunktionen • Dynamischer Produktvorschlag • Algorithmusparameter für intelligenten Produktvorschlag bearbeiten

Cross-Selling-Profil: Grundfunktionen • Cross-Selling • Cross-Selling-Profil definieren und zuordnen

Kalkulationsschema der Listung/Ausschluss pflegen: Grundfunktionen • Listung/Ausschluss • Schemata für Listung/Ausschluss pflegen

Erlöskontenfindung: Grundfunktionen • Kontierung/Kalkulation • Erlöskontenfindung

Sachkonten zuordnen [VKOA]: Grundfunktionen • Kontierung/Kalkulation • Erlöskontenfindung • Sachkonten zuordnen

Fakturierungsplanart für Teilfakturierung/periodische Fakturierung [OVBO/OVBI]: Vertrieb • Fakturierung • Fakturierungsplan • Fakturierungsplanart definieren

Termintyp definieren/zuordnen [OVBJ/V_TFPLA_TY]: Vertrieb • Fakturierung • Fakturierungsplan • Termintyp definieren und zuordnen

Werke im Ausland: Grundfunktionen • Steuern • Werke im Ausland

Kreditprüfung [OVA8]: Grundfunktionen • Kreditmanagement/Risikomanagement • Kreditmanagement • Automatische Kreditkontrolle festlegen

Zuordnung Verkaufs- und Lieferbelege [OVAK]: Grundfunktionen • Kreditmanagement/Risikomanagement • Kreditmanagement • Zuordnung Verkaufsbelege und Lieferbelege vornehmen • Kreditlimitprüfung für Auftragsarten

Ermittlung des Vertriebsbereichs in der buchungsübergreifenden Lieferung [OVV9]: Fakturierung • Interne Verrechnung • Organisationseinheiten pro Werk zuordnen • Organisationseinheiten den Werken zuordnen

Zuordnung Kundennummer zur Verkaufsorganisation [OVVA]: Fakturierung • Interne Verrechnung • Interne Kundennummer pro Verkaufsorganisation festlegen

Konfiguration EDI-Partner [VOE2]: Electronic Data Interchange • EDI-Nachrichten • Konfiguration von EDI-Partnern • Zuordnung Kunde/Lieferant zu Vertriebsorganisationsdaten

Konfiguration EDI-Partner [VOE4]: Electronic Data Interchange • EDI-Nachrichten • Konfiguration von EDI-Partnern • Umschlüsselung von externer Partnernr. zu interner Partnernr.

Serialnummernprofile [OIS2]: Grundfunktionen • Serialnummern • Serialnummernprofile festlegen

Beleggenehmigungen: Vertrieb • Grundfunktionen • Beleggenehmigungen • Gründe für Genehmigungsanforderungen definieren

A.3.2 Logistics Execution

SPRO • Logistics Execution •

Kommissionierlagerortermittlung: Versand • Kommissionierung • Kommissionierlagerortfindung • Kommissionierlagerorte zuordnen

Lieferarten definieren [OVLK]: Versand • Lieferungen • Lieferarten definieren

Positionstypen Lieferungen definieren [OVLP]: Versand • Lieferungen • Positionstypen Lieferungen definieren

A.3.3 Komponente MM

SPRO • Materialwirtschaft •

Versanddaten für Werke einstellen: Einkauf • Bestellung • Umlagerungsbestellung einstellen • Versanddaten für Werke einstellen

Kontierungstypen: Einkauf • Kontierung • Kontierungstypen pflegen

Kontenfindung [OBYC]: Bewertung und Kontierung • Kontenfindung • Kontenfindung ohne Assistent • Automatische Buchungen einstellen • Abbrechen • Kontierung

Bewegungsarten [OMJJ]: Bestandsführung und Inventur • Bewegungsarten • Bewegungsarten kopieren/ändern

A.3.4 Komponente PP

SPRO • Produktion •

Bedarfsklassen pflegen [OMPO]: Produktionsplanung • Programmplanung • Planprimärbedarf • Bedarfsarten/Bedarfsklassen • Bedarfsklassen pflegen

Planungsstrategie: Produktionsplanung • Programmplanung • Planprimärbedarf • Planungsstrategie • Strategie festlegen

A.3.5 Komponente FI

SPRO • Finanzwesen •

Umsatzsteuerkennzeichen [FTXP]: Grundeinstellungen Finanzwesen • Umsatzsteuer • Berechnung • Umsatzsteuerkennzeichen definieren

Programmparameter für EDI-Eingangsrechnung [OBCE]: Debitoren- und Kreditorenbuchhaltung • Geschäftsvorfälle • Rechnungseingang/Gutschrifteingang • EDI • Programmparameter für EDI-Eingangsrechnung eingeben

EDI-Sachkonten zuordnen: Finanzwesen • Debitoren- und Kreditorenbuchhaltung • Geschäftsvorfälle • Rechnungseingang/Gutschrifteingang • EDI • Sachkonten für EDI-Verfahren zuordnen

A.3.6 Komponente FSCM

Kreditsegment anlegen: Financial Supply Chain Management • Credit Management • Kreditrisikoüberwachung • Stammdaten • Kreditsegmente anlegen

Bewertungsverfahren hinterlegen: Financial Supply Chain Management • Credit Management • Kreditrisikoüberwachung • Stammdaten • Bewertungsverfahren hinterlegen

Formeln hinterlegen: Financial Supply Chain Management • Credit Management • Kreditrisikoüberwachung • Stammdaten • Formeln hinterlegen

Prüfregeln definieren: Financial Supply Chain Management • Credit Management • Kreditrisikoüberwachung • Kreditlimitprüfung • Prüfregeln definieren

Integration mit dem Vertrieb: Financial Supply Chain Management • Credit Management • Integration mit der Debitorenbuchhaltung und dem Vertrieb • Integration mit dem Vertrieb • Kreditkontrollbereich und Kreditsegment zuordnen

A.3.7 Komponente CO

SPRO • Controlling •

COPA-Wertfelder zurücksetzen [KE4W]: Ergebnis- und Marktsegmentrechnung • Werteflüsse im Ist • Fakturen übernehmen • Wert-/Mengenfelder zurücksetzen

Bewertungsstrategie [KE4U]: Ergebnis- und Marktsegmentrechnung • Stammdaten • Bewertung • Bewertungsstrategien • Bewertungsstrategie definieren und zuordnen

Merkmalsableitung definieren [KEDR]: Ergebnis- und Marktsegmentrechnung • Stammdaten • Merkmalsableitung definieren

Bedarfsklassen definieren: Produktkosten-Controlling • Kostenträgerrechnung • Kundenauftrags-Controlling • Steuerung Kundenauftragsfertigung/Kundenauftrags-Controlling • Bedarfsklassen überprüfen

A.3.8 Unternehmensstruktur

SPRO • Unternehmensstruktur •

Buchungskreis Kreditkontrollbereich zuordnen: Zuordnung • Finanzwesen • Buchungskreis • Kreditkontrollbereich zuordnen

Vertriebsbereich Kreditkontrollbereich zuordnen: Zuordnung • Vertrieb • Vertriebsbereich Kreditkontrollbereich zuordnen

Versandstelle: Definition • Logistics Execution • Versandstelle definieren/kopieren/löschen/prüfen

A.3.9 Logistik allgemein

SPRO • Logistik allgemein •

Chargenebene definieren [OMCE]: Chargenverwaltung • Chargenebene bestimmen und Zustandsverwaltung aktivieren • Chargenebene

Suchschema Chargenfindung: Chargenverwaltung • Chargenfindung und Chargenprüfung • Definieren des Chargensuchschemas • Suchschema Vertrieb definieren

Strategieart: Chargenverwaltung • Chargenfindung und Chargenprüfung • Strategiearten • Strategiearten Vertrieb definieren

A.3.10 Sonstiges

Bedingungen und Formeln für Preis- und Nachrichtenfindung pflegen [VOFM]

Workflows einrichten [SWU3]: SAP Easy Access • Werkzeuge • ABAP Workbench • Entwicklung • SAP Business Workflow • Hilfsmittel • Automatisches Workflow-Customizing

RFC-Destination pflegen [SM59]: SAP Easy Access • Werkzeuge • ALE • ALE-Administration • Laufzeiteinstellungen • RFC-Destinationen pflegen

Port einstellen [WE21]: SAP Easy Access • Werkzeuge • ALE • ALE-Administration • Laufzeiteinstellungen • Portpflege

IDoc-Typen und Segmente [WE60]: SAP Easy Access • Werkzeuge • ALE • ALE-Administration • Dienste • Dokumentation • IDoc-Typen und Segmente

Anhang B
Glossar

ALE (Application Link Enabling) Unter ALE versteht man eine SAP-Technologie für den Datenaustausch. ALE ermöglicht sowohl die Kommunikation zwischen SAP-Systemen als auch zwischen SAP-System und Fremdsystemen. Typische Anwendungen sind die Verteilung von Stammdaten über mehrere Systeme oder die Übergabe von Belegen in systemübergreifenden Vertriebs- und Einkaufsprozessen.

BAdI (Business Add-in) BAdIs dienen der modifikationsfreien Erweiterung des SAP-Standards und sind objektorientiert. Sie sollen Customer-Exits ablösen. Customer-Exits können zu BAdIs migriert werden.

Batch-Input Batch-Input ist eine zentrale Methode für die Automatisierung der Datenerfassung in SAP. Sie wird häufig auch für einmalige oder periodische Datenübernahmen in das SAP-System verwendet. Es werden Batch-Input-Mappen mit den Daten erstellt, die dann automatisch abgearbeitet werden. Dabei werden Onlinetransaktionen durch Programme simuliert, die sämtliche Prüfungen durchlaufen, die auch bei der Onlineerfassung durch einen Benutzer aktiv sind. Damit ist gesichert, dass nur verifizierte Daten verarbeitet werden.

Bedarfsklasse Die Bedarfsklasse steuert die Bedarfsplanungs- und die Bedarfsverrechnungsstrategie sowie die Dispositionsrelevanz einer Auftragsposition. Die im Kundenauftrag ermittelte Bedarfsklasse legt fest, ob eine Bedarfsübergabe und eine Verfügbarkeitsprüfung durchgeführt werden (wobei eine Feinsteuerung über den Einteilungstyp möglich ist).

Belegfluss Der Belegfluss zeigt die Folgebelege zu einem Vertriebsbeleg (z. B. Angebot – Auftrag – Lieferung – Faktura). In SAP-Fiori-Apps werden Abfolgen von Belegen auch als Prozessablauf dargestellt.

Belegstruktur Die Belegstruktur beschreibt den grundsätzlichen Aufbau eines Belegs. Ein SAP-Verkaufsbeleg lässt sich in die drei folgenden Bereiche unterteilen: Auftragskopf, Position und Einteilung.

Berechtigungsprofile Berechtigungsprofile sind im Benutzerstamm einzutragen und ordnen dem User die enthaltenen Berechtigungen für die jeweiligen Objekte und Transaktionen zu.

Bewertungsebene Die Bewertungsebene bezeichnet die Ebene, auf der Materialbestände bewertet werden. Grundsätzlich kommt das Werk oder der Buchungskreis infrage. Werke können zu einem Bewertungskreis zusammengefasst werden.

BRFplus Das Business Rule Framework plus erlaubt es, komplexe Regeln und Bedingungen für die Nachrichtenfindung über eine grafische Benutzeroberfläche anzulegen und zu pflegen.

Brownfield-Ansatz Ein Brownfield-Ansatz ist eine Methode zur Umstellung eines SAP ECC-Systems auf ein SAP S/4HANA System. Dies bedeutet, dass das aktuelle System in ein SAP-S/4HANA-System umgewandelt wird und bestehende Prozesse soweit technisch möglich aus dem SAP-ECC-System übernommen werden.

BTP (SAP BTP) Die SAP Business Technology Platform bietet die Integration von Cloud-Lösungen, Anwendungsentwicklungen und Erweiterungsfunktionen über

System- und Unternehmensgrenzen hinweg.

Buchungskreis Der Buchungskreis repräsentiert eine selbstständige bilanzierende Einheit, z. B. eine Firma innerhalb eines Konzerns.

Charge Unter einer Charge versteht man einen Teilbestand eines Produkts, der in einem Produktionsgang gefertigt worden ist und damit identische Merkmale hinsichtlich Fertigungszeitpunkt und Produktqualität aufweist. Die Verwaltung von Chargen ist vor allem in der chemischen und in der pharmazeutischen Industrie von großer Bedeutung.

Chargenfindung Die Chargenfindung dient der automatischen Ermittlung von Chargen in Vertriebs- und Produktionsprozessen. Damit wird sichergestellt, dass dem Kunden nur die Chargen geliefert werden, die den von ihm vorgegebenen Qualitätskriterien entsprechen. Innerhalb dieser Funktion kommt die Konditionstechnik zum Einsatz (siehe *Konditionstechnik*).

Cross-Company-Geschäft Cross-Company-Prozesse dienen dazu, Vertriebs- und Beschaffungsprozesse zwischen den unterschiedlichen Buchungskreisen innerhalb eines SAP-Systems zu optimieren. Man unterscheidet die Szenarien buchungskreisübergreifender Verkauf (ein Buchungskreis verkauft Produkte, die sich im Eigentum eines anderen Buchungskreises befinden) und buchungskreisübergreifende Beschaffung (ein Buchungskreis tätigt eine Umlagerungsbestellung bei einem anderen Buchungskreis).

Cross-Selling Beim Cross-Selling werden abhängig von einem im Kundenauftrag eingegebenen Material zusätzliche Materialien vorgeschlagen, die der Verkäufer dem Kunden anbieten kann. Innerhalb dieser Funktion kommt die Konditionstechnik zum Einsatz (siehe *Konditionstechnik*).

Customer-Exit Customer-Exits bieten die Möglichkeit zur modifikationsfreien Erweiterung des SAP-Standards. Customer-Exits sollen durch BAdIs abgelöst werden.

Customizing Unter Customizing versteht man die Anpassung der SAP-Funktionen an die Prozesse des Unternehmens über einen separaten Bereich im Menü (Transaktion SPRO). Hier können vielfältige Einstellungen für den Ablauf der Anwendungen vorgenommen werden. Über die im Customizing gesetzten Einstellungen wird der Ablauf der Funktionen und Prozesse gesteuert.

Dynamischer Produktvorschlag Abhängig von einem Kunden werden während der Kundenauftragserfassung mit der Funktion des dynamischen Produktvorschlags zusätzliche Materialien vorgeschlagen, die der Mitarbeiter dem Kunden anbieten kann. Innerhalb dieser Funktion kommt die Konditionstechnik zum Einsatz (siehe *Konditionstechnik*).

Dynamischer Workflow Die Funktion der dynamischen Workflows ermöglicht die Einrichtung von Workflows ohne Expertenwissen in der Programmierung. Dynamische Workflows werden im Vertriebsumfeld zur Genehmigung von Belegen genutzt.

EDI (Electronic Data Interchange) Unter EDI versteht man ein Verfahren für den asynchronen unternehmensübergreifenden Datenaustausch auf Basis elektronischer Nachrichten. Für die unterschiedlichen Nachrichtenarten (z. B. Auftrag, Lieferung, Faktura) wurden Industriestandards (z. B. EDIFACT, Odette, RosettaNet) entwickelt. Diese Standards vereinheitlichen den Aufbau der Nachrichten.

Einteilungstyp Positionen in einem Verkaufsbeleg können in eine oder mehrere Einteilungen unterteilt sein. Diese Einteilungen unterscheiden sich in Bezug auf Termine für die Versandterminierung und verfügbare Menge voneinander. Die Steuerung der Einteilungstypen wird im Customizing definiert.

Embedded Analytics Hierbei handelt es sich um Funktionen zur Auswertung und Analyse von Kennzahlen, die unmittelbar in das SAP-S/4HANA-System eingebunden sind und an die bekannten Möglichkeiten aus dem Umfeld von *SAP Business Warehouse* (SAP BW) anknüpfen. Embbeded-Analytics-Funktionen werden in Form von SAP-Fiori-Apps angeboten.

Ergebnis- und Marktsegmentrechnung (CO-PA) Die Ergebnis- und Marktsegmentrechnung dient der periodischen Erfolgsrechnung nach dem Umsatzkostenverfahren.

Ergebnisbereich Der Ergebnisbereich ist die Organisationseinheit der Ergebnis- und Marktsegmentrechnung, innerhalb der die Struktur der Betriebsergebnisrechnung definiert wird. Der Ergebnisbereich kann mehrere Kostenrechnungskreise umfassen. Damit ist es möglich, das Betriebsergebnis über mehrere Buchungskreise und damit über verschiedene Legaleinheiten hinweg auszuwerten.

Faktura Überbegriff und Belegart für Rechnungen, Gutschriften, Lastschriften, Pro-forma-Rechnungen und Stornobelege. Alle Fakturen haben die gleiche Struktur. Sie gliedern sich in Fakturakopf und Fakturapositionen.

Fakturaplan Der Fakturaplan wird verwendet, wenn die Fakturierung über mehrere Termine verteilt werden soll.

Fertigungsauftrag Fertigungsaufträge sind Belege zur Steuerung der Produktion. Über Arbeitspläne werden die notwendigen Fertigungsschritte ermittelt, die Grundlage für die Terminierung sind. Anhand der Fertigungsschritte können Kapazitäten auf Arbeitsplätzen reserviert werden. Mithilfe der Funktion der Stücklistenauflösung werden die Materialien ermittelt, die als Komponenten für die Herstellung eines Fertig- und Halbfertigerzeugnisses benötigt werden. Für diese werden auch Reservierungen erzeugt. Darüber hinaus dient der Fertigungsauftrag auch als Kostensammler. Über die Verbrauchsbuchungen für die einzelnen Komponenten und die Zeitrückmeldungen der Produktionsmitarbeiter werden die Ist-Kosten ermittelt und anschließend abgerechnet.

Fiori-App Eine SAP-Fiori-App ermöglicht es dem User, auf bestimmte Daten in einem SAP-S/4HANA-System zuzugreifen und bestimmte Anwendungsfunktionen auszuführen. Es wird in transaktionale und analytische Apps unterschieden. Der Zugriff auf die Apps erfolgt über das SAP Fiori Launchpad (siehe *Kacheln*).

Fiori Launchpad Das SAP Fiori Launchpad fungiert als Einstiegspunkt für den Zugriff auf SAP-Fiori-Apps vom Desktop und von mobilen Geräten aus. Das SAP Fiori Launchpad muss so konfiguriert werden, dass Benutzer auf die Apps zugreifen können, die ihrer jeweiligen Rolle zugeordnet sind.

Funktionsbausteine Funktionsbausteine sind gekapselte Prozeduren, die aus allen ABAP-Programmen aufgerufen werden können. Innerhalb von Funktionsgruppen, die Behälter für thematisch zusammengehörige Funktionsbausteine sind, werden diese dann definiert.

Geschäftspartner Geschäftspartner (englisch: Business Partner) sind die Stammdatenobjekte im SAP-S/4HANA-System, mit denen Geschäftsbeziehungen zu Kunden, Lieferanten und anderen Parteien abgebildet werden. Im Gegensatz zu einem SAP-ECC-System werden Kunden und Lieferanten also unter einem zentralem Stammdatenobjekt zusammengefasst. Es können Geschäftspartner für einzelne Personen, Gruppen oder Organisationen angelegt werden. Je nach Art der Geschäftsbeziehung kann ein Geschäftspartner in den Rollen Kunde, Lieferant oder auch in mehreren Rollen eingesetzt werden.

Getrennte Bewertung Die Bewertung der Bestände erfolgt normalerweise auf der Ebene Werk (bzw. Bewertungskreis) und Material. Über die Funktion getrennte Bewertung können für ein Material unterhalb der Bewertungsebene (Werk oder Bewertungskreis) weitere Bewertungssegmente gebildet werden. So ist es möglich, die Bewertung von Materialien nach Chargen (siehe *Charge*) oder Herkunft (eigen- oder fremdbeschafft) zu differenzieren.

Greenfield-Ansatz Bei einem Greenfield-Ansatz handelt es sich um eine Neuimplementierung von SAP S/4HANA. Dieser Ansatz kann wie ein Projekt zur Neueinführung eines SAP-Systems betrachtet werden, bei dem Prozesse neu definiert und im SAP-S/4HANA-System aufgesetzt werden.

Gutschrift Eine Gutschrift ist ein Vertriebsbeleg, der mit Bezug zu einem Vorgängerbeleg (Faktura oder Gutschriftsanforderung) erstellt wird. Bei einer debitorischen Gutschrift entsteht eine Verbindlichkeit gegenüber dem Kunden. Gutschriften werden oft bei der Abwicklung von Retouren eingesetzt, um z. B. den Kunden finanziell für ein beschädigtes Produkt zu entschädigen.

IDoc (Intermediate Document) Unter IDoc versteht man das SAP-Standardformat zum elektronischen Datenaustausch zwischen SAP-Systemen. IDocs werden auch zusammen mit der ALE-Technologie eingesetzt (siehe *ALE*).

Integration Suite (SAP Integration Suite) Als Teil der SAP Business Technology Platform (siehe BTP) können mit der SAP Integration Suite vorgefertigte Integrationspakete zur Installation und Anbindung bestimmter Funktionen an SAP-Systeme genutzt werden.

Kachelgruppe Als Kachelgruppe wird eine Teilmenge eines Kachelkatalogs bezeichnet, welche die auf der Startseite des SAP Fiori Launchpads sichtbaren Apps enthält. Welche Kacheln (siehe *Kacheln*) auf der Startseite eines Benutzers angezeigt werden, hängt von der Gruppe ab, die der Benutzerrolle zugeordnet ist. Darüber hinaus kann der Benutzer die Startseite personalisieren, indem er Apps vordefinierten oder selbst definierten Gruppen hinzufügt oder aus diesen entfernt.

Kachelkatalog Ein Kachelkatalog enthält ein Set von Apps, das für eine Rolle verfügbar ist. Der Benutzer kann den Katalog durchsuchen, Apps aus diesem Katalog auswählen und die Kacheln zum Aufruf der App der Startseite des SAP Fiori Launchpads hinzufügen.

Kacheln Kacheln sind die Bedienelemente zum Aufruf von Apps im SAP Fiori Launchpad, die transaktionale und analytische Funktionen ausführen. Welche Kacheln und damit Apps einem User zur Verfügung stehen, wird mittels Berechtigungen gesteuert.

Kalkulationsschema Kalkulationsschemata werden im Customizing der Konditionstechnik (siehe *Konditionstechnik*) angelegt und gepflegt. Hauptaufgabe eines Kalkulationsschemas ist es, die zulässigen Konditionsarten (siehe *Konditionsarten*) in einer bestimmten Reihenfolge festzulegen.

Kommissionierung Die Kommissionierung umfasst die Entnahme der Ware aus einem Lagerort und deren Bereitstellung in einem Kommissionierbereich. Dort erfolgt die Vorbereitung der Ware für den Versand.

Konditionsarten Konditionsarten sind Objekte der Konditionstechnik (siehe *Konditionstechnik*) und werden im Kalkulationsschema angeordnet. Abhängig von der konkreten Anwendung der Konditionstechnik (z. B. Preisfindung, Chargenfindung, Nachrichtenfindung) werden zu Konditionsarten unterschiedliche Customizing-Einstellungen vorgenommen, die den Ablauf der Funktion steuern.

Konditionssatz Innerhalb der Konditionstechnik wird über Zugriffsfolgen auf Konditionssätze zugegriffen. Diese enthalten die relevanten Daten, die an die Vertriebsbelege übergeben werden (z. B. Preise, Chargen, Nachrichten).

Konditionstechnik Die Konditionstechnik wird in SAP an verschiedenen Stellen eingesetzt (z. B. Preisfindung, Nachrichtenfindung, Chargenfindung). Sie ist damit eine wichtige Schlüsseltechnologie im Customizing von SAP ERP. Die Konditionstechnik liefert Regeln, anhand derer über Kalkulationsschema und Konditionsarten automatisch Konditionssätze gefunden werden können. Die Konditionssätze liefern Daten (z. B. Preise, Chargennummern, Nachrichtenarten), die in Belege übernommen werden.

Konsignationsabwicklung Konsignationslager sind Lieferantenlager auf dem Gelände des Kunden. Der Lieferant ist für die Bevorratung verantwortlich, die Bestände bleiben Eigentum des Lieferanten. Der Kunde entnimmt Waren bedarfsgerecht aus dem Konsignationslager. Er meldet diese Entnahmen in regelmäßigen Abständen dem Lieferanten. Auf Basis dieser Entnahmemeldungen stellt der Lieferant seine Rechnung.

Kontenfindung Im Customizing von SAP werden Regeln für die automatische Ermittlung von Sachkonten in Belegen definiert. Bei der Ermittlung von Erlöskonten in der Komponente SD kommt die Konditionstechnik zum Einsatz (siehe *Konditionstechnik*).

Kostenrechnungskreis Ein Kostenrechnungskreis ist eine organisatorische Einheit innerhalb eines Unternehmens, für die eine vollständige, in sich geschlossene Kostenrechnung (Kostenarten-, Kostenstellen-, Produktkosten- und Profit-Center-Rechnung) durchgeführt werden kann. Ein Kostenrechnungskreis kann einen oder mehrere, gegebenenfalls in unterschiedlichen Währungen operierende Buchungskreise umfassen. Die zugehörigen Buchungskreise müssen alle denselben operationalen Kontenplan nutzen. Jeder Buchungskreis muss eindeutig einem Kostenrechnungskreis zugeordnet werden.

Kreditkontrollbereich Ein Kreditkontrollbereich ist eine organisatorische Einheit, auf deren Ebene für Debitoren ein Kreditlimit vergeben und kontrolliert wird. Ein Kreditkontrollbereich kann einen oder mehrere Buchungskreise umfassen.

Kreditmanagement Unter Kreditmanagement versteht man die Überprüfung der Kreditwürdigkeit, also der Bonität von Kunden, zur Verhinderung von Forderungsausfällen. Im Rahmen des Kreditmanagements werden Kreditlimits definiert, die im Vertriebsprozess systemseitig geprüft werden.

Kreditsegment Auf Ebene des Kreditsegments werden die Daten des Geschäftspartners für das Kreditlimit ermittelt und geprüft. Kreditsegmente sind Bestandteile der neuen Funktion SAP Credit Management aus dem Bereich SAP Financial Supply Chain Management. SAP Credit Management wurde in der 3. Auflage dieses Buches ergänzt.

Kundeneinzelfertigung Ein Produkt wird speziell nach den Anforderungen eines Kunden und für den Bedarf aus einem Kundenauftrag entwickelt, hergestellt und geliefert.

Lagerfertigung Unter Lagerfertigung versteht man die Produktion und den Verkauf von Standardprodukten. Die Produktionsplanung dieser Produkte erfolgt unabhängig von konkreten Aufträgen, z. B. auf Basis der Absatzplanung.

Lagerort Ein Lagerort dient der Zusammenfassung mehrerer räumlich nahe zusammenliegender Orte mit Materialbestand innerhalb eines Werkes. Lagerorte können aber auch zur logischen Trennung von Materialbeständen dienen, z. B. eine Trennung der Bestände in Rohstofflager und Fertigwarenlager.

Lastschrift Eine Lastschrift ist ein Vertriebsbeleg in der Fakturierung, der meistens aufgrund einer Nachbelastung erstellt wird. Hierbei werden die Forderungen gegenüber dem Kunden in der Finanzbuchhaltung erhöht (siehe *Gutschrift*).

Leihgut Leihgüter sind Materialien, die dem Kunden ohne Berechnung für einen begrenzten Zeitraum überlassen werden.

Losfertigung Im Gegensatz zur anonymen Lagerfertigung sind bei der Losfertigung neben den Planprimärbedarfen auch die Kundenprimärbedarfe dispositionsrelevant. Es ist möglich, mehrere Bedarfe zu Fertigungslosen zusammenzufassen. Es findet keine Planung für das Enderzeugnis statt.

Mandant Ein Mandant entspricht einem abgegrenzten Bereich in einem SAP-System. Innerhalb eines Mandanten werden die weiteren Organisationsstrukturen sowie die Stamm- und Bewegungsdaten angelegt und verwaltet.

Materialausschluss Unter Materialausschluss versteht man die Festlegung von Materialien, die von einem Kunden nicht bezogen werden dürfen. Innerhalb dieser Funktion kommt die Konditionstechnik zum Einsatz (siehe *Konditionstechnik*).

Materialbedarfsplanung/Disposition Die Materialbedarfsplanung ist eine der klassischen Integrationsfunktionen, die unterschiedliche Komponenten (Vertrieb, Materialwirtschaft und Produktion) miteinander verbinden. Mithilfe der Materialbedarfsplanung werden Vorschläge für die interne und externe Beschaffung automatisch erzeugt. Interne Beschaffungsvorschläge sind Planaufträge. Planaufträge werden anschließend in Fertigungsaufträge umgesetzt. Externe Beschaffungsvorschläge sind Bestellanforderungen. Außerdem werden über Primärbedarfe (Bedarfe an Fertigerzeugnissen) über Stücklisten Sekundärbedarfe (Bedarfe an Rohstoffen und Halbfertigerzeugnissen) abgeleitet.

Materialfindung Mithilfe der Materialfindung können während der Auftragserfassung eingegebene Materialien durch Substitutionsmaterialien ersetzt werden. Innerhalb dieser Funktion kommt die Konditionstechnik zum Einsatz (siehe *Konditionstechnik*).

Materiallistung Die Materiallistung steuert die Beschränkung des Gesamtsortiments auf bestimmte Materialien, die von einem Kunden bezogen werden können. Innerhalb dieser Funktion kommt die Konditionstechnik zum Einsatz (siehe *Konditionstechnik*).

Materialstamm Der Materialstamm ist der zentrale Stammsatz, um die Informationen bezüglich der Artikel, Teile und Dienstleistungen zu speichern, die ein Unternehmen beschafft, fertigt, lagert und verkauft.

Nachrichtenfindung Die Funktion Nachrichtenfindung organisiert den Informationsaustausch mit dem Kunden und den internen Nachrichtenaustausch. Nachrichten können elektronisch versendet oder als klassische Dokumente ausgedruckt bzw. per Fax oder E-Mail-Anhang versendet werden. Innerhalb dieser Funktion kommt die Konditionstechnik zum Einsatz (siehe *Konditionstechnik*).

Netzplan Ein Netzplan dient der Steuerung des Ablaufs von Projektaktivitäten. Er bildet die Abhängigkeiten zwischen den einzelnen Aktivitäten ab. So können Termine, Kosten und Ressourcen innerhalb eines Projekts analysiert und gesteuert werden.

On-premise Unter on-premise versteht man die Nutzung einer Software, die erworben wurde und die auf der entsprechenden Hardware selbst betrieben und administriert wird.

Organisationseinheiten Organisationseinheiten bilden die Aufbauorganisation des Unternehmens im SAP-System ab. Die meisten Customizing-Einstellungen sind abhängig von diesen Organisationsstrukturen. Damit wird es möglich, den Ablauf der SAP-Anwendung abhängig von der Aufbauorganisation des Unternehmens zu differenzieren.

Partnerrollen Partnerrollen dienen der Abbildung von Geschäftspartnern im System und werden beim Anlegen eines Stammsatzes jedem Geschäftspartner zugeordnet. Mithilfe von Partnerrollen werden die Rechte und Pflichten festgelegt, die jeder Partner bei der Abwicklung eines Geschäftsvorfalls hat.

PI (SAP Process Integration) Die Integrationsplattform im Rahmen der SAP-NetWeaver-Produkte. Diese Komponente ermöglicht den system- und unternehmensübergreifenden Nachrichtenaustausch zwischen IT-Systemen. Sie ist ein wichtiger Bestandteil der SOA-Strategie von SAP (siehe *Serviceorientierte Architektur (SOA)*).

Positionstypen Die Positionstypen werden im Customizing definiert und über Customizing-Einstellungen in den Vertriebsbelegarten automatisch ermittelt. Sie steuern zusätzlich den Ablauf der verschiedenen Geschäftsvorfälle.

Preisfindung Unter Preisfindung versteht man die zentrale Funktion zur Ermittlung von Preisen, Zu- und Abschlägen sowie Steuern im Vertriebsprozess. Innerhalb dieser Funktion kommt die Konditionstechnik zum Einsatz (siehe *Konditionstechnik*).

Primärbedarf Ein Primärbedarf entspricht dem Bedarf an einem Fertigerzeugnis. Primärbedarfe ergeben sich aus Kundenaufträgen (Kundenprimärbedarf) oder aus der Vorplanung (Planprimärbedarf). Aus den Primärbedarfen werden über Stücklisten Sekundärbedarfe abgeleitet (siehe *Sekundärbedarfe*).

Pro-forma-Rechnung Unter Pro-forma-Rechnung versteht man eine Rechnung, die als Warenbegleitpapier für Exporte erstellt wird, um den Zollbehörden die Kosten der Ware nachzuweisen. Eine Proforma-Rechnung kann identisch mit einer Kundenrechnung sein – mit dem Unterschied, dass diese Rechnung nicht bezahlt werden muss. Daher werden die Daten vom System nicht an die Finanzbuchhaltung weitergeleitet.

Projektfertigung Von Projektfertigung spricht man, wenn ein komplexes kundenspezifisches Produkt bzw. eine Gesamtstruktur gefertigt werden soll. Der Auftragsprozess wird in SAP über Projektstrukturen gegliedert wird. Die Abbildung der Projektstrukturen in SAP ist erforderlich, um das Projektbudget und die Projekttermine über einen längeren Zeitraum zuverlässig überwachen zu können. Typische Projektfertiger sind im Anlagenbau zu finden.

PSP-Elemente PSP-Elemente sind Projektstrukturplanelemente und dienen der Strukturierung von Projekten. Damit lässt sich ein Projekt z. B. in die Phasen Planung, Herstellung, Lieferung und Fakturierung gliedern. PSP-Elemente bilden die Aufbauorganisation eines Projekts ab, wohingegen Netzpläne (siehe *Netzplan*) die Ablauforganisation eines Projekts darstellen.

Rahmenvertrag Ein Rahmenvertrag ist eine langfristige Vereinbarung mit einem Geschäftspartner über eine Zusammenarbeit. Für einen bestimmten Zeitraum kann z. B. die Abnahme von bestimmten Mengen oder Werten vereinbart werden. In SAP unterscheidet man zwischen Lieferplänen und Kontrakten.

Reklamationsabwicklung Unter Reklamationsabwicklung versteht man den Prozess zur Bearbeitung von Kundenreklamationen. In SAP stehen dafür vor allem Retouren sowie Gut- und Lastschriften zur Verfügung.

Retouren Eine Retoure ist die Rücksendung von gelieferten Materialien durch den Kunden. In SAP stehen dazu Retourenaufträge und Retourenanlieferungen zur Verfügung.

SAP BW (SAP Business Warehouse) SAP BW ist die Business-Intelligence-Lösung von SAP, die Daten aus verschiedenen Systemen extrahieren und in eigenen Informationsstrukturen redundant abspeichern kann. Diese Daten können system- und komponentenübergreifend ausgewertet werden.

SAP-Hinweise SAP-Hinweise sind Hinweise von SAP zum Umgang mit bekannten Fehlern im SAP-System. Sie enthalten Beschreibungen zu den auftretenden Symptomen, Hinweise zu den Fehlerursachen und dem jeweiligen SAP-Releasestand, in dem der Fehler auftritt. Auch SAP Notes genannt.

SAP S/4HANA Cloud Von einem Cloud-Modell spricht man, wenn ein Unternehmen die Software nicht selbst betreibt und administriert, sondern als Leistung eines Anbieters in Anspruch nimmt. Hardware wird nicht benötigt, und der Zugriff erfolgt über einen Internetzugang.

SAP NetWeaver SAP NetWeaver ist die offene Anwendungs- und Entwicklungsplattform von SAP. Sie bildet mit einer Laufzeitumgebung die technische Basis für die unterschiedlichen Applikationen (z. B. SAP ERP, SAP CRM, SAP BW). Im Rahmen der Entwicklungsumgebung können eigene Programme in den Programmiersprachen Java oder ABAP erstellt werden. Ebenfalls Teil der Systembasis ist die Benutzerverwaltung.

Sekundärbedarfe Sekundärbedarfe werden über Stücklisten aus Primärbedarfen (siehe *Primärbedarf*) abgeleitet. Sie repräsentieren den Bedarf an Rohstoffen und Halbfertigerzeugnissen, die für die Herstellung eines Endprodukts benötigt werden.

Serialnummern Serialnummern dienen der eindeutigen Unterscheidung von Artikeln mit gleicher Materialnummer. Jede Serialnummer repräsentiert genau ein konkretes Teil.

Serviceorientierte Architektur (SOA) Hierbei handelt es sich um ein aktuelles Entwurfsmuster und Designparadigma moderner Softwaresysteme. Zentrale Bausteine einer serviceorientierten Softwarelandschaft sind Services. Darunter verstehen wir gekapselte Geschäftsfunktionen, die von unterschiedlichen Anwendungssystemen bereitgestellt werden. Über eine SOA-Plattform kommunizieren die unterschiedlichen Anwendungen miteinander. So wird es möglich, dass Geschäftsprozesse nach einem völlig neuen Muster gestaltet werden, in dem Services aus unterschiedlichen Systemen zu einem sinnvollen Prozess orchestriert werden.

Sparte Die Sparte stellt eine Produktlinie oder eine Produktgruppe dar. Jeder verkaufsfähige Materialstammsatz muss einer Sparte zugeordnet werden. Die Sparte geht auch in die Bildung von Vertriebsbereichen ein (siehe *Vertriebsbereich*).

Streckenauftragsabwicklung Das vom Kunden bestellte Material wird von einem Drittlieferanten an ihn geliefert. Die Rechnung wird aber von dem Unternehmen gestellt, bei dem der Kunde gekauft hat.

Terminauftragsabwicklung Die Terminauftragsabwicklung ist der Standardvertriebsprozess in SAP, bestehend aus Angebot, Auftrag, Lieferung und Faktura.

Transportauftrag Über Transportaufträge werden Warenbewegungen in der Komponente Stock Room Management (unter SAP ECC: Warehouse Management bzw. LE-WM) abgebildet.

User-Exit User-Exits sind klar definierte Stellen in den Standardprogrammen von SAP, an denen kundeneigene Programme eingebaut werden können. User-Exits bieten damit die Möglichkeit, den Programmablauf (z. B. bei der Preisfindung) mit einer eigenen Logik zu beeinflussen, ohne dass es sich dabei um eine Systemmodifikation handelt. So wird sichergestellt, dass die eigene Programmlogik auch nach einem Releasewechsel weiter funktioniert.

Variantenkonfiguration Mit der Funktion Variantenkonfiguration können gleichartige und standardisierte Materialien in unterschiedlichen Varianten gefertigt werden. Aus einer Maximalstückliste für das konfigurierbare Produkt (z. B. Auto) wird über Merkmalsbewertungen (z. B. Motorleistung, Farbe, Antriebsart) eine konfigurierte Stückliste generiert. Die Variantenkonfiguration kann in Verbindung mit Auftragsstücklisten verwendet werden.

Verfügbarkeitsprüfung Eine der zentralen, komponentenübergreifenden Funktionen in SAP ERP ist die Verfügbarkeitsprüfung (auch ATP-Prüfung). Über die Verfügbarkeitsprüfung wird ein Kundenlieferdatum ermittelt. Dabei können sowohl Bestände als auch Zu- und Abgänge berücksichtigt werden.

Verkäufergruppe Verkäufergruppen ermöglichen die Untergliederung der Verkaufsbüros in einzelne Personengruppen. Die Verkäufergruppe gehört zu den SAP-Organisationsstrukturen im Vertrieb. Mithilfe der Verkäufergruppe können Verkaufsbüros in mehrere organisatorische Einheiten gegliedert werden. Damit wird die differenzierte Vergabe von Berechtigungen für Benutzer ermöglicht. Außerdem können Auswertungen (z. B. Umsatz, Auftragseingang) auf dieser Ebene erstellt werden.

Verkaufsbelegart Verkaufsbelegarten repräsentieren die unterschiedlichen Belegarten im Vertrieb. Über Customizing-Einstellungen zu den Verkaufsbelegarten werden die konkreten Prozesse gesteuert. So wird z. B. in der Kopiersteuerung festgelegt, nach welchen Regeln die Kopie von Belegen in Folgebelege erfolgen darf.

Verkaufsbüro Verkaufsbüros dienen der Abbildung der Strukturen im Innen- und Außendienst. Jedes Verkaufsbüro ist einem Vertriebsbereich zugeordnet. Wie die Verkäufergruppe dient das Verkaufsbüro der organisatorischen Strukturierung des Vertriebs. Auch auf der Ebene Verkaufsbüro können Berechtigungen vergeben und Auswertungen vorgenommen werden.

Verkaufsorganisation Die Verkaufsorganisationen bilden die Aufbauorganisation der Vertriebsstrukturen einer Organisation ab. Eine Verkaufsorganisation ist für die Abwicklung der Verkaufsprozesse im ihr zugeteilten Bereich der Gesamtorganisation verantwortlich. Jede Verkaufsorganisation ist genau einem Buchungskreis zugeordnet.

Versandstelle Die Versandstelle entspricht der organisatorischen Einheit, die für die Bearbeitung von Lieferungen verantwortlich ist. Hier werden Lieferpapiere erzeugt und Materialien kommissioniert, verpackt und verladen. Ein Lieferbeleg ist immer genau einer Versandstelle zugeordnet.

Versandterminierung Die Versandterminierung umfasst die Planung der Aktivitäten innerhalb der Versandstelle – von der Bereitstellung und Kommissionierung der Ware über das Verladen bis zum Versand zum Kunden.

Vertriebsbereich Der Vertriebsbereich ist die zentrale Organisationseinheit im Vertrieb, die über die Kombination aus Verkaufsorganisation, Vertriebsweg und Sparte gebildet wird. Stammdaten wie Geschäftspartner und Materialien werden pro Vertriebsbereich gepflegt. Verkaufsbelege werden immer innerhalb eines Vertriebsbereichs erfasst.

Vertriebsinformationssystem (VIS) Das VIS bietet die Möglichkeit, auf Basis von Kennzahlen betriebswirtschaftliche Vorgänge im Vertrieb auszuwerten. Es ist eine Komponente des Logistikinformationssystems (LIS). Allerdings wird das VIS seitens SAP nicht als Zukunftstechnologie angesehen. SAP S/4HANA bietet für Analysen und Auswertungen die neue Funktion Embedded Analytics.

Vertriebsweg Vertriebswege bilden die Absatzkanäle eines Unternehmens im SAP-System ab. Sie sind Teil des Vertriebsbereichs.

Vorplanung ohne Endmontage Die Absatzplanung erfolgt auf Ebene des Fertigprodukts und löst die Beschaffung der benötigten Komponenten aus. Die Endmontage erfolgt jedoch erst, wenn ein Kundenauftrag vorliegt.

Werk Werke gliedern eine Organisation hinsichtlich der Betriebsstätten, in denen die Produktion, Disposition und Beschaffung erfolgen und aus denen heraus der Versand erfolgt. Einem Buchungskreis können mehrere Werke zugeordnet werden. Jedes Werk ist eindeutig einem Buchungskreis zugeordnet.

XML (Extensible Markup Language) XML ist eine Auszeichnungssprache, die unter anderem für den Austausch von Daten zwischen Computersystemen speziell über das Internet eingesetzt wird.

Zugriffsfolge Eine Zugriffsfolge steuert die automatische Ermittlung der Konditionssätze und wird im Customizing der Konditionsart zugeordnet. Sie ist Teil der Konditionstechnik (siehe *Konditionstechnik*).

Anhang C
Literaturempfehlungen

Im Folgenden sind einige Bücher zur Vertiefung spezieller Themen aufgeführt:

- Wolf, Alexander; Sting, Christoph: Produktionsplanung und -steuerung mit SAP S/4HANA. Das Praxishandbuch. Bonn: SAP PRESS 2021.
- Baltes, Oliver; Lakomy, Heribert; Spieß, Petra; Wörmann-Wiese, Elke: SAP-Materialwirtschaft. Das Praxishandbuch. 1. Auflage. Bonn: SAP PRESS 2017.
- Becker, Ursula; Fischer, Jan; Herhuth, Werner; Hirn, Manfred: Preisfindung und Konditionstechnik mit SAP. 3., aktualisierte und erweiterte Auflage. Bonn: SAP PRESS 2020.
- Blum, Steve; Hügens, Torben; Schneider, Alexander; Stefanski, Marcel: Reporting und Analyse mit SAP. SAP BusinessObjects und Embedded Analytics. 3., aktualisierte und erweiterte Auflage. Bonn: SAP PRESS 2017.
- Destradi, Mario; Kiesel, Stephan; Lorey, Christian; Schütte, Stefano; Lauterbach, Bernd: Logistik mit SAP S/4HANA. 2., aktualisierte und erweiterte Auflage. Bonn: SAP PRESS 2019.
- Densborn, Frank; Finkbohrer, Frank; Freudenberg, Jochen; Höft, Martina; Mathäß, Kim; Rubarth, Boris: Migration nach SAP S/4HANA. 3., aktualisierte und erweiterte Auflage. Bonn: SAP PRESS 2020.
- Dickersbach, Jörg Thomas; Keller, Gerhard: Produktionsplanung und -steuerung mit SAP ERP. 5., unveränderte Auflage. Bonn: SAP PRESS 2014.
- Franz, Mario: Projektmanagement mit SAP Projektsystem. 5., aktualisierte und erweiterte Auflage. Bonn: SAP PRESS 2017.
- Greiner, Ernst: Materialwirtschaft mit SAP S/4HANA – Customizing. Bonn: SAP PRESS 2021.
- Grote, Martin; Schnellenbach, Christiane; Dubielecki, Adam: Umsatzsteuer in SAP ERP und SAP S/4HANA. 3., aktualisierte und erweiterte Auflage. Bonn: SAP PRESS 2019.
- Hellberg, Torsten: Einkauf mit SAP ERP. 3., aktualisierte und erweiterte Auflage. Bonn: SAP PRESS 2012.

- Sachan, Namita; Jain, Aman: Warehouse Management with SAP S/4HANA. 2. Auflage. Bonn; Boston: SAP PRESS 2020.
- Kappauf, Jens; Koch, Matthias; Lauterbach, Bernd: Logistik mit SAP. Der umfassende Einstieg. 4., aktualisierte und erweiterte Auflage. Bonn: SAP PRESS 2017.
- Lange, Jörg; Bauer, Frank-Peter; Persich, Christoph; Dalm, Tim; Sanchez, Gunther; Adler, Tobias: Warehouse Management mit SAP EWM. 4., aktualisierte und erweiterte Auflage. Bonn: SAP PRESS 2019.
- Plattner, Hasso; Leuckert Bernd: The In-Memory Revolution. 1. Auflage. Heidelberg: Springer 2015.
- Legleiter, Kevin; Schuch, Constantin: Kundenservice mit SAP S/4HANA. Das Praxishandbuch. Bonn: SAP PRESS 2022.
- Will, Hermann; Wünsch, Ulrich; Polewsky, Susanne: Info-, Lern- und Change Events. 1. Auflage. Weinheim und Basel: Beltz Verlag 2009.

Das Autorenteam

Martin Bohren ist IT Applications Engineer für SAP Sales bei Hager Electro GmbH & Co. KG, einem weltweit führenden Anbieter von innovativen Lösungen und Dienstleistungen für elektrotechnische Installationen. Nach seinem Masterstudium Internationale Finanzen & Entrepreneurship arbeitete Herr Bohren als Sales and Account Manager und lernte »on the job« die tägliche Arbeit im Vertrieb und die Herausforderungen der Anwender*innen kennen, bevor er 2017 als Quereinsteiger zum internationalen SAP-Beratungshaus PIKON Deutschland AG wechselte. Dort unterstützte er seine Kunden sowohl bei internationalen SAP-Einführungs- und Rollout-Projekten (SAP S/4HANA und SAP ECC) als auch bei der Konzeption und Realisierung neuer Fachanforderungen im Vertrieb und dessen Umfeld. Zuletzt hatte er als Projektleiter für zwei SAP-S/4HANA-Einführungen in Deutschland und China sowie als Workstream Lead für Sales zum einen die Gesamtverantwortung für das Projekt und zum anderen die Fachverantwortung für alle End-to-End-Prozesse im Vertrieb inne.

Seit 2022 ist der zertifizierte SAP-S/4HANA-Sales-Berater bei der Hager Group für die Umsetzung der neuen Anforderungen des Fachbereichs und vor allem für die Vorbereitung, Umsetzung und den Support der anstehenden SAP-S/4HANA-Conversion zuständig.

Michaela Hoffmann ist Senior Beraterin bei der PIKON Deutschland AG und kann mittlerweile sieben Jahre Berufserfahrung im Feld der SAP-ECC- und SAP-S/4HANA-Beratung vorweisen. Ihre Karriere hat sie als SD-Beraterin begonnen und ihre Kenntnisse durch Weiterbildungen in den Bereichen Zoll und Außenhandel sowie Lagerverwaltung ausgebaut. Sie berät ihre Kunden zur Umstellung auf SAP S/4HANA und optimiert Geschäftsprozesse, um die neuen Funktionen bestmöglich zu nutzen. Vor ihrem Karrierestart bei der PIKON AG hat sie Betriebswirtschaftslehre an der Universität des Saarlandes studiert und ist Diplom-Kauffrau.

Jochen Scheibler ist Vorstand der PIKON Deutschland AG, einem international tätigen Beratungs- und Softwareunternehmen.

Nach dem Studium der Betriebswirtschaftslehre mit den Schwerpunkt Datenverarbeitung, Organisation und Marketing und ersten Erfahrungen als Softwareentwickler bei der IDS Scheer gründete er 1996 PIKON mit seinem damaligen Kollegen und Freund Jörg Hofmann.

Seine in zahlreichen Kundenprojekten gefestigte Überzeugung, dass eine prozessorientierte SAP-Einführung die ideale Basis zur Optimierung von system- und unternehmensübergreifenden Geschäftsprozessen ist und dass der Mensch in Wechselwirkung dazu steht, legte den Grundstein für die kontinuierliche Entwicklung des PIKON-eigenen 3-Punkt-Ansatzes. Neben der Arbeit an der strategischen Ausrichtung des Unternehmens liegt sein Schwerpunkt heute auf der Entwicklung einer zukunftsfähigen Organisation und der Verzahnung von Marketing und Vertrieb.

Index

C

K

L

M

N

O

P

Q

R

S

W

X

Z